PREMIÈRE PARTIE

TRAITÉ DES PONTS

TOME II

TOURS, IMPRIMERIE DESLIS FRÈRES, RUE GAMBETTA. 6

TRAITÉ DES PONTS

PREMIÈRE PARTIE

PONTS EN MAÇONNERIE ET TUNNELS

Tome II

1° PONTS EN MAÇONNERIE

ARTICLE PREMIER. — **PROJET** (*Suite*)

CHAPITRE VII

TYPES DIVERS DE PONTS ET VIADUCS

§ I. — *PONTS A UNE SEULE ARCHE*

I. — Arche plein cintre.

1. Les petits ouvrages : aqueducs et ponceaux, ont été étudiés en bloc après examen sommaire de leurs différentes parties. Pour les ouvrages plus importants, au contraire, tels que ponts et viaducs, nous avons étudié avec soin et avec tous les détails nécessaires, les divers éléments de construction dont ces ouvrages se composent : forme générale, section transversale des voûtes, appareil des têtes, bandeaux, cornes de vache, raccordement des bandeaux avec les piles et culées, tympans et remplissage au-dessus des voûtes, élégissement des tympans, chapes, culées, piles, décoration et couronnement.

Il nous reste maintenant à voir comment ces divers éléments s'assemblent pour former un ouvrage complet. Nous allons donc donner des exemples de ponts et viaducs, pouvant être considérés comme des types à imiter dans des circonstances semblables d'établissement.

Nous aurions voulu pouvoir décrire ici un grand nombre d'ouvrages remarquables, mais le volume forcément limité de ce livre nous oblige à en restreindre

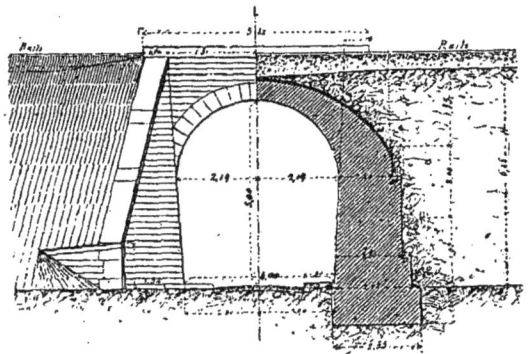

Fig. 1.

le nombre. Nous espérons néanmoins qu'avec les quelques types ci dessous, et surtout en s'aidant de l'étude détaillée

précédemment faite des principales parties constituant un pont ou un viaduc, le

ouvrage d'art quelconque, abstraction
faite de la détermination des dimensions,
laquelle sera exposée plus loin.

2. *Passage inférieur de 4 mètres du
réseau d'Orléans (fig. 1, 2 et 3).* — Ce type
de passage inférieur, construit sous les

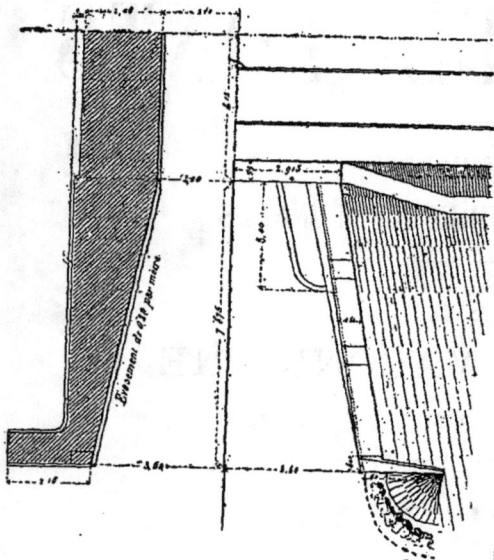

Fig. 2.

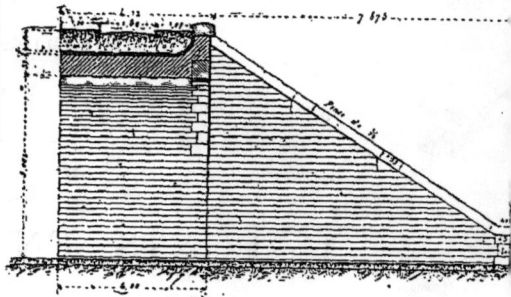

Fig. 3.

ordres de M. Nordling, ingénieur en chef,
présente un aspect très satisfaisant, et les
divers matériaux y sont mis en œuvre
d'une façon rationnelle. Il a 4 mètres
d'ouverture et donne passage à un chemin vicinal au-dessous de la voie. Les

lecteur sera à même de composer un

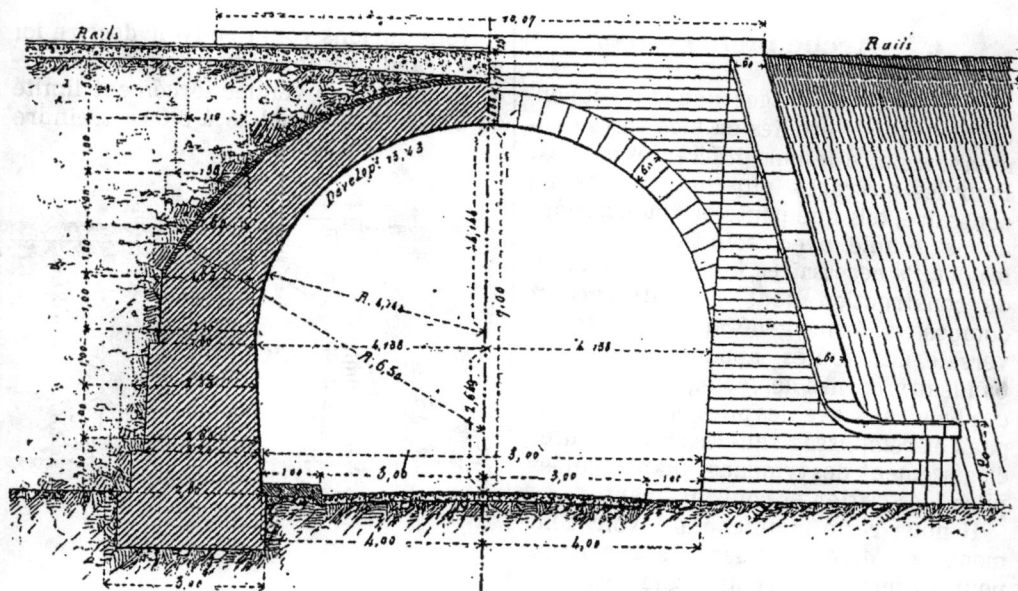

Fig. 4.

murs en aile, évasés, sont munis de petits
murs en retour aux extrémités. Ce type,

établi sous la ligne de Bourges à Montlu-
çon, a coûté environ 7,000 francs.

3. *Passage inférieur de 8 mètres du réseau d'Orléans (fig. 4, 5 et 6).* — Cet ouvrage a été construit sur la même ligne que le précédent. Il a 8 mètres d'ouverture et donne passage à un chemin de grande communication. Les *murs en aile* présentent un évasement de 0ᵐ,20 par mètre ; ils se terminent par des parties courbes se raccordant avec les pieds des talus. Le prix de revient de ce type a été d'environ 13,000 francs.

4. *Passage inférieur de 8 mètres du*

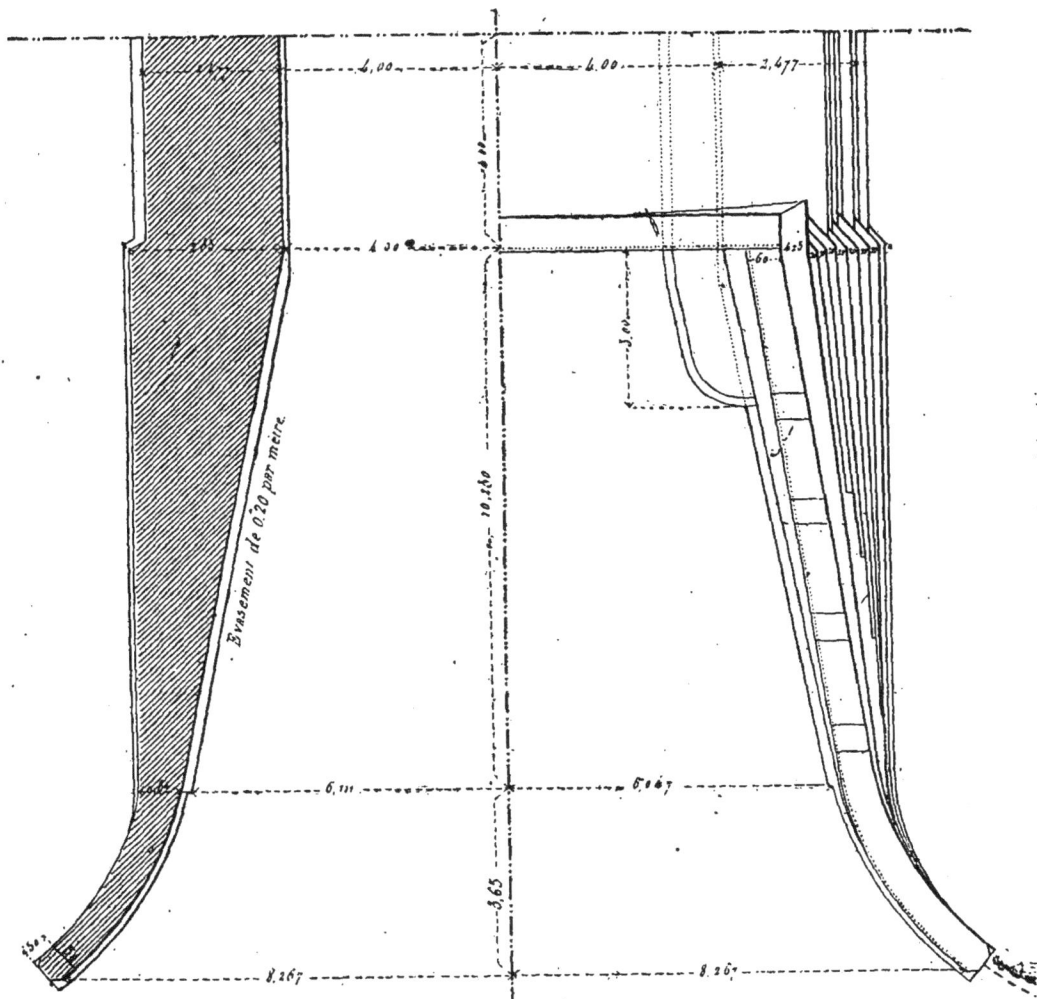

Fig. 5.

chemin de fer de Paris à Lyon (fig. 7, 8 et 9). — Sur les embranchements du chemin de fer de Paris à Lyon, on a construit un type de passage inférieur avec *murs en aile*, applicable à des ouvertures différentes. Celui représenté par les figures a 8 mètres. Les murs en aile sont verticaux du côté des terres et présentent un fruit continu du côté opposé. Ils sont légèrement évasés.

Les deux types précédents ne possèdent ni parapet, ni garde-corps ; celui-ci a un garde-corps en fer de construction très simple.

5. *Passage inférieur de 5 mètres de la Compagnie du Nord* (*fig.* 10, 11 et 12). — Les matériaux employés pour la construction de cet ouvrage sont la brique et très peu de pierre de taille. Les pieds-droits sont munis de contreforts espacés de 2 mètres

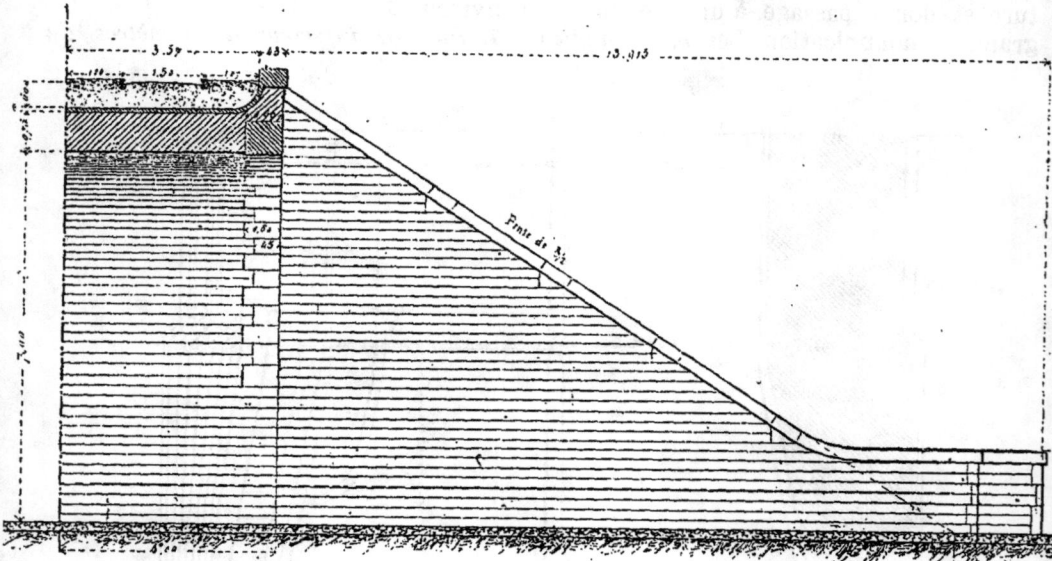

Fig. 6.

et ayant 1 mètre d'épaisseur. Les murs en aile sont du type dont nous avons déjà parlé (n° 574, *fig.* 558, tome I).

6. *Pont de 5 mètres d'ouverture du service vicinal.* — Le recueil des types d'ouvrages d'art les plus usuels du service vicinal,

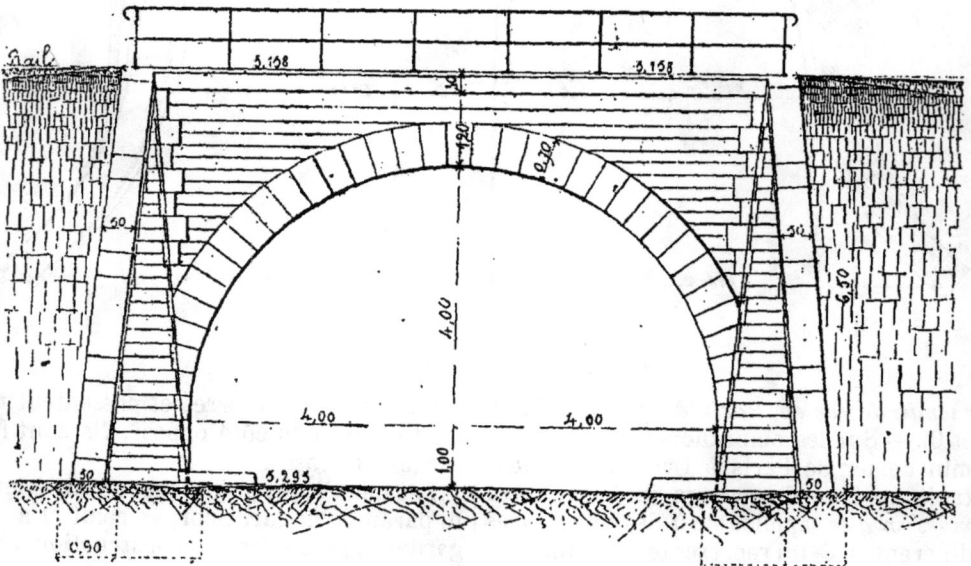

Fig. 7.

annexé à la circulaire ministérielle du 20 août 1881, contient quelques types excellents de ponts en maçonnerie, remarquables par leur aspect de parfaite solidité en même temps que par une grande simplicité dans la construction. Celui représenté par les figures 13 à 20 s'applique à une ouverture de 5 mètres.

Les figures montrent les dispositions prises dans le cas de murs en aile et dans le cas des murs en retour.

(*Fig.* 13). Plans partiels à différents niveaux ;

(*Fig.* 14). Élévation, avec mur en aile, à gauche de l'axe, et avec mur en retour à droite ;

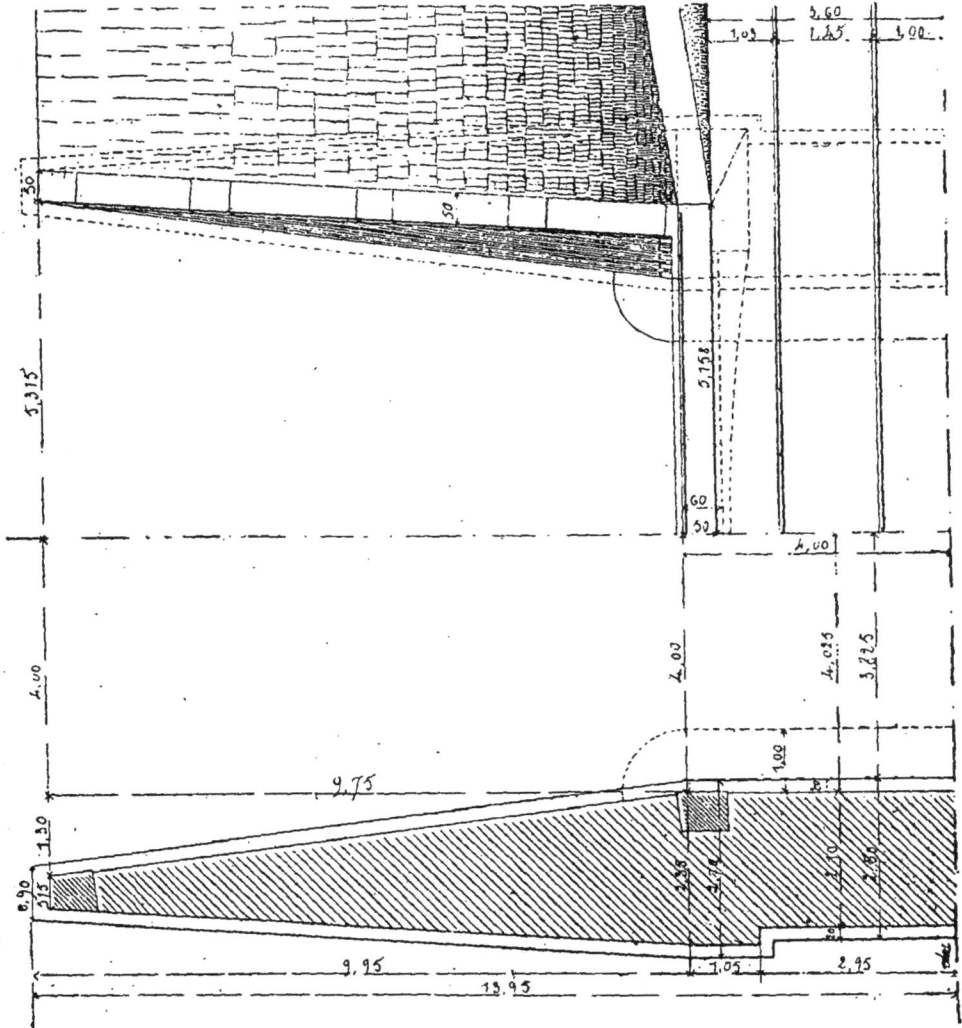

Fig. 8.

(*Fig.* 15). Coupe transversale de la voûte et du radier pavé ;

(*Fig.* 16). Coupe longitudinale ;

(*Fig.* 17). Détails des parapets, plinthes et trottoirs ;

(*Fig.* 18). Coupe d'un mur en aile au milieu du retour du parapet suivant CD ;

(*Fig.* 19). Coupe d'un mur en retour suivant AB ;

(*Fig.* 20). Coupe d'un mur en retour à l'extrémité du mur en aile.

7. *Pont de 10 mètres d'ouverture du ser-*

vice vicinal. — Les figures 21 à 26, empruntées au même recueil des types d'ouvrages
d'art du service vicinal, représentent un

pont de 10 mètres d'ouverture, avec murs
en retour.

(*Fig.* 21). Demi-coupe longitudinale à

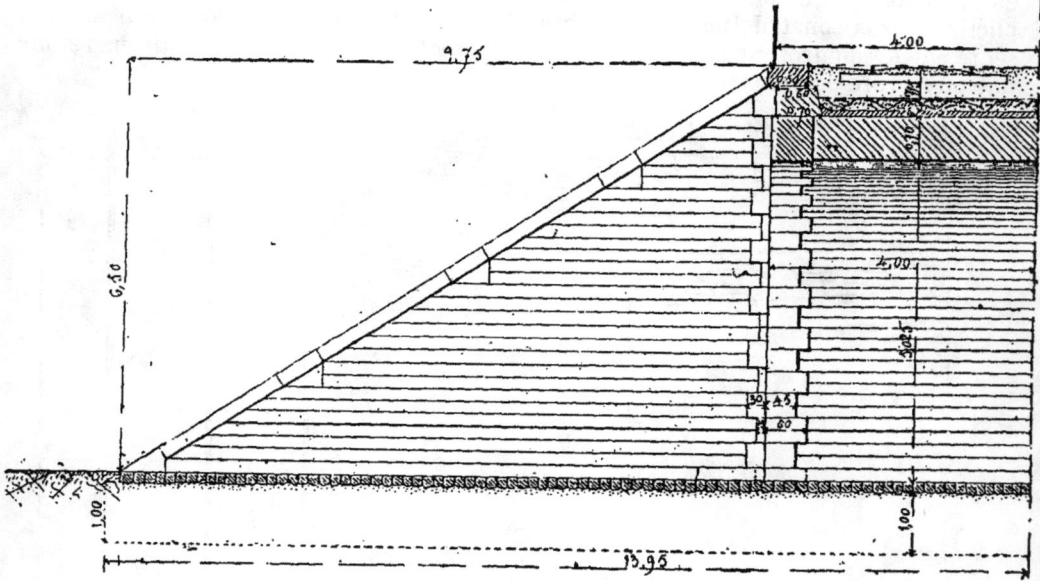

Fig. 9.

gauche de l'axe et demi-élévation à droite ;
(*Fig.* 22). Plan avant l'exécution des

remblais et plan supérieur, pour une et
deux voies charretières ;

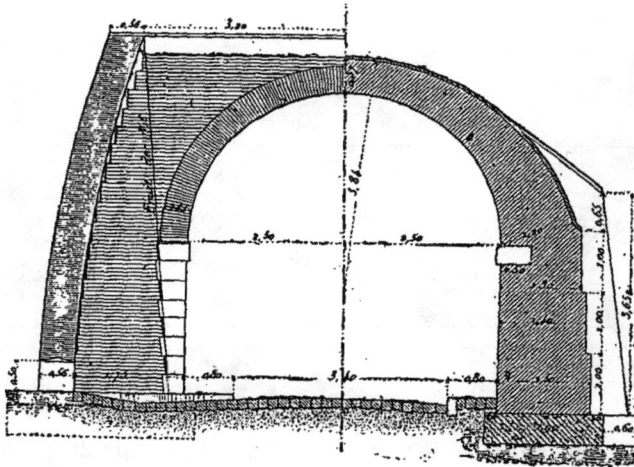

Fig. 10.

(*Fig.* 23). Coupe suivant AB pour une
voie charretière ;

(*Fig.* 24). Coupe suivant CD pour une
voie charretière ;

(*Fig.* 25). Demi-coupe suivant AB et et demi-coupe suivant CD, pour deux voies charretières ;

(*Fig.* 26). Détails des parapets, plinthes et trottoirs, pour une et deux voies charretières.

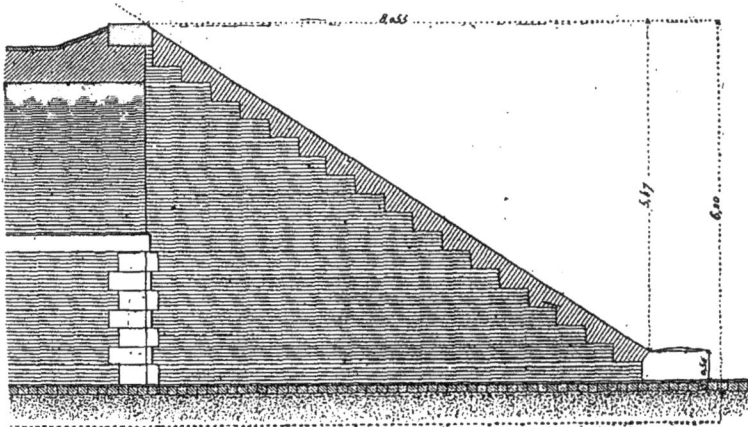

Fig. 11.

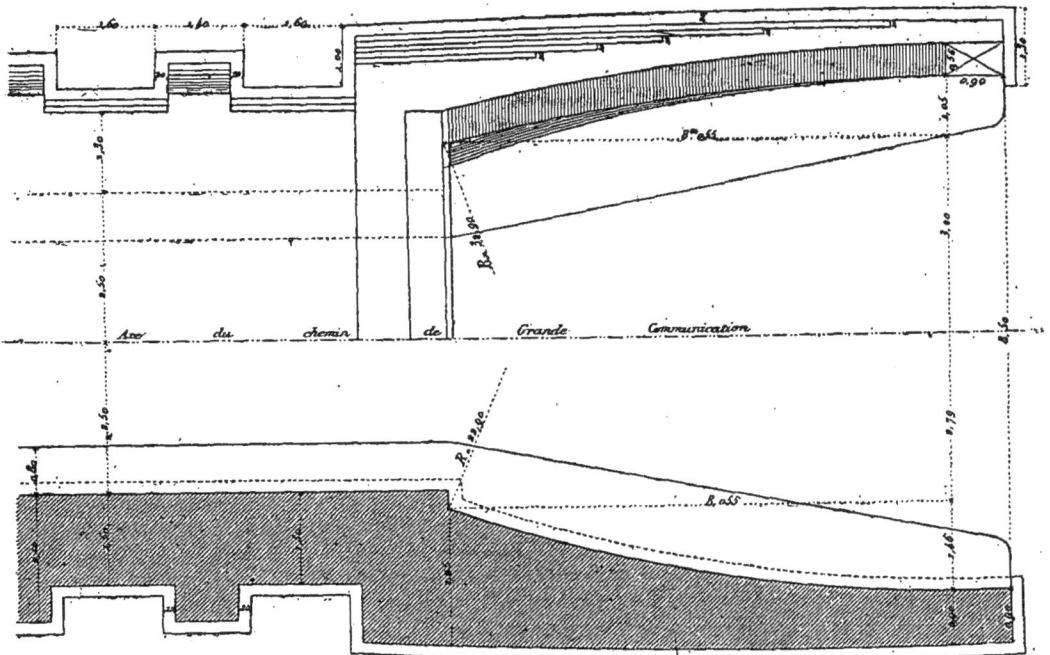

Fig. 12.

8. *Pont-route de 12 mètres d'ouverture.* — Les figures 27, 28 et 29 représentent le type de pont-route établi par M. Toni-Fontenay pour la ligne de Saint-Rambert à Grenoble. — Ce passage supérieur, destiné à la traversée du chemin de fer par les chemins vicinaux ordinaires et les chemins de grande communication,

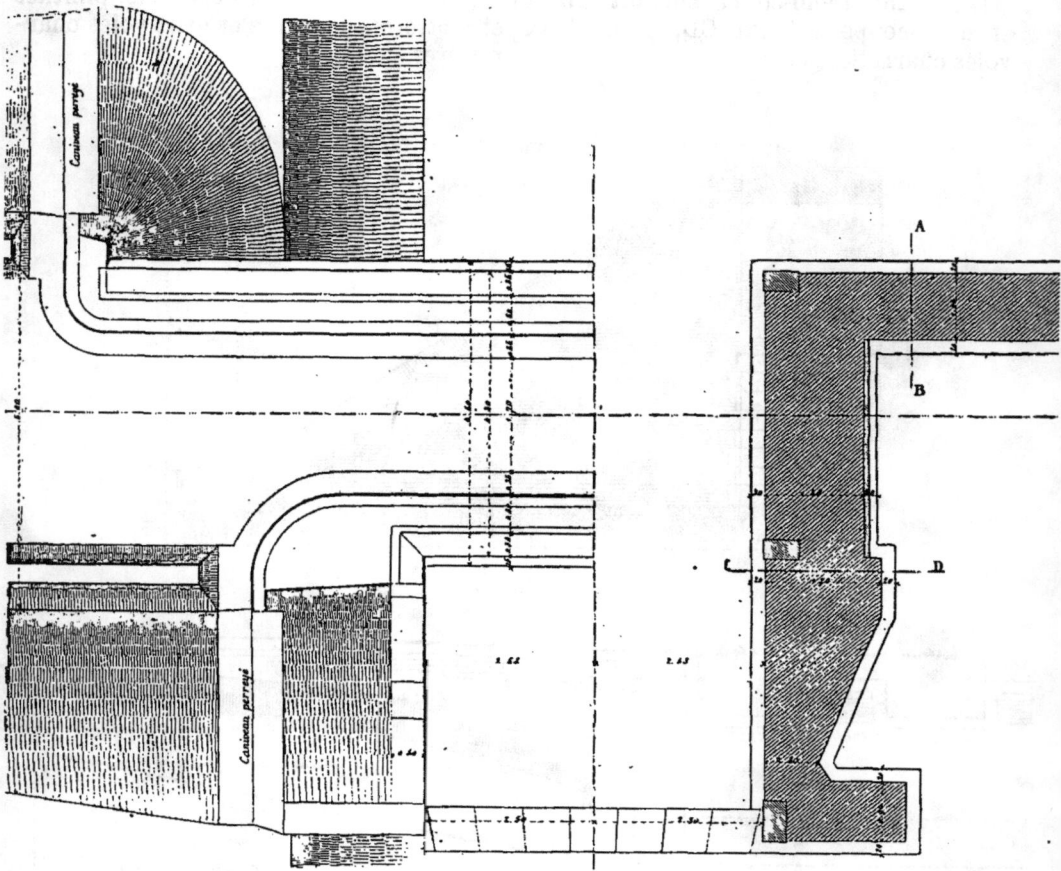

Fig. 13.

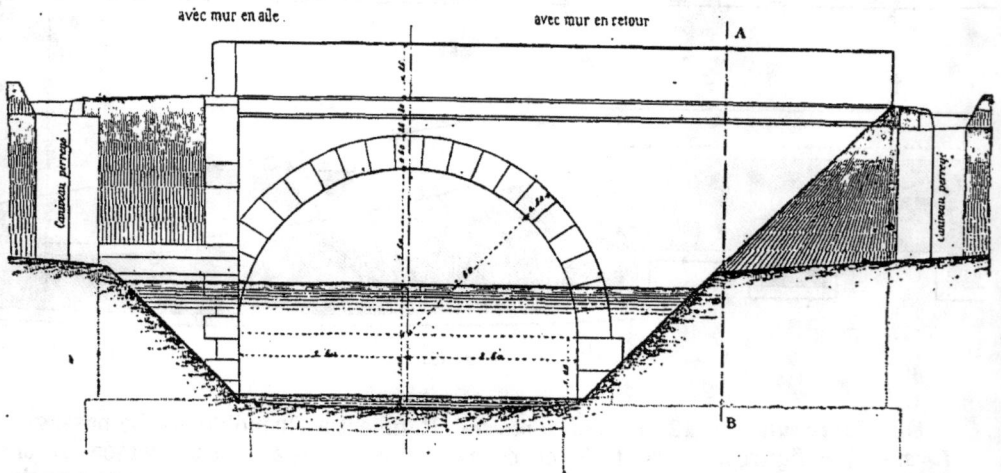

Fig. 14.

Coupe transversale

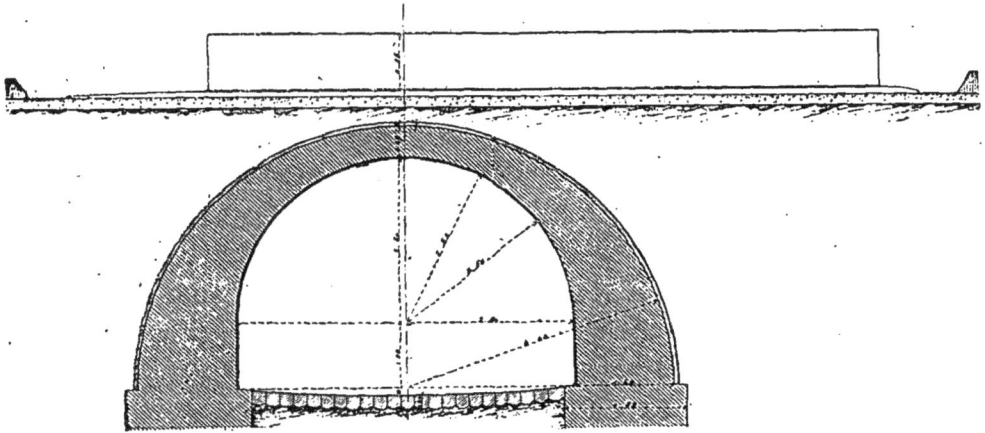

Fig. 15.

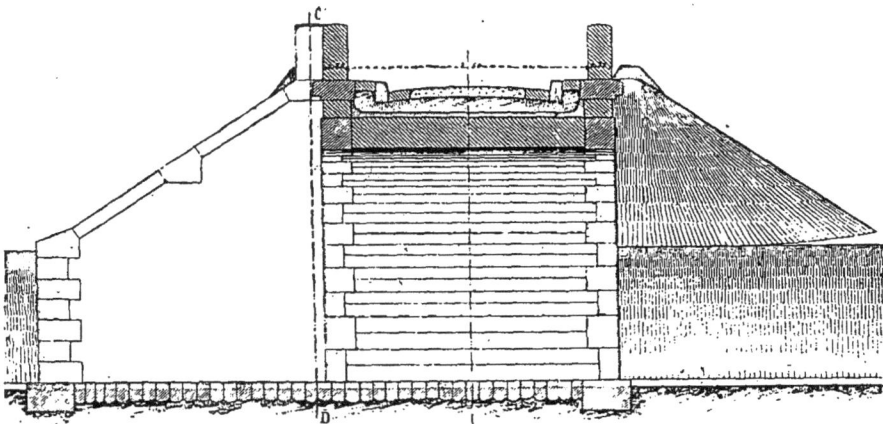

Fig. 16.

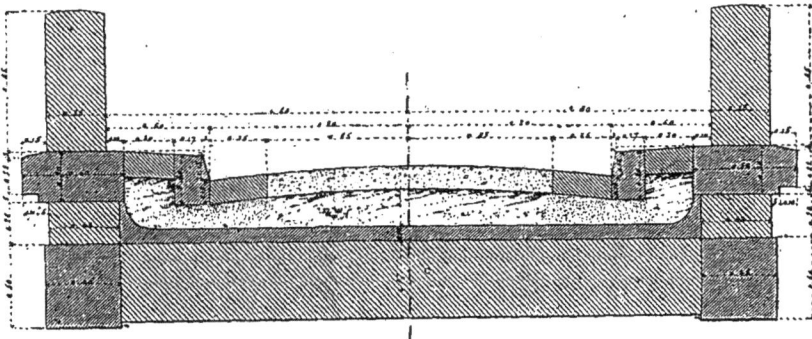

Fig. 17.

peut avoir entre garde-corps une largeur
variable de 6 à 8 mètres. — Les murs en

retour ont des parements en moellons
smillés. La voûte est construite entre les

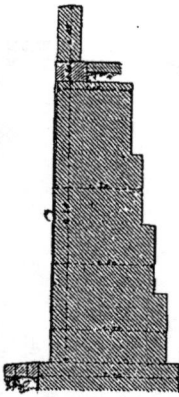
Fig. 18.

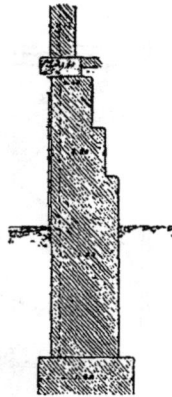
Fig. 19.

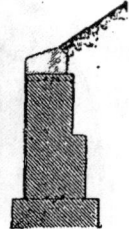
Fig. 20.

têtes, avec de la maçonnerie de briques, | disposée par rouleaux superposés. Le

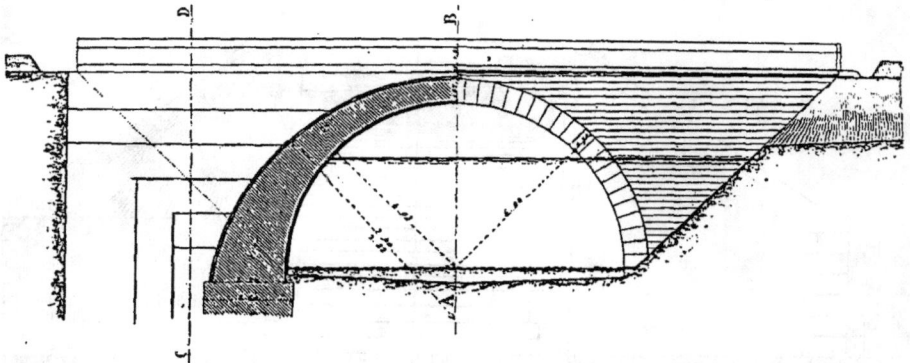
Fig. 21.

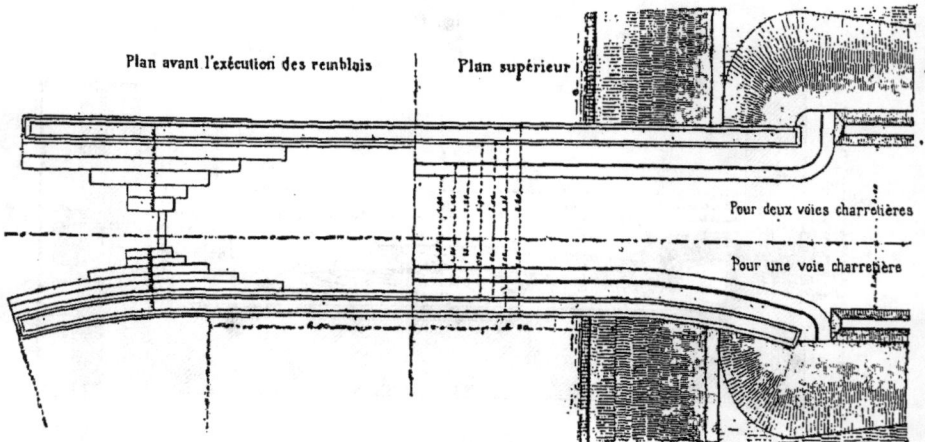
Fig. 22.

bandeau de la voûte et la plinthe sont en pierres de taille. Le garde-corps en fer est de forme très simple.

9. *Pont Napoléon sur le Gave de Pau.* — Comme dernier exemple de pont à une seule arche plein cintre, nous donnons (*fig.* 30) l'élévation du pont Napoléon à Saint-Sauveur (Hautes-Pyrénées). Les coupes transversales, faites au sommet de la voûte et à l'une des extrémités du pont, sont représentées par les figures 820 et 821 (tome I). Cet ouvrage a été construit pour le passage de la route nationale n° 21 sur le Gave de Pau. Il est

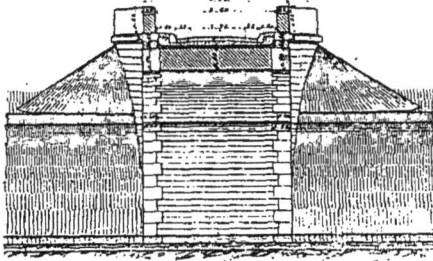

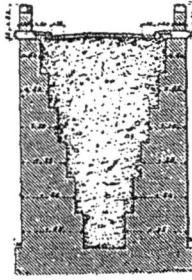

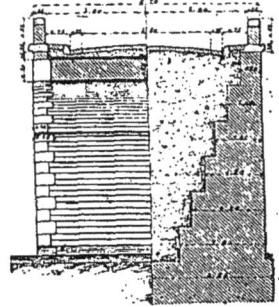

Fig. 23.   Fig. 24.   Fig. 25.

formé d'une seule arche en plein cintre de 42 mètres d'ouverture. La longueur du pont entre les dés est de 66ᵐ,20 ; sa largeur entre les faces extérieures est de 4ᵐ,90. Les trottoirs de 0ᵐ,85 sont presque complètement en encorbellement, ils sont

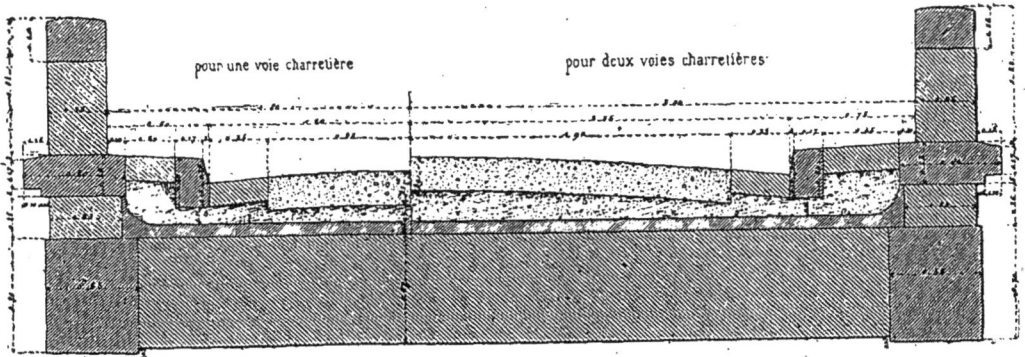

pour une voie charretière   pour deux voies charretières

Fig. 26.

soutenus par des consoles. Une balustrade en fonte couronne le pont.

La voûte repose directement sur le rocher. La première assise de la maçonnerie est située à 40 mètres au-dessus des basses eaux du Gave ; la chaussée est à 65ᵐ,50 au-dessus du même plan de comparaison. Les bandeaux des têtes sont en pierre de taille. La portion de la voûte comprise entre les bandeaux est construite en maçonnerie de moellons bruts schisteux et mortier de ciment de Vassy. L'épaisseur de la voûte à la clef est de 1ᵐ,45. Les tympans sont construits en maçonnerie à joints incertains ; ils sont formés de moellons calcaires reliés par un mortier de chaux grasse, additionné d'un dixième de son volume de ciment de Vassy.

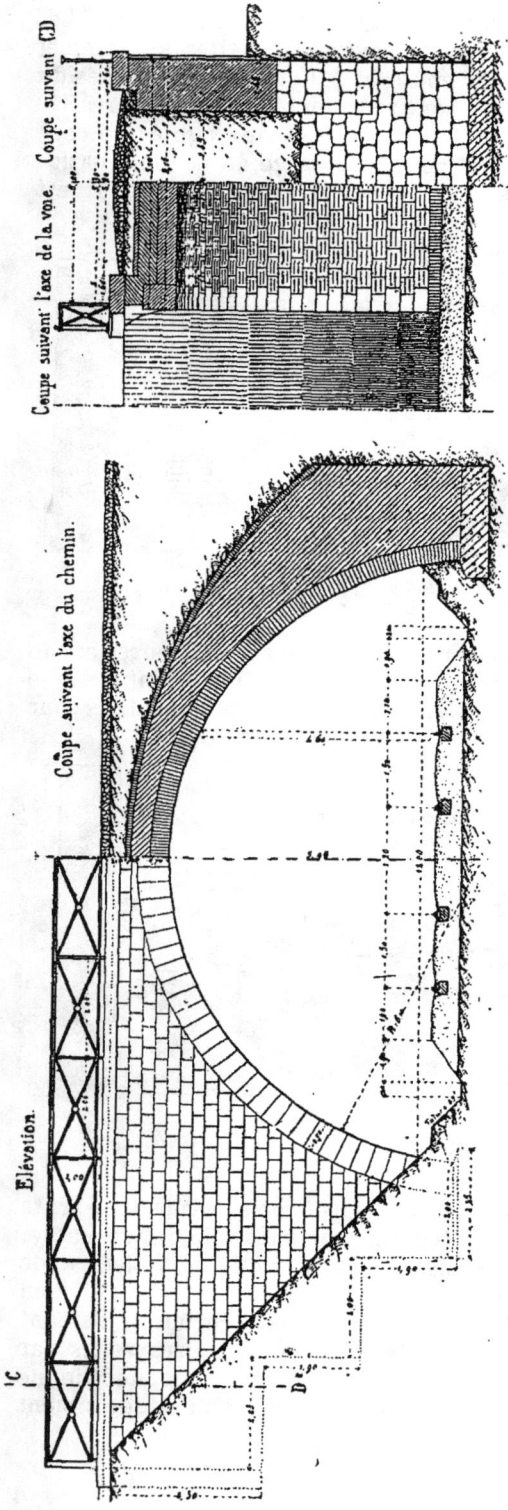

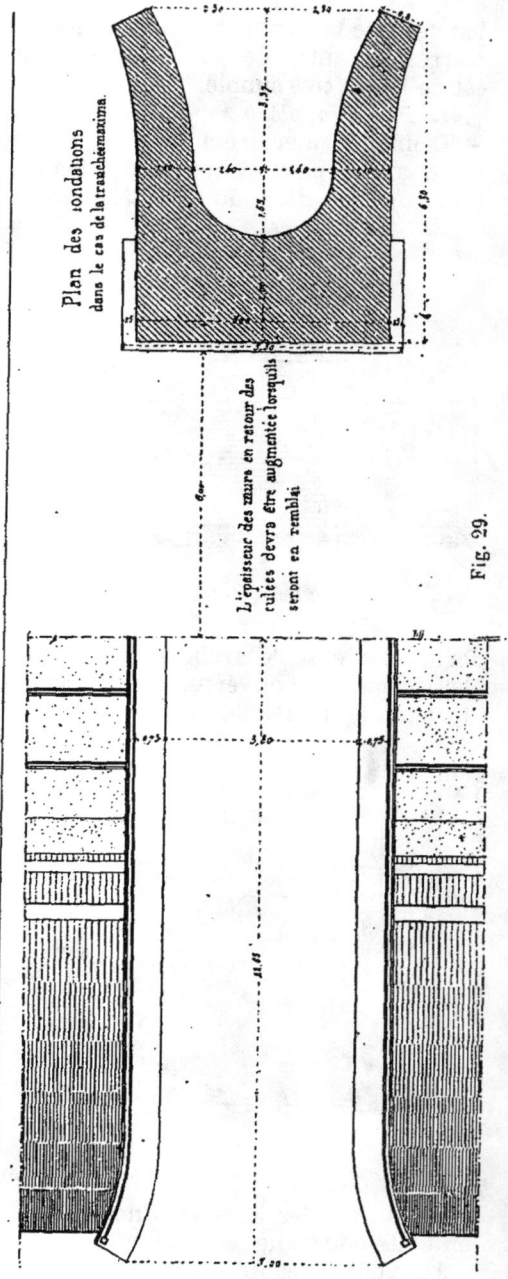

Coupe suivant l'axe de la voie.   Coupe suivant CD

Fig. 28.

Plan des fondations
dans le cas de la tranchée maxima.

L'épaisseur des murs en retour des culées devra être augmentée lorsqu'ils seront en remblai.

Fig. 29.

Coupe suivant l'axe du chemin.

Fig. 27.

Élévation.

II. — Arche surbaissée en arc de cercle.

10. *Type de passage inférieur de 4ᵐ,20 d'ouverture (fig. 31, 32, 33 et 34).* — Comme on le voit sur les figures, cet ouvrage présente des murs en aile dont le rampant a un talus de 3/2 et dont les extrémités sont évasées en courbe ; le rayon de ces courbes est de 5 mètres.

Le parement des murs a un fruit de $0^m,025$. Du côté des terres, l'augmentation nécessaire de l'épaisseur est obtenue

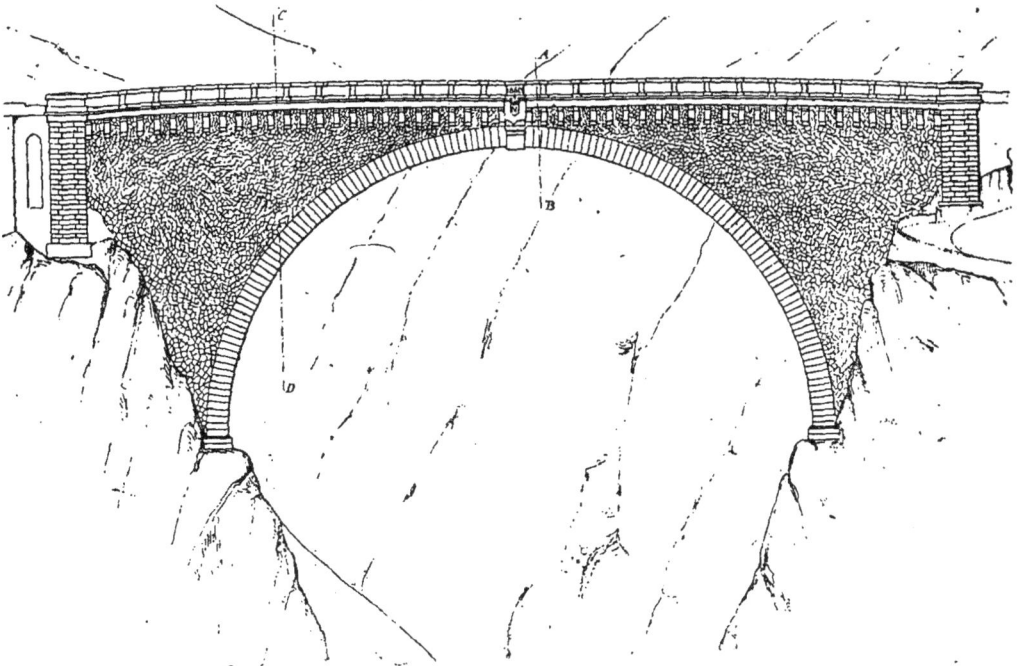

Fig. 30.

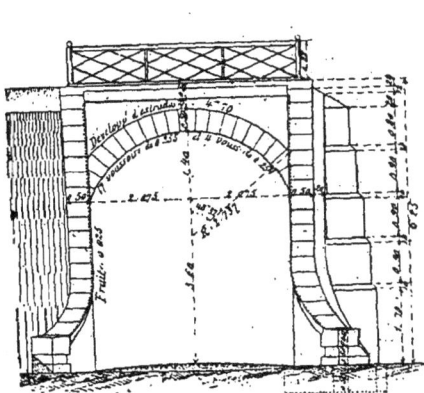

Fig. 31.

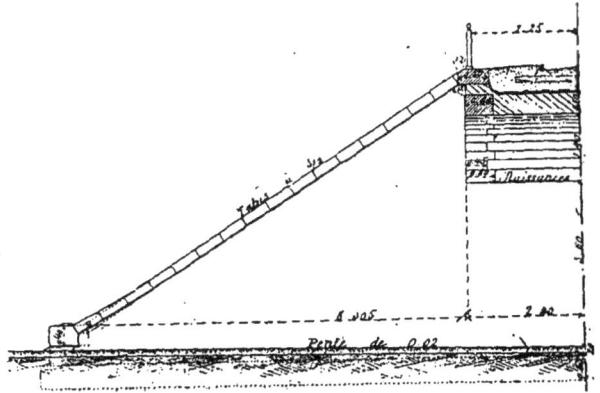

Fig. 32.

au moyen de retraites successives ayant la forme et les dimensions indiquées sur le plan et sur l'élévation.

Le bandeau de la voûte est extradossé parallèlement. Dans le corps de l'ouvrage, l'extrados de la voûte est formé par un arc de cercle divergent de $6^m,50$ de rayon, laissant une épaisseur de $0^m,50$ à la clef.

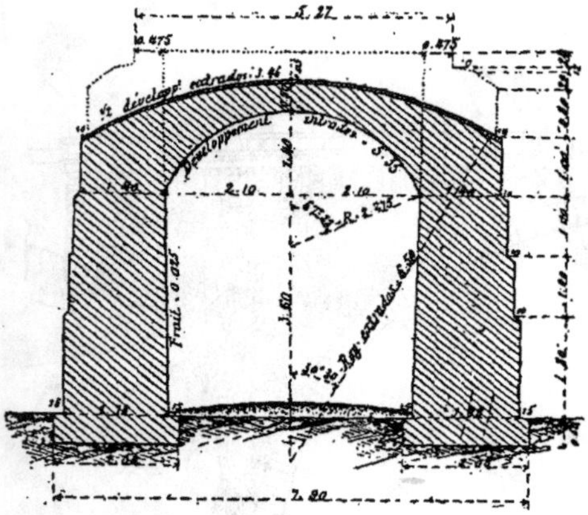

Fig. 33.

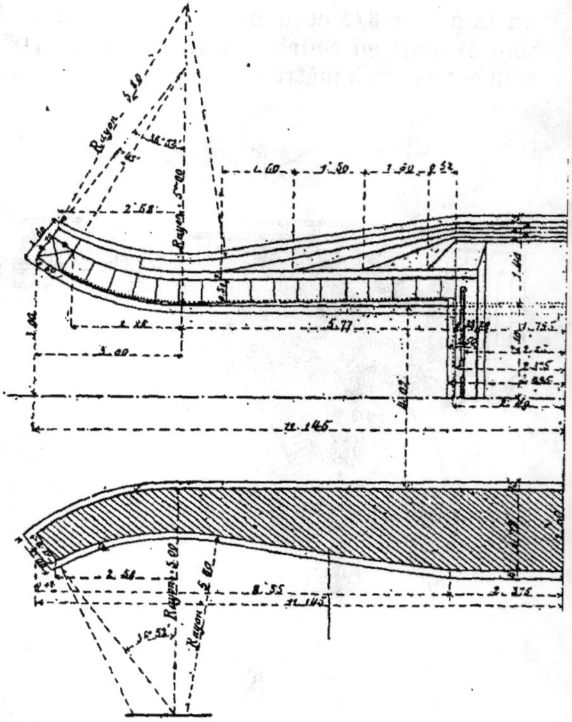

Fig. 34

11. *Pont en maçonnerie de 5 mètres d'ouverture, sur l'Héronne (Chemin de fer de l'Est) (fig. 35, 36, 37 et 38).* — L'empla- cement de ce pont est fixé par le plan d'ensemble représenté par la figure 16 (tome I). L'ouvrage donne passage à la

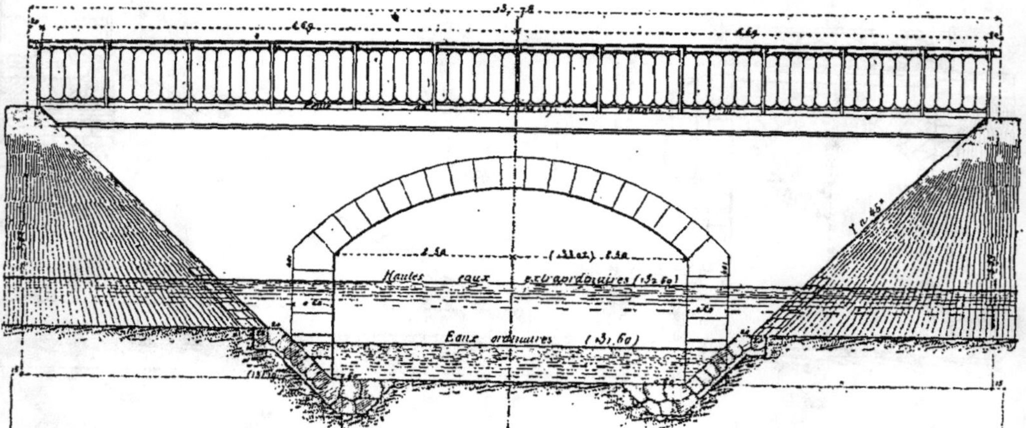

Fig. 35.

double voie de chemin de fer allant de Jessains à Éclaron. Il est établi sur la rivière Héronne, dérivée à cet endroit pour permettre une traversée normale.

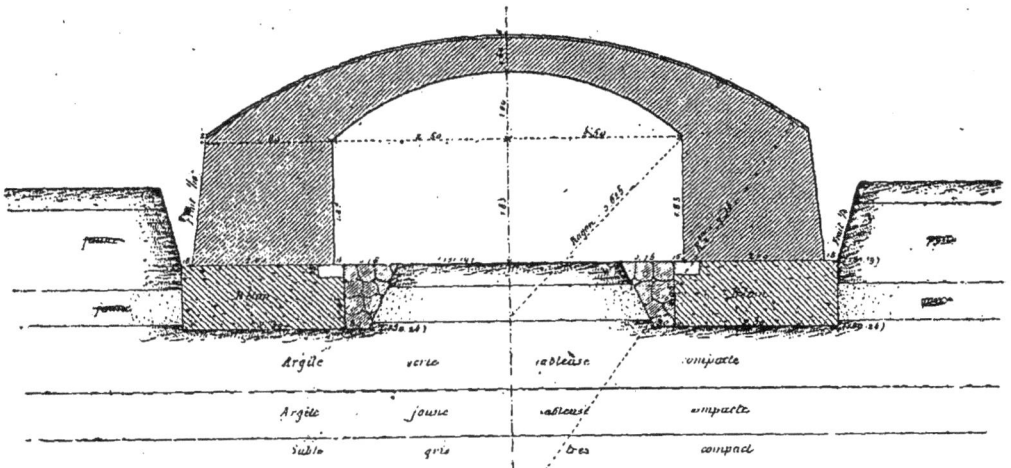

Fig. 36.

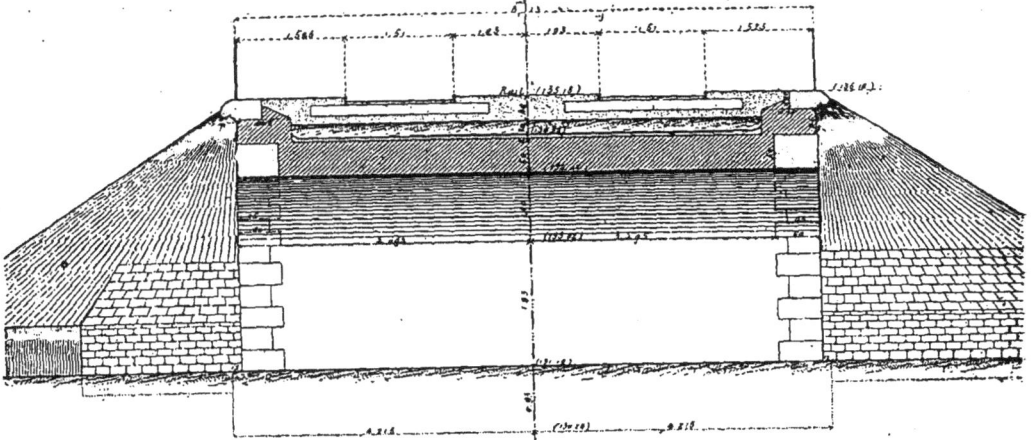

Fig. 37.

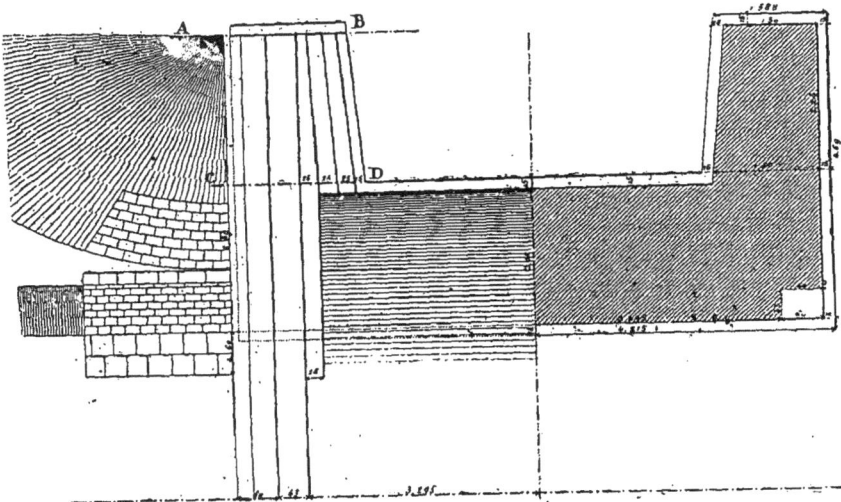

Fig. 38.

Sa construction est d'une grande simplicité. Des murs en retour prolongent les tympans. Les bandeaux de la voûte sont extradossés parallèlement. La plinthe est surmontée d'un garde-corps métallique.

12. *Passage inférieur de 7 mètres d'ouverture de la compagnie d'Orléans (fig. 39, 40, 41, et 42).* — Ce type de passage inférieur est à murs en retour. Le bandeau est extradossé parallèlement. Les arêtes

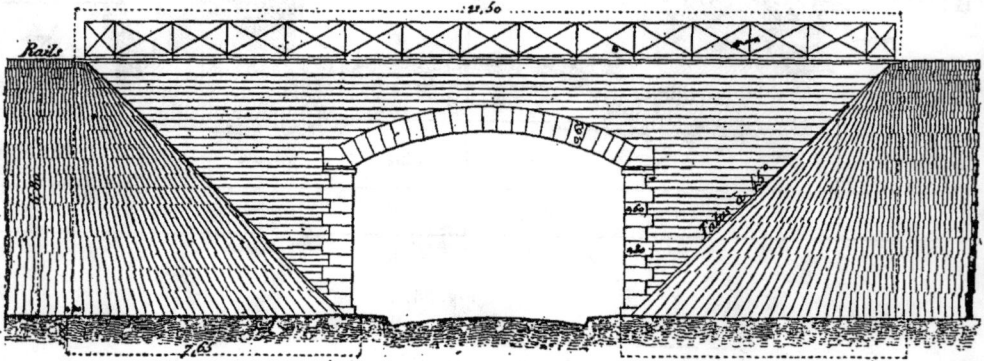

Fig. 39.

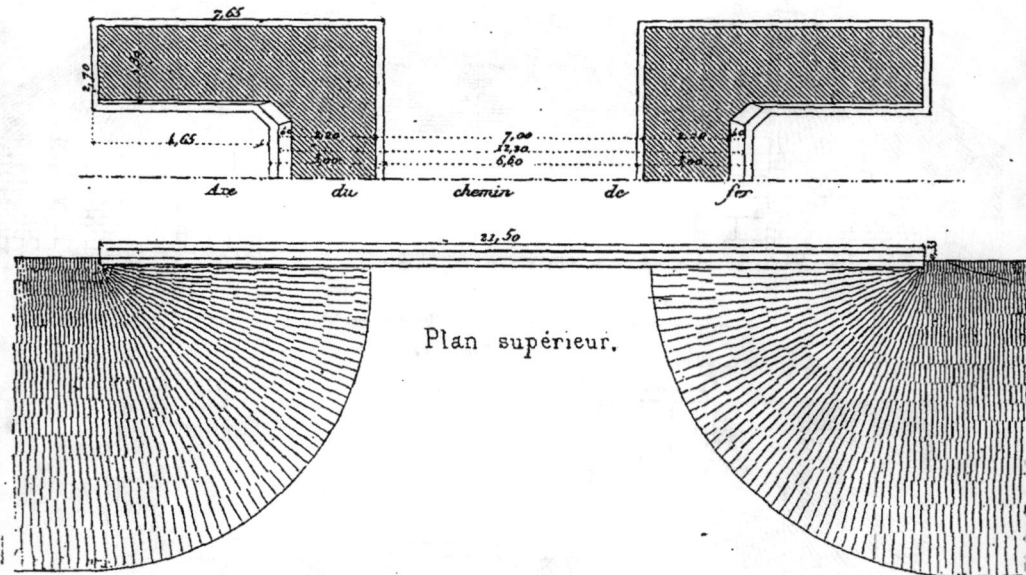

Plan supérieur.

Fig. 40.

rentrantes, formées par la rencontre de l'intrados en arc de cercle avec les parements verticaux des pieds-droits, sont munies d'un cordon en pierres de taille, présentant une saillie de 0,05. — Ce sont les pierres composant les cordons qui reçoivent les retombées de la voûte.

13. *Pont en arc de cercle de 8 mètres d'ouverture du service vicinal.* — Le recueil des types d'ouvrages d'art les plus usuels du service vicinal (annexé à la circulaire ministérielle du 20 août 1881) donne le type de pont représenté par les figures 43, 44, 45 et 46.

ENCYCLOPÉDIE THÉORIQUE & PRATIQUE DES CONNAISSANCES CIVILES & MILITAIRES

(*Publiée sous le patronage de la Réunion des officiers*)

PARTIE CIVILE

COURS DE CONSTRUCTION

HUITIEME PARTIE

TRAITÉ DES PONTS

PREMIÈRE PARTIE

PONTS EN MAÇONNERIE ET TUNNELS

Tome II

PAR

J. CHAIX

Ingénieur des Arts et Manufactures, Chef de travaux graphiques à l'École centrale,

Ancien ingénieur attaché à la construction des chemins de fer de Besançon à la frontière suisse et de Tunis à la frontière algérienne,

Ancien chef de section à la Compagnie des chemins de fer du Nord (Service des Ponts).

ET

E. CHAMBARET

Ingénieur des Arts et Manufactures

PARIS

Ancienne Maison H. CHAIRGRASSE Fils

FANCHON ET ARTUS, ÉDITEURS

23, RUE DE GRENELLE, 23

L'arc d'intrados de 8ᵐ,00 de corde a une flèche de 1ᵐ,10. Les murs en retour sont évasés à leurs extrémités et permettent ainsi un raccordement facile entre la lar-

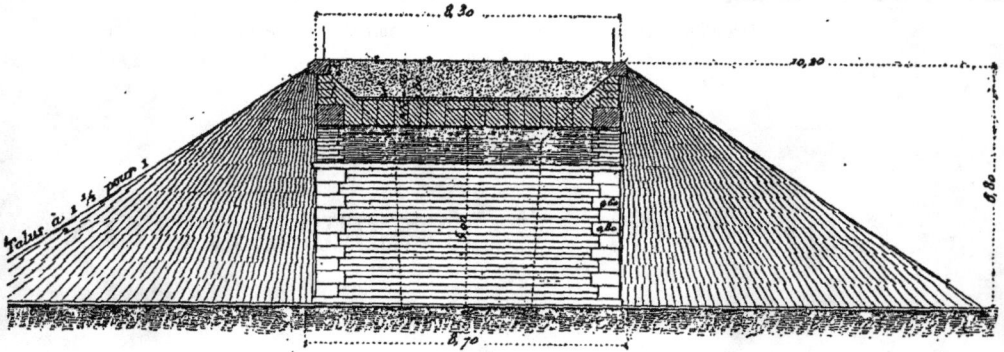

Fig. 41.

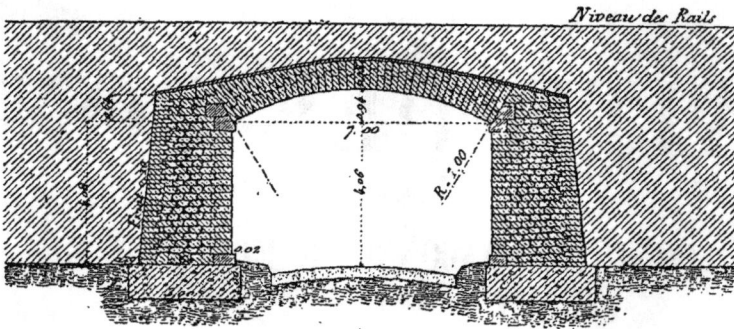

Fig. 42.

geur du chemin qui est de 4 mètres avec celle du pont qui est seulement de 2ᵐ,40 entre bordures des trottoirs et de 3ᵐ,75 entre garde-corps ou parapets.

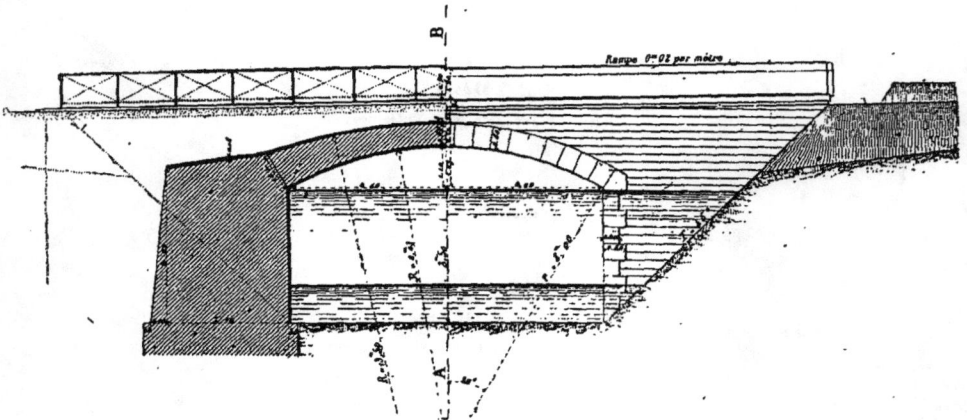

Fig. 43.

Le détail du parapet a été donné dans le tome I (*fig.* 975). Quand on emploie un garde-corps en fer, la disposition est celle représentée par la figure 46.

La figure 43 donne, à gauche, une demi-coupe transversale du pont, et à droite une demi-élévation.

Sur la figure 44, on voit, à gauche, une coupe horizontale au niveau des fondations, et à droite, un plan supérieur montrant les abords.

Enfin, la figure 45 est une coupe transversale faite suivant AB, sur le milieu de l'arche.

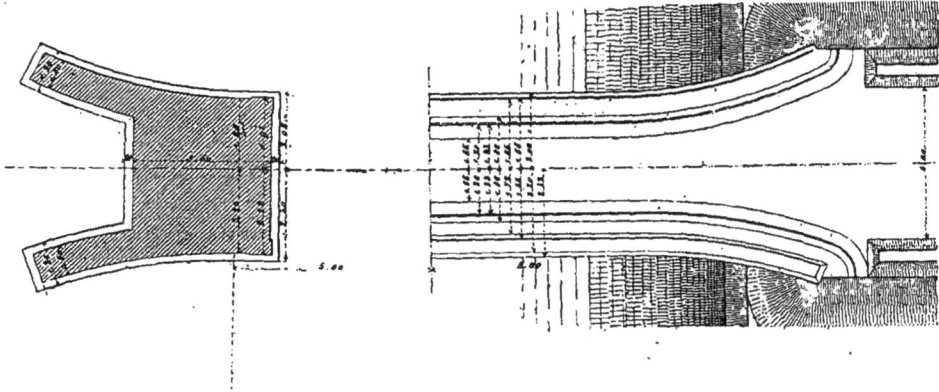

Fig. 44.

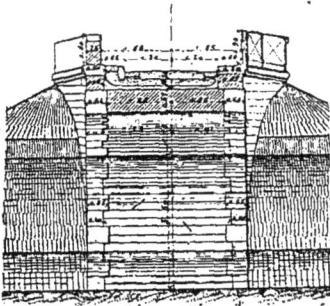

Fig. 45.

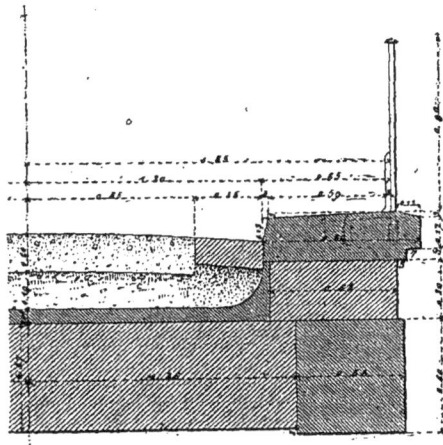

Fig. 46.

14. *Passage supérieur de* 8 *mètres d'ouverture des chemins de fer de Lyon* (*fig.* 47, 48 et 49). — Ce type de passage supérieur a été étudié pour la traversée d'une tranchée de chemin de fer à deux voies dans un terrain argileux. La distance entre les têtes est variable suivant la nature du chemin supérieur.

Ce pont présente des murs en aile à fruit extérieur et à parements verticaux du côté des terres. — Les talus de la tranchée se raccordent avec les rampants des murs en aile au moyen de quarts de cône creux ayant leur sommet à l'extrémité des murs.

Les figures montrent assez clairement

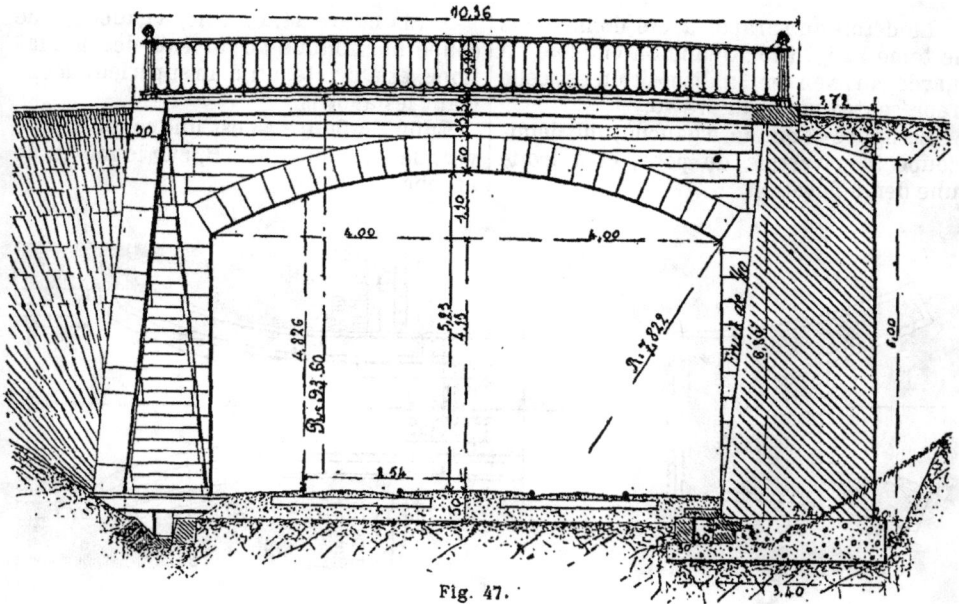

Fig. 47.

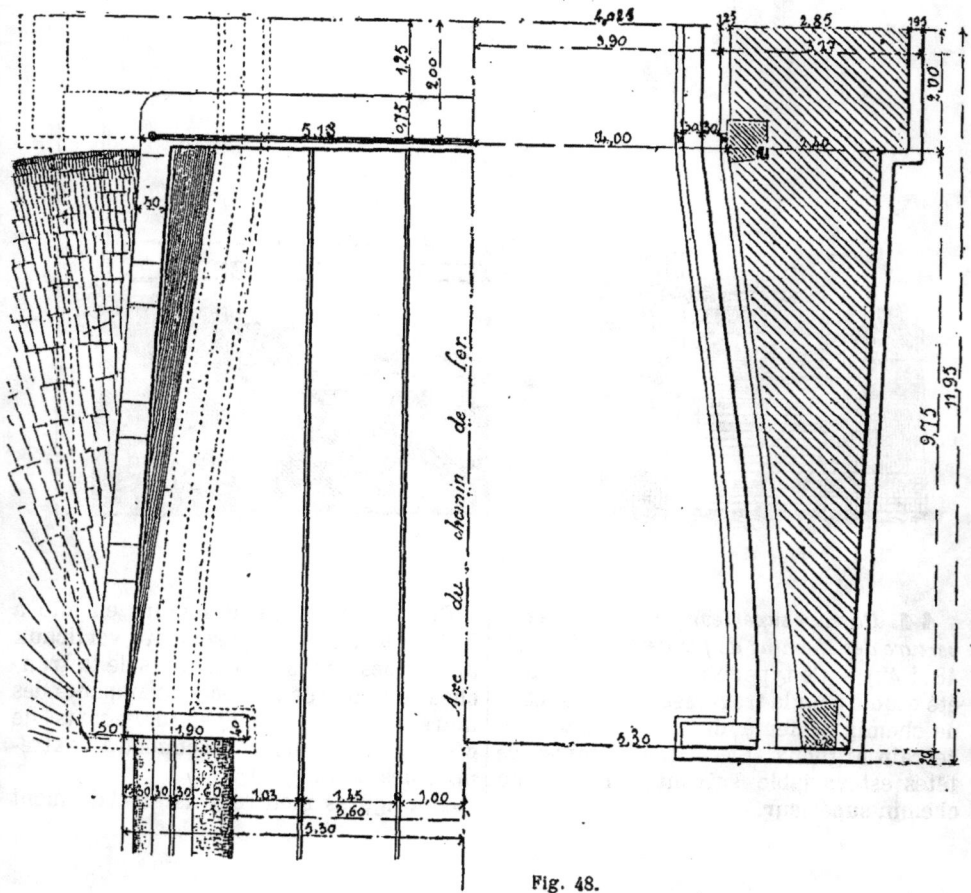

Fig. 48.

les dispositions prises pour qu'il ne soit | *verture et à culées perdues, des chemins de*
pas nécessaire d'insister davantage. | *fer de Lyon (fig.* 50, 51, 52 et 53). — Les
   15. *Passage supérieur de 7 mètres d'ou-* | arches à culées perdues s'emploient pour

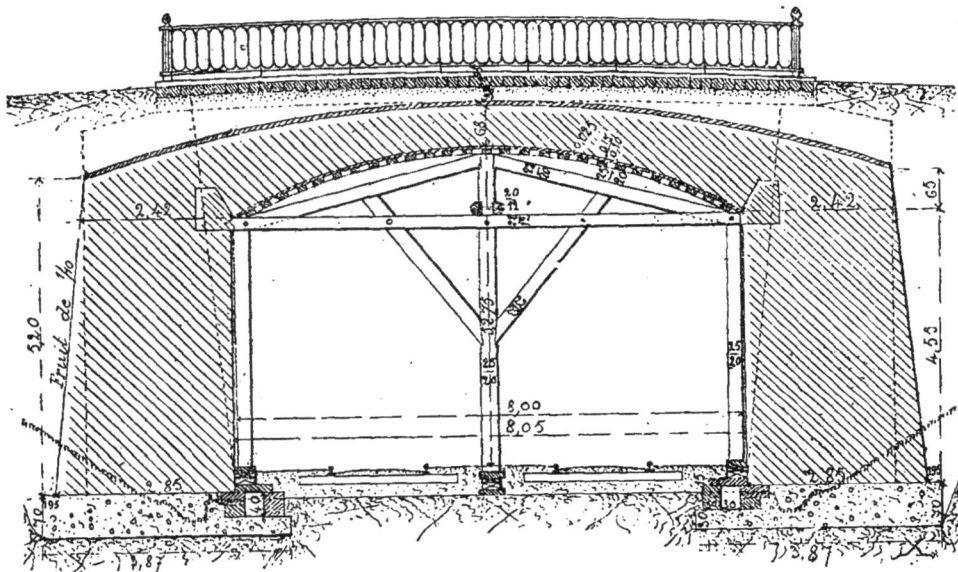

Fig. 49.

les voûtes surbaissées en arc de cercle | permettre l'établissement de culées soli-
lorsque le sol offre assez de résistance pour | des au niveau des retombées de l'arc.

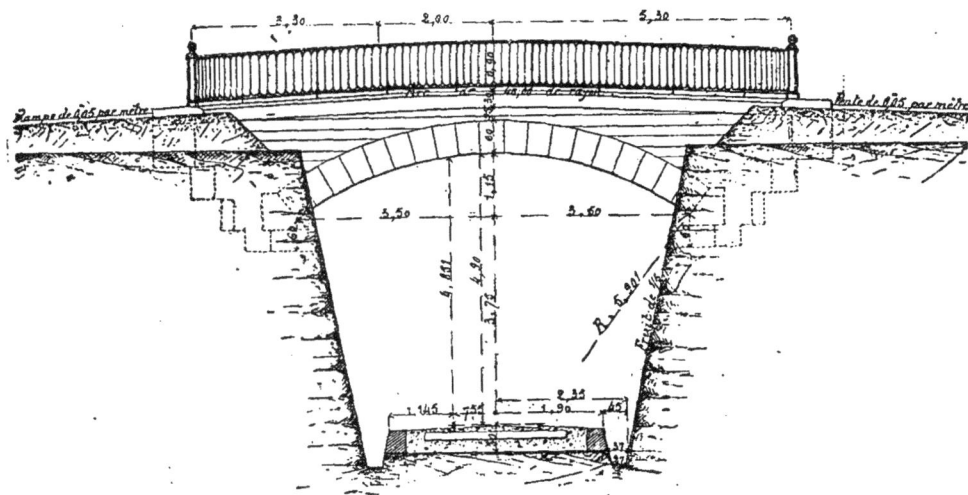

Fig. 50.

Nous avons indiqué (n°ˢ 615 et 616, tome I) | les avantages de ce type fréquemment

employé aujourd'hui, ainsi que les conditions qui conviennent particulièrement à
son emploi.

L'ouvrage représenté par les figure 50
à 53 a été appliqué, sur les chemins de
fer de P.-L.-M., pour la traversée des

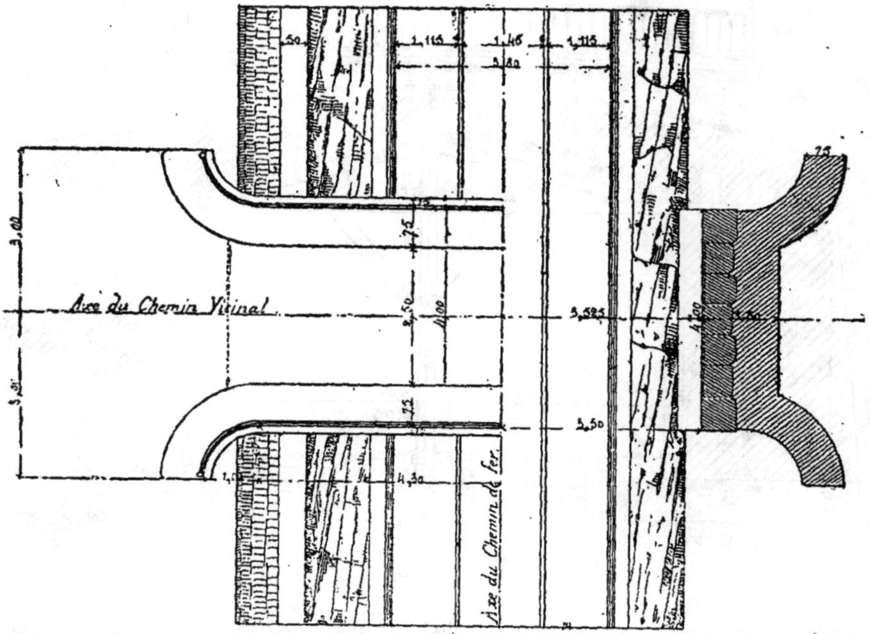

Fig. 51.

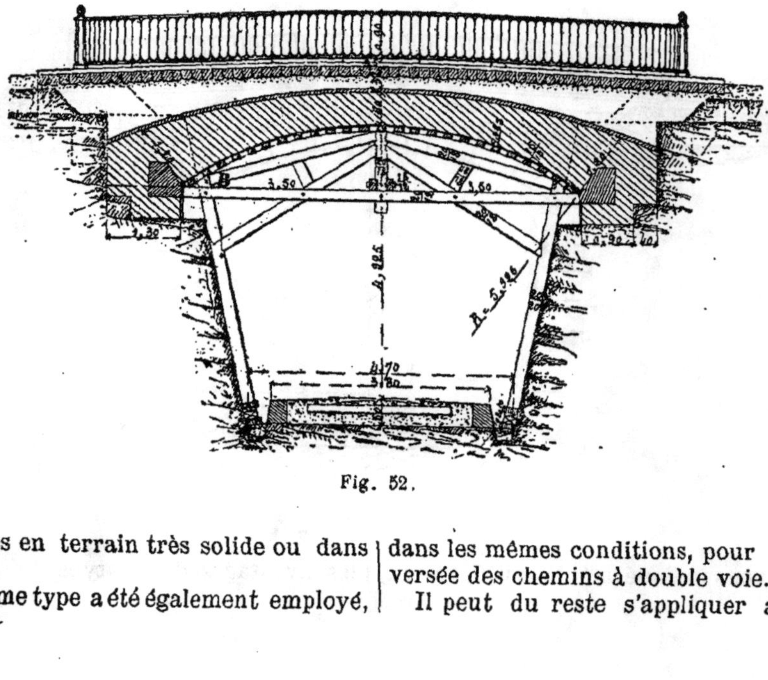

Fig. 52.

tranchées en terrain très solide ou dans
le roc.

Le même type a été également employé,

dans les mêmes conditions, pour la traversée des chemins à double voie.

Il peut du reste s'appliquer au pas-

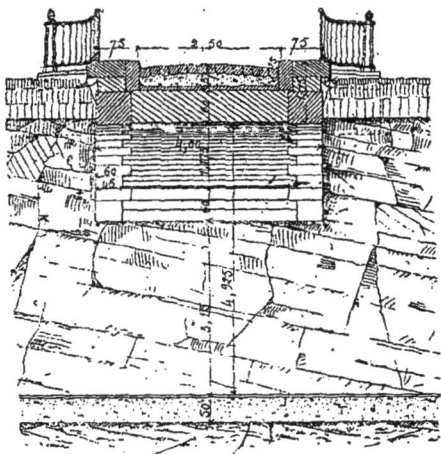

Fig. 53.

sage de toute voie supérieure quelle, que soit sa largeur.

16. *Pont à culées perdues, de 14 mètres d'ouverture libre (Compagnie d'Orléans)* (*fig.* 743, tome I et *fig.* 54, 55 et 56). — Ce type de pont a été employé notamment sur la ligne de Nantes à Chateaulin. Celui représenté par les figures donne passage à une double voie de chemin de fer sur un canal. L'ouverture libre, mesurée entre les pieds des talus est de 14 mètres.

Les détails de construction et les abords de ce pont se comprennent facilement, à la seule inspection des figures.

(*Fig.* 743, tome I). Élévation à gauche et coupe longitudinale à droite;

(*Fig.* 54). Plan supérieur à gauche

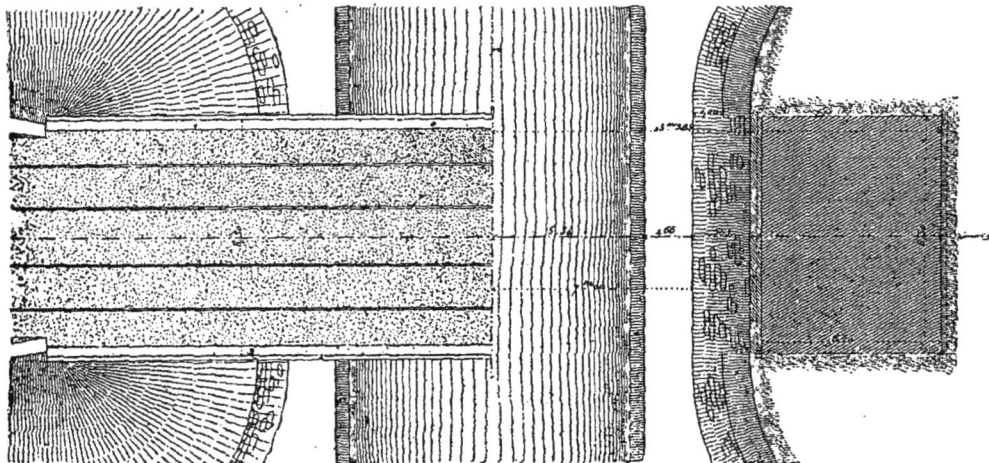

Fig. 54.

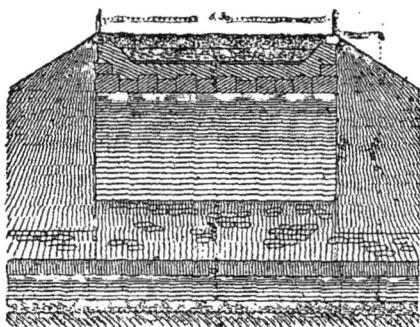

Fig. 55.

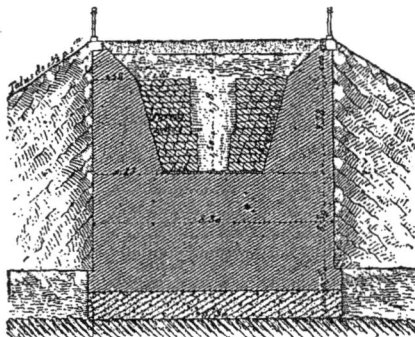

Fig. 56.

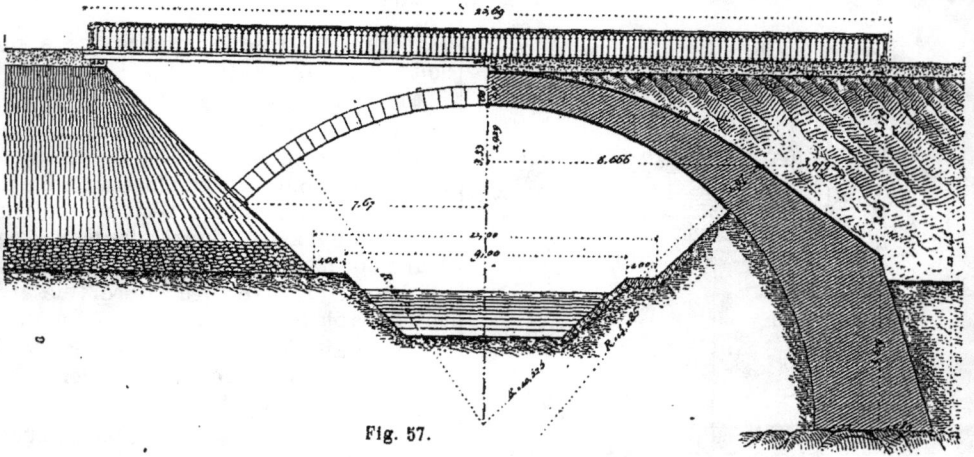

Fig. 57.

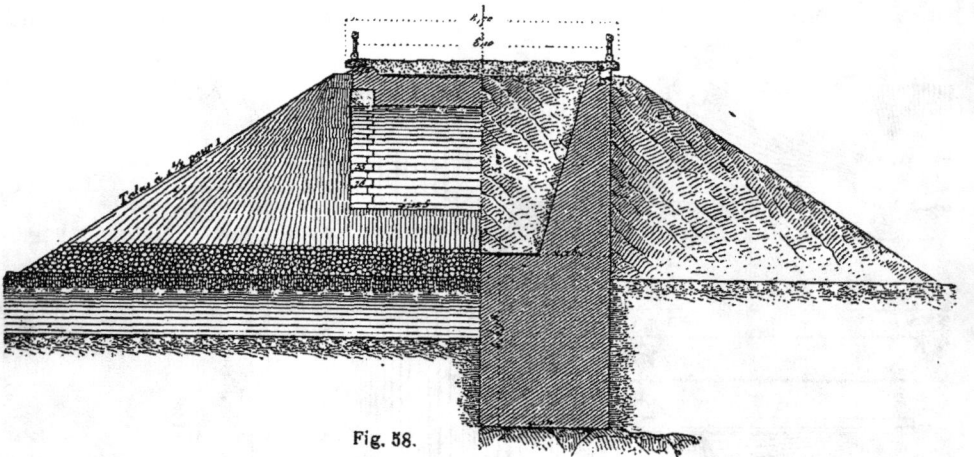

Fig. 58.

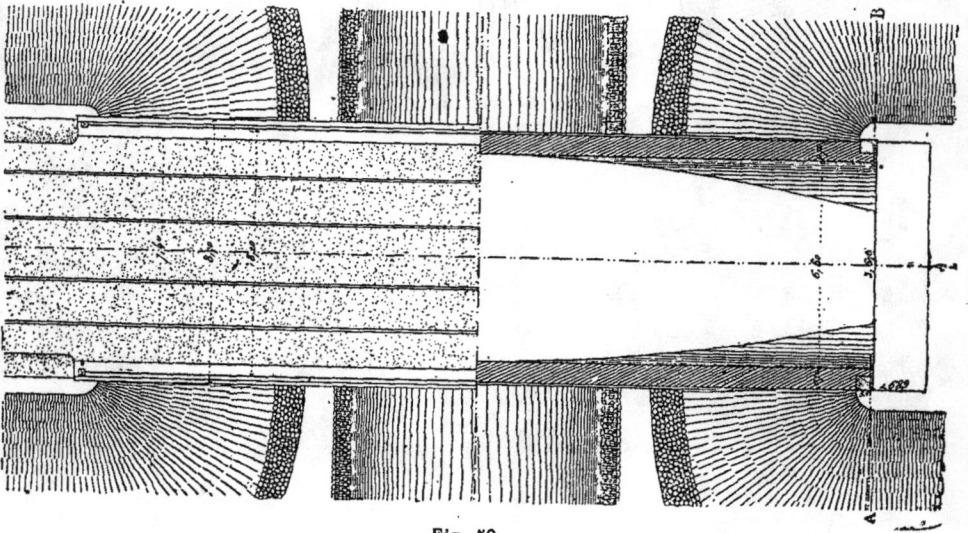

Fig. 59.

et coupe horizontale au niveau des nais- | (*Fig.* 55). Coupe transversale sur l'axe du
sances à droite ; | pont ;

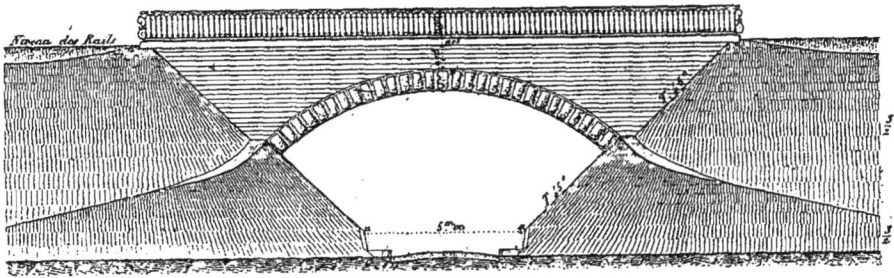

Fig. 60.

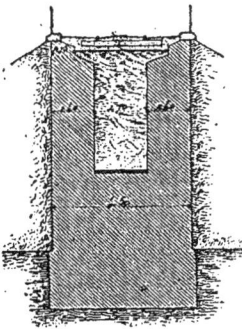

Fig. 61.

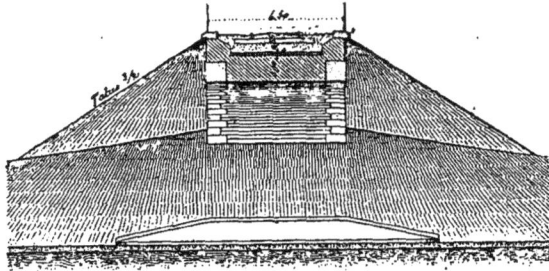

Fig. 62.

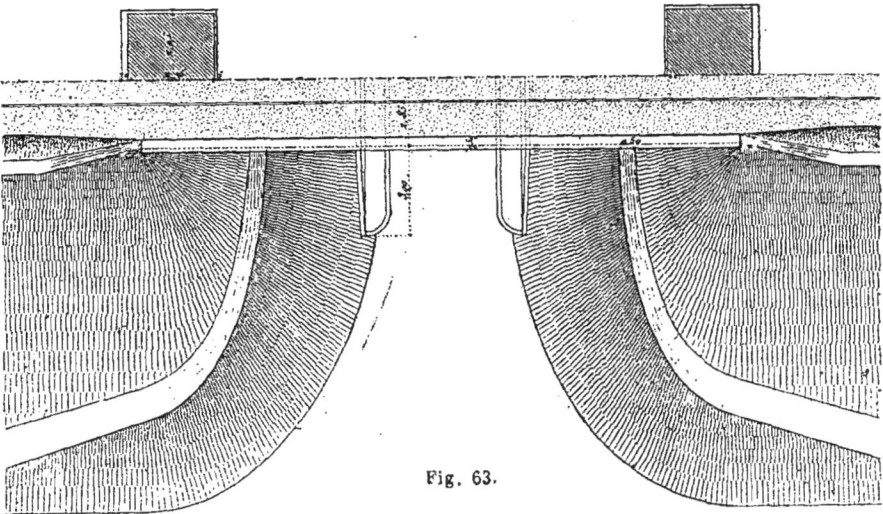

Fig. 63.

(*Fig.* 56). Coupe transversale à l'extrémité du pont.

17. *Pont à culées perdues de 11 mè-*
tres d'ouverture libre (*Compagnie d'Orléans*)

(*fig.* 57, 58 et 59). — Sur le réseau central de la Compagnie d'Orléans on a quelquefois employé ce type de pont à culées
perdues. Comme le précédent, il est établi

sur un canal, mais la nécessité de des- | pour trouver le sol résistant, a fait mo-
cendre à une assez grande profondeur | difier la forme de la section transversale

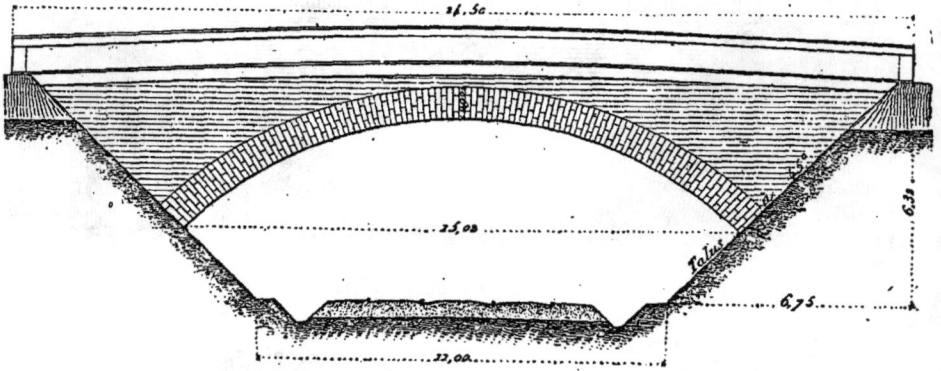

Fig. 64.

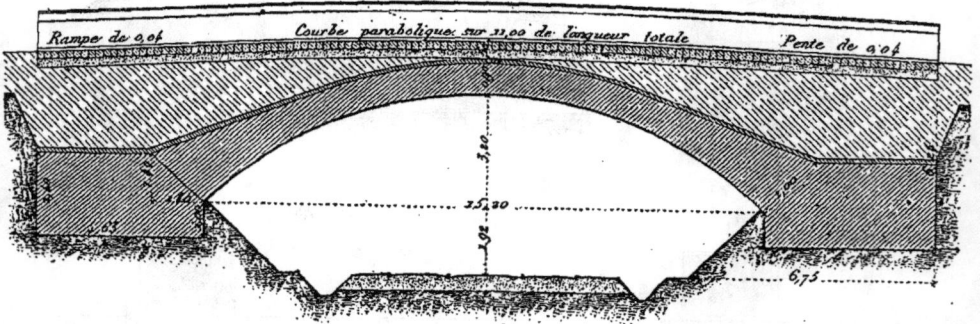

Fig. 65.

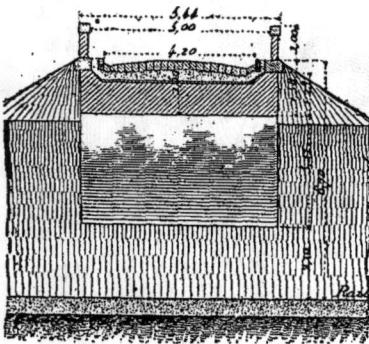

Fig. 66.

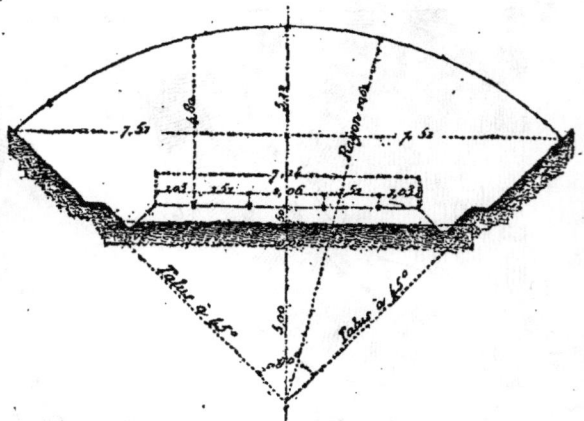

Fig. 67.

de l'arche. — L'arc d'intrados forme un | duire l'épaisseur de la maçonnerie for-
plein cintre complet ce qui permet de ré- | mant culée.

(*Fig.* 57). Élévation à gauche et coupe longitudinale à droite;

(*Fig.* 58). Coupe transversale sur l'axe de l'arche, à gauche et coupe transversale suivant AB, à droite;

(*Fig.* 59). Plan supérieur à gauche, et coupe horizontale au - dessous de la plinthe à droite.

18. *Passage inférieur, à culées perdues de 5 mètres d'ouverture libre* (*Compagnie d'Orléans*) (*fig.* 742, tome I et *fig.* 60, 61, 62 et 63). — Ce passage inférieur,

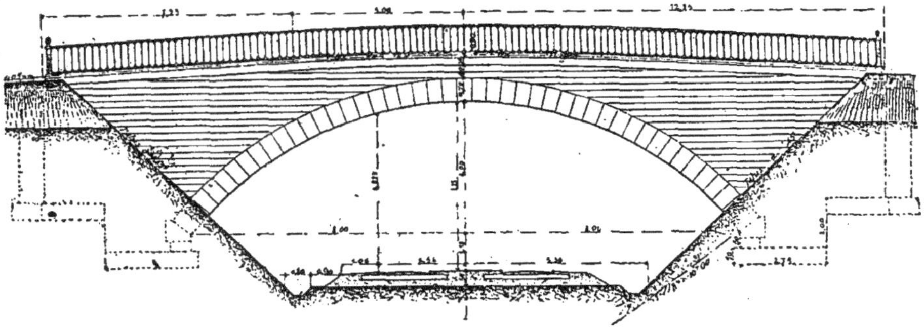

Fig. 68.

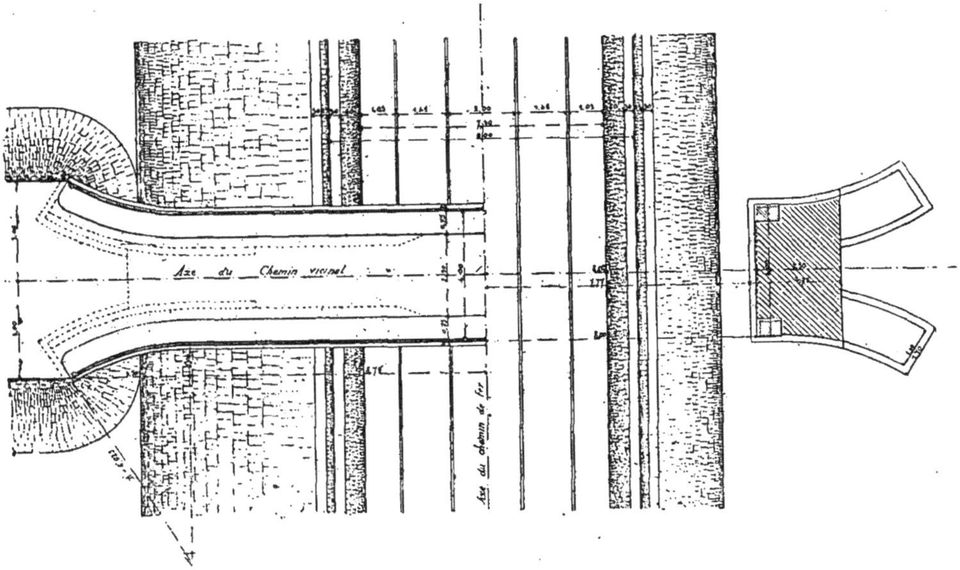

Fig. 69.

dont nous avons déjà donné une coupe longitudinale (*fig.*742, tome I) est à culées perdues, comme les deux types précédents. Il donne passage à un chemin de 5 mètres de largeur totale. Cette largeur a été obtenue au moyen de petits murs de revêtement soutenant les pieds des talus.

On voit sur l'élévation (*fig.* 60) que l'arc apparent ou bandeau de la voûte a été très nettement accusé au moyen de voussoirs munis de refends et de bossages.

Les figures 61 et 62 montrent une coupe suivant AB à l'extrémité du pont et une autre coupe passant sur l'axe de l'arche.

Le plan et la coupe horizontale au niveau du terrain naturel sont représentés par la figure 63.

19. *Passage supérieur à culées perdues (Compagnie d'Orléans)* (*fig.* 64, 65, 66 et 67). — Le système des ponts en arc et à culées perdues est surtout employé pour les passages supérieurs. Les figures 64 à 67 représentent le type en usage à la Compagnie d'Orléans.

On voit sur l'élévation (*fig.* 64), que le bandeau de tête est appareillé en petits matériaux comme les tympans et la voûte elle-même. Les parapets sont en maçonnerie.

La coupe longitudinale (*fig.* 65) est de forme très simple et très rationnelle. La chaussée présente une rampe et une pente de 0ᵐ,04 à l'entrée et à la sortie du pont ;

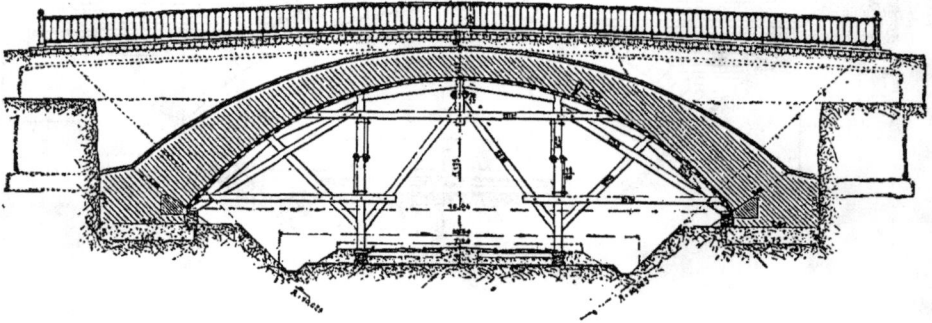

Fig. 70.

les deux se raccordent au moyen d'une courbe parabolique sur une longueur de 11 mètres.

La figure 66 montre une coupe transversale sur l'axe du chemin de fer, c'est-à-dire, sur le milieu de l'arche.

Enfin l'épure, montrant comment on est arrivé à la détermination des dimensions principales de l'ouvrage pour satisfaire aux conditions de largeur et de hauteur, est représentée par la figure 67.

20. *Passage supérieur à culées perdues (Compagnie P.-L.-M.)* (*fig.* 68, 69, 70 et 71). — L'ouverture de l'arc de cercle est de 16 mètres et la flèche de 4 mètres. — Ce type est applicable à la traversée d'un chemin de fer à deux voies au-dessus d'une tranchée en terrain solide. Le bandeau de tête en pierre de taille est extradossé parallèlement. La plinthe, également en pierre de taille, affecte la même forme que la chaussée, c'est-à-dire, un arc de cercle de 100 mètres de rayon ; elle est surmontée d'un garde-corps métallique.

Les culées présentent à leurs extrémités un évasement assez prononcé, facilitant le raccordement de la largeur normale du chemin avec la largeur réduite du pont.

(*Fig.* 68). Élévation d'une tête ;

(*Fig.* 69). Plan supérieur à gauche et plan des maçonneries au niveau des naissances à droite ;

(*Fig.* 70). Coupe suivant l'axe du chemin supérieur ;

(*Fig.* 71). Coupe suivant l'axe du che-

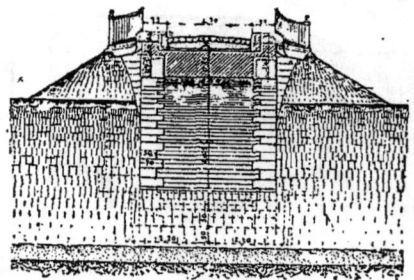

Fig. 71.

min de fer, c'est-à-dire, suivant le milieu de l'arche.

21. *Passage supérieur à culées perdues et tympans évidés (Compagnie du Nord).* — L'usage des évidements transversaux des tympans se répand de plus en plus aujourd'hui. Nous avons étudié

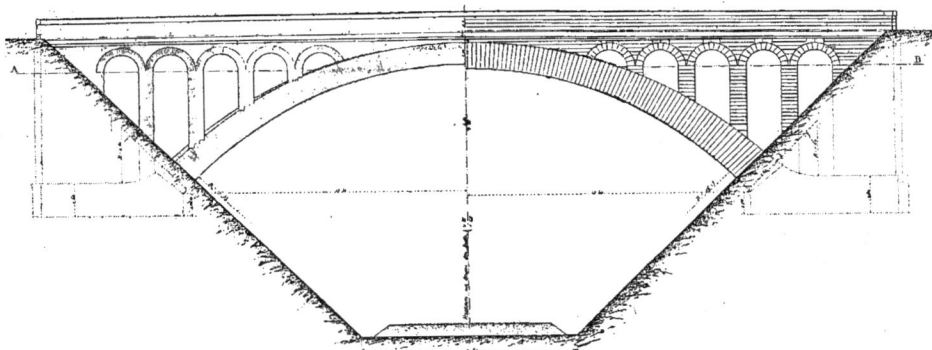

Fig. 72.

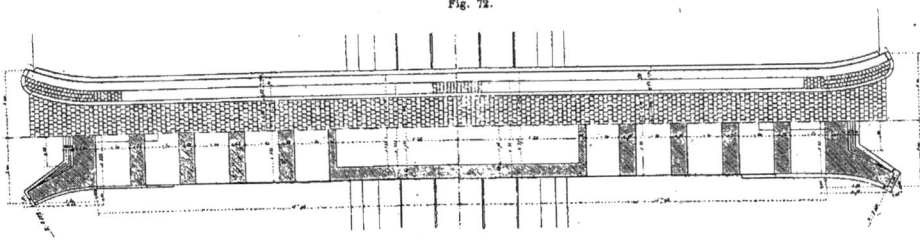

avec tous les détails nécessaires ce genre
d'élégissement et nous avons vu quels
sont ses avantages (Tome I).

Depuis longtemps, la Compagnie du
Nord a étudié et construit un type avec
évïdements transversaux. Celui représenté par les figures 72 et 73, s'applique
au passage d'un chemin de 4 mètres de
largeur, dans le cas de fondations peu
profondes.

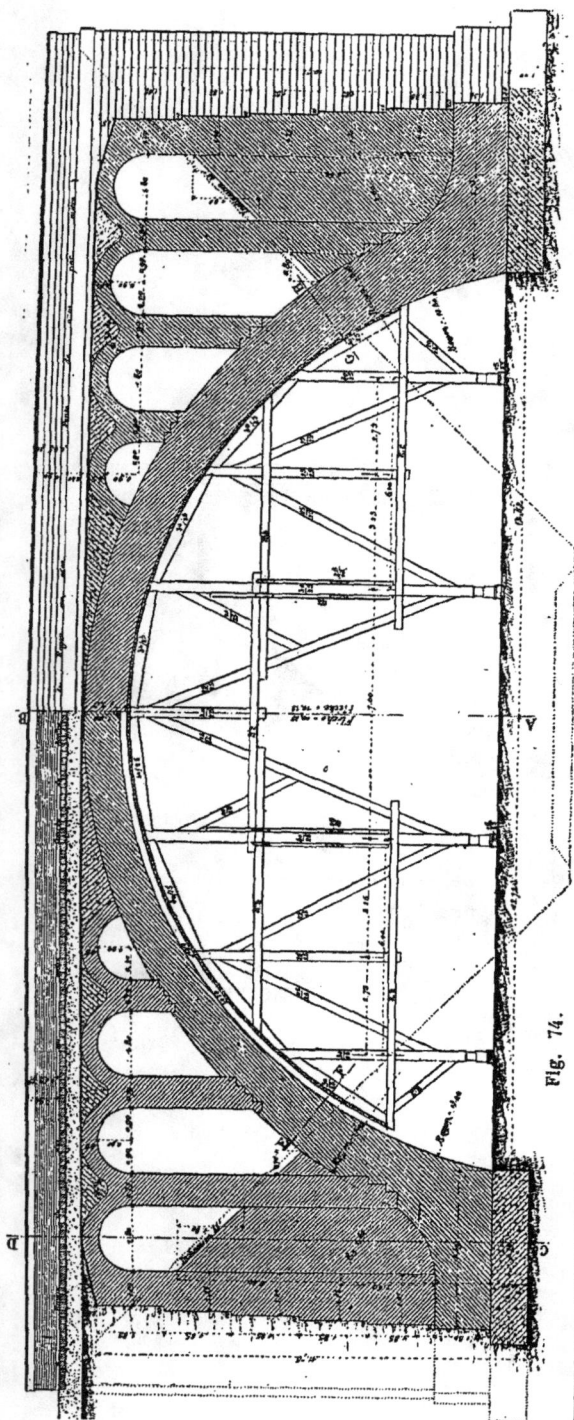

Fig. 75.

(*Fig.* 72). Demi-élévation en briques
à gauche, et demi-élévation en moellons,
à droite;

(*Fig.* 73). Plan supérieur au-dessus de
l'axe, et coupe horizontale suivant AB,
en dessous.

Dans le cas de fondations profondes,
l'élévation et le plan de l'ouvrage restent
les mêmes, mais la coups longitudinale
des maçonneries et les coupes transversales affectent les formes et dimensions
représentées par les figures 74, 75 et 76.

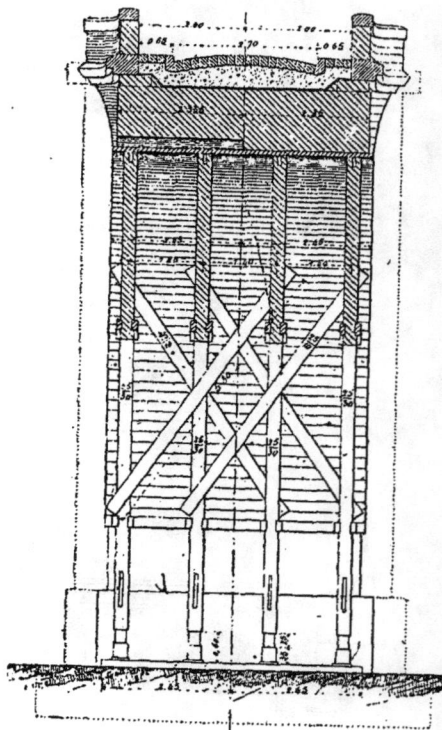

Fig. 74.

(*Fig.* 74). Coupe longitudinale, en briques à gauche, et en moellons à droite; (*Fig.* 75). Coupe transversale· suivant AB au sommet de l'arche ;

(*Fig.* 76). Coupe transversale suivant CD à l'extrémité du pont.

22. *Pont de Claix, sur le Drac.* — Ce pont, représenté par les figures 847, 848 et 849 (tome I) est un exemple de pont en arc de cercle de grande ouverture cons-

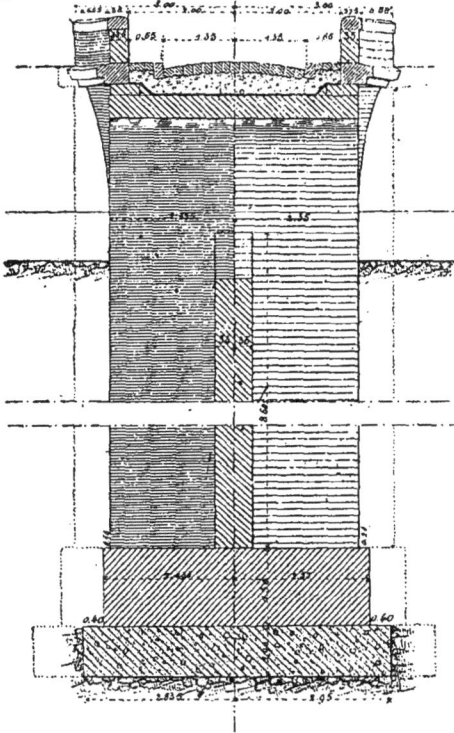

Fig. 76.

truit dans le système à culées perdues, avec élégissement des tympans.

L'arc unique a 52 mètres d'ouverture, une flèche de 7ᵐ,40 et un rayon de 46 mètres. — La voûte a 1ᵐ,50 d'épaisseur à la clef et 3ᵐ,10 aux naissances : elle est extradossée par un arc de cercle de 58ᵐ,30 de rayon. La largeur du pont entre les têtes est de 8ᵐ,20.

Les bandeaux sont en pierres de taille paramentées en bossage. Leur épaisseur est de 1ᵐ,20 à la clef et de 2ᵐ,60 aux naissances. Ils sont extradossés par un arc de cercle de 55ᵐ,40 de rayon et surmontés par des tympans appareillés à joints de hasard. Une plinthe en pierre de taille et un bahut plein couronnent les tympans.

Des quarts de cône, en partie gazonnés, en partie perréiés relient le pont aux remblais avoisinants.

Les tympans ont un mètre d'épaisseur ; ils sont réunis par trois rangées de voûte d'arête de 1ᵐ,50 d'ouverture, reposant sur des piliers de 0ᵐ,80 sur 0ᵐ,80 jusqu'à 2ᵐ,75 en contre-bas des naissances, et de 1 mètre sur 1 mètre à la base.

23. *Pont du Saulnier sur le Gardon de Sainte Cécile d'Andorge* (*fig.* 77 ¦à 80). — Ce pont construit par M. A. Charpentier, agent-voyer en chef de la Lozère, donne passage, sur le Gardon, au chemin de grande communication n° 74 de Florac à Alais. Il est normal à l'axe du cours d'eau, qu'il traverse au point où son lit est le plus resserré. ·

Lorsque l'emplacement du pont fut· choisi, il s'agissait de déterminer le système de construction. Un pont à tablier métallique paraissait indiqué pour laisser un libre cours au Gardon ; mais comme il y avait une hauteur suffisante au-dessus des plus hautes eaux, et que d'ailleurs la pierre de bonne qualité était à faible distance, on a préféré construire un pont en maçonnerie.

Avant de faire choix d'une arche unique de 43 mètres, un pont à deux arches de 20 mètres d'ouverture chacune a été étudié. La dépense était sensiblement la même dans les deux cas. Mais la construction d'une pile en rivière à 13 mètres de profondeur, dans un sable mouvant, présentait un tel aléa qu'on a dû renoncer à la solution comportant deux arches. Une seule arche de 43 mètres d'ouverture avait d'ailleurs l'avantage de mieux répondre aux nécessités des allures torrentielles du cours d'eau.

La largeur du pont entre les têtes est de 3ᵐ,40. Cette largeur, relativement faible pour un ouvrage aussi important, a été imposée par l'exiguïté des ressources dont on disposait.

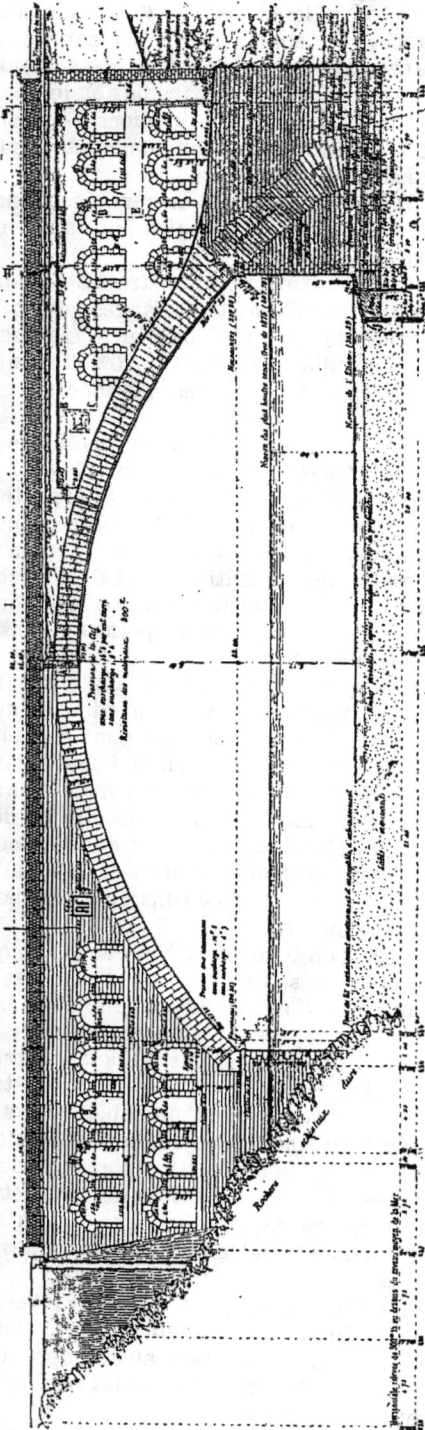

Fig. 77.

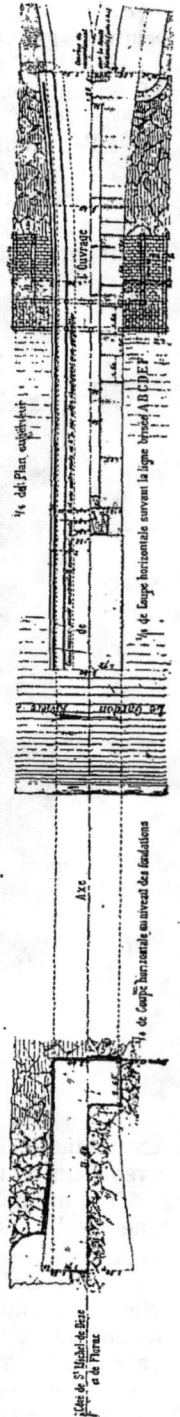

Fig. 78.

La largeur de la voie charretière n'en est pas moins de 2ᵐ,50 entre deux plinthes formant trottoirs de 0ᵐ,65 de largeur. Dans un pays où la population n'est pas dense, cette largeur est très suffisante. Pour donner 5 mètres à la voie charretière, il eut fallu augmenter la dépense de 40 0/0.

La largeur normale du chemin étant de 5 mètres, les culées ont été établies suivant une courbe de 83ᵐ,05 de rayon ayant 0ᵐ,80 de flèche.

Les épaisseurs de la voûte sont : 1ᵐ,30 à la clef et 2ᵐ,08 aux naissances. L'extrados est limité par un arc de cercle de 34ᵐ,72 de rayon.

Les tympans ont une épaisseur uniforme de 1ᵐ,25 dans la partie correspondant à l'ouverture du pont au-dessus des culées, soit à peu près le cinquième de leur hauteur maxima. Cette épaisseur varie entre 1ᵐ,25 et 2ᵐ,60 en raison de ce que les culées sont établies en courbe.

Pour faciliter l'écoulement des eaux, la partie supérieure de la culée a été dressée suivant une pente vers les terres de 0ᵐ,04 par mètre aboutissant à deux barbacanes ou aqueducs dallés. Cette surface se raccorde tangentiellement avec l'extrados par un arc concave de 15ᵐ,35 de rayon.

Pour diminuer la charge sur la voûte, chacun des tympans a été évidé au moyen de dix ouvertures de 1^m,50 de largeur, séparées par des piliers de 1^m,20 de face. Ces ouvertures forment deux étages. Elles sont au nombre de 40 pour tout l'ouvrage.

Les tympans servent de pieds-droits aux deux chambres vides ménagées longitudinalement sur les reins et les culées de la voûte du pont. Ces chambres ont une largeur uniforme de 1 mètre et une

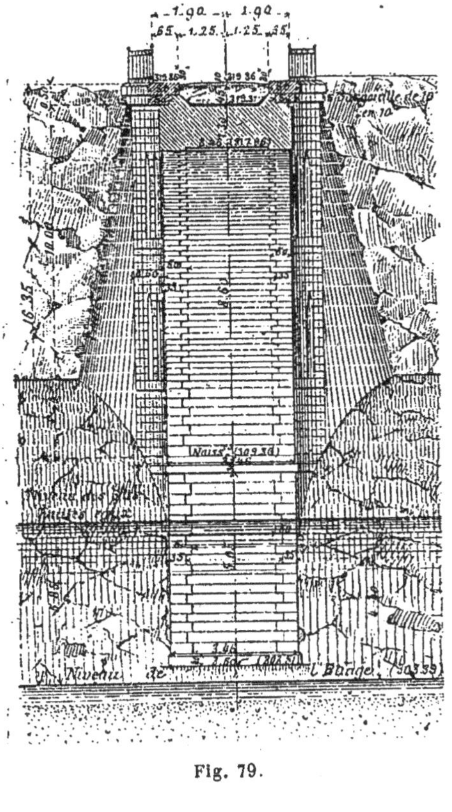

Une chape de 0^m,05 d'épaisseur en mortier hydraulique règne sur la voûte principale et sur les voûtes des chambres. Elle a été relevée en solin le long des tympans.

En raison de la faible largeur du pont, la voûte et les tympans ont été reliés par vingt-deux tirants en fer méplat de 50 sur 50 millimètres.

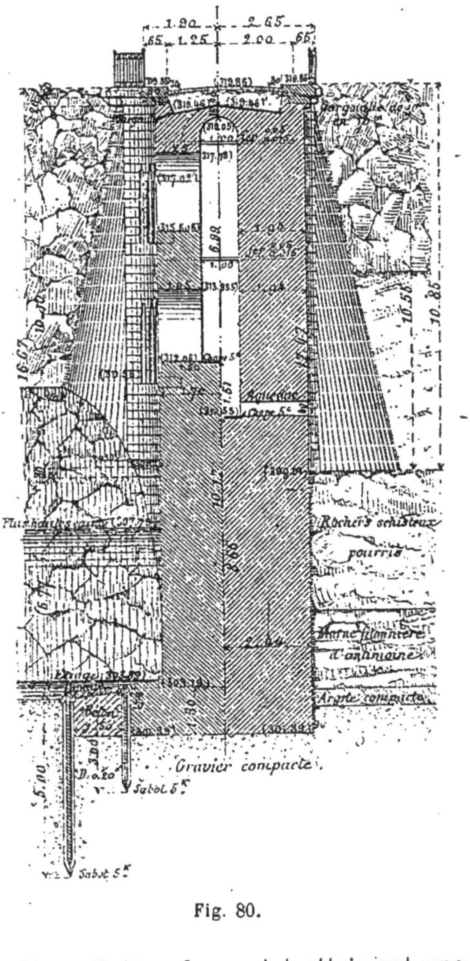

Fig. 79.

Fig. 80.

longueur de 21^m,37 à leur partie supérieure. Elles sont recouvertes par une petite voûte en plein cintre de 0^m,36 d'épaisseur, extradossée suivant deux plans inclinés ayant 0^m,30 de pente totale.

Les extrémités des chambres sont fermées par deux murs de cloisonnement ayant, le premier, une épaisseur de 1^m,25 et le deuxième, une épaisseur de 0^m,50.

Les plinthes formant trottoir ont une épaisseur de 0^m,30 et sont en saillie de 0^m,15 sur les caniveaux. Leur face supérieure a une pente de 0^m,03 par mètre dirigée vers la chaussée. Le parement au-dessus du caniveau a un fruit de 0^m,03 et est très légèrement arrondi à sa partie supérieure. L'arête du plan vertical extérieur a été chanfrénée, suivant un plan incliné de 0ᵐ,15 de base pour 0ᵐ,05 de hauteur. Un larmier de 0ᵐ,05 de diamètre règne à la base de ces plinthes.

Elles reposent sur des sous-plinthes de 0ᵐ,20 d'épaisseur.

Des gargouilles en plomb de 0ᵐ,05 de diamètre ont été posées dans les différentes parties de l'ouvrage où il était nécessaire d'assurer l'écoulement des eaux.

Afin de réduire la largeur du pont entre les têtes, et, par suite, le cube des maçonneries et les dépenses, il a été prévu des garde-corps en fer au lieu de parapets.

Ils règnent sur toute la longueur des plinthes et ont une hauteur de 0ᵐ,90.

Dans sa notice, insérée dans le *Portefeuille des conducteurs des ponts et chaussées* de 1883, M. Charpentier termine ainsi :

« La construction du pont du Gardon résout d'une manière satisfaisante le problème relatif à l'établissement des grandes arches surbaissées, et à plus forte raison, des grands ponts en plein cintre.

Il est impossible de revenir sur le passé, au moins en ce qui concerne les charpentes métalliques qui se sont maintenues en bon état, mais la perspective de leur remplacement à grands frais dans un délai plus ou moins éloigné, doit édifier les constructeurs sur l'intérêt que présente l'adoption de la maçonnerie à l'avenir.

Il y aurait beaucoup à dire sur l'usage du métal dans la construction des ponts, sur les marchés auxquels il donne lieu, mais il n'entre pas dans le cadre de cette notice de traiter à fond une question à la fois technique et économique. Nous avons la conviction que sans nuire à l'industrie, et que, tout en favorisant les populations rurales et les ouvriers, la maçonnerie aurait pu être substituée au fer avec avantage sous le triple rapport de la dépense, de la durée et de la sécurité publique, dans la construction d'un grand nombre de ponts et viaducs ; il eut suffi pour cela de construire des arches de 50 à 100 mètres d'ouverture. Vienne l'occasion d'établir des arches aussi grandes, et même plus grandes, nous n'hésiterons pas à le faire.

Nous livrons ces quelques lignes aux méditations de ceux qui, à des titres divers, sont chargés de l'emploi des deniers des contribuables et d'assurer la sécurité publique sur les voies de communication de différents ordres qui sillonnent le territoire. »

24. *Pont de Lavaur sur l'Agoût.* — Ce pont est placé dans le voisinage de l'ancien pont de Lavaur dont nous avons donné une vue d'ensemble (*fig.* 938, tome I).

Il a été construit, comme ceux du Castelet, sur l'Ariège, près d'Ax (ligne de Tarascon à Ax), et Antoinette sur l'Agoût près de Vielmur (ligne de Montauban à Castre), en 1882-84, sous la direction de M. Bauby. Les projets avaient été dressés sous la direction de M. Robaglia, ingénieur en chef.

L'incompressibilité du sol de fondation aux emplacements choisis a permis pour chacun de ces ponts l'adoption d'une grande arche en arc de cercle dans le système à culées perdues, ayant 41ᵐ,20 d'ouverture pour le pont du Castelet, 50 mètres pour le pont Antoinette (*fig.* 840 et 841, tome I) et 61ᵐ,50 pour le pont de Lavaur. On trouvera, sur ces trois beaux ponts, de très nombreux et très intéressants détails de construction, dans une note publiée dans les *Annales des ponts et chaussées* de 1886, par M. Séjourné, ingénieur des ponts et chaussées.

Nous ne donnerons ici la description que du pont de Lavaur, le plus grand des trois (*fig.* 81 à 90).

Les parapets, tympans et bandeaux sont en fruit de 1/25, ce qui produit un meilleur aspect qu'avec des plans verticaux, lesquels semblent toujours en surplomb.

Sur les reins de la grande voûte court un viaduc à petites arches en plein cintre de 4ᵐ,50, venant butter contre deux robustes pilastres, qui rayent l'élévation de larges lignes d'ombre, et détachent vigoureusement des membres accessoires le corps de l'ouvrage. — On a encore accentué cette séparation en abaissant le niveau du parapet au-dessus des voûtes de 8 mètres et arrêtant aux pilastres l'architrave et le couronnement de la grande voûte.

Les culées extrêmes, réduites au minimum, sont évidées par des puits.

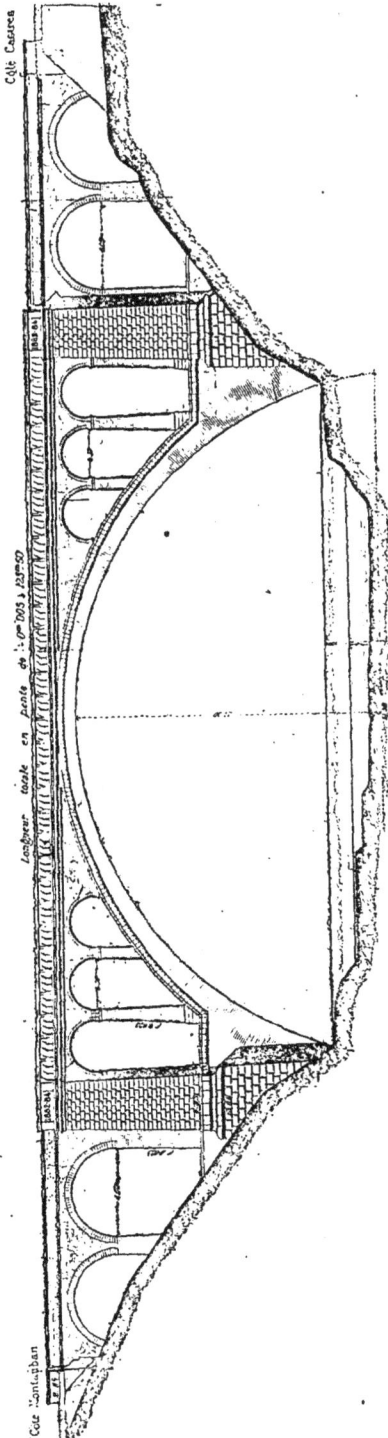

Fig. 81.

Les bandeaux de la grande voûte sont construits en pierres de taille de petit appareil. Ils sont relevés par une archivolte qui se retourne horizontalement au niveau du joint de rupture. Le profil de l'archivolte a été donné (*fig.* 962 et 963, tome I). — Ils présentent des boudins romans d'un excellent effet. Il semble qu'on n'emploie pas assez ce motif si simple, si heureux et si souvent appliqué aux meilleures époques de la construction.

Les bandeaux des voûtes d'évidement sont munis, comme ceux de la grande, d'une archivolte romane.

La douelle et son queutage sont tout

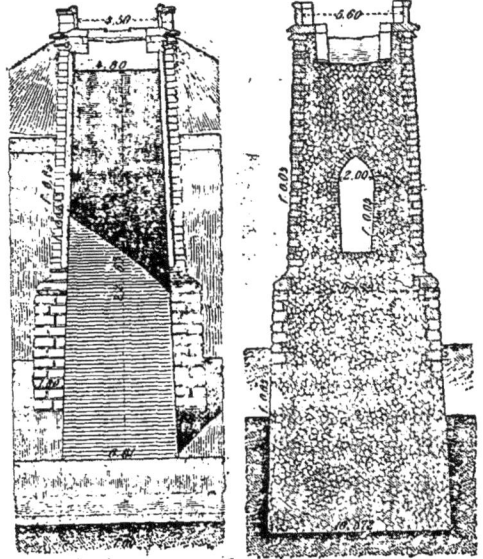

Fig. 82.

Fig. 83.

entiers en moellons têtués, dressés en coupe par files de même hauteur ; la découpe existe ainsi, non pas d'un moellon à un autre d'une même file, mais d'une file à la suivante.

Le détail de la retombée des piles des petites voûtes sur les reins de la grande a été donné (*fig.* 842, tome I).

Les chapes tenant mal sur les parties vues de l'extrados de la grande voûte, on a dégradé à 0^m,08, calfaté et rejointoyé par dessus. Les chapes débordent sur les lanternes des gargouilles et s'engagent dans des larmiers creusés dans les tympans.

L'écoulement est assuré sur les voûtes, comme au pont Antoinette (*fig.* 863, tome I), par des drains ménagés sur l'axe sur toute la longueur de l'ouvrage et par les pentes transversales considérables des chapes. Dans les puits des culées, l'écou-

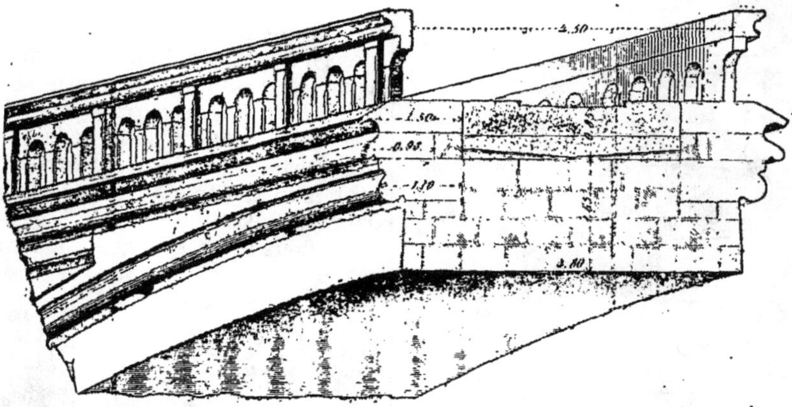

Fig. 84.

lement se fait par des drains verticaux aboutissant à des barbacanes.

Les détails du parapet sont représentés par la figure 999 (tome I) et la description en a été donnée au n° 699 (tome I).

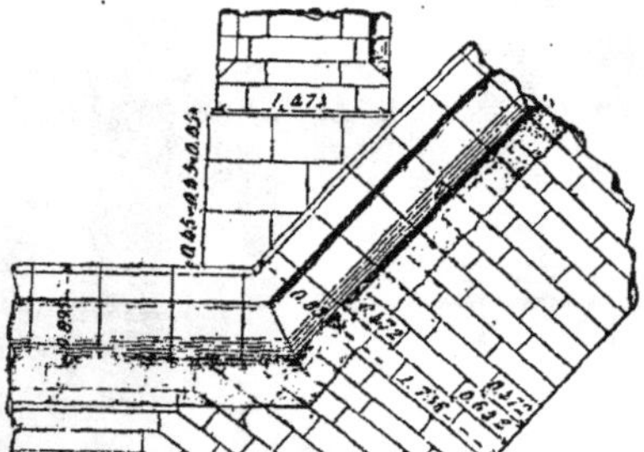

(*Fig.* 81). Élévation du pont de Lavaur ;
(*Fig.* 82). Coupe transversale de la grande arche à la clef ;

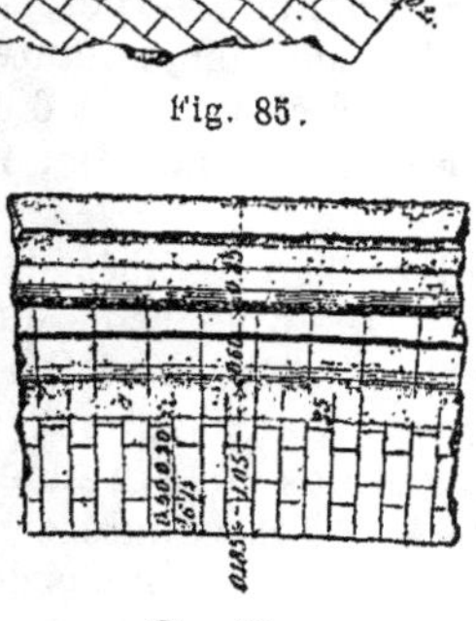

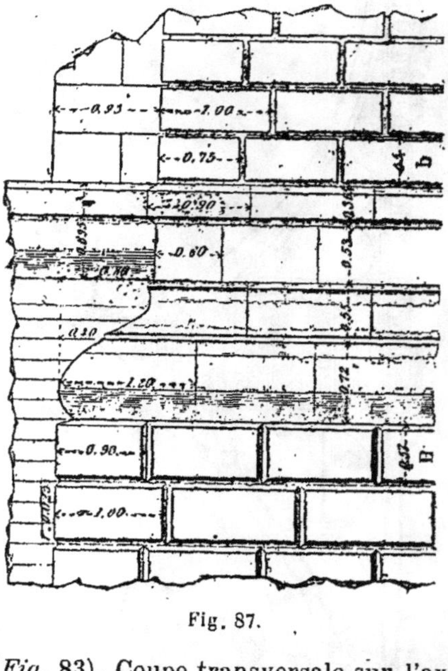

Fig. 85.

Fig. 86.

Fig. 87.

(*Fig.* 83). Coupe transversale sur l'axe du pilastre ;

(*Fig.* 84). Perspective d'une coupe en travers sur la clef ;

(*Fig.* 85). Appareil du bandeau de la grande voûte aux retombées ;

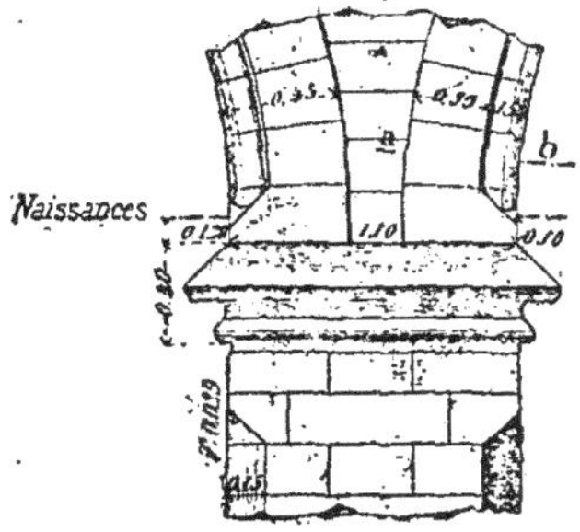

Fig. 88.    Fig. 89.

(*Fig.* 86). Appareil du bandeau à la clef ;
(*Fig.* 87). Architrave et base du pilastre ;

(*Fig.* 88). Retombées des petites voûtes d'évidement ;

(*Fig.* 89). Coupe suivant *ab* du bandeau des petites voûtes ;

(*Fig.* 90). Coupe en long, montrant les dispositions intérieures des maçonneries et l'écoulement des eaux.

25. *Réflexions pratiques sur les voûtes à grande portée.* — A la description précédente, nous ajouterons les quelques réflexions suivantes relatives aux voûtes à grande portée, extraites de la notice déjà citée de M. Séjourné.

« Sauf de très rares exceptions qu'expliquent des fautes d'exécution, les ponts ne périssent que par les fondations. Ainsi, tandis qu'un grand nombre de voûtes romaines ont été ruinées par le pied, d'autres, et les plus grandes, sont encore debout.

Il n'est point facile de renverser une

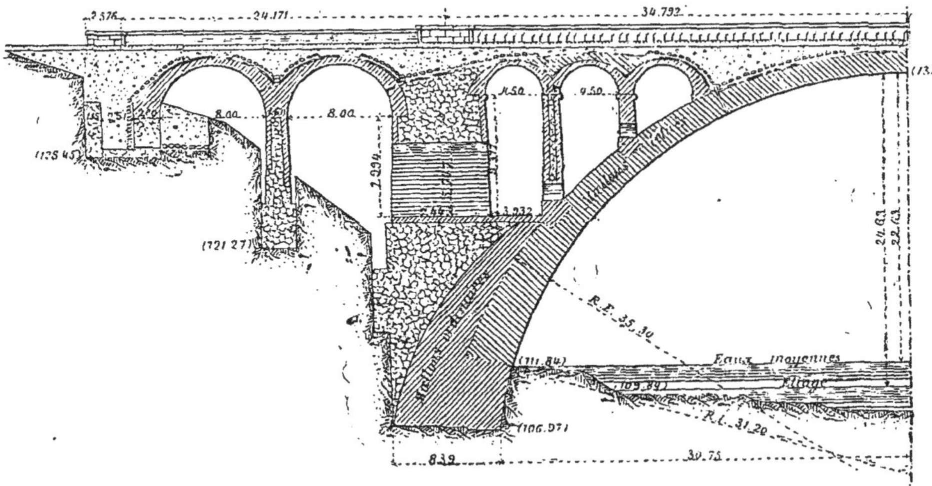

Fig. 90.

voûte, sans défauts graves, dont les piles et les culées résistent.

La voûte de Vieille-Brioude (54m,20) se maintient, sans entretien, pendant quatre siècles.

Après quarante ans, celle de Trezzo (72m,25), ne tombe que parce qu'on la jette bas.

A Neuilly, des arcs de 39 mètres au 1/4, construits avec un mortier qui en raison

des continuelles déformations des cintres a séché sans prendre, restent debout après 91 centimètres de tassement.

Au pont de l'Alma, les piles tassent de 37 et 51 centimètres ; à Nantes, de 0m,273, 0m40, 0m,475, sans compromettre les voûtes.

On sait avec quelles difficultés on a ruiné les arches d'essai de Vassy (arc de 31m,05 au 1/10) et de Souppes, la plus hardie des voûtes exécutées jusqu'ici (arc de 37ᵐ,88 de portée et 85ᵐ,50 de rayon).

Ces exemples, pourtant si connus, font regretter qu'aujourd'hui, avec nos excellents ciments et les progrès de notre art, « l'arche de 80 mètres soit encore à faire ».

Cependant « aucune considération théorique n'oblige les constructeurs à se maintenir dans les limites d'ouverture qu'ils s'imposent aujourd'hui » et, il y a quelque quatre-vingt-dix ans, Perronet recherchait « les moyens que l'on pourrait employer pour construire de grandes arches de pierre de 200, 300, 400, et jusqu'à 500 pieds d'ouverture, qui seraient destinées à franchir de profondes vallées bordées de rochers escarpés ».

La remarquable expérience de Souppes a prouvé « qu'avec des matériaux d'excellente qualité, on peut construire sans danger, des arches aussi surbaissées et d'aussi grande ouverture que l'arche d'essai de Souppes, pourvu que l'on obtienne, pour les fondations, les conditions de résistance absolue que l'on a eues dans cette expérience ».

De très grandes voûtes ne conduiraient pas à des pressions inacceptables.

Dans son cours à l'École des Ponts, M. Croizette-Desnoyers donne comme pression *moyenne* à la clef dans une voûte surchargée, à tympans élégis :

Plein cintre de 100 mètres de portée 26ᵏ,29 (avec surcharge de 1ᵐ,55 sur la clef) ;

Arc de cercle de 80 mètres au 1/6, 27ᵏ,85 (avec surcharge de 0ᵐ,40) ;

Ellipse de 90 mètres au 1/4, 28ᵏ,55 (avec surcharge 0ᵐ,40).

A Souppes, la pression moyenne atteignait 45ᵏ,71 et la méthode de M. Durand-Claye ne permettait pas d'y tracer une courbe de charge donnant moins de 70 kilogrammes. *La voûte a tenu tant que la pression n'a pas atteint à la clef la charge de rupture :* 455 kilogrammes.

On peut au reste abaisser les pressions, en donnant du fruit aux voûtes, en ajourant largement les tympans, et employant sinon pour tout l'ouvrage, au moins pour les parties qui travaillent peu, les maté-

riaux les plus légers, par exemple de la brique qui réduit de plus de 1/4 le poids de la maçonnerie.

Il n'est nullement nécessaire de rechercher, pour les grandes voûtes, des matériaux d'une résistance exceptionnelle. On a construit en briques, s'écrasant à 54ᵏ,74, celles de Prarolo et Maretta (40 mètres) ; à 89 kilogrammes, celle du Diable (55 mètres).

C'est bien plutôt la résistance des mortiers qui importe. Mais là encore, on se tient fort au-dessous des limites pratiques.

Une grande arche est plus stable, moins sensible aux trépidations qu'une voûte de portée et d'épaisseur moindre et peut sans danger supporter de plus fortes pressions.

L'exécution n'en est ni difficile, ni lente, ni très coûteuse, si on sait se défendre des recherches d'appareil qu'entraîne trop naturellement un grand ouvrage. L'emploi de petits matériaux réduit les ponts de service et installations ; la construction par rouleaux conduit à des cintres très légers ; le sectionnement en tronçons localise et répare les fissures inévitables correspondant au tassement sur cintre, restreint pour le corps de la voûte l'emploi des moellons d'appareil aux seuls clavages, permet d'y occuper autant d'équipes que de vaux et de calculer les cintres, non plus pour ne pas fléchir sous la charge du premier rouleau, mais seulement pour ne pas rompre.

Quant aux fissures au décintrement, qui celles-là ne dépendent plus de la forme du cintre, mais de celle de la voûte, on les évite, à coup sûr, avec des mortiers bien adhérents, des joints matés au refus, une maçonnerie bien serrée, et un très long intervalle entre le clavage et le décintrement.

Il est permis de conclure que les Ingénieurs n'ont pas poussé assez loin l'emploi de la maçonnerie et ne doivent pas se cantonner dans les limites de portée des voûtes gothiques. « *Il en résultera peut-être un surcroît de dépense, mais l'art des ponts ne saurait être trop perfectionné et il ne peut l'être que par de grands exemples ; il en coûte plus pour l'ouvrage qu'on entre-*

prend, mais il en coûte moins pour ceux qui suivent. »

III. — Arches elliptiques ou en anse de panier.

26. *Pont sous un grand remblai.* — Lors-

qu'un pont est placé sous un grand rem-blai, la forme elliptique est celle qui résiste le mieux aux fortes poussées qui se produisent. C'est ainsi qu'a été cons-truit le pont de la Salle, près d'Auray, en 1862, pour la ligne de Nantes à Châ-

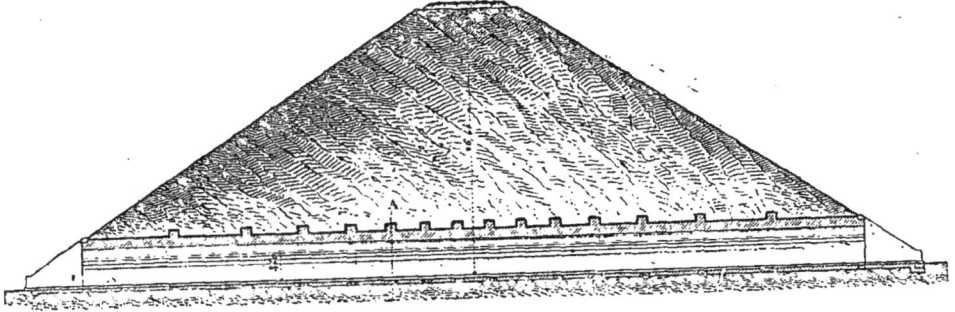

Fig. 91.

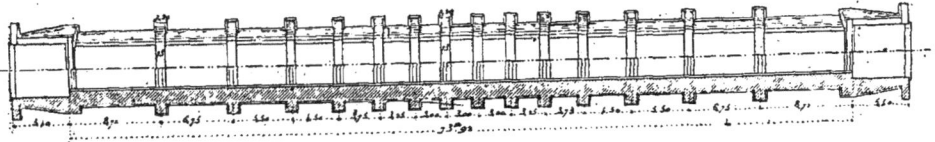

Fig. 92.

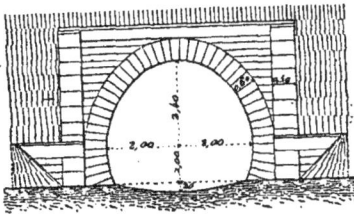

Fig. 93.

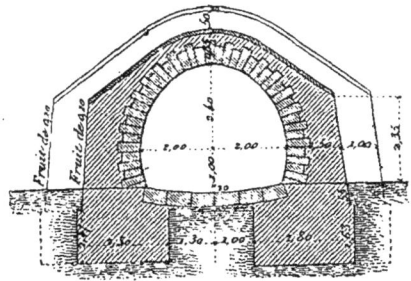

Fig. 94.

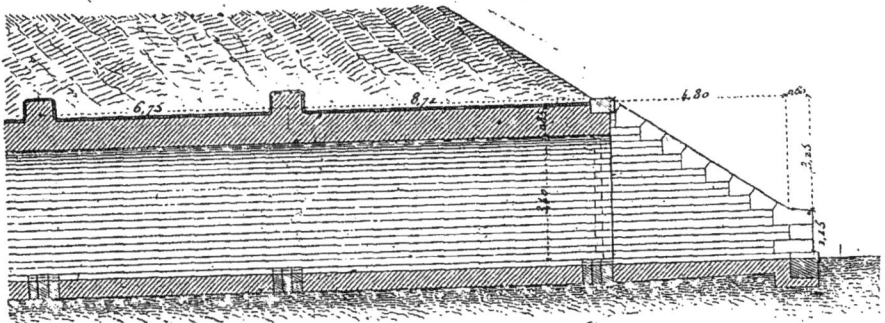

Fig. 95.

teaulin, par MM. les Ingénieurs Desnoyers et Sevène.

Le remblai a une hauteur de 26 mètres.

La voûte du pont, de forme elliptique, a 4 mètres d'ouverture. Elle a été renforcée par des anneaux formant contre-forts.

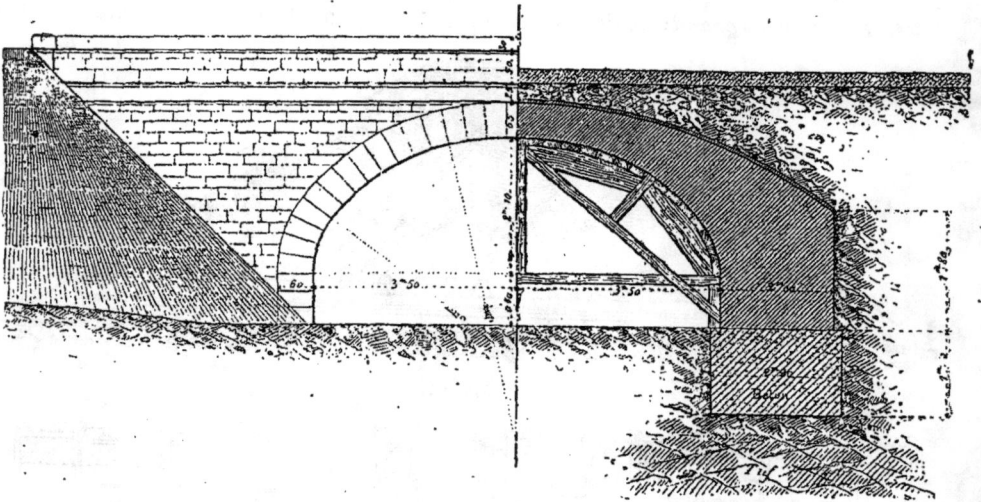

Fig. 96.

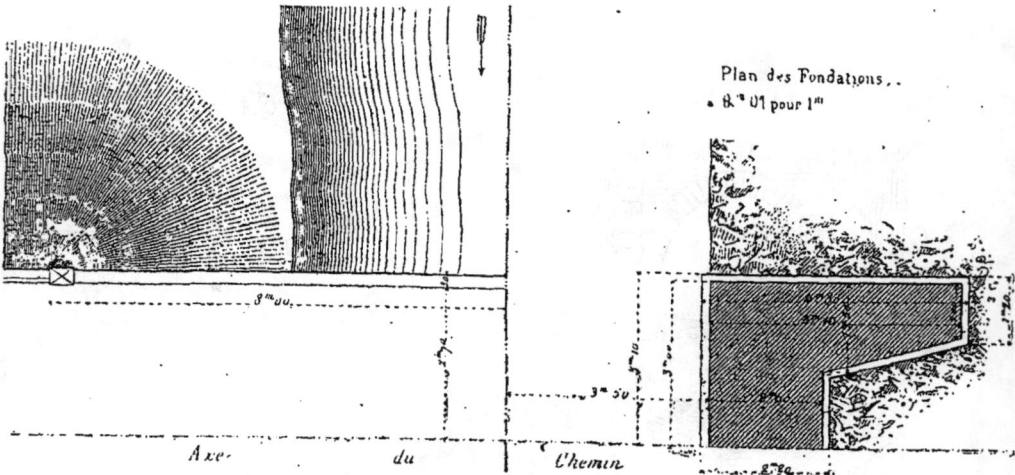

Plan des Fondations.
8.°°01 pour 1 m

Fig. 97.

La longueur de l'ouvrage est de 73ᵐ,92, non compris les murs en aile.

La dépense totale a été de 52,700 francs, soit 713 francs par mètre courant.

(*Fig.* 91). Coupe longitudinale;

(*Fig.* 92). Plan supérieur, au-dessus de l'axe, et coupe horizontale au niveau des naissances, en dessous;

(*Fig.* 93). Détail de l'élévation d'une tête;

(*Fig.* 94). Coupe transversale suivant AB;

(*Fig.* 95). Détail d'une coupe longitudinale, montrant l'appareil des murs en aile.

27. *Pont de 7 mètres d'ouverture en anse de panier à 5 centres* (*fig.* 96, 97 et 98). — Ce pont construit par le service vicinal, sur l'Egronne, près Charnizay (Indre-et-

Loire), a 7 mètres d'ouverture, $2^m,90$ de hauteur sous clef, et 6 mètres de largeur y compris les parapets.

Il est composé de deux culées avec murs en retour en maçonnerie ordinaire de

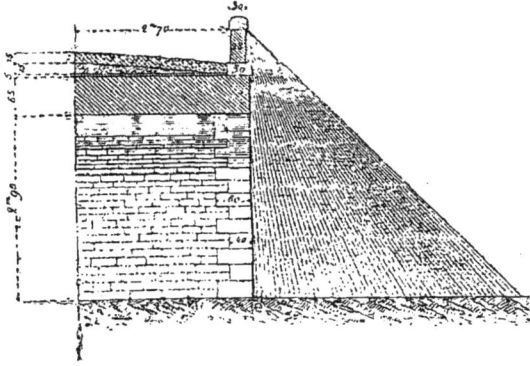

Fig. 98.

moellons durs et mortier de chaux hydraulique, reposant sur une fondation de béton de 1 mètre d'épaisseur.

Les têtes, plinthes et bahuts sont en pierre de taille dure.

Les sous-bahuts, les tympans et l'intrados de la voûte sont en moellons smillés parfaitement appareillés.

La voûte est recouverte d'une chape en mortier de chaux hydraulique de $0^m,05$ d'épaisseur.

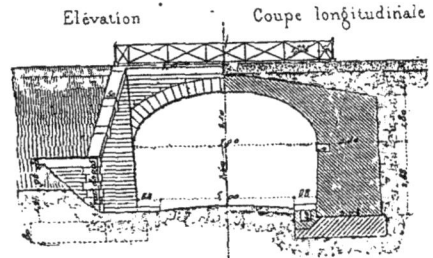

Fig. 99.

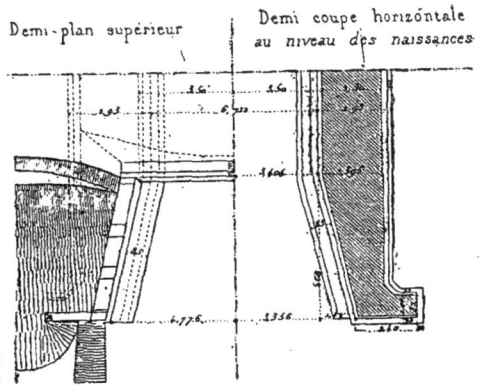

Fig. 100.

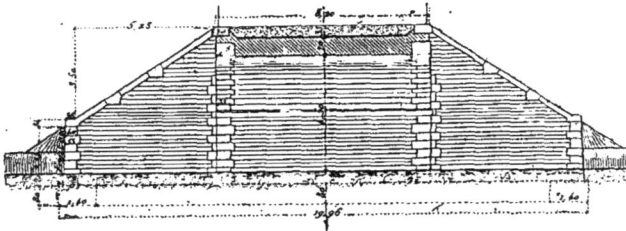

Fig. 101.

28. *Passage inférieur à intrados elliptique de 7 mètres d'ouverture (Compagnie du Midi) (fig. 99, 100 et 101).* — Ce type de passage inférieur est à murs en aile munis de petits murs en retour à leurs extrémités et présentant un léger évasement à l'intérieur du passage..

Les rampants des murs en aile, les chaînes d'angle, les bandeaux de tête et les plinthes sont en pierre de taille. Deux cordons placés au niveau des naissances de la voûte sont également en pierres de taille.

Les plinthes sont surmontées de gardes-corps en fer.

29. *Pont à arche elliptique de 10 mètres d'ouverture surbaissée au quart (type du service vicinal).* — Le recueil des types d'ouvrages d'art usuels du service vicinal contient les dessins d'un pont elliptique de

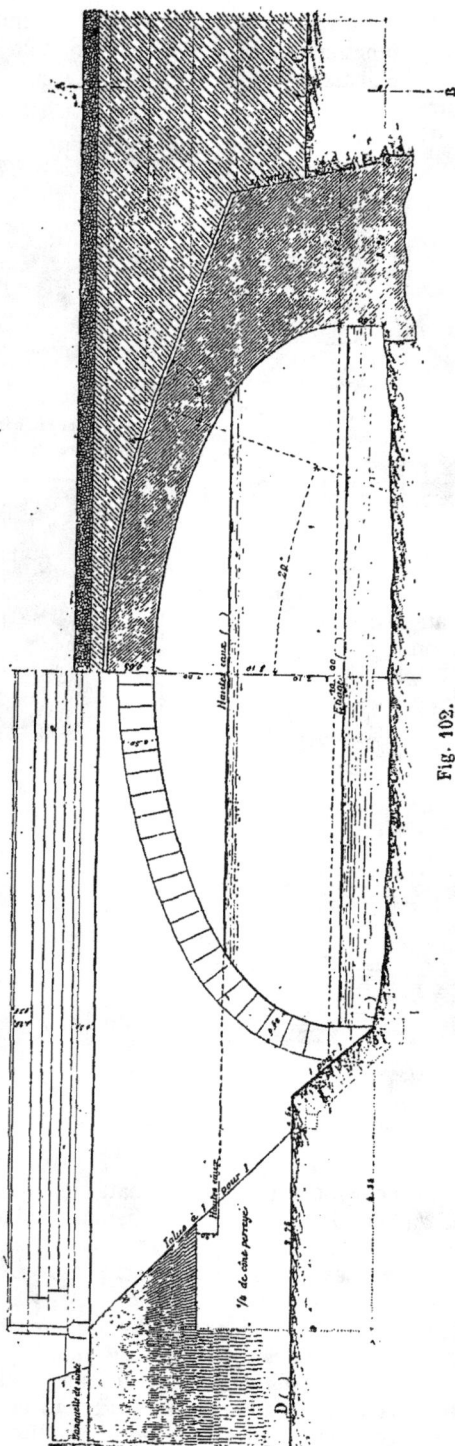

¹/₂ Coupe longitudinale

Fig. 102.

¹/₂ Élévation

10 mètres, que nous donnons à plus petite échelle (*fig.* 102 à 106).

La figure 102 représente, à gauche de l'axe, une demi-élévation. Le bandeau de tête est extradossé parallèlement : il a 0ᵐ,50 de largeur. La plinthe supporte un parapet plein en maçonnerie.

La même figure montre, à droite de l'axe, une demi-coupe longitudinale de l'ouvrage.

Le quart du plan des maçonneries exécutées est représenté par la figure 103, au-dessus de l'axe, et le quart du plan de l'ouvrage terminé est représenté par la même figure, au-dessous de l'axe.

La figure 104 montre une demi-coupe transversale passant par la clef de l'arche, et la figure 105 une coupe du mur en retour, suivant AB de la coupe longitudinale. Enfin, la figure 106 donne le tracé de la courbe elliptique d'intrados.

Si on trace la courbe d'intrados par mouvement continu, la distance du centre O au foyer doit être de 4ᵐ,33.

Si on trace la courbe par points au moyen des coordonnées rectangulaires, on remarquera que, dans le cas particulier du surbaissement au quart, l'ordonnée *pm* de l'ellipse ABC est précisément la moitié de l'ordonnée *pm'* du cercle AB'C.

Le tracé des lignes de joint sera bien facile si on remarque que, dans le cas particulier du surbaissement au quart, la sous-normale N Q correspondant au point défini par l'abscisse $x = O Q$ est représentée par :

$$NQ = 0,25\ x.$$

Pour $x = 2$ mètres par exemple la sous-normale N Q aurait pour valeur :

$$NQ = 0ᵐ,50.$$

La surface de la demi-ellipse ABC est égale à 19ᵐ²,62.

30. *Passage supérieur de 12 mètres d'ouverture, en anse de panier (type de la Compagnie d'Orléans) (fig. 107 à 110).* — Le profil longitudinal de la chaussée placée sur le pont est réglé de la manière suivante. Sur le milieu de l'ouvrage, une courbe parabolique ayant 12ᵐ,50 de longueur et se raccordant à ses extrémités à deux pentes uniformes de 0ᵐ,04 par

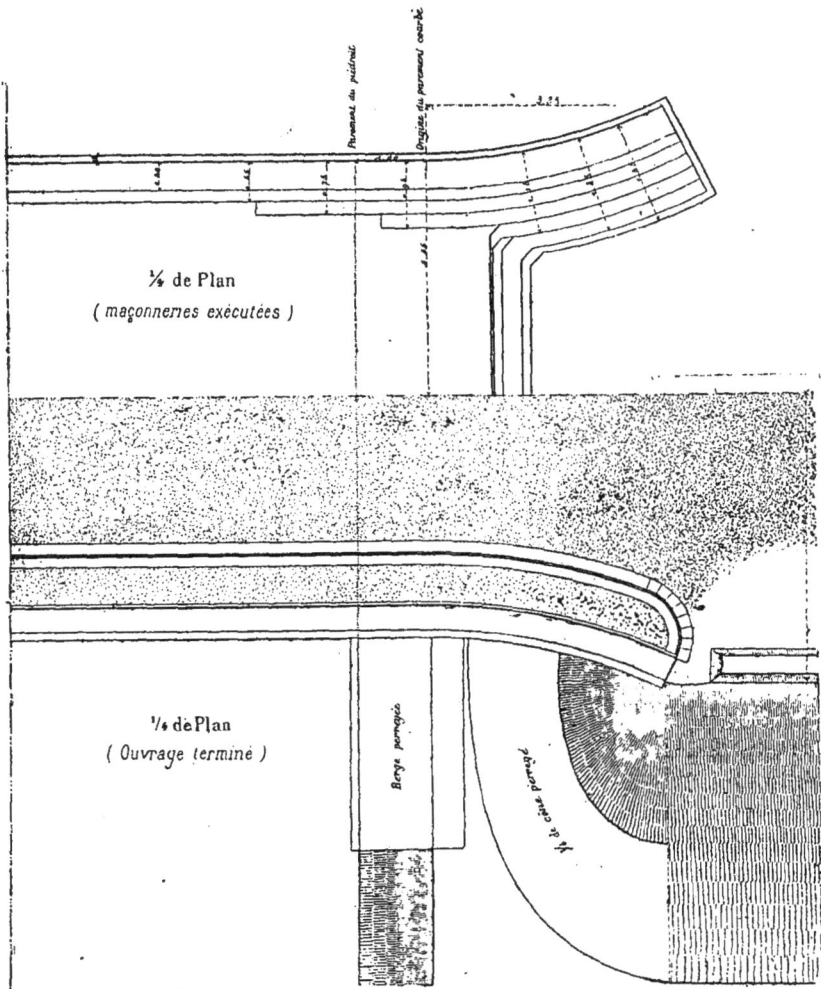

¼ de Plan
(maçonneries exécutées)

¼ de Plan
(Ouvrage terminé)

Fig. 103.

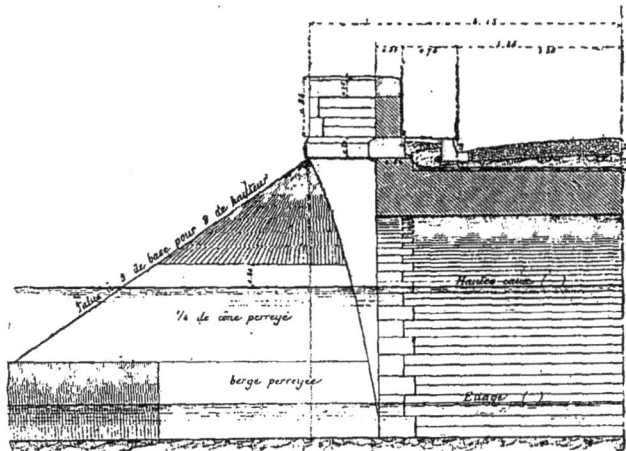

Note · Les cotes de hauteur d'après le profil en long
seront inscrites dans des parenthèses . ( )

Fig. 104.

mètre. La plinthe et le parapet affectent la même courbure en élévation.

Les bandeaux de tête sont extradossés parallèlement. Des cordons en saillie marquent les naissances de la voûte.

L'intrados de la voûte est tracé de ma-

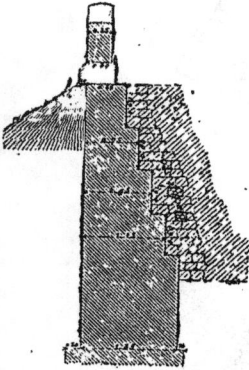

Fig. 105.

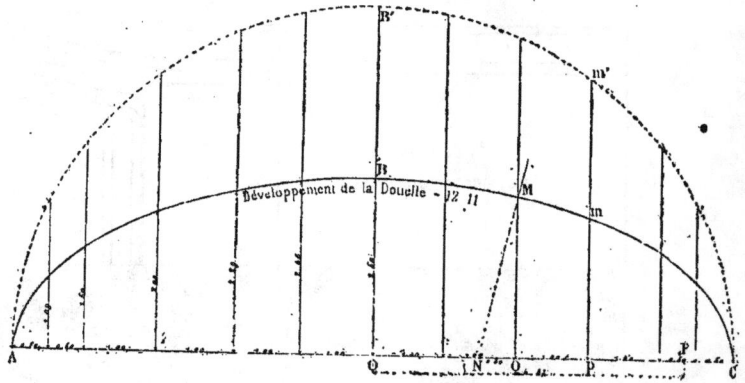

Fig. 106.

nière à laisser une hauteur libre de $4^m,80$ à l'aplomb du rail extérieur.

Dans l'exemple ci-contre, la largeur du chemin est de $5^m,56$ entre parements intérieurs des parapets ; la chaussée a $4^m,40$.

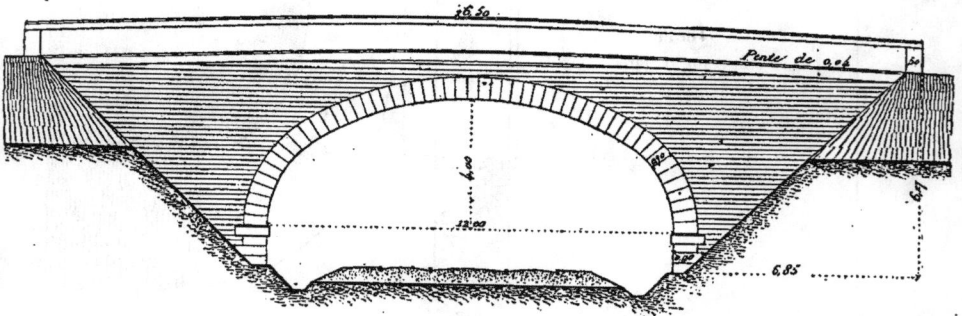

Fig. 107.

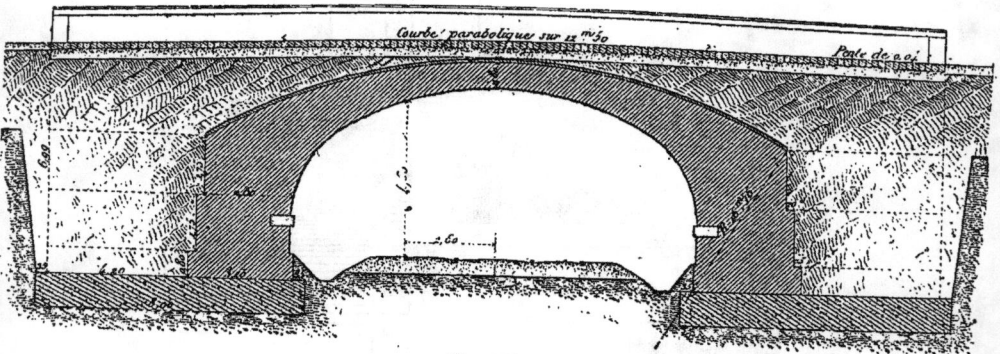

Fig. 108.

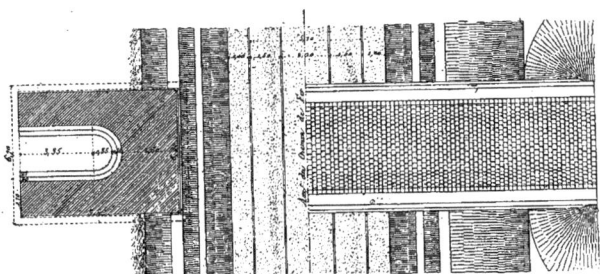

Fig. 109.

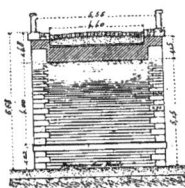

Fig. 110.

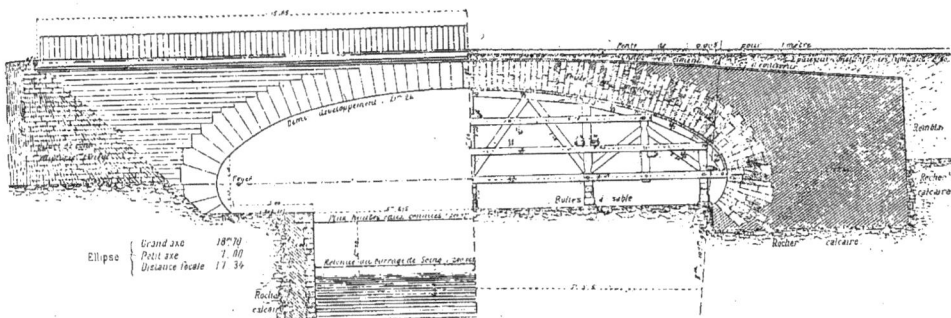

Ellipse { Grand axe 18ᵐ70
Petit axe 7.00
Distance focale 17.34

(*Fig.* 107). Élévation ;

(*Fig.* 108). Coupe longitudinale ;

(*Fig.* 109). Demi-coupe horizontale au niveau des naissances, à gauche de l'axe, et demi-plan, à droite ;

(*Fig.* 110). Coupe transversale suivant l'axe du chemin de fer.

31. *Pont elliptique de la dérivation de Soing (travaux d'amélioration de la Haute-Saône) (fig.* 111). — Ordinairement la courbe d'intrados elliptique ne comporte qu'une demi-ellipse, se raccordant aux extrémités de son grand axe avec les verticales des pieds-droits. Voici un exemple dans lequel l'ellipse se continue au-dessous du grand axe.

La forme générale de l'ouvrage ne manque pas d'élégance. On voit sur la demi-élévation, à gauche de l'axe de la figure 111, comment les voussoirs de tête se raccordent avec les assises des tympans. A droite de l'axe, la figure montre comment la voûte est appareillée avec des moellons de choix.

§ II. — PONTS A PLUSIEURS ARCHES

I. — Arches plein cintre.

32. *Passage supérieur de trois arches en plein cintre, de la Compagnie d'Orléans* (*Ligne de Tours à Bordeaux*) (*fig.* 112, 113 et 114). — Ce type de passage supérieur permet de franchir économiquement une tranchée de chemin de fer et peut être

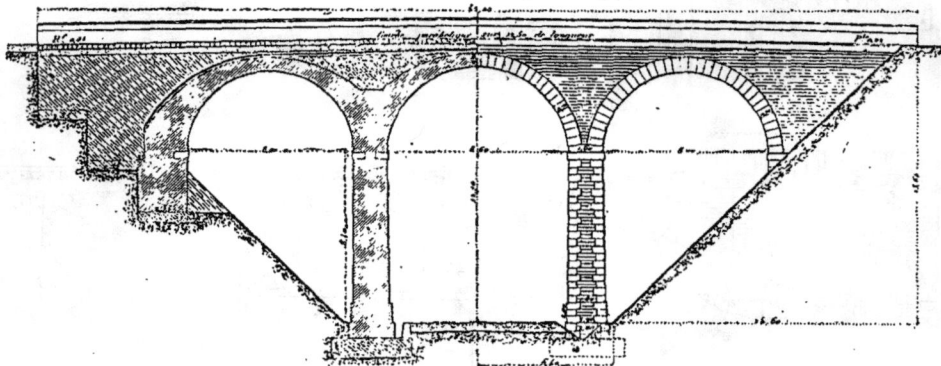

Fig. 112.

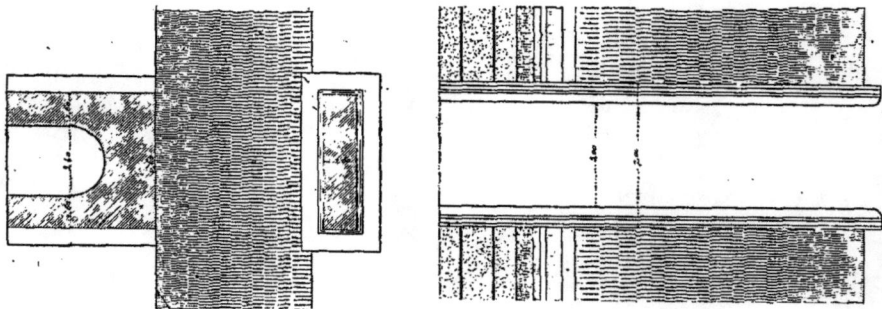

Fig. 113.

également utile dans tout autre cas analogue.

Il remplace avantageusement le type
ordinaire à culées perdues lorsque la
tranchée est très large ou lorsqu'il faudrait descendre les fondations à une trop
grande profondeur pour trouver une résistance suffisante à la poussée d'une seule
et grande voûte.

Cet ouvrage est de construction très
simple. Les figures en montrent bien tous
les détails.

(*Fig.* 112). Demi-coupe longitudinale, à
gauche de l'axe, et demi-élévation à
droite ;

(*Fig.* 113). Demi-coupe horizontale au
niveau des naissances, à gauche de l'axe.
et demi-plan supérieur à droite ;

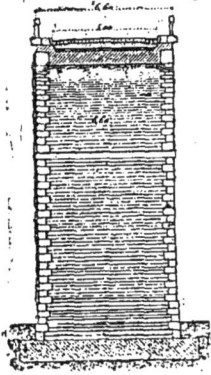

Fig. 114.

(*Fig.* 114). Coupe transversale au sommet de l'arche centrale.

33. *Pont sur la Sèvre au Pallet* (*fig.* 115
et 116). — Ce pont a été construit pour
la ligne de Nantes à La Roche-sur-Yon
par MM. les ingénieurs Desnoyers et Moreau. Il est composé de trois arches en
plein cintre de 18 mètres d'ouverture. Des
voûtes d'élégissement ont été établies
entre les tympans au-dessus des piles.

Cet ouvrage donne passage à un chemin de fer à deux voies. Il a 86 mètres
de longueur totale et 15^m,80 de hauteur.
Il a coûté 265 400 francs, soit 3 086 francs
par mètre linéaire. Ce prix élevé vient de
ce que les fondations ont dû être descendues très profondément et ont exigé
beaucoup d'épuisements.

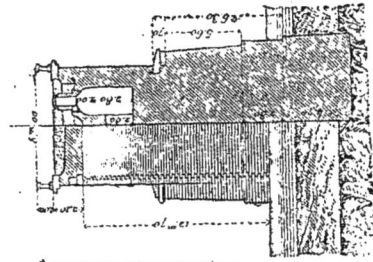

Fig. 146.

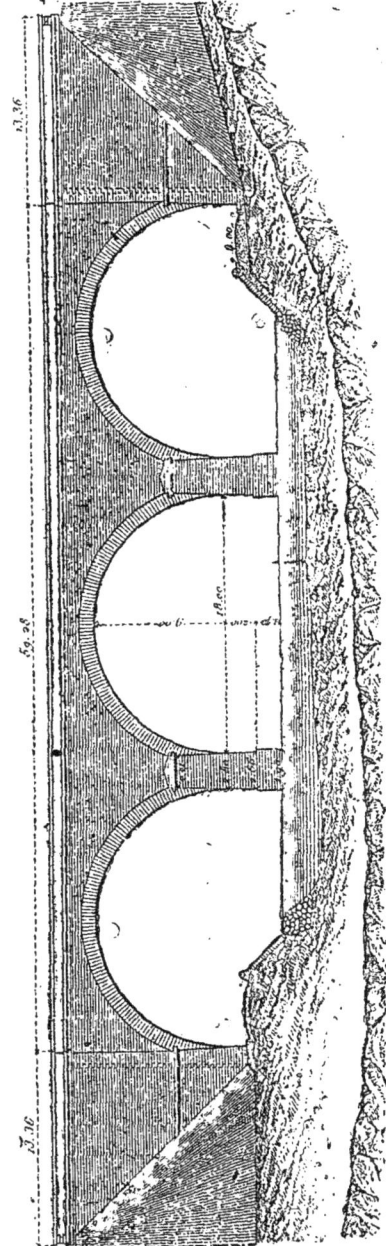

Fig. 115.

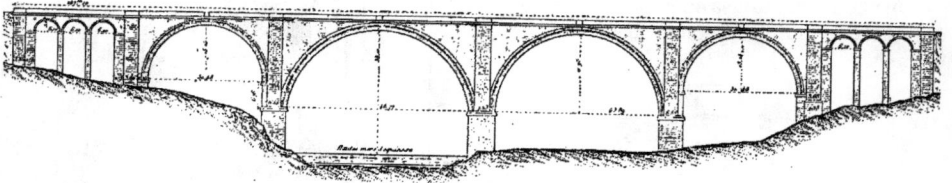

Fig. 117.

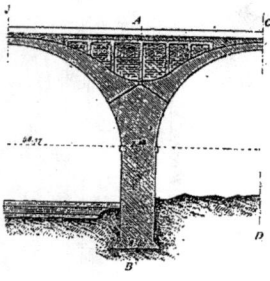

Fig. 118

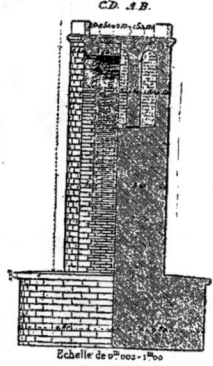

CD. AB.

Echelle de 0ᵐ002-1ᵐ00

Fig. 119.

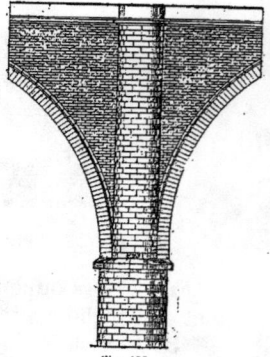

Fig. 120.

Le pont sur le Layon, près de Chalonnes, construit à peu près dans les mêmes conditions, mais avec des fondations moins difficiles, n'a coûté que 2 009 francs le mètre linéaire.

34. *Pont Victoria, sur la Wear (Chemin de fer de Durham Junction (fig. 117 à 120).* — Ce pont comprend quatre grandes arches, dont deux de 30ᵐ, 48 d'ouverture, une autre de 43ᵐ, 89 et la plus grande, placée au-dessus de la rivière dans la partie la plus profonde de la vallée, de 48ᵐ, 77. En outre de ces quatre grandes arches, il y en a trois petites de 6ᵐ, 10 d'ouverture à chaque extrémité du pont.

La longueur totale de l'ouvrage est de 246ᵐ, 18 et la largeur entre les têtes est de 7ᵐ, 11.

Les piles et les culées ont chacune trois assises de socles. Au-dessus des socles, elles s'élèvent verticalement jusqu'aux naissances et présentent des évidements destinés à diminuer le cube de la maçonnerie.

Les tympans sont unis en parement ; à l'intérieur on trouve un système de murs longitudinaux et transversaux formant des vides recouverts d'un dallage en pierres plates, sur lesquelles repose le ballast du chemin de fer.

La corniche est horizontale dans toute la longueur de l'ouvrage.

La dépense s'est élevée à 957 000 francs.

(*Fig.* 117). Élévation ;

(*Fig.* 118). Coupe longitudinale montrant les évidements au-dessus des piles ;

(*Fig.* 119). Demi-coupe transversale à la clef, suivant CD, à gauche de l'axe, et demi-coupe transversale sur la pile, suivant AB, à droite de l'axe ;

(*Fig.* 120). Détail de l'élévation d'une pile.

II. — Arches en arc de cercle.

35. *Pont de Régereau sur le Vicoin (Mayenne).* — Ce pont est destiné à faire franchir le Vicoin au chemin vicinal ordinaire de l'Huisserie à Origné. Il était indispensable que le pont pût écouler les grandes eaux, mais en même temps il fallait réduire sa hauteur au strict minimum pour ne pas augmenter par là même

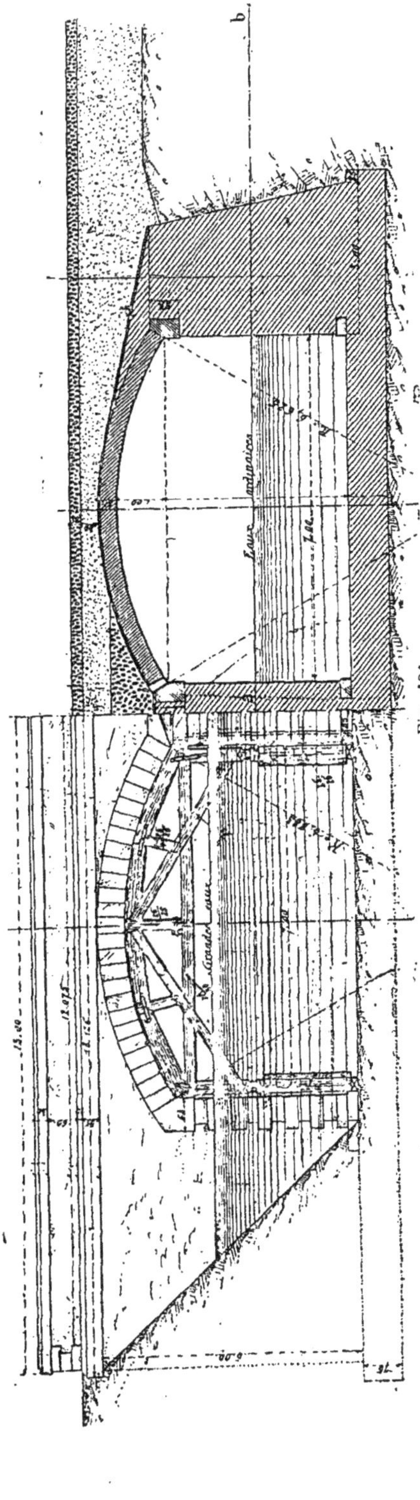

Fig. 121.

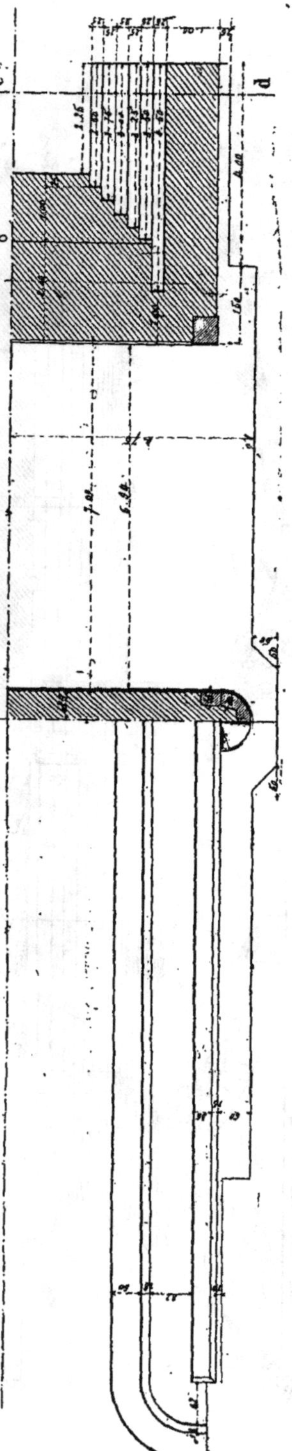

le volume déjà considérable des remblais qui devaient constituer les accès de ce pont.

Le calcul des eaux à écouler et l'exemple de ponts situés à peu de distance sur le Vicoin avaient amené à cette conclusion qu'un débouché de 14 mètres, réparti en deux arches de 7 mètres chacune, suffirait amplement à tous les besoins. On se dé-

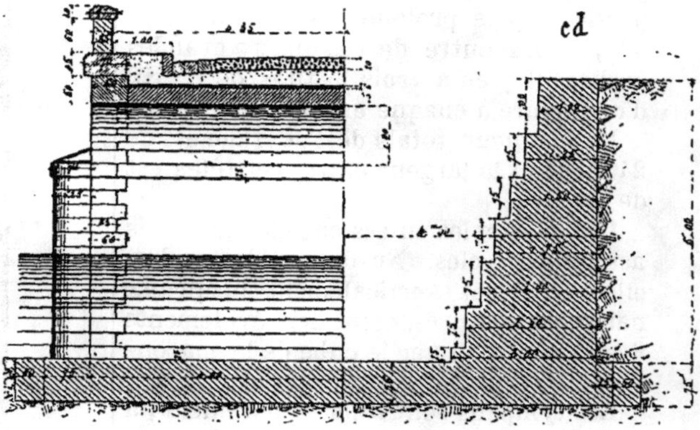

Fig. 123.

Fig. 122.

cida alors à construire deux voûtes en arc de cercle ayant 1 mètre de flèche, c'est-à-dire surbaissées au septième et dont les naissances seraient à 0m,60 au-dessus des plus hautes eaux connues. On obtenait ainsi au-dessous de la clef des voûtes un espace libre de 1m,60, suffisant pour laisser passer facilement les épaves, branches d'arbre et objets de toute sorte que les crues un peu subites entraînent toujours avec elles.

Afin de réduire la hauteur de la chaussée sur le pont, on décida que le corps des voûtes serait fait en maçonnerie de briques et ciment et que les voûtes auraient une épaisseur uniforme de 0m,33.

On avait appris qu'à peu de distance au-dessous du fond du lit se trouvait une couche de schiste fendillé, peu compressible, mais susceptible de s'affouiller. D'où la nécessité de construire un radier général, afin de parer aux accidents qui pourraient provenir de cette circonstance.

Les figures 121, 122 et 123 montrent

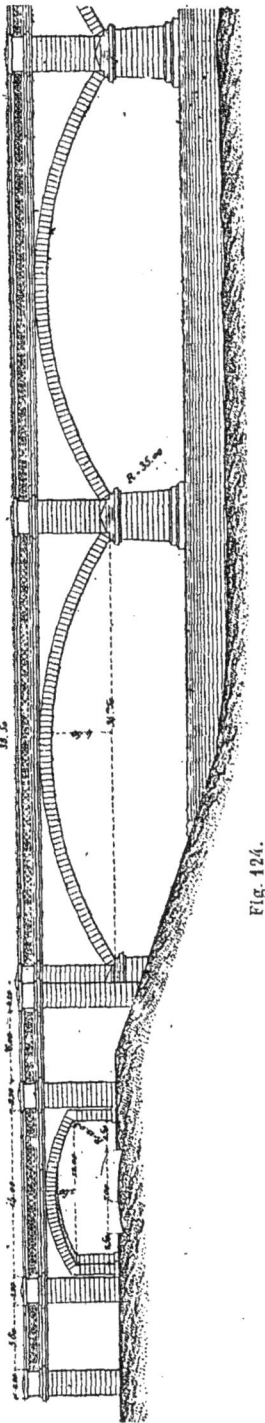

Fig. 124.

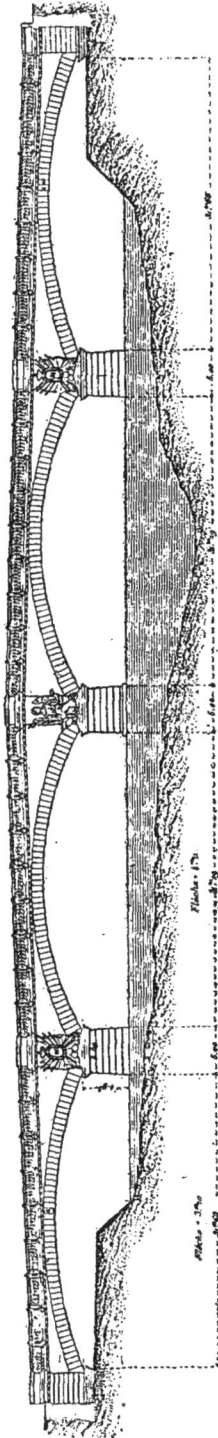

Fig. 125.

les dispositions adoptées. La pile unique, large de 1^m,25, a ses avant et arrière-becs et ses couronnements en granit du pays. Les bandeaux des têtes, les sommiers, les plinthes, les bordures de trottoirs et les dessus de parapet sont également en granit. Le surplus des maçonneries autres que les voûtes est en maçonnerie de moellons smillés pour les piles et les parements des culées, et en maçonnerie ordinaire pour le reste.

La dépense totale s'est élevée à 19 473 fr., soit en nombre rond à 86 francs par mètre carré en plan et à 131 francs par mètre carré en élévation.

L'emploi de la maçonnerie de briques et ciment, dans le cas où il s'agit de construire des voûtes assez surbaissées mais

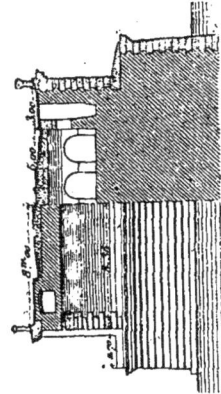

Fig. 126.

d'ouverture moyenne, rend de grands services, tant au point de vue de la rapidité d'exécution qu'à celui de la solidité. — La seule condition à laquelle il faille s'attacher consiste à exiger des briques bien cuites, sur lesquelles la gelée ne puisse plus exercer aucune action. — Quand les briques sont cuites dans des fours à feu continu, il existe dans chaque fournée un certain nombre de morceaux, que les tuiliers appellent *trop cuits,* et auxquels le feu a communiqué une teinte rouge foncé ou noirâtre et quelquefois une apparence un peu vitreuse. Ce sont ces briques qu'il faut employer de préférence dans des cas analogues à celui qui vient de nous occuper et où les maçonneries ainsi faites ne doivent jouer aucun rôle décoratif. — On est assuré ainsi d'avoir des résultats excellents (*Annales de la construction*, 1882).

36. *Ponts de Paris, en arc de cercle. — Pont du chemin de fer de ceinture (fig.* 124). — Ce pont a été construit pour servir à la fois au passage du chemin de fer de ceinture et au passage du boulevard extérieur.

La largeur entre les têtes est de 15m,90 se décomposant ainsi qu'il suit :

Pour le chemin de fer......... 7m,36
Pour le boulevard............ 7m,76
Pour la clôture intérieure et les
parapets.................. 0m,78

L'ouvrage se compose de 5 arches en arc de cercle, ayant chacune 34m,50 de corde et 4m, 50 de flèche.

Les maçonneries des voûtes ont été construites avec ciment de Vassy ; leur épaisseur à la clef est de 1m,20. Les piles ont 4 mètres d'épaisseur aux naissances. Afin de diminuer l'épaisseur des pilastres qui surmontent les avant et les arrière-becs, le couronnement de la pile a été partagé en deux étages successifs.

La dépense a été de 2 236 905 francs, soit par mètre superficiel 746 francs.

37. *Pont de la Concorde (fig.* 896, tome I). — Ce pont, désigné précédemment sous le nom de Pont Louis XVI est une des belles œuvres de Perronet. Il a été placé dans l'axe même du Palais-Bourbon et de la rue Royale ; il est composé de cinq arches en arc de cercle : l'arche principale a 31m,78 d'ouverture, celles de rive ont 25m,34, et celles intermédiaires ont chacune 28m,26.

La largeur du pont entre les têtes est de 15m,59, dont 9m,75 pour la chaussée, 2m,43 pour chacun des trottoirs et 0m,98 pour les deux parapets.

38. *Pont des Invalides (fig.* 125). — Lorsque l'exposition de 1855 fut décidée, on jugea nécessaire de remplacer le pont suspendu qui existait à l'extrémité occidentale de l'Esplanade des Invalides par un pont en pierre de 16 mètres de largeur entre les têtes. On conserva les deux culées et les deux piles, qui devaient être allongées en conséquence ; l'épaisseur des culées fut en même temps portée à 11 m., et on construisit au milieu de la rivière une nouvelle pile, qui fut fondée sur pilotis avec caisson foncé.

Toutes les voûtes ont 1m,20 d'épaisseur à la clef, et 1m,80 aux naissances.

La dépense totale s'est élevée à 988 772 francs, soit 423 francs par mètre superficiel.

La figure 126 montre, à gauche de l'axe, une demi-coupe transversale suivant l'axe d'une arche intermédiaire, et à droite de l'axe une demi-coupe transversale, suivant l'axe d'une pile.

39. *Pont d'Iéna (fig.* 127). — Ce pont est composé de 5 arches semblables, en arc de cercle de 28 mètres d'ouverture ; avec 3m,40 de flèche.

Gauthey a dit, en parlant de cet ouvrage, « qu'à raison de sa simplicité et de l'élégance de sa disposition, il peut être regardé comme présentant au plus haut degré le genre de beauté dont les édifices de cette espèce sont susceptibles ».

L'épaisseur des voûtes à la clef est de 1m,44, et celle des culées est de 15 mètres.

Les piles sont terminées par des avant et des arrière-becs circulaires.

Le pont entier est construit en pierre de taille.

40. *Pont de Roanne, sur la Loire, pour le chemin de fer du Bourbonnais (fig.* 128 à 131). — Ce pont a été construit par M. l'ingénieur Moreau, sous la direction de M. l'ingénieur en chef Bazaine. Il se compose de 7 arches en arc de cercle, de 28 mètres de corde et de 3m,50 de flèche. Les culées, qui forment une saillie de 2 mètres sur le plan des têtes, sont accompagnées de demi-piles et sont ornées de pilastres. Les plinthes sont supportées par des modillons, et tous les détails ont été étudiés et dessinés avec un très grand soin. Dans son ensemble, le nouveau pont de Roanne est un très bel ouvrage, qui a été projeté avec beaucoup de goût, a été très bien exécuté, et qui fait certainement honneur aux ingénieurs des Ponts et Chaussées.

Les dépenses de construction se sont élevées à 1 108 000 francs, soit 555 francs par mètre superficiel en plan, culées comprises.

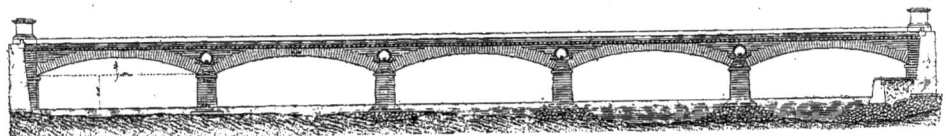

Fig. 127.

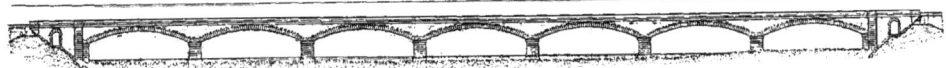

Fig. 128.

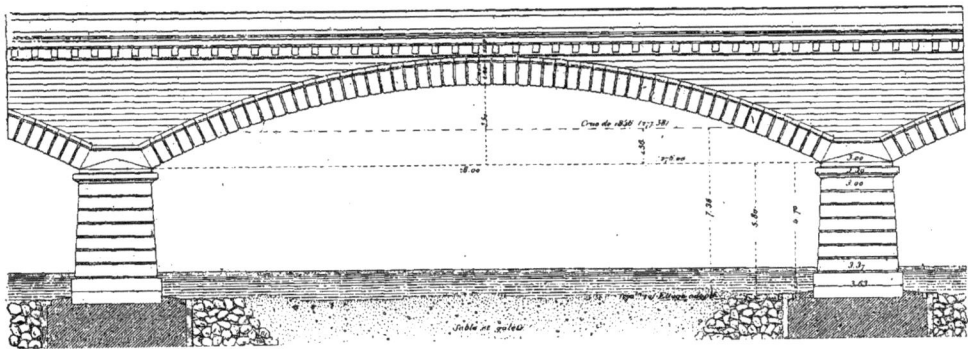

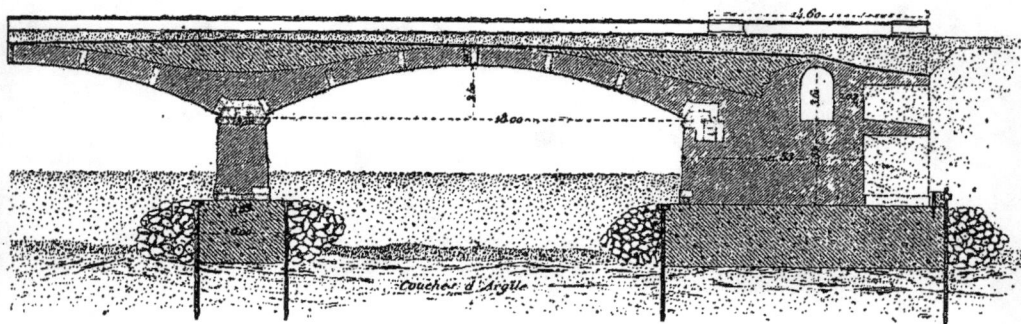

Fig. 130.

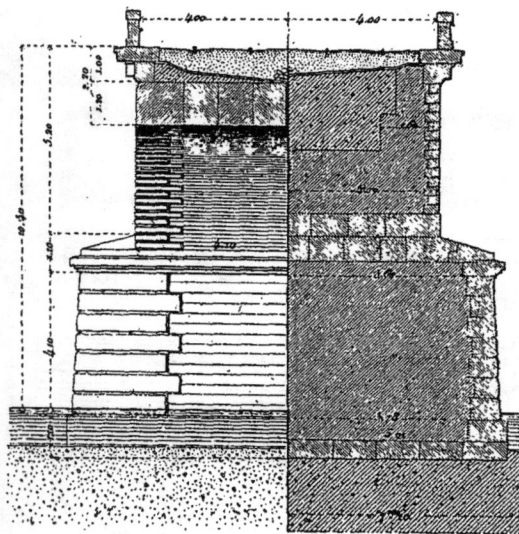

Fig. 131.

41. *Pont sur le Kelvin, près de Glasgow* (*fig.* 132). — Nous donnons ici l'élévation générale de ce pont dont nous avons déjà donné des détails (*fig.* 805, 885, 945, tome I). Cet ouvrage est d'une grande hardiesse, puisqu'il n'a que 0^m,76 d'épaisseur à la clef pour une ouverture de 27^m,45.

42. *Pont de Glasgow* (*fig.* 133) (1). — Le beau pont de Glasgow, dont l'élévation générale est représentée par la figure 133, est composé de 7 arches en arc de cercle, avec ouvertures variant entre 17 et 20

(1) La plupart des descriptions et figures précédentes sont extraites du *Traité des ponts*, de M. Morandière . — Dunod, éditeur.

mètres. Sa longueur totale est d'environ 183 mètres, et sa largeur de 20 mètres entre parapets. Cet ouvrage a été fondé sur pilotis, et au-dessus des piles s'élève un contre-fort terminé par un couronnement très élégant. Il a été construit d'après les projets de Telford ; il est en granit taillé et ciselé avec soin.

III. — Arches elliptiques ou en anse de panier.

43. *Type de pont vicinal à deux arches* (*fig.* 134, 135 et 136). — L'ouverture de chacune des arches est de 4 mètres ; la courbe d'intrados est une anse de panier à 5 centres.

Par économie, on n'a donné que 4 mètres de largeur entre parapets, à ce pont ; cette largeur est évidemment trop faible.

La dépense s'est élevée à 2 845 francs seulement.

44. *Pont sur la Durance* (*Chemin de fer de Lyon à Marseille*). — Ce pont a été construit par MM. Talabot et Borel, pour le chemin de fer d'Avignon à Marseille ; — il est composé de 21 arches de 20 mètres d'ouverture, en anse de panier surbaissées au tiers. Les têtes des voûtes sont munies d'arrière-voussures très fortement accentuées. L'arc d'ouverture des cornes de vache a 2 mètres de flèche.

La Durance étant une rivière torrentielle et le fond étant composé de gravier affouillable les fondations ont été établies sur un radier général en béton, protégé contre les affouillements par un revêtement maçonné.

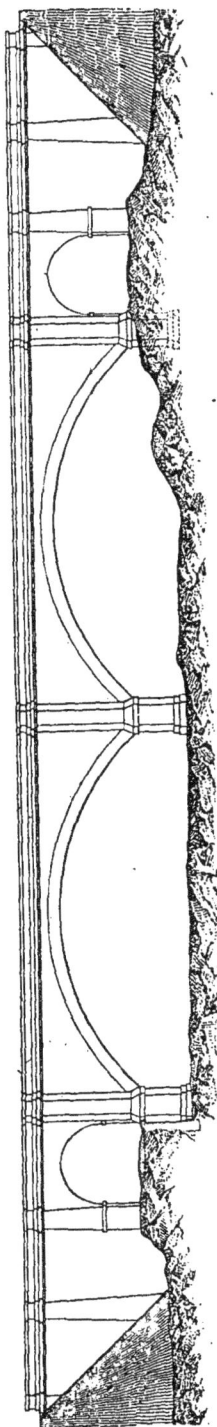

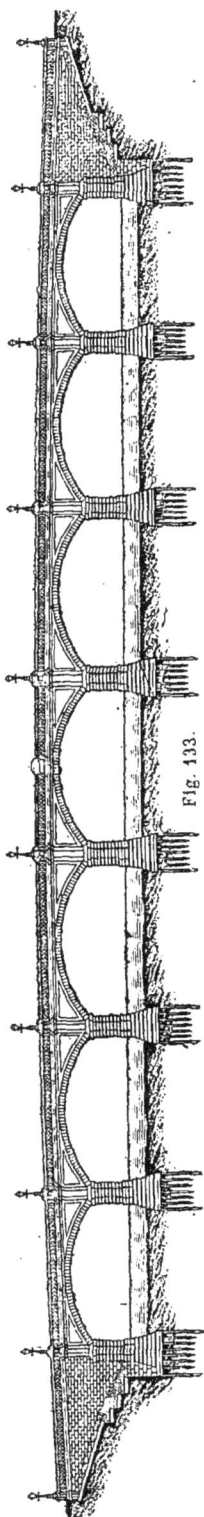

L'écoulement des eaux pluviales se fait par le milieu des piles.

L'ouvrage a coûté 3 600 000 francs, soit 7 350 francs par mètre linéaire.

(*Fig.* 137). Élévation d'une partie du pont ;

(*Fig.* 138). Coupe transversale sur le milieu d'une arche ;

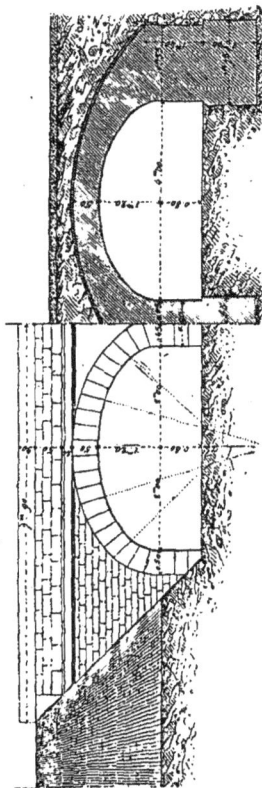

Fig. 132.

Fig. 133.

Fig. 134.

(*Fig.* 139). Élévation détaillée d'une arche et des piles;

(*Fig.* 140). Coupe longitudinale de l'ouvrage, montrant le massif de la culée, la forme des voûtes, l'écoulement des eaux pluviales et le radier général.

45. *Passage supérieur du chemin de fer de Londres à Birmingham* (*fig.* 141 et 142). — L'ouvrage se compose de deux arches semblables. — Il présente une disposition particulière pour les retombées extrêmes des voûtes. Celles-ci se prolon-

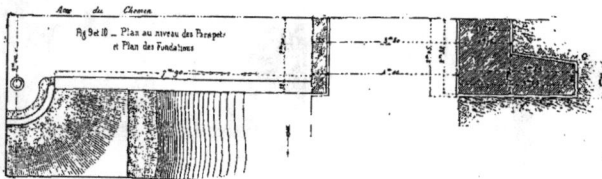

Ame du Chemin.

Fig 9 et 10 — Plan au niveau des Parapets
et Plan des Fondations

Fig. 135.

Fig. 136.

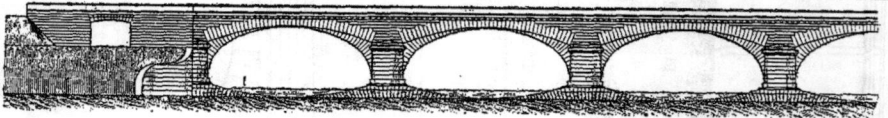

Fig. 137.

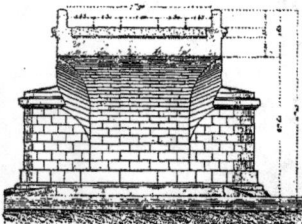

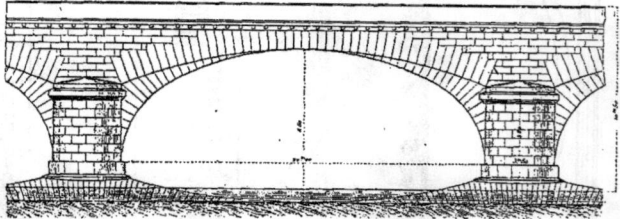

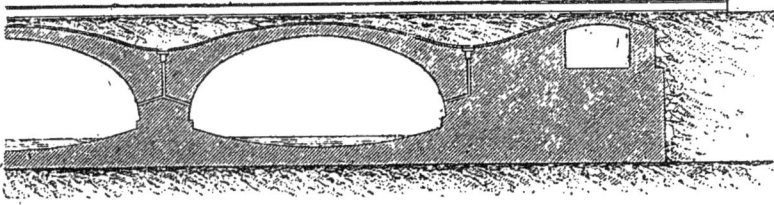

Fig. 140.

gent jusqu'au bon sol, de sorte que, l'é-
paisseur des culées se trouve très réduite.

Les abords sont formés par des murs de
soutènement à profil courbe maintenant
les terres de la tranchée.

46. *Pont Saint - Jean sur l'Adour, à
Saubusse.* — Ce pont comprend 7 arches
elliptiques de 24 mètres d'ouverture et de
$7^m,50$ de montée. Les naissances sont placées à $1^m,26$ en contre-haut de l'étiage.

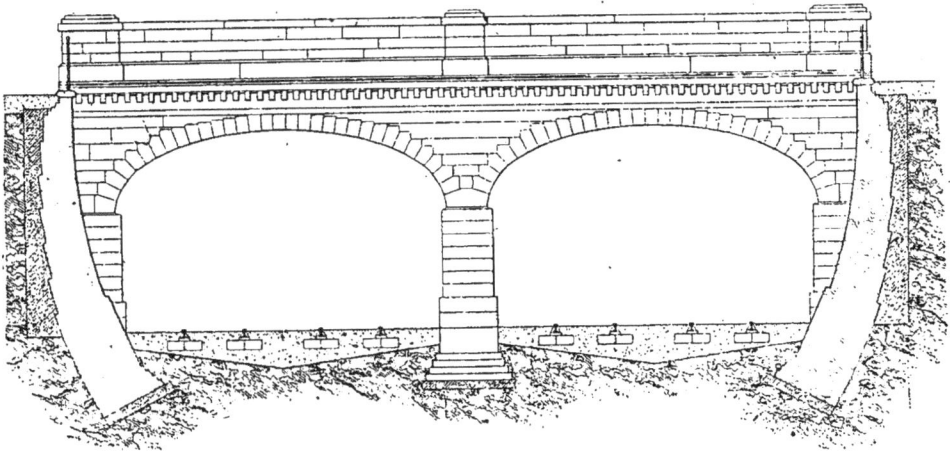

Fig. 141.

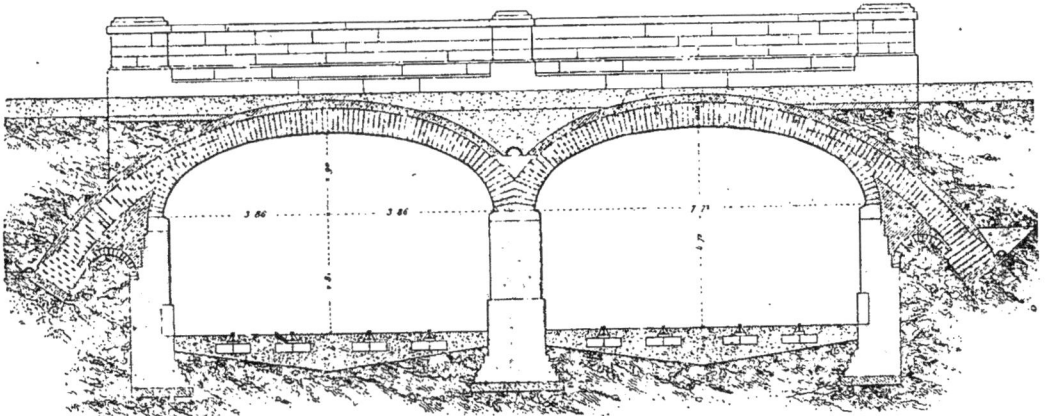

Fig. 142.

Le débouché linéaire aux naissances est de 168 mètres, et à la hauteur de la crue du 20 février 1879 (la plus forte du siècle) de 133^m,70.

Quant au débouché superficiel, pour une crue de 5^m,80 au-dessus de l'étiage, il est de 910 mètres carrés environ.

Toute navigation sur l'Adour, dans

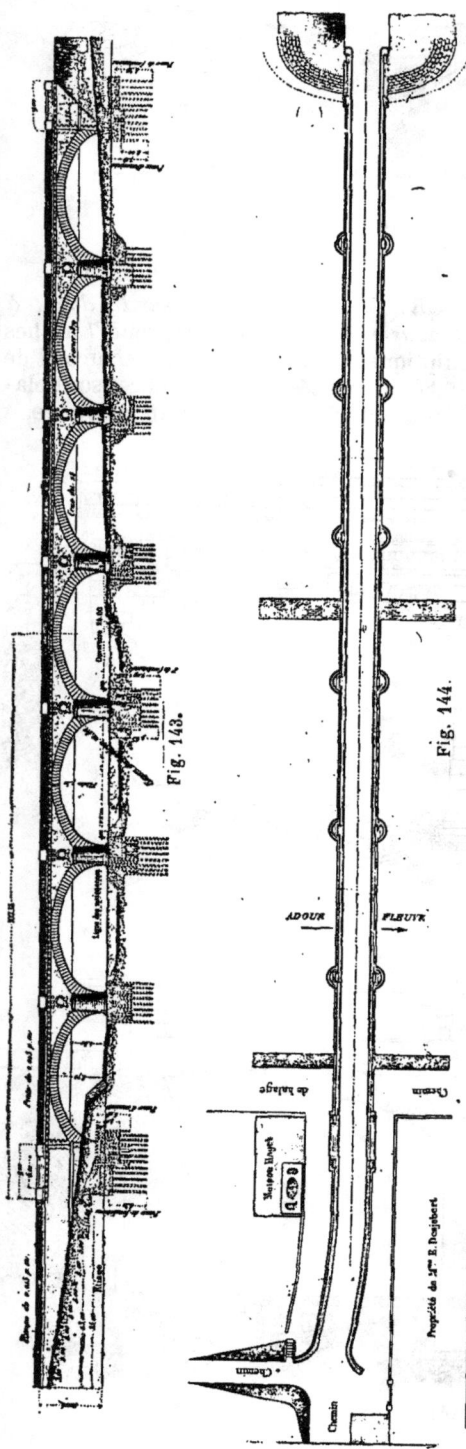

Fig. 143.

Fig. 144.

ADOUR   FLEUVE

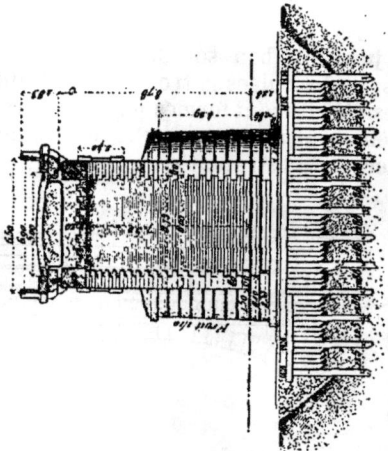

Fig. 146.

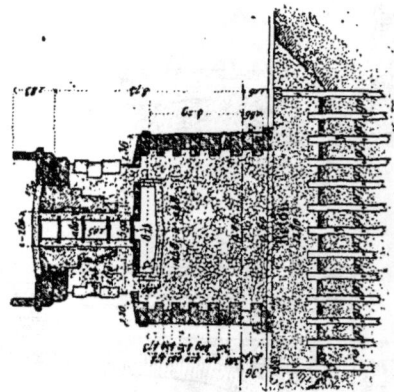

Fig. 145.

cette partie du fleuve, cesse lorsque le niveau des eaux atteint 3^m,50 au-dessus de l'étiage. Le niveau des naissances étant placé à 1^m,26 et, par suite, le sommet des arches à 8^m,76 au-dessus de l'étiage, il reste une hauteur libre de 5^m,20 au moment des plus hautes eaux navigables, hauteur plus que suffisante pour la batellerie.

L'épaisseur des voûtes à la clef, est de

1^m,20. Les culées ont 7 mètres d'épaisseur et les piles 3 mètres de largeur.

La largeur du pont entre les bandeaux des voûtes est de 6 mètres. Celle de la chaussée est de 5 mètres, avec trottoirs de 0^m,71 de largeur libre de chaque côté. Les gardes-corps sont en fonte à libre dilatation (*fig.* 1054, tome I).

Les tympans sont ornés, au-dessus des piles, par des couronnes au milieu desquelles sont sculptées en relief, les initiales ED de la Donatrice (*fig.* 971 et 972, tome I). Une plaque commémorative en marbre, placée à l'entrée du pont du côté du village de Saubusse, porte l'inscription suivante:

LE PONT SAINT-JEAN
est dû à la générosité

DE MADAME EUGÉNIE DESJOBERT

(Don de 400 000 francs)

A sa mémoire

Le Département reconnaissant

Ce qui explique les initiales E. D. placées au milieu des couronnes des tympans.

De ce pont nous avons, en outre des détails du garde-corps en fonte et de la décoration des tympans, donné aussi un fragment de coupe longitudinale (*fig.* 853, tome I).

Nous complétons ces indications en donnant ci-contre l'élévation générale du pont (*fig.* 143), le plan général (*fig.* 144), la coupe transversale sur l'axe de la première pile (*fig.* 145), et la coupe transversale sur la clef de la deuxième voûte (*fig.* 146.)

47. Les ponts à plusieurs arches construits avec intrados elliptique ou en anse de panier sont innombrables, aussi ne pouvons-nous donner ici qu'un très petit nombre d'exemples pour nous tenir dans les limites forcément restreintes de ce volume.

Nous citerons notamment les ponts suivants, dont on trouvera les dessins et les descriptions dans le *Traité des ponts* de M. Morandière.

Pont de Tours. 15 arches de 24^m,36 d'ouverture chacune. surbaissées au tiers (*pl.* 58).

Pont de Neuilly, sur la Seine. 5 arches de 39 mètres d'ouverture chacune, surbaissées au quart. Intrados en anse de panier. Cornes de vache sur les deux têtes (*pl.* 63) (voir *fig.* 278, 279).

Pont des Tuileries ou pont Royal, à Paris. 5 arches. Projet attribué à Mansard, construit de 1685 à 1689 (*pl.* 64) (voir *fig.* 1091 pour les abords de ce pont).

Nouveau pont au Change. 3 arches de 31^m,60 d'ouverture. Flèches variables de 9^m,10 à 9^m,50, construit en 1865 et 1866 (*pl.* 66).

Pont Saint-Michel, à Paris (*pl.* 66). Reconstruit en 1857, 3 arches de 17^m,20 d'ouverture.

Pont Louis-Philippe, à Paris (*pl.* 67). 3 arches elliptiques 32 mètres et 30 mètres d'ouverture ; flèches de 8^m,85 et 8^m,33. Construit en 1860-1862 sous la direction de M. Romany. Les détails d'une pile et d'un tympan de ce pont ont été donnés (*fig.* 894 et 895, tome I).

Pont de l'Alma à Paris (*pl.* 69). Ce pont dont nous avons déjà donné un fragment d'élévation (*fig.* 783, tome I) est un des plus beaux de Paris. Il se compose de 3 grandes arches de 43 mètres d'ouverture pour celle du milieu et de 38^m,50 pour celles de rive. La flèche de la courbe elliptique de l'arche centrale est de 8^m, 50; celle des deux autres est de 7^m,70.

Les têtes sont munies de belles cornes de vache dans le genre de celles du pont de Neuilly.

Pont d'Orléans, pour le chemin du centre (*pl.* 73). Ce pont, construit de 1843 à 1848 est composé de 15 arches de 24^m,20 d'ouverture, en anses de panier surbaissées au tiers.

Pont de Montlouis, sur la Loire (*pl.* 74). Cet ouvrage, dont l'étude a été faite par M. Morandière, se compose de 12 arches semblables, de 24^m, 75 d'ouverture et 7^m,10 de flèche, avec intrados en anse de panier.

Pont de Plessis-les-Tours, sur la Loire (*pl.* 76). A été construit en 1855-1856 par la Compagnie d'Orléans, pour le chemin de fer de Tours au Mans. Il est composé de 15 arches de 24 mètres d'ouverture chacune. Les anses de panier de l'intrados ont 7^m,10 de flèche. Les tympans sont évidés (*fig.* 777, tome I).

Pont de Chalonnes, sur la Loire (*pl.* 77). Ce pont a été construit par la même Compagnie que le précédent, en 1865, pour le chemin de fer d'Angers à Cholet et à Niort.

Les voûtes, surbaissées au quart, sont des ellipses tracées suivant la méthode donnée par M. Desnoyers, méthode que nous avons indiquée au n° 356 (tome I). Elles sont au nombre de 17; elles ont 30 mètres d'ouverture chacune. Une pile de ce pont est représentée par la fig. 778 et le détail du couronnement de la pile par la figure 910 (tome I).

A ces ponts on peut encore ajouter le pont de Cé, sur la Loire (*pl.* 78), le pont de Tilsitt, sur la Saône à Lyon (*pl.* 78), le pont de Port-de-Piles, sur la Creuse (*pl.* 79), celui d'Auzon, sur la Vienne (*pl.* 79), le pont sur la Bidassoa (*pl.* 81), etc. etc...

§ III. — VIADUCS

I. — Viaducs à une seule rangée d'arches.

48. *Type de viaduc en plein cintre, de 10 mètres d'ouverture.* — Ce type de viaduc a été adopté dans l'établissement de plusieurs chemins de fer français; il se compose d'arches plein cintre de 10 mètres d'ouverture chacune (*fig.* 147 à 150).

Les piles et les culées sont fondées sur

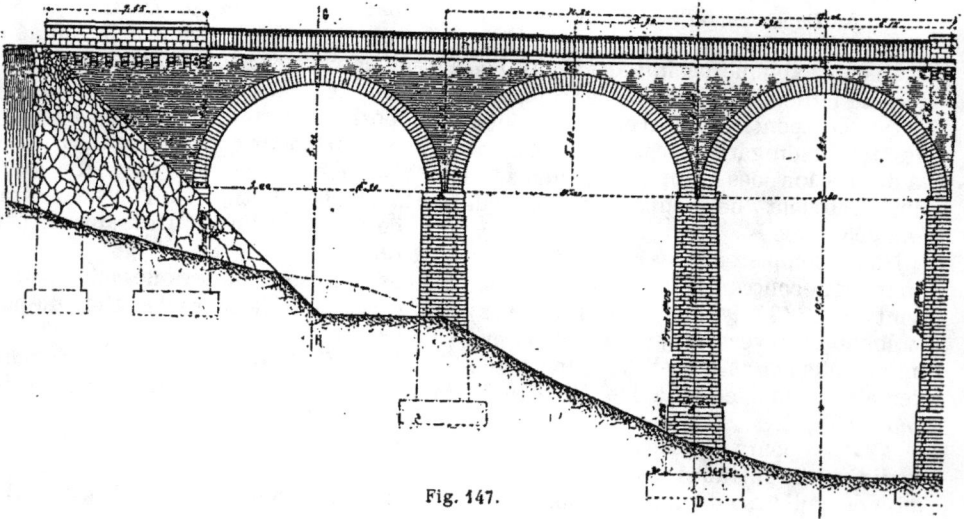

Fig. 147.

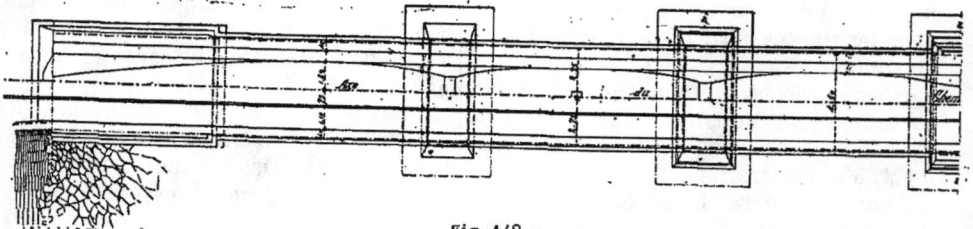

Fig. 148.

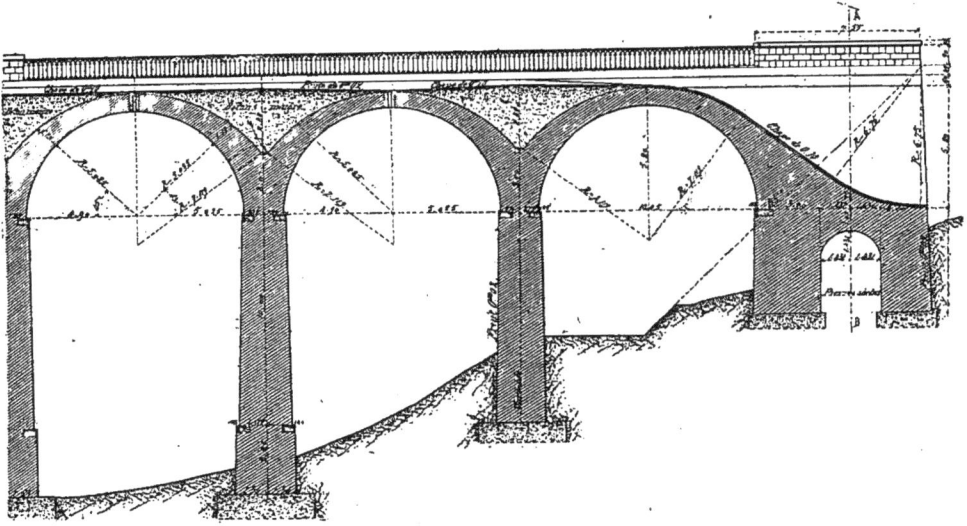

Fig. 149.

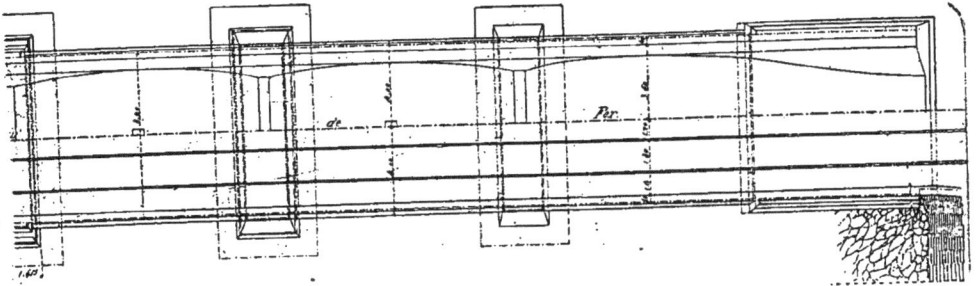

Fig. 150.

béton avec une retraite de 80 millimètres.
Le massif des piles est en moellons ordinaires et les parements en moellons piqués avec chaînes de pierre de taille.

Les parements vus des culées sont en briques de bonne qualité, ainsi que les tympans.

La pile du milieu est une pile-culée.

Les naissances des voûtes sont en retraite de $0^m,10$ sur les piles. Chaque retraite est indiquée par une plate-bande en pierre de taille.

En vue d'une économie de matériaux, les culées contiennent à leur partie inférieure des voûtes de décharge, dont l'espace libre a été rempli en pierres sèches.

Les têtes des voûtes sont formées de deux assises de moellons piqués de $0^m,80$ d'épaisseur.

La partie supérieure de la voûte est formée par une ligne de pierres de taille formant gargouilles de distance en distance, afin de laisser écouler les eaux d'infiltration, qui sont recueillies par les rigoles faites dans la chape elle-même. Les vides laissés entre les courbes d'extrados sont remplis par du béton maigre.

Le tout est recouvert par une chape de $0^m,10$ faite en mortier hydraulique. Elle forme une série de pentes et contre-pentes de $0^m,02$, allant de l'une des piles au sommet des voûtes, pour diriger les eaux dans les gargouilles d'écoulement.

Le viaduc est orné d'un bandeau simple

en pierre de taille de 0ᵐ,35 de hauteur, en saillie de 0ᵐ,60 sur le tympan.

Le garde-corps en fonte, qui borde les côtés de la voie sur le viaduc est inter-rompu aux abords des culées et à l'aplomb de la pile-culée, où il est remplacé par un bahut formé de trois assises de pierres de taille, recouvertes par un dé, et faisant

Fig. 151.

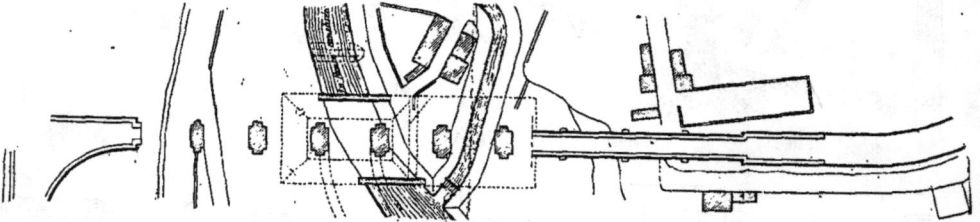

Fig. 152.

saillie sur le tympan. La base de ce bahut est soutenue par quatre consoles sur la pile-culée et dix sur les culées. Leur hauteur est de 1ᵐ,50, leur épaisseur 0ᵐ,40.

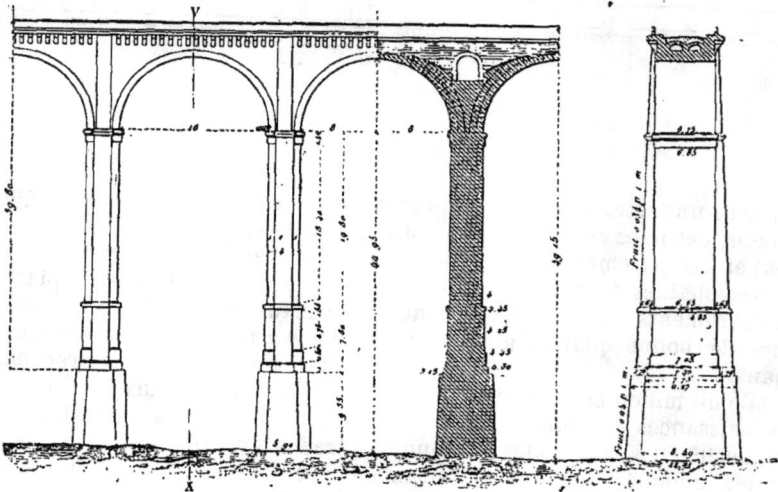

Fig. 153.

(*Nouvelles Annales de la construction,* 1864).

(*Fig.* 147). Élévation d'une partie du viaduc ;

(*Fig.* 148). Plan des maçonneries découvertes, au-dessus de l'axe, et plan de l'ouvrage terminé au-dessous de l'axe (pour le *type à une voie*) ;

(*Fig.* 149). Coupe longitudinale d'une partie du viaduc ;

(*Fig.* 150). Plan des maçonneries découvertes, au-dessus de l'axe, et plan de l'ouvrage terminé au-dessous de l'axe (pour le *type à deux voies*).

49. *Viaduc de Dinan sur la Rance.* — La hauteur totale de cet ouvrage, mesurée entre le sol des fondations et le sommet du parapet, est de 49^m,15.

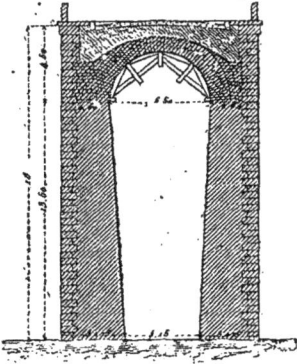

Fig. 154.

Les figures 922 et 923 déjà données (tome I) représentent une coupe transversale et un fragment d'élévation de ce viaduc. Nous donnons ici l'élévation générale et le plan général avec les abords, d'après les *Annales des ponts et chaussées* de 1855 (*fig.* 151 et 152).

Ce viaduc se compose d'un seul rang d'arches plein cintre, au nombre de 10, et de 16 mètres d'ouverture chacune.

La pile est formée d'un solide prismatique à base rectangulaire et à parements verticaux, dont la hauteur se subdivise ainsi qu'il suit (*fig.* 153) :

Le soubassement tout entier, y compris le cordon. . . . . . . 7^m,80
Le fût de la pile . . . . 18^m,40
Le couronnement, savoir : bandeau, 0^m,80 ; imposte, 0^m,60 ; ensemble . . . . 1^m,40

Hauteur totale du sol au plan des naissances . . . . 27^m,60

Le fût a pour section un rectangle de 6^m,65 de longueur sur 4 mètres de largeur.

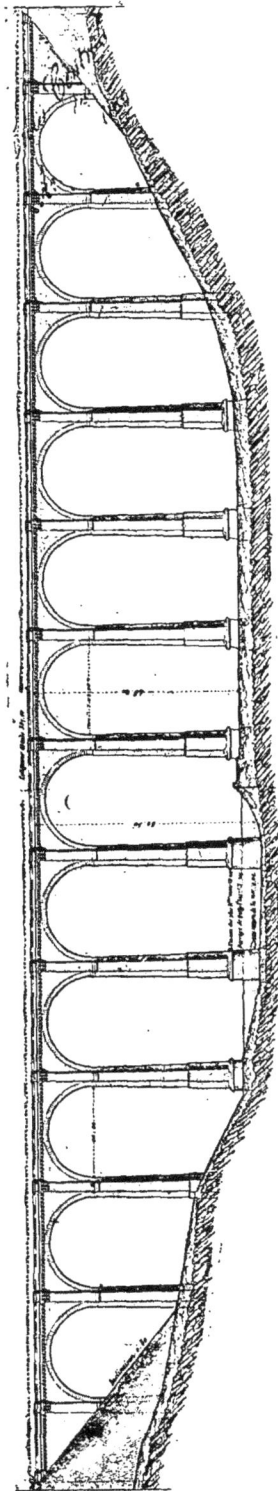

Fig. 155.

Chaque pile est flanquée de deux contreforts, se prolongeant au-dessus des naissances jusqu'à la corniche, ayant 2 mètres d'épaisseur, et compris latéralement entre deux plans verticaux parallèles. Ils sont terminés en tête par un plan incliné offrant un fruit de $0^m,034$ par mètre. Leur saillie, qui est de $1^m,76$ à la base de la pile, est réduite par ce fruit à $0^m,50$ sous la corniche.

Fig. 156.

A la suite de chaque culée existent des murs en retour à parement extérieur vertical. Les parements intérieurs ont un fruit de $0^m,05$ par mètre. Les deux murs d'une même culée sont réunis par une voûte en plein cintre, portant la chaussée (*fig.* 154).

Les voûtes sont extradossées suivant un arc de cercle de 15 mètres de rayon. Les claveaux offrent en tête un chanfrein

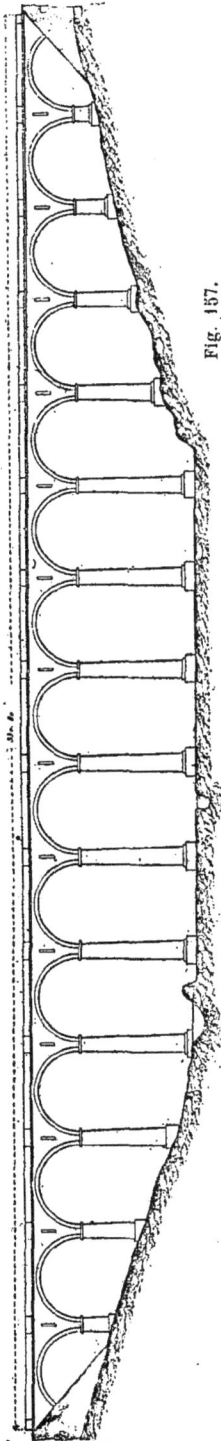

Fig. 157.

circulaire concentrique à la douelle et distant de 1 mètre de celle-ci. Ils sont raccordés avec les assises horizontales des tympans au moyen d'un appareil à échelons.

L'intérieur des tympans est évidé par deux galeries longitudinales, de forme plein cintre et de 1ᵐ,70 d'ouverture chacune.

Le détail du couronnement du viaduc de Dinan a été donné (*fig.* 989, tome I).

Cet ouvrage a été construit d'après le projet de M. Méguin, ancien ingénieur en chef des Côtes-du-Nord. La partie archi-techtonique appartient à M. l'ingénieur en chef Reynaud.

« Complètement étranger à la rédaction du projet, dit M. Fessard dans sa notice des *Annales,* il nous est permis d'en louer en toute liberté la belle ordonnance, et de dire que l'examen le plus minutieux du viaduc, après son achèvement, n'a fait découvrir d'incorrection ni de faute dans aucune des parties de la conception primitive scrupuleusement réalisée. Il n'était pas possible de réunir d'une manière plus complète l'apparence de la force, l'harmonieuse grandeur de l'ensemble et l'élégance des détails. »

La pierre de taille a été employée pour les bandeaux et impostes des piles, les claveaux des voûtes et le couronnement.

Tous les parements vus sont en moellons piqués.

50. *Viaduc de l'Aulne, près de Port-Launay.* — Le viaduc de l'Aune, établi en ligne droite et en palier, se compose de 12 arches plein ceintre de 22 mètres d'ouverture chacune. Sa largeur est de 8ᵐ,10, mesurée entre les faces intérieures des parapets. Sa hauteur, prise au niveau des rails est de 54ᵐ,70 au-dessus du sol de fondation des piles en rivière (*fig.* 155).

En raison de la hauteur exceptionnelle ainsi donnée aux arches, il convenait d'augmenter pour elles l'ouverture ordinaire afin de les maintenir dans de justes proportions. On y était porté également par un autre motif : il est à remarquer, en effet, que les ouvertures moyennes habituellement données aux arches des viaducs font très bien en élévation sur

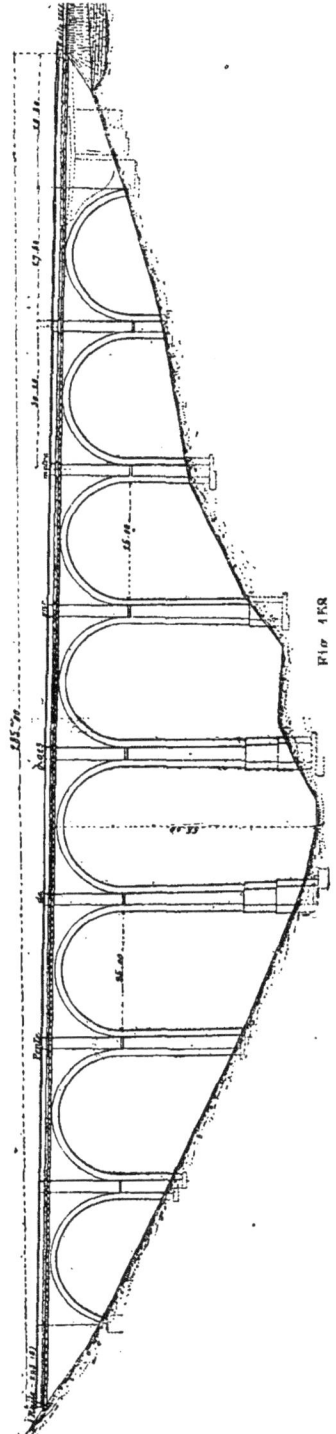

Fig. 158.

un dessin, mais qu'en exécution et surtout lorsqu'il s'agit d'un ouvrage d'une grande longueur pour lequel la plupart des arches sont nécessairement vues en perspective, les vides sont singulièrement réduits en apparence et finissent même par disparaître tout à fait pour l'observateur. Pour atténuer autant que possible cet effet il ne suffit pas d'augmenter le rapport du vide au plein en élévation, il faut de plus que le rapport de l'ouverture des arches à la dimension transversale des piles soit accru dans une forte proportion. On a donc été conduit à fixer pour les arches du viaduc de Port-Launay, une ouverture

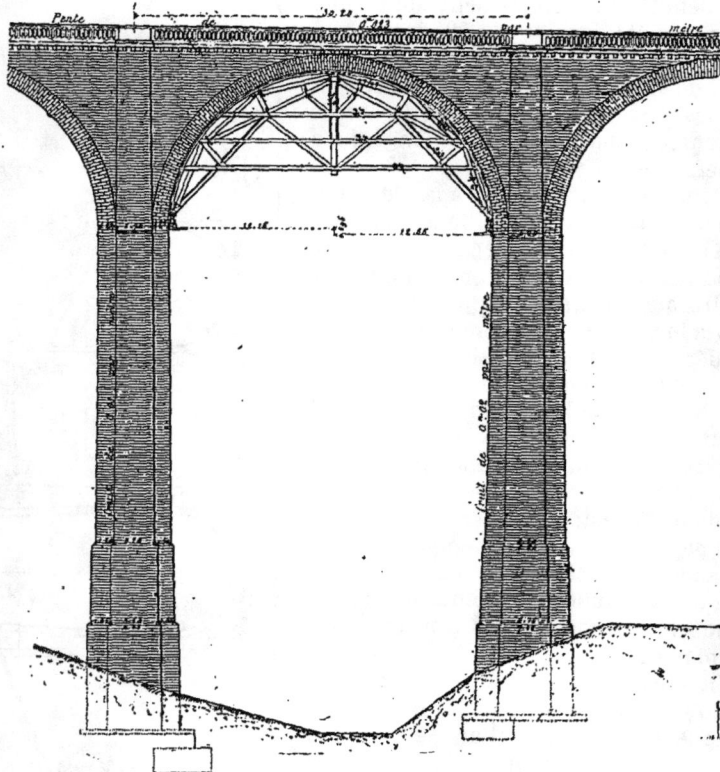

Fig. 159.

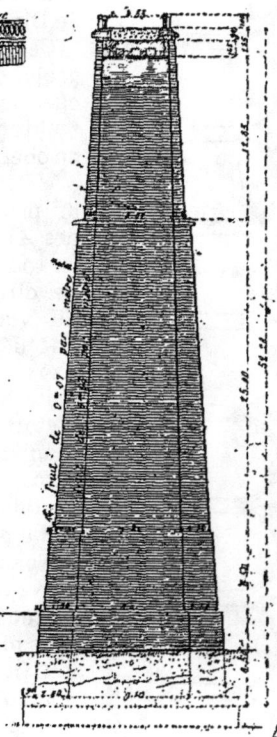

Fig. 160.

de vingt-deux mètres; des voûtes de cette dimension reposant sur des piles élevées donnent beaucoup de jour et procurent à l'ouvrage un aspect d'ampleur et de légèreté rarement atteint dans les constructions de ce genre.

Nous avons donné le détail des piles (*fig.* 935 et 936, tome I), et celui des couronnements (*fig.* 1027 à 1035, tome I). Nous ajoutons à ces détails, les coupes longitudinale et transversale d'une pile (*fig.* 156).

Les piles et les culées sont évidées.

Le viaduc de l'Aulne est un très bel exemple d'ouvrage de grande importance construit presque entièrement en matériaux de petit échantillon.

51. *Viaduc de Comelle* (*Chemin de fer de Paris à Creil*). — Ce viaduc, construit par MM. les ingénieurs Couche et Mantion, se compose de 15 arches en plein cintre de 19 mètres d'ouverture (*fig.* 157). Les rails sont à une hauteur moyenne d'environ 38m,50 au-dessus du sol.

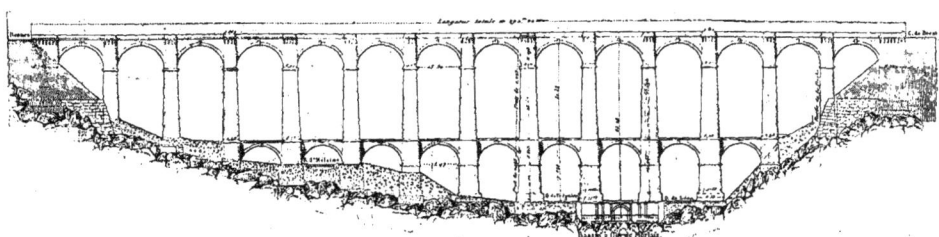

Fig. 161.

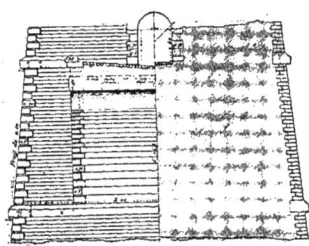

Fig. 162.

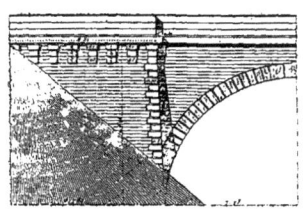

Fig. 163

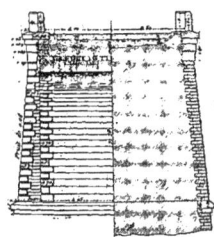

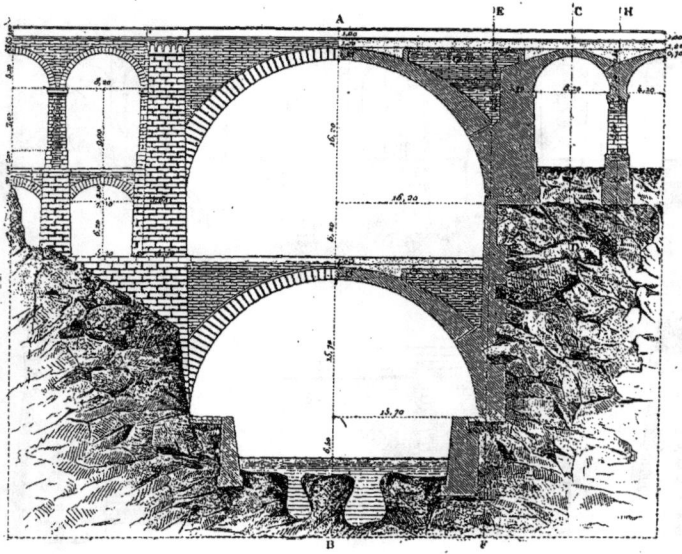

Fig. 165.

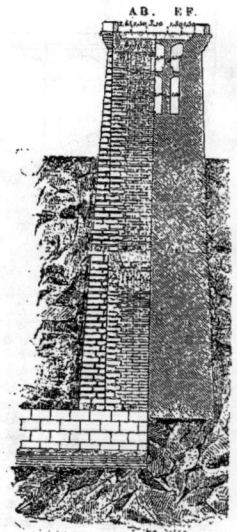

Fig. 166.

L'ouvrage est entièrement construit en moellons, bruts pour les maçonneries intérieures, smillés pour les parements, ciselés avec bossages pour les chaînes d'angle et les têtes des voûtes.

La pierre de taille n'a été adoptée que pour les assises de couronnement des socles, les assises du bandeau des naissances, la corniche et le parapet (Voir *fig.* 1018, tome I).

Le détail des voûtes d'élégissement pratiquées au-dessus des piles, est représenté par la figure 862 (tome I).

Tous les détails de ce viaduc ont été étudiés avec un grand soin. L'ensemble de l'ouvrage est remarquable par sa grande légèreté.

52. *Viaduc de Pompadour sur la ligne de Limoges à Brives.* — La plus grande hauteur de ce viaduc au-dessus du point le plus bas de la vallée est de 55 mètres. La longueur totale est de 285 mètres. Il se compose de 8 arches de 25 mètres d'ouverture chacune, et présente une pente de $0^m,023$ par mètre sur toute sa longueur. Cette pente a été rachetée pour les arches, en abaissant successivement le niveau de la naissance des voûtes sur chaque pile, et en donnant aux deux moitiés d'une même arche un rayon différent.

(*Fig.* 158). Élévation générale du viaduc;

(*Fig.* 159). Élévation détaillée d'une arche et de deux piles ;

(*Fig.* 160). Coupe transversale sur le milieu d'une voûte.

M. l'ingénieur en chef Dupuy a publié un travail très remarquable sur la construction de ce beau viaduc.

Les indications suivantes, extraites de ce travail, offrent le plus grand intérêt pour établir la comparaison de différents ouvrages d'art similaires et de leur prix de revient :

Longueur totale du viaduc	285^m	»
Largeur entre les parapets	4	50
Nombre d'arches	8	»
Ouverture de chaque arche	25	»
Débouché linéaire ou ouverture totale	200	»
Hauteur maxima	55	»
Pression par centimètre carré :		
Au sommet du fût de la pile	6^k	25
A la base de la pile sur le socle	8	03
A la base du socle	7	64
Sur le sol de fondation	5	94
Superficie en élévation : vide . . . . $5\ 535^m$ »	$8\ 200^m$	»
— — plein . . . . $2\ 665$ »		
Rapport du vide au plein	2	08
Superficie en plan	1 332	»
Volume des maçonneries : en fondation . . 948^m »	$18\ 420^m$	»
— — en élévation . . $17\ 472$ »		
Cube par mètre superficiel : en élévation	2	25
— — en plan	13	83
Cube par mètre linéaire	64	63
Dépenses : Fondations	50 000	»
Piles et culées, jusqu'aux naissances	350 000	»
Des naissances à la plinthe	350 000	»
Plinthes et parapets	65 000	»
Cintres	90 000	»
Abords et accessoires	295 000	»
Totales : Au-dessus des fondations	1 150 000	»
Fondations comprises	1 200 000	»

Prix par mètre linéaire.	Au-dessus des fondations. . . .	4 035	»
	Fondations comprises.	4 210	»
Prix par mètre superficiel d'élévation.	Au-dessus des fondations. . . .	140	»
	Fondations comprises.	146	»
Prix par mètre superficiel de plan. .	Au-dessus des fondations. . . .	863	»
	Fondations comprises.	901	»
Prix moyen du mètre cube de maçonnerie.	Au-dessus des fondations. . . .	66	»
	Fondations comprises.	65	»

II. — Viaducs à plusieurs étages.

53. *Viaduc de Morlaix.* — Ce viaduc est le plus important des ouvrages construits pour le chemin de fer de Rennes à Brest. Sa hauteur totale, depuis le rocher qui a reçu les fondations jusqu'au sommet du parapet, est 63m,26 (*fig.* 161).

Dans ces conditions de hauteur, il était à peu près indispensable de relier les piles par des arceaux d'arc-boutement ayant pour but d'empêcher toute flexion, et donnant à ces piles une solidarité plus grande que celle résultant uniquement des arches destinées à supporter la voie.

L'étage supérieur présente 14 arches en plein cintre de 15m,50 d'ouverture. L'étage inférieur est formé de 9 arches, également en plein cintre, dont l'ouverture est de 13m,47.

Le rapport admis entre la hauteur de l'étage inférieur et celle de l'étage supérieur, aux points où cette hauteur atteint son entier développement, est celui de 3 à 5. Ces proportions donnent à l'étage inférieur un grand caractère de solidité et de vigueur, et en font comme le soubassement monumental de la construction.

On s'est attaché à donner aux piles la forme la plus simple possible, et à y faire varier la section d'une manière continue, en évitant tout ressaut brusque, tout changement non progressif dans les dimensions. Les fruits des supports sont différents aux deux étages et dans les deux sens ; le fruit du parement intérieur est de 0m,025 par mètre, à l'étage du haut et de 0m,045 à l'étage du bas ; pour les fruits de tête on a adopté 0m,08 à l'étage supérieur et 0m,10 à l'autre.

Les piles reposent sur des socles dont les parements sont verticaux et dont la hauteur, variant d'ailleurs avec les ondulations du terrain, atteint 3m,10 aux piles où ils ont le plus grand développement. Au-dessus du couronnement des voûtes du bas, les piles sont percées, suivant la direction de l'axe du chemin de fer, de portes en plein cintre de 2 mètres d'ouverture et de 2m,75 de hauteur sous clef, établissant la continuité de la circulation sur la plate-forme de l'étage inférieur, et facilitant ainsi le service de visite et d'entretien du viaduc (*fig.* 162).

La pierre de taille a été employée seulement pour les chaînes d'angles, bandeaux, cordons, plinthes et bahuts. Les autres parements nus sont en moellons piqués. Les maçonneries intérieures ont été exécutées entièrement avec moellons bruts (*fig.* 162, 163 et 164) (*Annales des ponts et chaussées* de 1867).

Ce magnifique ouvrage a un aspect de très grande stabilité.

54. *Viaduc de la Gartempe, sur la ligne de Châteauroux à Limoges.* — Les rails sont à environ 57 mètres au-dessus de la vallée. Le viaduc a été composé de deux rangs d'arcades formant un ensemble très élégant (*fig.* 929 et 930, tome I).

Les piles s'élèvent verticalement, mais elles sont toutes contre-butées par des contre-forts qui partent du socle et qui se prolongent jusqu'aux parapets, suivant un fruit de 0m,04. Nous avons donné (*fig.* 1023, tome I) le détail des petites tourelles avec cul-de-lampe qui terminent chaque contre-fort et qui servent en même temps de refuges.

55. *Viaduc de la Valserine sur le chemin de fer de Lyon à Genève (fig.* 165 et 166). — Ce viaduc comprend, vers le milieu, une arcade principale de 32m, 40 d'ouverture, composée de deux étages et,

de chaque côté de ces deux grandes arches superposées, d'une série de petites
arches de 8ᵐ, 40 d'ouverture seulement.

56. *Viaduc du Point du Jour.* — Nous
donnons, de cet important viaduc une
vue perspective (*fig.* 167), empruntée aux
Annales des ponts et chaussées de 1870.

La longueur totale de l'ouvrage se répartit de la manière suivante :

Viaduc d'Auteuil sur la rive droite	1073ᵐ,10
Viaduc du Point du Jour . . .	154ᵐ,75
Pont-viaduc sur la Seine . . .	242ᵐ,95
Viaduc de · Javel, sur la rive gauche	119ᵐ,65
Total :	1590ᵐ,45

Cet ensemble d'ouvrages comprend 227
arches de 4ᵐ, 80 d'ouverture, quatre arches en maçonnerie de 20 et 23 mètres
d'ouverture et quatre travées métalliques
ayant ensemble 92 mètres de longueur.
Il se compose d'un pont ordinaire pour la
circulation des voitures et des piétons, à
la hauteur des quais projetés sur les deux
rives de la Seine, et d'un viaduc placé
dans l'axe du pont portant le chemin de
fer de ceinture à un niveau supérieur de
10 mètres environ à celui des chaussées
pour voitures.

Le pont proprement dit se compose de
cinq arches elliptiques égales, de 30ᵐ, 25
d'ouverture et 9 mètres de flèche. Les
naissances des voûtes sont à 0ᵐ, 50 au-
dessus de l'étiage conventionnel. Les piles
ont 4ᵐ, 72 d'épaisseur au niveau des
naissances.

Le viaduc portant le chemin de fer, se
compose de 31 arches en plein cintre, de
4ᵐ, 80 d'ouverture chacune. Il est terminé
à chaque extrémité par une arche en arc
de cercle, de 20 mètres d'ouverture, pour
le passage des quais sur chaque rive.

Les figures 167 à 170 montrent les dispositions d'ensemble et les détails de construction.

(*Fig.* 167). Vue perspective de l'ensemble des ouvrages ;

(*Fig.* 168). Élévation partielle du pont-
viaduc ;

(*Fig.* 169). Coupe longitudinale sur l'axe
du viaduc, à gauche de la figure, et coupe
longitudinale sur l'axe du pont des voitures, à droite ;

(*Fig.* 170). Demi-coupe transversale par
l'axe d'une arche, à gauche de la figure,

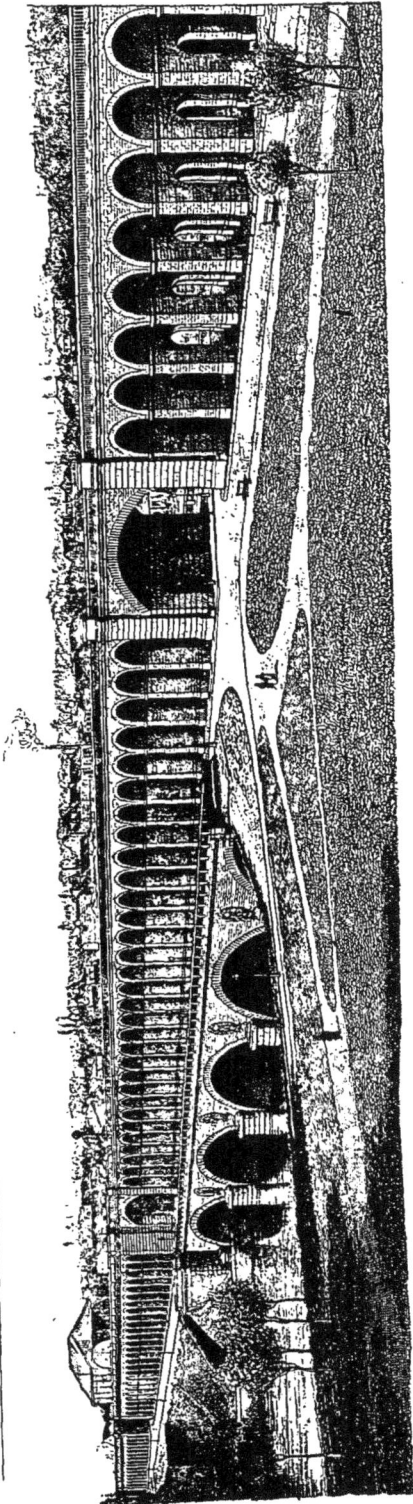

Fig. 167.

Fig. 158.

Fig. 159.

et demi-coupe transversale par l'axe d'une pile, à droite.

Les piles des viaducs, placés de chaque côté du pont, reposent alternativement sur les retombées et les sommets de voûtes ogivales dont les supports descendent jus-

qu'au niveau du bon sol (*fig.* 227, tome I).

Les détails des couronnements ont été donnés par les figures 997 et 998, pour l'étage supérieur et la figure 1012 pour l'étage inférieur (tome I).

Fig. 170

§ IV. — PONTS CANAUX ET PONTS AQUEDUCS

57. *Pont canal d'Agen* (*fig.* 171, 172 et 173). — Les trois figures 171 à 173, empruntées au *Traité des ponts* de M. Morandière, représentent les dispositions principales et les détails du pont canal d'Agen.

« Les ponts canaux présentent quelques caractères particuliers, parce que, destinés à porter la masse des eaux du canal supérieur, ils exigent une hauteur de tympans considérable. En outre, comme toute fuite d'eau pourrait avoir des conséquences très fâcheuses il est nécessaire que les arches n'aient pas de trop grandes dimensions, et qu'elles ne soient pas trop

surbaissées, afin d'éviter le plus possible les effets de dilatation et de contraction.

D'un autre côté, ils ont aussi cet avantage qu'ils sont toujours soumis à une charge permanente invariable, et qu'ils n'éprouvent aucune trépidation. »

Le pont canal d'Agen a une longueur totale de 539 mètres. Les arches n'ont que 20 mètres d'ouverture avec une flèche de 8 mètres. La hauteur des tympans a été masquée de la façon la plus heureuse, au moyen de màchicoulis qui ont été étudiés avec beaucoup de goût et qui règnent d'une culée à l'autre.

Fig. 171.

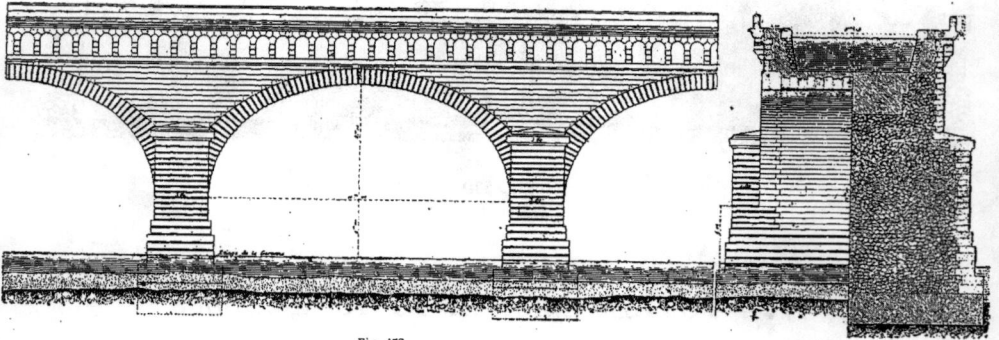

Fig. 172.

Fig. 173.

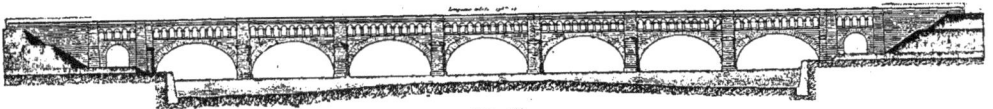

Fig. 174.

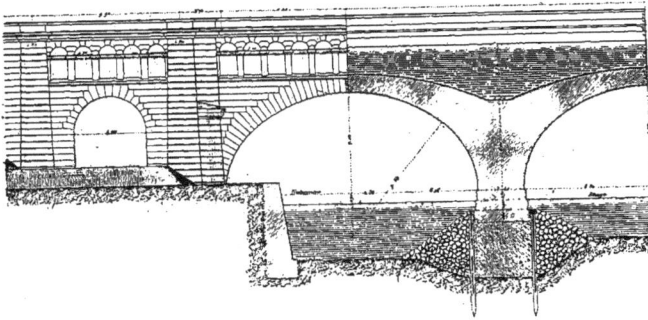

Fig. 175.

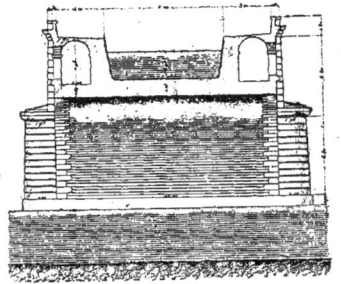

Fig. 176.

Chacune des culées est terminée par un très beau pilastre. Le vide compris entre les tympans au-dessus des piles et des voûtes a été rempli en béton, de façon à obtenir pour le plafond du canal une surface horizontale.

58. *Pont canal de Béziers sur l'Orbe.* —

Les renseignements suivants sont encore extraits du *Traité des ponts* de M. Morandière.

Les arches de ce pont canal, au nombre de 7, ont 17 mètres d'ouverture chacune et 7 mètres de flèche (*fig.* 174).

La disposition adoptée pour masquer

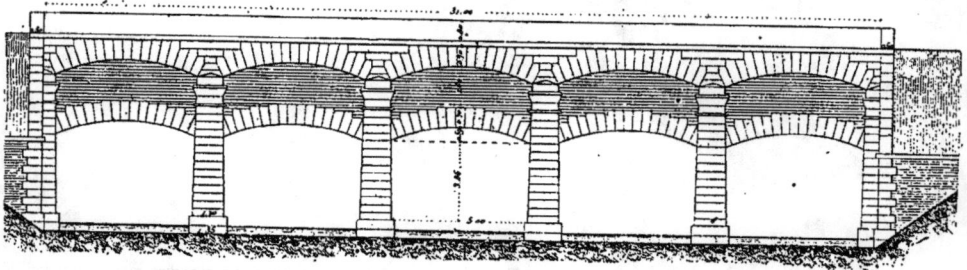

Fig. 177.

la hauteur des tympans est des plus heureuses. L'épaisseur des maçonneries est réduite à son minimun et les galeries latérales supportant les chemins de 3^m,20 sont d'un très bel effet.

(*Fig.* 174). Élévation générale ;

(*Fig.* 175). Élévation détaillée à gauche

de la figure, et coupe longitudinale sur l'axe, à droite ;

(*Fig.* 176). Coupe transversale sur l'axe d'une voûte.

59. *Pont canal sur la Largue.* — La figure 177 représente l'élévation générale de ce pont canal, et la figure 178 est une

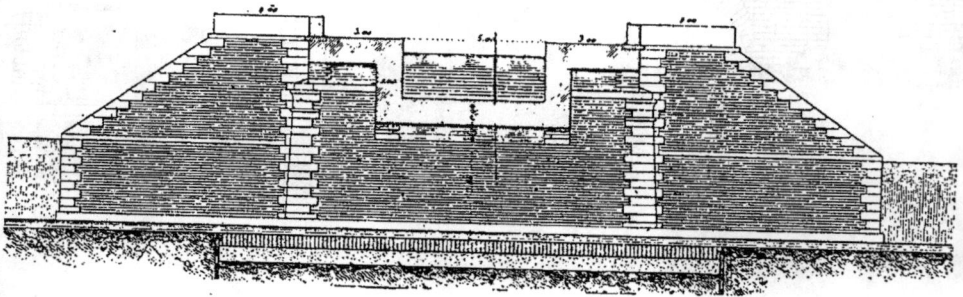

Fig. 178.

coupe transversale faite sur l'axe de l'une des arches. — Les culées se terminent par des murs en aile.

Cet ouvrage est de construction simple. Les chemins de 3 mètres sont supportés par des voûtes d'élégissement dans le genre de celles qui soutiennent les trottoirs au viaduc d'Edimbourg (Voir

fig. 785 et 786, tome I). — Cette disposition est assez heureuse et peut être donnée comme un bon exemple à imiter.

60. *Pont aqueduc de Carpentras.* — Ce pont aqueduc a été construit sur la rivière de Vaucluse, pour le passage d'une simple rigole ayant 2^m,85 de largeur au plafond et 1^m,50 de profondeur d'eau. Il

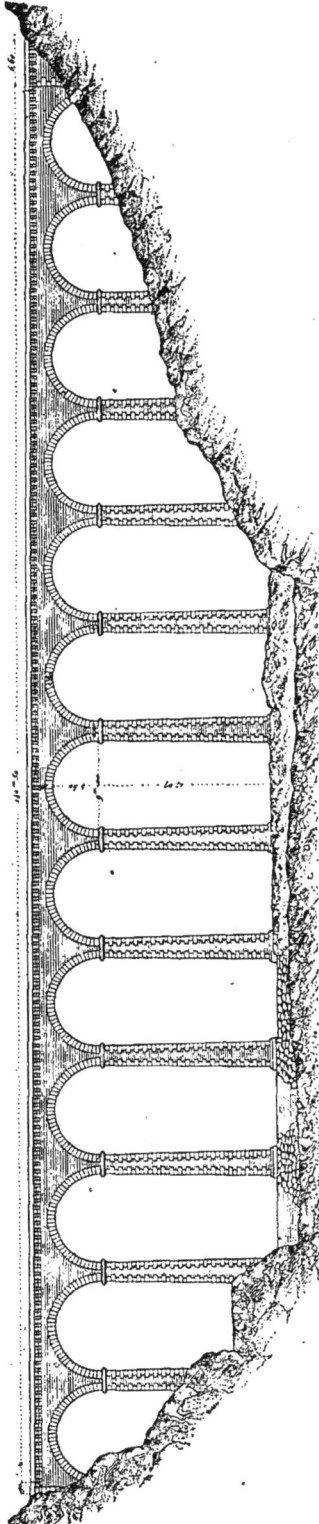

Fig. 179.

se compose de 13 arches plein cintre de 9 mètres d'ouverture chacune. Les piles ont 2^m,20 d'épaisseur (*fig.* 179).

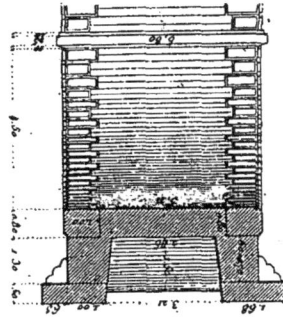

Fig. 180.

La figure 180 est une coupe transversale montrant le détail de la cuvette.

§ V. — PONTS COURBES

61. *Pont viaduc à trois arcades courbes.* — Ce pont, construit sur le ravin de la Roussa, dans la principauté de Monaco, est composé de trois arches ayant chacune 8 mètres d'ouverture à l'aval. Il devait d'abord être établi en ligne droite dans une courbe de 60 mètres de développement, ayant un rayon de 30 mètres sur son axe.

Mais l'introduction d'une ligne droite dans un arc de cercle si restreint, présentait plusieurs inconvénients particuliers :

1° On se trouvait obligé de se raccorder aux deux extrémités, soit par deux brisures, soit par des courbes de rayon encore plus réduit, et, en tous cas, entamer les flancs du ravin plus avant et plus loin, afin de donner assez d'amplitude au raccordement des abords ;

2° Le passage brusque d'une courbe à un alignement droit, et réciproquement, pouvait créer des dangers, surtout la nuit, par la rencontre des voitures ou leur déviation de l'axe de la route ;

3° Enfin, comme aspect, la courbe présentait un élément plus agréable à la vue, et se raccordait mieux avec les abords et les lignes du paysage, ce qui n'était pas non plus sans intérêt dans un pays qui est surtout un séjour de plaisance.

Ces diverses considérations suggérèrent à M. J. Blanc l'idée de modifier le projet en traçant le viaduc lui-même suivant une ligne courbe, et l'on exécuta sur ses plans le pont circulaire dont les figures 181 et 182 représentent l'élévation amont et les plans.

Il avait été objecté au nouveau projet que le surplomb ou flèche d'environ 0^m,42,

Fig. 181.

qui existerait au sommet des arcs convexes du viaduc, par rapport à la ligne droite des naissances, pourrait être une cause d'instabilité et provoquer des accidents.

On appréhendait aussi la poussée au

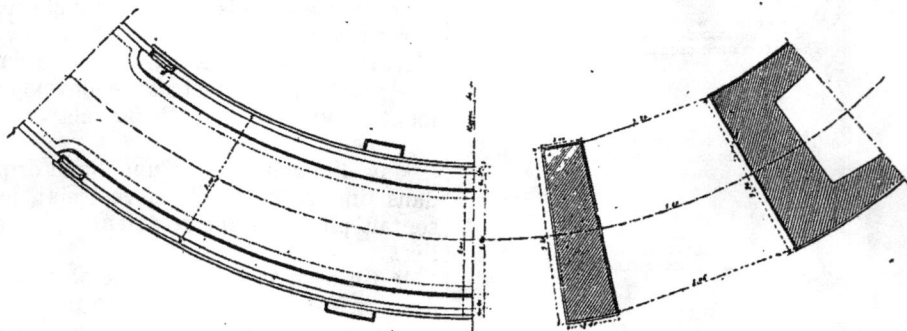

Fig. 182.

vide, résultant de ce que les têtes elliptiques d'amont étaient plus évasées que les têtes circulaires d'aval.

Mais la construction étant faite en pierre de taille pour les têtes, avec une longueur de boutisse partout supérieure à 0^m,42 en mortier de chaux hydraulique, il en résulte que l'ensemble des voûtes forme une sorte de monolithe qui résiste parfaitement dans tous les sens.

La longueur du pont est de 40 mètres, (développement de l'axe de la chaussée).

La largeur entre les têtes est de 8 mètres.
(*Nouvelles Annales de la construction*, 1874).

62. *Type de viaduc courbe de la compagnie P.-L.-M.* (*fig* 183, 184, 185, 186 et 187). — Le viaduc de Saint-Antoine (ligne de Marseille à Aix), représenté par les figures 183 à 187, est le dernier type adopté par la Compagnie P.-L.-M.

Tous les viaducs courbes de cette compagnie sont construits d'après les bases et dimensions indiquées sur les figures, ils n'en diffèrent que par le nombre d'arches et leur hauteur.

Les arches ont 12 mètres d'ouverture; l'axe du chemin de fer est en courbe de 355 mètres de rayon.

La largeur entre les parapets est de 8 mètres libres.

Le parapet a 1 mètre de hauteur.

La hauteur depuis le bandeau d'appui jusqu'au-dessus de la plinthe est de $8^m,543$ avec un fruit de $0^m,02$ par mètre.

La hauteur des pieds-droits, depuis le dessus du soubassement jusqu'au-dessus du bandeau de retombée est de 16 mètres; la longueur au sommet est de $9^m,416$ et la largeur de $2^m,44$.

Le fruit est de $0^m,025$ par mètre sur la longueur et de $0^m,05$ sur la largeur.

La hauteur des soubassements est variable ; à l'arche du milieu elle est de $4^m,60$.

Les pieds-droits des contreforts portant refuges, au nombre de 4, ont $9^m,416$ de longueur, à la retombée et $3^m,54$ de largeur.

Les pierres de taille formant les voussoirs des bandeaux ont $0^m,75$ de hauteur et alternativement $0^m,70$ et $0^m,90$ de longueur.

Le garnissage des reins est fait en béton maigre.

Les chapes en béton ont $0^m,09$ d'épaisseur; elles sont recouvertes d'une couche d'asphalte de $0^m,15$ d'épaisseur. La pente de ces chapes est de $0^m,40$ par mètre et l'eau s'écoule par des crépines placées au sommet des voûtes.

Le prix par mètre carré d'élévation est d'environ 95 francs.

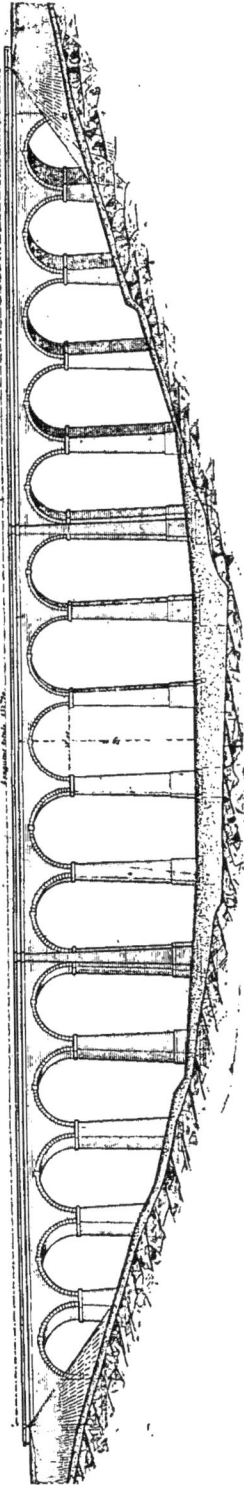

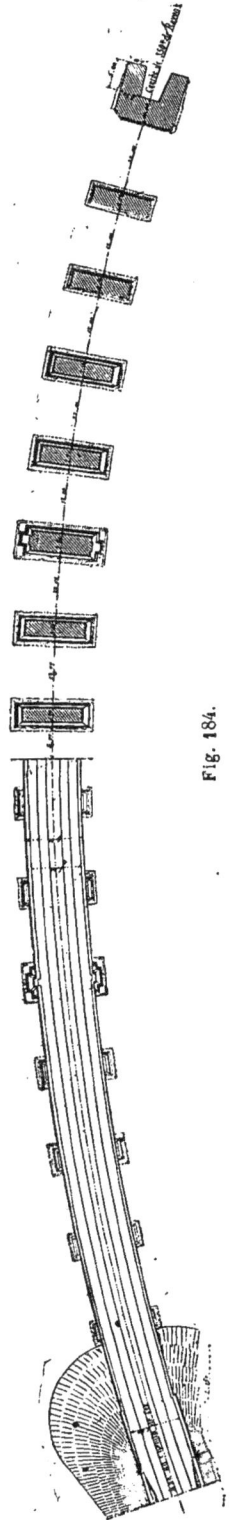

Fig. 183.

Fig. 184.

Fig. 185.

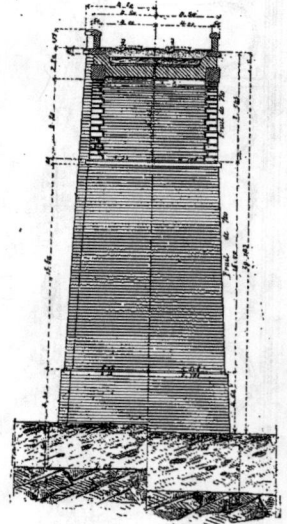

Fig. 186.

Fig. 157.

CHAPITRE VIII

PONTS BIAIS

§ I. — CONSIDÉRATIONS GÉNÉRALES

63. Lorsque deux voies de communication, l'une supérieure, l'autre inférieure, se rencontrent sous un angle quelconque la partie commune à ces deux voies est un parallélogramme qu'il faut recouvrir avec un pont auquel on a donné le nom de « *pont biais* » (*fig.* 188).

La construction de ces ouvrages occasionne ordinairement une dépense plus considérable que celle des voûtes cylindriques circulaires droites car ici la génératrice du cylindre ne fait plus un angle droit avec le plan des têtes. Il faut donc chercher à les éviter, en déviant les voies rencontrées, de façon à n'avoir à construire que des ouvrages droits.

Cependant ces déviations sont souvent coûteuses et s'il s'agit de cours d'eau importants elles peuvent devenir impraticables. La construction d'un pont biais est alors de toute nécessité.

Dans ce cas l'emploi du métal permet d'éviter la partie délicate du travail, c'est-à-dire la taille des voussoirs de la voûte biaise; mais, outre qu'il offre des garanties de durée peu considérable, il peut se faire que la pierre de taille et le moellon soient, dans certaines régions, les matériaux les plus économiques.

Dans les voûtes droites en berceau les lignes qui forment les divisions en assises sont les génératrices mêmes du cylindre tandis que celles qui limitent la longueur des voussoirs résultent de l'intersection du cylindre par des plans verticaux parallèles aux têtes. Ces lignes, qui se coupent à angle droit, sont celles de plus petite et de plus grande courbure qu'on peut tracer sur la douelle.

Si on appliquait cet appareil aux voûtes biaises, chaque voussoir présenterait un angle aigu et un angle obtus qui ne seraient pas capables d'une égale résistance. Il faudra donc le réserver pour des ponts d'un biais peu accentué et chercher une autre solution pour le cas général.

Pour y arriver il est nécessaire de connaître la direction de la poussée qui tend à renverser la voûte et ses pieds-droits, c'est-à-dire de déterminer la direction de l'arc suivant lequel s'opère la plus grande contraction lors du décintrement

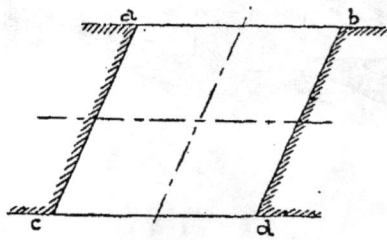

Fig. 188.

de la voûte. Cette question a été résolue par M. Lefort, ingénieur des ponts et chaussées.

64. *Arc de plus grande contraction dans les voûtes biaises.* — Considérons une voûte dont la section de tête est symétrique par rapport à un axe vertical.

Rapportons le plan de cette section à deux axes de coordonnées en prenant pour axe des x l'horizontale passant par les joints de rupture et pour axe des y la verticale passant par la clé de la voûte (*fig.* 189).

L'équation de la courbe de tête pourra être représentée par :

$$y = f(x^2) \qquad (1)$$

$y = f(x^2)$ étant une fonction continue de x croissant constamment de $y = o$ à $y = b$ pour toutes les valeurs attribuées à x entre $x = -a$ et $x = o$, et décroissant constamment de $y = b$ à $y = o$ pour toutes les valeurs attribuées à x de $x = o$ à

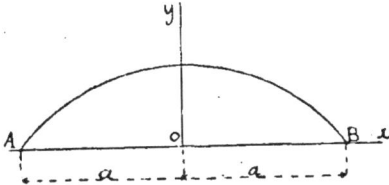

Fig. 189.

$x = +a$. Cette fonction étant telle qu'aucune de ses dérivées ne passe par l'infini pour toutes les valeurs de x entre ces mêmes limites.

La loi du tassement n'étant pas une donnée du problème nous déduirons la courbe contractée de la courbe primitive en retranchant des ordonnées de celle-ci une quantité y' fonction de x^2 s'annulant pour $x = +a$ et devenant égale au tassement c pour $x = o$.

La fonction $(a^2 - x^2)\dfrac{c}{a^2}$ répondant à ces conditions nous aurons pour équation de la courbe de contraction,

$$(2) \qquad y' = y - (a^2 - x^2)\frac{c}{a^2}.$$

Considérons maintenant une série de sections faites dans le cylindre de la voûte par des plans verticaux quelconques. Ces sections, ramenées dans le plan des xy, donneront lieu, avant et après le décintrement, à des courbes ayant pour équations des fonctions du même ordre que celles que nous venons de considérer, la demi-ouverture a, au niveau du joint de rupture, variant avec chacune d'elles.

Désignons par s et s' les longueurs des arcs, sur la courbe primitive et sur la courbe contractée correspondante, depuis le point A jusqu'au point dont l'abscisse est x.

La contraction entre les points x et $x + dx$ sera :

$$(3) \quad \frac{ds - ds'}{ds} = \frac{\sqrt{1 + \left(\dfrac{dy}{dx}\right)^2} - \sqrt{1 + \left(\dfrac{dy'}{dx}\right)^2}}{\sqrt{1 + \left(\dfrac{dy}{dx}\right)^2}}$$

L'équation (2) donne :

$$\frac{dy'}{dx} = \frac{dy}{dx} + \frac{2\,cx}{a^2}$$

Or, de A à O, y' et y augmentant d'une manière continue, leurs dérivées $\dfrac{dy}{dx}$ et $\dfrac{dy'}{dx}$ sont positives, c'est-à-dire de signe contraire à x ; de O à B, y et y' diminuant, leurs dérivées sont négatives, c'est-à-dire encore de signe contraire à x pour cet intervalle.

On a donc en valeur absolue :

$$\frac{dy}{dx} > \frac{2\,cx}{a^2}$$

$$\frac{dy'}{dx} < \frac{dy}{dx}$$

et comme on a :

$$\frac{dy'}{dx} - \frac{dy}{dx} = \frac{2\,cx}{a^2}$$

On voit que le premier membre augmente à mesure que a diminue ; donc il en sera de même de la contraction élémentaire $\dfrac{ds - ds'}{ds}$.

Pour avoir la contraction totale il suffira d'intégrer l'équation (3) entre les limites $-a$ et $+a$;

Le numérateur $\displaystyle\int_{-a}^{+a} ds - \int_{-a}^{+a} ds'$ sera la somme de différences augmentant à mesure que a diminue et le dénominateur $\displaystyle\int_{-a}^{+a} ds$ diminuera avec a ; donc le maximum de l'expression de la contraction totale correspond à la plus petite valeur de a, c'est-à-dire à celle de la section droite, lorsque cette courbe peut être tracée entièrement sur la surface au-dessus des joints de rupture.

Nous voyons en outre que pour une valeur donnée de a la contraction augmentera avec le tassement c.

65. Cette considération de la ligne de plus grande compression nous montre que dans les voûtes biaises une partie de ces pressions tombent dans le vide puis-qu'elles sont obliques par rapport au plan des têtes (*fig.* 190). Elles auront donc une composante parallèle à ce plan qui repor-tera une partie de la pression sur les cu-lées tandis que l'autre composante per-

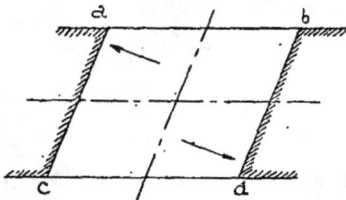

Fig. 190.

pendiculaire à la première formera ce qu'on nomme la « *poussée au vide* ».

Pour bien définir la poussée au vide nous nous proposerons de recouvrir le pa-rallélogramme *a b c d* (*fig.* 191); *a b* et *c d* étant les plans de tête de la voûte biaise dont les culées sont *a e c g* et *b f h d*. Menons par les joints *a* et *d* les sections droites *a i* et *d n*. Il est évident que le rectangle *a i d n* pourra être appareillé comme une voûte droite, c'est-à-dire sui-vant les sections droites et les généra-trices et que les forces de contraction, dé-veloppées dans cette partie de la voûte par le tassement, se reporteront normale-ment sur les culées.

Mais si nous considérons la partie *a e l i* nous voyons que du côté de l'angle aigu elle ne reposera sur la culée que par le triangle *a e k* qui forcément se compri-

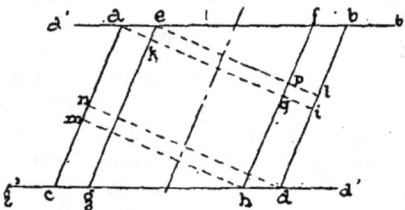

Fig. 191.

mera plus que le reste de la culée; si donc on n'a pas pris les précautions nécessaires il se produira une lézarde suivant la section *a i*. Enfin la troisième partie *e f p* ne sera

en contact avec la culée que par une arrête de joint, la poussée tendra donc à la rejeter en dehors de la voûte.

Cette discussion nous montre que la poussée au vide peut être considérée comme formée de deux parties; la pre-mière due à la poussée totale de la partie *e f p* et la deuxième d'une partie de la poussée de *k e p q*. La poussée au vide sera donc maximum suivant la section *a i* et il se produira une lézarde suivant cette ligne si par une disposition spéciale on ne reporte pas une partie de cette poussée dans un plan parallèle aux têtes. Ce n'est que quand cette poussée a fait son effet que l'équilibre s'établit après le décintrement.

La poussée au vide étant une consé-quence de l'élasticité des matériaux qui composent la voûte, aucun appareil n'est susceptible de la détruire complètement et la préoccupation de l'ingénieur doit être de chercher à la ramener dans les limites du possible dans une direction pa-rallèle au plan des têtes.

M. de la Gournerie dit que la résis-tance des pierres à la rupture tend avec l'adhérence des mortiers à équilibrer la poussée au vide et que souvent même elle est suffisante pour la détruire complète-ment surtout si on a eu soin d'employer pour la construction de la voûte des pierres de grande dimension. Il conseille cependant de consolider près des nais-sances les voûtes en petits matériaux par des tirants en fer qui reportent ainsi une partie de la poussée au vide sur les culés.

66. *Construction des voûtes biaises en zones.* — Nous avons montré que la plus grande contraction se produisait, lors du décintrement, suivant la section de moindre diamètre du cylindre de la voûte (n° 64).

Si donc (*fig.* 192) on partage la voûte par des plans verticaux parallèles aux têtes en une série de zones *a b c d, c d e f,* indépendantes les unes des autres et re-liées seulement par la partie inférieure aux joints de rupture, on voit que, dans chacune d'elles, la plus grande contrac-tion se produira suivant des courbes ayant pour projection horizontale les diagonales *a d, c f.* Or, les directions de ces diagonales se rapprocheront d'autant plus de celle des têtes que l'épaisseur des zones sera plus petite et leur deviendront parallèles à la limite si on suppose que

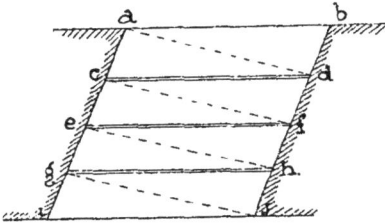

Fig. 192.

leur nombre augmente indéfiniment; L'équilibre de la voûte biaise sera alors ramené à celui d'une infinité de petites voûtes droites ayant même courbe de tête que la voûte biaise et les contractions

seront à peu près uniformes dans toute la longueur de la voûte. Il en résulte que les angles aigus seront dans de meilleures conditions de résistance. Les vides entre les zones seront remplis après le décintrement par des petits matériaux formant la douelle.

Ce système de construction des ponts biais, dont l'idée est due à M. Clapeyron. a été appliqué aux ponts biais du chemin de fer de Paris à Versailles (rive droite de la Seine).

67. De ce que nous venons d'exposer on peut donc conclure que le système des lignes d'appareil des ponts biais pourra être formé : 1° par les courbes d'intersection du cylindre de la voûte par des plans parallèles aux têtes, ces courbes limitant la longueur des voussoirs ; et 2° par une série d'autres courbes, formant joints continus, qui couperont les premières à angle droit.

§ II. — APPAREILS EMPLOYÉS DANS LA CONSTRUCTION DES VOUTES BIAISES

68. Les appareils les plus employés dans la construction des voûtes biaises, sont :

1° *L'appareil par arcs droits;*

2° *L'appareil suivant les génératrices et les arcs de section droite;*

3° *L'appareil orthogonal parallèle;*

4° *L'appareil héliçoïdal ou anglais;*

5° *L'appareil orthogonal convergent et parabolique.*

§ III. — CONSTRUCTION DES VOUTES BIAISES PAR ARCS DROITS

69. Pour éviter la poussée oblique par rapport au plan des têtes on a cherché à remplacer la voûte biaise par une série de voûtes droites.

Considérons, par exemple, le parallélogramme *abcd* (*fig.* 193) ; il est évident que pour le recouvrir on pourrait établir sur le rectangle *debf* une voûte droite dont les pieds droits seraient les droites *de* et *bf* obtenues en menant par les sommets *d* et *b* des angles obtus des plans verticaux

perpendiculaires au plan des têtes. Cette solution serait certainement mauvaise puisqu'elle augmenterait inutilement l'étendue du passage inférieur de deux triangles *ead, bcf*, non compris dans le parallélogramme à recouvrir.

Prenons les milieux *i* et *j* de *ea* et *cf* et par ces points menons des plans normaux aux têtes ; ils coupent les plans *ad* et *bc* suivant des droites qui se projettent horizontalement en *g* et *h*. Puis par ces droites *g* et *h* faisons passer les plans *gm* et *hn* parallèles au plan des têtes, ils coupent les plans *de* et *bf* suivant des droites projetées en *m* et *n*. Nous avons

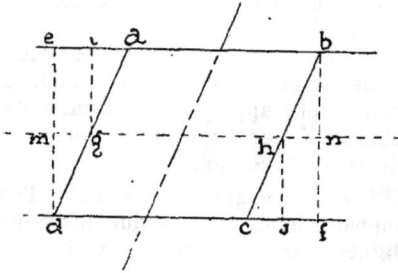

Fig. 193.

ainsi substitué au rectangle primitif deux rectangles *ibng*, *dmhj* que nous pouvons recouvrir par une voûte droite. L'espace inutile se trouve ainsi diminué et en continuant à opérer sur chacun des deux derniers rectangles comme sur le premier, nous substituerons à la voûte biaise une série de petites voûtes droites ; l'espace inutile recouvert sera d'autant moindre que leur nombre sera plus considérable. La figure 194 donne l'ensemble d'un pont biais construit avec une série d'arcs droits.

Ce mode de construction a l'inconvénient d'augmenter, dans une très grande proportion, les surfaces de parement vu et de nécessiter une série d'arêtes d'angles exigeant beaucoup de pierres de taille, dont le prix est très élevé.

Aussi on a cherché, tout en conservant ce système, à réduire la dépense. A cet effet on a supprimé un arceau sur deux

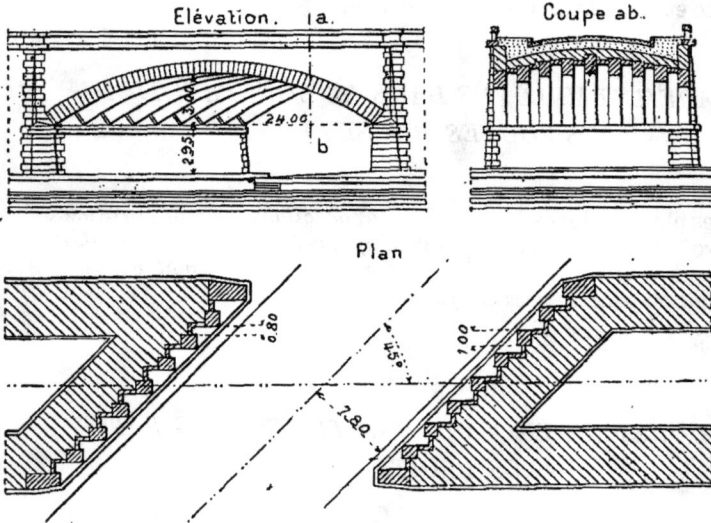

Fig. 194.

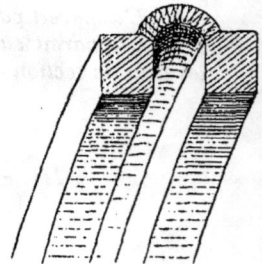

Fig 195

et on l'a remplacé par une petite voûte transversale en briques dont l'intrados affecte la forme d'un tore (*fig.* 195).

Cet appareil n'est pas économique, aussi on ne l'emploie ordinairement que lorsque le biais est très prononcé car alors les autres appareils ne peuvent plus s'appliquer (au-dessous de 40°).

70. *Biais passé.* — Cet appareil n'a guère été employé jusqu'ici que pour des voûtes de peu de longueur telles que celles des portes biaises. Nous ne le citerons donc ici que pour mémoire. (Voir pour l'épure et la taille des voussoirs le chapitre XII de la sixième partie du *Cours de Construction*, *Traité de Coupe des pierres.*)

§ IV. — APPAREIL SUIVANT LES GÉNÉRATRICES ET LES ARCS DE SECTION DROITE

71. Cet appareil est le plus simple de tous ceux que nous allons passer en revue, mais il ne peut s'employer que pour les ponts de peu d'ouverture et d'un biais peu prononcé. Les lignes d'assises étant les génératrices du cylindre et les lignes de joint les arcs de section droite, on voit que les voussoirs des têtes auront un angle aigu d'autant plus grand que l'angle du biais se rapprochera davantage de l'angle droit; c'est ce qui explique pourquoi on n'emploie guère cet appareil qu'entre les angles de 70 degrés à 90 degrés. Il sera même prudent de l'éliminer complètement si le pont doit supporter de fortes charges.

Soit $abcd$ le parallélogramme à recouvrir (fig. 196); ab et cd étant les plans des têtes. Nous supposerons que la courbe d'intrados des têtes est circulaire. Après avoir tracé cette courbe en projection verticale suivant $a'e'b'$, ainsi que la courbe d'intrados $a''e''b''$, nous effectuerons la division en voussoirs en partageant la première de ces courbes en un nombre impair de parties égales, et en menant par les points de division les rayons correspondants dont les parties comprises entre les deux courbes forment les lignes de joints sur les plans des têtes.

Des points de division de la courbe d'intrados nous mènerons des lignes de rappel perpendiculaires à ab et par les points d'intersection ainsi obtenus nous mènerons des parallèles à ac; nous aurons ainsi les projections horizontales des génératrices formant les lignes d'assises de la voûte.

72. *Détermination de la section droite.* — Soit m' un des points de division de la courbe de tête (fig. 196); ce point se projette horizontalement en m sur ab et comme la génératrice mp qui passe par ce point est horizontale elle rencontre le plan de section droite et les plans de tête à une même hauteur $m'm''$ au-dessus du plan des naissances xx.

Donc si ab_1 est une droite perpendiculaire à la direction des génératrices, il suffira de porter à partir de cette droite et sur le prolongement de mp une longueur $m_1m'_1$ égale à $m''m'$ pour avoir le point m_1' de la section droite, situé sur la même génératrice que le point m' de l'arc de tête. En opérant de même pour tous les autres points de division nous obtiendrons par points la courbe de section droite, qui est une ellipse ayant pour demi-grand axe le rayon de la courbe de tête et pour demi-petit axe la projection de ce rayon sur le plan de la section droite.

73. *Développement de la douelle.* — Nous avons maintenant tous les éléments nécessaires pour effectuer le développement de la douelle sur le plan des naissances en la faisant tourner autour de la génératrice bd que, pour plus de clarté, nous avons reportée parallèlement à elle-même en $b_2 d_2$. La section droite ae_1b_1 se développera suivant la ligne la_2 perpendiculaire à la charnière et la longueur la_2 s'obtiendra en rectifiant, à l'aide du compas, l'ellipse par petites parties; mais il sera préférable de calculer directement le développement de cette ellipse à l'aide des formules que nous donnons plus loin. Par le point a_2 ainsi obtenu nous mènerons une parallèle $a_2 c_2$ à $b_2 d_2$ et nous aurons la position de la génératrice ac dans le développement.

Pour avoir dans le développement la position d'un point quelconque tel que mm', par exemple, il suffira de prendre la longueur ln égale au développement de l'arc d'ellipse b_1m_1' et de mener par le point n ainsi obtenu une parallèle m_2p_2 à la génératrice des naissances. L'intersection de cette droite et de la perpendiculaire mm_2 à la direction b_2d_2 donnera le point cherché puisque la droite m_2p_2 est la position de la génératrice mp dans le développement. En opérant de même pour tous les points de division de l'arc de tête tels que m' on aura la courbe représentant le développement de cet arc projeté horizontalement en ab. Cette courbe est une *sinusoïde*.

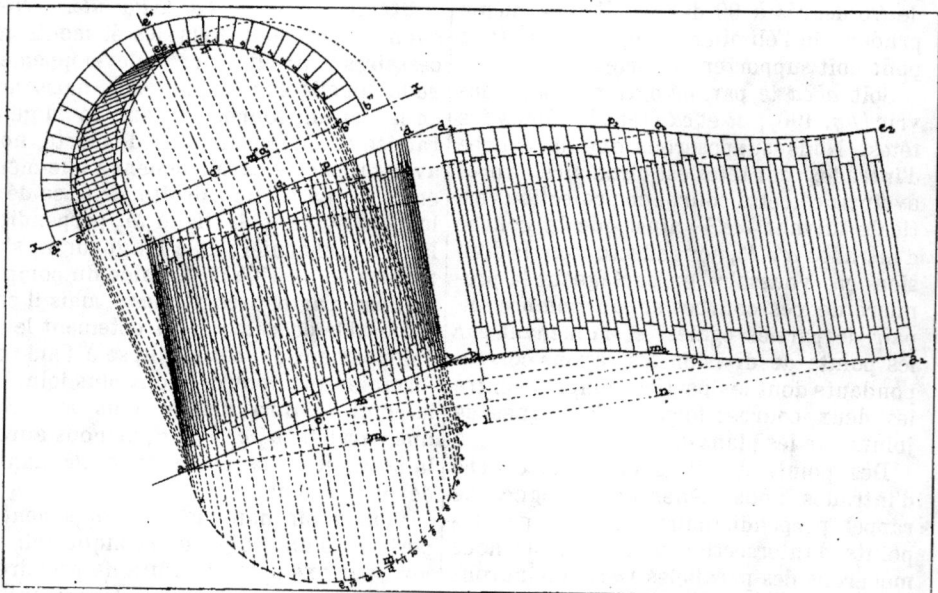

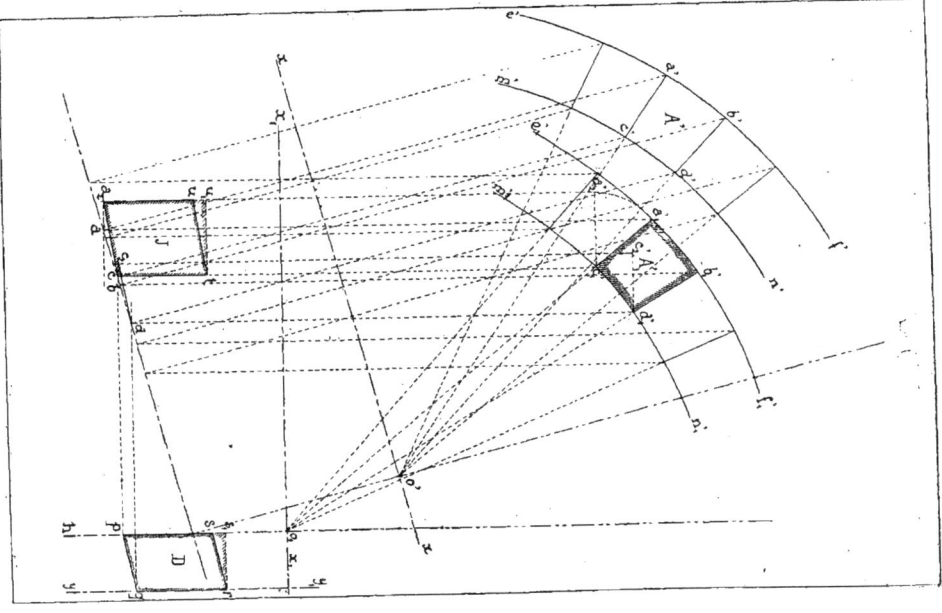

On peut obtenir de la même manière le développement de l'autre arc de tête, mais il est plus simple de prendre, sur les génératrices du développement, des longueurs égales à bd et de joindre les points ainsi obtenus. On peut aussi découper un gabarit sur $d_2b_2a_2c_2$ et le faire glisser sur b_2d_2 prolongée jusqu'à ce que le point b_2 soit en d_2.

Pour limiter les voussoirs de tête en longueur, on trace sur le développement des courbes, obtenues en déplaçant le gabarit $d_2b_2a_2c_2$ le long de b_2d_2 jusqu'à ce que les longueurs interceptées sur les génératrices soient égales à celles qu'on veut donner aux voussoirs. On peut aussi, ce qui est préférable, les limiter par des perpendiculaires aux génératrices. Toute la partie intérieure de la voûte sera appareillée comme une voûte droite ordinaire.

Panneaux de douelle et de joint.

74. 1° *Panneau de douelle suivant la corde.* — Soit $e'f'm'n'$ (*fig.* 197) une portion de la tête et e'_1 f'_1 m'_1 n'_1 la portion correspondante de la section droite de la voûte. Considérons le voussoir A' de la section de tête; sa section droite sera A'_1. Nous nous proposons de déterminer le panneau de douelle de ce voussoir, suivant la corde. Pour avoir la vraie grandeur de ce panneau $c'd'$ nous le ferons tourner autour de la génératrice passant par le point d' jusqu'à ce qu'il soit parallèle au plan horizontal. A cet effet nous prendrons pour nouveau plan vertical de projection un plan perpendiculaire à l'axe de rotation, c'est-à-dire un des plans de section droite $x_1 x_1$; c'_1 et d'_1 seront les nouvelles projections verticales des points (cc') (dd'). Après le mouvement de rotation le point (cc') sera venu en $(c_2c'_2)$, la droite $d'_1c'_2$ étant parallèle à $x_1 x_1$ et la droite cc_2 perpendiculaire à la direction des génératrices; donc en joignant d et c_2 on aura une droite qui formera avec les parallèles aux génératrices passant par ces points la vraie grandeur du panneau de douelle suivant la corde. Il suffira de limiter la longueur de ce panneau soit par une parallèle à dc_2 soit par une perpendiculaire aux génératrices.

La construction pratique peut se faire

en menant une droite yy_1 parallèle à o_1h et à une distance $o_1j = c'_1d'_1$, puis en projetant les points d et c_2 en q et p; la droite pq sera alors parallèle à dc_2 et en menant rs parallèle à pq ou rs_1 perpendiculaire à o_1h on aura la vraie grandeur du panneau de douelle suivant la corde. On opérera de même pour tous les autres.

75. 2° *Panneau de joint.* — Il suffit encore de ramener ce plan dans une position parallèle au plan horizontal en le faisant tourner autour de la génératrice passant par (cc') (*fig.* 197). La droite $(ac, a'c')$ est rabattue en $(ca, c'_1 a'_2)$ et la vraie grandeur du panneau de joint sera ca_2tu ou ca_2tu_1 suivant qu'on limitera la longueur des voussoirs par des plans parallèles aux têtes ou perpendiculaires aux génératrices. Il est évident que tc et rq devront avoir la même longueur.

76. *Taille des voussoirs.* — On prendra un bloc de pierre de dimensions telles qu'on puisse en tirer le voussoir à tailler, avec le moins de déchet possible. On donnera à ce bloc la forme du panneau A'_1 de la section droite et on le taillera comme s'il s'agissait d'appareiller un pont droit; puis on appliquera, sur un des lits de pose, le panneau de joint $(ac, a'c')$ dont on a la vraie grandeur en J, sur la douelle le panneau de douelle D, et enfin sur le deuxième lit de pose la vraie grandeur du lit de joint $(bd, b'd')$. Si on a bien opéré la face déterminée par ces trois panneaux sera parfaitement plane et reproduira exactement le panneau A' de la section de tête. C'est donc une vérification.

Forme de la courbe de tête.

77. La courbe des têtes d'une voûte biaise peut être *circulaire* ou *elliptique* et malgré tout le soin que l'on a apporté aux tracés graphiques des développements de ces courbes il convient de vérifier par le calcul les résultats obtenus.

Nous aurons donc deux cas à considérer:

1er Cas : **Tête circulaire** ;

2° Cas : **Tête elliptique.**

78. 1er Cas. *Tête circulaire.* — Dans ce cas, la section droite est elliptique et la formule qui donne le développement total de la courbe de tête est:

$$l = \pi r \qquad (1)$$

r étant le rayon de l'arc d'intrados et $\pi = 3.1416$ le rapport de la circonférence à son diamètre. Supposons le rayon de la circonférence égal à l'unité et partageons l'arc d'intrados de la section de tête en n parties égales (n étant toujours un nombre impair), l'arc correspondant à un voussoir sera

$$\omega = \frac{\pi}{n} \qquad (2)$$

et la formule

$$\omega = \frac{180°}{n} \qquad (3)$$

donnera sa valeur angulaire.

Les équations permettant de calculer les ordonnées de ces points de division jusqu'à la ligne des naissances, ainsi que les abscisses correspondantes seront (*fig.* 198)

$$y = aa' = r \sin\omega \qquad (4)$$
$$x = oa = r \cos\omega \qquad (5)$$

On a ainsi tous les éléments de l'arc de tête.

Nous donnons un tableau des développements des arcs de cercle pour un rayon égal à l'unité, de degré en degré, depuis 0 degré, jusqu'à 90 degrés. Pour avoir les longueurs des développements, sur la circonférence de rayon r, il suffira de multiplier les coefficients du tableau par la valeur numérique de ce rayon; le même tableau contient les développements pour une minute et pour une seconde.

TABLEAU N° **1.** — VALEURS DES DÉVELOPPEMENTS DES ARCS DE CERCLE POUR $r = 1$ ET DES ANGLES COMPRIS ENTRE 0° ET 90°

ANGLES au CENTRE	DÉVELOPPEMENT de L'ARC	ANGLES au CENTRE	DÉVELOPPEMENT de L'ARC	ANGLES au CENTRE	DÉVELOPPEMENT de L'ARC	ANGLES au CENTRE	DÉVELOPPEMENT de L'ARC
degrés		degrés		degrés		degrés	
0	0.000	24	0.41888	48	0.83775	72	1.25664
1	0.01745	25	0.43633	49	0.85521	73	1.27409
2	0.03491	26	0.45379	50	0.87266	74	1.29154
3	0.05236	27	0.47124	51	0.89012	75	1.30900
4	0.06981	28	0.48869	52	0.90757	76	1.32645
5	0.08727	29	0.50615	53	0.92502	77	1.34390
6	0.10472	30	0.52360	54	0.94248	78	1.36135
7	0.12217	31	0.54105	55	0.95993	79	1.37881
8	0.13963	32	0.55851	56	0.97738	80	1.39626
9	0.15708	33	0.57596	57	0.99484	81	1.41372
10	0.17453	34	0.59341	58	1.01229	82	1.43117
11	0.19199	35	0.61087	59	1.02974	83	1.44862
12	0.20944	36	0.62832	60	1.04720	84	1.46608
13	0.22689	37	0.64577	61	1.06465	85	1.48353
14	0.24435	38	0.66323	62	1.08210	86	1.50098
15	0.26180	39	0.68068	63	1.09956	87	1.51844
16	0.27925	40	0.69813	64	1.11701	88	1.53589
17	0.29671	41	0.71559	65	1.13446	89	1.55334
18	0.31416	42	0.73304	66	1.15192	90	1.57080
19	0.33161	43	0.75049	67	1.16937		
20	0.34907	44	0.76794	68	1.18682		
21	0.36652	45	0.78540	69	1.20428	1'	0.0002909
22	0.38397	46	0.80285	70	1.22173	1"	0.0000048
23	0.40143	47	0.82030	71	1.23918		

79. *Section droite.* — Cette section droite est rabattue en $no_1'n_1$; c'est une ellipse dont le demi-petit axe est:

$$b = no_1 = r \cos \beta \qquad (6)$$

et dont le demi-grand axe est $a = o_1o'_1 = r$, puisque sur le cylindre de la voûte les points o' et o'_1 sont sur la même génératrice.

Dans la formule (6) l'angle β est le complément de l'angle du biais et comme il est préférable d'exprimer toutes les valeurs en fonction de ce dernier angle, qui est une donnée initiale, on aura:

$$b = no_1 = r \sin \alpha$$

les ordonnées de l'arc d'ellipse comptées à partir de nn_1 seront évidemment égales aux ordonnées de la courbe de tête correspondant à la même génératrice, tandis que pour les abcisses on aura:

$$o_1a_1 = oh = oa \cos \beta = r \cos \omega \cos \beta$$
$$\text{ou} \qquad o_1a_1 = r \cos \omega \sin \alpha$$

En supposant, comme nous l'avons dit, le rayon de la courbe de tête égal à l'unité on a pu former un tableau des valeurs du petit axe pour des biais variant par exemple de 5 degrés en 5 degrés, entre 40 degrés et 90 degrés. En donnant au rayon r sa valeur numérique et en multipliant les coefficients du tableau suivant par cette valeur, on obtiendra les demi-axes de l'ellipse.

ANGLES DU BIAIS α	DEMI-PETIT AXE $b = \sin \alpha$
Degrés	
40	0.64279
45	0.70711
50	0.76604
55	0.81915
60	0.86603
65	0.90631
70	0.93969
75	0.96593
80	0.98481
85	0.99619
90	1.000

80. *Développement de l'ellipse.* — L'équation permettant de calculer la longueur l d'une demi-ellipse dont a et b sont les demi-axes est:

$$l = \pi a \left[1 - \left(\frac{1}{2} e\right)^2 - \frac{1}{3}\left(\frac{1 \times 3}{2 \times 4} e^2\right)^2 \right.$$
$$\left. - \frac{1}{5}\left(\frac{1 \times 3 \times 5}{2 \times 4 \times 6} e^3\right)^2 - \dots \right]$$

dans cette formule,

$$e = \sqrt{\frac{a^2 - b^2}{a^2}} = \sqrt{\frac{r^2 - r^2 \sin^2\sigma}{r^2}}$$
$$= \sqrt{1 - \sin^2\alpha}$$

Or, $a = r$ et $b = r \sin\alpha$, on pourra donc déterminer l'excentricité e de l'ellipse et par suite le développement. Mais comme le développement est fonction de a qui varie avec le rayon (e est indépendant de ce rayon), on pourra le calculer pour $a = r = 1$. C'est ce qui a été fait dans le tableau suivant pour des biais variant de 5 dégrés en 5 degrés entre 40 degrés à 90 degrés. En donnant au rayon r sa valeur numérique et en multipliant les coefficients de ce tableau par cette valeur, on obtiendra le développement des demi-ellipses.

ANGLES DU BIAIS α	DÉVELOPPEMENTS POUR $r = 1$
Degrés	
40	2.611
45	2.70128
50	2.78628
55	2.86458
60	2.93492
65	2.99622
70	3.04759
75	3.08830
80	3.11777
85	3.13561
90	3.14159

Équations des développements de la courbe de tête.

81. Comme précédemment nous aurons à considérer deux cas.

1° La courbe de tête est circulaire;
2° La courbe de tête est elliptique.

1er CAS. — *Courbe de tête circulaire.*

82. Nous prendrons pour axe des x la génératrice nm du plan des naissances et pour axe des y la perpendiculaire menée à cette droite par le sommet n de l'angle obtus (*fig.* 198).

Considérons un point tel que (aa') de la courbe de tête. Nous avons vu que sur le développement ce point vient en A sur une perpendiculaire aA à la génératrice des naissances et à une distance de b

telle que bA est égal au développement de l'arc d'ellipse $n_1 a'_1$.

On aura donc pour ce point :

$$y = b\text{A} = \text{arc } n_1 a'_1$$

Mais, comme le calcul de l'arc d'ellipse $n_1 a_1'$ n'est pas très commode dans les applications, on préfère fixer la position du point A par la longueur na' de l'arc de tête, dont la détermination est très rapide.

La longueur de nA dans le développement étant représentée par s on aura :

$$s = \text{arc } na' = \omega r$$

ω étant la longueur de l'arc de cercle de rayon égal à l'unité qui correspond à l'angle ω.

Pour déterminer l'abscisse AA′ du point A nous remarquerons que :

$$x = \text{AA}' = nb = nd - bd$$

or,

$$nd = r \sin \beta$$

et

$$bd = ah = oa \sin \beta = r \cos \omega \, \sin \beta$$

donc

$$x = r \sin \beta - r \cos \omega \sin \beta = r \sin \beta (1 - \cos \omega)$$

ou, en fonction de l'angle du biais

$$x = r \cos \alpha (1 - \cos \omega).$$

Les deux équations de la courbe de tête sont donc :

$$s = \omega r$$

et

$$x = r \cos \alpha (1 - \cos \omega).$$

Pour une section quelconque parallèle aux têtes, l'équation de l'abcisse deviendra

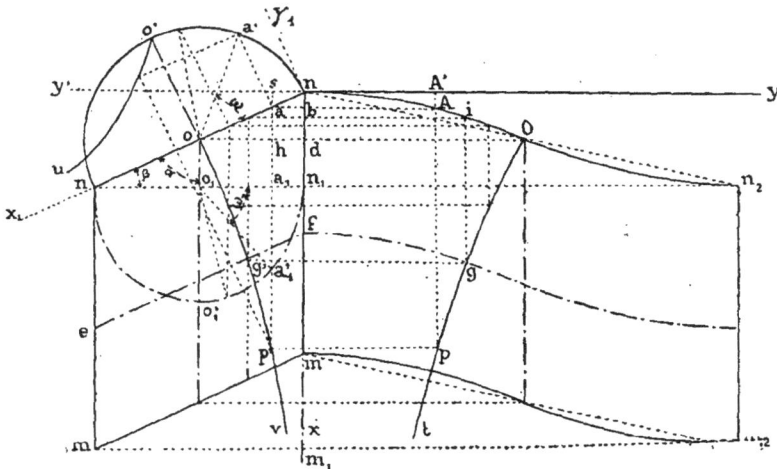

Fig. 198.

$$x = r \cos \alpha (1 - \cos \omega) + c$$

e étant une constante égale à la distance du point n à la section considérée, distance mesurée suivant la génératrice des naissances.

Si on fait varier l'angle ω entre 0 degré et 90 degrés on aura le moyen de vérifier autant de points qu'on le voudra du développement de la courbe de tête.

La valeur de l'abscisse étant une fonction de r on voit qu'on a pu dresser des tableaux en supposant $r = 1$, pour des angles du biais déterminés (tableau n° 2).

Pour avoir l'abscisse d'un point du développement, correspondant à l'angle ω de la section de tête, il suffira de multiplier le coefficient de ce tableau, correspondant à cet angle et au biais du pont, par le rayon de la courbe de tête.

Le tableau que nous avons donné pour le développement des arcs de cercle pour $r = 1$ permet également d'obtenir la valeur de s correspondant à l'angle ω en multipliant le coefficient de ce tableau correspondant à cet angle par le rayon de la courbe de tête.

.Ainsi, supposons que l'angle correspondant au point a' soit $\omega = 15$ degrés et que le rayon de la courbe de tête soit $r = 4$ mètres ; l'angle du biais du pont étant 60 degrés.

Le développement de l'arc de cercle de rayon égal à l'unité pour un angle de 15 degrés est $\omega = 0,2618$.

Donc :

$$na' = \omega r = 0,2618 \times 4 = 1,0472$$

c'est-à-dire :

$$s = n\mathrm{A} = 1,072.$$

L'abscisse x pour un biais de 60 degrés et un angle $\omega = 15$ degrés sur l'arc de tête de rayon égal à l'unité est d'après le tableau :

$$x_1 = 0,017035$$

donc pour le rayon $r = 4$ mètres, cette abscisse sera :

$$x = 0,017035 \times 4 = 0,06814.$$

83. Si l'angle du biais n'est pas un de ceux du tableau, le rayon r restant constant, on peut encore obtenir facilement l'abscisse, car pour un angle du biais égal à α on a :

$$x = r \cos \alpha \, (1 - \cos \omega)$$

et pour un angle α'

$$x' = r \cos \alpha' \, (1 - \cos \omega)$$

donc

$$\frac{x}{x'} = \frac{\cos \alpha}{\cos \alpha'}$$

et

$$x' = x \frac{\cos \alpha'}{\cos \alpha}$$

x' étant la nouvelle abscisse cherchée.

Si l'angle du biais restant constant, c'est le rayon qui varie, on aura par le même raisonnement

$$x' = x \frac{r'}{r}$$

x' étant la nouvelle abscisse et r' le nouveau rayon.

84. Remarque. — Étant donné un angle quelconque ω dans la section de tête on peut avoir facilement l'angle correspondant ω_1 dans la section droite, car :

$$aa' = oa \, \mathrm{tg} \, \omega$$
$$a_1 a'_1 = o_1 a_1 \, \mathrm{tg} \, \omega_1$$

donc, puisque les points a' et a'_1 sont sur la même génératrice, on a :

$$o_1 a_1 \, \mathrm{tg} \, \omega_1 = oa \, \mathrm{tg} \, \omega$$

or,

$$oa = \frac{o_1 a_1}{\sin \alpha}$$

il en résulte,

$$\mathrm{tg} \, \omega_1 = \mathrm{tg} \, \omega \times \frac{1}{\sin \alpha}.$$

2ᵉ Cas. — *Courbe de tête elliptique.*

85. La section droite $n \, n_1$ (*fig.* 199) est alors circulaire et elle se développe suivant une perpendiculaire $n_1 \, n_2$ à la génératrice des naissances.

L'expression de ce développement sera

$$d = n_1 \, n_2 = \pi \, r \qquad (1)$$

et il pourra se calculer comme au n° 77 à l'aide du tableau n° 1, le rayon r de la courbe circulaire de section droite étant égal au petit axe de l'ellipse de tête.

La valeur du demi-grand axe a de cette ellipse sera

$$a = r \frac{1}{\cos \beta} = r \frac{1}{\sin \alpha} \qquad (2)$$

équation qui montre qu'en supposant $r = 1$ on peut former un tableau des différentes valeurs de a pour des biais variant, par exemple de 5 en 5 degrés entre 40 et 90 degrés. Les coefficients du tableau suivant multipliés par la valeur numérique du rayon r de la section droite donneront les demi-axes de l'ellipse.

ANGLES DU BIAIS α	DEMI-GRAND AXE DE L'ELLIPSE $a = \dfrac{1}{\sin \alpha}$
Degrés	
40	1.5557
45	1.4142
50	1.3054
55	1.2207
60	1.1547
65	1.1033
70	1.0642
75	1.0353
80	1.0154
85	1.0038
90	1.0000

Nous avons vu que l'équation donnant le développement d'une demi-ellipse est fonction du demi-grand axe a qui est ici égal à $\dfrac{r}{\sin \alpha}$; l'excentricité e étant indépendante de r nous pourrons encore calculer ces développements pour $b = r = 1$ et en

TABLEAU N° 2. — Courbe de tête circulaire

VALEURS DES ABSCISSES DU DÉVELOPPEMENT DE LA COURBE DE TÊTE POUR $r = 1$

ANGLES ω de la courbe de tête	ABCISSES $x = \cos \alpha (1 - \cos \omega)$ POUR DES BIAIS DE									
	40°	45°	50°	55°	60°	65°	70°	75°	80°	85°
degrés	m. 0.00	m. 0.00	m. 0.00	m. 0.00	m. 0.00	m. 0.00	m. 0.00	m. 0.00	m. 0.00	m. 0.00
1	0.000117	0.0001077	0.0000979	0.0000874	0.00007615	0.00006436	0.00005209	0.00003942	0.00002645	0.00001327
2	0.000467	0.0004306	0.0003915	0.0003493	0.00026520	0.00025737	0.00020829	0.00015762	0.00010575	0.00005308
3	0.001049	0.0009687	0.0008806	0.0007858	0.0006850	0.00057898	0.00046856	0.00035458	0.00023789	0.00011940
4	0.001869	0.0017253	0.0015684	0.0013993	0.0012200	0.00103118	0.00083452	0.00063151	0.00042370	0.00021266
5	0.002918	0.0026940	0.0024490	0.0021853	0.0019050	0.0016101	0.0013031	0.00098610	0.00066160	0.00033206
6	0.004198	0.0038750	0.0035224	0.0031431	0.0027400	0.0023159	0.0018742	0.0014183	0.00095159	0.00047761
7	0.005707	0.0052679	0.0047887	0.0042731	0.0037250	0.0031485	0.0025480	0.0019282	0.0012936	0.0006493
8	0.007454	0.0068801	0.0062543	0.0055809	0.0048650	0.0041120	0.0033278	0.0025183	0.0016896	0.0008480
9	0.009430	0.0087045	0.0079127	0.0070607	0.0061550	0.0052024	0.0042102	0.0031860	0.0021376	0.0010728
10	0.011636	0.010740	0.0097630	0.0087126	0.0075950	0.0064195	0.0051952	0.0039314	0.0026377	0.0013239
11	0.014072	0.012989	0.011808	0.0105366	0.0091850	0.0077635	0.0062829	0.0047545	0.0031899	0.0016010
12	0.016738	0.015450	0.014044	0.012532	0.010925	0.0092341	0.0074731	0.0056552	0.0037942	0.0019043
13	0.019633	0.018123	0.016474	0.014700	0.012815	0.010831	0.0087659	0.0066335	0.0044506	0.0022338
14	0.022751	0.021001	0.019090	0.017035	0.014850	0.012551	0.0101579	0.0076869	0.0051573	0.0025885
15	0.026099	0.024091	0.021899	0.019541	0.017035	0.014398	0.011652	0.0088179	0.0059162	0.0029694
16	0.029676	0.027393	0.024901	0.022220	0.019370	0.016372	0.013249	0.0100266	0.0067271	0.0033764
17	0.033322	0.030900	0.028089	0.025065	0.021850	0.018468	0.014946	0.011310	0.0075884	0.0038087
18	0.037490	0.034605	0.031458	0.028070	0.024470	0.020682	0.016738	0.012666	0.0084983	0.0042654
19	0.041734	0.038523	0.035019	0.031248	0.027240	0.023024	0.018633	0.014100	0.0094603	0.0047482
20	0.046200	0.042645	0.038766	0.034592	0.030155	0.025488	0.020627	0.015609	0.0104727	0.0052563
21	0.050880	0.046966	0.042694	0.038097	0.033210	0.028070	0.022716	0.017190	0.011533	0.0057888
22	0.055783	0.051491	0.046807	0.041767	0.036410	0.030745	0.024905	0.018847	0.012645	0.0063466
23	0.060900	0.056215	0.051104	0.045599	0.039750	0.033598	0.027190	0.020576	0.013805	0.0069288
24	0.066224	0.061129	0.055569	0.049585	0.043225	0.036535	0.029567	0.022374	0.015011	0.0075346
25	0.071770	0.066248	0.060223	0.053738	0.046845	0.039595	0.032043	0.024248	0.016269	0.0081656
26	0.077531	0.071566	0.065056	0.058051	0.050605	0.042773	0.034615	0.026195	0.017574	0.0088210
27	0.083491	0.077067	0.070057	0.062514	0.054495	0.046061	0.037276	0.028208	0.018925	0.0094991
28	0.089665	0.082766	0.075238	0.067137	0.058525	0.049467	0.040033	0.030294	0.020325	0.0102015
29	0.096046	0.088657	0.080592	0.071915	0.062690	0.052987	0.042882	0.032450	0.021772	0.010927
30	0.102627	0.094731	0.086114	0.076842	0.066985	0.056618	0.045820	0.034674	0.023263	0.011676
31	0.10941	0.100996	0.091809	0.081923	0.071415	0.060362	0.048850	0.036967	0.024802	0.012448
32	0.11640	0.107444	0.097671	0.087155	0.075975	0.064217	0.051970	0.039327	0.026385	0.013243
33	0.12358	0.11407	0.103700	0.092535	0.080665	0.068181	0.055178	0.041755	0.028014	0.014060
34	0.13096	0.12088	0.10989	0.098058	0.085480	0.072250	0.058471	0.044247	0.029686	0.014900
35	0.13853	0.12788	0.11624	0.103731	0.090425	0.076430	0.061854	0.046807	0.031401	0.015762
36	0.14639	0.13504	0.12275	0.10954	0.095490	0.080711	0.065319	0.049429	0.033163	0.016645
37	0.15425	0.14238	0.12943	0.11549	0.100680	0.085098	0.068869	0.052115	0.034965	0.017549
38	0.16239	0.14989	0.13626	0.12159	0.105995	0.089590	0.072504	0.054867	0.036811	0.018476
39	0.17071	0.15757	0.14324	0.12782	0.11142	0.094180	0.076219	0.057677	0.038697	0.019422
40	0.17922	0.16543	0.15038	0.13419	0.11698	0.098876	0.080019	0.060553	0.040626	0.020390
41	0.18790	0.17344	0.15767	0.14069	0.12264	0.103664	0.083294	0.063485	0.042594	0.021378
42	0.19676	0.18163	0.16510	0.14732	0.12843	0.10855	0.087851	0.066480	0.044603	0.022386
43	0.20579	0.18996	0.17268	0.15409	0.13432	0.11353	0.091883	0.069531	0.046650	0.023414
44	0.21499	0.19845	0.18040	0.16098	0.14033	0.11861	0.095991	0.072640	0.048735	0.024461
45	0.22436	0.20710	0.18826	0.16799	0.14644	0.12378	0.100174	.075805	0 .050859	0.025527

TABLEAU **N° 2** (*suite*). — **Courbe de tête circulaire.**

VALEURS DES ABSCISSES DU DÉVELOPPEMENT DE LA COURBE DE TÊTE

POUR $r = 1$ (1)

ANGLES ω de la courbe de tête	ABSCISSES $x = \cos \alpha (1 - \cos \omega)$ POUR DES BIAIS DE									
	40°	45°	50°	55°	60°	65°	70°	75°	80°	85°
degrés	m.	m.	m.	m.	m.	m.	m.	m.	m.	m.
46	0.23390	0.21590	0.19626	0.17513	0.15267	0.12904	0.104432	0.079027	0.053021	0.026612
47	0.24360	0.22486	0.20440	0.18239	0.15900	0.13439	0.10876	0.082304	0.055220	0.027715
48	0.25346	0.23396	0.21267	0.18977	0.16543	0.13983	0.11316	0.085635	0.057457	0.028887
49	0.26301	0.24277	0.22069	0.19693	0.17167	0.14610	0.11742	0.088362	0.059620	0.029924
50	0.27363	0.25258	0.22961	0.20488	0.17860	0.15096	0.12217	0.092452	0.062028	0.031132
51	0.28395	0.26211	0.23826	0.21261	0.18534	0.15665	0.12678	0.095939	0.064368	0.032306
52	0.29442	0.27176	0.24704	0.22044	0.19217	0.16242	0.13145	0.099474	0.066739	0.033497
53	0.30503	0.28156	0.25595	0.22839	0.19909	0.16828	0.13618	0.103059	0.069145	0.034704
54	0.31577	0.29147	0.26496	0.23643	0.20610	0.17420	0.14098	0.106687	0.071579	0.035926
55	0.32665	0.30152	0.27409	0.24458	0.21321	0.18021	0.14584	0.11036	0.074047	0.037164
56	0.33768	0.31170	0.28334	0.25283	0.22040	0.18629	0.15076	0.11409	0.076545	0.038419
57	0.34882	0.32198	0.29270	0.26118	0.22768	0.19244	0.15574	0.11785	0.079072	0.039687
58	0.36176	0.33239	0.30216	0.26962	0.23504	0.19866	0.16077	0.12166	0.081628	0.040970
59	0.37150	0.34291	0.31172	0.27816	0.24248	0.20495	0.16586	0.12551	0.084212	0.042267
60	0.38302	0.35355	0.32139	0.28678	0.25000	0.21130	0.17101	0.12940	0.086824	0.043577
61	0.39465	0.36429	0.33115	0.29550	0.25759	0.21772	0.17620	0.13334	0.089461	0.044901
62	0.40640	0.37514	0.34101	0.30429	0.26526	0.22421	0.18145	0.13732	0.092125	0.046238
63	0.41826	0.38608	0.35096	0.31317	0.27300	0.23075	0.18674	0.14131	0.094813	0.047587
64	0.43023	0.39713	0.36100	0.32213	0.28081	0.23735	0.19207	0.14536	0.097526	0.048949
65	0.44229	0.40826	0.37113	0.33117	0.28869	0.24401	0.19747	0.14943	0.100260	0.050322
66	0.45454	0.41955	0.38140	0.34033	0.29668	0.25076	0.20294	0.15357	0.103035	0.051714
67	0.46672	0.43081	0.39163	0.34946	0.30463	0.25748	0.20838	0.15769	0.105798	0.053101
68	0.47907	0.44221	0.40199	0.35870	0.31269	0.26430	0.21389	0.16186	0.10859	0.054506
69	0.49151	0.45370	0.41243	0.36802	0.32082	0.27116	0.21945	0.16606	0.11141	0.055921
70	0.50404	0.46526	0.42294	0.37740	0.32899	0.27807	0.22504	0.17029	0.11425	0.057346
71	0.51664	0.47689	0.43351	0.38683	0.33721	0.28502	0.23066	0.17427	0.11711	0.058645
72	0.52932	0.48859	0.44415	0.39633	0.34549	0.29202	0.23632	0.17883	0.11998	0.060222
73	0.54199	0.50030	0.45479	0.40582	0.35376	0.29901	0.24198	0.18312	0.12286	0.061665
74	0.55489	0.51220	0.46561	0.41547	0.36218	0.30612	0.24774	0.18747	0.12578	0.063132
75	0.56777	0.52409	0.47642	0.42512	0.37059	0.31323	0.25349	0.19183	0.12870	0.064598
76	0.58072	0.53592	0.48728	0.43481	0.37904	0.32037	0.25927	0.19620	0.13163	0.066071
77	0.59372	0.54812	0.49819	0.44455	0.38752	0.32755	0.26508	0.20059	0.13458	0.067550
78	0.60677	0.56009	0.50914	0.45432	0.39604	0.33475	0.27031	0.20500	0.13754	0.069035
79	0.61987	0.57218	0.52013	0.46413	0.40459	0.34197	0.27675	0.20942	0.14051	0.070525
80	0.63302	0.58432	0.53116	0.47397	0.41317	0.34923	0.28262	0.21385	0.14349	0.072021
81	0.64621	0.59649	0.54223	0.48385	0.42178	0.35651	0.28858	0.21833	0.14648	0.073522
82	0.65943	0.60869	0.55333	0.49375	0.43041	0.36380	0.29442	0.22279	0.14948	0.075026
83	0.67268	0.62093	0.56445	0.50367	0.43906	0.37111	0.30033	0.22727	0.15248	0.076534
84	0.68597	0.63319	0.57559	0.51362	0.44772	0.37844	0.30626	0.23176	0.15549	0.078045
85	0.69927	0.64547	0.58676	0.52358	0.45642	0.38578	0.31221	0.23626	0.15851	0.079559
86	0.71260	0.65778	0.59794	0.53356	0.46512	0.39313	0.31816	0.24076	0.16153	0.081075
87	0.72595	0.67009	0.60914	0.54355	0.47383	0.40049	0.32411	0.24527	0.16455	0.082594
88	0.73931	0.68242	0.62035	0.55355	0.48255	0.40786	0.33008	0.24978	0.16758	0.084114
89	0.75267	0.69476	0.63156	0.56356	0.49127	0.41524	0.33604	0.25430	0.17061	0.085634
90	0.76604	0.70710	0.64278	0.57357	0.50000	0.42262	0.34202	0.25881	0.17364	0.087155

(1) *Nouvelles Annales de la construction*, année 1866.

multipliant les nombres du tableau suivant par la valeur du rayon r de la section droite on obtiendra le développement de la courbe de tête.

ANGLES DU BIAIS α	DÉVELOPPEMENTS POUR $r = 1$
Degrés	
40	4.06237
45	3.82015
50	3.63721
55	3.49679
60	3.38895
65	3.30573
70	3.24317
75	3.19724
80	3.16586
85	3.14758
90	3.14159

86. *Equation du développement de la courbe de tête.* — Nous prendrons les mêmes axes de coordonnées que dans le cas précédent.

Un point tel que (a, a') de *l'ellipse* de tête viendra dans le développement en A sur une perpendiculaire $a\,A$ à la génératrice des naissances et à une distance $b\,A$ de celle-ci égale au développement de l'arc *circulaire* de section droite $n_1\,a'_1$

donc $\qquad y = \text{arc } n_1 a'_1 = \omega r \qquad (3)$

Pour avoir l'expression de la valeur de l'abscisse, nous écrirons :

$$x = AA' = nb = nd - bd$$

or $\qquad\qquad nd = r \text{ tang } \beta$

et $\quad bd = oh \text{ tang } \beta = r \cos \omega \text{ tang } \beta$

donc $\quad x = r \text{ tang } \beta\,(1 - \cos \omega)$

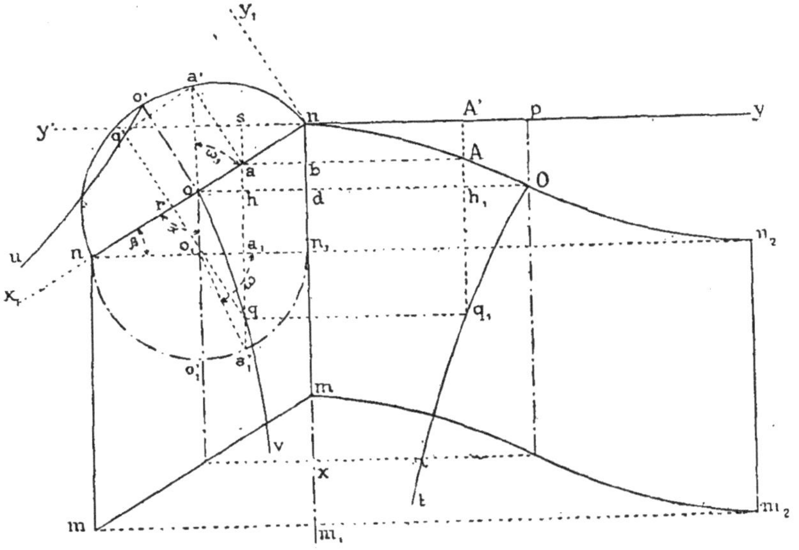

Fig. 199.

ou, en fonction de l'angle du biais

$$x = r \text{ cotang } \alpha\,(1 - \cos \omega) \qquad (4)$$

Pour une section quelconque il faudra ajouter à cette valeur de x une constante c comme dans le cas de la courbe de tête circulaire.

Les deux équations de la courbe de tête sont donc représentées par les formules (3) et (4) et, en faisant varier ω entre 0 et 90 degrés, on pourra construire par points la sinusoïde qui représente le développement de cette courbe.

L'équation de l'abscisse étant encore fonction du rayon r de la courbe de section droite on a pu, comme pour le cas précédent, calculer des tableaux permettant d'obtenir rapidement les valeurs des abscisses du développement de l'ellipse de tête en supposant $r = 1$ (Tableau n° 3.)

TABLEAU N° 3. — Courbe de tête elliptique

VALEUR DES ABSCISSES DU DÉVELOPPEMENT DE LA COURBE DE TÊTE POUR $r = 1$

Angles ω de la section droite deg	ABSCISSES $x = \text{cotang}\,\alpha\,(1 - \cos\omega)$ POUR DES BIAIS DE									
	40°	45°	50°	55°	60°	65°	70°	75°	80°	85°
0	m. 0.00	m. 0.00	m. 0.00	m. 0.00	m. 0.00	m. 0.00	m. 0.00	m. 0.00	m. 0.00	m. 0.00
1	0.0001815	0.0001523	0.00012779	0.0001066	0.00008793	0.00007102	0.00005543	0.00004081	0.000026854	0.00001332
2	0.00072577	0.000609	0.00051101	0.0004264	0.0003516	0.00028398	0.00022165	0.00016318	0.000107383	0.00005328
3	0.0016327	0.00137	0.0011495	0.0009528	0.00079097	0.00063884	0.00049863	0.00036709	0.00024156	0.00011985
4	0.0029078	0.00244	0.0020474	0.0017085	0.0014087	0.0011377	0.00088808	0.00065379	0.00043023	0.00021347
5	0.0045406	0.00381	0.0031969	0.0026677	0.0021997	0.0017766	0.0013867	0.00102088	0.00057180	0.00033333
6	0.0065308	0.00548	0.0045982	0.0038371	0.0031638	0.0025553	0.0019945	0.0014683	0.00096626	0.00047943
7	0.0088785	0.00745	0.0062513	0.0052165	0.0043012	0.0034739	0.0027115	0.0019962	0.0013136	0.00065179
8	0.011595	0.00973	0.0081644	0.0068130	0.0056176	0.0045371	0.0035414	0.0026071	0.0017156	0.00085126
9	0.014670	0.01231	0.0103293	0.0086195	0.0071071	0.0057402	0.0044804	0.0032984	0.0021705	0.00107698
10	0.018102	0.01519	0.012745	0.0106361	0.0087699	0.0070832	0.0055287	0.0040701	0.0026784	0.0013289
11	0.021892	0.01837	0.015414	0.012862	0.0106059	0.0085660	0.0066861	0.0049222	0.0032391	0.0016071
12	0.026039	0.02185	0.018334	0.015299	0.012615	0.0101888	0.0079527	0.0058547	0.0038527	0.0019116
13	0.030544	0.02563	0.021506	0.017946	0.014797	0.011951	0.0093285	0.0068675	0.0045192	0.0022423
14	0.035395	0.02970	0.024921	0.020796	0.017147	0.013849	0.010809	0.0079530	0.0052369	0.0026044
15	0.040603	0.03407	0.028588	0.023856	0.019670	0.015887	0.012400	0.0091290	0.0060074	0.0029807
16	0.046168	0.03874	0.032506	0.027126	0.022366	0.018064	0.014100	0.0103803	0.0068309	0.0033893
17	0.052079	0.04370	0.036668	0.030599	0.025230	0.020377	0.015905	0.011709	0.0077055	0.0038232
18	0.058324	0.04894	0.041065	0.034268	0.028255	0.022821	0.017812	0.013113	0.0086294	0.0042816
19	0.064926	0.05448	0.045714	0.038147	0.031454	0.025404	0.019829	0.014597	0.0096062	0.0047663
20	0.071874	0.06031	0.050606	0.042229	0.034820	0.028123	0.021951	0.016160	0.0106342	0.0052764
21	0.079156	0.06642	0.055733	0.046507	0.038347	0.030972	0.024174	0.017797	0.011711	0.0058110
22	0.086783	0.07282	0.061103	0.050989	0.042042	0.033956	0.026504	0.019512	0.012840	0.0063709
23	0.094744	0.07950	0.066708	0.055666	0.045899	0.037071	0.028935	0.021302	0.014017	0.0069553
24	0.103027	0.08645	0.072540	0.060533	0.049911	0.040312	0.031465	0.023164	0.015243	0.0075633
25	0.11165	0.09369	0.078615	0.065602	0.054091	0.043688	0.034100	0.025104	0.016520	0.0081968
26	0.12061	0.10121	0.084925	0.070868	0.058433	0.047195	0.036837	0.027119	0.017846	0.0088547
27	0.12988	0.10899	0.091453	0.076315	0.062925	0.050823	0.039669	0.029203	0.019217	0.0095354
28	0.13949	0.11705	0.098216	0.081959	0.067579	0.054581	0.042602	0.031363	0.020639	0.0102405
29	0.14942	0.12538	0.105245	0.087792	0.072388	0.058465	0.045634	0.033595	0.022107	0.010960
30	0.15965	0.13397	0.11241	0.093806	0.077347	0.062471	0.048761	0.035897	0.023622	0.011720
31	0.17021	0.14283	0.11984	0.100010	0.082463	0.066602	0.051985	0.038271	0.025184	0.012496
32	0.18108	0.15195	0.12750	0.106396	0.087728	0.070855	0.055305	0.040714	0.026792	0.013293
33	0.19226	0.16133	0.13537	0.11296	0.093144	0.075229	0.058719	0.043228	0.028446	0.014114
34	0.20374	0.17096	0.14345	0.11970	0.098704	0.079720	0.062224	0.045808	0.030144	0.014957
35	0.21552	0.18085	0.15175	0.12663	0.104413	0.084331	0.065824	0.048458	0.031888	0.015822
36	0.22760	0.19098	0.16025	0.13372	0.11026	0.089055	0.069511	0.051173	0.033674	0.016708
37	0.23997	0.20136	0.16896	0.14099	0.11625	0.093895	0.073289	0.053954	0.035505	0.017616
38	0.25263	0.21199	0.17788	0.14843	0.12239	0.098852	0.077158	0.056802	0.037379	0.018546
39	0.26558	0.22285	0.18690	0.15604	0.12866	0.103916	0.081110	0.059712	0.039294	0.019496
40	0.27882	0.23396	0.19631	0.16382	0.13507	0.10909	0.085154	0.062689	0.041253	0.020516
41	0.29232	0.24529	0.20582	0.17175	0.14161	0.11438	0.089278	0.065725	0.043251	0.021460
42	0.30611	0.25686	0.21553	0.17985	0.14829	0.11977	0.093489	0.069787	0.045291	0.022472
43	0.32016	0.26865	0.22542	0.18811	0.15510	0.12527	0.097780	0.071984	0.047370	0.023503
44	0.33447	0.28066	0.23550	0.19652	0.16203	0.13087	0.102151	0.075202	0.049488	0.024554
45	0.34905	0.29289	0.24576	0.20508	0.16910	0.13657	0.106603	0.078479	0.051644	0.025624

Sciences générales.

TABLEAU N° 3 (*suite*). — Courbe de tête elliptique
VALEURS DES ABSCISSES DU DÉVELOPPEMENT DE LA COURBE DE TÊTE POUR $r = 1$ [1]

ANGLES ω de la section droite	ABSCISSES $x =$ cotang α $(1 - \cos ω)$ POUR DES BIAIS DE									
	46°	45°	50°	55°	60°	65°	70°	75°	80°	85°
degrés	m.	m.	m.	m.	m.	m.	m.	m.	m.	m.
46	0.36389	0.30534	0.25621	0.21380	0.17628	0.14238	0.11113	0.081815	0.053839	0.026713
47	0.37897	0.31800	0.36683	0.22206	0.18359	0.14828	0.11574	0.085207	0.056071	0.027821
48	0.39431	0.33087	0.27763	0.23167	0.19102	0.15428	0.12042	0.088656	0.058354	0.028947
49	0.40917	0.34334	0.28809	0.24040	0.19822	0.16010	0.12496	0.091997	0.060540	0.030038
50	0.42570	.035721	0.29973	0.25012	0.20623	0.16657	0.13001	0.095714	0.062985	0.031251
51	0.44257	0.37068	0.31103	0.25955	0.21401	0.17285	0.13491	0.099323	0.065362	0.032430
52	0.45803	0.38434	0.32250	0.26911	0.22189	0.17922	0.13988	0.102983	0.067769	0.033625
53	0.47454	0.39819	0.33412	0.27881	0.22989	0.18567	0.14492	0.106694	0.070211	0.034837
54	0.49125	0.41221	0.34588	0.28863	0.23798	0.19221	0.15003	0.11045	0.072683	0.036063
55	0.50818	0.42642	0.35780	0.29858	0.24619	0.19884	0.15556	0.11425	0.075189	0.037306
56	0.52533	0.44081	0.36988	0.30865	0.25449	0.20555	0.16044	0.11811	0.077726	0.038565
57	0.54267	0.45536	0.38209	0.31884	0.26290	0.21233	0.16573	0.12201	0.080292	0.039838
58	0.56022	0.47008	0.39444	0.32915	0.27140	0.21920	0.17188	0.12595	0.082887	0.041126
59	0.57795	0.48496	0.40693	0.33957	0.27999	0.22614	0.17651	0.12994	0.085511	0.042428
60	0.59587	0.5000	0.41955	0.35010	0.28867	0.23315	0.18198	0.13397	0.088163	0.043744
61	0.61397	0.51519	0.43229	0.36064	0.29744	0.24023	0.18751	0.13804	0.090842	0.045073
62	0.63226	0.53053	0.44553	0.37148	0.30630	0.24739	0.19309	0.14215	0.093546	0.046415
63	0.65071	0.54601	0.45815	0.38232	0.31523	0.25460	0.19873	0.14630	0.096276	0.047769
64	0.66932	0.56163	0.47126	0.39325	0.32425	0.26189	0.20441	0.15048	0.099030	0.049136
65	0.68809	0.57738	0.48448	0.40428	0.33335	0.26923	0.21014	0.15470	0.101807	0.050514
66	0.70714	0.59336	0.49788	0.41547	0.34257	0.27668	0.21596	0.15899	0.104625	0.051912
67	0.72610	0.60927	0.51123	0.42661	0.35176	0.28410	0.22175	0.16325	0.107430	0.053304
68	0.74531	0.62539	0.52476	0.43790	0.36106	0.29162	0.22762	0.16757	0.11027	0.054714
69	0.76466	0.64163	0.53839	0.44927	0.37044	0.29919	0.23353	0.17191	0.11313	0.056135
70	0.78413	0.65798	0.55211	0.46072	0.37988	0.30682	0.23948	0.17630	0.11601	0.057565
71	0.80375	0.67443	0.56591	0.47224	0.38938	0.31449	0.24547	0.18071	0.11892	0.059005
72	0.82347	0.69008	0.57980	0.48383	0.39893	0.32220	0.25149	0.18514	0.12183	0.060453
73	0.84320	0.70763	0.59368	0.49541	0.40849	0.32992	0.25751	0.18958	0.12475	0.061900
74	0.86326	0.72456	0.60781	0.50720	0.41821	0.33777	0.26364	0.19409	0.12772	0.063373
75	0.88330	0.74118	0.62192	0.51898	0.42792	0.34561	0.26976	0.19859	0.13069	0.064844
76	0.90344	0.75808	0.63610	0.53081	0.43767	0.35349	0.27592	0.20312	0.13367	0.066323
77	0.92368	0.77505	0.65034	0.54269	0.44747	0.36141	0.28209	0.20767	0.13666	0.067808
78	0.94397	0.79209	0.66464	0.55462	0.45731	0.36935	0.28829	0.21224	0.13966	0.069298
79	0.96435	0.80919	0.67899	0.56660	0.46718	0.37733	0.29452	0.21682	0.14263	0.070795
80	0.98480	0.82635	0.69339	0.57861	0.47709	0.38533	0.30076	0.22142	0.14570	0.072296
81	1.00502	0.84357	0.70783	0.59067	0:48703	0.39336	0.30703	0.22603	0.14874	0.073802
82	1.02589	0.86083	0.72232	0.60276	0.49700	0.40141	0.31331	0.23065	0.15178	0.075313
83	1.04651	0.87813	0.73683	0.61487	0.50693	0.40947	0.31961	0.23529	0.15483	0.076826
84	1.06717	0.89547	0.75138	0.62701	0.51700	0.41756	0.32592	0.23994	0.15789	0.078343
85	1.08788	0.91284	0.76596	0.63917	0.52702	0.42566	0.33224	0.24459	0.16095	0.079863
86	1.10861	0.93024	0.78056	0.65136	0.53707	0.43377	0.33857	0.24925	0.16402	0.081385
87	1.12937	0.94766	0.79518	0.66355	0.54713	0.44190	0.34492	.025392	0.16709	0.082909
88	1.15016	0.96510	0.80981	0.67577	0.55720	0.45003	0.35126	0.25859	0.17017	0.084435
89	1.17094	0.98254	0.82444	0.68798	0.56727	0.45816	0.25761	0.26327	0.17324	0.085961
90	1.19175	1.0000	0.83910	0.700207	0.57735	0.46634	0.36397	0.26795	0.17633	0.087488

[1] *Nouvelles annales de la construction.* — Année 1866.

Si l'angle du biais n'est pas compris dans les tableaux dont nous venons de parler on obtiendra l'abscisse x' correspondante par la relation

$$x' = x \frac{\text{cotang } \alpha'}{\text{cotang } \alpha}$$

α' étant le nouvel angle.

87. REMARQUE. — Étant donné un angle quelconque ω dans la section circulaire droite on peut déterminer facilement l'angle correspondant ω_l dans la section de tête elliptique. Cet angle se calculera par la relation

$$\text{tang } \omega_l = \text{tang } \omega \sin \alpha$$

Nous avons maintenant établi toutes les formules qui permettent de fixer mathématiquement la position d'un point quelconque sur le développement de la section de tête ou de la section droite, ainsi que sur le plan vertical et le plan horizontal.

§ V. — APPAREIL ORTHOGONAL PARALLÈLE

88. Nous avons montré au n° 66 que l'équilibre d'une voûte biaise peut être ramené à celui d'une infinité de voûtes droites, ayant pour base la courbe de tête, et que, par suite (n° 67), le système des lignes d'appareil des ponts biais peut être composé, d'une part par les courbes d'intersection du cylindre de la voûte par des plans verticaux parallèles aux têtes, et d'autre part par une série d'autres courbes coupant ces dernières à angle droit. L'appareil résultant de ces considérations porte le nom d'*appareil orthogonal parallèle*.

C'est l'appareil qui remplit les conditions imposées, c'est-à-dire que les plans tangents aux surfaces de joints sont normaux à la fois au plan de tête et à l'intrados.

Remarquons que l'on peut employer, comme surface de joint, un cylindre perpendiculaire au plan de tête. Il est évident en effet que dans ce cas tous les plans tangents au joint sont normaux à ce plan, puisque toutes les génératrices du cylindre lui sont perpendiculaires, et que chaque plan tangent contient une génératrice. Il faut donc chercher quelle doit être la directrice de ce cylindre, pour que ce dernier soit en même temps normal à l'intrados.

Figurons l'intrados du pont biais en

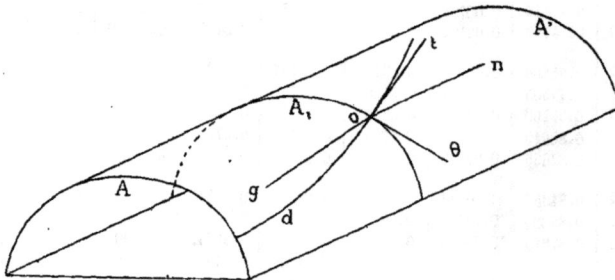

Fig. 200.

perspective (*fig.* 200); soient A et A' les deux courbes de tête et d l'intersection du cylindre de joint avec l'intrados de la voûte biaise. C'est la courbe que nous voulons déterminer. Prenons un point quelconque o sur cette courbe et par ce point menons un plan parallèle au plan des têtes; il coupera la surface d'intrados de la voûte suivant une courbe A_i identique à A et A'.

Désignons par t la tangente en o à la courbe cherchée d, par θ la tangente au même point à la courbe A_i et par on la normale à l'intrados.

La génératrice du cylindre formant le joint, passant par le point o, sera une perpendiculaire g abaissée de o sur le plan de tête. Si nous considérons maintenant le plan tangent au joint au point o, nous remarquons qu'il contient la génératrice g ainsi que la droite t tangente au point o à la courbe d tracée sur le cylindre de joint. Mais comme, en outre, ce plan doit être normal à l'intrados il doit aussi contenir la normale n. Il en résulte que les trois droites t, g et n sont dans un

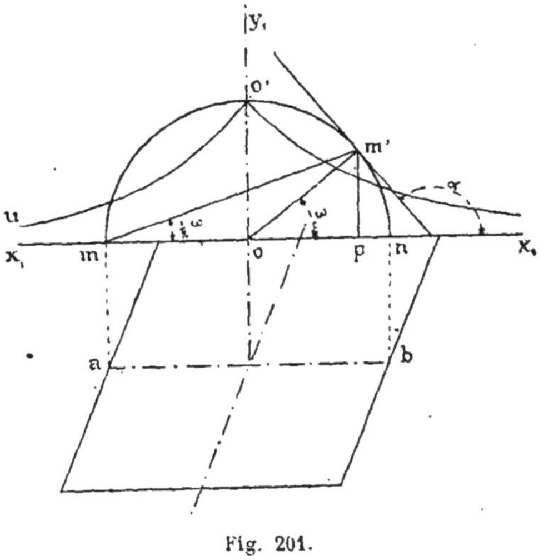

Fig. 201.

même plan. Or, la génératrice g est perpendiculaire au plan de la courbe A et par suite au plan de la courbe A_i, qui lui est parallèle ; donc cette même génératrice est aussi perpendiculaire à la droite $o\theta$ qui passe par son pied dans ce plan. D'autre part, la normale n est perpendiculaire à $o\theta$, puisqu'elle est perpendiculaire au plan tangent au cylindre au point o. Donc la droite $o\theta$ est perpendiculaire aux deux droites n et g du plan tangent au joint au point o et par suite elle est aussi perpendiculaire à la troisième droite ot. Il en résulte que les deux courbes d et

A_i se coupent à angle droit, c'est-à-dire que la courbe inconnue d est la *trajectoire orthogonale* de toutes les sections de l'intrados, faites par des plans parallèles aux têtes. Cette trajectoire a été étudiée analytiquement, comme nous le montrerons, par MM. Lefort et Graeff, ingénieurs des ponts et chaussées.

La courbe, que nous venons de définir, conserve sa propriété dans le développement de la douelle d'intrados, sur le plan des naissances, car l'angle de deux lignes ne change pas quand on développe la surface qui les contient.

Nous ferons remarquer, en outre, qu'en projetant ces deux lignes sur un plan vertical parallèle au plan des têtes, leurs projections se couperont encore à angle droit, puisque les tangentes aux sections considérées seront parallèles au plan de projection et que dans ce cas l'angle droit se projette en vraie grandeur.

89. *Équation de la projection verticale de la ligne qui définit le joint.* — Considérons le parallélogramme à recouvrir (*fig.* 201) et supposons que les deux têtes du pont sont circulaires.

Une section quelconque ab, faite par un plan parallèle aux têtes, se projettera verticalement suivant une demi-conférence $mo'n$. Prenons un point quelconque m' sur cette courbe et considérons la courbe inconnue passant par ce point ; elle sera normale au cercle en projection verticale, puisque la section ab est parallèle au plan de projection. Donc la tangente en m' à la courbe cherchée sera le rayon om' au cercle et il en sera de même pour toutes les autres sections parallèles au plan des têtes. En prenant pour axe des x la ligne x_ix_i des naissances, nous voyons que la courbe est telle qu'en chacun de ses points la longueur de la tangente jusqu'à la ligne x_ix_i est constante et égale au rayon du cercle d'intrados.

Considérons maintenant la courbe orthogonale partant du point o' ; la tangente à la courbe dans l'espace est une perpendiculaire à $o'o$. — Donc la projetante est tangente à la courbe gauche au point projeté en o' et la projection verticale de la trajectoire orthogonale aura en o' un point de rebroussement de première espèce.

Pour obtenir l'équation de la trajectoire orthogonale nous prendrons pour axe des x la ligne x_1 x_1 des naissances et pour axe des y la perpendiculaire à cette ligne, passant par le point de rebroussement o'; les coordonnées de ce point seront donc

$$x = o \text{ et } y = r$$

Puisque la courbe cherchée doit couper à angle droit les sections parallèles aux têtes il suffira d'exprimer que le coefficient angulaire de sa tangente est inverse et de signe contraire de celui de la tangente au même point à une de ces sections.

Si cette dernière tangente fait un angle α avec l'axe des x, son coefficient angulaire sera tang α, — celui de la tangente à la courbe cherchée sera donc

$$-\frac{1}{\text{tang } \alpha} = - \text{cotang } \alpha$$

donc, si x_1 et y_1 sont les coordonnées courantes de la projection verticale de la trajectoire, on aura

$$-\frac{dy_1}{dx_1} = - \text{cotang } \alpha$$

or $- \text{cotang} \alpha = \text{tang} \omega = \dfrac{m'p}{op} = \dfrac{y_1}{\sqrt{r^2 - y_1{}^2}}$

d'où on tire :

$$\frac{dy_1}{dx_1} = -\frac{y_1}{\sqrt{r^2 - y_1{}^2}} \qquad (1)$$

pour équation différentielle la courbe cherchée. Il faut intégrer cette équation ; pour cela nous l'écrirons sous la forme suivante :

$$dx_1 = -\frac{\sqrt{r^2 - y_1{}^2}}{y_1} dy_1$$

ou $\quad dx_1 = - y_1{}^{-1} (r^2 - y_1{}^2)^{\frac{1}{2}} dy_1. \qquad (2)$

Changeons de variable et posons :

$$(r^2 - y_1{}^2)^{\frac{1}{2}} = u \qquad (3)$$

ou $\quad r^2 - y_1{}^2 = u^2 \qquad (4)$

ce qui peut s'écrire :

$$y_1 = (r^2 - u^2)^{\frac{1}{2}} \qquad (5)$$

différentions cette dernière équation ; nous obtenons :

$$dy_1 = \frac{1}{2}(r^2 - u^2)^{-\frac{1}{2}}(-2u\,du) \qquad (6)$$

$$dy_1 = -(r^2 - u^2)^{-\frac{1}{2}} u\,du \qquad (7)$$

l'équation (2) devient donc en tenant compte de (5) et de (7)

$$dx_1 = (r^2 - u^2)^{-\frac{1}{2}}(r^2 - y_1{}^2)^{\frac{1}{2}}(r^2 - u^2)^{-\frac{1}{2}} u\,du$$

et comme, $\quad (r^2 - y_1{}^2)^{\frac{1}{2}} = u$

on aura $dx_1 = (r^2 - u^2)^{-1} u^2 du$

ou $\qquad dx_1 = \dfrac{u^2}{r^2 - u^2} du$

équation que nous pouvons mettre sous la forme

$$dx_1 = \left[(-1) + \frac{r^2}{r^2 - u^2} \right] du$$

et dont l'intégrale est :

$$x_1 = -u + \int \frac{r^2}{r^2 - u^2}\,du + c$$

or, remarquons qu'on peut écrire :

$$\frac{r^2}{r^2 - u^2} = \frac{2r}{r^2 - u^2} \times \frac{r}{2} = \frac{r}{2} \times \left(\frac{1}{r+u} + \frac{1}{r-u} \right)$$

donc $x_1 = -u + \dfrac{r}{2} \int \dfrac{du}{r+u} + \dfrac{du}{r-u}$

ou, en effectuant l'intégrale,

$$x_1 = -u + \frac{r}{2} \text{ L } (r+u) - \text{L } (r-u) + c$$

c'est-à-dire

$$x_1 = -u + \frac{r}{2} \text{ L } \frac{r+u}{r-u} + c$$

Remplaçons dans cette formule u par sa valeur, nous aurons (3) :

$$x_1 = -\sqrt{r^2 - y_1{}^2}$$
$$+ \frac{r}{2} \text{ L } \frac{r + \sqrt{r^2 - y_1{}^2}}{r - \sqrt{r^2 - y_1{}^2}} + c. \qquad (8)$$

Nous déterminerons la constante c par la condition que, la courbe passant par le point n', son équation doit être vérifiée pour $x_1 = o$ et $y = r$; nous obtiendrons ainsi :

$$o = o + c$$

Donc la constante est nulle et l'équation (8) peut s'écrire, en multipliant le numérateur et le dénominateur de la fraction du deuxième terme par $(r + \sqrt{r^2 - y_1{}^2})$,

$$x_1 = -\sqrt{r^2 - y_1{}^2} + \frac{r}{2} \text{ L } \frac{(r + \sqrt{r^2 - y_1{}^2})^2}{y_1{}^2}$$

ou encore,

$$x_1 = -\sqrt{r^2 - y_1{}^2} - r\text{L} \frac{y_1}{r + \sqrt{r^2 - y_1{}^2}}. \qquad (9)$$

Telle est l'équation de la projection, sur le plan de tête, de la trajectoire orthogonale cherchée.

90. Si on veut cette équation en fonction de l'angle ω il suffit de remarquer que

$$\sqrt{r^2 - y_1{}^2} = op = r \cos \omega$$

et $\dfrac{y_1}{r + \sqrt{r^2 - y_1{}^2}} = \dfrac{m'p}{np} = \operatorname{tang} \dfrac{1}{2} \omega$

l'équation (9) devient alors :

$$x_1 = - r \cos \omega - r\mathrm{L} \operatorname{tang} \frac{1}{2} \omega$$

et en reportant l'origine en n

$$x_1 = r - r \cos \omega - r\mathrm{L} \operatorname{tang} \frac{1}{2} \omega$$

$$x_1 = r (1 - \cos \omega) - r\mathrm{L} \operatorname{tang} \frac{1}{2} \omega \qquad (9')$$

à laquelle il faudra joindre la relation

$$y_1 = r \sin \omega \qquad (9'')$$

Les équations (9') et (9'') sont alors les nouvelles équations de la trajectoire orthogonale, en projection verticale.

Remarquons que pour $\omega = o$ c'est-à-dire $y_1 = o$ l'équation (9') donne $x_1 = \infty$. La projection verticale de la trajectoire orthogonale a donc pour asymptote la ligne $n\,x_1$. De plus pour tous les points d'une même génératrice la valeur de ω reste la même ; il en résulte que pour tous ces points les valeurs de x_1 et y_1 sont constantes. — On peut donc tailler un gabarit $x_1 oo'u$ qui, déplacé convenablement le long de $x_1\,x_1$, pourra (*fig.* 201) servir au tracé des projections verticales des diverses trajectoires.

91. *Équation de la trajectoire dans le développement de la douelle.* — Nous supposons que le développement a été effectué sur le plan des naissances en faisant tourner l'intrados de la voûte autour de la génératrice qui répond à l'angle obtus et nous prenons pour axe des x cette génératrice elle-même, l'axe des y étant une perpendiculaire à cette droite, menée par le sommet n de l'angle obtus (*fig.* 198).

Nous avons vu que dans cette hypothèse, le développement de la courbe circulaire de tête avait pour équations

$$S = \omega r \qquad (10)$$

et $x = r \sin \beta (1 - \cos \omega) + c \qquad (11)$

Si nous désignions par x' et y' les coordonnées courantes de la trajectoire orthogonale nous devrons évidemment avoir

$$\frac{dy'}{dx'} = - \frac{1}{\dfrac{dy}{dx}}$$

y et x étant les coordonnées courantes de la section de tête développée. — Si ds est un élément infiniment petit de ce développement, on aura :

$$dy = \sqrt{ds^2 - dx^2} \qquad (12)$$

or $\qquad ds = rd\omega$

et $\qquad dx = r \sin \beta \sin \omega \, d\omega \qquad (13)$

donc, $\quad dy = \sqrt{r^2 d\omega^2 - r^2 \sin^2 \beta \sin^2 \omega} \, d\omega$

$$dy = r \, d\omega \sqrt{1 - \sin^2 \beta \sin^2 \omega} \qquad (14)$$

Il en résulte :

$$\frac{dy'}{dx'} = - \frac{dx}{dy} = - \frac{r \sin \beta \sin \omega}{\sqrt{1 - \sin^2 \beta \sin^2 \omega}} \quad (15)$$

les accroissements dy' et dy étant égaux, on aura :

$$\frac{dy'}{d\omega} = \frac{dy}{d\omega} = r \sqrt{1 - \sin^2 \beta \sin^2 \omega} \quad (16)$$

or $\qquad \dfrac{dy'}{d\omega} = \dfrac{dy'}{dx'} \times \dfrac{dx'}{d\omega}$

d'où $\qquad \dfrac{dx'}{d\omega} = \dfrac{\dfrac{dy'}{d\omega}}{\dfrac{dy'}{dx'}}$

et, d'après les équations (15) et (16) on pourra écrire :

$$\frac{dx'}{d\omega} = - \frac{r (1 - \sin^2 \beta \sin^2 \omega)}{\sin \beta \sin \omega}$$

$$dx' = - \frac{r}{\sin \beta \sin \omega} \, d\omega + r \sin \beta \sin \omega \, d\omega$$

et en intégrant

$$x' = - \frac{r}{\sin \beta} \int \frac{d\omega}{\sin \omega} + r \sin \beta \int \sin \omega \, d\omega$$

$$x' = - \frac{r}{\sin \beta} \mathrm{L} \operatorname{tang} \frac{1}{2} \omega$$

$$- r \sin \beta \cos \omega + c_1 \qquad (17)$$

et, comme tous les points situés sur la même génératrice correspondent à la même valeur de ω, il en résulte, d'après l'équation précédente, que les trajectoires partant des différents points de cette génératrice auront la même forme, leurs équations ne différant que par la valeur de la constante. Ceci montre donc que toutes les trajectoires orthogonales font partie de la même courbe et qu'on pourra tailler un gabarit $mnOl$ (*fig.* 198) qui, déplacé le long de mn, servira au tracé de toutes les trajectoires.

Déterminons la valeur de la constante c_1 pour la trajectoire du sommet.

Pour ce point on a :

$$\omega = \frac{\pi}{2}$$

donc $\cos \omega = 0$ et $\operatorname{tang} \frac{1}{2} \omega = 1$

par suite, $\quad$ L $\operatorname{tang} \frac{1}{2} \omega = 0$

et l'équation (17) se réduit à

$$x' = c_1$$

or pour le sommet on a, d'après l'équation du développement de la courbe de tête,

$$x = r \sin \beta$$

et comme ici

$$x = x'$$

on voit que la constante c_1 a pour valeur

$$c_1 = r \sin \beta$$

et l'équation (17) devient pour la trajectoire qui part du sommet

$$x' = r \sin \beta \left(1 - \cos \omega\right)$$
$$- \frac{r}{\sin \beta} \text{ L } \operatorname{tang} \frac{1}{2} \omega. \quad (18)$$

En combinant les équations (11) et (18) on aura les points de rencontre de la trajectoire orthogonale du sommet et de l'une quelconque des courbes parallèles aux têtes dans le développement. Ainsi le point g appartenant à la section ef aura une abscisse définie par l'équation (11); mais, comme ce même point appartient aussi à la trajectoire orthogonale Og, son abscisse sera encore définie par l'équation (18) et comme $x = x'$ on aura, en égalant les deux équations et simplifiant,

$$c = - \frac{r}{\sin \beta} \text{ L } \operatorname{tang} \frac{1}{2} \omega$$

C'est la valeur de la distance gi jusqu'à la courbe de tête, cette distance étant estimée parallèlement à l'axe des x. Nous voyons donc que, si on compte les ordonnés $s = r\omega$ sur le développement de la courbe de tête et les abscisses à partir de cette courbe et parallèlement à l'axe des x, on aura pour équations de la trajectoire orthogonale passant par le sommet,

$$s = \omega r \quad\quad (19)$$
$$x = - \frac{r}{\sin \beta} \text{ L } \operatorname{tang} \frac{1}{2} \omega$$

ou, en fonction de l'angle du biais,

$$x = - \frac{r}{\cos \alpha} \text{ L } \operatorname{tang} \frac{1}{2} \omega \quad (20)$$

Donc, en faisant varier ω et en portant à partir du développement de la courbe de tête, sur les génératrices ainsi déterminées, les valeurs de x correspondantes, on aura autant de points qu'on le voudra de la trajectoire orthogonale.

Remarquons que les deux équations (10) et (19) qui définissent cette trajectoire sont fonction du rayon r. On a donc pu, en supposant $r = 1$, dresser des tableaux donnant dans cette hypothèse les valeurs de s et de x pour des angles ω variant de degré en degré et des biais de 5 degrés en 5 degrés entre 40 et 90 degrés. Les valeurs de s ainsi obtenues sont consignées au tableau n° 1 et celles de x au tableau n° 4.

En multipliant, pour un biais déterminé, les coefficients de ces tableaux correspondant à un même angle ω, par la valeur du rayon r de la courbe de tête, on aura l'ordonnée et l'abscisse d'un point de la trajectoire, qu'on pourra ainsi construire par points.

Remarquons encore que pour $\omega = 90$ degrés on a pour coordonées du point O'.

$$s = \frac{\pi r}{2}$$

et, $\quad\quad x = o$

et que pour $\omega = o$ on a, d'après l'équation (10)

$$s = o$$

et d'après l'équation (20) $x = \infty$.

Donc, la trajectoire du sommet a pour asymptote la génératrice nm_1 des naissances. Son prolongement au-delà du point O admet de même pour asymptote la génératrice $n_2 m_2$.

92. L'équation (20) montre que les valeurs de x, sont proportionnelles ; à $\dfrac{r}{\cos \alpha}$ donc, si le rayon et l'angle du biais varient, on aura la proportion :

$$\frac{x}{x'} = \frac{\dfrac{r}{\cos \alpha}}{\dfrac{r'}{\cos \alpha'}}$$

d'où, $\qquad x' = x \dfrac{r' \cos \alpha}{r \cos \alpha'}$

x' étant la nouvelle abscisse, correspondant au nouveau rayon r' et au nouvel angle du biais α'.

Si l'angle du biais seul varie

$$x' = x \frac{\cos \alpha}{\cos \alpha'}$$

et enfin si, l'angle du biais restant constant, le rayon seul varie, on aura

$$x' = x \frac{r'}{r}$$

Cette dernière relation permet de tracer le gabarit des trajectoires du cylindre d'extrados ou d'un cylindre intermédiaire entre l'intrados et l'extrados.

93. *Projection horizontale de la trajectoire.* — Prenons pour axes de coordonnées les lignes nx et $n\,y'$.

Soit un point quelconque p du développement, correspondant au point ayant pour projection horizontale p' ; ce point est situé sur la génératrice issue du point a' de l'arc de tête.

L'ordonnée du point p' sera (*fig.* 198)

$$y' = ns = an \sin \alpha$$

or, $\qquad an = r - r \cos \omega$

donc, $\qquad y' = r(1 - \cos \omega) \sin \alpha$

Pour l'abscisse, on aura

$$x = as + ap' = as + \mathrm{A}p$$

ou, en comptant les abscisses à partir de la ligne nn,

$$x = - \frac{r}{\cos \alpha} \, \mathrm{L} \, \mathrm{tang} \, \frac{1}{2} \, \omega.$$

Les deux équations de la projection horizontale de la trajectoire du sommet sont donc :

$$y' = r (1 - \cos \omega) \sin \alpha$$
$$x = - \frac{r}{\cos \alpha} \, \mathrm{L} \, \mathrm{tang} \, \frac{1}{2} \, \omega$$

On voit que la courbe admet la génératrice nx pour asymptote, puisque si $\omega = o$ on a $y = o$ et $x = \infty$.

ω étant constant pour tous les points d'une même génératrice il en résulte que x et y ont toujours la même valeur pour ces différents points et qu'on peut encore construire un gabarit $mnov$ qui, en glissant le long de nx, permet de tracer les projections horizontales des trajectoires.

COURBE DE TÊTE ELLIPPTIQUE

94. *Équations de la trajectoire orthogonale dans le développement de la douelle.* — Nous supposons que le développement de la douelle a été effectué comme dans le cas précédent, et nous prenons les mêmes axes qu'au n° 82. Nous savons que, dans ces conditions, les équations du développement de la courbe de tête elliptique sont :

$$y = \omega\, r \qquad (a)$$
$$\text{et,} \quad x = r \, \mathrm{tang} \, \beta \, (1 - \cos \omega) \qquad (b)$$

x' et y' étant les coordonnées courantes de la trajectoire orthogonale, on a (*fig.* 199) :

$$\frac{dy'}{dx'} = - \frac{dx}{dy}$$

or, $\qquad dx = r \, \mathrm{tang} \, \beta \, \sin \omega \, d\omega$

et $\qquad dy = r \, d\omega$

donc $\qquad \dfrac{dy'}{dx'} = - \dfrac{r \, \mathrm{tang} \, \beta \, \sin \omega \, d\omega}{r \, d\omega}$

Les accroissements dy' et dy étant égaux, on a :

$$\frac{dy'}{d\omega} = \frac{dy}{d\omega} = r$$

et, on peut écrire, comme dans le cas précédent,

$$\frac{dx'}{d\omega} = \frac{\dfrac{dy'}{d\omega}}{\dfrac{dy'}{dx'}} = - \frac{r^2 d\omega}{r \, \mathrm{tang} \, \beta \, \sin \omega \, d\omega}$$

ou $\qquad dx' = - \dfrac{r}{\mathrm{tang} \, \beta} \, \dfrac{d\omega}{\sin \omega}$

donc $\qquad x' = - \dfrac{r}{\mathrm{tang} \, \beta} \displaystyle\int \dfrac{d\omega}{\sin \omega}$

$$x' = - \frac{r}{\mathrm{tang} \, \beta} \, \mathrm{L} \, \mathrm{tang} \, \frac{1}{2} \, \omega + c_2.$$

TABLEAU N° 4. — Courbe de tête circulaire

VALEURS DES ABSCISSES DE LA TRAJECTOIRE POUR $r = 1$

| ANGLES ω de la courbe de tête | ABSCISSES $x = -\dfrac{1}{\cos \alpha} \times 2{,}302585 \log \tan \frac{1}{2}\omega$ POUR DES BIAIS DE | | | | | | | | |
	40°	45°	50°	55°	60°	65°	70°	75°	80°	85°
degrés	m.	m.	m.	m.	m.	m.	m.	m.	m.	m.
0	∞	∞	∞	∞	∞	∞	∞	∞	∞	∞
1	6.1892	6.7051	7.3760	8.2661	9.4825	11.218	13.862	18.318	27.303	54.399
2	5.2845	5.7249	6.2978	7.0577	8.0963	9.5787	11.836	15.640	23.312	46.447
3	4.7548	5.1512	5.6666	6.3504	7.2849	8.6187	10.6498	14.073	20.976	41.792
4	4.3791	4.7441	5.2188	5.8486	6.7092	7.9377	9.8093	12.961	19.318	38.490
5	4.0876	4.4283	4.8714	5.4592	6.2695	7.4092	9.1552	12.098	18.032	35.927
6	3.8492	4.1700	4.5873	5.1488	5.8973	6.9771	8.6213	11.392	16.980	33.832
7	3.6391	3.9424	4.3369	4.8603	5.5755	6.5964	8.1508	10.7710	16.054	31.985
8	3.4726	3.7620	4.1384	4.6378	5.3203	6.2945	7.7778	10.2781	15.319	30.522
9	3.3184	3.5950	3.9547	4.4319	5.0841	6.0150	7.4324	9.8217	14.639	29.166
10	3.1802	3.4453	3.7901	4.2474	4.8724	5.7646	7.1230	9.4128	14.029	27.952
11	3.0551	3.3098	3.6410	4.0803	4.6807	5.5378	6.8428	9.0425	13.477	26.853
12	2.9408	3.1859	3.5047	3.9276	4.5056	5.3305	6.5867	8.7041	12.973	25.848
13	2.8355	3.0718	3.3792	3.7869	4.3442	5.1396	6.3508	8.3924	12.508	24.922
14	2.7378	2.9660	3.2628	3.6565	4.1946	4.9627	6.1321	8.1034	12.078	24.064
15	2.6468	2.8674	3.1543	3.5349	4.0551	4.7976	5.9283	7.8339	11.676	23.263
16	2.5615	2.7750	3.0527	3.4211	3.9245	4.6432	5.7373	7.5816	11.300	22.514
17	2.4812	2.6882	2.9570	3.3159	3.8015	4.4976	5.5575	7.3440	10.946	21.809
18	2.4055	2.6060	2.8667	3.2127	3.6854	4.3602	5.3877	7.1197	10.6118	21.143
19	2.3336	2.5281	2.7811	3.1166	3.5754	4.2300	5.2268	6.9071	10.2949	20.511
20	2.2651	2.4539	2.6994	3.0251	3.4703	4.1057	5.0733	6.7042	9.9925	19.908
21	2.2003	2.3837	2.6222	2.9386	3.3711	3.9883	4.9282	6.5125	9.7067	19.339
22	2.1381	2.3164	2.5481	2.8556	3.2758	3.8757	4.7890	6.3285	9.4325	18.793
23	2.0786	2.2518	2.4772	2.7761	3.1846	3.7677	4.6556	6.1522	9.1698	18.269
24	2.0214	2.1899	2.4091	2.6998	3.0972	3.6642	4.5276	5.9831	8.9177	17.767
25	1.9665	2.1304	2.3436	2.6264	3.0128	3.5645	4.4045	5.8204	8.6752	17.284
26	1.9136	2.0732	2.2805	2.5557	2.9318	3.4686	4.2860	5.6638	8.4418	16.819
27	1.8625	2.0177	2.2197	2.4875	2.8535	3.3760	4.1716	5.5127	8.2165	16.370
28	1.8131	1.9643	2.1608	2.4216	2.7779	3.2866	4.0611	5.3666	7.9988	15.936
29	1.7654	1.9125	2.1039	2.3578	2.7047	3.2000	3.9541	5.2252	7.7881	15.517
30	1.7191	1.8624	2.0488	2.2960	2.6339	3.1162	3.8505	5.0883	7.5840	15.110
31	1.6742	1.8138	1.9953	2.2360	2.5651	3.0348	3.7499	4.9554	7.3859	14.715
32	1.6306	1.7665	1.9433	2.1778	2.4983	2.8884	3.6522	4.8263	7.1935	14.332
33	1.5882	1.7206	1.8928	2.1212	2.4333	2.8789	3.5573	4.7009	7.0066	13.959
34	1.5469	1.6759	1.8436	2.0660	2.3700	2.8040	3.4648	4.5786	6.8244	13.596
35	1.5067	1.6323	1.7956	2.0123	2.3084	2.7311	3.3747	4.4576	6.6470	13.243
36	1.4674	1.5898	1.7488	1.9599	2.2483	2.6600	3.2868	4.3434	6.4738	12.898
37	1.4292	1.5483	1.7032	1.9087	2.1896	2.5906	3.2010	4.2301	6.3048	12.564
38	1.3917	1.5077	1.6586	1.8588	2.1323	2.5227	3.1172	4.1193	6.1397	12.232
39	1.3551	1.4681	1.6150	1.8099	2.0762	2.4563	3.0352	4.0109	5.9782	11.911
40	1.3193	1.4293	1.5723	1.7620	2.0213	2.3914	2.9550	3.9049	5.8202	11.596
41	1.2842	1.3913	1.5305	1.7152	1.9676	2.3278	2.8765	3.8011	5.6654	11.287
42	1.2498	1.3540	1.4895	1.6692	1.9149	2.2655	2.7994	3.6993	5.5137	10.985
43	1.2161	1.3175	1.4493	1.6242	1.8632	2.2044	2.7233	3.5995	5.3650	10.6891
44	1.1831	1.2816	1.4099	1.5800	1.8125	2.1444	2.6497	3.5015	5.2190	10.3983
45	1.1505	1.2461	1.3711	1.5366	1.7627	2.0855	2.5769	3.4054	5.0756	10.1127

TABLEAU N° 4 (suite). — Courbe de tête circulaire
VALEURS DES ABSCISSES DE LA TRAJECTOIRE POUR $r = 1$ (1)

ANGLES ω de la courbe de tête	ABSCISSES $x = -\dfrac{1}{\cos \alpha} \times 2.302585 \log \operatorname{tang} \dfrac{1}{2} \omega$ POUR DES BIAIS DE									
	40°	45°	50°	55°	60°	65°	70°	75°	80°	85
degrés	m.	m.	m.	m.	m.	m.	m.	m.	m.	m.
46	1.1186	1.2118	1.3331	1.4939	1.7138	2.0276	2.5054	3.3108	4.9347	9.8319
47	1.0872	1.1778	1.2956	1.4520	1.6656	1.9706	2.4350	3.2178	4.7961	9.5558
48	1.0563	1.1443	1.2588	1.4107	1.6183	1.9146	2.3658	3.1264	4.6598	9.2842
49	1.02588	1.1113	1.2225	1.3701	1.5717	1.8595	2.2977	3.0363	4.5256	9.0168
50	0.99591	1.07892	1.1868	1.3301	1.5258	1.8052	2.2306	2.9476	4.3934	8.7534
51	0.96636	1.04691	1.1516	1.2906	1.4805	1.7516	2.1644	2.8536	4.2631	8.4937
52	0.93727	1.01540	1.1169	1.2517	1.4359	1.6989	2.0992	2.7741	4.1347	8.2380
53	0.90853	0.98426	1.0827	1.2134	1.3919	1.6468	2.0349	2.6890	4.0079	7.9854
54	0.88019	0.95355	1.04897	1.1755	1.3485	1.5954	1.9714	2.6051	3.8829	7.7185
55	0.85220	0.92323	1.01562	1.1382	1.3056	1.5447	1.9087	2.5223	3.7594	7.4903
56	0.82458	0.89331	0.98269	1.1012	1.2633	1.4946	1.8468	2.4405	3.6376	7.2475
57	0.79726	0.86371	0.95013	1.06478	1.2214	1.4451	1.7856	2.3597	3.5170	7.0074
58	0.77033	0.83443	0.91793	1.02869	1.1800	1.3961	1.7251	2.2797	3.3978	6.7699
59	0.74351	0.80567	0.88609	0.99301	1.1391	1.3477	1.6653	2.2518	3.2800	6.5350
60	0.71706	0.77683	0.85456	0.95768	1.0986	1.2997	1.6060	2.1223	3.1633	6.3025
61	0.69088	0.74847	0.82336	0.92271	1.03849	1.2523	1.5474	2.0448	3.0478	6.0724
62	0.66497	0.72040	0.79248	0.88811	1.01880	1.2053	1.4859	1.9681	2.9335	5.8447
63	0.63927	0.69255	0.76185	0.85378	0.97942	1.1587	1.4318	1.8921	2.8201	5.6188
64	0.61381	0.66497	0.73151	0.81978	0.94042	1.1126	1.3748	1.8167	2.7078	5.3950
65	0.58856	0.63762	0.70142	0.78606	0.90173	1.06084	1.3182	1.7420	2.5964	5.1731
66	0.56352	0.61049	0.67158	0.75262	0.86337	1.02146	1.2621	1.6679	2.4859	4.9530
67	0.53870	0.58360	0.64200	0.71946	0.82533	0.97645	1.2065	1.5944	2.3764	4.7348
68	0.51403	0.55686	0.61259	0.68650	0.78752	0.93172	1.1512	1.5213	2.2676	4.5179
69	0.48955	0.53036	0.58343	0.65383	0.75004	0.88737	1.0964	1.4489	2.1596	4.3028
70	0.46520	0.50398	0.55441	0.62131	0.71274	0.84324	1.04195	1.3769	2.0522	4.0888
71	0.44104	0.47780	0.52561	0.58903	0.67571	0.78124	0.98783	1.3055	1.9456	3.8764
72	0.41702	0.45178	0.49699	0.55696	0.63892	0.75590	0.93404	1.2343	1.8396	3.6653
73	0.39313	0.42589	0.46851	0.52564	0.60230	0.71259	0.88051	1.1635	1.7342	3.4553
74	0.36938	0.40017	0.44021	0.49333	0.56592	0.66955	0.82733	1.0932	1.6295	3.2466
75	0.34572	0.37454	0.41202	0.46174	0.52968	0.62667	0.77434	1.0471	1.5251	3.0387
76	0.32219	0.34904	0.38397	0.43030	0.49362	0.58401	0.72163	0.95361	1.4213	2.8318
77	0.29876	0.32366	0.35605	0.39901	0.45773	0.54154	0.66915	0.88426	1.3179	2.6259
78	0.27542	0.29838	0.32823	0.36784	0.42197	0.49924	0.61690	0.81519	1.2150	2.4208
79	0.25217	0.27319	0.30053	0.33679	0.38635	0.45709	0.56481	0.74668	1.1124	2.2164
80	0.22900	0.24809	0.27291	0.30584	0.35085	0.41509	0.51291	0.67779	1.01024	2.0127
81	0.20570	0.22306	0.24538	0.27499	0.31545	0.37321	0.46116	0.60941	0.90832	1.8097
82	0.18286	0.19810	0.21792	0.24422	0.28016	0.33146	0.40957	0.54123	0.80670	1.6072
83	0.15988	0.17321	0.19054	0.21353	0.24495	0.28981	0.35810	0.47322	0.70532	1.4052
84	0.13695	0.14836	0.16321	0.18290	0.20982	0.24824	0.30674	0.40535	0.60416	1.2037
85	0.11406	0.12357	0.13593	0.15233	0.17475	0.20675	0.25547	0.33760	0.50319	1.00255
86	0.091208	0.098810	0.10869	0.12181	0.13973	0.16532	0.20428	0.26995	0.40236	0.80166
87	0.068382	0.074081	0.081494	0.091328	0.104767	0.12395	0.15315	0.20239	0.30166	0.60103
88	0.045577	0.049376	0.054316	0.060870	0.069828	0.082613	0.102081	0.13489	0.20106	0.40059
89	0.022784	0.024684	0.027154	0.030430	0.034908	0.04130	0.051032	0.067438	0.100515	0.20026
90	0.000	0.000	0.000	0.000	0.000	0.000	0.000	0.000	0.000	0.000

(1) *Nouvelles Annales de la construction.* — Année 1866.

Les deux équations d'une trajectoire quelconque sont donc :

$$y = \omega r$$

$$x' = -\frac{r}{\tang \beta} \, \mathrm{L} \tang \tfrac{1}{2} \omega + c_2 \qquad (c)$$

or, pour la trajectoire partant du sommet o, on a :

$$\omega = 90°; \quad \tang \tfrac{1}{2} \omega = 1$$

donc,

$$\mathrm{L} \tang \tfrac{1}{2} \omega = 0$$

et par suite l'équation (c) donne :

$$x' = c_2$$

or, l'équation (b) donne aussi pour le point o

$$x = r \tang \beta$$

et comme, $x = x' = op$

on a, en remplaçant dans l'équation (c) c_2 par sa valeur $r \tang \beta$,

$$x' = r \tang \beta - \frac{r}{\tang \beta} \, \mathrm{L} \tang \tfrac{1}{2} \omega \qquad (d)$$

$r \tang \beta$ étant une constante égale à op, on voit qu'on peut compter les abscisses à partir de la ligne od parallèle à ny.

Les deux équations de la trajectoire du sommet, ayant pour axes les lignes do et dx, sont alors :

$$y = r\omega \qquad (a)$$

$$x = -\frac{r}{\cotang \alpha} \, \mathrm{L} \tang \tfrac{1}{2} \omega \qquad (f)$$

α étant l'angle du biais.

Remarquons que pour $\omega = o$ on a $y = o$ et $x = \infty$ c'est-à-dire que la trajectoire admet encore pour asymptote la génératrice nx.

Or, comme dans le cas précédent, tous les points situés sur la même génératrice correspondent à la même valeur de ω; donc, les trajectoires partant des différents points de cette génératrice auront la même forme. Toutes les trajectoires font donc encore partie de la même courbe et on pourra les tracer toutes en découpant un gabarit $mnOt$ $(fig. 199)$ qu'on fera glisser le long de nx.

95. Enfin les valeurs de x étant proportionnelles à $\dfrac{r}{\cotang \alpha}$, si le rayon et l'angle du biais varient, on aura :

$$x' = x \frac{r' \cotg \alpha}{r \cotg \alpha'}$$

x' étant la nouvelle abscisse, correspondant au nouveau rayon r' et au nouvel angle du biais α'.

Si l'angle du biais varie seul

$$x' = x \frac{\cotg \alpha}{\cotg \alpha'}$$

et enfin si, l'angle du biais restant constant, le rayon seul varie, on aura :

$$x' = x \frac{r'}{r}$$

équation qui permet de construire le gabarit des trajectoires du cylindre d'extrados ou d'un cylindre intermédiaire entre l'intrados et l'extrados.

Comme dans le cas de la courbe de tête circulaire les deux équations (a) et (f), qui définissent la trajectoire, sont des fonctions du rayon r, qui ici est le rayon de la courbe circulaire de section droite. On a donc pu encore créer des tableaux donnant pour $r = 1$ les valeurs de y (tableau n° 1) et de x (tableau n° 5), correspondant à des angles ω variant de degré en degré et à des biais variant de 5 degrés en 5 degrés entre 40 et 90 degrés.

96. *Équations de la projection horizontale de la trajectoire.* — Prenons pour axes de coordonnées les lignes nx et ny $(fig. 199)$. Un point quelconque q_1 du développement correspond au point dont la projection horizontale est q. Ce point appartient à la génératrice déterminée par l'angle ω de la section droite.

Son ordonnée sera :

$$y = ns = a_1 n_1.$$

$$y = r \, (1 - \cos \omega).$$

Si on compte les abscisses à partir de la droite Oo on aura :

$$x = hq = h_1 q_1$$

$$x = -\frac{r}{\cotg \alpha} \, \mathrm{L} \tang \tfrac{1}{2} \omega$$

les deux équations de la projection horizontale de la trajectoire du sommet seront donc :

$$y = r \, (1 - \cos \omega) \qquad (g)$$

$$x = -\frac{r}{\cotang \alpha} \, \mathrm{L} \tang \tfrac{1}{2} \omega \qquad (h)$$

pour $\omega = o$ on voit qu'on a $y = o$ et $x = \infty$.

Tableau N° 5. — Courbe de tête elliptique

Valeurs des abscisses de la trajectoire pour $r = 1$

ANGLES ω de la section droite	$x = -\dfrac{1}{\cotang\,\alpha} \times 2,302585 \log \tang \frac{1}{2}\omega$ POUR DES BIAIS DE									
	40°	45°	50°	55°	60°	65°	70°	75°	80°	85°
degrés	m.	m	m.	m.	m.	m.	m.	m.	m.	m.
0	∞	∞	∞	∞	∞	∞	∞	∞	∞	∞
1	3.9783	4.7412	5.6504	6.7712	8.2120	10.1676	13.026	17.694	26.888	54.192
2	3.3968	4.0481	4.8244	5.7813	7.0116	8.6813	11.122	15.107	22.958	46.270
3	3.0563	3.6424	4.3409	5.2019	6.3089	7.8112	10.0075	13.593	20.657	41.633
4	2.8148	3.3546	3.9979	4.7909	5.8103	7.1940	9.2167	12.519	19.025	38.343
5	2.6274	3.1312	3.7317	4.4719	5.4235	6.7150	8.6031	11.686	17.758	35.790
6	2.4742	2.9486	3.5141	4.2111	5.1072	6.3234	8.1014	11.004	16.722	33.703
7	2.3392	2.7877	3.3223	3.9813	4.8285	5.9783	7.6592	10.400	15.810	31.864
8	2.2321	2.6601	3.1702	3.7991	4.6075	5.7047	7.3087	9.9279	15.086	30.405
9	2.1330	2.5420	3.0295	3.6304	4.4029	5.4514	6.9842	9.4870	14.416	29.055
10	2.0442	2.4362	2.9033	3.4792	4.2196	5.2245	6.6934	9.0921	13.816	27.846
11	1.9638	2.3403	2.7891	3.3424	4.0536	5.0189	6.4301	8.7344	13.273	26.750
12	1.8903	2.2528	2.6847	3.2173	3.9019	4.8311	6.1895	8.4075	12.776	25.749
13	1.8226	2.1721	2.5886	3.1021	3.7612	4.6581	5.9678	8.1084	12.318	24.827
14	1.7598	2.0973	2.4995	2.9953	3.6326	4.4977	5.7623	7.8273	11.894	23.972
15	1.7013	2.0275	2.4163	2.8956	3.5118	4.3481	5.5707	7.5670	11.499	23.175
16	1.6465	1.9622	2.3385	2.8024	3.3987	4.2060	5.3913	7.3232	11.128	22.428
17	1.5949	1.9007	2.2652	2.7146	3.2922	4.0762	5.2223	7.0938	10.7798	21.736
18	1.5462	1.8427	2.1960	2.6316	3.1917	3.9517	5.0628	6.8771	10.4466	21.062
19	1.5000	1.7877	2.1305	2.5531	3.0963	3.8337	4.9116	6.6717	10.1385	20.433
20	1.4559	1.7351	2.0679	2.4780	3.0054	3.7211	4.7673	6.4757	9.8406	19.833
21	1.4143	1.6855	2.0087	2.4072	2.9194	3.6146	4.6310	6.2905	9.5592	19.265
22	1.3743	1.6379	1.9520	2.3392	2.8370	3.5125	4.5002	6.1128	9.2892	18.721
23	1.3361	1.5923	1.897	2.2740	2.7579	3.4147	4.3748	5.9426	9.0305	18.200
24	1.2993	1.5485	1.8454	2.2115	2.6821	3.3208	4.2546	5.7792	8.7822	17.700
25	1.2640	1.5064	1.7953	2.1514	2.6092	3.2305	4.1389	5.6221	8.5431	17.218
26	1.2300	1.4659	1.7470	2.0935	2.5390	3.1436	4.0275	5.4708	8.3136	16.755
27	1.1972	1.4267	1.7003	2.0376	2.4712	3.0597	3.9200	5.3248	8.0917	16.308
28	1.1654	1.3889	1.6553	1.9836	2.4057	2.9786	3.8162	5.1838	7.8773	15.876
29	1.1347	1.3523	1.6117	1.9314	2.3424	2.9002	3.7156	5.0472	7.6698	15.458
30	1.1050	1.3169	1.5694	1.8808	2.2810	2.8242	3.6183	4.9149	7.4688	15.052
31	1.07619	1.2825	1.5284	1.8316	2.2214	2.7504	3.5238	4.7865	7.2737	14.659
32	1.04816	1.2481	1.4886	1.7839	2.1635	2.6788	3.4320	4.6618	7.0842	14.277
33	1.02091	1.2166	1.4499	1.7376	2.1073	2.6091	3.3428	4.5407	6.9001	13.906
34	0.99437	1.1850	1.4122	1.6924	2.0525	2.5413	3.2558	4.4226	6.7207	13.545
35	0.96852	1.1542	1.3755	1.6484	1.9992	2.4752	3.1712	4.3076	6.5460	13.193
36	0.94328	1.1241	1.3397	1.6054	1.9475	2.4108	3.0886	4.1954	6.3754	12.849
37	0.91867	1.0948	1.3047	1.5635	1.8965	2.3478	3.0080	4.0859	6.2091	12.513
38	0.89461	1.06616	1.2706	1.5226	1.8466	2.2863	2.9292	3.9789	6.0465	12.186
39	0.87108	1.03811	1.2371	1.4825	1.7980	2.2262	2.8522	3.8743	5.8874	11.865
40	0.84805	1.01067	1.2044	1.4433	1.7505	2.1673	2.7768	3.7718	5.7318	11.552
41	0.82550	0.98380	1.1724	1.4050	1.7039	2.1095	2.7029	3.6715	5.5794	11.244
42	0.80340	0.95746	1.1410	1.3673	1.6583	2.0532	2.6306	3.5732	5.4300	10.744
43	0.78172	0.93162	1.1102	1.3305	1.6136	1.9978	2.5596	3.4768	5.2835	10.6485
44	0.76045	0.90627	1.0800	1.2942	1.5697	1.9435	2.4899	3.3822	5.1397	10.3587
45	0.73956	0.88138	1.05039	1.2587	1.5266	1.8901	2.4215	3.2893	4.9985	10.0742

Tableau N° 5 (suite). — Courbe de tête elliptique
VALEURS DES ABSCISSES DE LA TRAJECTOIRE POUR $r = 1$

ABSCISSES $x = -\dfrac{1}{\text{cotang } \alpha} \times 2{,}302585 \; \log \text{tang } \dfrac{1}{2}\omega$ POUR DES BIAIS DE

ANGLES ω de la section droite (degrés)	40° (m.)	45° (m.)	50° (m.)	55° (m.)	60° (m.)	65° (m.)	70° (m.)	75° (m.)	80° (m.)	85° (m.)
46	0.71902	0.85690	1.02122	1.2237	1.4842	1.8376	2.3543	3.1980	4.8597	9.7944
47	0.69884	0.83284	0.99254	1.1804	1.4425	1.7860	2.2882	3.1082	4.7232	9.5194
48	0.67897	0.80917	0.96433	1.1556	1.4015	1.7352	2.2231	3.0198	4.5890	9.2488
49	0.65942	0.78587	0.93656	1.1223	1.3611	1.6853	2.1591	2.9329	4.4569	8.9825
50	0.64016	0.76291	0.90920	1.0895	1.3214	1.6360	2.0960	2.8472	4.3267	8.7201
51	0.62116	0.74028	0.88223	1.05722	1.2822	1.5875	2.0339	2.7627	4.1983	8.4614
52	0.60246	0.71799	0.85566	1.02539	1.2436	1.5397	1.9726	2.6795	4.0719	8.2066
53	0.58399	0.69597	0.82943	0.99395	1.2054	1.4925	1.9121	2.5974	3.9470	7.9550
54	0.56577	0.67426	0.80355	0.96292	1.1677	1.4459	1.8525	2.5163	3.8239	7.7068
55	0.54778	0.65282	0.77801	0.93233	1.1307	1.3990	1.7936	2.4363	3.7023	7.4618
56	0.53003	0.63166	0.75279	0.90211	1.0940	1.3546	1.7354	2.3574	3.5823	7.2199
57	0.51246	0.61073	0.72784	0.87222	1.05782	1.3097	1.6779	2.2793	3.4636	6.9807
58	0.49510	0.59003	0.70317	0.84260	1.02197	1.2650	1.6211	2.2020	3.3462	6.7441
59	0.47792	0.56956	0.67878	0.81342	0.98652	1.2214	1.5648	2.1256	3.2301	6.5101
60	0.46092	0.54930	0.65463	0.78448	0.95142	1.1779	1.5092	2.0500	3.1152	6.2785
61	0.44400	0.52924	0.63073	0.75584	0.91668	1.1349	1.4544	1.9751	3.0015	6.0493
62	0.42743	0.50940	0.60708	0.72749	0.88230	1.0924	1.3995	1.9011	2.8888	5.8224
63	0.41091	0.48971	0.58361	0.69938	0.84820	1.05019	1.3454	1.8276	2.7773	5.5974
64	0.39455	0.47021	0.56037	0.67153	0.81442	1.00886	1.2918	1.7548	2.6666	5.3745
65	0.37832	0.45086	0.53732	0.64390	0.78092	0.96711	1.2387	1.6830	2.5570	5.1534
66	0.36222	0.43168	0.51446	0.61651	0.74770	0.92575	1.1860	1.6110	2.4482	4.9342
67	0.34627	0.41266	0.49180	0.58935	0.71476	0.88476	1.1337	1.5401	2.3403	4.7168
68	0.33040	0.39376	0.46927	0.56235	0.68202	0.84443	1.0818	1.4695	2.2331	4.5007
69	0.31468	0.37502	0.44693	0.53558	0.64955	0.80423	1.0325	1.3996	2.1268	4.2865
70	0.29903	0.35637	0.42470	0.50895	0.61725	0.76424	0.97912	1.3299	2.0210	4.0733
71	0.28349	0.33785	0.40264	0.48251	0.58518	0.72453	0.92825	1.2638	1.9160	3.8617
72	0.26805	0.31946	0.38071	0.45623	0.55332	0.68508	0.87770	1.1922	1.8117	3.6514
73	0.25269	0.30115	0.35890	0.43009	0.52161	0.64582	0.82741	1.1239	1.7079	3.4422
74	0.23743	0.28296	0.33722	0.40411	0.49010	0.60682	0.77743	1.05603	1.6047	3.2343
75	0.22222	0.26484	0.31562	0.37823	0.45872	0.56795	0.72765	0.98840	1.5020	3.0271
76	0.20710	0.24681	0.29414	0.35248	0.42749	0.52929	0.67811	0.92112	1.3997	2.8211
77	0.19204	0.22886	0.27275	0.32685	0.39640	0.49080	0.62880	0.85413	1.2979	2.6159
78	0.17704	0.21093	0.25144	0.30132	0.36544	0.45246	0.57968	0.78741	1.1965	2.4116
79	0.16209	0.19317	0.23021	0.27588	0.33459	0.41427	0.53075	0.72094	1.0955	2.2082
80	0.14720	0.17542	0.20906	0.25053	0.30384	0.37620	0.48198	0.65470	0.99489	2.0051
81	0.13235	0.15772	0.18797	0.22526	0.27319	0.33825	0.43335	0.58865	0.89452	1.8028
82	0.11754	0.14008	0.16694	0.20051	0.24262	0.30040	0.38487	0.52279	0.79444	1.6011
83	0.102772	0.12247	0.14596	0.17491	0.21214	0.26265	0.33650	0.45709	0.69461	1.3999
84	0.088032	0.104912	0.12502	0.14983	0.18171	0.22498	0.28824	0.39153	0.59498	1.1991
85	0.073319	0.087378	0.104123	0.12478	0.15169	0.18738	0.24007	0.32610	0.49554	0.99874
86	0.058627	0.069869	0.083267	0.099784	0.12129	0.14983	0.19196	0.26075	0.39625	0.79861
87	0.043955	0.052383	0.062428	0.074811	0.090731	0.11233	0.14392	0.19549	0.29708	0.59874
88	0.029296	0.034914	0.041608	0.049862	0.060472	0.074873	0.095925	0.13030	0.19800	0.39906
89	0.014645	0.017494	0.020801	0.024927	0.030231	0.037430	0.048065	0.065140	0.098988	0.1990
90	0.000	0.000	0.000	0.000	0.000	0.000	0.000	0.000	0.000	0.000

(1) *Nouvelles annales de la construction.* — Année 1866.

Donc la projection horizontale de la trajectoire du sommet admet pour asymptote la génératrice nx.

97. *Équations de la projection verticale de la trajectoire.* — Les axes étant les droites ny_1 et nx_1 (*fig.* 199) l'ordonnée du point q' sera :

$$y_1 = q'r = a'a$$

or, nous avons vu que $a'a = a_1 a_1'$

donc, $y_1 = r \sin \omega$ ⠀⠀⠀⠀⠀⠀(*l*)

L'abscisse du point q' sera :

$$x_1 = nr = an + ar$$

or ⠀⠀$an = \dfrac{ns}{\cos \beta} = \dfrac{r\,(1 - \cos \omega)}{\cos \beta}$

et $ar = aq \sin \beta = - \dfrac{r}{\tang \beta} \, \mathrm{L} \, \tang \dfrac{1}{2} \omega$

$$\times \sin \beta$$

$$ar = - r \cos \beta \, \mathrm{L} \, \tang \dfrac{1}{2} \omega$$

donc

$$x_1 = \dfrac{r\,(1 - \cos \omega)}{\cos \beta} - r \cos \beta \, \mathrm{L} \, \tang \dfrac{1}{2} \omega \quad (m)$$

Les deux équations de la projection verticale de la trajectoire sont donc représentées par (*l*) et (*m*).

Si $\omega = o$ on a $y_1 = o$ et $x_1 = \infty$.

La droite nx_1 est donc une asymptote de la courbe.

Les projections horizontale et verticales de la trajectoire du sommet peuvent servir, pour les mêmes raisons que précédemment, au tracé des projections de toutes les autres courbes, en découpant des patrons.

Applications numériques des formules.

98. *Tracer le patron des trajectoires orthogonales dans le développement, pour un pont de 8 mètres d'ouverture biaise, à courbe de tête circulaire ; le biais étant de 45 degrés.*

Le développement de la courbe de tête ayant été effectué par la méthode graphique déjà indiquée, il faudra, pour plus d'exactitude, vérifier la position d'un certain nombre de points à l'aide de la méthode développée au n° 82.

Les ordonnées $S = r\omega$ seront obtenues en multipliant les coefficients du tableau

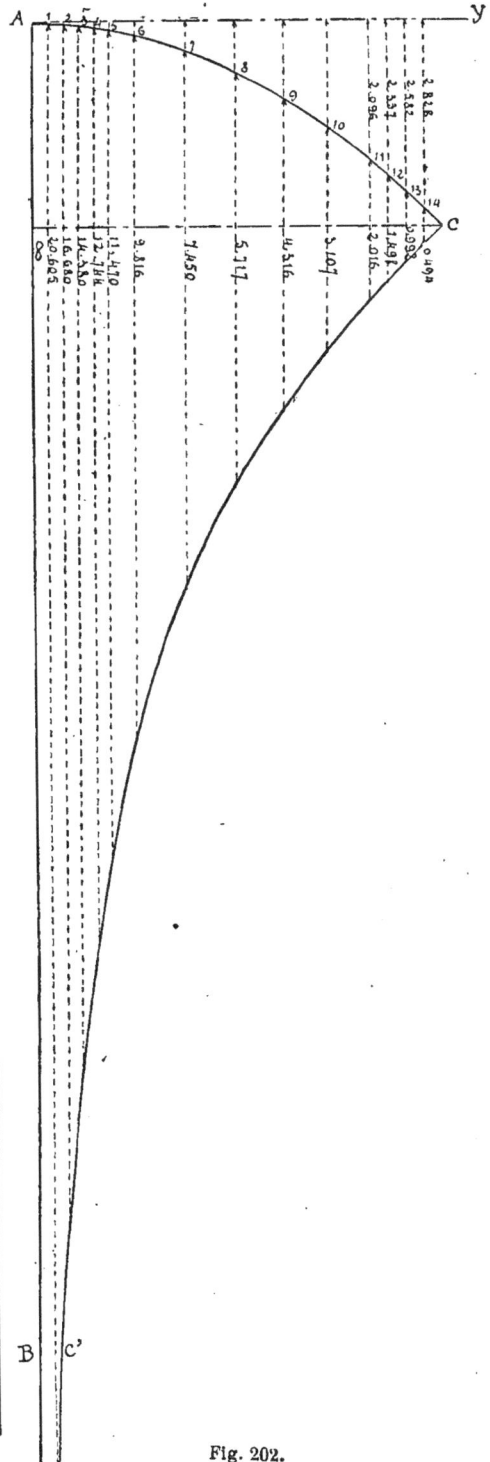

Fig. 202.

n° 1 par $r = 4$ mètres et seront portées sur la courbe AC. Les abscisses (*fig.* 202) correspondantes, comptées depuis cette courbe jusqu'à la droite AY, parallèlement à la génératrice des naissances, seront obtenues à l'aide du tableau n° 2.

ORDONNÉES DU DÉVELOPPEMENT
de la courbe de tête

VALEURS de ω	ORDONNÉES pour $r = 1$	ORDONNÉES pour $r = 4^m00$
degrés	m.	m.
0	0.000	0.000
3	0.05236	0.20944
6	0.10472	0.41888
9	0.15708	0.62832
12	0.20944	0.83776
15	0.26180	1.04720
20	0.34907	1.39628
30	0.5236	2.0944
40	0.69813	2.79252
50	0.87266	3.49064
60	1.0472	4.1888
70	1.22173	4.88692
75	1.3090	5.2360
80	1.39626	5.58504
85	1.48353	5.93412
90	1.5708	6.2832

ABSCISSES CORRESPONDANTES
du développement de la courbe de tête

VALEURS de ω	ABSCISSES pour $r = 1$	ABSCISSES pour $r = 4,00$
degrés		
0	0.000	0.000
3	0.0009687	0.0038748
6	0.003875	0.015500
9	0.0087045	0,0348180
12	0.015450	0.061100
15	0.024091	0.096864
20	0.042645	0.170380
30	0.094731	0.378924
40	0.16543	0.66172
50	0.25258	1.01032
60	0.35355	1.41420
70	0.46526	1.86104
75	0.52409	2.09636
80	0.58432	2.33728
85	0.64547	2.58188
90	0.70710	2.82840

99. *Trajectoire orthogonale.* — Nous savons que les équations de cette courbe sont :

$$y = r\omega$$

$$x = -\frac{r}{\cos\alpha} \, L \, \tan g \frac{1}{2}\omega$$

et qu'en supposant $r = 1$ on a de suite, à l'aide des tableaux n°s 1 et 4 des coefficients qui, multipliés par $r = 4$ mètres,

donnent, par une simple opération d'arithmétique, les valeurs exactes des ordonnées et des abscisses correspondant à un même angle ω.

Vers la génératrice des naissances nous calculerons les ordonnées et les abscisses de la trajectoire pour des angles ω très faibles car, dans cette région, la courbe se rapproche beaucoup de son asymptote.

Les ordonnées étant comptées sur le développement de la courbe de tête (n° 82), nous pouvons conserver celles que nous avons calculées pour vérifier ce développement.

ABSCISSES DE LA TRAJECTOIRE ORTHOGONALE

VALEURS de ω	ABSCISSES pour $r = 1$	ABSCISSES pour $r = 4^m,00$
degrés		
0	∞	∞
3	5.1512	20.6048
6	4.170	16.680
9	3.5950	14.3800
12	3.1859	12.7436
15	2.8674	11.4696
20	2.4539	9.8156
30	1.8624	7.4496
40	1.4293	5.7172
50	1.07892	4.31568
60	0.77683	3.10732
70	0.50398	2.01592
75	0.37454	1.49816
80	0.24809	0.99236
85	0.12357	0.49428
90	0.000	0.000

Le développement AC de la courbe de tête étant tracé et AB étant la position de la génératrice des naissances on portera sur ce développement, à partir du point A, les valeurs des ordonnées ; puis par les points 1, 2, 3, 4..., ainsi obtenus on mènera des parallèles à AB sur lesquelles on prendra des longueurs égales aux abscisses correspondantes. En joignant les extrémités de ces abscisses par une courbe continue on aura la trajectoire cherchée CC′ et le patron à découper sera figuré par le contour BACC′.

Si l'angle du biais n'est pas un de ceux des tableaux, on se servira des formules établies au n° 83 pour les abscisses du développement de la courbe de tête et au n° 92 pour les abcisses de la trajectoire orthogonale.

Ainsi, supposons que l'angle du biais soit $\alpha' = 62°$; le rayon restant le même.

Les nouvelles abscisses x' du développement de la courbe de tête se déduiront des premières x à l'aide de la relation ;

$$x' = z\,\frac{\cos \alpha'}{\cos \alpha} = \frac{\cos 62°}{\cos 45°}.$$

Or,

$$\cos 62° = 0,46947$$
$$\cos 45° = 0,70711$$

Les nouvelles abscisses du développement de la courbe de tête se déduiront donc des premières en les multiplant respectivement par le rapport $\dfrac{0,46947}{0,70711}$.

De même les nouvelles abscisses x' de la trajectoire se déduiront des premières x à l'aide de la formule :

$$x' = x\,\frac{\cos \alpha}{\cos \alpha'}.$$

Il suffira donc de les multiplier respectivement par le rapport $\dfrac{0,70711}{0,46947}$.

100. REMARQUE. — Si on voulait appliquer la formule donnant les abscisses de la trajectoire du sommet, il faudrait transformer les logarithmes népériens en logarithmes vulgaires, en remarquant qu'entre ces deux espèces de logarithmes on a la relation :

$$L = \frac{1}{M}\log = 2,30258591\,\log.$$

La formule :

$$x = -\frac{r}{\cos \alpha}\,L\,\operatorname{tang}\frac{1}{2}\,\omega$$

deviendrait alors :

$$x = -\frac{r}{\cos \alpha} \times 2,30258591\,\log\operatorname{tang}\frac{1}{2}\,\omega$$

Cette formule se calculera par logarithmes. A cet effet, on posera :

compl. $\log\operatorname{tang}\dfrac{1}{2}\,\omega = \log\operatorname{cotang}\dfrac{1}{2}\omega$

d'où,

$$\log x = \log\frac{2,30258591 \times r}{\cos \alpha}$$
$$+ \log\left(\log\operatorname{cotang}\frac{1}{2}\,\omega\right).$$

Le premier terme $\log\dfrac{2,30288591 \times r}{\cos \alpha}$ est constant ; le deuxième seul varie avec ω.

DEUXIÈME CAS

101. *Déterminer le patron des trajectoires orthogonales dans le développement, pour un pont de 8 mètres d'ouverture droite, à courbe de tête elliptique ; le biais étant de 45 degrés.*

Déterminons tout d'abord le développement de la courbe de tête.

Les équations de ce développement sont :

$$y = r\omega$$
$$x = r\operatorname{cotang}\alpha\,(1 - \cos \omega).$$

Puisque nous supposons que le rayon de la section droite est le même que le rayon de la courbe de tête circulaire du cas précédent il est clair que les valeurs des ordonnées ne changeront pas, si nous conservons les mêmes valeurs de ω. La seule différence est qu'ici les ordonnées et les abscisses seront comptées suivant les axes Ay et Ax (n° 86).

Dressons donc un tableau des valeurs correspondantes des abscisses.

ABSCISSES DU DÉVELOPPEMENT
DE LA COURBE DE TÊTE ELLIPTIQUE

VALEURS de ω	ABSCISSES pour $r = 1$	ABSCISSES pour $r = 4.00$
degrés		
0	0.000	0.000
3	0.00137	0.00548
6	0.00548	0.02192
9	0.01231	0.04924
12	0.02185	0.08740
15	0.03407	0.13628
20	0.06031	0.24124
30	0.13397	0.53588
40	0.23396	0.93584
50	0.35721	1.42884
60	0.50000	2.000
70	0.65798	2.63192
75	0.74118	2.96472
80	0.82635	3 30540
85	0.91284	3.65136
90	1.000	4.000

102. *Trajectoire orthogonale.* — Si nous calculons les abscisses de la trajectoire, correspondant aux mêmes ordonnées que pour la courbe de tête, on aura d'après le tableau numéro 5.

ABSCISSES DE LA TRAJECTOIRE ORTHOGONALE

VALEURS de ω	ABSCISSES pour r = 1	ABSCISSES pour r = 4.00
degrés		
0	000	000
3	3.6424	14.5696
6	2.9486	11.7944
9	2.5420	10.16800
12	2.2528	9.0112
15	2.0275	8.1100
20	1.7351	6.9404
30	1.3169	5.2676
40	1.01067	4.04268
50	0.76291	3.05164
60	0.54930	2.19720
70	0.35637	1.42548
75	0.26484	1.05936
80	0.17542	0.70168
85	0.087378	0.349512
90	0.000	0.000

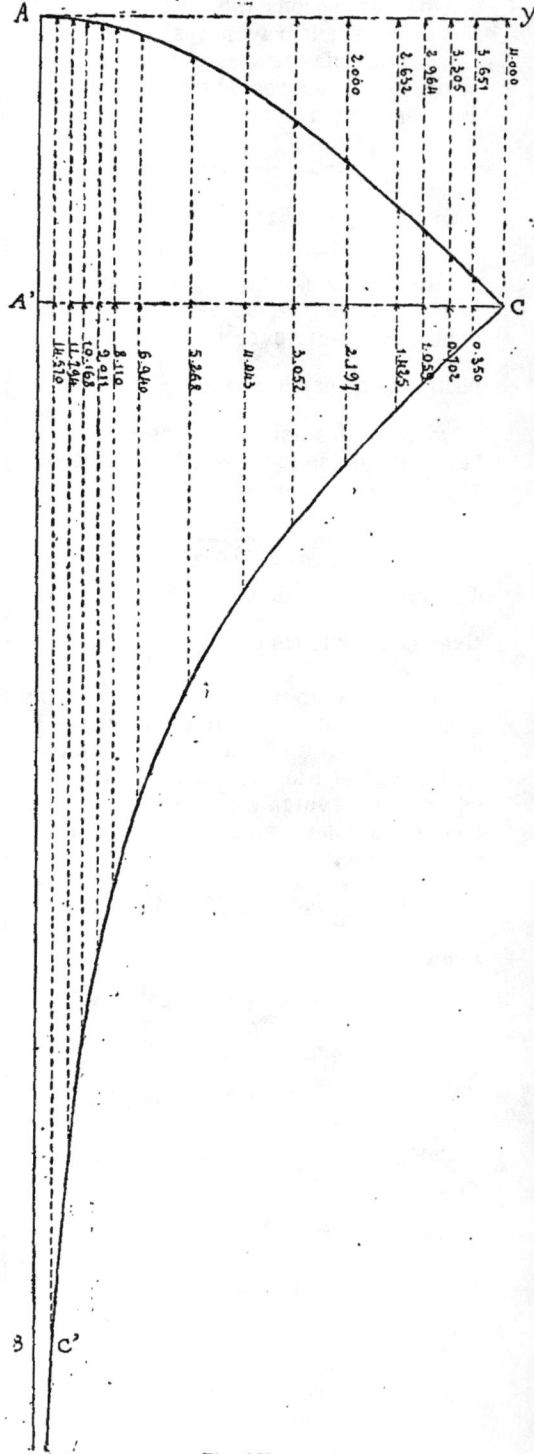

Fig. 203.

Or, la formule donnant les abscisses de la trajectoire du sommet a été établie en supposant l'axe Ay transporté parallèlement à lui-même et passant par le point c (*fig.* 199) qui, dans le développement, correspond au point le plus haut de la demi-ellipse de tête. — Les abscisses calculées dans le tableau précédent seront donc portées, à partir de la ligne CA′, sur des parallèles à la génératrice des naissances passant par les extrémités des ordonnées correspondantes. En reliant les points ainsi obtenus par une courbe on obtiendra la trajectoire et par suite le patron à découper qui sera BACC′ (*fig.* 203).

Si l'angle du biais n'est pas un de ceux des tableaux, on se servira des formules établies au numéro 86, pour les abscisses du développement de la courbe de tête, et au numéro 95, pour les abscisses de la trajectoire orthogonale.

Les nouvelles abscisses du développement de la courbe de tête se déduiront des premières par la formule :

$$x' = x \frac{\text{cotang } \alpha'}{\text{cotang } \alpha}$$

en supposant le nouvel angle $\alpha' = 62°$.

$$x' = x \frac{\text{cotang } 62°}{\text{cotang } 45°}$$

or, cotang 62° = 0,53171
cotang 45° = 1,000

les nouvelles abcisses se déduiront donc des premières en les multipliant respectivement par le rapport

$$\frac{0{,}53171}{1{,}000} = 0{,}53171$$

De même, les nouvelles abcisses de la trajectoire se déduiront des premières par la formule

$$x' = x\,\frac{\text{cotang } \alpha}{\text{cotang } \alpha'}$$

il suffira donc de les multiplier respectivement par le rapport

$$\frac{1}{0{,}53171} = 1{,}88$$

103. REMARQUE.— Si on veut appliquer directement la formule

$$x = -\,\frac{r}{\text{cotang } \alpha}\,\text{L tang }\frac{1}{2}\,\omega$$

donnant les abscisses de la trajectoire du sommet, on la transformera, pour les mêmes raisons que dans le cas précédent, en la suivante:

$$x = -\,\frac{r}{\text{cotang } \alpha} \times 2{,}30258591$$
$$\times \log \text{tang } \frac{1}{2}\,\omega$$

qui devient en prenant les logarithmes:

$$\log x = \log \frac{2{,}30258591 \times r}{\text{cotang } \alpha}$$
$$+ \log \left(\log \text{cotang } \frac{1}{2}\,\omega \right)$$

104. *Construction graphique de la trajectoire.* — Quoique la construction de la trajectoire, par la méthode précédente, soit très simple, nous allons donner une construction purement graphique, indiquée par M. Graeff dans son ouvrage sur les ponts biais.

105. 1° *Section de tête circulaire.*— Supposons le cylindre de la voûte coupé par une série de plans verticaux 11, 22... parallèles aux têtes ; les courbes déterminées sur la voûte par ces sections seront identiques à celles des arcs de tête. Leur développement pourra s'obtenir en découpant le patron $d_1\,d\,o_2$ et en le faisant glisser le long de dd_1, de façon à amener successivement le point d en 1, 2, 3.., ou bien en portant sur les génératrices des longueurs égales à d_1 pour avoir le développement de la section 1, puis à d_2 pour avoir celui de la section 2 et

ainsi de suite. Pour faire le tracé avec exactitude, il faut remarquer que la tangente $o_2\,a$ au point d'inflexion du développement de la courbe de tête fait l'angle β (complément de l'angle du biais) avec la droite dy, perpendiculaire à la génératrice des naissances, et qu'il en est de même des tangentes aux points correspondants o'_2, et o'_3... des développements des sections 1, 2, 3... parallèles au plan des têtes. Il suffira donc de prendre $a\,f = o_1$ G pour avoir la tangente $o_2\,a$ et de mener par les points o'_2, o'_3... des parallèles à cette droite pour obtenir les autres. Il en résulte que tous les point d'intersection des tangentes à la naissance et au sommet seront sur la ligne aa_1, parallèle à la génératrice des naissances.

Le premier élément de la trajectoire du sommet o_2 s'obtiendra en élevant en ce point une perpendiculaire o_2m à la tangente o_2a. Cette perpendiculaire rencontrera le développement $1o'_2$ de la section 1 en un point m, et si cette section est suffisamment rapprochée de la section de tête on pourra considérer o_2m comme le premier élément de la trajectoire, qui doit aussi couper à angle droit l'arc $1o'_2$. Donc en m on mènera la tangente b_1b_1 à cet arc et la perpendiculaire mp à cette tangente jusqu'à $2o_{33}$ pourra être considérée comme le deuxième élément de la trajectoire. En continuant de la sorte on arrivera à tracer la trajectoire, avec une exactitude d'autant plus grande que les sections parallèles aux têtes seront plus rapprochées.

En traçant une courbe continue tangente aux droites o_2m, mp, pr,... on obtiendra très sensiblement la forme exacte de la courbe cherchée.

La difficulté consiste dans le tracé des tangentes aux points $m,p,r,...$des développements des sections parallèles aux têtes.

Or, en cherchant l'équation de la trajectoire orthogonale (n° 91) nous avons vu que si x' et y' étaient les coordonnées courantes de la trajectoire orthogonale, on avait

$$\frac{dy'}{dx'} = \frac{\sin \beta \sin \omega}{\sqrt{1 - \sin^2 \beta \sin^2 \omega}} \qquad (1)$$

Si donc nous désignons par γ l'angle que fait avec l'horizontale la tangente en un point quelconque m du développement de l'arc de tête ou de l'arc résultant d'une section parallèle, on aura

$$\tan \gamma = \frac{\sin \beta \sin \omega}{\sqrt{1 - \sin^2 \beta \sin^2 \omega}} \qquad (2)$$

divisons les deux termes de la fraction par $\cos \beta$ et remplaçons $\sin^2 \omega$ par

$$1 - \cos^2 \omega$$

on a :

$$\tan \gamma = \frac{\dfrac{\sin \beta}{\cos \beta} \sin \omega}{\sqrt{\dfrac{1}{\cos^2 \beta} - \dfrac{\sin^2 \beta}{\cos^2 \beta}(1 - \cos^2 \omega)}}$$

développant sous le radical et remarquant que

$$\frac{1}{\cos^2 \beta} - \tan^2 \beta = 1$$

on a :

$$\tan \gamma = \frac{\tan \beta \sin \omega}{\sqrt{1 + \tan^2 \beta \cos^2 \omega}}. \qquad (3)$$

Menons par le point m la génératrice mn et supposons que l'arc cd' soit l'arc circulaire de tête rabattu sur un plan de section droite. Prenons sur cette circonférence l'arc $cc_1 = o_2 n$, élément déterminé par la génératrice mn sur le développement de l'arc de tête ; on aura :

$$\text{angle } d'o'cc_1 = \omega$$

or, le triangle $b_1 mm_1$ donne

$$\tan \gamma = \frac{b_1 m_1}{mm_1} \qquad (4)$$

donc, $\quad \dfrac{b_1 m_1}{mm_1} = \dfrac{\tan \beta \sin \omega}{\sqrt{1 + \tan^2 \beta \cos^2 \omega}} \qquad (5)$

au point o_1 élevons une perpendiculaire sur $o_1 d_1$ jusqu'à la rencontre de dy prolongée ; on aura

$$o_1 J = r \tan \beta$$

Enfin, prenons $o'v = o_1 J$ et du point o_1 avec $o'v$ pour rayon, décrivons un arc de cercle ; il coupe $o'c_1$ en v_1 et on a

$$v_1 e_1 = o'v_1 \sin \omega$$

ou $\qquad v_1 e_1 = r \tan \beta \sin \omega \qquad (6)$

de même $\qquad o'e_1 = r \tan \beta \cos \omega. \qquad (7)$

Le triangle rectangle $l o' e_1$ donne

$$le_1 = \sqrt{\overline{lo'}^2 + \overline{o'e_1}^2}$$

c'est-à-dire,

$$le_1 = r \sqrt{1 + \tan^2 \beta \cos^2 \omega} \qquad (8)$$

par suite

$$\frac{v_1 e_1}{le_1} = \frac{\tan \beta \sin \omega}{\sqrt{1 + \tan^2 \beta \cos^2 \omega}}. \qquad (9)$$

En rapprochant les équations (5) et (9) on a donc la proportion :

$$\frac{b_1 m_1}{mm_1} = \frac{v_1 e_1}{le_1}.$$

Si donc nous prenons sur l'horizontale o' un point quelconque k et si nous portons sur cette ligne une longueur $ki_1 = le_1$ nous aurons, en élevant au point i la perpendiculaire $i_1 h_1 = v_1 e_1$, la proportion

$$\frac{b_1 m_1}{mm_1} = \frac{i_1 h_1}{i_1 k_1}$$

donc la tangente cherchée $b_1 b_1$ est parallèle à kh_1.

La construction devient alors très simple puisque pour obtenir la tangente $b_1 b_1$ il suffit de mener par le point m une parallèle à la droite $k h_1$. — Cette tangente étant obtenue on continue, comme nous l'avons déjà dit, en lui élevant au point m la perpendiculaire $m p$, qui rencontre le développement de la section 2 au point p par lequel on mène la génératrice pq, jusqu'à la rencontre du développement de l'arc de tête ; puis on rectifie l'arc $n q$ dont on porte la longueur $c_1 c_2$ sur la courbe de tête $c d'$. On joint $c_2 o'$ qui coupe la circonférence de rayon $o'v$ en v_2 et on abaisse $v_2 e_2$ perpendiculaire sur $o' d'$; enfin on mène la droite $l e_2$. — C'est cette dernière longueur qu'il faut porter en ki_2. Par le point i_2 ainsi déterminé on élève une perpendiculaire sur ko' et par le point v_2 on mène une parallèle à cette même ligne ; leur intersection donne le point h_2 et la droite kh_2 sera parallèle à la tangente $b_2 b_2$ menée au point p du développement 2 o'_3 et ainsi de suite. Lorsqu'on s'approchera de la partie de la trajectoire ayant pour asymptote la génératrice des naissances, il faudra rapprocher de plus en plus les plans de section parallèles aux têtes.

106. REMARQUE. — Il est utile de faire remarquer que les points tels que h_1, h_2, h_3. sont sur une circonférence. En effet on a.

$$kh_1 = \sqrt{\overline{h_1 i_1}^2 + \overline{hi_1}^2}$$

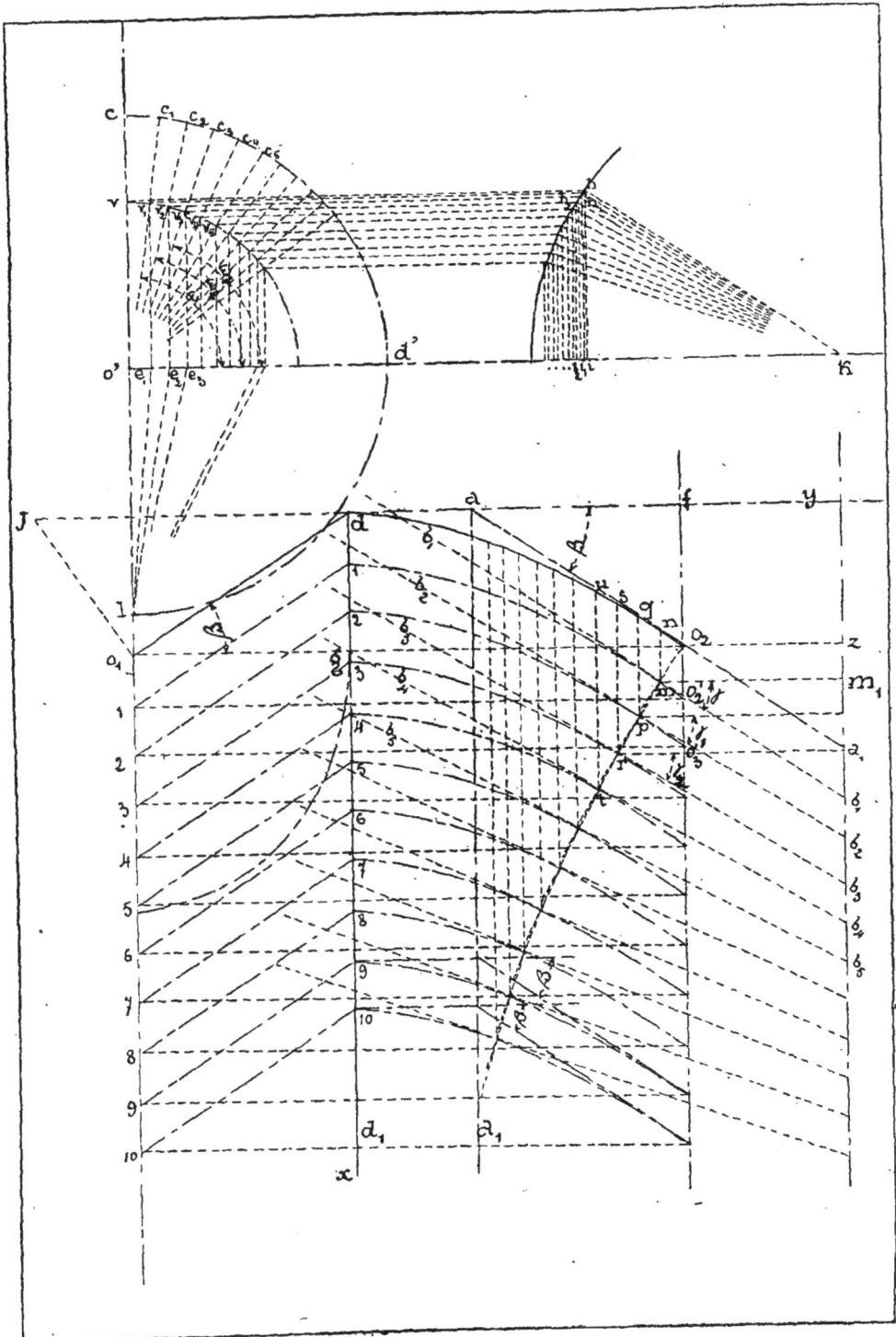

Fig. 204.

or, d'après l'équation (6)
$$h_1 i_1 = v_1 e_1 = r \tang \beta \sin \omega$$
et d'après l'équation (8)
$$ki_1 = le_1 = r \sqrt{1 + \tang^2 \beta \cos^2 \omega}$$
donc,
$$kh_1$$
$$= \sqrt{r^2 \tang^2 \beta \sin^2 \omega + r^2 (1 + \tang^2 \beta \cos^2 \omega)}$$
$$kh_1 = \sqrt{r^2 + r^2 \tang^2 \beta} = r \sqrt{1 + \tang^2 \beta}$$
c'est-à-dire :
$$kh_1 = \frac{r}{\cos \beta}.$$

Cette formule étant indépendante de la variable ω, on peut dire que les points h, h_1, h_2, sont sur une circonférence. Le rayon de cette circonférence peut du reste se déterminer *a priori* puisque le triangle rectangle $Jo_1 d$ donne d'autre part :
$$Jd = \frac{o_1 d}{\cos \beta} = \frac{r}{\cos \beta}$$
donc
$$Jd = kh_1$$

Il suffira donc de décrire du point k un arc de cercle ayant la longueur Jd pour rayon et de mener par les points v_1, v_2.... des parallèles à $o'k$ pour obtenir les points tels que h_1, h_2,...

107. 2e Cas. *Section droite circulaire.* — Nous n'entrerons pas, pour ce deuxième cas, dans le détail des opérations à effectuer pour la construction de la trajectoire. — On opèrera de la même manière que pour le cas de la section de tête circulaire.

r étant le rayon de la section droite circulaire et γ étant l'angle que fait avec l'horizontale la tangente en un point quelconque de la trajectoire, nous avons vu qu'on avait (n° 94)
$$\tang \gamma = \tang \beta \sin \omega \qquad (1)$$
Pour mener la tangente $b_1 b_1$ au point m de la trajectoire, on mènera la génératrice mn passant ce point jusqu'à la rencontre du développement de la section droite $d_1 o_2$ en n. On portera sur l'arc de section droite cj une longueur cc_1 égale à no_2 et on joindra $c_1 o'$ qui coupe en v_1 la circonférence, décrite du point O' comme centre, avec $ov = dd_1 = r$ $\tang \beta$, pour rayon — du point v_1 on abaissera $v_1 e_1$ perpendiculaire sur $o'K_1$ — Au

point i on élèvera ih perpendiculaire sur $o'k$, et on prendra $ih_1 = v_1 e_1$; on joindra $h_1 k$, le point k étant tel que $ik = r$. La droite $h_1 k$ ainsi déterminée sera parallèle à la tangente $b_1 b_1$, menée au point m à l'arc $1 o'_2$

En effet, on a :
$$v_1 e_1 = r \tang \beta \sin \omega_1 \qquad (2)$$
or, le triangle rectangle $mm_1 b_1$ donne :
$$\tang \gamma_1 = \frac{m_1 b_1}{mm_1}$$
ou, d'après l'équation (1)
$$\frac{m_1 b_1}{mm_1} = \tang \beta \sin \omega_1 = \frac{r \tang \beta \sin \omega_1}{r}$$
c'est-à-dire,
$$\frac{m_1 b_1}{mm_1} = \frac{v_1 e_1}{o_1 d_1} = \frac{ih_1}{ik},$$
relation qui prouve que kh_1 est parallèle à mb_1 c'est-à-dire à la tangente $b_1 b_1$, menée au point m du développement de l'arc de la section 1 parallèle au plan des têtes.

On opèrera de même pour toutes les autres tangentes.

108. *Epure de l'appareil orthogonal parallèle.* — Le patron des trajectoires orthogonales étant construit, nous allons indiquer les diverses opérations à effectuer pour obtenir l'épure complète de l'appareil.

Nous prenons le plan des naissances pour plan horizontal de projection et le plan de tête ab pour plan vertical (*fig.* 207). Nous supposons la courbe de tête circulaire et après l'avoir tracée en $a'o'b'$ dans le plan vertical nous la divisons en un nombre impair de parties égales, correspondant aux voussoirs de la section de tête. Des points 1,2,3,4.... ainsi obtenus nous abaissons des perpendiculaires sur ab et, par les points d'intersection nous menons des parallèles aux génératrices des naissances ac et bd. Ces parallèles aux génératrices des naissances étant prolongées servent à déterminer la section droite qui sera alors une ellipse et qui se construira par points, comme il a été indiqué au numéro 72, pour l'appareil suivant les génératrices. Dans le développement de la douelle sur le plan des naissances, la génératrice bd étant reportée parallèlement à elle-même en $b_1 d_1$, le point a vient

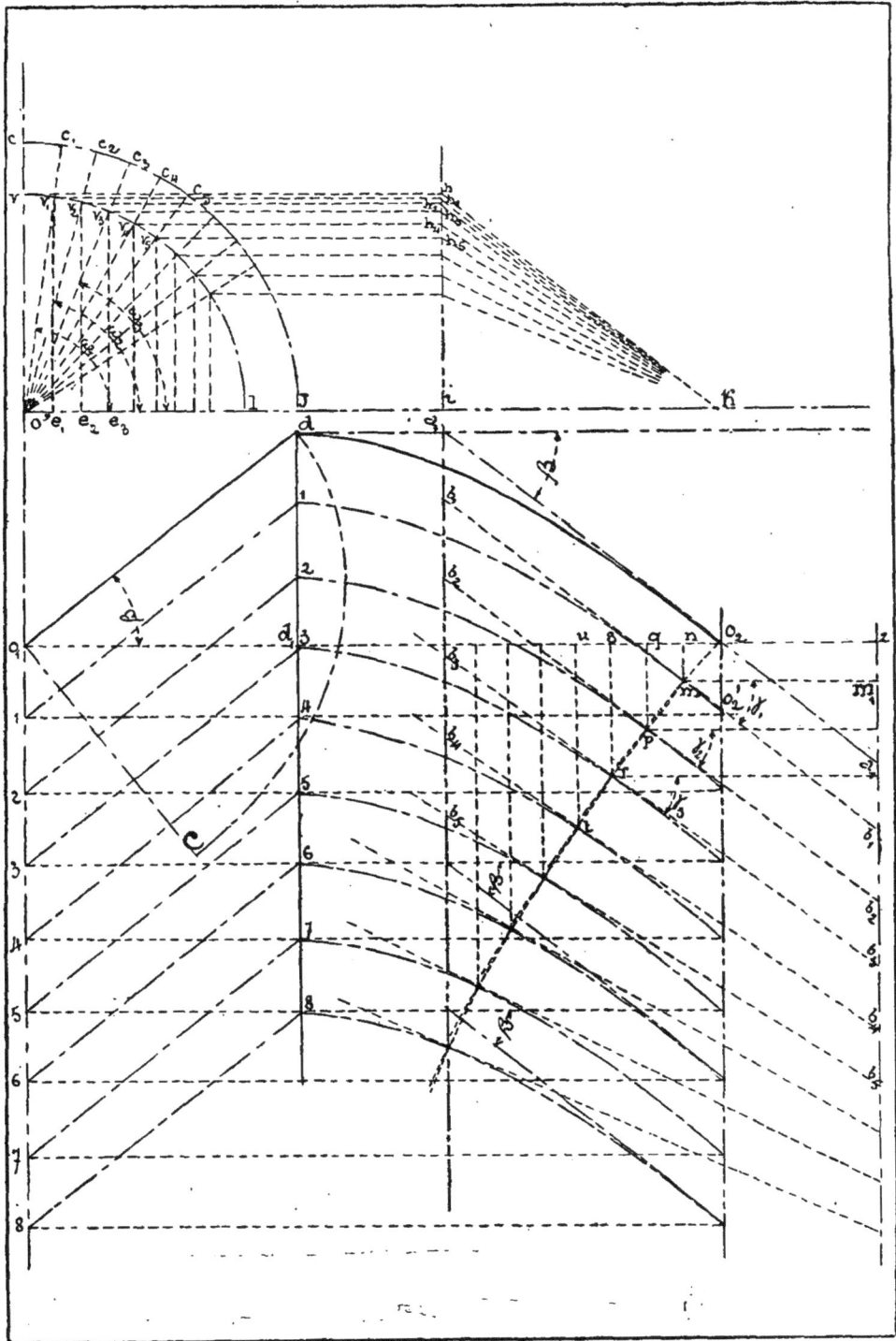

Fig. 205.

en a_1 sur la perpendiculaire abaissée de a sur cette génératrice et à une distance a_2a_1 égale au développement de la demi-ellipse de section droite aef. Ce développement peut s'obtenir en divisant cette demi-ellipse en petits arcs dont les cordes peuvent êt reportées bout à bout sur a_2a_1 ; mais il est préférable de se servir de la formule donnée au numéro 80, qui permet de le calculer très exactement. On obtiendra de même le développement c_2c_1 de la demi-

ellipse de section droite projetée horizontalement en cg; a_1c_1 sera donc la position de la génératrice ac dans le développement de la douelle. — Ces opérations étant effectuées on construira le développement $b_1o_2a_1$ de la courbe de tête, en se servant de la méthode graphique du numéro 73 ou des formules établies aux numéros 82 et suivants, qui donnent mathématiquement la position dans le développement d'un point quelconque de l'arc de tête. Par les projec-

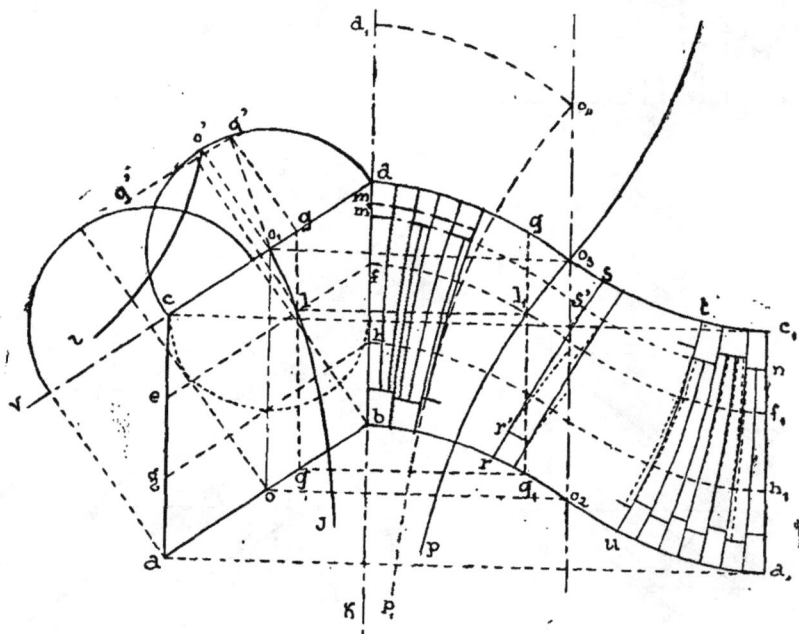

Fig. 206.

tions sur ab des points de division 1,2,3,4... de l'arc de tête en voussoirs, on mènera des parallèles à aa_1 jusqu'à la rencontre du développement $b_1o_2a_1$ qu'elles diviseront en autant de parties égales qu'il y aura de voussoirs ; puis par les points ainsi déterminés on mènera des parallèles à la génératrice des naissances. Pour avoir le développement de l'autre arc de tête il suffira de porter sur les génératrices des longueurs telles que hi égales à bd et de relier par une courbe les points ainsi obtenus. On pourra opérer avec exactitude en cons-

truisant les tangentes aux points d'inflexion o_2 et o_3 (n° 105).

Ceci fait on effectuera le tracé du patron des trajectoires orthogonales (n° 98) au moyen duquel on tracera les courbes par les points de division des développements des arcs de tête, en le faisant glisser le long de b_1d_1. Les deux côtés de la voûte étant identiques il suffira, pour tracer les trajectoires qui coupent la génératrice o_2o_3 du sommet et qui n'ont pu être tracées qu'à gauche de cette génératrice par le patron kd_1o_3p, de retourner bout pour bout ce patron en faisant coïncider $b_1 d_1$ avec $c_1 a_1$ et $d_1 o_3$ avec $a_1 o_2$ et de le faire glisser le long de $a_1 c_1$ prolongée. On tracera aussi avec le patron ainsi retourné les trajectoires qui coupent $o_2 a_1$. Mais comme ces points de division sont déterminés *a priori*, il arrive (*fig.* 206) que la courbe orthogonale partant d'un de ces points tels que r ne se raccorde pas, en général, avec la courbe orthogonale tracée avec le patron retourné et partant du point correspondant s du développement de l'autre arc de tête. — On conserve alors les trajectoires orthogonales sur toute l'étendue des voussoirs de tête et on les raccorde, à partir des points r' et s', par une courbe tangente à chacune d'elles.

En remarquant que les trajectoires qui doivent se raccorder sur $o_2 o_3$ présentent sur cette génératrice un point d'inflexion, on aura un guide pour le tracé de cette courbe. — Il en est de même pour les autres trajectoires qui ne coupent pas la génératrice $o_2 o_3$. — Ainsi, si on considère deux points t et u correspondants, sur les deux arcs de tête, on voit que la trajectoire qui passe par l'un de ces points ne passe pas en général par l'autre. — On conserve alors les trajectoires passant par les points t et u dans toute l'étendue du voussoir et on les raccorde, comme pour les précédentes, par une courbe tangente. Dans la figure 206, les trajectoires exactes sont indiquées en pointillé et les trajectoires modifiées en trait plein. — Dans la figure 207 ces dernières sont seules figurées pour ne pas charger l'épure. On pourrait éviter, à la rigueur, cette modication de la trajectoire théorique en adoptant la disposition indiquée dans la partie gauche de la figure 206. On conserverait la trajectoire, obtenue par le calcul, pour tracer les lignes de joints continus qui alors, n'étant plus la continuation des trajectoires formant les lignes de joints des voussoirs de tête, donneraient des redans très désagréables à l'œil.

Cette solution permettrait cependant de faire l'épure complète en se servant du patron $k d_1 o_4 p_1$ pour le tracé des trajectoires du développement; puis du patron $k d o_4 j$ glissant le long de $k d$ pour le tracé des projections horizontales de ces trajectoires (*fig.* 206) et enfin du patron $v o_4 o' i$ glissant le long de $v d$ pour le tracé des projections verticales. Les courbes $o_4 j$ et $o' i$ étant construites par points. Ainsi le point l_1 situé sur la génératrice $q_1 q_1$ du développement, qui correspond à la génératrice $q q$ de la projection horizontale, sera la position dans le développement du point l de la projection horizontale, obtenue en abaissement $l_1 l$ perpendiculaire à la génératrice $b d$ jusqu'à la rencontre de $q q$; on opérerait de même pour d'autres points. La génératrice projetée horizontalement en $q q$ est projetée verticalement en $q' q'$ suivant une parallèle à $v d$ et le point l se relève verticalement en l' sur $q' q'$ par la perpendiculaire $l l'$ à $v d$. — On construira ainsi par points la projection verticale $o' i$ de la trajectoire.

Cet avantage de construire l'épure complète à l'aide des patrons disparaît quand on modifie la trajectoire orthogonale dans le développement et, dans ce cas, il faut effectuer par points les projections horizontales et verticales de toutes les trajectoires modifiées, en opérant comme on vient de le faire pour le point l de la trajectoire théorique.

Remarquons enfin (*fig.* 207) que les trajectoires vont en se rapprochant depuis chaque angle obtus a ou d jusqu'à l'angle aigu c ou b; donc un voussoir de l'angle aigu correspondra souvent à deux voussoirs de l'angle obtus; c'est du reste ce que montre l'épure.

Pour limiter les voussoirs on tracera des lignes telles que $m n$, obtenues en déplaçant le patron $k d d_1 o_3 c_1$ (*fig.* 206) le long de $k d$ de manière que le point d vienne en m pour les voussoirs longs et un peu avant en m_1 pour les voussoirs courts.

109. *Voûtes en arc de cercle.* — Lorsque dans les voûtes biaises la courbe de tête, au lieu d'être une demi-circonférence ou une demi-ellipse, ne se compose que d'un arc de cercle ou d'ellipse, on opère d'une manière identique, en complétant la demi-circonférence ou la demi-ellipse dont on opère le développement, comme dans les cas précédents; mais on

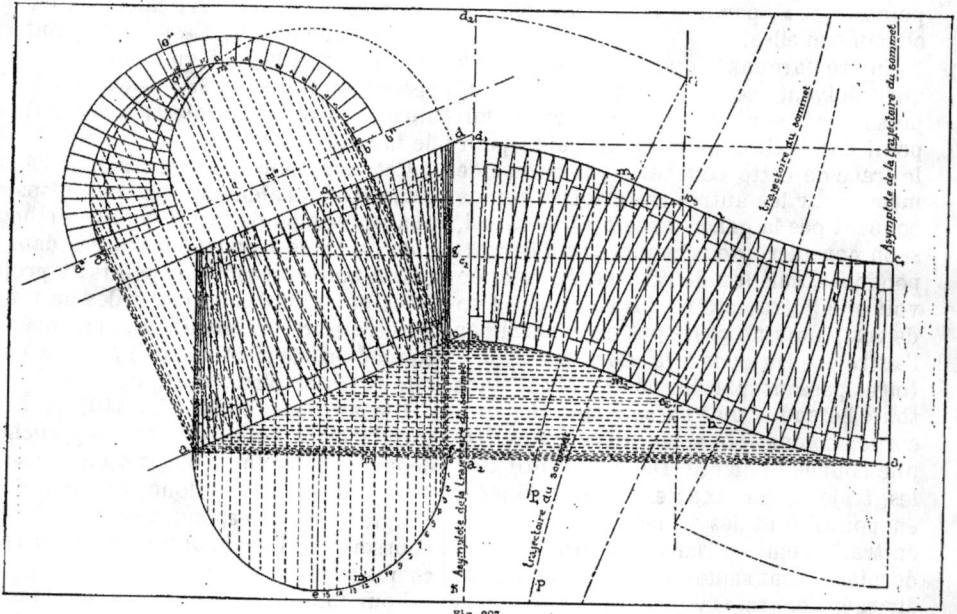

Fig. 207.

a soin de le limiter aux génératrices des naissances de la voûte surbaissée. La figure 208 montre que, le développement de la douelle en plein cintre étant $a_1b_1d_1c_1$, le développement de la douelle de la voûte dont la section de tête est l'arc de cercle $g'm'h'$ est limité par les génératrices des naissances qui dans le développement occupent les positions f_1h_1, e_1g_1 et dont les projections horizontales sont fh et eg.

Au lieu de développer la douelle en entier, comme nous venons de le faire, après avoir complété la demi-conférence ou la demi-ellipse de l'arc de tête, on peut, pour diminuer l'épure, effectuer de suite ce développement autour de la génératrice des naissances de la voûte en arc de cercle, ou en arc d'ellipse; alors dans ce cas f_1h_1 pourra coincider avec fh.

Les développements de l'arc de tête et

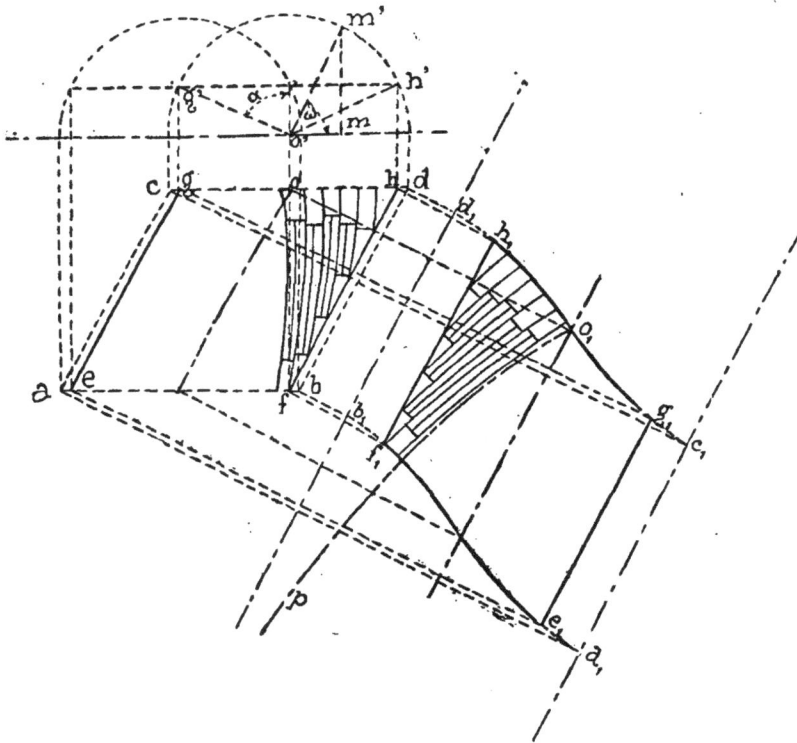

Fig. 208.

de la section droite se feront donc toujours à l'aide des constructions graphiques ou des formules données plus haut. Les patrons des trajectoires se détermineront encore comme pour les cas précédents; mais il faut remarquer que la trajectoire du sommet ayant pour asymptote la génératrice bd coupera la génératrice des naissances f_1h_1, lorsqu'on déplacera le patron. L'intersection se faisant sous un angle aigu on arrête les assises à des

coussinets, qui font partie des sommiers des pieds-droits de la voûte, comme l'indique la figure 208.

Le patron des trajectoires sera taillé suivant $f_1h_1o_1p$ et on le fera glisser le long de f_1h_1, puis le long de c_1a_1, après l'avoir retourné bout pour bout. On pourra ainsi tracer les trajectoires du développement et on les rectifiera, comme dans le cas précédent, lorsque cela sera nécessaire.

Pour terminer ce qui nous reste à dire sur les voûtes en arc de cercle nous allons rappeler les formules qui donnent le rayon de l'arc en fonction de la flèche et de la corde.

r étant le rayon cherché, on aura :

$$r = \frac{a^2 + f^2}{2f}$$

$a =$ demi-corde ;

et $f =$ flèche de l'arc.

Pour déterminer la valeur des ordonnées y d'un point quelconque de l'arc, correspondant à un angle au centre ω, au-dessus de la corde des naissances, on remarque (*fig.* 208) que,

$$y = m'm_1 = m'm - m_1 m$$

or,

$$m'm = r \sin \omega$$
$$m_1 m = r - f$$

donc

$$y = f + r (\sin \omega - 1)$$

les abscisses correspondantes sont évidemment données par la relation :

$$x = r \cos \omega$$

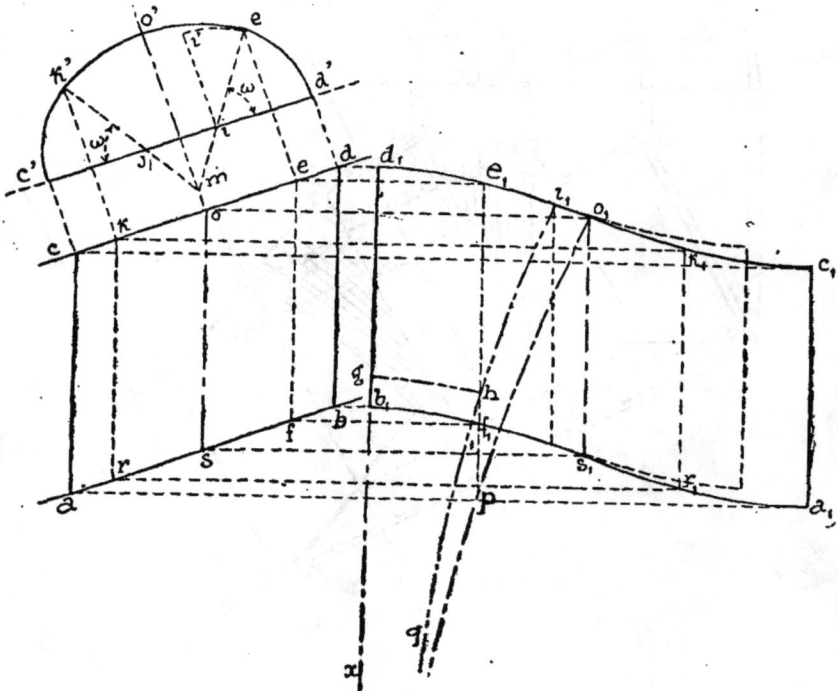

Fig. 209.

110. *Voûtes en anse de panier.* — Soit $d'e'o'c'$ l'arc de tête rabattu sur le plan vertical ; i, m et j étant les centres des trois arcs $d'e'$, $e'k'$, $k'c$ (*fig.* 209). Les développements de ces trois arcs se feront sans aucune difficulté en se servant, comme dans les cas précédents, de la formule $s = \omega r$; l'angle ω étant compté, pour les trois arcs, à partir de $c'd'$. Il faudra avoir soin de donner à r sa valeur suivant qu'il s'agira de développer les petits arcs $d'e'$ et $c'k'$ pour lesquels $r = ie'$ ou bien le grand arc $e'k'$ pour lequel $r = me'$. Le développement de $d'e'$ étant obtenu en $d_1 e_1$, la génératrice ef qui passe par e' sera $e_1 f_1$, parallèle à bd ; de même le développement du grand arc $e'k'$ étant en $e_1 k_1$, la génératrice du point k' sera $k_1 r_1$. Enfin le deuxième petit arc $k'c'$ se développera suivant $k_1 c_1$ et $c_1 a_1$ sera la position, dans le développement, de la génératrice des naissances projetée horizontalement en ca. Les trois développements seront tangents aux points e_1 et k_1. On opèrera de même pour l'autre téte, dont on pourra du reste avoir le développement directement en portant sur les génératrices des longueurs égales à *bd*.

Soit i_1 la position, dans le développement, du sommet i du demi-cercle $d'i'$ dont d' e' fait partie. La trajectoire du sommet de ce demi-cercle s'obtiendra à l'aide des formules précédemment établies. Soit i_1q cette trajectoire; elle ne peut servir qu'entre les génératrices b_1d_1 et e_1f_1 et, comme elle coupe e_1f_1 en h, on pourra construire toutes les portions de trajectoires comprises entre ces génératrices en faisant glisser le patron $xghq$ le long de dx, la courbe gh étant la courbe d_1e_1 transportée parallèlement à elle-même.

Du point e_1 au point o_1 il faudra se servir de la trajectoire du sommet o_1 du grand arc de cercle. Cette trajectoire se construira encore comme pour le cas du plein cintre. On découpera le patron $f_1e_1o_1p$ qui en glissant le long de e_1f_1 permettra de tracer toutes les trajectoires comprises entre les génératrices e_1 f_1 et o_1 s_1, on aura ainsi toutes les trajectoires du développement de la demi-voûte. Nous savons que pour tracer celles de l'autre moitié il suffit de retourner les patrons bout pour bout et de les faire glisser, le premier le long de ec_1a_1, et le deuxième le long de r_1k_1.

Remarquons qu'on peut n'avoir pour toute la voûte qu'un seul patron des trajectoires. En effet faisons glisser le patron $xghq$ le long de dx jusqu'à ce que le point h vienne en p, intersection de la trajectoire du sommet du grand arc avec la génératrice e_1f_1 prolongée; nous voyons qu'on pourra découper un patron qui glissera le long de dx et qui sera taillé suivant xd_1o_1p et à partir du point p suivant hq.

Il est facile de montrer que les deux trajectoires ainsi amenées bout à bout sont tangentes en p. En effet, la valeur de l'angle γ (nos 105 et 107) est simplement fonction de β et de ω, et, comme β est constant pour un même pont, il en résulte que cet angle γ ne varie qu'avec ω. Or, cet angle ne change pas pour tous les points de la génératrice e_1 f_1 considérée comme appartenant à la partie d' e' ou à la

partie e' k' puisque pour l'une comme pour l'autre cette génératrice correspond au même angle ω. Donc au point e_1 les deux développements d_1e_1 et e_1k_1 auront même tangente et il en sera de même le long de e_1 f_1 pour les développements de toutes les sections parallèles aux têtes; par suite sur toute cette génératrice les trajectoires o_1 p et hq auront une même tangente.

111. *Mode de formation des joints transversaux et longitudinaux.* — Nous avons vu précédemment que dans l'appareil orthogonal les joints transversaux étaient formés par des plans parallèles au plan des têtes, tandis que les joints longitudinaux ou joints d'assises étaient formés par des cylindres perpendiculaires au plan des têtes, ayant pour directrice la

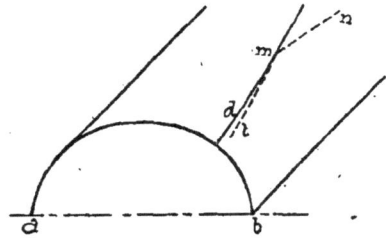

Fig. 210.

trajectoire orthogonale dont nous avons donné l'équation.

On a fait subir à cet appareil une transformation. Considérons (*fig.* 210) la perspective de l'intrados de la voûte et soit d la trajectoire orthogonale, directrice des joints d'assises, qui au lieu d'être cylindriques sont formés par une droite mobile qui se meut en s'appuyant sur d et restant constamment normale à l'intrados. La surface du joint ainsi engendrée est *gauche*. Il est facile de montrer que cette substitution est sans grande importance. En effet prenons un point quelconque m sur la trajectoire orthogonale d ; soit mn la génératrice de la surface gauche passant par ce point et mt la tangente en m à la trajectoire orthogonale. Le plan tangent en m au joint gauche contiendra la normale mn à l'intrados et la tangente mt à la directrice. Or, nous avons vu (n° 88) que ces deux droites doivent être dans le plan tangent en m au joint cylindrique ; donc les deux surfaces de joint ont même plan tangent le long de la trajectoire orthogonale d; elles se raccordent donc le long de cette courbe. Mais il est facile de voir que ceci n'existe pas aux autres points de la normale mn. Par suite le joint gauche ne remplit pas d'une manière absolue toutes les conditions imposées ; mais, étant donnée la faible épaisseur de la voûte, on peut dire qu'il les remplit avec une approximation suffisante pour la pratique ; c'est le système de M. Buch.

Les surfaces de joints ainsi engendrées coupent les plans des têtes suivant des courbes qu'on peut déterminer sans difficulté comme nous le verrons un peu plus loin dans l'appareil héliçoïdal.

Mais, comme ces courbes diffèrent peu des normales au cercle de têtes et que, d'autre part, à cause de la faible longueur des voussoirs, la surface de joint diffère peu du plan formé par ces normales et les cordes de la trajectoire orthogonale correspondant à la longueur des voussoirs, il en résulte qu'on peut prendre ce plan comme surface de joint. Cette modification peut se faire sans inconvénients, car dans les petits ponts les pressions ne sont pas assez grandes pour amener des déformations sensibles et, dans les grands ponts le gauche des voussoirs n'est pas

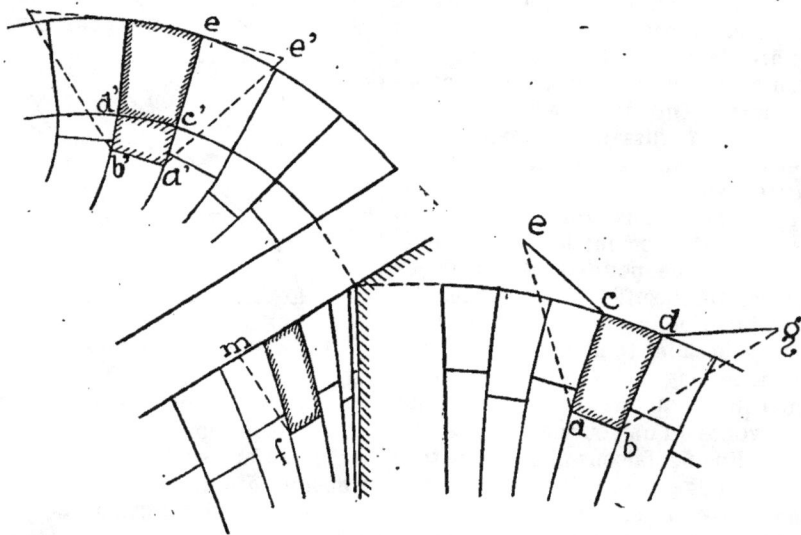

Fig. 211.

très appréciable. Du reste si la surface de joint n'est pas absolument normale à l'intrados, l'imperfection disparaît en donnant à la couche de mortier des joints une épaisseur d'au moins un centimètre. Si on veut employer pour joints d'assises la surface gauche définie plus haut, on pourra, comme première approximation, prendre pour surface de joint le plan déterminé par la normale à l'arc de tête et par la corde de la trajectoire sur l'étendue du voussoir en opérant du côté de la concavité. Puis après avoir taillé la douelle

et la tête on construira avec plus d'exactitude la surface gauche à l'aide d'une équerre à trois branches comme on va le montrer.

112. *Taille des voussoirs. Méthode de M. Lefort.* — Considérons un voussoir quelconque $abcd$ (fig. 211). Nous voulons déterminer le plan de joint ace, c'est-à-dire l'angle que font entre elles les lignes ac et ce. A cet effet, considérons le triangle ace et remarquons que l'épure donne les vraies grandeurs des lignes ac et ce sur le développement et sur le plan de tête, tandis que la ligne *ae* qui joint les angles opposés *a* et *e* du voussoir est l'hypoténuse d'un triangle rectangle ayant pour côtés de l'angle droit d'une part sa projection *a'e* sur le plan de tête et d'autre part la perpendiculaire abaissée du point *a* sur ce plan même. Cette dernière ligne se projette donc en vraie grandeur en *fm* sur le plan horizontal. Si donc au point *e* nous élevons *ee'* perpendiculaire à *a'e* et si nous prenons *ee' = bm* nous aurons, en joignant *ae'* la vraie grandeur du troisième côté du triangle *ace*.

Il est alors facile maintenant d'obtenir l'angle cherché. Reportons-nous au voussoir *abcd* dans le développement de la douelle. *ac* est la vraie grandeur d'un des côtés du triangle. Du point *a* avec *a'e'* pour rayon décrivons un arc de cercle; puis du point *c* avec un rayon égal à *bm* décrivons un autre arc de cercle qui coupe le premier en un point *e* qui est le troisième sommet du triangle à construire ; l'angle *ace* ainsi obtenu sera l'angle de la ligne de tête avec la ligne d'intrados.

Pour tailler la surface gauche, on préparera d'abord la douelle et la tête et on se servira, comme l'indique M. Lefort,

d'une équerre à trois branches en forme de trièdre. Le premier côté de cette équerre sera en ligne droite et indiquera la direction des génératrices du cylindre d'intrados. Le deuxième côté sera formé d'une portion de l'arc du cercle de tête et fera avec le premier un angle égal au biais du pont. Enfin le troisième côté de l'équerre sera perpendiculaire aux deux autres ; il représentera la génératrice de la surface gauche qu'il engendrera lorsque le premier côté se déplacera parallèlement aux génératrices du cylindre et le deuxième parallèlement au plan de tête ; le sommet de l'angle étant assujetti à parcourir la trajectoire orthogonale. Si le joint est simplement formé d'une surface plane déterminée par les lignes *ac* et *ce*, la taille ne présentera aucune difficulté.

Quant aux moellons qui servent à appareiller la voûte entre les voussoirs des têtes on se contentera de les tailler suivant des parallélipipèdes rectangles en ayant soin de faire varier leur longeur en douelle d'après l'écartement des trajectoires obtenu, sur le dévelloppement de l'intrados.

§ XI. — APPAREIL HÉLIÇOIDAL

113. Si on considère l'épure de l'appareil orthogonal parallèle on voit que, dans le développement de la douelle, les voussoirs n'ont pas une largeur constante dans une même assise. Cette largeur varie même d'une extrémité à l'autre de chaque voussoir. Il en résulte une grande complication dans la taille des moellons; aussi les Anglais, qui emploient beaucoup la brique dans leurs constructions, ont-ils cherché à remplacer l'appareil orthogonal parallèle par un autre, permettant l'emploi de matériaux d'épaisseur constante.

L'appareil qui remplit cette condition a reçu le nom d'*appareil héliçoïdal*.

Considérons (*fig.* 212) le parallélogramme à recouvrir *abcd*, *ab* et *cd* étant les plans de tête et $d_1 b_1 c_1 a_1$ le dévelop-

pement de la douelle. Joignons $d_1 c_1$ et $b_1 a_1$ puis du point c_1 abaissons $c_1 m$ perpendiculaire sur $b_1 a_1$, nous aurons une ligne dont la direction sera celle des lignes d'assises qui, reportées sur le cylindre de la voûte, donneront lieu à des hélices de même pas. Cette ligne fera avec la génératrice $c_1 a_1$ un angle que nous désignerons par *m* et auquel on a donné le nom d'*angle intradossal naturel*.

Pour limiter les voussoirs en longueur on peut tracer, sur le développement, des lignes droites perpendiculaires aux lignes d'assises dont nous venons de parler ; mais ces droites, reportées sur le cylindre de la voûte, y deviennent des arcs d'hélice; aussi en général on préfère se servir de portions d'arcs parallèles aux têtes qui, sur la voûte, seront des arcs de cercle ou d'ellipse suivant la forme de la courbe de tête.

114. Ceci posé, rappelons la définition de l'hélice et les quelques formules qui permettront de vérifier les résultats des épures.

A cet effet, considérons (*fig.* 213) un cylindre de révolution à axe vertical. Prenons un point m sur la base de ce cylindre et soit mn une hélice, tracée sur la surface cylindrique. La position d'un point quelconque n du cylindre sera définie par deux coordonnées s et y; s étant la longueur de l'arc de la base du cylindre entre le point m et l'intersection p de la génératrice np avec cette base et y étant la longueur np.

Or, l'hélice étant une courbe, tracée sur la surface cylindrique, telle que son ordonnée est proportionnelle à son abscisse, son équation est

$$y = \mathrm{K}\, s \qquad (1)$$

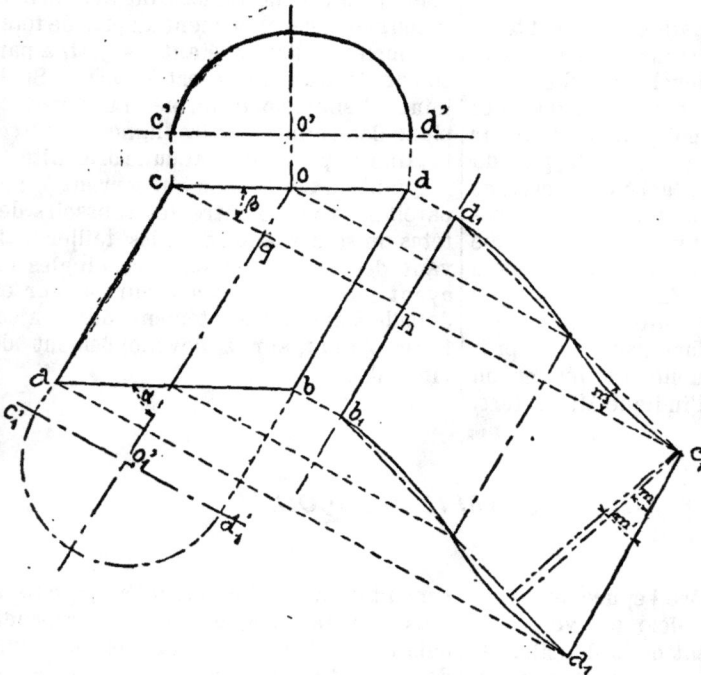

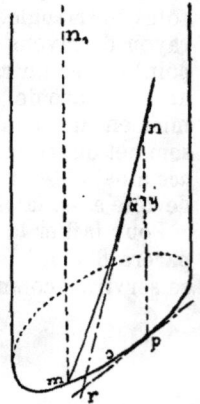

Fig. 213.

Fig. 212.

Menons la tangente nr à cette hélice et désignons par α l'angle de cette tangente avec la génératrice np. Cette tangente est dans le plan tangent en n au cylindre qui coupe le plan de base suivant la droite pr et comme on démontre que $pr = s$ il en résulte que le triangle rectangle npr donne

$$\tan \alpha = \frac{pr}{np} = \frac{s}{y} = \frac{s}{ks} = \frac{1}{k} \qquad (2)$$

on peut donc dire que *l'hélice est une courbe coupant toutes les génératrices, du cylindre sous un angle constant.*

Supposons maintenant que l'on fasse un tour complet, s aura pour valeur $2\pi r$ et la courbe sera revenue couper la génératrice du point m en n_1; mn_1 est le pas de l'hélice.

soit
$$h = mn_1$$

l'équation (1) donnera :
$$h = k \times 2\pi r \qquad (3)$$

d'où,
$$k = \frac{h}{2\pi r} \qquad (4)$$

et l'équation de l'hélice devient :
$$y = \frac{h}{2\pi r} \times s. \qquad (5)$$

En combinant les équations (2) et (4) on obtient la formule :

$$\tan g \, \alpha = \frac{2\pi r}{h} \qquad (6)$$

qu'on préfère à la précédente.

115. CALCUL DE L'ANGLE INTRADOSSAL NATUREL. — 1° *Section droite circulaire.* — Cet angle que nous avons désigné par m se reproduit en $h \, c_1 d_1$ (*fig.* 213), on aura donc :

$$\tan g \, m = \frac{d_1 h}{h \, c_1}.$$

Si le pont est en plein cintre avec section droite circulaire, on aura :

$$d_1 h = 2r \tan g \, \beta$$
$$h_1 c = \pi r$$

donc

$$\tan g \, m = \frac{2r \tan g \, \beta}{\pi r}$$

ou

$$\tan g \, m = \frac{2 \tan g \, \beta}{\pi}. \qquad (1)$$

Pour avoir le pas de l'hélice on remplacera $\tan g \, m$ par sa valeur dans l'expression $h = \dfrac{2\pi r}{\tan g \, m}$ on aura alors,

$$h = \frac{\pi^2 r}{\tan g \, \beta}.$$

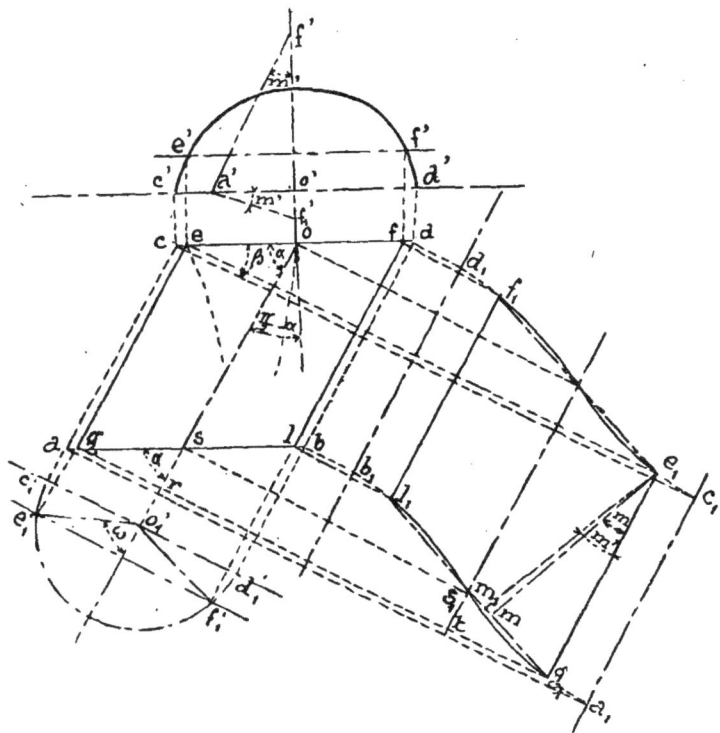

Fig. 214.

Si le pont est surbaissé et si ω est le demi-angle au centre de l'arc circulaire utilisé de la section droite, on voit (*fig.* 214) que l'angle m se reproduit en $tg_1 s_1$ et que

$$\tan g \, m = \frac{s_1 t}{tg_1}$$

or, $\qquad s_1 t = s \, r = gr \, \text{cotang} \, \alpha$

et comme

$$gr = r \sin \omega$$

il en résulte

$$s_1 t = r \sin \omega \, \text{cotang} \, \alpha$$

de plus, tg_1 est la moitié du développement de l'arc de section droite correspondant à l'angle 2ω ; donc :

$$tg_1 = \omega \, r$$

et, en remplaçant $s_1 t$ et tg_1 par leurs valeurs, on obtient :

$$\tan m = \frac{\sin \omega}{\omega} \cotang \alpha.$$

116. *2° Section droite elliptique.* — Enfin, si la section de tête est circulaire, et par suite la section droite elliptique,

en désignant par a et b les demi-axes de l'ellipse, on aura :

$$a = r \; ; \; b = r \cos \beta$$

et, en se reportant à l'expression du développement d'une demi-ellipse (n° 79) on aura :

$$\tan m = \frac{2\pi r \left[1 - \left(\frac{1}{2} e\right)^2 - \frac{1}{3}\left(\frac{1 \times 3}{2 \times 4} e^2\right)^2 - \frac{1}{5}\left(\frac{1 \times 3 \times 5}{2 \times 4 \times 6} e^3\right)^2 \ldots \right]}{h}$$

expression dans laquelle

$$e = \sqrt{\frac{a^2 - b^2}{a^2}} = \sin \beta = \cos \alpha.$$

De l'équation donnant $\tan m$, on peut déduire la valeur du pas de l'hélice,

$$h = \frac{2\pi r}{\tan m}\left[1 - \left(\frac{1}{2} e\right)^2 - \frac{1}{3}\left(\frac{1 \times 3}{2 \times 4} e^2\right)^2 - \frac{1}{5}\left(\frac{1 \times 3 \times 5}{2 \times 4 \times 6} e^3\right)^2 \ldots \right]$$

Si on veut évaluer $\tan m$ et h en fonction de l'angle du biais, on remarque que (*fig.* 212)

$$\tan m = \frac{d_1 h}{h c_1} = \frac{2a \cos \alpha}{\pi a \left[1 - \left(\frac{1}{2}\cos \alpha\right)^2 - \frac{1}{3}\left(\frac{1 \times 2}{2 \times 4}\cos^2 \alpha - \ldots\right)\right]}$$

c'est-à-dire,

$$\tan m = \frac{2 \cos \alpha}{\pi \left[1 - \left(\frac{1}{2}\cos \alpha\right)^2 - \frac{1}{3}\left(\frac{1 \times 2}{2 \times 4}\cos^2 \alpha\right) - \frac{1}{5}\left(\frac{1 \times 3 \times 5}{2 \times 4 \times 5}\cos^3 \alpha\right)^2 - \ldots\right]}$$

et $\quad h = \dfrac{\pi^2 r}{\cos \alpha}\left[1 - \left(\dfrac{1}{2}\cos \alpha\right)^2 - \dfrac{1}{3}\left(\dfrac{1 \times 2}{2 \times 4}\cos^2 \alpha\right) - \dfrac{1}{5}\left(\dfrac{1 \times 3 \times 5}{2 \times 4 \times 6}\cos^3 \alpha\right)^2 - \ldots\right]$

117. Nous avons dit, plus haut, que la direction des lignes d'assises s'obtenait (*fig.* 212) en abaissant du point c_1 une perpendiculaire sur la corde $b_1 d_1$; mais cette direction ne peut, en général, être conservée car pour déterminer les voussoirs des têtes il faut diviser les cordes $b_1 a_1$, $d_1 c_1$ en un même nombre impair de parties égales et il arrive, le plus ordinairement, que les perpendiculaires, ayant pour points de départ les divisions de l'une des cordes, ne passent pas par les points de division de l'autre.

On rectifie en joignant le point c_1 au point de division de la corde $b_1 a_1$ le plus rapproché du pied de la perpendiculaire. — La droite ainsi obtenue formera, avec les génératrices du cylindre, un angle m' que nous nommerons *angle intradossal rectifié.* — On mènera alors, sur le développement, par les points de division de l'une des cordes, des parallèles

à cette dernière direction et on aura, avec une approximation suffisante, les trajectoires servant de directrices aux joints. Puis on enroulera ces différentes lignes sur l'intrados où elles formeront des hélices.

Les joints d'assises seront engendrés par une droite mobile qui s'appuiera sur ces hélices, en restant normale au cylindre d'intrados. Les surfaces des joints seront donc des surfaces de vis à filets carrés.

L'appareil hélicoïdal étant maintenant parfaitement défini, nous allons établir quelques propriétés géométriques, qui trouveront leur application dans les épures qui vont suivre.

118. THÉORÈME. — *Dans le mouvement hélicoïdal infiniment petit d'un plan, il y a un point du plan et un seul dont la trajectoire est normale au plan.* — Considérons (*fig.* 215) un plan PP' que nous supposons perpendiculaire au plan vertical (ceci n'introduit aucune restriction) et un axe y' perpendiculaire au plan horizontal. Par l'intersection, oo', du plan et de l'axe menons une perpendiculaire ox, $o'x'$ au plan et désignons par μ l'angle du plan PP' avec le plan horizontal. C'est l'angle de la partie ascendante de la perpendiculaire au plan et de la partie ascendante de l'axe.

Un point quelconque a, a' du plan décrit une hélice de pas h et dont l'axe est y'. La tangente en aa', à cette hélice, se projette suivant la tangente at au cercle, projection horizontale de l'hélice. Pour que le point a se déplace normalement au plan, il faut que la direction de at soit

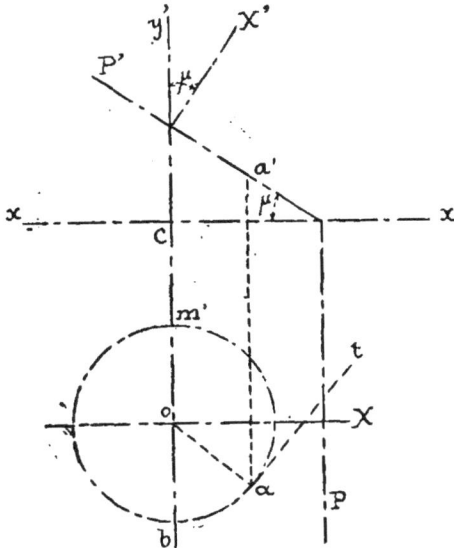

Fig. 215.

perpendiculaire à la trace horizontale du plan et, par suite, que oa soit perpendiculaire à la ligne de terre xx.

Il est évident, du reste, que le point a ne peut pas se trouver sur oc, car la tangente à l'hélice ne serait pas parallèle à $o'x'$ en projection verticale ; elle serait en sens inverse ; ce qui n'a pas lieu sur ob.

Considérons donc le point b ; la tangente à son hélice sera parallèle au plan vertical ; son angle avec l'axe y' se projettera donc en vraie grandeur sur ce plan. Or, l'angle d'une tangente à l'hélice avec les génératrices du cylindre de révolution est donné par l'expression

$$\tan m = \frac{h}{2\pi r}.$$

il faut choisir b de façon que $m = \mu$, on devra donc avoir :

$$\tan \mu = \frac{h}{2\pi} \times ob$$

d'où

$$ob = \frac{h}{2\pi} \tan \mu$$

C'est toujours possible ; par suite, il y a un point du plan et un seul répondant à la question.

On peut donc dire que parmi toutes les hélices décrites par les points du plan, il y en a toujours une qui est normale au plan. Le point particulier qui engendre cette hélice a reçu le nom de *foyer du plan*.

119. 2° *Dans le mouvement hélicoïdal infiniment petit d'un plan, à un instant donné, les traces des plans normaux aux trajectoires de ses différents points, sur la position correspondante du plan mobile, passent par le foyer du plan.* — Considé-

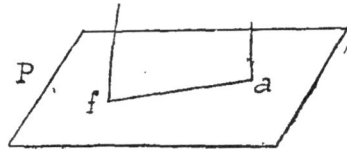

Fig. 216.

rons un point quelconque a (*fig.* 216) du plan P dont le foyer est f et joignons af. Dans le mouvement hélicoïdal du plan, le point a décrit une trajectoire quelconque, oblique au plan P. Le foyer f, au contraire, décrit une trajectoire normale à ce même plan, et par suite à af ; donc tous les points de af se meuvent normalement à cette droite. Il en résulte que la trajectoire du point a est normale à af et comme le plan normal à cette trajectoire en a contient toutes les normales, il passe par f.

120. FOYERS SECONDAIRES DU PONT BIAIS. — *Les normales aux projections des hélices longitudinales sur le plan de* *l'une des ellipses de tête, au point où elles rencontrent ces ellipses, concourent en un même point qui est le foyer secondaire du pont biais.* — Considérons (*fig.* 217) une des ellipses de tête et des hélices longitudinales tracées sur l'intrados de la voûte figurée en perspective. Ces hélices h_1, h_2, h_3. sont les directrices des joints d'assises ; elles rencontrent l'ellipse de tête aux points a_1, a_2, a_3, et, projetées sur le plan de l'ellipse de tête, elles donnent les courbes h'_1, h'_2, h'_3. Il faut démontrer que les normales menées à ces dernières courbes, à leur point d'intersection avec l'ellipse de tête, passent toutes par un même point f.

A cet effet, remarquons que les hélices directrices des joints d'assises, proviennent de l'enroulement, sur le cylindre d'intra-

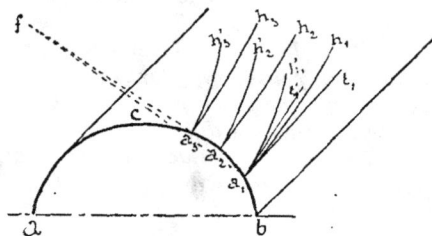

Fig. 217.

dos, d'une série de droites parallèles entre elles ; elles ont donc *même pas et même sens*. On peut donc déplacer le plan de l'ellipse de tête d'un mouvement héliçoïdal de façon que les points a_1, a_2, a_3 parcourent les hélices d'assises et lui appliquer le théorème démontré au numéro 118.

Menons un plan normal à h_1 en a_1 ; son intersection a_1f avec le plan de tête, sera la trace du plan normal sur la position correspondante du plan mobile ; elle passe donc par le foyer f du plan. Menons, en outre, la tangente t_1, en a_1, à l'hélice h_1 ; elle se projette, sur le plan de l'ellipse de tête, suivant une perpendiculaire t'_1 à la trace a_1f du plan normal ; donc la droite a_1f est normale à la courbe h'_1 projection, sur le plan de tête, de l'hélice longinale h_1 et, comme on vient de montrer qu'elle passe par le foyer, le théorème est démontré. On pourrait faire le même raisonnement aux autres points a_2, a_3...

Il faut maintenant déterminer la position de ce foyer f. Reprenons donc (*fig.* 213) le parallélogramme à recouvrir. La projection horizontale de l'hélice passant par le point e est à droite de la génératrice eg ; l'hélice décrite par le foyer cherché f est placée de même par rapport à la génératrice du cylindre d'intrados projetée en os.

Or, d'après la formule générale de l'hélice, on aura :

$$\tan \frac{\pi}{2} - \alpha = \frac{2\pi \times o'f}{H}. \qquad (1)$$

Le rayon du cylindre est ici $o'f$; c'est l'inconnue ; sa valeur sera :

$$o'f = \frac{H}{2\pi} \cotang \alpha \qquad (2)$$

$$\frac{H}{2\pi} = h = \text{pas réduit} \qquad (3)$$

donc $\qquad o'f = h \cotang \alpha \qquad (4)$

C'est une première expression de la quantité cherchée. Pour en avoir une deuxième, nous considérerons l'une quelconque des hélices longitudinales ; elles font avec des génératrices du cylindre un angle que nous avons désigné par m',

donc, $\qquad \tan m' = \frac{2\pi r}{H} \qquad (5)$

r étant le rayon de l'intrados ;

et $\qquad \frac{H}{2\pi} = h = r \cotang m' \qquad (6)$

En remplaçant h par sa valeur dans l'équation (4), on aura :

$$o'f = r \cotang m' \times \cotang \alpha.$$

121. *Construction du foyer secondaire.* — Soit (*fig.* 214) a' la projection verticale de l'un des foyers de l'ellipse de tête. Par ce point menons une droite $a'f'_1$ faisant l'angle m' avec le grand axe de l'ellipse et élevons $a'f'$ perpendiculaire sur $a'f'_1$; cette droite rencontre le petit axe de l'ellipse au point f' qui est le foyer cherché. En effet, le grand axe de l'ellipse étant

$$a = \frac{r}{\sin \alpha}$$

et le petit axe

$$b = r$$

on en déduit, pour la demi-distance focale,

$$c = o'a' = \sqrt{a^2 - b^2}$$

c'est-à-dire,

$$c = \sqrt{\frac{r^2}{\sin^2 \alpha} - r^2} = r\sqrt{\frac{1 - \sin^2 \alpha}{\sin^2 \alpha}}$$

$$c = r\sqrt{\frac{\cos^2 \alpha}{\sin^2 \alpha}} = r \cot \alpha$$

or, le triangle $a'o'f'$ donne :

$$o'f' = a'o' \cot m'$$

d'où $\quad o'f' = r \cot \alpha \cot m'$

Le point f', déterminé par la constrution précédente, est donc le foyer secondaire cherché.

122. FOYER PRINCIPAL DU PONT BIAIS. — *Les tangentes aux joints de tête, menées à leurs points d'intersection avec l'une des ellipses de tête, passent par un point fixe, auquel on a donné le nom de foyer principal du pont biais.* — Nous savons, en effet, que les joints d'assises viennent

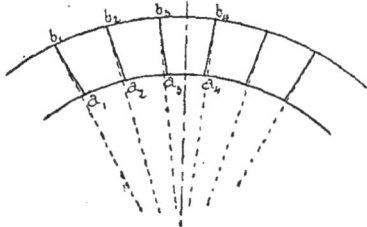

Fig. 218.

couper le plan des têtes suivant des lignes courbes dont les parties comprises entre les deux ellipses de tête constituent ce qu'on appelle les joints de tête. Or, la proposition que nous allons démontrer, due à M. de la Gournerie, est très importante, puisqu'elle sert de base à l'appareil simplifié qui est très employé.

Considérons la perspective de l'intrados de la voûte (*fig.* 219), et une hélice de joint h partant du point m de l'ellipse de tête. Menons au point m la tangente mt à l'hélice et la génératrice g du cylindre d'intrados ; ces deux droites forment entre elles l'angle intradossal rectifié m'. Traçons maintenant une hélice h_1, coupant la première à angle droit au point m ; sa tangente mt_1 sera perpendiculaire à mt.

La surface de joint est engendrée par la normale mn, se déplaçant sur l'hélice h ; cette surface coupe le plan de tête suivant une ligne courbe dont la tangente en m sera la rencontre du plan de tête et du plan tangent à la surface de vis à filets carrés constituant les joints d'assises. Or, le plan tangent au joint contient évidemment la normale mn et la tangente mt à la directrice h. Or, mt_1 est perpendiculaire à mt, et la normale mn est aussi perpendiculaire à mt_1 ; donc cette dernière droite est perpendiculaire au plan déterminé par mn et mt. Il en résulte que ce plan est le plan normal à l'hélice h_1 et que sa trace sur le plan de tête doit passer par un point fixe.

Pour le déterminer, remarquons que la droite mt_1 fait, avec les génératrices, du cylindre un angle égal à $-\left(\frac{\pi}{2} - m'\right)$ (nous

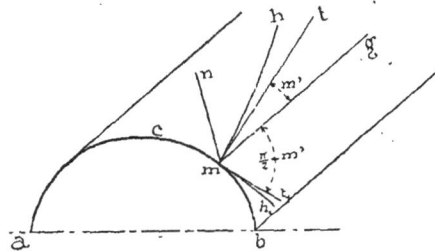

Fig. 219.

mettons le signe moins devant cette expression, parce que l'angle est compté de l'autre côté de la génératrice g) et que, par suite, il suffit de remplacer m' par $-\left(\frac{\pi}{2} - m'\right)$ dans l'expression précédemment trouvée. Cela résulte de ce que, pour obtenir ce deuxième foyer, il faut substituer les hélices telles que h_1 aux hélices telles que h considérées au n° 120.

On obtient ainsi :

$$o'f'_1 = r \cot \alpha \cot -\left(\frac{\pi}{2} - m'\right)$$

c'est-à-dire,

$$o'f'_1 = -r \cot \alpha \tan m'$$

or, le triangle rectangle $o'a'f'_1$ (*fig.* 214), donne :

$$o'f'_1 = o'a' \tan m'$$

et comme on a trouvé (121) :

$$o'a' = r \cotang \alpha$$

il en résulte,

$$o'f'_1 = r \cotang \alpha \tang m'$$

d'où une construction très simple pour déterminer le foyer principal. Il suffit de mener par le foyer de l'ellipse de tête, une droite faisant l'angle intradossal rectifié m' avec le grand axe de l'ellipse.

123. Appareil hélicoïdal simplifié. — Soit $eghf$ le parallélogramme à recouvrir ; après avoir effectué le développement de la douelle (*fig.* 220), on mène les cordes h_1g_1 et f_1e_1, qu'on divise en un nombre impair de parties égales ; puis on rectifie l'angle intradossal naturel en joignant le point g_1 au point de division n_1 le plus rapproché du pied l de la perpendiculaire abaissée de g_1 sur $f_1 e_1$. Ceci fait, on mène par les points de division de $h_1 g_1$, des parallèles à la directrice g_1n_1 ; on obtient ainsi les lignes de joints dans le développement de l'intrados.

Ces lignes de joints coupent la génératrice des naissances sous un angle aigu, aussi on arrête les assises, comme nous l'avons déjà dit pour l'appareil orthogonal, à des coussinets formant crémaillère. Ces coussinets font partie des sommiers des pieds-droits de la voûte.

Le développement étant effectué, on peut passer au tracé des projections, horizontale et verticale, de l'appareil.

Ce tracé peut se faire par points. Considérons, en effet, un point quelconque m_1 du développement ; il appartient à la génératrice n° 10. Sa projection horizontale sera à l'intersection de la projection horizontale de cette génératrice et de la perpendiculaire m_1m abaissée de m_1 sur la direction db. Sa projection verticale s'obtiendra en portant $\alpha'm' = \alpha'_1 10$ sur la perpendiculaire mm' à lt.

Mais, il est facile de voir qu'ayant tracé les projections horizontale et verticale de l'hélice du sommet r toutes les autres peuvent se tracer à l'aide de patrons. Car pour tracer sur un cylindre des hélices de même pas, il suffit de porter sur les génératrices du cylindre, à partir de leurs points d'intersection avec l'une de ces hélices, une longueur constante.

Donc, les lignes du développement peuvent se tracer à l'aide du patron $jh_1r_1r_2$, glissant le long de jh_1, et les projections horizontales de ces lignes à l'aide du patron $ihrr_3$, glissant le long de ih. Les projections verticales se traceront de même avec le patron $o'd'kk'$; kk' étant la projection verticale de l'hélice du sommet. kk' et rr_3 se détermineront par points.

124. *Voussoir de tête.* — Soit (*fig.* 221) P le plan de tête et P_1 le plan, parallèle à celui-ci, qui limite le voussoir en longueur. Leur intersection avec le plan des naissances donne le parallélogramme $abcd$. Prenons une ligne de terre lt parallèle à ab et projetons sur le plan vertical les ellipses d'intrados et d'extrados, déterminées par les intersections des plans P et P_1 avec le cylindre de la voûte. Les ellipses d'intrados partiront des points b' et d' ; elles pourront se tracer avec un même gabarit. On découpera en outre un patron des ellipses d'extrados qui passeront par a' et b'. Dans notre figure, la voûte étant surbaissée on n'a que des portions d'ellipses.

Cette projection verticale terminée, on prend sur le plan d'ensemble les sommets 1, 2, 3, 4 du voussoir à déterminer et on les reporte sur l'épure de détail. Le sommet 1 se relève en 1' et on prend, pour ligne de joint sur le plan de tête, la ligne qui joint le point 1' au foyer principal f_1, que nous savons déterminer ; on substitue ainsi la tangente à la courbe. Le point 3 se relève en 3' et on prend pour surface de joint le plan déterminé par 1' 1" et le point 3, 3'. Les intersections de cette surface de joint par les plans P et P_1 sont parallèles ; on mène donc 3'3" parallèle à 1'1". Pour achever la projection du joint il faut déterminer son intersection avec l'intrados et l'extrados. Ces lignes sont des ellipses, qui se substituent aux hélices primitives. Construisons un point quelconque de chacune de ces ellipses. A cet effet, coupons par un plan P_2 parallèle au plan de tête ; il détermine sur l'intrados et sur l'extrados des ellipses qui peuvent se tracer avec les patrons précédents. Leurs points de départ sur lt sont les points e' et f'. Or la ligne (1, 3 ; 1', 3') est tracée sur la surface du joint ; elle rencontre

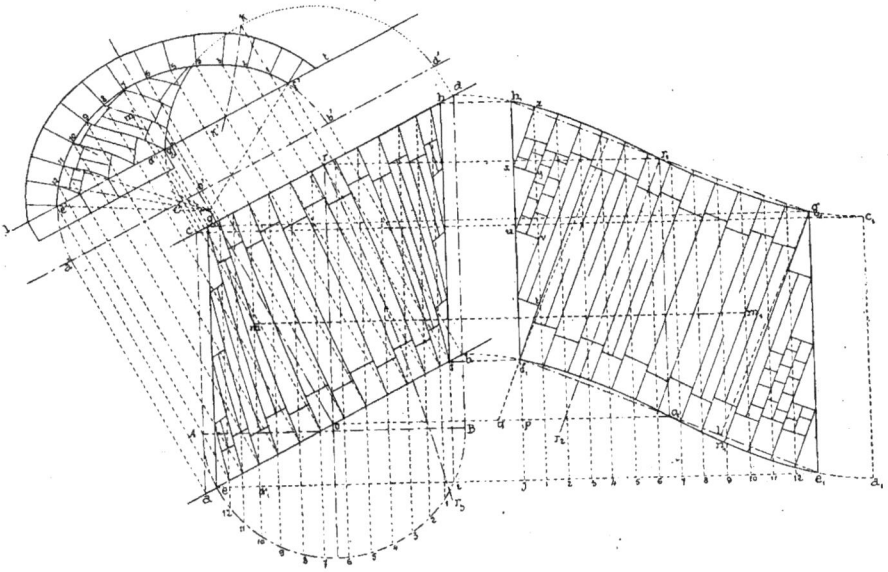

Fig. 220.

le plan P_2 en un point projeté horizontalement en p et qui se relève verticalement en p' sur l'ellipse partant de f'.

Le point p, p' est donc un point de l'intersection cherchée.

Enfin le plan P_2 étant parallèle aux plans P et P_1 coupe la surface de joint suivant une parallèle à $1',1''$; donc en menant $p'p''$ parallèle à cette dernière ligne son intersection avec l'ellipse partant de e' donnera le point correspondant de l'ellipse d'extrados.

En réalité ces ellipses sont très allongées et on peut le plus souvent, sans

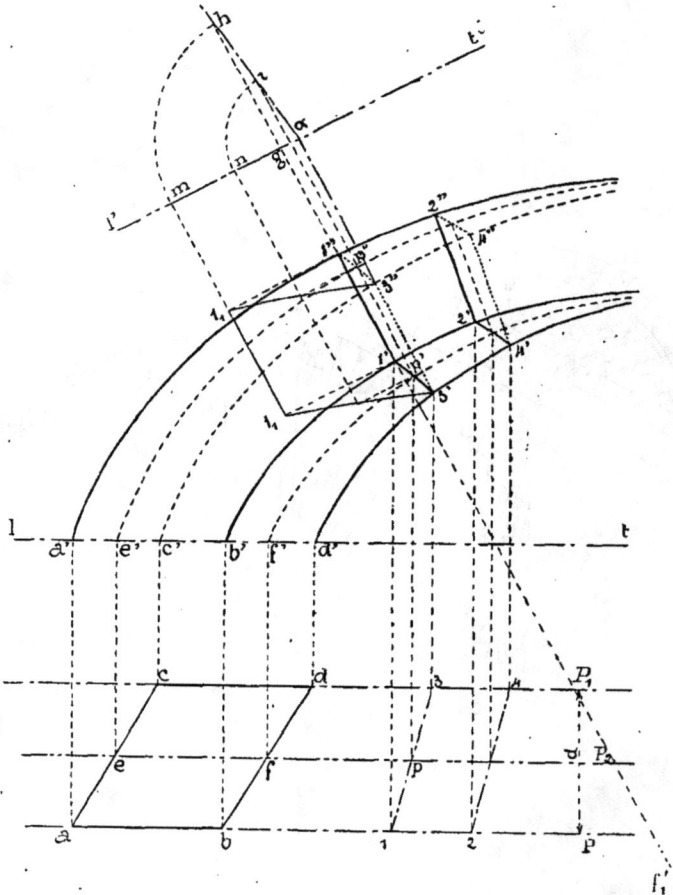

Fig. 221.

erreur sensible, joindre $1'3'$ et $1''3''$ par une ligne droite; on procède de même pour le deuxième plan de joint.

125. *Angle du plan de lit avec le plan de tête.* — Prenons une ligne de terre $l't'$ perpendiculaire à $3'3''$. Cette droite se projette verticalement en α, et $1',1''$ se projette en un point h, tel que $gh = d$; d étant la distance qui sépare les deux plans P et P_1, qui limitent la longueur du voussoir. Donc αh est la trace du plan de joint sur le nouveau plan vertical et l'angle de cette droite avec $l't'$ est l'angle cherché.

126. *Vraie grandeur des panneaux de joints.* — Pour avoir cette vraie grandeur, il suffit de rabattre le plan de joint, dont les traces sont ha et $\alpha 3'$, sur le plan de tête. Les points $3'$ et $3''$ ne bougent pas. Le point $1'h$ décrit, dans le plan vertical, l'arc hm dont le centre est α; la projection horizontale de cet arc est $1'\,1_1$, parallèle à $l't'$. Donc le point $1'h$ se rabat en 1_1, intersection de $1'1_1$ et de $m1_1$ perpendiculaire à $l't'$. De même pour le point $1''$. On peut encore rabattre des points intermédiaire tels que p' et p'', comme l'indique notre épure.

127. *Coussinet de l'angle obtus.* — Pour décrire ce coussinet nous allons nous servir de sa perspective (*fig.* 222).

La partie des pieds-droits qui se trouve adhérente au coussinet est $abglefij$; acb est la position d'intrados qui en fait partie.

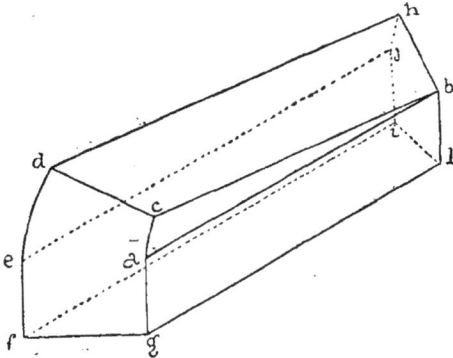

Fig. 222.

La position des points a, c, b a été obtenue sur l'épure d'ensemble. Théoriquement on devrait joindre cb par une hélice et adopter pour surface de joint une surface de vis à filets carrés ayant cette hélice pour directrice. Mais dans l'appareil hélicoïdal simplifié on remplace le joint de tête par sa tangente au point c, en joignant ce point au foyer principal; on obtient ainsi la droite dc et on prend pour surface de joint le plan déterminé par cette droite et le point b. Les intersections cb et dh de ce plan avec l'intrados et l'extrados sont des arcs d'ellipses très allongées et qui par suite diffèrent peu d'une ligne droite. Enfin, pour terminer la description de ce coussinet, nous dirons que l'arc jh est l'intersection du plan de section droite, limitant la longueur du voussoir, avec

l'extrados, la face de ce plan de section droite étant $hblijh$.

128. *Épure du coussinet de l'angle obtus.* — Nous nous donnons d'abord la partie du plan d'ensemble qui correspond à ce coussinet (*fig.* 223); c'est ainsi que nous avons en ab la génératrice des naissances de l'intrados et celle gh de l'extrados puis la trace horizontale gf du plan de tête et le point c.

Nous emploierons alternativement deux plans de projection. Le premier sera parallèle au plan de section droite et le deuxième parallèle au plan de tête.

Le point c se projette verticalement en c'' sur l'ellipse d'intrados et pour avoir la trace du plan de joint sur le plan de tête, il faut joindre le point c'' au foyer principal f'_1; la vraie grandeur du panneau de tête sera donc $g''a''d''c''$.

Le plan de section droite hf coupe l'intrados et l'extrados suivant deux arcs de cercle concentriques et pour avoir la nouvelle projection verticale du joint de tête sur ce plan, on remarque que d'' se projette horizontalement en d sur gf; par suite la nouvelle projection verticale sera $b'c'$.

Déterminons maintenant le plan de joint; il est défini par la droite $dcd'c$ et par le point b; de plus il est limité en longueur par le plan de section droite hf. Pour avoir l'intersection de ce plan de section droite et du plan de joint, remarquons qu'ils ont un point commun b et que pour en avoir un autre il faut couper les deux plans par un plan auxiliaire; par exemple, le plan de tête. Ce plan contient cd, $c'd'$ intersection du plan auxiliaire avec le plan de joint. Il nous faut maintenant l'intersection du plan auxiliaire et du plan de section droite; cette intersection est une droite dont la projection verticale est $f'f$ perpendiculaire a lt; or, les deux intersections se rencontrent en un point projeté verticalement en l'; donc en joignant $l'a'$ on aura la projection verticale $a'e'$ de l'intersection cherchée et, par suite, la vraie grandeur du panneau de section droite.

Il reste à construire les courbes d'intersection du plan de joint avec l'intrados et l'extrados. Ce sont, comme nous

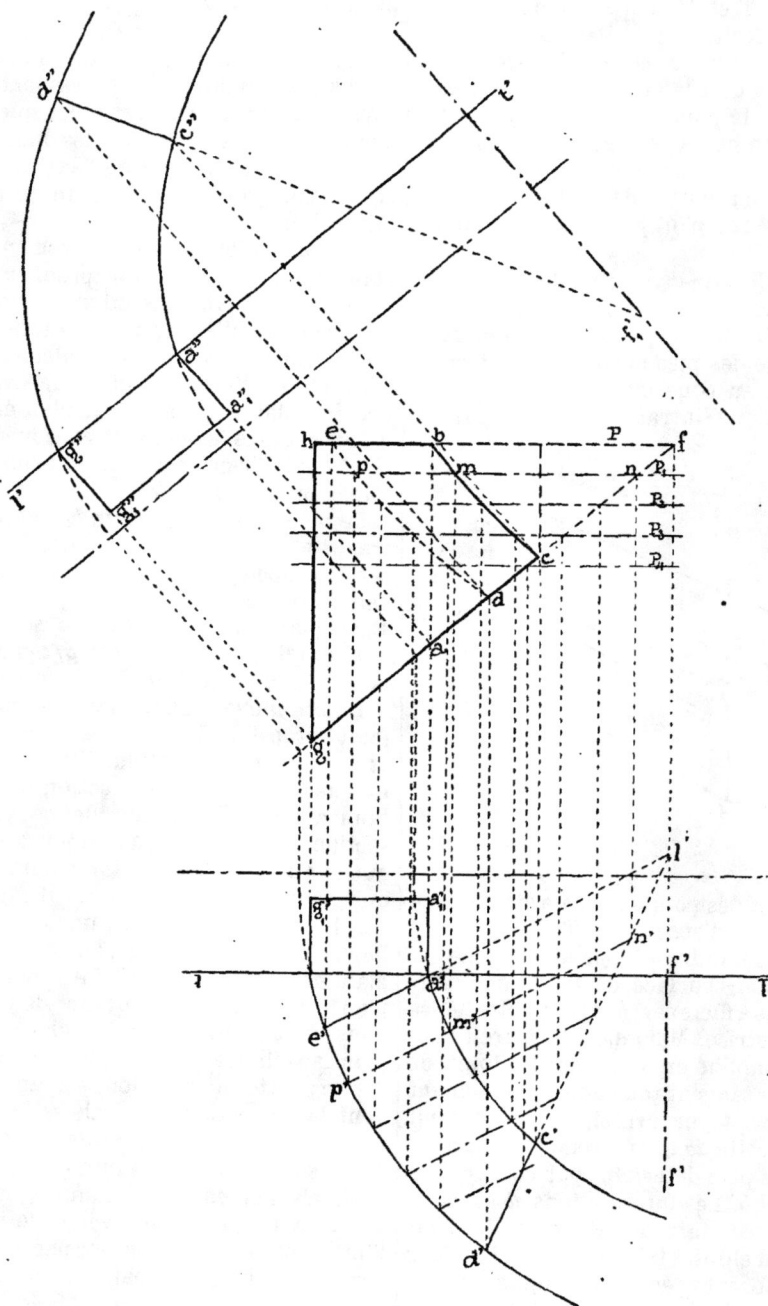

Fig. 223.

l'avons déjà dit, des arcs d'ellipse différant peu d'une ligne droite. Pour l'extrados on a déjà les points d et e et pour l'intrados les points c et b. Cherchons des points intermédiaires en coupant les deux cylindres et le plan de joint par un plan auxiliaire P_1 parallèle à la section droite. La droite cd, $c'd'$ sera coupée par ce plan en n, n'; c'est un point de l'intersection cherchée. Mais, les deux plans de front P, P_1 coupent le plan de joint suivant des droites parallèles dont l'une est projetée en a' l'; si donc on mène par n' une parallèle n' p' à cette droite on aura l'intersection du plan auxiliaire P_1 avec le plan de joint et en m' et p' les projections verticales des points cherchés; leurs projections horizontales seront en m et p. En continuant à faire des sections parallèles à P_1 on aura autant de points qu'on le voudra des intersections cherchées.

COUSSINET DE L'ANGLE AIGU

129. *Description.* — Le plan de tête du coussinet est déterminé par le contour $afmlka$; la ligne af étant obtenue en joignant le point a au foyer principal. On se sert de cette droite comme joint sur le plan de tête. L'épure d'ensemble donne la position des points a, b, c, d, e et le premier plan de joint est déterminé par la droite af et le point b; il détermine sur les cylindres d'intrados et d'extrados les arcs d'ellipse ab et fg. En coupant ce plan de joint par un plan de section droite mené par le point b, on obtient la droite bg qui, avec le point c, détermine le deuxième plan de joint dont les intersections avec les cylindres d'intrados et d'extrados sont les arcs d'ellipse bc et gh. On limite la longueur du deuxième plan de joint à un plan de section droite mené par le point c; l'intersection de ces deux plans est la droite ch qui, avec le point d, détermine le troisième plan de joint; cd et hi sont encore des arcs d'ellipse. Enfin, par le point d on mène un plan de section droite qui coupe le troisième plan de joint suivant la droite di; en faisant passer un plan par cette droite et le point e on obtient le dernier plan de joint du voussoir qui est limité en longueur par un plan de section droite $ejnpr$ mené par le point e.

Les lignes de et ij sont encore des arcs d'ellipses, intersections du dernier plan de joint avec les cylindres d'intrados et d'extrados; nj est un arc de cercle.

130. *Épure du coussinet de l'angle aigu.* — L'épure d'ensemble nous donne la position des points $abcde$ ainsi que la génératrice des naissances rj.

Nous prendrons, comme pour le coussinet de l'angle obtus, deux plans de projection; l'un parallèle au plan de section droite et l'autre parallèle au plan de tête.

Pour avoir la ligne de joint $a''f''$ sur le plan de tête il faut joindre le point a'' au foyer principal; on a ainsi le panneau de tête en vraie grandeur.

Occupons-nous maintenant de la section droite sur le plan lt.

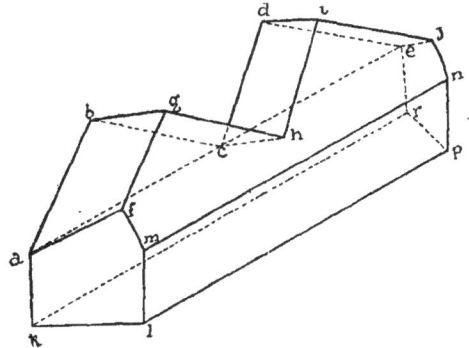

Fig. 224.

On a en $a'f'$ la nouvelle projection verticale de af, $a''f''$; — on détermine le premier plan de joint à l'aide de la droite af, $a''f''$ et du point projeté horizontalement en b. Ce point est sur l'intrados; sa projection verticale, sur le plan lt, est donc en b'.

Il faut couper ce plan de joint par un plan de section droite passant par le point b et chercher l'intersection de ces deux plans. On procède, comme dans l'épure du coussinet de l'angle obtus, en prenant pour plan auxiliaire le plan de tête. Il détermine sur le plan de joint la ligne af, $a'f'$ et, sur le plan de section droite P_1 la ligne projetée verticalement en ak'. — Les projections verticales se coupent au point k' et, comme le point bb'

appartient aux deux plans, il en résulte que la projection verticale de l'intersection est *b′k′*, qui rencontre la courbe d'intrados en un point projeté verticalement en *g′* et horizontalement en *g*.

Pour avoir les arcs d'ellipse *ba* et *gf*,

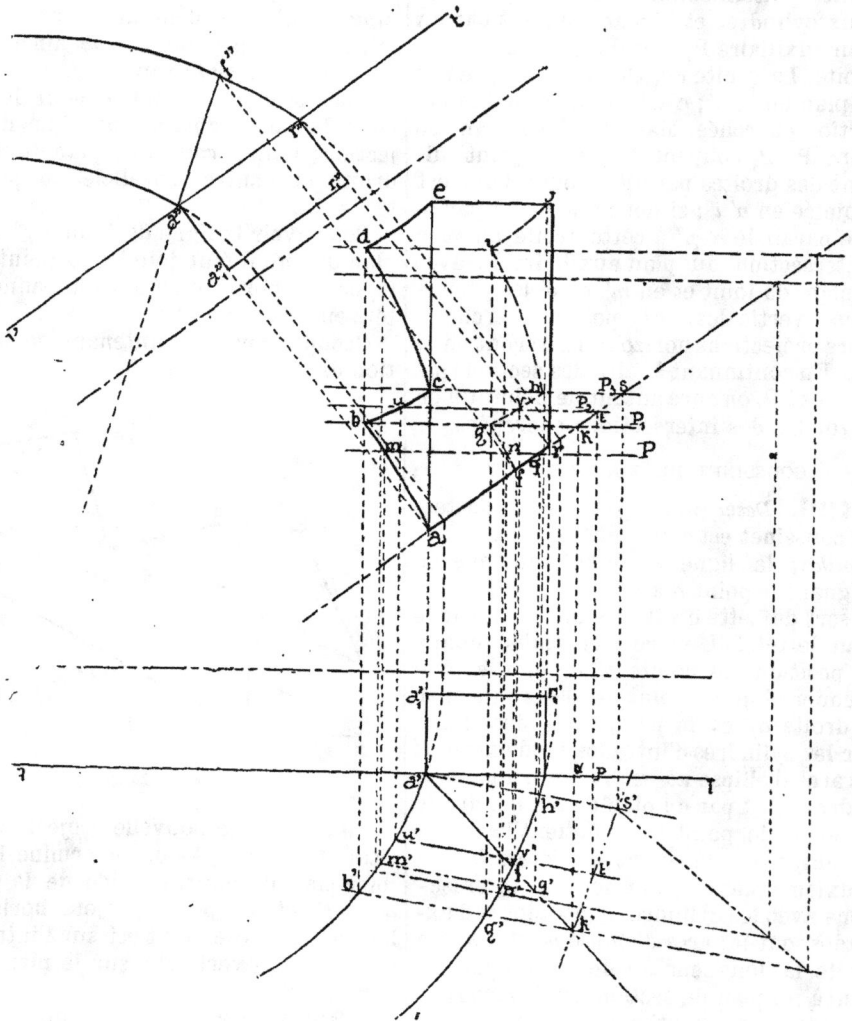

Fig. 225.

on coupe par des plans parallèles à P_4 qui coupent le plan de joint suivant des droites parallèles à *b′k′*. C'est ainsi que nous avons obtenu les points *mm′*, *nn′*, appartenant à ces arcs (128).

Le deuxième plan de joint passe par *bg*, *b′g′* et par le point projeté horizontalement en *c*. — On le coupe par un plan de front P_3 passant par ce dernier point. Ce plan P_3 coupe le deuxième plan de joint suivant une parallèle à *bg*, *b′ g′*. — On mène donc *a′h′* parallèle à *b′g′* et on relève, par une ligne de rappel, le point *h′* en *h*, sur P_3. — Le troisième plan de

joint passera par *ch*, *c'h'* et le point pro- | chacune des courbes *bc* et *gh* on mènera
jeté horizontalement en *d* et ainsi de suite | le plan P_2 parallèle à P et on cherchera
comme nous l'avons dit dans la descrip- | son intersection avec le plan de joint, en
tion du coussinet. | se servant encore du plan de tête comme
    Pour avoir un point intermédiaire de | plan auxiliaire. Ce plan auxiliaire coupe

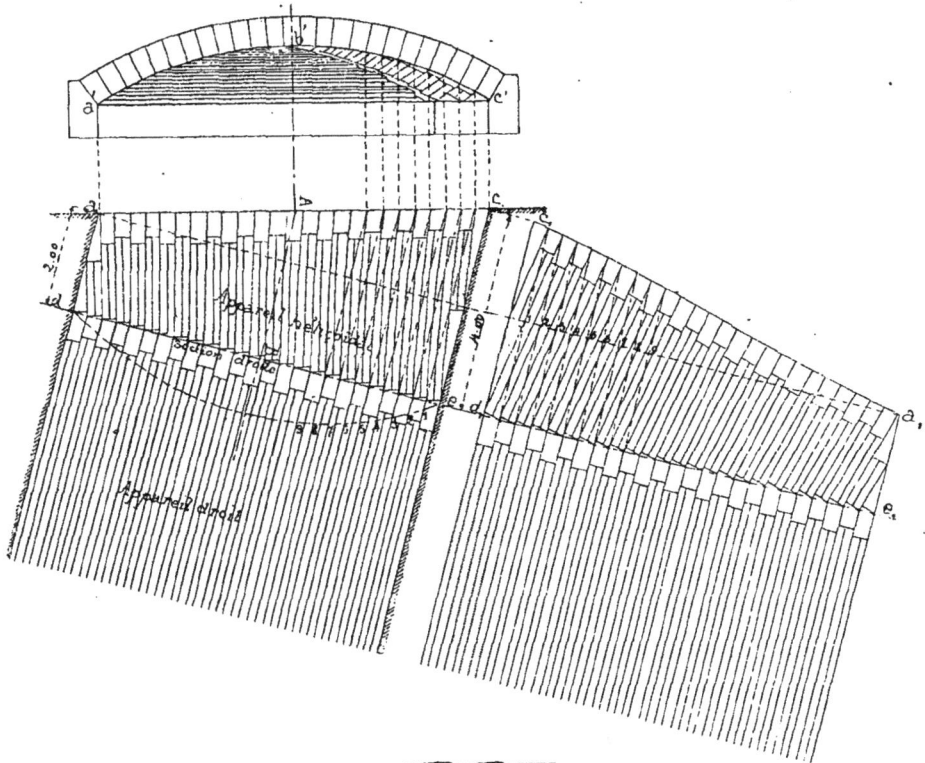

Fig. 226.

le deuxième plan de joint et le plan P_2 | **131.** *Modifications de l'appareil héliçoï-*
suivant les droites projetées verticale- | *dal ordinaire.* — Nous avons dit aux n°ˢ 113
ment en *s'k'* et *pt'*. Donc, en menant par | et suivants que dans l'appareil héliçoïdal,
t' une parallèle à *b'g'*, on aura en *uu'*, *vv'* | les lignes de joints dans le développement
les points intermédiaires cherchés. | s'obtenaient en joignant le point de divi-

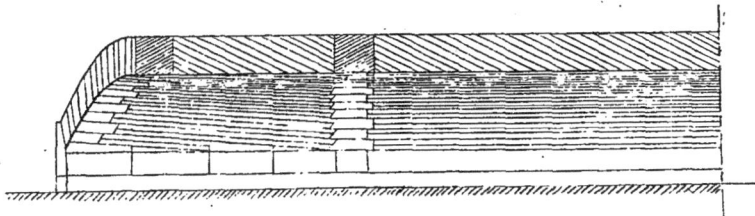

Fig. 227.

sion de l'arc de tête en voussoirs le plus | sée du sommet de l'angle aigu *c*, sur la ligne
près du pied de la perpendiculaire abais- | $b_1 a_1$ (*fig.* 212), qui joint les points extré-

mes de l'arc de tête développé. On a proposé de modifier ces lignes, pour les ponts surbaissés, d'un biais très accentué (inférieur à 45 degrés), en les remplaçant par

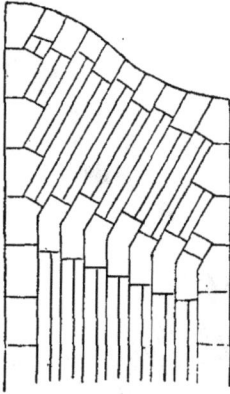

Fig. 228.

d'autres faisant avec les génératrices un angle égal au complément de l'angle qui mesure le biais du pont, c'est-à-dire égal à l'angle de la section droite avec la section de tête, les surfaces des lits étant des surfaces de vis à filet carré, normales aux plans de tête.

132. Enfin lorsque les voûtes biaises ont une grande longueur, on ne les appareille pas complètement avec l'appareil hélicoïdal; on évite la difficulté et la dépense en ne construisant en voûte biaise qu'une partie de la voûte à partir des têtes, la partie intermédiaire étant appareillée comme une voûte droite ordinaire.

On établit à une certaine distance de la tête une chaîne de pierres appareillée de telle façon que ses voussoirs se raccordent d'un côté avec la voûte biaise et de l'autre avec la voûte droite (*fig.* 226). La figure 227 représente la coupe longitudinale AB (*fig.* 226). Les constructions graphiques étant les mêmes que pour le cas ordinaire, nous ne nous étendrons pas davantage sur cette disposition.

Au lieu d'établir la chaîne de pierres de taille du raccordement suivant une section droite de la voûte, on peut la mettre parallèle au plan de tête, comme l'indique le développement de la figure 228.

§ II. — TAILLE DES VOUSSOIRS

Taille des voussoirs dans l'appareil hélicoïdal simplifié.

133. 1° *Voussoir de tête : méthode directe.* — Pour tailler le voussoir de tête d'après cette méthode, après avoir pris un bloc de pierres de dimensions suffisantes, on dressera une surface plane sur laquelle on appliquera la vraie grandeur du panneau de joint que nous avons déterminé; on aura ainsi le contour $1_1 1_1 3'3''$ (*fig.* 221). Puis à l'aide d'un beuveau, dont les branches font l'angle du plan de joint avec le plan de tête, on pourra tailler ce dernier plan ainsi que le plan opposé. Les vraies grandeurs des panneaux correspondants se trouvent sur la projection verticale (*fig.* 221). On pourra donc tracer leur contour et dresser ensuite le deuxième plan de joint dont on aura les deux droites $2'$, $2''$; $4'$, $4''$; on vérifiera la taille en faisant glisser une règle sur ces deux directrices. Il restera à exécuter les cylindres d'intrados et d'extrados ; ce qui se fera en traçant sur l'épure des génératrices de chacune de ces surfaces cylindriques et en reportant, sur la pierre, sur les lignes $1'2'$, $3'4'$, les points correspondant à une même génératrice. En faisant passer une règle par ces points on pourra tailler ces surfaces très exactement.

134. 2° *Méthode expéditive.* — On se base sur ce que le solide à exécuter a une forme sensiblement prismatique et que la vraie grandeur de la surface de joint ne diffère pas notablement d'une section droite du prisme.

On dressera alors une surface plane sur laquelle on appliquera la vraie grandeur du plan de joint; on prendra un prisme droit ayant pour base cette vraie grandeur et une hauteur telle que le solide qui en résulte soit capable du voussoir à tailler. Puis, on appliquera sur une des faces du prisme la vraie grandeur du panneau de tête et sur une des faces contigues, dans la position qu'il doit occuper, le développement du panneau d'intrados $1'2'3'4'$. Les plans de joint seront alors définis, l'un par les lignes $1'1''$, $1'3'$, l'autre par les lignes $2'2''$, $2'4'$. On taillera ces plans et, comme on connaît la vraie grandeur des panneaux de joints, on pourra achever facilement le voussoir. Cette méthode est moins exacte que la première.

135. *Taille du coussinet de l'angle obtus : méthode par équarrissement.* — Considérons la projection horizontale du coussinet (*fig.* 223) et menons la verticale passant par le point c jusqu'à sa rencontre avec hf. Nous déterminons ainsi un trapèze que nous prendrons pour base d'un prisme droit dont la hauteur sera la différence de niveau maximum, c'est-à-dire la distance verticale du plan de base du voussoir et du point d d'.

On dressera d'abord le plan de section droite hb sur lequel on appliquera le panneau correspondant ; puis on taillera, d'équerre avec ce plan, en suivant le contour du panneau de section droite ; on aura ainsi les cylindres d'intrados et d'extrados, sur lesquels on appliquera les panneaux des développements de ces surfaces, dont on tracera le contour sur la pierre. Le joint longitudinal sera alors facile à tailler.

Quant au plan de tête, on dirigera sa taille en se servant des courbes qui le limitent et qui sont tracées sur le voussoir.

La taille du coussinet de l'angle aigu se fera d'après le même principe.

Taille des voussoirs dans l'appareil hélicoïdal ordinaire.

136. Dans l'appareil hélicoïdal simplifié, que nous venons d'étudier, les joints gauches ont été remplacés par des joints plans. C'est le cas ordinaire de la pratique, car la taille rigoureuse des surfaces gauches est difficile et par suite coûteuse.

Nous devons cependant montrer comment on peut déterminer les éléments nécessaires pour tracer les voussoirs dans le cas où les surfaces de joints sont engendrées par une droite qui se meut sur les hélices formant arêtes de douelle, en restant constamment normale à l'intrados. Les méthodes que nous allons passer en revue ont été appliquées, pour la plupart, avec succès par M. Graeff sur les chantiers qu'il a eu à diriger. Ce sont du reste les plus employées par les appareilleurs.

Soit $abcd$ (*fig.* 229) la projection horizontale de la douelle d'intrados du voussoir à étudier. Elle a été obtenue par l'épure d'ensemble, qui se fait comme pour le cas précédent en développant la douelle sur le plan des naissances. Ce développement est représenté par la figure 230 dans laquelle A_1C_1 et B_1D_1 sont les développements des arcs d'intrados et d'extrados de la section de tête ; $a_1b_1c_1d_1$, est le développement de la douelle d'intrados du voussoir considéré.

Pour représenter complètement ce voussoir, nous prendrons deux plans verticaux de projections. Le premier, caractérisé par la ligne de terre lt, sera parallèle au plan de tête et le deuxième, caractérisé par la ligne de terre $l't'$, sera un plan de section droite de la voûte.

Cherchons, tout dabord, la vraie grandeur du panneau de tête. Les points a et b, appartenant à l'arc d'intrados de la section de tête, se relèvent en a' et b'; $a'b'$ est donc la portion de l'arc d'intrados qui correspond au voussoir considéré et pour achever la détermination du panneau de tête il suffit de joindre, comme nous l'avons déjà montré, ces deux points a' et b' au foyer principal.

Si on veut déterminer rigoureusement les lignes de joint sur le plan de tête, il faut chercher l'intersection de ce plan et des surfaces gauches ayant pour directrices les hélices de joints projetées horizontalement en ac et bd et pour génératrice une droite qui reste constamment normale à la douelle d'intrados.

A cet effet, prenons un point quelconque m sur db; traçons la normale à l'intrados passant par ce point et cherchons son intersection avec le plan de tête.

Le point m étant sur la douelle d'intrados, se projettera en m'' sur le plan $l't'$ et la projection sur ce plan de la normale à la douelle sera le rayon om''. Sa projec-

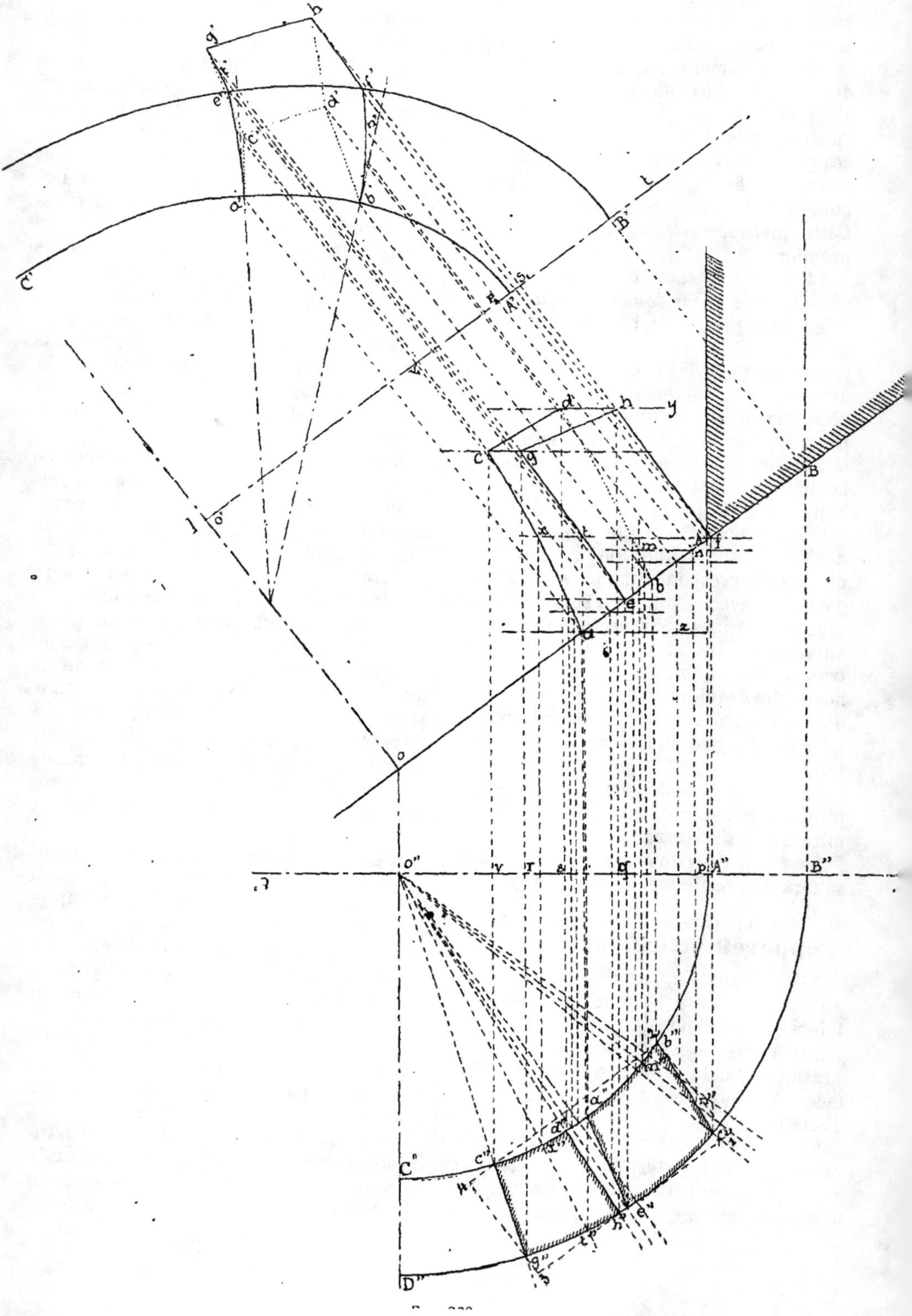

Fig. 339.

tion horizontale sera une droite mn parallèle à $l't'$, puisque la normale est située dans le plan de section droite ; n sera la projection horizontale du point d'intersection cherché. Sa projection verticale sur le plan de section droite sera en n'' sur $o''m''$ prolongée et pour avoir sa projection verticale sur le plan de projection parallèle au plan de tête, il suffira alors d'abaisser np_1 perpendiculaire à lt et de prendre $p_1n' = pn''$. En opérant de

même sur une série de points analogues à m on trouvera facilement l'intersection $b'f'$ de la surface de joint et du plan de tête ; cette intersection se projette en $b''f''$ sur le plan de section droite. C'est ainsi que nous avons obtenu le panneau de tête $a'b'e'f'$.

La projection verticale, sur le plan lt, de la douelle d'intrados s'obtiendra sans aucune difficulté en se servant de la section droite. Ainsi, pour avoir la projection ver-

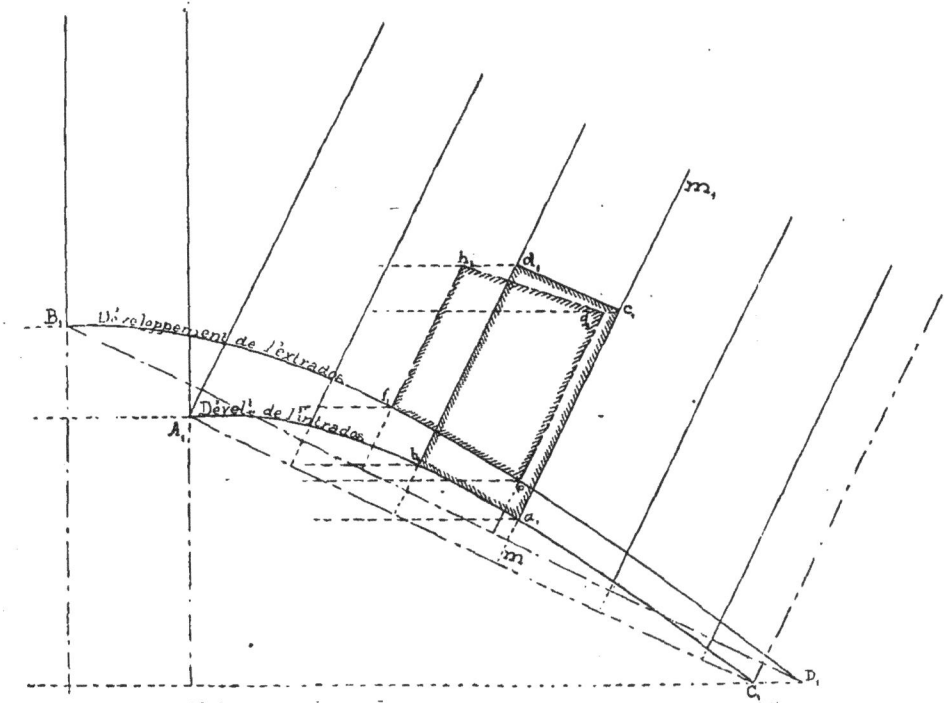

Fig. 230:

ticale du point c on prendra $v_1c' = vc''$ et en opérant de même sur des points quelconques pris sur ca et db on obtiendra les projections verticales, $a'c'$, $d'b'$, des hélices directrices des joints longitudinaux.

Nous avons mené (fig. 230), pour former le développement de la douelle d'intrados du voussoir, la droite d_1c_1, perpendiculaire aux lignes telles que mm_1 qui, enroulées sur le cylindre de la voûte, forment les lignes de joints ; cette droite

d_1c_1 devient, après l'enroulement, une courbe dont la projection horizontale cd s'obtient comme nous l'avons montré pour les hélices longitudinales et sa projection verticale se détermine comme les projections verticales $a'c'$ et $b'd'$ de ces mêmes hélices.

Pour compléter la projection du voussoir, il nous faut les intersections des surfaces gauches des joints avec l'extrados de la voûte, c'est-à-dire les intersections avec l'extrados des normales à la douelle d'intrados, menées suivant le contour *abcd*, *a'b'c'd'*.

Considérons, par exemple, le point *d* dont la projection sur le plan de section droite est *d''*. La normale en ce point, rapportée au plan *l'l'*, a pour projection verticale *o''d''* et pour projection horizontale la ligne *dy* parallèle à *l't'*. Elle rencontre l'intrados en un point projeté verticalement en *h''* et horizontalement en *h*. Pour avoir la projection verticale *h'* de ce point d'intersection, sur le plan de tête *lt*, on abaissera *hh'* perpendiculaire sur la ligne de terre et on prendra $s_1 h' = q h''$.

En menant par le point *cc'* une normale à l'intrados on obtiendra le point *g*, *g'* et la même construction donnera autant de points qu'on le voudra des arcs *ge*, *g'e'* ; *gh*, *g'h'* ; *hf*, *h'f'* qui limitent les projections horizontale et verticale de la douelle d'extrados du voussoir considéré.

Les constructions que nous venons d'indiquer sont laborieuses et exigent beaucoup de précision mais, le plus souvent, le rayon de la voûte étant grand par rapport à son épaisseur, elles ne sont pas effectuées en pratique.

Le voussoir étant complètement déterminé en projections nous allons indiquer les méthodes les plus employées pour le tailler.

137. *Première méthode.* — Pour construire la projection verticale du voussoir sur un plan *lt* parallèle au plan des têtes on a été amené à déterminer d'abord sa projection *b''c''g''f''*, sur le plan *l't'* de section droite. On joindra *b''c''* et on mènera à la courbe d'extrados, une tangente parallèle à cette droite ; en abaissant des points *b''* et *g''* des perpendiculaires sur ces lignes on aura un rectangle 1, 2, 3, 4, circonscrit à la projection du voussoir sur le plan de section droite. Si donc on prend un bloc de pierre ayant pour base le rectangle qu'on vient de déterminer et pour hauteur la longueur *ad* (*fig.* 229) on aura un solide 1, 2, 3, 4, 5, 6, 7, 8 (*fig.* 231), capable du voussoir à tailler. Après avoir équarri ce bloc, on appliquera sur chacune des faces 1, 2, 3, 4 et 5, 6, 7, 8 le panneau *b''c''g''f''* pris sur la

section droite, en ayant soin de marquer sur les arcs d'intrados et d'extrados les points appartenant à une même génératrice de la voûte.

Une règle glissant sur les directrices *b''c''*, *b''₁c''₁* en passant par deux points *z*, *z* correspondants servira à vérifier la taille de la douelle cylindrique d'intrados, qui s'exécutera alors facilement. On procédera de même pour la douelle d'extrados.

Ces douelles étant terminées on appliquera sur chacune d'elle une feuille de zinc découpée suivant les panneaux *a₁b₁c₁d* et *e₁f₁g₁h₁* (*fig.* 230); on pourra ainsi tracer les contours *abcd* sur l'intrados et *efgh* sur l'extrados, en les plaçant bien dans leurs positions respectives. Les joints gauches continus pourront alors se tailler ainsi que le joint gauche transversal. A cet

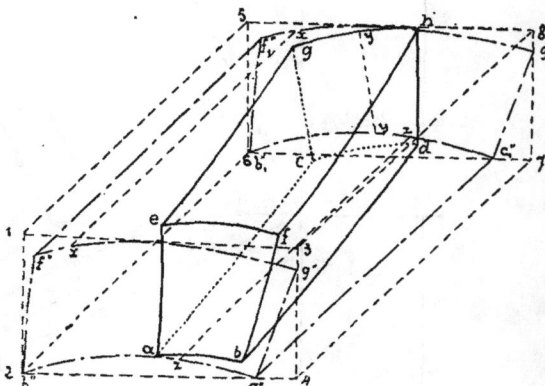

Fig. 231.

effet, on marquera sur les deux directrices de chaque joint gauche des points tels que *y*, *y* appartenant à une même normale et en faisant passer une règle par une série de points correspondants on pourra vérifier la taille des joints de lit.

Pour achever le voussoir, on taillera le panneau de tête *abcd*; ce qui se fera sans aucune difficulté en faisant glisser une règle sur les deux directrices *ab* et *ef*.

L'application du trait sur la pierre, par cette méthode est simple et précise, mais le déchet est considérable comme le montre la figure 231.

138. *Deuxième méthode.* — Soit *abcd*, *efgh* la projection horizontale d'un

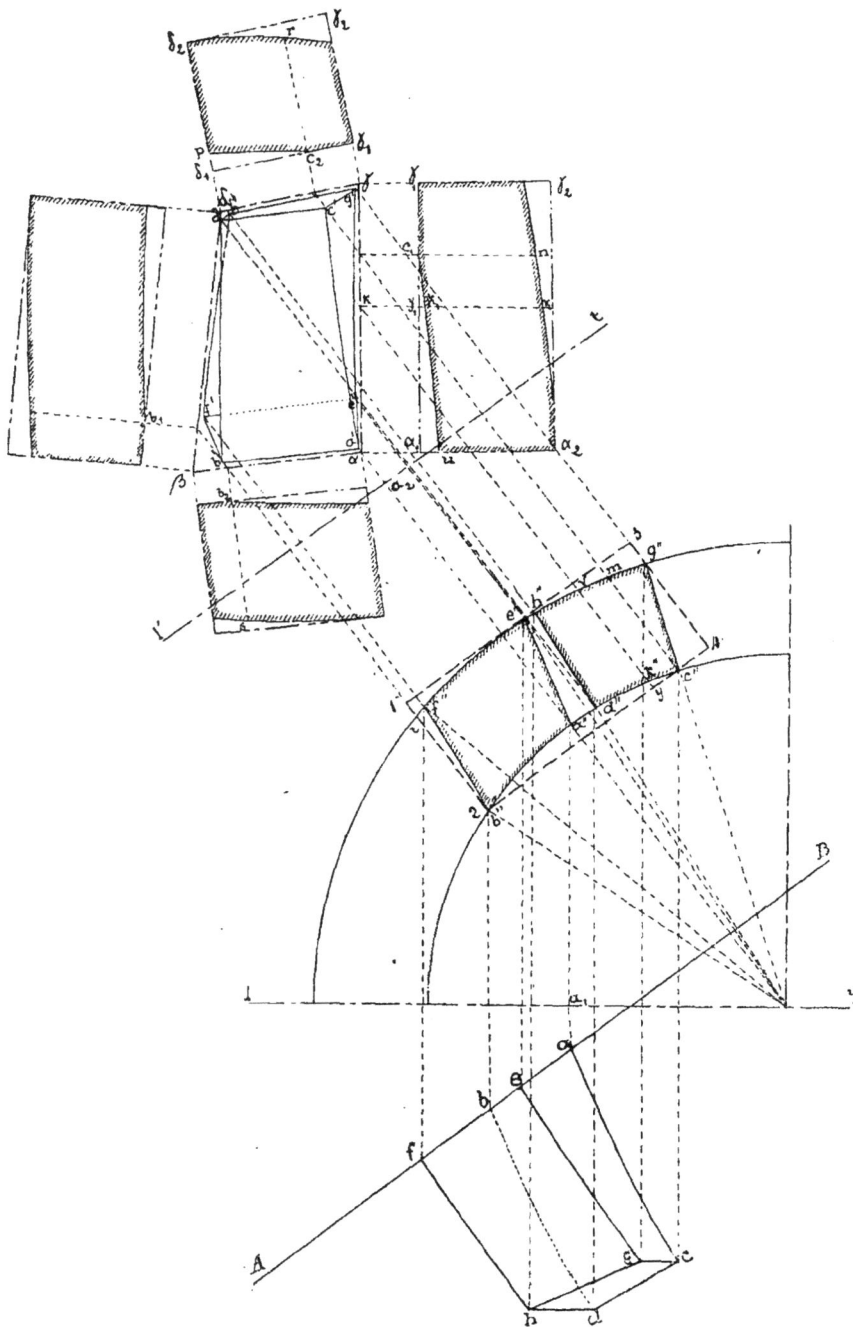

Fig. 232.

voussoir et $b''c''g''f''$ sa projection sur le plan de section droite lt, ces deux projections ayant été obtenues comme dans la méthode précédente.

Prenons un nouveau plan horizontal déterminé par la ligne de terre $l't'$ parallèle à la tangente 1,3 à l'arc d'extrados de la section droite (*fig.* 232) et cherchons la nouvelle projection du voussoir sur ce plan. Elle s'obtiendra par la méthode ordinaire des changements de plans ; ainsi pour obtenir la projection sur le plan $l't'$ du point aa'' il suffira d'abaisser $a''a'$ perpendiculaire sur $l't'$ et de prendre $a_2a' = a_1a$; de même pour tous les autres sommets et pour des points quelconques intermédiaires $a, c, e, g, f, h...$ on aura ainsi la nouvelle projection horizontale $a'b'c'd'$, $e'f'g'h'$ à laquelle on circonscrira le plus petit quadrilatère possible $\alpha\beta\gamma\delta$.

On prendra un bloc de pierre ayant pour base ce quadrilatère et pour hauteur celle 1, 2 du rectangle circonscrit à la projection verticale du voussoir sur le plan de section droite de la voûte ; on obtiendra ainsi, comme dans la méthode précédente, un solide capable du voussoir à tailler et on déterminera les intersections des faces verticales de ce solide par les douelles d'intrados et d'extrados supposées prolongées. Considérons, par exemple, la face verticale projetée suivant la ligne $\alpha\gamma$ et rabattons-la sur le plan horizontal en $\alpha_1\gamma_1, \alpha_2\gamma_2$. Pour avoir l'intersection de cette face avec l'intrados du voussoir on prendra un point quelconque k'' sur $d''c''$, la génératrice qui passe par ce point rencontre la face considérée en un point projeté horizontalement en k à une hauteur au-dessus de la face horizontale $\alpha\beta\gamma\delta$ égale $k''y$; donc, dans le rabattement $\alpha_1\gamma_1\alpha_2\gamma_2$, le point d'intersection sera sur une perpendiculaire abaissée de k sur $\alpha_1\gamma_1$ et à une distance $y_1k_1 = k''y$; on déterminera de la même manière autant de points qu'on le voudra de la courbe c_1u, intersection de la face $\alpha_1\gamma_1\alpha_2\gamma_2$ et de l'intrados du voussoir.

En prenant $K_1v_1 = K''v$ on aura un point de l'intersection de la même face avec l'extrados. On opèrera de la même manière pour déterminer les intersections des autres faces verticales du solide par les

douelles du voussoir prolongées et on aura les panneaux hachurés tels que $\gamma_1c_1ux_2n$. On appliquera ces panneaux sur le bloc de pierres, dont les faces auront été préalablement dressées, et on tracera leurs contours qui serviront à tailler les douelles d'intrados et d'extrados en ayant soin de tracer, comme précédemment, sur les directrices les points qui appartiennent à une même génératrice, pour pouvoir vérifier la taille à l'aide d'une règle. On continuera ensuite comme on l'a déjà fait dans la méthode précédente en appliquant sur les douelles ainsi taillées des feuilles de zinc découpées suivant les panneaux $a_1b_1c_1d_1, e_1f_1g_1h_1$ (*fig.*230), ce qui permettra de les tracer sur la pierre. Les surfaces gauches des joints longitudinaux et transversaux se tailleront en repérant sur les directrices des joints tracées sur l'intrados et l'extrados les points correspondant à une même normale ; ces normales étant déterminées sur l'épure comme nous l'avons déjà montré.

Les deux méthodes précédentes devront être employées chaque fois que le biais du pont sera très accentué car alors les surfaces gauches formant les joints s'éloignent notablement d'une surface plane et exigent, par cela même, une taille rigoureuse. Mais, pour des voûtes de grands rayons et de faibles biais on peut leur substituer d'autres méthodes qui, sans présenter la même exactitude, donnent cependant des résultats acceptables, tout en nécessitant de la part de l'appareilleur une surveillance moins soutenue.

139. *Méthode par beuveaux.* — Reprenons le voussoir dont nous avons déjà déterminé la projection $c''b''f''g''$ sur le plan de section droite et la projection horizontal $a'b'c'd'e'f'g'h'$ sur un plan tangent à l'extrados (*fig.* 232).

On circonscrira à cette projection horizontale le plus petit quadrilatère possible $\alpha\beta\gamma\delta$. On prendra un bloc de pierre ayant une base $\alpha_1\beta_1\gamma_1\delta$, un peu plus grande que le quadrilatère ainsi déterminé et une hauteur égale à celle 1,2 du rectangle circonscrit à la projection du voussoir sur le plan de section droite de la voûte. La figure 233 représente une perspective de ce bloc dont on aura soin de dresser la face supérieure seulement sur laquelle on appliquera le panneau $\alpha\beta\gamma\delta$ (*fig.* 233).

Suivant chacune des lignes limitant le contour de ce panneau on taillera, d'équerre avec la face supérieure, des surfaces planes de hauteur suffisante pour pouvoir y appliquer les gabarits tels que $c_1\alpha_1 u$, $c_2\delta_1 p$ (*fig.* 232)..... donnant les courbes d'intersection de la douelle d'in-

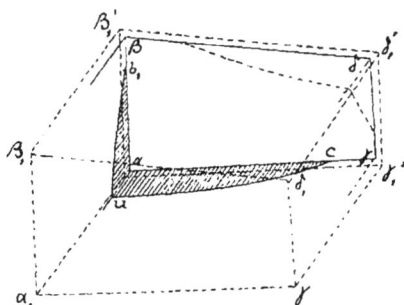

Fig. 233.

trados, supposée prolongée, avec les faces verticales. Ces courbes se détermineront comme au numéro précédent et on aura soin de repérer sur chacune d'elles les points appartenant à une même génératrice, de manière à pouvoir vérifier avec une règle la taille de la surface d'intrados. Lorsque cette surface sera taillée on pren-

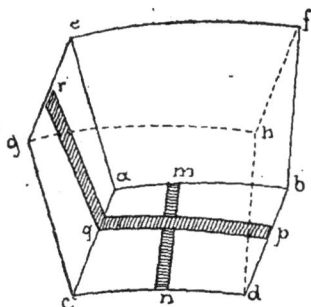

Fig. 234.

dra, avec une feuille de zinc par exemple, le panneau d'intrados développé $a_1 b_1 c_1 d_1$ (*fig.* 230) qu'on appliquera sur la douelle dans la position qu'il doit y occuper. On pourra ainsi tracer sur cette douelle les directrices des surfaces gauches formant les joints.

Ceci fait, on construira un beuveau en bois composé de deux règles plates rq et mn (*fig.* 234) et d'une règle courbe qp affectant la courbure d'un arc de section droite de la voûte. La règle mn aura, par rapport à l'arc de section droite pq, la di-

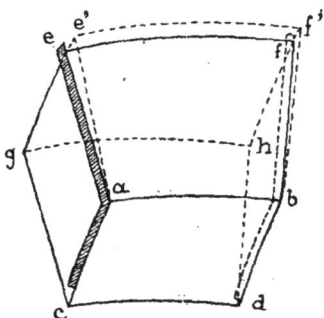

Fig. 235.

rection des génératrices et la règle rq celle des normales à la douelle d'intrados. En déplaçant ce beuveau de manière

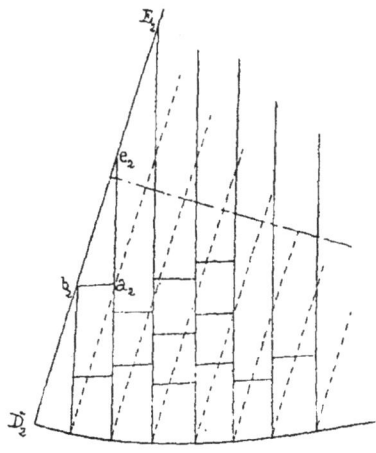

Fig. 236.

que mn et pq aient toujours les directions des génératrices et des arcs de section droite et que le sommet q glisse sur la directrice ac, il est évident que le troisième côté *rq* engendrera la surface gauche du joint longitudinal qu'on pourra ainsi vérifier. On opérera de même pour l'autre joint.

Les surfaces gauches des joints longitudinaux étant terminées, on passera au plan de tête qu'on tracera à l'aide d'un deuxième beuveau flexible (*fig.* 235) donnant les angles que font entre elles les hélices d'intrados et les lignes de joint du voussoir sur le plan de tête. Ce beuveau donnera sur la surface gauche *ae'gc* la ligne de joint *ae* et sur la surface gauche *dbf'h*, la ligne de joint *bf*. En taillant une surface plane suivant ces deux lignes, on aura le plan de tête du voussoir sur lequel on appliquera le panneau correspondant. Si la face du voussoir opposée au plan de tête est parallèle à ce dernier on la déterminera de la même manière et on taillera la douelle d'extrados dont on aura les deux directrices.

Pour tailler un voussoir intermédiaire d'une voûte entièrement en pierre de taille on procèdera d'une manière identique. Mais ici les joints transversaux seront des surfaces gauches *gcdh*, *eabf* au lieu d'être des plans. On n'aura donc à se servir que du premier beuveau qui donnera les arêtes *gc*, *dh* pour la première et *ea*, *bf* pour la deuxième.

Comme les directrices *cd* et *ab* sont déjà tracées sur la pierre, on pourra à l'aide de ces éléments, tailler ces joints avec une approximation suffisante, car ils ont une longueur moindre que les joints longitudinaux.

140. *Taille des coussinets.* — Proposons-nous de tailler un coussinet quelconque A de la crémaillère (*fig.* 237).

Nous décrirons d'abord le coussinet sur sa perspective (*fig.* 238).

La surface *aeb* est la portion de la douelle d'intrados qui appartient au coussinet tandis que *debc* est un rectangle faisant partie du parement vertical du pied-droit de la voûte et *dhfc* un plan horizontal formant le joint d'assise du voussoir sur ce même pied-droit. Le joint longitudinal est une surface gauche, déterminée par les normales à la douelle d'intrados aux différents points de l'arc d'hélice *ea*.

Ce joint est limité en longueur par un plan de section droite *dhle*, qui le coupe suivant la droite *le*, et par la normale *ag* menée par le point *a*. Dans l'autre sens, il est limité par le plan vertical mené suivant la droite *fh ;* l'intersection de ce plan et de la surface gauche du joint est la ligne *lg*. Le joint tranversal est déterminé de même par les normales à la douelle d'intrados menées aux différents points de l'arc *ab* et est limité d'une part par la normale *ag* et le plan de section droite *bcfi* et d'autre part par le plan vertical mené suivant *fh*. Ce dernier plan coupe la surface gauche du joint transversal suivant la ligne *gi*.

Le développement $b_2 a_2 e_2$ (*fig.* 236) de la douelle d'intrados du coussinet étant obtenu par l'épure d'ensemble on en déduira la projection horizontale *bae* (*fig.* 237) sur le plan des naissances projection et la verticale *b'a'e'* sur le plan de tête. *dhfe* étant le plan d'assise du coussinet sur le pied-droit de la voûte, il en résulte que la projection horizontale du coussinet entier est figurée par le contour *abfhe*.

Pour effectuer la taille de ce coussinet on peut employer deux méthodes différentes suivant qu'on le projette sur un plan parallèle aux génératrices du cylindre de la voûte ou sur un plan de section droite.

141. *Première méthode.* — On prendra un nouveau plan vertical de projection défini par la ligne de terre $l_1 t_1$ parallèle aux génératrices du cylindre de la voûte. La nouvelle projection verticale du rectangle *ebcd*, *e'b'c'd'* du pied-droit sera $e_1 b_1 c_1 d_1$ et celle du point *aa'* sera en a_1 obtenu en prenant $i_1 a_1 = i'a'$. Pour achever la projection verticale du coussinet, il faut la projection verticale du point *g*, intersection du plan vertical *fh* et de la normale menée à la douelle d'intrados par le point *aa'*. A cet effet, on considérera le plan de section droite passant par le point *aa'*, sa trace horizontal sera la droite *mn*. En rabattant ce plan sur le plan des naissances le point *a'* viendra en *p* sur une perpendiculaire à *mn*, à une distance *ap* = *i'a'*. Le point *g* viendra de même sur une perpendiculaire *gx* à la charnière et pour obtenir son rabattement il suffira de mener la normale *op*

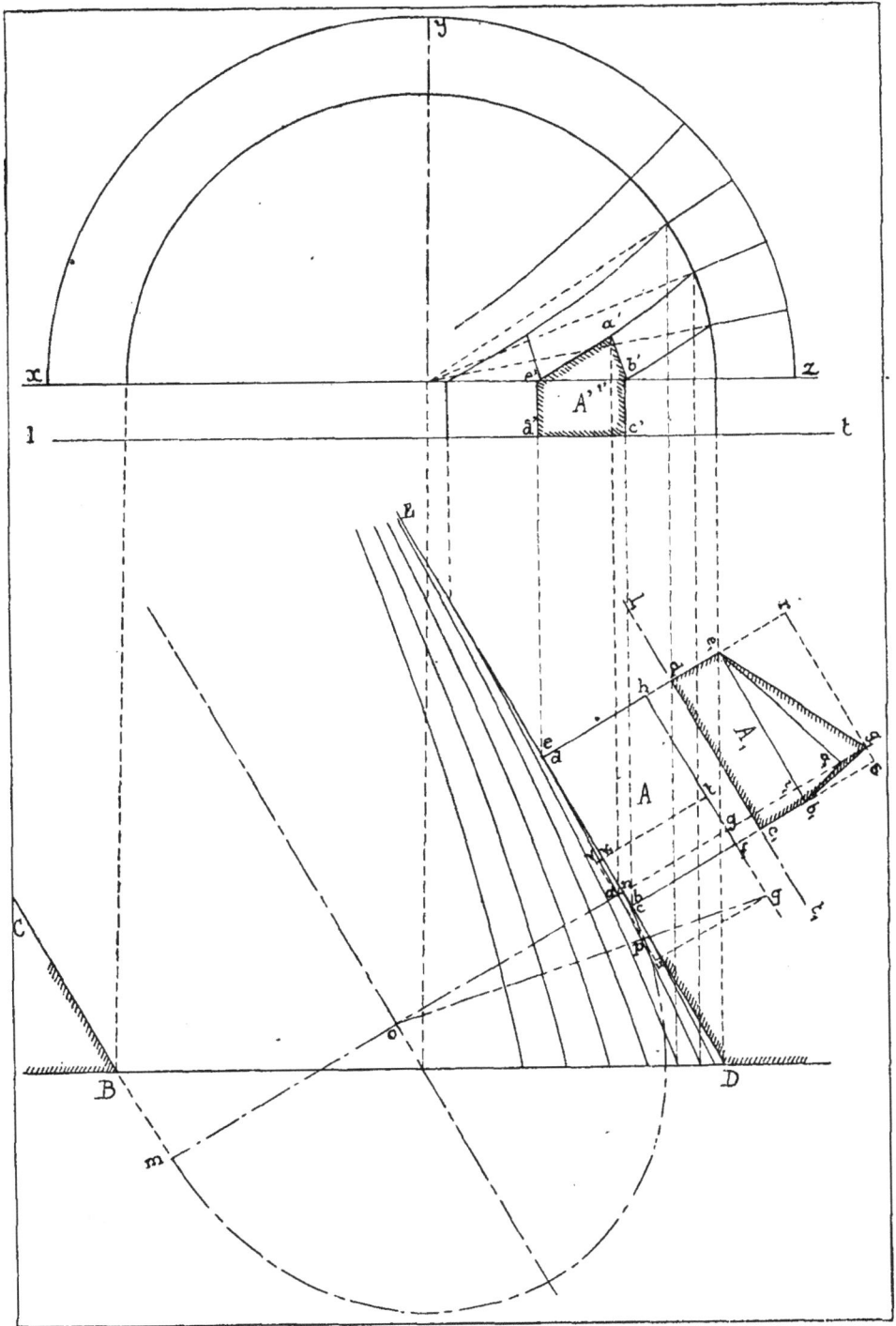

Fig. 237.

qui rencontre le prolongement de *gf* en *q*. La longueur *gq* mesurera la hauteur du point *g* au-dessus du plan des naissances et en portant $i_1g_1 = gq$ sur une perpendiculaire à l_1t_1, on aura la projection verticale du point *g* sur un plan parallèle aux génératrices du cylindre et, par suite, la projection $d_1c_1b_1g_1e_1$ du coussinet sur ce même plan.

Ceci fait, on prendra un bloc de pierre prismatique ayant pour base le contour $d_1c_1b_1g_1e_1d_1$ et pour hauteur la distance *ga* (*fig. A*).

La figure 238 représente ce bloc en perspective ; il est défini par les lettres *figlhsrvtu*. Sur chacune des arêtes *ir*, *fs*, *lt*, *hu*, on portera les longueurs *br*, *cs*, *et*, *du* égales à *an* (*fig.* 237) et, par les

les directrices des surfaces gauches à tailler. On pourra vérifier ces surfaces gauches en repérant sur les deux directrices de chaque surface les points appartenant à une même normale. Ces points s'obtiendront sans difficulté en menant des normales aux différents points des arcs *ab*, *ae*, et en cherchant leurs intersections avec le plan vertical *fh*.

142. *Deuxième méthode.*—En prenant *gt* égal à d_1e_1 (*fig.* 237) et en menant *tv* parallèle à *ag* on aura achevé la projection du voussoir sur le plan de la section droite. On taillera alors un bloc de pierre en forme de prisme rectangle ayant pour base le contour *qpnv₁t* et pour hauteur la distance d_1c_1 (*fig.* 237). Ce bloc est représenté en perspective par la figure 239 en

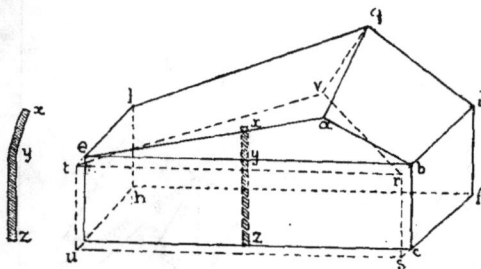

Fig. 238.

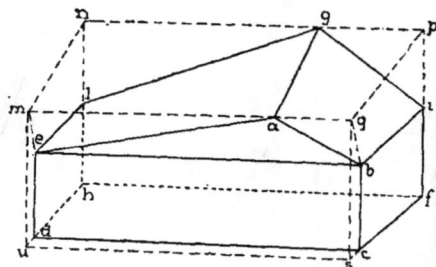

Fig. 239.

lignes *be*, *ed*, *dc*, *cb*, ainsi obtenues, on taillera une surface plane qui sera le plan du pied-droit du coussinet.

Ensuite on taillera la surface de la douelle d'intrados qu'on vérifiera à l'aide d'un gabarit figuré en *xyz* (*fig.* 238). La partie *yz* sera droite, elle correspondra au pied-droit du voussoir et la partie *xy* sera découpée suivant un arc de section droite de la voûte ; elle engendrera la douelle d'intrados, lorsqu'on déplacera le gabarit en faisant en sorte que *yz* ne quitte pas la face du pied droit et soit constamment parallèle à *bc*. Si la douelle est bien taillée on devra pouvoir y promener une règle parallèlement à *be*. Ceci fait, on appliquera sur l'intrados du voussoir le panneau $b_2a_2l_2$ du développement (*fig.* 236), découpé sur une feuille de zinc par exemple, et on tracera les lignes *ba* et *ae* qui, avec les lignes *ig* et *gl*, seront

fcbqpnmedh. Puis, à l'aide du gabarit employé dans la méthode précédente, on taillera la douelle d'intrados, qu'on vérifiera comme nous l'avons indiqué. Ces opérations terminées, on appliquera sur la douelle le panneau d'intrados $b_2a_2l_2$ (*fig.* 236), découpé sur une feuille de zinc ou de carton et on tracera les lignes *ba* et *ae* (*fig.* 239). Par les points *b* et *e* on mènera, sur les faces *cbqpf* et *demnh*, les droites *bi* et *el* respectivement perpendiculaires aux arêtes *bc* et *ed* ; enfin, par le point *a* on mènera sur la face *pqmn* la droite *ag* perpendiculaire à *qm*. On tracera les intersections *ig* et *gl* et il ne restera plus, pour achever le coussinet, qu'à tailler les joints gauches *ibag* et *agle*.

143. *Taille des moellons piqués.* —Dans l'appareil hélicoïdal les moellons qui constituent la douelle entre les têtes ont, en général, des dimensions restreintes qui permettent de les tailler comme s'il s'agissait d'appareiller un pont droit, en ayant soin cependant de dégauchir la douelle jusqu'à ce qu'elle coïncide avec la surface du cintre. Si on ne prenait pas cette précaution le moellon ne reposerait sur le cintre

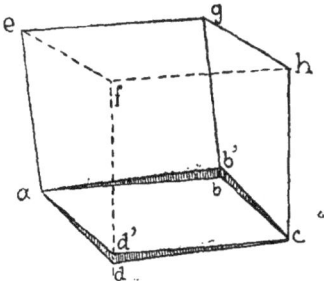

Fig. 240.

que par les deux extrémités b et d d'une des diagonales de la face $abcd$ ($fig.$ 240).

Il suffira de prendre sur les arêtes bg et df des longueurs bb', dd' telles qu'en dégauchissant la douelle suivant le contour $ab'cd'$ elle épouse sensiblement la forme du cintre. Cette opération sera toujours facile. Les autres faces seront taillées suivant des plans, sauf pour les moellons en contact avec les coussinets et avec les voussoirs des têtes.

Détermination des panneaux de joints.

144. Il est souvent utile dans la taille des voussoirs (n° 139) de déterminer les panneaux de joints, c'est-à-dire les angles que font les hélices d'intrados avec les arêtes des voussoirs sur le plan de tête. — Nous avons déjà indiqué au n° 112 une méthode qui permet d'effectuer cette détermination, mais nous croyons que celle que nous allons exposer, due à M. Ch.

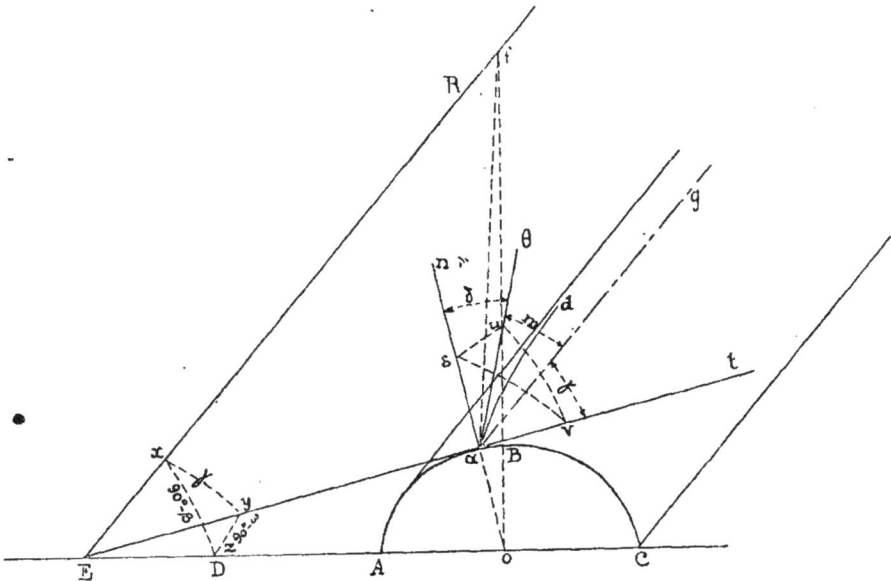

Fig. 241.

Combier, ingénieur des ponts et chaussées, est plus expéditive. — Elle permet de calculer ces angles analytiquement et de les vérifier par une épure très simple. Représentons le cylindre d'intrados en

perspective ($fig.$ 241) et soit ABC la courbe de tête elliptique ou circulaire. Prenons un point quelconque a sur cette courbe et figurons la trajectoire ad, qui sera la directrice des joints longitudinaux. Menons en a la ligne de joint *an* normale à la courbe de tête ainsi que la tangente *at* à cette même courbe. Le point *a* sera le sommet de l'angle trièdre d'un des voussoirs de tête et les arêtes de cet angle seront, d'une part, la normale *an* et, d'autre part, deux arcs faisant partie l'un de la courbe de tête et l'autre de la directrice *ad* du joint longitudinal du voussoir. Ce dernier arc sera remplacé par sa tangente *aθ*.

Soit β l'angle complémentaire de l'angle du biais ;

ω, l'angle de la normale *an* avec l'horizontale AC ;

γ, l'angle de la tangente *at* à la courbe de tête avec la génératrice *ag* de la voûte ;

m, l'angle de cette génératrice avec la tangente *aθ* à la directrice du joint longitudinal sur l'intrados de la voûte.

Le plan tangent au cylindre d'intrados, suivant la génératrice *ag*, contient les tangentes à toutes les courbes, tracées sur la surface du cylindre, passant par le point *a* ; il contient donc les droites *at* et *aθ* et, d'après les notations précédentes, l'angle *taθ* sera égal à $\gamma + m$.

Prolongeons la tangente *at* jusqu'à sa rencontre en E avec l'horizontale AC et menons ER parallèle aux génératrice du cylindre. Si on imagine une sphère ayant son centre au point E, elle sera coupée par les trois plans RE*t*, REC, *t*EC suivant trois courbes qui formeront les trois côtés d'un triangle sphérique rectangle au point D. L'hypoténuse *xy* de ce triangle mesurera l'angle γ ; les deux autres côtés mesureront les angles 90 degrés — β et 90 degrés — ω et comme dans tout triangle sphérique le cosinus de l'hypoténuse est égal au produit des cosinus des autres côtés, on aura :

$$\cos \gamma = \sin \beta \sin \omega \qquad (1)$$

En imaginant de même une sphère ayant son centre au point *a*, elle sera coupée par les trois plans *naθ*, *θat*, *tan*, suivant trois courbes qui formeront un triangle sphérique dont le côté *sv* mesurera un angle droit et les deux autres les angles δ et $\gamma + m$. On pourra donc écrire, d'après la première formule de trigonométrie sphérique,

$$\cos \delta = \sin (\gamma + m) \cos \mu \qquad (2)$$

μ est l'angle du plan de tête et du plan tangent. Pour déterminer cet angle, pro-

longeons la normale *an* jusqu'à son intersection en *o* avec l'horizontale AC et en ce point, dans le plan des naissances, menons une perpendiculaire *of* à A*c* ; elle rencontre la droite ER en *f* ; menons la droite *fa*. La droite *fo*, normale au plan de tête est perpendiculaire à la droite *ao* qui passe par son pied dans ce plan ; par suite, d'après le théorème des trois perpendiculaires, on peut dire que la droite *af* est perpendiculaire sur *ao* ; l'angle *fao* mesure donc le dièdre formé par le plan de tête et le plan tangent au cylindre ; c'est le supplément de l'angle μ

or, on a dans le triangle rectangle *fao*

$$\tan (fao) = \frac{fo}{ao}$$

donc, $$\tan \mu = - \frac{fo}{ao}$$

mais, dans le triangle rectangle *f*E*o*, on a :

$$fo = \mathrm{E}o \tan (90° - \beta) = \mathrm{E}o \cot \beta$$

et, dans le triangle rectangle *a*E*o*,

$$ao = \mathrm{E}o \sin (90° - \omega) = \mathrm{E}o \cos \omega$$

donc, $$\tan \mu = - \frac{fo}{ao} = - \frac{\cot \beta}{\cos \omega}$$

Cherchons la valeur de $\cos \mu$; on a la relation :

$$\cos \mu = \frac{1}{\sqrt{1 + \tan^2 \mu}}$$

c'est-à-dire,

$$\cos \mu = \frac{1}{\sqrt{1 + \dfrac{\cot^2 \beta}{\cos^2 \omega}}}$$

$$= \frac{\cos \omega}{\sqrt{\cos^2 \omega + \cot^2 \beta}}.$$

Cette dernière formule peut se mettre sous une autre forme, qui permettra de simplifier les équations suivantes, en remarquant que,

$$\cot^2 \beta = \frac{\cos^2 \beta}{\sin^2 \beta} = \frac{1 - \sin^2 \beta}{\sin^2 \beta}$$

ce qui donne :

$$\cos \mu = \frac{\cos \omega}{\sqrt{\cos^2 \omega + \dfrac{1 - \sin^2 \beta}{\sin^2 \beta}}}$$

ou, $$\cos \mu = \frac{\sin \beta \cos \omega}{\sqrt{1 - \sin^2 \beta \sin^2 \omega}}$$

et, à cause de l'équation (1)

$$\cos \mu = - \frac{\sin \beta \cos \omega}{\sqrt{1 - \cos^2 \gamma}} = - \frac{\sin \beta \cos \omega}{\sin \gamma}$$

en substituant cette valeur de $\cos \mu$ dans l'équation (2) on aura :

$$\cos \delta = - \frac{\sin \beta \cos \omega \sin (\gamma + m)}{\sin \gamma}$$

formule qui permettra de calculer l'angle δ cherché, lorsqu'on aura préalablement déterminé l'angle γ par la formule (1). Il suffira de calculer cet angle pour les voussoirs compris entre les naissances et la clé, car pour deux points également éloignés de la clé la valeur de $\cos \gamma$ ne change pas.

Dans l'appareil orthogonal parallèle et même dans l'appareil orthogonal convergent, que nous étudierons plus tard, la somme $\gamma + m$ est toujours égale à un angle droit. Les formules deviennent alors, $\cos \gamma = \sin \beta \sin \omega$

$$\cos \delta = - \frac{\sin \beta \cos \omega}{\sin \gamma}.$$

145. *Construction graphique.*—1° *Appareil orthogonal.* — Avec un rayon quelconque AD (*fig.* 242) on décrira une demi-circonférence et on mènera le rayon DB perpendiculaire à AC ; on fera l'angle

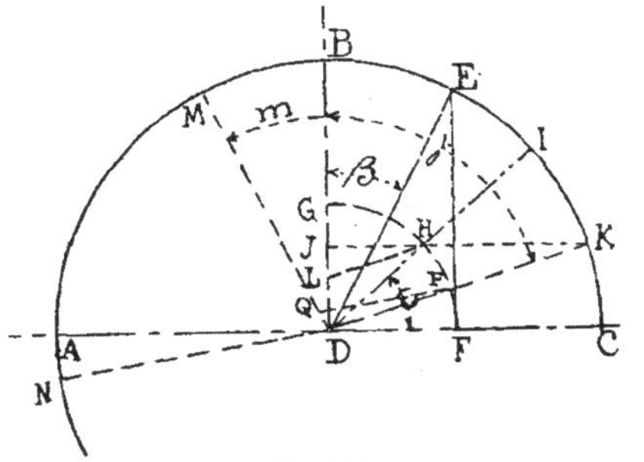

Fig. 242.

BDE égal à l'angle β, complément du biais du pont et on abaissera EF perpendiculaire sur AC. Enfin avec DF pour rayon on décrira le quart de cercle FG.

Ces constructions effectuées, si on veut le panneau de joint correspondant à l'angle ω on mènera la droite DI faisant l'angle ω avec l'horizontale DC. Par le point d'intersection H de cette droite et du cercle DF on mènera la droite JK parallèle à DC et on joindra DK. Il suf-

fira alors de mener par le point H une parallèle HL à DK pour obtenir la valeur du cosinus de l'angle cherché, qui se construira alors facilement.

On a, en effet, en supposant DC = 1,

$$DH = DF = \sin \beta$$

le triangle DHJ donne :

$$DJ = DH \sin \omega = \sin \beta \sin \omega = \cos \gamma$$

et le triangle JHL,

$$HL = \frac{JH}{\sin \gamma}$$

or, JH = DF $\cos \omega = \sin \beta \cos \omega$,

donc, $HL = \dfrac{\sin \beta \cos \omega}{\sin \gamma} = - \cos \delta$

ce qui démontre la construction indiquée plus haut.

146. 2° *Appareil héliçoïdal.* — Nous avons vu que, dans ce cas, les équations à appliquer sont :

$$\cos \gamma = \sin \beta \cos \omega$$

$$\cos \delta = - \frac{\sin \beta \cos \omega \sin (\gamma + m)}{\sin \gamma}.$$

Reprenons la figure précédente (*fig.* 242) dans laquelle l'angle BDE est égal au complément de l'angle du biais du pont et l'angle BDK égal à l'angle γ, ayant la signification donnée au début de la question (n° **144**).

Faisons l'angle BDM égal à l'angle intradossal rectifié et prenons l'arc MN égal à l'arc BK. Puis, à partir du point D prenons DP = JH et menons PQ parallèle à DN ; la longueur PQ représentera, à l'échelle adoptée pour DC, la valeur de $\cos \delta$.

En effet, on a, par construction, en supposant DC = 1,

$$DH = DF = \sin \beta$$

le triangle rectangle JHD donne :

$$JH = DH \cos \omega = \sin \beta \cos \omega$$

or, dans le triangle DPQ, on a :

$$\frac{\sin (DQP)}{\sin (QDP)} = \frac{PD}{PQ}$$

ou $\dfrac{\sin \gamma}{\sin (\gamma + m)} = \dfrac{\sin \beta \cos \omega}{PQ}$

donc, $PQ = \dfrac{\sin \beta \cos \omega \sin (\gamma + m)}{\sin \gamma}$

c'est-à-dire, $PQ = - \cos \delta$

ce qui vérifie la construction précédente.

147. La figure 243 représente, pour l'appareil héliçoïdal, l'épure complète d'après la méthode que nous venons d'indiquer. Les points 1, 2, 3, 4...., obtenus comme le point P de la figure 242 ont été reportés sur des parallèles 1, 1; 2, 2; 3, 3;..... à DM, pour ne pas embrouiller l'épure. De sorte que les cosinus des différents angles cherchés b_1, b_2, b_3,..... sont représentés par les longueurs $1d_1$, $2d_2$, $3d_3$,..... sur des parallèles à Dc_1, Dc_2, Dc_3,..... comprises entre les lignes 1, 1; 2, 2; 3, 3;..... et la droite DM prolongée. Les points $c_1 c_2 c_3$..... ont été ob-

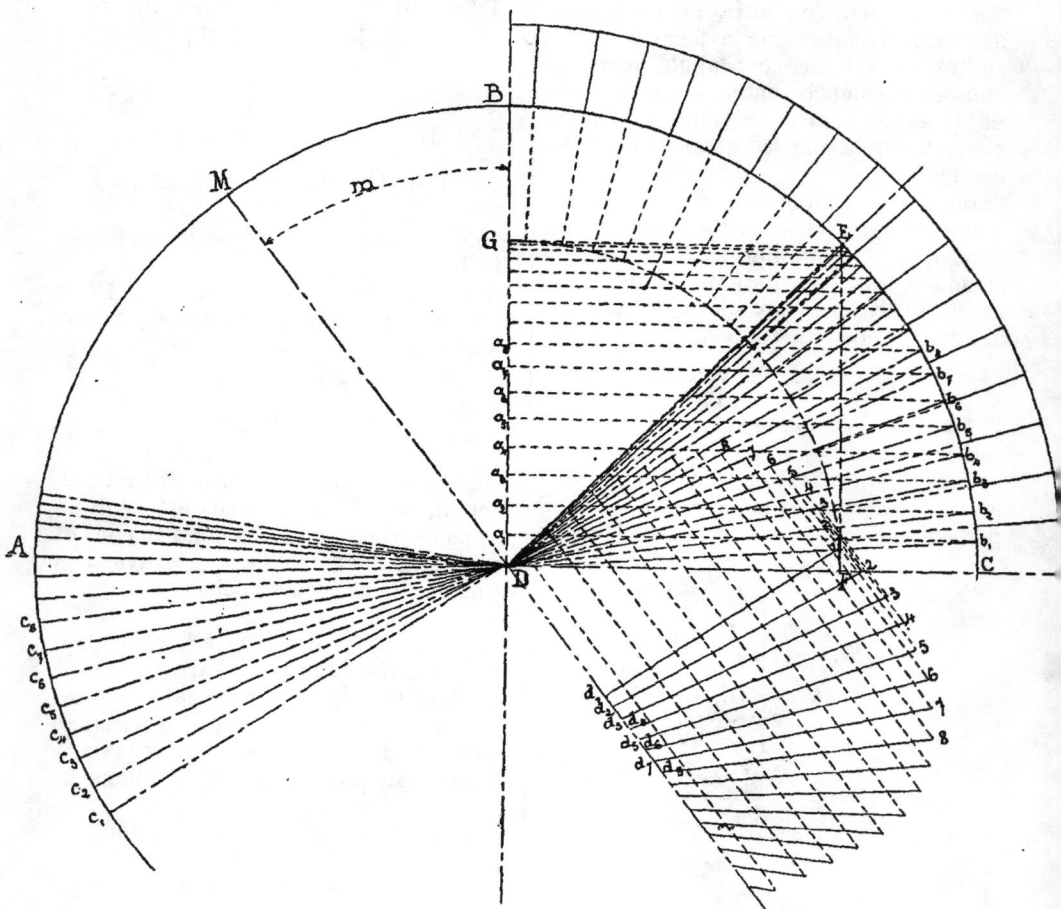

Fig. 243.

tenus en prenant les arcs Mc_1, Mc_2, Mc_3,..... respectivement égaux aux arcs Bb_1, Bb_2, Bb_3.....

Si on veut déterminer analytiquement les angles des hélices d'intrados avec les arêtes des voussoirs sur le plan de téte, on transformera les formules

$$\cos \gamma = \sin \beta \sin \omega$$

$$\cos \delta = - \frac{\sin \beta \cos \omega \sin (\gamma + m)}{\sin \gamma}$$

en remarquant que,

$$\sin \omega = \tang \omega \cos \omega$$

ce qui donne :

$$\cos \gamma = \sin \beta \cos \omega \tang \omega$$

et

$$\sin \beta \cos \omega = \frac{\cos \gamma}{\tang \omega}$$

par suite, on aura :

$$\cos \delta = \frac{\cos \gamma \sin (\gamma + m)}{\sin \gamma \, \mathrm{tang} \, \omega}$$

ou

$$\cos \delta = \mathrm{cotang} \, \gamma \, \mathrm{cotang} \, \omega \sin (\gamma + m)$$

équation plus simple à calculer que la deuxième des équations primitives.

Application numérique.

148. *Etant donné un pont biais à 45 degrés, à courbe de tête circulaire, de 8 mètres d'ouverture biaise, déterminer l'angle que fait l'hélice d'intrados avec l'arête du voussoir sur le plan de tête, dans le panneau de joint numéro 7.*

Déterminons l'angle intradossal naturel ; c'est l'angle $cb_1 f$ (*fig.* 244).

on a, $\quad \mathrm{tang} \, (cb_1 f) = \dfrac{cf}{fb_1}$

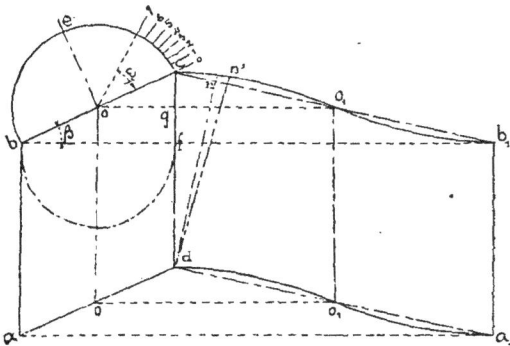

Fig. 244.

fb_1 est la longueur du développement de la demi-ellipse de section droite.

Le tableau, donné au numéro 80, indique que ce développement est $2^m,70128$, pour $r = 1$.

donc $\quad fb_1 = 2,70128 \times 4 = 10^m,805$.

Le biais du pont donne :

$$cf = bc \sin \beta = 8,00 \times 0,707 = 5^m,656$$

donc, $\quad \mathrm{tang} \, (cb_1 f) = \dfrac{5,656}{10,805} = 0,52346$

et $\quad \log \mathrm{tang} \, (cb_1 f) = \overline{1},7188835,$

d'où on déduit pour valeur de l'angle intradossal naturel $27°\,38'$ en nombre rond.

Pratiquement, il faut rectifier cet angle sur l'épure en joignant le point d au point

de division n', de l'arc de tête en voussoirs, le plus rapproché du pied n de la perpendiculaire dn abaissée de d sur cb_1.

Soit $28°\,30'$ l'angle ainsi rectifié, c'est celui que nous avons désigné par m au numéro 144.

Cherchons maintenant la valeur de l'angle ω_7 que fait avec l'horizontale bc la septième ligne de joint, en supposant la courbe de tête partagée en 33 voussoirs.

Cet angle aura pour valeur

$$\omega = \omega_7 = \frac{7 \times 180}{33} = 38°10'$$

ces calculs préliminaires effectués, il faut appliquer les équations

$$\cos \gamma = \sin \beta \sin \omega$$
$$\cos \delta = \mathrm{cotang} \, \gamma \, \mathrm{cotang} \, \omega \sin (\gamma + m)$$

dans lesquelles,

$$\beta = 45°$$
$$m = 28°30'$$
$$\omega = 38°10'$$

calculons d'abord l'angle γ ; on aura :

$\log \cos \gamma = \log \sin 45° + \log \sin 38°10'$

$$= \overline{1},8494850$$
$$+ \overline{1},7909541$$

$\log \cos \gamma = \overline{1},6404391$

d'où $\qquad \gamma = 64°5'24''$

et $\qquad \gamma + m = 92°35'24''$

donc,

$\log \cos \delta = \log \mathrm{cotang} \, 64°5'24''$
$\quad + \log \mathrm{cotang} \, 38°10' + \log \cos 2°35'24''$

ce qui donne :

$$\overline{1},6864483$$
$$+ 0,1045881$$
$$+ \overline{1},9995561$$

$\log \cos \delta = \overline{1},7905925$

d'où on déduit, en nombre rond,

$$\delta = 51°52'.$$

149. Pour éviter l'emploi du calcul et aussi les constructions graphiques qui, le plus souvent, exigent la connaissance des procédés de la géométrie descriptive, M. Marcel Gros, ingénieur des ponts et chaussées, a imaginé un mécanisme permettant le tracé direct, en vraie grandeur, des panneaux des voussoirs d'une voûte biaise à *section droite circulaire.*

Nous croyons donc utile de donner, d'après l'auteur, la description de ce mécanisme ainsi que les différents tracés qu'il permet d'effectuer.

« Tous les éléments d'un cintre à section droite circulaire, dit M. Gros (1), sont identiques à l'inclinaison près de leur plan tangent. Si donc, auprès d'une douelle cylindrique représentant une fraction du cintre et pouvant être arrêtée dans toutes les positions qu'elle est susceptible de prendre autour d'un axe parallèle à ses génératrices, on approche un plan vertical faisant avec ses génératrices un angle égal à l'angle du biais de manière à pouvoir représenter le plan de tête. on aura là, dans un espace restreint qui permettra d'opérer avec *commodité et précision*, tous les éléments que, dans le procédé de M. Morandière, il faudrait aller chercher sur le cintre. »

« Le mécanisme qui réalise cette dis-

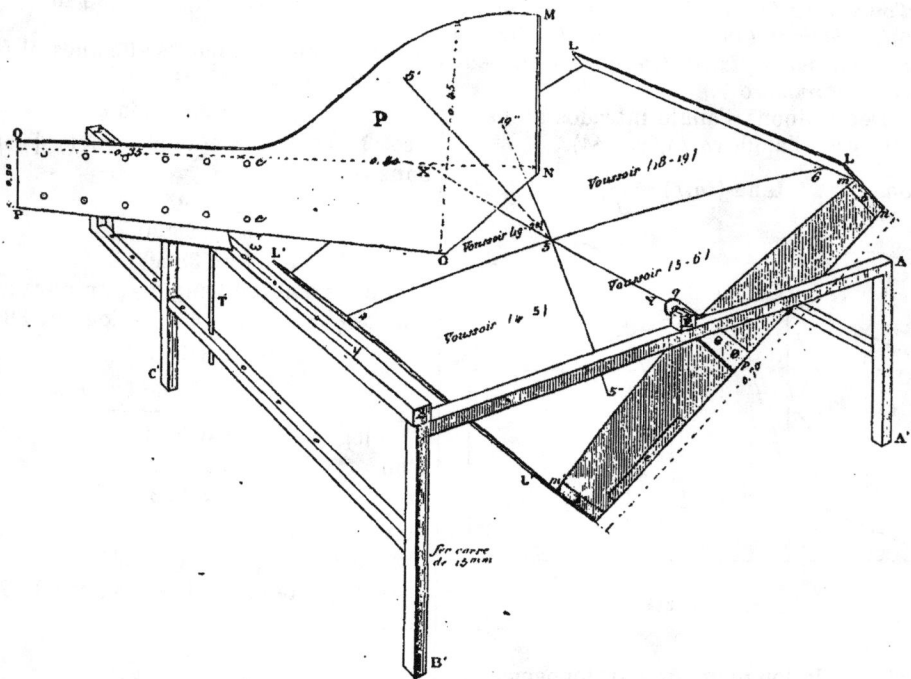

Fig. 245.

position, et que nous avons représenté en perspective dans les figures 245 et 246 se composera donc essentiellement d'une douelle et d'un plan directeur réunis sur un même support dans une position relative invariable. »

« Le support est une espèce de cadre rectangulaire horizontal ABCD (*fig.* 246) en barres de fer élevé sur des pieds AA'... Le côté AD du cadre manque et se trouve remplacé par une entretoise reliant les

(1) *Annales des ponts et chaussées*, année 1877.

pieds AA' et DD', et portant l'appareil de serrage F qui sert à fixer la douelle suivant l'inclinaison voulue. Les deux barres AB, CD portent, vers leur milieu, les coussinets E, destinés à recevoir les tourillons qui servent à suspendre la douelle sur le support. La barre BC, fixée au-dessus des extrémités des barres AB, CD, est d'un calibre un peu plus fort et se prolonge au-delà du point C ; elle est accompagnée d'une entretoise B'C' qui se prolonge de même et lui est reliée à son extrémité. Ces deux barres parallèles sont percées de trous se correspondant deux à deux sur une même verticale. C'est dans ces trous que tourne à frottement doux la tige TT qui sert d'axe de rotation pour le plan directeur. »

« La douelle est rectangulaire ; elle est formée par cinq fermettes, *a*, *a* (*fig*. 246) semi-rectangulaires reliées dans des positions parallèles équidistantes au moyen des bordures *bb*, *b'b'*, et de l'écharpe *ee*. Le bord supérieur *mom'*, de ces fermettes présente la courbure de la section droite du pont ; leur hauteur au milieu, *op*, doit être de 0^m,12 environ, afin que celle aux extrémités *mn* soit toujours assez grande pour permettre un assemblage solide. Sur le dos de ces fermettes est étendue une feuille de carton ou de zinc assez grande pour pouvoir être clouée sur le pourtour de la douelle. On la recouvre

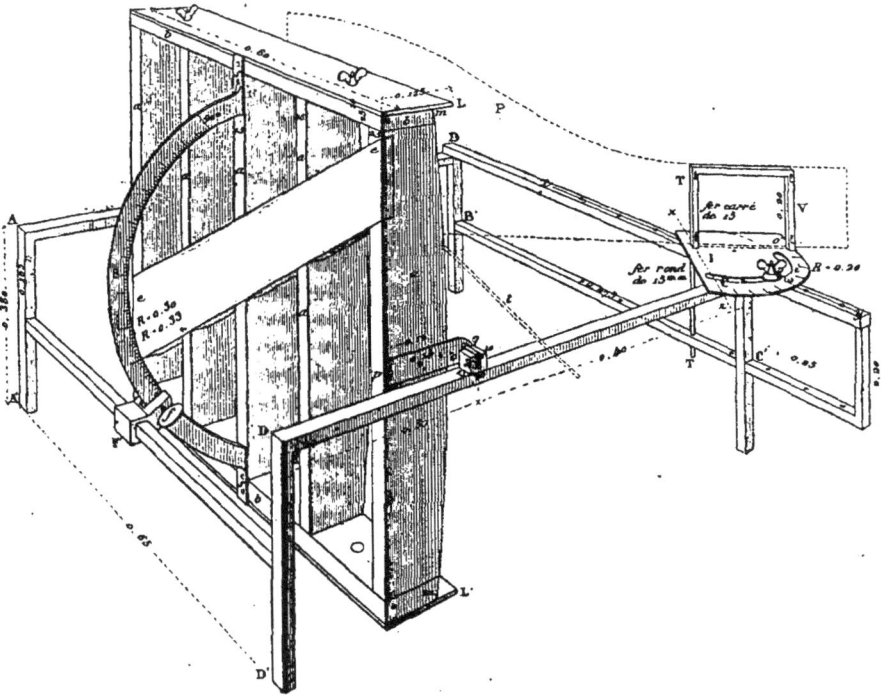

Fig. 246.

ensuite d'une feuille de papier à dessin bien tendue que l'on colle sur les rebords verticaux de la douelle. Les dimensions de la douelle peuvent être 0^m,60 suivant les génératrices, et 0^m,70 suivant la section droite. Avant de s'en servir, il faut encore fixer, au moyen de vis : 1° sur les bordures *bb*, *b'b'*, des planchettes ou lattes, LL, L'L', à bords parallèles et un peu plus hautes que la douelle en son milieu ; les bords supérieurs de ces lattes définissent un plan parallèle au plan tangent à la douelle suivant sa génératrice médiane, et situé un peu au-dessus de ce plan ; 2° sur l'axe des fermettes extérieures, les pièces de fer *pq*, dont l'extrémité supérieure est armée d'un tourillon dirigé en dehors ; 3° enfin sur le bord inférieur de la fermette médiane et bien symétriquement les patins *s*, *s'* de l'arc en fer plat S dont le rayon a été calculé de manière que, dans cette position, son centre soit sur l'axe des tourillons. L'arc S est gradué en degrés ; les limites de sa graduation s'obtiennent en marquant 0 et 90 aux points où affleure l'appareil de serrage F, quand la douelle est successivement placée dans des positions verticale et horizontale. Le plan directeur P(*fig.*245), est formé par une planchette en bois bien dressée et découpée suivant un contour tel que MNOPQ. Il est percé de trous c, c' équidistants qui permettent de le fixer en un point convenable au cadre TV (*fig.* 246) qui le relie au support. Un des montants

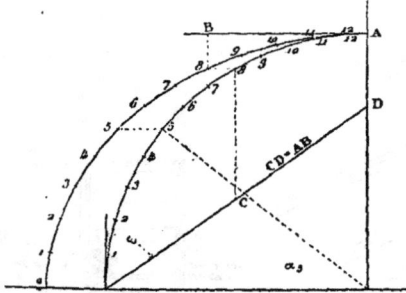

Fig. 247.

de ce cadre se prolonge au dessous par une tige qui sert d'axe de rotation pour orienter le plan P suivant la direction des têtes du pont. Pour cela un quadrant horizontal gradué, I, est fixé au cadre suivant sa ligne origine ; on le fait tourner jusqu'à ce que la ligne de foi, *xy*, du support coïncide avec la division ω

Fig. 248.

qui mesure l'angle du biais, et on serre alors la vis *i*. Il a été nécessaire de percer plusieurs trous sur le plan P comme sur les barres CD, C'D' du support afin de pouvoir, quel que soit l'angle ω, placer ce plan dans une position telle que son arête verticale MN surplombe un peu le centre de la douelle supposée horizontale. Cette position est la plus convenable en ce qu'elle permet de terminer toutes les opérations sans qu'on ait à la modifier. »

150. Examinons maintenant, en détail, les diverses opérations à effectuer pour tracer les panneaux de douelle et de joint relatifs à un voussoir quelconque.

Considérons (*fig.* 247) l'ellipse de tête et le cercle de section droite et proposons-nous de déterminer le panneau de lit correspondant au joint 5 ainsi que les panneaux de douelle des voussoirs situés de part et d'autre de ce joint. Soit α_5 l'angle que fait avec l'horizontale le rayon qui aboutit au point 5.

La première opération à effectuer con-

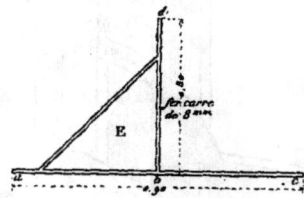

Fig. 249.

siste dans l'orientation de la douelle de manière que la génératrice médiane XY représente la génératrice du point 5. A cet effet, on fera tourner la douelle jusqu'à ce que l'appareil de serrage F affleure à la division α_5 et on serrera la vis *f*.

Ceci fait et le plan directeur P étant

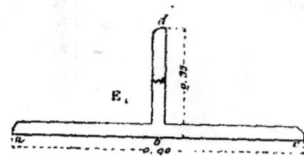

Fig. 250.

placé dans une position convenable, d'après le biais du pont, on fera glisser sur ce plan une règle plate représentée (*fig.* 248) ; dans ce mouvement, le crayon qu'elle porte à son extrémité tracera la ligne 4, 5, 6 (*fig.* 245) qui représentera la courbe de tête. Le point 5, intersection de l'arc d'intrados 4, 5, 6 et de la génératrice XY sera le point de départ de la ligne de joint sur le plan de tête et de la courbe qui, sur l'intrados, représentera la directrice des joints longitudinaux.

Pour tracer la première de ces lignes, on se servira d'une équerre rigide, représentée (*fig.* 249), dont on fera reposer le côté *ac* sur les rebords des lattes LL, L'L', de manière que, le plan *abd* de cette équerre étant appliqué contre le plan de tête P, le point *b* soit bien exactement au-dessus du point 5; en faisant alors glisser un crayon le long de *bd*, on tracera la ligne de joint 55' sur le plan P.

Quant à la ligne de douelle, elle s'obtiendra à l'aide d'une équerre flexible (*fig.* 250) qu'on appliquera sur la douelle en ayant soin que le côté *ac* soit tangent en *b* à la courbe 4, 5, 6; on tracera alors la ligne de joint 5", 5', 9" suivant le côté *bd*.

passer une circonférence qui représentera, assez exactement pour la pratique, la directrice du joint longitudinal ; *abd*, représentera, par exemple, le panneau de lit n° 5 et *cbd* le panneau du lit n° 19; on opérera de la même manière pour tous les points de division du demi-arc de tête.

Cette surface de lit 5', 5, 5", qui est supposée plane, couperait la surface de l'intrados suivant un arc d'ellipse mais la différence entre cet arc et l'hélice prise pour ligne de joint est très peu sensible et négligeable dans la pratique.

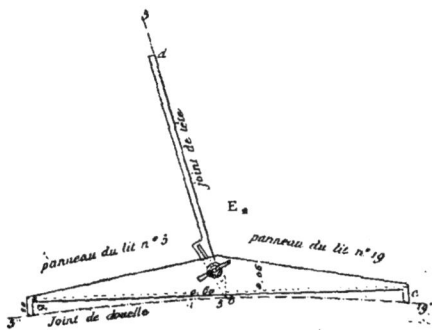

Fig. 251.

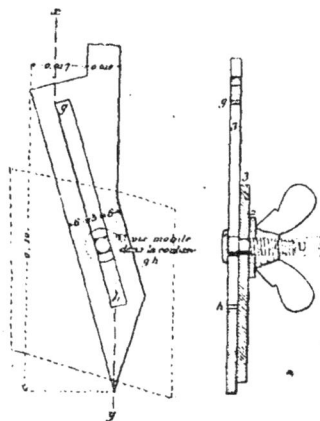

Fig. 252.

Cette ligne s'appliquera aux voussoirs 4-5, 5-6, 18-19, et 19-20.

Pour terminer, il restera à mesurer l'angle de la ligne de joint 5, 5' sur le plan de tête, avec la ligne du joint de douelle 5, 5" c'est-à-dire le panneau de joint n° 5. On relèvera cet angle à l'aide d'une fausse équerre *acd* (*fig.* 251) dont la petite branche porte à la base une coulisse *gh* (*fig.* 252) qui lui permet de faire avec la branche *ac* un angle quelconque. Un écrou à oreille U permet de fixer les deux branches dans une position invariable. Si donc on place la branche *ac* suivant le joint de douelle 5", 5, 19", de manière que la petite branche *bd* soit appliquée sur le plan P suivant 55', on aura, en serrant l'écrou à oreilles, l'angle cherché. On appliquera l'équerre sur une feuille de papier ; on tracera la ligne *bd* et on repérera les points *a*, *b*, *c* par lesquels on fera

Corne de vache.

151. Lorsque le biais du pont est très accentué, les angles aigus formés par l'intrados et le plan de tête sont dans de mauvaises conditions de résistance ; aussi, pour éviter l'acuité des voussoirs extrêmes, on coupe une partie de la voûte par des voussures ou *cornes de vache.*

Ces voussures peuvent avoir des formes différentes, suivant le mode de génération des surfaces qui les composent.

1° *Voussure conique.* Soit AG le plan de tête de la voûte à section droite circulaire, par exemple ; on mènera parallèlement à ce plan un plan vertical CD qui coupera l'intrados suivant une ellipse projetée verticalement en C'F'D'. Par le point D, on mènera, dans le plan des naissances (*fig.* 253), la droite DB faisant, avec AB, un angle DBA = CAB. Cette droite prolongée rencontrera la génératrice AC en un point o qu'on prendra pour sommet d'un cône ayant pour directrice l'ellipse CD, C'F'D'. La partie de ce cône, comprise entre les deux plans verticaux CD et AB constituera la corne de vache et la courbe d'intrados sur le plan de tête résultera de l'intersection de ce plan avec le cône. Cette courbe sera évidemment une ellipse qu'on pourra tracer par points, en cherchant les intersections des génératrices du cône avec le plan de tête. Une génératrice quelconque oa, $o'a'$ rencontrera le plan de tête en un point

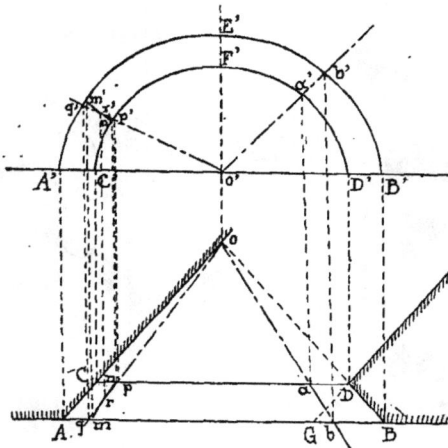

Fig. 253.

projeté horizontalement en b et verticalement en b', qui sera un point de la projection verticale de la courbe de tête cherchée.

152. Pour effectuer l'épure complète, en supposant, comme exemple, la voûte appareillée suivant le système hélicoïdal simplifié, on fera d'abord abstraction de la corne de vache ; on ne considèrera que le parallélogramme $efgh$ (fig. 254), et on appareillera les têtes eg, fh comme si la voûte se terminait à ces plans. On développera donc sur le plan des naissances les courbes projetées en eg et fh, et on continuera l'épure comme au n° 123, pour toute cette partie de la voûte.

Ceci fait, on tracera l'intersection uv,

$u'o''v'$ du cône constituant la voussure avec le plan de tête, et on relèvera sur la courbe $eg, e'o'g'$ les points tels que m, n, de division de la voûte en voussoirs.

On joindra les points ainsi obtenus au foyer principal, ce qui donnera la ligne de joint des voussoirs dans le plan vertical eg. Les joints longitudinaux des voussoirs seront alors déterminés par ces droites et par les cordes des hélices comprises entre les deux plans verticaux limitant la longueur des voussoirs à partir du plan de tête ; ces joints se briseront pour devenir perpendiculaires à ce plan de tête.

Ainsi, considérons (fig. 254) le voussoir $m_1n_1p_1q_1$ dont la projection horizontale de l'intrados est $mnpq$; les points m, n, p, q se relèvent en m',n',p',q', et en joignant les points m' et n' au foyer principal, on a les lignes $m'l'$, $n'k'$, intersections des joints plans mp, nq du voussoir avec le plan eg.

Entre les deux plans ef et uv, limitant la corne de vache, les joints sont formés par deux plans perpendiculaires au plan ef et menés par les droites $m'l'$, $n'k'$; — ils coupent la voussure suivant des arcs d'ellipse, faciles à déterminer, car on a immédiatement deux points mm', rr', nn', ss', de chacun d'eux, et, pour avoir des points intermédiaires des courbes mr, ns, il suffira de chercher les intersections des plans $m'l'$, $n'k'$ avec les génératrices du cône passant entre les points mm', rr' et nn', ss'. La construction, très simple du reste, est indiquée sur la gauche de la figure 253. On voit que la génératrice oq, $o'q'$ passant entre les deux points mm' et nn', rencontre le plan de joint $m'n'$ au point r, r' ; — la projection horizontale de l'ellipse d'intersection est alors la courbe nrm.

La figure 255 donne les projections complètes d'un voussoir se raccordant avec les assises des moellons du plan de tête et la figure 256 montre la perspective de ce même voussoir. — Dans cette figure les plans de joints sont d'un côté $m'r'l'l_1$, $m'p'v'l_1$ et de l'autre côté $s'n'k'k_1$, $n'q'y'k_1$ — (les droites $r'l'$, $m'l_1$ et $p'v'$ sont évidemment parallèles, ainsi que les droites $s'k'$, $n'k_1$, $q'y'$). Les douelles d'intrados sont $m'n'p'q'$, pour la partie courante de la voûte, et $m'n'r's'$, pour la partie appartenant à la voussure. Les panneaux de tête sont représentés par les contours $r's'k'x'l'$, $p'q'y't'v'$ et le voussoir est limité à la partie supérieure à un plan horizon-

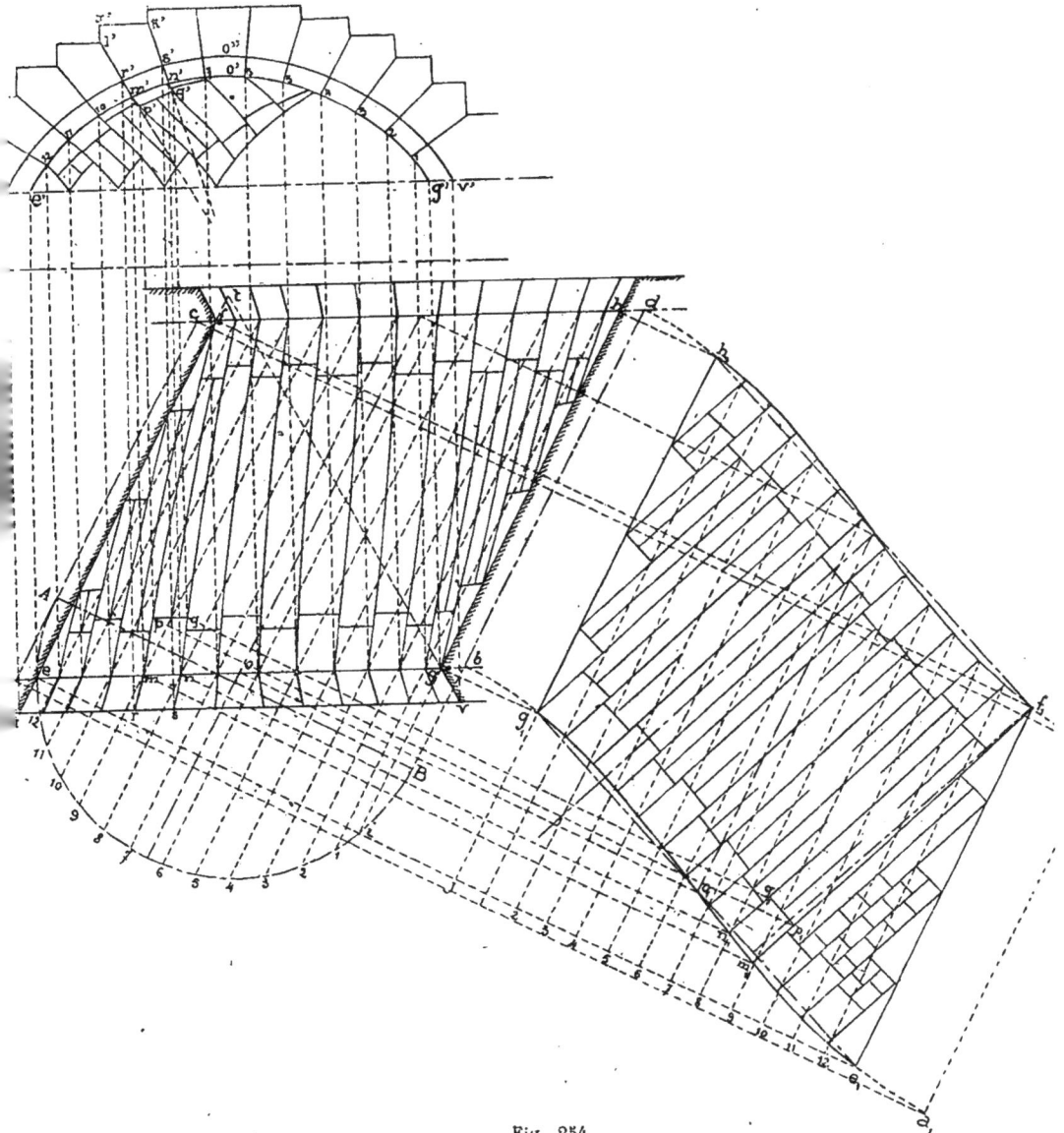

Fig. 254.

tal passant par $x'k'$. Enfin les plans $l'l_1x'x_1$ et $x_1l_1v't'$ sont des plans verticaux conduits, le premier par la droite $l'x'$ perpendiculairement au plan de tête, et le deuxième par les droites l_1x_1 et $l'v'$; l_1x_1 étant l'intersection du plan $l'l_1x'x_1$ avec le plan vertical eg (fig. 254).

Taille du voussoir.

153. Pour pouvoir tracer le voussoir sur la pierre, il faut déterminer les pan-

neaux de joints continus et les deux panneaux de joints de la corne de vache. Les deux premiers s'obtiendront par la méthode déjà indiquée au numéro 126 en pre-

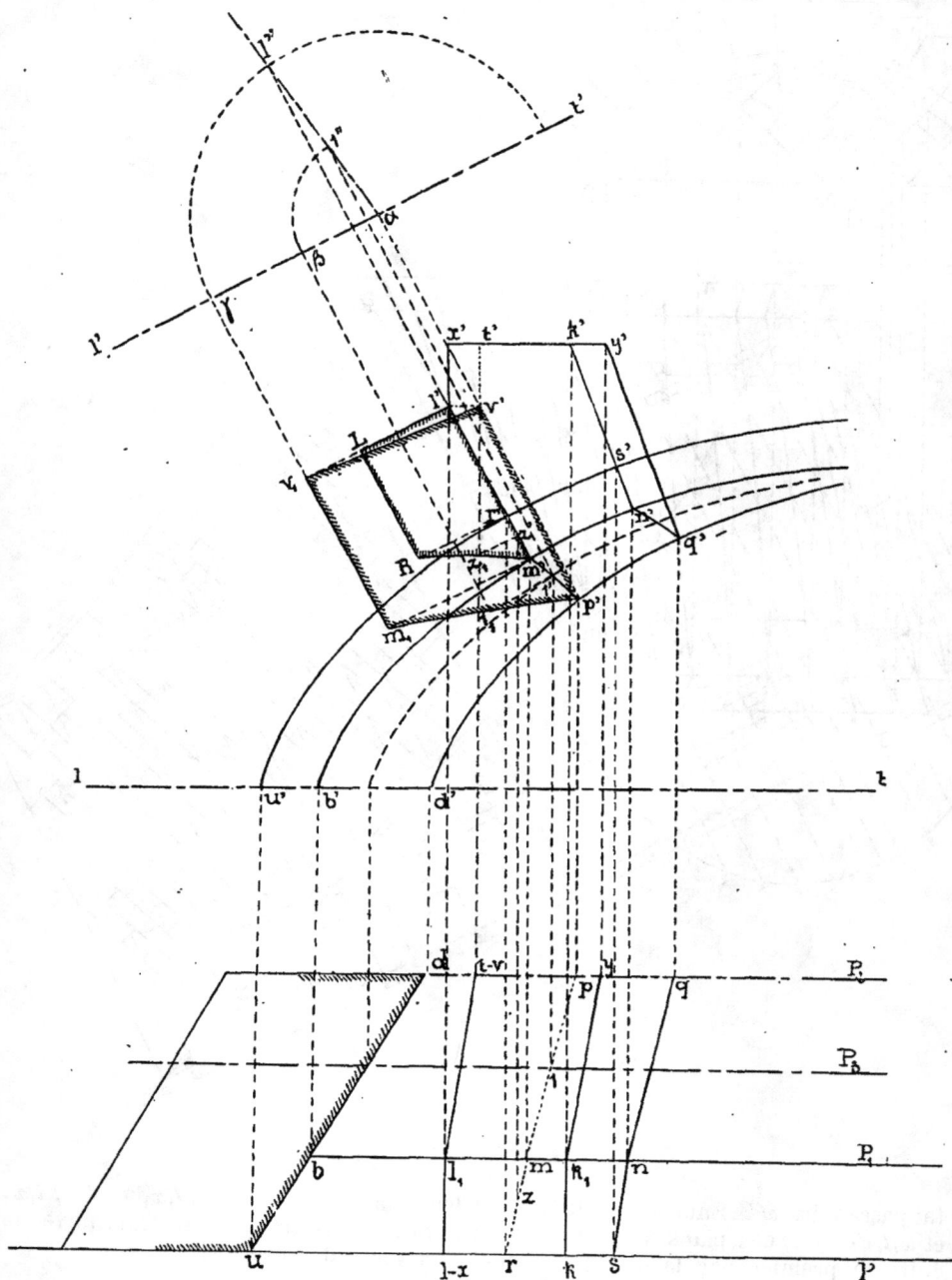

Fig. 255.

nant un nouveau plan vertical $l't'$ perpendiculaire à $p'v'$ (fig. 255); la trace du plan de joint $p'v'l'm'$ sur ce nouveau plan vertical sera $\alpha\, l''$ et, en le rabattant sur le plan horizontal, on aura sa vraie grandeur en $v'v_1m_1p'$. On opèrera de même pour déterminer l'autre panneau de joint continu $q'n'k'y'$.

Le panneau de joint de la corne de vache projeté horizontalement en $mr\, ll_1$ et verticalement en $m'r'l'$ s'obtiendra par la même méthode en rabattant ce panneau sur le plan vertical P_1. A cet effet, on élèvera en l' et r', sur $m'l'$, les perpendiculaires $l'L$ et $r'R$. On prendra $l'L =$

dont la hauteur (1,5) sera égale à la distance des deux plans verticaux P et P_2, qui limitent le voussoir en longueur. Ceci fait, on appliquera sur la face 1, 2, 3, 4 le panneau de tête $m'n'k'x'l'm'$; sur le plan supérieur de la pierre le panneau ll_1lyk_1k (fig. 255) et enfin sur la face 5, 6, 7, 8 le panneau $t'v'p'q'y'$. On pourra alors tailler la douelle d'intrados, qu'on vérifiera en repérant sur la pierre les points appartenant à une même génératrice. On découpera ensuite une feuille de zinc ou de carton sur le développement $m_1n_1p_1q_1$ (fig. 254) et on l'appliquera sur la douelle, en y traçant son contour. Puis, après

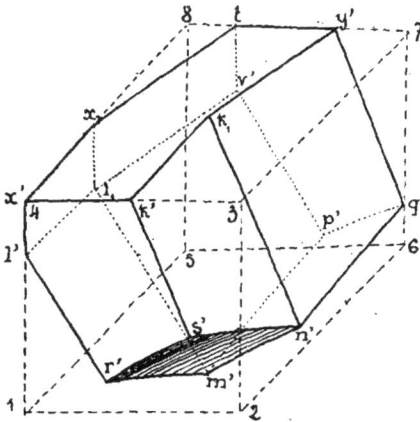

Fig. 256.

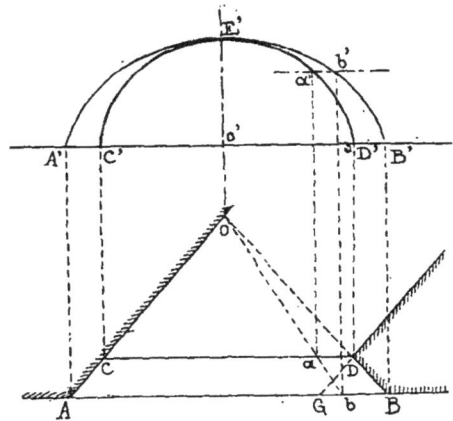

Fig. 257.

$r'R = l_1l$, distance des deux plans P et P_1, et on joindra LR. Pour obtenir un point intermédiaire de la courbe Rm', intersection du plan de joint et du cône, on prendra un point intermédiaire quelconque z, z' et on élèvera $z'z_1$ perpendiculaire sur $l'm'$ et égale à la distance du point z au plan P_1. On pourra donc tracer la courbe Rz_1m' par points. L'autre panneau de joint de la corne de vache s'obtiendra par les mêmes constructions.

Les panneaux de joints étant déterminés ou aura tous les éléments nécessaires pour tracer le voussoir sur la pierre. A cet effet, on taillera un bloc de pierre en forme de parallélipipède rectangle dont la base 1, 2, 3, 4 sera le plus petit rectangle circonscrit à la projection verticale $p'm'l'x'y'q'p'$ du voussoir (fig. 255) et

avoir mené sur la face 1,4,5,8 la droite $l''l_1$ parallèle à 4,8, on taillera le plan $l''l_1r'm'$ dont on connaîtra les deux droites $l''l_1, l'r'$; on appliquera sur ce plan le panneau de joint de la corne de vache dont on a la vraie grandeur en $l'LRz_1m'$, ce qui permettra de tracer la courbe $r'm'$. On taillera ensuite les plans verticaux $l'x'x_1l_1$ et $x_1l_1v't'$ sans aucune difficulté ainsi que le plan de joint continu $l_1m'p'v'$, dont on connaît les deux droites l_1m' et $v'p'$, et dont on a, du reste, la vraie grandeur en $v'v_1m_1p'$ sur la figure 255. Ceci fait on taillera le deuxième plan de joint continu $n'k_1y'q'$, dont on connaît les deux droites $y'q'$ et k_1y'; on vérifiera la taille de ce plan en y appliquant le panneau dont on sait déterminer la vraie grandeur. On passera alors à la taille du plan de joint

$n's'k'k_1$ de la corne de vache, dont on a les deux droites $s'k'$ et $k'k_1$; on appliquera sur ce plan la vraie grandeur du panneau correspondant et on tracera la courbe $s'n'$.

Pour terminer la taille du voussoir, il n'y aura plus qu'à exécuter la surface de douelle de la corne de vache à l'aide des deux directrices $r's'$, $m'n'$; on la vérifiera en faisant passer une règle par deux points appartenant à une même génératrice du cône de la voussure. Ces points seront faciles à repérer sur la pierre.

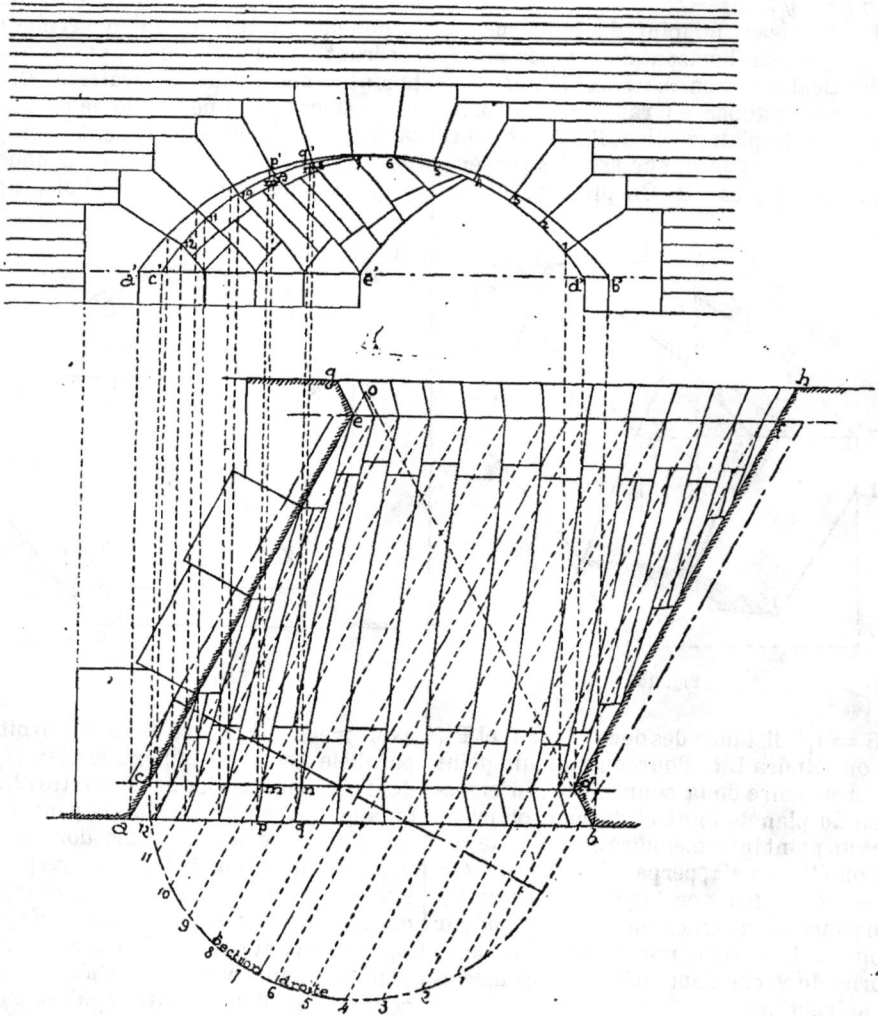

Fig. 258.

154. *Voussure conoïde.* — On mènera, comme dans le cas précédent, un plan vertical CD, parallèle au plan de tête (*fig.* 257); il coupera le cylindre d'intrados suivant une ellipse projetée verticalement en C′E′D′, si la section droite de la voûte est circulaire.

Par le point D, on tracera la ligne oB faisant avec AB l'angle oBA = oAB et la voussure, comprise entièrement entre les deux plans verticaux AB et CD, sera engendrée par la droite oB qui se déplacera en s'appuyant sur l'ellipse CD, C'E'D' et sur la verticale $o'E'$, en restant constamment parallèle au plan des naissances. Dans ces conditions, l'intersection du conoïde avec le plan de tête AB sera une deuxième ellipse ayant O'A' pour demi grand axe et $o'E'$ pour demi petit axe. Cette ellipse se déterminera par points en cherchant l'intersection des génératrices du conoïde avec le plan de tête. La figure 257 montre par exemple, que la génératrice ab, $a'b'$ rencontre ce plan en b, b'.

Les joints longitudinaux seront brisés, comme pour la voussure conique, c'est-à-

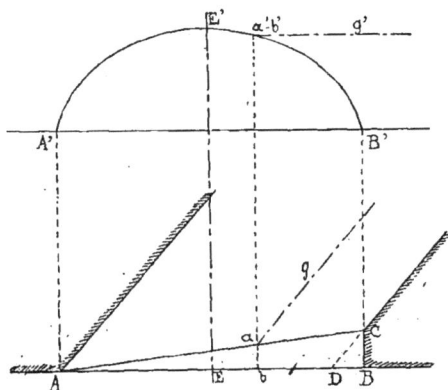

Fig. 259.

dire que le joint continu du voussoir sera plan et dirigé suivant la corde de l'hélice jusqu'au plan CD à partir duquel il se retournera pour devenir perpendiculaire au plan de tête.

155. La figure 258 donne l'élévation d'une tête et le plan de l'intrados d'une voûte appareillée au système hélicoïdal avec voussure conoïde.

Si on détermine l'angle dièdre formé par cette voussure et la douelle d'intrados en différents points de l'ellipse CD (*fig.* 257) on remarque que cet angle est rentrant du côté de l'angle obtus A et saillant du côté opposé. Cet inconvénient n'existe pas dans la voussure conique qui, du reste, étant symétrique est beaucoup plus élégante.

156. *Voussure cylindrique.* — Soit toujours AB (*fig.* 259) la trace horizontale du plan de tête d'une voûte biaise à section droite circulaire. Coupons l'angle aigu CDB par un plan vertical CB perpendiculaire au plan de tête et joignons AC. La partie de voûte projetée suivant ACB sera appareillée comme un cylindre horizontal perpendiculaire au plan de tête ; il en sera de même pour la partie analogue de l'autre tête. La partie de voûte intermédiaire se projettera alors suivant un parallélogramme ; on l'appareillera en voûte biaise.

L'ellipse AC, A'E'B', intersection de la voûte et du plan vertical AC, est en même temps la vraie grandeur de l'arc de tête ; g, g' est une génératrice de la partie de voûte intermédiaire et ab, $a'b'$ une génératrice de la voussure ACB. Les plans de joints seront déterminés comme dans les voussures précédentes.

157. Au viaduc de la Walk, sur lequel le chemin de fer de Paris à Strasbourg traverse le canal de la Marne au Rhin, on a employé une voussure particulière. On a coupé (*fig.* 260) l'angle aigu gea par un plan vertical ga perpendiculaire au plan de tête et on a coupé le cylindre de la voûte par une voussure, comprise entre le plan de tête ab et un plan parallèle gh, qui vient expirer à la génératrice du sommet de la voûte.

Puis, par symétrie, on a établi du côté de l'angle obtus. en prenant $bf = ae$, une deuxième voussure qui se termine encore à la clé de la voûte; de sorte que la voussure complète est projetée horizontalement en $gafh$.

La surface de la voussure est engendrée par une droite qui s'appuie, d'une part, sur la courbe de tête de la voussure et, de l'autre, sur la courbe déterminée par l'intersection du plan gh avec le cylindre d'intrados de la voûte.

Dans la pratique on divise ces deux courbes en partie égales et on prend pour génératrices de la voussure les droites qui joignent les points de division de même rang.

On peut aussi limiter la voussure par les plans verticaux am et gm dont le premier est le plan de tête et le deuxième un

plan aboutissant au sommet de la voûte. | $g_1 n_1 m_1$; la génération de la surface de la
Ce dernier plan coupe l'intrados suivant | voussure restant la même que précédem-
un arc d'ellipse qui se développe suivant | ment.

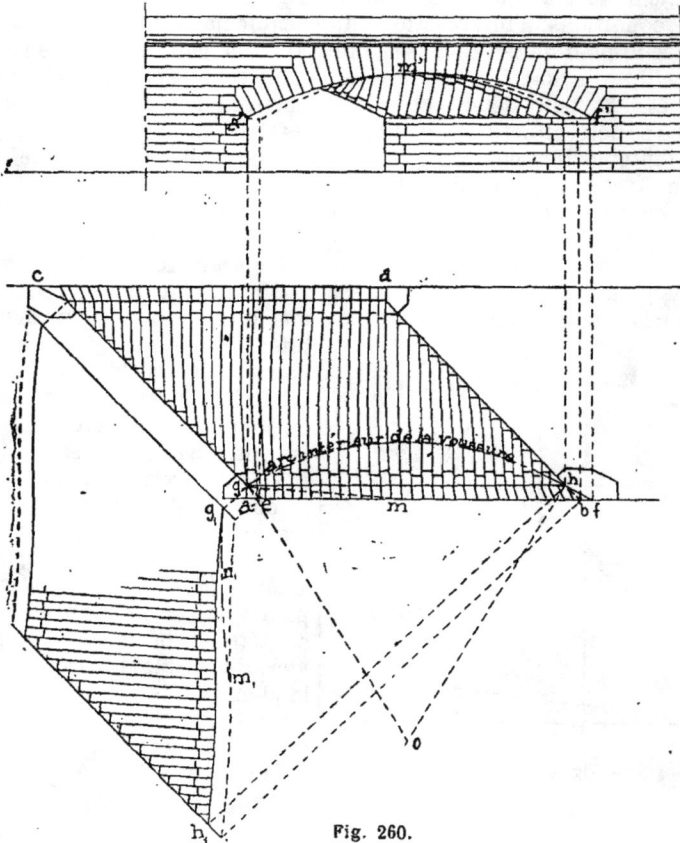

Fig. 260.

§ VIII. — APPAREIL ORTHOGONAL CONVERGENT

158. Lorsque la voûte a une grande longueur par rapport à son diamètre, les trajectoires de l'appareil orthogonal parallèle convergent rapidement vers les génératrices des naissances. Il faudrait donc, pour ne pas employer des moellons d'une trop faible épaisseur, interrompre les lignes d'assises, ce qui produirait un effet trop disgracieux.

Pour éviter cette solution, on n'appareille plus la voûte en biais sur toute sa longueur; on la divise (*fig.* 261) en trois zones *abef, efgh, ghcd*, par des plans de sections droites *ef* et *gh* peu éloignés des têtes. La zone médiane *efgh* est appareillée en voûte droite et les deux zones extrêmes *abef, ghcd* ont seules un appareil biais.

On peut appliquer l'appareil hélicoïdal à ces dernières zones en les limitant, à leur jonction avec la zone médiane, par des chaînes de pierres de taille en forme de crémaillères. C'est le système que nous avons indiqué au numéro 132. Mais, souvent aussi on emploie l'*appareil orthogonal convergent* qui, au point de vue théorique, donne, pour ce cas, la solution la plus satisfaisante.

159. Reprenons l'une des zones extrêmes *abef* (*fig.* 261); les deux plans qui la limitent se rencontrent suivant une verticale

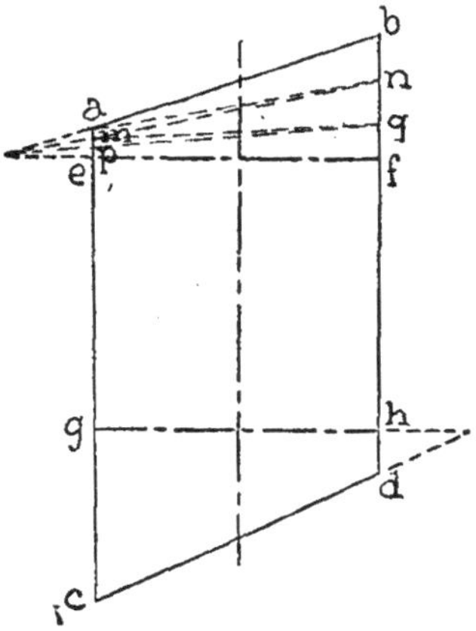

Fig. 261.

projetée en A (*fig.* 261). Menons par cette droite un certain nombre de plans verti-

caux ; ils déterminent, dans cette portion de voûte, une série de zones dans lesquelles la plus grande compression a lieu suivant la ligne de plus petit diamètre (64). En particulier, pour la zone *amnb*, l'arc de plus grande contraction se projettera suivant la ligne *an* et on voit que si le nombre des zones augmente indéfiniment les lignes telles que *an*, *pq* iront toutes concourir au point A. On en déduit naturellement que le système des lignes d'appareil peut être formé:

1° Par les courbes d'intersection du cylindre d'intrados par des plans verticaux passant par la droite A, et,

2° Par une série d'autres courbes coupant celles-ci à angle droit.

Les premières courbes seront les directrices des joints transversaux et les secondes les directrices des joints longitudinaux.

1er CAS. *Courbe de tête circulaire.* — Supposons (*fig.* 262) que le développement soit

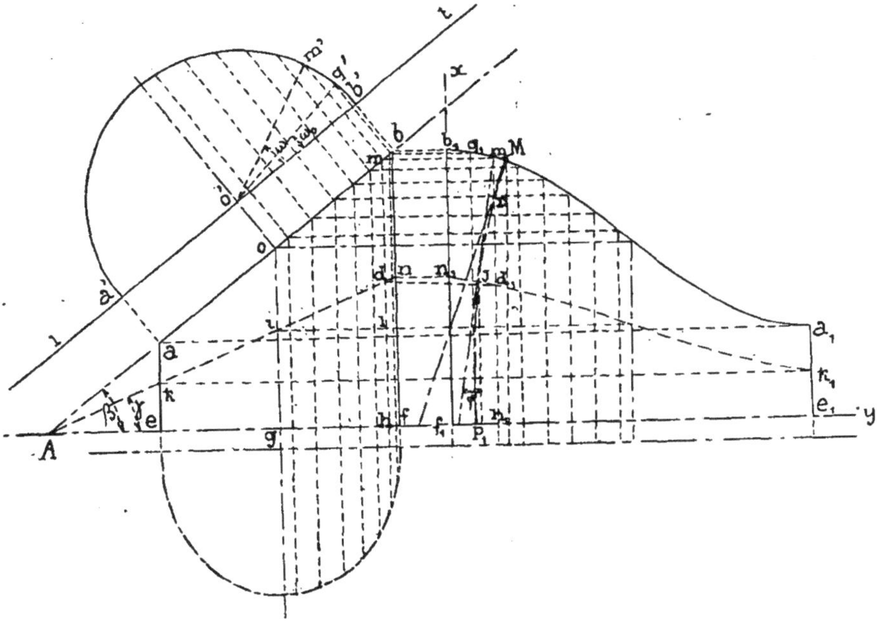

Fig. 262.

effectué sur le plan des naissances, en prenant pour origine de ce développement la génératrice de l'angle obtus.

Prenons cette génératrice pour axe des x, l'axe des y étant le développement de la section droite *ef*; α étant toujours l'angle du biais du pont et β son complément, c'est-à-dire l'angle du plan de tête et du plan de section droite.

Menons la droite mh, projection horizontale de la génératrice de l'intrados qui, sur l'arc de tête, correspond à l'angle ω ; elle rencontre une section convergente quelconque kn en un point projeté horizontalement en d.

L'abscisse de ce point sera, en supposant $Ag = c$,

$$x = hl + ld = c \tan \gamma + il \tan \gamma$$

or, $\quad il = om \cos \beta = r \cos \omega \cos \beta$

donc,

$$x = (c + r \cos \omega \cos \beta) \tan \gamma \qquad (1)$$

C'est aussi la valeur de l'abscisse du point correspondant d_1 sur le développement, et, en joignant à cette équation la formule connue

$$s = r\omega, \qquad (2)$$

on aura les deux équations du développement de la section convergente kn ; s étant la longueur de l'arc $n_1 d_1$.

Pour le développement de l'arc de tête, on remarque qu'il suffit de faire $\gamma = \beta$ dans l'équation (1), qui devient alors :

$$x = (c + r \cos \omega \cos \beta) \tan \beta$$

ou $x = c \tan \beta + r \cos \omega \sin \beta$,

équation à laquelle on adjoint toujours la formule :

$$s = r\omega.$$

160. *Équations des trajectoires.* — En opérant comme nous l'avons fait, en traitant l'appareil orthogonal parallèle, on trouve pour équation générale des trajectoires orthogonales :

$$\frac{x^2}{2} = \frac{cr}{\cos \beta} L \tan \frac{1}{2} \omega + \frac{cr \sin^2 \alpha}{\cos \beta} \cos \omega$$

$$+ r^2 L \sin \omega + \frac{r^2 \sin^2 \beta}{2} \cos^2 \omega + c^{te}. \quad (a)$$

Pour une trajectoire déterminée, telle que $m_1 p_1$, la formule devient, en la mettant sous une forme plus facile à calculer :

$$x^2 = L \left[\left(\frac{\tan \frac{1}{2} \omega}{\tan \frac{1}{2} \omega_0} \right)^{\frac{2cr}{\cos \beta}} \left(\frac{\sin \omega}{\sin \omega_0} \right)^{2r^2} \right]$$

$$+ r \sin^2 \beta (\cos \omega - \cos \omega_0)$$

$$\left[\frac{2c}{\cos \beta} + r (\cos \omega + \cos \omega_0) \right] \qquad (b)$$

dans laquelle ω_0 est l'angle qui, sur l'arc de tête, correspond à la génératrice $p_1 q_1$.

En introduisant les logarithmes vulgaires dans cette dernière formule, on peut écrire :

$$x^2 = 2r^2 \times 2,302585 \left[\frac{c}{r \cos \beta} \log \tan \frac{1}{2} \omega \right.$$

$$+ \log \sin \omega - \left(\frac{c}{r \cos \beta} \log \tan \frac{1}{2} \omega_0 \right.$$

$$\left. + \log \sin \omega_0 \right) \right] + r \sin^2 \beta (\cos \omega - \cos \omega_0)$$

$$\left[\frac{2c}{\cos \beta} + r (\cos \omega - \cos \omega_0) \right] \qquad (c)$$

équation à laquelle il faut toujours joindre la formule :

$$s = r\omega$$

161. Pour tracer la trajectoire à l'aide de l'équation (c), on donnera à ω différentes valeurs sur l'arc de tête.

Ainsi, en faisant $\omega = \omega_0 =$ angle $b'o'q'$ (*fig*. 262) et en portant sur le développement de l'arc de tête la longueur $b_1 q_1 = r\omega_0$, on obtiendra le point q_1 par lequel on mènera la génératrice $q_1 p_1$ parallèle à bf et, comme l'équation (c) donne pour ce cas $x = o$, il en résulte que p_1 est un point de la trajectoire.

En donnant à ω une autre valeur, telle que $b'o'm'$, et en prenant sur l'arc de tête développé la valeur $b_1 m_1 = r\omega$, on aura la position de la génératrice $m_1 h_1$ sur laquelle on portera de h_1 en r la valeur donnée par l'équation (c) en y faisant $\omega =$ angle $b'o'm'$. Le point r sera le point de la trajectoire qui correspond à cet angle. On pourra déterminer ainsi toute la courbe par points.

Pour tracer une autre trajectoire, on prendra une autre valeur de ω_0 correspondant à son point de départ sur la section droite $f_1 e_1$ développée.

162. Désignons par φ l'angle que forme avec l'axe des y la tangente en un point quelconque j du développement d'une section convergente faisant avec la section droite un angle γ. — Cet angle sera aussi l'angle avec l'axe des x de la tangente à la trajectoire passant par le point j.

On trouve :

$$\tan \varphi = \frac{\cos \beta \, \tan \gamma \sin \omega}{\sqrt{1 - \sin^2 \beta \sin^2 \omega}}$$

ω ayant la valeur qui correspond à la génératrice passant par le point j.

Pour l'arc de tête il faudra faire, dans la formule précédente, $\gamma = \beta$; on aura alors : $\tan \varphi = \dfrac{\sin \beta \sin \omega}{\sqrt{1 - \sin^2 \beta \sin^2 \omega}}$

163. Deuxième cas. *Courbe de tête elliptique.* — Soit *ef* (*fig.* 263) la section droite circulaire rabattue en *egf*.

Menons une section convergente quel-conque An, faisant l'angle γ avec la section droite ; l'abscisse d'un point d_i, de cette section développée, situé sur la génératrice correspondant à l'angle ω, sera, en supposant A$o = c$,

$$x = d_i h_i = dl + lh = dl + io$$
$$= r \cos \omega \tan \gamma + c \, \tan \gamma$$

ou $x = \tan \gamma \, (c + r \cos \omega);$ $\qquad (a')$

son ordonnée sera :

$$y = f_i h_i = \omega \, r \qquad\qquad (b')$$

Les équations (a') et (b') peuvent donc servir, en faisant varier ω, à tracer par

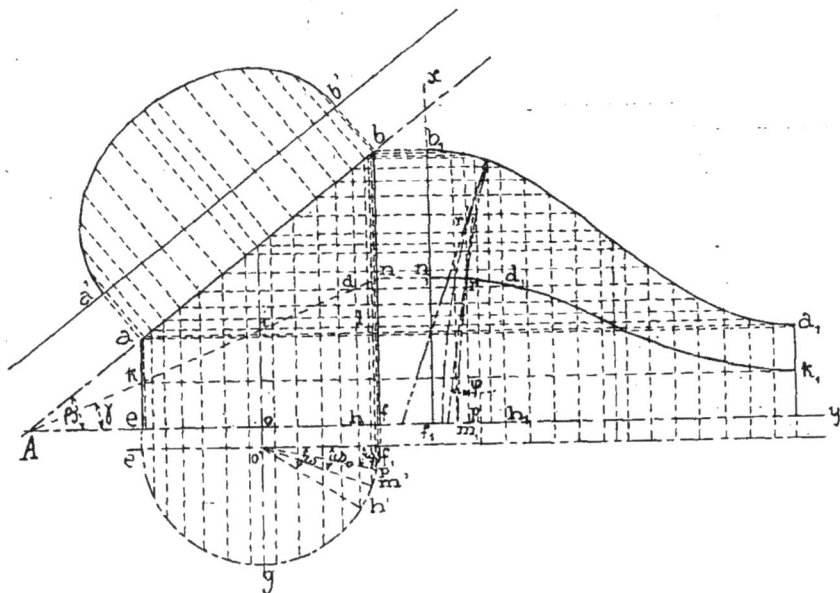

Fig. 263.

points le développement d'une section convergente faisant l'angle γ avec la section droite circulaire.

En remarquant que $\gamma = \beta$ pour l'arc de tête, les équations du développement de cet arc seront :

$$x = \tan \beta \, (c + r \cos \omega),$$
$$y = \omega \, r.$$

L'équation générale des trajectoires devient, pour ce cas :

$$\frac{x^2}{2} = cr\mathrm{L} \tan \tfrac{1}{2} \omega + r^2 \mathrm{L} \sin \omega + \text{constante}.$$

On détermine la constante de manière

que $x = o$ pour $\omega = \omega_0$; on arrive alors à la formule

$$x^2 = 2r^2 \, \mathrm{L} \left[\left(\frac{\tan \frac{1}{2} \omega}{\tan \frac{1}{2} \omega_0} \right)^{\frac{c}{r}} \left(\frac{\sin \omega}{\sin \omega_0} \right) \right]$$

qu'on écrit, en y introduisant les logarithmes.

$$x^2 = 2r^2 \times 2{,}302585 \left[\frac{c}{r} \left(\log \tan \tfrac{1}{2} \omega \right. \right.$$
$$\left. - \log \tan \tfrac{1}{2} \omega_0 \right) + \log \sin \omega$$
$$\left. - \log \sin \omega_0 \right] \qquad (c')$$

équation avec laquelle on a toujours :

$$y = s = r\omega.$$

Pour tracer les trajectoires, dans ce deuxième cas, on fera l'angle $fo'm' = \omega_0$ et on prendra, sur le développement $f_1 e_1$ de la section droite, la longueur $f_1 m_1 = r\omega_0$. Le point m_1, ainsi obtenu, sera le point où la trajectoire coupe l'axe des y. Pour obtenir un point quelconque on fera $\omega_1 = fo'p'$ et on prendra $f_1 p_1 = r\omega_1$. On mènera la génératrice passant par ce point et on portera sur cette génératrice de p_1 en r la valeur de x donnée par l'équation (c') en y faisant $\omega_1 = fo'p'$. Le point r ainsi obtenu sera un point de la trajectoire, qu'on pourra ainsi tracer sans aucune difficulté.

En partant d'une autre valeur de ω_0 on déterminera une deuxième trajectoire et ainsi de suite.

164. Si φ est toujours l'angle que forme avec l'axe des y la tangente en un point quelconque r du développement d'une section convergente faisant l'angle γ avec la section droite, on aura :

$$\tang \varphi = \tang \gamma \sin \omega$$

Ce sera aussi la valeur de l'angle que fait avec l'axe des x la tangente à la trajectoire passant par le point r.

Pour l'arc de tête la formule deviendra :

$$\tang \varphi = \tang \beta \sin \omega$$

ω étant toujours la valeur de l'angle qui, sur l'arc circulaire de la section droite, correspond à la génératrice passant par le point de contact de la tangente.

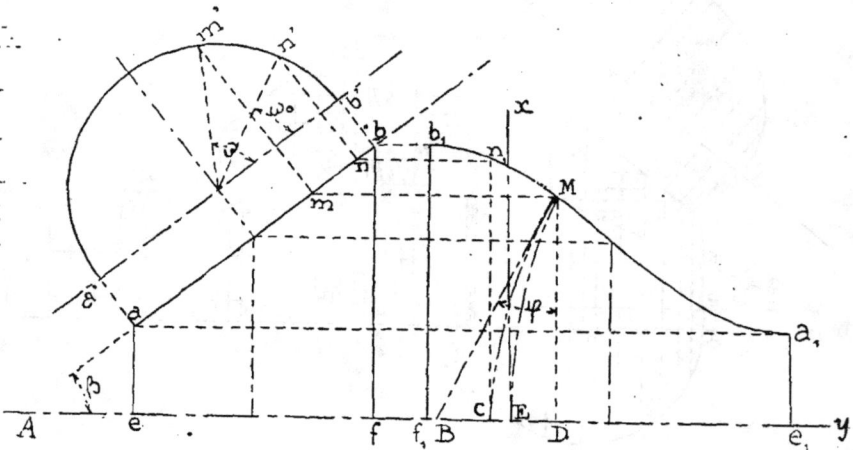

Fig. 264.

Appareil parabolique.

165. *Substitution de paraboles aux trajectoires orthogonales de l'appareil convergent.* — Les équations (c) et (c') des trajectoires orthogonales de l'appareil convergent, pour les deux cas que nous venons d'examiner, sont très pénibles à calculer. Aussi, de même que pour simplifier les constructions on a remplacé dans le développement les trajectoires orthogonales du système parallèle par les lignes droites caractérisant le système hélicoïdal, on remplace dans l'appareil convergent les trajectoires orthogonales du développement par d'autres courbes qui en diffèrent très peu, tout en étant faciles à tracer.

Ces courbes sont des paraboles coupant à angle droit les arcs de tête et de section droite développés.

Considérons, par exemple, une trajectoire quelconque MC (*fig. 264*) tracée par points à l'aide des formules précédentes et faisons passer par le point M une parabole normale au développement $b_1 M a_1$ de l'arc de tête et ayant son sommet E sur la section droite développée $f_1 e_1$. Cette parabole ne sera pas normale aux développements de tous les arcs de sections

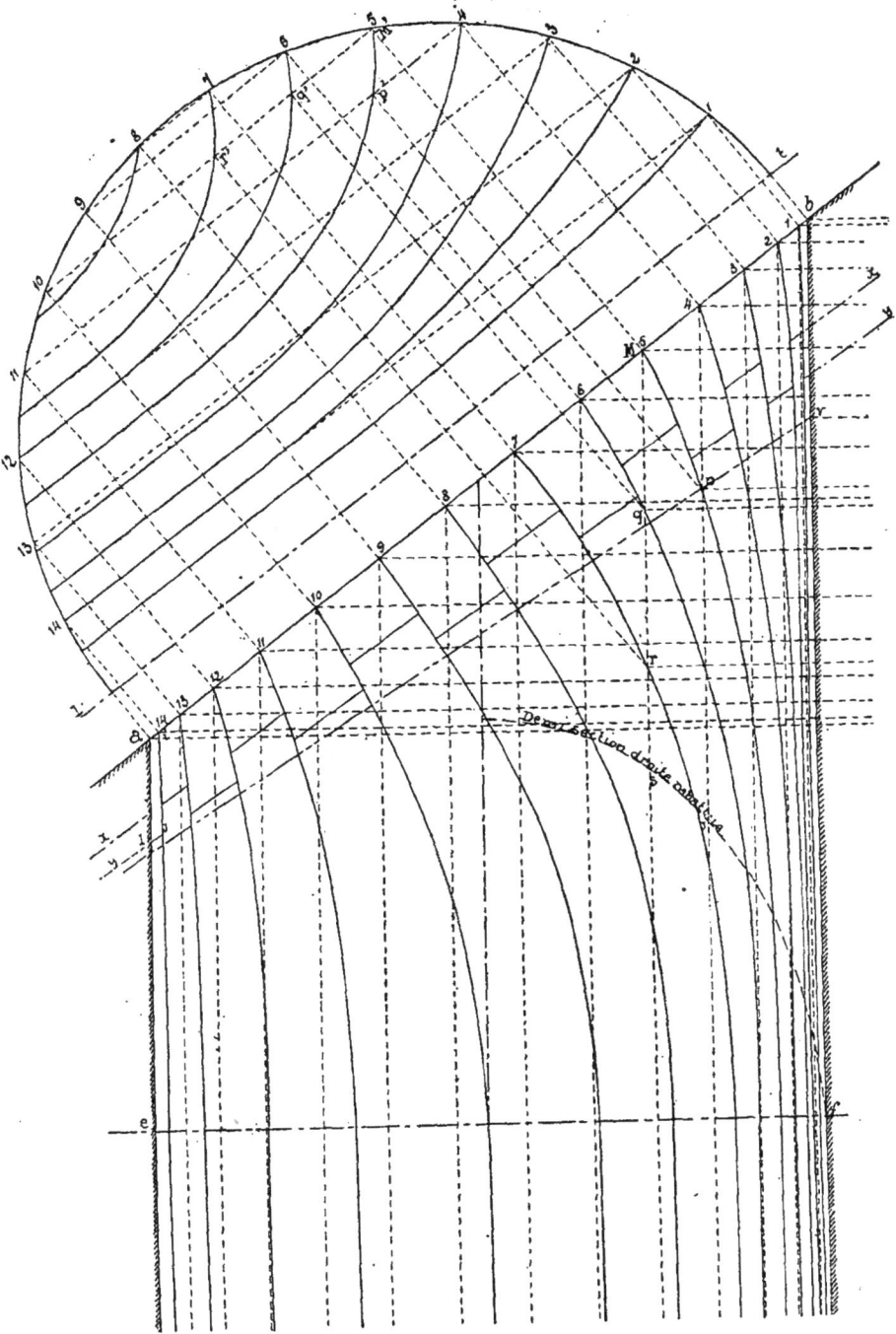

Fig. 265.

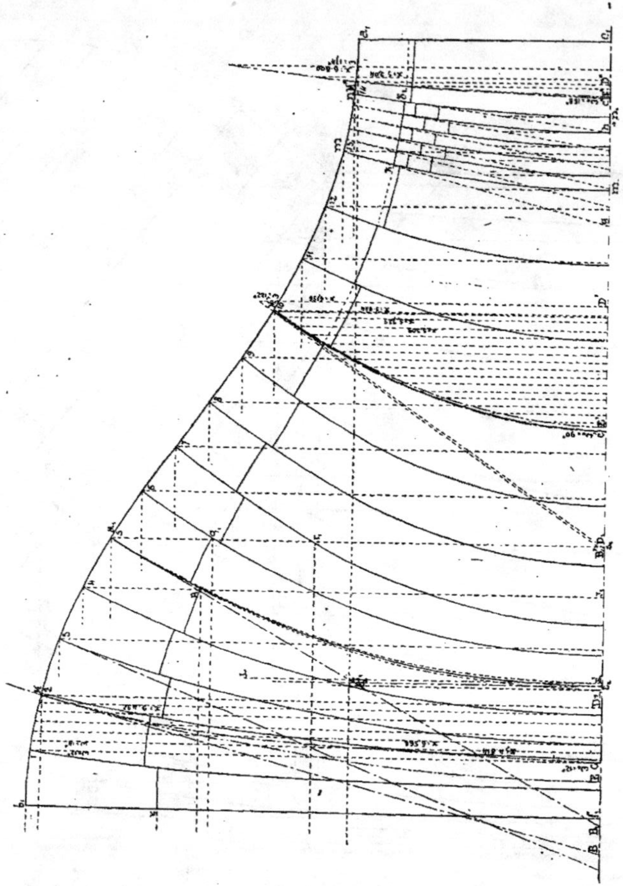

convergentes, mais l'écart sera faible, puisqu'elle remplit les deux conditions énumérées plus haut.

Prenons pour axe des y, la section droite développée et pour axe des x, la perpendiculaire Ex, menée à cette ligne par le sommet E de la parabole (*fig.*) 264.

Menons par le point M la tangente MB à la trajectoire orthogonale théorique ; ce sera aussi la tangente à la parabole ME, puisque celle-ci est supposée normale au développement de l'arc de tête.

Soit φ l'angle de cette tangente avec la génératrice MD.

L'équation de la parabole rapportée aux axes précédents sera :

$$x^2 = 2py \qquad (1)$$

et, comme la parabole passe le point M dont les coordonnées sont x' et y', on peut écrire :

$$2p = \frac{x'^2}{2y'} \qquad (2)$$

or, le sommet de la parabole divise la sous tangente en deux parties égales, donc,

$$y' = \text{ED} = \frac{\text{BD}}{2} = \frac{x'\,\text{tang}\,\varphi}{2} \qquad (3)$$

et

$$x' = c\,\text{tang}\,\beta + r\,\sin\beta\,\cos\omega, \qquad (4)$$

en remplaçant dans l'équation (2) x' et y' par leurs valeurs (3) et (4) et tang φ par :

$$\text{tang}\,\varphi = \frac{\sin\beta\,\sin\omega}{\sqrt{1 - \sin^2\beta\,\sin^2\omega}}$$

on trouve :

$$2p = \frac{2\sqrt{1 - \sin^2\beta\,\sin^2\omega}\,(c\,\text{tg}\,\beta + r\,\sin\beta\,\cos\omega)}{\sin\beta\,\sin\omega}$$

par suite, l'équation (1) devient :

$$x^2 = \frac{2\sqrt{1 - \sin^2\beta\,\sin^2\omega}\,(c\,\text{tg}\,\beta + r\,\sin\beta\,\cos\omega)}{\sin\beta\,\sin\omega}\,y.$$

Dans cette formule, ω ne varie que d'une parabole à l'autre et pour une parabole telle que ME (*fig.* 264) il faut prendre la valeur de ω qui, sur l'arc de tête rabattu, correspond au point M où cette parabole rencontre le développement $b_1 M a_1$.

166. REMARQUE. — Le sommet E de la parabole normale en M au développement de l'arc de tête peut se déterminer facilement puisqu'il divise la sous-tangente en deux parties égales.

La parabole passant par le point M dont les coordonnées sont x' et y' par rapport aux axes Ex et Ey, on aura :

$$x'^2 = \frac{2\sqrt{1 - \sin^2\beta\,\sin^2\omega}\,(c\,\text{tg}\,\beta + r\,\sin\beta\,\cos\omega)}{\sin\beta\,\sin\omega}\,y'$$

d'où,

$$y' = \frac{x'^2\,\sin\beta\,\sin\omega}{2\sqrt{1 - \sin^2\beta\,\sin^2\omega}\,(c\,\text{tg}\,\beta + r\,\sin\beta\,\cos\omega)}.$$

Mais le point M appartient à l'arc de tête développé, donc on a :

$$x' = c\,\text{tang}\,\beta + r\,\sin\beta\,\cos\omega$$

en remplaçant x' par cette valeur dans l'expression précédente, on a :

$$y' = \text{ED} = \frac{(c\,\text{tg}\,\beta + r\,\sin\beta\,\cos\omega)\,\sin\beta\,\sin\omega}{2\sqrt{1 - \sin^2\beta\,\sin\omega}}$$

En doublant cette valeur on aura la sous-tangente BD et en joignant BM on aura la tangente en M à la parabole à tracer.

Il est évident qu'on peut aussi déterminer le sommet E de la parabole précédente en calculant l'angle φ par la formule.

$$\text{tang}\,\varphi \quad \frac{\sin\beta\,\sin\omega}{\sqrt{1 - \sin^2\beta\,\sin^2\omega}}.$$

On mènera alors MB faisant cet angle avec la génératrice MD et on divisera BD en deux parties égales.

167. En construisant sur le développement les trajectoires théoriques et les paraboles par tous les points de division de l'arc de tête en voussoirs, on remarque (*fig.* 266) que l'écart EC est maximum vers la génératrice des naissances $b_1 f_1$ et que, dans cette région, le sommet E de la parabole est à gauche du point C où la trajectoire coupe la section droite développée. A mesure qu'on s'approche du centre de la voûte cet écart va en diminuant et le sommet E' de la parabole finit par passer à droite du point C', intersection de la trajectoire et du développement de la section droite, où il reste dès lors jusqu'à l'autre génératrice des naissances $a_1 e_1$. Il est à remarquer cependant que les écarts sont plus faibles lorsque le sommet E de la parabole est à droite des points tels que C que lorsqu'il est à gauche. Dans ce deuxième cas les différences sont trop sensibles pour pouvoir être négligées et on admet que les écartements, sur la section droite développée, des trajectoires théoriques et des paraboles correspondantes augmentent en progression arithmétique.

Considérons, par exemple, les deux points M, M' (*fig.* 266) sur l'arc de tête développé. Pour les deux courbes partant du point M, c'est-à-dire du point de division n° 2 de l'arc de tête en voussoirs, l'écart est + CE, tandis que pour le point M', au n°10, l'écart est — C'E' (nous donnons des signes contraires à ces deux lignes afin d'indiquer que les longueurs qu'elles représentent doivent être portées en sens contraire). Supposons qu'on ait trouvé

$$CE = + 0{,}320 = b$$
$$C'E' = - 0{,}08 = a$$

Ces deux quantités seront les termes extrêmes de la progression arithmétique dont la raison sera :

$$r = \frac{b - a}{n - 1}$$

n étant le nombre des termes de la progression qui, dans le cas qui nous occupe, (*fig.* 266) est de neuf,
donc,

$$r = \frac{0{,}32 + 0{.}08}{8} = \frac{0{,}40}{8} = 0{,}05$$

les déviations des trajectoires seront donc :
Division n° 10   — 0,08
—   9 — 0,08 + 0,05 = — 0,03
—   8 — 0,08 + 2 × 0,05 = + 0,02
—   7 — 0,08 + 3 × 0,05 = + 0,07
—   6 — 0,08 + 4 × 0,05 = + 0,12
—   5 — 0,08 + 5 × 0,05 = + 0,17
—   4 — 0,08 + 6 × 0,05 = + 0,22
—   3 — 0,08 + 7 × 0,05 = + 0,27
—   2 — 0,08 + 8 × 0,05 = + 0,32
—   1 — 0,08 + 9 × 0,05 = + 0,37

Les quantités affectées du signe + devront être portées à droite du sommet de la parabole sur la section droite développée $b_1 e_1$; celles affectées du signe — devront être portées à gauche de ce sommet.

Ainsi par exemple pour le point de division n° 5 (*fig.* 266) la déviation indiquée par le tableau précédent est + 0,17 ; on portera donc à droite du sommet E_1 de la parabole qui passe par ce point de division la longueur $E_1 E'_1 = 0^m,17$, à l'échelle

adoptée pour la figure. En ce point, on élèvera une perpendiculaire $E'_1 L$ sur $b_1 e_1$. Cette droite sera la tangente en E'_1 à la parabole cherchée, qui doit toujours couper normalement la section droite développée. La droite $E'_1 L$ rencontre la tangente $M_1 B_1$ à la parabole, à son point d'intersection avec l'arc de tête développé, au point I_1.

Pour tracer la parabole, connaissant ses deux tangentes $M_1 I_1$, $I_1 E'_1$, on divise (*fig.* 267) les deux côtés de leur angle en un même nombre de parties égales et, en joignant les points de division de même rang, on obtient une série de tangentes à la parabole, qui permettent de la tracer

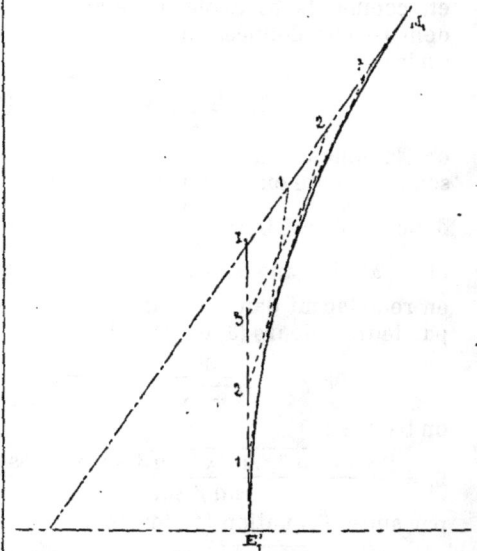

Fig. 267.

avec une approximation bien suffisante. Les paraboles ainsi tracées n'auront évidemment plus leurs sommets sur la section droite développée mais elles satisferont toujours à la condition d'être normales aux arcs de tête et de section droite, tout en s'écartant peu des trajectoires théoriques.

Pour obtenir la série des écarts des sommets des paraboles et des points d'intersection de la trajectoire avec la section droite, il est nécessaire, d'après ce qui précède, de connaître au moins deux de ces trajectoires. Il faudra donc se donner un point C sur la section droite développée ; la génératrice qui passe par ce point correspondant, sur l'arc de tête, à l'angle ω_0 égal à environ 12 degrés et tracer par points, à l'aide de l'équation (c), la trajectoire qui part de ce point.

On déterminera avec un rapporteur la valeur de l'angle ω qui correspond au point M, intersection de la trajectoire et de l'arc de tête développé. — Comme vérification cette valeur de ω devra donner pour x la même valeur dans les équations de la trajectoire et du développement de l'arc de tête. — Ayant la valeur de ω correspondant au point M, on calculera $2y = BD$ ou $y' = ED$; puis, on mesurera la distance E C sur l'épure, qu'on aura soin de faire au dixième. On tracera de même la trajectoire passant par le point C' défini par $\omega_0 = 90°$ et, en opérant comme pour la première trajectoire, on déterminera le point E' et, par suite, la longueur E'C'.

168. A l'aide de la formule (c) n° 160 M. Graeff a calculé pour

$$r = 4,652 \text{ et } \beta = 38°$$

les trajectoires correspondant à

$$\omega_0 = 12°, \quad \omega_0 = 90° \text{ et } \omega_0 = 168°$$

en supposant $c = 2r = 9,304$.

La formule (c) devient dans cette hypothèse :

$$x^2 = 99,66048 \left[2,538 \log \tan g \frac{1}{2} \omega \right.$$
$$+ \log \sin \omega - \left(2,538 \log \tan g \frac{1}{2} \omega_0 \right.$$
$$\left. + \log \sin \omega_0 \right) \right] + 8,2118 (\cos \omega - \cos \omega_0)$$
$$\left[5,076 + \cos \omega + \cos \omega_0 \right].$$

Les résultats sont consignés dans le tableau de la page 177.

169. *Paraboles définitivement adoptées pour lignes de joints.* — Les paraboles qui partent des points de division du développement de l'arc de tête en voussoirs doivent évidemment se raccorder avec les lignes de joints de la partie de la voûte appareillée en voûte droite. Si nous reprenons, par exemple, la parabole approchée que nous avons tracée précédemment (*fig.* 266) nous voyons qu'elle aboutit en E'$_1$ sur le déve-

loppement de la section droite ; ce point ne se confondant pas avec un des points de division de ce développement en voussoirs, il faudra modifier la parabole de manière qu'elle passe par le point de division le plus rapproché qui est par exemple le point E$_2$. On mènera donc, par ce dernier point, la droite E$_2$I$_2$ perpendiculaire à $f_1 e_1$ et la ligne de joint définitive sera la parabole tangente aux lignes M$_1$ I$_2$ et E$_2$ I$_2$ aux points M$_1$ et E$_2$ et normale en ces points aux développement des arcs de tête et de section droite. Cette parabole se tracera, du reste, par le procédé géométrique déjà indiqué, à l'aide de ses deux tangentes extrêmes.

La déviation des paraboles sur la section droite, par rapport aux points tels que E$_1$ sera au maximum $\frac{0,250}{2} = 0,125$, c'est-à-dire de la moitié de la largeur d'un voussoir de la partie droite de la voûte, car cette partie de la voûte est appareillée en moellons auxquels on ne donne jamais plus de 0,25 de largeur en douelle.

Il est clair que ces dernières paraboles ne s'éloigneront pas notablement des trajectoires théoriques et que la différence sera d'autant plus faible que la largeur des moellons, en douelle, sera plus petite.

Les développements qui précèdent étaient utiles pour montrer clairement la nature des opérations à effectuer pour tracer les lignes de joints définitives. En pratique ces opérations sont très simples ; nous allons les résumer.

170. *Marche à suivre pour tracer les lignes de joints définitives.* — On effectuera d'abord le développement de l'arc de tête d'après la méthode graphique du n° 73 et on vérifiera ses différents points à l'aide des formules établies au n° 82.

On divisera ce développement en autant de parties égales qu'il doit y avoir de voussoirs de tête. Puis on calculera le développement $f_1 e_1$ de la section droite elliptique par la formule du n° 80 et on divisera ce développement en autant de parties égales qu'il doit y avoir de voussoirs dans la partie corante de la voûte, appareillée comme une voûte droite ordinaire.

VALEURS DE ω	VALEURS DE $2,538 \log \tan \frac{1}{2}\omega_0 + \log \sin \omega$	VALEURS DE $2,538 \log \tan \frac{1}{2}\omega_0 + \log \sin \omega_0$	VALEURS DE $2,538 \log \tan\frac{1}{2}\omega_0 + \log\sin\omega - \left(2,538 \log tg\frac{1}{2}\omega_0 + \log\sin\omega_0\right)$	VALEURS DE $99,66048 - \left[2,538 \log tg\frac{1}{2}\omega_0 + \log\sin\omega - \left(2,53 \log tg\frac{1}{2}\omega_0 + \log\sin\omega_0\right)\right]$	VALEURS DE $\cos\omega - \frac{1}{2}\cos\omega_0$	VALEURS DE $5,076 + (\cos\omega + \cos\omega_0)$	VALEURS DE $(\cos\omega - \cos\omega_0) \times [5,076 + (\cos\omega + \cos\omega_0)]$	VALEURS DE $8,2118 (\cos\omega - \cos\omega_0) \times [5,076 + (\cos\omega + \cos\omega_0)]$	VALEURS DE x
				$\omega_0 = 12°$					
deg.									
12	»	»	»	»	»	»	»	»	0.000
14	32.4519	32.2148	0.23717	23.63647	— 0.008	7 024	— 0.0562	— 0.04615	4.814
16	32.6575	32.2148	0.44271	44.12069	— 0.017	7.015	— 0.1193	— 0.97967	6.568
18	32.8388	32.2148	0.62409	62.19711	— 0.027	7.005	— 0.1891	— 1.55285	7.787
20	33.00121	32.2148	0.78646	78.37898	— 0.038	6.994	— 0.2658	— 2.18270	8.729
22	33.14817	32.2148	0.93342	93.02509	— 0.051	6.981	— 0.3560	— 2.92340	9.492
24	33.2824	32.2148	1.06 68	106.40550	— 0.064	6.968	— 0.4460	— 3.66246	10.136
26	33.4061	32.2148	1.19130	118.72553	— 0.079	6.953	— 0.5493	— 4.51074	10.687
				$\omega_0 = 90°$					
deg.									
90	»	»	»	»	»	»	»	»	0.000
92	0.03822	0.000	0.03822	3.80902	— 0.035	5.041	— 0.17644	— 1.4489	1.536
94	0.07594	—	0.07594	7.56822	— 0.070	5.006	— 0.35042	— 2.8776	2.165
96	0.11324	—	0.11324	11.28555	— 0.104	4.972	— 0.51709	— 4.2462	2.653
98	0.15016	—	0.15016	14.96502	— 0.139	4.937	— 0.68624	— 5.6353	3.054
100	0.18672	—	0.18672	18.60860	— 0.174	4.902	— 0.85295	— 7.0043	3.407
102	0.22295	—	0.22295	22.21930	— 0.208	4.868	— 1.01254	— 8.3148	3.729
104	0.25895	—	0.25895	25.80708	— 0.242	4.834	— 1.16983	— 9.6064	4.025
106	0.29473	—	0.29473	29.37293	— 0.276	4.800	— 1.32480	— 10.8790	4.300
108	0.33033	—	0.33033	32.92085	— 0.309	4.767	— 1.47300	— 12.0960	4.563
110	0.36580	—	0.36580	36.45580	— 0.342	4.734	— 1.61903	— 13.2952	4.812
112	0.40119	—	0.40119	39.98279	— 0.375	4.701	— 1.76288	— 14.4764	5.050
114	0.43655	—	0.43655	43.50678	— 0.407	4 669	— 1.90028	— 15.6047	5.282
116	0.47194	—	0.47194	47.03377	— 0.438	4.638	— 2.03144	— 16.6818	5.509
118	0.50741	—	0.50741	50.56872	— 0.469	4.607	— 2.16068	— 17.7431	5.729
120	0.54300	—	0.54300	54.11564	— 0.500	4.576	— 2.28800	— 18.7886	5.944
122	0.57878	—	0.57878	57.68149	— 0.530	4.546	— 2.40938	— 19.7854	6.156
				$\omega_0 = 168°$					
deg.									
168	»	»	»	»	»	»	»	»	0.000
170	11.9250	11.8010	0.12399	12.3569	— 0.007	3.113	— 0.02179	— 0.1789	3.190
172	12.0759	11.8010	0.27485	27.3917	— 0.012	3.108	— 0.03730	— 0.3003	5.204
174	12.2694	11.8010	0.46838	46.6790	— 0.017	3.103	— 0.05275	— 0.4332	6.800

Ensuite, on calculera pour $\omega_0 = 12$ degrés et $\omega_0 = 90$ degrés, par exemple, les trajectoires orthogonales, à l'aide de la formule (c); on appréciera, le plus exactement possible, les points où elles coupent le développement de l'arc de tête et on déterminera graphiquement la valeur de ω qui correspond à ces points sur l'arc de tête.

Ceci fait, on mènera des normales à l'arc de tête en tous les points de division de cet arc, c'est-à-dire les tangentes aux paraboles formant les lignes de joints. On les déterminera en abaissant, des points de division du développement de l'arc de tête, des perpendiculaires sur la section droite développée $f_1 e_1$ (fig. 266) et en portant sur cette ligne, à gauche des pieds de ces perpendiculaires, les sous-tangentes correspondantes calculées à l'aide de la formule :

$$2y_1 = \frac{(c \tang \beta + r \sin\beta \cos\omega) \sin\beta \sin\omega}{\sqrt{1 - \sin^2\beta \sin^2\omega}}.$$

En prenant les milieux de ces sous-tangentes, on aura les sommets des paraboles normales à la fois à l'arc de tête et à la section droite. On pourra alors mesurer les quantités telles que CE, C'E' dont sont éloignées, sur l'arc de section droite, les paraboles et les trajectoires théoriques. En admettant, comme précédemment, (n° 333) que ces écartements croissent en progression arithmétique entre deux points de division déterminés sur l'arc de tête, on calculera les déviations à droite ou à gauche à faire subir aux sommets des paraboles. Lorsque les points ainsi obtenus coïncideront avec les divisions de la section droite en voussoirs on tracera, à l'aide du procédé graphique déjà indiqué, les paraboles passant par ces points et par les points correspondants sur le développement de l'arc de tête. Lorsque, au contraire, les points obtenus par le calcul des déviations ne coïncideront pas avec les divisions de la section droite en voussoirs, on prendra le point de division le plus rapproché et on tracera la parabole passant par ce point et par le point correspondant sur le développement de l'arc de tête. Toutes ces paraboles sont du reste normales à la section droite et à l'arc de tête puisqu'elles sont tracées à l'aide de leurs tangentes extrêmes, qui sont en même temps des normales à ces lignes.

171. Pour tracer les lignes d'assises des moellons, comprises entre les lignes d'assises mm_1, nn_1 correspondant à un voussoir (*fig.* 266), on partagera sur l'arc de tête la longueur mn en autant de parties égales que les paraboles mm_1, nn_1 interceptent de divisions de moellons sur la section droite. Ceci fait, on mènera les normales mg, nh à l'arc de tête et on divisera gh en autant de parties égales que mn. On joindra deux à deux les points de division de mn et de gh et on considérera les lignes ainsi obtenues comme normales à l'arc de tête, ce qui n'est pas tout à fait exact. Puis, par les points de division de m_1n_1 en voussoirs

on mènera des perpendiculaires à la section droite développée. Ces dernières lignes, ainsi que les normales approchées à l'arc de tête, qu'on vient de tracer, seront prises pour tangentes extrêmes des paraboles formant les lignes de joints des moellons. Ces paraboles intermédiaires se traceront comme les autres à l'aide du procédé graphique du n° 323.

172. 2° Cas. *Section droite circulaire.* — Nous avons vu que, dans ce cas, l'équation du développement de la courbe de tête était (n° 163) :

$$x = (c + r \cos\omega) \tang\beta$$
$$s = y = \omega r$$

et que les équations de la trajectoire théorique étaient :

$$x^2 = 2r^2 \times 2{,}302585 \left[\frac{c}{r}\left(\log \tang\frac{1}{2}\omega \right.\right.$$
$$\left.\left. - \log \tg\frac{1}{2}\omega_0 \right) + \log\sin\omega - \log\sin\omega_0 \right] \quad (c')$$

et
$$s = y = \omega r.$$

En prenant les mêmes axes que pour le cas de la section de tête circulaire, l'équation de la parabole ayant son sommet sur la section droite développée sera :

$$x^2 = 2py. \quad (1)$$

En suivant la même marche qu'au numéro 165 et en remarquant qu'ici l'expression qui donne $\tang\varphi$ est :

$$\tang\varphi = \tang\beta \sin\omega$$

on trouve :

$$2p = \frac{2(c + r\cos\omega)}{\sin\omega}$$

par suite, l'équation des paraboles normales à l'arc de tête et à l'arc de section droite est :

$$x^2 = \frac{2(c + r\cos\omega)}{\sin\omega} y. \quad (2)$$

L'expression permettant de calculer les sous-tangentes de ces paraboles, devient :

$$2y' = (c + r\cos\omega)\sin\omega \tang^2\beta \quad (3)$$

elle s'obtient en remarquant que le sommet divise la sous-tangente en deux parties égales, c'est-à-dire que

$$y' = \frac{x' \tang\varphi}{2}.$$

Dans les équations (2) et (3) la valeur de ω est celle qui, *sur la section droite circulaire*, correspond à la génératrice passant par le point où la parabole considérée rencontre l'arc de tête.

173. Avec ces équations et en suivant une marche absolument identique à celle que nous avons indiquée pour le cas de la courbe de tête circulaire, on arrivera aux paraboles définitives formant les lignes d'assises. — La méthode n'exige encore que le calcul de deux trajectoires correspondant, par exemple, aux angles $\omega_0 = 12$ degrés et $\omega_0 = 90$ degrés et celui des sous-tangentes des paraboles normales à la fois aux développements de l'arc de tête et de l'arc de section droite.

174. *Projections des lignes de joints.* — Les lignes de joints définitives étant obtenues dans le développement de la douelle, il sera très facile d'en déterminer les projections horizontales et verticales en opérant par points.

Considérons, par exemple, le point r_1 (*fig.* 266), appartenant à la parabole qui part du point de division n_1 de l'arc de tête. Ce point est situé en même temps sur une génératrice M_1s_1 dont la projection horizontale s'obtient en portant sur la section droite rabattue (*fig.* 265) la longueur fs égale à la longueur r_1s_1. La projection horizontale du point r_1 s'obtiendra donc en abaissant du point r une perpendiculaire sur la génératrice des naissances jusqu'à la rencontre de la génératrice Ms. La projection verticale r' sera sur la projection verticale M', 10 de la génératrice qui passe par le point M, M' de l'arc de tête. En opérant par points on pourra donc tracer les projections de toutes les lignes de joints. On pourrait encore se servir des sections faites dans la voûte par des plans verticaux parallèles aux têtes ; mais ce procédé est moins rapide.

175. Nous pouvons répéter ici ce que nous avons déjà dit en traitant l'appareil orthogonal parallèle au sujet de la modification des trajectoires théoriques (n° 108). Il serait évidemment préférable, pour la stabilité de l'ouvrage à construire, de former les lignes de joints à l'aide des trajectoires théoriques calculées au lieu de leur substituer des paraboles. Mais, outre qu'il faudrait un ou deux mois de calculs laborieux pour déterminer toutes

les trajectoires, on aurait encore les redans disgracieux que nous avons signalés, puisque les points de division des arcs de tête étant déterminés *a priori*, les trajectoires partant des points de division de l'une d'elles, ne passeraient pas forcément par les points de division de l'autre.

176. *Joints transversaux.* — Les lignes qui divisent une assise en voussoirs seront déterminées par l'intersection avec le cylindre d'intrados de deux plans xx, yy (*fig.* 265) de sections convergentes. Il en résulte que les voussoirs de tête n'auront pas la même longueur. On déterminera la position de ces sections convergentes par la condition de ne pas donner au voussoir $aijl$ de l'angle aigu une longueur moindre que sa largeur en douelle. Cette sujétion conduit à une longueur un peu excessive pour le dernier voussoir du côté de l'angle obtus ; mais cet inconvénient est moindre que celui qui résulterait de l'emploi d'un plan parallèle à la tête pour limiter les voussoirs en longueur, puisque, dans ce cas, les angles des voussoirs différeraient notablement d'un angle droit, surtout du côté de l'angle aigu. On terminera de même les moellons de l'intérieur de la voûte par des arcs de sections convergentes.

Les figures 268 et 269 représentent les épures d'ensemble : la première pour le cas où la section droite qui limite l'appareil biais est appareillée en pierres de taille. La deuxième dans le cas où les assises de moellons de la zone appareillée en voûte biaise se raccordent avec les assises de moellons de la zone appareillée en voûte droite.

177. *Surface des joints.* — Tout ce qui a été dit, sur ce sujet, à propos de l'appareil orthogonal parallèle peut s'appliquer à l'appareil convergent. C'est ainsi qu'au lieu de constituer les surfaces des joints longitudinaux par des surfaces gauches, on pourra leur substituer des plans déterminés chacun par la corde de la trajectoire parabolique et une normale à l'arc de tête.

178. *Taille des voussoirs.* — Pour la taille des voussoirs de tête, on se servira des méthodes déjà indiquées pour l'appareil hélicoïdal ; méthodes qui sont du reste applicables aussi à l'appareil orthogonal parallèle. Pour tailler les petits voussoirs de la partie courante de la voûte, on procèdera comme au n° 143.

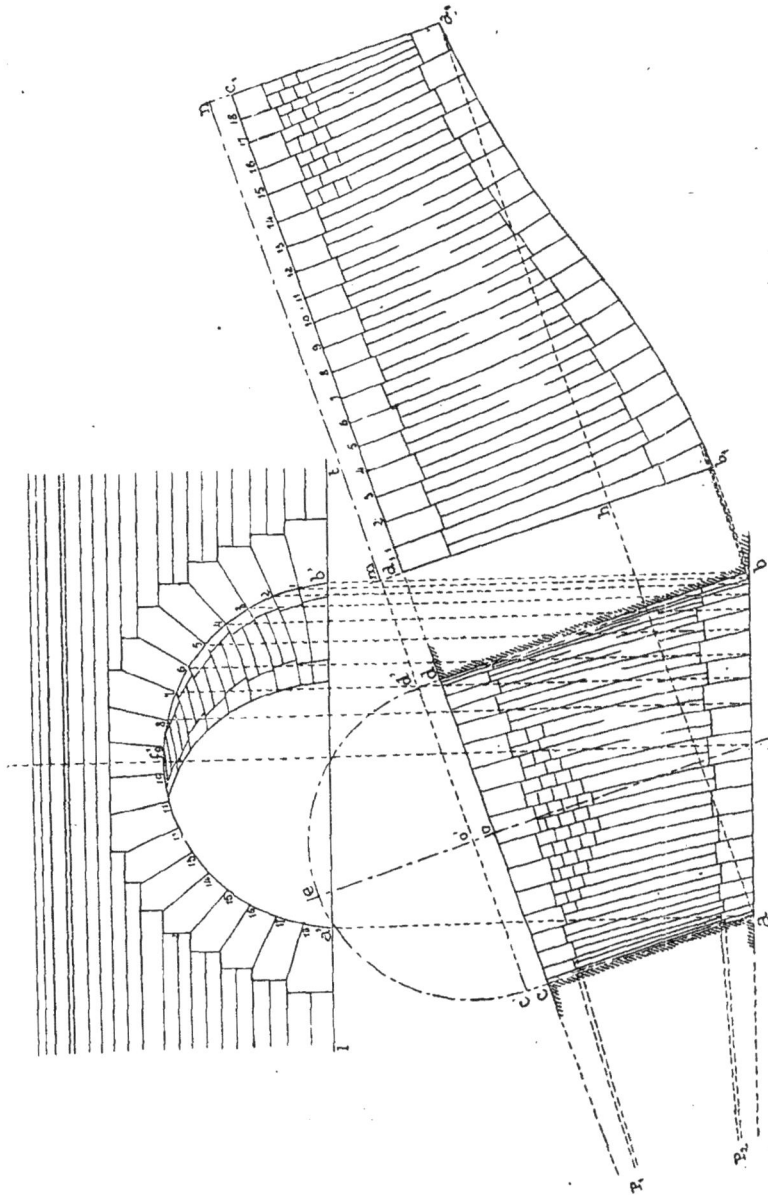

Fig. 26°.

Simplification pratique de l'appareil orthogonal convergent.

179. L'appareil orthogonal convergent donne, quand la distance des têtes de la voûte devient très grande, la solution la plus satisfaisante. Mais le tracé de l'épure exige beaucoup de soins et il présente l'inconvénient de faire varier, dans une même assise, les largeurs en douelle des voussoirs; l'exclusion de matériaux de dimensions uniformes augmente donc le prix de la taille des voussoirs. Aussi, M. Picard, ingénieur des ponts et chaus-

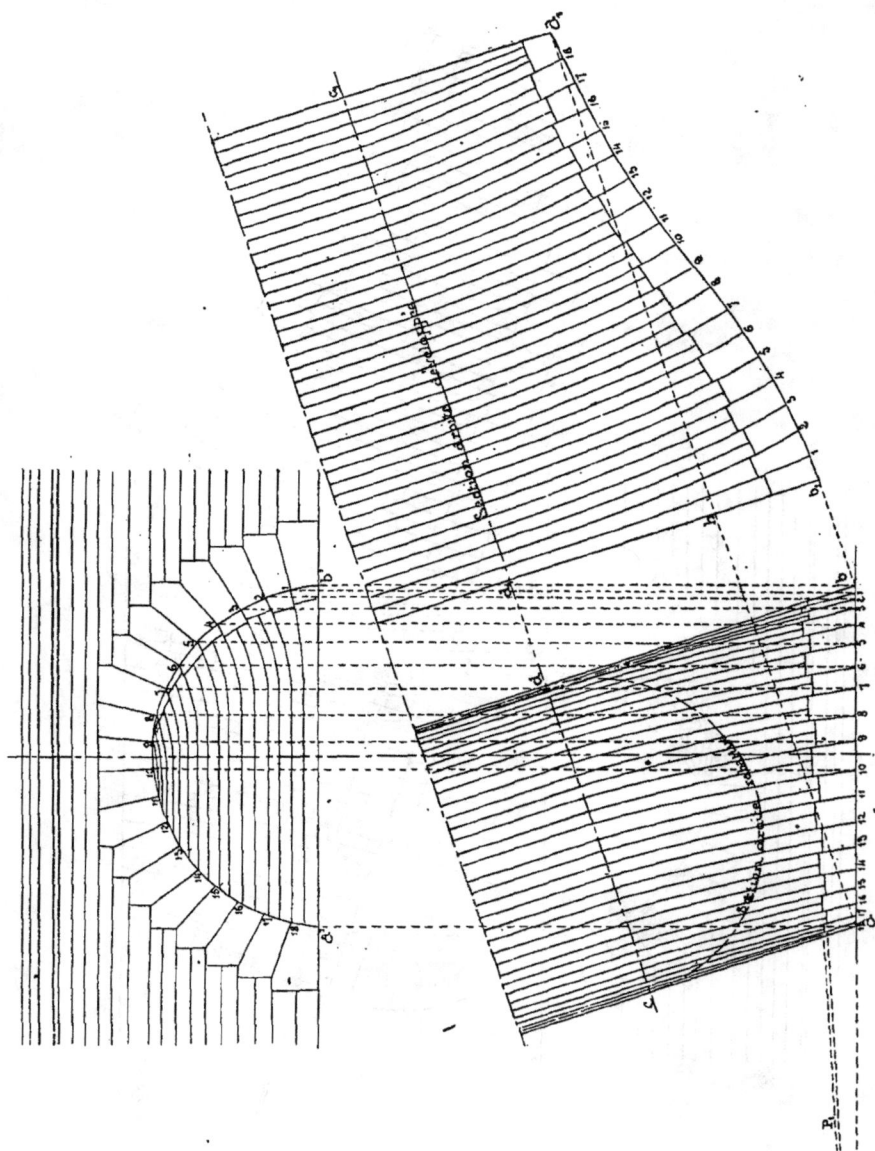

Fig. 269.

sées, a appliqué, d'après les indications de M. Frécot, un autre appareil au pont souterrain des Kœurs sur le canal de l'Est. Cet appareil auquel il a donné le nom d'*appareil circulaire convergent* n'exige que des épures très simples et se déduit de l'appareil orthogonal convergent par un artifice analogue à celui qui a permis de substituer l'appareil héliçoïdal à l'appareil orthogonal parallèle.

180. *Principe de l'appareil.* — Soit *abcd* (*fig.* 270) la projection horizontale d'une voûte dont bc est le plan de tête et ad le plan de section qui limite la portion $abcd$ à appareiller en biais. Les plans bc et ad se coupent suivant une verticale projetée au point A par lequel passent les plans qui limitent les voussoirs en longueur.

Le cylindre d'intrados de la voûte étant développé sur le plan des naissances, on aura en $c_1 o_1 b_1$ le développement de l'arc de tête. En coupant le cylindre d'intrados de la voûte par des plans verticaux, conduits suivant la verticale du point A, on déterminera sur ce cylindre des arcs d'ellipse qui, dans le développement de l'intrados, donnent des sinusoïdes $m_1 i_1 m_2$ $n_1 j n_2$, $p_1 r_1 p_2$... Menons les lignes joignant les points extrêmes de ces courbes ; il est facile de voir qu'elles rencontreront le développement de la section droite au même point k puisque les longueurs $b_1 m_2$, $m_2 n_2$, $n_2 p_2$... sont respectivement égales aux longueurs bm, mn, np, prises sur ba, et que les lignes bc, mm, nn, pp concourent déjà à un même point A sur la section droite.

En substituant aux sinusoïdes $c_1 o_1 b_1$, $m_1 i_1 m_2$, $n_1 j_1 n_2$ leurs cordes $c_1 b_1$, $m_1 m_2$, $n_1 n_2$... on voit que leurs trajectoires orthogonales seront des circonférences, décrites toutes du point k comme centre.

Les lignes de joints dans le développement qui, dans le système orthogonal convergent, étaient, d'une part, les arcs de sinusoïdes, transformées des ellipses résultant de l'intersection de l'intrados par des plans convergents, et, d'autre part, par leurs trajectoires orthogonales deviennent ici la ligne droite et le cercle, c'est-à-dire les lignes les plus faciles à tracer.

L'appareil circulaire convergent dont nous venons de donner un rapide aperçu se rapproche d'autant plus du système orthogonal que la voûte est plus surbaissée et que le biais est moins accentué. Il est bon, en outre, de donner à la portion de voûte à appareiller en biais une longueur assez grande parce que alors le rayon des lignes d'assises en développement augmente et ces lignes se rapprochent davantage des trajectoires théoriques de l'appareil orthogonal.

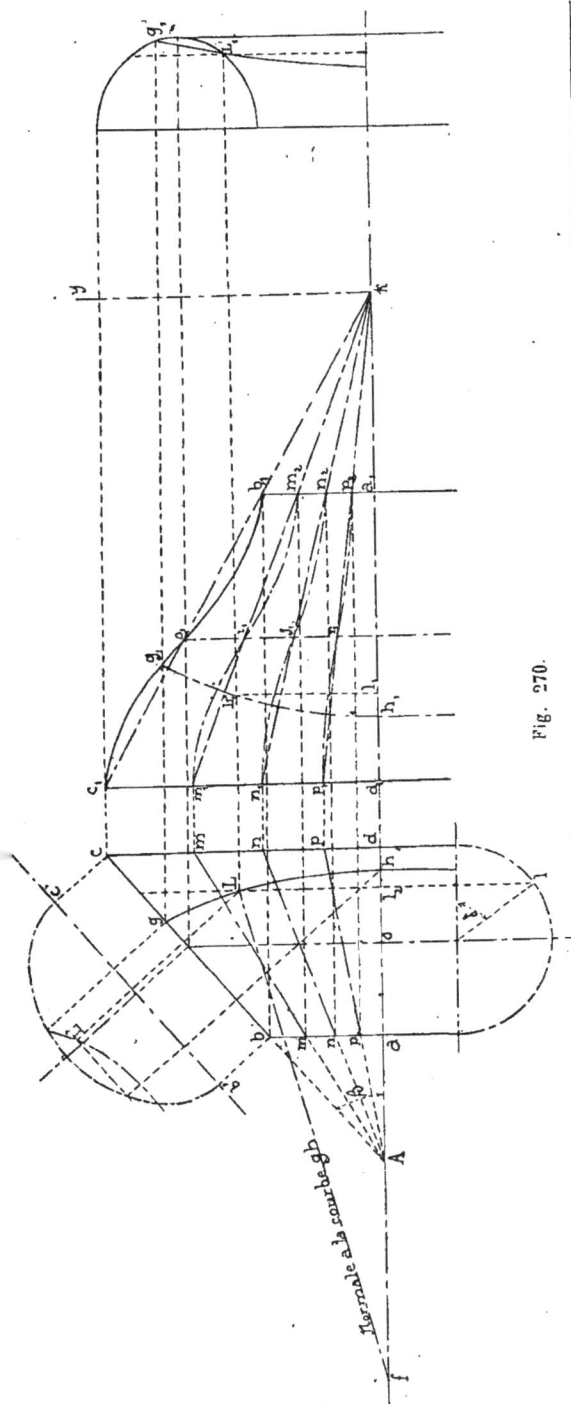

Fig. 270.

Si l'intrados s'étend au-dessous des joints de rupture, il ne faudra appliquer l'appareil biais qu'entre ces joints et remonter à ces niveaux les crémaillères qu'on met, dans le cas contraire, au niveau des naissances. Afin d'éviter les joints courbes

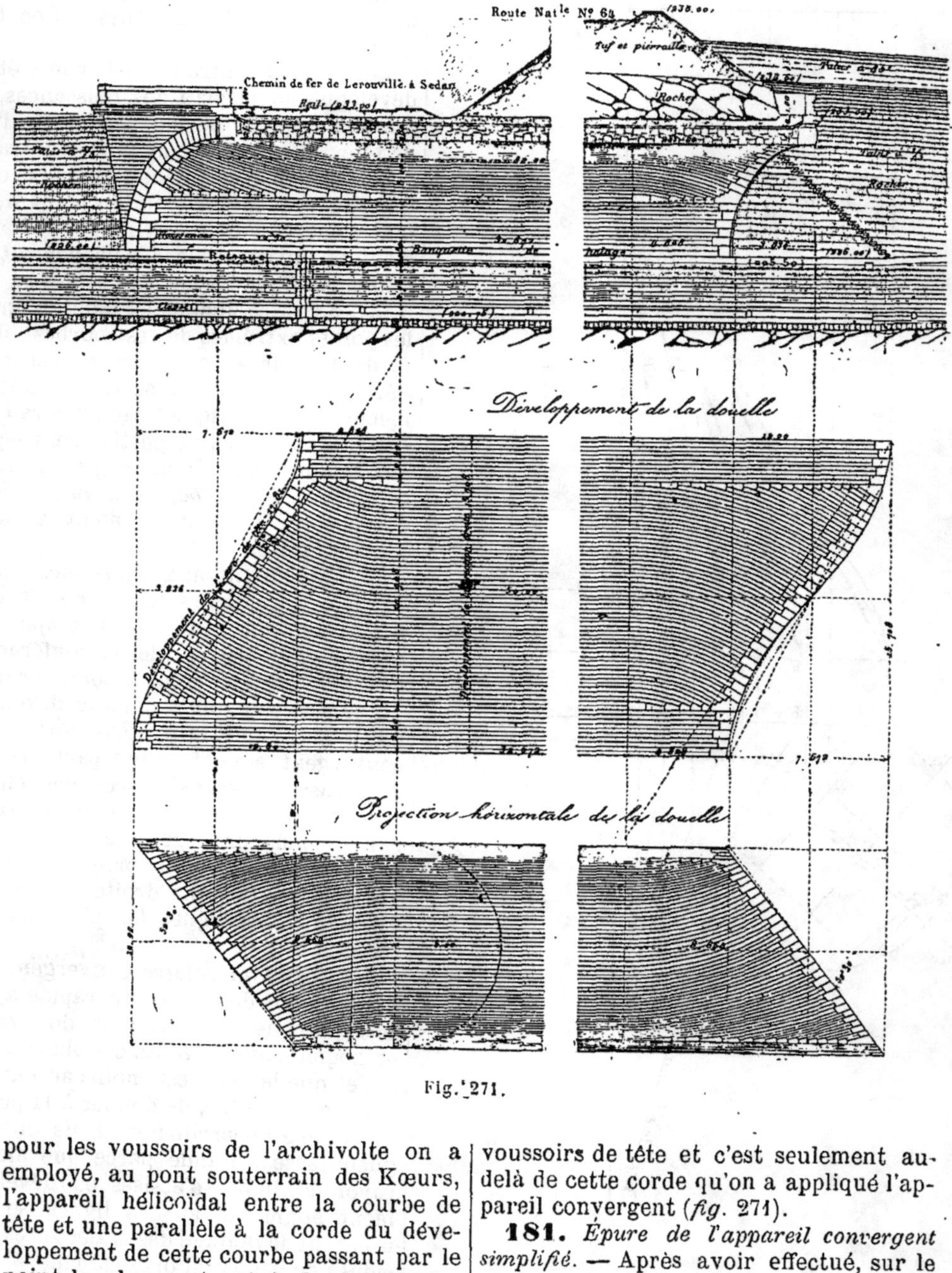

Fig. 271.

pour les voussoirs de l'archivolte on a employé, au pont souterrain des Kœurs, l'appareil hélicoïdal entre la courbe de tête et une parallèle à la corde du développement de cette courbe passant par le point le plus rentrant de la douelle des voussoirs de tête et c'est seulement au-delà de cette corde qu'on a appliqué l'appareil convergent (*fig.* 271).

181. *Épure de l'appareil convergent simplifié.* — Après avoir effectué, sur le plan des naissances, le développement de la courbe de tête on le divise en autant de parties égales qu'il doit y avoir de voussoirs puis on divise la section droite en moellons en s'arrangeant de façon que leur largeur soit un sous-multiple de celle des voussoirs de tête. On trace ensuite l'appareil hélicoïdal des voussoirs de tête, jusqu'à la parallèle à la corde de la sinusoïde passant par le point le plus rentrant des voussoirs de tête.

Ceci fait, on cherche la position de la section droite qui doit limiter l'appareil biais. A cet effet, on opère par tâtonnements en prenant pour centre des lignes de joints circulaires du développement un point assez éloigné pour que ces lignes soient sensiblement droites dans l'étendue d'un moellon de longueur ordinaire ; c'est par ce point que passera la section droite provisoire. La circonférence tracée de ce point de convergence comme centre et partant d'un des points de division de l'arc de tête devra être tangente à une des génératrices représentant les lignes de joints des moellons de la voûte droite.

Si cette condition n'est pas remplie on déplacera le centre de convergence sur l'oblique qui limite l'appareil héliçoïdal des têtes du pont jusqu'à ce que la circonférence, décrite de ce point comme centre et passant par le point de division précédent de l'arc de tête, soit tangente à la génératrice la plus rapprochée du point de contact obtenu avec le premier tracé.

Le centre de convergence ainsi déterminé on terminera l'épure définitive.

182. *Équations des lignes de lits et de leurs transformées dans le cas d'une voûte à section droite circulaire.* — Prenons pour axe des x le développement kd_1 de la section droite et pour axe des y la perpendiculaire élevée au point k sur kd_1.

Soient r, le rayon de la section droite du cylindre de la voûte ;

e, la distance ka_1 ;

R, le rayon de la transformée g_1h_1 d'une ligne de joint ;

δ, l'angle formé par le plan des naissances et un plan passant par l'axe de la voûte et une génératrice quelconque ;

β, l'angle complémentaire de l'angle du biais.

D'après l'équation du cercle, en désignant par x et y les coordonnées d'un point quelconque L_1 de la transformée g_1h_1 situé sur la génératrice correspondant à l'angle δ sur l'arc circulaire de section droite, on pourra écrire

$$R^2 = x^2 + y^2 \qquad (1)$$

or, $x = l_1k = ka_1 + a_1d_1 - d_1l_1$
or, d_1l_1 est le développement de l'arc circulaire dl qui correspond à l'angle δ,

donc, $\qquad d_1l_1 = \pi\delta$

et comme on a :

$$a_1^o d_1 = \pi r$$

et $\qquad ka_1 = e$

Il en résulte, $x = e + \pi r - r\delta \qquad (2)$

En portant cette valeur dans l'équation (1) on a :

$$y^2 + (e + \pi r - r\delta)^2 = R^2 \qquad (3)$$

qui est l'équation des lignes de joints dans le développement.

183. Pour avoir l'équation des projections des lignes de joints sur le plan des naissances, on prendra pour axe des y l'axe de la voûte dans le plan des naissances et pour axe des x le développement de la section sur ce même plan.

L'ordonnée du point L de la projection horizontale gh de la ligne de joint que nous venons de considérer sera la même que celle du point L_1.

Son abcisse sera :

$$ol_2 = r \cos \delta \qquad (4)$$

d'où on déduit :

$$\delta = \text{arc cos } \frac{x}{r} \qquad (5)$$

en remplaçant δ par cette valeur dans l'équation (3) on obtient :

$$y^2 + \left(e + \pi r - r \text{ arc cos } \frac{x}{r}\right)^2 = R^2,$$

qui est l'équation de la projection, sur le plan des naissances, des lignes de joints.

En cherchant l'équation de la normale en un point de la projection d'une ligne d'assise et en déterminant l'intersection de cette normale avec l'axe des x on reconnaît que la valeur obtenue pour x est indépendante de l'ordonnée du point considéré et du rayon R de la transformée de la ligne d'assise. Il en résulte que « *toutes les normales aux projections des lignes de lits, aux points où ces lignes coupent une même génératrice, concourent vers un foyer unique situé sur la trace du plan de section droite auquel est limité l'appareil biais ».*

Ce foyer est déterminé par la relation

$$x = r\cos\delta - \frac{e + \pi r - r\delta}{\sin\delta}$$

pour les points placés sur la génératrice correspondant à l'angle δ.

Cette propriété aide au tracé de l'épure car elle donne un moyen facile de construire les tangentes aux projections des lignes de joints et permet, par suite, de

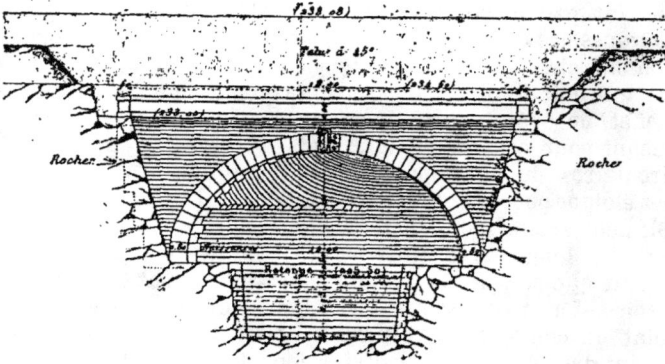

Fig. 272.

réduire le nombre des points à déterminer à l'aide de leurs coordonnées.

184. *Avantages de l'appareil simplifié.* — « L'appareil circulaire convergent, dit M. Picard, offre les précieux avantages :

De comporter une facilité extrême pour le tracé des lignes de joint dans le développement de la douelle;

De rendre aussi très simple et très sûr le tracé des lignes de lits ou d'assises sur le cintre au moyen de leurs points d'intersection avec les génératrices, points dont la détermination se réduit à des opérations graphiques ou à des calculs rapides ;

Enfin et surtout, de rendre uniforme la largeur des assises, de permettre, par conséquent, l'emploi de matériaux ordinaires et de dimensions courantes et de supprimer les difficultés de tailles inhérentes à l'appareil orthogonal convergent. »

« Son seul inconvénient est d'exiger des crémaillères aux naissances; mais cet inconvénient ne saurait être mis un instant en balance avec les avantages ci-dessus énumérés. »

Nous donnons dans la figure 271 le développement de la douelle et la coupe longitudinale du pont souterrain des Kœurs auquel a été appliqué l'appareil circulaire convergent. La figure 272 représente l'élévation d'une tête.

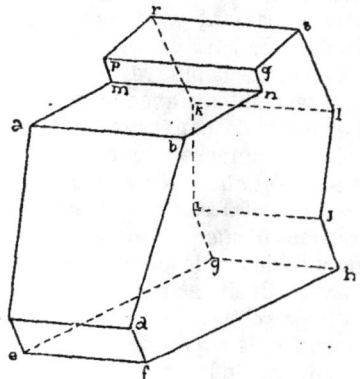

Fig. 273.

On peut remarquer sur ces figures que les voussoirs de tête correspondent à deux assises de moellons, sauf le voussoir situé au joint de rupture de l'angle aigu qui correspond à quatre de ces assises.

Les six voussoirs de tête, à partir du plan des naissances, situés du côté de l'angle aigu ont été prolongés au-delà des bandeaux de tête pour former crossette dans les tympans. Cette disposition a dû être adoptée pour donner une étendue plus considérable aux lits. Un de ces voussoirs est représenté en perspective par la figure 273.

Enfin, pour éviter l'acuité de l'angle aigu, on l'a abattu après coup pour former une voussure engendrée par une droite horizontale glissant :

1° Sur une ellipse, située dans le plan de tête, ayant même montée que l'ellipse primitive, mais dont le grand axe avait été augmenté de 0m,30 ;

2° Sur l'ellipse résultant de l'intersection du cylindre d'intrados de la voûte par un plan vertical déterminé par l'axe de la voûte sur le plan de tête et par une verticale tracée sur le pied-droit à 0,15 du sommet de l'angle aigu primitif.

Appareil cycloïdal.

185. M. Hachette, qui a construit plusieurs ponts biais sur le chemin de fer de Paris à Strasbourg, dans la traversée de Meaux, a adopté un appareil particulier auquel il a donné le nom d'*appareil cycloïdal*.

Les lignes de joints de cet appareil s'obtiennent en cherchant ce que deviennent les points des génératrices d'un cylindre droit, à base circulaire, quand on fait rouler, sur le plan tangent suivant la génératrice supérieure, les circonférences provenant de sections faites dans le cylindre par des plans parallèles aux têtes, de manière à amener leurs centres sur une même ligne horizontale.

Considérons, par exemple, un cylindre droit à base circulaire, projeté horizontalement en $mnpq$ (*fig.* 274). Soit xx,x' les projections de l'axe de ce cylindre, qu'il s'agit de transformer en un cylindre oblique de même base et de même hauteur dont l'axe se projette horizontalement suivant xy ; cette transformation s'effectuant en faisant rouler, comme nous venons de le dire, sur le plan tangent supérieur, les circonférences précédentes jusqu'à ce que leurs centres soient sur l'axe xy.

Dans ce mouvement, le centre de la base pq ne bouge pas, mais celui de la base mn se déplace de x' à y' sur la ligne $x'y'$. Les centres des autres sections circulaires, faites par une série de plans parallèles aux têtes, viendront sur $x'y'$ en des points faciles à déterminer puisque leurs projections horizontales sont les points y_1, y_2.

Considérons, en particulier, le point a appartenant à la base pq. Ce point décrira dans l'espace une trajectoire cycloïdale lorsque la circonférence x' roulera

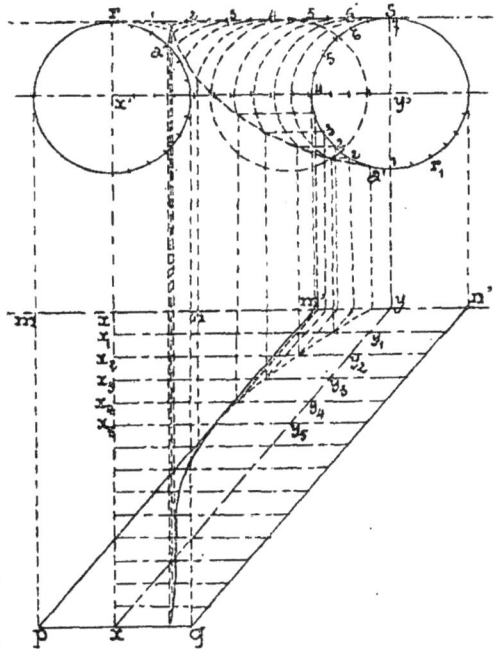

Fig. 274.

sur le plan tangent rs. Cette trajectoire indiquée sur la figure 274 est donc facile à déterminer par le tracé ordinaire des cycloïdes.

On cherchera de même les positions, sur le cylindre oblique, des autres points de la génératrice passant par le point a en considérant d'autres sections x_1y_1, x_2y_2 au lieu de xy.

186. Le tracé des lignes d'assises étant défini, indiquons suivant quelles surfaces on dressera, dans cet appareil, les joints longitudinaux et transversaux. Les génératrices des joints d'assises s'obtiendront en considérant des sections du cylindre droit faites parallèlement aux têtes et les rayons de ces sections qui

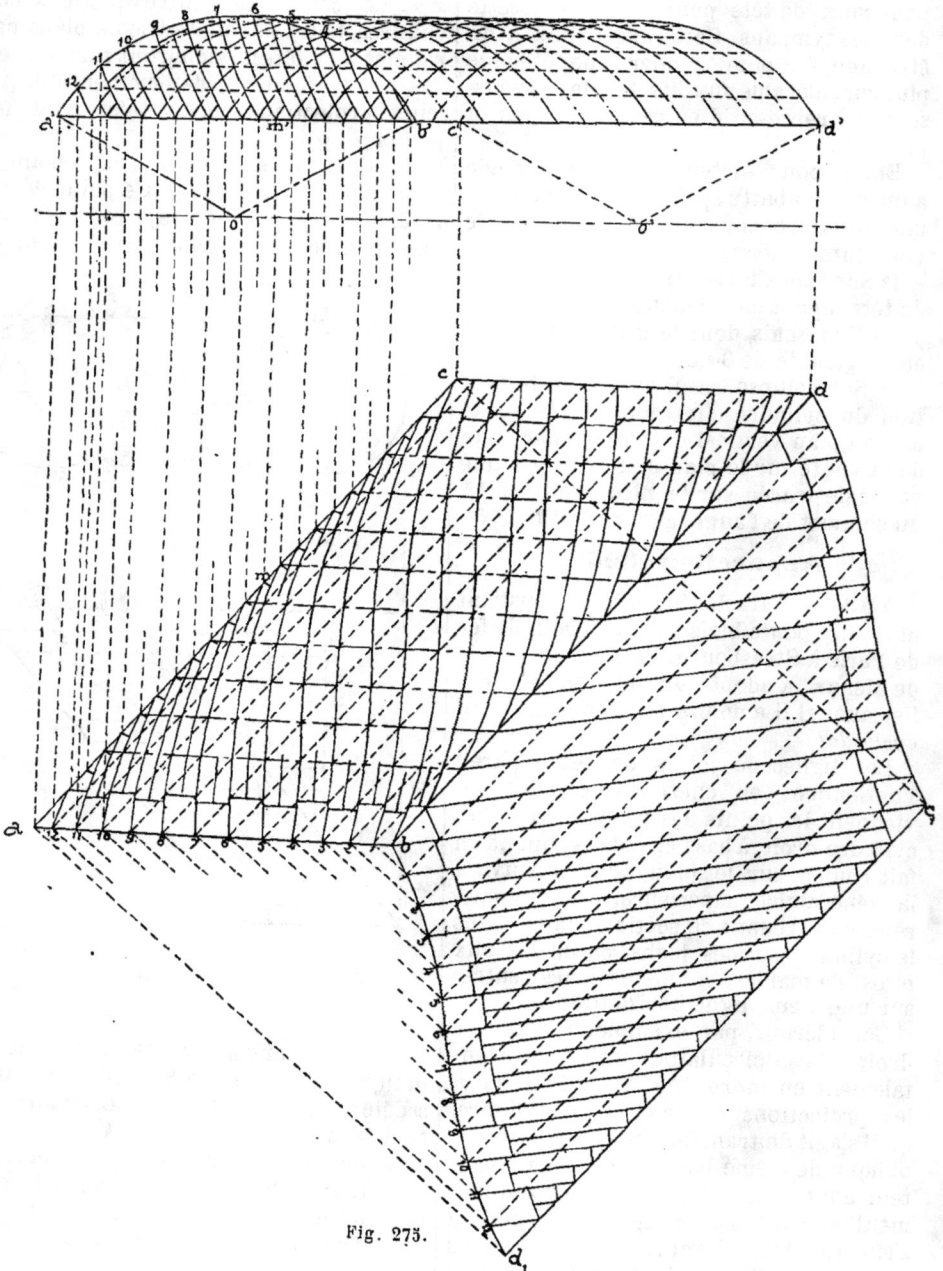

Fig. 275.

aboutissent aux génératrices du cylindre droit. Après la rotation des sections précédentes sur le plan tangent au cylindre, mené par la génératrice supérieure, ces rayons s'appuieront, d'une part, sur l'axe du cylindre oblique et, d'autre part, sur les lignes d'assises déduites des génératrices du cylindre droit comme nous l'avons expliqué. En déterminant les nouvelles positions des rayons, correspondant à une même génératrice de joint du cylindre droit, on aura les génératrices de la surface gauche d'un joint longitudinal. La figure 275 représente l'épure d'ensemble d'un pont appareillé suivant le système cycloïdal dont nous venons de donner le principe et sur lequel nous ne nous étendrons pas davantage car, en pratique, on lui préfère généralement le système héliçoïdal.

Choix à faire entre les divers appareils.

187. Il est évident qu'au point de vue de la facilité d'exécution l'appareil suivant les génératrices et les arcs de sections droites doit être préféré à l'appareil héliçoïdal et, par suite, à l'appareil orthogonal dont les lignes d'assises, inégalement distantes, compliquent beaucoup la taille des voussoirs.

Mais, au point de vue de la stabilité, ces trois appareils doivent être classés dans un ordre inverse, c'est-à-dire :

1° Appareil orthogonal ;

2° Appareil hélicoïdal ;

3° Appareil suivant les génératrices et les arcs de sections droites.

C'est en effet l'appareil orthogonal qui offre le plus de garanties de solidité puisque dans cet appareil les trajectoires sont normales à l'arc de tête, tandis que dans l'appareil hélicoïdal, et principalement dans l'appareil suivant les génératrices et les arcs de sections droites, cette condition n'est pas remplie. C'est surtout, comme l'a démontré l'expérience, vers les

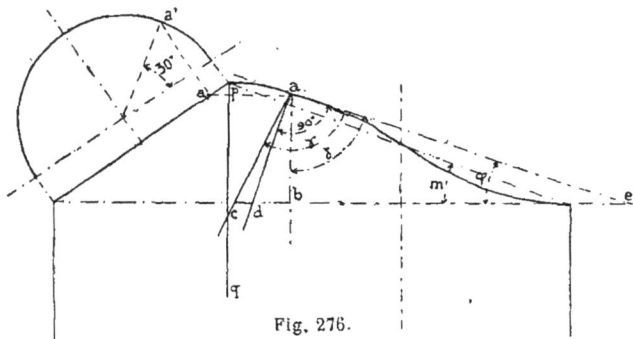

Fig. 276.

joints de rupture (1) que les lignes d'assises doivent couper l'arc de tête sous un angle se rapprochant le plus possible de l'angle droit.

Considérons (*fig.* 276) le point *a* qui, dans le développement de l'arc de tête, correspond au joint de rupture. Menons par ce point la génératrice *ab* ainsi que les lignes *ac* et *ad* qui représentent les lignes d'assises du développement, la première dans le système hélicoïdal et la deuxième dans le système orthogonal.

Désignons par δ l'angle de la génératrice *ab* avec la tangente *ae* menée au

(1) *Dans le plein cintre les joints de rupture sont inclinés à peu près à 30 degrés sur le plan des naissances. Pour l'anse de panier surbaissée au tiers, cet angle est d'environ 45 degrés et pour l'anse de panier surbaissée au quart de 55 degrés.*

point *a* à l'arc de tête développé et par γ l'angle de cette tangente avec la ligne d'assise *ac* du système héliçoïdal. Lorsque l'angle δ ne s'éloignera pas beaucoup de 90 degrés ou, pour mieux préciser, sera compris entre 80 et 90 degrés, on pourra employer l'appareil suivant les génératrices et les arcs de sections droites qui, comme nous l'avons dit, est le plus simple au point de vue de la facilité d'exécution. Dans le cas contraire, et si γ diffère peu d'un angle droit, on emploiera l'appareil hélicoïdal. Enfin, si γ et δ sont notablement éloignés d'un angle droit il faudra avoir recours à l'appareil orthogonal. En général on adopte l'appareil hélicoïdal lorsque $180° - \gamma > 180°$.

Les valeurs des angles γ et δ sont fa-

ciles à déterminer. En se reportant à la
figure 276, on voit que

$$\delta = 90° - \varphi \qquad (1)$$
$$\gamma = 90° + m - \varphi \qquad (2)$$

φ étant l'angle de la tangente ae avec la
section. droite développée et m étant
l'angle intradossal naturel.

Pour calculer δ et γ il faudra remplacer,
dans les formules (1) et (2), φ et m par
leurs valeurs. Or, lorsque la courbe de
tête est circulaire, on a :

$$\operatorname{tang} \varphi = \frac{\sin \beta \sin \omega}{\sqrt{1 - \sin^2 \beta \sin^2 \omega}} \qquad (3)$$

et

$$\operatorname{tang} m = \frac{2r \sin \beta}{l}, \qquad (4)$$

l est le développement de la section droite,
et, lorsque la courbe de tête est elliptique, r étant le rayon de la section droite
circulaire, on a :

$$\operatorname{tang} \varphi = \sin \omega \operatorname{tang} \beta \qquad (5)$$
$$\operatorname{tang} m = \frac{2 \operatorname{tang} \beta}{\pi} \qquad (6)$$

à l'aide de ces expressions on calculera φ
et m. Ce sont ces considérations qui ont
guidé M. Graeff dans le choix des appareils des ponts biais qu'il a construits,
parmi lesquels on peut citer le *Viaduc de
la Walch*, le *pont de la Girafe* et le *pont de
Holtzplatz*.

188. 1° *Viaduc de la Walch.* — Ce
beau viaduc représenté (*fig.* 277) permet
au chemin de fer de Paris à Strasbourg
de traverser le canal de la Marne au Rhin,
la rivière la *Zorn* et deux chemins.

L'une des arches, appareillée au système
héliçoïdal, est surbaissée et biaise à 46 degrés c'est celle dont nous avons eu déjà à
nous occuper au sujet des voussures
(n° 157); elle donne passage au canal de la
Marne au Rhin. Les autres arches sont
appareillées au système orthogonal parallèle; elles sont en plein cintre et leur
biais est de 55 degrés.

Pour ces dernières arches l'angle complémentaire de l'angle du biais est donc,

$$\beta = 35°;$$

et, comme elles sont en plein cintre, on
peut supposer le joint de rupture incliné
à 30 degrés sur le plan des naissances
(n° 187), et poser

$$\omega = 30°.$$

La courbe de tête étant circulaire et

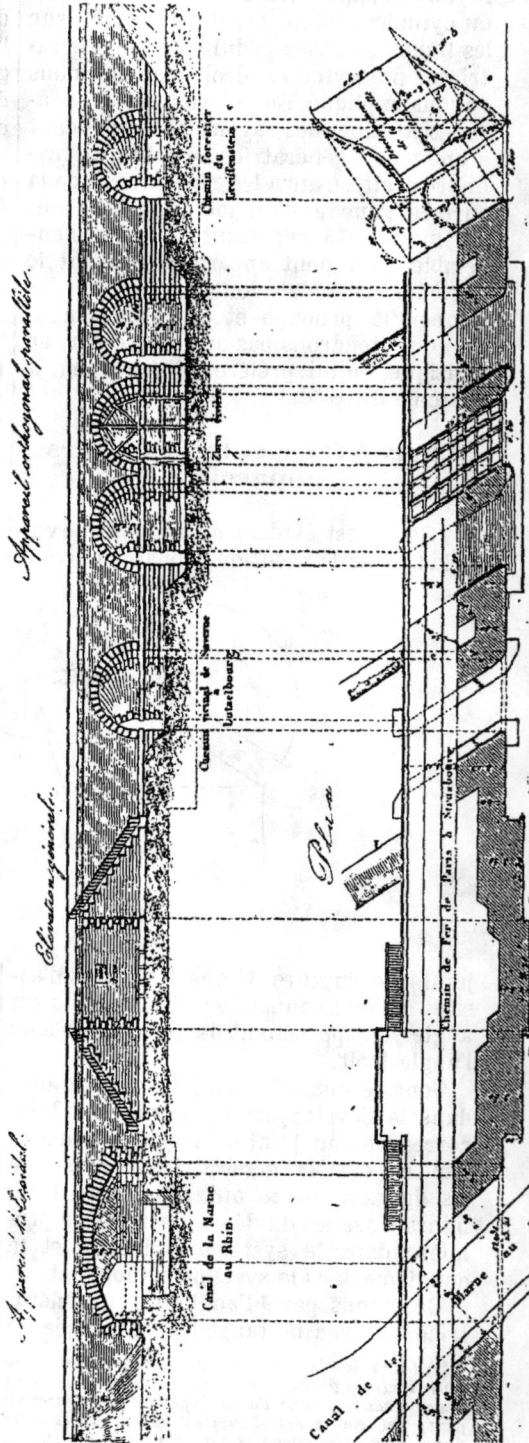

son rayon étant $r = 3^m,052$, on aura pour les axes de la section droite elliptique

$$a = r = 3,052$$
$$b = a \cos \beta = 3,052 \times 0,81915 = 2^m,500.$$

Le développement de la demi-ellipse de section droite est (n° 80),

$$l = 2,86458 \times 3,052 = 8^m,743.$$

La formule (4) du numéro précédent, donne donc :

$$\operatorname{tg} m = \frac{2r \sin \beta}{l} = \frac{2 \times 3,052 \times 0,57358}{8,743} = 0,400$$

d'où, $m = 21° 48'$

La formule (3) donne de même

$$\tan \varphi = \frac{\sin \beta \sin \omega}{\sqrt{1 - \sin^2 \beta \sin^2 \omega}}$$
$$= \frac{0,57358 \times 0,5}{\sqrt{1 - 0,57358^2 \times 0,5^2}}$$

c'est-à-dire :

$$\tan \varphi = \frac{0,28679}{\sqrt{0,917752}} = 0,29937$$

d'où on tire : $\varphi = 16° 40'$
donc,

$$\delta = 90° - \varphi = 90° - 16°40' = 73°20'$$
$$\text{et } \gamma = 90° + m - \varphi = 90° + 21°48'$$
$$- 16°40' = 95°8'$$

l'angle δ étant plus petit que 80 degrés, l'appareil suivant les génératrices et les arcs des sections droites devait être rejeté. Mais, comme

$$180° - \gamma = 180° - 95°8' = 84°52'$$

est plus grand que 80 degrés, on pouvait, d'après ce que nous avons dit (n°187), adopter l'appareil hélicoïdal. Si on lui a préféré l'appareil orthogonal parallèle c'est parce qu'il est plus agréable à l'œil quand on coupe les angles aigus par des voussures, comme c'était le cas au viaduc de la Walck.

189. 2° *Pont de la Girafe.* — Ce pont est en plein cintre, avec courbe de tête circulaire. Son biais est de 75 degrés (*fig.* 278) ; on aura donc :

$$\beta = 15° \text{ et } \omega = 30°.$$

L'angle φ se déterminera toujours par la formule :

$$\tan \varphi = \frac{\sin \beta \sin \omega}{\sqrt{1 - \sin^2 \beta \sin^2 \omega}}$$
$$= \frac{0,25882 \times 0,5}{\sqrt{1 - 0,06698 \times 0,25}}$$
$$\tan \varphi = \frac{0,12941}{0,9915} = 0,13042$$

d'où on déduit : $\varphi = 7°26'$
il en résulte pour valeur de δ.

$$\delta = 90° - 7°26' = 82°34'.$$

cette valeur étant plus grande que la limite inférieure de 80 degrés jusqu'à laquelle on peut employer sans inconvénients l'appareil suivant les génératrices et les arcs de sections droites, c'est ce dernier appareil qui a été adopté.

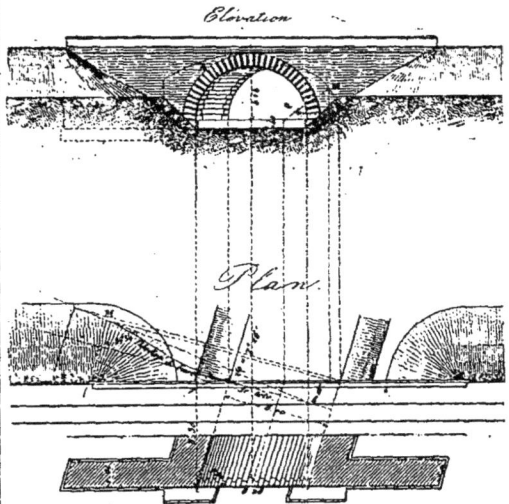

Fig. 278.

190. *Pont de Holtzptatz.* — Le pont de Holtzptatz (*fig.* 279) est, comme le pont de la Girafe, construit en plein cintre avec courbe de tête circulaire. Son angle du biais est de 60 degrés, par suite on a :

$$\beta = 30° \text{ et } \omega = 30°.$$

Calculons la valeur de l'angle φ.

La courbe de tête étant circulaire, on aura :

$$\tan \varphi = \frac{\sin \beta \sin \omega}{\sqrt{1 - \sin^2 \beta \sin^2 \omega}}$$
$$= \frac{0,5 \times 0,5}{\sqrt{1 - 0,5^2 \times 0,5^2}}$$
$$\tan \varphi = \frac{0,250}{0,9683} = 0,2582$$

d'où $\varphi = 14°29'$
il en résulte :

$$\delta = 90° - 14°29' = 75°,31'$$

valeur qui montre qu'on doit rejeter

l'appareil suivant les génératrices et les arcs de sections droites, puisqu'elle est inférieure à 80 degrés.

L'appareil hélicoïdal pourra être adopté si

$$180° - \gamma > 80°.$$

Pour déterminer l'angle γ, il faut d'abord connaître la valeur de l'angle intradossal naturel, qui se calcule par la relation :

$$\tan m = \frac{2r \sin \beta}{l}.$$

l est le développement de la demi-ellipse de section droite, dont les demi-axes sont :

$$a = r = 2^m,02$$
$$b = a \cos \beta = 2,02 \times 0,86603 = 1^m,75$$

donc, d'après le numéro 80,

$$l = 5^m,92$$

par suite,

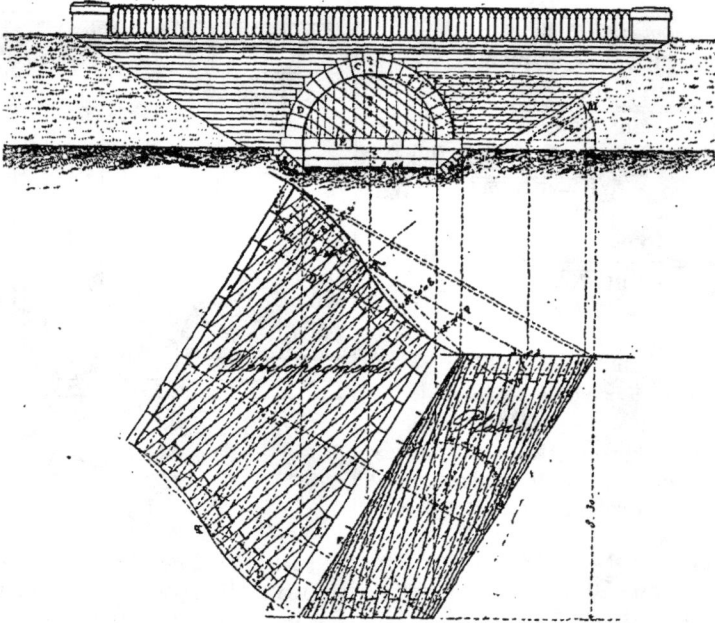

Fig. 279.

$$\tan m = \frac{2 \times 2\,02 \times 0,5}{5,92} = 0,34121$$

et, $m = 18°,50$

il en résulte

$$\gamma = 90° + 18°50' - 14°29' = 94°21'$$
et $180° - \gamma = 180° - 94°21' = 85°39'$

cette valeur étant plus grande que la limite inférieure de 80 degrés, on a employé l'appareil hélicoïdal.

191. Il faut, en outre, établir la limite d'emploi de l'appareil orthogonal parallèle et de l'appareil orthogonal convergent. Si L est la longueur de la génératrice au sommet du pont à construire, il faut, pour pouvoir employer l'appareil orthogonal parallèle, que cette longueur soit moindre que celle donnée par la formule : $L = 3r + 2r \sin \beta$,
lorsque la courbe de tête est circulaire ;
et : $L = 3r + 2r \tan \beta$,
lorsque la section droite est circulaire.

Si la longueur de la génératrice du sommet de la voûte est plus grande que la valeur obtenue par ces formules, il faudra adopter l'appareil orthogonal convergent.

La figure 280 représente l'élévation et le plan du grand viaduc de la Corbinière, construit sur la Vilaine pour le chemin de fer de Rennes à Redon.

Plan supérieur

Coupe aux naissances

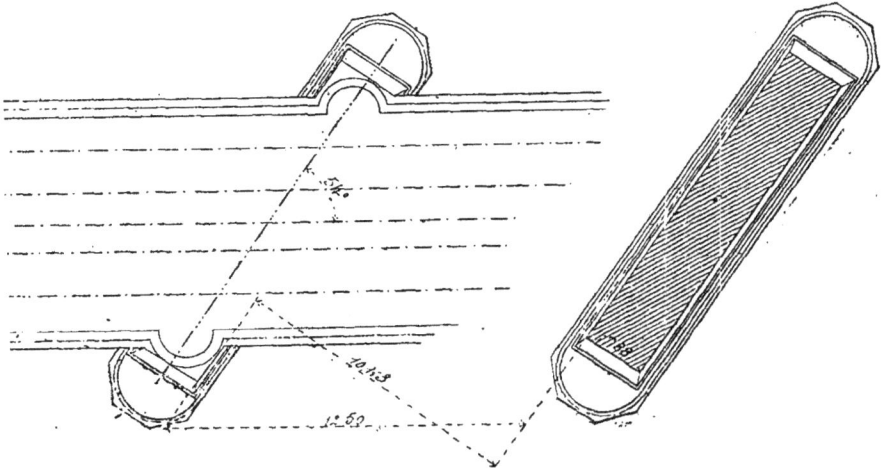

Fig. 280.

192. Au lieu de construire comme des voûtes droites ordinaires les ponts dont l'angle du biais est compris entre 80 degrés et 90 degrés, on peut retourner les voussoirs de tête perpendiculairement aux plans de tête comme l'indiquent les figures 281 et 282 qui représentent, là première, le pont de Civray et, la seconde, le viaduc de l'Epau.

Au viaduc de l'Epau, l'angle du biais est 76°2′ et l'ouverture droite est de 10ᵐ,10.

Les bandeaux des têtes sont en moellons piqués, dont les dimensions sont :

Hauteur : 0ᵐ,60 ;

Épaisseur : 0ᵐ,20 ;

Longueur en queue: 0ᵐ,42 à 0ᵐ,60.

Enfin, lorsque le biais descend au-dessous de 40 degrés, il faut adopter la construction par arcs droits que nous avons déjà indiquée (n° 69), et dont nous donnons un nouvel exemple (*fig.* 283 et 284).

193. *Armatures en fer.* — Lorsque le biais est inférieur à 60 degrés, il est bon d'assurer la stabilité de la voûte par des armatures en fer

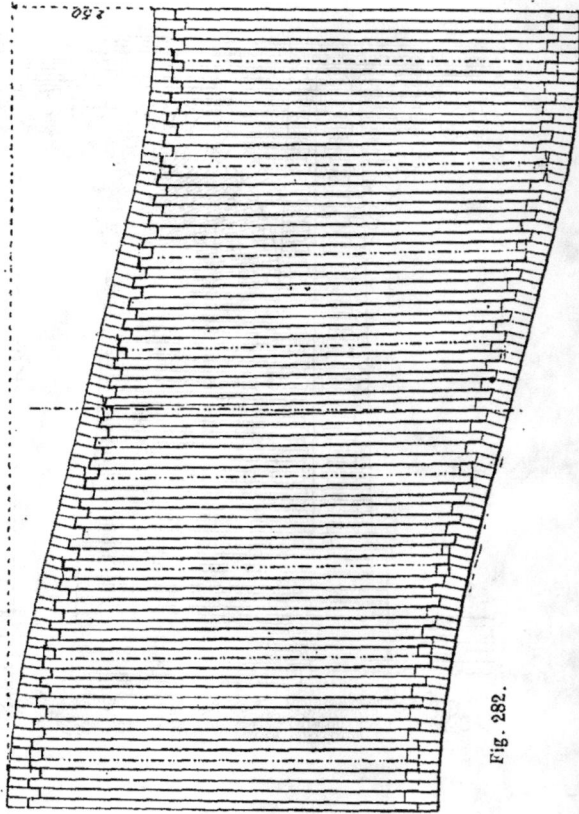

Plan de l'intrados développé

Fig. 282.

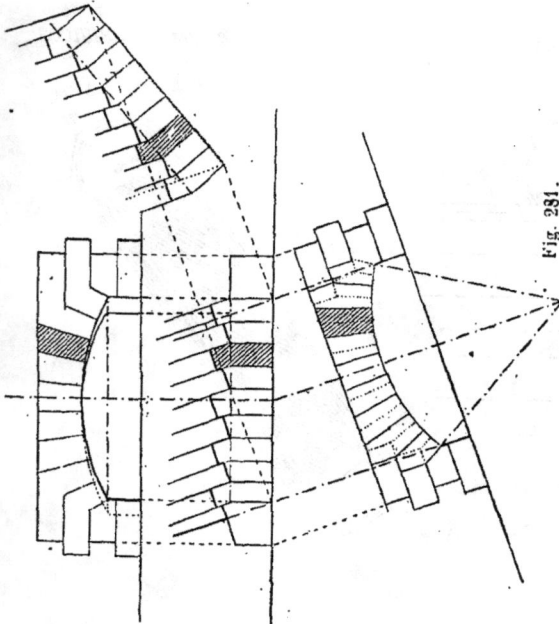

Fig. 281.

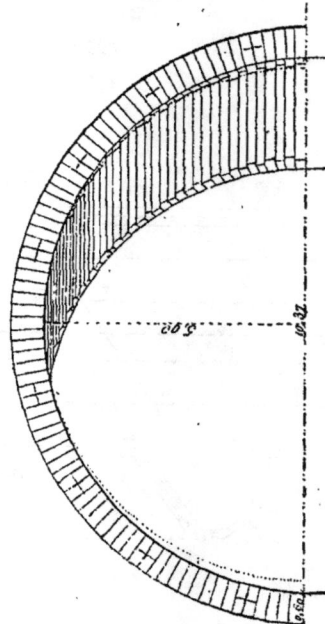

qui atténuent, au moment du décintrement, la poussée au vide, et, par suite, permettent d'éviter les lézardes qui pourraient se produire.

Choix à faire entre l'arc de cercle et le plein cintre dans les voûtes biaises.

194. Il n'est pas indifférent d'employer l'arc de cercle ou le plein cintre dans les voûtes biaises, car si celui-là convient à l'appareil héliçoïdal, il n'en est pas de même de celui-ci.

Lorsque les ponts sont en arc de cercle, on remarque, en effet, que les lignes d'assises de l'appareil héliçoïdal ne s'écartent pas notablement de celles qu'on obtiendrait avec l'appareil orthogonal, et que la différence est d'autant moins sensible que le surbaissement est plus considérable. Cela résulte de ce que, dans ce cas, la transformée de l'arc de tête diffère très peu de la corde qui joint ses deux extrémités. On doit alors adopter l'appareil héliçoï-

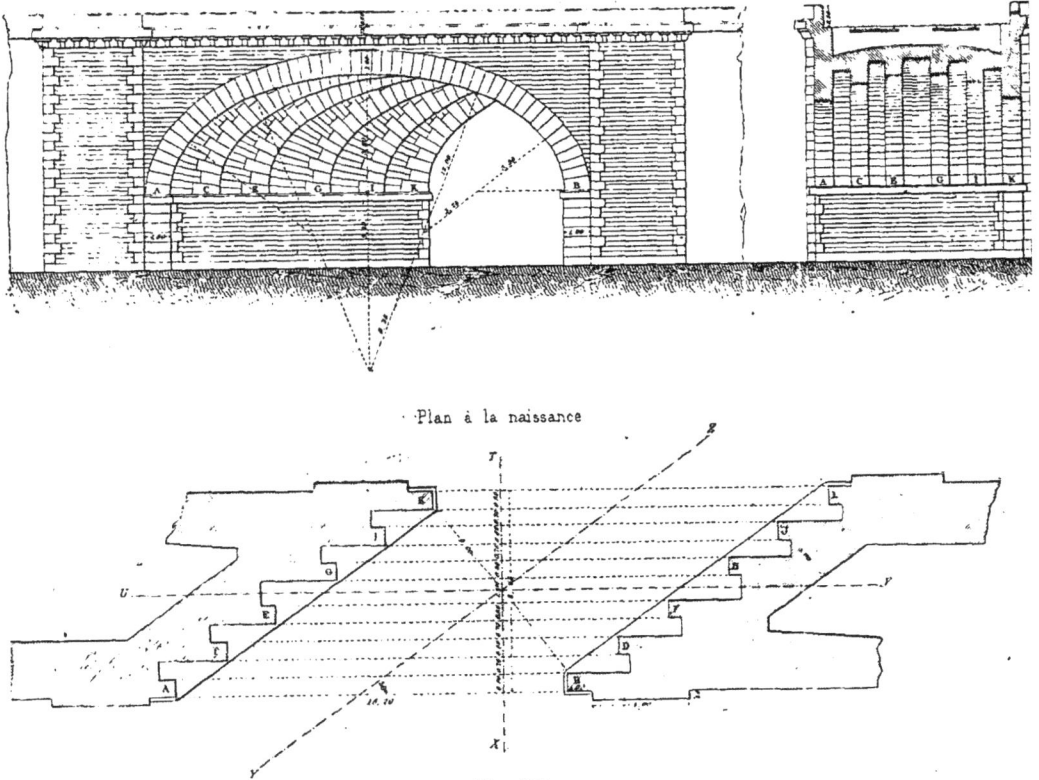

Plan à la naissance

Fig. 283.

dal, puisqu'il est beaucoup plus simple que l'appareil orthogonal.

Mais, dans le plein cintre et l'anse du panier, cet appareil donne des angles assez aigus pour les voussoirs de tête et on doit lui préférer l'appareil orthogonal qui, pour cette forme de l'intrados, donne la meilleure solution.

C'est ainsi que, pour éviter les angles aigus résultant de l'application de l'appa-

reil héliçoïdal au plein cintre, M. Léveillé n'a employé cet appareil que dans la partie de la voûte comprise entre les joints de rupture et a appareillé le reste, entre les joints de rupture et les naissances, comme une voûte droite ordinaire, ce qui n'offre pas d'inconvénients, puisque dans ces dernières régions, la poussée au vide est insensible, comme le prouve l'expérience.

Certains ingénieurs pensent, du reste, que le type du plein cintre doit être adopté chaque fois que les circonstances locales le permettent, parce que la poussée au vide s'y manifeste avec moins d'intensité que dans le type en arc de cercle.

Tracé de l'avant-bec d'un pont biais.

195. Dans les ponts droits on raccorde, en général, les faces parallèles des piles par une demi-circonférence dont le rayon est égal à la moitié de la distance qui sépare ces deux faces. Mais, lorsque l'axe du pont est oblique par rapport à l'axe de la voie de communication qu'il supporte, le raccordement précédent devient disgracieux et il faut employer pour faire le raccordement 2 arcs tangents entre eux et se raccordant l'un et l'autre avec les deux faces parallèles de la pile.

Il est facile de voir que le problème ainsi posé est indéterminé puisque sur

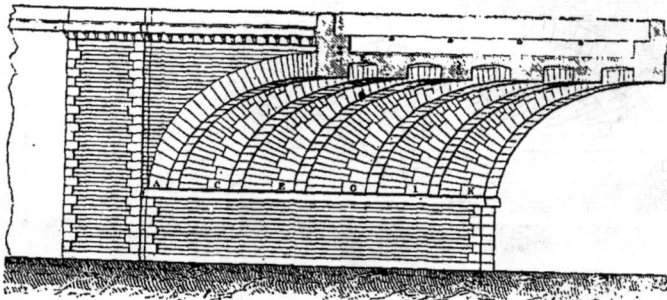

Fig. 284.

six conditions nécessaires nous n'en avons que cinq qui sont :

1° Deux tangentes et leurs points de contact, soit quatre conditions;

rayons. — Soient (*fig.* 285) c et d les points de contact. Les deux circonférences

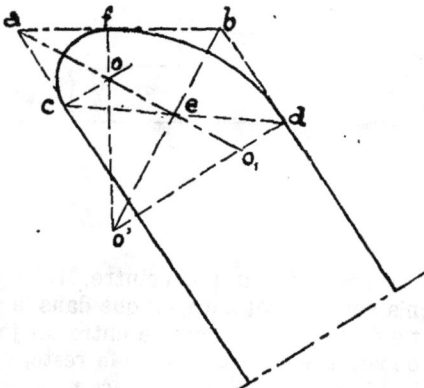

Fig. 285.

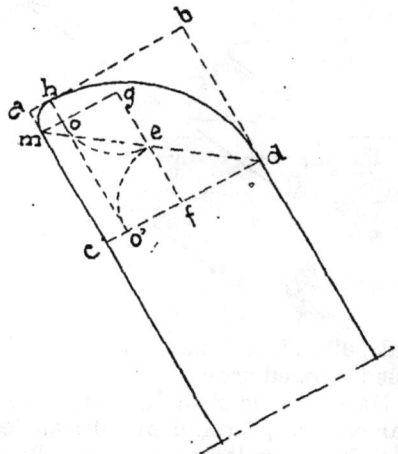

Fig. 286.

2° La tangence des deux circonférences en un point indéterminé.

Il faut donc se donner *a priori* un des

cherchées auront leurs centres sur les perpendiculaires co et do_1, menées en c et d, aux deux lignes représentant les faces parallèles de la pile.. Soit co le rayon du premier arc de raccordement ; le centre o de cet arc sera en ligne droite avec le centre o' du deuxième arc et avec le point de contact f de ces deux arcs. Or, le centre o' cherché doit être également distant de d et de f; si donc on prend $do_1 = co$ et si on mène be perpendiculaire au milieu de oo_1 le point o', intersection des lignes be et do_1 prolongées, sera le centre du deuxième arc tangent en f à la circonférence de rayon co et en d à une des faces de la pile.

196. Si on veut que la différence des rayons soit un minimum, m et d étant (*fig*. 284) les points de contact des deux arcs cherchés avec les faces de la pile, on arrive, par le calcul, à la construction suivante :

Par le milieu e de md on mène gf parallèle aux faces de la pile jusqu'à leurs rencontres en g et f avec les perpendiculaires élevées sur ac et bd aux points m et d. — Puis, des points g et f comme centres, avec ge et fe pour rayons, on décrit des arcs de cercles qui coupent les lignes mg et cd aux points o, o', qui sont les centres des deux arcs de raccordement cherchés.

197. Enfin si l'on veut que le rapport

r des deux rayons soit un minimum, on mènera ab parallèle à la ligne cd qui joint les deux points de contact sur les faces de la pile et à une distance em de cette ligne égale à la moitié de l'épaisseur de

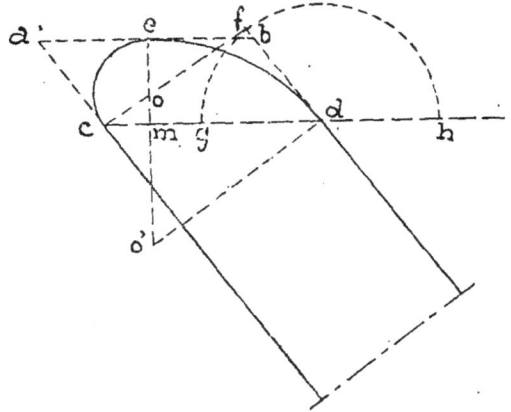

Fig. 287.

la pile. Au milieu e de ab, on élèvera, sur cette ligne, une perpendiculaire qui rencontrera les perpendiculaires co et do' à ac et bd aux points o et o' qui seront les centres des arcs de raccordement cherchés.

DESCRIPTION DE QUELQUES PONTS BIAIS

198. *Pont du chemin de fer de Londres à Croydon.* — Le pont du chemin de fer de Londres à Croydon est appareillé suivant le système héliçoïdal. Il est formé d'une grande arche centrale dont les naissances sont enfouies dans les talus de la tranchée du chemin de fer auquel il livre passage. Cette arche principale dont l'ouverture droite est de $9^m,14$ n'a que l'épaisseur de trois briques ; elle est suivie de trois petites voûtes sur chaque talus comme l'indique l'élévation de ce pont (*fig*. 287 *bis*). Des murs en aile courbes servent à raccorder la largeur du pont avec celle de la voie qu'il supporte, pour éviter un changement brusque.

Les figures 288 et 289 donnent la demi-coupe longitudinale et la coupe transversale de ce pont.

199. *Pont sur le Tarn à Albi.* — Ce

pont (*fig*. 290) qui est en pente, fait avec l'axe de la rivière à l'endroit où il la traverse un angle de 74 degrés. Il se compose de cinq arches en plein cintre de $27^m,60$ d'ouverture, formées chacune par cinq voûtes droites en retraite l'une par rapport à l'autre de $0^m,731$ sur le plan des naissances. A la partie supérieure, ces voûtes sont isolées l'une de l'autre, comme l'indique la figure 292 représentant la coupe longitudinale sur un vide entre les voûtes des tympans.

Les tympans sont évidés à l'aide de petits arceaux, de 4 mètres d'ouverture, dont les points les plus élevés de leur intrados sont dans le même plan horizontal que les points correspondants des grandes arches. Ces arceaux d'évidement sont continus dans toute la largeur du pont.

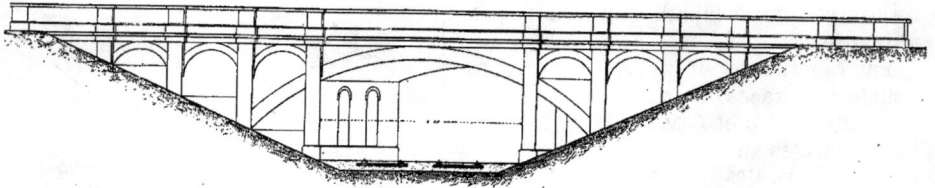

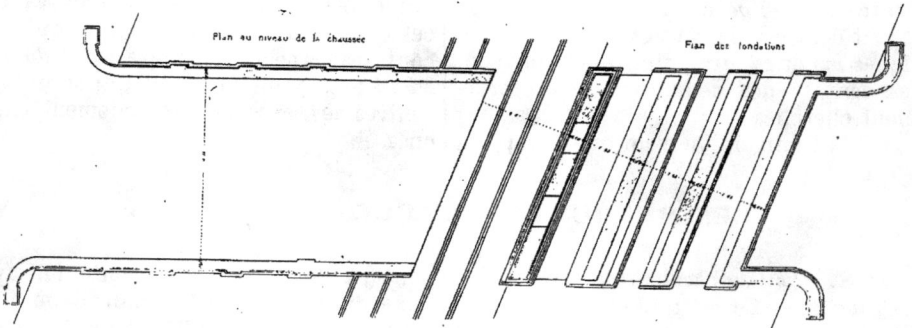

Plan au niveau de la chaussée

Plan des fondations

Fig. 287 bis.

Demi-coupe longitudinale

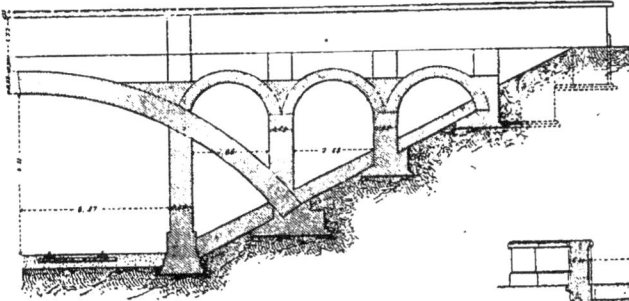

Fig. 288.

Les zones vides, à la partie supérieure des voûtes droites en retraites constituant les grandes arches du pont, interrompent forcément les culées des arceaux extrêmes; aussi, pour rétablir la continuité, on a engagé des pierres de taille dans la maçonnerie, comme on le voit dans la coupe transversale, faite sur l'axe d'une arche (*fig*. 291). Ces dispositions ont créé de très grandes sujétions ; aussi le prix de revient en a été augmenté dans une assez forte proportion.

Coupe transversale.

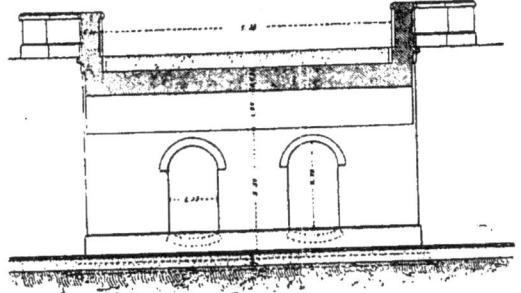

Fig. 289.

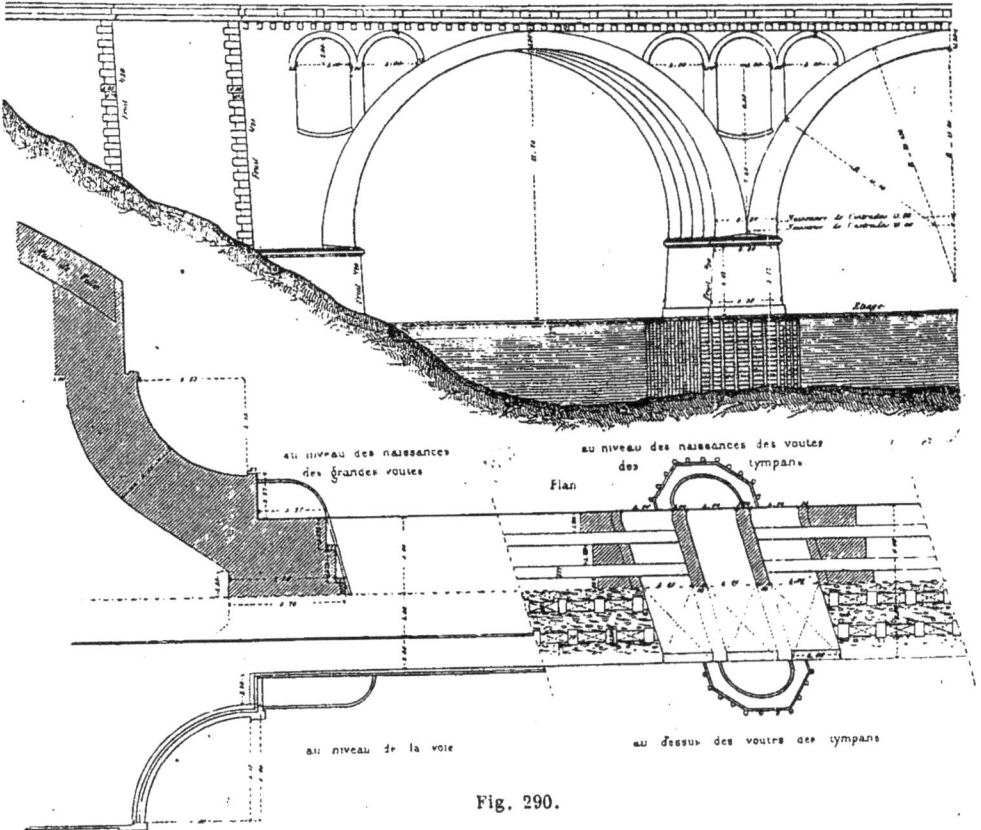

Plan

au niveau des naissances des grandes voûtes

au niveau des naissances des voûtes des tympans

au niveau de la voie

au dessus des voûtes des tympans

Fig. 290.

200. *Viaduc de la Walck.* — Nous avons déjà donné (*fig.* 277) l'élévation générale du beau viaduc de la Walck, construit par M. Graeff, sur lequel le chemin de fer de Paris à Strasbourg raverse le canal de la Marne au Rhin. Il se compose de six arches, dont l'une surbaissée est appareillée avec le système héliçoïdal et les cinq autres, en plein cintre, sont appareillées avec le système orthogonal parallèle. L'arche surbaissée est celle qui a donné le plus de difficultés pendant sa construction, car les voussoirs du sommet de la voûte tendaient à sortir du plan de tête et on a été obligé d'étançonner du côté des angles obtus les cintres extrêmes et aussi les voussoirs par de forts madriers arc-boutés sur le sol. Un des voussoirs n'en sortit pas moins sur le plan de tête d'environ 0^m,005,

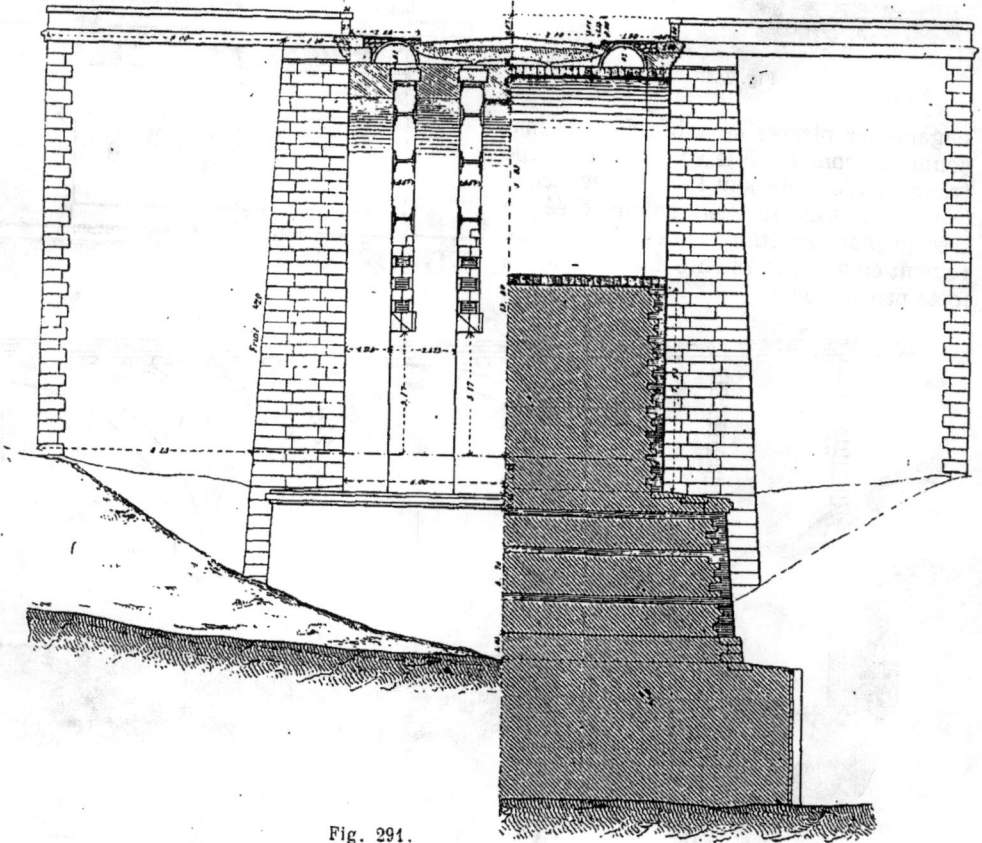

Fig. 291.

parce que les bois s'étaient un peu comprimés.

Au pont de la Walck onze moellons piqués ont éclaté par suite de la poussée; il a fallu les sortir de la voûte après le décintrement et les remplacer par d'autres.

ABORDS DES PONTS BIAIS

201. Les considérations qui ont été développées au chapitre V du tome I indiquent de quelle manière doit être faite l'étude des abords d'un pont droit; elles s'appliquent tout aussi bien aux ponts biais comme l'indiquent les dessins des ponts dont nous nous sommes occupé dans le courant de ce chapitre.

Fig. 292.

CHAPITRE IX

RÉSISTANCE ET STABILITÉ DES VOUTES, PILES ET CULÉES

I. — VOUTES

§ I. — HISTORIQUE

202. Quoique la construction des voûtes ait été connue de toute antiquité, La Hire est le premier qui, vers 1715, se soit occupé de l'étude de leur équilibre ; et, quoique les hypothèses sur lesquelles il a basé son calcul soient inexactes, ses formules ont été adoptées par les ingénieurs pendant plus d'un siècle.

Après lui, Couplet s'occupa de cette question et les mémoires qu'il a publiés en 1830 semblent indiquer que, le premier, il a trouvé le véritable mode de renversement des voûtes. Mais, comme La Hire, il a supposé que le point où la voûte se fend est placé au milieu de l'intrados ; hypothèse inexacte, comme le prouvèrent les expériences faites ultérieurement. Cependant, son mémoire, ainsi que les recherches de Donizy, n'en a pas moins servi de guide à Coulomb qui a définitivement établi leurs conditions d'équilibre.

Les principes posés par ce grand physicien furent pleinement confirmés par les expériences de M. Boistard. La théorie de l'équilibre des voûtes entra alors dans une phase nouvelle et, après les recherches de Gauthey et de Navier, on abandonna définitivement les formules de La Hire.

D'autres ingénieurs, et notamment M. Audoy, chef de bataillon du génie, ont soumis à l'analyse la théorie des voûtes ; mais leurs formules, très complexes, ne pouvaient être utilement employées en pratique.

Aussi, pour éviter ces calculs laborieux, M. Méry a indiqué un procédé géométrique simple donnant les points de passage de la résultante des pressions sur les différents joints des voussoirs. Ces points déterminent une courbe à laquelle M. Méry a donné le nom de *courbe de pression*.

Cette courbe rend compte de la stabilité des voûtes, mais les conditions tirées de l'équilibre ne suffisent pas pour la déterminer ; aussi M. Durand-Claye, apprécie, dans sa méthode, la stabilité d'une voûte par l'écartement de *courbes limites de pressions*.

Après les travaux de M. Méry, nous devons signaler ceux de MM. Yvon Villarceau et Carvallo qui ont obtenu de l'Académie des sciences un accueil très favorable.

M. Yvon Villarceau traite le problème comme il se présente ordinairement en pratique. Prenant, comme données, la flèche et l'ouverture de la voûte ainsi que la position des charges qu'elle est appelée à supporter, il détermine les formes de l'intrados et de l'extrados qui sont le plus favorable à assurer la stabilité de la voûte.

Ensuite, M. Dupuit a posé en 1858 le principe suivant : « Lorsqu'une voûte repose encore sur son cintre, la pression sur les voussoirs qu'on appelle communément la poussée *n'existe pas encore ;* elle ne commence à se faire sentir que lorsqu'on abaisse le cintre et elle va alors en augmentant jusqu'au moment où il quitte la voûte. »

C'est en développant cet aperçu et en analysant ce qui se passe au moment du décintrement, disent MM. Mahyer et Vaudrey, ingénieurs des ponts et chausées, dans l'avertissement de l'ouvrage, que M. Dupuit a posé les principes nouveaux suivants :

« Dans une voûte symétrique, la courbe de pression d'une demi-voûte n'a pas deux points indéterminés ; un de ces points est nécessairement placé à l'intrados, et c'est autour de ce point qu'elle tourne au décintrement pour s'appuyer à la clé sur l'autre demi-voûte. »

« Dans une voûte complète la courbe de pression est tangente à la courbe d'intrados. Si la voûte ne comprend que la partie supérieure à ce point de tangence, la courbe de pression passe par les naissances et n'est pas tangente. »

« Dans les voûte elliptiques complètes, le joint de rupture, à moins de profil exceptionnel, est situé vers le milieu de la montée. »

« Dans une voûte non symétrique, la demi-voûte de plus grande poussée a seule un joint de rupture. Dans l'autre demi-voûte la courbe de pression s'éloigne de l'intrados. »

Enfin, M. Maurice Lévy, membre de l'Institut, professeur au collège de France, et à l'École centrale, s'exprime ainsi dans son *Traité de statique graphique:*

« Parmi les modes d'équilibre, généralement en nombre illimité, qui sont statiquement admissibles il en existe un ou, au plus, un nombre fini que nous appelons les états *d'équilibre-limite* et qui sont caractérisés par ce que dans ces états l'une des conditions est sur le point de cesser d'être satisfaite soit parce que des joints sont sur le point de s'ouvrir, soit parce que des voussoirs sont sur le point de glisser et nous posons en principe que si, à ce moment, l'équilibre est assuré, il le sera dans tout autre état. — Concevons, en effet, une voûte posée sur son cintre. L'enlèvement des cintres se fait avec les précautions voulues pour que le tassement de la voûte ait lieu sans choc et sans mouvement brusque. Or, si la voûte devait tomber, il faudrait auparavant qu'elle passât par un des états d'équilibre-limite. Par hypothèse elle arrive à cet état sans vitesse sensible ; si donc, à cet état son équilibre est assuré elle ne pourra pas aller plus loin, en vertu de la définition même du mot équilibre. — Aussi, il suffit d'assurer les conditions de stabilité dans l'état ou les états d'équilibre limite. »

En résumé, le tracé de la courbe de pression dans une voûte est indéterminé tant qu'il n'est pas fait d'hypothèse sur les actions moléculaires qui se développent à l'intérieur de la voûte.

Ce sont ces différentes hypothèses qui ont donné naissance aux diverses théories que nous examinerons par la suite.

§ II. — FORMULES EMPIRIQUES SERVANT A DÉTERMINER L'ÉPAISSEUR DES VOUTES, A LA CLÉ, ET AUX NAISSANCES

203. Comme nous venons de l'indiquer, c'est à l'aide de la courbe des pressions qu'on se rend compte de la stabilité d'une voûte; mais, il faut certaines formules d'expérience pour pouvoir trouver les dimensions à donner au profil vertical d'essai.

Ces formules qui donnent les épaisseurs à la clé et aux naissances, pour les différentes formes de voûtes ont toutes été établies d'après les dimensions de voûtes existantes.

204. 1° *Formule de Perronet.* — Perronet a proposé la formule suivante, pour déterminer l'épaisseur e des voûtes à la clé, en fonction de leur ouverture D aux naissances :

$$e = 0,035 \times D + 0^m,325$$

Cette formule donne des épaisseurs un

peu fortes pour les voûtes de grandes ouvertures.

205. *Formules de Gauthey.* — Gauthey n'admet la formule précédente que pour les voûtes dont l'ouverture est inférieure à $16^m,10$; au-delà de cette dimension, et jusqu'à 32 mètres, il a proposé de lui substituer la formule : $e = 0,042\,D$

Et enfin, pour les voûtes de plus de 32 mètres d'ouverture, la formule :

$$e = 0,021 \times D + 0^m,67$$

206. *Formule de Dejardin.*

$$e = 0.05 \times D + 0^m,30.$$

207. *Formule de M. Leveillé.*

$$e = \frac{1 + 0,1 \times D}{3} = 0,33 + \frac{1}{30} \times D$$

Cette formule, d'après M. Leveillé, est applicable à une voûte de pont de forme quelconque dont l'ouverture est égale à D.

TABLEAU A. — PONTS EN ARC DE CERCLE

Comparaison, pour un certain nombre de ponts existants, entre leurs épaisseurs réelles à la clé et celles obtenues par la formule de M. Leveillé.

NUMÉROS D'ORDRE	NOMS DES PONTS	OUVERTURE	FLÈCHE	$\frac{f}{d}$	ÉPAISSEUR À LA CLÉ	
					réelle	calculée
		m.	m.		m.	m.
1	Pont sur le chemin des Fruitiers (chemin de fer du Nord)	4.00	0.70	0.175	0.55	0.47
2	Pont de Paisia	5.00	0.80	0.160	0.52	0.50
3	Pont de Méry (chemin de fer du Nord)	7.63	0.90	0.118	0.65	0.59
4	Pont de Mélisey	11.40	1.50	0.132	0.60	0.71
5	Pont de Couturette, à Arbois	13.00	1.86	0.143	0.90	0.77
6	Pont sur le Salat	14.00	1.90	0.136	1.10	0.80
7	Pont de la rue des Abattoirs, à Paris (chemin de fer de Strasbourg)	16.05	1.55	0.097	0.90	0.87
8	Pont sur la Forth à Stirling	16.30	3.12	0.192	0.84	0.88
9	Pont Saint-Maxence, sur l'Oise	23.40	1.95	0.083	1.46	1.11
10	Pont du chemin de fer du Nord, sur l'Oise	25.10	3.57	0.141	1.40	1.17
11	Pont de Dorlaston	26.37	4.11	0.156	1.07	1.21

TABLEAU B. — PONTS EN ANSE DE PANIER OU ELLIPTIQUES

Comparaison, pour un certain nombre de ponts existants, entre leurs épaisseurs réelles à la clé et celles obtenues par la formule de M. Leveillé.

NUMÉROS D'ORDRE	NOMS DES PONTS	OUVERTURE	FLÈCHE	$\frac{f}{d}$	ÉPAISSEUR À LA CLÉ	
					réelle	calculée
		m.	m.		m.	m.
1	Pont de Charolles	6.00	2.30	0.383	0.60	0.54
2	Pont du canal Saint-Denis	12.00	4.50	0.375	0.90	0.73
3	Pont de Château-Thierry	15.59	5.20	0.334	1.14	0.85
4	Pont de Dôle sur le Doubs	15.92	5.31	0.335	1.14	0.86
5	Pont de Wellesley à Lymerick	21.34	5.33	0.25	0.61	1.04
6	Pont d'Orléans (chemin de fer de Vierzon)	24.20	7.97	0.328	1.20	1.14
7	Pont de Trilfort	24.50	8.44	0.344	1.36	1.15
8	Pont de Nantes	35.10	10.49	0.313	1.95	1.50
9	Pont de Neuilly	38.98	9.74	0.25	1.62	1.62

TABLEAU C. — PONTS EN PLEIN CINTRE

Comparaison, pour un certain nombre de ponts existants, entre leurs épaisseurs réelles à la clé et celles obtenues par la formule de M. Leveillé.

NUMÉROS D'ORDRES	NOMS DES PONTS	OUVERTURE	FLÈCHE	$\frac{l}{d}$	ÉPAISSEUR A LA CLÉ	
					réelle	calculée
		m.	m.		m.	m.
1	Aqueduc près d'Enghien (chemin de fer du Nord).	0.60	»	»	0.35	0.35
2	Pont de Paty..............................	2.00	»	»	0.35	0.40
3	Pont sur le Thou...........................	2.00	»	»	0.50	0.40
4	Pont des Mévoisins, de Paris à Chartres.......	3.00	»	»	0.40	0.43
5	Pont du Crochet (chemin de fer de Paris à Chartres)	4.00	»	»	0.50	0.47
6	Pont de Long-Sauts (chemin de fer de Paris à Chartres....................	5.00	»	»	0.55	0.50
7	Pont d'Enghien (chemin de fer du Nord)........	7.40	»	»	0.60	0.58
8	Pont de Pantin (canal Saint-Martin)...........	8.20	»	»	0.75	0.61
9	Pont de la Bastille (canal Saint-Martin)........	11.00	»	»	1.20	0.70
10	Pont des Basses-Granges (Orléans à Tours)......	15.00	»	»	1.20	0.83
11	Pont d'Eymoutiers	20.00	»	»	1.00	1.00
12	Pont du Rempart (Orléans à Tours).............	1.20	»	»	0.45	0.37
13	Pont de Saint-Hylarion (Paris à Chartres).......	2.00	»	»	0.40	0.40
14	Pont du Tertre (Paris à Chartres)..............	3.00	»	»	0.45	0.43
15	Pont de la Tuilerie (Paris à Chartres)..........	4.00	»	»	0.50	0.47
16	Pont des Voisins	5.00	»	»	0.55	0.50

208. *Formule de M. Lesguillier.*

$$e = 0,20 \sqrt{D} + 0,10.$$

209. *Formule de Desnoyer.*

$$0,15 \times \sqrt{2R} + 0,15.$$

R étant le rayon de l'arc d'intrados de la voûte.

210. *Formule de Dupuit.* — M. Dupuit, après avoir relevé les épaisseurs à la clé d'un certain nombre de ponts en plein cintre, en arc de cercle et en anse de panier, en a formé les trois tableaux suivants, tableaux D, E, F.

TABLEAU D. — PONTS EN PLEIN CINTRE

NUMÉROS D'ORDRE	NOMS DES PONTS	OUVERTURE	MONTÉE	ÉPAISSEUR à LA CLÉ	
		m.	m.	m.	
1	Viaduc de Saint-Maurice........................	8.00	4.00	0.65	
2	Viaduc de la Roesbaechel.......................	8.60	4.30	0.95	
3	Viaduc de la Voulzie...........................	9.00	4.50	0.80	
4	Viaduc de l'Indre..............................	9.80	4.90	0.90	
5	Viaduc de Chantilly............................	10.00	5.00	0.75	
6	Viaduc de Chaumont...........................	10.00	5.00	0.56	
7	Viaduc de Brunoy..............................	10.00	5.00	0.90	
8	Viaduc de Saint-Germain.......................	10.00	5.00	0.95	
9	Pont du canal Saint-Martin.....................	11.00	5.50	1.20	
10	Pont de Schwelm	11.30	5.65	0.94	1848
11	Pont du Layon.................................	12.00	6.00	0.60	1848
12	Viaduc de la Flure.............................	13.80	6.90	0.75	
13	Pont d'Angers.................................	14.00	7.00	0.70	1848
14	Viaduc de Nogent..............................	15.00	7.50	1.00	

TABLEAU D (*suite*). — PONTS EN PLÉIN CINTRE

NUMÉROS D'ORDRE	NOMS DES PONTS	OUVERTURE	MONTÉE	ÉPAISSEUR à LA CLÉ	
		m.	m.	m.	
15	Pont des Basses-Granges....................	15.00	7.50	1.20	Chemin de fer
16	Viaduc de Dinan, sur la Rance....................	16.00	8.00	1.00	d'Orléans à Tours
17	Pont d'Opladen, sur la Wuper....	17.58	8.79	0.94	
18	Pont de Sèvres....................	18.00	9.00	1.00	
19	Pont de Kiew, sur la Tamise....................	18.80	9.40	0.81	
20	Pont du chemin de fer de Gorlitz....	18.83	9.42	0.94	
21	Viaduc de Comelle....................	19.00	9.50	1.00	
22	Pont de Courcelles....................	19.00	9.50	1.00	
23	Pont antique du Gard....................	19.50	9.75	1.30	
24	Pont Saint-Ange, à Rome....................	19.50	9.75	1.46	
25	Pont de Villevêque....................	20.00	10.00	0.80	
26	Pont de la Ferière, à Neufchâtel....................	21.10	10.55	1.50	
27	Pont du chemin de fer de Busigny....................	21.30	10.65	0.96	
28	Pont du Nord, à Edimbourg....................	22.00	11.00	0.84	
29	Pont de Westminster....................	23.20	11.60	1.52	
30	Pont de Semur, sur l'Armançon....................	23.40	11.70	0.97	
31	Pont Cestius, à Rome....................	23.40	11.70	1.46	
32	Pont Fabricius, à Rome....................	25.34	12.67	1.62	
33	Pont d'Alby....................	27.60	13.80	1.30	
34	Pont du chemin d'Annecy à Aix....................	30.00	15.00	1.50	
35	Pont des Têtes, sur la Durance....................	38.00	19.00	1.46	1732
36	Pont de Saint-Sauveur....................	42.00	21.00	1.50	
37	Pont de Céret, sur le Tech....................	44.80	22.40	1.62	
38	Viaduc de Nogent-sur-Marne....................	50.00	25.00	1.80	

TABLEAU E. — PONTS EN ANSE DE PANIER OU EN ELLIPSE

NUMÉROS D'ORDRE	NOMS DES PONTS	OUVERTURE	MONTÉE	ÉPAISSEUR à LA CLÉ	
		m.	m.	m.	
1	Pont de Dôle sur le Doubs....................	15.92	5.31	1.14	
2	Pont Saint-Michel, à Paris....................	17.20	6.68	0.70	1857
3	Pont de Château-Thierry....................	17.50	6.50	1.22	
4	Pont Notre-Dame, à Paris....................	18.76	7.49	0.90	1853
5	Pont de Moulins....................	19.50	6.50	0.97	1764
6	Pont de Saumur....................	19.50	6.50	0.97	1764
7	Pont de Frouard....................	19.50	5.70	1.14	
8	Pont de Cinq-Mars....................	20.00	6.66	1.20	
9	Pont de Wellesley, à Limerick....................	21.34	5.33	0.61	
10	Pont de Charenton....................	22.00	6.00	0.85	1863
11	Pont de Plessis-les-Tours....................	24.00	7.10	1.20	
12	Pont d'Orléans, chemin de Vierzon....................	24.20	7.97	1.20	
13	Pont de Tours....................	24.36	8.12	1.30	1775
14	Pont de Trilport....................	24.40	8.10	1.54	
15	Pont de Montlouis, sur la Loire....................	24.75	7.15	1.30	
16	Pont des Ponts-de-Cé, sur la Loire....................	25.00	7.65	1.20	
17	Pont de Charenton, sur la Marne....................	27.00	8.00	1.00	1863
18	Pont de la Trinité, à Florence....................	29.20	4.86	0.97	
19	Pont de Nogent, sur la Seine....................	29.20	8.80	1.45	1769
20	Pont de Chalonnes et de Nantes, sur la Loire....................	30.00	7.50	1.35	

TABLEAU E *(suite)*. — PONTS EN ANSE DE PANIER OU EN ELLIPSE

NUMÉROS D'ORDRE	NOMS DES PONTS	OUVERTURE	MONTÉE	ÉPAISSEUR à LA CLÉ	
		m.	m.	m.	
21	Pont du Point-du-Jour, à Paris....................	30.25	9.00	1.00	1ᵐ60 sous
22	Pont de Blackfriars............................	30.48	12.19	1.52	le viaduc
23	Pont au Change, à Paris........................	31.60	8.00	1.00	1860
24	Pont Louis-Philippe, à Paris....................	32.00	8.25	1.00	1862
25	Pont d'Orléans, sur la Loire....................	32.50	8.12	2.11	1759
26	Pont de Toulouse, sur la Garonne................	34.40	12.70	0.81	
27	Pont de Waterloo, à Londres	36.60	9.10	1.52	
28	Pont de Mantes, sur la Seine....................	39.00	11.40	1.45	
29	Pont de Neuilly, sur la Seine...................	39.00	9.75	1.62	1774
30	Pont de la Scrivia	40.00	13.33	1.80	
31	Pont de Vizille, sur la Romanche................	41.90	11.70	1.95	
32	Pont de l'Alma, à Paris........................	43.00	8.60	1.50	1855
33	Pont de Gloucester, sur le Severn...............	45.75	16.50	1.37	
34	Pont de Gignac, sur l'Hérault..................	48.70	16.20	1.95	
35	Pont de Lavaur................................	48.72	19.81	3.25	

TABLEAU F. — PONTS EN ARC DE CERCLE

NUMÉROS D'ORDRE	NOMS DES PONTS	OUVERTURE	MONTÉE	ÉPAISSEUR à LA CLÉ	
		m.	m.	m.	
1	Pont de Nierpleiss, sur la Pluss....................	10.05	2.83	0.85	
2	Pont de Melizey..............................	11.40	1.50	0.60	
3	Pont de Brunswick, sur l'Oker	11.62	1.57	0.63	
4	Pont de Montrejeau...........................	12.00	1.50	0.75	
5	Pont du canal Saint-Denis......................	12.00	4.50	0.90	
6	Pont de Couturelle à Arbois....................	13.00	1.86	0.90	
7	Pont du chemin d'Annecy à Aix	13.50	3.00	0.80	
8	Pont de Pesmes	13.64	1.19	1.19	
9	Pont sur le Salat	14.00	1.90	1.10	
10	Pont de Wiperfurlh, sur la Wuper...............	14.13	3.53	0.78	
11	Pont d'Arros.................................	15.00	2.00	1.00	
12	Pont du chemin de fer de Busigny...............	16.00	4.00	0.96	
13	Pont du chemin de fer de Strasbourg à Paris.......	16.05	1.55	0.90	
14	Pont de Nemours	16.20	1.11	0.97	1805
15	Pont sur le Forth à Stirling....................	16.30	3.12	0.84	
16	Pont de l'Archevêché.........................	17.10	2.40	1.00	1828
17	Pont d'Elberfeld, sur la Wuper.................	17.58	2.83	0.86	
18	Pont de Glasgow..............................	17.69	3.35	0.76	
19	Pont de Lpanrwst..............................	17.70	5.20	0.46	
20	Pont du chemin de fer de Busigny................	18.00	4.47	0.96	
21	Pont de Bendly...............................	18.30	6.10	0.66	
22	Pont du chemin de fer de Busigny...............	19.50	4.55	0.96	
23	Pont de Conan...............................	19.80	6.60	0.74	
24	Pont du chemin de fer de Busigny...............	20.00	6.10	0.96	
25	Pont de Tilsitt à Lyon........................	22.84	2.75	1.10	
26	Pont de Pont-Sainte-Maxence...................	23.40	1.95	1.46	
27	Pont du chemin de fer de Busigny...............	24.00	11.00	1.20	
28	Pont du chemin de fer du nord, sur l'Oise.......	25.10	3.57	1.40	
29	Pont des Orfèvres, à Florence	25.90	4.60	1.01	
30	Pont Fouchard, à Saumur	26.00	2.63	1.30	
31	Pont de Darlaston............................	26.37	4.11	1.07	
32	Pont de Dunkeld.............................	27.40	9.10	0.96	

TABLEAU F (*suite*). — PONTS EN ARC DE CERCLE

NUMÉROS D'ORDRE	NOMS DES PONTS	OUVERTURE	MONTÉE	ÉPAISSEUR à LA CLÉ	
		m.	m.	m.	
33	Pont de Roanne sur la Loire..................	28.00	3.50	1.20	
34	Pont d'Iéna...................................	28.00	3.30	1.44	1811
35	Pont de la Concorde...........................	28.60	3.00	1.41	
36	Pont de Pontoise..............................	29.25	2.17	1.62	
37	Pont de la Boucherie, à Nuremberg............	29.60	3.90	1.22	
38	Pont aux Doubles, à Paris.....................	31.00	3.10	1.30	1848
39	Pont de Rouen................................	31.00	4.20	1.45	
40	Pont des Invalides............................	31.60	4.10	1.20	1856
41	Petit Pont, à Paris...........................	31.75	3.15	1.35	1853
42	Pont de l'Hérault, route de Nice..............	32.00	5.89	1.62	
43	Pont d'Austerlitz.............................	32.20	4.67	1.25	1854
44	Pont Saint-Esprit............................	33.00	8.20	1.08	
45	Pont d'Avignon...............................	33.80	12.30	0.87	
46	Pont Napoléon III, chemin de fer de ceinture..	34.50	4.60	1.20	
47	Pont de Touguelaud...........................	36.00	11.00	1.07	
48	Arche d'expérience de Souppes.................	37.89	2.13	0.80	1ᵐ,10 sous la corniche
49	Pont de marbre, à Florence....................	42.23	9.10	1.62	
50	Pont de Pontypidd, sur le Taaf................	42.67	10.67	0.91	
51	Pont de Claix, sur le Drac....................	45.80	16.57	1.46	
52	Pont de Tournon, sur le Doux.................	47.80	19.82	0.85	1545
53	Pont de Vieille-Brioude.......................	55.87	21.44	2.27	1454
54	Pont de Chester..............................	61.00	12.81	1.22	1834
55	Pont de Calim-John, Amérique.................	67.00	18.00	1.27	1860

C'est à l'aide de ces tableaux que M. Dupuit a représenté par des points les épaisseurs à la clé pour ces trois sortes de ponts, dans les figures 293, 294 et 295. On voit immédiatement que les épaisseurs à la clé de ces différents ponts s'éloignent sensiblement de celles que fournirait l'application de la formule de Perronet qui, sur les figures précédentes, est représentée par une ligne droite et que c'est surtout pour les arcs de cercle que la différence est le plus sensible.

M. Dupuit a proposé alors, pour les pleins cintres et les anses de panier, la formule monôme :

$$e = 0,20 \sqrt{D}$$

représentant un arc de parabole et, pour les ponts en arc de cercle, la formule

$$e = 0,15 \sqrt{D}.$$

211. *Formules empiriques, tenant compte de la surcharge.* — Lorsque la voûte est appelée à supporter une surcharge on augmente l'épaisseur calculée par les formules précédentes, en se servant de la formule :

$$\Delta e = \frac{1}{40} \text{ ou } \frac{1}{50} R h$$

dans laquelle :

R, est le rayon de la voûte ;

h, la hauteur de la surcharge au-dessus des naissances.

Autres formules. Il existe d'autres formules permettant de calculer l'épaisseur à la clé et aux naissances pour des voûtes fortement surchargées.

Pour les voûtes en plein cintre, on emploie les formules

$$e = 0^m,43 + \frac{D}{20} + \frac{h}{50}$$

$$E = 0^m,305 + \frac{5D}{24} + \frac{H}{6} + \frac{h}{12}$$

dans lesquelles :

e = épaisseur à la clé ;

E = épaisseur aux naissances ;

D = ouverture de la voûte ;

H = hauteur des pieds-droits depuis les naissances jusqu'aux fondations ;

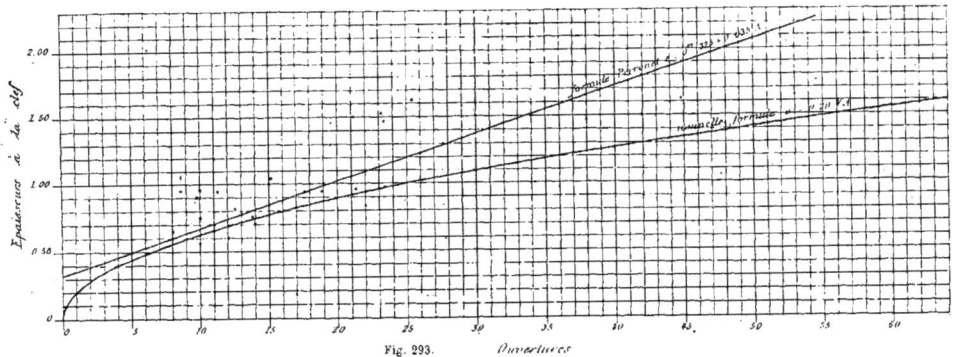

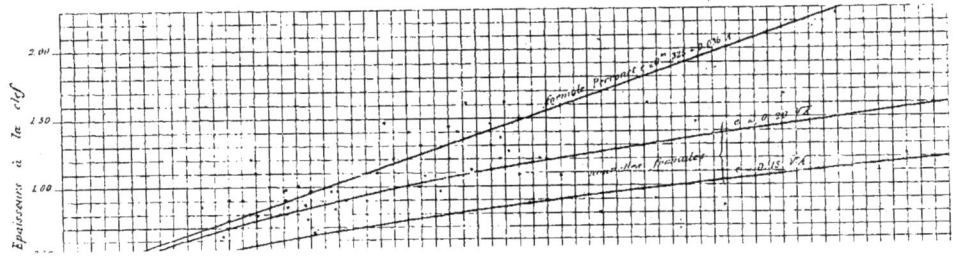

Fig. 293.

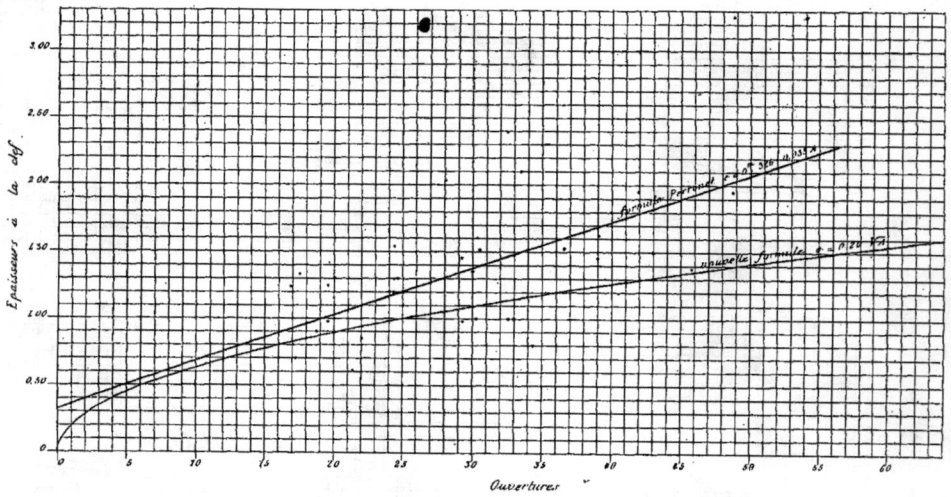

Fig. 295.

Sciences générales. PONTS. — 1ʳᵉ PARTIE. — 64. — TOME II. — 14.

209

$h =$ hauteur de la surcharge depuis le sommet de l'extrados jusqu'à la voie.

Pour les voûtes en arc de cercle, en ellipse ou en anse de panier, on emploie les formules :

$$e = 0^m,43 + \frac{r}{10} + \frac{h}{50}$$

$$E = 0^m,305 + \frac{D\,(3D - f)}{8\,(D + f)} + \frac{H}{6} + \frac{h}{12}$$

dans lesquelles e, E, D, H et h ont les mêmes significations que précédemment.

r est le rayon de l'intrados pour les voûtes en arc de cercle ou le rayon de courbure au point le plus haut pour l'ellipse et l'anse de panier.

212. *Formules de M. Laterrade, ingénieur en chef des ponts et chaussées.* — Dans un récent mémoire, publié dans les *Annales des ponts et chaussées* de 1885, M. Laterrade a proposé la formule suivante pour déterminer l'épaisseur e à la clé :

$$e = \frac{(L + 10H)^2}{40\,(8p - L)} \qquad (a)$$

Dans cette formule,

L est l'ouverture en mètres ;

p, la pression moyenne à adopter par centimètre carré ;

H, la hauteur de la surcharge.

M. Laterrade fait observer que cette formule est suffisante lorsque la valeur de L dépasse 5 mètres et que celle de H ne dépasse pas beaucoup 1 mètre. — Dans le cas contraire elle donne des valeurs trop fortes, surtout lorsque L diminue.

Pour les valeurs de H dépassant 1 mètre, M. Laterrade remplace la formule précédente par les suivantes :

$$e = \frac{(L + 10)\,(L + 10H)}{40\,8p - L)} \qquad (b)$$

$$e = \frac{(L + 15)\,(L + 10H)}{40\,(8p - L)} \qquad (c)$$

La première convient aux ouvertures inférieures à 15 mètres et la deuxième aux ouvertures plus grandes.

Le tableau suivant, dressé par M. Laterrade, montre ce que donne la formule (a) dans le cas où H = 1 mètre.

OUVERTURE de la voûte (L)	Épaisseur à la clé (e) qu'il convient d'adopter, suivant que la pression moyenne par centimètre carré (p) ne doit pas dépasser										Épaisseurs données par les formules de				
	2 k.	3 k.	4 k.	5 k.	6 k.	8 k.	10 k.	12 k.	15 k.	20 k.	Déjardin	Perronet	Leveillé	Lesguillier	Desnoyer
	m.	m.	m.	m.	m.	m.	m.	m.	m.	m.					
1	0.20	0.13	0.10	0.08	»	»	»	»	»	»	0.35	0.36	0.37	0.21	0.30
2	0.26	0.17	0.12	0.10	»	»	»	»	»	»	0.40	0.39	0.40	0.29	0.36
5	0.51	0.30	0.21	0.16	»	»	»	»	»	»	0.55	0.50	0.50	0.45	0.49
10	1.67	0.72	0.45	0.33	»	»	»	»	»	»	0.80	0.67	0.67	0.64	0.62
15	»	1.74	0.92	0.62	»	»	»	»	»	»	1.05	0.84	0.83	0.78	0.73
20	»	»	1.87	1.12	0.80	»	»	»	»	»	1.30	1.02	1.00	0.90	0.82
25	»	»	»	2.04	1.33	0.79	»	»	»	»	1.55	1.19	1.17	1.00	0.90
30	»	»	»	»	2.22	1.02	0.80	»	»	»	1.80	1.37	1.33	1.10	0.97
40	»	»	»	»	»	2.60	1.56	1.12	0.78	»	2.30	1.71	1.67	1.27	1.10
60	»	»	»	»	»	»	3.40	2.04	1.21		3.30	2.41	2.33	1.55	1.31

§ III. — JOINTS DE RUPTURE

213. Quand on charge de plus en plus une voûte en plein cintre ou une voûte surbaissée dont la flèche ne descend pas au-dessous du cinquième de l'ouverture,

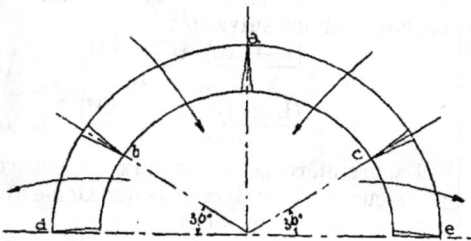

Fig. 296.

l'expérience montre qu'elle commence par fléchir et que, la charge devenant trop considérable, la voûte finit par se diviser en quatre blocs qui s'effondrent, comme

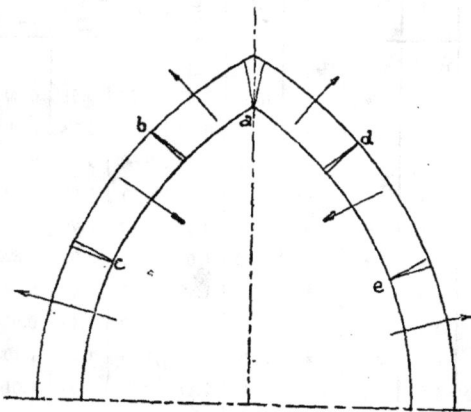

Fig. 297.

l'indiquent les flèches de la figure 296, en tournant autour de cinq points d'articulation situés à l'intrados et à l'extrados. Trois de ces points de rotation sont situés à l'extrados, à la clé et aux naissances et les deux autres en des points particuliers de l'intrados; les joints de la voûte qui passent par ces points ont reçu le nom de *joints de rupture.*

Dans les voûtes ogivales, c'est l'inverse qui se passe; les points de rotation qui, dans la voûte en plein cintre, étaient à l'intrados passent dans ce cas à l'extrados (*fig.* 297).

Enfin, dans les voûtes en arc de cercle (*fig.* 298) on obtient le même résultat que pour les voûtes en plein cintre. Mais il peut se faire que, la flèche étant très faible,

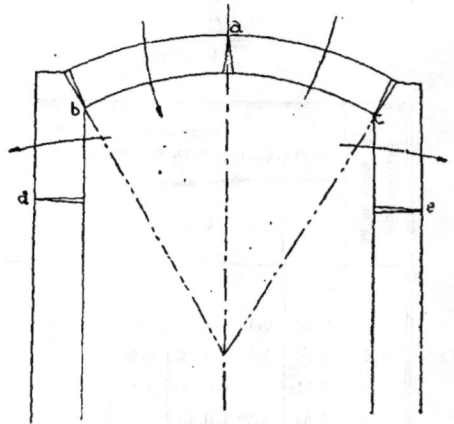

Fig. 298.

le joint de rupture de la voûte en plein cintre n'existe pas dans la voûte en arc de cercle.

Dans ce cas c'est le joint des naissances qui devient le joint de rupture ; la dernière articulation est reportée sur les piédroits.

214. M. Petit, capitaine du Génie, a calculé les valeurs des angles de rupture pour une série de voûtes. Dans ces tableaux, que nous reproduisons, pages 212 et suivantes, l'angle de rupture est l'angle du joint de rupture avec la verticale passant par le centre de la voûte.

TABLEAU Nº 1. — VOUTES EN PLEIN CINTRE A EXTRADOS PARALLÈLE, SANS SURCHARGE

NUMÉROS D'ORDRE	RAPPORT $\frac{R}{r}$	RAPPORT DU DIAMÈTRE à l'épaisseur	VALEUR DE L'ANGLE de rupture	RAPPORT DE LA POUSSÉE AU CARRÉ DU RAYON DE L'INTRADOS	
			Deg. min.	Cas de la rotation	Cas du glissement
1	2.732	1.154	0 00	0.00000	0.98923
2	2.70	1.176	13 43	0.00211	0.96262
3	2.65	1.212	22 0	0.00319	0.92168
4	2.60	1.250	27 36	0.00809	0.88151
5	2.50	1.333	35 52	0.02283	0.80346
6	2.40	1.428	42 6	0.04109	0.72847
7	2.30	1.530	46 47	0.06835	0.65654
8	2.20	1.666	51 4	0.08648	0.58767
9	2.10	1.810	54 27	0.10926	0.52186
10	2.00	2.000	57 17	0.13017	0.45912
11	1.90	2.282	59 37	0.14813	0.39913
12	1.80	2.500	61 24	0.16373	0.34281
13	1.70	2.857	62 53	0.17180	0.28924
14	1.60	3.333	63 49	0.17517	0.23874
15	1.59	3.389	63 52	0.17533	0.23386
16	1.58	3.448	63 55	0.17535	0.22901
17	1.57	3.508	63 58	0.17524	0.22434
18	1.56	3.571	64 1	0.17499	0.21940
19	1.55	3.636	64 3	0.17478	0.21464
20	1.54	3.703	64 5	0.17445	0.20991
21	1.53	3.773	64 7	0.17397	0.20521
22	1.52	3.846	64 8	0.17352	0.20054
23	1.51	3.920	64 8	0.17310	0.19590
24	1.50	4.000	64 9	0.17254	0.19130
25	1.49	4.081	64 8	0.17180	0.18673
26	1.48	4.166	64 8	0.17095	0.18218
27	1.47	4.255	64 7	0.17008	0.17768
28	1.46	4.347	64 6	0.16915	0.17318
29	1.45	4.444	64 5	0.16798	0.16872
30	1.44	4.545	64 3	0.16683	0.16430
31	1.43	4.651	64 0	0.16568	0.15991
32	1.42	4.761	63 56	0.16448	0.15555
33	1.41	4.878	63 52	0.16317	0.15122
34	1.40	5.000	63 48	0.16167	0.14691
35	1.39	5.128	63 43	0.16014	0.14264
36	1.38	5.263	63 38	0.15845	0.13841
37	1.37	5.406	63 32	0.15672	0.13420
38	1.36	5.555	63 26	0.15482	0.13002
39	1.35	5.714	63 19	0.15287	0.12587
40	1.34	5.882	63 10	0.15096	0.12176
41	1.33	6.060	63 0	0.14896	0.11767
42	1.32	6.264	62 50	0.14678	0.11362
43	1.31	6.451	62 33	0.14510	0.10959
44	1.30	6.666	62 14	0.14330	0.10559
45	1.29	6.896	62 9	0.14013	0.10163
46	1.28	7.142	62 3	0.13691	0.09770
47	1.27	7.407	61 47	0.13430	0.09379
48	1.26	7.692	61 30	0.13157	0.08992
49	1.25	8.000	61 15	0.12847	0.08608
50	1.24	8.333	61 1	0.12516	0.08207
51	1.23	8.695	60 40	0.12201	0.07849
52	1.22	9.090	60 0	0.11887	0.07474
53	1.21	9.523	60 19	0.11516	0.07102
54	1.20	10.000	59 41	0.11140	0.06733
55	1.19	10.526	59 10	0.10791	0.06368
56	1.18	11.111	58 40	0.10417	0.06005
57	1.17	11.764	58 9	0.10021	0.05646
58	1.16	12.500	57 40	0.09513	0.05289
59	1.15	13.333	57 1	0.09176	0.04935
60	1.14	14.285	56 23	0.08729	0.04585
61	1.13	15.384	55 45	0.08254	0.04237
62	1.12	16.666	54 48	0.07789	0.03984
63	1.11	18.181	54 10	0.07273	0.03552
64	1.10	20.000	53 15	0.06754	0.03213
65	1.09	22.222	52 14	0.06177	0.02879
66	1.08	25.000	51 7	0.05649	0.02546
67	1.07	28.571	49 48	4.05085	0.02217
68	1.06	33.333	48 18	0.04455	0.01891
69	1.05	40.000	46 32	0.03813	0.01568
70	1.04	50.000	44 4	0.03139	0.01249
71	1.03	66.666	41 4	0.02459	0.00932
72	1.02	100.000	38 12	0.01691	0.00618
73	1.01	200.000	32 36	0.00889	0.00308
74	1.00	00.000	0 0	0.00000	0.00000

TABLEAU N° 2. — VOUTES EN PLEIN CINTRE, A EXTRADOS PARALLÈLE

Avec chape en maçonnerie, tangente à l'extrados suivant une ligne inclinée à 45° sur l'horizontale.

NUMÉROS D'ORDRE	RAPPORT $\frac{R}{r}$	RAPPORT DU DIAMÈTRE à l'épaisseur	VALEUR DE L'ANGLE de rupture	RAPPORT DE LA POUSSÉE AU CARRÉ DU RAYON D'INTRADOS	
				Cas de la rotation	Cas du glissement
			degrés		
1	2.00	2.000	60	5.26424	0.74361
2	1.90	2.222	60	0.28416	0.65648
3	1.80	2.500	60	0.29907	0.57383
4	1.70	2.857	60	0.30867	0.49564
5	1.60	3.333	60	0.31245	0.42191
6	1.59	3.389	60	0.31249	0.41478
7	1.58	3.448	60	0.31257	0.40841
8	1.57	3.508	61	0.31264	0.40007
9	1.56	3.571	61	0.31246	0.39367
10	1.55	3.636	61	0.31222	0.38673
11	1.54	3.703	61	0.31191	0.37083
12	1.53	3.773	61	0.31153	0.37297
13	1.52	3.846	61	0.31108	0.36615
14	1.51	3.920	61	0.31056	0.35938
15	1.50	4.000	61	0.30996	0.35266
16	1.49	4.081	61	0.30928	0.34598
17	1.48	4.166	61	0.30855	0.33934
18	1.47	4.255	61	0.30772	0.33275
19	1.46	4.347	60	0.30685	0.32621
20	1.45	4.444	60	0.30587	0.31971
21	1.44	4.545	60	0.30485	0.31325
22	1.43	4.651	60	0.30408	0.30684
23	1.42	4.761	60	0.30296	0.30047
24	1.41	4.878	60	0.30173	0.28787
25	1.40	5.000	59	0.30001	
26	1.39	5.128	59	0.29712	
27	1.38	5.263	59	0.29706	
28	1.37	5.406	59	0.29550	
29	1.36	5.555	59	0.29386	
30	1.35	5.714	58	0.29285	
31	1.34	5.882	58	0.29037	
32	1.33	6.060	58	0.28850	
33	1.32	6.264	58	0.28654	
34	1.31	6.451	57	0.28456	
35	1.30	6.666	57	0.28231	0.22756
36	1.29	6.896	57	0.28027	
37	1.28	7.142	56	0.27810	
38	1.27	7.407	56	0.27578	
39	1.26	7.692	55	0.27343	
40	1.25	8.000	54	0.27102	
41	1.24	8.333	53	0.26850	
42	1.23	8.695	53	0.26608	
43	1.22	9.090	52	0.26377	
44	1.21	9.523	51	0.26074	
45	1.20	10.000	50	0.25806	0.17171
46	1.19	10.526	50	0.25546	
47	1.18	11.111	49	0.25277	
48	1.17	11.764	49	0.25010	
49	1.16	12.500	48	0.24742	
50	1.15	13.333	47	0.24477	
51	1.14	14.285	46	0.24218	
52	1.13	15.384	44	0.23967	
53	1.12	16.666	43	0.23732	
54	1.11	18.181	43	0.23502	
55	1.10	20.000	42	0.23292	0.12032
56	1.05	40.000	36	0.22902	

TABLEAU N° 3. — VOUTES EN PLEIN CINTRE A EXTRADOS PARALLÈLE
chargées de maçonnerie jusqu'au plan horizontal tangent à leur extrados.

NUMEROS D'ORDRE	RAPPORT $\frac{R}{r}$	RAPPORT DU DIAMÈTRE à l'épaisseur	VALEUR DE L'ANGLE de rupture	RAPPORT DE LA POUSSÉE AU CARRÉ DU RAYON D'INTRADOS	
				Cas de la rotation	Cas du glissement
			degrés.		
1	2.000	2.000	36	0.05486	0.50358
2	1.90	2.222	39	0.07101	0.43966
3	1.80	2.500	44	0.08850	0.37901
4	1.70	2.857	48	0.10631	0.32164
5	1.60	3.333	52	0.12300	0.26755
6	1.59	3.389	52	0.12453	0.26232
7	1.58	3.448	53	0.12602	0.25712
8	1.57	3.508	53	0.12747	0.25196
9	1.56	3.571	54	0.12837	0.24683
10	1.55	3.636	54	0.13027	0.24173
11	1.54	3.703	55	0.13153	0.23667
12	1.53	3.773	55	0.13289	0.23163
13	1.52	3.846	55	0.13414	0.22664
14	1.51	3.920	55	0.13531	0.22167
15	1.50	4.000	56	0.13648	0.21673
16	1.49	4.081	56	0.13756	0.21183
17	1.48	4.116	56	0.13856	0.20696
18	1.47	4.255	57	0.13952	0.20213
19	1.46	4.347	57	0.14041	0.19733
20	1.45	4.444	57	0.14122	0.19256
21	1.44	4.545	58	0.14195	0.18782
22	1.43	4.651	58	0.14268	0.18312
23	1.42	4.761	58	0.14311	0.17845
24	1.41	4.878	59	0.14376	0.17381
25	1.40	5.000	59	0.14421	0.16920
26	1.39	5.128	59	0.14456	0.16463
27	1.38	5.263	59	0.14481	0.16009
28	1.37	5.406	60	0.14498	0.15558
29	1.36	5.555	60	0.14506	0.15111
30	1.35	5.714	60	0.14504	0.14666
31	1.34	5.882	60	0.14491	0.14225
32	1.33	6.060	61	0.14467	
33	1.32	6.264	61	0.14460	
34	1.31	6.451	61	0.14390	0.12495
35	1.30	6.666	61	0.14332	
36	1.29	6.896	61	0.14264	
37	1.28	7.142	62	0.14186	
38	1.27	7.407	62	0.14101	
39	1.26	7.692	62	0.13988	0.10405
40	1.25	8.000	62	0.13872	
41	1.24	8.333	62	0.13737	
42	1.23	8.695	63	0.13593	
43	1.22	9.090	63	0.13437	
44	1.21	9.523	63	0.13263	0.08397
45	1.20	10.000	63	0.13073	
46	1.19	10.526	63	0.12870	
47	1.18	11.111	63	0.12650	
48	1.17	11.764	64	0.12415	
49	1.16	12.500	64	0.12182	0.06471
50	1.15	13.333	64	0.11895	
51	1.14	14.285	64	0.11608	
52	1.13	16.384	64	0.11303	
53	1.12	16.666	65	0.10979	
54	1.11	18.181	65	0.10641	0.04627
55	1.10	20.000	66	0.10279	
56	1.09	22.222	66	0.098992	
57	1.08	25.000	67	0.094967	
58	1.07	28.574	68	0.091189	
59	1.06	33.333	69	0.086376	0.02865
60	1.05	40.000	70	0.081755	
61	1.04	50.000	71	0.076857	
62	1.03	66.666	73	0.071853	
63	1.02	100.000	74	0.066469	
64	1.01	200.000	75	0.061324	0.01185
65	1.00	∞		0.055472	

TABLEAU N° 4. — VOUTES EN ARC DE CERCLE A EXTRADOS PARALLÈLE

RAPPORT $\frac{R}{r}$	RAPPORT DE LA POUSSEE AU CARRÉ DU RAYON POUR :						
	$l=4f$ $r=2,5\times f$ $\alpha=53°7'30''$	$l=5f$ $r=3,625\times f$ $\alpha=43°26'10''$	$l=6f$ $r=5f$ $\alpha=36°52'10''$	$l=7f$ $r=6,625\times f$ $\alpha=31°53'36''$	$l=8f$ $r=8,5\times f$ $\alpha=28°4'20''$	$l=10f$ $r=13f$ $\alpha=22°37'10''$	$l=16f$ $r=32,5\times f$ $\alpha=14°15'$
1.40	0.15445	0.14691	0.14691	0.14691	0.14691	0.14478	
1.35	0.14717	0.13030	0.12587	0.12587	0.12587	0.12405	
1.34	0.14543	0 12987	0.12171	0.12171	0 12171	0.11990	
1.33	0.14364	0.12781	0.11767	0.11767	0.11767	0.11596	
1.32	0.14173	0.12634	0.11362	0.11362	0.11362	0.11196	
1.31	0.13975	0.12486	0.10959	0.10959	0.10959	0.10800	
1.30	0.13764	0.12331	0.10682	0.10559	0.10559	0.10406	
1.29	0.13543	0.12164	0.10563	0.10163	0.10163	0.10016	
1.28	0.13311	0.11988	0.10437	0.09770	0.09770	0.09628	
1.27	0.13068	0.11803	0.10304	0.09379	0.09379	0.09244	
1.26	0.12815	0.11609	0.10160	0.08992	0.08992	0.08862	
1.25	0.12547	0.11402	0.10009	0.08668	0.08608	0.08483	0.07180
1.24	0.12270	0.11251	0.09850	0.08549	0.08227	0.08108	0.06862
1.23	0.12031	0.10958	0.09679	0.08423	0.07819	0.07735	0.06547
1.22	0.11675	0.10725	0.09490	0.08291	0.07474	0.07366	0.06234
1.21	0.11354	0.10460	0.09395	0.08148	0.07102	0.06999	0.05924
1.20	0.11023	0.10196	0.09102	0.07999	0.06981	0.06636	0.05616
1.19	0.10676	0.09915	0.08885	0.07834	0.06859	0.06275	0.05311
1.18	0.10313	0.09617	0.08653	0.07651	0.06727	0.05918	0.05008
1.17	0.09934	0.09303	0.08408	0.07468	0.06383	0.05212	0.04709
1.16	0.09537	0 08975	0.08144	0.07264	0.06420	0.05004	0.04411
1.15	0.09123	0.08634	0.07866	0.07050	0.06259	0.04904	0.04116
1.14	0.08690	0.08257	0.07568	0.06812	0.06077	0.04803	0.03824
1.13	0.08238	0.07869	0.07251	0.06558	0.05890	0.04671	0.03534
1.12	0.07764	0.07459	0.06911	0.06297	0.05659	0.04451	0.03247
1.11	0.07269	0.07042	0.06548	0.06026	0.05421	0.04384	0.02962
1.10	0.06737	0.06563	0.06158	0.05666	0.05160	0.04214	0.02671
1.09	0.06211	0.06077	0.05730	0.05345	0.04871	0.04023	0.02401
1.08	0.05636	0.05652	0.05288	0.04934	0.04552	0.03806	0.02192
1.07	0.05052	0.05011	0.04804	0.04426	0.04200	0.03560	0.02111
1.06	0.04431	0.04428	0.04280	0.04058	0.03861	0.03276	0.02002
1.05	0.03776	0.03804	0.03709	0.03550	0.03357	0.02994	0.01882
1.04	0.03096	0.03144	0.03095	0.02992	0.02862	0.02561	0.01720
1.03	0.02378	0.02437	0.02424	0.02369	0.02293	0.02131	0.01524
1.02	0.01625	0.01681	0.01690	0.01679	0.01640	0.01546	0.0.199
1.01	0.00834	0.00834	0.00886	0.00889	0.00885	0.00862	0.00747

§ IV. — RÉPARTITION DE LA PRESSION SUR LA BASE D'APPUI DE DEUX CORPS EN CONTACT

215. 1° *Stabilité d'un corps.* — Considérons (*fig.* 299) un corps *abcd* placé sur un autre et admettons que les forces extérieures appliquées au solide supérieur soient telles qu'elles puissent le faire tourner autour d'une arête.

Pour que ce corps reste au repos il faut que la somme des moments, par rapport à un point, des forces qui le sollicitent soit inférieure ou au plus égale à la somme des moments des forces qui tendent à l'appuyer sur sa base.

L'équation de repos du solide *abcd* sera :

$$\Sigma M_a F + \Sigma M_a R - \Sigma M_a F' = o.$$

Si les forces extérieures appliquées au solide *abcd* ont une résultante unique, il faudra pour que ce corps reste au repos que cette résultante soit équilibrée par la résultante des réactions, c'est-à-dire qu'elle perce le plan d'appui à l'intérieur du polygone de contact.

Cherchons comment la pression totale, exercée sur la base d'appui, se répartit sur cette base.

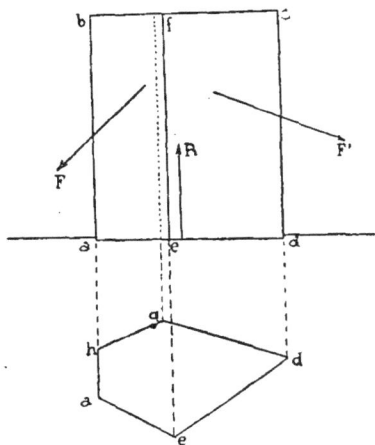

Fig. 299.

RÉPARTITION DE LA PRESSION TOTALE SUR
LA BASE D'APPUI SUPPOSÉE RECTANGULAIRE

216. Nous supposerons cette base d'appui parfaitement dressée, de manière que les deux solides se touchent en tous les points de la base de contact. Nous admettrons, en outre, que la pression qu'ils exercent l'un sur l'autre est normale à cette base ; ceci n'introduit aucune restriction car si elle ne l'était pas on la décomposerait normalement et parallèlement à la base d'appui, et on ne considérerait que la composante normale.

Soient donc *abcd* le solide supérieur (*fig.* 300) et N la force normale qui tend à l'appuyer sur le solide inférieur.

Nous allons nous proposer de calculer les tensions des fibres extrêmes, en nous servant de la formule fondamentale de la résistance des matériaux.

$$R = \pm \frac{v\mu}{I} \mp \frac{N}{\omega}$$

qui, dans le cas qui nous occupe, sera simplement

$$R = \frac{v\mu}{I} + \frac{N}{\omega} \qquad (1)$$

car ici N est négatif.

Dans cette formule :

R est la résistance, par unité de surface, des fibres situées à la distance *v* de

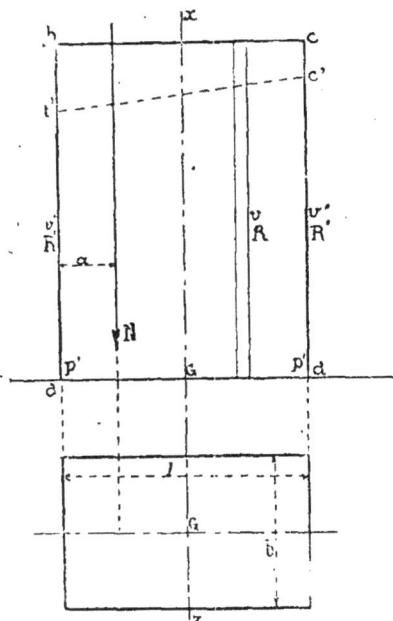

Fig. 300.

la fibre neutre, cette dernière étant celle qui passe par le centre de gravité de la section transversale ;

μ est le moment des forces extérieures par rapport à la section considérée. C'est ce qu'on appelle le moment fléchissant ;

I est le moment d'inertie de la section transversale, par rapport à un axe passant par le centre de gravité de cette section et perpendiculaire au plan de flexion ;

ω est la surface de la section transversale.

En appliquant cette formule générale aux couches de fibres ab nous aurons d'après les notations de la figure :

$$v' = \frac{l}{2}$$

et

$$I = \frac{bl^3}{12}.$$

donc

$$\frac{v'}{I} = -\frac{\frac{l}{2}}{\frac{bl^3}{12}} = -\frac{6}{bl^2}$$

car, pour les fibres ab, v' est négatif, d'après le choix des axes.

ω, étant la surface de la section transversale du prisme considéré, on aura :

$$\omega = bl$$

et, par suite, $\quad \dfrac{v'}{I} = -\dfrac{6}{\omega l}.$

Le moment fléchissant sera négatif, et aura pour expression :

$$\mu = -N\left(\frac{l}{2} - a\right).$$

La formule (1) devient alors :

$$R' = \frac{6N}{\omega l}\left[\frac{l}{2} - a\right] + \frac{N}{\omega}$$

ou $\quad R' = \dfrac{4N}{\omega} - \dfrac{6Na}{\omega l} = \dfrac{2N}{\omega}\left[2 - \dfrac{3a}{l}\right]$ (a)

Pour les couches de fibres dc, nous aurons de même,

$$v'' = +\frac{l}{2}$$

$$I = \frac{bl^3}{12}$$

$$\frac{v''}{I} = \frac{6}{\omega l}$$

$$\mu = -N\left[\frac{l}{2} - a\right]$$

et, par suite,

$$R'' = -\frac{6N}{\omega l}\left[\frac{l}{2} - a\right] + \frac{N}{\omega}$$

ou $\quad R'' = \dfrac{2N}{\omega}\left[\dfrac{3a}{l} - 1\right].$ (b)

Nous avons les résistances par unité de surface, qui ont lieu aux fibres extrêmes ab et cd, c'est-à-dire la traction ou la pression qu'elles supportent. On aura donc :

$$p' = R' \quad \text{et} \quad p'' = R''.$$

Soit Δl le raccourcissement subi par ces fibres, on aura :

$$\frac{\Delta l}{l} = \frac{R}{E}$$

d'après la formule fondamentale de la compression.

Si donc le corps supérieur a une longueur de 1 mètre et si i et i' sont les raccourcissements subis par les fibres ab et cd on aura :

$$i = \frac{p'}{E}$$

$$i' = \frac{p''}{E}$$

Portons (fig. 300) ces longueurs, en bb' et cc', sur les fibres correspondantes et joignons $b'c'$. — On suppose qu'après la défor-

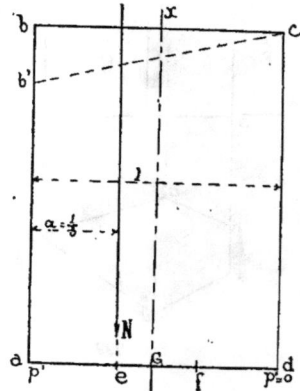

Fig. 301.

mation toutes les molécules du plan bc se sont transportées dans le plan $b'c'$ et que le volume de déformation est représenté par $bcb'c'$. — D'où le nom de *loi du trapèze* donné à cette méthode de calcul de la répartition des pressions sur la base d'appui de deux corps solides en contact.

Dans le cas qui nous occupe les deux corps solides sont des blocs de pierre ; il faut alors que toutes les pressions soient positives, c'est-à-dire ne se transforment jamais en tensions car on suppose qu'il n'existe aucune adhérence primitive entre les deux blocs.

On devra donc avoir :

$$p' > o \quad \text{et,} \quad p'' > o$$

or, pour que p'' soit positif il faut qu'on ait, d'après l'équation (b),

$$\frac{3a}{l} - 1 > o$$

ou, en simplifiant,

$$a > \frac{l}{3}$$

et, pour que p' soit plus grand que p'', il faudra qu'on ait, d'après les formules (a) et (b)

$$2 - \frac{3a}{l} > \frac{3a}{l} - 1$$

c'est-à-dire,

$$3 > \frac{6a}{l}$$

ou

$$a < \frac{l}{2}.$$

Reprenons la base d'appui et supposons-la divisée en trois parties égales par les points e et f $(fig.\ 301)$; les deux résultats précédents nous montrent que pour que les pressions p' et p'' soient positives il faut que la résultante des actions mutuelles dans le joint ad soit comprise dans le tiers médian ef de ce joint.

Si cette résultante passe par le milieu g du joint on aura :

$$a = \frac{l}{2}$$

et alors les deux quantités $\left(\frac{2 - 3a}{l}\right)$ et $\left(\frac{3a}{l} - 1\right)$ devenant égales, on aura :

$$p' = p'' = \frac{2N}{\omega} \times \frac{1}{2} = \frac{N}{\omega}$$

les deux longueurs bb' et cc' $(fig.\ 300)$ deviennent égales entre elles ; c'est-à-dire que $b'c'$ devient parallèle à bc et alors la pression p est uniformément répartie sur tout le joint.

Si, au contraire, la résultante passe par le point e $(fig.\ 301)$ situé au tiers de ad : alors

$$a = \frac{l}{3}$$

$$\frac{3a}{l} = 1 ; \quad \text{donc}, \quad 2 - \frac{3a}{l} = 1$$

et

$$\frac{3a}{l} - 1 = o ;$$

il en résulte

$$p' = \frac{2N}{\omega}$$

et

$$p'' = o$$

La pression est donc nulle sur l'arête ab et égale au double de la pression moyenne, sur l'arête cd, et la ligne représentative des pressions devient la ligne $b'c$ $(fig.\ 301)$.

Si, maintenant, on suppose :

$$a < \frac{l}{3}, \quad \text{par exemple} \quad a = ah \ (fig.\ 302),$$

il est clair que p'' devient négatif et que, si on prend $am = 3\ ah$, on aura une pression nulle au point m. La portion $mnpq$ $(fig.\ 302)$ de la base d'appui est alors absolument inutile.

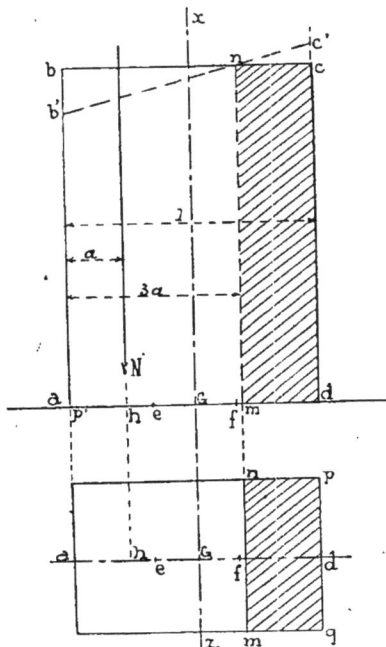

Fig. 302.

217. RÉSUMÉ. — De ce qui précède il résulte qu'il faut, autant que possible, que la résultante des pressions tombe dans le tiers moyen du joint de contact ; dans ce cas, la pression sur l'arête la plus rapprochée, sera :

$$p' = \frac{2N}{\omega}\left[2 - \frac{3a}{l}\right]$$

et, sur l'arête la plus éloignée,

$$p'' = \frac{2N}{\omega}\left[\frac{3a}{l} - 1\right].$$

Si elle passe par un des points e ou f divisant la longueur du joint en trois parties égales, la pression sera nulle sur l'arête extrême la plus éloignée et double de la pression moyenne sur l'arête extrême la plus rapprochée, c'est-à-dire :

$$p = \frac{2N}{\omega} = \frac{2N}{lb} = \frac{2N}{3ab} \cdot \quad (\text{fig. 301})$$

Si enfin la résultante des pressions tombe dans le premier tiers du joint, une partie de ce joint sera inutile et la pression sur l'arête la plus rapprochée aura pour expression :

$$p = \frac{2N}{\text{surface pressée}} \cdot$$

Il est évident que, dans chacun de ces cas, les pressions ne devront pas dépasser la limite pratique de résistance des matériaux employés, c'est-à-dire, en général, le dixième de la charge qui produirait leur écrasement.

Problème.

218. *Étant données* (fig. 300) *les deux dimensions*, $l = 0^m,75$, $b = 0^m,50$, *de la base de contact de deux corps et la résultante (située dans le plan médian ad)*, $N = 22\,000$ *kilogrammes, des actions mutuelles exercées par le corps supérieur sur le corps inférieur, rencontrant le plan d'appui à une distance a de l'arête ab, déterminer les pressions supportées par les arêtes a et d, dans les quatre cas suivants :*

    1° $a = 0^m,375$;
    2° $a = 0^m,300$;
    3° $a = 0^m,250$;
    4° $a = 0^m,200$.

1er CAS. Dans ce premier cas, qui est le plus simple, la résultante N passe au point G et la pression, qui est alors uniformément répartie, s'obtient par la formule :

$$\frac{N}{\omega} = \frac{N}{lb} = \frac{22\,000^k}{75 \times 50} = 5^k,866.$$

La pression est donc de $5^k,87$ par centimètre carré de surface.

2e CAS. La résultante N passe ici en un point situé entre les points e et G situés, le premier au tiers et le deuxième au milieu de la longueur l du joint.

Nous avons vu que, dans ce cas, la pres-

sion sur l'arête a, la plus rapprochée, était

$$p' = \frac{2N}{\omega}\left[2 - \frac{3a}{l}\right],$$

et que la pression sur l'arête b, la plus éloignée, était :

$$p'' = \frac{2N}{\omega}\left[\frac{3a}{l} - 1\right].$$

En remplaçant les lettres par leurs valeurs on obtient :

$$p' = \frac{44\,000^k}{75 \times 50}\left[2 - \frac{3 \times 0,30}{0,75}\right]$$
$$p' = 11^k,73 \times 0,80 = 9^k,38$$

et,
$$p'' = \frac{44\,000^k}{75 \times 50}\left[\frac{3 \times 0,30}{0,75} - 1\right]$$
$$p'' = 11^k,73 \times 0,20 = 2^k,35.$$

Les pressions sont donc :

    en a, $p' = 9^k,38$
    en b, $p'' = 2^k,35$

par centimètre carré de section.

3e CAS. La résultante N passe, dans ce troisième cas, au point e (fig. 301) divisant la longueur l en trois parties égales.

Par suite, la pression en b est nulle et la pression en a est donnée par la formule :

$$p' = \frac{2N}{\omega}$$

qui devient ici,

$$p' = \frac{44\,000}{75 \times 50} = 11^k,73.$$

par centimètre carré au point a.

4e CAS. La résultante N tombant en h situé dans le premier tiers ae (fig. 302), le joint n'est pas comprimé sur toute la longueur l.

Le point m où la pression est nulle s'obtient en portant, sur ad, à partir de a, la longueur

$$am = 3 \times 0^m,20 = 0^m,60.$$

La pression, par centimètre carré, sur l'arête a est alors

$$p' = \frac{44\,000}{60 \times 50} = 14^k,66.$$

La partie am du joint est seule comprimée ; l'autre partie md est inutile.

Résistance des matériaux à la compression.

219. Nous avons vu qu'il est bon de ne pas soumettre les maçonneries à une charge, par centimètre carré, dépassant le dixième de celle qui peut produire leur écrasement. Ces charges d'écrasement, sont, pour les matériaux les plus employés :

Basalte	2000 k.
Granit	600 à 700 k.
Calcaire dur	400 à 500
Calcaire dur ordinaire. .	150 à 200
Brique dure	150 k.
Mortier hydraulique. . .	150
Mortier de ciment	400 à 500 k.

Cependant, comme ces nombres dépendent essentiellement de la nature des matériaux, ils peuvent varier sensiblement d'une carrière à l'autre et, souvent aussi, dans les différents lits d'une même carrière C'est pourquoi, dans les ponts ordinaires, les constructeurs ne dépassent pas, en général, 6 à 8 kilogrammes de pression moyenne par centimètre carré. Si on est conduit à adopter un coefficient de résistance plus élevé il sera bon de s'assurer, par des expériences préalables, de la charge qui produirait l'écrasement des matériaux à employer (en opérant, par exemple, sur des cubes de 1 ou 2 centimètres de côté), et de ne leur faire supporter, au maximum, que le dixième de cette charge.

Tableau des charges, en kilogrammes par centimètre carré, que supporte la pierre dans un certain nombre de constructions.

Pont de Neuilly	12 k.
Pont de la Trinité (Florence) .	15,46
Pont de la Concorde.	17
Piliers du dôme des Invalides .	14,76
Piliers de Saint-Pierre de Rome.	16
Panthéon.	29
Église Saint-Méry	29
Colonnes de l'Église Toussaint (à Angers)	44
Piliers de Saint-Paul de Londres	20
Piliers du dôme Sainte-Geneviève	29

Les résultats du tableau suivant expriment, d'après Poncelet, les charges produisant l'écrasement de petits cubes de pierre de 3 à 4 centimètres de côté. Les résultats marqués d'un astérisque ont été obtenus par MM. Claudel et Laroque avec des cubes de 1 à 2 centimètres de côté.

Tableau des poids du mètre cube des principaux matériaux employés dans la construction des ouvrages en maçonnerie et des charges, par centimètre carré de section, qui les écrasent après un temps très court.

DÉSIGNATION DES MATÉRIAUX	POIDS du mètre cube	CHARGE produisant l'écrasement	DÉSIGNATION DES MATÉRIAUX	POIDS du mètre cube	CHARGE produisant l'écrasement
PIERRES VOLCANIQUES, GRANITIQUES, SILCEUSES ET ARGILEUSES	k.		**PIERRES CALCAIRES** (*suite*)		
			Roche de Châtillon, près Paris dure et peu coquilleuse......	2.292	170
Basaltes de Suède et d'Auvergne	2.950	2.000	Roche de la Butte-aux-cailles*..	2.400	325
Porphyre....................	2.870	2.470	Liais de Bagneux, près Paris, très dur, à grain fin...........	2.443	440
Granit vert des Vosges........	2.850	620			
Granit gris de Bretagne........			Roche douce de Bagneux près Paris...................	2.085	130
Granit de Normandie (Flamanville)*..............	2.742	650	Roche d'Arcueil, près Paris.....	2.304	250
	2.711	707	Liais de Bagneux.............	2.228	260
Granit de Normandie (dit Gatmos)	2.660	700	Cliquart de Fleury............	2.298	440
Granit gris des Vosges........	3.643	420	Roche de Nanterre............	2.051	157
Granit dur de Fontainebleau*...	2.570	895	Liais de Conflans.............	2.126	570
Grès tendre................	2.491	4	Liais de Senlis...............	2.272	352
Pierre porc ou puante.........	2.663	680	Banc franc de Saint-Maur......	2.107	103
Pierre meulière de Châtillon, près Paris................	2.423	»	Banc franc de Gournay.......	2.114	129
			Pierre rustique de Saint-Frambourg................	2.177	78
PIERRES CALCAIRES					102
Marbre noir de Flandre........	2.722	790	Banc franc de Saint-Frambourg.	1.729	52
Marbre blanc veiné, statuaire...	2.694	310	Pierre de Saillancourt........	1.837	42
Pierre noire de Saint-Fortunat, très dure et coquilleuse......	2.653	630	Lambourde blanche de Creteil..	1.609	43
			Lambourde blanche de Vichy...	1.644	78

DÉSIGNATION DES MATÉRIAUX	POIDS du mètre cube	CHARGE produisant l'écrasement	DÉSIGNATION DES MATÉRIAUX	POIDS du mètre cube	CHARGE produisant l'écrasement
PIERRES CALCAIRES (suite)	k,		D'après les expériences de Vicat sur des cubes de 1 centimètre de côté.		
Lambourde blanche de la Glacière............	1.631	43	Pierre calcaire à tissu arénacé..	»	94
Vergelet grossier de Conflans...	1.870	78	Pierre calcaire à tissu oolitique.	»	106
Vergelet de Parmain...........	1.600	46	Pierre calcaire à tissu compact.	»	285
Vergelet ordinaire de Laigueville.	1.678	81	D'après les expériences de M. Michelot		
Vergelet de Verneuil..........	1.570	37			
Pierres douces de Pont Saint-Maxence............	1.601	60	Liais de maisons............	2.210	195
Liais de Carrières.............	2.225	330	Cliquart de Créteil...........	2.335	179
Liais de Courville.............	2.160	382	Château-Landon.............	2.558	397
Banc royal de Méry............	2.122	232	Cliquart de Vaugirard........	1.967	220
Banc franc de Vitry............	1.988	251	Pierre franche de Neuilly-sur-Suize (Hte-Marne)...........	2.174	282
Banc franc du Moulin..........	1.886	98	Pierre d'Enville (Meuse).......	2.535	468
Banc franc de la plaine de Châtillon..................	2.198	191	Pierre de Boucourt (Meuse).....	1.264	206
Roche de Saint-Leu...........	1.728	113	Pierre de Lérouville (Meuse)....	2.483	390
Roche de Lavasine............	2.266	239	Pierre de l'Echaillon (Isère)....	2.650	914
Roche de l'Ambition...........	1.989	336	Echaillon blanc de St-Quentin (Isère)..................	2.445	581
Roche de Sèvres..............	1.975	165	Echaillon rosé de St-Quentin (Isère)..................	2.472	606
Roche de Puiseux.............	2.067	171	Pierre de Greuant (Hte-Marne)..	2.467	858
Vergelet de Nucourt...........	1.629	85	Pierre dure d'Arc-en-Barrois (Hte-Marne)..............	2.617	811
Roche de Saint-Nom, près Versailles*..................	2.391	263	Pierre de Velesme (Doubs)......	2.541	698
Pierre de Saillancourt, près Pontoise, 1e qualité............	2.413	140	Pierre de Crançot (Jura).......	2.614	771
Pierre de Saillancourt, près Pontoise, 2e qualité............	2.200	115	Pierre dure de Buguières (Haute-Marne)................	2.317	475
Pierre de Saillancourt, près Pontoise, 3e qualité............	2.100	92	Pierre dure de Biesles.........	2.353	302
Pierre ferme de Conflans, employée à Paris..............	2.077	90	Pierre de Longeville (Meuse)....	2.140	130
Lambourde et Vergelet (pierre employée à Paris, résistant à l'eau.).................	1.882	60	Banc franc de Chevillou (Haute-Marne)................	1.937	186
Pierre tendre de carrières sous bois*, près St-Germain......	1.791	58	Pierre de Rebeuville (Vosges)...	2.321	328
Lambourde de qualité inférieure, résistant mal à l'eau........	1.564	20	Grès vosgien de Ribeauville (Haut-Rhin)...............	2.096	401
Calcaire dur de Givry, près Paris	2.362	310	Granit de Servance...........	2.635	983
Calcaire tendre de Givry......	2.070	120	BRIQUES		
Calcaire jaune olithique de Jaumont, près Metz.........	2.201	180	Brique dure très cuite.........	1.550	155
Calcaire jaune d'Amanvilliers, près Metz...............	2.001	120	Brique rouge très colorée......	2.200	60
Roche de Château-Landon*.....	2.632	350	Brique rouge peu colorée......	2.100	45
Roche vive de Saulny........	2.481	300	Brique de Bourgogne*.........	2.200	150
Roche jaune du Rosérieulle, près Metz.................	2.400	183	Brique réfractaire de Bourgogne.	»	162
			Brique réfractaire de Paris.....	»	93
			Briques de Sarcelles bien cuites*.	1.997	125
			Briques d'Herblay	»	38
Calcaire bleu, donnant les chaux hydrauliques de Metz........	2.600	300*	Briques de cuisson ordinaire, de Montereau*..............	1.780	110
			Briques rouges de Pays (Paris)*.	1.520	90

§ V. — CONDITIONS DE STABILITÉ DES VOUTES

Détermination de la poussée à la clé.

220. Soit *xx* le plan des naissances d'une voûte de forme quelconque (*fig.* 303). Par le point *b* le plus élevé de l'arc d'intrados, menons un plan vertical *bf* représentant un joint virtuel dans la voûte. La résultante des actions mutuelles qui s'exercent dans ce plan, c'est-à-dire, par exemple, l'action de la demi-voûte de droite sur la demi-voûte de gauche constitue ce qu'on appelle la *poussée à la clé*. Comme nous ne faisons aucune hypothèse sur la manière dont les charges sont réparties sur la voûte, il est évident que la direction de cette poussée P sera ici quelconque.

Supposons connu le point de passage m de la poussée à la clé ainsi que les points de passage n et p des résultantes des actions mutuelles sur les joints ad et ce des naissances de la voûte.

Soit N la résultante des forces extérieures agissant sur la demi-voûte de gauche y compris son propre poids et N_1 la même

résultante pour la demi-voûte de droite. Abaissons des points n et p les perpendiculaires nr et ps sur la direction de la poussée et écrivons que les deux demi-voûtes sont en équilibre sous l'action des forces qui les sollicitent.

La demi-voûte de gauche est en équilibre sous l'action de trois forces qui sont :

1° La poussée P à la clé ;

2° La résultante N des forces extérieures agissant sur cette portion de voûte y compris son propre poids ;

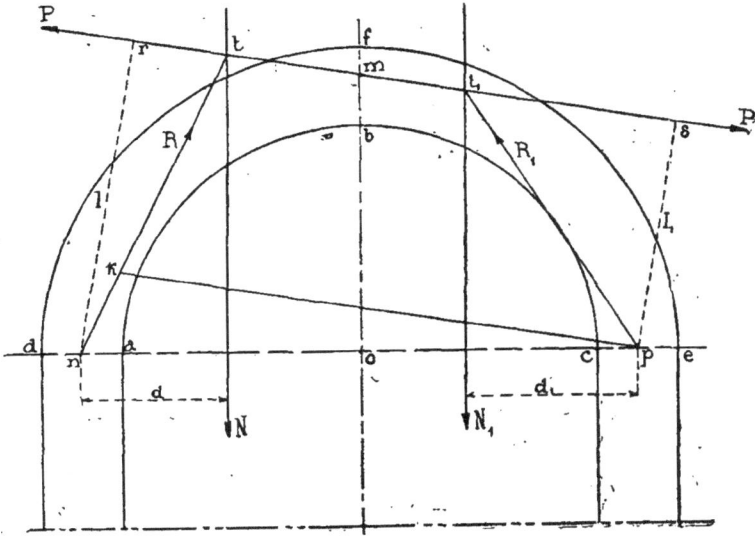

Fig. 303.

3° La réaction R, ou résultante des actions mutuelles qui s'exercent dans le joint des naissances.

Lorsque trois forces sont appliquées à un solide quelconque il faut, pour qu'elles se fassent équilibre, qu'elles concourent au même point ; il en résulte que la direction nt de la résultante R, des actions mutuelles qui s'exercent dans le joint des naissances, est complètement déterminée lorsqu'on se donne son point de passage n sur le joint ad ainsi que les directions des deux autres forces P et N.

La demi-voûte de gauche étant en équilibre sous l'action des trois forces P, N et R, la somme des moments de ces trois forces

par rapport à un point quelconque de leur plan doit être nulle.

Prenons ces moments par rapport au point n, de manière à nous débarrasser de R que nous ne connaissons pas ; nous aurons :

$$P \times l = N \times d \qquad (1)$$

et

$$P = \frac{N \times d'}{l}. \qquad (2)$$

La demi-voûte de droite est de même en équilibre sous l'action des trois forces P, N_1, R_1 ; donc, en prenant les moments de ces trois forces par rapport au point p afin d'éliminer la réaction R_1, qui est inconnue, nous aurons :

$$P \times l_1 = N_1 \times d_1 \qquad (3)$$

Dans les formules précédentes :
$$l = nr \quad \text{et} \quad l_1 = ps.$$
En divisant (1) et (3) membre à membre, il reste :
$$\frac{l}{l_1} = \frac{N \times d}{N_1 \times d_1}$$
équation qui prouve que la direction de la poussée à la clé est celle de la tangente commune à deux circonférences dont les rayons l et l_1 sont dans le rapport
$$\frac{l}{l_1} = \frac{Nd}{N_1 d_1}.$$

Pour avoir immédiatement la direction de la poussée, on joindra (fig. 305) mn et on prendra sur cette ligne un point h tel qu'on ait : $\dfrac{mn}{mh} = \dfrac{l}{l_1} = \dfrac{Nd}{N_1 d_1}$;

en joignant ph on aura la direction de la poussée à la clé.

En effet, en menant hh' parallèle à nr, les triangles semblables donnent :
$$\frac{mn}{mh} = \frac{hh'}{nr} = \frac{N_1 d_1}{Nd}$$
et comme, $\quad nr = l$
il en résulte : $\quad hh' = l_1$
ce qui prouve que ph est la direction de la poussée P à la clé dont la valeur est représentée par l'équation (2).

221. Les tables de M. Petit, dont nous avons déjà parlé à propos de l'épaisseur à donner à la clé des voûtes, contiennent, en même temps, pour les différents cas qu'il a traités, les rapports C de la poussée au carré du rayon d'intrados.

Dans ces tables :

R est le rayon d'extrados de la voûte ;

r est le rayon d'intrados ;

Et, pour obtenir la poussée horizontale en kilogrammes par mètre courant de longueur de voûte, il faut multiplier le produit Cr^2 par le poids du mètre cube de maçonnerie de la voûte.

Courbe de pression et conditions d'équilibre d'une voûte.

222. Quelle que soit la manière dont se répartit la pression aux différents points de chaque joint d'une voûte en équilibre, l'ensemble de toutes ces pressions partielles admet toujours une résultante appliquée en un point déterminé du joint considéré.

Supposons, par exemple, qu'on ait calculé les poids des différents voussoirs d'une voûte ainsi que les positions P_1, P_2, P_3... de ces poids (fig. 304) ; la poussée à la clé R, étant connue, on aura, en composant P_s et P_1, une résultante R_1 qui représentera la résultante des pressions du premier voussoir sur le deuxième. En composant la force R_1 ainsi obtenue avec le poids P_2 du deuxième voussoir on obtiendra la force R_2, qui représentera la résultante des actions mutuelles exercées par les deux premiers voussoirs sur le troisième et ainsi de suite jusqu'au joint des naissances.

On a ainsi une série de forces R_1, R_2, R_3... dont les intersections successives forment le polygone des pressions. En supposant la voûte partagée en voussoirs infiniment minces le polygone se transforme en une courbe continue qui est la *courbe des pressions*.

La résultante des actions mutuelles aux divers points d'un joint quelconque ne peut évidemment avoir son point d'application qu'à l'intérieur du joint lui-même ; or, cette résultante doit équilibrer la résultante des forces extérieures qui sollicitent la portion de voûte reposant sur le joint considéré ; donc, cette dernière résultante doit être égale et opposée à la première c'est-à-dire que son point d'application, qui appartient à la courbe des pressions, doit être le même que celui de la résultante des actions mutuelles et, par conséquent, situé à l'intérieur du joint.

On peut donc dire que la condition essentielle pour qu'une voûte soit en équilibre est que la courbe des pressions coupe tous les joints en des points situés à l'intérieur du profil de la voûte, et que les points dangereux sont ceux où cette courbe se rapproche le plus des arcs d'intrados et d'extrados.

223. Il existe encore deux autres conditions d'équilibre :

La première est relative au danger de glissement des voussoirs les uns sur les autres ;

La deuxième est une condition imposée par la résistance des matériaux.

Soit N le poids d'une portion de voûte comprise entre le joint à la clé ab et un joint quelconque cd (*fig.* 306). Construisons la résultante de la poussée P et du poids N de la portion de voûte considérée ; nous obtenons une résultante $og = R$ qui coupe le joint cd en un point r qui appartient à la courbe de pression.

Prenons, sur le prolongement de og, la longueur $rg' = og$ et décomposons la résultante R, dont nous avons ainsi transporté le point d'application en r, parallèlement et normalement au joint cd.

Soit Y la composante parallèle au joint et X la composante normale.

La force Y tend à faire glisser la partie

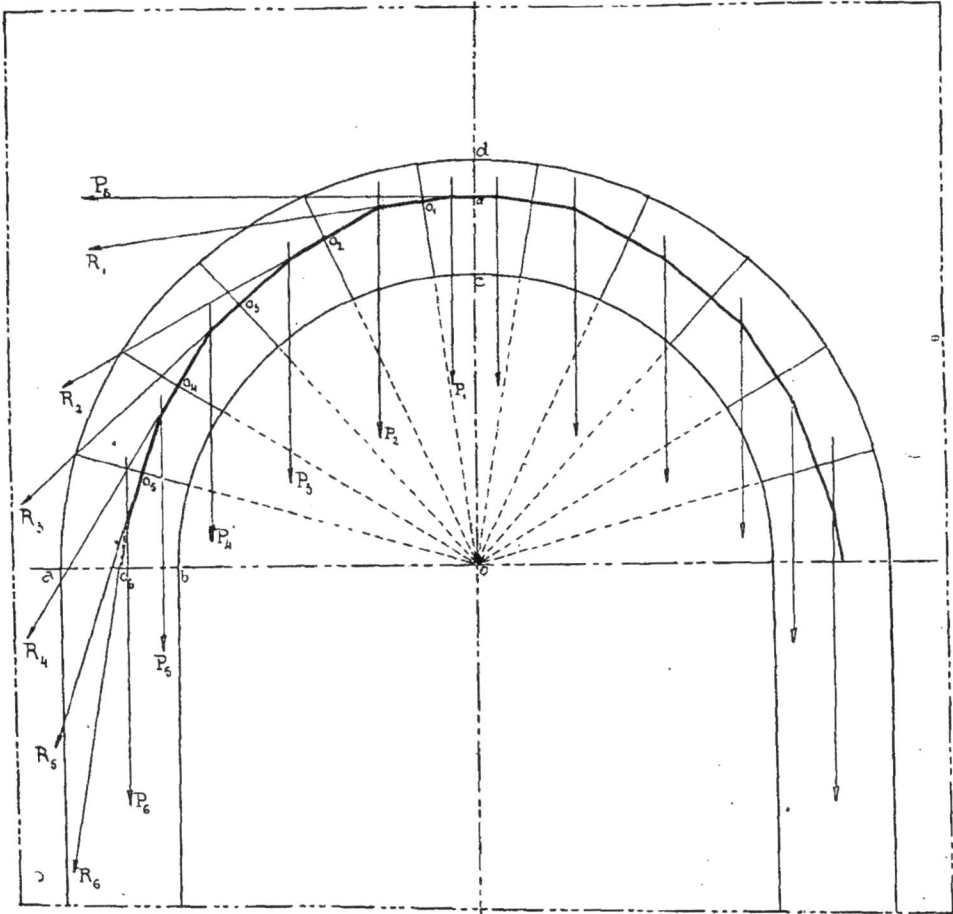

Fig. 304.

supérieure de la voûte sur la partie inférieure; c'est donc une force nuisible à la stabilité, et, pour qu'elle ne produise aucun mouvement il faut qu'on ait : $Y < fX$; f étant le coefficient de frottement de pierre sur pierre.

Nous poserons $f = $ tang φ, (1) Or, d'après la figure, on a : $Y = g's = X$ tang α

Pour qu'il n'y ait pas glissement, il faut donc $\qquad$ X tang $\alpha < fX$

ou $\qquad$ tang $\alpha < $ tang φ

(1) *Voir : Traité des fondations mortiers, maçonneries* (Stabilité des murs : n° 509).

c'est-à-dire : $\alpha < \varphi$
puisque les angles sont aigus.

L'angle α doit toujours être inférieur à 20 degrés. Mais cette condition est, en général, remplie d'elle-même lorsque les joints sont normaux à l'intrados.

De ce qui précède on peut donc conclure que :

Pour qu'il n'y ait pas glissement suivant un plan de joint quelconque, il faut et il suffit que la pression totale correspondante fasse, avec la normale au joint, au point considéré un angle moindre que l'angle φ ou, avec ce plan lui-même un angle supérieur à 90° — φ.

224. Une autre condition d'équilibre est, comme nous l'avons déjà dit, celle qui est relative à la résistance des matériaux. Les différents joints des voussoirs étant rectangulaires on peut leur appliquer le principe général du numéro 216, c'est-à-dire la loi du trapèze.

Si nous considérons en particulier le joint numéro 6 (*fig.* 305) nous voyons que la résultante R_6 des pressions que la portion de voûte *bfgs* exerce sur la partie

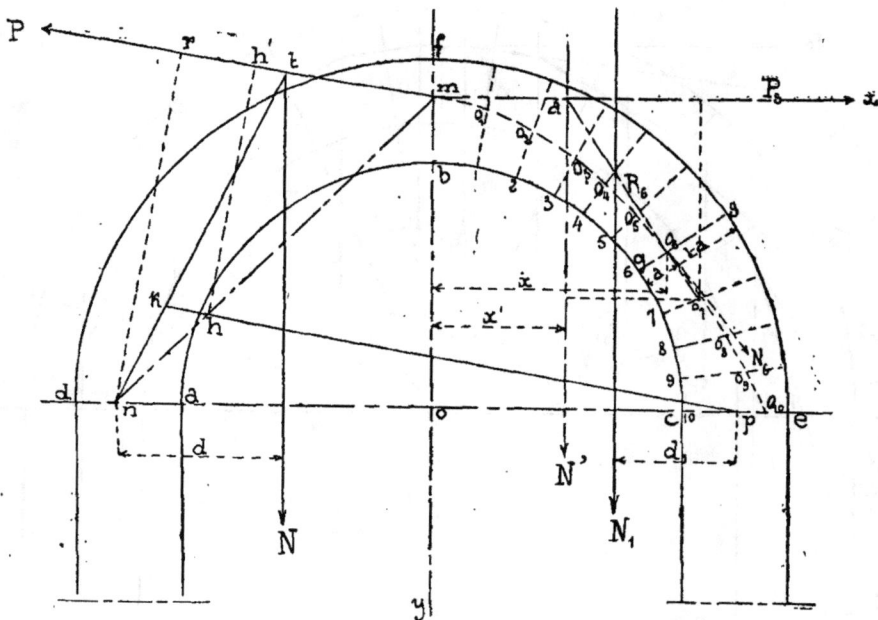

Fig. 305.

inférieure coupe le joint *gs* au point o_6. Pour que tout le joint soit comprimé il faut que, en supposant la longueur *gs* divisée en trois parties égales, le point o_6 tombe dans le tiers du milieu. Dans ces conditions, si a est la distance du point o_6 à l'extrémité du joint la plus rapprochée, la pression à cette extrémité sera

$$\frac{2N_6}{\omega}\left[2 - \frac{3a}{l}\right]$$

N_6 étant la composante normale de R_6 sur le joint *gs*.

Mais, comme on considère toujours la voûte sur 1 mètre de longueur, cette formule se réduit ici à :

$$\frac{2N_6}{l}\left[2 - \frac{3a}{l}\right].$$

Il faut, pour être dans de bonnes conditions, que la pression, obtenue en remplaçant N_6, l et a par leurs valeurs relatives au joint considéré, ne soit pas supérieure au coefficient pratique de résistance.

Si le point de passage o_6 de la résultante des pressions sur le joint *gs* tombe dans le premier tiers de la longueur de ce joint, soit du côté de l'intrados, soit du côté de l'extrados, le joint entier ne sera pas comprimé. C'est ce qui arrive par exemple pour le joint numéro 10 de la figure 305. La partie de ce joint qui sera comprimée s'obtiendra en portant sur le joint, à partir du point *e*, une longueur égale à 3 fois eo_{10}, et la pression au point *e* sera :

$$\frac{2N_{10}}{3a}.$$

N_{10} étant la composante normale de la résultante des pressions sur le joint considéré et *a* étant égal à eo_{10}.

Cette pression devra. comme la pré-

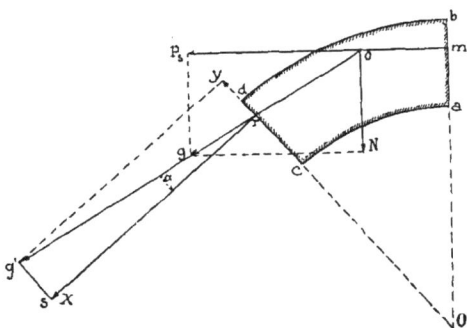

Fig. 306.

cédente, être inférieure au coefficient pratique de résistance.

225. En résumé, on peut donc dire que, pour qu'une voûte soit stable, il faut :

1° Que la courbe des pressions soit, dans tous les cas, comprise tout entière dans l'intérieur de la voûte ;

2° Que le glissement des parties de la voûte les unes sur les autres ne soit pas possible. C'est-à-dire que la courbe des pressions coupe tous les joints sous des angles plus grands que 90 degrés — φ ; (voir le tableau des valeurs de φ page 230) ;

3° Que la condition imposée par la résistance des matériaux soit satisfaite, c'est-à-dire que la pression par unité de surface, sur les arêtes les plus rapprochées de la courbe des pressions, soit

toujours inférieure au coefficient pratique de résistance.

226. *Équation de la courbe de pression.* — Si on considère une portion, *bfgs*, de voûte symétriquement chargée (*fig.* 305), elle est en équilibre sous l'action de son poids N', de la poussée horizontale Ps qui agit au joint *m* et de la résultante R_6 des pressions sur le joint *gs*. Il en est de même pour tous les joints et on peut dire que la résultante des pressions sur un joint quelconque admet pour composante horizontale la poussée P_s à la clé et pour composante verticale le poids de la portion de voûte considérée.

Soient: *x* et *y* les coordonnées du point o_6, qui appartient à la courbe de pression, par rapport à un système d'axes rectangulaires dont *m* serait l'origine, *ma* la direction de l'axe des *x* et *mo* celle de l'axe des *y* ;

x' l'abscisse, dans le même système d'axes, du centre de gravité de la portion de voûte *bfgs*.

On aura, en prenant les moments par rapport au point o_6 :

$$P_s \times y = N' (x - x')$$

d'où

$$y = \frac{N'}{P_s} (x - x') \qquad (a)$$

Or, N' et *x'* sont des fonctions de *x* ; par suite, l'équation (*a*), peut être regardée comme l'équation générale de la courbe de pression puisqu'elle ne renferme comme variables que les coordonnées courantes *x* et *y* de cette courbe.

227. M. Dupuit a montré qu'on peut considérer la résultante des pressions sur un joint comme tangente à la courbe de pression, lorsqu'on a tracé cette dernière à l'aide de joints verticaux ; mais qu'il n'en est pas ainsi lorsque les joints sont normaux à l'intrados.

En effet, en différentiant l'équation (*a*), on obtient :

$$\frac{dy}{dx} = \frac{N'}{P_s} + \frac{1}{P_s} \left[(x - x') \frac{dN'}{dx} - N' \frac{dx'}{dx} \right]$$

$\frac{dy}{dx}$ est le coefficient angulaire de la tangente à la courbe de pression au point *r* ;

$\frac{N'}{P_s}$ est le même coefficient pour la résultante

ao_6; donc, pour que ces deux droites coïncident il faut qu'on ait :

$$\frac{dx}{dy} = \frac{N'}{P_s}$$

c'est-à-dire,

$$(x - x') \frac{dN'}{dx} = N' \frac{dx'}{dx}.$$

Si la tangente à la courbe de pression au point o_6 (*fig.* 305) coïncide avec la résultante ao_6, elle rencontre la poussée au même point que la verticale du centre de gravité de la portion de voûte, *bfgs*, considérée.

228. *Courbe des centres de pression.* — Les points d'intersection du polygone des pressions avec les joints des voussoirs sont les points de passage de la résultante des pressions sur ces joints; on les a appelés les *centres de pression*. En réunissant (*fig.* 304) les points o_1, o_2, o_3.... deux à deux par des lignes droites on formerait un deuxième polygone, inscrit dans

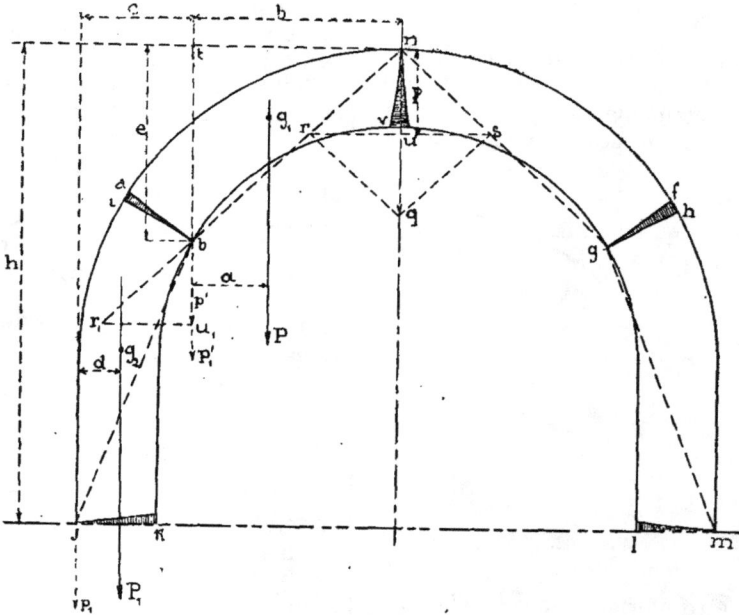

Fig. 307.

le premier, qui serait le polygone des centres de pression. A la limite, en supposant la voûte partagée en voussoirs infiniment minces, le nombre des côtés de ce polygone augmentera indéfiniment; on obtiendra alors une courbe qui sera la courbe des centres de pression.

Ce qui précède montre qu'il ne faudra jamais confondre le polygone des pressions avec celui des centres de pression, qui a ses sommets sur les côtés du premier. Il ne peut y avoir coïncidence complète entre ces deux polygones que si on considère des joints verticaux, comme on le fait quelquefois, dans les méthodes expéditives, pour arriver au tracé de la courbe des pressions.

Détermination du joint de rupture.

229. Nous avons vu qu'au moment où l'équilibre d'une voûte va se rompre, elle tend à se séparer en quatre morceaux monolithes qui tournent autour de cinq points d'articulation situés à l'intrados et à l'extrados. Ceux de ces points qui sont situés à l'intrados de la voûte appartiennent aux *joints de rupture;* nous nous proposons de déterminer leur position analytiquement et géométriquement.

Soit P(*fig*.307) le poids du voussoir *abvn*, appliqué au centre de gravité g_1 de ce voussoir. Il peut être considéré comme la résultante de deux forces p et p' appliquées en b et n.

Pour avoir la valeur de p, il suffit de prendre les moments par rapport au point b ; on aura, alors, d'après les notations de la figure :

$$p \times b = P \times a$$

d'où,
$$p = \frac{Pa}{b}.$$

De même, pour obtenir la valeur de p', il suffit de prendre les moments par rapport au point n; ce qui donne,

$$p'b = P(b - a)$$

et
$$p' = \frac{P(b-a)}{b}.$$

Considérons, maintenant, le deuxième voussoir *ibjk* et soit P_1 son poids appliqué au centre de gravité g_2. On peut, comme pour le premier voussoir, regarder la force P_1 comme la résultante de deux forces appliquées, l'une en b, l'autre en j. Si p_1 et p_1' sont ces deux composantes, on aura, en prenant les moments par rapport au point b :

$$p_1 c = P_1(c - d)$$

et
$$p_1 = \frac{P_1(c-d)}{c}$$

et, en prenant les moments par rapport au point j,

$$p_1' \times c = P_1 \times d.$$

Or, en considérant la demi-voûte de droite, on obtiendra au point n une deuxième force p, de sorte que, en ce point, on aura la force totale

$$nq = \frac{2Pa}{b}.$$

Décomposons cette dernière force en deux autres, suivant les droites nb et ng; la longueur nq représentant à une échelle déterminée l'intensité de la force $\frac{2Pa}{b}$, il suffira pour avoir, à la même échelle, les valeurs nr et ns de ses composantes de mener par le point q des parallèles qr et qs aux lignes ng et nb.

Remarquons que la figure *nrqs* est un losange et que, par suite, ses deux diagonales rs et nq se coupent à angle droit

en se divisant mutuellement en deux parties égales.

Les deux triangles rectangles *nru* et *ntb* sont semblables et on a :

$$\frac{nr}{nb} = \frac{nu}{tb};$$

d'où
$$nr = \frac{nu \times nb}{tb}$$

or,
$$nu = \frac{Pa}{b}$$

et
$$nb = \sqrt{b^2 + e^2}$$

donc,

$$nr = \frac{P\frac{a}{b} \times \sqrt{b^2 + e^2}}{e} = \frac{Pa\sqrt{b^2 + e^2}}{be}.$$

Mais, au point de vue de l'équilibre, on

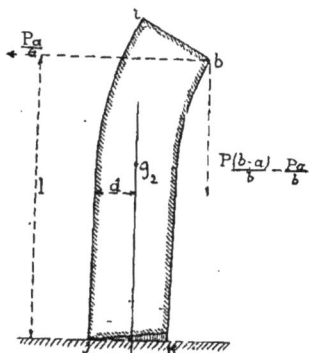

Fig. 308.

peut déplacer le point d'application d'une force suivant sa direction.

Supposons donc que la force nr soit transportée en br_1 sur le prolongement de nb et décomposons-la en deux forces, l'une verticale $bu_1 = nu$ et l'autre horizontale $r_1u_1 = ru$.

Les deux triangles rectangles ntb, $r_1 u_1 b$, donnent :

$$\frac{br_1}{nb} = \frac{r_1 u_1}{tc}$$

d'où
$$r_1 u_1 = \frac{br_1 \times tc}{nb}$$

c'est-à-dire, d'après les valeurs précédemment trouvées,

$$r_1 u_1 = \frac{Pa\sqrt{b^2 + e^2}}{be} \times \frac{b}{\sqrt{b^2 + e^2}}$$

ou $$r_1 u_1 = \frac{Pa}{e}.$$

Il résulte de tout ce que nous venons de dire que le voussoir *ibkj* (*fig.* 308) est en équilibre sous l'action de son poids P_1, appliqué en son centre de gravité et de deux forces appliquées au point *b*; l'une de ces forces est horizontale, et a

pour valeur : $\frac{Pa}{e}$

l'autre est verticale et a pour valeur :

$$\frac{P(b-a)}{b} + \frac{Pa}{b}.$$

Pour que ce voussoir soit en équilibre, il faut que la somme des moments de toutes les forces qui le sollicitent, par rapport au point de rotation *j*, soit nulle; c'est-à-dire qu'on ait (*fig.* 307 et 308) :

$$P_1 \times d + \left[\frac{P(b-a)}{b} + \frac{Pa}{b} \right] \times c$$
$$- \frac{Pa}{e} \times l = 0. \quad (a)$$

Le premier terme de cette expression est le moment par rapport au point *j* du poids du voussoir *ibjk* et le deuxième terme est, au facteur P*a* près, le moment du poids du voussoir *abvn* par rapport au même point.

car $\left[\frac{P(b-a)}{b} + \frac{Pa}{b} \right] c + Pa = P(a+c)$

l'equation (*a*) peut donc s'écrire :

$$P_1 \times d + P(a+c) - \frac{Pa}{e} l - Pa = 0$$

ou $P_1 \times d + P(a+c) - Pa\left[\frac{l+e}{e} \right] = 0. \quad (b)$

En désignant par *k* la distance horizontale du centre de gravité de la demi-voûte de gauche, au point *j* et en remarquant que le moment de la résultante est égal à la somme des moments des composantes, c'est-à-dire que

$$P_1 \times d + P(a+c) = (P+P_1) \times k$$

on pourra écrire l'équation (*b*) sous la forme (*fig.* 307 et 308) :

$$(P+P_1) \times k - \frac{Pah}{e} = 0$$

ou $h\left[(P+P_1)\frac{k}{h} - \frac{Pa}{e} \right] = 0 \quad (c)$

Si l'égalité (*c*) existe, il y aura strictement équilibre; si, au contraire, on a :

$$h\left[(P+P_1)\frac{k}{h} - \frac{Pa}{e} \right] < 0 \quad (d)$$

la voûte s'effondrera; et enfin si

$$h\left[(P+P_1)\frac{k}{h} - \frac{Pa}{e} \right] > 0 \quad (e)$$

la voûte sera stable et sa stabilité sera d'autant mieux assurée que cette dernière inégalité sera plus grande.

Remarquons que dans l'inégalité (*d*) le terme $(P+P_1)\frac{k}{h}$ ne contient que des constantes, tandis que le deuxième $\frac{Pa}{e}$ renferme des variables; il est évident, alors, que le point de l'arc d'intrados qui correspondra au maximum du terme $\frac{Pa}{e}$ sera le point de rupture.

Pour effectuer cette recherche il faudra opérer par tâtonnements, en calculant les valeurs de P, *a*, et *e* pour des joints voisins de celui qui, d'après les données empiriques, doit être le joint de rupture.

Si la valeur obtenue pour le maximum du terme $\frac{Pa}{e}$ est telle que l'inégalité (*e*) ne soit pas satisfaite, il faudra augmenter le volume de maçonnerie au-dessous du joint de rupture et aussi, augmenter l'épaisseur des pieds-droits de la voûte de manière que le rapport

$$\frac{h\left[[P+P_1]\frac{k}{h} \right]}{\frac{Pa}{e}}$$

soit suffisamment élevé; 1,5 par exemple.

Nous avons supposé, au début de la question, que les poids P et P_1 représentaient les poids des voussoirs *nb* et *bj*. En réalité, la voûte est toujours surmontée d'un massif de terre jusqu'à un plan horizontal ou incliné au-dessus de la voûte, et même d'une surcharge permanente ou accidentelle. Aussi, dans ces cas, les poids P et P_1 devront comprendre non seulement les poids morts des deux portions de voûte considérées, mais encore les poids des massifs de terre qui reposent sur elles, ainsi que les surcharges qu'elles sont appelées à supporter.

230. La rupture de la voûte peut encore avoir lieu lorsque la force horizontale maximum $\dfrac{Pa'}{e}$ qu'on vient de déterminer, appliquée en b (*fig.* 307) fait glisser la culée sur sa base d'appui.

Si f est le coefficient de frottement, il faudra pour que le mouvement ne soit pas possible, qu'on ait :

$$(P + P_1) f > \frac{Pa}{e}$$

ou, en désignant comme au n° 225 par φ l'angle limite que peut faire la direction de l'effort avec la normale au plan d'appui, pour qu'il n'y ait pas glissement, et en remarquant que $f =$ tang φ (223) il faudra, pour que le glissement ne puisse s'effectuer, que

$$(P + P_1) \text{ tang } \varphi > \frac{Pa}{e}.$$

Le coefficient de frottement varie avec la nature des matériaux en contact, ainsi que le montre le tableau suivant :

TABLEAU DES VALEURS DU COEFFICIENT DE FROTTEMENT
Pour quelques matériaux employés dans les constructions

DÉSIGNATION DES MATÉRIAUX	NOMS des OPÉRATEURS	VALEURS DE $f =$ TANG φ	
		au départ après quelque temps de contact	pendant le mouvement
Calcaire tendre, dit calcaire oolitique, bien dressé sur lui-même, sans enduit..	Morin	0.74	0.64
Calcaire dur, dit Muschelkalk, bien dressé, sur calcaire oolitique, sans enduit.	—	0.76	0.67
Brique ordinaire, sur calcaire oolitique, sans enduit.......................	—	0.67	0.65
Muschelkalk, sur Muschelkalk, sans enduit................................	—	0.70	0.38
Calcaire oolitique, sur Muschelkak, sans enduit..........................	—	0.75	0.65
Brique ordinaire, sur Muschelkalk, sans enduit..........................		0.67	0.60
Calcaire oolitique, sur calcaire oolitique, enduit de mortier de trois parties de sable fin et une partie de chaux hydraulique........................		0.74	»
Grès uni, sur grès uni à sec..	Remie	0.71	»
Grès uni, sur grès, uni avec mortier frais...............................	—	0.66	»
Granit bien dressé, sur granit bouchardé................................	—	0.65	»
Calcaire dur poli, sur calcaire dur poli................................	Rondelet	0.53	»
Calcaire dur bouchardé, sur calcaire dur bouchardé......................	Boistard	0.73	»
Pierre de libage, sur un lit d'argile sèche.............................	Lesbos	0.51	»
Pierre de libage, sur un lit d'argile humide et ramollie................	—	0.34	»
Pierre de libage, sur un lit d'argile humide, mais recouverte de grosse grève..	—	0.40	»

231. *Méthode graphique pour la détermination du joint de rupture.* — Nous avons vu que, pour que la voûte soit stable, il fallait que la courbe des pressions fût entièrement comprise à l'intérieur du profil de cette voûte et que les points faibles étaient ceux où elle s'approchait le plus de l'extrados ou de l'intrados. Le point de rupture sera donc le point où la courbe des pressions rencontrera l'intrados et en ce point cette courbe sera tangente à l'arc d'intrados, car si elle le rencontrait en deux points, il ne pourrait y avoir équilibre. Or, nous avons vu (n° 227) que, en admettant un système de joints verticaux, la tangente à la courbe de pression coïncide avec la résul-

tante et que, par suite, elle rencontre la poussée au même point que la verticale du centre de gravité de la portion de voûte considérée.

D'après ces remarques, pour déterminer le joint de rupture, on prendra (*fig.* 309), sur l'intrados un point r qu'on juge à l'œil, voisin du point de rupture cherché. On tracera la poussée Ps passant par le point a du joint cd à la clé, ainsi que la direction du poids P de la portion de voûte $cdjr$; si la tangente menée au point r à l'arc d'intrados passe par l'intersection a de Ps et de P c'est que le point r peut être considéré comme le point de rupture ; si cette tangente coupe la direction de Ps à gauche du point a cela veut dire que le point cherché est au-dessous du point r et même au-dessous du point de contact de la tangente menée par a à l'arc d'intrados, puisque P pour la nouvelle portion de voûte sera reculé vers la gauche. On mènera donc cette tangente et on prendra pour recommencer l'opération un point un peu au-dessus du point de contact obtenu.

Ce procédé graphique pour la recherche des joints de rupture est général. Il peut s'appliquer aux voûtes en ogive et même de forme quelconque.

232. *Positions pratiques des joints de rupture.* — Les nombreuses expériences qui ont été faites au sujet de la rupture des voûtes ont prouvé que :

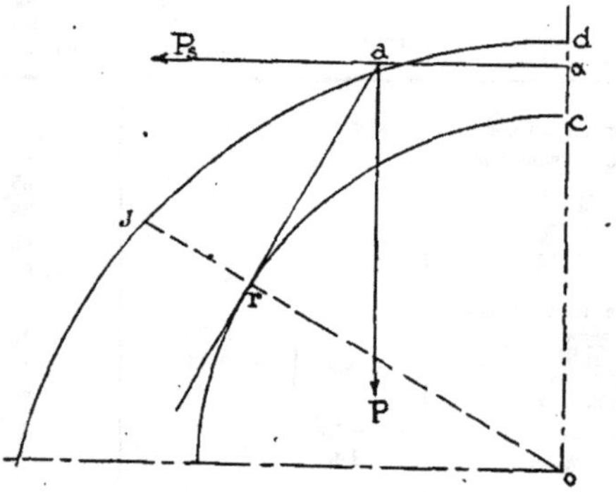

Fig. 309.

1° Dans les voûtes en plein cintre les joints de rupture sont inclinés à peu près à 30 degrés sur le plan des naissances ;

2° Dans les voûtes en ellipse et en anse de panier, surbaissées au tiers, cet angle est d'environ 45 degrés ; et enfin pour les voûtes en ellipse et en anse de panier, surbaissées au quart, il est d'environ 55 degrés.

Tracé de l'extrados.

233. Pour tracer l'extrados d'une voûte en plein cintre, on mène (*fig.* 310) le rayon oc incliné à 30 degrés sur l'horizontale et, à partir du point a où ce rayon rencontre l'intrados, on prend la longueur ac égale à deux fois l'épaisseur à la clef donnée par les formules empiriques ; on opère de même pour l'autre joint de rup-

ture bd ; puis par les trois points, c, f, d, on fait passer un arc de cercle. On termine l'extrados par les tangentes en c et d à cet arc de cercle, jusqu'à la face extérieure des pieds-droits. On augmente ainsi l'épaisseur de la voûte depuis la clef jusqu'au joint de rupture, qui est le joint dangereux. Cependant, tous les constructeurs n'appliquent pas cette construction ; ils donnent alors la même épaisseur dans toute l'étendue de la voûte, c'est-à-dire qu'ils limitent le profil par deux circonférences concentriques.

234. Dans les voûtes elliptiques ou en anse de panier l'épaisseur au joint de rupture n'est plus le double de celle du joint à la clé ; elle varie avec le surbaissement.

On emploiera, par exemple, comme on le fait d'ordinaire.

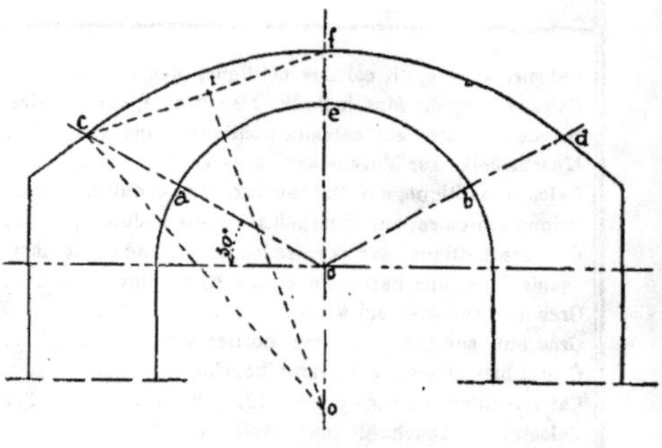

Fig. 310.

$1,8 \times e$ pour un surbaissement de 1/4		
$1,6 \times e$ — — 1/5		
$2 \times e$ — — 1/3		

e étant l'épaisseur du joint à la clef.

235. En ce qui concerne l'arc de cercle, le joint de rupture est, en général, aux naissances ; cependant, si le surbaissement n'est pas suffisant, il peut être sur les reins.

L'épaisseur à donner au joint des naissances, pour tracer l'extrados, sera d'autant moindre que le surbaissement sera plus faible. On emploie d'ordinaire :

$1,8 \times e$ pour un surbaissement de 1/4		
$1,4 \times e$ — — 1/6		
$1,25 \times e$ — — 1/8		
$1,15 \times e$ — — 1/10		
$1,10 \times e$ — — 1/12		

e pour un surbaissement de 1/17 ou 1/18

Surcharge.

236. En général, une voûte ne supporte pas que son propre poids. Il y a toujours une surcharge permanente ou accidentelle dont le poids spécifique est, le plus souvent, différent de celui de la voûte.

Or, pour effectuer le tracé de l'épure, on a à rechercher les poids qui sollicitent les différentes parties de la voûte ; alors, dans le but de faciliter les calculs, au point de vue seulement de la recherche de ces poids, on substitue à la surcharge réelle une surcharge équivalente, de même poids spécifique que celui de la voûte.

Supposons, pour fixer les idées, que le poids spécifique de la surcharge, soit les trois quarts de celui de la maçonnerie de

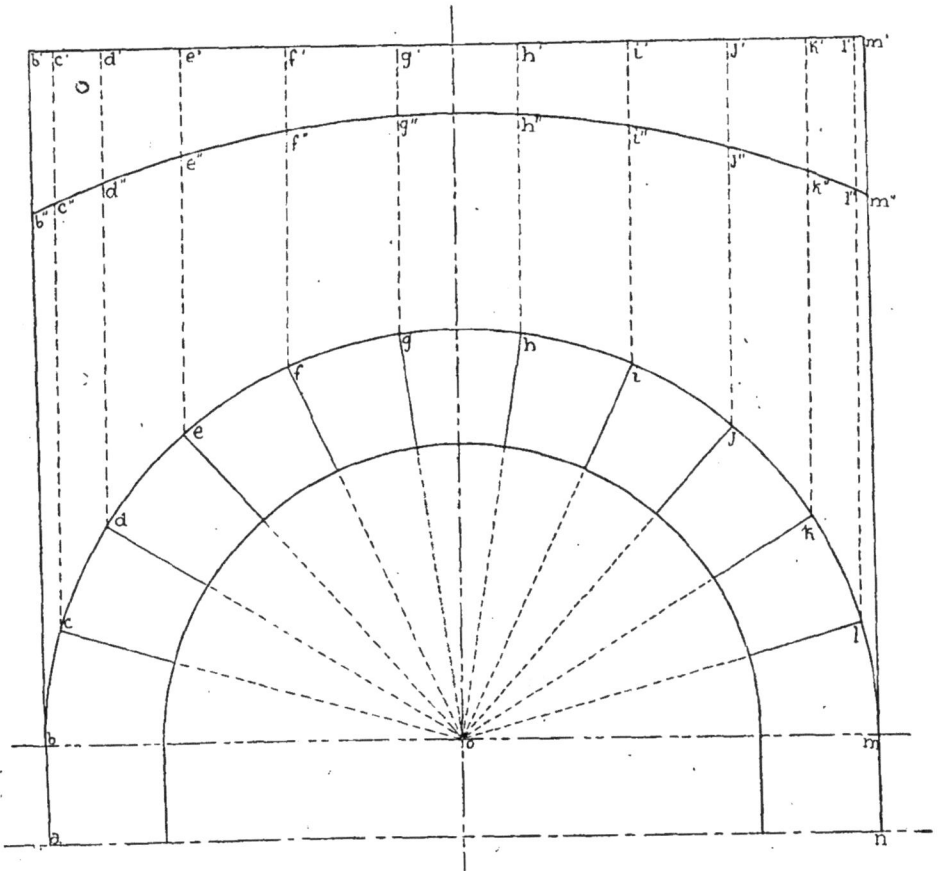

Fig. 311.

la voûte. Soit $b'm'$ la ligne (*fig.* 311) limitant la hauteur de la terre au-dessus de la voûte ; on mènera par les points c, d, e, f, les verticales cc', dd', ee'... entre l'extrados et la ligne $b'm'$. On divisera ces ordonnées verticales en 4 parties égales et on prendra trois de ces parties à partir de l'extrados, on obtiendra ainsi les points b'', c'', d'', e''... par lesquels on fera passer la ligne $b''m''$, qu'on considérera comme limitant la nouvelle surcharge de même densité que la maçonnerie de la voûte, car on aura retranché approximativement le quart du volume de la surcharge primitive.

§ VI. — MÉTHODE DE MÉRY

I. — Charges symétriques.

237. Une voûte exigeant, par suite de considérations relatives à la résistance des matériaux qui la composent, une épaisseur plus grande que celle strictement nécessaire à l'équilibre statique, il est évident que la courbe des pressions peut y occuper une infinité de positions dépendant du tassement qui se produira au décintrement et aussi des surcharges accidentelles qu'elle est appelée à supporter. Il est par conséquent impossible de préci-

reste suffisamment éloignée de l'intrados et de l'extrados pour que les pressions sur les arêtes extrêmes des joints ne dépassent pas celles que peuvent supporter en toute sécurité, les matériaux dont la voûte est composée. Si cette condition n'est pas remplie il faut modifier le profil de la voûte.

238. *Détermination des centres de gravité.* — Nous avons vu (n° 222) que pour obtenir le point de passage de la courbe de pression sur un joint déterminé il fallait composer le poids de la portion de voûte supportée par ce joint avec la poussée à la

Fig. 312.

Fig. 313.

ser, parmi toutes ces courbes de pression, celle qui se produira.

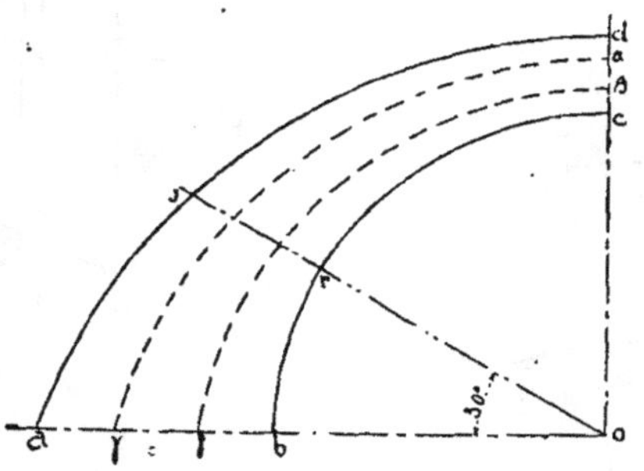

Considérons (*fig.* 312) la demi-voûte *abcd*; divisons le joint à la clé *cd* en trois parties égales par les points α et β et par ces points traçons les lignes αγ, βδ divisant tous les joints également en trois parties égales.

Pour que tous les joints soient comprimés, il faut que la courbe de pression soit constamment comprise entre les deux lignes αγ, βδ (n° 216)... On pourra donc tracer quatre courbes de pressions limites; les deux premières partant de α et allant en γ ou δ et les deux autres partant de β pour aboutir aux mêmes points γ et δ.

En général, on trace la courbe partant du point α situé au tiers supérieur du joint à la clé et passant au tiers inférieur au joint de rupture *Jr* et on s'assure qu'elle

clé et que le point d'intersection de la résultante de ces deux forces et du joint considéré appartenait à la courbe de pression.

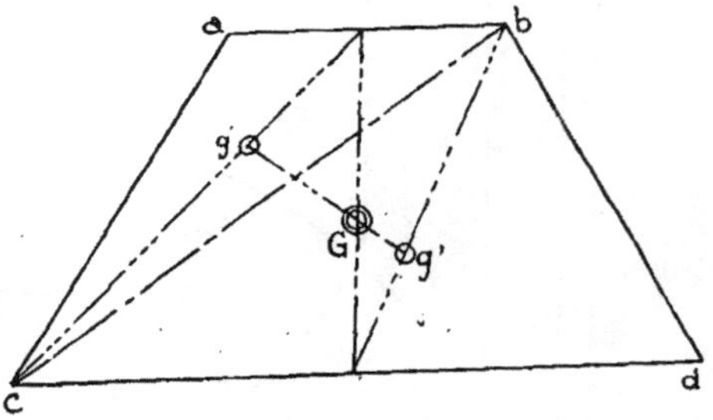

Il est donc nécessaire de déterminer tout d'abord les poids des différents voussoirs et des surcharges supportées par chacun d'eux, ainsi que les distances horizontales de ces poids à l'axe vertical de la voûte.

On admet que chaque voussoir tel que *ef* (*fig.* 311) porte la charge *efe″f″*. Cette hypothèse n'est évidemment pas exacte; mais, comme elle revient à négliger le frottement qui se développe dans les sections verticales *ee″*, *ff″* et que, par suite, elle ne peut qu'être défavorable à la stabilité de la voûte, elle peut être adoptée sans inconvénients.

Ayant ainsi déterminé la portion de surcharge supportée par chaque voussoir, on cherche la position des centres de gravité de chacune des parties en remplaçant, dans les constructions graphiques, les courbes par leurs cordes. Chaque voussoir va donc se composer d'un quadrilatère quelconque et d'un trapèze représentant la surcharge qu'il supporte et, pour obtenir le centre de gravité total de chacun des voussoirs constitué par les deux parties énoncées, il faut chercher :

1° Le centre de gravité d'un trapèze;

2° Le centre de gravité d'un quadrilatère quelconque.

Puis on appliquera le théorème des moments des forces parallèles pour avoir le centre de gravité total, en prenant pour plan de comparaison le joint à la clé.

Pour obtenir les centres de gravité de

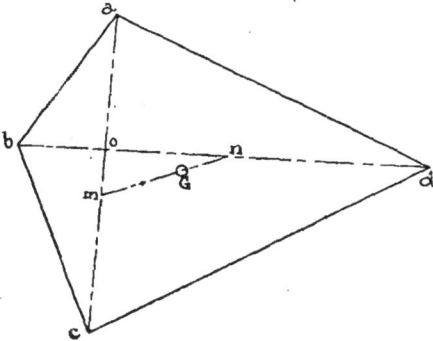

Fig. 314.

chacun des trapèzes constituant la surcharge supportée par chaque voussoir on mènera (*fig.* 313) la diagonale *cb* partageant le trapèze *abcd* en deux triangles dont on cherchera séparément les centres de gravité *g* et *g'* à l'aide des médianes obtenues en joignant les joints *c* et *b* aux milieux des côtés parallèles *ab* et *cd* du trapèze Les points *g* et *g'* seront situés sur chacune d'elles aux deux tiers de leur longueur à partir de leur base. Le centre de gravité total sera donc quelque part sur la ligne *gg'* et comme, d'autre part, il doit se trouver sur la ligne qui joint le milieu des deux côtés parallèles du trapèze il se trouvera à leur intersection G.

Pour obtenir le centre de gravité d'un quadrilatère quelconque *abcd* (*fig* 314) on

mènera les deux diagonales *bd* et *ca*; on changera les deux segments déterminés sur la deuxième par la première, c'est-à-dire qu'on prendra *cm* = *ao* et on joindra le point *m*, ainsi obtenu, au milieu *n* de la première diagonale *bd*. Le centre de gravité du quadrilatère sera en G au tiers de la ligne *nm* à partir du point *n*.

On peut opérer ainsi pour chacun des voussoirs; la figure 315 représente l'épure complète de la détermination des centres de gravité des quadrilatères représentant les voussoirs proprement dits et des trapèzes représentant leurs surcharges respectives.

Soit (*fig.* 316) *g'* le centre de gravité du premier trapèze et *g"* le centre de gravité du voussoir correspondant ; désignons par *y'* et *y"* les distances horizontales, mesurées sur l'épure d'ensemble (*fig* 315), des points *g'* et *g"* au joint à la clé et par *p'* et *p"* les poids du trapèze et du quadrilatère ; pour les déterminer on mesurera sur l'épure les lignes permettant d'obtenir la surface, puis on ajoutera les deux résultats et on multipliera par le poids spécifique de la maçonnerie de la voûte.

Comme on considère toujours une longueur de voûte égale à un mètre on aura le volume en mètres cubes et le poids en kilogrammes.

En appliquant le théorème des moments des forces parallèles, c'est-à-dire le moment de la résultante égal à la somme des moments des composantes, on aura d'après la figure 316 :

$$P \times y = p' \times y' + p'' \times y'' \qquad (1)$$

P' étant égal à $p' + p''$ et y étant la distance du centre de gravité total cherché, au joint à la clé.

De l'équation (1) on déduit

$$y = \frac{p'y' + p''y''}{p' + p''}. \qquad (2)$$

On mènera alors à la distance y, calculée par cette formule, une parallèle au joint à la clé; le point où elle rencontrera la ligne *g'g"* sera la position du centre de gravité du voussoir et de sa surcharge.

On répète ceci pour tous les voussoirs. Il est alors facile de déterminer la verticale du centre de gravité total de la demi-voûte et de sa surcharge.

Soient P, le poids total de la demi-voûte et de sa surcharge ;

Y la distance du centre de gravité total au joint à la clé.

$$P = P' + P'_0 + P'_1 + P'_2 \ldots$$

en appliquant encore le théorème des moments des forces parallèles, on aura :

$$P \times Y = P' \times y + P_0' \times y_0 + P_1' \times y_1 + P_2' \times y_2 + \ldots$$

d'où

$$Y = \frac{P'y + P'_0 y_0 + P_1' y_1 + P'_2 y_2 + \ldots}{P' + P'_0 + P'_1 + P'_2 + \ldots}$$

En menant une parallèle au joint à la clé, à la distance Y on aura la verticale de P, poids total de la voûte et de sa surcharge.

Ce qui vient d'être dit pour le poids total peut tout aussi bien, naturellement,

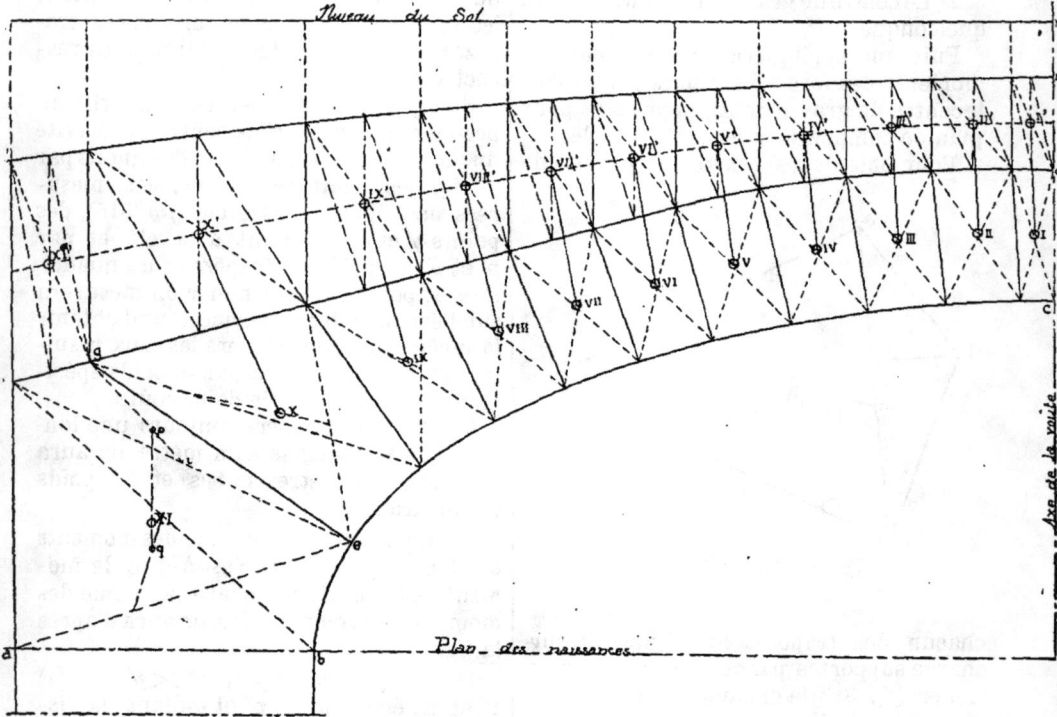

Fig. 315.

s'appliquer à une portion de voûte comprise entre le joint à la clé et un joint quelconque. Les poids des portions de voûtes comprises entre le joint à la clé et des joints quelconques sont, en effet, à déterminer dans la méthode de Méry, puisque pour avoir le point de passage de la courbe de pression sur un joint il faut composer le poids de la voûte supportée par le joint avec la poussée à la clé.

239. *Détermination des centres de pression.* — Pour construire le polygone des pressions on se donnera alors le point de

passage de la poussée à la clé et au joint de rupture. Le point situé au tiers supérieur, par exemple, à la clé et au tiers inférieur au joint de rupture. On calculera la valeur de la poussée à la clé comme nous l'avons indiqué au n° 220 et on composera cette poussée, représentée à l'échelle sur la figure 317 par la longueur ai, avec le poids P_1 du premier voussoir et de sa surcharge. La résultante de P_i et P_1 est la ligne hj qui rencontre le premier joint au point o_1, qui est le centre de pression sur le joint n° 1.

Puis, on compose ensuite la poussée avec le poids P_2 des deux premiers voussoirs et de leurs surcharges ; la résultante kq rencontre le joint n° 2 au point o_2 qui est le centre de pression sur ce joint. On continue en composant le poids P_3 des trois premiers voussoirs et de leurs surcharges avec la poussée P_3, ce qui donne la résultante ts et le centre de pression o_3 sur le troisième joint à partir de la clé — et ainsi de suite jusqu'au joint des nais-sances — où, dans notre exemple (*fig.* 317) on a le centre de pression o_{11}.

Le polygone des pressions étant tracé il faut voir si les trois conditions d'équi-libre indiquées au n° 225 sont remplies.

Emploi des joints verticaux.

240. Certains ingénieurs, et notamment M. Maurice Lévy, pensent que, dans le but d'abréger un peu les opérations, on peut

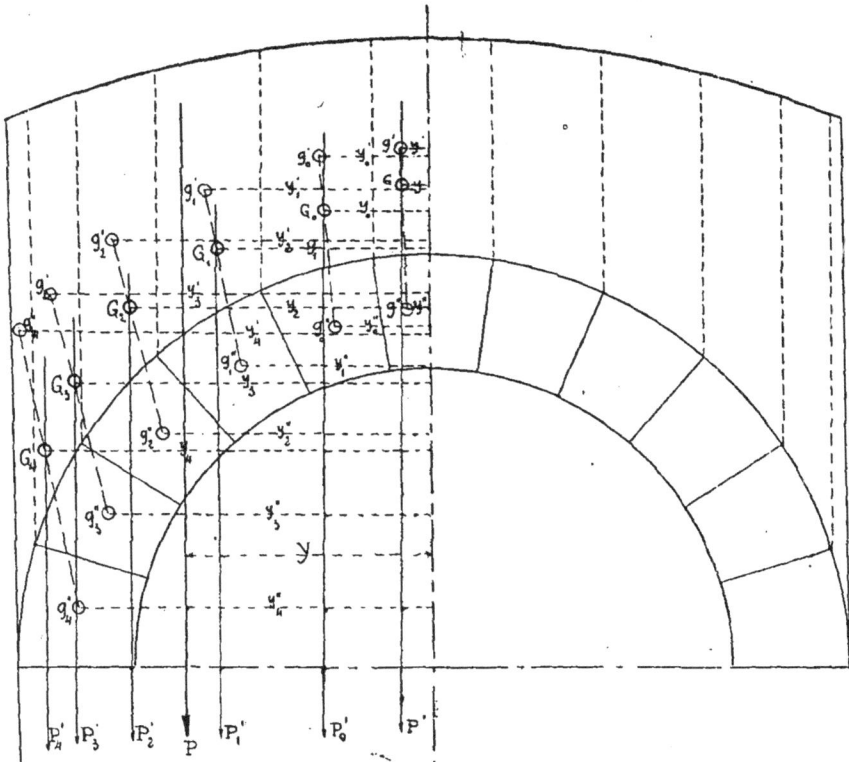

Fig. 316.

substituer des joints fictifs verticaux aux joints normaux à l'intrados.

Considérons, par exemple (*fig.* 318), les joints normaux nq et rt ; en les rempla-çant par les joints fictifs verticaux np et rs on n'aura plus à rechercher le centre de gravité total du voussoir proprement dit et de sa surcharge puisque, alors, les deux centres de gravité seront sur la même verticale située à égale distance des deux lignes np et rs.

On peut remarquer que la portion de voûte projetée suivant le triangle npq est en équilibre sous l'action :

1° De la pression exercée par la partie supérieure de la voûte sur le joint nq ;

2° De la pression sur le joint np ;

3° Du poids propre du petit triangle npq.

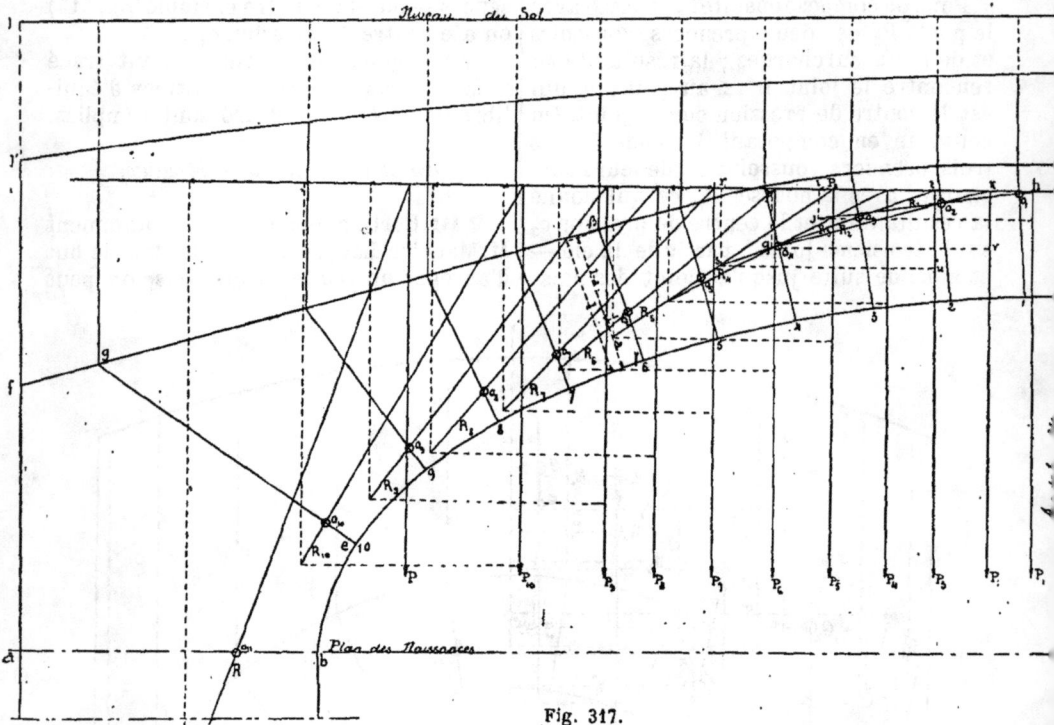

Fig. 317.

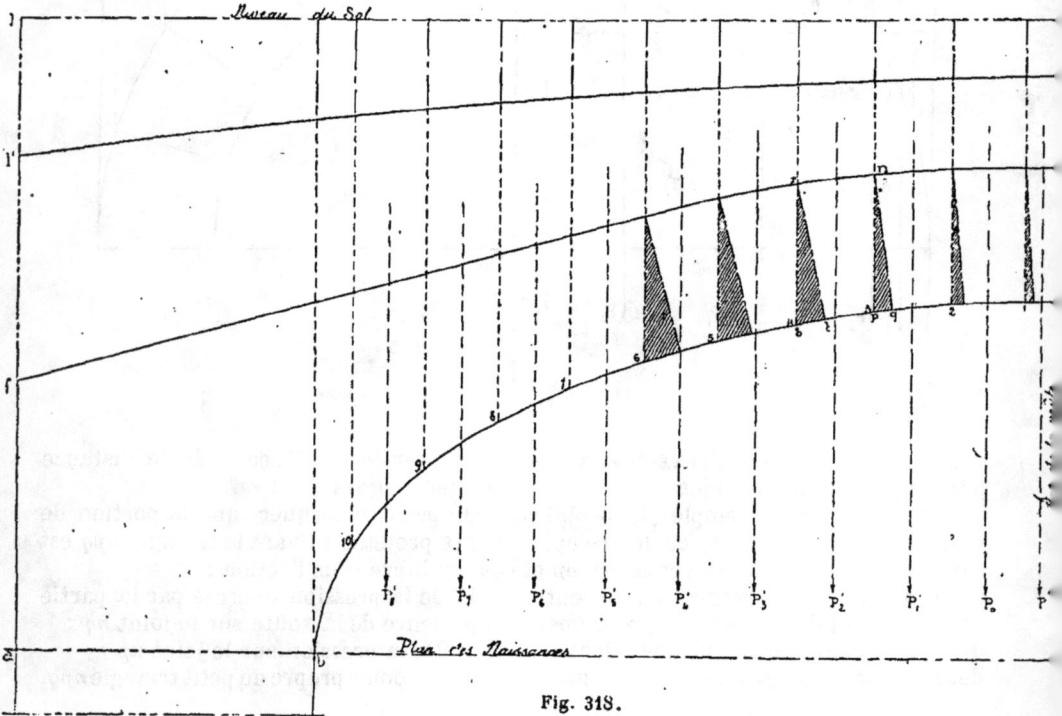

Fig. 318.

Or ce poids est évidemment négligeable devant les deux premières forces et la portion de voûte projetée suivant le triangle npq est en équilibre sous l'action des deux pressions sur les joints np et nq. Pour qu'il en soit ainsi il faut que ces deux pressions soient égales et opposées.

On peut donc dire que les deux pressions sur les joints np et nq sont sensiblement égales et que, au point de vue du tracé de la courbe de pression, on peut subtituer le joint vertical np au joint normal nq.

Cependant, pour vérifier ensuite le glissement des voussoirs les uns sur les autres et la pression par unité de surface qu'ils auront à supporter, il faudra considérer les joints normaux.

II. — Charges dissymétriques.

241. Une voûte n'est pas toujours uniformément chargée. Il peut arriver, en effet, qu'une moitié seulement de la voûte supporte une surchage accidentelle. Alors, la poussée à la clé n'est plus horizontale et il faut la déterminer en grandeur et en direction comme nous l'avons indiqué au numéro 220.

On évalue, en général, cette surchage accidentelle en kilogrammes par mètre carré de projection horizontale et on détermine la hauteur de terre qui, par son poids, produirait le même effet. Ainsi, si une moitié de la voûte doit supporter une surchage accidentelle de 1 200 kilogrammes, par mètre carré de projection horizontale, la hauteur de terre à lui substituer sera (*fig.* 319) :

$$ab = \frac{1\,200}{1\,600} = 0^{\mathrm{m}},750$$

en supposant que le poids du mètre cube de terre est 1 600 kilogrammes.

Ceci posé, considérons (*fig.* 319) une voûte dont la moitié de droite supporte une surchage accidentelle représentée par le rectangle *abcd;* la moitié de gauche supportant simplement le poids des terres jusqu'au niveau de la chaussée. On substituera à chacune des surchages réelles des deux moitiés de la voûte des surchages équivalentes, de même densité que les matériaux dont la voûte est composée. A cet effet on réduira, comme il a été dit au numéro 233, les ordonnées telles que mn et pq; on obtiendra ainsi le profil *fghl* et on déterminera les poids P', P'_0, P'_1, ... P'', P''_0, P''_1, ... des différents voussoirs ainsi que des surcharges qu'ils supportent, pour chacune des deux demi-voûtes. On calculera, alors, par la méthode exposée au numéro 238 les distances, à l'axe de la voûte, de chacun de ces poids.

En désignant par :

P, le poids de la demi-voûte de gauche, y compris sa surcharge permanente ;

Par P_1 le poids de la demi-voûte de droite, y compris la surcharge permanente et la surcharge accidentelle, on aura :

$$P = P' + P_0' + P_1' + P_2' + P_3' + P_4'$$
$$P_1 = P'' + P_0'' + P_1'' + P_2'' + P_3'' + P_4''$$

Les distances y et y_1, à l'axe de la voûte, de chacun de ces poids, s'obtiendront par les formules :

$$P \times Y = P' \times y + P_0' \times y_0 + P_1' \times y_1 + P_2' \times y_2 + P_3' \times y_3 + P_4' \times y_4$$
$$P_1 \times Y_1 = P'' \times y' + P_0'' \times y_0' + P_1'' \times y_1' + P_2'' \times y_2' + P_3'' \times y_3' + P_4'' \times y_4'.$$

Si on se donne alors les points de passage des pressions à la clé et aux naissances, on pourra déterminer les distances d et d_1 (*fig.* 319) des poids P et P_1 aux points n et p, par lesquels doit passer la courbe des pressions sur les joints des naissances.

On joindra ensuite le point n du joint des naissances de la demi-voûte surchargée au point de passage m de la poussée à la clé et on prendra sur cette ligne un point h, tel que

$$\frac{mn}{mh} = \frac{P_1 d_1}{Pd}$$

En joignant ph et en menant par le point m une parallèle à cette dernière ligne on aura la direction de la poussée. Sa valeur sera représentée (220) par la formule :

$$P_s = \frac{Pd}{l}$$

l, étant la longueur de la perpendiculaire abaissée du point p sur la direction de la poussée.

La poussée étant complètement déterminée, en grandeur et en direction, on tracera la courbe des pressions comme dans le cas d'une voûte uniformément chargée sur ses deux moitiés.

242. Dans les voûtes symétriques et symétriquement chargées, il suffit de tracer la courbe de pression pour une moitié seulement puisque cette courbe est la

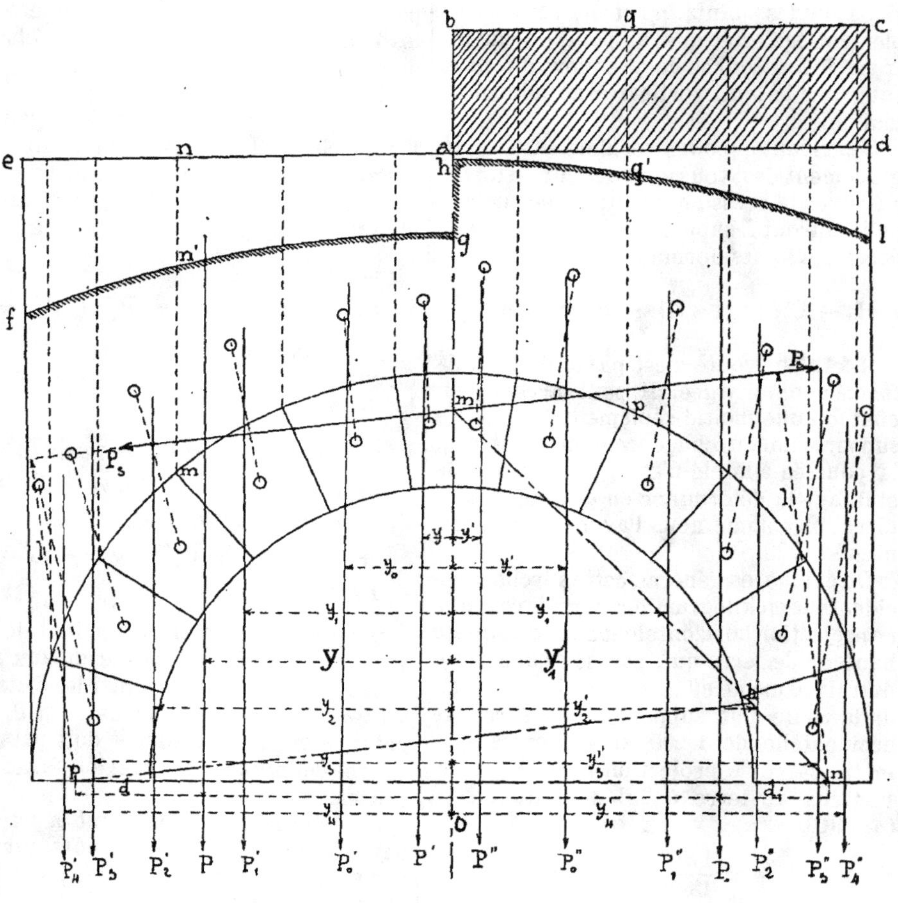

Fig. 319.

même pour les deux demi-voûtes, si les points de passage de la résultante des pressions sur les joints des naissances sont pris à égale distance de l'axe. Mais, lorsque les deux demi-voûtes sont inégalement chargées, la poussée à la clé n'est plus horizontale ; elle s'incline du côté de la demi-voûte la moins chargée. Il est évident, alors, que la courbe de pression ne doit plus

être symétrique par rapport à l'axe de la voûte ; elle se rapproche de l'extrados du côté de la demi-voûte la plus chargée et de l'intrados dans l'autre demi-voûte.

Il résulte de ce que nous venons de dire que les charges dissymétriques peuvent être plus défavorables à la stabilité de la voûte que celles provenant d'une surcharge uniformément répartie sur toute sa longueur. Il faudra donc, dans l'étude d'une voûte, faire les deux hypothèses de surcharges afin de s'assurer que la voûte projetée sera parfaitement stable et dans de bonnes conditions de résistance.

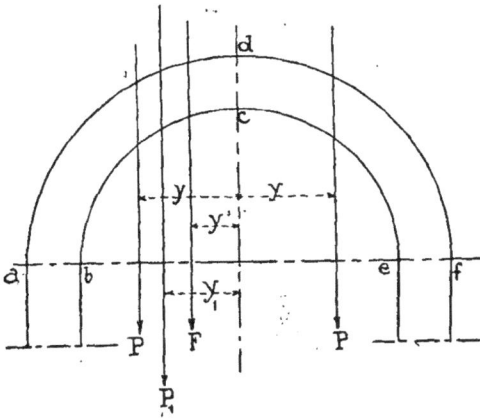

Fig. 320.

III. — Charge distincte agissant en un point quelconque de la voûte.

243. Outre la charge uniformément répartie, dont nous nous sommes occupé jusqu'ici, une voûte peut avoir à supporter une charge isolée provenant, par exemple, d'un pilier en maçonnerie ou d'une colonne.

Considérons (*fig.* 320) une voûte symétrique et symétriquement chargée dont la moitié de gauche est soumise, en outre, à une charge verticale F.

On déterminera les poids P des deux demi-voûtes ainsi que leurs distances Y à

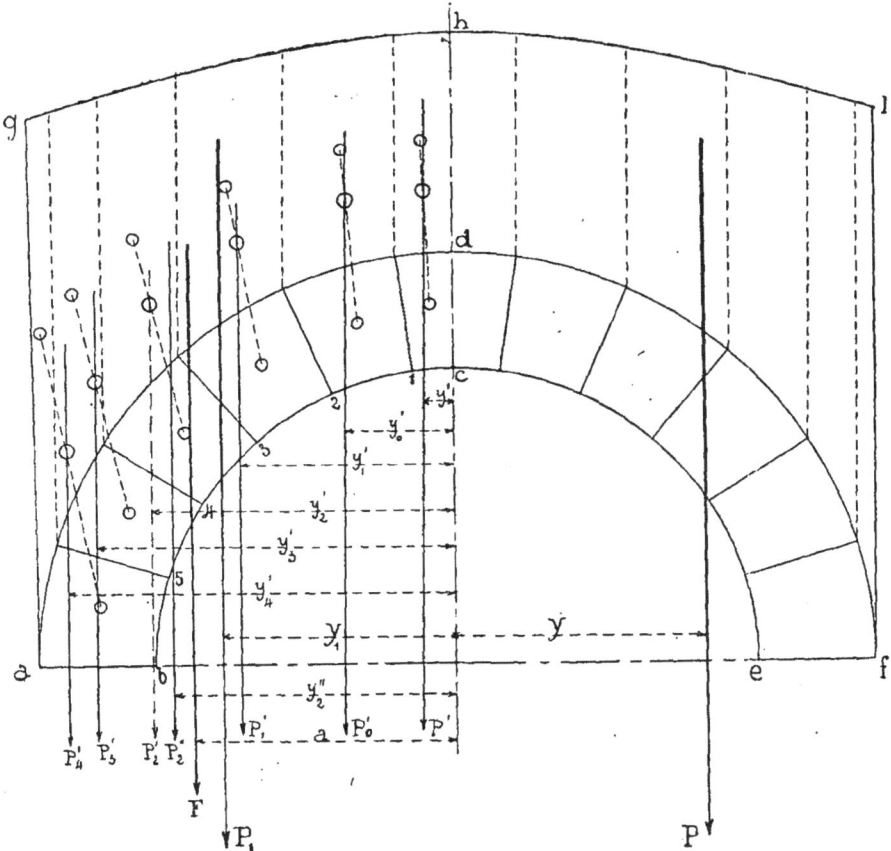

Fig. 321.

l'axe, abstraction faite de la force F (220).

La demi-voûte de droite est donc soumise à la force P, tandis que la demi-voûte de gauche est soumise aux deux forces P et F. Les charges sont donc dissymétriques et la poussée ne sera plus horizontale.

On remplacera les forces P et F, agissant sur la demi-voûte de gauche, par leur résultante P_1; on aura donc, puisque ces deux forces sont parallèles,

$$P_1 = P + F$$

et (fig. 320), en prenant les moments par rapport à l'axe de la voûte,

$$P \times Y + F \times Y' = P_1 \times Y_1$$

équation où tout est connu sauf Y_1, dont la valeur sera :

$$Y_1 = \frac{P \times Y + F \times Y'}{P + F}.$$

Le problème est donc ramené au cas précédent, au point de vue du calcul de la poussée et de la détermination de sa direction.

Pour construire la courbe de pression, c'est-à-dire pour avoir le point de passage de la résultante des pressions sur chaque joint on composera toujours, avec la poussée inclinée à la clé, les poids de la voûte et de sa surcharge supportés par chacun de ses joints.

Si, par exemple, la force isolée F rencontre le voussoir n° 4 (fig. 321) le poids supporté par ce voussoir sera :

$$P'_2 + F = P''_2$$

la distance y_2'', de P_2'' à l'axe de la voûte, s'obtiendra par la relation :

$$P_2'' \times y_2'' = P_2' \times y_2' + F \times a$$

où tout est connu, sauf y''_2.

La courbe de pression se construira comme dans le cas ordinaire à la seule condition de remplacer en grandeur et en position la force P'_2 par la force P''_2.

244. CAS PARTICULIER. — Si la force F passe par l'axe de la voûte, la poussée à la clé restera horizontale si la voûte est symétriquement chargée, car tout se passe comme si chacune des deux demi-voûtes supportait en ce point une force égale à $\frac{F}{2}$ (fig. 322).

En se donnant, comme pour les autres cas, les points de passage des résultantes

des pressions à la clé et aux naissances on aura, en prenant les moments de toutes les forces agissant sur la demi-voûte de gauche par rapport au point n,

$$P \times d + \frac{F}{2} \times a = P_s \times l$$

d'où on tire pour valeur de la poussée à la clé,

$$P_s = \frac{P \times d + \frac{F}{2} \times a}{l}.$$

Pour construire la courbe des pressions de chaque demi-voûte, on composera la force $\frac{F}{2}$ avec le poids P' du premier voussoir; si P'' est la résultante obtenue en

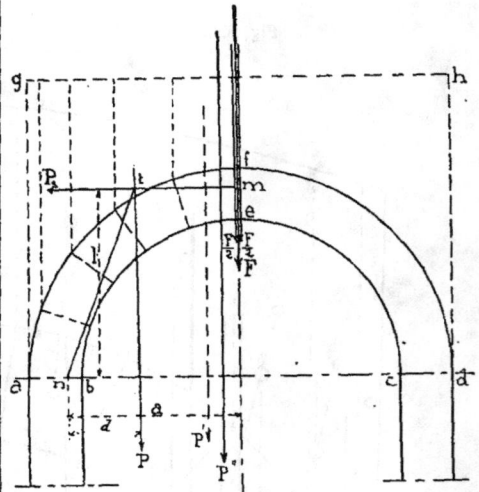

Fig. 322.

grandeur et position, la construction se fera comme dans les cas précédents à la seule condition de remplacer la force P' par la force P''.

IV. — Voûtes en ogive.

245. Tout ce que nous avons dit, au sujet de la détermination de la poussée et des conditions d'équilibre des voûtes en plein cintre et en arc de cercle dans les différents cas examinés, s'applique également aux voûtes en ogive. La seule différence consiste, au point de vue du tracé de la courbe de pression dans le choix du point de passage de la poussée à la clé. Dans les voûtes en plein cintre, en ellipse ou en arc de cercle, on suppose, en effet, que le point d'application de la poussée est situé au tiers supérieur du joint à la clé. Cela résulte du mode d'ouverture de ce joint lorsque la voûte est sur le point de s'effondrer. Mais, comme dans les voûtes en ogive le joint à la clé s'ouvre, à ce moment, du côté opposé (213)

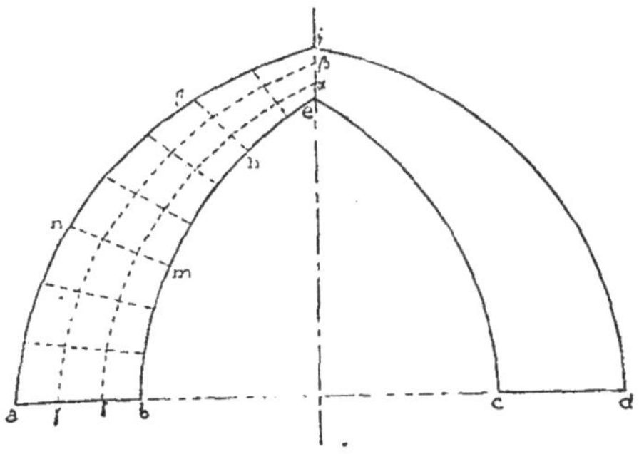

Fig. 323.

on supposera que le point de passage de la poussée à la clé sera le point α (fig. 323) situé au tiers inférieur du joint à la clé. Pour une bonne stabilité de la voûte, la courbe de pression devra couper tous les joints en des points compris dans leur tiers moyen, c'est-à-dire être constamment comprise entre les lignes βγ, αδ divisant tous les joints en trois parties égales.

REMARQUE SUR LA MÉTHODE DE MÉRY

246. En résumé, dans la méthode de Méry, il y a deux indéterminées qui permettent de tracer une infinité de courbes de pression puisque à chaque valeur de la poussée et à chaque point d'application correspond une de ces courbes. Il est certain, cependant, que, les charges de la voûte étant bien déterminées, il ne peut exister qu'une seule courbe de pression dont la position dépendra des tassements qui se produiront au décintrement, de la dureté des mortiers et aussi de la température. On n'a pu, jusqu'ici du moins, déterminer cette courbe; mais, d'autres méthodes, que nous examinerons par la

suite, ont pour but d'éliminer un certain nombre de courbes de pression de sorte que celles qui restent se rapprochent davantage de la courbe réelle.

V. — Applications pratiques de la méthode de Méry.

A. — VOUTE SYMÉTRIQUE ET SYMÉTRIQUEMENT CHARGÉE

247. *Détermination du profil de la voûte.* — Considérons une voûte en plein cintre de 9m,50 d'ouverture supportant, sur toute sa longueur, une charge de terre limitée à un plan horizontal situé à 3m,50 au-dessus du point le plus haut de l'intrados.

Nous calculerons l'épaisseur e du joint à la clé à l'aide de la formule (n° 211)

$$e = 0^m,43 + \frac{D}{20} + \frac{h}{50} \qquad (1)$$

dans laquelle :

D, est l'ouverture en mètres ;

et h, la hauteur de la surcharge au-dessus de l'extrados.

Comme cette hauteur est inconnue a priori et que, du reste, $\frac{h}{50}$ est très faible on peut supprimer ce terme, dans une première approximation ; ce qui donne

$$e = 0^m,43 + \frac{19}{20} = 1^m,38$$

on en déduit :

$$h = 3,500 - 1^m,38 = 2^m,12$$

l'équation (1) devient alors, en remplaçant h par cette valeur,

$$e = 0^m,43 + \frac{19}{20} + \frac{2,12}{50} = 1^m,420.$$

C'est cette dernière valeur que nous adopterons pour épaisseur du joint à la clé ;

alors, $h = 3,50 - 1^m,42 = 2^m,08.$

L'épaisseur de la voûte, aux naissances, se déterminera par la formule :

$$E = 0,305 + \frac{5D}{24} + \frac{H}{6} + \frac{h}{12}$$

qui donne, en remplaçant les lettres par leurs valeurs (211),

$$E = 0,305 + \frac{5 \times 19}{24} + \frac{2,5}{6} + \frac{2.08}{12} = 4^m,548$$

soit,   E = 4m,55 en nombre rond.

Les épaisseurs à la clé et aux naissances nécessaires pour tracer l'extrados (233).
étant déterminées, on a tous les éléments · A cet effet on prendra, à l'échelle adoptée,

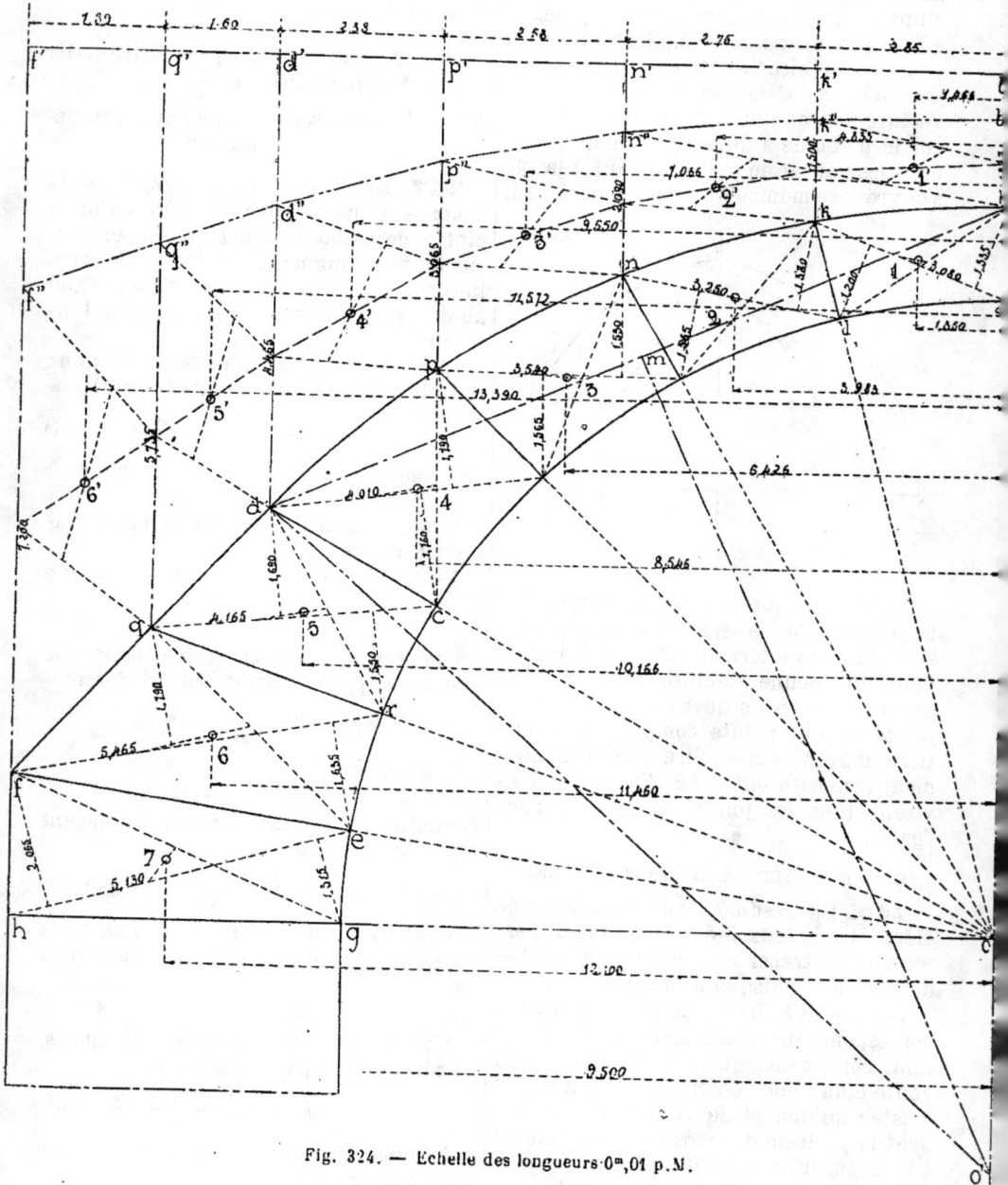

Fig. 324. — Echelle des longueurs 0ᵐ,01 p.M.

$ab = 1^m,42$: puis, par le centre o de l'in- l'horizontale oh un angle de 30 degrés et
trados, on mènera la ligne od faisant avec on prendra $cd = 2^m,825$. Puis on fera

passer par les points b et d un arc de cercle dont le centre o' sera situé à l'intersection de la verticale du centre de la voûte et de la perpendiculaire élevée au milieu m de la ligne bd. Au point d, on mènera à cet arc de cercle la tangente df qui, avec la verticale hf, telle que $hg = 4^m,55$, complètera le profil de la voûte.

248. Le profil d'essai étant déterminé, on tracera les joints fictifs divisant la voûte en un certain nombre de voussoirs. Dans la figure 324 la portion de voûte $abcd$, comprise entre le joint à la clé et le joint de rupture, a été divisée en quatre voussoirs égaux tandis que la partie comprise entre le joint de rupture et le joint ef n'en comprend que deux. La demi-voûte se compose donc de sept voussoirs.

Les joints fictifs étant tracés on mènera par leurs points, f, q, d, p.... d'intersection avec l'extrados, les verticales ff', qq', dd' jusqu'à l'horizontale $f'b'$, limitant la surcharge. Ces verticales limitent la portion de surcharge de terre supportée par chaque voussoir et, comme la densité de la terre est de 1 600 kilogrammes tandis que celle de la maçonnerie de la voûte est 2 400 kilogrammes, il faudra (236) réduire les ordonnées ff', qq'.. dans le rapport $\dfrac{1\ 600}{2\ 400}$ c'est-à-dire $\dfrac{2}{3}$. On divisera donc chacune de ces ordonnées en trois parties égales et on joindra par une ligne brisée les points f'', q'', d''..... b'' tels que ff'', qq''..... représentent deux de ces divisions.

249. *Détermination des aires et des centres de gravité.* — Ceci fait, on déterminera, par la méthode du n° 238 les aires et les centres de gravité des trapèzes et des quadrilatères quelconques représentant, les premiers, les surcharges supportées par les différents voussoirs et les seconds ces voussoirs eux-mêmes.

Nous avons tracé et coté sur la figure 324 qui représente l'épure des centres de gravité, les différentes lignes permettant d'obtenir rapidement les aires et les centres de gravité.

Voussoir n° 1. On mesurera la diagonale ka du quadrilatère $klab$ (*fig.* 324), ainsi que les perpendiculaires abaissées des points b et l sur cette ligne; la mesure de la surface du quadrilatère se trouve ainsi ramenée à celle de deux triangles.

La surface cherchée aura alors pour expression

$$S = \frac{1}{2} \times b\,(h + h')$$

formule dans laquelle,

$$b = 3^m,080$$
$$h = 1^m,335$$
$$h = 1^m,200$$

donc, $S = \dfrac{3,08}{2}(1,335 + 1,200) = 3^m,9039.$

Surcharge 1'. Cette surcharge est celle que supporte le voussoir n° 1. Elle est représentée par le trapèze $kbh''b''$. La surface de ce trapèze est donné par la formule

$$S_1 = \frac{1}{2}\,h_1\,(a_1 + b_1)$$

dans laquelle,

$$h_1 = 2^m,85$$
$$a_1 = 1,333$$
$$b_1 = 1,500$$

donc, $S' = \dfrac{2^m,85}{2}(1,333 + 1,500) = 4^m,0370.$

Or, sur l'épure, on a trouvé que la distance du centre de gravité du voussoir n° 1 à l'axe de la voûte était $1^m,350$ tandis que la même distance pour la surcharge 1' était $1^m,466$.

Le moment de chacune de ces surfaces, par rapport à l'axe de la voûte, sera :

$$M = S \times 1,350 = 3,9039 \times 1,350$$
$$= 5,27026$$
$$M' = S' \times 1,466 = 4,0370 \times 1,466$$
$$= 5,91824$$

La somme des moments de ces surfaces sera donc :

$$M + M' = 5{,}27026 + 5{,}91824 = 11,1885$$

or, la somme des surfaces 1 et 1' est :

$$S + S' = 2,9039 + 4,0370 = 7,9409$$

Donc la distance à l'axe de la voûte, du centre de gravité total des surfaces 1 et 1', s'obtiendra par la formule

$$d = \frac{M + M'}{S + S'} = \frac{11,1885}{7,9409} = 1^m,409.$$

Soit, $1^m,44$.

Le poids P_1, appliqué en ce centre de gravité, sera égal à la surface totale $S + S'$ multipliée par le poids spécifique de la maçonnerie de la voûte, puisqu'on considère toujours une longueur de voûte égale à 1 mètre,

donc $P_1 = 7, 9409 \times 2400^k = 19056^k$

Voussoir n° 2. La surface de ce voussoir sera, d'après les cotes qui le définissent sur la figure 324,

$$S = \frac{1}{2} \times 3,25 (1,365 + 1.380) = 4^{mq},2823$$

et celle du trapèze 2′ qui représente sa surcharge

$$S_1 = \frac{2,75}{2} (2,09 + 1,500) = 4,9363.$$

Le moment de chacune de ces surcharges, par rapport à l'axe de la voûte, sera, pour la première,

$$M = 4, 2823 \times 3, 983 \times 17. 0564$$

et, pour la seconde,

$$M' = 4, 9363 \times 4, 333 = 21., 3890.$$

La somme des surfaces des deux premiers voussoirs et de leurs surcharges sera donc

$7. 9409 + 4, 2823 + 4, 9363 = 17,1595$ et la somme de leurs moments par rapport à l'axe de la voûte

$$11,1885 + 17,0564 + 21, 3890 = 49, 6339.$$

Par suite, la distance horizontale du centre de gravité des deux premiers voussoirs et de leurs surcharges, à l'axe de la voûte, sera

$$d_1 = \frac{49,6339}{17,1595} = 2^m,90$$

et le poids P_2, appliqué en ce centre de gravité, aura pour valeur :

$$P_2 = 17, 1595 \times 2400^k = 41183^k.$$

On continuerait de même à chercher le poids P_3 des trois premiers voussoirs réunis avec leurs surcharges ainsi que la distance de ce poids à l'axe de la voûte et ainsi de suite jusqu'au poids total P de la demi-voûte. Les résultats des calculs sont consignés dans le tableau suivant.

TABLEAU A

NUMÉROS des FIGURES	SURFACES		DISTANCES moyennes MESURÉES	MOMENTS	DISTANCES moyennes CALCULÉES	POIDS
	DIMENSIONS	AIRES				
		m.q.	m.		m.	kil.
1	$\frac{1}{2} b (h + h)$	3.9039	1.350	5.27026		
1′	$\frac{1}{2} h_1 (a_1 + b_1)$	4.0370	1.466	5.91824		
2 2′		7.9409 4.2823 4.9363	3.983 4.333	11.18850 17.0564 21.3890	1.41	19 056
3 3′		17.1595 5.4899 6.6500	6.426 7.066	49.6339 35.2781 46.9889	2.90	41 183
4 4′		29.2994 7.1238 8.9607	8.546 9.550	131.9009 60.8800 85.5747	4.52	70 319
5 5′		45.3839 6.7552 8.1600	10.166 11.572	278.3556 68.6734 94.4275	6.13	108 921
6 6′		60.2991 9.3633 12.2236	11.460 13.390	441.4565 107.3034 163.674	7.35	144 718
7		81.8860 8.6799	12.100	712.4339 105.0268	8.74	196 526
		90.5659		817.4607	9.06	217 358

250. *Tracé de la courbe de pression.* — Ces calculs préliminaires effectués, on passera au tracé de la courbe de pression pour une des deux demi-voûtes, puisque les charges sont symétriques. On se donnera le point de passage *m*, de la poussée hori-

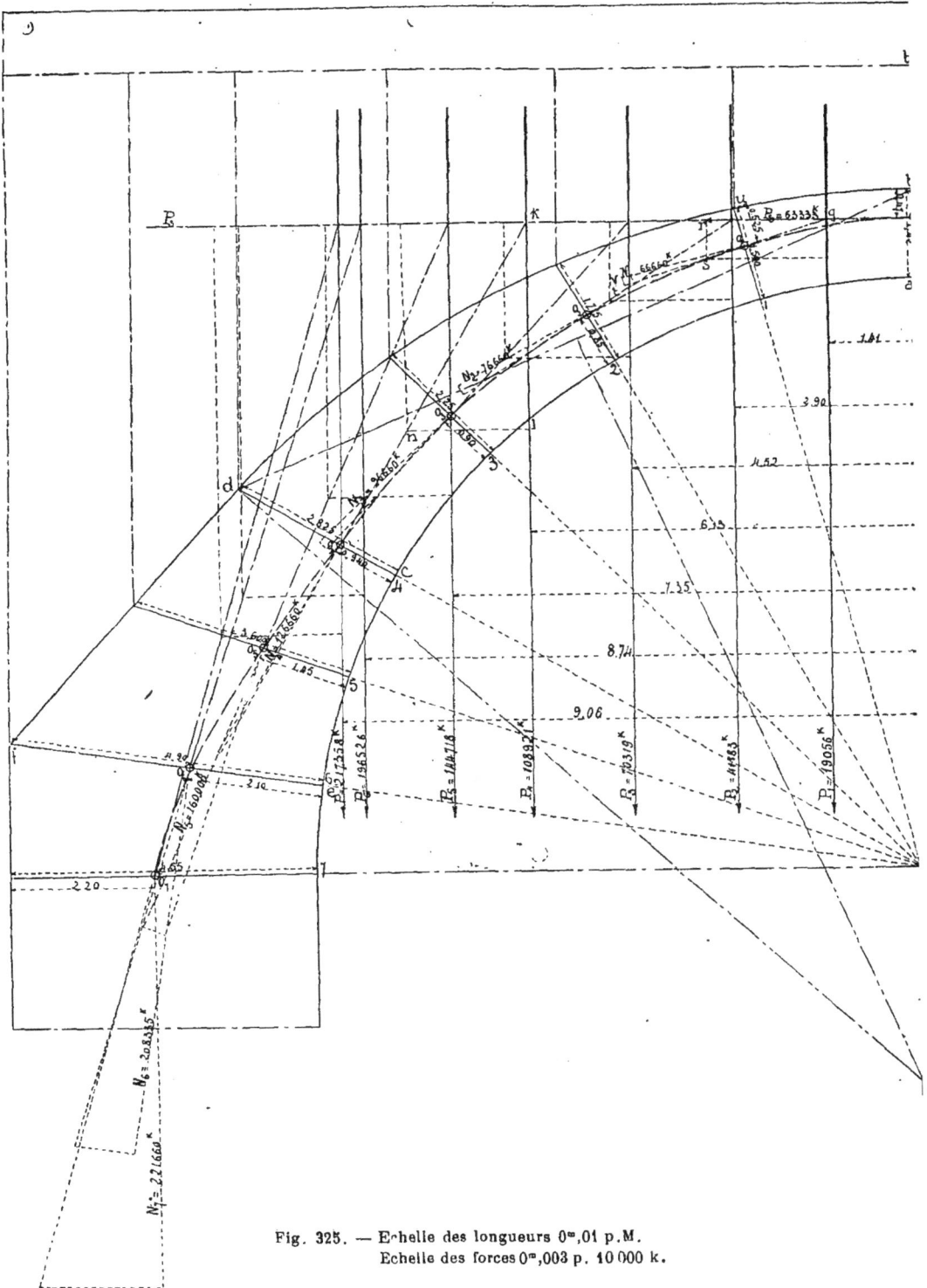

Fig. 325. — Echelle des longueurs 0ᵐ,01 p.M.
Echelle des forces 0ᵐ,003 p. 10 000 k.

zontale à la clé, situé au tiers supérieur de ce joint et celui de la résultante des pressions sur le joint de rupture cd, en o_4 situé au tiers intérieur.

La portion de voûte $abcd$ (fig. 325) est alors en équilibre sous l'action de son poids $P_4 = 108921$ kilogrammes, de la poussée à la clé en m et de la résultante des pressions sur le joint cd en o_4.

Le poids P_4 rencontre la direction P_s de la poussée en k; donc ko_4 est la direction de la résultante des pressions sur le joint cd. Si on prend à l'échelle des forces $kl = 108921$ kilogrammes et si par l on mène la parallèle à P_s on aura kn égale à la résultante des pressions sur le joint cd et ln égale à la poussée à la clé.

En mesurant cette dernière longueur, on trouve, d'après l'échelle adoptée pour les forces, $ln = P_s = 63333$ kilogrammes.

Telle est la valeur de la poussée à la clé qu'il faudra composer avec P_1, P_2, P_3... pour obtenir les points de passage des résultantes des pressions sur les différents joints. On aura ainsi les points o_1, o_2, o_3, dont on évaluera, à l'échelle des longueurs, les distances a à l'arête la plus rapprochée, soit du côté de l'intrados, soit du côté de l'extrados. Ces distances sont indiquées sur la figure 325. Elles servent à déterminer la pression maxima que supportent les arêtes les plus fatiguées.

Considérons, par exemple (fig. 325), le joint n° 1. La résultante qs des pressions, obtenue en composant P_s et P_1, coupe ce joint en o_1. Prolongeons qs et portons sur ce prolongement la longueur $o_1 t = qs$; puis, décomposons o_1t suivant la normale o_1v et suivant la parallèle tv au joint. En mesurant o_1v, à l'échelle des forces, nous trouvons :

$$o_1v = N_1 = 66660 \text{ kilogrammes.}$$

Or, le point o_1 est, d'après les cotes du joint n° 1, situé entre le tiers et le milieu du joint, donc la pression sur l'arête u la plus rapprochée sera donnée par la formule

$$R = \frac{2N_1}{l}\left[2 - \frac{3a}{e}\right]$$

dans laquelle.

$$N_1 = 66\,660 \text{ kil.}$$
$$l = 1,50$$
$$a = 0,525$$

donc $R = \dfrac{2 \times 66\,660}{1\,5000}\left[2 - \dfrac{3 \times 0,525}{1,5}\right]$
$= 8^k,42.$

On fera les mêmes calculs, pour tous les joints ; la formule donnant la pression sur l'arête la plus fatiguée variant avec la position du point de passage de la résultante des pressions sur les différents joints. conformément à ce qui a été dit au n° 247.

Le tableau suivant donne les résultats de ces calculs.

NUMÉROS DES JOINTS	l	a	VALEURS de N	FORMULES A EMPLOYER	VALEURS de R
	m.	m.	kil.		kil.
0	1.420	0.470	63 333	$\dfrac{2N}{3a}$	9.66
1	1.500	0.525	66 660	$\dfrac{2N}{l}\left(2 - \dfrac{3a}{l}\right)$	8.44
2	1.725	0.850	76 660	»	4.80
3	2.250	0.900	96 660	»	6.86
4	2.825	0.940	126 660	$\dfrac{2N}{3a}$	8.98
5	3.600	1.450	160 000	$\dfrac{2N}{l}\left(2 - \dfrac{3a}{l}\right)$	7.02
6	4.900	2.100	208 335	»	6.04
7	4.550	2.20	221 660	»	5.36

B. — VOUTE NON SYMÉTRIQUEMENT CHARGÉE

251. Reprenant la même voûte, nous avons supposé que la demi-voûte de gauche supporte une surcharge supplémentaire de 2400 kilogrammes par mètre carré, soit une hauteur de terre de 1 mètre. La demi-voûte de droite supportant les mêmes charges que la demi-voûte que nous venons d'étudier. La poussée sera déterminée en direction comme nous l'avons dit au n° 220 ; sa grandeur se mesurera sur l'épure. Toutes les opérations étant les mêmes que précédemment, à la direction de la poussée près, les tableaux suivants suffisent parfaitement. La figure 326 donne l'épure des centres de gravité pour la demi-voûte surchargée. Pour l'autre demi-voûte cette épure sera représentée par la figure 324. Les figures 327 et 328 représentent les courbes de pression, la première pour la demi-voûte surchargée et la seconde pour la demi-voûte non surchargée.

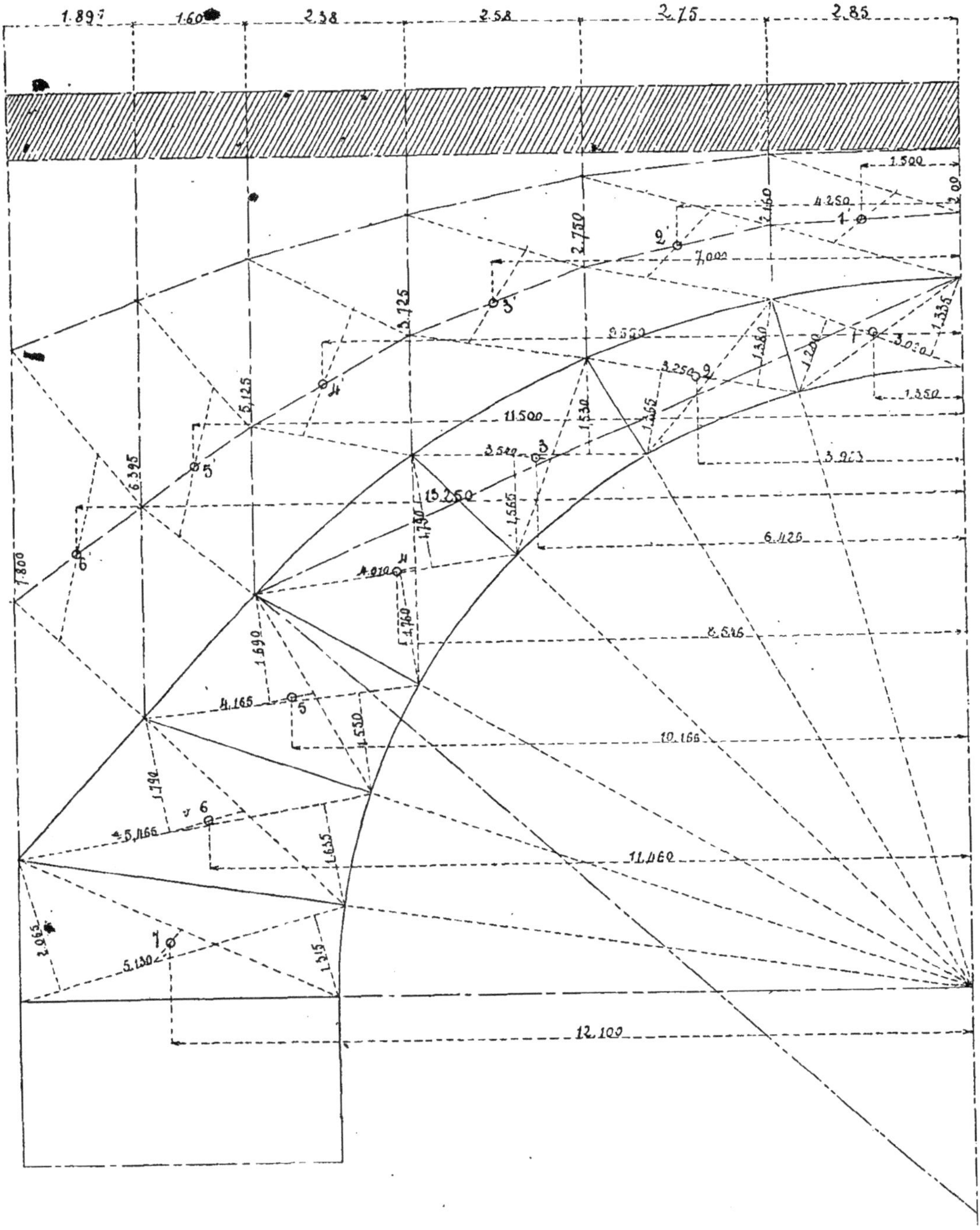

Fig. 326. — Echelle des longueurs 0ᵐ,01 p.M.

NUMÉROS des FIGURES	SURFACES		DISTANCES moyennes MESURÉES	MOMENTS	DISTANCES moyennes CALCULÉES	POIDS en KILOGS
	DIMENSIONS	AIRES				
1	$\frac{1}{2} \times b(h+h')$	3.9039	1.350	5.27026		
1'	$\frac{1}{2} \times h_1(a_1+b_1)$	5.9280	1.500	8.8920		
		9.8319		11.16226	1.44	23 597
2	$\frac{1}{2} \times b(h+h')$	4.2823	3.983	17.0564		
2'	$\frac{1}{2} \times h_1(a_1+b_1)$	6.75125	4.250	28.6928		
		20.8654		59.9114	2.87	50 077
3		5.4899	6.426	35.2781		
3'		8.35275	7.000	58.4693		
		34.7080		153.6588	4.43	83 299
4		7.1238	8.546	60.8800		
4'		10.5315	9.550	100.5758		
		52.3633		315.1146	6.02	125 672
5		6.7552	10.166	68.6734		
5'		9.216	11.500	105.984		
		68.3345		489.7720	7.17	164 003
6		9.3633	11.460	107.3034		
6'		13.4143	13.250	177.7395		
		91.1121		774.8149	8.54	218 669
7		8.6799	12.100	105.0268		
		99.7920		879.8417	8.82	239 501

I. — DEMI-VOUTE SURCHARGÉE

NUMÉROS DES JOINTS	l	a	VALEURS de N	FORMULES A EMPLOYER	VALEURS de R
	m.	m.	kil.		kil.
0	1.420	0.47	65 000	$\dfrac{2N}{3\,a}$	9.21
1	1.500	0.45	67 000	$\dfrac{2N}{3a}$	9.87
2	1.725	0.85	77 000	$\dfrac{2N}{l}\left(2 - \dfrac{3a}{l}\right)$	4.82
3	2.250	0.80	101 600	»	8.40
4	2.825	0.95	138 300	$\dfrac{2N}{3a}$	9.80
5	3.600	1.25	171 600	$\dfrac{2N}{l}\left(2 - \dfrac{3a}{l}\right)$	9.15
6	4.900	1.75	221 660	»	8.41
7	4.55	2.35	235 000	»	4.75

II. — DEMI-VOUTE NON SURCHARGÉE

NUMÉROS DES JOINTS	l	a	VALEURS de N	FORMULES A EMPLOYER	VALEURS de R
	m.	m.	kil.		kil.
0	1.420	0.47	65 000	$\dfrac{2N}{3a}$	9.21
1	1.500	0.70	66 660	$\dfrac{2N}{l}\left(2 - \dfrac{3a}{l}\right)$	5.33
2	1.725	0.55	76 600	$\dfrac{2N}{3a}$	9.28
3	2.250	0.50	96 600	»	12.88
4	2.825	0.70	129 000	»	12.29
5	3.600	1.000	163 300	»	10.88
6	4.900	1.70	211 660	$\dfrac{2N}{l}\left(2 - \dfrac{3a}{l}\right)$	8.29
7	4.55	2.35	223 330	»	4.44

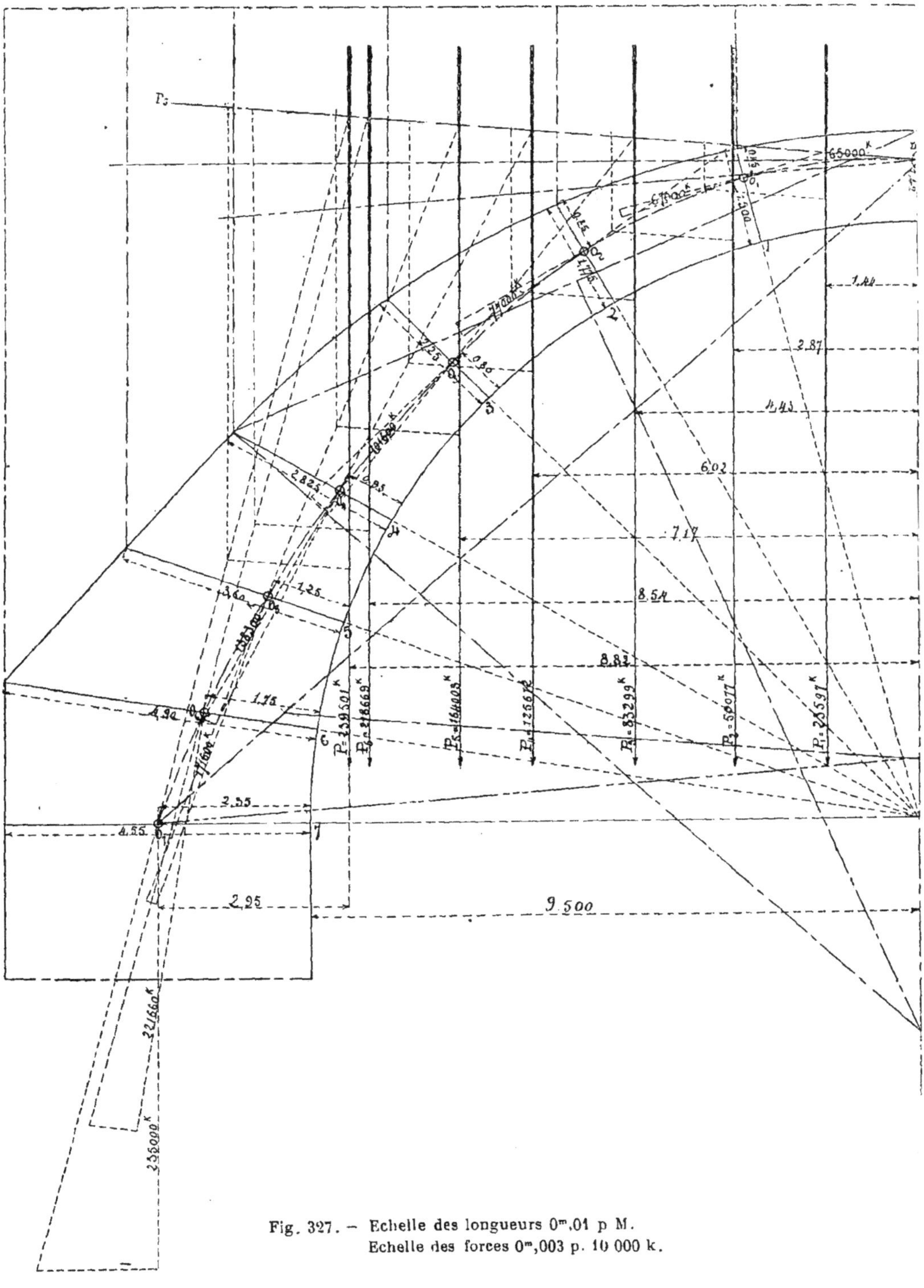

Fig. 327. — Echelle des longueurs 0^m,01 p M.
Echelle des forces 0^m,003 p. 10 000 k.

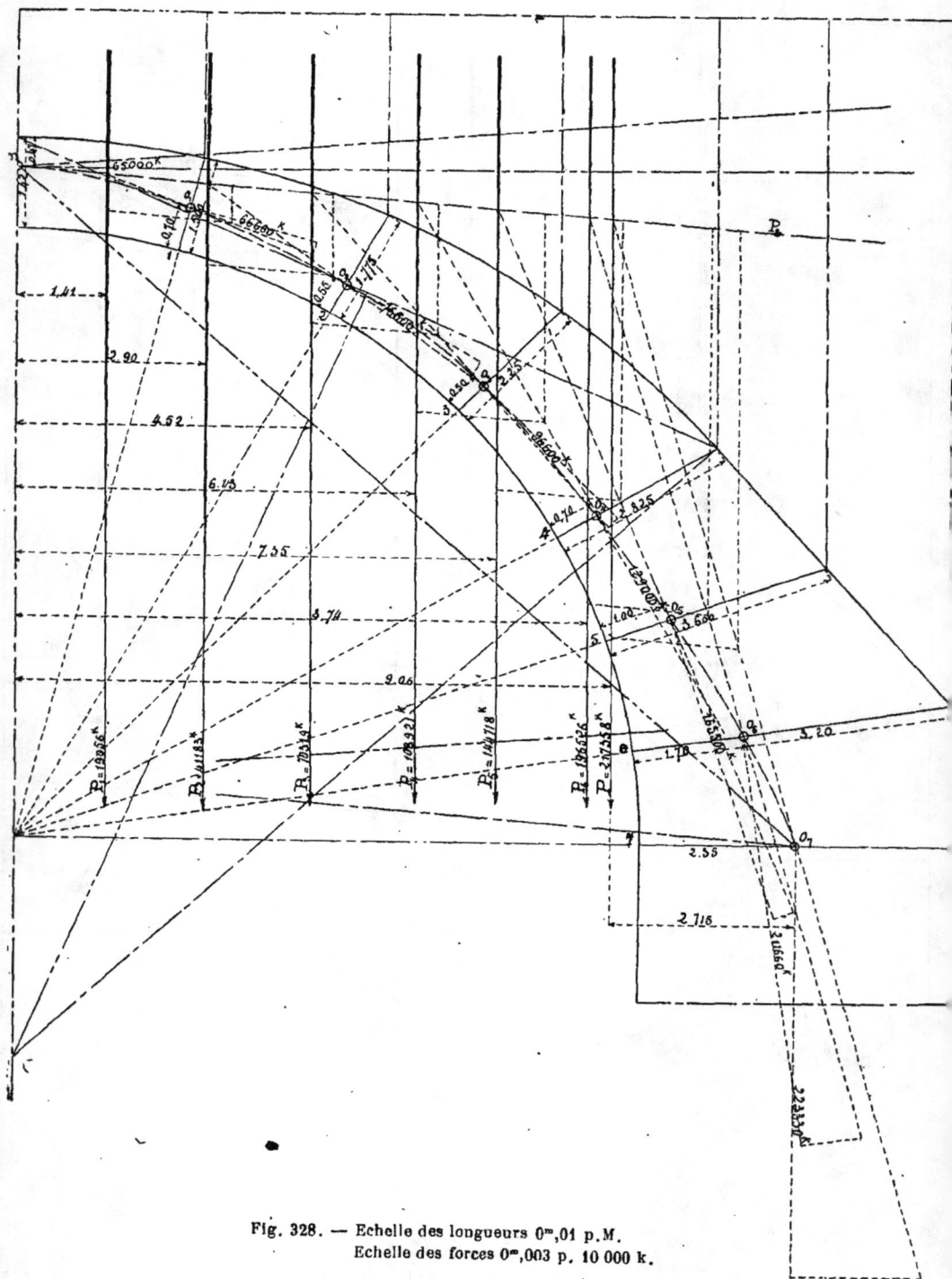

Fig. 328. — Echelle des longueurs 0^m,01 p.M.
Echelle des forces 0^m,003 p. 10 000 k.

§ VII. — MÉTHODE DE DURAND-CLAYE

I. — Principe de la méthode.

252. Etant donnée une portion de voûte entre le joint à la clé et un joint quelconque, déterminer, par rapport aux deux joints extrêmes, toutes les poussées ou toutes les pressions compatibles avec l'équilibre et avec une résistance convenable imposée aux matériaux.

Dans cette méthode, on laisse complètement de côté la tendance au glissement des voussoirs les uns sur les autres. Mais, cela n'a pas un bien grand inconvénient puisque ordinairement les joints sont normaux à l'intrados et que, dans ce cas, la résultante des pressions ne s'éloigne pas beaucoup de la normale à ces joints.

II. — Condition relative à l'équilibre proprement dit.

253. Les poussées à la clé, compatibles avec l'équilibre proprement dit, pour une portion de voûte comprise entre le joint à la clé et un joint quelconque ab, sont celles qui, partant d'un point intérieur du joint à la clé et qui composées avec le poids de la portion de voûte considérée, fournissent une résultante qui vient percer le joint quelconque ab à son intérieur.

Inversement, toutes les pressions résultantes qui rencontrent le joint ab à son intérieur sont celles qui sont compatibles avec la stabilité proprement dite de la voûte.

Considérons, par exemple, une portion de voûte telle que $abcd$ (*fig.* 329) et admettons que la résultante totale des pressions sur le joint ab passe constamment par un point quelconque g pris à l'intérieur de ce joint.

Supposons, en outre, que le point d'application de la poussée à la clé se déplace le long du joint. Nous obtiendrons ainsi, en composant les trois forces agissant sur la portion de voûte considérée, un certain nombre de solutions, c'est-à-dire un cer-

tain nombre de résultantes des pressions compatibles avec la stabilité proprement dite de la voûte.

En faisant ensuite parcourir tout le joint ab au point g nous aurons toutes les combinaisons possibles.

Ceci posé, soit P le poids de la portion de voûte $abcd$; il est fixe en grandeur et en position. Supposons que la poussée à la clé ait, tout d'abord, son point d'application au point d sur l'arc d'extrados. La direction de cette poussée rencontre celle du poids P en un point f. En joignant fg on a la direction de la résultante des pressions sur le joint ab, pour la position considérée de la poussé à la clé. Si kr représente, à l'échelle adoptée, la grandeur du poids P, fk et fr représenteront, à la même échelle, celles de la poussée à la clé et de la résultante des pressions sur le point ab.

Supposons maintenant que le point d'application de la poussée à la clé soit venu en m; mk_1 sera la nouvelle direction de la poussée, parallèle à la première dk. Elle rencontrera le poids P au point f_1; et en joignant f_1g, on aura la nouvelle direction de la résultante des pressions sur le joint ab, pour cette position du point d'application de la poussée à la clé. La grandeur de la poussée sera cette fois représentée à l'échelle adoptée, par f_1k_1 tandis que celle de la résultante des pressions sera représentée par f_1r_1.

A mesure qu'on descend le long du joint à la clé la poussée et la pression augmentent. En effet, pour obtenir la résultante des pressions sur le joint ab, il faut composer le poids de la portion de voûte $abcd$ avec la poussée à la clé; or, ces trois forces forment un triangle rfk dont l'un des côtés (le poids de la voûte) est constant et dont l'angle krf augmente; donc la poussée et la pression seront maxima lorsque le point d'application de la poussée sera le point c.

Portons sur des normales à cd, menées en d, m, c, les grandeurs des poussées ayant leur point d'application à l'intersection de ces normales avec le joint à la clé et obtenues en considérant comme fixe le point de passage de la résultante des pressions sur le joint cd. C'est-à-dire, portons.

$$dn = fk;$$
$$mn_1 = f_1 k_1;$$
$$\dots\dots\dots\dots$$
$$cp = f_2 k_2.$$

Réunissons les points n, n_1 p, ainsi obtenus, par la courbe np. Puis prolongeons les droites fg, $f_1 g$, $f_2 g$, et portons sur ces prolongements à partir de g les longueurs ge, ge_1 ge_2, respectivement égales à fr, $f_1 r_1$, $f_2 r_2$. En projetant sur la normale gg' à ab les points e, e_1 e_2, nous aurons en t, t_1 t_2, les extrémités des composantes

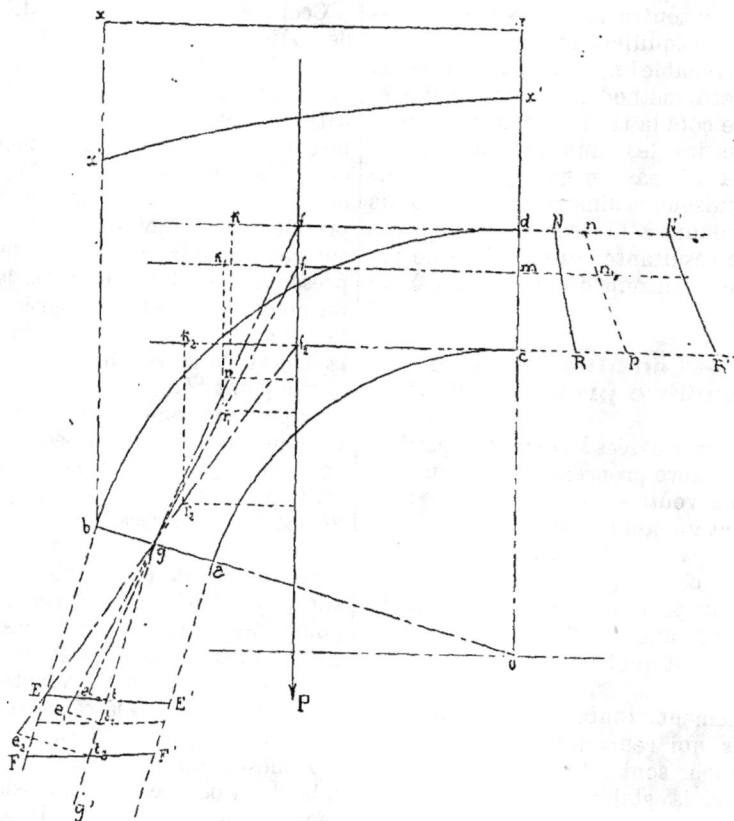

Fig. 329.

normales des pressions en g, sur le joint cd, lorsque le point d'application de la poussée à la clé est successivement en d, m et c.

254. Supposons maintenant que le point g se déplace sur ab. Lorsqu'il sera en a on aura une certaine courbe NR, analogue à np, et lorsqu'il sera en b une autre courbe N'R' ; elles se détermineront, du reste, comme la courbe np en portant sur des normales à cd, les pous-

sées ayant leur point d'application à l'intersection de ces normales avec le joint à la clé ; la résultante des pressions sur le joint cd passant constamment en a pour la courbe NR et en b pour la courbe N'R'.

En prolongeant ces résultantes à partir de a et de b d'une quantité égale à leur grandeur et en projetant leurs extrémités sur les normales menées en a et b au joint ab on aura les points E', F', E, F analogues aux points t, t_1, t_2, lorsque les points a et b étaient en g. On pourra ainsi tracer les courbes EE′, FF′.

255. De ce qui précède il résulte que la première condition cherchée peut s'exprimer en disant que l'extrémité de la droite qui, à l'échelle, représente, en sens contraire, la poussée horizontale à la clé doit tomber à l'intérieur du contour fermé NRN′R′ et que, de plus, l'extrémité de la droite qui, à l'échelle, représente, dans le sens réel, la composante normale de la pression totale sur le joint quelconque ab doit tomber à l'intérieur du contour fermé EE′FF′.

D'après la manière dont ces deux contours ont été construits on voit que les arcs de l'un correspondent aux côtés rectilignes de l'autre. Ainsi, la courbe EE′ répond au mouvement du point g décrivant le joint ab tandis que le point d'application de la poussée à la clé reste constamment le point d et que sa valeur varie

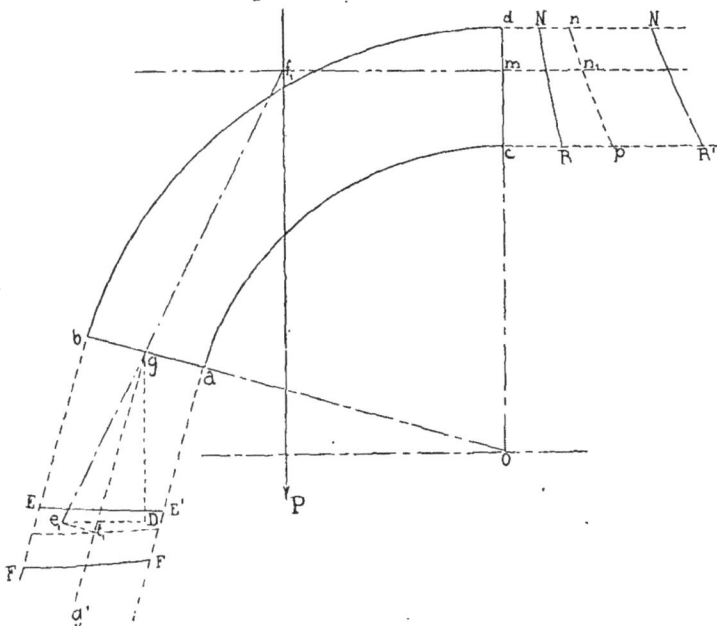

Fig. 330.

de dN à dN′. La courbe EE′ correspond donc au côté rectiligne NN′.

Si on suppose maintenant que le point d se déplace le long du joint à la clé, la courbe EE′ se déplacera aussi en s'éloignant de ab et viendra prendre la position FF′ quand le point d'application de la poussée à la clé sera en c. La courbe FF′ correspond donc au côté rectiligne RR′.

On voit de même que les côtés rectilignes EF, E′F′ correspondent aux courbes NR, N′R′ puisqu'ils sont obtenus en supposant que le point d'application de la poussée à la clé se déplace le long de cd

tandis que le point de passage de la résultante des pressions sur le joint ab reste constamment en b pour le côté EF et en a pour le côté E′F′.

III. — Construction renversée de Méry.

256. Quand on connaît le point d'application de la poussée pour une des courbes du contour EE′FF′, il est facile d'avoir l'intensité de la poussée qui correspond à un point quelconque d'une des courbes de ce contour.

Supposons, par exemple (*fig.* 330), qu'on veuille l'intensité de la poussée correspondant au point t_1 de la courbe $\alpha\beta$ (pour laquelle le point d'application de la poussée est, en m) lorsque la pression totale sur le joint ab passe par g.

La direction de la poussée en m étant connue et P étant le poids de la portion de voûte considérée. $f_1 g$ sera la direction de la résultante des pressions sur le joint ab. Or, d'après ce qui précède, $t_1 g$ représente, en grandeur, la composante normale de cette résultante, dont l'autre composante est parallèle à ab. Si donc par le point t_1, on mène une parallèle au joint ab elle coupera le prolongement de $f_1 g$ en un point e_1 tel que ge_1 représentera l'intensité de la résultante des pressions sur le joint ab. On décomposera cette résultante ge_1 verticalement et horizontalement suivant gD et e_1D. La composante verticale représentera le poids P de la voûte et la composante horizontale la poussée à la clé.

IV. Condition relative à la résistance des matériaux.

257. Désignons par R le coefficient pratique de résistance qu'il ne faut pas dépasser pour la maçonnerie dont la voûte est composée.

Prenons (*fig.* 331) le milieu r du joint ab et divisons le, en outre, en trois parties égales aux points r_1 et r_3. Il est évident que le point d'application de la résultante des pressions sur le joint ab peut se trouver à droite ou à gauche de r_1; dans le premier cas la pression maximum aura lieu en b et dans le deuxième en a.

Supposons, en premier lieu, que le point d'application g, de la pression totale ne se déplace que de a en r. Nous ne considèrerons, comme toujours, que la composante normale N de la résultante des pressions.

Prenons pour axe des x la ligne de joint ab; et pour axe des N la perpendiculaire menée à cette ligne au point a.

258. 1° Si le point g tombe entre a et r_1, à une distance x de l'origine des coordonnées on sait que, d'après la loi du trapèze la pression maximum en a sera

le double de la pression moyenne sur la partie seule comprimée qui s'obtient en portant sur ab une longueur ah égale à $3x$.

Comme on considère une longueur de voûte égale à 1 mètre la pression maximum en a sera

$$\frac{2N}{3x}$$

et, pour que le coefficient pratique de ré-

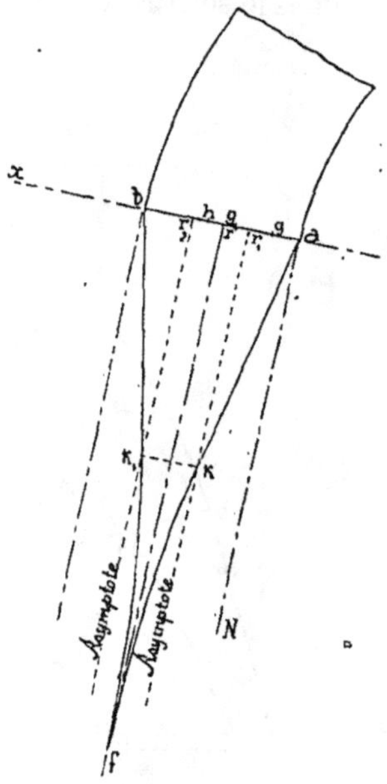

Fig. 331.

sistance R ne soit pas dépassé, on devra avoir

$$\frac{2N}{3x} \leq R.$$

Pour obtenir un tracé graphique limite, on peut prendre l'égalité

$$\frac{2N}{3x} = R$$

d'où on tire :

$$N = \frac{3}{2} Rx \qquad (1)$$

équation dans laquelle N et x sont les variables.

Elle représente une ligne droite passant par l'origine a des axes et dont le coefficient angulaire, ou tangente de l'angle que fait sa direction avec la direction positive de l'axe des x, est $\frac{3}{2}$ R.

Elle est, du reste, facile à construire puisque, dans cette hypothèse, le point g ne pouvant tomber qu'entre a et r_1, l'abscisse limite de la partie utile de cette droite est $x = \frac{l}{3}$. Ce qui donne, en remplaçant dans l'équation (1)

$$N = \frac{Rl}{2}.$$

Donc, en élevant en r_1 une perpendiculaire à ab et en prenant sur cette perpendiculaire une longueur

$$r_1 k = \frac{Rl}{2}$$

et en joignant ak, on aura la droite cherchée.

259. 2° Supposons maintenant que le point g tombe entre les points r_1 et r ; en g_1, par exemple,

Posons $ag_1 = x$.

Dans ce cas, toute la surface du joint sera comprimée et la pression maximum en a sera donnée par la formule

$$\frac{2N}{l}\left[2 - \frac{3x}{l}\right].$$

Pour que le coefficient pratique de résistance R ne soit pas dépassé, on devra donc avoir

$$\frac{2N}{l}\left[2 - \frac{3x}{l}\right] \leq R$$

ou, pour obtenir un tracé graphique limite,

$$\frac{2N}{l}\left[2 - \frac{3x}{l}\right] = R$$

c'est-à-dire :

$$Nx - \frac{2}{3}lN + \frac{Rl^2}{6} = o. \qquad (2)$$

Équation qui représente une hyperbole équilatère.

Comme elle ne contient pas de terme en x^2 ni de terme en x, on en conclut, d'après une propriété connue que l'axe des x est une des asymptotes. De même l'équation (2) ne contenant pas de terme en N^2, l'autre asymptote est parallèle à l'axe des N. Pour l'obtenir, on sait qu'il faut ordonner l'équation de la courbe par

rapport à N, et égaler à zéro le terme en N ; ce qui donne pour l'équation (2)

$$x - \frac{2}{3}l = o$$

ou

$$x = \frac{2}{3}l$$

L'asymptote cherchée est donc la perpendiculaire à ab menée au point r_2.

L'équation (2) n'est applicable que pour des valeurs de x comprises entre r_1 et r. Cherchons l'ordonnée de la courbe correspondant à l'abscisse extrême $x = \frac{l}{2}$.

En faisant $x = \frac{l}{2}$ dans l'équation (2) on a :

$$\frac{Nl}{2} - \frac{2}{3}lN + \frac{Rl^2}{6} = o$$

d'où on tire :

$$N = Rl.$$

Cette valeur de N portée de r en f, sur une perpendiculaire élevée au milieu du joint ab, donne l'ordonnée extrême de l'hyperbole.

Enfin on démontre facilement que la droite ak représentée par l'équation (1) est tangente en k à la branche d'hyperbole hf.

Si le point d'application g, de la résultante des pressions passe de l'autre côté du point r, c'est-à-dire à sa gauche, on retrouvera une droite et une branche d'hyperbole absolument symétriques.

260. Ce tracé obtenu on peut énoncer la deuxième condition cherchée.

Pour être dans les conditions indiquées, au point de vue de la résistance des matériaux, il faut et il suffit que la composante normale de la pression totale sur le joint ab tombe à l'intérieur du contour mixtiligne $a k f k_1$, b.

Si la résistance R, imposée aux matériaux augmente de plus en plus, le coefficient angulaire, $\frac{3}{2}$ R, de la droite ak augmente aussi. Cette droite se rapproche donc de l'axe des N, en même temps l'ordonnée $rf = Rl$ augmente et le triangle mixtiligne s'allongeant sera remplacé, à la limite, par la bande indéfinie comprise entre les deux normales menées en a et b au joint ab.

V. — Réunion des deux conditions.

261. Les deux conditions relatives, l'une à l'équilibre proprement dit, et l'autre à la résistance des matériaux ont été établies séparément pour plus de clarté ; voyons maintenant ce qui va résulter de leur réunion pour le joint ab (*fig.* 332).

La condition relative à l'équilibre proprement dit exige que l'extrémité de la

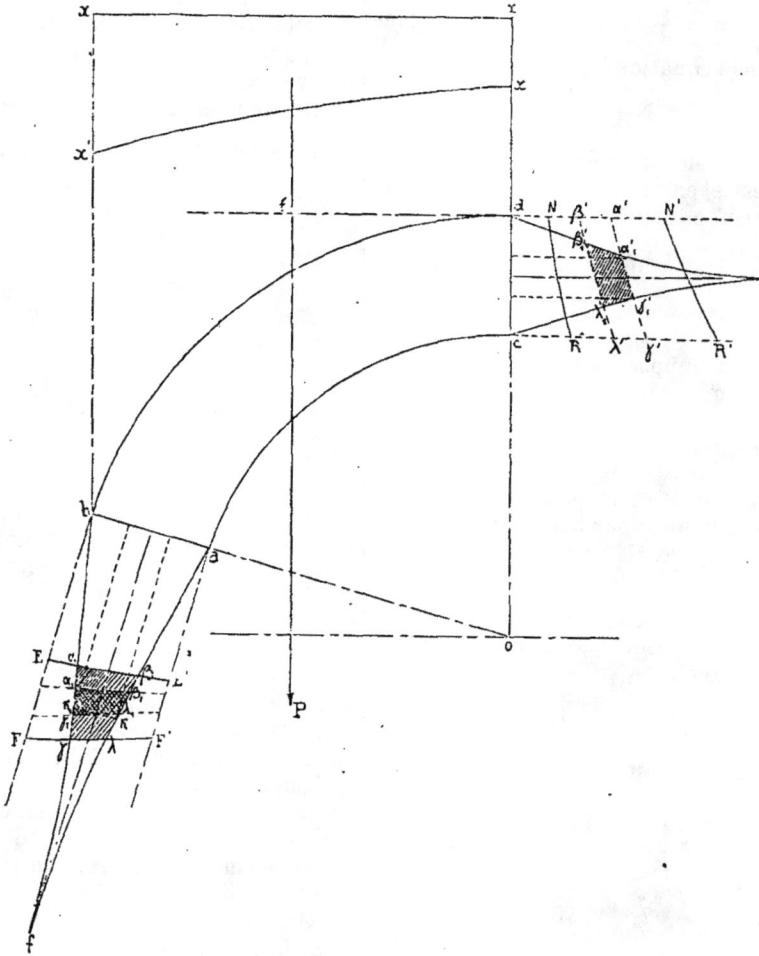

Fig. 332.

composante normale de la pression totale sur le joint ab tombe à l'intérieur du contour fermé EE′ FF′, tandis que la condition relative à la résistance des matériaux exige que cette même extrémité tombe à l'intérieur du triangle mixtiligne $akfk_1b$ (*fig.* 332). On ne doit donc, pour que les deux conditions soient satisfaites, conserver que les composantes normales dont les extrémités tombent dans la partie commune $\alpha\beta\gamma\lambda$. Toutes les autres composantes doivent être rejetées. Leur élimination entraîne la suppression d'un certain nombre de poussées à la clé. C'est alors qu'intervient la construction renversée de Méry, à l'aide de laquelle on construit le contour $\alpha'\beta'\gamma'\lambda'$ correspondant à $\alpha\beta\gamma\lambda$; Les courbes $\beta'\lambda'$ et $\alpha'\gamma'$ sont les corrélatives des courbes $\beta\lambda$ et $\alpha\gamma$.

Toutes les poussées qui ne tomberont pas à l'intérieur du contour $\alpha'\beta'\gamma'\lambda'$ devront être rejetées.

Mais, ce n'est pas tout, il faut encore tenir compte de la résistance des matériaux au joint à la clé. Il est donc nécessaire de construire, pour ce joint le triangle mixtiligne analogue à celui $akfk_1b$ du joint ab. Les poussées à la clé compatibles avec la résistance des matériaux devant tomber en outre dans ce triangle mixtiligne, on ne devra conserver que celles qui tomberont dans la partie commune $\alpha'_1\beta'_1\gamma'_1\lambda'_1$. On construira ensuite

la figure corrélative $\alpha_1\beta_1\gamma_1\lambda_1$ de cette dernière partie commune et on aura les deux quadrilatères mixtilignes où doivent tomber les extrémités des poussées à la clé et les extrémités des composantes normales des pressions totales sur le joint ab.

VI. — Application de la méthode à l'étude d'une voûte complète.

A. — Voûte symétrique et symétriquement chargée

262. Considérons (*fig.* 333) une demi-voûte $abcd$ ainsi que, successivement, toutes les portions de cette voûte, comprises entre le joint cd à la clé et chacun des autres joints c_1d_1, c_2d_2... jusqu'aux naissances.

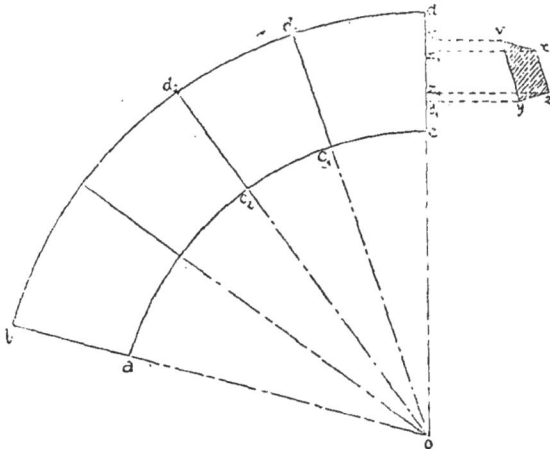

Fig. 333.

Pour chacune de ces portions de voûte on construit, à la clé, les aires limitatives où doivent tomber les poussées. On aura ainsi, à droite du joint à la clé, le triangle mixtiligne construit une fois pour toutes et une série d'aires limitatives donnant les conditions à remplir pour chacune des portions de voûte.

Or, pour toute la demi-voûte, depuis le joint à la clé jusqu'au joint des naissances, il faut évidemment tenir compte de toutes les conditions réunies et n'accepter comme aire limitative définitive que la

partie commune à toutes les aires partielles construites pour les différents joints. Cette aire définitive sera en général un quadrilatère dont deux côtés appartiendront au triangle mixtiligne.

Cependant, ce quadrilatère mixtiligne peut se réduire à un triangle et même à un point. Dans ce dernier cas, il n'y a alors qu'une seule courbe de pression satisfaisant aux deux conditions imposées. Si l'aire commune est très grande, cela prouve que les conditions d'équilibre sont en trop grand nombre et, par suite, que la voûte est trop épaisse. Enfin, si l'aire commune n'existe pas, la voûte est insuffisante ou si elle tient c'est que le coefficient de résistance est dépassé.

263. *Courbes limites de pression.* — Désignons par $vxyz$ (*fig.* 333) le quadrilatère obtenu comme aire commune. Tout point pris sur le périmètre de ce quadrilatère ou à son intérieur correspond à une poussée compatible avec l'équilibre proprement dit et avec une résistance convenable imposée aux matériaux. On tracera les courbes de pression répondant aux quatre sommets du quadrilatère $vxyz$, c'est-à-dire dont les points d'application de la poussée à la clé sont les points $v_1 x_1 y_1 z_1$, projections des sommets du quadrilatère sur le joint à la clé. Les valeurs respectives des poussées seront représentées, à l'échelle, par les longueurs v_1v, x_1x, y_1y, z_1z. On aura ainsi quatre courbes limites permettant d'étudier complètement la voûte.

B. — CAS DE CHARGES DISSYMÉTRIQUES.

264. Nous avons vu que, dans ce cas, la poussée n'est pas horizontale et qu'elle s'incline du côté de la demi-voûte la moins chargée. Pour la déterminer en grandeur et position il faut (*fig.* 334) dans tous les cas se donner les points de passage m, de la poussée à la clé et ceux n et p de la résultante des pressions totales sur deux autres joints.

Supposons que ces deux derniers joints ne changent pas et que le point d'application m de la poussée à la clef se déplace le long de cd.

N et N_1 étant les charges des demi-voûtes;

d, d_1 étant les distances horizontales de chacune de ces charges aux point n et p;

Et l, l_1 étant les longueurs des perpendiculaires abaissées de n et p sur la direction de la poussée à la clé on aura (220)

$$\frac{N_1 d_1}{N d} = \frac{l}{l_1} = \frac{nr}{ps}$$

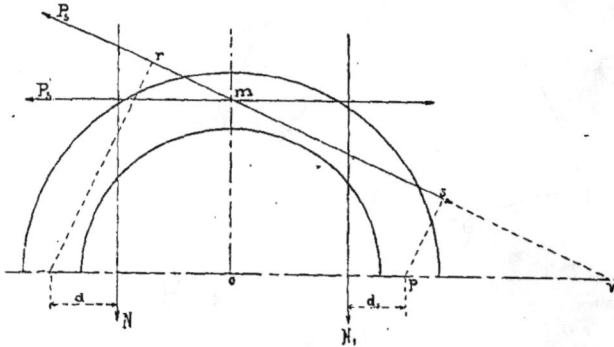

Fig. 334.

Ce rapport est constant si on suppose que les points n et p ne changent pas.

Prolongeons la poussée jusqu'à son intersection v avec l'horizontale des naissances on aura :

$$\frac{nr}{ps} = \frac{vr}{vs} = C^{te}$$

quelle que soit la position du point d'application m de la poussée à la clé.

Cette remarque est d'une très grande

utilité dans la construction de Durand-Claye pour une voûte non symétriquement chargée. On n'aura, en effet, qu'à joindre le point v aux différents points du joint à la clé pour obtenir immédiatement les différentes directions de la poussée. Toutes les autres constructions se continuent alors comme pour le cas précédent.

Au point de vue de la pression à la clé, il ne faudra considérer naturellement que la composante horizontale P'_1 de cette poussée.

VII. — Résumé des opérations à effectuer pour l'étude d'une voûte, d'après la méthode de Durand-Claye.

265. On commencera, comme pour la méthode de Méry, à déterminer les centres de gravité de chaque voussoir et de sa surcharge ainsi que leurs poids partiels.

On construira ensuite les aires limites correspondant à chacun des joints à partir de la clé. On arrivera alors à l'aire limite définitive pour toute la demi-voûte c'est-à-dire à la partie commune à toutes les aires limites trouvées pour chaque joint. Cette aire limite définitive étant connue on tracera les courbes de pression répondant aux sommets du contour qui la définit.

VIII. — Application de la méthode de Durand-Claye à une voûte symétrique et symétriquement chargée.

266. Reprenons la voûte en plein cintre de 19 mètres d'ouverture du n° 247 et vérifions sa stabilité par la méthode de Durand-Claye.

Nous avons vu que quand on considère une demi-voûte et son pied-droit il faut appliquer la méthode à la portion de voûte comprise successivement entre le joint à la clé et les divers autres joints jusqu'aux naissances et jusqu'à la base du pied-droit. .

Dans le cas qui nous occupe, nous ne considérerons que trois portions de voûte comprises (*fig.* 335, 336 et 338):

1° Entre le joint à la clé et le joint de rupture cd ;

2° Entre le joint à la clé et le joint des naissances ef ;

3° Entre le joint à la clé et la base du pied-droit gh.

. Pour chacune de ces trois portions de voûte nous construirons à la clé les aires limitatives où doivent tomber successivement les poussées à la clé. La partie commune à ces trois aires sera telle que tout point pris à son intérieur ou sur son périmètre répondra à une poussée compatible avec l'équilibre et avec une résistance convenable imposée aux matériaux, sur les joints considérés. Cette aire commune étant déterminée. nous tracerons, pour les quatre sommets du quadrilatère, les courbes de pression de la voûte.

267. 1° *Joint de rupture.* — Considérons, tout d'abord. la portion de voûte $abcd$, comprise entre le joint à la clé et le joint de rupture, et divisons les deux joints extrêmes en quatre parties égales.

Supposons que la pression totale sur le joint de rupture cd passant constamment par un même point, le point d'application de la poussée à la clé se déplace sur toute l'étendue de ce joint, c'est-à-dire passe successivement par les points a, a_1, o, b_1, b, divisant le joint ab en quatre parties égales.

Puis, ensuite, nous supposerons que la pression totale sur le joint cd se déplace sur ce joint et passe par les points c, j, r, j_1, d divisant cd en quatre parties égales.

Le poids P de la portion de voûte $abcd$ a été calculé (249); on a trouvé P $=$ 108 921 kilogrammes. La distance de la verticale du centre de gravité de cette portion de voûte est $6^m,13$.

La direction du poids P rencontre les horizontales des points a, a_1, o, b_1, b aux points m, m_1, m_2, m_3, m_4. Portons successivement, à l'échelle adoptée pour les forces, $mn = m_1n_1 = m_2n_2 = m_3n_3 = m_4n_4$ $=$ P et joignons chacun des points m, m_1, m_2, m_3, m_4 au point c par lequel nous supposons, en premier lieu, que passe la résultante des pressions sur le joint cd. Puis par les points n, n_1, n_2, n_3, n_4 menons les horizontales $ns, n_1s_1, n_2s_2 ....$ jusqu'à leur rencontre avec $mc, m_1c, m_2c ....$ Nous aurons ainsi les valeurs $ns, n_1s_1, n_2s_2 ...$, des différentes poussées à la clé dont le point d'application est successivement en a, a_1, o, b_1, b, en supposant que la résultante des pressions sur le joint de rupture passe par le point c. Nous porterons ces valeurs sur les horizontales des points a, a_1, b_1, b. Ainsi, nous prendrons $aN' = ns$, $a_1n' = n_1s_1, ... bR' = n_4s_4$. Nous aurons ainsi la courbe N'R'.

De même, en supposant que la résultante des pressions sur le joint de rupture passe par le point d nous aurons les poussées correspondantes à la clé en ns',

$n_1s'_1$, $n_2s'_2$..... et, en prenant $aN = ns'$
$a_1n'_1 = n_1s'_1$, ... $bR = n_4s'_4$, nous obtiendrons la courbe NR.

Nous pourrions, de même, tracer des courbes analogues en supposant que la résultante des pressions passe en j, r, j_1.

Prolongeons maintenant les droites mc, m_1c, m_2c au-dessous du joint de rupture de quantités égales à elles-mêmes, c'est-à-dire prenons $cl = mc$; $cl_1 = m_1c$, $cl_2 = m_2c$..... et projetons les points l, l_1, l_2... sur la perpendiculaire cF élevée en c au joint de rupture.

Répétons la même construction pour chacun des points $j r j_1 d$, nous obtiendrons, comme l'indique la figure, une série de courbes telles que EE', FF'.

Les courbes NR, N'R', EE', FF' sont donc complètement déterminées et nous savons que la condition d'équilibre de la portion de voûte $abcd$ exige que l'extrémité de la droite qui, à l'échelle, représente en sens contraire la poussée horizontale à la clé, doit tomber à l'intérieur du contour fermé NRN'R' et qu'en même temps la droite qui, à l'échelle, représente dans le sens réel la composante normale de la pression totale sur le joint de rupture doit tomber à l'intérieur du contour fermé EE'FF'.

Mais ceci ne représente que la condition relative à l'équilibre proprement dit; voyons ce que donne la condition relative à la résistance des matériaux pour le joint à la clé et le joint de rupture en nous imposant une résistance limite de 12 kilogr. par centimètre carré.

Nous savons que si on construit le triangle mixtiligne $dkGk_1c$, il faut, pour être dans les conditions indiquées, que la composante normale de la pression totale sur le joint cd tombe à l'intérieur de ce triangle.

Pour construire ce triangle partageons le joint de rupture en trois parties égales par les points r_1 et r_2. Élevons en ces points des perpendiculaires à cd et portons sur chacune d'elle les longueurs égales :

$$r_1k = r_2k_1 = \frac{Rl}{2}.$$

R étant la résistance limite qu'il ne faut pas dépasser, soit 12 kilogrammes par centimètre carré ;

Et l étant la largeur du joint de rupture, c'est-à-dire $2^m,825$.

Nous aurons donc :

$$r_1k = r_2k_1 = \frac{12 \times 10^4 \times 2,825}{2} = 60000 \times 2,855$$

ou $\qquad r_1k = r_2k_1 = 169,500$.

Nous prendrons donc sur l'épure r_1k et r_2k_1 à l'échelle des forces et nous joindrons dk et ck_1, qui seront les côtés rectilignes du triangle.

Pour avoir le sommet G du triangle mixtiligne nous élèverons au milieu r du joint cd une perpendiculaire sur laquelle nous prendrons $rG = 2 \times r_1k$; puis nous tracerons, pour achever le triangle mixtiligne, les branches d'hyperbole kG et k_1G tangentes en k et k_1 aux droites dk et ck_1 et ayant pour asymptotes les droites r_2k_1 et r_1k prolongées. Du reste, ces branches d'hyperboles sont souvent inutiles, comme cela arrive dans notre exemple.

Nous construisons de même le triangle mixtiligne du joint à la clé, les points x et x_1 partageant ce joint en trois parties égales et nous porterons sur des perpendiculaires élevées en x et x_1 les longueurs

$$xy = x_1y_1 = \frac{12 \times \overline{10^4} \times 1.42}{2} = 85\,200$$

à l'échelle des forces. Nous joindrons ay et by_1 et nous prendrons sur la perpendiculaire, élevée au milieu o de ob, la longueur :

$$OX = 2 \times xy$$

et nous tracerons les arcs d'hyperbole yX, y_1X tangents en y et y_1 aux droites ay, by_1.

Les deux triangles mixtilignes étant construits au joint de rupture et au joint à la clé, examinons ce qui donne la double condition de l'équilibre et de la résistance maximum de 12 kilogrammes par centimètre carré imposée aux matériaux, au joint de rupture et au joint à la clé.

La première condition exige, comme nous le savons, que la composante normale de la pression totale sur le joint cd tombe à l'intérieur du quadrilatère EE'FF' et la deuxième à l'intérieur du triangle mixtiligne $dkGk_1c$. Nous ne devons donc conserver que les composantes normales

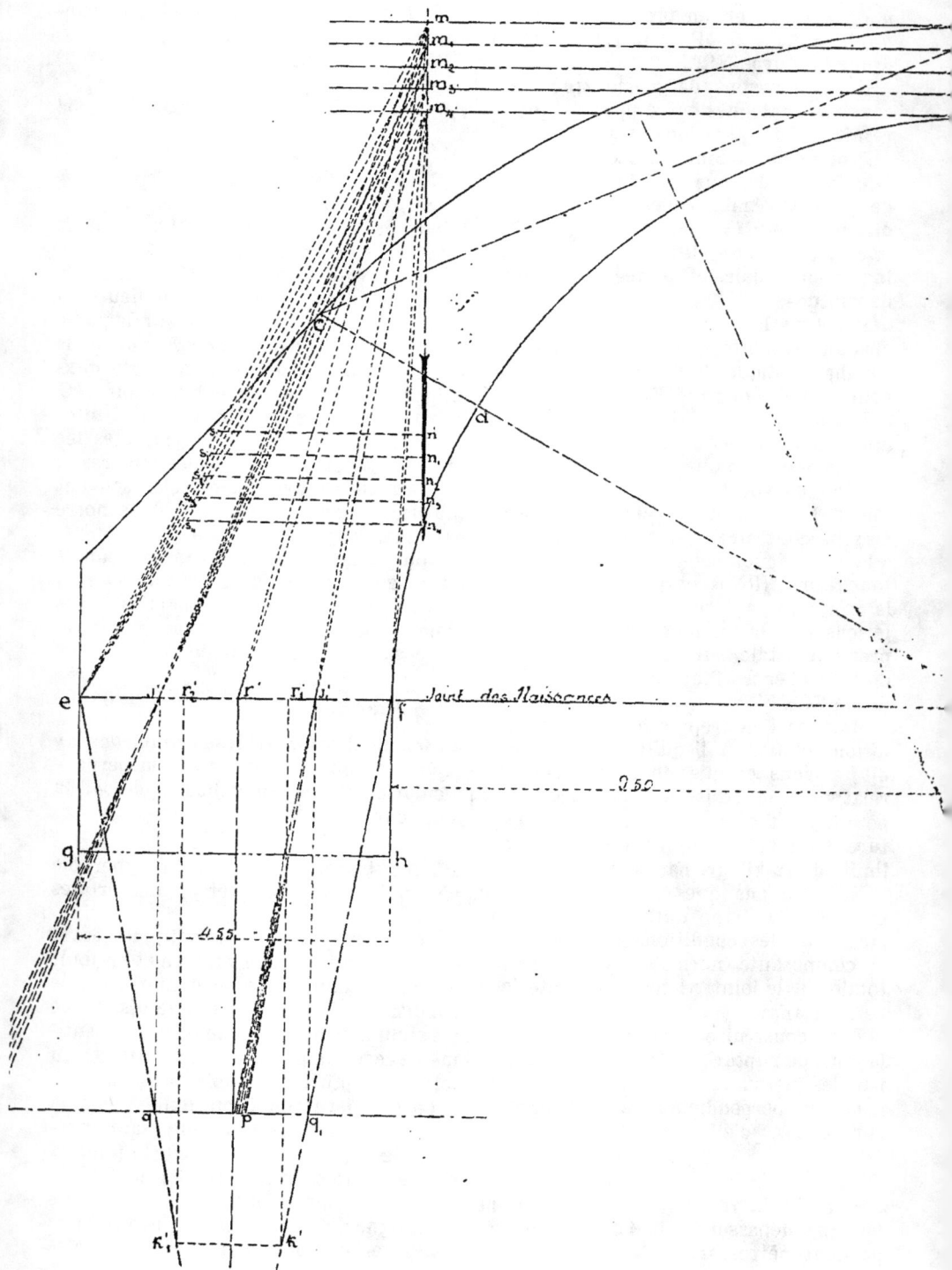

Fig. 336.

tombant à l'intérieur de la partie commune $\alpha\beta\gamma\lambda$.

La suppression des composantes normales en dehors de cette partie commune entraîne la suppression d'un certain nombre de poussées à la clé. Il faut alors appliquer la construction renversée de Méry qui nous a donné les deux courbes $\alpha'\gamma'$, $\beta'\lambda'$ au joint à la clé. Toutes les poussées qui ne tombent pas à l'intérieur du contour $\alpha'\beta'\gamma'\lambda'$ doivent évidemment être répétées ; mais, comme il faut en outre, tenir compte de la condition relative à la résistance des matériaux à la clé, il ne faut prendre de ces dernières poussées que celles qui tombent à l'intérieur du contour $\alpha'_1\beta'_1\gamma'_1\lambda'_1$.

Pour obtenir les courbes $\alpha'\gamma'$ et $\beta'\lambda'$ on applique, comme nous l'avons dit, la construction renversée de Méry au contour $\alpha\beta\gamma\lambda$. Ainsi, considérons le point α ; abaissons αi perpendiculaire sur le joint cd. Ce sera la composante normale de la résultante des pressions en i sur le point cd, lorsque la poussée à la clé passera par le point m, puisque α appartient à la courbe EE'. Donc en joignant mi et en menant par α une parallèle à cd on aura en it la valeur, à l'échelle des forces, de la résultante des pressions en i sur le joint cd, lorsque la poussée à la clé passe par m. Si donc par le point i on mène une verticale et par le point t une horizontale jusqu'à leur intersection en p les longueurs ip, tp représenteront, à l'échelle des forces, la première le poids de la portion de voûte $abcd$ et la deuxième l'intensité de la poussée à la clé suivant ma. On pren-

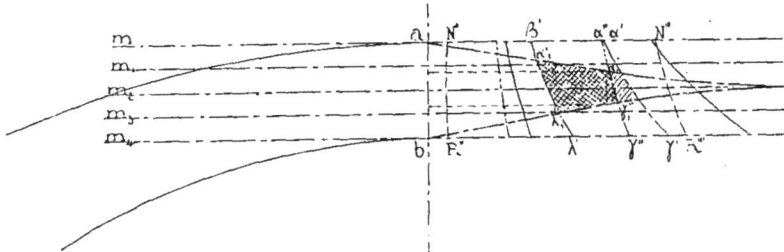

Fig. 337.

dra donc $a\alpha' = tp$; on déterminerait de même les points $\beta'\gamma'\lambda'$, ainsi que des points intermédiaires des courbes $\alpha'\gamma'$, $\beta'\lambda'$ en considérant des courbes intermédiaires entre EE' et FF'.

268. 2° *Joint des naissances.* — Les constructions étant terminées pour le joint cd nous passerons au joint des naissances ef, l'épure pour ce joint est représentée (*fig.* 336). Mais tout ce qui doit être reporté au-delà du joint à la clé, entre les horizontales ma et m_4b est représenté sur la figure 337, notre format ne nous permettant pas de représenter d'une manière claire toutes les constructions sur une seule épure.

On cherchera, comme pour le point de rupture, toutes les poussées compatibles avec l'équilibre ; elles doivent tomber à la clé entre les courbes N''R'', N'''R'''. Les deux courbes analogues à EE', FF', pour le joint des naissances, se réduisent ici à une ligne droite qq_1, d'après la construction elle-même.

Construisons le triangle mixtiligne du joint des naissances; nous partagerons ce joint en trois parties égales par les points r'_1, r'_2 et en ces points nous élèverons les perpendiculaires r'_1k', $r'_2k'_1$, égales et telles que :

$$r'_1k' = \frac{R l}{2}$$

l étant la largeur du joint des naissances c'est-à-dire $4^m,550$;

Et R le coefficient limite de résistance c'est-à-dire, comme pour le joint précédent, 12 kilogrammes par centimètre carré.

Nous aurons ainsi :

$$r'_1k' = \frac{12 \times \overline{10^4} \times 4,55}{2} = 60\,000 \times 4,55$$

ou

$$r'_1 k' = 273\,000 ;$$

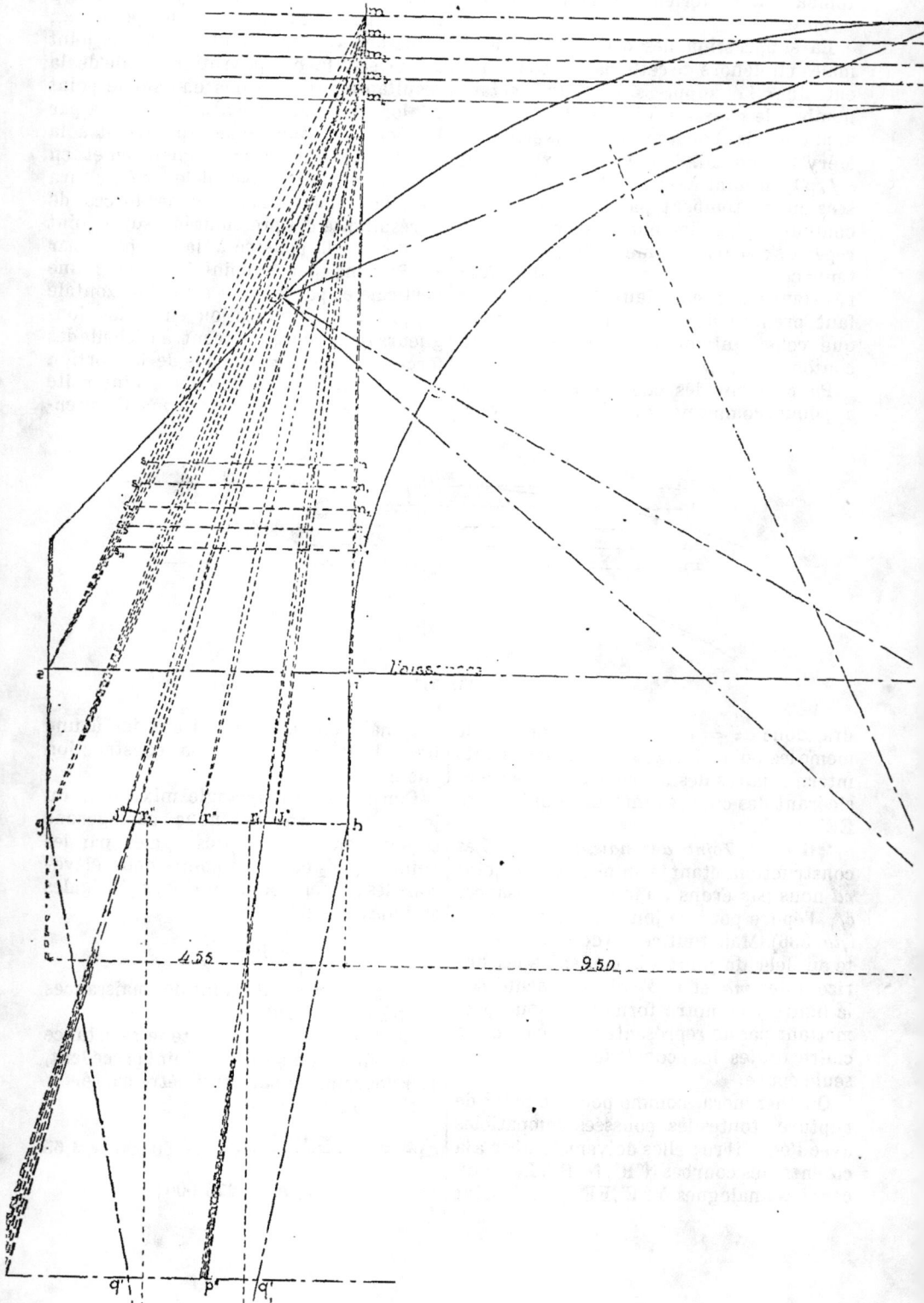

nous prendrons donc sur l'épure les longueurs $r'_1 k'$ et $r'_2 k'_1$, à l'échelle des forces, et nous joindrons fk', ek'_1 qui seront les côtés rectilignes du triangle. Au delà commenceront les hyperboles, qui ici sont inutiles.

On appliquera ensuite la construction renversée de Méry aux deux points q et q' absolument comme nous l'avons indiqué pour le point α, au sujet du joint précédent. On obtiendra ainsi la courbe $\alpha''\gamma''$ (fig. 337) qui avec $\beta'\lambda'$ et les côtés du triangle mixtiligne fournissent la nouvelle aire commune $\alpha'_1\alpha''_1\gamma'_1\gamma''_1$.

269. *Joint de la base du pied-droit.* — Les constructions à effectuer pour appliquer la méthode de Durand-Claye au joint gh de la base du pied droit (fig. 338) sont exactement les mêmes que pour le joint ef des naissances.

Le triangle mixtiligne à construire pour ce joint est, du reste, le même que celui du joint précédent puisque la largeur l est la même et que R reste constant : on

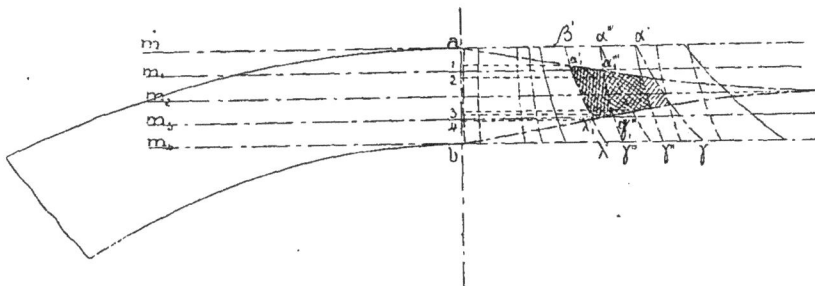

Fig. 339.

n'a donc qu'à le déplacer de manière que ef vienne en gh.

En appliquant la construction renversée de Méry aux points q' et q'_1 on obtiendra la courbe $\alpha'''\gamma''$ (fig. 339) qui, comme on pourra s'en assurer, limite avec $\beta'\lambda'$ et le contour du triangle mixtiligne à la clé, l'aire commune définitive $\alpha'_1\alpha''_1\lambda'_1\gamma''_1$, aux joints considérés.

Ceci fait on projettera les points $\alpha'_1\alpha'''_1\gamma'''_1\lambda'_1$, en 1, 2, 3, 4 sur le joint à la clé, ab et on considèrera les points 1, 2, 3, 4 comme points de passage des poussées à la clé, dont les valeurs seront respectivement représentées, à l'échelle des forces, par les longueurs $1\alpha'_1$, $2\alpha'''_1$, $3\gamma'''_1$, $4\lambda'_1$.

Connaissant les grandeurs des poussées et leurs points de passage 1, 2, 3, 4, on peut tracer les courbes de pressions passant par ces points et vérifier ainsi la stabilité de la voûte pour voir si en aucun joint la résultante des pressions ne fait, avec la normale à ce joint, un angle plus grand que 90° — φ (n° 223).

C'est ce que nous avons fait dans les figures 340, 341, 342 et 343.

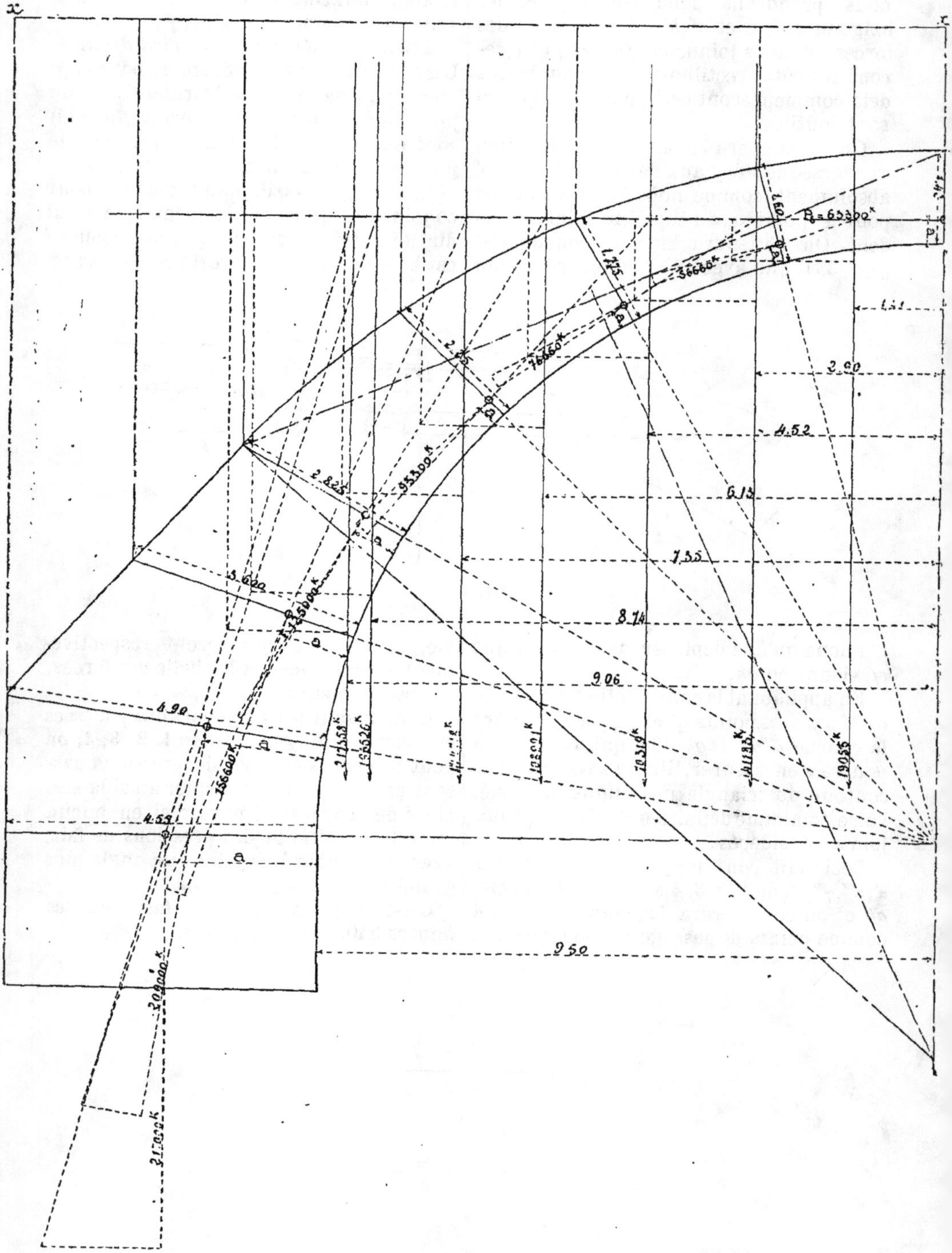

Fig. 340.

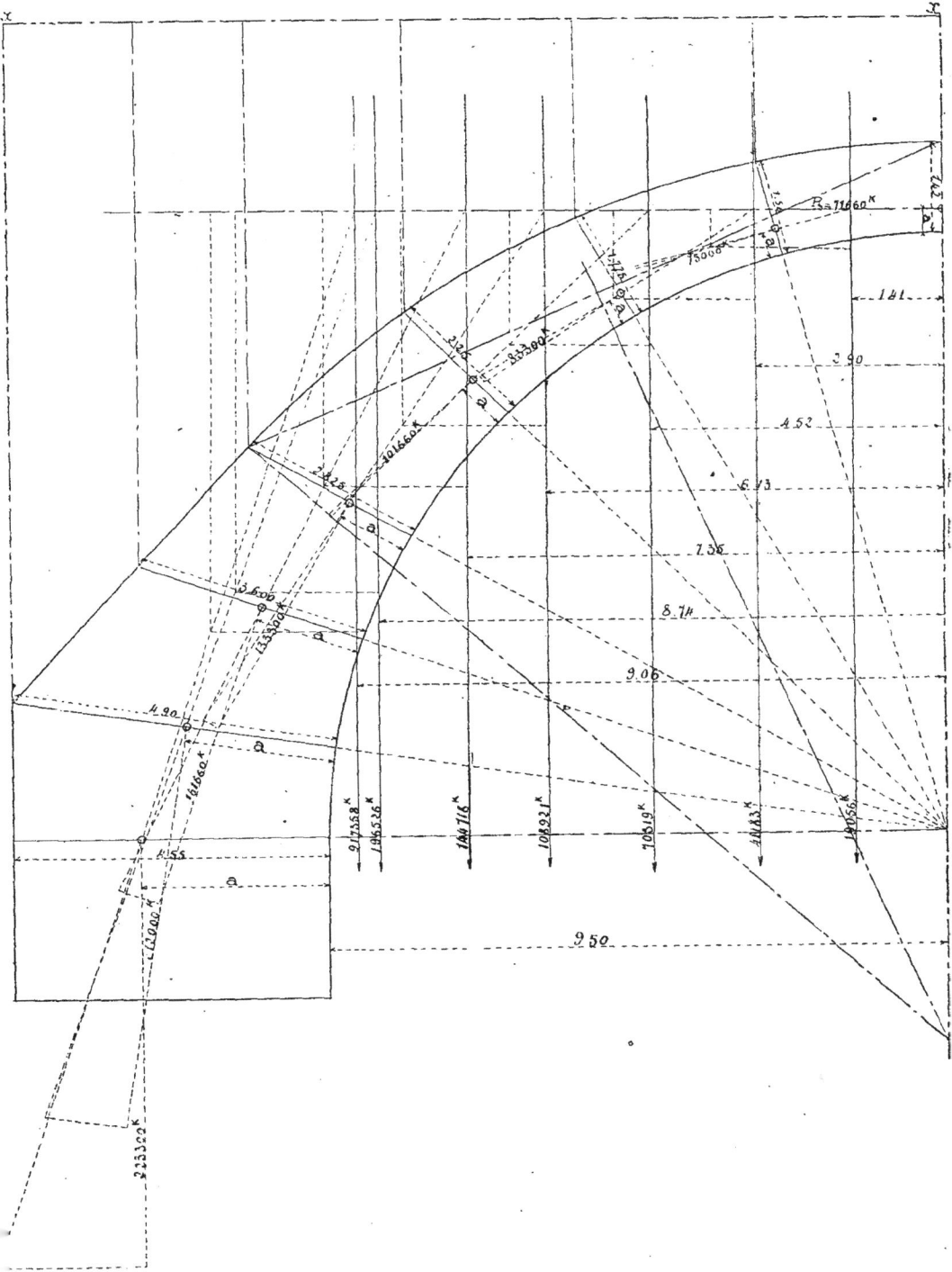

Fig. 341.

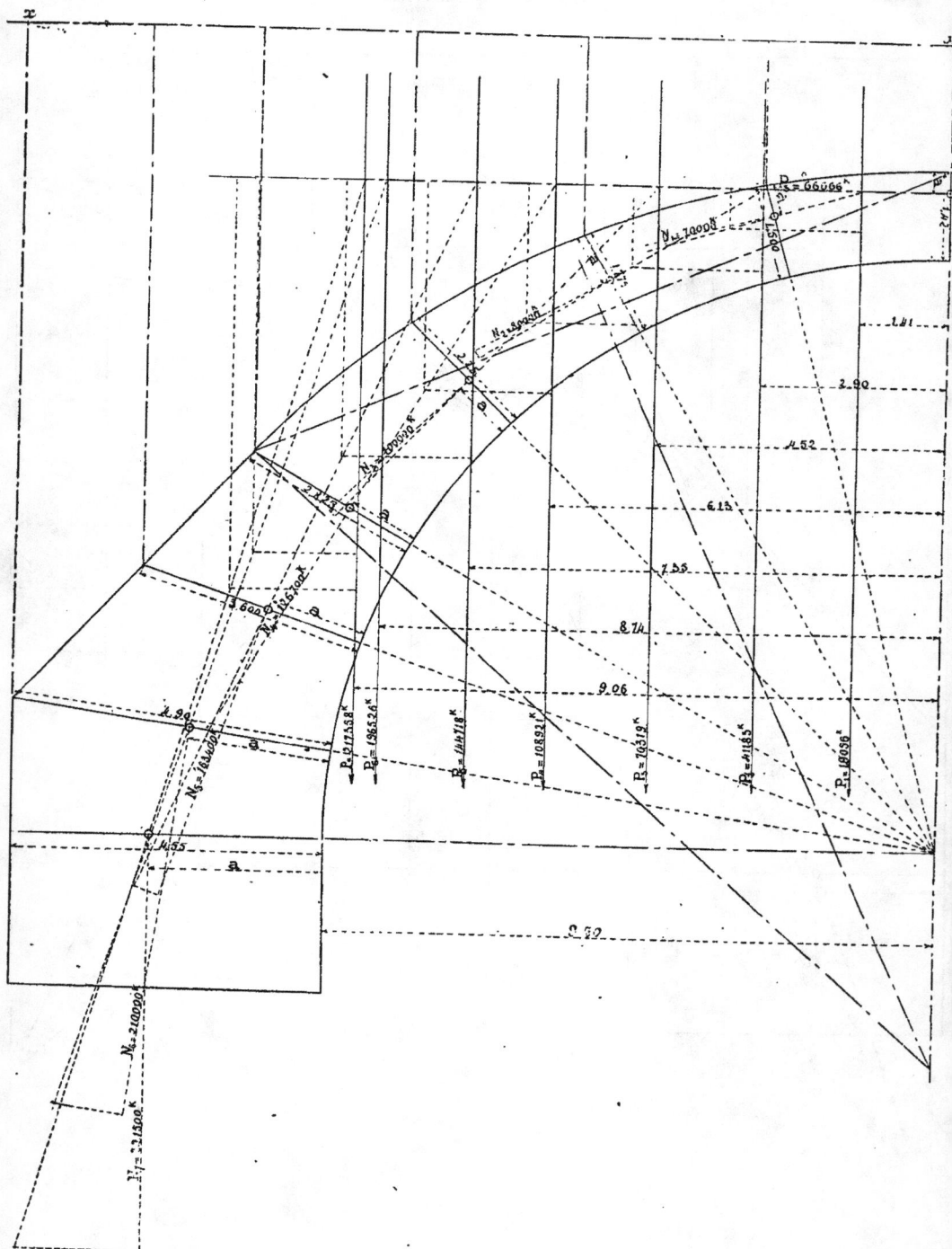

Fig. 342.

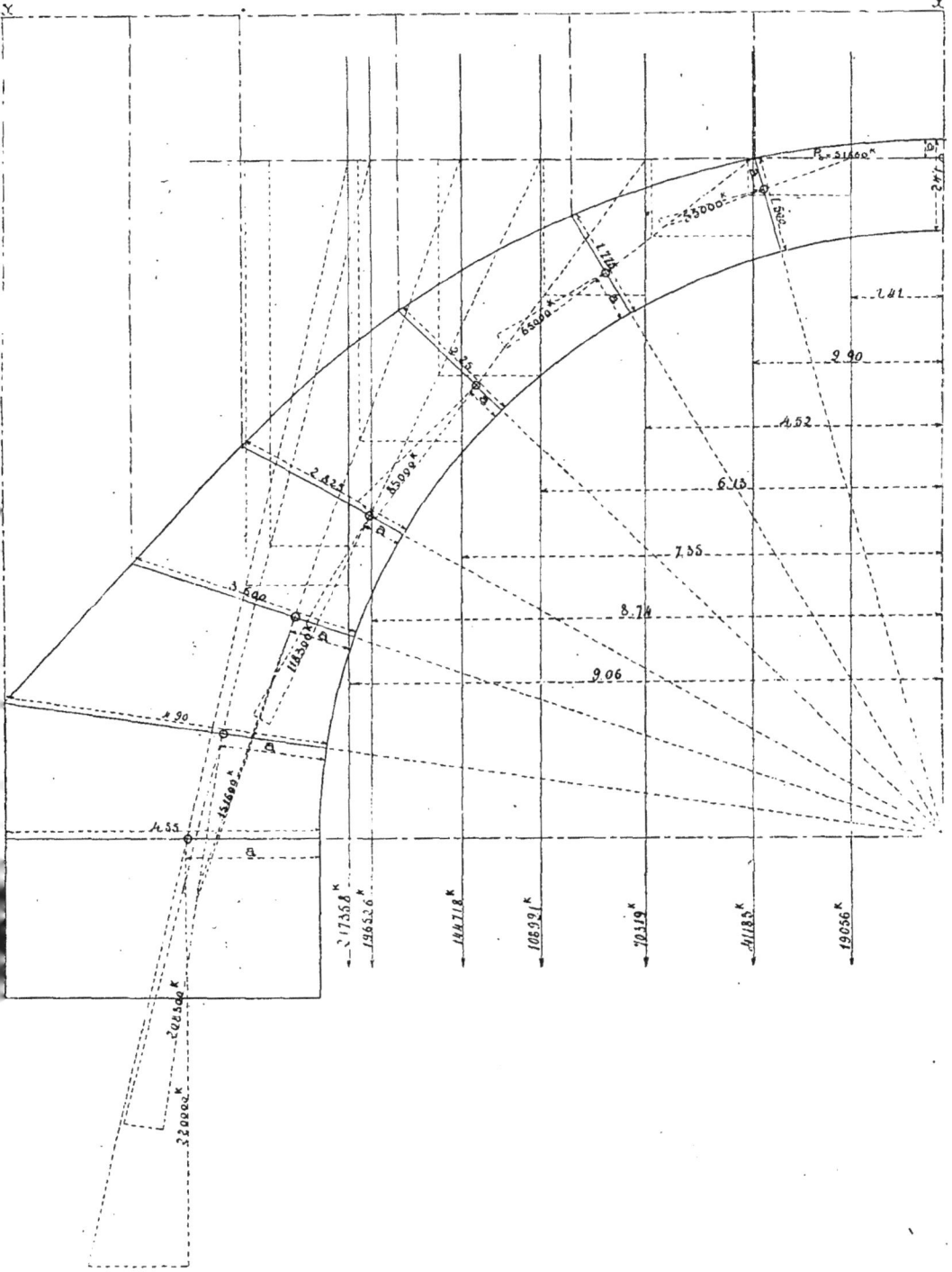

Fig. 343.

§ VIII. — MÉTHODE DE M. DUPUIT

Exposé de la méthode.

270. Dans la méthode de Méry on se donne le point de passage de la poussée à la clef ainsi que celui de la résultante des pressions sur le joint de rupture ou sur le joint des naissances. L'intensité de la poussée à la clef peut alors se calculer et la courbe des pressions peut se tracer comme nous l'avons indiqué aux nᵒˢ 237 et suivants.

La théorie de M. Dupuit laisse le problème de la stabilité des voûtes moins indéterminé en fixant le point de passage de la courbe de pression sur l'intrados.

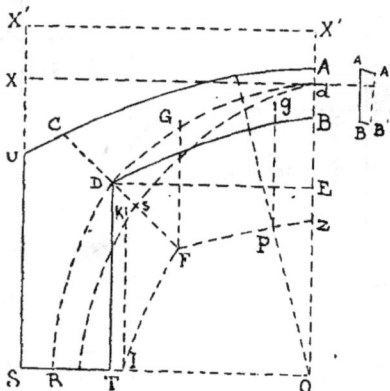

Fig. 344.

« Imaginons, dit M. Dupuit (1), que la voûte de la figure 344 vient d'être décintrée et que la demi-voûte est abandonnée à elle-même pendant un temps très court et cherchons quel est le mouvement qui va se produire. Remarquons d'abord qu'à l'origine du mouvement, il n'y a à la clef aucune poussée horizontale et qu'à ce moment on peut considérer chaque demi-voûte comme un massif isolé abandonné à lui-même. Traçons la courbe de pression statique IFPZ ; elle se trouve ici tout

(1) *Traité de l'équilibre des Voûtes*, par J. Dupuit, inspecteur général des p. et ch.

entière extérieure au massif et est déterminée par la rencontre de la verticale passant par le centre de gravité de la partie de voûte supérieure au joint considéré avec ce joint puisqu'il n'y a pas de poussée extérieure ; elle vient, par conséquent, percer le joint de la base du massif à l'aplomb du centre de gravité K de tout ce massif.

« Le tracé de cette courbe n'a d'autre but que d'indiquer le point autour duquel la voûte va tourner et on voit immédiatement que ce sera le point D. On pourrait vérifier ce résultat ou y arriver directement en cherchant sur l'intrados le point pour lequel la quantité $\dfrac{Pa}{e}$ est maximum (229). Supposons que le centre de la poussée dynamique soit en d, un peu au-dessus du milieu du joint. Les points d et D étant connus déterminent eux-mêmes la courbe de pression dynamique dDR qui se produit dans le massif au moment du décintrement. Pour avoir une idée suffisante de son tracé indiquons la courbe statique correspondant à la valeur de Q, qui produit l'équilibre par rapport au point de rotation D. Nous aurons ainsi deux courbes statiques l'une correspondant à Q = o et l'autre à $Q = P\left(\dfrac{x-x'}{y}\right)$ (nᵒ 226). x et y étant les coordonnées du point D et P le poids de la portion de voûte ABCD. Or, la courbe dynamique qui passe par le point D est partout comprise entre les deux et si au joint AB on suppose une force q croissant depuis zéro jusqu'à Q, la courbe dynamique s'avancera vers la courbe statique avec laquelle elle finira par se confondre. C'est précisément ce qui arrive au décintrement.

« A mesure que les deux demi-voûtes s'appuient l'une contre l'autre la poussée q se développe et se fait de plus en plus sentir à la clef où elle était nulle. En effet, quand q devient égal à Q l'équilibre s'établit nécessairement si le décintrement s'est fait assez lentement pour qu'il n'y ait pas de vitesse appréciable dans la voûte. Si le décintrement avait lieu brusquement la force q dépasserait la valeur qui convient à l'équilibre. La courbe statique franchirait le point D, mais la courbe dynamique ne le franchirait pas car elle ne peut pas sortir du massif puisque c'est sur ce point que la partie supérieure ABCD de la voûte s'appuie sur la partie inférieure.

« Le seul résultat du décintrement brusque, c'est de porter la courbe de pression vers l'extrados où elle pourrait déterminer un nouveau point de rotation et amener la rupture de la voûte ; mais si celle-ci est suffisamment épaisse, il est évident qu'une position d'équilibre momentané s'établira lorsque le travail produit par la chute de la voûte sera équivalent au travail de la compression des maçonneries ; il y aura alors une détente de la compression à l'aide de laquelle la voûte pourra remonter. Mais les matériaux n'étant pas d'une élasticité parfaite la voûte ne reviendra pas à la position qu'elle avait avant le décintrement, d'où il suit que l'amplitude des oscillations ira en diminuant et que la voûte prendra très rapidement sa position d'équilibre avec l'intensité de la force Q et avec la courbe de pression statique qui en est la conséquence. Il est donc permis de faire abstraction des oscillations qui peuvent se produire après un décintrement brusque ; si la voûte y résiste, le résultat final est sensiblement le même. »

« Ainsi, quels que soient les mouvements qui s'opèrent pendant le décintrement, la courbe des pressions passe toujours par le point D, dit point de rupture, et c'est là qu'elle passe encore quand l'équilibre s'établit. »

271. La théorie de M. Dupuit laisse donc encore indéterminée la courbe de pression puisqu'elle ne fixe pas mathématiquement le point de passage de la poussée à la clé. Cette indétermination est en effet inhérente au mode de construction de la voûte. Cependant si on ne peut le déterminer rigoureusement on sait qu'il ne peut se mouvoir que dans

des limites assez rapprochées suivant que la voûte est en plein cintre, en ellipse ou en arc de cercle ou suivant qu'elle est en ogive ; dans les premières ce point sera au-dessus du milieu du joint à la clé et dans les secondes, au dessous.

Le point de passage de la poussée à la clé ne peut pas se déterminer d'une manière précise. Mais on peut arriver à prouver qu'il ne peut se déplacer qu'entre des limites assez rapprochées.

En effet si le point n (*fig.* 345) s'abaissait suivant la verticale nd, il est évident

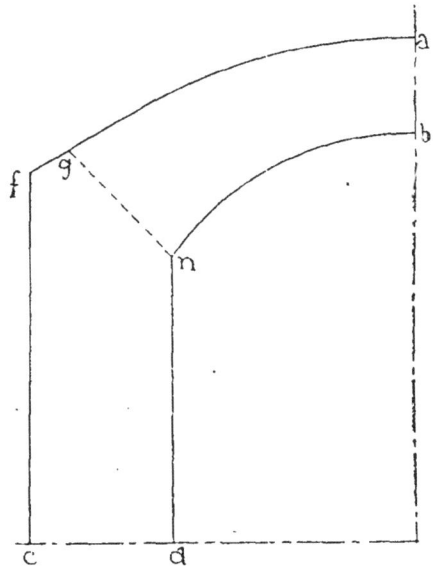

Fig. 345.

que toute la voûte suivrait ce mouvement et que rien ne serait modifié au point de vue de l'équilibre. Mais, il n'en serait pas ainsi si le point n se déplaçait suivant l'horizontale ; la demi-voûte $abng$ tournant autour du point n, les points a et b du joint à la clé ne seraient pas également comprimés puisque les compressions seraient représentées par les espaces horizontaux parcourus par ces points, s'ils étaient libres.

La compression augmenterait donc en a et diminuerait en b. Le mouvement pourra même être tel que la pression devienne nulle en *b*. Dans ce cas, en admettant la loi du trapèze, on sait que la résultante des pressions, c'est-à-dire ici la poussée à la clé, aura son point d'application au tiers supérieur du joint *ab*. Si le mouvement s'accentuait de plus en plus le point *a* pourrait être seul comprimé et la voûte ne tarderait pas à s'effondrer. Le mouvement de recul des culées tend donc à faire remonter le point de passage de la poussée à la clé le long du joint.

Malgré toutes les précautions prises dans la construction des voûtes il est impossible d'éviter ce mouvement de recul, aussi il faut toujours donner aux culées une épaisseur suffisante pour le réduire au minimum.

Il résulte de ce que nous venons de dire que le point de passage de la poussée à la clé, dans les voûtes en plein cintre, en ellipse et en anse de panier est toujours situé dans le milieu supérieur du joint à la clé ; c'est, du reste, ce que prouvent les expériences faites sur le renversement des voûtes (n° 213).

Voûtes en ogive.

272. Considérons maintenant une voûte en ogive (*fig.* 346). La courbe de pression passant par le point *m* du joint à la clé et le point de rupture *n* de l'intrados peut couper l'extrados en deux points tels que *r* et *s*. La voûte ne peut donc être en équilibre avec le profil adopté : il faut alors modifier la courbe d'extrados. Le point *t* en lequel serait tangente la courbe de pression dynamique *mtn* serait le point de rupture de la voûte *abcn*, ou le point autour duquel la partie supérieure de la demi-voûte pivoterait en s'effondrant, tandis que le point *n* serait le point autour duquel tournerait la partie inférieure de la voûte.

Quoi qu'il en soit il n'y a à retenir que le cas où la courbe de pression s'approche de la courbe d'extrados ; ce qui a toujours lieu dans ces sortes de voûtes. Remarquons, tout d'abord, que, puisque l'intrados s'ouvre vers *h*, il s'allonge. Cet allongement ne peut évidemment se produire

que si le point *b* s'élève au-dessus de la position primitive, lorsque la voûte reposait sur son cintre. Inversement, la courbe de pression s'approchant de l'extrados, celui-ci sera fortement comprimé vers le point *t*, il diminuera donc de longueur et le point *a* tendra à se rapprocher du point *c*. La pression sera donc, dans ces sortes de voûtes, plus considérable vers le point *b* que vers le point *a* et on peut conclure de là que, dans les voûtes en ogive, le point d'application de la poussée à la clé, est, en général, dans le milieu inférieur de ce joint.

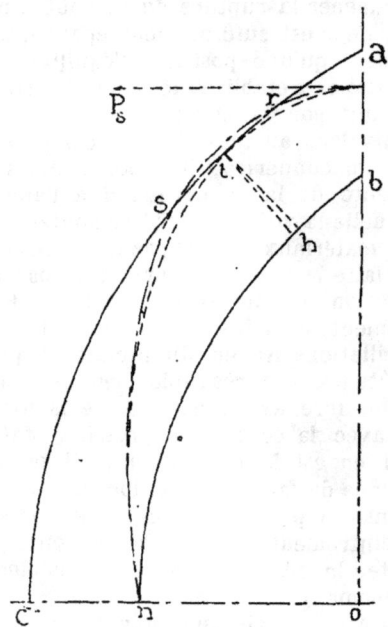

Fig. 346.

273. En disant que la courbe des pressions passe par le point D, on suppose implicitement que la résistance à l'écrasement des matériaux constituant la voûte est infinie.

Nous savons qu'il ne peut en être ainsi, même avec les matériaux les plus résistants. Une surface de contact se formera donc et, en admettant la loi du trapèze la résultante des pressions passerait en un point situé au tiers de sa longueur à partir du point D.

La théorie de M. Dupuit ne permet pas d'apprécier cette surface de contact et tout ce qu'elle indique c'est que la courbe de pression passe très près du point de rupture D.

Si donc, on admet son exactitude, on peut dire que les grands ponts construits, donnent sur le joint de rupture des pressions bien plus grandes que celles qui avaient été prévues et que si les pierres ont résisté à ces pressions cela tient uniquement à ce qu'on ne leur fait supporter ordinairement que le dixième de la charge qui produirait leur écrasement.

M. Dupuit cite, comme exemple, un rouleau de voûte de 0,01 d'épaisseur supportant au joint de rupture une pression uniforme de 450 kilogrammes. En donnant au joint une longueur de $0^m,90$ et en supposant que la résultante des pressions passe au tiers de la longueur du voussoir la pression sur l'arête la plus fatiguée sera :

$$P = \frac{2 \times 450}{90} = 10^k$$

Si la résultante des pressions passe à 0,05 seulement de cette arête la pression deviendra :

$$P = \frac{2 \times 450}{3 \times 5} = 60^k$$

et

$$P = \frac{2 \times 450}{3 \times 4} = 75^k.$$

si elle passe à $0^m,04$.

D'après l'auteur les voussoirs résisteront quand même :

1° « Parce qu'on n'a pas encore atteint la limite de la résistance de la pierre ;

2° « Qu'eût-on atteint cette limite, comme cette pression n'existerait que sur une arête, elle ne saurait avoir le même effet que si elle existait sur toute l'étendue du contact ;

3° « Que l'arête du voussoir est nécessairement arrondie, si fine que soit la taille, ce qui peut réduire le chiffre de la pression maximum ;

4° « Qu'entre les deux voussoirs se trouve un matelas de mortier ;

5° « Que les pierres de grande dimension doivent avoir une résistance proportionnelle plus grande que celle qui est donnée par les expériences faites sur des petits cubes. »

Si la voûte est en plein cintre, au lieu d'être en arc de cercle, comme celle de la figure, il est évident qu'on démontrerait par le même raisonnement que la courbe de pression passe par un point de l'intrados autour duquel la partie supérieure à ce point tend à tourner au moment du décintrement de la voûte. Nous avons

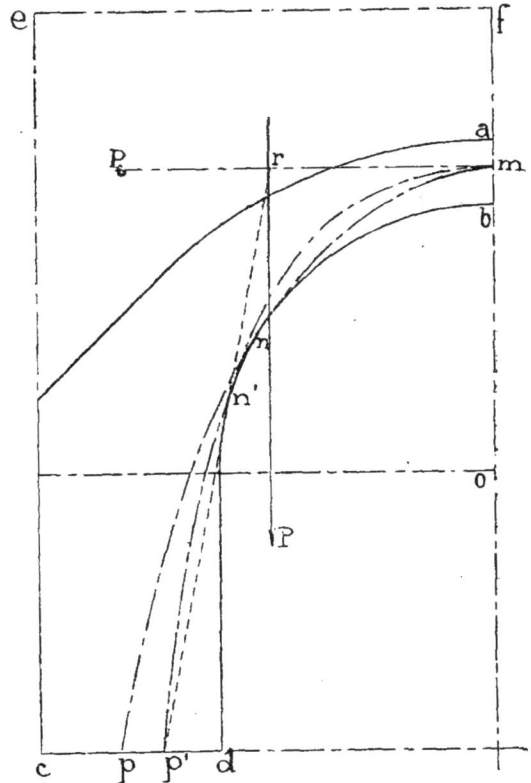

Fig. 347.

montré au n° 230 que dans ce cas la courbe de pression était tangente à l'arc d'intrados.

274. Dans tous les cas la courbe de pression se tracera par la méthode déjà exposée au n° 239. Ainsi, la courbe de pression devant passer (fig. 347) par le point n sur l'intrados et par le point m. situé au tiers supérieur du joint à la clé, on mènera l'horizontale passant par ce dernier point; cette horizontale rencontrera la direction du poids P de la portion de voûte supérieure au joint où on veut avoir le point de passage de la résultante des pressions; on composera P$_s$ et P et on aura le centre de pression par l'intersection de la résultante de P$_s$ et P avec le joint considéré.

275. Considérons une voûte en arc de cercle (*fig.* 348) supportée par un pieddroit *nb*. Traçons la courbe de pression *mnp* partant du point *m*, milieu du joint à

la clé, dans l'hypothèse que la voûte ne supporte aucune surcharge, c'est-à-dire en la supposant extradossée suivant la courbe *de*.

Supposons, maintenant, que la demivoûte supporte une charge de terre limitée par l'horizontale *l'g*. Le point d'application de la poussée à la clé ne pouvant que se trouver au-dessus du milieu *m* de ce joint, et la courbe des pressions passant toujours par le point *n*, on conçoit qu'elle va s'infléchir davantage dans ce cas que dans le premier et deviendra, par exemple, la courbe *mnp'*. L'effet produit sera de donner à la voûte une plus grande stabilité, puisque le point *p* se sera rapproché de l'arête *b* du pied-droit.

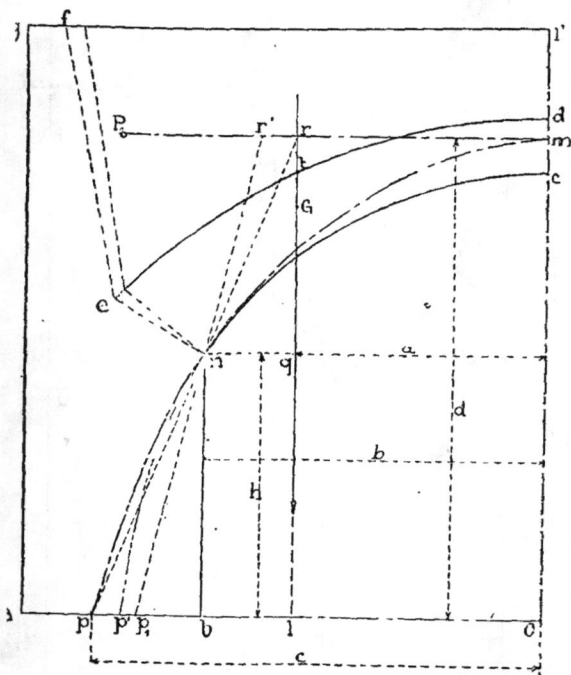

Fig. 348.

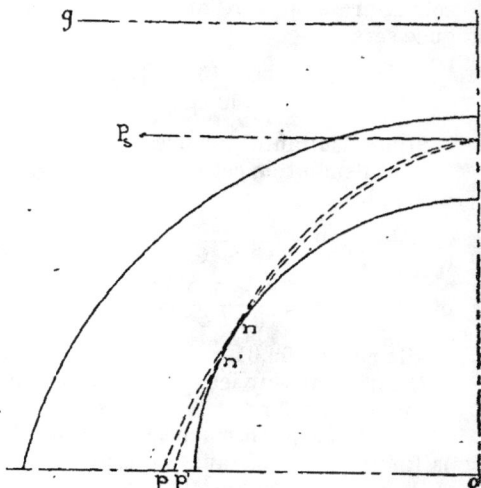

Fig. 348 bis.

Il est facile, du reste, de déterminer, d'après MM. Lamé et Clapeyron, la verticale à gauche de laquelle toute surcharge additionnelle aura pour effet de consolider la voûte.

Rapportons la demi-voûte de la figure 348 à deux axes de coordonées rectangulaires ayant pour origine le point *m;* l'axe des *x* étant la direction de la poussée et l'axe des *y*, la verticale du joint à la clé.

Soient :

N, le poids de la surcharge ;

r, le point où la verticale de son centre de gravité coupe la direction de la poussée à la clé ;

P'$_s$, la poussée due à la surcharge N ;

a, l'abcisse du point *r ;*

b, l'abscisse du point de rupture *n;*

c, l'abscisse du point de passage *p* de la résultante des pressions sur le joint *ab*, dans le cas où la voûte ne supporte aucune surcharge ;

d, l'ordonnée du même point ;

h, la hauteur du pied-droit nb de la voûte.

Nous voulons que, malgré l'application du poids N, la courbe de pression soit encore la courbe mnp. Cherchons la valeur de l'abscisse a du poids N pour que cette condition soit satisfaite. On devra avoir, en prenant les moments par rapport au point p :

$$N \times (c-a) = P'_s \times d \qquad (1)$$

et, en prenant les moments par rapport au point n,

$$N (b - a) = P'_s (d - h) \qquad (2)$$

En divisant membre à membre les équations (1) et (2) on a :

$$\frac{c - a}{b - a} = \frac{d}{d - h} \qquad (3)$$

d'où on peut tirer la valeur de a.

Mais l'équation (3) peut s'écrire, d'après la figure 348 :

$$\frac{pl}{nq} = \frac{rl}{rq}.$$

Donc les trois points p, n, r sont en ligne droite, ce qui était évident puisque la résultante du poids N et de la poussée P'_s due à ce poids doit passer par n et p.

La verticale du point r, obtenu par l'intersection du prolongement de pn et de P_s, est celle qui détermine la partie de la voûte sur laquelle la surcharge augmente la stabilité.

Toute surcharge sur la partie te rapprochera le point p de l'arête b et par suite sera favorable à la stabilité, tandis que toute surcharge sur la partie td rapprochera le point p de l'arête a et compromettra l'équilibre de la voûte.

Si on veut que la courbe de pression coupe le point ab plus près de b, par exemple en p_l, on joindra $p_l n$ et on

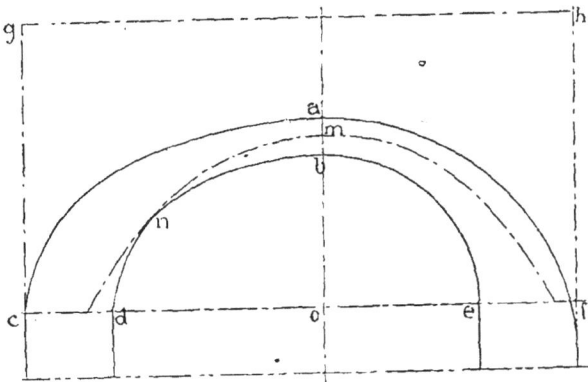

Fig. 349.

augmentera la surcharge à gauche de la verticale du point r'.

276. Si, au lieu d'une voûte en arc de cercle, on a une voûte en plein cintre les mêmes raisonnements sont applicables. Soient n (*fig.* 347) le point de rupture de la voûte sans surcharge et mnp la courbe de pression tracée dans cette hypothèse. Cette courbe prendra une position telle que $mn'p'$ si on surcharge la voûte ; le point de rupture n' sera plus bas que le point n et se déterminera par la méthode graphique du n° 231.

Si on veut, comme précédemment, déterminer la verticale à gauche de laquelle tout poids aura pour effet de contribuer à l'équilibre on joindra $p'n'$ jusqu'à l'horizontale mP_s en r. La verticale passant par ce point sera la ligne cherchée.

Voûtes dissymétriques.

577. Dans les voûtes non symétriques, la demi-voûte de gauche, que nous supposons ici être la plus grande (*fig.* 349), tendra toujours à tourner autour du point de rupture pour s'appuyer à la clé sur la demi-voûte de droite, absolument comme si celle ci était la symétrique de la première. Le mouvement se continuera jusqu'à ce que la poussée à la clé devienne égale à celle qui se produirait si la voûte complète se composait de deux demi-voûtes égales à *abcd*. — On peut donc dire que, au point de vue du tracé de la courbe de pression dans la demi-voûte de gauche, on peut opérer comme si la voûte complète était symétrique par rapport à l'axe *ao*. Pour la tracer on

commencera par déterminer le point de rupture *n* par la méthode du n° 231.

Quant au point d'application *m* de la poussée à la clé, il ne sera pas dans ces sortes de voûtes, comme le fait remarquer M. Dupuit, au-dessus du milieu du joint *ab*. En effet, le mouvement de recul de la demi-voûte de droite tend à faire descendre le point d'application de la poussée le long de ce joint, puisque dans ce mouvement le joint *ab* passant à droite de l'axe *ao*, la plus grande pression aura lieu en *b* et la plus petite en *a*.

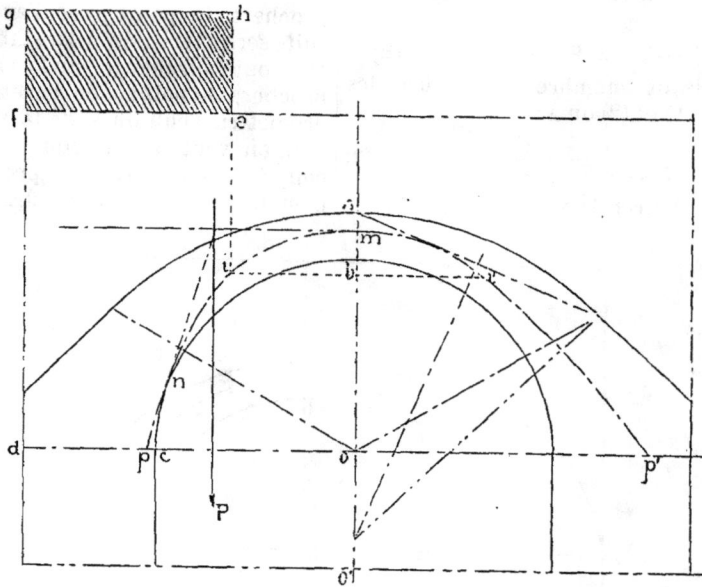

Fig. 350.

Les points *m* et *n* étant déterminés on tracera la courbe de pression de la demi-voûte *abcd*.

Dans la demi-voûte de droite, la poussée à la clé sera évidemment la même que celle de la demi-voûte de gauche. Elle sera donc plus grande que celle qui s'y produirait si la demi-voûte de gauche était la symétrique de *abef*, par rapport à l'axe *ao*. Il en résulte que la courbe de pression ne passera plus par un point de l'intrados; en d'autres termes il n'y aura plus de point de rupture à l'intrados dans la demi-voûte de droite. La courbe de

pression s'avancera à l'intérieur du profil de cette demi-voûte et pourra même se rapprocher de l'extrados jusqu'à y donner un point de rupture.

La courbe de pression se tracera facilement dans la demi-voûte de droite car on connaîtra le point de passage *m* de la poussée à la clé ainsi que l'intensité de cette poussée puisqu'elle est la même que celle qui aura été déterminée pour la demi-voûte de gauche (en supposant la voûte entière symétrique de *abcd* par rapport à l'axe *ao*).

Charges dissymétriques.

278. D'après la méthode de M. Dupuit, les voûtes soumises à des charges dissymétriques présentent une certaine analogie avec celles du cas précédent, au point de vue de la courbe des pressions.

La demi-voûte la plus chargée (fig. 350) seule, présente un point de rupture. Ce point se déterminera par la méthode ordinaire, mais il est évident qu'il se trouvera plus bas que si la voûte ne supportait pas la surcharge efgh. En effet, ce point est déterminé par la tangente à la courbe d'intrados menée par la verticale du centre de gravité de la demi-voûte et de la direction de la poussée à la clé; or, dans le cas d'une surcharge, cette verticale étant plus éloignée de l'axe que dans le cas ordinaire, la tangente à l'intrados sera plus inclinée et, par suite, le point de contact situé plus bas.

Le point d'application m de la poussée à la clé et le point de rupture étant connus, on tracera la courbe de pression minp. Cette courbe ne sera pas continue; elle présentera un angle en i à cause de la surcharge efgh. La courbe de pression de la demi-voûte non surchargée se déterminera facilement puisqu'on connaîtra le point de passage m de la poussée à la clé ainsi que l'intensité de cette poussée. La partie mi' sera symétrique de mi et la partie ip' de la courbe s'avancera davantage à l'intérieur du profil de la voûte que la partie correspondante ip de la courbe de pression de la demi-voûte la plus chargée.

§ IX. — ASSEMBLAGES DE VOUTES, D'APRÈS M. DUPUIT

I. — Voûte s'appuyant directement sur une autre sans l'intermédiaire de piliers.

279. Le cas d'une voûte s'appuyant directement sur une autre, sans l'intermédiaire d'aucun pilier, se présente fréquemment dans l'évidement des tympans des ponts en maçonnerie. L'étude d'un pareil assemblage de voûtes ne présente aucune difficulté.

La courbe de pression de la petite voûte d'évidement efgh se tracera comme dans le cas ordinaire; la voûte étant considérée comme indépendante. On se donnera donc le point de passage t de la poussée à la clé, en ayant soin de le prendre assez élevé sur ce joint puisque la grande voûte s'abaissera forcément au décintrement. Le point de rupture sera en h si, comme dans notre exemple, la voûte d'évidement est surbaissée ou en un point à déterminer graphiquement (231) si elle est en plein cintre. Ces deux points t et h étant connus on tracera la courbe de pression de la demi-voûte rsgh.

La présence de la voûte d'évidement change naturellement la courbe de pression mnl qui se produirait dans la grande voûte, si celle-ci était indépendante. Son influence consiste à augmenter la poussée P_s' qui se serait spontanément produite et à abaisser le point de passage m de cette poussée à la clé ainsi que le point de rupture n sur l'intrados. Ce nouveau point de rupture sera, du reste, facile à déterminer.

Pour obtenir une valeur approchée de la poussée supposons-la, avec M. Dupuit, appliquée en m et prenons ce point pour origine des axes mo et mx de la figure.

Soient :

x_1, y_1, les coordonnées du point de rupture n de la grande voûte considérée comme isolée ;

x_2, y_2, les coordonnées de ce même point qui se produit sous l'influence de la poussée de la petite voûte ;

x_3, y_3, les coordonnées du point h, intersection de la courbe de pression de la voûte d'évidement avec l'extrados de la grande voûte ;

P, le poids de la portion de grande voûte comprise entre le joint à la clé ab et le joint de rupture ni ;

P", le poids de la portion de grande

voûte, comprise entre le joint à la clé et le joint de rupture $n'i'$ qui se produit sous l'influence de la poussée de la voûte d'évidement ;

d_1, l'abcisse du poids P ;

d_2, l'abcisse du poids P' ;

P'$_s$, la poussée de la grande voûte, considérée comme isolée ;

P$_s$, la poussée de la grande voûte, qui se développe sous l'influence de la voûte d'évidement ;

Q, la poussée horizontale de la petite voûte ;

p, le poids de la demi-voûte d'évidement.

Puisqu'il y a équilibre, la somme des moments de toutes les forces agissant sur la demi-grande voûte, autour d'un axe projeté en n', est nulle.

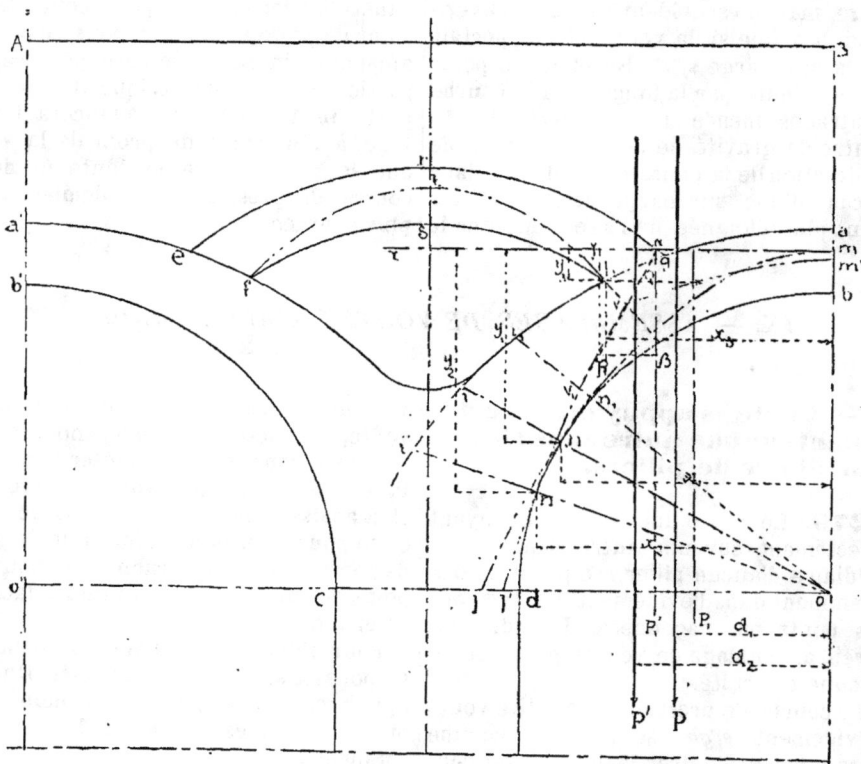

Fig. 351.

On doit donc avoir, les forces Q et p étant appliquées en h,

$$P_s \times y_2 = P' \times (x_2 - d_2) + Q (y_2 - y_3) + p (x_2 - x_3)$$

d'où on tire :

$$P_s = \frac{P'(x_2 - d_2)}{y_2} + \frac{p(x_2 - x_3)}{y_2} + Q - \frac{Qy_3}{y_2}.$$

Or, remarquons que, dans l'expression précédente, le terme :

$$\frac{P'(x_2 - d_2)}{y_2}$$

est un peu plus faible que le terme

$$\frac{P(x_1 - d_1)}{y_1},$$

qui définirait la poussée P'$_s$ de la grande voûte, considérée comme isolée, c'est-à-dire en supposant le point de rupture en n. Cela résulte de ce que c'est pour ce point que la fonction :

$$\frac{P(x - d)}{y}$$

est maximum.

On peut donc, avec une approximation suffisante, remplacer $\dfrac{P' (x_2 - d_2)}{y_2}$ par P'_s

et comme le terme $p \left(\dfrac{x_2 - x_3}{y_2} \right)$ est très faible, on peut le supprimer sans inconvénient. De sorte que finalement on aura sensiblement :

$$P_s = P'_s + Q - Q \frac{y_3}{y_2}.$$

C'est cette valeur de la poussée, dont le point d'application m' sera pris un peu plus bas que le tiers supérieur du joint à la clé, qui servira à tracer la courbe de pression dans la grande voûte, par la méthode ordinaire (n° 239), depuis le joint à la clé jusqu'à la rencontre en v avec la résultante des pressions de la voûte d'évidement sur la grande voûte.

A partir du point v la courbe de pression vl' devra être tracée avec la poussée P'_s qui se produirait dans la grande voûte supposée isolée.

En effet nous avons dit que p et Q étaient les composantes verticale et horizontale de la résultante des pressions en h de la voûte d'évidement sur la grande voûte. Voyons quelle serait la valeur de Q transportée en m. Soit Q' cette valeur ; on aura :

$$Q' \times y_2 = Q (y_2 - y_3)$$

d'où $\qquad Q' = \dfrac{Q (y_2 - y_3)}{y_2}$

c'est-à-dire :

$$Q' = Q - Q \frac{y_3}{y_2}$$

Or, pour la partie vl' de la courbe de pression au-dessous du point v, la poussée à considérer en m devra être :

$$P_s - Q' = P_s - \left[Q - Q \frac{y_3}{y_2} \right] = P'_s$$

c'est-à-dire la poussée de la grande voûte considérée comme isolée.

La partie vl' de la courbe de pression se tracera donc à l'aide de la poussée P'_s en tenant compte de la force verticale p appliquée en h. Ainsi, pour avoir le point de passage v_1 de la courbe de pression vl' sur le joint $n_1 i_1$ on composera le poids P_1 de la portion de voûte $abn_1 i_1$, avec le poids p appliqué en h; on obtiendra ainsi la résultante P'_1 qui coupe l'horizontale

de la poussée en α. On prendra $\alpha\beta = P'_1$ et $\alpha\gamma = P'_s$. La résultante de P'_1 et P'_s, c'est-à-dire la diagonale du rectangle construit sur $\alpha\beta$ et $\alpha\gamma$, rencontrera le joint $n_1 i_1$ en v_1, appartenant à la courbe de pression vl'.

II. — Stabilité de deux voûtes accolées dont les naissances sont à la même hauteur.

280. Le seul cas à considérer est évidemment celui où les ouvertures des deux voûtes sont inégales car, s'il en était autrement, les deux voûtes étant également chargées, la courbe de pression dans le pilier qui les supporte serait celle qui se produirait si les deux voûtes n'existaient pas. Dans chacune d'elles la courbe de pression se tracerait alors comme s'il s'agissait d'une voûte isolée comprise entre deux culées immuables.

Ces deux courbes seraient mcr (*fig.* 352) pour la grande voûte $m'e$ pour la petite.

Si la courbe de pression cr dans le pilier vertical coupe le parement ek au-dessus du point k, le pilier ne sera pas stable. Il tendra évidemment à être renversé en tournant autour du point k. A ce moment la courbe de pression passera par ce dernier point, c'est-à-dire deviendra mck.

Dans le mouvement de rotation du pilier autour de l'arête k, la petite voûte sera poussée vers la gauche; le joint ed tendra à se fermer et le point d'application de la poussée à la clé de la petite voûte descendra le long du joint à la clé de la petite voûte ef. Cela résulte de ce que ce joint se portera à gauche de la verticale, par suite du renversement de la petite voûte dans ce sens ; donc, la pression augmentera en haut du joint à la clé et diminuera en bas.

Si, dans le mouvement qui se produit, la culée $efgh$ résiste, on pourra dire que l'ensemble de l'ouvrage est en équilibre.

Pour reconnaître si la culée $fhgi$ n'est pas renversée il faudra évidemment tracer la courbe de pression qui se produit dans la petite voûte et dans la culée de gauche dans le mouvement de renversement du pilier autour de l'arête k.

Or, il est facile de déterminer la valeur de la poussée à la clé de la petite voûte lorsque le pilier *cehl* tend à pivoter autour du point *h*, c'est-à-dire lorsque la courbe de pression *mc* de la grande voûte prolongée dans le pilier, passe par le point de rotation *h*.

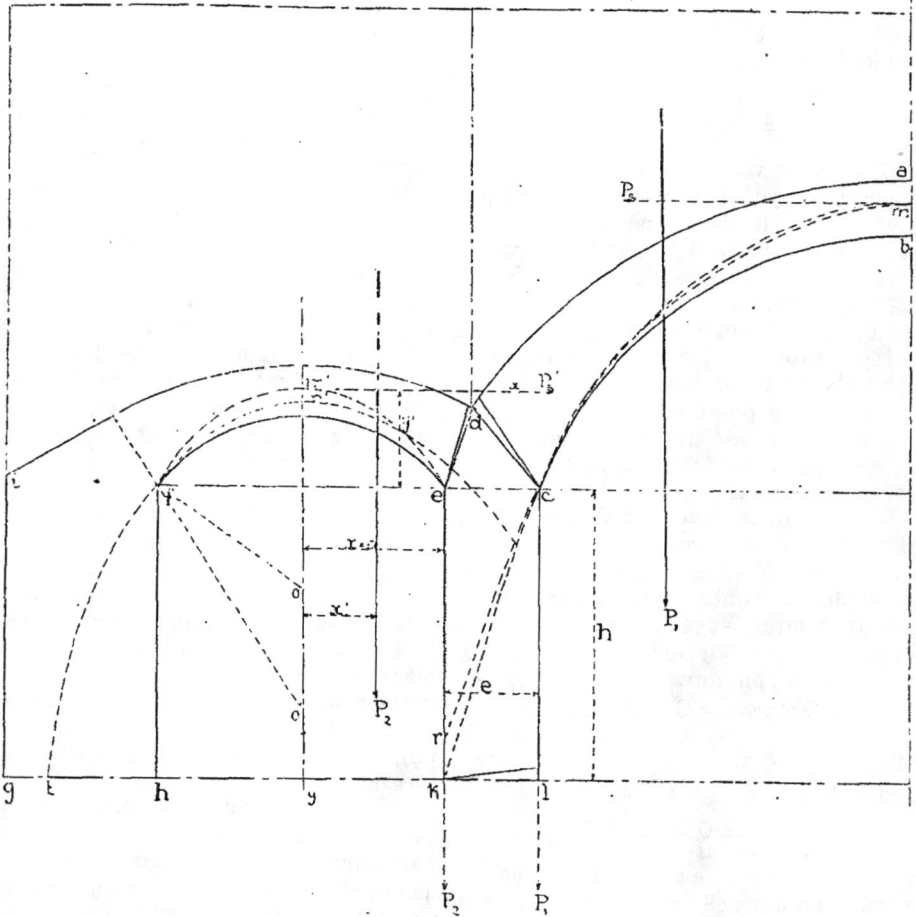

Fig. 352.

Soient:

h, la hauteur du pilier *cl;*

e, l'épaisseur de ce pilier ;

P_3, son poids ;

P_1, le poids de la demi-grande voûte ;

P_2, le poids de la demi-petite voûte ;

P_s, la poussée horizontale à la clé de la grande voûte.

P'_s, la poussée horizontale à la clé de la petite voûte.

Le pilier *cehl* est en équilibre sous l'action de son poids P_s et des pressions R et R' exercées sur lui par la grande et la petite-voûte (*fig.* 353).

La pression R a pour composante horizontale la poussée à la clé P_s et pour composante verticale le poids P_1 de la demi-grande voûte.

De même la poussée R', qu'exerce la petite voûte sur le pilier, a pour composante horizontale la poussée P'_s et pour composante verticale le poids P_2 de la demi-petite voûte. — Or, au point de vue de l'équilibre, on peut remplacer R et R' par leurs composantes.

Écrivons donc que le pilier *celk* est en équilibre sous l'action des forces P_1, P_2, P_3, P_s, P'_s; c'est-à-dire que la somme des

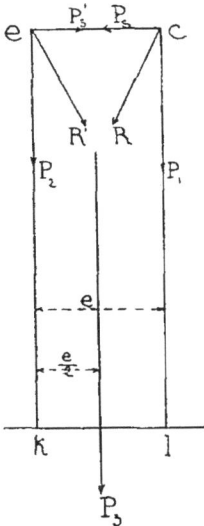

Fig. 353.

moments de toutes ces forces par rapport à l'axe de rotation k est nulle.

On aura, puisque $cl = h$,

$$P'_s \times h + P_3 \times \frac{e}{2} + P_1 \times e = P_s \times h$$

ou $P'_s \times h + e\left(\frac{P_3}{2} + P_1\right) = P_s \times h$

d'où on déduit :

$$P'_s = P_s - \frac{e}{h}\left(\frac{P_3}{2} + P_1\right) \qquad (1)$$

Telle est la valeur de la poussée à la clé de la petite voûte, lorsque le pilier tend à être renversé en arrière en tournant autour de l'arête k.

Connaissant la valeur de la poussée et sachant que la courbe de pression doit passer par le point de rotation e on a tous les éléments nécessaires pour tracer la courbe de pression dans la petite voûte.

En effet, il est facile, avec ces données,

de déterminer le point d'application m' de cette poussée.

Car, la demi-petite voûte est en équilibre sous l'action de son poids P_2, agissant à une distance x' de l'axe, et de la poussée à la clé, dont le point d'application m' est à une distance y' inconnue au-dessus du point e, et de la résultante des pressions R sur le point ed.

Donc, en prenant les moments autour du point e on aura :

$$P_2 \times (x - x') = P'_s \times y'$$

d'où $\qquad y' = \frac{P_2(x - x')}{P'_s}.$

Si le point m', ainsi déterminé, est au-dessous du joint à la clé de la petite voûte, cela veut dire que la courbe de pression ne passe pas par le point e. Il faudra alors, dans ce cas, prendre le point de passage de la courbe de pression sur le joint des naissances ed plus élevé que e, de manière que le point m' soit à l'intérieur du joint à la clé. Ceci fait, on tracera la courbe de pression dans la demi-petite voûte ainsi que la courbe symétrique dans l'autre demi-voûte et on prolongera cette courbe dans la culée *fhgi*. Si elle coupe le parement ig de cette culée au-dessus du point g la culée tendra à être renversée en arrière et le système de voûte ne sera pas en équilibre. Si, au contraire, la courbe de pression $em''f$ coupe la base gh de la culée en un point situé à son intérieur et à une distance de g telle que la pression sur cette arête soit inférieure à celle qu'on peut lui faire supporter en toute sécurité on pourra être assuré (si cette dernière condition est en outre remplie pour tous les autres joints) que le système de voûte est établi dans de bonnes conditions.

La petite voûte doit donc reporter sur la culée de gauche la poussée de la grande voûte et, pour l'équilibre, il faut que la courbe de pression qui prend naissance soit entièrement comprise dans la petite voûte et dans sa culée.

Or, nous venons de voir que l'ordonnée du sommet de la courbe de pression au-dessus de l'horizontale du point e des naissances, est :

$$y' = \frac{P_2(x - x')}{P'_s} \qquad (2)$$

x' étant la demi-ouverture de la petite voûte, c'est-à-dire a, et x étant approximativement égale à $\dfrac{a}{2}$.

Dans ces conditions, l'équation (2) devient :

$$y' = \frac{P_2 \times a}{2P'_s}$$

donc y' augmente proportionnellement à P_2 puisque, dans l'équation précédente, a est une constante égale à la demi-ouverture de la petite voûte et que d'après l'équation (1), la poussée P'_s ne dépend d'aucun des éléments de cette petite voûte.

281. Il résulte de là que si la poussée P'_s est très grande la flèche y' de la courbe

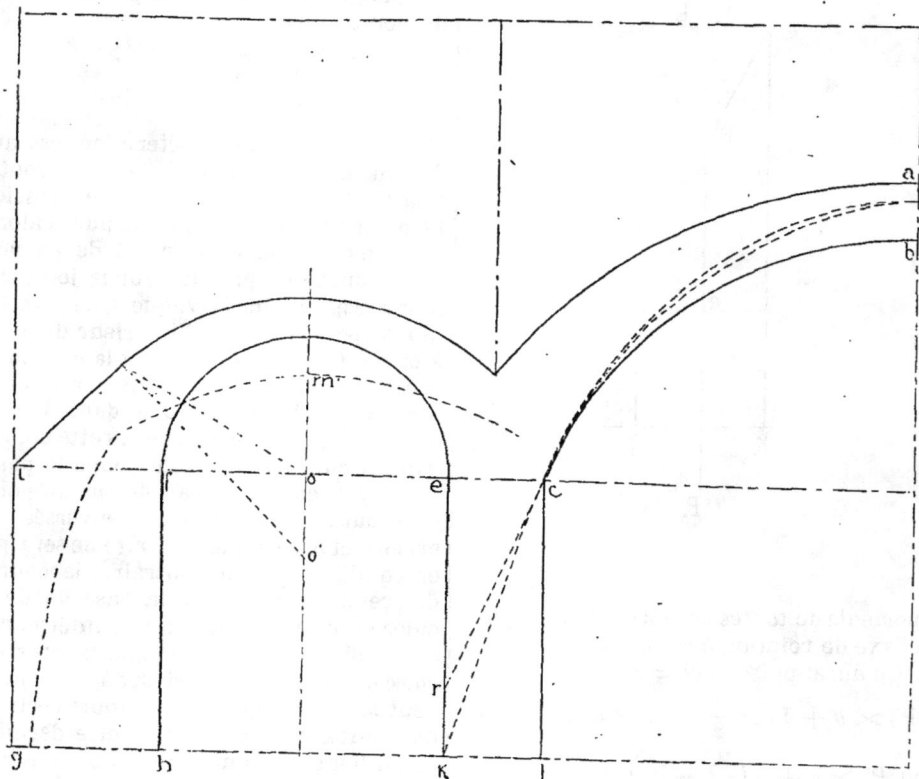

Fig. 354.

de pression peut être très faible et il peut arriver que cette courbe ne puisse être tracée entièrement dans le profil de la petite voûte, surtout si celle-ci est en plein cintre (*fig.* 354).

Alors, l'équilibre ne pourra pas subsister quand bien même la culée de gauche ne serait pas renversée puisque la petite voûte sera soulevée à la clé, et que, par suite, le pilier *cekl* sera renversé, en tournant autour du point *k*.

« On voit, dit M. Dupuit, que, dans ces circonstances, les plates-bandes ou les voûtes très surbaissées sont préférables pour transmettre des pressions horizontales. Du reste, remarquons-le en passant, à moins de conditions d'architecture bien impérieuses la disposition de la figure serait vicieuse en pratique, parce que le pilier intermédiaire portant sur l'angle *k* éprouverait dans sa partie inférieure des pressions tellement considérables qu'elles pourraient amener l'écrasement des matériaux. Si rien ne s'y opposait il faudrait tâcher de ramener la courbe des pressions vers le milieu de kl, en chargeant soit la petite voûte, soit le pilier, soit même la grande voûte près de la naissance ou enfin augmenter l'épaisseur du pilier. C'est là même une observation générale qui s'applique à tous les cas.

« Dans une construction solidement établie telle que celle qu'exigent les travaux publics il ne faut pas que la courbe des pressions passe par les angles des piliers qui la supportent, quoique, dans ces conditions l'équilibre puisse être stable. Donc si, comme dans la figure, on trouvait que le premier tracé de la courbe de pression naturelle sort du pilier (comme cr), au lieu de chercher la courbe de pression définitive, il serait préférable de modifier les dispositions du projet, de manière à ramener la courbe de pression dans l'intérieur des bases, auquel cas ces courbes se confondent. Il semblerait donc qu'il n'y

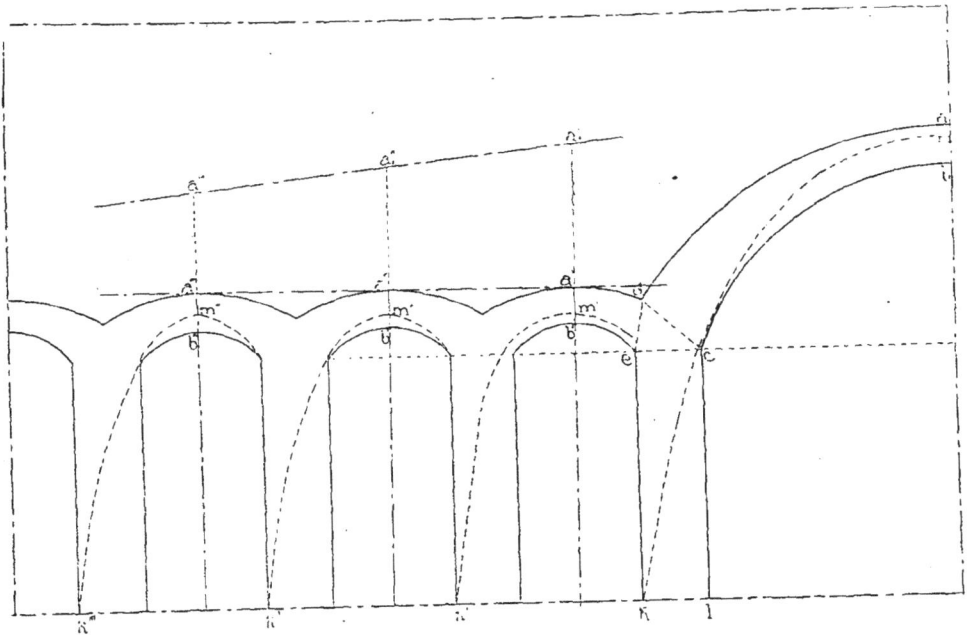

Fig. 355.

a pas lieu de s'occuper du cas où les voûtes se poussent les unes sur les autres puisqu'on ne doit pas le rencontrer en pratique ; mais nous croyons que le constructeur ne doit rien ignorer de ce qui concerne l'équilibre des constructions, que, de plus, il peut se rencontrer des circonstances exceptionnelles qui obligent à avoir recours à cet expédient ; enfin, dans les grands ponts où toutes les arches ne sont pas construites à la fois, on tire parti de la poussée réciproque des voûtes pour obtenir leur équilibre provisoire sur des piles qui sont loin d'avoir l'épaisseur nécessaire pour résister comme culées. »

282. Supposons maintenant qu'on veuille équilibrer la poussée de la grande voûte, non plus avec une petite voûte surbaissée comme nous l'avons fait dans le cas précédent, mais bien par une série de ces petites voûtes s'appuyant sur une série de piliers et ayant leurs naissances à la même hauteur (*fig.* 355).

Il est évident qu'à partir d'un certain nombre de voûtes accolées à la grande, celles qu'on pourraient ajouter à la suite n'auraient aucune influence sur le but qu'on se propose. Il faut donc pouvoir déterminer cette limite.

Or, nous avons vu (280) que, lorsqu'on cherche à équilibrer la poussée P_s d'une voûte par une autre voûte s'appuyant sur le même pilier et ayant ses naissances à la même hauteur, la poussée qui se développe à la clé de la deuxième voûte est :

$$P'_s = P_s - \frac{e}{h}\left[\frac{P_3}{2} + P_1\right] \quad (1)$$

P_1 étant le poids de la demi-grande voûte, $abcd$ et P_3, le poids du pilier intermédiaire $cekl$. Cherchons de même à équilibrer la poussée P'_s de la voûte $e'f$ à l'aide d'une autre petite voûte identique à elle-même.

En représentant par P_2 le poids de la demi-petite voûte $a'b'ed$ (fig. 355) et en considérant l'équilibre du deuxième pilier k', c'est-à-dire en égalant les moments de toutes les forces de stabilité et de renversement agissant sur ce pilier autour du point k', on aura :

$$P''_s = P'_s - \frac{e}{h}\left[\frac{P_3}{2} + P_2\right] \quad (2)$$

Cette formule s'obtiendra comme la formule (1).

De même, en cherchant à équilibrer la poussée P_s'' de cette deuxième petite voûte par une autre petite voûte identique, et par suite de même poids P_2, on aura pour valeur de la poussée à la clé P'''_s de cette dernière voûte :

$$P'''_s = P''_s - \frac{e}{h}\left[\frac{P_3}{2} + P_2\right] \quad (3)$$

elle s'obtiendra comme les précédentes, en considérant l'équilibre du troisième pilier qui a même hauteur h, même épaisseur e et par suite même poids P_3, que les autres piliers.

On continuerait de la même façon à chercher les poussées P^{iv}_s, P^v_s, qui prendraient naissance aux joints à la clé des petites voûtes suivantes pour équilibrer les poussées des voûtes qui les précèdent immédiatement.

Or, l'examen des formules (1), (2), (3) montre de suite quelle est la loi de variation des différentes poussées de petites voûtes.

Chacune d'elles se déduit de la précédente en retranchant le terme constant :

$$\frac{e}{h}\left[\frac{P_3}{2} + P_2\right]$$

On peut donc dire que la poussée des petites voûtes, placées à la suite de la grande, va en décroissant d'une voûte à l'autre et que cette décroissance s'effectue suivant les termes d'une progression arithmétique décroissante dont le premier terme est :

$$P'_s - \frac{e}{h}\left[\frac{P_3}{2} + P_1\right]$$

et donc la raison est :

$$\frac{e}{h}\left[\frac{P_3}{2} + P_2\right].$$

Si donc on élève sur le milieu a' de la première petite voûte une verticale, $a'a'_1$, égale ou proportionnelle à la poussée P'_s qui se développe au joint à la clé $a'b'$ et si on répète cette construction en a'', a''',…. milieux des voûtes suivantes, on aura en joignant les points a'_1, a''_1, a'''_1,…. ainsi obtenus, une ligne droite inclinée qui, prolongée vers la gauche, pourra donner la poussée à la clé de toutes les petites voûtes. Cette ligne droite étant inclinée par rapport à l'horizontale a', a'', $a''' $ la rencontrera en un certain point. Toutes les voûtes qu'on ajouterait alors à gauche de ce point n'auraient aucune influence pour équilibrer la poussée de la grande voûte.

Il est facile, du reste, de déterminer par le calcul le nombre n de voûtes nécessaires à cet équilibre.

Puisque la loi de variations des poussées d'une voûte à l'autre est celle d'une progression arithmétique décroissante, la somme des équations (1), (2), (3) donne :

$$S = P_s - \frac{e}{h}\left[\left(\frac{P_3}{2} + P_1\right) + (n-2)\left(\frac{P_3}{2} + P_1\right)\right] \quad (a)$$

En égalant à zéro le deuxième membre de l'équation (a) on pourra calculer n puisque toutes les autres quantités sont connues.

Il est donc facile d'équilibrer la poussée d'une grande voûte par une série de petites voûtes accolées. Mais, ce moyen ne doit être employé que lorsqu'on doit produire un effet architectural car il est évident que cette manière d'équilibrer la grande voûte est loin d'être économique.

Les poussées à la clé de toutes les petites voûtes étant connues, on peut tracer la courbe de pression dans chacune d'elles. — Mais nous avons vu que la flèche de cette courbe était en raison inverse de la poussée à la clé, c'est-à-dire que plus la poussée est grande, plus la flèche est petite. — Or, dans la série de voûtes que nous considérons ici, la poussée à la clé va en diminuant à mesure qu'on s'avance vers la gauche; donc, dans ce même sens, la flèche de la courbe de pression ira en augmentant. Par suite, la courbe de pression qui prend naissance dans les petites voûtes précédentes varie dans chacune d'elles.

Arcs-boutants.

283. Nous savons que les composantes de la résultante des pressions sur un joint sont d'une part la poussée à la clé et d'autre part le poids de la portion de

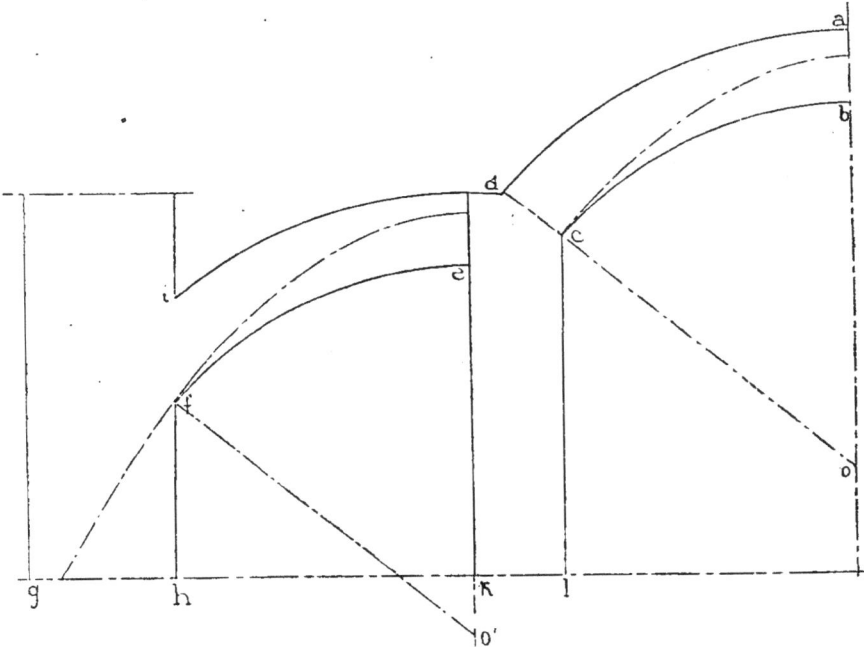

Fig. 356.

demi-voûte et de sa surcharge. Il résulte de là que pour tous les voussoirs d'une voûte la poussée horizontale est constante et qu'on peut équilibrer une voûte par une autre voûte de même rayon. La courbe de pression qui prendra naissance dans le pilier *cekl* situé entre les deux voûtes (*fig.* 356) se réduira alors à une ligne droite verticale. — Cette disposition offre un très grand avantage au point de vue du cube de maçonnerie puisque la hauteur de la culée se trouvant diminuée, par rapport au pilier intermédiaire, de la flèche de la voûte; on pourra réduire son épaisseur, dans une proportion notable.

284. Le principe précédent sert de base à la théorie des arcs-boutants.

Il est évident que la poussée P'_s que ces arcs doivent développer pour équilibrer la grande voûte se calculera comme dans le cas précédent; ce qui donne (*fig.* 356):

$$P'_s = P_s - \frac{e}{h}\left[\frac{P_3}{2} + P_l\right].$$

Cette poussée étant celle qui est strictement nécessaire pour équilibrer la grande voûte, il faudra la partager en autant de parties égales qu'il y aura d'arcs-boutants. Avec la poussée déterminée ainsi pour chacun d'eux il sera facile de tracer la courbe de pression pour chaque arc. La courbe de pression prolongée dans la culée permettra de déterminer l'épaisseur à lui donner pour qu'elle puisse résister, dans de bonnes conditions, au moment de renversement.

III. — Stabilité de deux voûtes accolées dont les naissances ne sont pas à la même hauteur.

285. Nous avons étudié précédemment la stabilité de deux voûtes accolées dont les naissances sont à la même hauteur ; voyons maintenaut ce qui se passe lors-

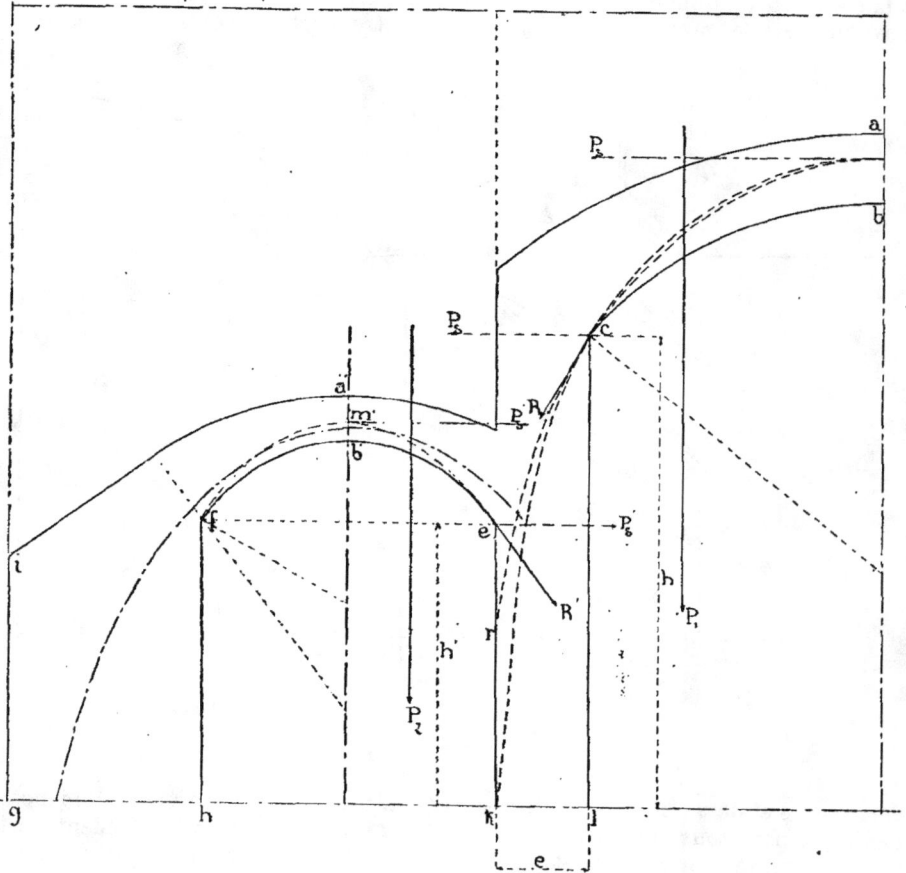

Fig. 357.

qu'il n'en est plus ainsi. Nous distinguerons naturellement deux cas ; 1° celui où la grande voûte a ses naissances au-dessus de celles de la petite ; 2° celui où la grande voûte a ses naissances au-dessous de celles de la petite voûte.

1ᵉʳ CAS. — Traçons la courbe de pression statique dans la grande demi-voûte

(*fig.* 357). Soit *mcr* cette courbe de pression statique. Si les naissances de la petite voûte sont au-dessus du point *r*, il est évident qu'il ne pourra pas y avoir équilibre, c'est déjà une première condition.

Supposons donc qu'ayant tracé la courbe *mcr*, on ait reconnu que le point *r* est au-dessous des naissances de la petite voûte et considérons l'équilibre du pilier intermédiaire *cekl*.

Soient :

P_s, la poussée à la clé de la grande voûte.

P'_s, la poussée qui prend naissance à la clé de la petite voûte lorsque la rotation est sur le point de s'effectuer autour du point k;

P_1, le poids de la demi-grande voûte ;

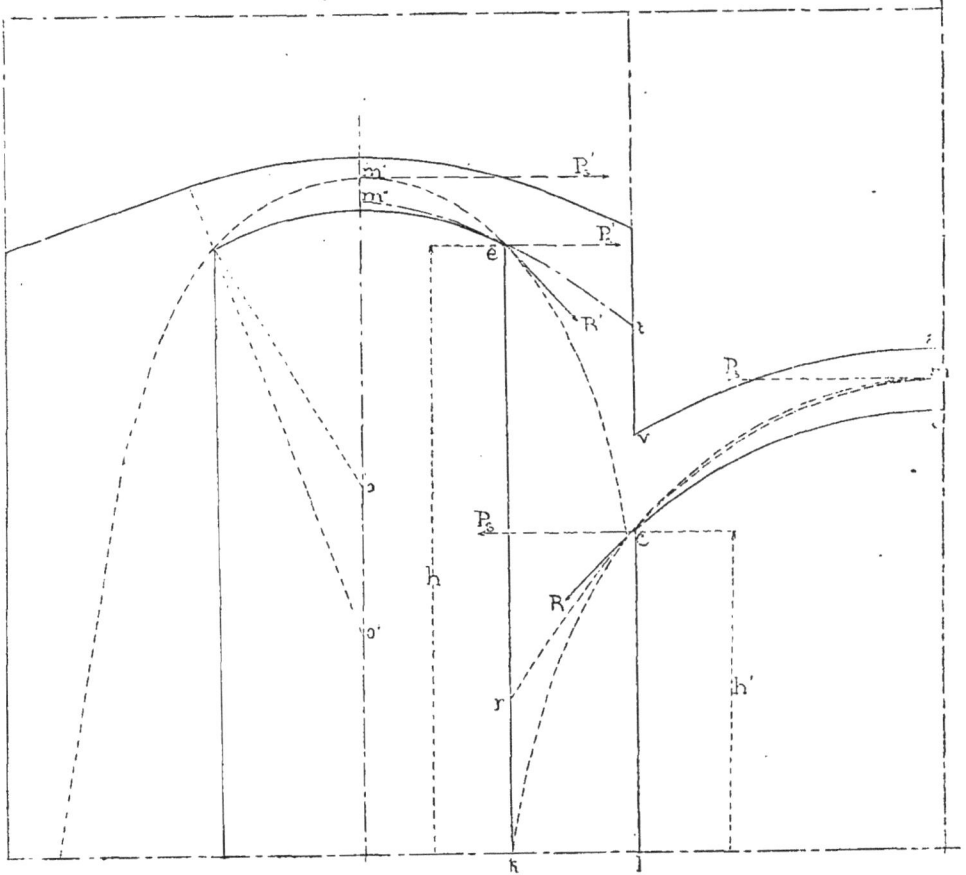

Fig. 358.

P_2, le poids de la demi-petite voûte ;

P_3, le poids du pilier intermédiaire *cekl*;

h, la hauteur du point c au-dessus du point de rotation k;

h', la hauteur du point e au-dessus de k;

e, épaisseur du pilier intermédiaire

Le pilier *cekl* est en équilibre, comme dans le cas des voûtes ayant leurs nais-

sances à la même hauteur, sous l'action des pressions R et R' exercées sur lui par la grande et la petite voûte. R peut se remplacer, au point de vue de l'équilibre, par ses composantes P_s, poussée à la clé de la grande voûte, et P_1, poids de la demi-grande voûte. — De même, R' peut se remplacer par ses composantes analogues P'_s et P_2.

Prenons les moments des forces P_s, P'_s,

P_1, P_2, P_3 agissant sur le pilier autour du point kl, nous aurons :

$$P_s \times h = P'_s \times h' + P_1 \times e + P_3$$

$$\times \frac{e}{2} = P'_s \times h' + e \left[\frac{P_3}{2} + P_1 \right]$$

d'où $P'_s = P_s \times \dfrac{h}{h'} - \dfrac{e}{h} \left[\dfrac{P_3}{2} + P_1 \right].$ (1)

Cette formule montre que la poussée qu'on obtient, dans ce cas, est plus grande que celle qu'on obtient lorsque les naissances des deux voûtes sont à la même hauteur h au-dessus du point k; cela résulte de ce que dans la formule précédente le rapport $\dfrac{h}{h'}$ est plus grand que l'unité et que, par suite, le premier

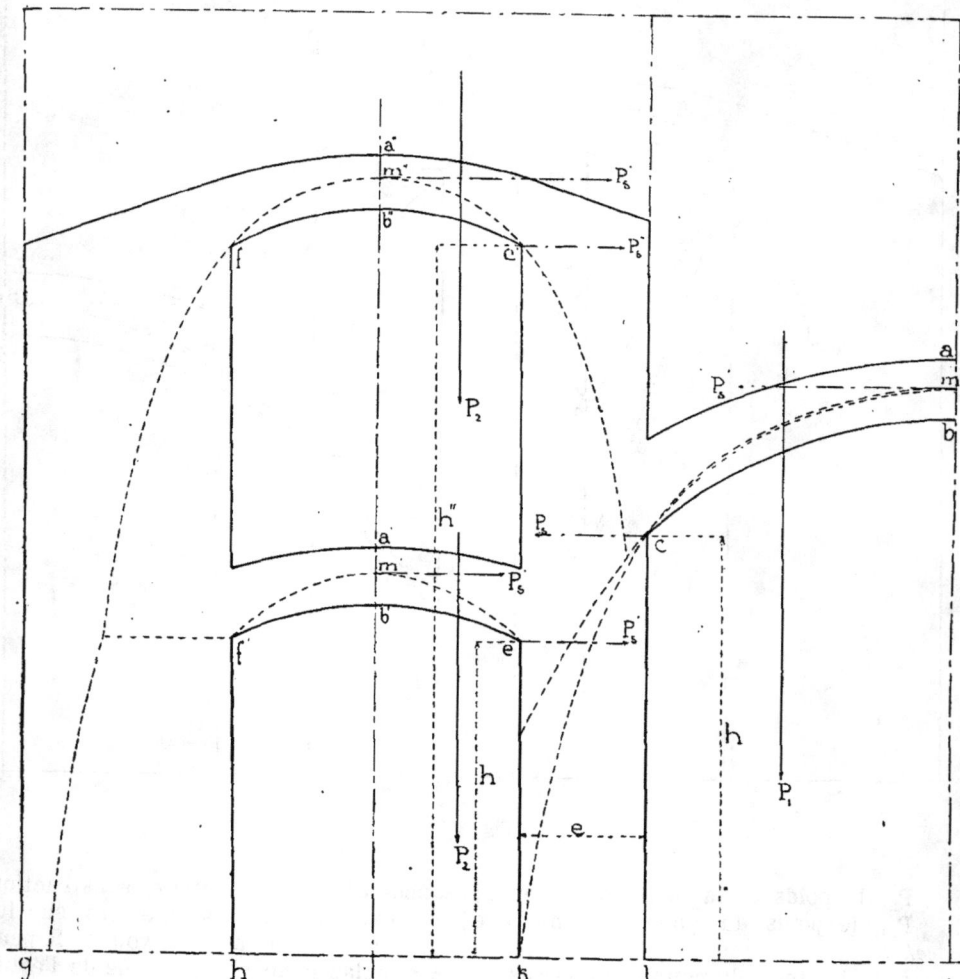

Fig. 359.

terme du deuxième membre de l'équation précédente est plus grand que P_s. On peut conclure de là, d'après ce que nous savons sur la grandeur de la flèche (280 et 281) de la courbe de pression dans la petite voûte que cette flèche sera moindre dans ce cas que dans celui où les naissances des deux voûtes sont à la même hauteur.

La petite voûte devra donc, pour résister dans de bonnes conditions, être très surbaissée de manière à pouvoir loger la courbe de pression entièrement dans son profil. Cette courbe se tracera du reste très facilement puisqu'on connaît l'intensité de la poussée P′$_s$ et un point de la courbe qui sera le point e ou un point un peu plus élevé sur le joint des naissances, comme pour les voûtes ayant leurs naissances à la même hauteur.

Cette courbe de pression, prolongée dans la culée, indiquera l'épaisseur nécessaire pour que celle-ci résiste au moment de renversement.

2e Cas. — Supposons maintenant (*fig.* 358) que les naissances de la grande voûte soient au-dessous de celles de la petite. Il faudra toujours, pour que l'ensemble soit en équilibre, déterminer l'équation d'équilibre du pilier intermédiaire sur lequel agissent les mêmes forces que dans le premier cas.

La poussée de la petite voûte sera donc encore, d'après les notations de la figure 358 :

$$P'_s = P_s \times \frac{h'}{h} - \frac{e}{h}\left[\frac{P_3}{2} + P_1\right].$$

Mais, dans ce deuxième cas, h' est plus petit que h, par suite le premier terme du deuxième membre de l'équation précédente est plus petit que P$_s$; la flèche de la courbe de pression sera donc plus grande que dans le premier cas et même que dans les cas où les naissances des deux voûtes sont à la même hauteur, car P′$_s$ a ici une valeur plus faible que dans les deux cas précités.

Cependant la valeur de P′$_s$ peut être telle que la courbe de pression dans la petite voûte prenne une position $m''t$. Dans ce cas il ne peut évidemment y avoir équilibre. Si au contraire la courbe de pression tracée dans la petite voûte avec la poussée calculée P′$_s$ tombe plus bas que le point V, elle aura pour effet de ramener la courbe de pression mcr de la demi-grande voûte en mck et alors l'équilibre aura lieu.

286. *Cas où le pilier intermédiaire est soutenu par deux voûtes superposées.* — Dans ce cas il est facile de voir qu'on ne peut déterminer mathématiquement la valeur de la poussée de chacune des deux petites voûtes soutenant le pilier intermédiaire (*fig.* 359). Cela résulte de ce qu'on ne peut écrire qu'une seule équation d'équilibre du pilier intermédiaire pour déterminer les poussées P$_s$′ et P$_s$″ de ces deux petites voûtes.

Considérons, en effet, l'équilibre du pilier *cekl*. Il est en équilibre sous l'action de son poids P$_3$ et des pressions R, R′, R″ exercées en c, e, e' par les trois voûtes. Ces pressions peuvent, comme nous l'avons déjà dit, se remplacer, au point de vue de l'équilibre, par leurs composantes horizontale et verticale qui sont la poussée à la clé et le poids de la demi-voûte. Soient :

P$_s$, la poussée à la clé de la grande voûte ;

P′$_s$, la poussée à la clé de la petite voûte inférieure ;

P″$_s$, la poussée à la clé de la petite voûte supérieure ;

P$_1$, le poids de la demi-grande voûte ;

P$_2$, le poids de la demi-petite voûte inférieure ;

P′$_2$, le poids de la demi-petite voûte supérieure ;

h', la hauteur des naissances de la grande voûte au-dessus du point k ;

h, la hauteur des naissances de la petite voûte inférieure au-dessus du point k ;

h'', la hauteur des naissances de la petite voûte supérieure au-dessus du même point.

On aura, en prenant les moments autour du point k :

$$P_s \times h' = P'_s \times h + P''_s \times h'' + P_1$$
$$\times e + P_3 \times \frac{e}{2}$$
$$= P'_s \times h + P''_s \times h'' + e\left[\frac{P_3}{2} + P_1\right]\cdot (1)$$

Nous n'avons donc qu'une seule équation d'équilibre pour déterminer les deux inconnues P′$_s$ et P″$_s$. Pour en obtenir une seconde, M. Dupuit suppose que la résultante passe par le pied du pilier et qu'alors il y a commencement de renversement du pilier. Pendant ce mouvement les points e et e' se déplaceront de quantités proportionnelles aux hauteurs h et h'' de ces points au-dessus du point de rotation k, et M. Dupuit pense qu'il est permis de supposer comme approximation que le même rapport existe entre les poussées P'_s et P''_s, de sorte qu'on peut écrire :

$$\frac{P'_s}{P''_s} = \frac{h}{h''}$$

équation qui donne :

$$P''_s = \frac{P'_s \times h''}{h}. \qquad (2)$$

Les équations (1) et (2) permettent donc de calculer P'_s et P''_s et par suite de tracer les courbes de pressions des deux petites voûtes et aussi la courbe de pression dans la culée ; cette dernière courbe servira à constater si l'épaisseur qu'on a donnée à la culée est suffisante pour l'équilibre.

287. On voit donc que dans tous les cas il faut toujours considérer l'équilibre du pilier intermédiaire sur lequel s'opèrent les retombées des voûtes. A cet effet il faudra commencer par tracer la courbe de pression en supposant que, dans chaque voûte, la poussée à la clé est celle qui prend naissance sous l'action du poids propre de la voûte et de sa surcharge. Si cette courbe de pression est entièrement comprise dans le pilier, l'ensemble des voûtes sera en équilibre. Dans le cas contraire le pilier tend à être renversé et il faut déterminer quelle doit être la valeur de la poussée des voûtes pour que le pilier soit en équilibre. Ceci permettra de tracer la courbe de pression dans la voûte située du côté où il tend à se renverser. Si cette courbe de pression est entièrement contenue dans le profil de la voûte et de sa culée, l'équilibre sera assuré.

Si on veut équilibrer la grande voûte par une série de petites voûtes supportées par des piliers intermédiaires on opèrera pour chacun de ces piliers, comme nous venons de l'indiquer pour le pilier intermédiaire quand on ne considère qu'une seule petite voûte.

§ X. — MÉTHODE DE M. CARVALHO

Principe de la méthode.

288. M. Carvalho a publié en 1853, dans les *Annales des ponts et chaussées*, un mémoire ayant pour objet la détermination des formules générales résolvant le problème de la stabilité des voûtes.

Nous allons indiquer ces formules ainsi que leurs applications aux voûtes les plus employées en pratique en renvoyant, pour plus de développements des formules, au mémoire susmentionné de M. Carvalho.

Le problème que M. Carvalho s'est proposé de résoudre est le suivant :

Connaissant :

L'équation de l'intrados d'une voûte cylindrique ;

Le poids du mètre cube de la pierre dont la voûte est composée ;

La pression que cette pierre peut supporter en toute sécurité par centimètre carré de surface ;

Le coefficient de frottement de la pierre sur le lit de mortier ;

Déterminer l'extrados curviligne de manière à n'employer que le plus petit volume possible de pierre, en s'imposant en outre les conditions relatives au glissement des pierres les unes sur les autres et à la résistance des matériaux.

M. Carvalho suppose la voûte décomposée en éléments par des plans verticaux parallèles à l'axe du cylindre et établit ainsi les équations d'équilibre des forces agissantes, équations qui montrent qu'il existe une infinité de voûtes stables pour un même intrados et que la composante horizontale des pressions sur tous les joints est constante ; ce que nous avons déjà montré.

Ces équations montrent en outre que la courbe des pressions est au moins du second degré.

Après avoir trouvé les équations générales de la question, M. Carvalho les a

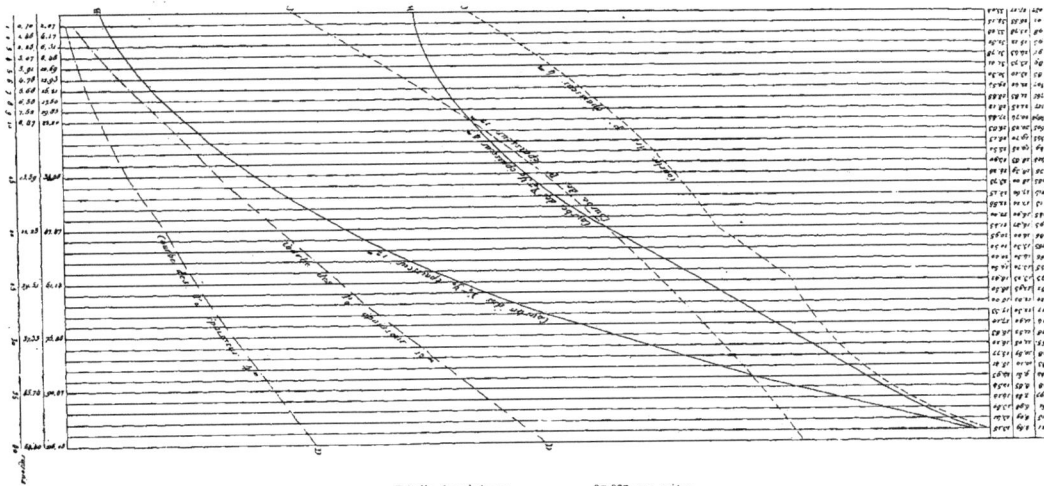

Echelle des abcisses........ 0ᵐ,002 par mètre.

Echelle des ordonnées......
A. 0ᵐ,005 par mètre.
B. 0ᵐ,005 par mètre.
C. 0ᵐ,005 par kilogramme.
D. 0ᵐ,001 par kilogramme.

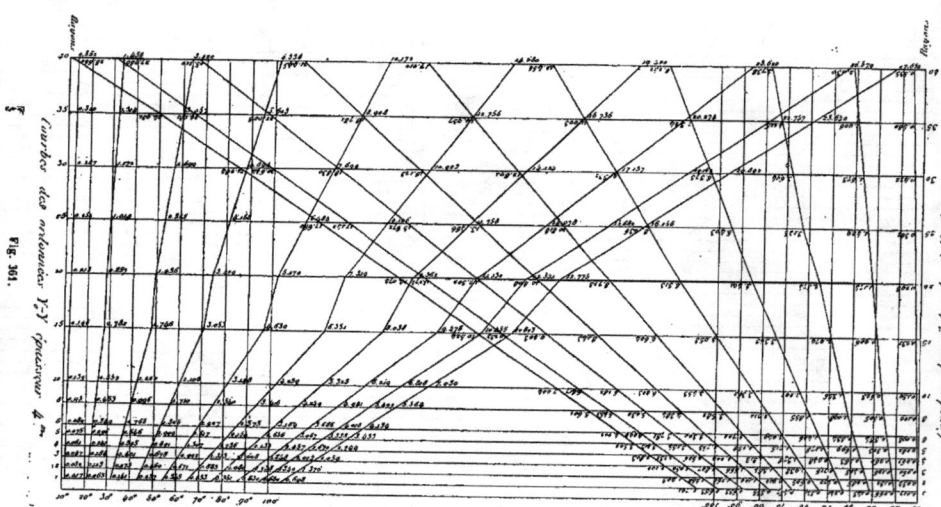

Fig. 361.

Echelle des abscisses 0ᵐ,002 par mètre.
Echelle des ordonnées 0ᵐ,005 par mètre.

appliquées aux différentes voûtes habituellement employées dans les constructions, c'est-à-dire aux voûtes en plein cintre, en arc de cercle, en ellipse, en anse de panier et en ogive.

I. — Voûtes en plein cintre.

289. Les axes de coordonnées étant la verticale de symétrie de la voûte et l'horizontale passant par les naissances, l'équation à laquelle est arrivé M. Carvalho pour la courbe de pression est la suivante :

$$Y_0 - Y = \frac{\rho r^3}{P_0} \left(- \frac{\alpha \sin \alpha}{2} - \frac{\cos \alpha}{2} + \frac{\cos^3 \alpha}{6} + \frac{1}{3} + \frac{H}{r} \frac{\sin^2 \alpha}{2} \right) \quad (1)$$

Y est l'ordonnée courante de la courbe des pressions ;

Y_0 est la valeur à l'origine de Y ;

ρ est le poids du mètre cube de pierre ;

r est le rayon de l'intrados ;

α est l'angle du joint normal avec la verticale ;

H est la hauteur de l'horizontale qui limite la surcharge au-dessus des naissances ;

P_0 est la poussée à la clé de la voûte sans surcharge.

Pour déterminer la courbe des pressions à l'aide de l'équation (1) il suffit de diviser le quadrant en dix parties égales et de calculer les valeurs correspondantes de $Y_0 - Y$.

La parenthèse du second membre se composant de cinq termes dont quatre sont invariables d'une voûte à l'autre, le dernier seul variant avec $\frac{H}{r}$, il a été facile de former un tableau applicable à toutes les voûtes en plein cintre pour ces quatre premiers termes et de faire leur somme algébrique.

A cette somme algébrique on a ajouté la valeur du cinquième terme pour la voûte à établir avec les données H et r.

290. M. Carvalho a ainsi calculé les dix ordonnées de la courbe des pressions, l'épaisseur à la clé ou ses deux tiers $Y_0 - Y_0$, la poussée à la clé P_0 et la pression maximum P' pour toutes les valeurs du rayon de 1 à 40 mètres, de mètre en mètre et pour chacun de ces rayons avec les deux épaisseurs de 4 mètres et de 12 mètres. Les tables ont été poussées jusqu'au rayon de 40 mètres pour pouvoir les faire servir en même temps aux ponts en arc de cercle dont le rayon d'intrados est très grand.

Ceci fait M. Carvalho a construit (*fig.* 360) deux courbes des valeurs de $Y_0 - y_0$ correspondant la première à l'épaisseur de 4 mètres et la deuxième à l'épaisseur de 12 mètres. Ce sont ces deux courbes qui ont permis de déterminer exactement les valeurs de $Y_0 - y_0$ pour tous les rayons, de mètre en mètre, de 1 à 40 mètres et pour les surcharges de 4 et 12 mètres. La figure contient en même temps les courbes des valeurs de P_0 et de P' pour ces mêmes surcharges.

M. Carvalho, a ensuite calculé pour les épaisseurs de 4 mètres et de 12 mètres et pour chacun des rayons, la valeur de l'ordonnée de la courbe des pressions correspondant à chaque valeur de α. Il a construit les courbes de ces ordonnées (*fig.* 361), soit dix courbes pour chacune des surcharges 4 et 12 mètres.

Ces courbes sont sensiblement droites entre deux abscisses consécutives. Elles ont servi à déterminer les ordonnées de la courbe des pressions pour tous les rayons croissant de mètre en mètre.

Les éléments de la voûte ont donc pu être déterminés complètement et réunis dans une table suffisante pour déterminer la courbe des pressions qui, dans cette méthode, passe au tiers supérieur du joint à la clé.

Si le rayon de la voûte à construire n'est pas un nombre exact de mètres on pourra sans inconvénient se servir de la table en employant le rayon le plus rapproché, par défaut ou par excès, ou bien on pourra faire une interpolation à l'aide des courbes ou des tables.

291. *Courbe d'extrados.* —M. Carvalho a déterminé la courbe d'extrados de manière que, construite seule et sans surcharge, elle donne une courbe de pression identique à celle obtenue avec la surcharge H.

Dans ces conditions l'équation de sa courbe d'extrados est :

$$n_0 - n = k (y_0 - y) \qquad (2)$$

dans laquelle,

$$k = 1 - \frac{n_0 - y_0}{H - y_0} \qquad (3)$$

y étant l'ordonnée du cercle d'extrados de rayon r, n sera l'ordonnée d'une ellipse ayant pour demi-axes r et kr.

y_0 et n_0 sont les valeurs de y et n à l'origine.

II. — Voûtes en arc de cercle.

292. L'équation de la courbe pressions est, dans ce cas :

$$Y_0 - Y = \rho \frac{r^3}{P_0} \left(- \frac{\alpha \sin \alpha}{2} - \frac{\cos \alpha}{2} \right.$$
$$\left. + \frac{\cos^3 \alpha}{6} + \frac{1}{3} + \frac{H + h}{r} \frac{\sin^2 \alpha}{2} \right).$$

elle montre que les résultats obtenus par les voûtes en plein cintre pour lesquelles $h + r = H + h$ peuvent aussi être appliqués pour les voûtes en arc de cercle.

Il faudra naturellement arrêter les ordonnées de la courbe des pressions à la valeur de α qui répond à l'angle au centre de l'arc d'introdos considéré. Si la valeur de α qui répond à l'angle au centre de cet arc d'intrados n'est pas une des divisions du quadrant qui figurent dans la table il faudra calculer cette valeur directement ou la déterminer graphiquement sur la figure 361 à l'aide des courbes.

La courbe d'extrados se détermine par les considérations analogues à celles des voûtes en plein cintre.

III. — Voûtes à intrados elliptique.

293. Pour étendre les tables aux voûtes à intrados elliptique dont les demi-axes sont a et b on calculera l'épaisseur à la clé $Y_0 - y_0$ correspondant au rayon $r = a$, et à la surcharge donnée.

Les dix ordonnées de la courbe des pressions se prendront dans la table au rayon $r = b$, la surcharge étant h.

La courbe de l'extrados sera encore définie par les équations (2) et (3) dans lesquelles y est l'ordonnée de l'ellipse dont les demi-axes sont a et b et n l'ordonnée d'une ellipse dont les demi-axes seront a et $k b$.

IV. — Voûtes en anse de panier.

294. L'application des formules de M. Carvalho aux voûtes en anse de panier serait un peu longue. Aussi dans cette méthode on pourra se contenter de déterminer la courbe des pressions et l'extrados comme s'il s'agissait d'une ellipse ayant pour demi-axes la moitié de l'ouverture et la flèche de la voûte en anse de panier.

295. *Remarque.* — Dans les tables (pages 299 et suivantes) R est le rayon de l'intrados, h est la hauteur de la surcharge à la clé, au-dessus de l'intrados.

$Y_0 - y_0$ est, d'après les notations, la hauteur à la clé, au-dessus de l'intrados, du point de passage de la poussée. Les colonnes de trois à douze donnent les ordonnées de la courbe des pressions sur les verticales passant par les points de divisions de 10 degrés en 10 degrés du quart de cercle de l'intrados.

Les nombres des autres colonnes se rapportent à la stabilité des pieds-droits ; nous n'avons donc pas à nous en occuper pour le moment.

Applications.

296. Pour bien indiquer l'usage des tables, M. Carvalho les a appliquées à quelques-uns des ouvrages qu'il a construits sur la ligne du chemin de fer d'Orléans entre Châteauroux et La Souterraine. Nous allons donner deux de ces exemples, l'un pour une voûte en plein cintre ; l'autre pour une voûte en ellipse.

297. I. — *Déterminer la courbe des pressions ainsi que la courbe de l'extrados d'une voûte en plein cintre avec les données suivantes :*

Rayon d'intrados. . . . . $r = 8$ mètres

Hauteur de la surcharge
de maçonnerie au-dessus
de l'intrados à la clé. . . $h = 4$ mètres

Nous ne nous occuperons pas des dimensions à donner aux pieds-droits, ces

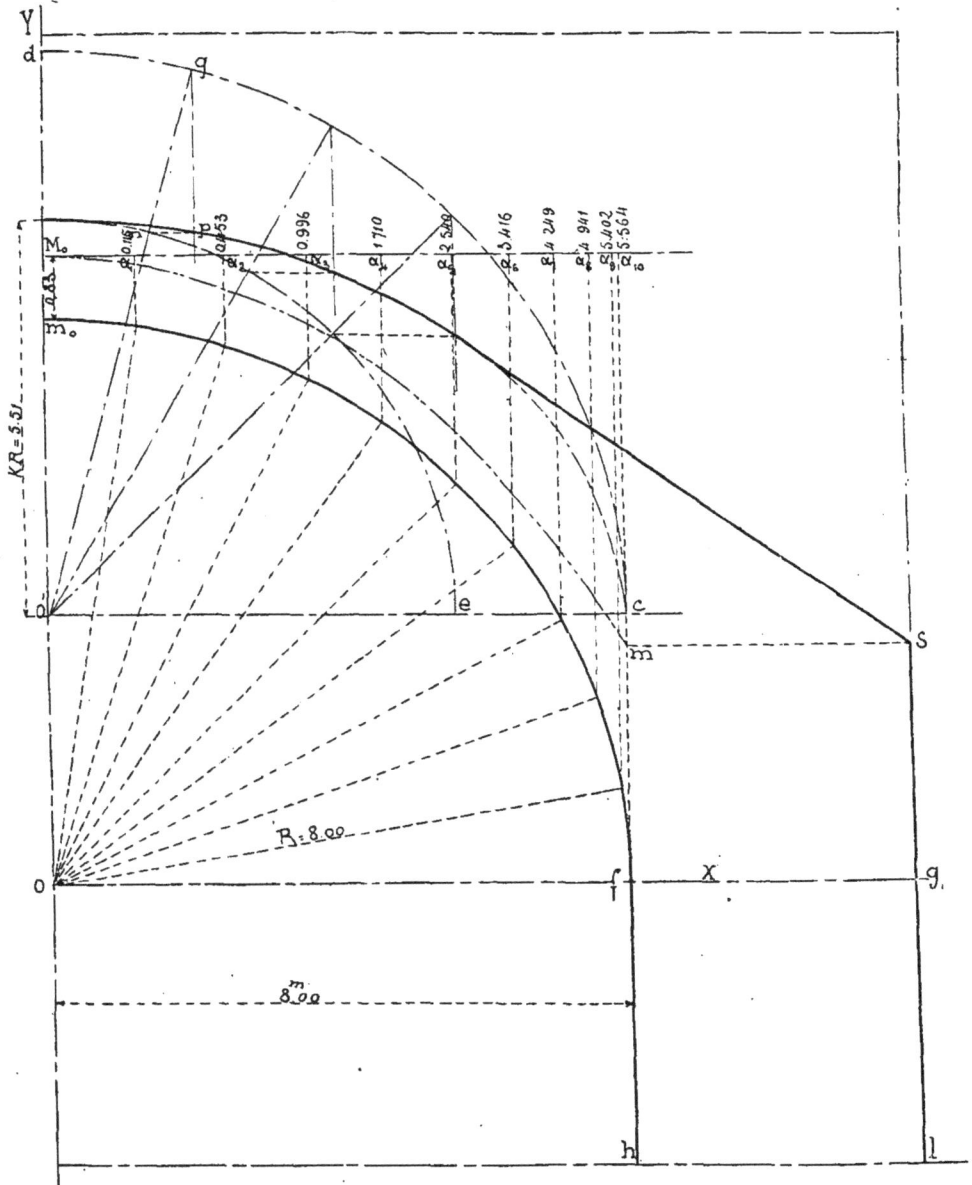

Fig. 362.

dimensions faisant l'objet d'une étude spéciale dans un des paragraphes suivants.
Nous les supposons donc connues.

Traçons (*fig.* 362) à une certaine échelle,
l'arc de l'intrados ; divisons le quadrant
en dix parties égales et élevons des ordonnées par les points de division.

a. Tracé de la courbe des pressions. —
Ceci fait, cherchons dans la première colonne de la table le rayon de 8 mètres et
dans la deuxième colonne, relativement
à ce rayon, la surcharge $h = 4$ mètres. Les
dix colonnes de $\alpha = 10$ degrés à $\alpha = 100$ degrés donnent, sur l'horizontale de $h = 4$,

les ordonnées de la courbe des pressions pour ces divisions du quadrant ; sur cette même horizontale, la treizième colonne donne la valeur de $Y_0 - y_0 = 0,83$ que nous portons, à partir de l'intrados, sur le joint à la clé de m_0 en M_0. En ce dernier point nous menons une horizontale qui coupe les ordonnées passant par les dix

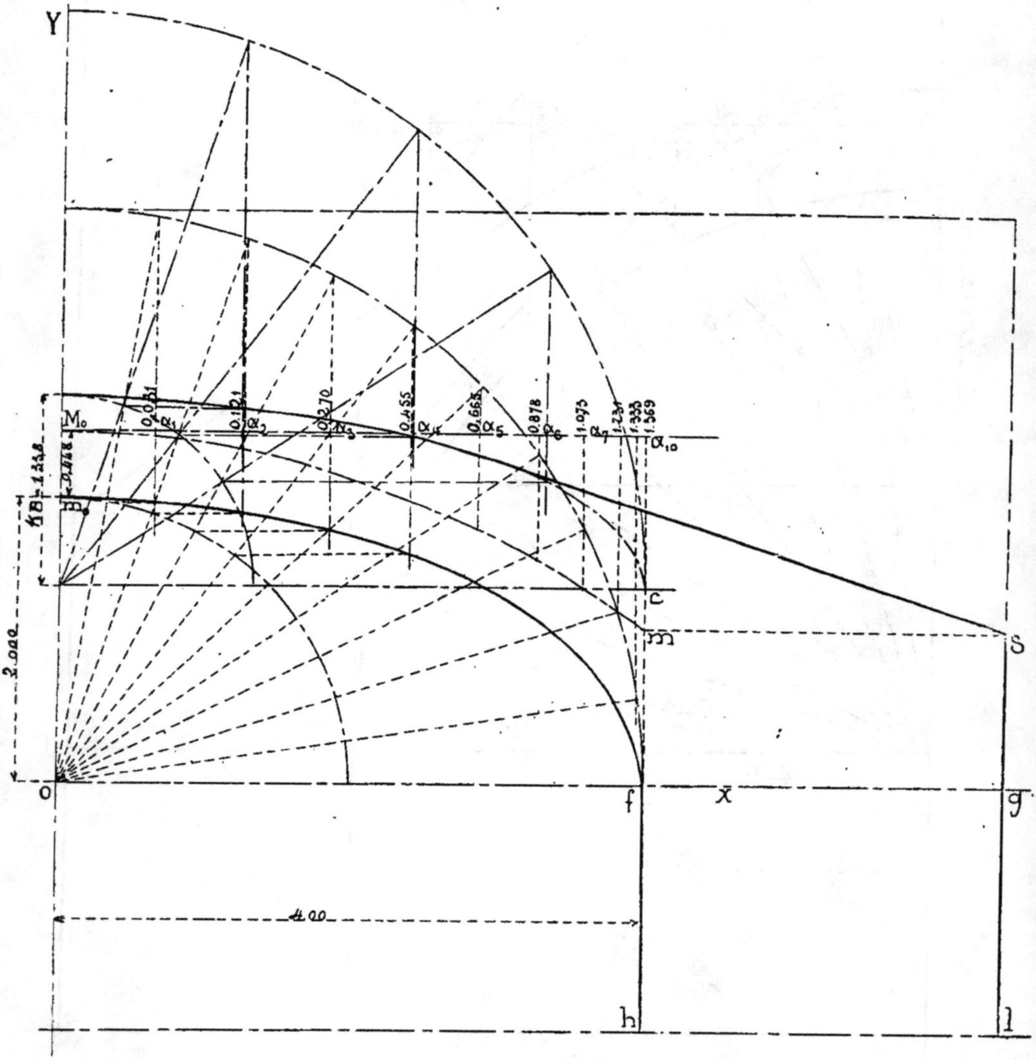

Fig. 363.

points de division du quadrant en α_1, α_2....., α_{10}; à partir de ces points nous portons sur les ordonnées correspondantes, de haut en bas, les valeurs des ordonnées fournies par la table. En réunissant par une ligne continue les extré-mités de ces ordonnées, nous aurons la courbe des pressions.

b. Tracé de l'extrados. — L'équation de la courbe d'extrados est, comme nous le savons (n° 291) :

$$n_0 - n = k (y_0 - y)$$

dans laquelle,

$$k = 1 - \frac{n_0 - y_0}{H - y_0}$$

n_0 est la valeur de l'ordonnée de l'extrados à l'origine et y_0 celle de l'ordonnée de la courbe d'intrados au même point. Donc $n_0 - y_0$ représente l'épaisseur du joint à la clé; or $Y_0 - y_0$, représente $m_0 M_0$, c'est-à-dire les deux tiers de l'épaisseur du joint à la clé, puisque le point de passage de la résultante des pressions est supposé être, ici, au tiers supérieur de ce joint :

Donc, $n_0 - y_0 = \frac{3}{2}(Y_0 - y_0)$

et $k = 1 - \frac{3}{2}\frac{Y_0 - y_0}{H - y_0}$.

En appliquant, on trouve :

$$k = 1 - \frac{3}{2} \times \frac{0,83}{4} = 0^m,6888.$$

Nous tracerons, comme l'indique la figure, l'ellipse dont les demi-axes sont

$$r = 8 \text{ mètres}$$
$$kr = 8^m,00 \times 0,688 = 5,5111$$

Cette ellipse formera la première partie de l'extrados. Pour avoir la deuxième partie nous mènerons par le point m, extrémité de l'ordonnée en α_{10} de la courbe des pressions, c'est-à-dire par le point d'intersection de la courbe des pressions avec la verticale fh du pied droit, une horizontale coupant la verticale extérieure du pied-droit en s. En menant par ce point s une tangente à l'ellipse nous aurons la deuxième partie de l'extrados.

298. II. — *Déterminer la courbe des pressions, ainsi que la courbe de l'extrados, d'une voûte en ellipse avec les données suivantes :*

Demi-grand axe de l'ellipse d'intrados. . . . . $a = 4$ mèt.

Demi-petit axe de l'ellipse d'intrados. . . . . $b = 2$ mèt.

Hauteur de la surchage au-dessus de l'intrados à la clé . $h = 2$ mèt.

A. — *Tracé de la courbe des pressions.* D'après ce que nous avons dit (n°293) il faut prendre la valeur de $Y_0 - y_0$, définissant le point de passage de la poussée à la clé au-dessus de l'intrados, dans la table au rayon $a = 4$ mètres et à la surchage $h = 2$ mètres; on trouve $\gamma_0 - y_0 = 0^m,448$. On mènera (*fig.* 263) l'horizontale du point M_0 ainsi obtenu, puis on divisera le quart du cercle de rayon 4 mètres en dix parties égales; par les points de division on fera passer des verticales qui couperont l'horizontale de M_0 en $\alpha_1, \alpha_2, ... \alpha_{10}$; à partir de ces points on portera sur les verticales les ordonnées correspondantes de la courbe de pression, ordonnées fournis par la table au rayon de 2 mètres surcharge 2 mètres (n° 293).

En joignant les extrémités de ces ordonnées, on aura la courbe des pressions.

B. — *Tracé de la courbe d'extrados.* La première partie de la courbe d'extrados ayant pour équation

$$n_0 - y_0 = k(y_0 - n_0)$$

est, comme nous le savons, une ellipse ayant pour demi-axes :

$$a = 4 \text{ mètres}$$
$$kb = 0^m,664 \times 2 = 1^m,338$$

Car ici :

$$k = 1 - \frac{3}{2} \times \frac{0,448}{2} = 0^m,664.$$

La deuxième partie de l'extrados, s'obtiendra, comme dans l'exemple précédent, en menant par le point m, extrémité de l'ordonnée en α_{10} de la courbe des pressions, une horizontale rencontrant la verticale extérieure du pied-droit en s et en menant par ce point une tangente à l'ellipse formant la première partie.

TABLEAU A

ORDONNÉES DE LA COURBE DES PRESSIONS POUR TOUS LES RAYONS COMPRIS ENTRE 1 ET 40 MÈTRES, POUR TOUTES LES SURCHARGES COMPRISES ENTRE 1 ET 12 MÈTRES

RAYONS	A	ORDONNÉES $Y_0 - Y$ POUR DES VALEURS DE α ÉGALES A:										$Y_0 - y_0$	P_0	P'	$\dfrac{\left(\frac{dV}{dx}\right)n}{P_0}$
		10°	20°	30°	40°	50°	60°	70°	80°	90°	100°				
R = 1	1	0.017	0.065	0.140	0.235	0.343	0.451	0.549	0.629	0.679	0.696	0.197	0.21	1.52	2915
	2	0.017	0.065	0.140	0.236	0.344	0.452	0.550	0.629	0.679	0.697	0.198	0.37	2.58	5315
	3	0.017	0.065	0.141	0.236	0.344	0.452	0.550	0.630	0.68	0.697	0.199	0.53	3.63	7517
	4	0.017	0.065	0.141	0.237	0.345	0.453	0.551	0.630	0.680	0.698	0.200	0.70	4.69	10115
	5	0.017	0.065	0.141	0.247	0.345	0.453	0.551	0.630	0.681	0.698	0.202	0.87	5.75	12515
	6	0.017	0.065	0.141	0.238	0.346	0.454	0.552	0.631	0.681	0.699	0.203	1.04	6.80	14915
	7	0.017	0.065	0.142	0.238	0.346	0.454	0.552	0.631	0.682	0.699	0.205	1.21	7.86	17315
	8	0.017	0.065	0.142	0.239	0.347	0.455	0.553	0.631	0.682	0.700	0.206	1.38	8.92	19715
	9	0.017	0.066	0.142	0.239	0.347	0.455	0.553	0.632	0.683	0.700	0.207	1.56	9.97	22115
	10	0.017	0.066	0.142	0.240	0.348	0.456	0.554	0.632	0.683	0.700	0.208	1.74	11.03	24515
	11	0.017	0.066	0.143	0.240	0.348	0.456	0.554	0.633	0.684	0.701	0.209	1.90	12.09	26915
	12	0.017	0.066	0.143	0.241	0.349	0.457	0.555	0.633	0.685	0.701	0.210	2.07	13.15	29315
R = 2	1	0.031	0.120	0.269	0.453	0.662	0.874	1.070	1.227	1.330	1.365	0.284	0.71	3.34	6860
	2	0.031	0.121	0.270	0.455	0.665	0.878	1.075	1.231	1.333	1.369	0.296	0.95	4.26	11660
	3	0.032	0.122	0.272	0.458	0.668	0.881	1.077	1.234	1.337	1.372	0.308	1.19	5.17	16460
	4	0.032	0.123	0.273	0.460	0.671	0.885	1.080	1.238	1.340	1.376	0.320	1.46	6.09	21260
	5	0.032	0.124	0.275	0.462	0.674	0.888	1.084	1.241	1.344	1.379	0.332	1.74	7.00	26060
	6	0.032	0.125	0.276	0.465	0.677	0.892	1.087	1.245	1.347	1.383	0.344	2.04	7.92	30860
	7	0.033	0.126	0.278	0.467	0.680	0.893	1.091	1.248	1.351	1.386	0.356	2.36	8.83	35660
	8	0.033	0.127	0.279	0.469	0.683	0.899	1.094	1.252	1.354	1.390	0.368	2.69	9.75	40460
	9	0.033	0.128	0.281	0.472	0.686	0.902	1.098	1.255	1.358	1.393	0.380	3.04	10.66	45260
	10	0.033	0.129	0.282	0.474	0.689	0.905	1.101	1.259	1.361	1.397	0.392	3.40	11.58	50060
	11	0.034	0.130	0.284	0.476	0.692	0.909	1.105	1.262	1.365	1.400	0.404	3.78	12.49	54860
	12	0.034	0.132	0.285	0.479	0.695	0.912	1.109	1.266	1.368	1.403	0.415	4.17	13.41	59660
R = 3	1	0.046	0.179	0.392	0.664	0.975	1.204	1.588	1.830	1.987	2.042	0.363	1.21	4.43	11835
	2	0.046	0.181	0.395	0.669	0.981	1.300	1.595	1.836	1.993	2.048	0.385	1.53	5.28	19035
	3	0.047	0.182	0.398	0.673	0.986	1.307	1.601	1.842	1.998	2.053	0.408	1.88	6.13	26235
	4	0.047	0.184	0.401	0.678	0.992	1.313	1.608	1.848	2.004	2.059	0.430	2.25	6.98	33455
	5	0.047	0.185	0.404	0.683	0.998	1.319	1.615	1.854	2.010	2.064	0.452	2.65	7.83	40635
	6	0.048	0.187	0.407	0.687	1.004	1.326	1.621	1.860	2.016	2.070	0.475	3.09	8.68	47835
	7	0.048	0.188	0.410	0.692	1.009	1.332	1.628	1.866	2.021	2.075	0.497	3.65	9.53	55035
	8	0.048	0.190	0.413	0.696	1.015	1.339	1.634	1.872	2.027	2.081	0.520	4.05	10.39	62235
	9	0.049	0.191	0.416	0.701	1.021	1.345	1.647	1.878	2.033	2.086	0.542	4.57	11.24	69435
	10	0.049	0.193	0.419	0.705	1.027	1.352	1.648	1.884	2.039	2.092	0.565	5.12	12.09	76635
	11	0.049	0.194	0.422	0.710	1.032	1.358	1.654	1.890	2.044	2.097	0.588	5.71	12.94	83835
	12	0.050	0.196	0.425	0.715	1.038	1.364	1.660	1.897	2.050	2.102	0.610	6.33	13.80	91035
R = 4	1	0.059	0.234	0.511	0.870	1.280	1.708	2.104	2.432	2.647	2.722	0.410	1.69	5.51	17840
	2	0.060	0.236	0.516	0.877	1.289	1.717	2.114	2.440	2.655	2.729	0.448	2.11	6.29	27440
	3	0.061	0.239	0.520	0.884	1.298	1.727	2.123	2.449	2.662	2.737	0.484	2.57	7.08	37040
	4	0.061	0.241	0.525	0.891	1.307	1.736	2.133	2.457	2.670	2.744	0.520	3.07	7.86	46640
	5	0.062	0.243	0.530	0.898	1.316	1.746	2.142	2.466	2.678	2.751	0.555	3.60	8.64	56240
	6	0.063	0.246	0.535	0.905	1.325	1.755	2.152	2.474	2.686	2.759	0.590	4.17	9.43	65840
	7	0.063	0.248	0.539	0.912	1.334	1.765	2.161	2.483	2.693	2.766	0.625	4.79	10.21	75440
	8	0.064	0.250	0.544	0.919	1.343	1.774	2.171	2.491	2.701	2.773	0.660	5.45	11.00	85040
	9	0.065	0.253	0.549	0.926	1.352	1.784	2.180	2.500	2.709	2.780	0.696	6.15	11.78	94640
	10	0.065	0.255	0.554	0.933	1.361	1.793	2.190	2.508	2.717	2.788	0.732	6.60	12.57	104240
	11	0.066	0.257	0.558	0.940	1.370	1.803	2.199	2.517	2.724	2.795	0.768	7.70	13.36	113840
	12	0.067	0.260	0.563	0.948	1.378	1.813	2.209	2.526	2.732	2.803	0.799	8.48	14.14	123440
R = 5	1	0.072	0.286	0.626	1.069	1.585	2.115	2.619	3.034	3.310	3.408	0.445	2.24	6.72	24876
	2	0.073	0.289	0.633	1.079	1.593	2.128	2.631	3.045	3.319	3.416	0.493	2.75	7.43	36876
	3	0.074	0.293	0.639	1.089	1.605	2.141	2.644	3.056	3.329	3.425	0.541	3.30	8.14	48876
	4	0.075	0.296	0.646	1.099	1.617	2.154	2.656	3.067	3.338	3.433	0.590	3.91	8.85	60876
	5	0.076	0.299	0.653	1.109	1.629	2.167	2.668	3.078	3.347	3.442	0.639	4.58	9.56	72876
	6	0.077	0.303	0.659	1.119	1.641	2.180	2.681	3.089	3.357	3.450	0.688	5.30	10.27	84876
	7	0.8	0.306	0.666	1.129	1.653	2.193	2.693	3.100	3.366	3.459	0.737	6.07	10.98	96876
	8	0.078	0.310	0.672	1.139	1.666	2.206	2.705	3.111	3.375	3.467	0.786	6.89	11.69	108876
	9	0.079	0.313	0.679	1.149	1.678	2.219	2.718	3.122	3.385	3.476	0.835	7.76	12.40	120876
	10	0.080	0.317	0.685	1.159	1.690	2.232	2.730	3.133	3.394	3.484	0.884	8.68	13.11	132876
	11	0.081	0.320	0.692	1.169	1.702	2.245	2.742	3.144	3.404	3.493	0.932	9.65	13.82	144876
	12	0.082	0.323	0.699	1.178	1.715	2.258	2.755	3.154	3.415	3.502	0.980	10.69	14.54	156876
R = 6	1	0.086	0.336	0.739	1.267	1.881	2.527	3.141	3.650	3.990	4.109	0.490	2.74	7.48	32941
	2	0.087	0.340	0.748	1.280	1.896	2.543	3.155	3.662	3.999	4.117	0.550	3.36	8.16	47341
	3	0.088	0.345	0.756	1.292	1.911	2.559	3.170	3.674	4.009	4.126	0.610	4.04	8.84	61741
	4	0.089	0.349	0.765	1.305	1.927	2.575	3.184	3.686	4.018	4.134	0.670	4.78	9.51	76141
	5	0.090	0.353	0.774	1.318	1.942	2.591	3.199	3.698	4.028	4.143	0.730	5.58	10.19	90541
	6	0.091	0.358	0.782	1.330	1.957	2.607	3.215	3.710	4.037	4.151	0.791	6.45	10.87	104941
	7	0.093	0.362	0.791	1.343	1.972	2.623	3.228	3.722	4.047	4.160	0.851	7.38	11.55	119341
	8	0.094	0.366	0.799	1.355	1.988	2.639	3.242	3.734	4.056	4.168	0.912	8.37	12.22	132741
	9	0.095	0.371	0.808	1.368	2.003	2.655	3.257	3.746	4.066	4.177	0.972	9.42	12.90	148141
	10	0.096	0.375	0.816	1.380	2.018	2.671	3.271	3.758	4.075	4.185	1.033	10.53	13.58	162541
	11	0.097	0.379	0.825	1.393	2.033	2.687	3.286	3.770	4.085	4.194	1.093	11.70	14.26	176941
	12	0.098	0.384	0.834	1.406	2.049	2.703	3.300	3.781	4.094	4.202	1.154	12.93	14.93	191341

TABLEAU A (suite)

RAYONS	h	ORDONNÉES Y_0 — Y POUR DES VALEURS DE α ÉGALES A:										$Y_0 - y_0$	P_0	P'	$P_0\left(\dfrac{dV}{dx}\right)\dfrac{n}{\cdots}$
		10°	20°	30°	40°	50°	60°	70°	80°	90°	100°				
R = 7	1	0.098	0.385	0.848	1.461	2.178	2.940	3.669	4.278	4.686	4.829	0.540	3.29	8.11	42036
	2	0.099	0.390	0.859	1.476	2.196	2.958	3.685	4.290	4.694	4.836	0.611	4.01	8.77	58836
	3	0.101	0.396	0.869	1.492	2.214	2.977	3.701	4.301	4.702	4.842	0.682	4.81	9.43	75636
	4	0.102	0.401	0.880	1.507	2.233	2.995	3.716	4.313	4.710	4.849	0.754	5.68	10.10	92436
	5	0.104	0.406	0.891	1.522	2.251	3.013	3.732	4.335	4.718	4.856	0.826	6.62	10.76	109236
	6	0.105	0.412	0.902	1.538	2.269	3.032	3.748	4.336	4.726	4.862	0.898	7.63	11.47	126036
	7	0.107	0.417	0.912	1.553	2.287	3.050	3.764	4.348	4.734	4.869	0.970	8.71	12.09	142836
	8	0.108	0.422	0.923	1.568	2.306	3.068	3.779	4.359	4.742	4.875	1.042	9.87	12.75	159636
	9	0.110	0.428	0.934	1.584	2.324	3.087	3.795	4.371	4.750	4.882	1.114	11.10	13.41	176436
	10	0.111	0.433	0.945	1.599	2.342	3.105	3.811	4.382	4.758	4.888	1.186	12.40	14.08	193236
	11	0.113	0.438	0.955	1.614	2.360	3.123	3.827	4.394	4.766	4.895	1.258	13.77	14.74	210036
	12	0.114	0.444	0.966	1.630	2.379	3.142	3.842	4.406	4.774	4.912	1.330	15.21	15.41	226836
R = 8	1	0.110	0.434	0.958	1.656	2.476	3.354	4.199	4.907	5.382	5.550	0.587	3.79	8.62	52162
	2	0.112	0.440	0.971	1.674	2.498	3.375	4.216	4.918	5.389	5.550	0.668	4.64	9.27	71362
	3	0.113	0.447	0.983	1.692	2.519	3.395	4.233	4.929	5.395	5.564	0.749	5.57	9.92	90562
	4	0.115	0.453	0.996	1.710	2.540	3.415	4.249	4.941	5.402	5.564	0.830	6.58	10.57	109762
	5	0.117	0.460	1.009	1.728	2.561	3.437	4.266	4.952	5.409	5.569	0.911	7.67	11.22	128962
	6	0.119	0.466	1.022	1.746	2.582	3.458	4.283	4.964	5.415	5.574	0.992	8.84	11.87	148162
	7	0.120	0.473	1.034	1.764	2.604	3.478	4.300	4.975	5.422	5.578	1.073	10.10	12.52	167362
	8	0.122	0.479	1.047	1.782	2.625	3.499	4.317	4.987	5.428	5.583	1.155	11.43	13.17	186562
	9	0.124	0.486	1.060	1.800	2.646	3.520	4.334	4.998	5.435	5.588	1.236	12.85	13.82	205762
	10	0.126	0.492	1.073	1.818	2.667	3.541	4.350	5.010	5.441	5.593	1.317	14.34	14.47	224962
	11	0.127	0.499	1.085	1.836	2.689	3.561	4.367	5.021	5.448	5.597	1.398	15.88	15.12	244162
	12	0.129	0.505	1.098	1.855	2.710	3.582	4.384	5.032	5.455	5.602	1.480	17.50	15.77	263362
R = 9	1	0.121	0.479	1.063	1.845	2.772	3.770	4.736	5.551	6.100	6.295	0.633	4.37	9.11	63318
	2	0.123	0.487	1.078	1.866	2.796	3.792	4.753	5.561	6.104	6.295	0.725	5.33	9.76	84918
	3	0.125	0.494	1.093	1.887	2.820	3.815	4.770	5.570	6.107	6.296	0.817	6.38	10.40	106518
	4	0.127	0.502	1.108	1.908	2.844	3.837	4.787	5.580	6.111	6.297	1.002	7.52	11.05	128118
	5	0.129	0.510	1.123	1.929	2.868	3.860	4.804	5.590	6.113	6.298	1.095	8.75	11.70	149718
	6	0.131	0.518	1.138	1.950	2.892	3.882	4.821	5.599	6.116	6.299	1.187	10.07	12.34	171318
	7	0.133	0.525	1.153	1.971	2.916	3.905	4.838	5.609	6.116	6.299	1.280	11.48	12.99	192918
	8	0.136	0.533	1.167	1.992	2.940	3.927	4.856	5.618	6.123	6.300	1.280	12.98	13.63	214518
	9	0.138	0.541	1.182	2.013	2.964	3.950	4.873	5.628	6.126	6.301	1.372	14.57	14.28	236118
	10	0.140	0.549	1.197	2.034	2.988	3.972	4.890	5.637	6.130	6.302	1.465	16.24	14.92	257718
	11	0.142	0.556	1.212	2.055	3.012	3.995	4.907	5.647	6.133	6.302	1.557	18.06	15.57	279318
	12	0.144	0.564	1.227	2.076	3.036	4.017	4.924	5.657	6.136	6.303	1.650	19.85	16.22	300918
R = 10	1	»	0.534	1.186	2.058	3.095	4.210	5.290	6.203	6.818	7.037	0.780	6.00	10.24	75504
	2	0.134	0.543	1.203	2.082	3.121	4.235	5.308	6.211	6.818	7.033	0.880	7.15	10.88	99504
	3	0.137	0.552	1.220	2.106	3.148	4.259	5.325	6.219	6.818	7.030	0.980	8.47	11.52	123504
	4	0.139	0.561	1.237	2.130	3.175	4.283	5.342	6.227	6.818	7.027	1.080	9.85	12.16	147504
	5	0.142	0.570	1.254	2.154	3.202	4.307	5.359	6.235	6.818	7.023	1.180	11.33	12.80	171504
	6	0.144	0.579	1.271	2.178	3.228	4.332	5.377	6.243	6.818	7.020	1.280	12.90	13.44	195504
	7	0.147	0.588	1.288	2.202	3.255	4.356	5.394	6.251	6.817	7.017	1.380	14.57	14.08	219504
	8	0.149	0.596	1.305	2.225	3.282	4.380	5.411	6.258	6.817	7.013	1.480	16.33	14.72	243504
	9	0.152	0.605	1.322	2.249	3.309	4.404	5.428	6.266	6.817	7.010	1.580	18.19	15.36	267504
	10	0.154	0.614	1.339	2.273	3.335	4.429	5.446	6.274	6.817	7.007	1.680	20.15	16.00	291504
	11	0.157	0.623	1.356	2.297	3.362	4.453	5.463	6.282	6.817	7.004	1.780	22.20	16.63	315504
	12	0.159	0.632	1.373	2.321	3.388	4.478	5.480	6.289	6.817	7.001	1.880	24.30	17.26	339504
R = 11	1	»	»	»	»	»	»	»	»	»	»	»	»	»	88719
	2	0.145	0.578	1.286	2.241	3.285	4.626	5.835	6.862	7.556	7.804	0.840	6.77	10.60	115119
	3	0.148	0.588	1.306	2.268	3.415	4.651	5.852	6.867	7.550	7.794	0.950	8.08	11.25	141519
	4	0.150	0.598	1.325	2.295	3.444	4.677	5.868	6.871	7.545	7.785	1.062	9.49	11.90	167919
	5	0.153	0.608	1.345	2.322	3.474	4.703	5.884	6.875	7.539	7.775	1.170	11.01	12.55	194319
	6	0.156	0.618	1.364	2.349	3.503	4.729	5.901	6.880	7.534	7.766	1.280	12.64	13.20	220719
	7	0.159	0.628	1.384	2.376	3.533	4.754	5.917	6.884	7.528	7.756	1.390	14.37	13.85	247119
	8	0.162	0.639	1.403	2.403	3.562	4.780	5.933	6.888	7.522	7.747	1.500	16.21	14.50	273519
	9	0.164	0.649	1.423	2.430	3.592	4.806	5.950	6.893	7.517	7.737	1.610	18.16	15.15	299919
	10	0.167	0.659	1.442	2.457	3.621	4.832	5.966	6.898	7.512	7.728	1.720	20.22	15.80	326319
	11	0.170	0.670	1.462	2.484	3.651	4.857	5.982	6.902	7.506	7.718	1.830	22.38	16.45	352719
	12	0.173	0.680	1.481	2.511	3.681	4.883	5.999	6.906	7.500	7.708	1.940	24.65	17.10	379119
R = 12	1	»	»	»	»	»	»	»	»	»	»	»	»	»	102965
	2	0.155	0.621	1.386	2.425	3.676	5.042	6.379	7.521	8.295	8.571	0.915	7.50	11.00	131765
	3	0.159	0.633	1.408	2.455	3.709	5.069	6.395	7.522	8.284	8.555	1.030	8.95	11.65	160565
	4	0.162	0.644	1.430	2.485	3.741	5.096	6.410	7.523	8.273	8.539	1.145	10.51	12.30	189365
	5	0.165	0.656	1.452	2.515	3.773	5.123	6.426	7.524	8.262	8.523	1.260	12.19	12.95	218165
	6	0.168	0.667	1.474	2.545	3.806	5.150	6.441	7.525	8.251	8.507	1.376	13.98	13.60	246965
	7	0.172	0.679	1.496	2.575	3.838	5.177	6.457	7.526	8.240	8.491	1.491	15.88	14.26	275765
	8	0.175	0.690	1.517	2.605	3.870	5.204	6.472	7.527	8.228	8.476	1.607	17.90	14.91	304565
	9	0.178	0.702	1.539	2.635	3.903	5.231	6.488	7.527	8.217	8.460	1.722	20.03	15.56	333365
	10	0.181	0.713	1.561	2.665	3.935	5.258	6.503	7.528	8.208	8.444	1.838	22.27	16.22	362165
	11	0.185	0.725	1.583	2.695	3.967	5.286	6.519	7.529	8.195	8.428	1.954	24.63	16.87	390965
	12	0.188	0.736	1.605	2.725	4.000	5.313	6.535	7.530	8.184	8.412	2.070	27.10	17.53	419765

TABLEAU A (Suite)

RAYONS A		ORDONNÉES Y_0 — Y POUR DES VALEURS DE α ÉGALES A :										$Y_0 - y_0$	P_0	P'	$P_0\left(\frac{dV}{dx}\right)n$
		10°	20°	30°	40°	50°	60°	70°	80°	90°	100°				
R = 13	1	»	»	»	»	»	»	»	»	»	»	»	»	»	118241
	2	0.166	0.664	1.486	2.608	3.967	5.457	5.924	8.180	9.033	9.339	0.974	8.25	11.31	149041
	3	0.170	0.677	1.511	2.641	4.009	5.486	6.938	8.177	9.016	9.336	1.097	9.83	11.98	180641
	4	0.173	0.690	1.535	2.674	4.037	5.514	6.953	8.175	9.000	9.294	1.220	11.53	12.65	211841
	5	0.177	0.705	1.559	2.707	4.072	5.543	6.968	8.172	8.983	9.272	1.342	13.35	13.32	243041
	6	0.180	0.716	1.584	2.740	4.108	5.571	6.983	8.170	8.967	9.250	1.465	15.30	13.99	274241
	7	0.184	0.729	1.608	2.773	4.143	5.600	6.997	8.167	8.950	9.227	1.587	17.37	14.66	305441
	8	0.187	0.741	1.632	2.806	4.178	5.628	7.011	8.165	8.934	9.205	1.710	19.56	15.33	336641
	9	0.191	0.754	1.657	2.840	4.213	5.657	7.027	8.162	8.917	9.183	1.832	21.88	16.00	367841
	10	0.194	0.767	1.681	2.873	4.249	5.685	7.042	8.160	8.901	9.161	1.955	24.32	16.67	399041
	11	0.198	0.780	1.705	2.906	4.284	5.714	7.056	8.157	8.884	9.138	2.077	26.88	17.34	430241
	12	0.202	0.793	1.730	2.939	4.319	5.743	7.071	8.154	8.867	9.116	2.200	29.56	18.00	461441
R = 14	1	»	»	»	»	»	»	»	»	»	»	»	»	»	134547
	2	0.177	0.708	1.587	2.792	4.258	5.873	7.467	8.839	9.772	10.105	1.045	9.02	11.57	168147
	3	0.181	0.722	1.613	2.828	4.296	5.903	7.481	8.833	9.750	10.077	1.172	10.72	12.26	201747
	4	0.185	0.736	1.640	2.864	4.334	5.933	7.495	8.827	9.728	10.048	1.300	12.56	12.95	235347
	5	0.189	0.750	1.667	2.900	4.372	5.963	7.509	8.821	9.706	10.020	1.427	14.52	13.64	268947
	6	0.193	0.764	1.694	2.936	4.410	5.993	7.523	8.815	9.684	9.991	1.555	16.63	14.33	302547
	7	0.197	0.778	1.720	2.972	4.448	6.023	7.537	8.809	9.662	9.963	1.682	18.86	15.03	336147
	8	0.201	0.792	1.747	3.008	4.486	6.053	7.551	8.803	9.640	9.934	1.810	22.23	15.72	369747
	9	0.205	0.807	1.774	3.045	4.524	6.083	7.565	8.796	9.617	9.906	1.937	23.73	16.41	403347
	10	0.209	0.821	1.801	3.081	4.562	6.113	7.579	8.790	9.595	9.878	2.065	26.36	17.11	436947
	11	0.213	0.835	1.827	3.117	4.600	6.143	7.593	8.784	9.573	9.849	2.192	29.12	17.80	470547
	12	0.217	0.849	1.854	3.153	4.638	6.173	7.607	8.778	9.551	9.820	2.320	32.02	18.50	504147
R = 15	1	»	»	»	»	»	»	»	»	»	»	»	»	»	151884
	2	0.187	0.751	1.688	2.974	4.548	6.288	8.012	9.497	10.510	10.873	1.105	9.77	11.81	187884
	3	0.191	0.767	1.717	3.014	4.589	6.320	8.025	9.487	10.482	10.848	1.238	11.61	12.52	223884
	4	0.196	0.782	1.746	3.053	4.630	6.351	8.038	9.478	10.455	10.803	1.350	13.59	13.33	259884
	5	0.200	0.798	1.775	3.092	4.671	6.383	8.051	9.469	10.427	10.768	1.502	15.71	13.94	295884
	6	0.205	0.813	1.804	3.132	4.712	6.414	8.064	9.459	10.400	10.733	1.635	17.97	14.65	331884
	7	0.209	0.829	1.833	3.171	4.753	6.446	8.077	9.450	10.372	10.698	1.767	20.37	15.36	367884
	8	0.213	0.844	1.862	3.210	4.794	6.477	8.090	9.441	10.345	10.664	1.900	22.91	16.07	403884
	9	0.218	0.860	1.892	3.250	4.835	6.509	8.104	9.431	10.317	10.629	2.032	25.50	15.78	439884
	10	0.222	0.875	1.921	3.289	4.876	6.541	8.117	9.422	10.290	10.594	2.165	28.41	17.49	475884
	11	0.226	0.891	1.950	3.328	4.917	6.572	8.130	9.413	10.262	10.559	2.297	31.37	18.20	511884
	12	0.231	0.906	1.979	3.368	4.958	6.604	8.143	9.403	10.234	10.524	2.430	34.48	18.92	547884
R = 16	1	»	»	»	»	»	»	»	»	»	»	»	»	»	170250
	2	0.188	0.756	1.705	3.016	4.630	6.424	8.210	9.754	10.810	11.188	1.187	11.28	12.26	204650
	3	0.194	0.777	1.745	3.072	4.694	6.484	8.257	9.781	10.821	11.193	1.324	13.22	12.98	247050
	4	0.199	0.797	1.784	3.128	4.758	6.545	8.303	9.808	10.832	11.197	1.460	15.31	13.70	285450
	5	0.205	0.817	1.823	3.184	4.822	6.605	8.350	9.835	10.843	11.202	1.596	17.55	14.42	325850
	6	0.210	0.838	1.862	3.240	4.880	6.666	8.396	9.862	10.855	11.206	1.732	19.93	15.15	362250
	7	0.216	0.858	1.902	3.296	4.956	6.726	8.443	9.889	10.866	11.211	1.867	22.43	15.87	400650
	8	0.221	0.878	1.941	3.352	5.014	6.787	8.489	9.916	10.877	11.215	2.003	25.08	16.60	439055
	9	0.227	0.899	1.980	3.408	5.077	6.847	8.536	9.942	10.888	11.220	2.139	27.87	17.32	477450
	10	0.233	0.919	2.019	3.464	5.141	6.908	8.582	9.969	10.899	11.224	2.275	30.80	18.05	515850
	11	0.238	0.940	2.059	3.520	5.205	6.968	8.629	9.996	10.910	11.229	2.413	33.86	18.77	554250
	12	0.244	0.960	2.098	3.575	5.269	7.028	8.676	10.023	10.922	11.234	2.550	37.07	19.50	592650
R = 17	1	»	»	»	»	»	»	»	»	»	»	»	»	»	189646
	2	0.189	0.762	1.723	3.059	4.712	6.560	8.408	10.013	11.109	11.504	1.272	12.76	13.12	230646
	3	0.196	0.787	1.773	3.131	4.799	6.649	8.488	10.076	11.159	11.548	1.401	14.83	13.81	271246
	4	0.203	0.812	1.822	3.203	4.886	6.738	8.568	10.139	11.209	11.592	1.550	17.04	14.50	312046
	5	0.210	0.837	1.871	3.275	4.973	6.827	8.648	10.202	11.259	11.636	1.689	19.39	15.19	352846
	6	0.217	0.862	1.921	3.348	5.060	6.917	8.728	10.265	11.309	11.680	1.828	21.87	15.88	393646
	7	0.224	0.887	1.970	3.420	5.146	7.006	8.808	10.328	11.359	11.724	1.967	24.49	16.57	434446
	8	0.231	0.912	2.020	3.492	5.233	7.095	8.888	10.391	11.409	11.768	2.106	27.25	17.25	475246
	9	0.237	0.938	2.069	3.564	5.320	7.185	8.969	10.454	11.459	11.812	2.245	30.15	17.94	516046
	10	0.244	0.963	2.119	3.637	5.407	7.274	9.049	10.517	11.509	11.856	2.383	33.19	18.63	556846
	11	0.251	0.988	2.168	3.609	5.493	7.363	9.129	10.580	11.559	11.900	2.521	36.35	19.32	579646
	12	0.258	1.013	2.217	3.781	5.520	7.452	9.209	10.643	11.610	11.944	2.660	39.67	20.00	638446
R = 18	1	»	»	»	»	»	»	»	»	»	»	»	»	»	210072
	2	»	»	»	»	»	»	»	»	»	»	»	»	»	253272
	3	0.198	0.797	1.800	3.189	4.904	6.814	8.720	10.370	11.497	11.903	1.499	16.44	14.65	296672
	4	0.206	0.827	1.860	3.278	5.013	6.932	8.833	10.469	11.586	11.986	1.640	18.77	15.30	339672
	5	0.214	0.857	1.919	3.367	5.124	7.050	8.647	10.568	11.675	12.070	1.780	21.47	15.95	382872
	6	0.222	0.887	1.979	3.456	5.233	7.168	9.060	10.667	11.764	12.153	1.921	23.82	16.60	426072
	7	0.230	0.917	2.038	3.544	5.343	7.286	9.174	10.766	11.853	12.237	2.062	26.55	17.25	459272
	8	0.238	0.947	2.098	3.633	5.452	7.404	9.287	10.865	11.942	12.320	2.202	29.42	17.90	512472
	9	0.247	0.977	2.157	3.722	5.562	7.522	9.401	10.964	12.031	12.404	2.342	32.43	18.55	555672
	10	0.255	1.007	2.217	3.811	5.671	7.640	9.514	11.063	12.120	12.487	2.483	35.58	19.20	598872
	11	0.263	1.037	2.276	3.899	5.781	7.758	9.628	11.162	12.209	12.571	2.624	38.85	19.85	642072
	12	0.271	1.067	2.236	3.988	5.891	7.876	9.742	11.262	12.297	12.654	2.765	43.27	20.50	685272

TABLEAU A (*suite*)

Colonnes sous l'intitulé : ORDONNÉES Y_0 — Y POUR DES VALEURS DE α ÉGALES A :

RAYONS	h	10°	20°	30°	40°	50°	60°	70°	80°	90°	100°	Y_0-y_0	P_0	P'	$\dfrac{\left(\frac{dV}{dx}\right)n}{P_0}$
R = 19	1	»	»	»	»	»	»	»	»	»	»	»	»	»	241529
	2	»	»	»	»	»	»	»	»	»	»	»	»	»	277129
	3	0.201	0.807	1.828	3.248	5.010	6.978	8.951	10.765	11.835	12.258	1.577	18.06	15.38	322729
	4	0.210	0.842	1.898	3.353	5.143	7.125	9.098	10.800	11.963	12.381	1.720	20.50	16.00	369329
	5	0.219	0.877	1.968	3.458	5.275	7.272	9.245	10.935	12.091	12.504	1.862	23.07	16.62	413929
	6	0.229	0.912	2.037	3.563	5.407	7.419	9.392	11.070	12.219	12.627	2.005	25.78	17.24	459529
	7	0.238	0.946	2.107	3.668	5.540	7.563	9.539	11.206	12.346	12.750	2.147	28.62	17.86	505129
	8	0.247	0.981	2.176	3.775	5.672	7.713	9.686	11.341	12.474	12.873	2.290	31.60	18.48	550729
	9	0.257	1.016	2.246	3.879	5.805	7.839	9.833	11.476	12.602	12.995	2.432	34.71	19.10	596329
	10	0.266	1.051	2.316	3.984	5.937	8.006	9.980	11.611	12.730	13.118	2.575	37.97	19.72	641929
	11	0.275	1.085	2.385	4.089	6.070	8.153	10.127	11.747	12.857	13.241	2.717	41.35	20.34	687529
	12	0.285	1.120	2.455	4.194	6.202	8.300	10.273	11.882	12.985	13.364	2.860	44.87	20.95	733129
R = 20	1	»	»	»	»	»	»	»	»	»	»	»	»	»	254016
	2	»	»	»	»	»	»	»	»	»	»	»	»	»	302016
	3	0.203	0.818	1.856	3.308	5.115	7.144	9.181	10.959	12.175	12.613	1.657	19.68	15.85	350016
	4	0.213	0.857	1.936	3.429	5.270	7.319	9.362	11.130	12.341	12.775	1.800	22.23	16.47	398016
	5	0.224	0.897	2.016	3.551	5.425	7.495	9.543	11.302	12.508	12.937	1.944	24.92	17.09	446016
	6	0.234	0.936	2.095	3.672	5.581	7.670	9.724	11.473	12.674	13.100	2.088	27.74	17.71	494016
	7	0.245	0.976	2.175	3.794	5.736	7.846	9.905	11.645	12.841	13.262	2.231	30.69	18.33	542016
	8	0.255	1.015	2.255	3.915	5.891	8.021	10.085	11.816	13.007	13.424	2.375	33.78	18.96	590016
	9	0.266	1.055	2.335	4.037	6.047	8.197	10.266	11.988	13.174	13.587	2.519	37.00	19.58	638016
	10	0.277	1.094	2.414	4.158	6.202	8.372	10.447	12.159	13.340	13.749	2.663	40.36	20.20	686016
	11	0.287	1.134	2.494	4.280	6.357	8.548	10.628	12.331	13.507	13.911	2.806	43.85	20.82	734016
	12	0.298	1.194	2.574	4.401	6.513	8.723	10.808	12.502	13.673	14.074	2.950	47.47	21.45	782016
R = 21	1	»	»	»	»	»	»	»	»	»	»	»	»	»	277532
	2	»	»	»	»	»	»	»	»	»	»	»	»	»	327932
	3	0.210	0.847	1.930	3.449	5.350	7.493	9.654	11.543	12.839	13.306	1.735	21.00	16.26	378342
	4	0.221	0.889	2.014	3.577	5.513	7.676	9.841	11.720	13.009	13.471	1.880	23.68	16.90	428732
	5	0.232	0.931	2.098	3.705	5.676	7.859	10.028	11.897	13.179	13.636	2.026	26.51	17.54	479132
	6	0.244	0.973	2.182	3.833	5.839	8.042	10.216	12.074	13.349	13.801	2.171	29.47	18.18	529532
	7	0.255	1.015	2.267	3.961	6.002	8.226	10.403	12.251	13.518	13.966	2.317	32.57	18.82	579932
	8	0.266	1.057	2.351	4.089	6.165	8.409	10.590	12.428	13.688	14.131	2.463	35.82	19.45	630332
	9	0.277	1.099	2.435	4.217	6.329	8.592	10.778	12.605	13.858	14.296	2.608	39.20	20.09	680732
	10	0.289	1.141	2.519	4.345	6.492	8.775	10.965	12.782	14.028	14.461	2.754	42.73	20.73	731132
	11	0.300	1.183	2.604	4.473	6.655	8.959	11.152	12.959	14.197	14.626	2.900	46.40	21.37	781532
	12	0.311	1.225	2.688	4.601	6.818	9.142	11.340	13.136	14.367	14.791	3.045	50.20	22.00	831932
R = 22	1	»	»	»	»	»	»	»	»	»	»	»	»	»	302079
	2	»	»	»	»	»	»	»	»	»	»	»	»	»	354879
	3	0.217	0.878	2.003	3.590	5.585	7.843	10.126	12.126	13.504	14.000	1.804	22.32	16.53	407679
	4	0.229	0.922	2.092	3.725	5.756	8.034	10.320	12.309	13.677	14.157	1.950	25.13	17.20	460479
	5	0.241	0.966	2.181	3.860	5.927	8.225	10.514	12.492	13.850	14.355	2.097	28.10	17.87	513279
	6	0.253	1.010	2.270	3.994	6.098	8.416	10.708	12.674	14.043	14.502	2.245	31.20	18.54	566079
	7	0.265	1.055	2.358	4.129	6.268	8.607	10.902	12.857	14.196	14.670	2.393	34.45	19.21	618879
	8	0.277	1.099	2.447	4.263	6.439	8.798	11.096	13.039	14.369	14.837	2.540	37.86	19.88	671679
	9	0.288	1.143	2.536	4.398	6.610	8.988	11.289	13.222	14.542	15.005	2.688	41.40	20.55	724479
	10	0.300	1.187	2.625	4.532	6.781	9.179	11.483	13.404	14.715	15.172	2.835	45.10	21.22	777279
	11	0.312	1.232	2.713	4.667	6.951	9.370	11.677	13.587	14.888	15.340	2.983	48.95	21.89	830079
	12	0.324	1.276	2.802	4.803	7.122	9.561	11.871	13.770	15.061	15.508	3.130	52.93	22.55	882879
R = 23	1	»	»	»	»	»	»	»	»	»	»	»	»	»	327656
	2	»	»	»	»	»	»	»	»	»	»	»	»	»	382856
	3	0.223	0.907	2.076	3.731	5.824	8.199	10.509	12.711	14.108	14.693	1.870	23.65	16.91	438056
	4	0.236	0.954	2.169	3.872	5.999	8.394	10.799	12.899	14.344	14.863	2.020	26.59	17.60	493256
	5	0.249	1.001	2.262	4.013	6.178	8.590	11.000	13.087	14.520	15.033	2.169	29.69	18.29	548456
	6	0.261	1.047	2.356	4.154	6.356	8.788	11.200	13.275	14.696	15.203	2.318	32.93	18.99	603656
	7	0.274	1.094	2.449	4.296	6.535	8.987	11.401	13.463	14.873	15.374	2.468	36.33	19.68	658856
	8	0.287	1.140	2.542	4.437	6.713	9.185	11.601	13.651	15.049	15.554	2.617	39.90	20.37	714056
	9	0.299	1.187	2.636	4.578	6.892	9.384	11.802	13.840	15.225	15.714	2.766	43.60	21.07	769256
	10	0.312	1.234	2.729	4.719	7.070	9.581	12.002	14.028	15.401	15.885	2.916	47.47	21.77	824456
	11	0.324	1.281	2.822	4.861	7.249	9.781	12.203	14.216	15.578	16.055	3.065	51.50	22.46	879656
	12	0.337	1.327	2.916	5.002	7.427	9.980	12.403	14.404	15.754	16.225	3.215	55.66	23.15	934856
R = 24	1	»	»	»	»	»	»	»	»	»	»	»	»	»	354263
	2	»	»	»	»	»	»	»	»	»	»	»	»	»	411863
	3	0.231	0.938	2.149	3.872	6.056	8.543	11.071	13.294	14.833	15.386	1.929	24.98	17.28	469463
	4	0.244	0.987	2.247	4.020	6.242	8.749	11.288	13.488	15.012	15.559	2.080	28.05	18.00	527063
	5	0.257	1.036	2.345	4.168	6.428	8.955	11.485	13.682	15.192	15.732	2.230	31.28	18.72	584663
	6	0.270	1.085	2.443	4.316	6.614	9.161	11.692	13.876	15.371	15.905	2.381	34.67	19.43	642263
	7	0.284	1.134	2.541	4.464	6.800	9.368	11.899	14.069	15.551	16.078	2.531	38.20	20.15	699863
	8	0.297	1.183	2.639	4.612	6.986	9.574	12.106	14.263	15.730	16.251	2.682	41.94	20.86	757463
	9	0.310	1.232	2.736	4.760	7.172	9.780	12.313	14.457	15.910	16.423	2.832	45.81	21.58	815063
	10	0.324	1.280	2.834	4.908	7.358	9.986	12.520	14.651	16.089	16.596	2.983	49.85	22.29	872663
	11	0.337	1.329	2.932	5.055	7.545	10.193	12.727	14.844	16.269	16.769	3.134	54.05	23.01	930263
	12	0.350	1.378	3.030	5.203	7.731	10.399	12.934	15.038	16.448	16.942	3.285	58.40	23.73	987863

TABLEAU A (Suite)

RAYONS	h	ORDONNÉES Y_0 — Y POUR DES VALEURS DE α ÉGALES A :										$Y_0 - y_0$	P_0	P'	$\dfrac{P_0\left(\frac{dV}{d\alpha}\right)}{n}$
		10°	20°	30°	40°	50°	60°	70°	80°	90°	100°				
R = 25	1	»	»	»	»	»	»	»	»	»	»	»	»	»	381900
	2	»	»	»	»	»	»	»	»	»	»	»	»	»	441900
	3	0.238	0.968	2.223	4.014	6.290	8.892	11.545	13.879	15.497	16.081	1.988	26.31	17.66	501900
	4	0.252	1.019	2.325	4.168	6.484	9.106	11.758	14.078	15.680	16.256	2.140	29.51	18.39	561900
	5	0.266	1.070	2.428	4.322	6.678	9.320	11.972	14.277	15.863	16.432	2.293	32.88	19.12	621900
	6	0.280	1.121	2.530	4.477	6.872	9.534	12.185	14.476	16.046	16.607	2.445	36.41	19.85	681900
	7	0.293	1.173	2.633	4.631	7.066	9.768	12.399	14.676	16.228	16.783	2.598	40.11	20.59	741900
	8	0.307	1.224	2.735	4.785	7.260	9.962	12.612	14.875	16.411	16.958	2.750	43.98	21.32	801900
	9	0.321	1.275	2.838	4.940	7.454	10.176	12.826	15.074	16.594	17.134	2.903	48.02	22.05	861900
	10	0.335	1.326	2.940	5.094	7.648	10.390	13.039	15.274	16.777	17.309	3.055	52.23	22.79	921900
	11	0.348	1.378	3.043	5.248	7.842	10.604	13.253	15.473	16.959	17.485	3.208	56.60	23.52	981900
	12	0.362	1.429	3.145	5.403	8.036	10.818	13.466	15.672	17.142	17.660	3.360	61.14	24.26	1.041900
R = 26	1	»	»	»	»	»	»	»	»	»	»	»	»	»	410566
	2	»	»	»	»	»	»	»	»	»	»	»	»	»	472966
	3	»	»	»	»	»	»	»	»	»	»	»	»	»	535566
	4	0.259	1.050	2.400	4.313	6.727	9.469	12.251	14.690	16.376	16.983	2.201	31.07	18.83	597766
	5	0.273	1.104	2.507	4.474	6.928	9.690	12.469	14.892	16.559	17.158	2.353	34.58	19.59	660166
	6	0.288	1.157	2.614	4.634	7.129	9.910	12.687	15.094	16.742	17.333	2.506	38.26	20.35	722566
	7	0.302	1.211	2.721	4.795	7.330	10.131	12.906	15.295	16.926	17.509	2.659	42.11	21.11	784966
	8	0.316	1.264	2.828	4.955	7.531	10.351	13.124	15.497	17.109	17.684	2.812	46.14	21.87	847366
	9	0.331	1.318	2.934	5.116	7.732	10.572	13.342	15.699	17.209	17.859	2.965	50.35	22.63	909766
	10	0.345	1.371	3.041	5.276	7.933	10.792	13.560	15.901	17.475	18.034	3.118	54.73	23.39	972166
	11	0.359	1.425	3.148	5.437	8.134	11.013	13.779	16.103	17.659	18.210	3.271	59.28	24.15	1.034566
	12	0.374	1.478	3.255	5.597	8.335	11.233	13.997	16.104	17.812	18.385	3.425	64.00	24.90	1.096966
R = 27	1	»	»	»	»	»	»	»	»	»	»	»	»	»	440264
	2	»	»	»	»	»	»	»	»	»	»	»	»	»	505064
	3	»	»	»	»	»	»	»	»	»	»	»	»	»	569864
	4	0.266	1.080	2.475	4.458	6.970	9.833	12.744	15.302	17.073	17.710	2.250	32.63	19.25	634664
	5	0.281	1.136	2.586	4.625	7.178	10.060	12.967	15.506	17.257	17.885	2.405	36.28	20.03	699464
	6	0.291	1.192	2.697	4.792	7.386	10.287	13.190	15.710	17.441	18.060	2.560	40.11	20.81	764264
	7	0.311	1.248	2.809	4.958	7.594	10.514	13.413	15.914	17.624	18.235	2.715	44.11	21.59	829064
	8	0.326	1.304	2.920	5.125	7.802	10.741	13.636	16.118	17.808	18.410	2.870	48.30	22.37	893864
	9	0.341	1.359	3.031	5.292	8.010	10.968	13.859	16.322	17.992	18.585	3.025	52.68	23.15	958664
	10	0.356	1.415	3.142	5.459	8.218	11.195	14.082	16.526	18.175	18.760	3.180	57.23	23.93	1.023464
	11	0.371	1.471	3.254	5.625	8.426	11.422	14.306	16.731	18.359	18.935	3.335	61.96	24.71	1.088264
	12	0.386	1.527	3.365	5.792	8.634	11.649	14.529	16.935	18.543	19.110	3.490	66.87	25.50	1.153064
R = 28	1	»	»	»	»	»	»	»	»	»	»	»	»	»	470991
	2	»	»	»	»	»	»	»	»	»	»	»	»	»	538191
	3	»	»	»	»	»	»	»	»	»	»	»	»	»	605391
	4	0.273	1.111	2.550	4.603	7.213	10.176	13.237	15.914	17.769	18.437	2.300	34.19	19.70	672591
	5	0.289	1.169	2.666	4.776	7.428	10.430	13.465	16.121	17.953	18.612	2.456	37.98	20.50	739791
	6	0.304	1.227	2.781	4.940	7.613	10.663	13.693	16.327	18.137	18.787	2.611	41.96	21.30	806991
	7	0.320	1.285	2.897	5.122	7.858	10.897	13.921	16.534	18.322	18.961	2.767	46.12	22.11	874161
	8	0.335	1.343	3.012	5.295	8.073	11.130	14.149	16.741	18.506	19.136	2.922	50.47	22.91	941391
	9	0.351	1.401	3.128	5.468	8.288	11.364	14.377	16.947	18.690	19.311	3.078	55.01	23.71	1.008591
	10	0.366	1.460	3.243	5.640	8.505	11.597	14.604	17.154	18.874	19.486	3.233	59.73	24.52	1.075791
	11	0.382	1.518	3.359	5.813	8.718	11.831	14.832	17.360	19.059	19.650	3.389	64.64	25.32	1.142991
	12	0.398	1.576	3.474	5.986	8.933	12.064	15.060	17.567	19.243	19.835	3.545	64.74	26.13	1.210191
R = 29	1	»	»	»	»	»	»	»	»	»	»	»	»	»	502748
	2	»	»	»	»	»	»	»	»	»	»	»	»	»	572348
	3	»	»	»	»	»	»	»	»	»	»	»	»	»	641948
	4	0.280	1.141	2.625	4.748	7.456	10.560	13.730	16.526	18.466	19.164	2.350	35.76	20.25	711548
	5	0.296	1.202	2.745	4.927	7.678	10.800	13.963	16.735	18.651	19.339	2.507	39.69	21.07	781148
	6	0.312	1.262	2.865	5.106	7.900	11.040	14.196	16.914	18.836	19.513	2.664	43.81	21.89	850748
	7	0.329	1.323	2.985	5.285	8.122	11.280	14.428	17.153	19.020	19.688	2.821	48.13	22.71	920348
	8	0.345	1.383	3.105	5.464	8.344	11.520	14.661	17.362	19.205	19.862	2.978	52.64	23.54	989948
	9	0.361	1.444	3.225	5.643	8.566	11.760	14.894	17.571	19.390	20.037	3.135	57.34	24.56	1.059548
	10	0.377	1.504	3.344	5.823	8.788	12.000	15.127	17.780	19.575	20.211	3.292	62.24	25.18	1.129148
	11	0.394	1.565	3.464	6.002	9.010	12.239	15.359	17.989	19.759	20.386	3.449	67.33	26.00	1.198748
	12	0.410	1.625	3.584	6.181	9.232	12.479	15.592	18.198	19.944	20.560	3.605	72.61	26.82	1.268848
R = 30	1	»	»	»	»	»	»	»	»	»	»	»	»	»	535536
	2	»	»	»	»	»	»	»	»	»	»	»	»	»	607536
	3	»	»	»	»	»	»	»	»	»	»	»	»	»	679536
	4	0.287	1.172	2.699	4.894	7.699	10.923	14.224	17.137	19.162	19.892	2.400	37.33	20.74	751536
	5	0.304	1.235	2.823	5.079	7.928	11.170	14.461	17.349	19.347	20.062	2.559	41.40	21.58	823536
	6	0.321	1.297	2.948	5.264	8.157	11.416	14.699	17.560	19.532	20.240	2.717	45.67	22.42	895536
	7	0.338	1.360	3.072	5.449	8.386	11.633	14.936	17.772	19.718	20.414	2.876	50.14	23.26	967536
	8	0.355	1.422	3.196	5.634	8.615	11.909	15.173	17.983	19.903	20.588	3.034	54.81	24.09	1.039536
	9	0.372	1.485	3.321	5.819	8.844	12.156	15.411	18.195	20.088	20.762	3.193	59.68	24.93	1.111536
	10	0.388	1.547	3.445	6.005	9.074	12.402	15.648	18.406	20.273	20.936	3.350	64.75	25.77	1.183536
	11	0.405	1.610	3.569	6.190	9.303	12.649	15.885	18.618	20.459	21.110	3.509	70.02	26.61	1.255536
	12	0.422	1.673	3.694	6.375	9.532	12.895	16.123	18.830	20.644	21.284	3.668	75.48	27.44	1.327536

TABLEAU A (suite)

RAYONS h		10°	20°	30°	40°	50°	60°	70°	80°	90°	100°	$Y_0 - y_0$	P_0	P'	$\frac{n}{P_0}\left(\frac{dV}{dx}\right)_n$
		— ORDONNÉES Y_0 — Y POUR DES VALEURS DE α ÉGALES A :													
R = 31	1	»	»	»	»	»	»	»	»	»	»	»	»	»	569253
	2	»	»	»	»	»	»	»	»	»	»	»	»	»	643753
	3	»	»	»	»	»	»	»	»	»	»	»	»	»	718153
	4	0.294	1.200	2.277	5.036	7.941	11.290	14.726	17.764	19.879	20.642	2.440	39.01	21.25	792553
	5	0.312	1.265	2.900	5.227	8.177	11.542	14.967	18.063	20.247	20.814	2.600	43.22	22.11	866953
	6	0.329	1.330	3.028	5.418	8.413	11.794	15.209	18.190	20.247	20.986	2.759	47.65	22.97	941353
	7	0.347	1.395	3.157	5.609	8.648	12.046	15.449	18.402	20.431	21.158	2.919	52.27	23.83	1.015753
	8	0.364	1.460	3.285	5.804	8.884	12.298	15.690	18.615	20.615	21.330	3.078	57.10	24.69	1.090153
	9	0.382	1.525	3.414	5.991	9.119	12.550	15.931	18.828	20.799	21.502	3.238	62.14	25.55	1.164553
	10	0.399	1.590	3.543	6.183	9.355	12.803	16.173	19.041	20.983	21.673	3.397	67.38	26.41	1.238953
	11	0.417	1.655	3.671	6.374	9.590	13.055	16.414	19.253	21.167	21.845	3.557	72.85	27.27	1.313353
	12	0.434	1.720	3.800	6.565	9.826	13.307	16.655	19.466	21.351	22.017	3.717	78.47	28.12	1.387755
R = 32	1	»	»	»	»	»	»	»	»	»	»	»	»	»	604200
	2	»	»	»	»	»	»	»	»	»	»	»	»	»	681000
	3	»	»	»	»	»	»	»	»	»	»	»	»	»	757800
	4	0.300	1.229	2.842	5.178	8.183	11.656	15.229	18.392	20.596	21.391	2.480	40.60	21.85	834600
	5	0.318	1.296	2.975	5.375	8.425	11.914	15.474	18.606	20.779	21.561	2.641	45.05	22.72	911400
	6	0.336	1.363	3.108	5.572	8.667	12.172	15.718	18.819	20.962	21.731	2.801	49.63	23.60	988200
	7	0.354	1.430	3.241	5.769	8.909	12.430	15.963	19.033	21.145	21.901	2.962	54.40	24.45	1.065000
	8	0.372	1.497	3.374	5.966	9.151	12.688	16.203	19.246	21.328	22.071	3.122	59.40	25.35	1.141800
	9	0.391	1.565	3.507	6.163	9.393	12.946	16.452	19.460	21.511	22.241	3.283	64.60	26.22	1.218600
	10	0.409	1.632	3.640	6.361	9.636	13.204	16.697	19.674	21.693	22.411	3.604	70.01	27.10	1.295400
	11	0.427	1.699	3.773	6.558	9.878	13.462	16.941	19.887	21.876	22.581	3.604	75.64	27.97	1.372200
	12	0.445	1.766	3.906	6.755	10.120	13.720	17.186	20.101	22.059	22.751	3.765	81.67	28.85	1.449000
R = 33	1	»	»	»	»	»	»	»	»	»	»	»	»	»	640078
	2	»	»	»	»	»	»	»	»	»	»	»	»	»	719278
	3	»	»	»	»	»	»	»	»	»	»	»	»	»	798478
	4	0.307	1.257	2.914	5.320	8.425	12.023	15.731	19.019	21.313	22.141	2.510	42.37	22.42	877678
	5	0.326	1.327	3.051	5.523	8.674	12.287	15.979	19.234	21.495	22.309	2.672	46.88	23.31	956873
	6	0.345	1.396	3.188	5.726	8.922	12.550	16.228	19.449	21.676	22.477	2.834	51.64	24.20	1.036078
	7	0.364	1.466	3.325	5.929	9.171	12.814	16.476	19.663	21.858	22.645	2.996	56.54	25.09	1.115278
	8	0.382	1.535	3.463	6.132	9.419	13.077	16.724	19.878	22.039	22.813	3.158	61.70	25.98	1.194478
	9	0.401	1.605	3.600	6.335	9.668	13.341	16.973	20.093	22.221	22.981	3.320	67.06	26.87	1.273678
	10	0.420	1.674	3.737	6.539	9.916	13.604	17.221	20.308	22.408	23.149	3.482	72.65	27.76	1.352878
	11	0.438	1.744	3.874	6.742	10.165	13.868	17.466	20.523	22.584	23.317	3.644	78.45	28.65	1.432078
	12	0.457	1.813	4.012	6.945	10.414	14.132	17.718	20.737	22.766	23.484	3.807	84.07	29.54	1.511278
R = 34	1	»	»	»	»	»	»	»	»	»	»	»	»	»	676986
	2	»	»	»	»	»	»	»	»	»	»	»	»	»	758586
	3	»	»	»	»	»	»	»	»	»	»	»	»	»	840185
	4	0.313	1.285	2.985	5.462	8.667	12.389	16.234	19.647	22.030	22.890	2.545	44.05	23.10	921786
	5	0.332	1.357	3.127	5.671	8.922	12.658	16.446	19.863	22.210	23.056	2.708	48.71	24.00	1.003386
	6	0.352	1.429	3.268	5.880	9.177	12.928	16.738	20.078	22.391	23.222	2.871	53.59	24.90	1.084986
	7	0.371	1.500	3.410	6.089	9.432	13.197	16.990	20.294	22.571	23.388	3.034	58.68	25.80	1.166586
	8	0.390	1.572	3.551	6.298	9.687	13.466	17.242	20.509	22.752	23.554	3.197	64.00	26.70	1.248186
	9	0.410	1.644	3.693	6.507	9.942	13.736	17.494	20.725	22.932	23.720	3.360	69.53	27.60	1.329786
	10	0.429	1.716	3.834	6.716	10.197	14.005	17.745	20.941	23.113	23.886	3.523	75.29	28.50	1.411386
	11	0.448	1.787	3.976	6.925	10.452	14.275	17.997	21.156	23.293	24.052	3.686	81.27	29.40	1.492986
	12	0.468	1.859	4.118	7.135	10.708	14.544	18.249	21.372	23.474	24.218	3.850	87.47	30.30	1.574586
R = 35	1	»	»	»	»	»	»	»	»	»	»	»	»	»	714924
	2	»	»	»	»	»	»	»	»	»	»	»	»	»	798924
	3	»	»	»	»	»	»	»	»	»	»	»	»	»	882924
	4	0.320	1.314	3.057	5.603	8.908	12.756	16.736	20.274	22.747	23.640	2.570	45.74	23.73	966924
	5	0.340	1.388	3.203	5.818	9.170	13.031	16.992	20.491	22.926	23.804	2.735	50.54	24.64	1.050924
	6	0.360	1.462	3.349	6.033	9.432	13.306	17.247	20.708	23.105	23.968	2.900	55.57	25.55	1.134924
	7	0.380	1.536	3.495	6.248	9.694	13.581	17.503	20.924	23.284	24.132	3.065	60.82	26.46	1.218924
	8	0.400	1.610	3.641	6.463	9.956	13.856	17.758	21.141	23.464	24.296	3.230	66.30	27.37	1.332924
	9	0.420	1.684	3.787	6.678	10.218	14.131	18.014	21.358	23.643	24.460	3.395	72.00	28.28	1.386924
	10	0.440	1.758	3.933	6.894	10.480	14.407	18.269	21.575	23.822	24.624	3.560	77.93	29.19	1.470924
	11	0.460	1.832	4.079	7.109	10.742	14.682	18.525	21.791	24.001	24.787	3.725	84.03	30.10	1.554924
	12	0.480	1.906	4.225	7.324	11.003	14.957	18.781	22.008	24.181	24.951	3.890	90.47	31.01	1.638924
·R = 36	1	»	»	»	»	»	»	»	»	»	»	»	»	»	753891
	2	»	»	»	»	»	»	»	»	»	»	»	»	»	840291
	3	»	»	»	»	»	»	»	»	»	»	»	»	»	926691
	4	0.326	1.342	3·130	5.750	9·161	13.143	17.269	20.943	23.513	24.442	2.595	47.47	24.43	1.013091
	5	0.347	1.418	3.280	6.970	9.428	13.421	17.525	21.156	23.686	24.598	2.761	52.42	25.35	1.099491
	6	0.367	1.494	3.430	6.190	9.694	13.699	17.780	21.369	23.859	24.755	2.926	57.62	26.27	1.185891
	7	0.388	1.570	3.580	6.410	9.961	13.977	18.036	21.582	24.032	24.911	3.092	63.03	27.19	1.272391
	8	0.408	1.646	3.729	6.630	10.227	14.255	18.291	21.795	24.205	25.067	3.257	68.68	28.11	1.358691
	9	0.429	1.722	3.879	6.850	10.494	14.533	18.547	22.008	24.378	25.224	3.423	74.56	29.03	1.445091
	10	0.449	1.798	4.029	7.070	10.760	14.812	18.802	22.222	24.550	25.380	3.588	80.67	29.95	1.531491
	11	0.470	1.875	4.179	7.290	11.027	15.090	19.058	22.435	24.723	25.536	3.754	87.02	30.87	1.617891
	12	0.491	1.951	4.328	7.510	11.294	15.368	19.314	22.648	24.896	25.693	3.920	93.50	31.78	1.704291

TABLEAU A (suite)

RAYONS	h	ORDONNÉES Y_0 — Y POUR DES VALEURS DE α ÉGALES A:										$Y_0 - y_0$	P_0	P'	$\frac{\left(\frac{dV}{dx}\right)_n}{P_0}$
		10°	20°	30°	40°	50°	60°	70°	80°	90°	100°				
R = 37	1	»	»	»	»	»	»	»	»	»	»	»	»	»	7993889
	2	»	»	»	»	»	»	»	»	»	»	»	»	»	882689
	3	»	»	»	»	»	»	»	»	»	»	»	»	»	971489
	4	0.333	1.371	3.202	5.896	9.414	13.529	17.832	21.613	24.283	25.245	2.617	49.20	25.12	1.080289
	5	0.354	1.449	3.356	6.121	9.685	13.810	18.058	21.822	24.446	25.394	2.784	54.31	26.04	1.149089
	6	0.375	1.527	3.509	6.346	9.956	14.091	18.313	22.031	24.613	25.543	2.950	59.67	26.87	1.237889
	7	0.396	1.605	3.663	6.571	10.228	14.372	18.569	22.241	24.779	25.691	3.117	65.24	27.89	1.324689
	8	0.417	1.683	3.816	6.796	10.499	14.653	18.824	22.450	24.945	25.840	3.283	71.07	28.82	1.415489
	9	0.438	1.761	3.970	7.021	10.770	14.934	18.880	22.660	25.112	25.989	3.450	77.12	29.74	1.504289
	10	0.460	1.840	4.123	7.245	11.041	15.216	19.336	22.870	25.278	26.138	3.616	83.41	30.67	1.593089
	11	0.481	1.918	4.278	7.470	11.313	15.497	19.591	23.079	25.444	26.286	3.783	89.95	31.59	1.641289
	12	0.502	1.996	4.430	7.695	11.584	15.778	19.847	23.289	25.611	26.435	3.950	96.71	32.52	1.770689
R = 38	1	»	»	»	»	»	»	»	»	»	»	»	»	»	834917
	2	»	»	»	»	»	»	»	»	»	»	»	»	»	926.17
	3	»	»	»	»	»	»	»	»	»	»	»	»	»	1.017317
	4	0.339	1.399	3.275	6.043	9.667	13.916	18.335	22.281	25.046	26.047	2.634	50.90	25.78	1.108517
	5	0.361	1.479	3.43	6.273	9.943	14.200	18.591	22.487	25.206	26.188	2.802	56.20	26.72	1.199717
	6	0.383	1.559	3.589	6.503	10.219	14.484	18.846	22.613	25.366	26.329	2.970	61.72	27.66	1.290917
	7	0.404	1.640	3.747	6.732	10.495	14.768	19.102	22.899	25.526	26.471	3.138	67.46	28.60	1.382117
	8	0.426	1.720	3.904	6.962	10.771	15.052	19.357	23.105	25.686	26.612	3.306	73.46	29.53	1.473317
	9	0.448	1.800	4.061	7.192	11.047	15.336	19.613	23.311	25.846	26.753	3.475	79.68	30.47	1.564517
	10	0.470	1.880	4.218	7.422	11.323	15.621	19.869	23.517	26.006	26.894	3.643	86.16	31.41	1.655717
	11	0.491	1.961	4.376	7.651	11.599	15.905	20.124	23.723	26.166	27.036	3.811	92.88	32.35	1.746917
	12	0.513	2.041	4.533	7.881	11.875	16.189	20.380	23.929	26.326	27.177	3.980	99.83	33.28	1.838117
R = 39	1	»	»	»	»	»	»	»	»	»	»	»	»	»	876965
	2	»	»	»	»	»	»	»	»	»	»	»	»	»	970595
	3	»	»	»	»	»	»	»	»	»	»	»	»	»	1.064171
	4	0.346	1.428	3.347	6.189	9.920	14.302	18.868	22.950	25.813	26.850	2.648	52.68	26.55	1.157775
	5	0.348	1.510	3.508	6.424	10.201	14.589	19.124	23.153	25.967	26.984	2.818	58.09	27.50	1.251375
	6	0.390	1.592	3.669	6.658	10.481	14.876	19.377	23.355	26.120	27.117	2.988	63.77	28.45	1.344475
	7	0.413	1.675	3.830	6.893	10.762	15.163	19.635	23.558	26.274	27.251	3.158	69.68	29.40	1.438575
	8	0.435	1.757	3.991	7.127	11.042	15.450	19.890	23.760	26.427	27.384	3.328	75.85	30.35	1.532175
	9	0.457	1.839	4.152	7.362	11.323	15.737	20.146	23.963	26.581	27.517	3.499	82.25	31.30	1.625775
	10	0.479	1.921	4.313	7.597	11.603	16.025	20.401	24.165	26.734	27.651	3.669	88.91	32.25	1.719375
	11	0.502	2.004	4.474	7.831	11.884	16.312	20.657	24.368	26.888	27.785	3.839	95.81	33.20	1.812975
	12	0.524	2.086	4.635	8.066	12.165	16.599	20.913	24.570	27.041	27.919	4.010	102.95	34.25	1.906575
R = 40	1	»	»	»	»	»	»	»	»	»	»	»	»	»	920064
	2	»	»	»	»	»	»	»	»	»	»	»	»	»	1.016064
	3	»	»	»	»	»	»	»	»	»	»	»	»	»	1.112064
	4	0.352	1.456	3.420	6.336	10.172	14.689	19.402	23.620	26.579	27.352	2.660	54.40	27.27	1.208064
	5	0.375	1.540	3.586	6.576	10.458	14.979	19.657	23.819	26.706	27.778	2.832	59.94	28.24	1.304064
	6	0.398	1.624	3.750	6.815	10.743	15.269	19.913	24.018	26.873	27.904	3.004	65.82	29.21	1.400064
	7	0.421	1.709	3.914	7.055	11.029	15.559	20.168	24.216	27.020	28.030	3.176	71.90	30.18	1.496064
	8	0.444	1.793	4.079	7.294	11.314	15.849	20.423	24.415	27.167	28.156	3.348	78.24	31.15	1.592064
	9	0.467	1.877	4.244	7.534	11.600	16.139	20.679	24.614	27.314	28.282	3.520	84.82	32.12	1.688064
	10	0.489	1.961	4.409	7.773	11.885	16.429	20.934	24.813	27.462	28.468	3.692	91.66	33.09	1.784064
	11	0.512	2.046	4.573	8.013	12.171	16.719	21.190	25.011	27.609	28.534	3.864	98.74	34.06	1.880064
	12	0.535	2.130	4.738	8.252	12.456	17.010	21.445	25.210	27.756	28.660	4.037	106.08	35.04	1.976064

§ XI. — APERÇU de la MÉTHODE PROPOSÉE par M. YVON VILLARCEAU

299. Dans les méthodes les plus ordinairement employées, on se donne *a priori* les formes de l'intrados et de l'extrados de la voûte et on détermine la courbe de pression en lui imposant des points de passage à la clé et sur deux autres joints qui sont en général les joints de rupture. La position de ces points variant avec la forme qu'affecte la courbe d'intrados de la voûte qu'on étudie, M. Yvon Villarceau part, dans sa méthode, d'un point de vue tout à fait différent. Comme un faible déplacement de la courbe de pression, à l'intérieur du profil de la voûte change dans de grandes proportions la pression par unité de surface sur les arêtes des voussoirs, il modifie le profil de l'intrados de manière à faire passer la courbe de pression par les centres de gravité des voussoirs limités à ce nouveau profil d'intrados. Il est évident que, dans ces conditions, les pressions sur les arêtes seront beaucoup plus faibles puisque, d'après la loi du trapèze, elles seront la moitié de celles qui se produiraient si la courbe des pressions passait au tiers de la longueur des joints.

Aussi, en appliquant ses formules aux arches des principaux ponts construits, M. Yvon Villarceau arrive naturellement à cette conclusion que les matériaux n'y ont pas été employés économiquement. Il montre en outre que le rapport habituellement adopté entre l'ouverture et la flèche, pour les voûtes surbaissées, est en général trop grand. Ce rapport doit, d'après lui, être inférieur à 1/3 pour les petites ouvertures et se rapprocher de 1/4 pour les grandes ouvertures.

300. Voici, du reste, comment s'exprime M. Yvon Villarceau pour établir les principes de sa théorie sur l'équilibre des voûtes.

« Considérons, dit-il, une portion de voûte comprise, d'une part, entre deux

« Imaginons maintenant que, sans altérer en rien le poids des voussoirs élémentaires, la position de leur centre de gravité et l'action des forces normales à l'extrados, on les déforme (*fig.* 365) de manière à réduire la surface de contact de deux voussoirs voisins à l'étendue de l'élément superficiel correspondant aux arêtes ou génératrices qui ont leurs pieds sur la courbe des centres de gravité. Faisons, de plus, abstraction du frottement des voussoirs et de la résistance qu'oppose l'adhésion des mortiers à leur glissement les uns sur les autres. Il est évident que si l'équilibre peut exister dans un système établi suivant ces hypothèses, il existera *a fortiori* dans un système où des séries de voussoirs infiniment petits seront changées en des voussoirs de dimensions finies, et lorsqu'on remplacera le contact de deux arêtes par celui des surfaces de joint comprises entre l'intrados et l'extrados fictif, c'est-à-dire lorsque la presque totalité de

Fig. 364.

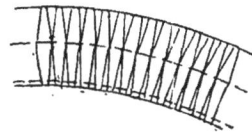

Fig. 365.

plans parallèles aux plans des têtes et distants d'une quantité quelconque A, qu'on pourra, si l'on veut, supposer égale à l'unité linéaire ou même infiniment petite, et, d'autre part, terminée par deux plans perpendiculaires à l'extrados.

Supposons (*fig.* 364) la voûte divisée en voussoirs infiniment petits, par des plans de joints normaux à l'extrados.

De cette division résultera la possibilité d'assigner la position du centre de gravité de chaque voussoir élémentaire: nous nommerons *courbe des centres de gravité* la courbe passant par tous ces centres.

Prenons sur chacune des normales un point voisin de l'intrados situé à une distance du centre de gravité correspondant, égale à celle qui sépare l'extrados de ce même centre: nous obtiendrons une nouvelle courbe que nous appellerons, pour abréger, *intrados fictif.*

la surface de chaque joint sera rétablie de manière à donner lieu aux frottements et à pouvoir mettre en jeu l'adhésion des mortiers, suivant le besoin ; le rôle de ces forces étant de s'opposer au glissement quand il tend à se produire. Nous dirons plus ; c'est que ces dernières ne se développeront pas, tant du moins que la voûte restera soumise aux seules forces qu'on aura fait entrer dans les équations de son équilibre: en effet, puisque l'équilibre est supposé devoir exister sans l'intervention des frottements et adhésions, il n'y aura aucune tendance au mouvement dans un sens déterminé pour quelque voussoir que ce soit, et comme le frottement ne prend naissance que par suite de cette tendance, il est clair qu'il ne se produira aucun frottement; il en sera de même des effets de l'adhésion des mortiers. Ces forces ne se développant point dans notre voûte à son état normal, il est inutile, comme on le voit d'ailleurs assez clairement, de les faire entrer dans les équations de son équilibre.

« Pour compléter la transformation de la construction idéale en la construction réelle proposée, il eût fallu rétablir le contact des voussoirs dans toute l'étendue comprise entre l'extrados et l'intrados, tandis que nous l'avons étendu seulement à l'espace compris entre la première de ces courbes et l'intrados fictif, comme cela aurait lieu si l'on pratiquait dans les joints un refouillement d'une profondeur égale à la très petite distance qui sépare l'intrados fictif de l'intrados réel, distance qui n'atteindra jamais qu'un petit nombre de centimètres.

« Nous allons donner la raison de la nécessité qu'il en soit ainsi, du moins théoriquement. Dans la construction idéale, la résultante des pressions, dans les joints passe par l'arête de contact située sur la courbe des centres de gravité, ou bien par le milieu du joint limité, comme nous venons de le dire, dans la construction réelle ; et l'on peut admettre qu'après le rétablissement du contact des surfaces de joint, la pression se distribuera uniformément sur ces surfaces. On sera d'autant mieux fondé à admettre l'égalité de la répartition des pressions, qu'on pourra la faciliter par l'introduction dans les joints d'une mince couche de ciment très fin.

« La résultante des pressions étant assujettie à passer par les centres de gravité, c'est-à-dire très près du milieu de l'épaisseur des voussoirs, et à être normale aux plans de joint, la voûte acquerra par cela même un grand degré de stabilité.

« En effet, quand la voûte sera soumise accidentellement à des charges auxquelles on n'aura point eu égard en fixant les conditions de son établissement, l'action de celles-ci sera, tant que l'équilibre pourra subsister, de déplacer le point d'application et la direction de la résultante des pressions en faisant varier l'intensité de cette dernière.

« Or, pour que le point d'application de la résultante puisse se déplacer dans un sens ou dans l'autre, sans trop se rapprocher de l'intrados ou de l'extrados, il est évident qu'il doit coïncider avec le point milieu de l'épaisseur lorsque les surcharges dont il s'agit n'ont pas lieu. D'un autre côté la direction de la résultante des pressions devant pouvoir s'écarter de celle qui répond à l'absence des surcharges accidentelles, sans cependant faire avec la normale aux plans de joint un angle qui atteigne le plus grand des deux angles du frottement et de la cohésion, il est également évident que la résultante des pressions doit être normale aux plans de joint dans l'état ordinaire de la voûte. Il résulte de ces considérations que le système dont nous nous occupons jouira d'une très grande stabilité.

« Quant à la stabilité au point de vue de l'effet de surcharges accidentelles considérables il suffira de s'assurer que sous leur effet, la résultante des pressions ne peut nulle part se rapprocher de l'intrados ou de l'extrados d'une quantité inférieure au tiers de l'épaisseur des voussoirs et que la pression maximum par unité de surface ne dépasse pas celle que les matériaux peuvent supporter en toute sécurité ; enfin que la direction de la résultante ne s'écartera de celle de la normale au joint que de quantités inférieures aux angles de frottement et de cohésion. »

301. Partant de ces principes, M. Yvon Villarceau a établi en formules très compliquées, les conditions d'équilibre des voûtes et a dressé des tables réunissant les résultats obtenus par l'application de ses formules fondamentales.

M. Yvon Villarceau montre en outre, après avoir calculé deux voûtes en arc de cercle, la première de 25 mètres d'ouverture et de 3 mètres de flèche, la deuxième de 45 mètres d'ouverture et de 5 mètres de flèche et une voûte en anse de panier de 60 mètres d'ouverture et de 16m,25 de flèche, qu'on peut réduire notablement les épaisseurs à la clé habituellement adoptées. — Ainsi, d'après lui, on pourrait réduire d'environ un tiers l'épaisseur à la clé des principaux ponts surbaissés existants en diminuant la flèche, qu'on prend en général égale au tiers de l'ouverture.

§ XII. — APPLICATION DE LA STATIQUE GRAPHIQUE A L'ÉTUDE DE LA STABILITÉ DES VOUTES

I. — Préliminaires.

302. L'emploi de la statique graphique permet de simplifier notablement les diverses opérations à effectuer pour arriver au tracé du polygone des pressions.

Ainsi, dans la méthode de Méry, pour obtenir le point de passage de la résultante des pressions sur un joint quelconque il faut composer avec la poussée le poids de la portion de voûte supportée par ce joint. Ceci nécessite donc la détermination analytique de la verticale ou ligne d'action du poids de la portion de voûte considérée. Finalement on arrive à déterminer la verticale du poids de la demi-voûte et le point de passage de la résultante des pressions sur le joint des naissances.

Cette opération, qui doit être répétée pour tous les joints, devient assez longue. Avec la statique graphique, au contraire, ces résultats s'obtiennent très rapidement par le tracé d'un simple polygone funiculaire.

L'étude de la composition des forces se fait en statique graphique à l'aide de deux figures différentes.

La première contient les directions suivant lesquelles elles agissent, c'est-à-dire leurs lignes d'action. On ne se préoccupe dans cette figure ni du sens ni de la grandeur des forces.

La deuxième figure indique au contraire la grandeur la direction et le sens de chacune des forces. Elle est formée en portant, à une certaine échelle, les forces les unes à la suite des autres dans le sens convenable sur des lignes parallèles à leur direction. Cette deuxième figure est le *polygone de forces* (1).

Dans le cas qui nous occupe toutes les forces étant verticales, le polygone des forces se réduira évidemment à une ligne droite parallèle aux forces données.

303. Ceci posé, considérons (*fig.* 366)

(1) Pour plus de détails sur l'étude de la statique graphique, voir le *Traité des Ponts métalliques*.

une demi-voûte de forme quelconque. Soient P₁, P₂, P₃,... P₆, les lignes d'action des poids des différents voussoirs et de leurs surcharges. Nous nous proposons de déterminer la verticale du centre de gravité de la demi-voûte.

A cet effet, sur une verticale quelconque portons les unes à la suite des autres, les longueurs a-1, 1-2, 2-3,... représentant, à une échelle déterminée, les grandeurs des poids P₁, P₂.... P₆ des différents voussoirs constituant la demi-voûte, y compris leurs surcharges ; de sorte que *ab*, somme de tous ces poids, représentera le poids de la demi-voûte et de sa surchage.

Prenons à gauche de *ab*, par exemple, un point 0 et joignons ce point aux points *a*, 1, 2.....: de division de la ligne *ab*. Nous avons pris le point 0 sur l'horizontale de *a* comme on le fait ordinairement dans les épures de voûtes. Ceci fait, par un point quelconque A menons A*h* parallèle à *ao* jusqu'à son intersection avec P₁; par le point *h* menons *hl* parallèle à 0-1 jusqu'à sa rencontre avec P₂ en *l* puis par le point *l* menons une parallèle à 0-2 et ainsi de suite jusqu'en *q*, point par lequel nous mènerons *q*B parallèle à 0*b*. La ligne brisée A*hlmnpq*B, ainsi obtenue, est un polygone funiculaire des forces données ; le point 0 est le pôle de ce polygone et les lignes *a*0, 0*b*... sont les rayons polaires.

Ce polygone funiculaire va nous servir à déterminer la verticale du poids de la demi-voûte et de sa surcharge et même la verticale du poids de la portion de voûte (et de sa surcharge) supportée par un joint quelconque.

On sait en effet que si on prolonge deux côtés quelconques d'un polygone funiculaire de forces données, le point d'intersection de ces deux côtés appartient à la résultante des forces comprises entre ces deux côtés. La grandeur, la direction et le sens de cette résultante étant donnés par le polygone des forces.

Or, le poids de la demi-voûte *cdef* est la résultante des poids partiels P_1, P_2,.... P_6 et elle leur est parallèle. Donc, dans le cas qui nous occupe, pour avoir la verticale du poids de la demi-voûte *cdef* il suffira de prolonger les deux côtés

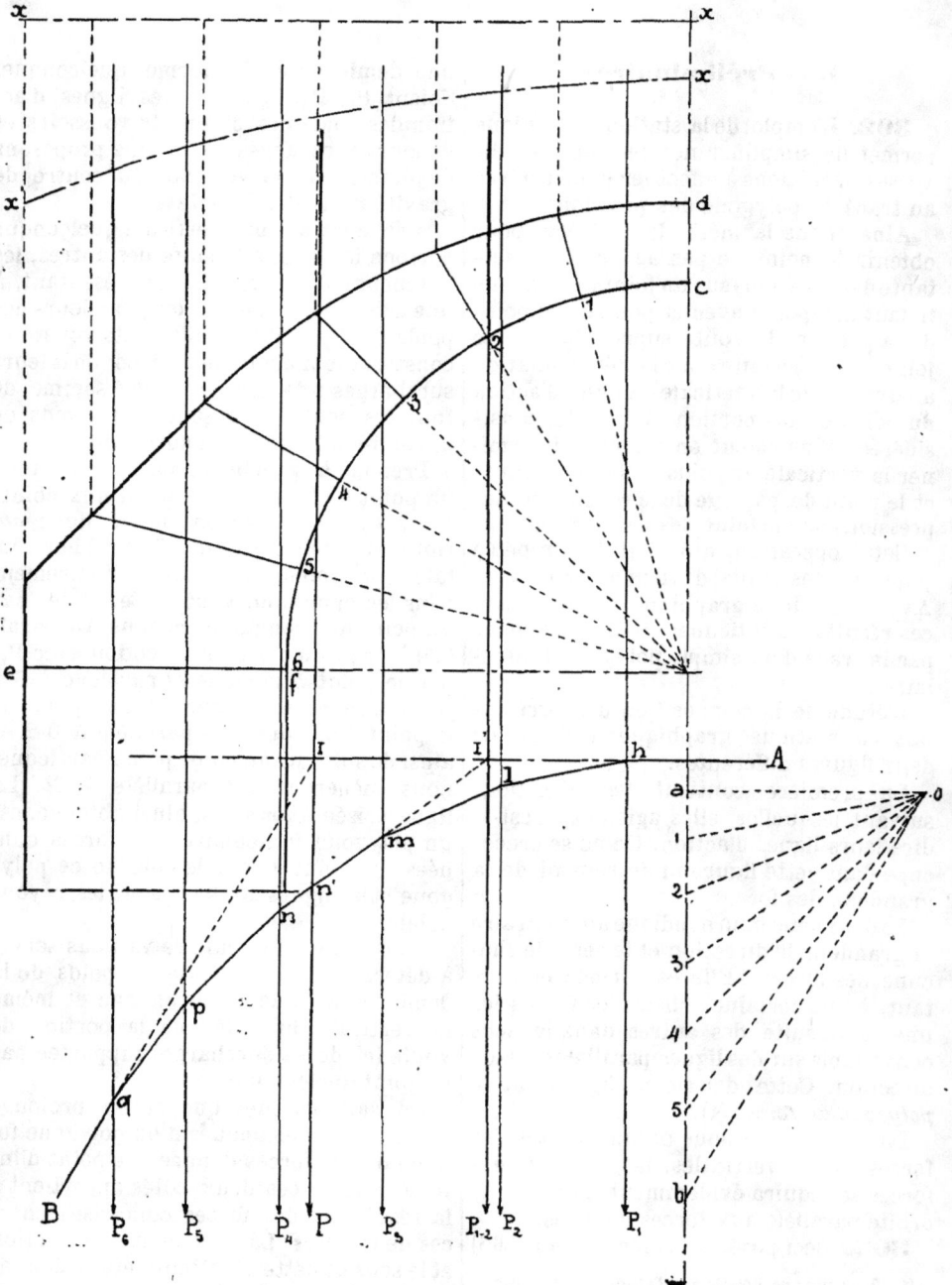

Fig. 366.

extrêmes Ah et Bq du polygone funiculaire, que nous venons de tracer, jusqu'à leur point d'intersection I et de mener par ce point une verticale.

Si au lieu de chercher la verticale du poids total de la demi-voûte on veut la verticale du poids de la portion de voûte supportée par le joint n° 3 on remarquera que le poids de cette portion de voûte est la résultante des poids partiels P$_1$, P$_2$, P$_3$, des trois voussoirs qui la composent. Il suffira donc, d'après la propriété énoncée des polygones funiculaires, de prolonger les côtés nm et Ah comprenant entre eux les trois forces P$_1$, P$_2$, P$_3$, jusqu'à leur intersection I' qui appartiendra à la verticale du poids de la portion de voûte supportée par le joint n° 3.

304. *Tracé du polygone des pressions.* — Considérons (*fig.* 367) une demi-voûte $cdef$. Soit α le point de passage de la poussée à la clé et β celui de la résultante des pressions sur le joint des naissances.

Supposons, qu'à l'aide du tracé d'un polygone funiculaire quelconque des poids des voussoirs constituant la demi-voûte, on ait déterminé la verticale du poids total P de la demi-voûte. On en déduira la direction de la résultante Rn des pressions sur le joint des naissances.

Nous savons que cette demi-voûte $cdef$ est en équilibre sous l'action de son poids P, de la poussée à la clé Ps et de la résultante Rn des pressions sur le joint des naissances. Ces trois forces se faisant équilibre, leur polygone des forces doit se fermer.

Sur une verticale indéfinie prenons, à une certaine échelle, les longueurs a-1, 1-2, 5-b,... représentant les poids P$_1$, P$_2$.... P$_6$ des différents voussoirs et de leurs surcharges ; la longueur ab représentera alors le poids total P de la demi-voûte.

Par les points a et b menons des parallèles à la direction ak de la poussée et à la direction βk de la résultante Rn ; nous obtiendrons les deux lignes $a0$ et $b0$ représentant à l'échelle adoptée :

La première, la grandeur de la poussée à la clé ;

La deuxième, la grandeur de la résultante Rn des pressions sur le joint des naissances.

Les lignes ak et βk sont les côtés extrêmes du polygone des pressions.

La poussée Ps s'obtient donc facilement. Si on la compose avec le poids P$_1$ du premier voussoir et de sa surcharge on obtiendra la résultante R$_1$ des pressions sur le joint n° 1. Mais, remarquons que le polygone des forces donne immédiatement la direction de cette résultante. En effet, le voussoir cdc_1d_1, étant en équilibre sous l'action de son poids P$_1$, de la poussée à la clé Ps, et de la résultante R$_1$, des pressions sur le joint n° 1, le polygone de ces trois forces doit se fermer. Or, sur le polygone des forces, les lignes 1-a et 0-a représentent respectivement en grandeur, direction et sens le poids P$_1$ et la poussée à la clé ; donc le troisième côté 1-0 du triangle a-1-0 représente en grandeur, direction et sens la résultante R$_1$ des pressions sur le joint n° 1. Il suffira donc de mener par le point r une parallèle à 1-0 pour obtenir le deuxième côté du polygone des pressions.

De même pour avoir la résultante R$_2$ des pressions sur le joint n° 2, il faut composer la résultante R$_1$ avec le poids P$_2$ du deuxième voussoir. Ce voussoir est en équilibre sous l'action des trois forces R$_1$, P$_2$ et R$_2$. Les deux premières de ces forces sont représentées sur le polygone des forces en grandeur, direction et sens par les lignes 0-1, 1-2, donc, pour les mêmes raisons que précédemment, la ligne 2-0 représentera également en grandeur, direction et sens la résultante R$_2$ des pressions sur le joint n° 2. Il suffira donc, pour obtenir le troisième côté du polygone des pressions, de mener par l'intersection r_1 de R$_1$ et de P$_2$ une parallèle à 2-0. Et ainsi de suite de proche en proche jusqu'au joint des naissances.

Donc, le polygone des pressions est un polygone funiculaire des charges données, agissant sur la voûte, ayant la poussée Ps pour distance polaire et pour premier côté.

305. En résumé, étant données (*fig.* 367 les charges P$_1$, P$_2$, P$_3$..., P$_6$ agissant sur les voussoirs de la demi-voûte, y compris leur propre poids, on les portera à une échelle convenable les unes à la suite des autres de a en b sur une verticale.

Soient a-1, 1-2, 2-3,...5-b les longueurs représentant les charges P_1, P_2, P_3,... P_6. Sur l'horizontale indéfinie passant par le point a, on prendra un pôle quelconque o' et on joindra ce point aux points 1, 2, 3, 4, 5, b. — Ceci fait on tracera à partir

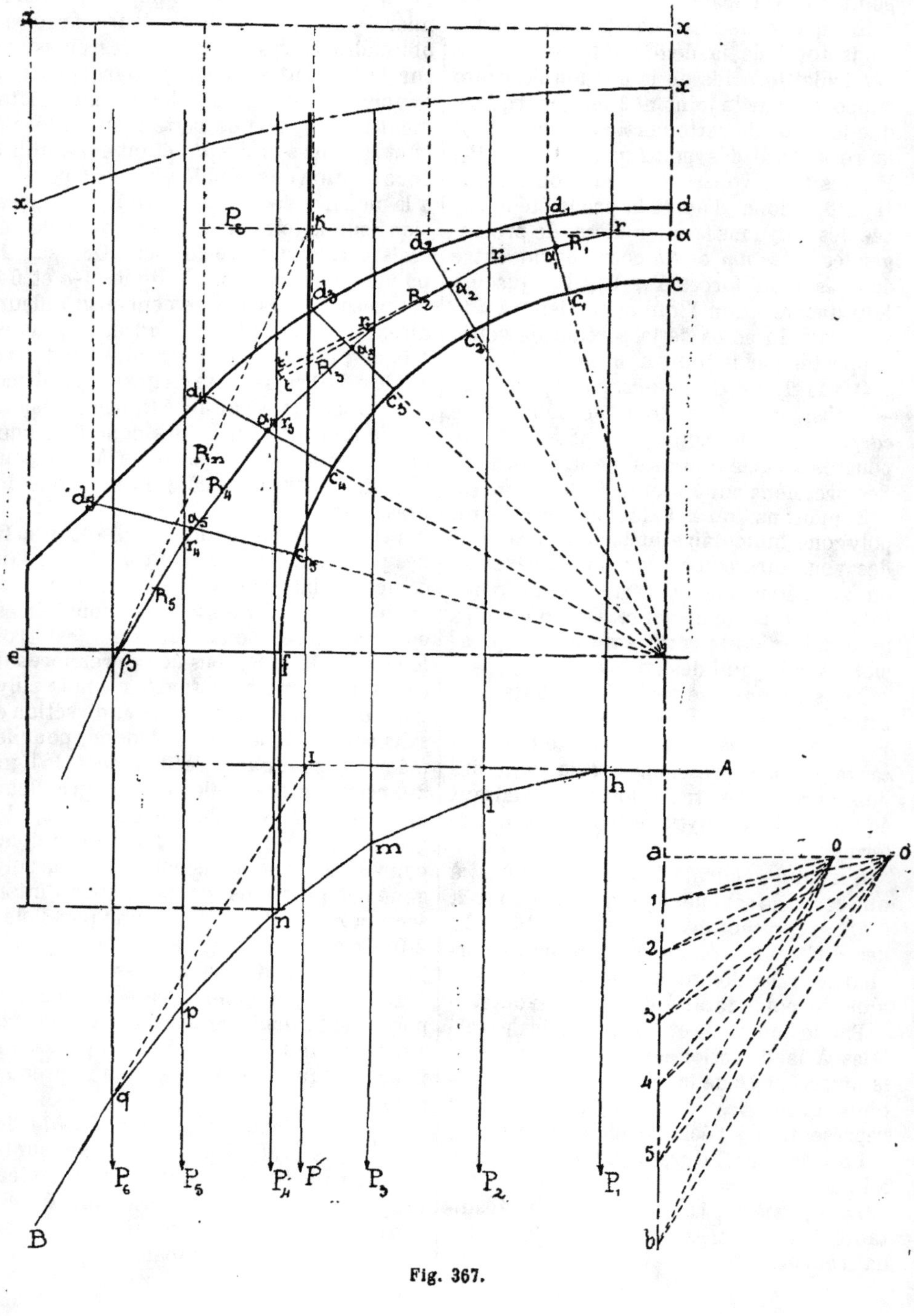

Fig. 367.

du point A le polygone funiculaire AB
des charges P_1, P_2,... P_6 relatif à ce pôle.
On prolongera le dernier côté Bq jusqu'à
son intersection en I avec le premier côté
horizontal Ah. La verticale du point I
sera la ligne d'action de la charge totale
agissant sur la demi-voûte.

Si α est le point de passage de la poussée
P_s à la clé et β celui de la résultante des
pressions sur le joint des naissances on
joindra le point h, intersection de P_s et
de P au point β. Puis par le point b on
mènera bo parallèle à βk, la longueur ao
représentera, à l'échelle des forces
adoptée pour ab, l'intensité de la poussée
à la clé. — Pour obtenir le polygone des
pressions il ne restera plus qu'à tracer le
polygone funiculaire des charges données
passant par le point α ayant le point o
pour pôle et les rayons 0a, 0-1, 0-2,...5-b
pour rayons polaires (n° 303).

On voit que sur le joint $c_5 d_5$ le centre
de pression α_5 s'obtient par le prolongement au-dessus de r_4 du côté R_5 du polygone des pressions. Cela résulte de ce que
nous avons dit au n° 228, c'est-à-dire
qu'il ne faut pas confondre le polygone
des pressions avec celui des centres de
pression qui a ses sommets sur les côtés
du premier.

Le polygone des pressions étant tracé
on s'assurera qu'il ne peut y avoir danger
de glissement des voussoirs les uns sur les
autres et on vérifiera que la pression sur
les arêtes les plus rapprochées du polygone des pressions ne dépasse nulle part
la limite de résistance des matériaux
employés pour la construction de la voûte.
Supposons, par exemple, qu'on veuille la
pression supportée par l'arête c_2. On portera sur le prolongement du côté $r_1 r_2$ du
polygone des pressions une longueur $\alpha_2 t$
égale au rayon 0-2 du polygone des forces.
La longueur 0-2 représente, à l'échelle des
forces, l'intensité de la résultante R_2 des
pressions sur ce joint. — On projet-
tera $\alpha_2 t$ en $\alpha_2 t'$ sur la normale en α_2 au
joint $c_2 d_2$ et on mesurera $\alpha_2 t'$ à l'échelle
des forces. — La pression ainsi obtenue
sera celle à introduire dans l'une des formules du n° 217, suivant la position de
α_2 sur la longueur du joint, pour avoir la
pression supportée par l'arête c_2.

Voûte symétrique chargée dissymétriquement.

306. Dans le cas de charges dissymétriques, la poussée à la clé n'étant pas
horizontale, il faut se donner trois points
du polygone des pressions pour qu'il soit
déterminé.

S'il s'agit de voûtes en arc de cercle on
prendra pour point de passage de la poussée à la clé le point α situé au tiers extérieur de ce point, et pour points de passage des pressions sur les joints des
naissances les points situés aux tiers intérieurs de ces joints.

S'il s'agit de voûtes en plein cintre,
ellipse, anse de panier et similaires, on
prendra le même point α pour point de
passage de la poussée à la clé et les points
β et γ pour points de passage des pressions, sur les points des naissances, ces
points étant situés au tiers extérieur de
ces joints ou en leur milieu. (On pourrait au contraire se donner les points de
passage des pressions sur les joints de
rupture, — ces points seraient alors aux
tiers intérieurs de ces joints).

Dans tous les cas, le problème sera ramené à la construction d'un polygone
funiculaire de forces données passant par
trois points α, β, γ.

Considérons (*fig.* 368) une voûte en
plein cintre supportant sur sa moitié de
gauche les charges P_1, P_2, P_3,... P_7 et sur
sa moitié de droite les charges P'_1, P'_2,
P'_3,... P'_7. Portons à une échelle déterminée, sur une verticale, les unes à la suite
des autres, les charges P'_7, P'_6, P'_5,... P'_1,
P_1, P_2, P_3,... P_7 de telle sorte que ab,
représente la charge totale agissant sur
toute la voûte. Construisons un polygone
funiculaire quelconque des charges données, soit B$rqpn$....A, ce polygone et
$q_0 = o'$S, sa distance polaire. Des points
β et γ par lesquels doit passer le polygone
funiculaire cherché, abaissons des verticales coupant les côtés extrêmes du premier polygone funiculaire en β_1 et γ_1.
Joignons $\beta_1 \gamma_1$.

Ceci posé portons, à partir de l'horizontale $\beta\gamma$ des naissances $r'_1 r_1 = r'r$;
$q'_1 q_1 = q'q$,.... $h'_1 h_1 = h'h$.....; en joignant
βr_1 q_1, h_1..... γ nous formerons un po-

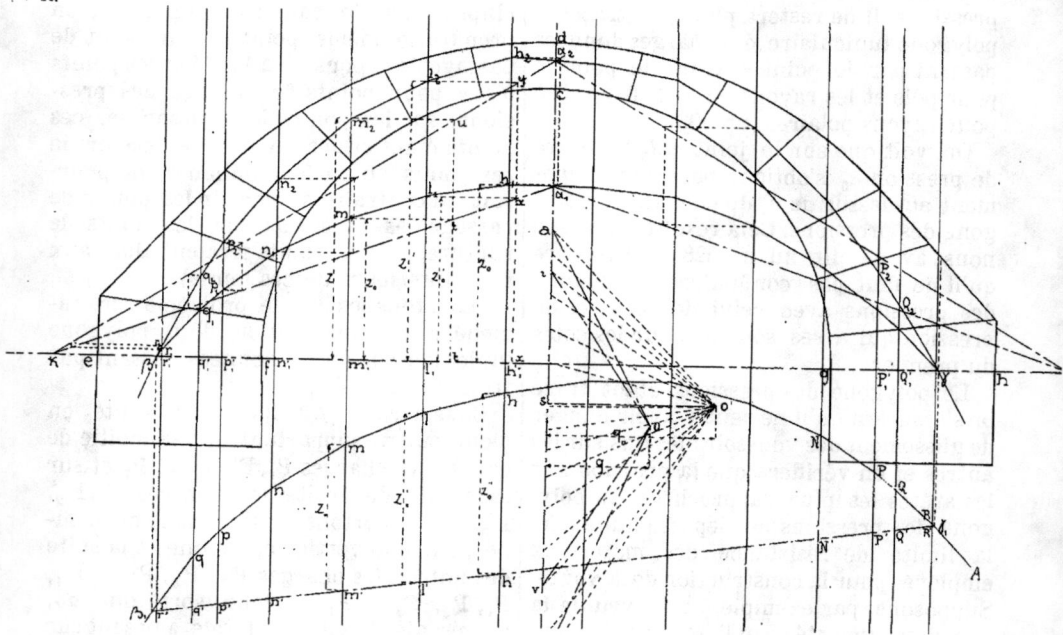

lygone ayant ses sommets sur les mêmes verticales que ceux du polygone funiculaire B*rqp*...A et de plus les ordonnées correspondantes de ces deux polygones seront égales.

Soient z_0 et z'_0 les longueurs de deux ordonnées quelconques mm' et ll' comprises entre le contour du polygone funiculaire B*rqp*...A de distance polaire q_0 et la ligne $\beta_1 \gamma_1$.

Soient, de même, z et z' les ordonnées correspondantes (sur la même verticale) du polygone funiculaire cherché, dont la distance polaire est q.

On doit avoir, d'après une propriété connue des polygones funiculaires :

$$qz = q_0 z_0$$
et
$$qz' = q_0 z'_0$$
c'est-à-dire :

$$\frac{z}{z'} = \frac{z_0}{z'_0}.$$

Joignons le point α_2, par lequel doit passer le polygone des pressions cherché, à un point quelconque k, de l'horizontale $\beta\gamma$. Joignons de même $\alpha_1 k$; le point α_1 étant l'intersection de la verticale du joint à la clé et du polygone $\beta r_1 q_1 n_1 m_1, ..\gamma$. Nous voulons déterminer le sommet du polygone des pressions situé sur la verticale P_2. A cet effet menons l'horizontale $l_1 x$ jusqu'à sa rencontre avec $\alpha_1 k$, puis la verticale xy jusqu'à sa rencontre avec $\alpha_2 k$. Enfin menons par y une horizontale; elle rencontrera la direction de P_2 au sommet cherché l_2.

Soient $\beta r_2 q_2 p_2 ... \alpha_2 \gamma$ le polygone cherché obtenu en effectuant la construction précédente pour tous les sommets ; on devra avoir, d'après les notations de la figure, si l_2 et m_2 sont des sommets du polygone cherché :

$$\frac{m'_1 m_2}{l'_1 l_2} = \frac{m'_1 m_1}{l'_1 l_1}$$
or,
$$m'_1 m_2 = t'u$$
$$m'_1 m_1 = t't$$
$$l'_1 l_2 = x'y$$
$$l'_1 l_1 = x'x.$$

Donc, il faut qu'on ait :

$$\frac{t'u}{x'y} = \frac{t't}{x'x}.$$

Ce qui est évident puisque les lignes $\alpha_1 k$ et αk sont concourantes et que, par suite,

elles divisent des droites parallèles en parties proportionnelles.

Pour déterminer la partie $\alpha_2 \gamma$ du polygone des pressions on joindra les points α_2 et α_1 à un point quelconque k_1 situé à droite de la verticale du joint à la clé sur l'horizontale $\beta\gamma$ et on opérera avec ces deux droites comme avec $\alpha_2 K$ et $\alpha_1 K$.

Le polygone des pressions étant entièrement déterminé il sera facile d'obtenir le pôle o qui lui correspond en menant par les points a et b du polygone des forces des parallèles aux côtés extrêmes du polygone funiculaire. On pourrait aussi l'obtenir en menant par les points quelconques v et i, extrémités du polygone des charges comprises entre P_3 et P_5' inclusivement des parallèles aux côtés $p_2 q_2$ et $P_2 Q_2$ du polygone funiculaire comprenant ces charges ; on obtiendra alors les rayons vecteurs dont les longueurs représenteront, à l'échelle des forces, les pressions sur les différents joints de la voûte. On pourra vérifier si ces pressions ne dépassent pas celles qu'on peut leur faire supporter en toute sécurité. On fera, en outre, la vérification relative au glissement des voussoirs les uns sur les autres.

Application du principe de l'équilibre limite.

307. Nous avons déjà exposé au n° 202 le principe de l'équilibre limite, qui constitue la base de la méthode développée par M. Maurice Lévy dans son *Traité de Statique graphique*, pour les différentes sortes de voûtes employées dans les constructions.

Pour appliquer ce principe, M. Maurice Lévy s'appuie sur les expériences relatives au mode de renversement des voûtes.

Nous avons dit en effet au n° 213 :

1° Lorsqu'on charge de plus en plus une voûte en plein cintre, en anse de panier ou en ellipse, les joints à la clé et aux naissances s'ouvrent à l'intrados, tandis qu'un des joints intermédiaires, appelé joint de rupture, s'ouvre au contraire à l'extrados. Donc, d'après ce que nous savons sur la répartition des pressions

sur les différents joints (n°s 216 et suivants) nous pouvons dire, avec M. Maurice Lévy, que lorsque cet effet est sur le
point de se produire, le polygone des
pressions passe à la clé au point situé au
tiers du joint à partir de l'extrados (tiers
supérieur) et au point situé au tiers du
joint de rupture à partir de l'intrados
(tiers inférieur) ;

2° Dans les voûtes en arc de cercle,
suffisamment surbaissées, le joint des
naissances devient le joint de rupture ; la
dernière articulation étant reportée sur
les pieds-droits. Par suite, lorsque la voûte
est sur le point de se rompre, le joint à la
clé s'ouvre à l'intrados et le joint des nais-

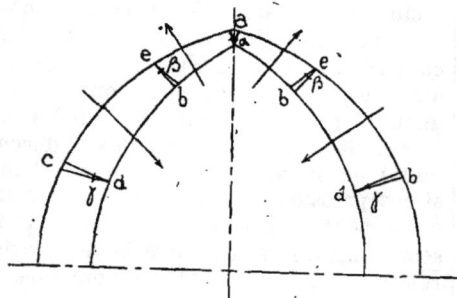

Fig. 369.

sances s'ouvre à l'extrados. A ce moment
le polygone des pressions passe donc au
tiers supérieur du joint à la clé et au tiers
inférieur du joint des naissances ;

3° Dans les voûtes en ogive (fig. 369) le
joint à la clé s'ouvre à l'extrados en a.
Deux joints, situés à une faible distance
du joint à la clé, s'ouvrent au contraire à
l'intrados en b tandis que plus bas deux
autres joints s'ouvrent à l'extrados
en c.

Pour que ce résultat ait lieu il faut que
l'une des deux hypothèses suivantes se
réalise :

1° Le polygone des pressions partant
du point α situé au tiers intérieur du
joint à la clé et passant par le point β
situé au tiers extérieur du premier joint
de rupture be, sort du tiers moyen de la
voûte dans la région du deuxième joint
de rupture cd ;

2° Le polygone des pressions partant

du point α situé au tiers intérieur du
joint à la clé et passant par le point γ
situé au tiers intérieur du deuxième joint
de rupture cd, sort du tiers moyen de la
voûte dans la région du premier joint
de rupture be.

Par suite pour qu'il n'y ait pas lieu de
craindre ces mouvements il faut que le
polygone des pressions partant du point α
situé au tiers intérieur du joint à la clé
ne sorte nulle part du tiers moyen de la
voûte, c'est-à-dire des deux lignes divisant la largeur des joints en trois parties
égales.

308. Le principe de l'équilibre limite
exige donc, comme le fait remarquer
M. Maurice Lévy, le tracé d'un ou de deux
polygones funiculaires des charges agissant sur la voûte. Ces polygones funiculaires devront satisfaire à des conditions
variables avec la forme de la voûte.

I. — VOUTES EN ARC DE CERCLE

309. Nous savons, d'après ce qui précède, de quelle manière tend à se rompre
une voûte en arc de cercle suffisamment
surbaissée. Nous avons vu, en outre, qu'au
moment où cet effet va se produire le polygone des pressions passe (fig. 370) au
tiers supérieur α du joint à la clé et au
tiers intérieur β du joint des naissances.

Traçons les lignes αγ, δβ divisant tous
les joints en trois parties égales ; l'intervalle compris entre ces deux courbes sera
ce que nous avons appelé le tiers moyen.
Sur une verticale quelconque nous porterons bout à bout les charges P_1, P_2,...P_6
agissant sur les différents voussoirs ; puis
en prenant sur l'horizontale du point a le
pôle o' quelconque nous tracerons le polygone funiculaire AB des charges données
ayant ao' pour distance polaire. Le prolongement des deux côtés extrêmes de ce
polygone donne le point I de la verticale
du poids total de la demi-voûte. Cette
verticale coupe l'horizontale du point α
en k; joignons kβ, et par le point b menons bo parallèle à kβ. Nous aurons, à
l'échelle des forces, la valeur ao de la
poussée à la clef et le pôle o définitif qui
servira, comme nous l'avons montré, au
tracé du polygone des pressions. Le polygone funiculaire de pôle o et passant par

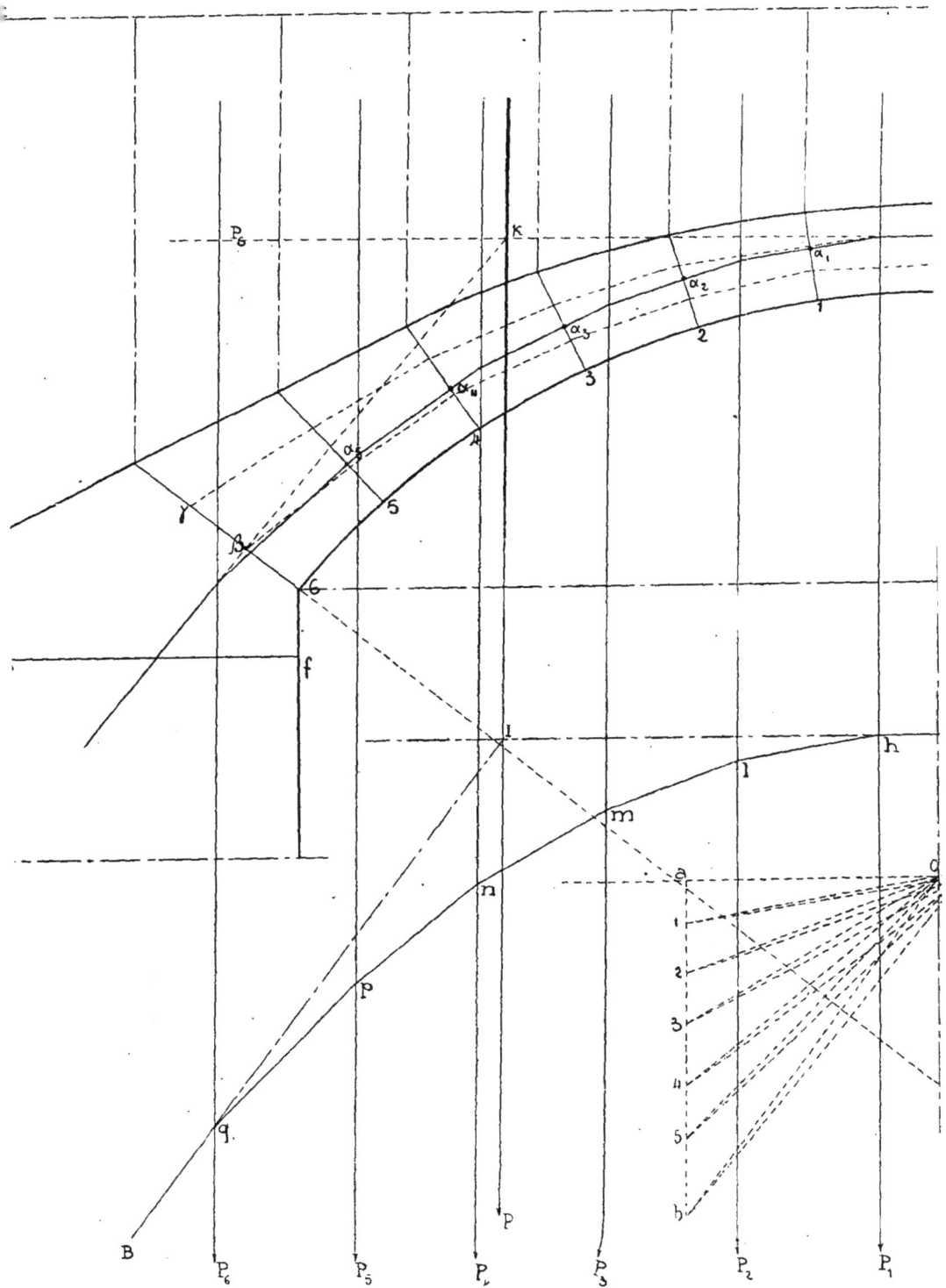

Fig. 370.

a étant tracé il faudra vérifier qu'il ne coupe aucun joint en dehors du tiers moyen ni sous un angle supérieur à 15 degrés ou 20 degrés au maximum ; enfin il faudra vérifier si la condition relative à la résistance des matériaux est satisfaite.

Si toutes ces conditions ne sont pas remplies il faudra modifier le profil de la voûte ou la disposition des charges qu'elle supporte, ce qui peut se faire soit en allégeant certaines parties par des évidements, soit, au contraire, en chargeant la voûte en des points convenablement choisis.

II. — Voutes en plein cintre, anses de panier et ellipse

310. Dans les voûtes en plein cintre, anse de panier ou ellipse, le polygone des pressions doit passer (*fig.* 371), d'après le principe de l'équilibre limite, par le tiers extérieur *a* du joint à la clé et au tiers intérieur du joint de rupture. De plus ce polygone doit être entièrement compris dans le tiers moyen du profil de la voûte.

Traçons comme pour le cas précédent, les lignes *αβ*, *γδ* déterminant le tiers moyen du profil de la voûte.

Soit *ab* le polygone des charges supportées par la demi-voûte. Prenons un pôle quelconque *o′* sur l'horizontale du point *a* et traçons un polygone funiculaire quelconque des charges P_1, P_2,.... P_6 agissant sur chacun des voussoirs. En prolongeant les côtés extrêmes A*h* et B*q* de ce polygone nous aurons un point I de la verticale de la charge totale P agissant sur la demi-voûte. Ce même polygone peut donner aussi, comme nous l'avons dit au numéro 303, des résultantes partielles des charges agissant soit sur les deux premiers voussoirs à partir de la clé. soit sur les trois premiers et ainsi de suite de proche en proche jusqu'à la charge totale supportée par la demi-voûte.

Pour avoir un point de ces résultantes partielles il faudra prolonger jusqu'à leur point d'intersection (n° 303) les côtés du polygone funiculaire entre lesquels sont comprises les charges dont on cherche la résultante. Les constructions sont effec-

tuées sur la figure. Sur cette figure, P_1 est la ligne d'action de la charge supportée par le premier voussoir, P_{1-2} la résultante des charges P_1 et P_2 agissant sur les deux premiers voussoirs, P_{1-2-3} la résultante des charges agissant sur les trois premiers voussoirs,... etc...

Ces résultantes partielles rencontrent l'horizontale du point *α* en des points K_1, K_2, K_3 qu'on joint aux points $α_1$, $α_2$, $α_3$ situés aux tiers intérieurs des joints successifs à partir du joint à la clé.

Les lignes $K_1α_1$, $K_2α_2$, $K_3α_3$ seraient donc les lignes d'action des résultantes des pressions sur les joints 1, 2, 3, 4, la première dans le cas où le polygone des pressions passerait par le point $α_1$, la deuxième dans le cas où ce polygone passerait par le point $α_2$ et enfin la troisième dans le cas où ce même polygone passerait par le point $α_3$. Ce serait donc, pour chacun de ces cas, un des côtés du polygone des pressions, ce qui ne peut pas être puisque ces lignes ne sont par de part et d'autre de chacun des points $α_1$, $α_2$, $α_3$, entièrement comprises dans le tiers moyen du profil de la voûte. Sur notre figure cette condition n'est remplie que par la ligne $K_5α_5$; par suite cette ligne sera un des côtés du polygone des pressions cherché et le joint n° 5 est le joint de rupture de la demi-voûte considérée.

Pour tracer complètement le polygone des pressions répondant à l'équilibre limite il suffira alors de mener par le point 5 du polygone des forces une parallèle à $K_5α_5$ jusqu'à son intersection en *o* avec l'horizontale passant par l'origine *a* de ce polygone ; *ao* représentera à l'échelle des forces l'intensité de la poussée à la clé.

Ayant le pôle *o*, il ne restera plus qu'à tracer le polygone funiculaire correspondant, passant par le point *α*. Ce sera le polygone des pressions. — On s'assurera, comme pour les voûtes en arc de cercle, que ce polygone est entièrement compris dans le tiers moyen du profil de la voûte, qu'il ne coupe aucun joint sous des angles supérieurs à 20 degrés et enfin que la condition relative à la résistance des matériaux est satisfaite.

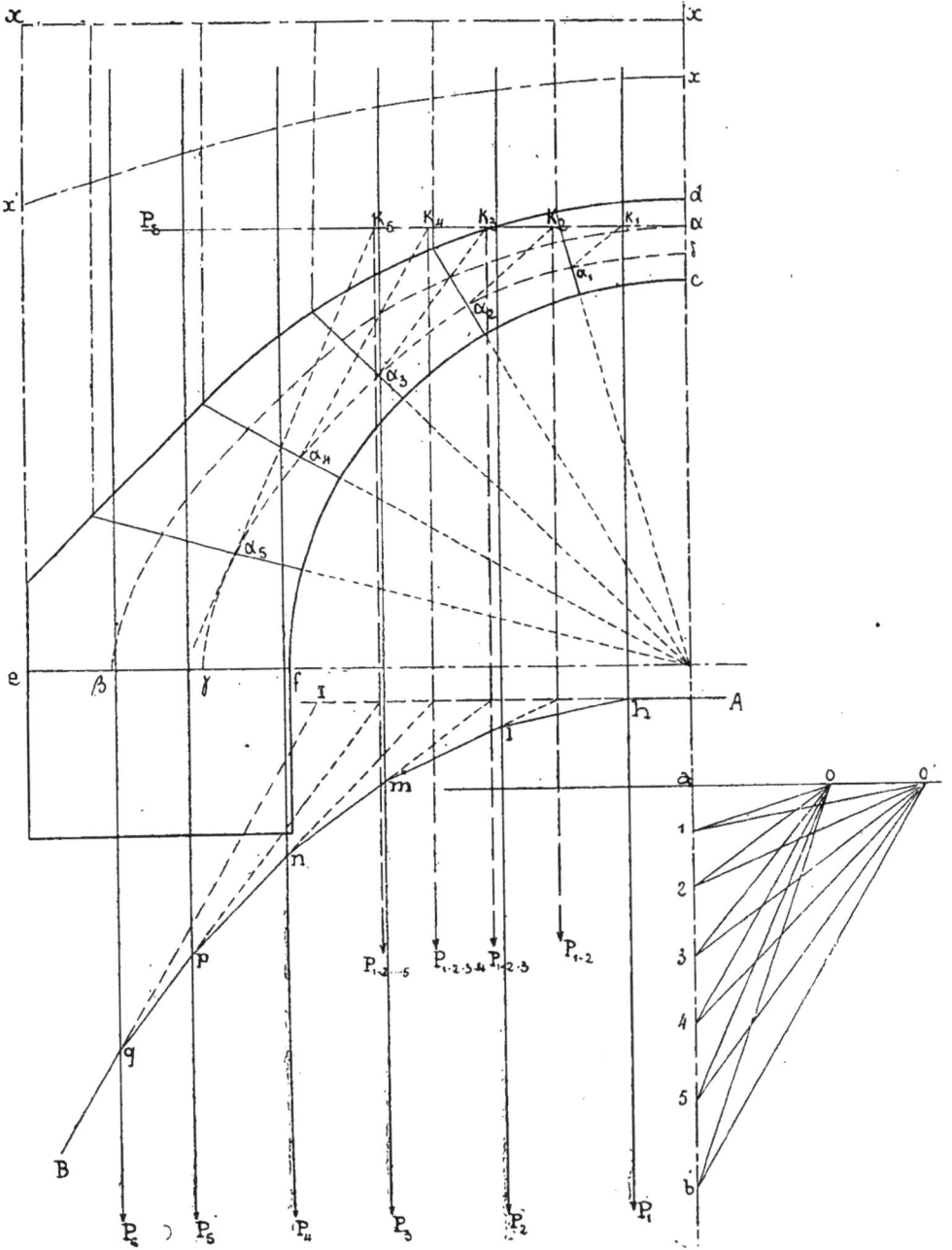

Fig. 371.

III. — Voutes en ogive

311. S'il s'agit d'une voûte en ogive on tracera encore (*fig.* 372) les lignes $\alpha\gamma$, $\beta\delta$, passant par les points qui divisent tous les joints en trois parties égales. — Puis on tracera (n° 307) les deux polygones des pressions qui répondent à l'équilibre limite. — Ces deux polygones partiront du point α situé au tiers intérieur du joint à la clé.

L'un de ces deux polygones passera en

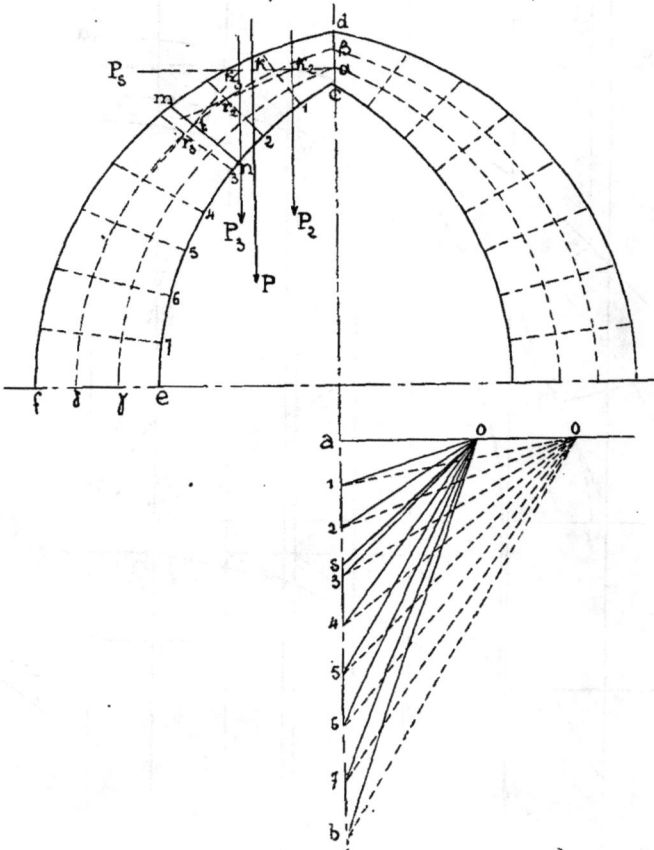

Fig. 372.

outre par un des points de la ligne $\alpha\gamma$. Ce point étant situé sur un des joints de rupture de la demi-voûte *cdef*. — Il se déterminera par la méthode indiquée pour les voûtes en plein cintre. La seule différence est que la résultante horizontale des pressions à la clé passe par le tiers inférieur de ce joint au lieu de passer par le tiers supérieur.

Le deuxième polygone des pressions répondant à l'équilibre limite devra passer par le même point α à la clé et par un des points de la ligne $\beta\delta$, point situé sur le joint de rupture de la demi-voûte. — Ce joint est très rapproché du joint à la clé et pour le déterminer, il faut, comme le fait remarquer M. Maurice Lévy, opérer de la manière suivante :

Soit P_2 la charge totale agissant sur les deux premiers voussoirs. — Elle coupe l'horizontale P_s de la poussée en K_2; donc si le joint n° 2 était le joint de rupture cherché, la résultante des pressions sur ce joint agirait suivant $K_2 r_2$ et cette ligne serait un des côtés du polygone des pressions. Soit, de même, P_3 la charge totale agissant sur les trois premiers voussoirs, elle coupe P_s en K_3 et si joint n° 3 était le le joint de rupture cherché, la ligne $K_3 r_3$ serait la direction de la résultante des pressions sur le joint n° 3 et $K_3 r_3$ serait un des côtés du polygone des pressions. Or, le premier côté $K_2 r_2$ coupe le joint n° 2 de telle sorte que son prolongement sort de la ligne $\beta\delta$, tandis que $K_3 r_3$ coupe le joint n° 3, de telle sorte que son prolongement rentre à l'intérieur de la ligne $\beta\delta$.

Donc, le joint de rupture que l'on cherche sera un des joints fictifs compris entre les joints n° 2 et n° 3 de la figure ; on le prendra donc, au sentiment, entre ces deux joints en mn par exemple et c'est par le point t que devra alors passer le deuxième polygone des pressions répondant à l'équilibre limite. Si P représente le poids de la partie de voûte $cdmn$ supportée par le joint mn et si sa direction coupe Ps en K on aura en joignant Kt la direction de la résultante des pressions sur le joint de rupture mn ; Kt sera un des côtés du polygone des pressions cherché. Pour avoir le pôle o qui sert à construire ce polygone, on portera à l'échelle des forces sur le polygone des forces ab la longueur as représentant la valeur de P. On mènera par le point s une parallèle à Kt ; cette droite rencontrera l'horizontale du point a en o qui sera le pôle cherché. Le polygone des pressions tracé avec ce pôle sortira du tiers moyen au-dessous du joint mn mais très peu et y rentrera immédiatement après. Pour que la voûte soit établie dans de bonnes conditions le polygone des pressions ainsi tracé ne devra plus ressortir du tiers moyen.

Voûtes symétriques dissymétriquement chargées.

312. Dans le cas de voûtes symétriques dissymétriquement chargées, on aura à construire, pour les voûtes en arc de cercle, un polygone funiculaire passant par les tiers intérieurs des joints des naissances et par le tiers extérieur d'un autre joint à déterminer et sur lequel la résultante des pressions est horizontale. La manière de déterminer ce joint est indiquée un peu plus loin.

Pour les voûtes en ellipse, anse de panier, etc., on supposera, comme le dit M. Maurice Lévy, que ces sortes de voûtes se tiennent d'elles-mêmes sur leurs pieds-droits jusqu'au joint à 30 degrés. On ramènera alors la recherche du polygone des pressions répondant à l'équilibre limite à celui d'une voûte en arc de cercle ayant pour joints des naissances les joints de rupture inclinés à 30 degrés des voûtes en ellipse, anse de panier et similaires.

Autre application du principe de l'équilibre limite.

313. On sait déjà que la stabilité d'une voûte en berceau se trouve convenablement assurée par les conditions suivantes :

1° Qu'aucun joint ne tende à s'ouvrir, c'est-à-dire que les joints soient comprimés sur toute leur longueur ;

2° Que les voussoirs ne puissent pas glisser les uns par rapport aux autres ;

3° Que la pression par unité de surface, exercée en un point quelconque d'un joint, ne dépasse pas une valeur donnée p_0 dépendant de la nature des matériaux employés.

Il résulte de là que le principe de l'équilibre limite peut s'appliquer de trois manières différentes. On peut dire, avec M. Maurice Lévy :

« Parmi les modes d'équilibre, généralement en nombre illimité, qui sont statiquement admissibles, il en existe un ou, au plus, un nombre fini que nous appelons les états d'*équilibre limite* et qui sont caractérisés par ce que, dans ces états, l'une des conditions de stabilité est sur le point de cesser d'être satisfaite, soit parce que des joints sont sur le point de s'ouvrir, soit parce que des voussoirs sont sur le point de glisser, » soit, *ajoute M. Chaudy, ingénieur des arts et manufactures*, parce que, dans certains joints, la pression maximum, par unité de surface, est sur le point de dépasser une valeur donnée p_0 dépendant de la nature des matériaux employés.

Nous avons montré que la méthode de M. Maurice Lévy consistait à tracer soit la ou les courbes des pressions pour lesquelles certains joints bien déterminés sont sur le point de s'ouvrir ; soit la ou les courbes des pressions pour lesquelles certains joints déterminés sont sur le point de s'ouvrir tandis qu'une portion de la voûte est sur le point de glisser.

La méthode de M. Chaudy consiste à tracer soit la ou les courbes des pressions pour lesquelles la pression maximum, par unité de surface, dans certains joints déterminés, est sur le point de dépasser une valeur donnée ; soit la ou les courbes des pressions pour lesquelles la pression maximum, par unité de surface, dans certains joints déterminés est sur le point de dépasser une valeur donnée, tandis qu'une portion de la voûte est sur le point de glisser.

Cette méthode, d'ailleurs aussi simple à appliquer que la précédente, conduit à un minimum du cube des maçonneries puisqu'elle donne une voûte d'égale résistance aux joints de rupture.

Nous rappelons que les faits d'expérience qui permettent d'effectuer le tracé des courbes des pressions de M. Maurice Lévy consistent essentiellement en ceci :

Lorsqu'une voûte tend à se rompre sous l'influence des charges qu'elle supporte habituellement, certains joints tendent à s'ouvrir d'un côté déterminé de la voûte, soit du côté de l'extrados, soit du côté de l'intrados.

Or, si un joint tend à s'ouvrir d'un certain côté, il est bien évident que les matériaux tendent à s'écraser du côté opposé ou, du moins, on peut admettre qu'ils supportent, de ce côté, une pression supérieure à la pression maximum existant dans un autre joint n'ayant pas de tendance à s'ouvrir.

M. Chaudy pose alors en principe que : *Lorsqu'une voûte tend à se rompre sous l'influence des charges qu'elle supporte habituellement, les pressions maxima par unité de surface se produisent dans les joints qui tendent à s'ouvrir, et, dans*

chacun de ces joints, du côté opposé à celui où tend à se produire l'ouverture.

Pour pouvoir effectuer le tracé de ses courbes de pression, M. Chaudy a dû établir de nouvelles expressions des résistances aux deux extrémités d'un joint entièrement comprimé, dans une maçonnerie quelconque.

314. *Nouvelles expressions des résistances aux deux extrémités d'un joint entièrement comprimé, dans une maçonnerie quelconque.*

La formule fondamentale de la résistance des matériaux élastiques :

$$R = \pm \frac{v\mu}{I} \mp \frac{N}{\Omega}$$

est appliquée, comme on sait, au calcul de la résistance dans les joints de maçonnerie entièrement comprimés avec les conventions suivantes :

N désigne la composante normale au joint de la résultante des pressions exercées sur celui-ci ;

μ, est le moment statique de cette résultante par rapport au centre de gravité du joint ;

ω, est la surface du joint ;

I, est son moment d'inertie par rapport à l'axe perpendiculaire au plan des forces qui passe par son centre de gravité ;

v, désigne la distance à cet axe du point considéré dans le joint ;

R, est la résistance de la maçonnerie en ce point, par unité de surface.

Soit AB (*fig.* 373) un joint rectangulaire de maçonnerie entièrement comprimé, de longueur l et de largeur b, dont le centre de gravité est en g. Soit T la résultante des pressions sur ce joint ; o et o_1 étant les points de tiers moyen, le centre de pression K se trouve dans l'intervalle oo_1. Nous l'avons supposé ici situé entre g et o ; le moment μ est donc positif. D'ailleurs la compression longitudinale N est négative. On aura donc, en n'attribuant aucun signe au nombre l, pour la résistance des fibres B :

$$R_B = \frac{l\mu}{2I} - \frac{N}{\omega}, \tag{1}$$

et pour la résistance des fibres A :

$$R_A = -\frac{l\mu}{2I} - \frac{N}{\omega} \tag{2}$$

Or, on a d'autre part :

$$\mu = - \text{T} \times gg',$$

puisque T est négatif et que μ est positif, et :

$$\text{N} = \text{T} \sin \alpha.$$

En remplaçant μ et N par leurs valeurs en fonction de T dans les expressions (1) et (2), celles-ci deviennent respectivement :

$$\text{R}_\text{B} = - \frac{l \times \text{T} \times gg'}{2\text{I}} - \frac{\text{T} \sin \alpha}{\omega}$$

$$= - \frac{l \times \text{T}}{2\text{I}} \left(gg' + \frac{2\text{I} \sin \alpha}{l\omega} \right)$$

$$\text{R}_\text{A} = + \frac{l \times \text{T} \times gg'}{2\text{I}} - \frac{\text{T} \sin \alpha}{\omega}$$

$$= \frac{l \times \text{T}}{2\text{I}} \left(gg' - \frac{2\text{I} \sin \alpha}{l\omega} \right)$$

Le moment d'inertie I ayant pour ex-

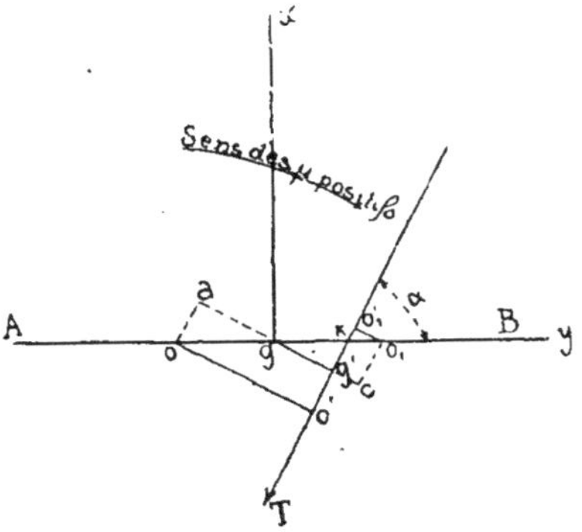

Fig. 373.

pression $\frac{bl^3}{12}$, les expressions de R_B et de R_A prennent la forme :

$$\text{R}_\text{B} = - \frac{6\text{T}}{bl^2} \left(gg' + \frac{l}{6} \sin \alpha \right)$$

$$\text{R}_\text{A} = + \frac{6\text{T}}{bl^2} \left(gg' - \frac{l}{6} \sin \alpha \right)$$

ou encore, définitivement :

$$\text{R}_\text{B} = - \frac{6\text{T}}{bl^2} \times 0 0' \qquad (1')$$

$$\text{R}_\text{A} = - \frac{6\text{T}}{bl^2} \times 0_1 0'_1 \qquad (2')$$

Ce sont les expressions nouvelles que nous avions en vue.

Cas des joints d'une voûte en berceau.

I. — VOUTE SYMÉTRIQUE CHARGÉE SYMÉTRIQUEMENT

315. Dans le cas de charges symétriques, la pression à la clef est horizontale. Considérons (*fig.* 374) une portion ABCD de la voûte comprise entre le joint à la clef AB et un joint quelconque CD. Soit P le poids de cette portion de voûte, y compris la surcharge correspondante. Soit, d'autre part, Q la poussée.

Occupons-nous d'abord du joint CD. La résultante T des forces Q et P est la pression exercée sur ce joint. Détermi-

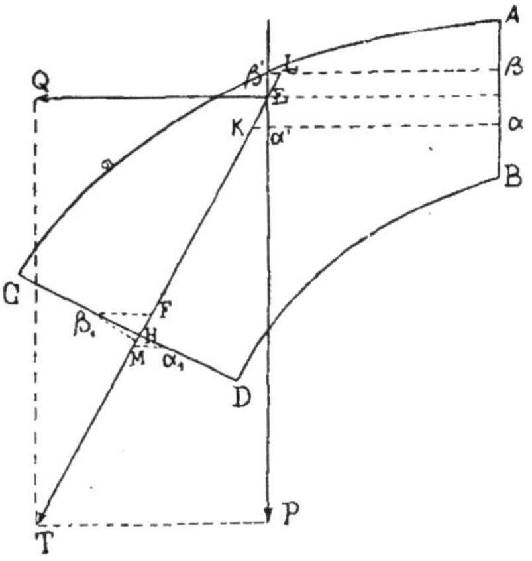

Fig. 374.

nons les points α_1 et β_1 qui partagent CD en trois parties égales ; menons β_1H perpendiculaire sur la direction de T, puis l'horizontale β_1 F.

En particulier, la résistance en D a pour expression, d'après les formules (1', 2') :

$$\text{R}_\text{D} = - \frac{6\text{T}}{b \times \overline{\text{CD}}^2} \times \beta_1 \text{H} \qquad (2)$$

Or, les deux triangles rectangles ETP et β_1HF sont semblables et donnent la relation :

$$\frac{\text{T}}{\text{P}} = \frac{\beta_1 \text{F}}{\beta_1 \text{H}},$$

c'est-à-dire :

$$\text{T} \times \beta_1 \text{H} = \text{P} \times \beta_1 \text{F}$$

L'expression (2) peut donc s'écrire :

$$R_D = \frac{6P}{b \times \overline{CD}^2} \times \beta_1 F \qquad (3)$$

Nous démontrerions de la même manière que la résistance en C peut prendre la forme :

$$R_C = \frac{6P}{q \times \overline{CD}^2} \times \alpha_1 M, \qquad (3')$$

α_1 M étant ici la longueur de l'horizontale menée par le point α_1 jusqu'à sa rencontre avec la direction de T.

Occupons-nous maintenant du joint AB. Partageons-le aussi en trois parties égales par les points α et β et menons les horizontales de ces points jusqu'à leur rencontre avec les directions des forces P et T qui déterminent sur elles les segments $\alpha'K$ et $\beta'L$. La résistance en A a pour expression, d'après les formules (1' 2') :

$$R_A = \frac{6Q}{b \times \overline{AB}^2} \times E\alpha' \qquad (4)$$

Or, les deux triangles rectangles ETP et Eα'K sont semblables et donnent la relation :

$$\frac{Q}{P} = \frac{\alpha'K}{\alpha'E},$$

c'est-à-dire :

$$Q \times \alpha'E = P \times \alpha'K$$

L'expression (4) peut donc s'écrire :

$$R_A = \frac{6P}{b \times \overline{AB}^2} + \alpha'K \qquad (5)$$

Nous démontrerions de la même manière que l'expression de la résistance en B peut prendre la forme :

$$R_B = \frac{6P}{b \times \overline{AB}^2} \times \beta'L \qquad (5')$$

II. — Voute symétrique chargée dissymétriquement

316. Quelle que soit la dissymétrie des charges, on peut toujours trouver le joint de la voûte pour lequel la résultante des pressions, qui s'exercent sur celui-ci, est horizontale.

Il suffit pour cela de tracer une courbe funiculaire des charges avec une distance polaire quelconque. Le joint correspondant à l'ordonnée maximum de cette courbe, comptée à partir de la ligne de fermeture, est précisément le joint cherché. Ainsi soit AB (*fig.* 375) une voûte symétrique chargée dissymétriquement.

Il est commode, pour arriver à obtenir le joint que nous avons en vue, de diviser la voûte en tranches verticales. A chacune de ces tranches correspond une force P représentant le poids de la tranche et la surcharge correspondante. On tracera un polygone funiculaire 1',2',...10' de ces forces P avec une distance polaire

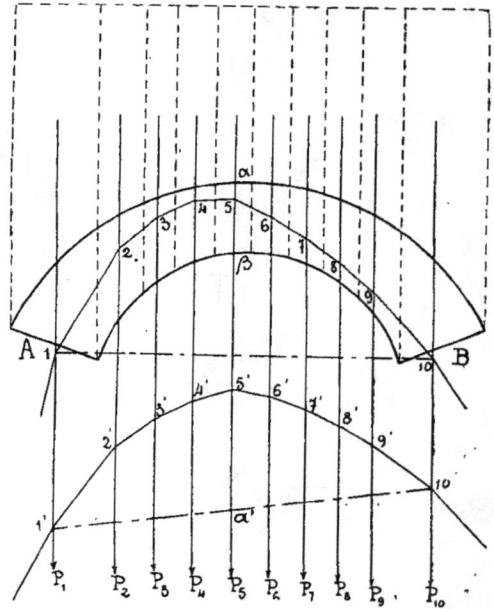

Fig. 375.

quelconque. Si on mène ensuite la ligne de fermeture 1',10' de ce polygone on voit que l'ordonnée verticale la plus grande, comprise entre cette ligne de fermeture, d'une part, et le polygone 1', 2',.... 10'. d'autre part, est $\alpha'5'$. A cette ordonnée correspond le joint vertical $\alpha\beta$ de la voûte ; c'est le joint cherché.

En effet, le polygone des pressions 1, 2, 3,... 10 est un polygone funiculaire des charges dont la distance polaire est égale à la poussée. Comme les naissances de la voûte sont de niveau, la ligne de fermeture 1, 10 de ce polygone des pressions est *sensiblement* horizontale et, par conséquent, le joint de la voûte sur lequel la pression est horizontale est celui qui correspond à l'ordonnée maximum du polygone des pressions, ordonnée comptée entre celui-ci et sa ligne de fermeture.

Or, d'après une propriété connue des polygones funiculaires, dans deux polygones de distances polaires différents, les ordonnées correspondantes sont proportionnelles. Si donc, dans le polygone 1', 2',... 10', c'est l'ordonnée du sommet 5' qui est l'ordonnée maximum, dans le polygone 1, 2, 3,... 10, ce sera l'ordonnée du sommet 5 qui sera l'ordonnée la plus grande. Par suite le joint $\alpha\beta$ est bien le joint cherché.

Connaissant ce joint, les formules (3), (3'), (5), (5') sont donc encore applicables avec cette condition que, dans chacune d'elles, P représente, non plus le poids de la portion de voûte et des surcharges correspondantes, comprises entre le joint à la clef et le joint considéré, mais le poids de la portion de voûte, avec ses surcharges, comprise entre le joint pour lequel la pression totale est horizontale et le joint considéré.

Théorème de la stabilité des voûtes.

317. Considérons (*fig.* 376) une portion de la voûte comprise entre le joint AB, pour lequel la pression totale est horizontale, et un joint quelconque CD. Déterminons d'abord la position et la grandeur du poids P de cette portion de voûte et des surcharges correspondantes. Divisons ensuite AB en trois parties égales et, par les points de division α et β, menons des horizontales qui rencontrent la direction de P en α' et β'.

Divisons de même CD en trois parties égales et, par les points de division α_1 et β_1, menons des horizontales.

Si T est la résultante des deux forces P et Q, il faudra, pour l'équilibre, que sa direction rencontre CD et la direction de P dans l'intérieur des segments $\alpha_1\beta_1$ et $\alpha'\beta'$. Dans ces conditions, en effet, et dans ces conditions seulement, les joints CD et AB ne tendront pas à s'ouvrir.

Il résulte de là que la direction de T

devra toujours rencontrer l'horizontale de β à droite de la direction de P, l'horizontale de α à gauche de cette même direction, l'horizontale de β_1 au-dessus de CD et l'horizontale de α_1 au-dessous de la même ligne. Soient L, K, F et O les points de rencontre de la direction de T avec ces quatre horizontales. Nous avons vu que les résistances en A, B, C et D ont pour expressions respectives :

$$R_A = \frac{6P}{b \times \overline{AB}^2} \times \alpha'K$$

$$R_B = \frac{6P}{b \times \overline{AB}^2} \times \beta'L$$

$$R_C = \frac{6P}{b \times \overline{CD}^2} \times \alpha_1O$$

$$R_D = \frac{6P}{b \times \overline{CD}^2} \times \beta_1F$$

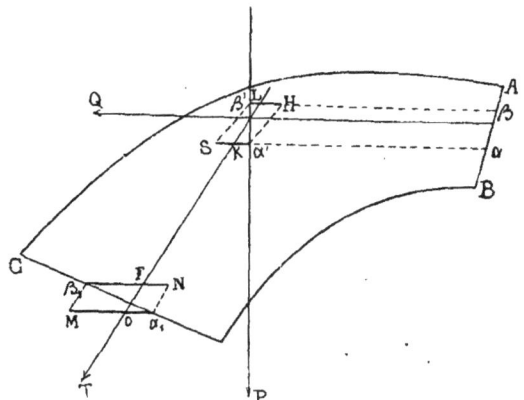

Fig. 376.

Si donc on veut que ces résistances, par unité de surface, ne dépassent pas une certaine valeur donnée p_0, il faudra et il suffira que l'on ait :

$$\alpha'K \leq \frac{b \times \overline{AB}^2}{6P} \times p_0$$

$$\beta'L \leq \frac{b \times \overline{AB}^2}{6P} \times p_0$$

$$\alpha_1O < \frac{b \times \overline{CD}^2}{6P} \times p_0$$

$$\beta_1F < \frac{b \times \overline{CD}^2}{6P} \times p_0$$

Si nous prenons les points H, S, N, et M sur les horizontales de β, α, β_1, et α_1, tels que :

$$\alpha'S = \beta'H = \frac{b \times \overline{AB}^2}{6P} \times p_0$$

$$\alpha_1 M = \beta_1 N = \frac{b \times \overline{CD}^2}{6P} \times p_0$$

Cette condition pourra s'exprimer :

Pour que les résistances par unité de surface en A, B, C et D ne dépassent pas une certaine valeur donnée p_0 il faut et il suffit que la direction de T rencontre à la fois les quatre segments $\alpha'S$, $\beta'H$, $\alpha_1 M$ et $\beta_1 N$.

Nous faisons remarquer que si cette condition graphique est remplie, la condition de rencontrer les segments $\alpha_1 \beta_1$ et $\alpha'\beta'$ est aussi remplie nécessairement.

Pour faciliter le langage nous donnerons aux segments $\beta'H$, $\alpha'S$, $\beta_1 N$ et $\alpha_1 M$ le nom de *segments auxiliaires*. Nous dirons que le point H est un *point auxiliaire supérieur du joint AB*, que le point N est le *point auxiliaire supérieur du joint CD* et que les points S et M sont les *points auxiliaires inférieurs des mêmes joints*.

On voit bien qu'un joint quelconque, autre que le joint AB, n'a que deux segments auxiliaires et deux points auxiliaires, tandis que ce joint AB a autant de couples de segments et de couples de points qu'il y a de joints à pression totale inclinée sur l'horizontale.

On peut donc énoncer ainsi le théorème de la stabilité des voûtes :

Théorème.

318. *Pour qu'une voûte soit stable, il faut et il suffit :*

1° Que la résultante des pressions exercées sur un joint quelconque fasse avec la normale à ce joint un angle moindre ou au plus égal à l'angle de frottement de la pierre employée sur elle-même;

2° Que la résultante des pressions exercées sur un joint quelconque, autre que le joint à pression totale horizontale, rencontre à la fois les deux segments auxiliaires de celui-là et les deux segments auxiliaires correspondants de celui-ci.

Tracé des courbes des pressions donnant lieu à des résistances limites en certains points déterminés de la voûte.

319. Nous sommes maintenant en mesure de faire le tracé d'une courbe des pressions pour laquelle, dans certains joints déterminés, les matériaux supportent, d'un côté déterminé de la voûte, soit à l'intrados, soit à l'extrados, une pression limite par unité de surface.

Dans les exemples que nous allons donner nous supposerons que les charges sont symétriques.

a. — Voûtes surbaissées en arc de cercle

320. Soit ABCD la demi-voûte (*fig.* 377) comprise entre le joint à la clé AB et le joint de naissance CD. Le polygone des

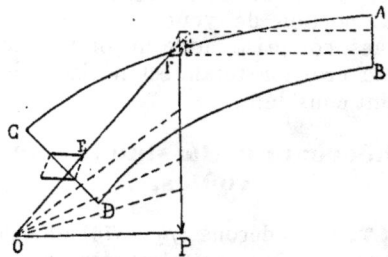

Fig. 377.

pressions ou polygone funiculaire des charges données que l'on doit tracer doit être tel que les pressions par unité de surface, en A et D, soient égales à la pression limite p_0.

On déterminera la position et la grandeur de la résultante P des charges. On tracera les segments auxiliaires de tous les joints non verticaux et les deux segments auxiliaires du joint AB qui correspondent au joint CD. On joindra par une ligne droite le point auxiliaire supérieur E du joint CD au point auxiliaire inférieur F du joint AB. Cette droite sera la direction de la résultante des pressions exercées sur le joint de naissance CD.

Elle devra donc rencontrer à la fois les segments auxiliaires du joint CD et ceux correspondants du joint AB, puis faire avec la normale au joint CD un angle plus petit ou au plus égal à l'angle de frottement de la pierre employée sur elle-même. Si cette résultante satisfait à ces conditions, on portera sur HP les grandeurs des charges, de haut en bas, en commençant par celles de gauche. On aura ainsi en OP la grandeur de la poussée et on pourra tracer le polygone funiculaire des charges, c'est-à dire le polygone des pressions. On vérifiera ensuite si la résultante des pressions exercées sur chaque joint, autre que AB ou CD, coupe à la fois les deux segments auxiliaires de ce joint et si elle rencontre celui-ci sous un angle de plus de 20 degrés.

Si toutes les conditions que nous venons d'indiquer sont remplies, la stabilité de la voûte est assurée ; sinon elle ne l'est pas et on devra modifier la voûte soit en déchargeant certaines parties par des évidements dans les tympans, soit au contraire, en la chargeant sur certains points, soit enfin en augmentant son épaisseur en certains endroits.

b. — Voûtes en plein cintre,
ANSE DE PANIER, ELLIPSE ET SIMILAIRES

321. On tracera d'abord les joints réels ou fictifs de la demi-voûte puis tous les segments auxiliaires de ces joints. On doit ici construire un polygone funiculaire des charges agissantes telles que les pressions par unité de surface, à l'extrados à la clef et à l'extrados aux naissances, soient égales à la pression limite p_0.

On peut procéder comme dans le cas précédent.

On peut encore procéder autrement en considérant un second mode d'équilibre limite, résultant précisément de l'existence du joint de rupture. On peut se proposer de tracer un polygone des pressions compatible avec l'équilibre et tel en outre que les pressions par unité de surface, à l'extrados à la clé et en un autre point inconnu de l'intrados, soient égales à la pression limite p_0. Ce point inconnu se déterminera par des tracés analogues à ceux que l'on fait lorsqu'on veut tracer le polygone des pressions passant au tiers

extérieur du joint de clé et au tiers intérieur d'un autre joint inconnu.

c. — Voûtes en ogives

322. On commencera par tracer tous les segments auxiliaires des joints. On aura ensuite à tracer deux polygones des pressions distincts devant chacun satisfaire aux conditions de stabilité : l'un doit être tel que les pressions par unité de surface, à l'intrados à la clef et à l'extrados dans un autre joint inconnu, soient égales à la pression limite p_0 ; l'autre est caractérisé par ce fait que les pressions par unité de surface, à l'intrados à la clé et à l'intrados dans un autre joint inconnu, sont égales à la pression limite p_0. Ces tracés se feront suivant la méthode employée pour les anses de panier lorsque le joint de rupture est à déterminer.

Cas de charges dissymétriques.

323. S'il s'agit d'une voûte surbaissée en arc de cercle, on aura à tracer un polygone funiculaire par les trois conditions d'avoir aux naissances, du côté de l'intrados, une pression par unité de surface égale à la pression limite p_0, et dans un autre joint, du côté de l'extrados, une pression par unité de surface égale encore à la pression limite p_0. Ce joint se déterminera par des considérations pareilles à celles que fournissent les joints de rupture des voûtes en anse de panier et en ogive dans le cas de charges symétriques.

Pour les voûtes en anse de panier, ellipse et similaires, le problème peut se ramener à celui d'un arc de cercle, comme lorsqu'il s'agit du tracé du ou des polygones des presions pour lesquels certains joints tardent à s'ouvrir.

Il est à peine besoin que nous ajoutions en terminant, que la méthode de M. Chaudy est aussi bien applicable lorsqu'on fait usage de joints fictifs verticaux.

Application.

I. — Voûte symétrique, symétriquement chargée

324. *Soit proposé de déterminer, par les procédés de la statique graphique, les* *points de passage de la résultante des pressions sur les différents joints réels ou fictifs de la voûte en anse de panier ayant les dimensions indiquées sur la figure 378. — Cette voûte supportant une charge de charge de terre limitée à un plan horizontal situé à $3^m,66$ au-dessus du point le plus haut de l'arc d'intrados.*

Le profil de la voûte étant déterminé, comme nous l'avons expliqué au n° 247, on tracera les joints fictifs divisant la demi-voûte en six voussoirs. Par les points d'intersection des joints fictifs avec l'arc d'extrados on mènera des verticales jusqu'à l'horizontale limitant la surcharge

et on réduira les ordonnées ainsi obtenues dans le rapport $\dfrac{1\,600^k}{2\,400^k} = \dfrac{2}{3}$ ($1\,600^k$ étant le poids du mètre cube de terre et $2\,400^k$ celui des maçonneries. On obtiendra ainsi les voussoirs I', II'... constituant la surcharge supportée par chacun des voussoirs de la voûte. On déterminera les centres de gravité de chaque voussoir séparément et la verticale du centre de gravité de la figure formée par un voussoir et sa surcharge.

Cette détermination se fera, comme nous l'avons dit maintes fois (249).

TABLEAU A

NUMÉROS des FIGURES	DIMENSIONS	AIRES	DISTANCES moyennes MESURÉES	MOMENTS	DISTANCES moyennes CALCULÉES	POIDS
						kil.
1	$\frac{1}{2} b (h + h')$	3.71	1.15	4.2665		
1'	$\frac{1}{2} h_1 (a_1 + b_1)$	3.4667	1.20	4.160		
		7.1767		8.4265	1.17	17 224
2		3.71	3.30	12.243		
2'		4.116	3.60	14.8176		
		7.826		27.0606	3.46	18 782
3		4.125	5.40	22.275		
3'		5.424	6.00	32.544		
		9.549		54.819	5.74	22 918
4		5.5815	7.53	42.0287		
4'		7.752	8.40	65.1168		
		13.3335		107.1455	8.03	32 000
5		6.16	9.20	56.672		
5'		9.093	10.66	96.931		
		15.253		153.603	10.07	36 607
6		10.3125	10.66	109.9312		
6'		6.2160	12.33	76.6432		
		16.5285		186.5744	11.28	39 668

Les verticales des poids P_1, P_2, P_3. de chaque voussoir et de la surcharge étant déterminées (tableau A) ainsi que ces poids eux-mêmes on portera (*fig.* 379), à l'échelle des forces, sur une verticale rs et les unes à la suite des autres des longueurs représentant les poids des voussoirs et de leurs surcharges. Sur l'horizontale du

point r on prendra un point quelconque o' ; on mènera les rayons polaires $o'r$; $o'1$; $o'2$.. et on tracera le polygone funiculaire correspondant aux charges donnée. On en déduira la verticale tt_1 du poids total P de la demi-voûte qui rencontrera l'horizontale de la poussée à la clef au point t_1. La ligne t_1o_6 est alors la direction de

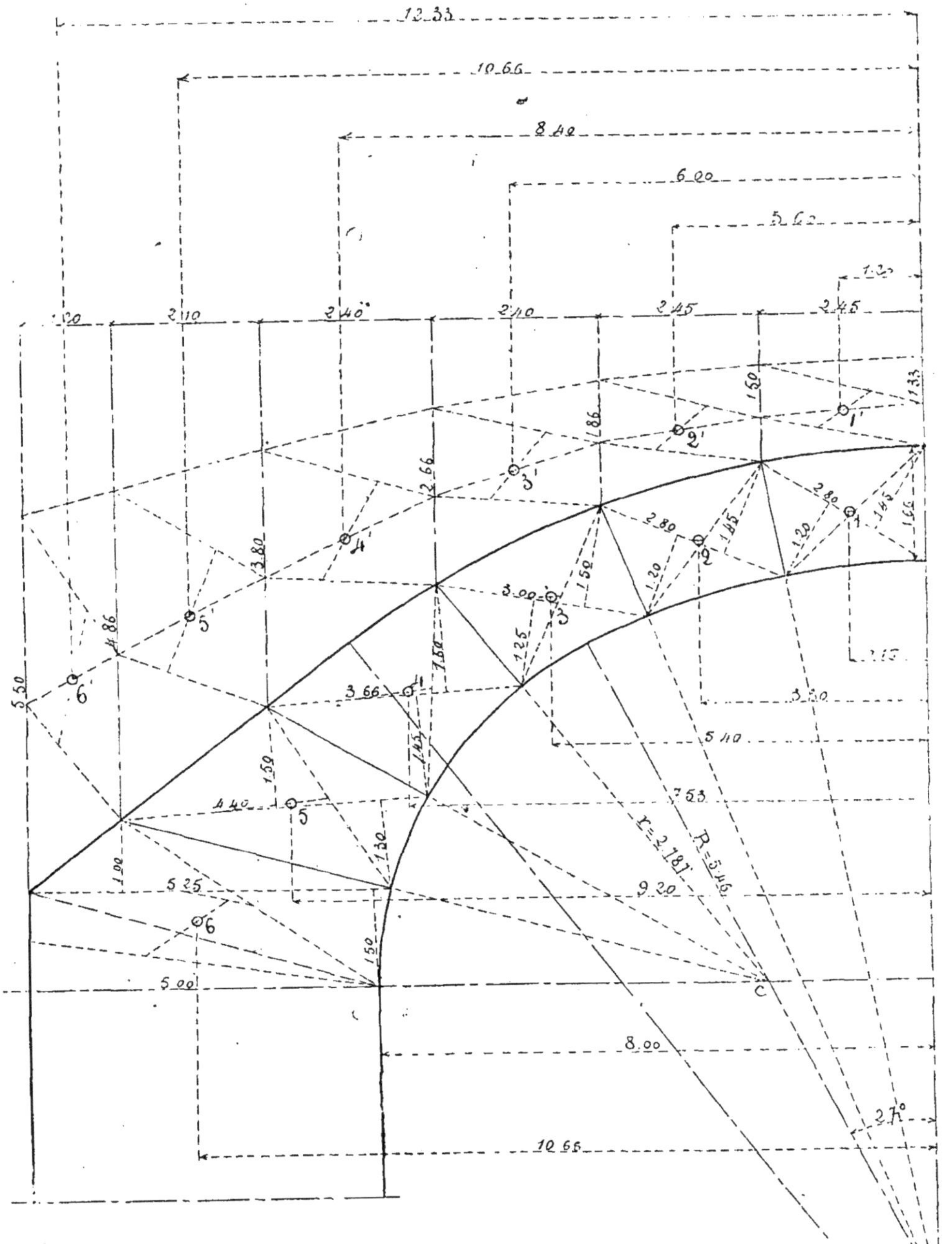

Fig. 378.

la résultante des pressions sur le joint des naissances. En menant par l'extrémité s du poligone des forces une parallèle à $t_1 o_6$ on aura le pôle définitif o qui

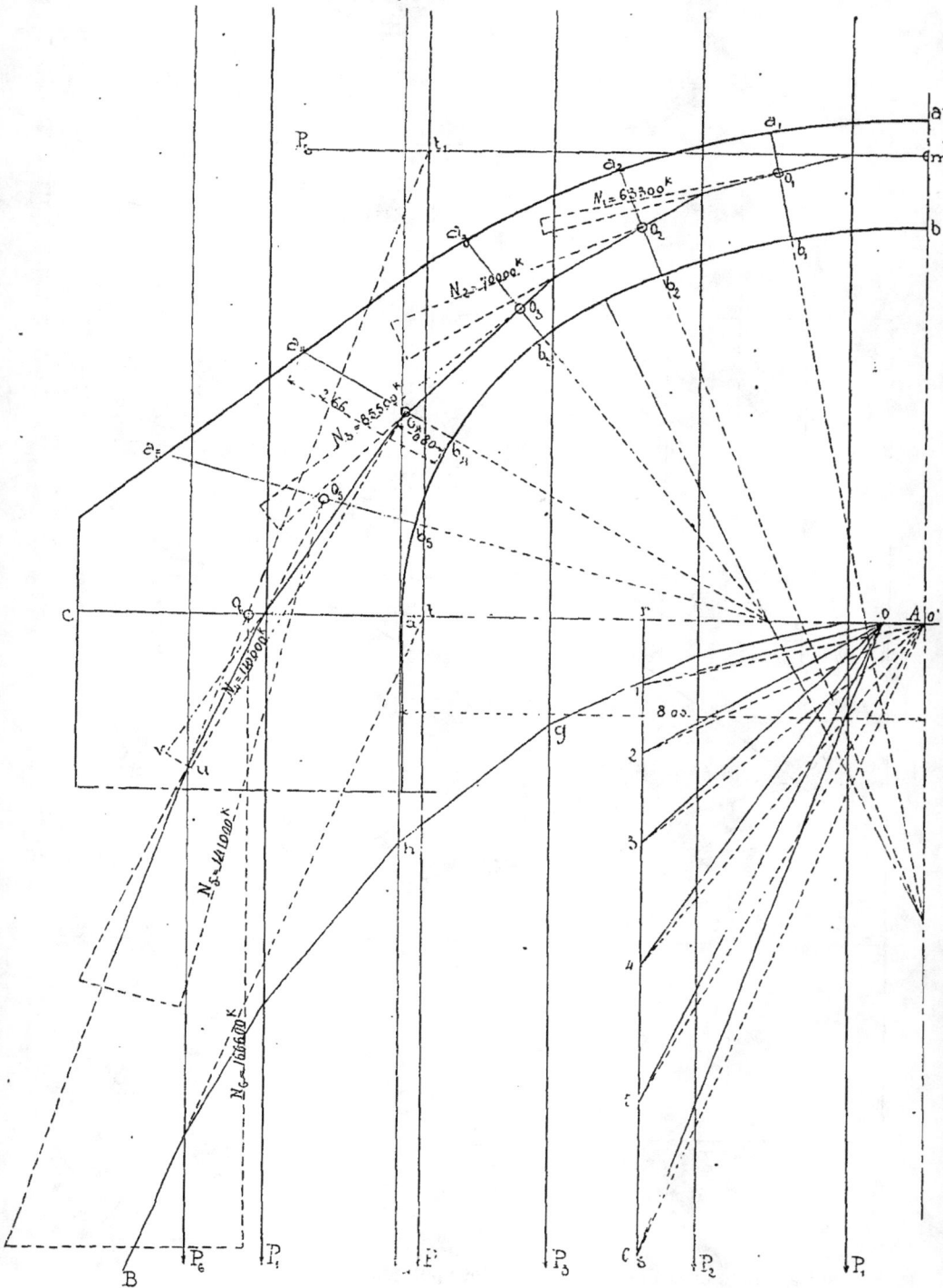

Fig. 379.

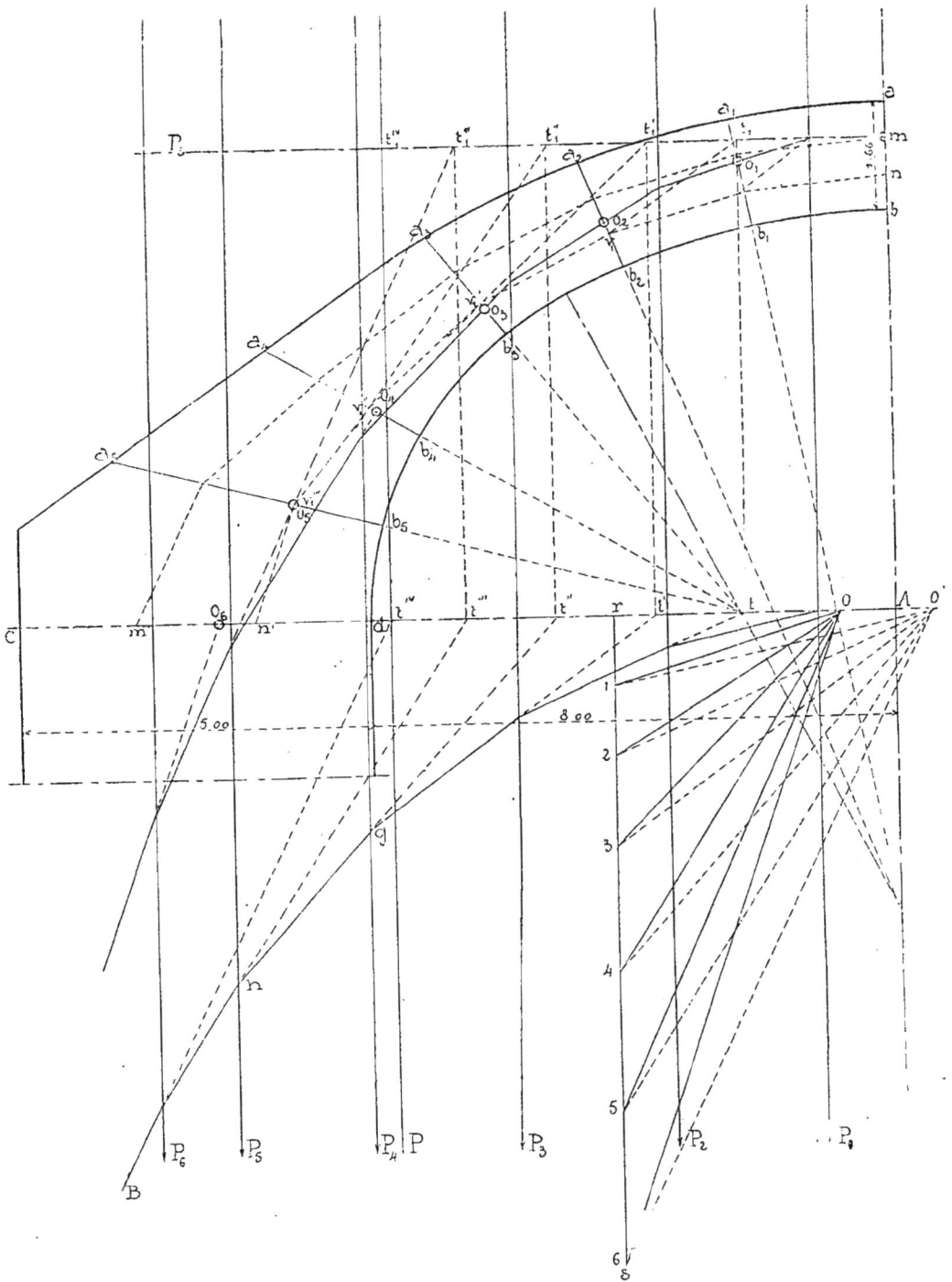

Fig. 380.

servira au tracé du polygone funiculaire des pressions dont le premier élément est constitué par l'horizontale du point m. Les grandeurs des pressions sur chaque joint seront représentées sur le polygone des forces par les rayons polaires correspondants et comme c'est la pression normale qui nous intéresse, il

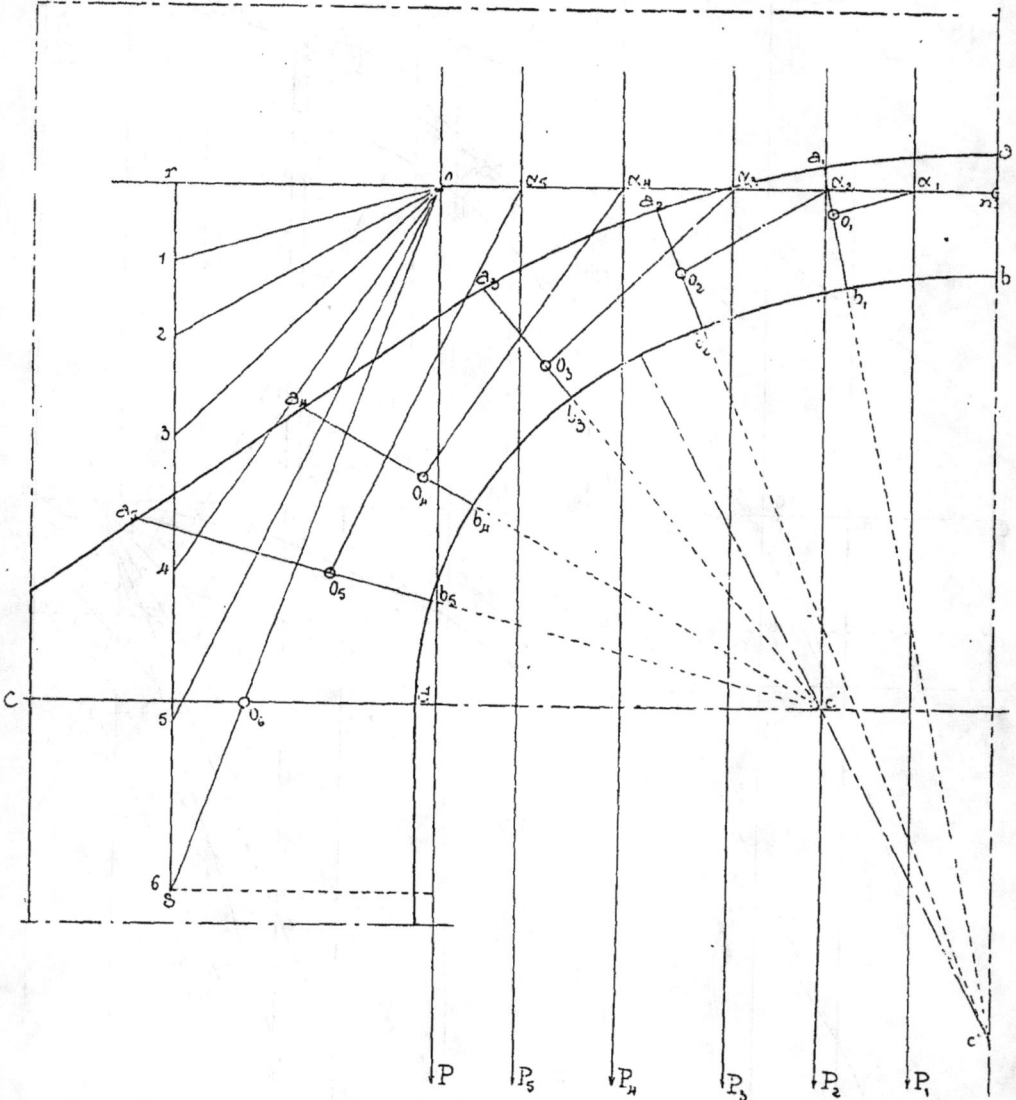

Fig. 381.

faudra décomposer en chaque point o_1, o_2, o_3..... chaque résultante normalement et parallèlement au joint (fig. 379).

Si on veut, par exemple, la pression sur l'arête la plus rapprochée du joint $a_1 b_1$, on remarque que la composante normale de la résultante des pressions sur ce joint a pour valeur $N_1 = 110 000^k$

et que $\qquad a = o_4\; b_4 = 0,80$
la largeur du joint étant $l = 2.66$.

La formule à appliquer pour avoir la pression par unité de surface sur l'arête b_4 est alors :

$$R = \frac{2N}{3a} = \frac{2 \times 110\,000}{3 \times 8\,000} = \frac{220\,000}{24\,000}$$

$$R = 9^k,1.$$

On opérerait de même pour les autres joints.

325. Au lieu de décomposer en chaque point o_1, o_2, o_3, la résultante des pressions normalement et parallèlement aux joints on arrivera au même résultat, plus rapidement, en menant par le point o une série de parallèles aux différents joints et en abaissant des perpendiculaires des points 1, 2, 3..., s sur les directions de ces joints. On formera ainsi une série de triangles rectangles ayant pour hypothénuse la ligne représentative de la pression oblique sur le joint et pour côtés de l'angle droit ses composantes normale et parallèle au joint.

326. La figure 380 représente l'épure de la voûte précédente effectuée d'après le principe de l'équilibre limite. On voit que la courbe des pressions, ainsi tracée, sort du tiers du moyen. L'application de ce principe conduit en effet à donner aux voûtes une épaisseur plus grande que celle qui résulte de l'application de la méthode de Méry.

327. On peut encore pour déterminer les centres de pression o_1, o_2, o_3, opérer de la manière suivante (*fig.* 381). On cherchera les positions des verticales des poids P_1. P_2, P_3...représentant le premier le poids du premier voussoir et de sa surcharge, le second le poids des deux premiers voussoirs et de leurs surchages, le troisième le poids des trois premiers voussoirs et de leurs surchages et ainsi de suite. Les positions des lignes d'action de ces poids se détermineront par la méthode du n° 249.

Ceci posé, en joignant le point d'intersection o de la ligne d'action du poids P de la demi-voûte avec le centre de pression o_6 du joint des naissances (au milieu de ce joint par exemple) on aura la ligne os, direction de la résultante des pressions sur le joint des naissances. En menant à l'horizontale du point m une parallèle à la distance représentant à l'échelle le poids total P de la demi-voûte et de sa surchage on obiendra le point s; os représentera la grandeur de la résultante des pressions sur le joint des naissances. Si, sur le polygone des forces, les longueurs $(r-1)(r-2)(r-3)$ représentent les poids P_1, P_2, P_3 précédemment calculés et si par les points α_1, α_2, α_3... on mène des parallèles aux rayons polaires $o-1$, $o-2$, $o-3$... on obtiendra, sur les joints correspondants, les centres de pression o_1, o_2, o_3 ..

II — Voutre symétrique dissymétriquement chargée

328. Supposons maintenant que la demi-voûte de gauche supporte une surchage accidentelle dont la valeur peut-être représenté par une couche de terre de $1^m,00$ d'épaisseur. La figure 382 représente le profil de la demi-voûte de gauche y compris sa surcharge totale ainsi que la position des centres de gravité des voussoirs.

On déterminera encore pour cette demi-voûte la distance à l'axe, de la résultante du poids de chacun des voussoirs de la voûte et du poids de la surchage qu'il supporte. Pour la demi-voûte de droite ces distances seront évidemment celles que nous avons déjà calculées dans le cas précédent où la voûte était symétriquement chargée (tableau A).

Ces calculs préliminaires, pour la demi-voûte de gauche, sont consignés dans le tableau B.

Les verticales des poids agissant sur les deux demi-voûtes étant tracées, on se donne les trois points de passage, m, o_6, o'_6, de la résultante des pressions à la clé et sur les joints des naissances. Le polygone des pressions pourrait alors être tracé comme au numéro 200 puisqu'il doit passer par ces trois points. Mais on peut déterminer directement la direction et la grandeur de la poussée. A cet effet on tracera sur la figure 383 (qui représente l'épure de la demi-voûte de gauche) le polygone $m6$ des forces P_1, P_2, P_3, agissant sur la demi-voûte de droite et sur la figure 384 (épure de la demi-voûte de droite) le polygone $m6$ des forces agissant sur la demi-voûte de gauche. On prendra dans les deux cas sur l'horizontale du point

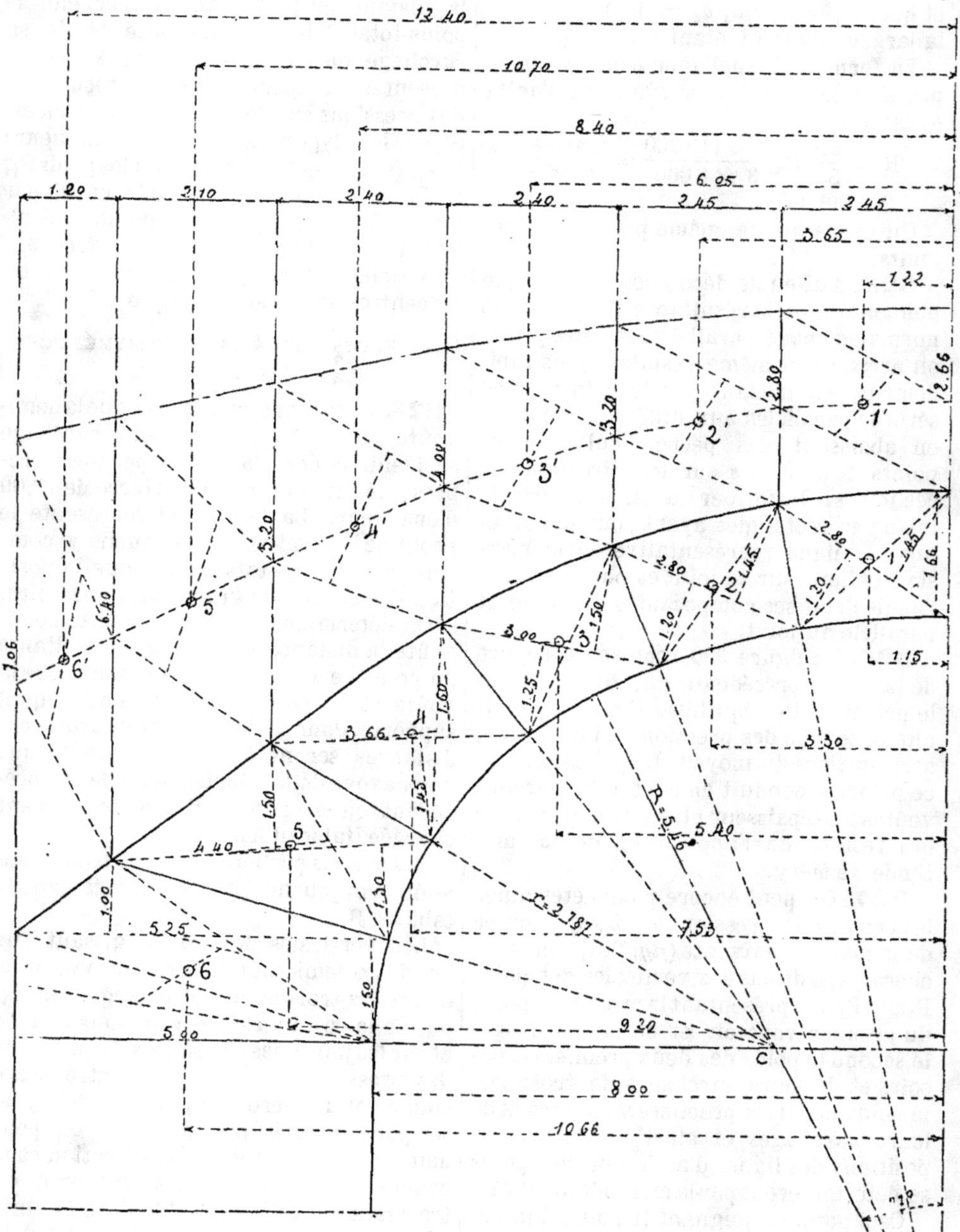

Fig. 382

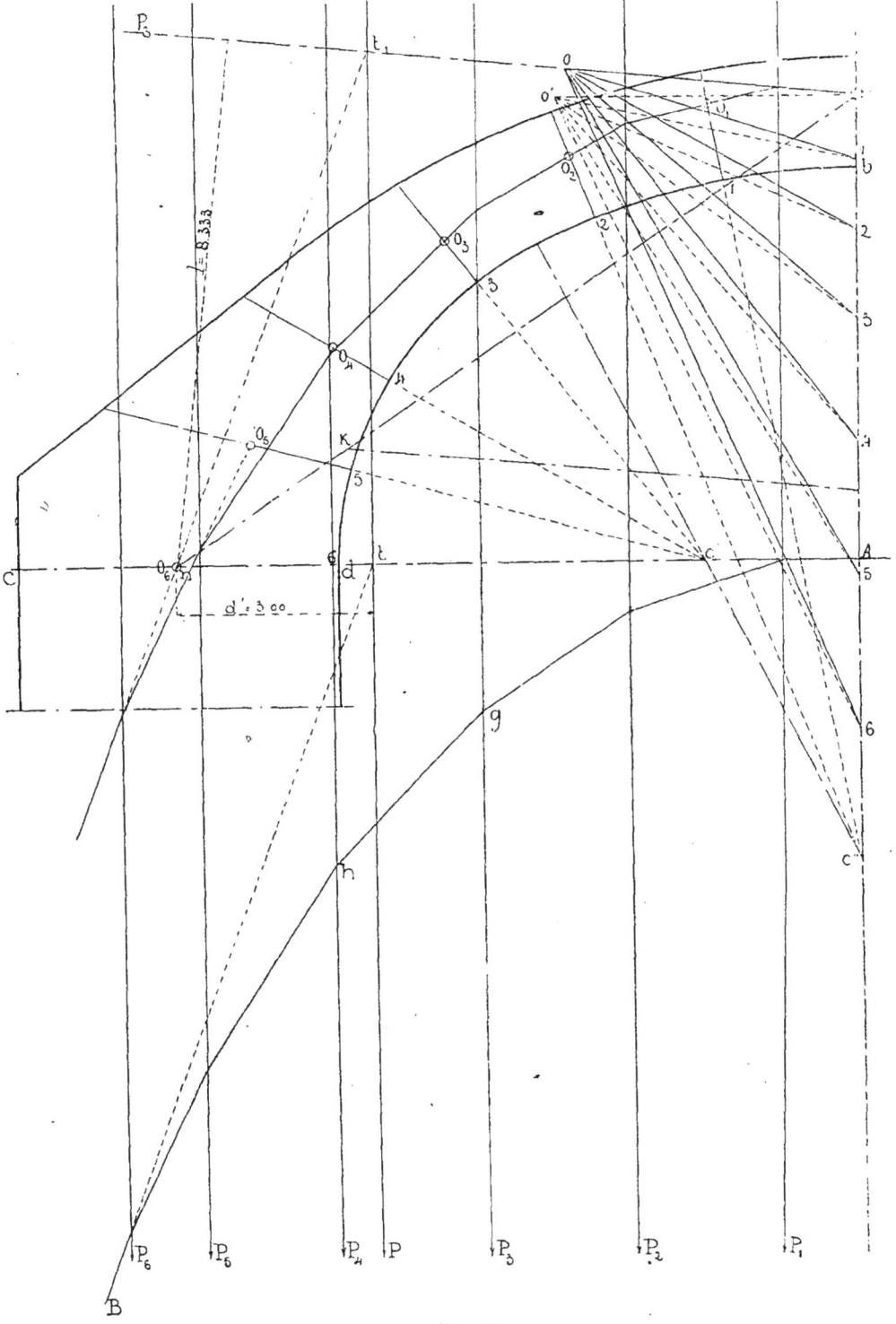

Fig. 383.

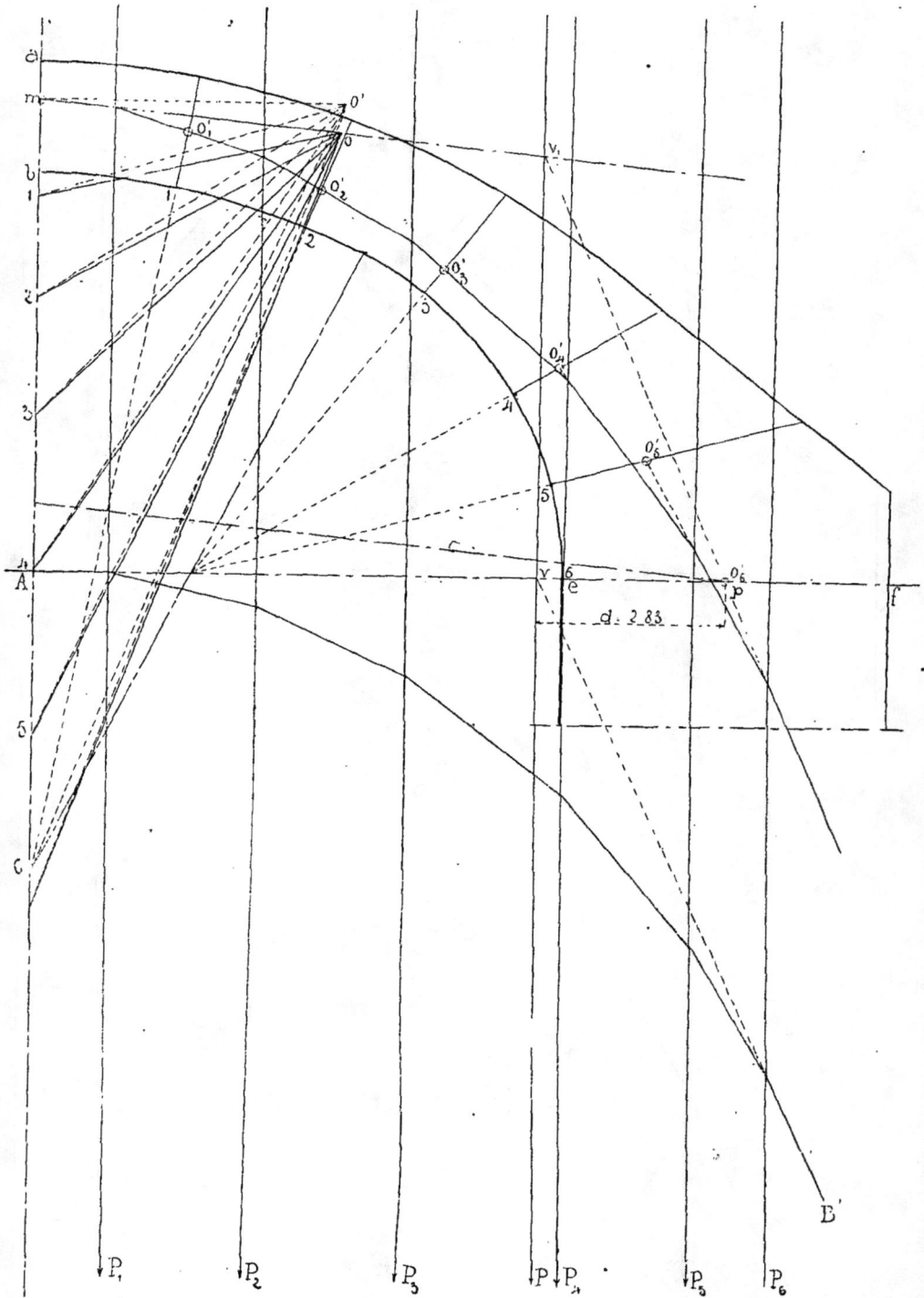

Fig. 384.

m un pôle quelconque o' et on tracera le polygone funiculaire inférieur qui déterminera les verticales P et P′ des charges totales agissant sur les deux demi-voûtes. On déterminera ensuite la direction de la poussée P_s au point m du joint à la clé, comme nous l'avons expliqué au numéro 220. La grandeur P_s de cette poussée sera :

$$P_s = \frac{Pd}{l} = \frac{210\,128 \times 3}{8,333} = \frac{630\,384}{8,333} = 75\,649^k$$

TABLEAU B.

NUMÉROS des FIGURES	DIMENSIONS	AIRES	DISTANCES moyennes MESURÉES	MOMENTS	DISTANCES moyennes CALCULÉES	POIDS
		I. — DEMI-VOUTE DE GAUCHE (surchargée)				
1	$\frac{1}{2} \times b\,(h + h')$	3.71	1.15	4.2665		kil.
1′	$\frac{1}{2} \times h_1\,(a_1 + b_1)$	6.6685	1.22	8.1599		
		10.3785		12.4264	1.19	24 908
2	$\frac{1}{2} \times b\,(h + h')$	3.71	3.30	12.243		
2′	$\frac{1}{2} \times h_1\,(a_1 + b_1)$	7.35	3.65	26.8275		
		11.06		39.0705	3.53	26 544
3 3′	»	4.125 8.640	5.40 6.05	22.275 52.272		
		12.765		74.547	5.84	30 636
4 4′	»	5.5815 11.0400	7.53 8.45	42.0287 93.2880		
		16.6215		135.3167	8.14	39 872
5 5′	»	6.16 12.18	9.20 10.70	56.672 130.326		
		18.34		186.998	10.2	44 016
6 6′	»	10.3125 8.076	10.66 12.40	109.9312 100.1424		
		18.3885		210.0736	11.43	44 132
		II. — DEMI-VOUTE DE DROITE (non surchargée)				
1 1′	»	3.71 3.4667	1.15 1.20	4.2665 4.160		
		7.1767		8.4265	1.17	17 224
2 2′	»	3.71 4.116	3.30 3.60	12.243 14.8176		
		7.826		27.0606	3.46	18 782
3 3′	»	4.125 5.424	5.40 6.00	22.275 32.544		
		9.549		54.819	5.74	22 918
4 4′	»	5.5815 7.7520	7.53 8.40	42.0287 65.1165		
		13.3335		107.1455	8.03	32 000
5 5′	»	6.16 9.093	9.20 10.66	56.672 96.931		
		15.253		153.603	10.07	36 607
6 6′	»	10.3125 6.2160	10.66 12.33	109.9312 76.6432		
		16.5285		186.5744	11.28	39 668

On portera sur chacune des figures 383 et 384 et sur la direction de la poussée des longueurs *mo* représentant à l'échelle des forces la grandeur de P_s. On joindra le point *o* de chaque figure aux points 1, 2, 3... correspondants du polygone des forces, on aura ainsi les rayons polaires qui serviront à tracer le polygone des pressions. Le polygone des forces *om6* de la figure 384 servira à tracer le polygone des pressions de la demi-voûte de gauche représentée par la figure 383 et inversement.

Le polygone des pressions étant tracé dans les demi-voûtes, on fera les vérifica-

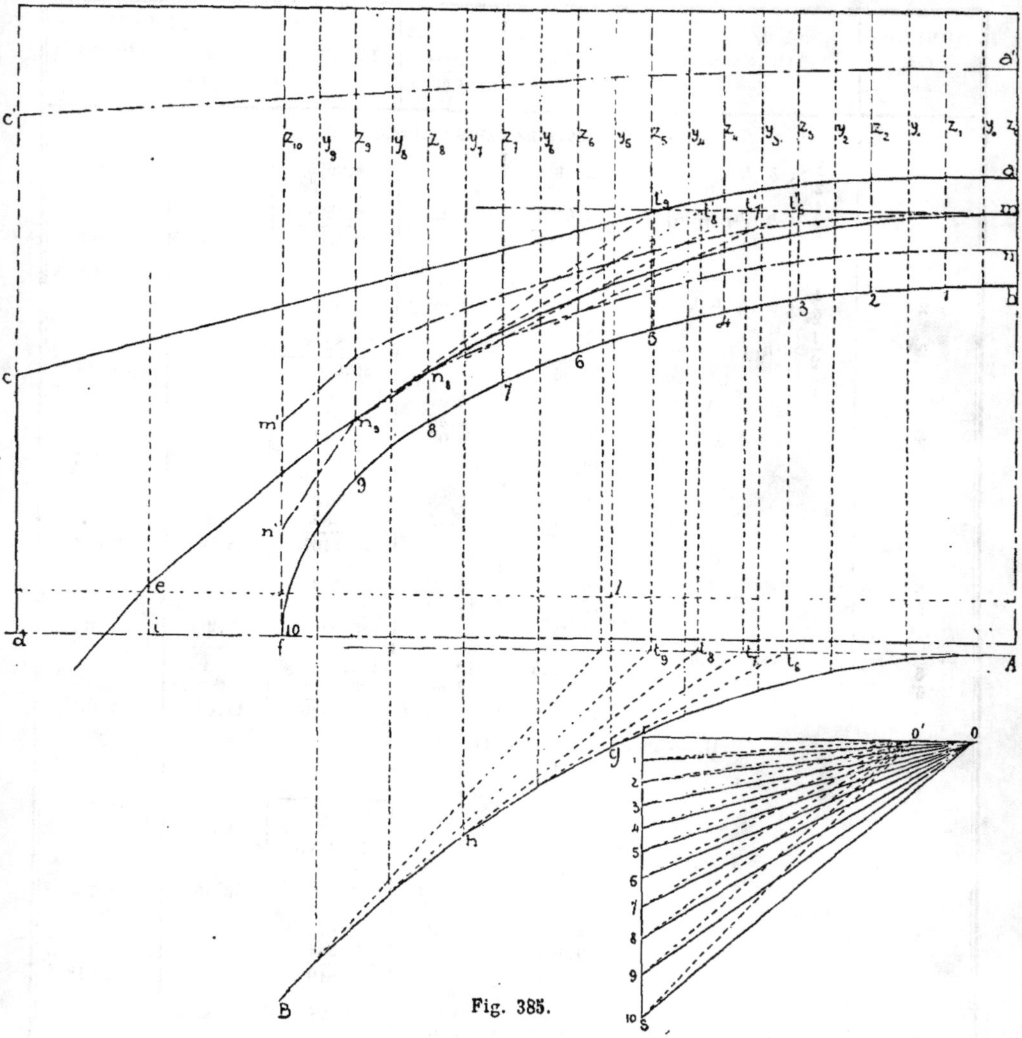

Fig. 385.

tions relatives à la résistance des matériaux et au glissement des voussoirs les uns sur les autres.

Emploi de joints fictifs verticaux.

329. Nous avons indiqué au numéro 240 que dans le but de simplifier un peu les calculs préliminaires pour la détermination des charges, on pouvait quelquefois employer des joints fictifs verticaux.

L'erreur commise est d'autant plus négligeable que la voûte est plus surbaissée.

Supposons la demi-voûte divisée en un certain nombre de voussoirs par des joints verticaux prolongés jusqu'à l'horizontale limitant la charge de terre supportée par la voûte. Nous tracerons, comme dans les autres cas, la ligne de charge $c'a'$ dont nous avons donné la signification maintes fois.

Le poids de chacun des voussoirs sera donc celui d'un prisme ayant pour base le contour formé, d'une part, par l'arc d'intrados et la ligne $c'a'$ et, d'autre part, par les deux lignes constituant les joints verticaux et pour hauteur une longueur égale à 1 mètre.

En désignant :

Par n, le nombre de divisions comprises entre l'axe de la voûte et le parement vertical des culées ;

Par l, la demi-ouverture de la voûte ;

Par z_n et z'_n les longueurs des verticales des joints entre l'intrados et la ligne $c'a'$.

Par π le poids spécifique des maçonneries ;

Le poids d'un voussoir quelconque se représentera par la formule

$$P = \frac{z_n + z'_n}{2} \times \frac{l}{n} \times \pi.$$

Or, si on mène la verticale passant par le milieu du voussoir on aura la ligne d'action du poids de ce voussoir et en désignant par y_n la longueur de cette verticale, comprise entre l'arc d'intrados et la ligne $c'a'$, le poids du voussoir aura pour expression

$$P = y_n \times \frac{l}{n} \times \pi$$

Les facteurs $\frac{l}{n}$ et π étant constants, les poids des différents voussoirs et de leurs surcharges seront proportionnels aux ordonnées y_n.

On aura donc très simplement, sans aucun calcul, les positions des lignes d'action des poids des voussoirs ainsi que des longueurs proportionnelles à ces poids.

Ce sont ces longueurs qu'il faudra porter les unes à la suite des autres sur une verticale pour former le polygone des forces, en ayant soin de les réduire toutes dans le même rapport $\frac{1}{k}$ pour ne pas obtenir des dimensions trop considérables.

Supposons, par exemple, que la demi-ouverture de la voûte soit $l = 10$ mètres et que la demi-voûte soit divisée en dix voussoirs, comme l'indique la figure 385 (l'échelle des longueurs étant $0^m,01$ par mètre), le poids spécifique des maçonneries étant $\pi = 2\,400$ kilogrammes, le poids du voussoir de rang n sera

$$P_n = 2\,400 \times \frac{10}{10} \times y_n = 2\,400 \times y_n$$

Si pour former le polygone des forces on porte bout à bout les ordonnées y_n réduites, par exemple de $\frac{1}{10}$ $(k = 10)$, une longueur de $0^m,01$ sur le polygone des forces représentera une force égale à

$$2\,400 \times 10 = 24\,000 \text{ kilogrammes}$$

ce sera l'échelle des forces.

§ XIII. — MÉTHODE DE M. CRÉPIN

330. M. Crépin, ingénieur des ponts et chaussées, a publié (1) en 1887 une méthode qui, par un procédé graphique spécial, permet d'étudier la stabilité d'une voûte de forme quelconque, tant au point de vue des charges permanentes que des charges roulantes.

Tout en admettant, comme nous l'avons

(1) *Annales des ponts et chaussées* (1er semestre de 1887).

fait jusqu'ici, la loi du trapèze pour la répartition des pressions sur les joints, l'auteur a adopté, provisoirement, une hypothèse plus simple pour les constructions. M. Crépin a indiqué ensuite les modifications à apporter à la méthode lorsqu'on admet que les pressions se répartissent suivant la loi du trapèze.

331. Considérons une surface de joint ab de longueur a et une force P agissant à la distance l de l'arête la plus rapprochée (*fig.* 386). M. Crépin admet que la pression nominale par centimètre carré sera

$$\frac{P}{2l}$$

ce qui revient à dire (*fig.* 386) que si la force P, agissant au milieu de la surface de longueur $2l$ exerce une pression de p kilogrammes par centimètre carré, cette pression ne sera pas dépassée sur la surface dissymétrique de longueur a.

Or, lorsqu'on considère une surface AB sur laquelle agit la force P à la distance l de l'arête la plus rapproché, la pression sur cette arête est, d'après la loi du trapèze :

$$p = \frac{2P}{3l} = \frac{4}{3} \times \frac{P}{2l}$$

on peut donc dire que pour passer de l'hypothèse de M. Crépin à celle de la loi du trapèze il suffit de multiplier les résultats par la fraction 4/3.

332. En admettant cette nouvelle hypothèse, le diagramme de la répartition des pressions sur un joint AB sera représenté (*fig.* 387) par les deux droites AP et BP ; la force représentée en grandeur par OP, appliquée au milieu o de AB, produira, par centimètre carré, sur le joint entier, la même pression p que la force représentée par CP′ produira en B. Nous avons vu que, avec la loi du trapèze, la ligne représentative des pressions pour la même résistance de p kilogrammes imposée aux matériaux était formée d'une droite AK et d'un arc d'hyperbole KP. Ces deux diagrammes montrent la différence qui existe entre les deux hypothèses. Elles admettent toutes deux que les pressions se répartissent suivant les ordonnées d'une droite pour les deux tiers extrêmes du joint ; mais tandis que cette loi se continue pour le tiers du milieu

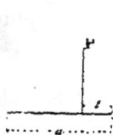

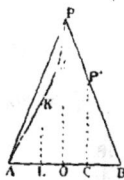

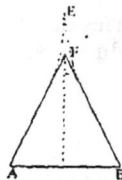

Fig. 386.   Fig. 387.   Fig. 388.

dans l'hypothèse de M. Crépin, il n'en est pas de même dans l'hypothèse de la loi du trapèze. Le joint (*fig.* 388), d'intersection de OP et de AK prolongée est situé aux 3/4 de OP à partir de O.

333. Pour avoir la pression élémentaire exercée sur un joint par la résultante des pressions sur ce joint, M. Crépin ne tient pas compte seulement, comme nous l'avons fait jusqu'ici, de la composante normale au joint. Il admet que la composante parallèle agit tout aussi bien que la composante normale au point de vue de l'écrasement des voussoirs et que c'est à tort qu'on a l'habitude de la négliger.

Dans ces conditions la pression maximum par centimètre carré, que la force P oblique sur le joint AB (*fig.* 389) exerce sur ce point, sera

$$\frac{P}{2AC}$$

si on suppose AC < CB.

334. Ceci posé soit HH′ (*fig.* 390) l'arc

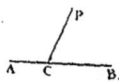

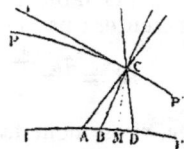

Fig. 389.   Fig. 390.

d'intrados de la voûte et PP′ la courbe de pression, supposée plus près de l'intrados que de l'extrados ; prenons le point C sur cette courbe et par ce point menons une série de joints fictifs CA, CB, CD.

La résultante F des pressions, donne sur chacun de ses joints une pression par centimètre carré représentée par

$$\frac{F}{2CA}, \ \frac{F}{2CB}, \ \frac{F}{2CD}$$

La pression élémentaire maximum correspondra au plus petit dénominateur, c'est-à-dire à la plus courte distance CM du point C à l'arc d'intrados. Cette plus courte distance sera comptée suivant le rayon si la courbe d'intrados est circulaire.

335. *Courbe des pressions.* — M. Crépin admet que la courbe des pressions ne varie pas jusqu'au moment où la rupture commence puisque la forme et les poids des matériaux constituant la voûte n'ont pas varié.

« Comme nous supposons, dit M. Crépin, que la capacité de résistance des matériaux diminue graduellement il arrivera un moment où la voûte se rompra. Cette rupture résultera d'un double mouvement de rotation rendu possible par l'écrasement des matériaux aux joints les plus pressés. Ce mouvement de rotation résultera d'un mouvement simultané des parties rompues et par conséquent d'un effet d'écrasement en certains points qui sont les points de plus forte pression élémentaire. »

« Si nous supposons la voûte construite en matériaux homogènes et homogène elle-même, c'est-à-dire capable de résister aux mêmes pressions élémentaires aux différents points, l'écrasement simultané qui précédera la rotation devra résulter d'une même valeur de la pression élémentaire sur les joints les plus pressés. Comme, d'après notre raisonnement, la courbe de pression ne varie pas jusqu'au moment où la rutpure commence, on pourrait conclure de là que la courbe de pression est celle qui produit la même pression élémentaire maxima aux joints les plus pressés. — Cette courbe est également celle qui correspond au moindre effort des matériaux. »

« En effet si nous considérons les joints plus pressés où, par hypothèse, la pression moléculaire maxima correspondant à cette courbe est la même, on ne pourrait la remplacer par une autre, produisant une pression moindre en un point, qu'à la condition d'exagérer la pression sur un autre point qui, par suite, y prendrait pour les matériaux de la voûte une pression moléculaire supérieure. Cette courbe satisfait donc au principe des moindres efforts énoncé par Moseley. Elle satisfait aussi à la loi d'équilibre posée par Méry et adoptée par beaucoup de constructeurs qui admettent qu'une section de voûte est suffisante, quand on peut y tracer une courbe de pression telle que les pressions maxima, dans tous les points faibles ne dépassant pas la limite de charge que l'on s'est imposée. »

« La courbe de pressions correspondant aux égales pressions élémentaires maxima sur les points les plus pressés ou aux moindres efforts moléculaires des matériaux sera donc pour nous la courbe typique de la voûte considérée. C'est cette courbe particulière que nous appellerons la courbe des pressions et la pression moléculaire qu'elle fera ressortir sera pour nous la pression moléculaire à laquelle les matériaux de la voûte seront soumis.

Pressions exercées sur un joint.

336. Pour représenter les pressions élémentaires exercées par différentes forces sur un joint, M. Crépin se sert d'une échelle des pressions.

Considérons (*fig.* 391) un joint quel-

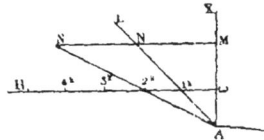

Fig. 391.

conque AM sur un mètre de largeur. En un point ω situé par exemple à 0m,10 de l'arête A élevons une perpendiculaire ωH sur laquelle nous prenons, à une échelle déterminée, les longueurs $\omega1^k = 2\,000^k$, $\omega2^k = 4\,000^k$, $\omega3^k = 6\,000^k$ etc.... La charge $\omega1^k$ représentant $2\,000^k$, est supposée agir, comme nous l'avons dit, sur la surface $1,00 \times 2 \times \omega A$ qui, ici, est de 2 000 centimètres carrés. La pression par centimètre carré due à la charge ω 1^k est donc de 1 kilogramme et toutes les forces ayant leurs extrémités sur la droite A 1^k produiront cette même pression élémentaire sur le joint AM. La charge $\omega2^k = 4\,000^k$ agissant sur la même surface $1,00 \times 2$ ωA exercera sur le joint une pression de 2 kilogrammes par centimètre carré et toutes les forces agissant sur le joint et ayant leurs extrémités sur la droite A2^k produiront cette même pression élémentaire.

La force représentée à l'échelle adoptée par la longueur MN exercera sur le joint AM une pression de 1 kilogramme par centimètre carré et la force MN' une pression de 2 kilogrammes.

337. Il est donc facile d'avoir immédiatement, sans aucun calcul, avec ce mode de représentation, la pression exercée par unité de surface par une force quelconque agissant sur le joint en un point déterminé. En déplaçant cette force le long du joint on pourra donc obtenir une courbe représentant, par ses ordonnées, les pressions élémentaires exercées par cette force sur le joint, dans ses différentes positions.

Ainsi, considérons (*fig.* 392) une force P représentée à l'échelle par la longueur AQ.

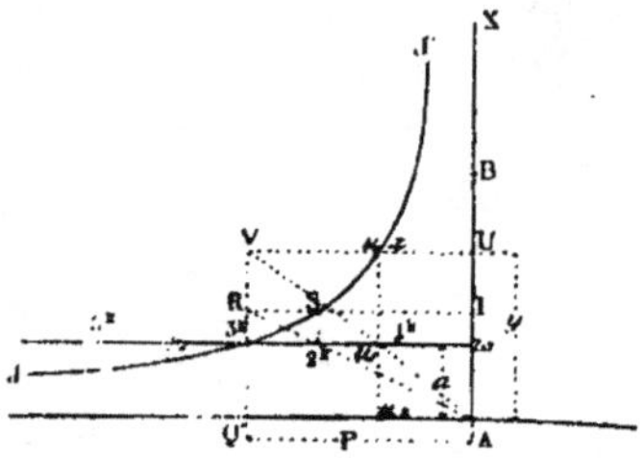

Fig. 392.

Comme le montre la figure, cette force appliquée en ω exerce sur le joint une pression de 3 kilogrammes par centimètre carré. Supposons-la maintenant appliquée en I ; prenons IR = AQ et joignons AR. Cette droite coupant l'échelle des pressions au point 2 kilogrammes, cela nous prouve que, dans cette position, la force P exerce sur le joint AX une pression de 2 kilogrammes par centimètre carré. En menant 2^{k}S parallèle à AX nous aurons donc un point de la courbe représentative des pressions élémentaires exercées par la force P lorsqu'elle se déplace le long du joint. Par la même construction nous obtiendrions le point u de cette courbe correspondant à la position UV de la force P. La courbe obtenue par la réunion des points analogues à S et u est une hyperbole JJ'.

Appelons x et y les deux coordonnées uU et AU d'un point quelconque u

de la courbe JJ' : les deux triangles semblables u_1u_2A, et VQA donnent

$$\frac{u_2 A}{u_1 u_2} = \frac{QA}{QV}$$

ce qui peut s'écrire :

$$\frac{x}{a} = \frac{P}{y}$$

et

$$xy = Pa$$

équation qui représente une hyperbole équilatère ayant pour asymptotes les axes AX et AQ.

Si A et B sont les deux points extrêmes du joint on aura une deuxième courbe représentative des pressions élémentaires dues à la force P sur le joint AB.

Cette deuxième courbe sera encore une hyperbole ayant pour asymptotes la

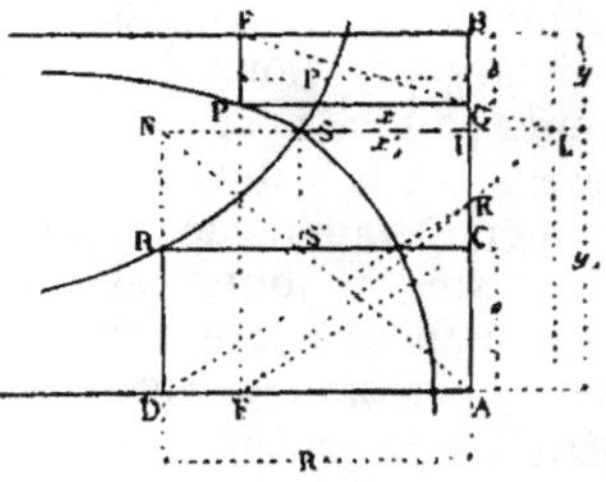

Fig. 393.

ligne AX et la perpendiculaire élevée au point B sur AX. Les deux courbes auront un point commun sur la perpendiculaire élevée au milieu de AB et la partie de chacune d'elles comprise entre ce point de rencontre et le joint AB est inutile.

338. Pour déterminer le point d'intersection des deux hyperboles on emploiera la méthode générale suivante :

Soit (*fig.* 393) S le point d'intersection des deux hyperboles caractéristiques des forces R et P s'exerçant sur le joint AB. Celle qui correspond à la distance R a pour distance d'échelle la longueur a et celle qui correspond à la force P a une distance d'échelle égale à b.

Les équations de ces deux courbes seront donc

$$xy = Pb$$
$$x_1 y_1 = Ra$$

Comme $x = x_1$ pour le point d'intersection cherché S on aura :

$$\frac{y}{y_1} = \frac{Pb}{Ra}$$

Or, Pb est le double de la surface du triangle FBG et Pa le double de la surface du triangle DAC ; on a donc

$$\frac{y}{y_i} = \frac{\text{surface FBG}}{\text{surface DAC}}$$

Or, Surface DAC = surface EAK.

le point K étant obtenu en prenant EA = FB, en joignant EC et en menant DK parallèle à EC. Nous aurons donc

$$\frac{y}{y_i} = \frac{\text{surface FBG}}{\text{surface EAK}}$$

ou

$$\frac{y}{y_i} = \frac{\text{BG}}{\text{AK}}$$

puisque les deux triangles FBG et EAK ont même hauteur.

Les lignes EK et FG se coupent en un point L qui appartient évidemment à la perpendiculaire abaissée du point d'intersection S des deux hyperboles sur AB, puisque les distances du point L aux lignes BF et AD sont proportionnelles à BG et AK.

339. La ligne IN sur laquelle se trouve le point S étant connue, on aura facilement le point S lui-même.

Il suffira d'appliquer la construction déjà indiquée pour obtenir les différents points de la courbe représentative des pressions élémentaires exercées par une force de grandeur connue se déplaçant le long du joint. — On portera donc IN = R et on joindra AN ; cette ligne coupe l'échelle des pressions CR correspondante en S'. CS' est donc la pression élémentaire exercée par la force R appliquée au point I du joint ; donc en menant par le point S' une parallèle à AB jusqu'à son intersection avec IN on aura le point S cherché.

340. Il est à remarquer que le point L de la ligne NS a été déterminé par la relation

$$\frac{y}{y_i} = \frac{\text{P}b}{\text{R}a} \tag{1}$$

Or, il peut arriver dans la construction que les lignes EK et FG se coupent sous un angle trop aigu pour pouvoir préciser très exactement la position du point L. Dans ce cas on pourra remplacer les distances d'échelles a et b par des longueurs plus grandes pourvu qu'elles soient mul-tipliées toutes deux par un même nombre car alors la relation (1) ne changera pas.

Équilibre d'une portion de voûte comprise entre le joint de clef et le joint de plus grande poussée.

341. Soit ABCD (*fig.* 394) une portion de voûte en équilibre. Nous savons que les trois forces en équilibre qui agissent sur elle sont:

1° Son poids π agissant suivant la verticale GG';

2° Sa poussée à la clef P;

3° La résultante des pressions R sur le joint CD; formons le triangle de ces trois forces (*fig.* 395), et traçons les hyperboles UU' et VV' caractéristiques de la poussée P se déplaçant le long du joint à la clé.

Supposons que la poussée P soit appliquée au point M; la pression par centimètre carré qu'elle exercera sur le joint à la clé sera représentée par MN. En prolongeant NM jusqu'à sa rencontre en M$_i$ avec la verticale du poids de la portion de voûte considérée et en menant par M$_i$ une parallèle à R (du triangle πPR), on aura le point d'application M$_2$ de la résultante des pressions sur le joint CD.

Traçons l'échelle des pressions EE' sur le joint CD et prenons sur le prolongement de M$_i$M$_2$, à partir de M$_2$, la longueur M$_2$R représentant à l'échelle des forces, la résultante des pressions qui, appliquée en ce point, équilibre les deux autres forces P et π. Joignons CR; cette ligne coupe l'échelle des pressions EE' en U' et EU' représente la pression par centimètre carré exercée par la force M$_2$R sur CD. En reportant, parallèlement à CD. U' en U sur M$_2$R nous aurons un point de l'hyperbole caractéristique de la pression R sur le joint CD.

Prenons sur M$_2$R la longueur M$_2$N$_2$=MN, nous aurons ainsi sur la même ligne les deux pressions élémentaires M$_2$U et M$_2$N$_2$ exercées par les forces R et P sur le joint CD et sur le joint à la clef lorsque la poussée sur le joint AB passe par le point M.

Si on refait les mêmes constructions pour toutes les positions occupées par la poussée P sur le joint à la clé on obtiendra d'autres points analogues à U et N_2 se trouvant les premiers sur l'hyperbole JJ', dont les asymptotes sont les droites CD et CC', les secondes sur l'hyperbole $V_2V'_2$ dont les asymptotes sont les lignes B_2C et $B_2B'_2$.

L'hyperbole $V_2V'_2$ correspond à l'hyperbole VV' du joint à la clé puisque le joint N_2 correspond au point N. Mais on pourra tracer de la même manière l'hyperbole $U_2U'_2$ qui, sur le point CD, correspond à la deuxième hyperbole UU' du joint à la clé.

L'hyperbole $V_2V'_2$ a pour caractéristiques la poussée P à la clé et la distance d'échelle b

ayant, par rapport à a, la signification indiquée par la figure.

Les hyperboles JJ', $V_2V'_2$, $U_2U'_2$ seront donc les courbes représentatives des pressions par centimètre carré sur le joint à la clé AB et sur le joint CD lorsque la poussée P parcourt le premier de ces deux joints.

Or, le point d'application de la poussée à la clé qu'il nous importe de connaître est celui pour lequel on a la plus faible pression moléculaire à la fois sur le joint à la clé et sur le joint CD. Ce point est donc celui qui correspond au point d'application I de la résistance sur le joint CD. Ce point I étant obtenu en

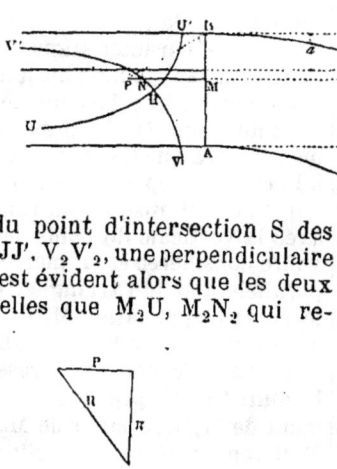

Fig. 395.

Fig. 394.

abaissant du point d'intersection S des hyperboles JJ', $V_2V'_2$, une perpendiculaire sur CD. Il est évident alors que les deux longueurs telles que M_2U, M_2N_2 qui re-

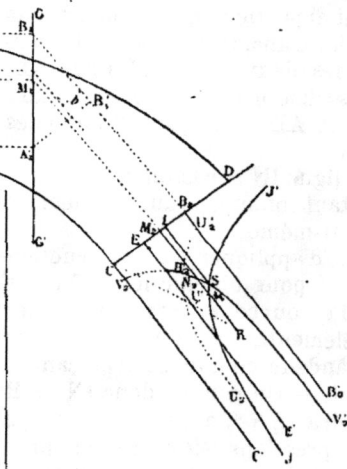

présentent sur la même droite les pressions élémentaires produites simultanément par les forces P et R deviennent égales lorsque la résistance R sur le joint CD passe par le point I.

On peut se demander quel est le point d'intersection des hyperboles que l'on doit considérer puisqu'il y a deux branches d'hyperboles $V_2V'_2$, $U_2U'_2$ qui correspondent au joint à la clé. Or, nous savons, d'une part, que les branches d'hyperboles comprises entre le point H_2 et le joint CD sont inutiles et que, d'autre part, c'est la plus petite pression par centimètre carré que nous cherchons. Donc d'après

les positions respectives des hyperboles c'est le point S qui seul répond à la question.

Nous savons donc déterminer les positions de la poussée à la clé et de la résistance sur le joint CD qui correspondent au minimum des pressions par centimètre carré sur les deux joints.

342. Le point d'intersection des deux hyperboles peut se déterminer sans tracer les deux courbes. Il suffit pour l'obtenir d'appliquer la construction indiquée au numéro 338. Mais au lieu de prendre, comme paramètres de construction, les longueurs a et b on prendra les longueurs A_1 B_1 et

A′₁ B′₁, ce qui est permis puisqu'elles sont entre elles dans le même rapport que a et b.

Si donc ABCD (*fig.* 396) est la portion de voûte considérée, on construira le triangle des trois forces PπR ayant la même signification que précédemment. On mènera par A et B des horizontales jusqu'en A₁ et B₁ sur la verticale GG′ du poids de la portion de voûte ABCD. Par A₁ et B₁ on mènera des parallèles au côté R du triangle, des forces P, π, R. On aura ainsi les points A₂ et B₂.

Les caractéristiques de l'hyperbole correspondant au joint à la clé seront alors A₂B₂ et B₂P₂ = P.

Les caractéristiques de l'hyperbole correspondant au joint CD, seront CC′ = AB et CR₁ = R.

Ceci posé, pour obtenir le joint S cher-

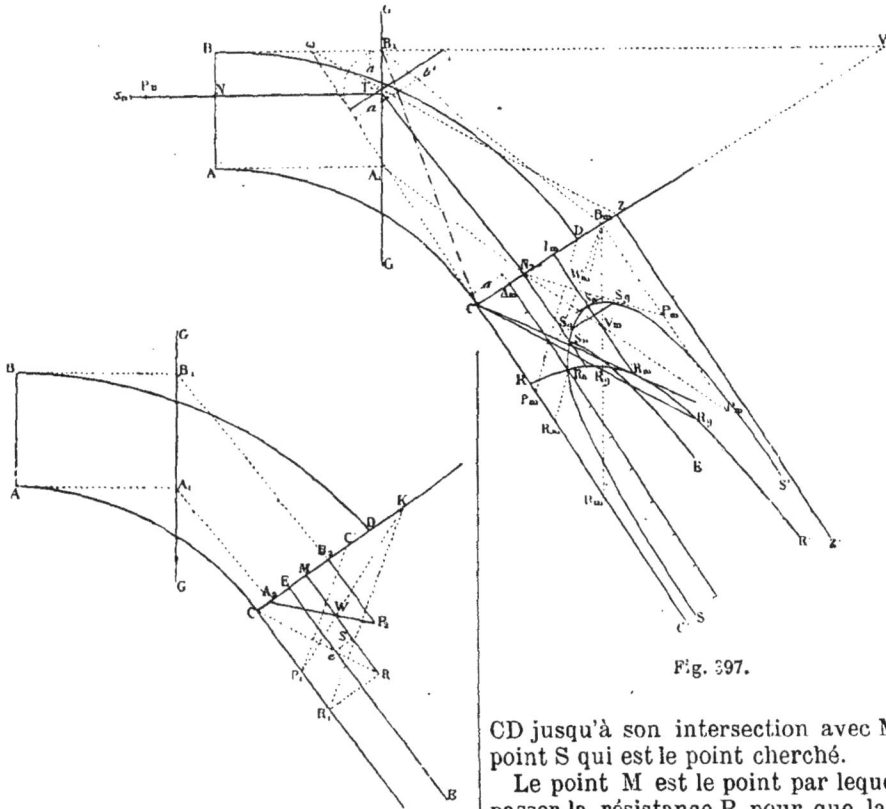

Fig. 396.

Fig. 397.

ché on joindra A₂P₂ et P₁C′, — On mènera R₁K parallèle à P₁C′ et on joindra KP₁. Cette dernière ligne donnera, par son intersection W avec A₂P₂, un point de la perpendiculaire à CD sur laquelle se trouve le point S. On prendra ensuite MR = R. On joindra CL qui coupe l'échelle des pressions EE′ du joint CD au point e et par ce dernier point on mènera une parallèle à

CD jusqu'à son intersection avec MR au point S qui est le point cherché.

Le point M est le point par lequel doit passer la résistance R pour que la pression par centimètre carré soit la plus faible possible à la fois au joint à la clé et au joint CD. La longueur MR représente, à l'échelle adoptée, la valeur de R tandis que MS représente la valeur de la pression par centimètre carré sur les joints AB et CD.

343. Or, il est évident que pour une même portion de voûte, le poids π restant constant, P et R peuvent varier. On peut donc construire pour différentes valeurs de P et de R des points analogues à S et R et réunir les points obtenus par des courbes. Ces courbes que M. Crépin appelle les courbes des S et des R donnent à l'échelle, la première, les pressions élémentaires minima sur les joints AB et CD, la seconde, la valeur de la résistance correspondante.

344. Ayant tracé (fig. 397) la courbe des S on considérera la plus petite ordonnée et on déterminera les valeurs de P et de R correspondantes. On sera alors assuré que ces deux valeurs sont celles qui donnent la plus petite pression par centimètre carré tant sur le joint à la clé que sur le joint CD.

Les courbes des S et des R sont représentées en SS' et RR' sur la figure et si on considère deux points correspondants Sm et Rm de chacune d'elles on devra avoir :

$$\frac{I_m S_m}{I_m R_m} = \frac{CA_m}{CI_m} \qquad (1)$$

or

$$I_m S_m = y$$
$$I_m R_m = R$$
$$C A_m = a$$
$$C I_m = x$$

donc la relation (1) devient

$$xy = Ra \qquad (2)$$

Ici, R étant variable, cette équation ne représente pas une hyperbole. Mais elle montre que y peut devenir infini :

1° Quand x est nul ;

2° Quand R devient infini.

Au premier cas correspond l'asymptote CC' et au deuxième l'asymptote ZZ'.

Pour obtenir la deuxième asymptote on prendra $TB_1 = a$ et par le point T on mènera une parallèle à CD ; on rabattra le point B sur cette dernière ligne par un arc de cercle et on joindra le point ainsi obtenu au point C. Cette ligne prolongée coupera l'horizontale du point B au point ω et en tirant la ligne ωT on aura, par son prolongement jusqu'à CV, le pied Z de l'asymptote cherchée.

345. La plus petite ordonnée de la courbe des S s'obtiendra en menant à cette courbe une tangente parallèle au joint CD. Le point Sm ainsi obtenu est situé sur la même ordonnée que le point Rm déterminé en menant du point C une tangente à la courbe des R.

Cette remarque est très utile car elle montre que pour obtenir la plus petite ordonnée de la courbe des S on n'aura pas à tracer cette courbe ; il suffira de tracer la courbe des R et de lui mener une tangente par le point C. Du point de contact Rm on abaissera RmIm perpendiculaire sur CD et pour avoir le point Sm cherché on mènera par le point d'intersection de CRm et de l'échelle des pressions une parallèle à CD jusqu'à ImRm.

Les courbes des S et des R se coupent sur l'échelle des pressions.

346. Il est facile de montrer que la position de la force qui produit la pression moléculaire la plus faible sur les joints AB et CD ne varie pas lorsque le poids de la voûte augmente pourvu que la verticale de ce poids reste la même et que les joints AB et CD conservent leurs positions respectives l'un par rapport à l'autre.

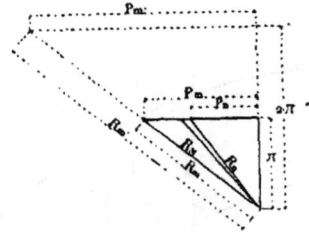

Fig. 398.

La figure 398 montre en effet que, pour une même position de la résultante, les nouvelles forces Pm' et Rm' correspondant au poids 2π sont doubles des valeurs Pm et Rm correspondant au poids π.

En refaisant les constructions, on reconnaîtra encore que c'est l'ordonnée du point Im qui correspond à la pression élémentaire minimum, mais les ordonnées des courbes des S et des R seront doublées. La pression élémentaire sera donc le double de ce qu'elle était avec le poids π.

Il résulte de là que pour pouvoir réaliser la plus petite pression élémentaire possible il faut que ImD soit au moins égal à CIm. — Dans le cas contraire la pression élémentaire la plus faible qu'il sera possible de réaliser sera celle qui correspondra au point N_2 milieu de CD ;

sa valeur sera $N_2 Sn$ et la résultante sera sera représentée par $N_2 Rn$.

SnE sera alors la courbe des pressions élémentaires produites par les résultantes tombant entre N_2 et D.

Joint des plus grandes poussées.

347. On peut construire (*fig.* 400) au joint à la clé des courbes, que M. Crépin appelle les courbes des σ et des poussées

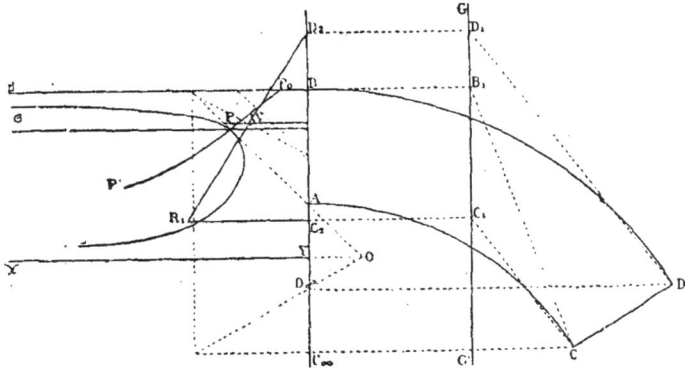

Fig. 399.　　　　　　　　　　　　Fig. 400.

P correspondantes, analogues aux courbes des S et des R du joint CD.

La courbe des σ se construira comme la courbe des S et un point tel que σ_n de la première correspondra à un point tel que Sn de la deuxième.

La figure 400 indique les constructions à effectuer pour déterminer les points P et σ correspondants.

BB' et la deuxième la ligne $C_2 C'_2$ (*fig.* 401) le point C_2 étant la projection du point C de l'intrados sur le joint à la clé. — Quant aux courbes représentant la loi des variations des pressions élémentaires exer-

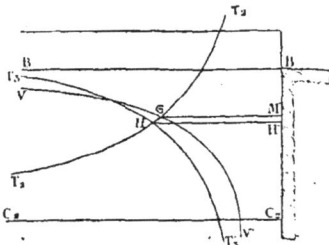

Fig. 401.

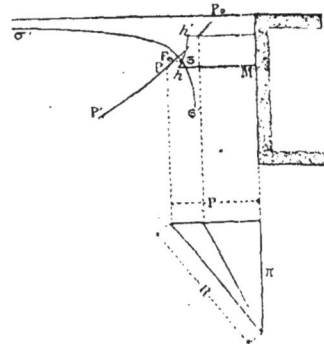

Fig. 402.

La courbe des σ a pour asymptotes les horizontales BB' et YY'; le point Y partageant la ligne $BC\infty$ dans le même rapport que AB et $D\infty$ $C\infty$ (en supposant DC = AB) — Cette courbe est le lieu géométrique des intersections des hyperboles de sens contraire ayant pour asymptotes : la première, la ligne fixe

cées par la force R sur le joint CD, ce sont les hyperboles de sens contraire $T_2 T'_2$, $T_3 T'_3$. Elles se coupent au point H. La pression élémentaire la plus faible qui puisse résulter de l'application de la force R sur le joint CD est donc représentée par l'ordonnée HH' et la portion de courbe, HT'_2 est inutile. Les points σ correspondant à l'intersection de HT′$_2$ et de VV′ ne seront donc pas à considérer. — S'ils se produisaient c'est qu'il ne pourrait exister de pressions élémentaires égales à la fois sur les deux joints. Il est facile, du reste, de reconnaître sur les courbes σ les branches qui ne correspondent pas à des valeurs utiles de R et de P puisque leur caractère est que l'ordonnée M′σ de ces portions·de courbes est plus petite que l'ordonnée HH′.

La même ordonnée qui sépare sur la courbe σ la partie utile de la partie morte sépare aussi sur la·courbe des poussées la partie utile P$_o$P$_e$ de celle P$_e$P′ qui ne l'est pas (*fig.* 402).

Détermination du joint de plus grande poussée.

348. Si on considère un certain nombre de joints d'une portion de voûte quelconque et si on trace les courbes des poussées correspondant à chacun d'eux on remarque que ces courbes s'écartent de plus en plus du joint AB (*fig.* 403); mais qu'à partir de l'une d'elles nP_n, corres-

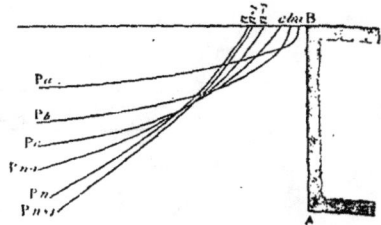

Fig. 403.

pondant au joint C$_n$ D$_n$ les suivantes sont toutes comprises entre cette courbe et le joint AB. C'est donc la courbe nPn qui correspond aux plus grandes poussées. Les courbes P$_a$, P$_b$... coupent la courbe

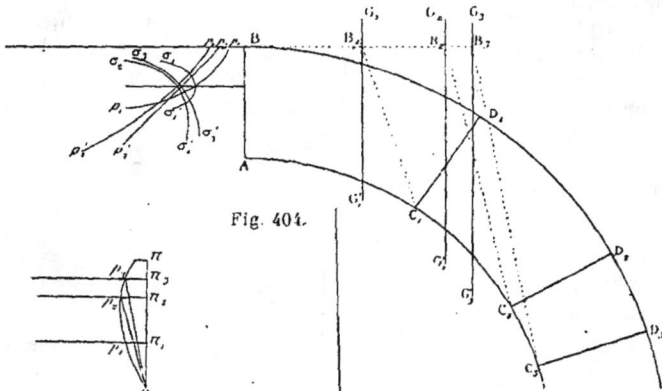

Fig. 404.

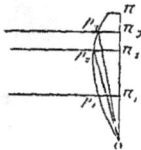

Fig. 405.

P$_n$, et par suite les ordonnées, de ces courbes deviennent plus grandes que celles de la courbe P$_n$. Mais ces portions de courbes de P$_a$, P$_b$, situées au-dessus·de nP_n sont des branches mortes. Donc en quelque point du joint AB qu'on suppose appliquée la poussée limitée à cette courbe nP_n, la valeur de cette poussée sera plus grande que celle qui est nécessaire pour équilibrer les résistances qui s'exercent sur les autres joints, en dessus ou en dessus du joint C$_n$D$_n$. Le joint C$_n$D$_n$ sera

donc le joint de plus grande poussée et aussi par suite des pressions élémentaires maxima. M. Crépin démontre, en effet, que si on considère l'équilibre de différentes portions de voûte comprises entre le joint à la clé AB et des joints quelconques, y compris le joint C$_n$D$_n$, « le système de forces qui maintiendra la portion de voûte ABC$_n$D$_n$ en équilibre n'exercera sur les autres joints que des pressions élémentaires inférieures à celles exercées sur le joint C$_n$D$_n$ ».

349. Dans les voûtes en arc de cercle le joint de plus grande poussée s'obtient de suite ; c'est le joint des naissances. Tandis que dans les voûtes en plein cintre et en anse de panier ce joint doit être déterminé par une construction graphique.

On tracera (*fig.* 404), dans la demi-voûte dont on veut déterminer le joint de plus grande poussée, une série de joints C_1 D_1, C_2 D_2, C_3 D_3 et on déterminera les verticales $G_1 G'_1$, $G_2 G'_2$, $G_3 G'_3$ des poids π_1, π_2, π_3.. supportés par les portions de voûtes comprises entre le joint à la clé AB et les différents joints $C_1 D_1$, $C_2 D_2$, $C_3 D_3$......... On pourrait alors construire les courbes $p_1 p'_1$, p_2, p'_2, $p_3 p'_3$,, des poussées d'équilibre de chacune de ces portions de voûte et voir quelle est celle qui est la plus écartée à gauche du joint AB. Mais il suffit de chercher quel est le point d'origine de ces courbes qui, sur l'horizontale du point B, s'éloigne le plus de ce dernier point.

A cet effet, il faut remarquer (*fig.* 400) que la courbe des poussées, relative à la portion de voûte ABCD rencontre l'horizontale BB' en un point P_0 correspondant à une valeur de la poussée P_0 telle que dans le triangle des forces P_0, R_0, π la direction de la résultante R_0 est parrallèle à $B_1 C$.

Si donc sur la figure 405 on prend, sur une verticale, à partir du point o, les longueurs $o\pi_1$, $o\pi_2$, $o\pi_3$, respectivement égales aux poids des portions de voûte ABC_1D_1, ABC_2D_2, ABC_3D_3..., et si par le point o on mène des parallèles aux lignes $B_1 C_1$, $B_2 C_2$, $B_3 C_3$..., jusqu'aux horizontales des points π_1, π_2, π_3.... on aura

$$\pi_1\, p_1 = B\, p_1$$
$$\pi_2\, p_2 = B\, p_2$$
$$\pi_3\, p_3 = B\, p_3$$

En traçant une courbe par les points o, p_1, p_2, p_3 et en menant à cette courbe une tangente verticale on aura le point p_2 pour lequel $p_2\pi_2$ est maximum. La longueur $0\pi_2$ représentera le poids de la portion de voûte comprise entre le joint à la clé et le joint de plus grande poussée. Ce joint sera donc ici $C_2 D_2$.

Détermination de la courbe des pressions dans les voûtes en plein cintre extradossées parallèlement.

350. Considérons (*fig.* 406) une demi-voûte ABEF extradossée parallèlement et examinons ce qui se passe à la fois sur le joint AB, à la clé, sur le joint CD de plus grande poussée et sur le joint EF des naissances.

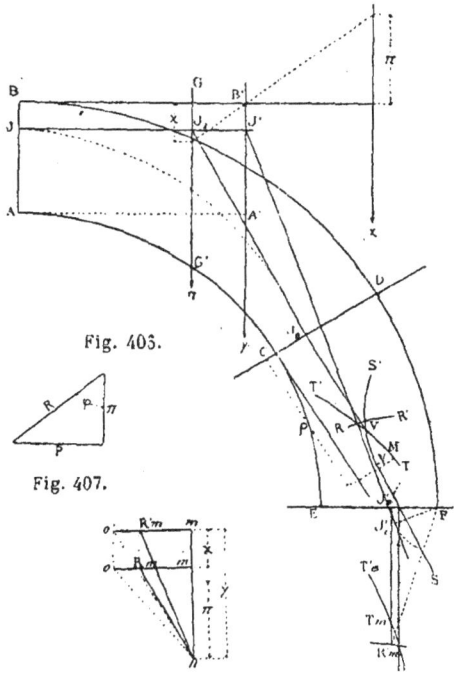

Fig. 406.

Fig. 407.

Fig. 408.

Soient π le poids de la portion de voûte ABCD et GG' sa ligne d'action. Soient de même, γ le poids de la demi-voûte ABEF et B'A' sa ligne d'action.

La portion de voûte ABCD est en équilibre sous l'action de son poids π, de la poussée à la clé et de la résultante des pressions sur le joint CD. Ces trois forces forment le triangle nmo (*fig.* 408). De même les forces maintenant en équilibre la demi-voûte ABEF forment le triangle $o'm'n$, tel que $nm' = \gamma$ et que $o'm' = om$ car la poussée est évidemment la même pour la demi-voûte ABEF que pour la portion de voûte ABCD.

On construira les courbes des S et des R pour les systèmes de forces qui équilibrent la portion de voûte ABCD. Puis, prenant un point V de la courbe des S, la résistance correspondante sera représentée par la partie d'ordonnée passant par ce point et comprise entre CD et RR'. Le polygone des forces montre qu'à la résistance Rm sur le joint CD correspond sur le joint EF la résistance R'$_m n$, en grandeur et direction. Il faut trouver le point d'application de cette résistance sur le joint des naissances, de manière qu'elle maintienne la demi-voûte en équilibre.

A cet effet on mènera par le point J$_2$ une parallèle à nR$_m$ jusqu'à son intersection en J$_1$ avec la verticale GG'. Par le point J$_1$ on mènera une horizontale rencontrant la direction B'A' du poids total γ de la demi-voûte en J'. Enfin par le point J' on mènera une parallèle à nR$_m$. En abaissant du point F une perpendiculaire sur cette direction on aura le joint fictif qui correspondra à la pression maxima. Mais pour une autre direction de R'$_m n$ ce joint fictif aura une nouvelle orientation; c'est pourquoi on le rabat sur le joint EF. Le point J'$_1$ vient en J'$_2$.

Sur la verticale du point J'$_2$ on portera J'$_2$R$_m$ = nR'$_m$ et on joindra R'$_m$F. L'intersection de cette ligne avec l'échelle des pressions construite sur le joint EF donnera la valeur J'$_2$T$_m$ de la pression élémentaire exercée sur le joint.

En portant cette valeur de J'$_2$ T$_m$ sur l'ordonnée J$_2$V du joint CD et en refaisant les mêmes constructions pour une série de points de la courbe SS', on obtiendra une courbe TT'. Cette courbe donnera donc les pressions élémentaires qui s'exercent sur le joint des naissances. De sorte qu'une même ordonnée donnera par ses intersections avec les courbes SS' et TT' :

1° Les pressions élémentaires égales exercées simultanément sur le joint AB à la clé et sur le joint CD de plus grande poussée ;

2° La pression élémentaire, exercée par le même système de forces, sur le joint de naissance.

Or, les deux courbes SS' et TT' se rencontrent au point V. Le système de forces maintenant la voûte en équilibre et correspondant à l'ordonnée J$_2$V est donc tel que la pression élémentaire qui s'exerce sur les joints AB, CD et EF est la même ; il correspond au plus faible travail des matériaux. Tout autre système imposerait, sur un des joints de la voûte, un travail plus considérable aux matériaux. Le point J$_2$ ainsi que les points correspondants J et J'$_2$ sur les joints AB et EF appartiennent donc à la courbe de pression.

Voûtes soumises à l'action de charges roulantes.

351. Nous avons vu (243) que lorsqu'une force isolée agit sur une voûte la forme de la courbe de pression peut être sensiblement altérée lorsque la force tombe entre le joint à la clé et le joint des naissances. La courbe devient alors dissymétrique par rapport à l'axe de la voûte. La forme de la courbe de pression ne varie pas, au contraire, lorsque la force isolée agit à l'axe même de la voûte.

Dans le premier cas le point où la courbe de pression admet une tangente horizontale n'est donc plus situé à la clé et pour le déterminer, il faut remarquer, comme le dit M. Crépin, que ce point divise la voûte en deux parties n'exerçant l'une sur l'autre que des réactions horizontales égales et opposées. Ce sont ces réactions horizontales qui forment les moments de résistance s'opposant au renversement de la voûte, en équilibrant les moments de rotation des forces extérieures. Aussi M. Crépin pose en principe que : « La courbe des pressions devient horizontale dans le plan vertical qui coupe la voûte et la divise en deux parties telles que les moments des forces qui agissent sur chacune d'elles et les poussent au vide soient égaux. » Les forces agissant sur la voûte sont évidemment :

1° Son poids propre ;

2° Le poids de la terre qu'elle supporte ;

3° Les surcharges accidentelles provenant, soit du passage des véhicules si la voûte supporte une voie de communication, soit de la présence d'objets manutentionnés si la voûte est située au-dessous du quai d'une halle, par exemple.

Forme de la courbe de pression dans une voûte soumise à l'action d'une charge roulante.

352. Il est évident que la position la plus défavorable que peut occuper la charge roulante sur la voûte est celle pour laquelle la dissymétrie de la courbe des pressions est la plus grande. Or cette dissymétrie sera d'autant plus accentuée que le point où la tangente à la courbe des pressions est horizontale sera plus éloigné de l'axe de la voûte.

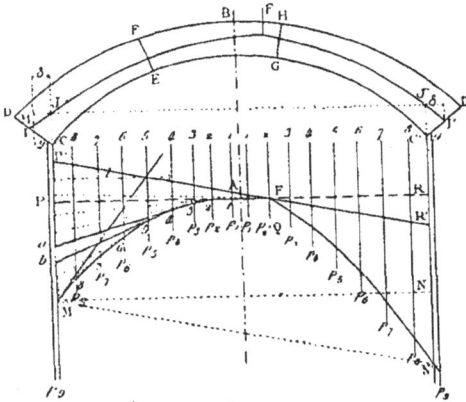

Fig. 409.

Donc pour déterminer la position la plus défavorable de la charge il faut chercher le plan vertical correspondant à l'élément horizontal de la courbe de pression, c'est-à-dire « le plan qui la divise en deux parties telles que les moments des forces qui agissent sur chacune d'elles et les poussent au vide soient égaux ».

353. Considérons (fig. 409) une voûte CDC'D' sur laquelle agissent, symétriquement par rapport à l'axe, les forces p_1, p_2, p_3.... dont les lignes d'action sont représentées par les verticales 1, 2, 3.....

Portons (fig. 410), à une échelle déterminée, sur une verticale à partir d'un point

K, et les unes à la suite des autres, les longueurs représentant ces forces. Prenons un pôle o sur l'horizontale du point K et menons les rayons polaires correspondants $o1, o2, o3...o9$. Puis, à partir du point A situé sur la verticale de symétrie de la voûte, traçons un polygone funiculaire des charges p_1, p_2, p_3.....

Ceci posé, prolongeons les côtés 3 - 4 et 4 - 5 de ce polygone funiculaire (ils sont parallèles aux rayons polaires o-3 et o-4) jusqu'à leur rencontre avec la verticale du point C en a et b. La ligne ab représente le moment de la force p_4 par rapport au point C, si on suppose que le polygone funiculaire A, 1, 2, 3...M a été tracé avec une distance polaire KO égale à l'unité.

En effet, l étant la distance du point C à la force p_4, le moment de cette force par rapport au point C, sera :

$$p_4 \times l$$

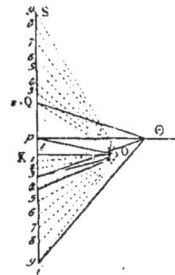

Fig. 410.

Or, les deux triangles a-b-4 et 0 - 3-4 sont semblables et ont pour hauteurs respectives les lignes l et OK; donc

$$\frac{ab}{l} = \frac{(3-4)}{ko}$$

ou, puisque la longueur $(3 — 4)$ représente la force p_4 et que $Ok = 1$,

$$\frac{ab}{l} = \frac{p_4}{1}$$

c'est-à-dire :

$$p_4 \times l = ab$$

on verrait de même que aP est la somme des moments des forces p_1, p_2, p_3 et que aM est la somme des moments des forces p_4, p_5... par rapport au point C. On en conclut que PM représente, par rapport au point C, la somme des moments de toutes les forces qui agissent sur la demi-voûte BD. Il est clair que si la demi-voûte. BD' supporte les mêmes charges, placées symétriquement par rapport à l'axe BA, le polygone funiculaire de ces charges partant du point A sera symétrique de celui A, 1, 2, 3.., M des forces agissant sur la demi-voûte BD. La longueur RN = PM représentera alors la somme des moments, par rapport au point C', de toutes les forces agissant sur la demi-voûte de droite. Dans ces conditions l'élément horizontal de la courbe des pressions sera sur la verticale BA.

354. Supposons maintenant qu'on ajoute un poids quelconque Q sur la demi-voûte de droite; ce poids ayant même ligne d'action que la force p_3. Pour tracer le polygone funiculaire des charges agissant sur la demi-voûte de droite nous porterons à partir du point K, de bas en haut, sur la verticale Si les longueurs (K-1), K-2 + Q, K—3...... Représentant les forces p_1, p_2 + Q, p_3... et nous mènerons les rayons polaires correspondants 0-1, 0- (2 + Q), o - 3. Ces rayons polaires serviront à tracer le polygone funiculaire A, F... N'; le point N' étant l'intersection du dernier côté de ce polygone avec la verticale du point C'. La longueur RN' représentera la somme des moments, par rapport au point C', de toutes les forces qui agissent sur la demi-voûte de droite.

Comme la longueur RN' est plus grande que PM, la courbe des pressions n'a plus son élément horizontal situé à la clé. Pour obtenir le plan vertical passant par cet élément il suffira de mener la corde MN' et de mener par un des sommets du polygone funiculaire MAFN' une parallèle à MN', telle que ce polygone ne coupe cette parallèle en aucun point. Cette ligne est représentée par P'R' dans la figure ; elle passe par le sommet F du polygone funiculaire.

On peut donc dire, puisque P'M = R'N', que le point F est situé dans le plan vertical séparant les forces en deux groupes produisant autour des points C et C' des moments égaux et de sens contraire. Le plan vertical passant par le point F correspond donc à l'élément horizontal de la courbe de pression. Pour séparer les forces qui produisent des moments égaux il suffira de mener par le pôle o du polygone des forces une parallèle op à la corde MN'. Les forces ps, agissant à droite de la verticale du point F, et les forces pi, à gauche de cette même verticale, formeront les deux groupes cherchés.

Donc les triangles des forces maintenant chacune des parties de la voûte, à droite et à gauche du plan vertical passant par le point F, en équilibre, devront avoir un même côté horizontal passant par le point p. Ce côté représentera en grandeur et direction la poussée qui agit dans le plan vertical du point F. Si $p\theta$ est la valeur de cette poussée, θ sera le pôle du polygone des pressions qui se tracera à l'aide des rayons polaires θ-1, θ-2, θ-3,... θ-i ; θ-2 + Q, θ-3, θ-S.

Plus l'extrémité N' du polygone funiculaire s'abaissera par rapport à son origine M, plus la ligne P' R' parallèle à la corde MN' sera inclinée et, par suite, plus sera éloigné de l'axe de la voûte le plan vertical qui correspond à l'élément horizontal de la courbe de pression.

Détermination de la position la plus défavorable d'une charge roulante.

355. Considérons (*fig.* 411) la courbe funiculaire CAC' d'une voûte symétrique et symétriquement chargée, les verticales des points C et C' représentant les parements intérieurs des culées. Le polygone des forces qui a servi au tracé de cette courbe est représenté (*fig.* 412) en o-7-7.

Plaçons en b une force d'intensité q, représentée sur le polygone des forces par la longueur 3 - n. Pour avoir le moment de renversement dû à la force q, nous savons qu'il faut mener par le point E deux parallèles aux rayons polaires $o - 3$, $o - n$ (*fig.* 412) jusqu'à leur intersection en F et G avec la verticale du point C. La longueur FG représente le moment cherché. L'extrémité C de la courbe de pression s'abaissera donc, sous l'influence de la charge q agissant en E, de la quantité CC" égale à FG. La courbe de pression deviendra C"EAC' et admettra en E une tangente double.

Pour obtenir le plan vertical correspondant à l'élément horizontal de la courbe de pression il faudra mener à la courbe C″EAC′ une tangente parallèle à la corde C′C″. Le point de contact étant ici le point K on peut dire que l'élément horizontal de la courbe de pression, ou son point le plus haut, est sur la verticale qui passe par ce point.

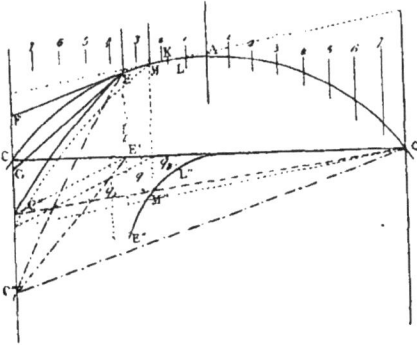

Fig. 411.

Pour obtenir immédiatement le point C″ il suffit de porter, à l'échelle adoptée, sur le polygone des forces, la longueur 3-n = q ; d'élever au point une perpendiculaire 3-o' telle que le point o' soit à la même distance de 7—7 que le point o et de joindre $o'n$; enfin de mener par le point E′, projection du point E sur CC′, une parallèle E′C″ à $o'n$.

Le point C″ sera le point cherché, comme on peut s'en assurer par une simple comparaison de triangles semblables.

Cette dernière construction est très utile car elle permet de déterminer quelle valeur il faut donner à une certaine force q_1 pour que, appliquée au même point E,

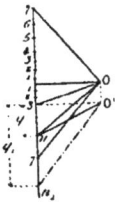

Fig. 412.

elle abaisse l'extrémité C de la courbe de pression en C‴$_1$. A cet effet on joindra E′C‴$_1$ et par le point o' (fig. 412) on mènera $o'n_1$ parallèle à E′C‴$_1$. La longueur 3-n_1 représentera la valeur de q_1 cherchée.

Si on a déterminé le point C‴$_1$ de manière que la corde C‴C′$_1$ soit parallèle à

l'élément E de la courbe CEAC′, la force q_1 remènera sur la verticale de E l'élément horizontal de la courbe de pression. Nous savons donc déterminer l'intensité minima que doit avoir la charge roulante pour déplacer l'élément horizontal de la courbe de pression de la quantité EA.

Il est facile de montrer que pour toute autre position de la force q_1 le déplacement de l'élément horizontal de la courbe de pression serait moindre.

Si la force q_1 agissait, en effet, entre C et E la corde C′C‴$_1$ serait moins inclinée et, par suite, la tangente parallèle à cette corde aurait son point de contact sur la courbe de pression entre E et A.

Si la force q_1 agissait entre E et A, en K par exemple, la corde C′C‴$_1$, serait, il est vrai, plus inclinée que les précédentes mais la deuxième tangente en K à la courbe de pression serait dans ce cas encore plus inclinée que la nouvelle corde C′C‴$_1$. Ce serait donc en K qu'aurait lieu l'égalité des moments.

On peut donc dire, en résumé, que c'est lorsqu'elle agit au point E que la force q_1, déterminée comme nous l'avons expliqué, produit le plus grand déplacement de l'élément horizontal de la courbe de pression.

Nous pourrions de même déterminer la charge minima q_2 capable de ramener l'élément horizontal de la courbe de pression à l'aplomb de L est ainsi de suite pour d'autres points.

Ceci posé, de chacun des points tels que E et L… on abaissera des perpendiculaires sur la corde CC′ et on prendra sur ces perpendiculaires, à partir de CC′, des longueurs représentant à l'échelle les forces capables de ramener l'élément horizontal de la courbe de pression à l'aplomb des verticales de E, L…… On tracera la courbe L″E″ passant par les extrémités des ordonnées ainsi obtenues.

Si on veut alors déterminer le déplacement maximum de l'élément horizontal de la courbe de pression sous l'influence d'une charge donnée q il suffira de mener une parallèle à la corde CC′ à une distance représentant à l'échelle adoptée pour le tracé de la courbe L″E″, la valeur de q. Si cette parallèle coupe la courbe L″E″ en un point M‴, par exemple, cela signifiera que la verticale du point M″ est celle qui passe par la position la plus éloignée de l'axe que, sous l'influence de la charge q, peut occuper l'élément horizontal de la courbe de pression.

La charge q devra, pour remplir cette condition, avoir pour ligne d'action la verticale du point M et sur cette verticale la courbe de pression aura un point à tangente double. La tangente de droite sera horizontale et celle de gauche sera inclinée.

Cas de plusieurs charges roulantes agissant simultanément sur la voûte.

356. Considérons une voûte supportant, outre la charge uniformément répartie provenant du poids des terres qui la surmontent, des charges isolées transmises par une série d'essieux. Soit (*fig. 414*) X — o — 7 le polygone des forces dues au poids propre de la voûte et de sa surcharge et CAC′ le polygone funiculaire correspondant. En supposant que les charges isolées proviennent du passage sur la voûte d'une voiture à trois essieux transmettant aux points L, M, N, des charges égales à π, on pourra déterminer la nouvelle courbe funiculaire qui en résulte. L'extrémité de cette courbe est facile à obtenir. Soient, en effet, L′, M′, N′, les projections, sur la corde CC′, des points L, M, N. Élevons sur cette corde des perpendiculaires en M′ et N′; puis par L′ menons une parallèle L′M₁ au côté o′ — 1π du polygone des forces, par M₁, une parallèle M₁N₁ au côté o′ — 2π et enfin par N₁, une parallèle N₁ C₁ au côté o′ — 3π. La longueur CC₁ représentera, comme nous le savons, la somme des moments des trois charges π par rapport à un point de la verticale CC₁ et le point C₁ sera l'extrémité de la nouvelle courbe funiculaire. La partie C′L₂ de cette courbe ne changera pas mais à partir de L₂, point à double tangente, elle s'infléchira pour aboutir au point C₁.

On peut obtenir le point C₁ très rapidement en remarquant que la ligne C₁N₁,

prolongée coupe l'horizontale CC′ au point M′, qui appartient à la verticale du centre de gravité du véhicule. Il suffira donc pour obtenir le point C₁ de mener par le point M′, projection sur CC′ du centre de gravité du véhicule, une parallèle au côté o′ — 3π du polygone des forces.

La construction précédente peut évi-

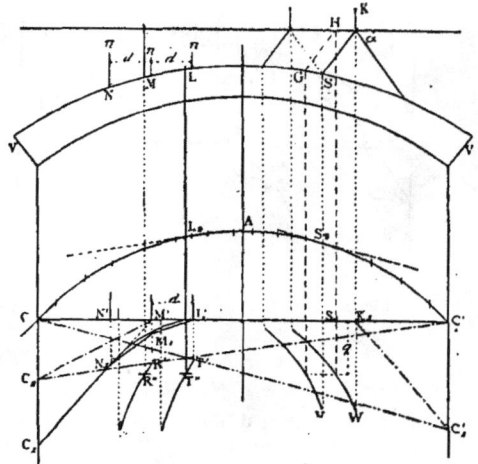

Fig. 413.

demment être appliquée si la charge, dont le centre de gravité se trouve sur la verticale de M, est répartie de L en N.

Pour que l'élément horizontal de la courbe de pression soit situé au droit de la verticale du point L il faudra mener C′C₂ parallèle à la courbe funiculaire CAC′ en L₂ et joindre C₂M′. En menant alors par le point o′ du polygone des forces (*fig. 414*) une parallèle o′—3π₂ à C₂ M′ on aura en v 3π₂ le poids du chariot qui déforme la courbe de pression de manière que son élément horizontal subisse le déplacement maximum AL₂. Ce déplacement maximum sera atteint lorsque le premier

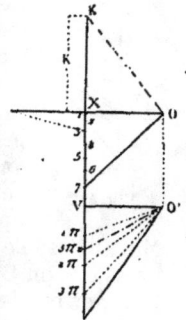

Fig. 414.

essieu sera en L; jusqu'alors le point de contact de la tangente à la courbe funiculaire parallèle à la corde C'C$_2$ sera entre A et L$_2$. Il est facile de voir qu'il en est de même lorsque le chariot est plus rapproché de la clé de la voûte. Les moments des forces agissant à droite du point L$_2$ deviendront en effet plus grands que ceux des forces agissant à gauche du même point. Le point qui correspond à l'égalité des moments et qui appartient à l'élément horizontal de la courbe se trouve donc à droite du point L$_2$.

Si aux points L' et M' on élève des perpendiculaires L'T', M'R' égales à $v3\pi_2$, et si on opère de même pour une série d'autres points on obtiendra deux courbes permettant de déterminer l'élément horizontal de la courbe de pression la plus dissymétrique qui puisse se produire sous le passage d'un chariot de poids déterminé et dont la distance des essieux est égale à d. Il suffira de mener une horizontale à une distance de CC' représentant, à l'échelle des forces, le poids total du chariot. Soient R″ et T″ les points d'intersection de cette horizontale avec les courbes; la verticale du point R″ sera celle du centre de gravité du chariot et la verticale de T″ passera par l'élément horizontal de la courbe de pression la plus dissymétrique possible.

357. En pratique les charges ne se répartissent évidemment pas comme nous le supposons dans le cas précédent. Le chariot circulant sur une chaussée située à une certaine hauteur au-dessus de l'extrados de la voûte, la charge d'une roue agissant en K, par exemple (*fig.* 413), exercera son action sur la voûte sur toute la partie comprise entre deux lignes partant de K et faisant un certain angle α avec l'horizontale. Cet angle α peut être pris égal à 45 degrés.

Ainsi, un chariot circulant sur la chaussée et dont le poids peut être considéré comme agissant en K (*fig.* 413) exercera donc son action sur la voûte jusqu'au point S. On cherchera, comme précédemment, quelle doit être la valeur du poids à appliquer en K pour que l'élément horizontal de la courbe de pression

se trouve au droit de la verticale du point S.

A cet effet, on mènera CC'$_1$ parallèle à la tangente en S$_2$ à la courbe funiculaire CAC'; on joindra C'$_1$K$_1$, le joint K$_1$ étant la projection de K sur la corde horizontale CC'. En menant alors (*fig.* 414) une parallèle oK à K$_1$C'$_1$ on aura en XK le poids du chariot qui déformera la courbe de pression de manière à amener l'élément horizontal de cette courbe sur la verticale du point S. On portera alors sur les verticales de S et de K, à partir de CC' les longueurs S$_1$V, K$_1$W représentant, à l'échelle des forces, la valeur de K et, en opérant de même pour d'autres points, on déterminera encore deux courbes permettant d'obtenir immédiatement l'élément horizontal de la courbe de pression la plus dissymétrique possible qui puisse se produire sous le passage d'un chariot de poids déterminé.

358. Nous allons maintenant indiquer de quelle manière M. Crépin effectue l'épure du tracé de la courbe de pression dans une voûte en arc soumise, en outre de sa charge uniforme, à une charge roulante exerçant toute sa pression en un seul point de la voûte.

Tracé de la courbe de pression dans une voûte en arc sous l'influence d'une charge roulante.

359. Soit une voûte en arc CDC'D' (*fig.* 415); on portera sur la ligne CC', à droite et à gauche de l'axe des divisions indiquant les points d'intersection des verticales des centres de gravité des voussoirs avec cette ligne. On portera, de même, sur l'axe de la voûte et à partir de CC', à une certaine échelle, les poids des voussoirs et de la surcharge de terre qu'ils supportent.

La voûte supportant, outre sa charge morte, une charge roulante de poids q on tracera la courbe MM' qui permet de déterminer la position la plus dangereuse de la charge roulante. Soit H' cette position en supposant que la charge roulante exerce toute son action en un seul point de la voûte. La courbe de pression présentera, dans ces conditions, un angle au droit de la verticale du point H′ et la tangente de la partie de la courbe des | pressions située à droite de cette verticale sera inclinée.

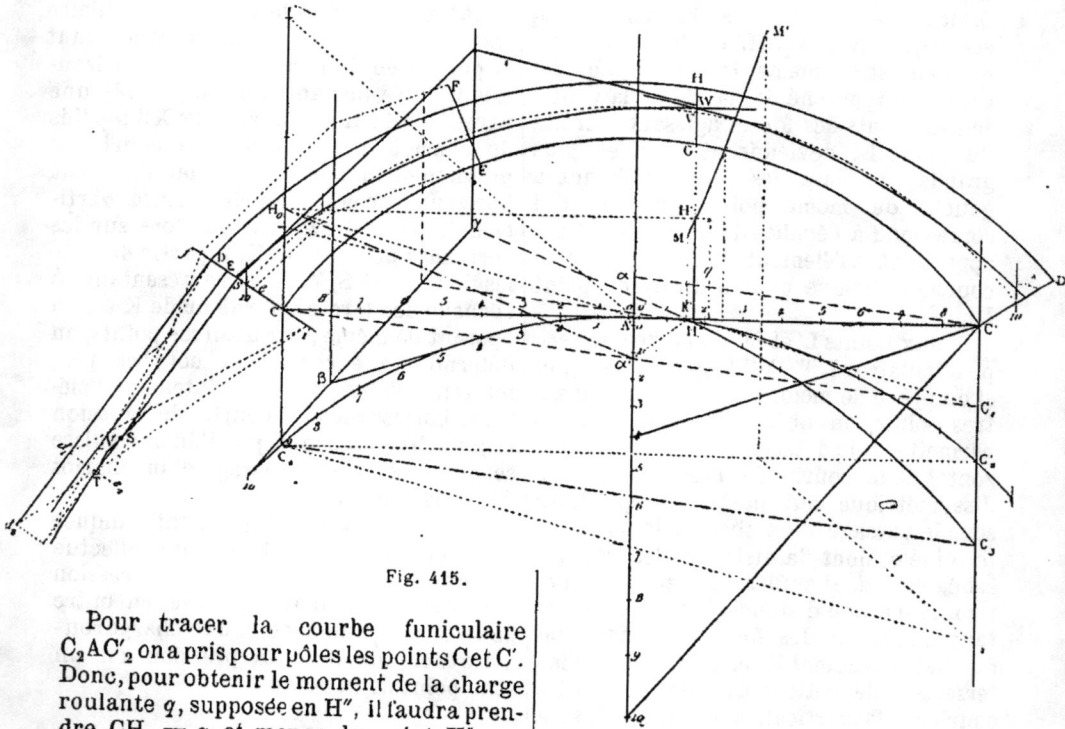

Fig. 415.

Pour tracer la courbe funiculaire $C_2AC'_2$ on a pris pour pôles les points C et C′. Donc, pour obtenir le moment de la charge roulante q, supposée en H″, il faudra prendre $CH_0 = q$ et mener du point K′ une parallèle $K'C'_1$ à H_0A'. On obtiendra ainsi le point C'_1 et CC'_1 représentera la quantité dont s'abaissera l'extrémité de droite de la courbe funiculaire lorsque la charge roulante agira suivant la verticale du point H″. La ligne CC'_1 sera alors parallèle à la corde de la nouvelle courbe funiculaire, ainsi obtenue, et la tangente à la courbe funiculaire parallèle à CC'_1 aura son point de contact sur la même verticale que l'élément horizontal de la courbe des pressions.

En menant du pôle C′ une ligne $C'α$ parallèle à CC'_1 on aura en $α — 10$ la somme des forces agissant sur la voûte à gauche de la verticale HG. A droite on aura les charges de $α'$ à 10 et la charge roulante.

La nouvelle courbe funiculaire aura, comme nous le savons, deux tangentes au point H′; l'une d'elles, celle de gauche, sera parallèle à $C'α$, l'autre, celle de droite, sera parallèle à $H_0α'$.

La figure 416 représente, à échelle réduite, le polygone des forces qui agissent

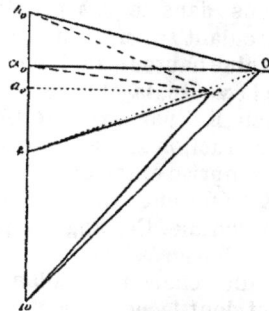

Fig. 416.

sur la partie de voûte CDGH ; le point $α_0$ y correspond au point $α$ et le point h_0 au point α'. Le point 4 correspond au point de même numéro sur le polygone des forces. La courbe des pressions admettant dans la section HG, une tangente horizontale pour la partie de cette courbe située à gauche de cette section, la poussée en HG sera représentée, sur le polygone des forces, par une horizontale passant par le point α_0. Soit $\alpha_0 o$ sa valeur ; alors o—10 et o—4 représenteront, en grandeur et direction, les résultantes des pressions sur les joints CD et EF.

Mais $h_0 o$ représente l'effort qui s'exerce dans la section GH sur la portion de voûte GHC'D' et $h_0 o$ est plus grand que $\alpha_0 o$. C'est donc $h_0 o$ qui donnera la pression maxima et les joints où auront lieu les pressions élémentaires maxima seront les joints CD, EF et GH.

Pour avoir la pression minima égale, il faudra considérer l'équilibre de chacune des portions de voûtes CDEF, CDGH. On construira sur CD la courbe S des pressions minima simultanées sur les deux joints CD et EF, pour les systèmes de forces susceptibles de maintenir la portion de voûte CDEF en équilibre. Ces systèmes de forces seront représentés par des triangles tels que o — 4—10, dont le côté 4—10 restera fixe, le point o pouvant se déplacer sur la ligne $\alpha_0 o$.

Les résultantes des pressions sur les joints CD et EF doivent se rencontrer sur la verticale du centre de gravité de la portion de voûte CDEF et pour avoir un point de cette résultante il suffira de prolonger les côtés 4 —5 et 10 du polygone funiculaire jusqu'à leur intersection en β.

Ceci posé, on prendra EF = CD et par les points E et F on mènera, jusqu'à la verticale du point β, des parallèles à o—4 (fig. 416). Par les points d'intersection dé ces droites avec la verticale de β on mènera des parallèles à la ligne o — 10 (fig. 416), ce qui donnera sur CD les points f et e ; e formera le pied de l'asymptote de l'hyperbole projetée et ef sera égal à la projection de la quantité appelée b précédemment. On prendra $ee_1 = Dd_1 = o$ — 4 (fig. 415 et 416), et $Dd_2 = o$ — 10. Par d_2 on mènera une parallèle à $d_1 C$; puis on joindra $d_2 i$ et $e_1 f$. On déterminera un point de l'ordonnée commune et on en déduira le

point S, à l'aide de l'échelle des pressions. Il suffira de chercher qu'elle est la pression élémentaire qui corespond à la pression Dd_2, celle-ci agissant sur l'ordonnée de S. Le point S étant déterminé il en résulte que Ss est la pression élémentaire minima sur les deux joints CD et EF, pour le système de forces considéré.

La résultante des pressions sur le joint GH est donnée, en grandeur et direction, par la ligne oh_0 (fig. 416). Elle coupe évidemment la résultante qui agit sur le joint CD sur la verticale du centre de gravité de la portion de voûte CDGH. Cette verticale passe par le point γ, analogue au point β précédemment obtenu.

Pour obtenir le point d'application sur le joint GH de la force oh_0, qui correspond à celle qui donne sur CD la pression élémentaire sS, il suffira donc de mener par s une parallèle à o—10 (fig. 416), jusqu'à son intersection avec la verticale de γ, et par ce point d'intersection une parallèle à o — h_0, ce qui déterminera le point W sur le joint GH. Connaissant la grandeur $h_0 O$ de la force agissant en W on en déduira la pression élémentaire sur le joint passant en W et normal à l'extrados. Ceci fait, on portera sur l'ordonnée de s du point CD la longueur sT représentant à l'échelle cette pression élémentaire et on déterminera plusieurs points des courbes S et T. Le point d'intersection V donnera, par sa distance au joint CD, la pression élémentaire minima qui se développe en même temps sur les trois joints CD, EF, GH.

On déterminera ensuite le point V qui, sur GH, correspond au premier point V trouvé, et la valeur de la poussée qui correspond à ces pressions. Il sera alors facile de tracer la courbe de pression figurée en trait plein sur l'épure (fig. 415).

Cas de la répartition des pressions suivant la loi de Bernouilli.

360. Dans tout ce qui précède il a été admis, d'après l'hypothèse de M. Crépin, que la résultante des pressions sur un joint quelconque donnait une pression par centimètre carré uniforme sur toute la surface symétrique qu'il était possible de tracer sur le joint autour du point de passage de la résultante.

Si on admet que les pressions élémentaires se répartissent suivant la loi du trapèze, ou de Bernoulli, on peut, lorsqu'on a en vue l'effet des charges roulantes, effectuer les constructions telles qu'elles ont été exposées, en ayant soin de rectifier ensuite le résultat pour la pression par centimètre carré, comme on va le voir dans ce qui suit. Il en sera de même dans les autres cas, lorsqu'on ne connaîtra pas à l'avance les dimensions de la voûte ; la loi de Bernouilli ne peut, en effet, être appliquée que lorsque les dimensions des joints sont absolument déterminés, puisqu'elle ne donne pas la même répartition des pressions dans le tiers du milieu que dans les tiers extrêmes.

« Dans l'hypothèse de Bernoulli, sous la forme qui lui a été donnée par M. Bresse,

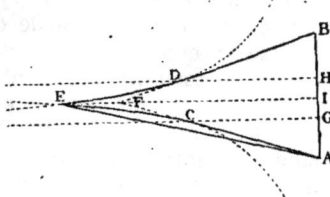

Fig. 417.

dit M. Crépin dans son mémoire, les forces qui, sur un joint donné AB, exercent une pression de R kilogrammes sont limitées par deux droites AC et DB pour les tiers extrêmes du joint et pour le tiers intermédiaire par deux arcs d'hyperboles équilatères CE et DE (fig. 417) ayant pour asymptotes les perpendiculaires DH et GC, et tangentes aux droites AC et DB. Le résultat de cette distribution des forces, pour produire la même pression élémentaire, fait que les courbes caractéristiques des pressions élémentaires produites par une force P_i se déplaçant sur le joint AB, sont également des hyperboles pour les tiers extrêmes de ce joint. Remarquons, en effet, que sur les tiers extrêmes du joint AB la progression de la force admissible se fait suivant une droite comme dans notre hypothèse provisoire (fig. 417), avec cette différence qu'au lieu d'admettre que la force puisse croître suivant AE, elle croît suivant une droite AC. Donc les forces compatibles avec la loi de Bernoulli sont toujours inférieures de 1/4 à celles compatibles avec la répartition que nous avons admise jusqu'ici. Il en résulte que les forces croissent dans les deux cas suivant la même loi, mais que les pressions élémentaires résultant de la loi du trapèze sont toujours de 1/3 plus fortes que dans notre hypothèse provisoire. — Les lois des pressions élémentaires produites par une force donnée seront dans ces tiers extrêmes représentées par des hyperboles avec cette différence que les ordonnées seront toujours les 4/3 de ce qu'elles seraient dans notre hypothèse. — Les points d'intersection de ces hyperboles se feront au droit du même point de joint que précédemment, avec cette seule différence que la longueur de l'ordonnée sera les 4/3 de la précédente. — Dans le tiers intermédiaire la courbe des variations sera une droite dont l'ordonnée au centre du joint aura les 3/4 de la valeur de celle qui correspond à l'intersection des deux hyperboles caractéristiques, sur le même joint (fig. 417). — La construction que nous avons exposée, basée sur l'intersection des deux hyperboles caractéristiques, pourra s'exécuter aussi rigoureusement, tant que les points d'intersection se rapporteront à des branches d'hyperboles correspondant à des points d'application des forces d'équilibre compris dans les tiers extrêmes des joints considérés. — Les points σ et S que nous obtiendrons correspondront bien alors, en effet, à des branches utiles des hyperboles caractéristiques de la pression élémentaire exercée, conformément à la loi de Bernoulli par la poussée et la résistante sur les deux joints considérés. — L'extension de notre méthode est donc permise et donne des résultats rigoureux, en admettant la loi de Bernouilli, du moment où les poussées et résultantes passent dans les tiers extrêmes des joints. — Or, c'est presque toujours ce qui se présente avec les charges roulantes. — Cet effet des charges roulantes est d'autant plus certain que, dans le tracé de Méry, c'est au tiers même du joint que l'on cherche à faire passer la courbe de pression à l'état statique. — La seule différence consiste en ce que, là où notre construction donnera pour la pression élémentaire 3 kilogrammes par centimètre carré, il faudra lire 4 kilogrammes, c'est-à-dire que l'on multipliera par 4/3 le résultat obtenu. Le mieux est donc de faire exactement la construction comme nous l'avons proposée et de multiplier les pressions élémentaires trouvées finalement, par la fraction 4/3. Apporter des modifications dans les forces qui servent aux constructions n'arriverait qu'à compliquer l'épure sans profit pour le résultat. »

Méthode graphique pour déterminer les poids des voussoirs et de leurs surchages et les verticales de leurs centres de gravité.

361. Dans toutes les applications que nous avons faites jusqu'ici nous avons commencé, pour obtenir la courbe des pressions, par déterminer les verticales des poids des voussoirs et ces poids eux-mêmes. Ce travail préliminaire, plus long que le tracé de la courbe de pression, se fait en général analytiquement, d'après la méthode que nous avons exposée. M. Crépin cite, à la fin de son mémoire, une autre méthode permettant d'obtenir les mêmes résultats par l'emploi des procédés de calcul graphique et de statique graphique.

La division de la voûte en voussoirs étant faite comme à l'ordinaire, on suppose que chaque voussoir supporte la charge du remblai compris entre les deux plans verticaux passant par les arêtes d'extrados du voussoir. On calculera les poids des différents voussoirs et de leur surcharge en procédant par différence. Ainsi, on calculera d'abord (*fig. 421*) le poids total de la demi-voûte ABCD et de sa surcharge BEDF, puis celui de la portion de voûte, ABC_1D_1, et de sa surcharge BED_1F_1. La différence des deux poids donnera le poids du voussoir CDC_1D_1 et celui de sa surcharge DF.

362. Soit ABCD (*fig. 418*) une demi-voûte supportant une surcharge de terre limitée à l'horizontale EF. — On va d'abord déterminer le poids de la surcharge BEFD, c'est-à-dire sa surface, qui lui est pro-

portionnelle. La surface BEFD est égale à la surface EFDO′ moins la surface du secteur BDO′

Si on mène la tangente en B à l'arc d'extrados et si on développe au compas l'arc d'extrados sur cette ligne, de manière que l'on ait BH égal au développement de l'arc BD, il est clair que le triangle rectangle BHO′ aura même surface que le secteur BDO′; on aura donc :

Surface BEDF = surface O′DEF —, surface BO′H.

La ligne HO′ coupe la verticale FD au point a qu'on joint au point B. Du point H, on mène une parallèle à Ba; elle coupe la verticale de la clé en b. Par ce dernier point on mène une parallèle bc à BD. Le

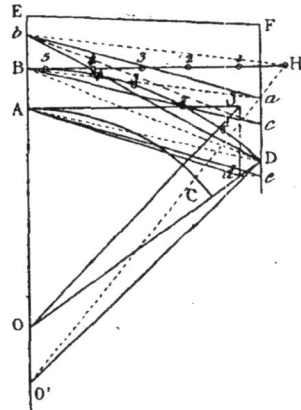

Fig. 418.

point c ainsi obtenu détermine, avec les points B, E, F, un quadrilatère BEFc qui a même surface que celle comprise entre le contour mixtiligne BEFD.

On a, en effet :

Triangle BaH = triangle Bba (1)

Car ils ont même base Ba et même hauteur, puisque leurs sommets b et H sont situés sur une même parallèle à la base Ba.

Il en résulte que l'on a, en outre :

Triangle O′BH = triangle O′ba

puisque cela revient à ajouter deux surfaces égales d'après (1) au triangle O′Ba.

Mais, d'autre part, on a :

Triangle O′ba = triangle O′bD   (2)

puisqu'ils ont même base O'b et même hauteur ; car leurs sommets a et D sont situés sur une même parallèle à leur base commune O'b.

On aura donc :

Triangle O'BH = triangle O'bD   (3)

De même, la construction effectuée un peu plus haut montre que l'on a :

triangle BbD = triangle BcD

Ils ont encore même base et même hauteur puisque la ligne bc a été menée parallèlement à BD.

Si donc au triangle O'BD, on ajoute l'un ou l'autre des triangles précédents, on obtiendra, dans les deux cas, des surfaces équivalentes. On peut donc dire que le triangle O'bD est équivalent au quadrilatère O'DcB.

Il résulte alors des égalités précédentes que le quadrilatère O'DcB est équivalent au secteur BDo' et que la surface BDFE est équivalente au quadrilatère BcFE. On a donc, par la construction précédente, transformé le quadrilatère mixtiligne BEFD en un quadrilatère rectiligne dont la surface est facilement calculable graphiquement, comme nous le verrons plus loin.

On peut, de même, trouver un quadrilatère équivalent à la surface ABCD de la demi-voûte.

La surface ABCD peut, en effet, être considérée comme la différence d'une fraction de segment BDO et du secteur AOC ; or :

Surface BDO = surface EFDO — surface EFDB

et comme nous venons de démontrer que la surface EFDB est équivalente à la surface du quadrilatère rectiligne BEFc, on aura :

Surface BDO = surface EFDO — surface BEFc ;

donc,

Surface BDO = surface BcDO.   (α)

et surface ABCD = surface BcDO — surface secteur ACO :

Si on mène en A une tangente à l'arc d'intrados et si on développe l'arc d'intrados sur cette tangente de manière que AJ = développement de l'arc AC, on aura :

Surface secteur ACO = surface triangle AJO

Or, en menant Jd parallèle à AO et de

parallèle à AD, on voit que les deux triangles AdO et AJO sont égaux, comme ayant une base commune AO et même hauteur, puisque leurs sommets J et e sont sur une même parallèle à leur base AO. On pourra donc écrire

Surface secteur ACO = surface triangle AdO.

L'égalité (α) devient donc :

Surface ABCD = surface BcDO — surface AdO ou

surface ABCD = surface BcD d A = surface BceA

La surface de la demi-voûte est donc équivalente à celle du trapèze BceA et cette dernière peut s'évaluer facilement à l'aide d'un procédé graphique simple.

363. Pour calculer les poids des deux volumes ayant pour bases les quadrilatères BEFc et BceA (fig. 419), et pour hauteur une longueur égale à 1 mètre, en supposant que la densité de la maçonnerie est représentée par d et celle de la terre supportée

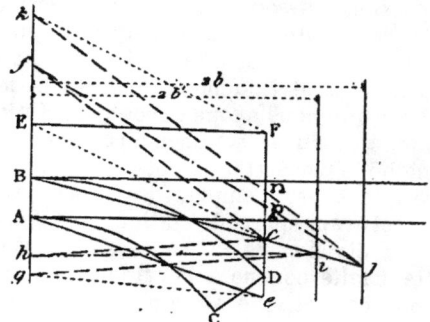

Fig. 419.

par la voûte égale à d', M. Crépin considère deux unités de mesure b et b', telles qu'on ait :

$$\frac{2b}{2b'} = \frac{d}{d'}.$$

Les parallèles à l'axe de symétrie de la section de la voûte aux distances 2b et 2b, déterminent sur la ligne Bc deux points i et j. En menant Fk parallèle à cE et cf parallèle à kj, on aura :

Surface BEFc = surface Bfj   (a)

En effet, le triangle BEc est commun aux deux surfaces et il suffit de démontrer que le triangle EFc qui a pour mesure

$(cF = Ek) \times EF$ est équivalent au quadrilatère CEfj. Mais, comme de plus le triangle cEf a pour mesure E$f\times$EF on voit qu'il suffit de montrer qu'on a :

$$\text{Surface } cfj = fk \times EF$$

Or, le triangle cfj peut être considéré comme formé des deux triangles cfp et cpj. Le premier a pour mesure $cp \times EF$ et comme $cn = fk$ on voit que pour démontrer la relation (a) il faut prouver que :

$$\text{Surface } cpj = pn \times EF$$

Or, d'après la figure, on a :

$$\frac{cn}{Bk} = \frac{h}{2b} \cdot$$

$$\frac{cn}{Bk - cn} = \frac{h}{2b - h} = \frac{h}{EF}$$

et comme $cn = fk$, il vient :

$$\frac{fk}{Bf} = \frac{h}{EF} = \frac{np}{cp} \cdot$$

donc,　　　$cp \times h = np \times EF$
or,　　　　$cp \times h = \text{surface } cpj$
donc,　surface $cpj = np \times EF$.

Le quadrilatère BEFc est donc équivalent au triangle Bfj et ce dernier a pour mesure $b \times Bf$.

Une construction analogue permettrait de déterminer le point h, sommet du triangle Ahi, équivalent au quadrilatère ABce. Le triangle Ahi a pour mesure $Bh \times b'$.

On peut donc écrire :

$$\frac{\text{surface } Ahi}{\text{surface } Bfj} = \frac{\text{surface ABCD}}{\text{surface BEFD}} = \frac{b' \times Bh}{b \times Bf}$$

et,

$$\frac{\text{poids de la demi-voûte ABCD}}{\text{poids du remblai BEFD}} = \frac{b' \times d \times Bh}{b \times d' \times Bf}$$

et comme on a pris b et b' tels que

$$b' \times d = b \times d'$$

on aura finalement,

$$\frac{\text{poids de la demi-voûte ABCD}}{\text{poids du remblai BEFD}} = \frac{Bh}{Bf} \cdot$$

Les deux longueurs Bh et Bf peuvent donc représenter, à une certaine échelle, les poids de la demi-voûte et du remblai qu'elle supporte.

La figure 420 indique les tracés à effectuer pour la détermination des poids précédents. Pour obtenir les points f et h il n'est pas nécessaire, comme le montre la figure, de tracer les lignes complètes mais bien d'indiquer leurs intersections avec les lignes AO et FD par de petites encoches. On pourra obtenir de la sorte, en considérant la demi-voûte entière partagée en voussoirs :

1° Les poids des voussoirs à partir de la clef au-dessous du point B ;

2° Dans le même ordre, mais au-dessus du point B, les poids des parties du remblai qui sont supportés par ces mêmes voussoirs.

La figure 421 représente l'épure faite pour une voûte en maçonnerie dont le poids spécifique est de 2 200 kilogrammes, la voûte étant surmontée, jusqu'au niveau

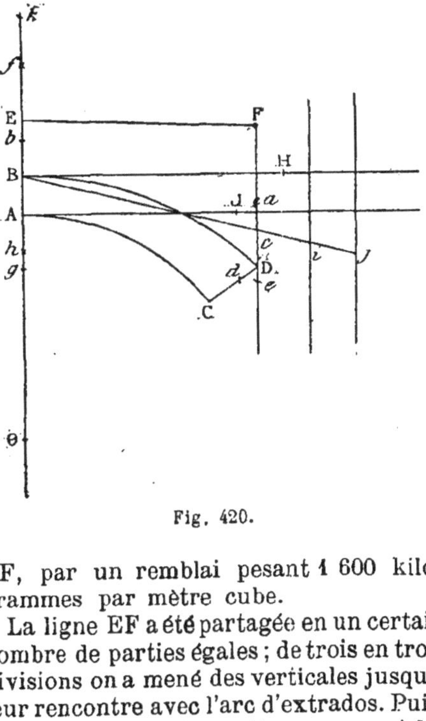

Fig. 420.

EF, par un remblai pesant 1 600 kilogrammes par mètre cube.

La ligne EF a été partagée en un certain nombre de parties égales ; de trois en trois divisions on a mené des verticales jusqu'à leur rencontre avec l'arc d'extrados. Puis, par ces points d'intersection on a mené des rayons formant, dans la partie de voûte ABCD, les joints fictifs des voussoirs.

Les poids des portions de remblai BEFD, BEF$_1$D$_1$, BEF$_2$D$_2$, ont été déterminés par le procédé graphique précédent. A cet effet on a développé l'arc d'extrados BD sur la tangente à cet arc en B. De sorte que BHo = développement de l'arc BD ; BH$_1$ = développement de l'arc BD$_1$...

Les surfaces BEFD, BEF_1D_1, BEF_2D_2... ont été alors remplacées par les quadrilatères équivalents $BEFc_0$, BEF_1c_1, BEF_2c_2...

De même, les surfaces ABCD, ABC_1D_1, ABC_2D_2, ont été remplacées, à l'aide de la construction exposée, par les surfaces équivalentes Bc_0eA, Bc_1e_1A, Bc_2e_2A.

En menant ensuite aux distances $2b$ et $2b'$, qui sont entre elles dans le rapport inverse des densités, des parallèles à l'axe de la section de la voûte, on obtiendra très facilement :

1° Au-dessus de B, en $B — f_0$, $B — 1$, $B — 2$,... les poids des remblais qui chargent les portions de voûte ABCD, ABC_1D_1, ABC_2D_2.

2° Au-dessous de B, en $B — h_0$, $B — 1$,

Fig. 421.

certain point θ, le polygone des charges agissant sur les voussoirs constituant la voûte.

$B — 2$,... les poids de ces mêmes portions de voûte ABCD, ABC_1D_1, ABC_2D_2.

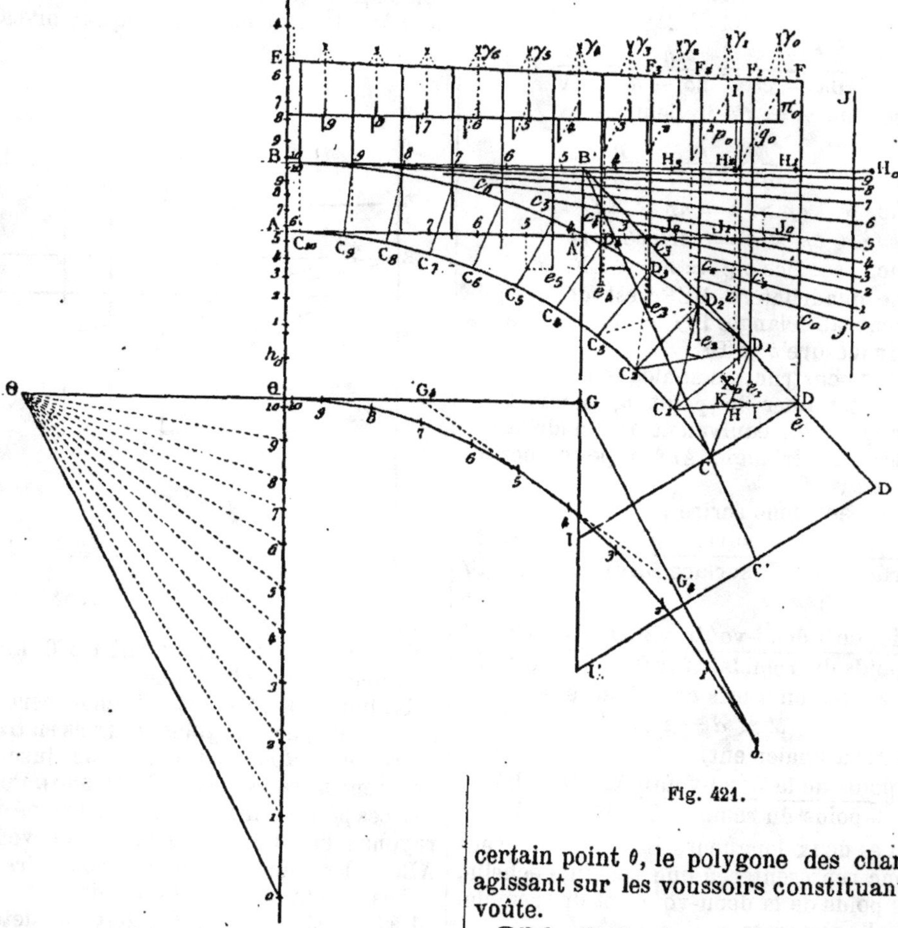

Ayant ainsi déterminé les poids des différents voussoirs et de leurs surcharges, on pourra tracer, à partir d'un

364. *Recherche des centres de gravité.* — Nous savons que pour pouvoir tracer la courbe ou mieux le polygone des pressions il est nécessaire de connaître les lignes d'action des charges qui agissent sur chaque voussoir, c'est-à-dire a verticale du centre de gravité de chaque voussoir et de sa surcharge.

Proposons-nous, par exemple, de déterminer la verticale du centre de gravité général du voussoir CDC_1D_1 et du massif de surcharge DFD_1F_1 qui le surmonte. Nous savons que la figure DFD_1F_1 est un trapèze et que la figure CDC_1D_1 peut être remplacée, très approximativement, par un quadrilatère.

Supposons, tout d'abord, connues les verticales γ_0 et χ_0 des centres de gravité de chacune des figures précédentes. Pour avoir un point de la verticale du centre de gravité général des deux figures on portera, à partir d'une même horizontale, sur la verticale de γ_0, de bas en haut, la longueur $\pi_0 = (f_0 - 1)$ et sur la verticale de χ_0, mais de haut en bas, la longueur $p_0 = (h_0 - 1)$. En joignant les extrémités des lignes ainsi obtenues, la ligne tracée rencontrera l'horizontale en un point g_0 qui appartiendra à la verticale du centre de gravité de l'ensemble des deux figures CDC_1D_1, DFD_1F_1. Cela résulte de ce que le point g_0 divise la partie d'horizontale comprise entre les verticales γ_0 et χ_0 en parties inversement proportionnelles aux poids π_0 et p_0.

Pour obtenir un point de la verticale du centre de gravité du quadrilatère CDC_1D_1 on opèrera comme nous l'avons déjà indiqué (n° 238).

Pour déterminer un point de la verticale du centre de gravité du trapèze DFD_1F_1, M. Crépin s'appuie sur le théorème suivant :

« *Le centre de gravité du trapèze se trouve sur une droite tracée parallèlement aux côtés parallèles et passant par le point d'intersection obtenu en menant extérieurement par les deux points pris aux tiers de l'un des autres côtés des parallèles aux diagonales.* »

Pour démontrer ce théorème, on décompose le trapèze DFD_1F_1 en deux triangles D_1F_1F et D_1DF. Les centres de gravité de chacun de ces triangles se trouvent sur les verticales qui passent par les points divisant FF_1 en trois parties égales. Ainsi, la verticale du centre de gravité g_1 du triangle D_1F_1F (*fig.* 422) passera par le point N_1 et celle du centre

de gravité g du triangle DD_1F passera par le point N. Le centre de gravité du trapèze sera évidemment sur la ligne gg_1 qui joint les centres de gravité des deux triangles qui le composent et ce point divisera la ligne gg_1 en parties inversement proportionnelles aux poids ou aux surfaces des deux triangles. Soit G le centre de gravité cherché, on devra avoir :

$$\frac{Gg}{Gg_1} = \frac{\text{surface } D_1F_1F}{\text{surface } DD_1F} \qquad (1)$$

or, on a aussi :

$$\frac{Gg}{Gg_1} = \frac{\Delta}{\Delta_1} \qquad (2)$$

Δ et Δ_1 étant les distances des centres de gravité g et g_1 aux verticales qui passent par les points N et N_1. De plus, les deux triangles D_1F_1F, DD_1F ont même hauteur ; ils sont donc entre eux comme leurs bases, et on peut écrire :

$$\frac{\text{surface } D_1D_1F}{\text{surface } DD_1F} = \frac{D_1F_1}{DF} \qquad (3)$$

Des égalités (1) (2) (3), on déduit alors :

$$\frac{\Delta}{\Delta_1} = \frac{D_1F_1}{DF} \qquad (4)$$

Ceci posé, par les points N et N_1 menons des parallèles aux diagonales D_1F, DF_1. Elles se coupent au point γ. En menant par ce point γ la ligne nn_1 parallèle à FF_1 on obtient deux triangles $n_1N_1\gamma$, $nN\gamma$; le premier est semblable au triangle FF_1D_1, et le deuxième est semblable au triangle DFF_1.

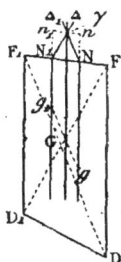

Fig. 422.

On aura donc :

$$\frac{n_1\gamma}{n_1N_1} = \frac{FF_1}{D_1F_1}$$

et

$$\frac{n\gamma}{nN} = \frac{FF_1}{DF}.$$

En divisant ces deux équations membre à membre on obtient :

$$\frac{n_1\gamma \times nN}{n_1N_1 \times n\gamma} = \frac{DF}{D_1F_1}$$

or,

$$nN = n_1N_1$$

donc,

$$\frac{n\gamma}{n_1\gamma} = \frac{D_1F_1}{DF}.$$

En rapprochant cette équation de l'équation (4) on voit que le point γ appartient à la verticale du centre de gravité du trapèze puisqu'il divise la distance qui sépare les deux verticales des centres de gravité g et g_1 dans le même rapport que le centre de gravité G du trapèze.

365. L'application de ce théorème pour la recherche des verticales des centres de gravité des trapèzes tels que DD_1F_1F est très pratique puisqu'il suffit de mener des parallèles aux diagonales par les points divisant en trois parties égales les côtés FF_1, F_1F_2, F_2F_3 (fig. 421)..... Il est à remarquer, du reste, que les points situés aux tiers des côtés FF_1, F_1F_2..... sont connus d'avance puisque, pour obtenir les joints fictifs de la voûte on a eu soin de joindre le centre O de l'arc d'intrados aux points de rencontre avec l'arc d'extrados des verticales menées de trois en trois divisions de la ligne EF. Ayant les verticales des centres de gravité du quadrilatère représentant le voussoir proprement dit et du trapèze, représentant sa surcharge, il sera facile en opérant comme nous l'avons dit au n° 364 de trouver la verticale du centre de gravité de l'ensemble de ces deux figures. La figure 421 représente la détermination complète des verticales du centre de gravité de chaque voussoir et de sa surcharge pour la portion de voûte AB CD. La verticale du centre de gravité général pour la portion de voûte ABCD, ou de la portion de voûte comprise entre le joint de clé et un joint quelconque se déterminera toujours à l'aide d'un polygone funiculaire quelconque des charges agissantes, comme nous l'avons montré au n° 303.

Considérations générales sur la stabilité des voûtes en maçonnerie.

366. La courbe de pression dans les voûtes en maçonnerie est complètement déterminée, comme nous l'avons vu, quand on connaît ses points de passage sur trois joints déterminés, au joint à la clé et aux joints de rupture, par exemple. Mais, cette courbe se rapprochant beaucoup de l'intrados dans les environs des joints de rupture, il en résulte que la pression sur les arêtes les plus fatiguées de ces joints

devient souvent trop considérable et limite, par suite, l'ouverture à donner aux arches en maçonnerie. Pour obvier à cet inconvénient certains ingénieurs ont proposé des moyens permettant de faire passer la courbe de pression par des points déterminés, à l'aide de bossages ou de refonds ou bien encore en ne mettant du mortier sur le lit des pierres que jusqu'à une certaine distance de leur parement. Lorsque le tassement de la voûte est terminé, on bouche le vide avec du mortier de ciment. D'autres constructeurs enfin ont proposé de faire les joints plus larges du côté où la courbe de pression tend à sortir du profil de la voûte, afin d'augmenter l'étendue du contact. M. Dupuit pense que les moyens que nous venons d'indiquer ne sont pas les seuls qu'on puisse employer pour sortir des limites actuelles d'ouverture des ponts en maçonnerie. C'est ainsi qu'on pourrait, d'après lui, employer des pierres excessivement dures aux joints qui supportent les pressions les plus considérables. «Ainsi, à Paris, dit-il, où les ponts sont construits en calcaire, il eût été rationnel d'employer le granit pour les joints correspondant au point de rupture; en ajoutant à cette précaution celle de tailler des refends sur ces assises, on se serait mis à l'abri des épaufrures de leurs arêtes. Mais il nous semble qu'on peut faire mieux encore et ramener la pression au centre du joint par une disposition qui consisterait à remplacer du côté de l'intrados le prolongement du joint par une ligne faisant avec celui-ci un angle très obtus raccordé par une courbe sur laquelle roulerait la voûte au décintrement, si cette partie du joint n'était garnie que d'étoupe. On déterminerait ainsi un point de passage obligé de la courbe de pression et qui la placerait comme on voudrait par rapport à l'intrados ; on pourrait faire quelque chose d'analogue à la clé. »

Il est évident que l'artifice proposé par M. Dupuit pour la construction des voûtes permettrait d'exécuter des ouvrages de très grandes ouvertures puisque lorsque la courbe de pression passe au milieu du joint au lieu de passer au tiers on a une diminution de moitié dans la pression maxima. Perronet qui s'est occupé de cette question a établi en 1793 un projet d'une arche en plein cintre de 160 mètres d'ouverture, dont nous avons donné le dessin (*fig.* 301, tome 1er).

Le pont est supposé construit en pierre de Saillancourt. D'après les dimensions données par Perronet aux diverses parties du pont on peut présumer que le projet n'eût pas réussi s'il avait été exécuté D'après, M. Dupuit, la grande pression qui se serait produite aux joints de rup-. ture eût amené l'écrasement des angles des voussoirs. La figure 302, tome 1er représente les modifications que, d'après cet ingénieur, il eût fallu faire au projet de Perronet pour le construire dans de bonnes conditions.

II. — PILES ET CULÉES

367. On a à distinguer les supports soutenant une seule voûte et ceux qui ont deux voûtes à supporter. Les premiers constituent les culées et les deuxièmes les piles.

Leur stabilité se vérifiera toujours en prolongeant la courbe des pressions jusqu'aux fondations. On déterminera ainsi les arêtes les plus chargées.

Il peut se présenter trois cas :

1° Les points dangereux de la culée ont à résister à des efforts par centimètre carré à peu près égaux à ceux des points dangereux de la demi-voûte. On est alors dans de bonnes conditions, puisqu'il y a homogénéité dans les efforts ;

2° Les points dangereux de la culée ont à résister à des efforts par centimètre carré beaucoup plus grands que ceux des points les plus chargés de la demi-voûte. Il n'y a plus alors homogénéité dans les efforts et il faut augmenter l'épaisseur de la culée ;

3° Les points dangereux de la culée sont moins chargés que les points analogues de la demi-voûte. Il faut alors diminuer l'épaisseur de la culée.

Pour pouvoir tracer la courbe des pressions dans les culées il faut évidemment se donner *a priori* un profil d'essai dont on déterminera l'épaisseur à l'aide de formules empiriques.

FORMULES EMPIRIQUES POUR CALCULER LES ÉPAISSEURS DES PILES ET CULÉES

368. Les formules les plus employées, pour calculer les épaisseurs des culées, sont celles de Lesguiller et de Léveillé.

I. —*Formules de Lesguiller.*

Les formules de Lesguiller sont :

1° Pour les ponts en plein cintre :
$$E = \sqrt{D}\,(0{,}60 + 0{,}04\,H);$$

2° Pour les ponts en ellipse et anse de panier
$$E = \sqrt{D}\left(0{,}60 + 0{,}04\,H + 0{,}05\left(\frac{D}{f} - 1\right)\right);$$

3° Pour les ponts en arc de cercle
$$E = \sqrt{D}\left(0{,}60 + 0{,}04\,H + 0{,}01\left(\frac{D}{f} - 1\right)\right).$$

Dans ces formules :
E est l'épaisseur des culées ;
D est l'ouverture de la voûte ;
H est la hauteur des culées, c'est-à-dire la distance verticale entre les naissances et le dessus des fondations ;
F est la flèche de la voûte ;

II° — *Formules de Léveillé :*

369. Ces formules sont :

1° Pour les ponts en plein cintre ;
$$E = (0{,}60 + 0{,}162\,D)\sqrt{\dfrac{\dfrac{H + \frac{1}{4}\,D}{S}}{\dfrac{e + \frac{1}{4}\,D}{0{,}865\,D}}}$$

2° pour les ponts en ellipse et anse de panier
$$E = (0{,}43 + 0{,}154\,D)\sqrt{\dfrac{\dfrac{H + 0{,}54\,f}{S}}{\dfrac{e + 0{,}465\,f}{0{,}84\,D}}}$$

3° pour les ponts en arc de cercle :
$$E = (0{,}33 + 0{,}212\,D)\sqrt{\dfrac{\dfrac{H}{S}}{\dfrac{f + e}{D}}}$$

Dans ces formules :
E, D, H, et *f* ont les mêmes significations que précédemment ;

e est l'épaisseur de la voûte à la clé;

S est la distance verticale entre le niveau supérieur de la chaussée et le dessus des fondations.

Par suite, en représentant par m la hauteur de la surcharge de terre au-dessus de l'extrados jusqu'à la chaussée, la valeur de S sera : $S = H + f + e + m$

Les termes $H + \frac{1}{4} D$, $H + 0{,}54\,f$ et H représentent respectivement pour les voûtes en plein cintre en ellipse ou en arc de cercle la distance verticale entre le point où le joint de rupture rencontre l'intrados et le dessus des fondations. Car pour les voûtes en plein cintre extra-

dossées horizontalement le joint de rupture faisant un angle de 30° avec le joint horizontal des naissances, le point de rupture sera à une hauteur du plan des naissances représentée par :

$$R \sin 30° = \frac{D}{2} \times 0{,}5 = 0{,}25\,D.$$

Pour les voûtes en anse de panier, le joint de rupture normal à l'intrados faisant avec le plan des naissances un angle égal à 45°, la hauteur du point de rupture au-dessus de ce plan sera $0{,}54 \times f$ en supposant que l'intrados est une ellipse ayant pour grand axe D et pour petit axe f.

TABLEAU A. — PONTS EN ARC DE CERCLE

Comparaison, pour un certain nombre de ponts existants, entre leurs épaisseurs réelles des culées et celles obtenues par la formule de M. Léveillé

DÉSIGNATION DES PONTS	OUVERTURE	FLÈCHE	$\frac{f}{d}$	HAUTEUR des CULÉES	ÉPAISSEUR DES CULÉES	
					RÉELLE	CALCULÉE
	m.	m.		m.	m.	m.
Pont sur le chemin des Fruitiers (Chemin de fer du Nord)	4.00	0.70	0.175	4.00	1.80	1.81
— de Paisia	5.00	0.80	0.160	2.00	1.70	1.95
— de Méry (Chemin de fer du Nord)	7.63	0.90	0.118	4.31	3.56	3.61
— de Mélisey	11.40	1.50	0.132	3.55	5.20	4.68
— de Couturette, à Arbois	13.00	1.86	0.143	2.00	5.20	4.23
— sur le Salat	14.00	1.90	0.136	6.21	5.80	6.06
— de la rue des Abattoirs, à Paris (Chemin de fer de Strasbourg)	16.05	1.55	0.097	3.93	10.00	7.24
— sur le Forth, à Stirling	16.30	3.12	0.192	6.32	4.88	5.15
— Saint-Maxence, sur l'Oise	23.40	1.95	0.083	8.45	11.80	12.17
— du chemin de fer du Nord, sur l'Oise	25.10	3.57	0.141	5.43	9.60	9.32
— de Dorlaston	26.37	4.11	0.156	5.03	9.76	9.00

TABLEAU B. — PONTS EN ANSE DE PANIER

Comparaison, pour un certain nombre de ponts existants, entre leurs épaisseurs réelles des culées et celles obtenues par la formule de M. Léveillé

DÉSIGNATION DES PONTS	OUVERTURE	FLÈCHE	$\frac{f}{d}$	HAUTEUR des CULÉES	ÉPAISSEUR DES CULÉES	
					RÉELLE	CALCULÉE
	m.	m.		m.	m.	m.
Pont de Charolles	6.00	2.30	0.383	0.40	1.60	1.60
— du Canal Saint-Denis	12.00	4.50	0.375	3.10	3.75	3.40
— de Château-Thierry	15.59	5.20	0.334	4.14	4.55	4.22
— de Dôle, sur le Doubs	15.92	5.31	0.335	0.41	3.60	3.90
— de Wellesley à Lymerick	21.34	5.33	0.250	3.66	5.03	6.47
— d'Orléans (Chemin de fer de Vierzon)	24.20	7.97	0.328	0.87	5.62	5.33
— de Trilport	24.50	8.44	0.344	1.95	5.85	6.21
— de Mantes	35.10	10.49	0.313	0.98	8.77	8.65
— de Neuilly	38.98	9.74	0.250	2.30	10.80	10.80

TABLEAU C. — PONTS EN PLEIN CINTRE

Comparaison, pour un certain nombre de ponts existants, entre leurs épaisseurs réelles des culées et celles obtenues par la formule de M. Léveillé

DÉSIGNATION DES PONTS	OUVERTURE	HAUTEUR DES CULÉES	ÉPAISSEUR DES CULÉES		SURCHARGE de l'extrados
			RÉELLE	CALCULÉE	
	m.	m.	m.	m.	m.
Pont du Rempart (Orléans à Tours)	1.20	1.20	0.55	0.74	1.70
— de Saint-Hylarion (Paris à Chartres)....	2.00	3.80	1.20	1.09	4.40
— du Tertre (Paris à Chartres)...........	3.00	2.50	1.40	1.30	6.20
— de la Tuilerie (Paris à Chartres).......	4.00	3.40	1.40	1.58	4.10
— des Voisins.......................	5.00	2.50	1.50	1.73	5.15
— des Basses-Granges (Orléans à Tours)...	15.00	2.00	3.80	3.88	1.30
Aqueduc près d'Enghien (Chemin de fer du Nord)...........................	0.60	0.90	0.50	0.50	»
Pont de Paty	2.00	2.40	1.20	1.03	»
— sur le Thou	2.00	1.95	1.00	1.01	»
— des Mévoisins, de Paris à Chartres	3.00	3.60	1.40	1.31	»
— du Crochet (Chemin de fer de Paris à Chartres)....................	4.00	4.00	1.50	1.61	»
— de Long-Sauts (Chemin de fer de Paris à Chartres)....................	5.00	3.00	1.80	1.78	»
— d'Enghien (Chemin de fer du Nord)....	7.40	2.00	2.10	2.18	»
— de Pantin (Canal Saint-Martin)	8.20	3.60	3.20	2.91	»
— de la Bastille (Canal Saint-Martin)......	11.00	6.30	3.00	3.25	»
— d'Eymoutiers........................	20.00	1.00	4.50	4.49	»

En Allemagne, on se sert, pour calculer l'épaisseur des culées, des formules suivantes, pour les voûtes en arc de cercle à extrados horizontal :

$$E = 0^m,305 + \frac{D}{8}\left(\frac{3D - f}{D + f}\right) + \frac{H}{6} + \frac{n}{12}.$$

Pour les voûtes en plein cintre ;

$$E = 0^m,305 + \frac{5}{24}D + \frac{H}{6} + \frac{n}{12}.$$

Dans ces formules :

D est l'ouverture de la voûte ;

H est la hauteur du pied droit depuis les fondations jusqu'aux naissances ;

f est la flèche ;

n est la hauteur de la surcharge de terre au-dessus de l'extrados au joint à la clé.

TABLES DE SGANZIN

I. — VOUTES EN PLEIN CINTRE

OUVERTURES EN MÈTRES	ÉPAISSEUR à la clé EN MÈTRES	ÉPAISSEUR DES CULÉES, LA HAUTEUR DES PIÉDROITS ÉTANT :						
		0m,00	1m,00	2m,00	3m,00	4m,00	6m,00	8m,00
	m.	m.	m.	m.	m.	m.	m.	m.
1	0.36	0.40	0.50	0.60	0.65	0.70	0.75	0.80
2	0.40	0.45	0.70	0.80	0.85	0.95	1.00	1.10
3	0.43	0.50	0.80	0.95	1.05	1.15	1.25	1.35
4	0.46	0.60	0.90	1.10	1.20	1.30	1.40	1.50
5	0.50	0.65	1.00	1.20	1.30	1.45	1.55	1.70
6	0.53	0.75	1.10	1.30	1.45	1.60	1.75	1.90
7	0.56	0.85	1.20	1.40	1.60	1.75	1.90	2.10
8	0.60	0.95	1.30	1.50	1.70	1.85	2.10	2.25
9	0.63	1.15	1.40	1.60	1.95	2.00	2.25	2.40
10	0.67	1.20	1.50	1.75	2.00	2.15	2.40	2.60
12	0.74	1.40	1.75	2.00	2.20	2.40	2.05	2.90
15	0.84	1.75	2.10	2.30	2.60	2.80	3.15	3.40
20	1.04	2.30	2.65	2.80	3.10	3.33	3.65	4.00
30	1.35	3.25	3.55	3.80	4.10	4.40	4.80	5.20
40	1.69	4.20	4.50	4.80	5.10	5.40	5.80	6.20
50	2.06	5.15	5.40	5.80	6.10	6.40	6.80	7.70

II. — VOUTES EN ELLIPSE OU EN ANSE DE PANIER

OUVERTURES EN MÈTRES	ÉPAISSEUR à la clé EN MÈTRES	ÉPAISSEUR DES CULÉES, LA HAUTEUR DES PIÉDROITS ÉTANT :						
		1m,00	2m,00	3m,00	4m,00	5m,00	6m,00	8m,00
	m.	m.	m.	m.	m.	m.	m.	m.
1	0.38	0.65	0.75	0.80	0.85	0.90	0.95	1.00
2	0.43	0.90	1.05	1.10	1.15	1.20	1.25	1.35
3	0.50	1.10	1.35	1.45	1.50	1.60	1.65	1.70
4	0.56	1.35	1.65	1.80	1.90	1.95	2.00	2.10
5	0.61	1.55	1.85	2.00	2.10	2.20	2.30	2.40
6	0.66	1.65	1.95	2.15	2.30	2.45	2.55	2.70
7	0.70	1.75	2.05	2.35	2.50	2.65	2.75	3.00
8	0.74	1.85	2.25	2.50	2.70	2.85	3.00	3.30
9	0.79	1.95	2.40	2.70	2.90	3.13	3.25	3.50
10	0.84	2.10	2.50	2.80	3.05	3.20	3.40	3.70
12	0.95	2.30	2.80	3.15	3.40	3.65	3.80	4.00
15	1.10	2.60	3.15	3.50	3.90	4.10	4.30	4.60
20	1.35	3.20	3.80	4.20	4.50	4.80	5.00	5.30
30	1.85	4.40	5.00	5.40	5.70	6.10	6.40	6.70
40	2.35	5.50	6.20	6.60	6.90	7.50	7.80	8.10
50	2.85	6.70	7.40	7.80	8.20	8.80	9.20	9.60

370. Lorsqu'il s'agit de ponts routes la question de la surcharge n'a pas une importance aussi grande que lorsqu'il s'agit de ponts devant livrer passage à une voie ferrée. On remplit les reins de la voûte avec des matériaux convenables jusqu'au niveau de l'extrados et on établit par-dessus une voie charretière de 0m,40 d'épaisseur, ce qui est suffisant pour le pavage. — On peut alors se servir pour calculer l'épaisseur des culées des tables de Sganzin, reproduites plus haut.

Pour les ponts de chemin de fer, la surcharge étant considérable, il faudra se servir des formules de Léveillé en attribuant à m, dans le calcul de S, la valeur de la hauteur de terre qui produirait le même effet que le passage des plus lourds véhicules.

371. *Epaisseur des piles.* — Pour calculer l'épaisseur des piles on se sert en général de la formule :

$$l = \frac{1}{5} H + a$$

H étant la hauteur de la pile, et a, un nombre qui varie de 0m,20 à 0m,52.

Le tableau D indique, d'après M. Morandière, les dimensions des piles et culées pour un certain nombre de ponts les plus importants.

Vérification de la stabilité des piles et culées.

372. 1° *Culées.* — Pour vérifier la stabilité des culées, on tracera d'abord le polygone des pressions le plus défavorable dans la voûte et on le prolongera dans l'intérieur du profil de la culée. Pour cela, on divisera (*fig.* 423) la hauteur de la culée en un certain nombre d'assises horizontales dont on déterminera les centres de gravité et les poids. Si N^{IV} est, par exemple, la résultante des pressions exercées par la demi-voûte sur le joint des naissances, on composera N^{IV} avec le poids P_5 de la première assise de la culée. On obtiendra alors la résultante N_5 de N^{IV} et de P_5 qui coupera le plan supérieur de la deuxième assise en un point qui appartiendra à la courbe de pression de la culée. On composera de même N_5 avec le poids P_6 de la deuxième assise; la résultante N_6 de N_5 et de P_6 coupera le plan supérieur de la troisième assise en un point qui appartiendra encore à la courbe de pression de la culée et ainsi de suite jusqu'aux fondations.

La courbe de pression étant ainsi tracée dans le profil de la culée on devra s'assurer que les conditions relatives au glissement des assises les unes sur les autres et à la résistance des matériaux sont satisfaites.

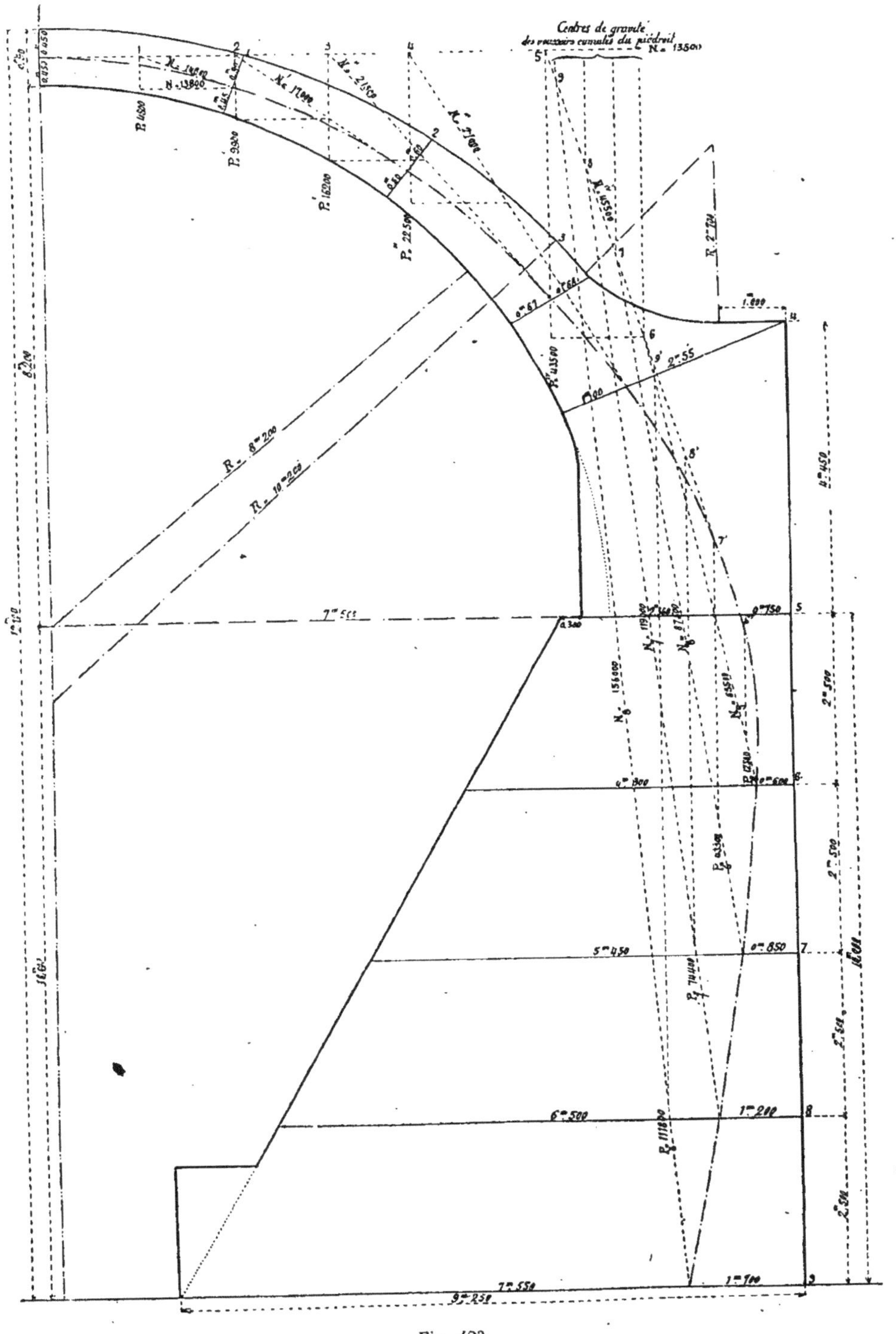

Fig. 423.

TABLEAU D

DÉSIGNATION DES PONTS	ANNÉE de la CONSTRUCTION	FORME des ARCHES	OUVERTURE des ARCHES PRINCIPALES	FLÈCHE	HAUTEUR DES PILES entre le socle et les naissances	ÉPAISSEUR des voûtes à la clé	ÉPAISSEUR des piles AUX NAISSANCES	LONGUEUR DES CULÉES
			m.	m.	m.	m.	m.	m.
PONTS DE PARIS								
Pont du Chemin de fer de ceinture.	1853	Arc de cercle	34.50	4.60	5.00	1.20	4.00	13.25
Pont de Bercy	1864	Ellipse	29.00	8.00	»	1.00	4.00	7.50
Pont d'Austerlitz	1854	Arc de cercle	32.29	4.67	4.00	1.25	3.09	10.00
Pont Marie	1635	Plein cintre	17.65	»	2.00	1.30	3.57	8.50
— Louis-Philippe	1862	Ellipse	32.00	8.25	0.75	1.00	4.00	8.00
— aux Doubles	1848	Arc de cercle	31.00	3.10	5.20	1.30	»	14.00
Petit Pont	1853	Arc de cercle	31.75	3.15	»	1.35	»	
Pont Notre-Dame	1853	Ellipse	18.76	7.53	1.50	0.90	3.50	»
— Saint-Michel	1857	—	17.20	6.68	1.70	0.70	3.00	6.00
— au Change	1860	—	31.60	7.40	1.62	1.00	4.00	11.60
— des Tuileries	1689	Anse de panier	23.00	7.80	2.00	1.42	4.90	6.17
— de la Concorde	1791	Arc de cercle	31.19	3.97	5.60	1.14	2.92	15.59
— des Invalides	1856	—	31.86	3.10	5.00	1.20	4.59	11.00
— de l'Alma	1856	Ellipse	43.00	8.20	0.00	1.50	5.00	8.00
— d'Iéna	1843	Arc de cercle	28.00	3.30	7.00	1.44	3.00	15.00
Viaduc du Point-du-Jour	1866	Ellipse	30.25	9.00	0.50	1.60	4.72	10.86
PONTS DIVERS								
Pont de Chester	1833	Arc de cercle	61.00	12.81	2.50	1.22	»	»
— de Vieille-Brioude, sur l'Allier	1854	—	54.20	21.00	0.00	2.27	»	»
Pont-Viaduc de Nogent, sur la Marne	1856	Plein cintre	50.00	»	0.00	1.80	6.00	9.25
Pont de Vérone	1354	Anse de panier	48.73	16.00	0.00	2.00	13.10	»
— de Lavaur, sur l'Agout	1775	—	48.70	19.81	0.00	3.25	»	16.56
— sur le Doux, près Tournon	1545	Arc de cercle	47.80	19.82	0.00	0.85	»	»
— de Gignac, sur l'Hérault	1807	Anse de panier	47.26	»	4.00	1.95	8.40	»
— de Londres, sur la Tamise	1831	Ellipse	46.30	11.50	»	1.52	»	»
— de Claix, sur le Drac	1611	Arc de cercle	45.80	16.57	2.50	1.46	»	»
— de Glowcester, sur le Severn	1827	Ellipse	45.75	16.50	»	1.37	»	8.24
— de Rœder (Saxe)	1845	Arc de cercle	45.32	15.10	»	1.70	»	»
— de Céret, sur le Tech	1336	Plein cintre	45.00	»	0.00	1.62	»	»
— sur la Dora Riparia, à Turin	1814	Arc de cercle	44.80	5.50	»	1.49	»	12.20
— de Ponty-Fridd, sur le Taaf	1751	—	42.70	10.70	»	0.91	»	»
— de marbre, à Florence	»	—	42.23	9.10	0.00	1.62	»	»
— Napoléon, à St-Sauveur (Hautes-Pyrénées)	1861	Plein cintre	42.00	»	0.00	1.45	»	»
— de Vizille, sur la Romanche	1766	Anse de panier	41.90	11.70	0.00	1.95	»	9.75
— de la Scrivia (de Turin à Gênes)	1850	Ellipse	40.00	13.33	0.00	1.80	»	9.50
— de Mantes, sur la Seine	1765	Anse de panier	39.00	11.85	0.00	1.43	7.80	8.77
— de Neuilly, sur la Seine	1774	—	39.00	9.70	0.00	1.62	4.22	9.83
— de Têtes, sur la Durance	1732	Plein cintre	38.00	»	0.00	1.62	»	»
— de Waterloo, sur la Tamise	1817	Anse de panier	36.60	9.15	»	1.52	6.10	»
— de Toulouse, sur la Garonne	1632	—	34.40	12.70	2.00	0.81	8.12	»
— du Sault-du-Rhône	1827	Ellipse	34.60	9.74	0.00	1.40	»	»
— d'Avignon, sur le Rhône	1187	Arc de cercle	33.80	15.00	0.00	0.87	»	»
— du Saint-Esprit, sur le Rhône	1305	—	33.10	8.20	0.00	1.80	»	»
— d'Orléans, sur la Loire	1760	Anse de panier	32.50	8.10	0.00	2.11	5.85	7.15
— de la Guillotière, à Lyon	1245	Arc de cercle	32.00	11.70	»	0.65	10.40	»
— de l'Hérault (route de Nice)	»	—	32.00	5.80	0.00	1.62	»	»
— de Port-de-Piles, sur la Creuse	1747	Anse de panier	31.60	12.35	0.00	1.30	5.85	»
— de Port-de-Piles, sur la Creuse	1848	Ellipse	31.00	11.00	0.00	1.30	5.50	22.85
— de Carbonne, sur la Garonne	1770	Anse de panier	31.20	12.35	0.00	1.30	6.88	»
— de Munich, en Bavière	1814	—	31.19	5.20	»	1.30	2.92	9.75
— de Rouen	1818	—	31.00	4.20	»	1.45	»	18.00
— de Chalonnes, sur la Loire	1866	Ellipse	30.00	7.50	0.00	1.35	3.50	17.75
— de Nantes, sur la Loire	1866	—	30.00	7.50	0.00	1.35	3.50	12.00
— de la Boucherie, à Nuremberg	1599	Arc de cercle	29.60	3.90	1.50	1.22	»	»
— de Black-Friars (Londres)	1760	—	29.56	12.19	0.00	1.52	6.10	»
— de Pontoise	1772	—	29.24	2.17	»	1.62	3.00	»
— de la Trinité, à Florence	1566	—	29.19	4.86	3.54	0.97	7.88	»
— de Vérone, sur l'Adige	1850	—	29.00	1/6	»	1.30	5.00	»
— des Orfèvres, à Florence	1345	—	28.80	4.60	4.00	1.01	6.20	»
— sur l'Elbe, à Dresde	1850	Anse de panier	28.33	7.36	»	1.18	4.53	»
— de Dunkeld, sur le Tay	1808	Arc de cercle	27.45	9.15	»	0.92	4.88	»
Viaduc de Déan	1831	—	27.45	9.15	19.83	0.92	3.33	12.50

TABLEAU D (*suite*)

DESIGNATION DES PONTS	ANNÉE de la CONSTRUCTION	FORME des ARCHES	OUVERTURE des ARCHES PRINCIPALES	FLÈCHE	HAUTEUR DES PILES entre le socle et les naissances	ÉPAISSEUR des voûtes à la clé	ÉPAISSEUR des piles AUX NAISSANCES	LONGUEUR DES CULÉES
			m.	m.	m.	m.	m.	m.
Pont de Grenoble	1839	Ellipse	27.00	6.75	»	1.20	5.00	»
— de Bordeaux, sur la Garonne..	1822	—	26.49	8.02	4.00	1.20	4.20	7.00
— de Sisteron, sur la Durance...	1500	Anse de panier surbais.	26.00	17.50	0.00	0.81	»	»
— Fouchard, près de Saumur....	»	Arc de cercle	26.00	2.63	5.50	1.30	3.09	9.74
— de Maligny, sur le Serin	»	Plein cintre	26.00	»	15.00	0.92	»	3.65
— de Montlouis, sur la Loire....	1845	Ellipse	24.75	7.15	1.45	1.30	3.25	18.00
— de Tours, sur la Loire	1762	Anse de panier	24.40	8.23	0.43	1.42	4.90	»
— d'Orléans, sur la Loire	1848		24.00	8.00	0.87	1.20	4.00	»
— de Plessis-les-Tours	1857	—	24.00	7.10	1.50	1.33	3.00	13.09
— de Compiègne, sur l'Oise	1733	—	23.40	7.80	0.00	1.30	»	»
— de Sainte-Maxence, sur l'Oise.	1786	Arc de cercle	23.40	1.95	6.50	1.46	2.92	5.85
— de Roanne, sur la Loire	1789	Anse de panier	23.40	8.12	0.00	0.97	4.06	»
— de Tilsitt, à Lyon	1864	Arc de cercle	22.84	2.75	5.30	1.10	2.50	12.00
Viaduc de Hennebont	1862	Plein cintre	22.00	»	14.36	1.05	3.60	9.92
Viaduc de Port-Launay, sur l'Aulne.	1867	—	22.00	»	33.30	1.20	4.80	20.10
Pont de Bellecour, à Lyon	1789	Anse de panier	20.80	7.45	0.00	0.81	5.68	6.18
— Canal d'Agen	»		20.00	8.00	1.60	0.81	3.60	»
— de Cinq-Mars, sur la Loire....	1847	Ellipse	20.00	6.60	2.40	1.20	3.50	11.00
— du Cher, à Tours	1848	—	20.00	6.67	0.80	1.00	2.60	14.82
— de Châtellerault, sur la Vienne.	1848	—	20.00	6.67	0.80	1.00	2.60	14.50
— Viaduc, sur la Durance	1848	Anse de panier	20.00	6.66	0.00	1.10	3.50	24.05
— du Val-Benoist, sur la Meuse.	»	Arc de cercle	20.00	2.67	5.50	1.00	2.80	14.80
— de Moulins, sur l'Allier	1764	Anse de panier	19.50	6.50	0.97	0.97	3.57	»
— de Saumur, sur la Loire	1764	—	19.50	6.50	3.50	1.30	3.90	4.87
— de Frouard, sur la Moselle....	1788	—	19.50	5.85	0.00	1.14	3.90	10.70
— sur le Weser, près de Minden..	1850	Arc de cercle	19.00	1/6	»	1.10	3.00	»
Viaduc de Pont-de-Buis	1867	Plein cintre	18.00	»	26.10	1.00	4.00	14.00
Viaduc de Daoulas	1867	—	18.00	»	23.40	0.95	3.80	16.90
Pont de Nemours, sur le Loing	1805	Arc de cercle	16.24	0.955	5.00	0.975	2.27	5.14
Pont-Canal de Digoin	»	Ellipse	16.00	7.00	3.00	1.30	3.00	»
Viaduc de Morlaix	1863	Plein cintre	15.50	»	44.15	1.25	4.25	8.50
Viaduc de la Manse	1848	—	15.00	»	24.50	0.90	3.40	16.40
Viaduc de la Gartempe	1854	—	15.00	»	40.00	0.85	5.00	12.00
Viaduc d'Auray	1861	—	15.00	»	19.50	0.95	3.30	12.15
Viaduc de Quimperlé	1863	—	15.00	»	22.32	0.90	3.60	15.00

373. Si le polygone des pressions de la voûte a été tracé par les méthodes de la statique graphique on portera (*fig.* 424), sur le polygone des forces, à la suite des poids des voussoirs constituant la voûte, les poids des diverses assises de la culée. On joindra les points ainsi obtenus au pôle, on mènera les rayons polaires correspondants. Pour tracer le polygone des pressions dans la culée, il suffira alors de mener entre les verticales des centres de gravité des diverses assises de la culée des parallèles à ces rayons polaires correspondants. Les côtés de ce polygone ou leurs prolongements donneront, par leurs intersections avec les joints des assises de la culée, les centres de pression. Comme pour les voûtes, les côtés de ce polygone donneront les directions des pressions sur les assises ; les grandeurs de ces pressions étant représentées sur le polygone des forces par les rayons polaires correspondants.

Si on veut satisfaire au principe de l'équilibre limite le polygone des pressions que l'on vient de tracer devra être contenu tout entier dans le tiers moyen de la culée.

Si la condition relative à la résistance des matériaux n'est pas satisfaite pour tous les joints, on pourra être conduit à adopter un profil de culée à redans de manière à avoir une épaisseur croissante des naissances aux fondations (*fig.* 424). On aura ainsi la facilité d'obtenir sensiblement la même pression maxima sur les arêtes les plus fatiguées des différentes assises.

374. Certains ingénieurs ne tracent

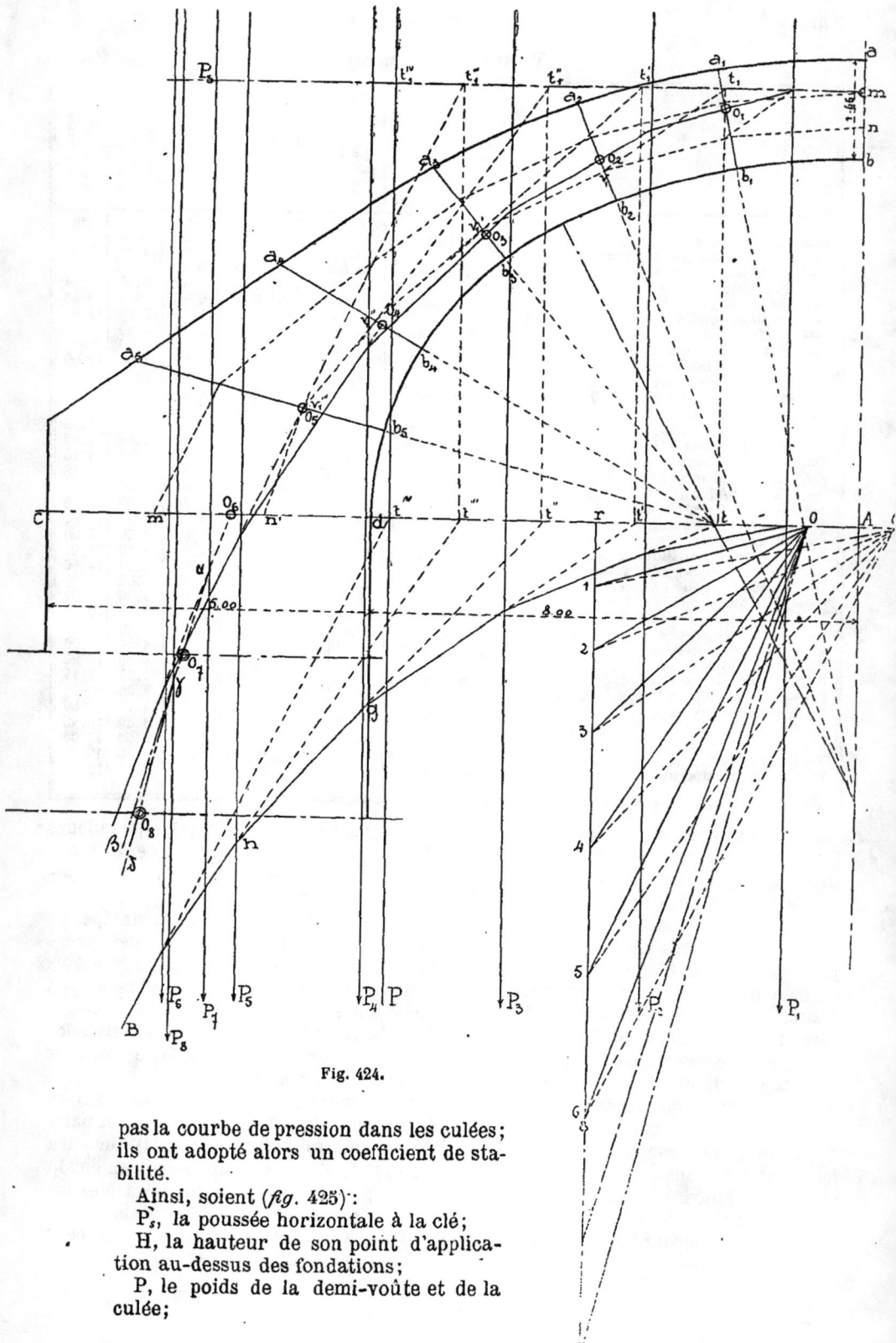

Fig. 424.

pas la courbe de pression dans les culées; ils ont adopté alors un coefficient de stabilité.

Ainsi, soient (*fig.* 425) :

P'_s, la poussée horizontale à la clé;

H, la hauteur de son point d'application au-dessus des fondations;

P, le poids de la demi-voûte et de la culée;

p, la distance horizontale du centre de gravité du massif formé par la demi-voûte et la culée, y compris la surcharge.

Le moment de renversement sera P_sH, et le moment de stabilité Pp.

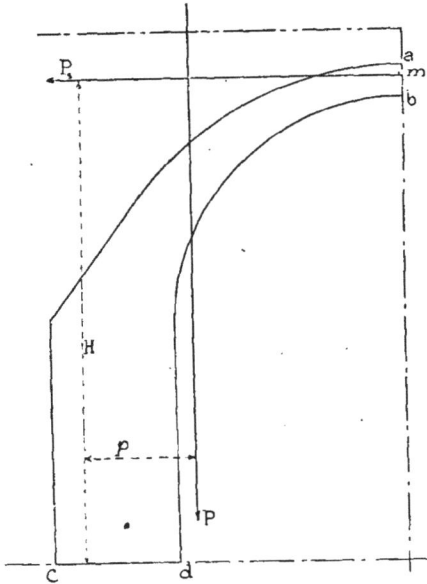

Fig. 425.

Donc, pour l'équilibre mathématique, on devra avoir :

$$Pp = P_sH$$

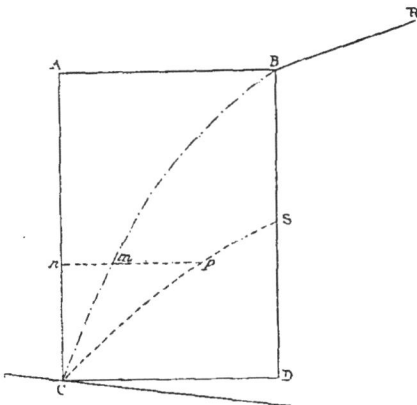

Fig. 426.

Si on se donne un coefficient de stabilité m, on aura : $Pp = mP_sH$.

Le coefficient de stabilité m varie de 1,50 à 2.

375. M. Dupuit fait remarquer que dans le calcul du poids P, qui intervient comme résistance, il ne faut tenir compte que de la partie du massif où il y a pression.

Ainsi, considérons (*fig.* 426) un massif sur le point d'être renversé par une force inclinée R. « Après avoir tracé, dit M. Dupuit, la courbe de pression BmC, on pourra, en prenant sur chaque assise une longueur $mp = 2nm$, tracer une courbe CpS au-delà de laquelle il n'y a plus de pression et l'on reconnaît alors que le solide CpSD, n'étant

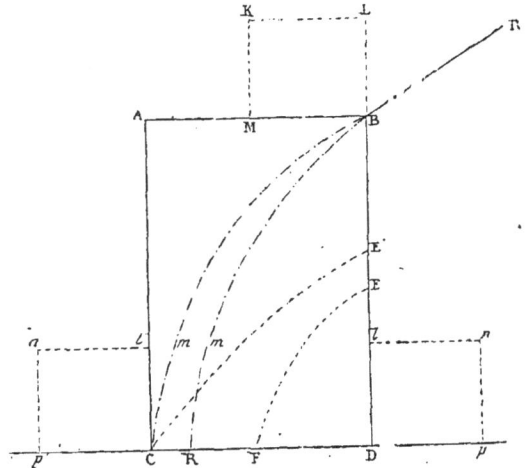

Fig. 427.

plus soutenu que par la cohésion, toujours très faible dans un massif de maçonnerie, tendra à se séparer et à modifier les conditions d'équilibre. Le poids de la partie SCD cessant de s'opposer au renversement, il se forme une autre courbe de pression, d'où l'on conclurait une augmentation de la partie du massif sans pression. Il n'est pas nécessaire, au reste, pour que ces phénomènes se produisent que le massif ne soit pas en état d'équilibre comme dans la figure 426. Il suffit que la courbe de pression se rapproche assez près de la paroi extérieure pour couper le joint à moins des deux tiers de sa largeur, c'est-à-dire indiquer une partie où la pression est

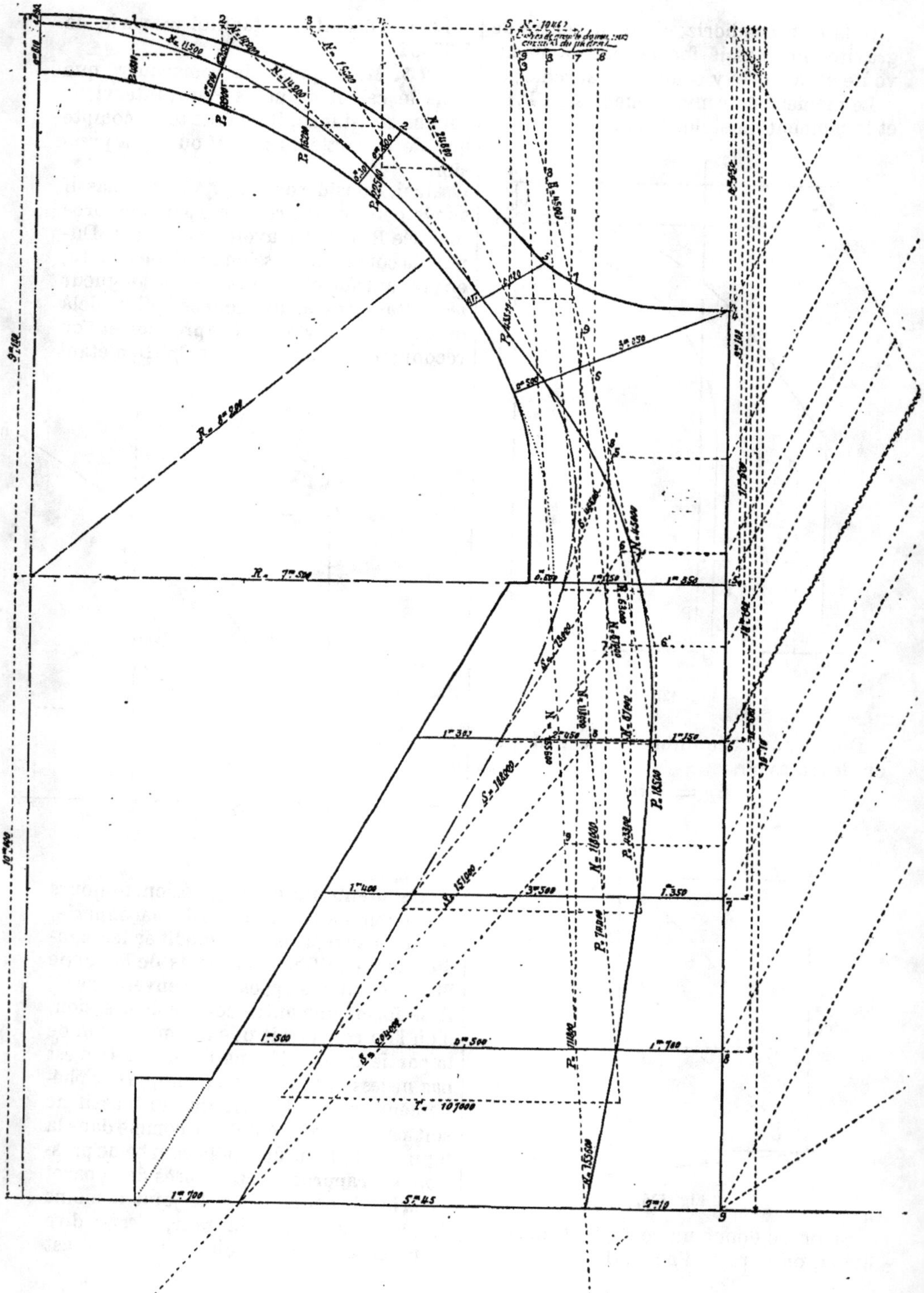

Fig. 428.

nulle. On conçoit, en effet, que là où la réaction du sol ne se fait plus sentir, la maçonnerie se détache nécessairement par l'effet de son propre poids, de sorte que le massif qui doit compter dans le calcul de l'équilibre se trouve quelquefois réduit au point de devenir insuffisant. Soit, par exemple, le massif de la figure 427, soumis à une force inclinée R (qui pourrait résulter du poids et de la poussée d'une voûte) et B*m*R la courbe de pression. Le point R se trouvant à une certaine distance du point C, on pourrait en conclure que le massif sera en équilibre, tandis qu'il n'en est rien. En effet, si l'on trace la ligne FE, limite de la partie pressée, on en conclura que le solide FED devant se séparer du solide supérieur, ne doit pas être compris dans le calcul de l'équilibre et si l'on cherche de nouveau la courbe de pression en ne tenant pas compte du solide EFD, on aura peut-être une courbe telle que B*m'*C, ou plus avancée même, et incompatible avec l'équilibre, courbe qui elle-même indiquera une autre partie CE'EF à retrancher, d'autant plus que ces parties inutiles sont précisément celles qui, étant plus éloignées du point de rotation, seraient les plus énergiques pour s'opposer au renversement. En un mot, le massif n'est en équilibre qu'autant que la courbe de pression statique y est toujours contenue et, dans le calcul de cette courbe, on ne doit pas tenir compte des parties du massif qui doivent se détacher dans le mouvement virtuel produit par la force extérieure. »

376. En général on néglige l'influence de la poussée des terres sur la culée. — Il peut être utile cependant, dans certains cas, d'en tenir compte pour juger de la déviation de la courbe de pression. Il suffira alors, comme nous l'avons indiqué dans la figure 428, de chercher la ligne d'action et la grandeur de cette poussée (1) sur chacune des assises de la culée et de composer cette force avec la résultante primitive des pressions sur le joint inférieur de cette assise. La nouvelle résultante obtenue coupera ce joint en un autre point qui appartiendra à la nouvelle

(1) Voir : *Traité des fondations, mortiers, maçonneries* (stabilité des murs).

courbe des centres de pression. En opérant de même pour chaque assise, on obtiendra des points analogues sur les différents joints et on pourra les réunir par une courbe comme nous l'avons fait sur la figure 428.

Méthode de M. Carvallo, pour la stabilité des culées.

377. Nous avons indiqué déjà la méthode de M. Carvallo, pour le tracé de la courbe des pressions dans les voûtes. Ayant construit la première partie de cette courbe entre la section à la clé et le joint des naissances, nous allons montrer comment on achève, dans cette méthode, le tracé de la courbe de pression dans les culées pour les voûtes en plein cintre.

On commence d'abord par calculer l'ordonnée y_n de la courbe de pression à partir de la base oM (*fig.* 429), et sur la verticale du parement intérieur de la culée.

Cette ordonnée se déterminera par la formule :

$$y_n = H_3 - H + Y_n = H_3 - H + Y_0 - (Y_0 - Y_n)$$

dans laquelle :

H_3 est la hauteur du sol des fondations au-dessous du plan horizontal passant à H mètres au-dessus des naissances ;

H est la hauteur de l'horizontale qui limite la surcharge au-dessus des naissances ;

Y est l'ordonnée courante de la courbe des pressions ;

Y_0 est la valeur de Y à l'origine.

Les axes de coordonnées étant, comme précédemment, l'axe vertical de symétrie et l'horizontale passant par les naissances de la voûte.

On prendra à la dernière colonne des tables (pages 299 et suivantes), au rayon et à la surcharge correspondants, la quantité :

$$- P_0 \left(\frac{dY}{dx} \right)_n$$

puis on déterminera le point où la courbe des pressions rencontre le sol des fondations, c'est-à-dire la valeur de x pour laquelle $y = o$, au moyen de la formule :

$$\frac{\rho H_3}{2} x^2 - P_0 \left(\frac{dY}{dx} \right)_n x - P_0 y_n = o \quad (\alpha)$$

On remplacera dans cette équation le

deuxième terme par sa valeur déduite des tables, ainsi que les valeurs numériques des coefficients (ρ est le poids du mètre cube de pierre et P_0 est fourni par les tables).

Pour calculer les valeurs de y de la courbe des pressions on se servira de l'équation :

$$P_0 y = - \rho \frac{H_3}{2} x^2 + P_0 \left(\frac{dY}{dx}\right)_n x + P_0 y_n \quad (\beta)$$

dans laquelle on fera successivement $x = 1, 2, 3 \ldots$ mètres.

Les tables donnent les pressions P_0, P' par centimètre carré ; pour avoir ces pressions en mètre carré il faut multiplier par 10,000 les nombres de la table.

378. *Application.* — *Déterminer la courbe des pressions dans la culée, du viaduc de la Bouzanne dont les données sont les suivantes (fig.* 429) (1) :

$$r = 8^m,00$$
$$h = 4^m,00$$
$$H = 12^m,00$$
$$H_2 = 26^m,00$$
$$H_3 = 38^m,00$$

Calculons d'abord y_n ; on aura :

$$y_n = H_3 - H + Y_n = H_3 - H + Y_0$$
$$- (Y_0 - Y_n) = 29^m,266.$$

On prendra dans la table, au rayon $r = 8$ mètres, surcharge $h = 4$ mètres, la valeur de $- P_0 \left(\frac{dY}{dx}\right)_n = 109\,762$.

Puis on prendra l'équation (α) en supposant $y = o$; la valeur de x correspondante donnera le point où la courbe de pression rencontre le sol des fondations.

L'équation

$$\frac{\rho H_3}{2} x^2 - P_0 \left(\frac{dY}{dx}\right)_n x - P_0 y_n = o$$

devient ici, d'après les données de la question,

$$\frac{2\,400 \times 38}{2} \times x^2 + 109\,762 x - 65\,800$$
$$\times 29,266 = o$$

ou $45\,600 \times x^2 + 109\,762\,x = 65\,800$
$$\times 29,266.$$

En résolvant cette équation par rapport à x, on trouve :

$$x = 5\,327$$

Pour calculer les valeurs de y. ordonnées de la courbe de pression dans la culée, on se servira de l'équation :

(1) Pour les notations, voir pages 330 et suivantes.

$$P_0 y = - \rho \frac{H_3}{2} x^2 + P_0 \left(\frac{dY}{dx}\right)_n x + P_0 y_n$$

dans laquelle on fera successivement $x = 1, 2, 3, 4, 5$ mètres ; on trouve ainsi pour y les valeurs suivantes :

$$Y = 26,9049 \;;\; 23,1578 \;;$$
$$18,0247 \;;\; 11,5056 \;;\; 3,7005.$$

Comme le fait remarquer M. Carvallo ce calcul peut se faire facilement à l'aide des différences secondes.

Soient :

Δx, l'accroissement constant de x;

Δy, la variation correspondante de l'ordonnée ;

Et $\Delta^2 y$, la différence entre les variations de deux ordonnées successives.

M. Carvallo trouve :

$$\Delta^2 y = - \frac{\rho H_3}{2 P_0} 2 \Delta x^2 = - 1,386$$

$y = 29,266$ étant la valeur initiale pour $x = o$

on a : $\Delta y = - \frac{\rho H_3}{2 P_0} \Delta x^2 + P_0 \dfrac{\left(\frac{dY}{dx}\right)_n}{P_0} \Delta x$

$$\Delta y = - 0,6930 - 1,6681 = - 2,3611$$

M. Carvallo dresse alors un tableau de trois colonnes contenant : la première, les ordonnées y : la deuxième les différences Δy écrites dans les interlignes de la première colonne. enfin la troisième colonne renferme la valeur $\Delta^2 y = 1,386$ qui est constante. Les nombres de la deuxième colonne se forment en ajoutant, dit M. Carvallo, « à la différence première initiale et successivement la différence seconde. Les valeurs de y s'obtiennent en retranchant la première différence de la valeur initiale de y, la seconde du nombre obtenu par la première opération et ainsi de suite ». Voici ce tableau :

x	y	Δy	$\Delta^2 y$
0	29.266		
		2.3611	1.386
1	26.9049		
		3.7471	«
2	23.1578		
		5.1331	«
3	18.0247		
		6.5191	«
4	11.5056		
		7.8051	«
5	3.7005		

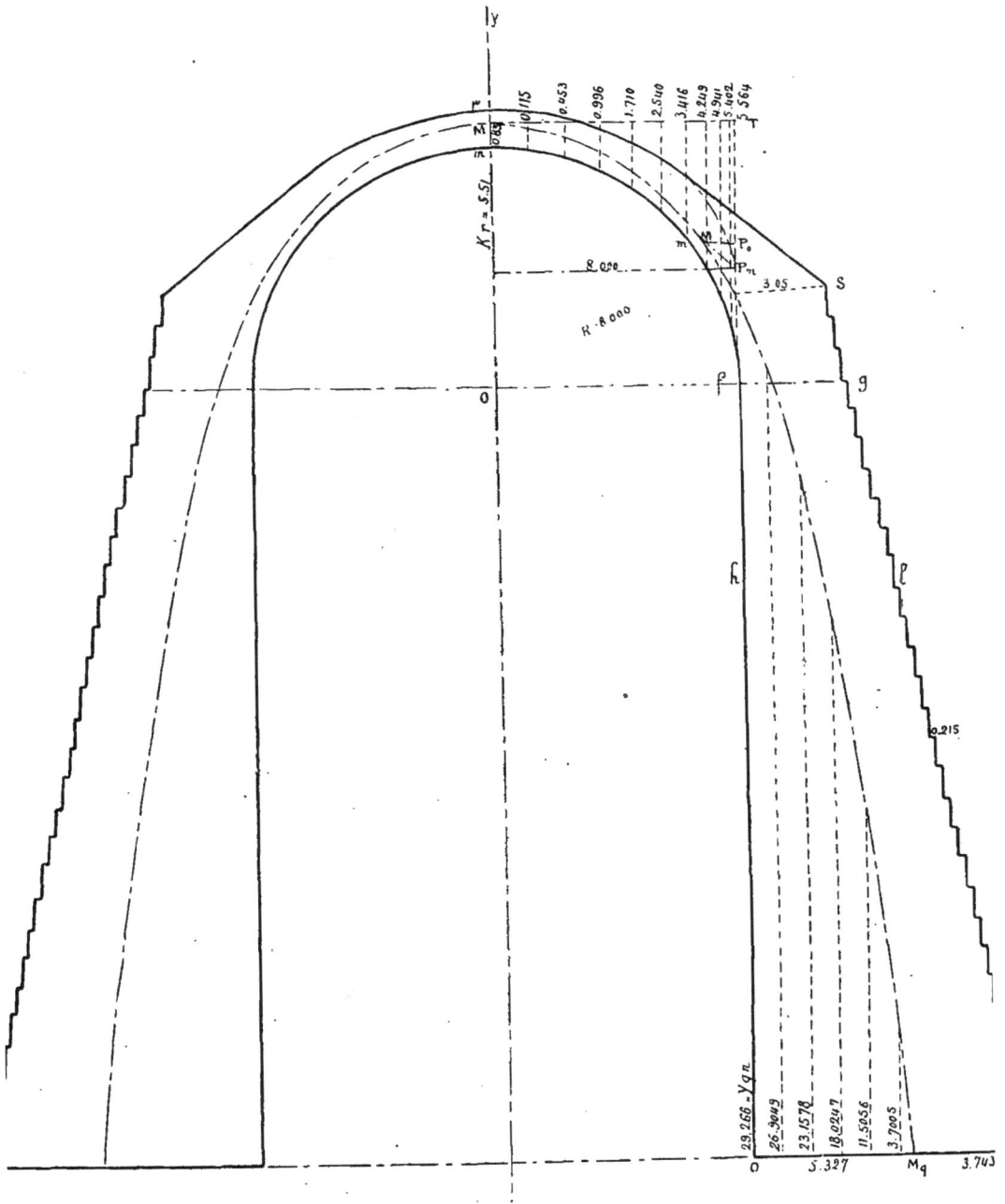

Fig. 429.

En réunissant les extrémités des ordonnées qu'on vient de calculer, par une ligne continue, on aura la courbe des pressions dans la culée.

Pour avoir la distance du point M' (*fig.* 429) déterminant l'épaisseur de la culée sur les fondations, on se servira de l'équation :

$$\delta^2 + 2\,\frac{P_0\left(\dfrac{dY_q}{dx}\right)_M + P'x_M}{P'}\,\delta$$
$$-\,\frac{4x_M P_0\left(\dfrac{dY_q}{dx}\right)_M - P'x_M^2}{P'} = o.$$

Dans cette formule :

Y_0 est l'ordonnée courante de la courbe des pressions dans la culée et δ est la distance horizontale du point M' au point M (*fig.* 429).

La valeur numérique de $P_0\left(\dfrac{dY_q}{dx}\right)_M$ se déduit de l'équation :

$$-\,P_0\left(\frac{dY_q}{dx}\right)_M = -\,P_0\left(\frac{dY}{dx}\right)_n$$
$$+\,\rho H_3 x_M = 595\ 621$$

On trouve $\delta = 3^m,743$ en faisant $P' = 100\ 000$ kilogrammes.

Pour tracer le profil de la culée, on divisera la hauteur comprise entre les fondations et l'horizontale passant par le point de la courbe des pressions correspondant à l'ordonnée $29^m,266$, de mètre en mètre, et on laissera, d'après M. Carvallo, aux différents niveaux un redan de $0^m,215$.

C'est ainsi qu'on arrive à déterminer le point S par lequel il faut mener une tangente à l'ellipse formant la première partie de l'extrados de la voûte (n° 297).

Piles.

379. Si les deux demi-voûtes qui s'appuient sur la pile sont symétriques et symétriquement chargées, les deux pressions qu'elles exerceront sur le support seront égales et symétriquement inclinées par rapport à l'axe de la pile. Leur résultante sera alors verticale et viendra s'ajouter simplement au poids de la pile. Au point de vue de la stabilité la première condition sera remplie

puisque la courbe de pression dans la pile se réduira à une ligne droite entièrement contenue à l'intérieur de son profil. Il ne restera donc qu'à vérifier la condition relative à la résistance des matériaux, en se servant toujours de la loi du trapèze.

Si les deux demi-voûtes sont dissymétriques ou bien symétriques mais dissymétriquement chargées, la pile sera soumise au niveau des naissances à une pression oblique qui sera la résultante des actions que les deux demi-voûtes exercent sur elle. Il faudra avoir soin de

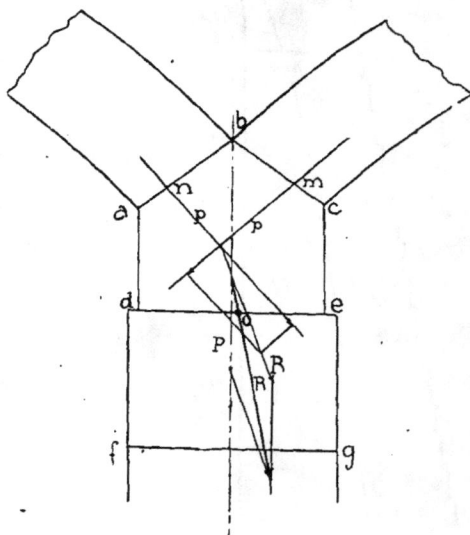

Fig. 430.

composer entre elles la plus forte pression possible de la grande voûte et la plus faible de la petite voûte. Il est évident que, en opérant de la sorte, la pile sera dans les conditions les plus défavorables qui puissent se présenter.

380. La résultante la plus défavorable R des actions des deux demi-voûtes sur la pile étant trouvée on la composera (*fig.* 430) avec le poids P de la première assise pour avoir la résultante R_1 des pressions sur le joint inférieur de cette assise. De même on composera R_1 avec le poids P_1 de la deuxième assise (poids appliqué au centre de gravité de cette

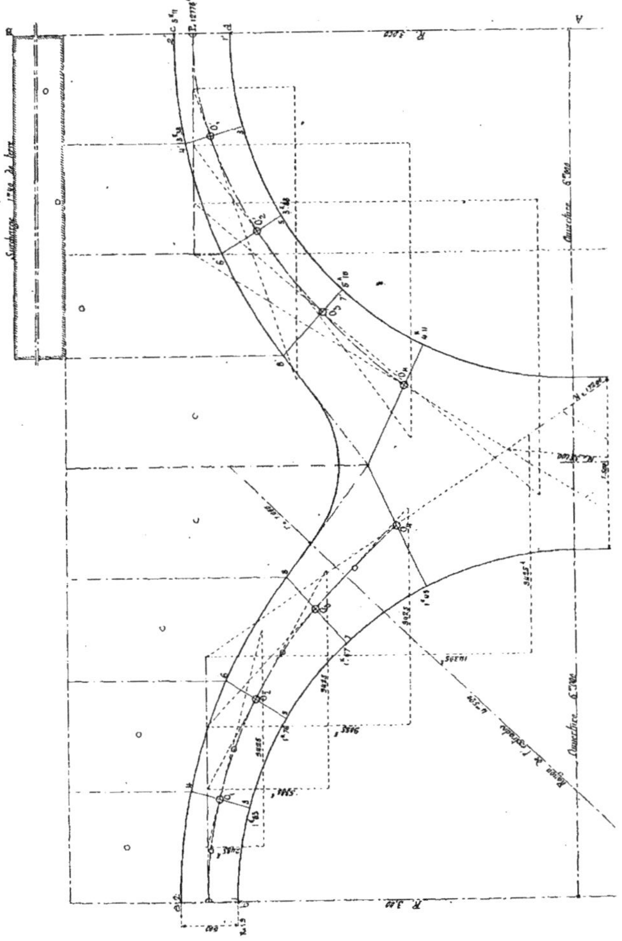
Surcharge 1m40 de terre
Ouverture 6m000

assise) et on obtiendra la résultante R_2 des pressions sur le joint inférieur de la deuxième assise, et ainsi de suite de proche en proche jusqu'à la base de la pile.

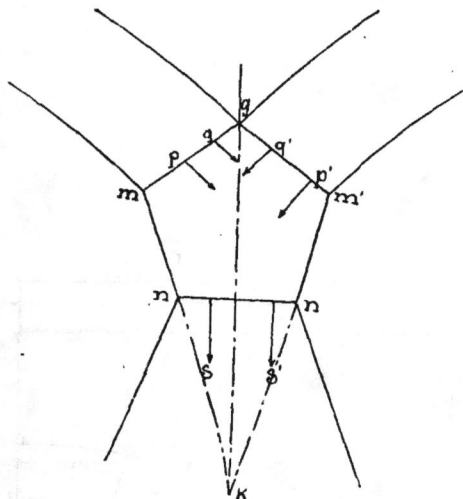

Fig. 432.

La figure 431 indique l'épure de stabilité d'une pile supportant deux voûtes symétriques, l'une d'elles, celle de droite, étant seule surchargée.

381. On pourra aussi opérer graphiquement, en faisant la composition des forces précédentes à l'aide d'un polygone des forces dont les rayons polaires donneront les directions et les grandeurs des pressions sur les différentes assises.

Emploi de la méthode de Durand Claye.

382. Soient p et q (*fig.* 432) les intersections des courbes de pressions limites avec le joint des naissances de l'une des voûtes et p' et q' les points analogues pour l'autre voûte. Pour avoir la pression la plus dangereuse à droite ou à gauche on composera les deux pressions en p et q' et on ajoutera le poids du voussoir supérieur mnm'. On arrivera à déterminer ainsi la pression normale S qui représente la pression qui est portée le plus à gauche, par exemple. En combinant q et p' et ajou-

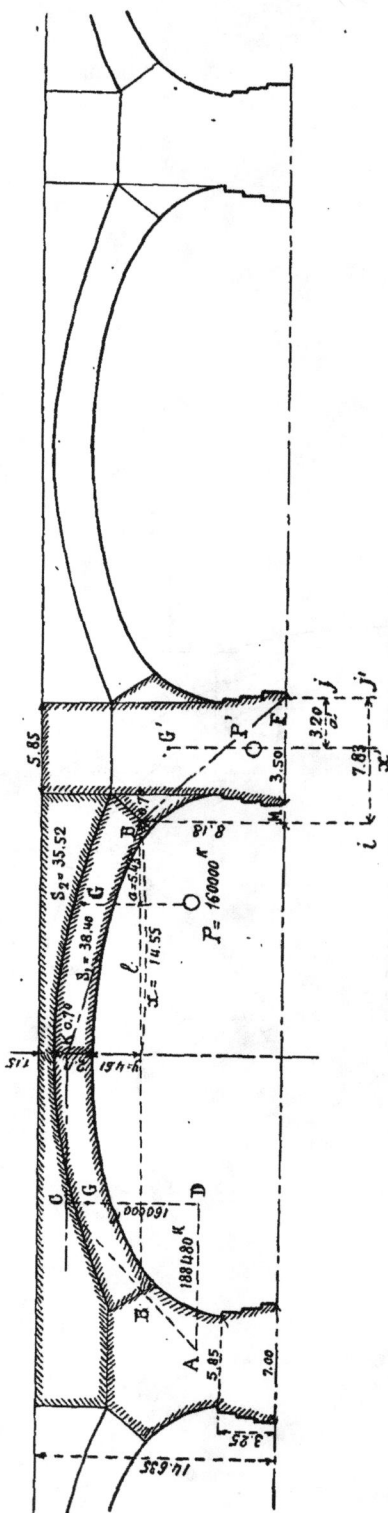

Fig. 433. — Pont d'Orléans. — Ouverture 32m,50; Flèche 8m,125; Coefficient de stabilité 1m.21

tant le poids du voussoir supérieur mnm' on aura la pression S' rejetée le plus à droite. Il en résulte que toutes les pressions supportées par le pilier seront renfermées entre S et S'. La condition sera donc remplie puisque toutes les pressions rencontreront la base à son intérieur. Il n'y aura alors à tenir compte que de la condition relative à la résistance des matériaux en construisant le triangle mixtiligne nn' K. Il faudra que S et S' tombent toutes deux à l'intérieur de ce triangle. Si l'une d'elles ou toutes deux ont leurs extrémités en dehors de ce triangle il faudra élargir le pilier.

383. Nous avons vu que pour l'équilibre mathématique d'une culée on devait avoir $\qquad P_sH = Pp$

et que le rapport $\dfrac{Pp}{P_sH}$ était le coefficient de stabilité de la culée.

En remarquant que l'expression de la poussée est (229) : $P_s = \dfrac{Pa}{y}$ et que cette poussée est appliquée en B, à la hauteur $y' = $ BM du niveau supérieur des fondations,

On devra avoir :
$$\frac{Pa}{y}\, y' = P'a' + Px',$$

d'après les notations indiquées dans les figures 433 et suivantes, qui représentent les diagrammes des principaux ponts sur la Seine et sur la Loire ainsi que des viaducs de l'Aulne et d'Auray.

Les coefficients de stabilité des piles, considérées comme culées, c'est-à-dire ne supportant qu'une seule voûte, sont indiqués dans le tableau E ; les tableaux F donnent les détails de leurs calculs ; ces tableaux sont extraits de l'ouvrage de M. Morandière.

TABLEAU E

| DÉSIGNATION DES PONTS | DIMENSIONS DES VOUTES | | | ANGLE DE RUPTURE | PRESSION à la clé par centimètre carré | PILES OU CULÉES | | COEFFICIENT DE STABILITÉ |
	OUVERTURE	FLÈCHE	ÉPAISSEUR à la clé			ÉPAISSEUR	HAUTEUR au-dessous des naissances	
	m.	m.	m.	deg.		m.	m.	
Ponts de 20,00 d'ouverture (voûtes terminées et chargées) (Études)								
Plein cintre	20.00	10.00	1.00	30	4.08	4.00	6.00	1.41
Anse de panier surbaissée au tiers	20.00	6.67	1.00	45	6.07	4.00	3.00	1.28
Voûte elliptique surbaissée au quart	20.00	5.00	1.00	50	7.32	4.00	3.00	1.12
Pont surbaissé au $1/_4$	20.00	5.00	1.00	»	5.60	4.00	6.00	1.26
— au $1/_5$	20.00	4.00	1.00	»	6.95	4.00	6.00	0.98
— au $1/_7$	20.00	2.857	1.00	»	8.85	5.00	6.00	0.99
— au $1/_8$	20.00	2.50	1.00	»	9.85	6.00	6.00	1.17
— au $1/_{10}$	20.00	2.00	1.10	»	11.60	7.00	6.00	1.20
Pont de l'Huisne, sur le Loir	18.00	2.41	1.10	»	8.74	2.50	3.45	0.62
Ponts de Paris.								
Pont de Neuilly	39.00	9.75	1.62	50	12 78	4.20	2.30	0.95
— de la Concorde	31.18	3.975	1.14	62	17.00	2.92	5.85	0.33
— de l'Alma	43.00	9.00	1.53	50	12.47	4.60	1.90	1.17
— d'Austerlitz	32.16	4.50	1.25	59	11.61	3.10	5.90	0.51
— Louis-Philippe	32.00	8.25	1.00	50	9.70	4.00	1.10	1.31
Ponts sur la Loire.								
Pont d'Orléans (pont de Perronet)	32.50	8.125	2.11	50	8.93	5.85	3.25	1.21
— de Montlouis	24.75	7.10	1.30	45	7.85	3.25	6.90	0.96
— de Plessis-lès-Tours	24.00	7.10	1.30	45	7.96	3.80	1.65	0.81
— de Cinq-Mars	20.00	6.60	1.20	48	10.47	3.44	2.40	1.24
— de Chalonnes	30.00	7.53	1.35	50	10.47	3.44	2.15	0.91
— de Cé	25.00	7.65	1.30	45	6.53	3.50	1.85	1.09
Ponts divers.								
Viaduc d'Auray	15.00	7.50	0.90	30	4.00	3.30	19.50	0.83
— de l'Aulne	22.00	11.00	1.05	30	4.83	4.80	33.30	1.18
— de Dinan	16.00	8.00	1.00	30	4.66	4.00	27.60	0.77
Pont de la Trinité, à Florence	29.19	4.86	0.97	50	13.46	7.88	3.00	1.92
— du Transit	20.00	3.30	1.20	50	7.70	5.45	6.42	1.00
— de Morlaix	15.50	7.75	1.00	30	3.70	4.25	46.55	1.56

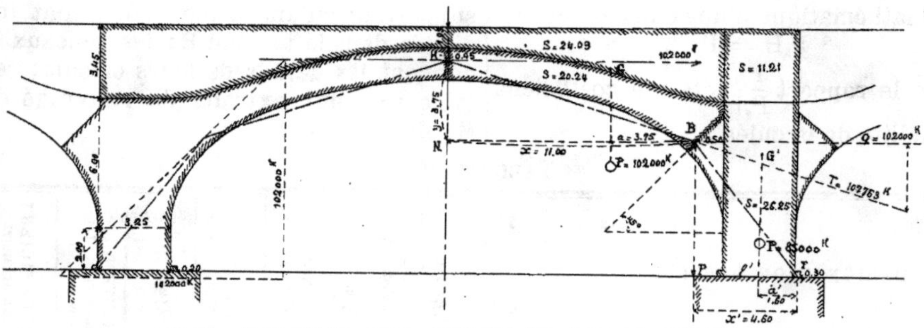

Fig. 434. — Pont de Montlouis. — Ouverture 24ᵐ,75 ; Flèche 7ᵐ,10 ; Coefficient de stabilité 0.95.

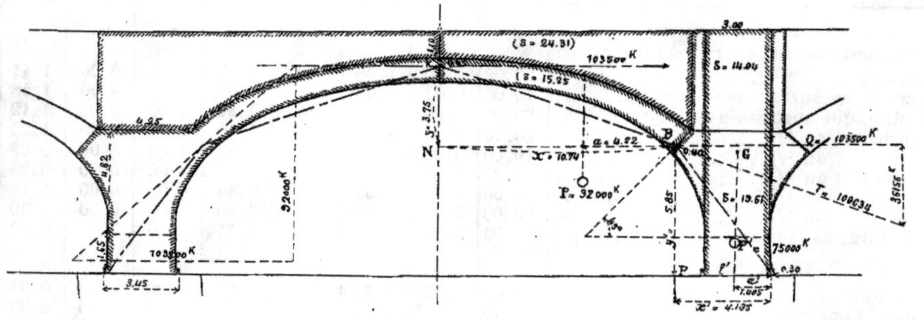

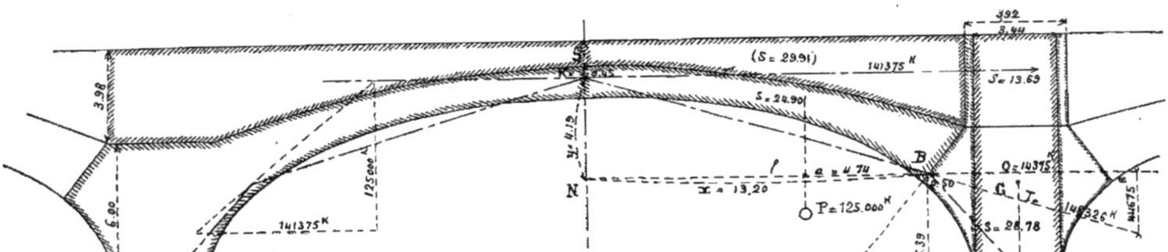

Fig. 436. — Pont de Chalonnes. — Ouverture 30ᵐ, 00 ; Flèche 7ᵐ, 50 ; Coefficient de stabilité 0,91.

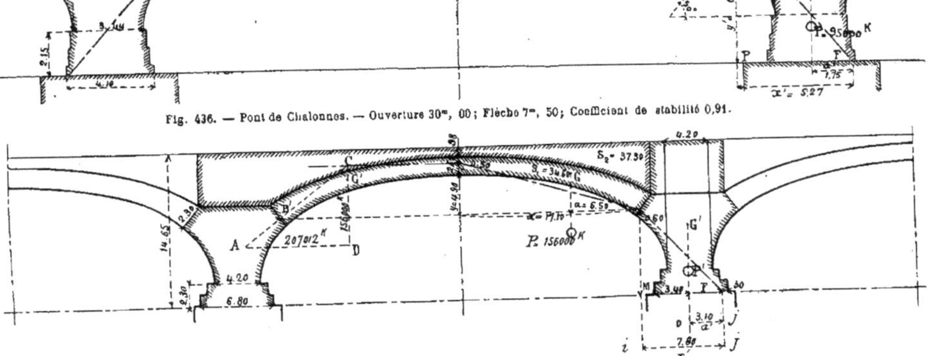

Fig. 437. — Pont de Neuilly. — Ouverture 39ᵐ, 00 ; Flèche 9ᵐ, 75 ; Coefficient de stabilité 0,95.

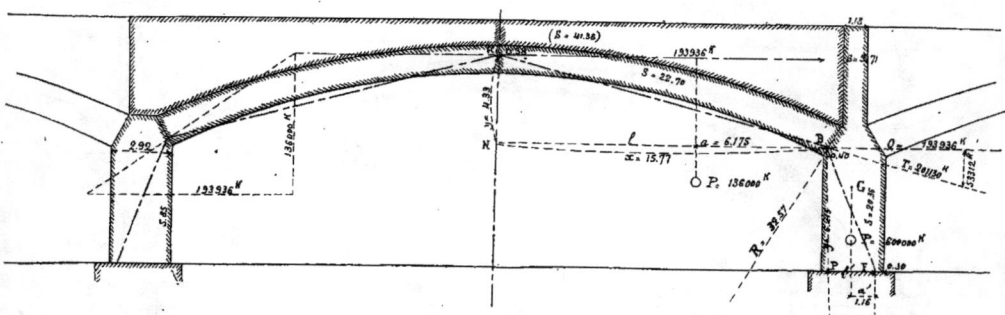

Fig. 438. — Pont de la Concorde, sur la Seine, à Paris. — Ouverture 31ᵐ, 18 ; Flèche 3ᵐ, 975 ;
Coefficient de stabilité 0,33.

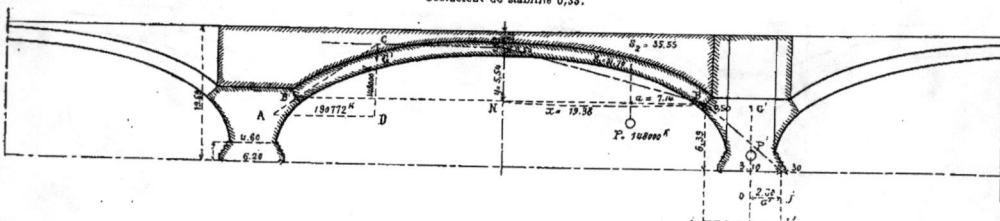

Fig. 439. — Pont de l'Alma, sur la Seine, à Paris. — Ouverture 43,ᵐ 00 ; Flèche 9ᵐ,00
Coefficient de stabilité 1,17.

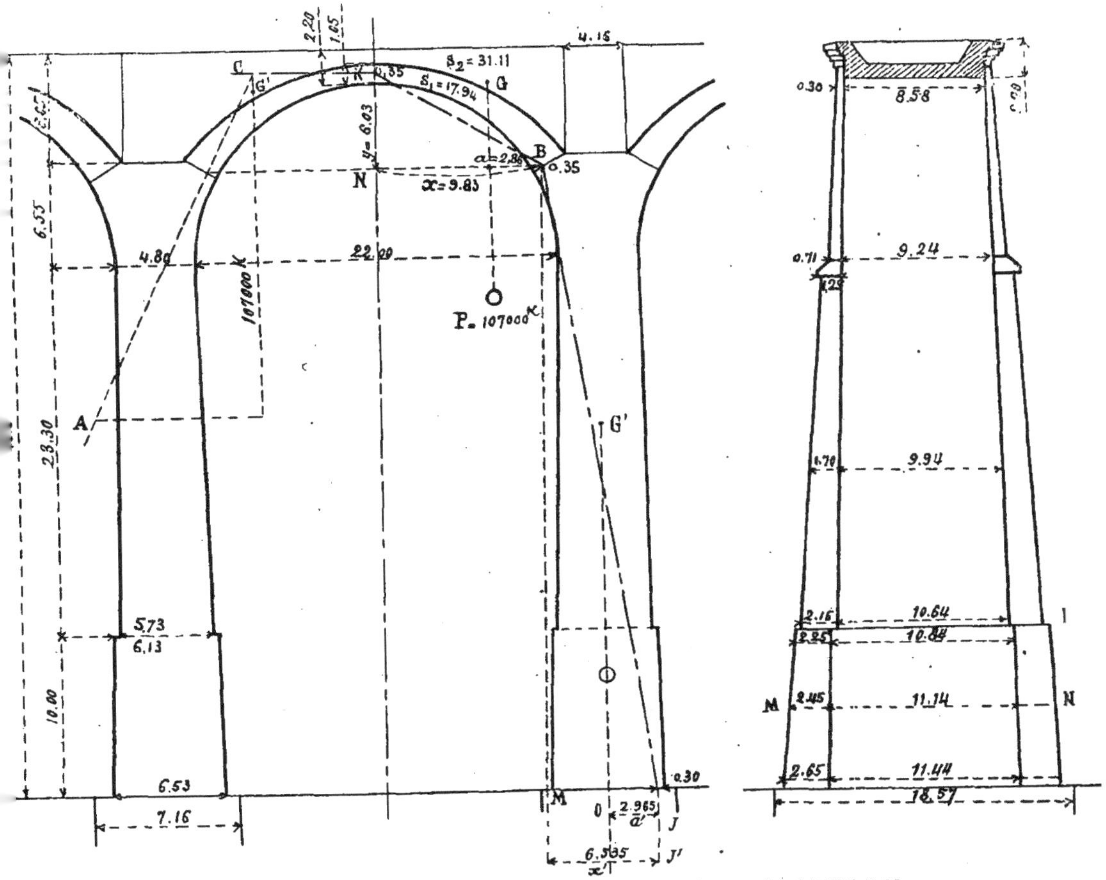

Fig. 440. — Viaduc de Port-L'Aunay, sur l'Aulne. — Coefficient de stabilité 1,18.

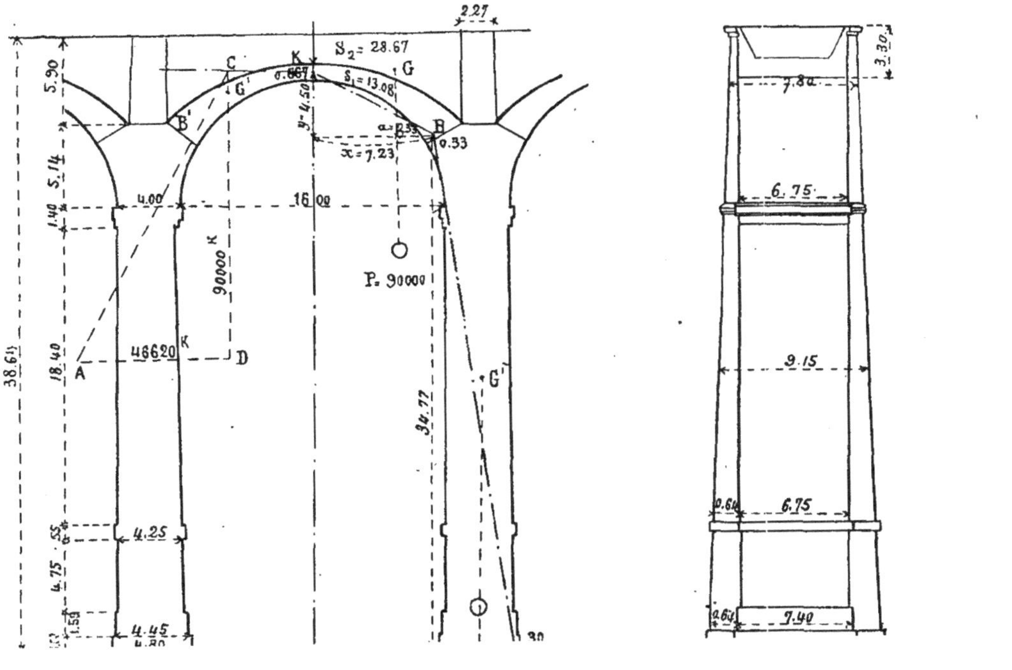

DÉSIGNATION DES FACTEURS		PONT DE NEUILLY	PONT de LA CONCORDE	PONT DE L'ALMA	PONT D'AUSTERLITZ	VIADUC DE L'AULNE	PONT D'ORLÉANS	PONT DE MONTLOUIS	PONT DE PLESSIS-LES-TOURS	PONT DE CHALONNES	VIADUC D'AURAY
Ouverture des arches		m. 39.00	m. 31.18	m. 43.00	m. 32.16	m. 22.00	m. 32.50	m. 24.75	m. 24.00	m. 30.00	m. 15.00
Flèche		9.75	3.975	9.00	4.50	11.00	8.125	7.10	7.10	7.53	7.50
Épaisseur aux naissances (des culées ou des piles)		4.20	2.92	4.60	3.10	4.80	5.85	3.25	3.00	3.44	3.30
Hauteur des culées (en contre-bas des naissances)		2.30	5.85	1.90	5.90	33.30	3.25	2.00	1.65	2.15	19.80
Angle de rupture		50°	62°	50°	59°	30°	50°	45°	45°	50°	30°
Poids supérieur	P	156 000ᴷ	136 000ᴷ	148 000ᴷ	119 000ᴷ	107 100ᴷ	160 000ᴷ	102 000ᴷ	92 000ᴷ	125 000ᴷ	68 000ᴷ
	a	6ᵐ.80	6ᵐ.175	7ᵐ.14	6ᵐ.40	2ᵐ.86	5ᵐ.43	3ᵐ.75	4ᵐ.22	4ᵐ.74	2ᵐ.22
	x	17ᵐ.10	15ᵐ.77	19ᵐ.38	16ᵐ.28	9ᵐ.83	14ᵐ.55	11ᵐ.00	10ᵐ.74	13ᵐ.20	6ᵐ.775
	y	4ᵐ.90	4ᵐ.33	5ᵐ.54	5ᵐ.00	6ᵐ.03	4ᵐ.61	3ᵐ.75	3ᵐ.75	4ᵐ.19	4ᵐ.20
	$\frac{a}{x}$	0ᵐ.380	0ᵐ.392	0ᵐ.368	0ᵐ.375	0ᵐ.290	0ᵐ.373	0ᵐ.341	0ᵐ.393	0ᵐ.359	0ᵐ.328
	$\frac{a}{y}$	1ᵐ.327	1ᵐ.426	1ᵐ.289	1ᵐ.220	0ᵐ.474	1ᵐ.178	1ᵐ.00	1ᵐ.125	1ᵐ.131	0ᵐ.529
	$P\left(\frac{a}{x}\right)$	90 280ᴷ	53 312ᴷ	54 464ᴷ	44 625ᴷ	31 030ᴷ	59 680ᴷ	34 782ᴷ	36 156ᴷ	44 875ᴷ	22 304ᴷ
$P_2 = P\left(\frac{a}{x}\right)$	P_2	207 012ᴷ	193 936ᴷ	190 772ᴷ	145 180ᴷ	50 715ᴷ	188 480ᴷ	102 000ᴷ	103 500ᴷ	141 375ᴷ	35 972ᴷ
Pression à la clé	$\frac{P_2}{S}$	12ᴷ78	17ᴷ01	12ᴷ47	11ᴷ61	4ᴷ83	8ᴷ93	7ᴷ85	7ᴷ96	10ᴷ47	4ᴷ00
	y'	8ᵐ.27	6ᵐ.215	6ᵐ.39	6ᵐ.25	38ᵐ.97	8ᵐ.18	6ᵐ.20	5ᵐ.85	6ᵐ.39	23ᵐ.40
(α) Moment de renversement	$P\left(\frac{a}{y}\right)y'$	1 711 989ᴷ	1 205 319ᴷ	1 219 033ᴷ	907 375ᴷ	1 976 480ᴷ	1 541 766ᴷ	632 400ᴷ	605 475ᴷ	903 386ᴷ	841 735ᴷ
Poids inférieur	P'	143 000ᴷ	60 000ᴷ	128 000ᴷ	70 000ᴷ	550 000ᴷ	190 000ᴷ	85 000ᴷ	75 000ᴷ	95 000ᴷ	224 000ᴷ
	a'	3ᵐ.10	1ᵐ.16	2ᵐ.80	1ᵐ.60	2ᵐ.865	3ᵐ.20	1ᵐ.60	1ᵐ.425	1ᵐ.75	1ᵐ.85
	x'	7ᵐ.60	2ᵐ.44	7ᵐ.32	2ᵐ.95	6ᵐ.54	7ᵐ.83	4ᵐ.60	4ᵐ.185	5ᵐ.27	4ᵐ.228
Moments de résistance	$P'a'$ $P'x'$	443 300ᴷ 1 185 600	69 600ᴷ 331 840	358 440ᴷ 1 668 560	112 000ᴷ 351 050	1 630 750ᴷ 699 215	608 000ᴷ 1 252 800	136 000ᴷ 469 200	106 875ᴷ 385 020	166 250ᴷ 658 750	414 400ᴷ 287 300
(β) Ensemble	$P'a' + P'x'$	1 628 900ᴷ	401 440ᴷ	1 426 960ᴷ	463 050ᴷ	2 329 965ᴷ	1 860 800ᴷ	605 200ᴷ	491 895ᴷ	825 000ᴷ	701 700ᴷ
Moment de stabilité	$\frac{\beta}{\alpha}$	0.95	0.33	1.17	0.51	1.18	1.21	0.96	0.81	0.91	0.83

Applications de l'étude de la stabilité des voûtes, à des ponts existants.

384. Le pont du Saulnier, sur le Gardon de Ste-Cécile d'Andorge, a été construit par M. Charpentier, agent-voyer en chef de la Lozère. Ce pont est composé d'une seule arche de 43 mètres d'ouverture et de 3ᵐ,40 de largeur entre les têtes.

Il a été construit en moellons de grès calcaire à grains demi-fins dont la résistance à l'écrasement est de 300 kilogrammes par centimètre carré.

Après avoir déterminé, comme nous allons l'indiquer, les dimensions principales du profil de la voûte et des culées, M. Charpentier a vérifié la stabilité de l'ouvrage par la méthode de M. Dupuit.

385. *Détermination du profil de la voûte.* — 1° *Épaisseur à la clé.* — L'épaisseur à la clé a été déterminée à l'aide de de la formule :

$$e = 0,20 \sqrt{D}$$

dans laquelle D représente l'ouverture de la voûte, soit 43ᵐ..., on trouve :

$$e = 0,20 \sqrt{43} = 1^m,31,$$

c'est-à-dire 1ᵐ,30 en nombre rond.

La formule de M. Dupuit

$$e = 0,15 \sqrt{43}$$

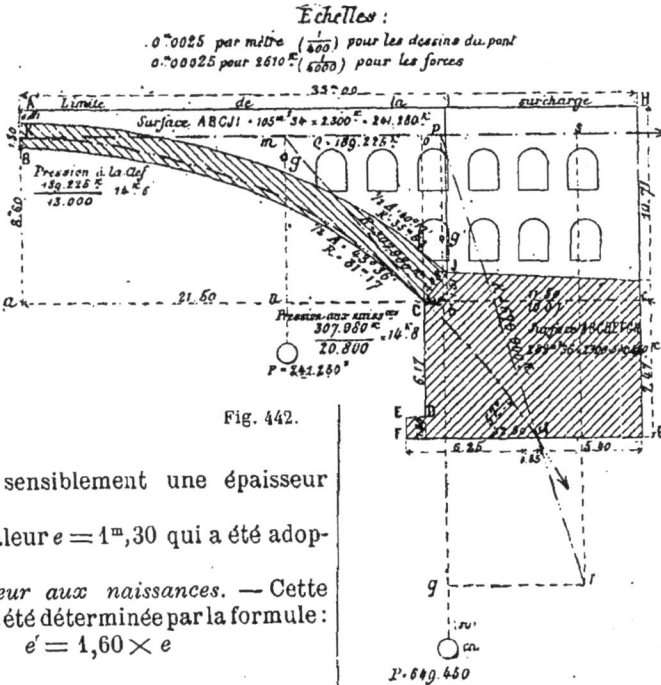

Échelles :

.0ᵐ0025 par mètre ($\frac{1}{400}$) pour les dessins du pont
0ᵐ00025 pour 2610ᵏ ($\frac{1}{4000}$) pour les forces

Fig. 442.

eût donné sensiblement une épaisseur de 1 mètre.

C'est la valeur $e = 1^m,30$ qui a été adoptée.

2° *Épaisseur aux naissances.* — Cette épaisseur e a été déterminée par la formule :

$$e' = 1,60 \times e$$

qui donne :

$$e' = 1,60 \times 1,30 = 2^m,08$$

La flèche de l'arc d'intrados étant $f = 8^m,60$ et l'ouverture de la voûte $D = 43$ mètres, le rayon de l'arc d'intrados se calculera par la formule :

$$r = \frac{f}{2} + \frac{D^2}{8f}$$

qui, dans ce cas, devient :

$$r = \frac{8,60}{2} + \frac{43^2}{8 \times 8.6} = 4,30 + 26,87$$

$$r = 31^m,17.$$

L'extrados de la voûte a été de même limité par un arc de cercle de 34ᵐ,72 de rayon.

Épaisseur des culées. — L'épaisseur des culées a été calculée par la formule de M. Leveillé :

$$E = (0,33 + 0,212D) \sqrt{\frac{H}{S} \times \frac{D}{f+e}} \quad (1)$$

dans laquelle :

D = ouverture de la voûte, soit 43ᵐ,00 ;

S = hauteur entre le dessus des fondations et le dessous de la chaussée, soit H = 16m,67 ;

H = hauteur des culées, c'est-à-dire la hauteur entre le dessus des fondations et le plan des naissances, soit H = 6m,17.

La formule (1) devient alors :

$$E=(0,33+0,212\times43)\sqrt{\frac{6,17}{16,67}\times\frac{43}{8,60+1,30}}$$

d'où   E = 11m,70.

On a adopté   E = 11m,50.

386. *Tracé des courbes de pression.* — Les courbes de pressions ont été tracées, comme nous l'avons dit, d'après la méthode de M. Dupuit, pour les deux cas suivants :

1° La voûte supporte, outre son poids mort (maçonnerie, garde-corps, chaussée), une surcharge à la clé de deux chariots pesant chacun seize tonnes ; ce qui a donné seize tonnes pour chacune des deux demi-voûtes.

2° La voûte ne supporte aucune surcharge.

387. PREMIER CAS. — *Voûte surchargée.* — Le massif total ABCDEFGH comprenant la demi-voûte, la culée et la surcharge, a été divisé en deux parties. La première ABCJI correspondant à la demi-voûte et à sa surcharge ; la deuxième IJCDEFGH correspondant à la culée et à sa surcharge.

M. Charpentier est arrivé, pour le calcul des surfaces, aux résultats suivants :

388. 1° *Surface de la voûte et de sa surcharge.* — Cette surface est égale, d'après la figure 442, au rectangle AabI dont il faut déduire le segment BaC, le triangle cbJ et le vide des arcades d'évidement. La surface du rectangle AabI est :

$$10,71 \times 22,93 = 245^{m.q.},58$$

La surface du triangle cbJ est :

$$\frac{1,43 \times 1,51}{2} = 1,08.$$

La surface du segment de la voûte est :

127m,q,12

La surface représentant le vide des arcades est :   12mq,04

De sorte que la surface de la voûte et de sa surcharge est :

245mq,58 — [127,12 + 1,08 + 12,04]105mq,34.

389. 2° *Surface de la culée et de sa surchargé.* — Cette surface se compose du rectangle AacH et du polygone CDEFGc, dont il faut déduire la surface du segment BaC et le vide des arcades situées dans la culée.

La surface du rectangle AacH est :

$$33^m \times 10,71 = 353^{m.q.},43.$$

La surface du polygone CDEFGc est :

87m.q,11.

La surface du segment de voûte est :

127m.q,12

et la surface représentant le vide des arcades,

31m.q,06.

La surface de la culée et de sa surcharge est donc :

353m.q,43+87m.q,11—[127m.q,12+31m.q·06]
     = 440m.q,54 — 158m.q,18 = 282m.q,36

La densité moyenne des maçonneries et de la surcharge étant 2 300 kilogrammes, le poids du premier massif ABCJI sera, sur une longueur d'un mètre :

$$105,34 \times 2\,300^k = 241\,280^k.$$

Le poids du deuxième massif IJCDEFGH sera :   282,36 × 2300k = 649428k

L'épure (*fig.* 442) a été tracée en prenant pour point d'application de la poussée horizontale à la clé le point K, situé au milieu du joint.

Pour déterminer l'intensité de la poussée à la clé on a construit le rectangle mnCo dans lequel mn est une verticale passant par le centre de gravité du massif ABCJI. La longueur mn représentant, à une certaine échelle, le poids de ce massif, la longueur mo représentera, à la même échelle, la valeur de la poussée à la clé. On a trouvé ainsi, d'après les mesures relevées sur l'épure, que la valeur de la poussée à la clé est :

Q = 189 225k.

La direction de la résultante des pressions sur le joint des naissances s'obtiendra en menant la diagonale mc du rectangle mnCo. Sa grandeur s'obtiendra en mesurant sur l'épure la longueur mC à la même échelle que celle qui a servi à déterminer l'intensité de la poussée à la clé. On a obtenu pour valeur de la résultante des pressions sur le joint des naissances :

R = 307 980k.

390. *Pressions à la clé et au joint des naissances.* — L'épaisseur du joint à la clé étant de $1^m,30$ et le point d'application de la poussée à la clé étant au milieu du joint, la pression par centimètre carré sur le joint est :

$$\frac{189\ 225}{13\ 000} = 14^k,6$$

Sur le joint des naissances, si la pression était uniformément répartie sur le joint, on aurait comme pression par centimètre carré :

$$\frac{307\ 980}{20\ 800} = 44^k,8$$

391. *Angle de glissement et pression maxima à la base de la culée.* — Pour obtenir l'angle de glissement et la pression à la base de la culée on a prolongé la courbe de pression dans la culée jusqu'au niveau des fondations.

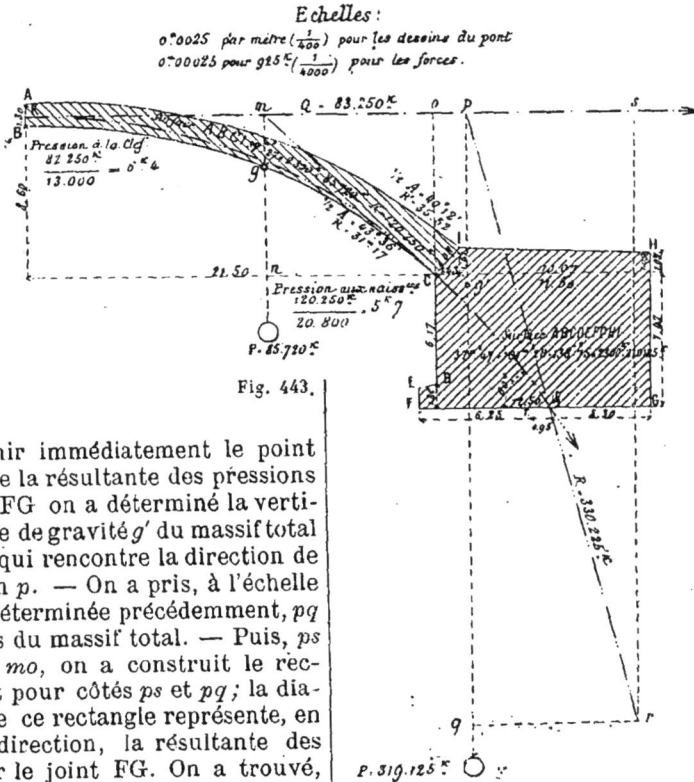

Fig. 443.

Pour obtenir immédiatement le point de passage de la résultante des pressions sur le joint FG on a déterminé la verticale du centre de gravité g' du massif total ABCDEFGH qui rencontre la direction de la poussée en p. — On a pris, à l'échelle des forces déterminée précédemment, pq égal au poids du massif total. — Puis, ps étant égal à mo, on a construit le rectangle ayant pour côtés ps et pq; la diagonale pr de ce rectangle représente, en grandeur et direction, la résultante des pressions sur le joint FG. On a trouvé, comme valeur de cette résultante :

R = 679 800 kilogrammes

La pression par unité de surface sur l'arête G, qui est la plus fatiguée, sera, d'après la loi du trapèze :

$$\frac{2 \times 649\ 450}{12,50}\left[2 - \frac{3 \times 5,40}{12,5}\right] = 7^k,34$$

en admettant que la base de la culée est un rectangle de $12^m,50$ de longueur et de 1 mètre de largeur.

L'angle suivant lequel la tangente au dernier élément de la courbe de pression coupe la base FG étant égal à 57 degrés, il n'y a aucun glissement à redouter.

392. DEUXIÈME CAS. — *Voûte non surchargée.* — L'épure, pour ce deuxième cas, est représentée par la figure 443.

Le calcul des surfaces se résume de la manière suivante :

1° *Voûte.*

Rectangle $(21,50 + 1,43) \times 1,51 = 36^m,62$

Segment de la voûte suivant une corde passant par le point I :

$$131^m,45$$

soit en tout $36,62 + 131,45 = 168^{m.q.},07$

De cette surface, il faut déduire :

Le vide de la voûte . . . . $127^{m.q.},72$

Le triangle des naissances dont la surface est :

$$\frac{1,43 \times 1,51}{2} = 1^{m.q.},08$$

soit en tout,

$$127^{m.q.},72 + 1^{m.q.},08 = 128^{m.q.},80$$

de sorte que la surface de la voûte est :

$$168^{m.q.},07 - 128^{m.q.},80 = 39^{m.q.},27.$$

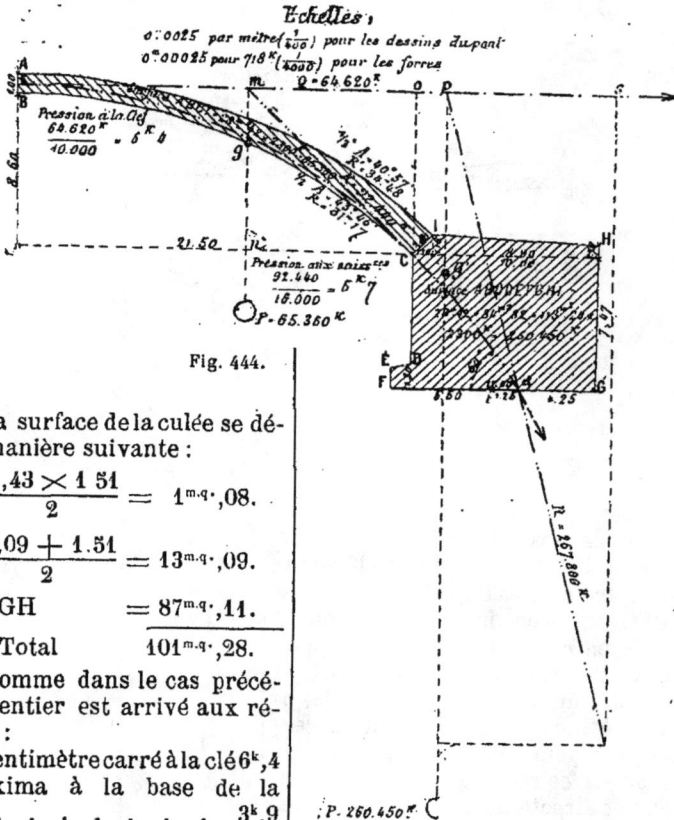

Fig. 444.

2° *Culée.* — La surface de la culée se décompose de la manière suivante :

Triangle $\dfrac{1,43 \times 1\,51}{2} = 1^{m.q.},08.$

Trapèze $10,07 \dfrac{1.09 + 1.51}{2} = 13^{m.q.},09.$

Polygone CDEFGH $= 87^{m.q.},11.$

Total $\overline{101^{m.q.},28.}$

En opérant comme dans le cas précédent, M. Charpentier est arrivé aux résultats suivants :

Pression par centimètre carré à la clé $6^k,4$

Pression maxima à la base de la culée . . . . $3^k,9$

Angle de glissement, ou angle suivant lequel la courbe de pression coupe la base de la culée. . . . . $60°$

Le calcul de l'épaisseur à la clé par la formule de Dupuit ayant donné :

$$e = 1 \text{ mètre}$$

et par la formule de Gauthey,

$$e = 1^m,55$$

M. Charpentier a refait les épures dans ces deux hypothèses, en prenant pour épaisseur de la voûte au joint des naissances, dans la première hypothèse

$$E = 1 \times 1,60 = 1^m,60$$

et dans dans la deuxième

$$E = 1,55 \times 1,60 = 2,48$$

393. 1ʳᵉ HYPOTHÈSE. — *Voûte de 1 mètre d'épaisseur à la clé.* — L'épure de stabilité de cette voûte est représentée (*fig.* 444)

On a trouvé, dans ce cas, pour valeur de la poussée à la clé : 64 620 kilogrammes.

Par suite, la pression par centimètre carré sur ce joint est :

$$\frac{64\ 620}{10\ 000} = 6^k,4.$$

La résultante des pressions sur le joint des naissances, mesurée sur l'épure, est :

$$R = 92\ 440^k$$

Si elle était uniformément répartie sur ce joint, la pression par centimètre carré serait :

$$\frac{92\ 440}{16\ 000} = 5^k,7.$$

Enfin la résultante des pressions sur la base de la culée étant 267 800 kilogrammes et cette résultante passant à 4m,25 de l'arête la plus fatiguée, la pression par centimètre carré sur cette arête est :

$$\frac{2 \times 260\ 450}{11,00}\left[2 - \frac{3 \times 4,25}{11,00}\right] = 3^k,98.$$

Si la voûte était surchargée, comme dans le premier cas, on trouverait 18 kilogrammes comme pression par centimètre carré à la clé.

394. 2° HYPOTHÈSE. — *Voûte de 1m,55 d'épaisseur à la clé.* — L'épure de stabilité de cette voûte est représentée (*fig.* 445).

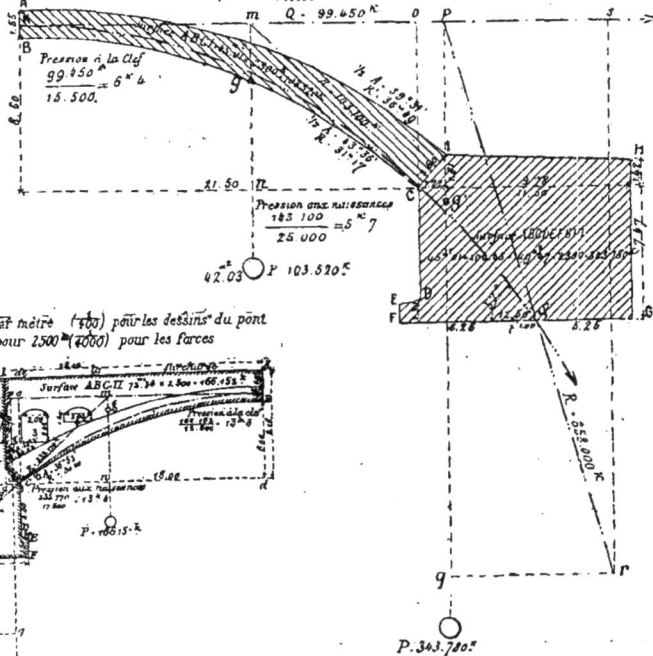

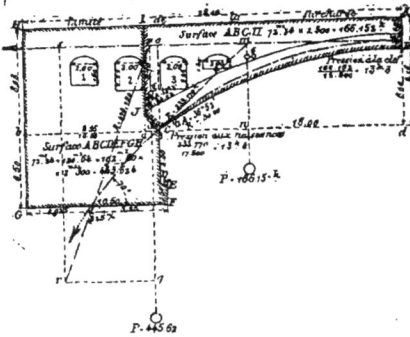

Fig. 446.

Fig. 445.

Elle donne pour valeur de la poussée à la clé 99 450 kilogrammes.

La pression par centimètre carré est donc sur ce joint :

$$\frac{99\ 450}{15\ 500} = 6^k,4.$$

La résultante des pressions sur le joint

des naissances étant 143 100 kilogrammes, la pression par unité de surface sur ce joint en supposant la pression totale uniformément répartie, serait :

$$\frac{143\ 100}{25\ 000} = 5^k,7$$

L'épure montre, en outre, que la pression maxima sur l'arête G de la base, est :

$$\frac{2 \times 343\,780}{12,5}\left[2 - \frac{3 \times 5.25}{12.50}\right] = 4^k,07.$$

Et que la voûte serait établie dans de bonnes conditions de stabilité puisque la courbe de pression coupe la base de la culée sous un angle de 57 degrés.

2° Pont de Montbrun (sur le Tarn).

395. Le pont de Montbrun, sur le Tarn, a été construit, comme le précédent, par M. Charpentier. Il se compose d'une seule arche de 36 mètres d'ouverture, surbaissée au $^1/_6$. La largeur du pont est de $3^m,50$ entre les têtes.

396. *Détermination du profil de la voûte.* — L'épaisseur à la clé a été calculée à l'aide de la formule :

$$e = 0,15 + 0,14\sqrt{2R}$$

R étant le rayon de l'arc d'intrados ; on a donc :

$$e = 0\,15 + 0,14\sqrt{72} = 1^m,25.$$

Au pont du Gardon, pour une ouverture de 43 mètres et un surbaissement de $^1/_5$, on a vu que l'épaisseur de la voûte à la clé avait été prise égale à $1^m,30$. L'épaisseur de $1^m,25$ à la clé, adoptée pour le pont de Montbrun, est donc proportionnellement plus forte.

L'épaisseur de la voûte aux naissances a été calculée par la formule :

$$e_1 = 1,40\,e = 1,4 \times 1,25 = 1^m,75.$$

Les épaisseurs à la clé et aux naissances étant déterminées, la courbe d'extrados s'obtient à l'aide d'un arc de cercle de $31^m,01$ de rayon.

Pour calculer l'épaisseur des culées on s'est servi de la formule de M. Leveillé :

$$E = (0,33 + 0,212 \times D)\sqrt{\frac{h}{H} \times \frac{D}{f+e}}.$$

dans laquelle les lettres ont les mêmes significations que pour le pont du Gardon.

En appliquant cette formule au pont de Montbrun, on trouve :

$$E = (0,33 + 0,212 \times 36)\sqrt{\frac{4,00}{11,98} \times \frac{36,00}{6,00 + 1,25}}$$

ou
$$E = 10^m,10.$$

M. Charpentier a adopté E = 10 mètres mais il pense, comme le montre du reste la courbe de pression, que cette épaisseur eût pu être réduite de $1^m,50$.

397. *Courbe de pression.* — La courbe de pression a été tracée par la méthode de M. Dupuit, en supposant, comme pour le pont du Gardon, la voûte surchargée du poids de deux chariots pesant chacun 1 600 kilogrammes. La poussée qui en résulte au joint à la clé est de 163 750 kilogrammes ; par suite, la pression par unité de surface sur ce joint, est :

$$\frac{163\,750}{12\,500} = 13^k,1,$$

en supposant que cette poussée est appliquée au milieu du joint c'est-à-dire qu'elle se répartit uniformément sur toute sa surface.

L'épure (*fig.* 446) montre que la résultante des pressions sur le joint de rupture est 233 770 kilogrammes et, en supposant encore que cette pression totale se répartit uniformément sur tout le joint de rupture, on arrive à une pression par centimètre carré égale à :

$$\frac{233\,770}{17\,500} = 13^k,4.$$

Les pressions au joint à la clé et aux joints des naissances n'ont rien d'excessif car les matériaux, de nature calcaire, composant la voûte provenaient de l'étage oolithique inférieur, des terrains jurassiques (pierres lithographiques) et offraient une résistance de 500 kilogrammes par centimètre carré.

398. *Angle de glissement et pression maxima à la base de la culée.* — La courbe des pressions, prolongée dans la culée, coupe la base de celle-ci sous un angle de 70 degrés. Il n'y a donc pas lieu de craindre qu'un glissement vienne à se produire par la suite.

L'arête E étant celle qui se trouve le plus près du point où la courbe de pression coupe le plan de la base de la culée, c'est sur elle que la pression sera la plus grande.

Cette pression se calcule au moyen de la formule connue :

$$R = \frac{2N}{\omega}\left[2 - \frac{3a}{l}\right]$$

qui donne, dans le cas qui nous occupe.

$$R = 5^k,34.$$

III. — STABILITÉ DES VOUTES BIAISES

§ I. — CONSIDÉRATIONS GÉNÉRALES

399. La considération de la ligne de plus grande compression dans les voûtes, montre, comme nous l'avons dit au numéro 65, que dans les voûtes biaises une partie des pressions tombent dans le vide puisqu'elles ne sont pas parallèles au plan de tête.

M. de la Gournerie admettait que la pression en un point quelconque d'un des joints de la voûte biaise se décomposait, dans un plan parallèle aux têtes, suivant deux lignes dirigées, la première, suivant la tangente et, la deuxième, suivant la normale à la courbe définissant le joint. La composante normale n'est plus ici normale au joint, comme dans les ponts droits ; elle a une composante suivant le plan tangent à la surface. Cette dernière composante tend à rejeter le voussoir en dehors du plan de tête. Cette manière de définir la poussée implique nécessairement que l'appareil employé n'est pas sans influence sur son développement.

M. Lefort, au contraire, pensait que la poussée au vide résultait de l'effet produit par les forces qui se développent dans la contraction de la voûte ; d'après lui, elle serait donc absolument indépendante de la nature de l'appareil employé. Il est évident qu'un mauvais appareil doit avoir une influence sur le développement de la poussée au vide car, en inclinant suffisamment les surfaces de joint sur le plan des têtes, on arriverait à provoquer une poussée au vide même dans un pont droit, Mais, s'il est incontestable que l'appareil employé a une influence sur le développement de la poussée au vide, il faut aussi reconnaître que, dans les grands ponts dont le biais est très accentué, il existe une poussée inhérente à la construction même et qu'aucun appareil ne peut éviter.

Il faut donc étudier le phénomène qui se produit au moment du décintrement de la voûte biaise. Cette partie mécanique de la question a été traitée, en 1856, comme nous l'indiquons dans le paragraphe suivant, par M. Ch. Leblanc, ingénieur des ponts et chaussées.

§ II. — ÉQUILIBRE DES PONTS BIAIS

Méthode de M. Ch. Leblanc.

400. *Équilibre des ponts biais.* (1) — Considérons (*fig.* 447) un pont dont les têtes sont verticales et parallèles et dont les génératrices des naissances sont dans un même plan horizontal. Faisons, dans ce pont, une section verticale passant par l'axe du cylindre de la douelle ; les deux parties de voûtes, situées de part et d'autre de cette section, exerceront l'une sur l'autre une action que nous avons appelée « *la poussée à la clef* ».

Dans le pont que nous considérons la

(1) *Annales des ponts et chaussées,* 1er semestre, 1856.

section verticale passant par l'axe du cylindre de douelle divise la voûte en deux parties égales, symétriques par rapport à un axe vertical tracé dans cette section à égale distance des deux plans de tête, et qui s'appelle *l'axe central.* La section verticale passant par l'axe du cylindre de douelle s'appellera le plan de section.

Il est évident que, d'après les définitions précédentes, l'axe central divise la partie du plan de section qui forme joint, en deux parties égales.

Or, les deux portions de voûte exercent l'une sur l'autre des actions élémentaires qui ont des résultantes sur chacune des deux parties précédentes du plan de section. Ces résultantes peuvent se décomposer en forces, normale au plan de section, horizontale et verticale dans ce même plan, qui forment trois systèmes de forces parallèles.

Il est facile de démontrer que les quatre composantes normales des actions élémentaires qui prennent naissance, lorsqu'on considère séparément chacune des parties ON, ON' du joint du plan de section NN', sont égales et parallèles et que leurs points d'application sont dans un même plan horizontal, à égale distance de l'axe central. Il en résulte que la composante normale des actions élémentaires que l'une des moitiés de voûte exerce sur

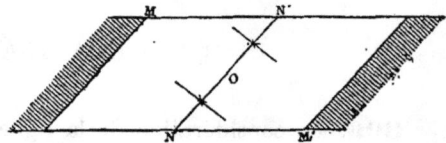

Fig. 447.

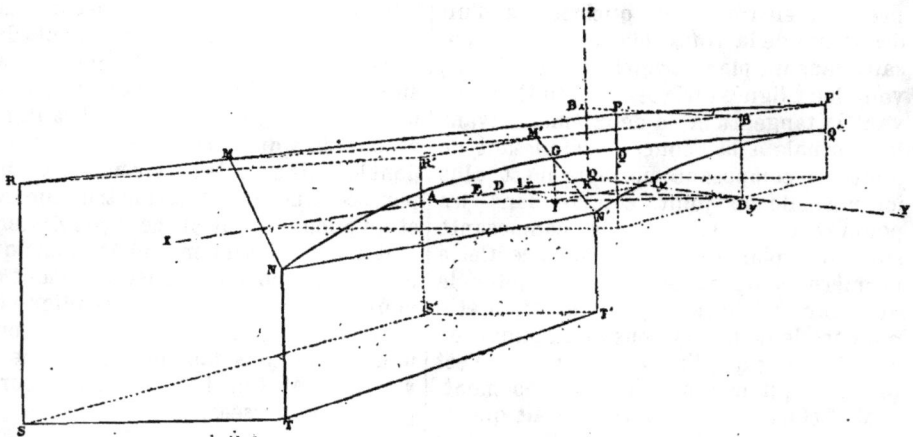

Fig. 448.

l'autre a son point d'application sur l'axe central.

401. La même remarque peut être faite relativement aux composantes horizontales correspondantes dans le plan de section. Les composantes verticales des actions élémentaires sur chacune des moitiés ON, ON' du plan de section sont égales mais de sens contraire, elles forment donc un couple.

« Généralement, dit M. Leblanc, les points d'application sur l'axe central, des résultantes normales et horizontales ne se confondent pas. Si on compose ces résultantes entre elles, il reste une force horizontale et un couple qu'on compose lui-même avec celui des composantes verticales. En fin de compte, il reste une force horizontale, appliquée en un point de l'axe central et un couple dans le plan de section. Cette force et ce couple constituent la poussée à la clef. »

402. *Équations d'équilibre.* — Considérons (*fig.* 448) une demi-voûte dont la section droite du cylindre de douelle est un arc de cercle tel que le joint des naissances soit le joint de rupture. Elle est en équilibre sous l'action de son poids, de la poussée à la clef et de la résultante des pressions sur le joint des naissances. Considérons un plan parallèle au plan de section passant par le centre de gravité G de la demi-voûte considérée et déplaçons, dans ce plan, le poids de la demi-voûte jusqu'à ce que sa direction rencontre la force horizontale de la poussée à la cl[ef]

On sait que cela est permis à la condition d'adjoindre à la force déplacée un couple qu'on appelle *couple de translation*. Ce couple, composé avec celui de la poussée, donnera un couple résultant parallèle au plan de section. Or, le poids de la demi-voûte, transporté jusqu'à son point d'intersection avec la direction de la force horizontale de la poussée, pourra se composer avec cette dernière force et donnera une résultante qui devra rencontrer le joint des naissances.

On peut donc dire que, pour que le pont soit en équilibre, il faut que les actions élémentaires qui se développent sur le joint des naissances, c'est-à-dire les réactions de la culée, se réduisent à une force égale à la précédente, appliquée au même point, mais de sens contraire, et à un couple parallèle et de sens contraire au couple résultant de la composition du couple de translation, précédemment considéré, avec celui de la poussée à la clef. La composante verticale de la réaction de la culée peut être prise pour l'une des forces du couple ; la réaction de la culée est alors ramenée à une force verticale et à une force horizontale ayant leurs points d'application sur le joint des naissances sur une horizontale parallèle au plan de section.

403. Pour établir les équations d'équilibre des forces agissant sur la demi-voûte biaise, M. Leblanc a pris cette horizontale pour axe des x, l'axe des y étant une horizontale tracée dans un plan passant par l'axe central et perpendiculaire à l'axe des x. L'axe des z est la perpendiculaire au plan xy menée par le point d'intersection o de l'axe des x avec l'axe des y.

Désignons, avec M. Leblanc, par :

B, le point d'application de la force de la poussée, et par :

By et Bz, les projections de ce point sur l'axe des x et sur l'axe des y.

Soient :

G, le centre de gravité de la demi-voûte considérée ; G désigne aussi le poids de la demi-voûte;

I, la projection de ce centre de gravité sur le plan des xy ;

Ix, la projection du point I sur l'axe des x ;

Iy, la projection du point I sur l'axe des y ;

D, le point d'application de la force horizontale de la réaction des culées ;

E, le point d'application de la force verticale de la réaction des culées ;

A, le milieu de la partie de l'axe des x, qui se trouve sur le joint des naissances.

Enfin, soient :

Ff, le couple de la poussée et P, et H les composantes de cette poussée, la première, normale au plan de section et, la deuxième, parallèle à l'axe des x;

P$_1$ et H$_1$ les composantes de la réaction de la culée, la première, parallèle à l'axe des y et, la deuxième, parallèle à l'axe des x ; G$_1$, étant la composante verticale de cette réaction.

Posons :

$$OB_z = p$$
$$OB_y = h$$
$$OD = p_1$$
$$OE = g_1$$
$$II_y = g'$$
$$II_z = g$$
$$AO = a$$

et remarquons que les forces agissant sur la demi-voûte sont :

D'une part, les composantes P et H de la force de la poussée, désignées ci-dessus, ainsi que le couple Ff, et,

D'autre part, les composantes P$_1$, H$_1$, G$_1$, suivant les axes, de la réaction de la culée, ainsi que le poids G de la demi-voûte.

Il faudra, pour que l'équilibre subsiste, que ces forces satisfassent aux six équations fondamentales de la statique, c'est-à-dire que la somme de leurs projections et la somme de leurs moments par rapport à trois axes rectangulaires soient nulles.

En projection sur les axes, on devra donc avoir :

$$P = P_1 \qquad (a)$$
$$H = H_1 \qquad (b)$$
$$G = G_1 \qquad (c)$$

Les équations de moments seront :

$$Pp = Gg \qquad (d)$$
$$Hh = P_1p_1 \qquad (e)$$
$$Hp + Gg' = G_1g_1 + Ff. \qquad (f)$$

La première de ces équations montre que les moments, autour de l'axe oX de la composante normale de la poussée et du poids de la demi-voûte sont égaux.

La deuxième équation peut s'écrire, en remarquant que $P = P_1$:

$$\frac{H}{P} = \frac{p_1}{h}.$$

Par suite, on peut considérer oBy et oD comme les projections des côtés d'un parallélogramme situé dans un plan parallèle au plan vertical de la force horizontale de la poussée passant par B, dont les côtés seraient les directions des forces P et H et auraient pour dimensions à partir du point B, des longueurs proportionnelles à ces forces. La ligne ByD sera donc la projection de la diagonale de ce parallélogramme, c'est-à-dire de la résultante des forces P et H.

Il résulte de ce qu'on vient de dire que la ligne ByD représente la trace, sur le plan des xy, du plan vertical contenant la force horizontale de la poussée et que, comme conséquence, le point d'application D de la composante horizontale de la réaction de la culée se trouve dans ce plan.

Pour voir ce que signifie la troisième équation des moments,

$$Hp + Gg' = G_1 g_1 + Ff,$$

remplaçons-y H par sa valeur,

$$H = \frac{P_1 p_1}{h}$$

tirée de l'équation (c);
et G par sa valeur,

$$G = \frac{Pp}{g},$$

tirée de l'équation (d); on aura :

$$\frac{P_1 p_1}{h} \times p + \frac{Pp}{g} \times g' = G_1 \times g_1 + Ff. \quad (g)$$

Or, les équations de projection montrent qu'on doit avoir : $P = P_1$
$$G = G_1$$

donc, l'équation précédente peut s'écrire :

$$\frac{Pp}{h} \times p_1 + \frac{Pp}{g} \times g' = \frac{Pp}{g} \times g_1 + Ff.$$

Divisons tous les termes de cette dernière équation par :

$$G = \frac{Pp}{g},$$

on aura : $\dfrac{p_1 g}{h} + g' = g_1 + \dfrac{Ff}{G}$

d'où on tire :

$$g_1 = \frac{p_1 g}{h} + g' - \frac{Ff}{G} (\alpha)$$

Or, les points By. I et A sont sur une même ligne droite et IIx est parallèle à l'axe oy, puisque Ix est la projection du point I sur l'axe des x.

Donc on a, dans le triangle $AoBy$.

$$\frac{IIx}{oBy} = \frac{AIx}{Ao} = \frac{Ao - OIx}{Ao} = \frac{Ao - IIy}{Ao}$$

ou $$\frac{g}{h} = \frac{a - g'}{a}.$$

En remplaçant, dans l'équation (α), $\dfrac{g}{h}$ par cette dernière valeur, on a :

$$g_1 = g' + p_1 \frac{a - g'}{a} - \frac{Ff}{G}.$$

Ce qui peut s'écrire :

$$g_1 = g' + p_1 - \frac{p_1 g'}{a} - \frac{Ff}{G}$$

ou

$$g_1 = p_1 + g' \left(1 - \frac{p_1}{a}\right) - \frac{Ff}{G} = p_1 +$$
$$g' \frac{a - p_1}{a} - \frac{Ff}{G}.$$

Soit K le point d'intersection de DBy avec la ligne Iy ; on aura évidemment :

$$\frac{IK}{IIy} = \frac{AD}{Ao} = \frac{Ao - oD}{Ao}$$

ou $$\frac{IK}{g'} = \frac{a - p_1}{a}$$

et $$IK = g' \frac{a - p_1}{a}.$$

Si on pose : $IK = \dfrac{Ff}{G}$

ou $$IK \times G = Ff$$

on aura : $$g' \frac{a - p_1}{a} = \frac{Ff}{G}$$

et, par suite, $g_1 = p_1$
c'est-à-dire $oE = oD$

Dans ce cas, la réaction de la culée se réduira à une force unique. Il est à remarquer que $G \times IK$ est le couple de translation dont nous avons déjà parlé, lorsque nous avons déplacé le poids de la demi-voûte, dans le plan mené par le centre de gravité de la demi-voûte et parallèlement au plan de section, au point d'intersection de ce plan avec la direction de la force horizontale de la poussée.

La réaction de la culée se réduirait encore à une force unique si l'on avait :

$$a = p_1$$

ce qui aurait lieu si le plan vertical contenant la force horizontale de la poussée contenait aussi le centre de gravité de la demi-voûte, c'est-à-dire si la poussée était parallèle aux têtes. Le couple Ff serait alors nul car, comme le dit M. Leblanc, il ne saurait exister dans un sens sans avoir les mêmes raisons d'exister dans le sens contraire ; on aurait donc encore :

$$g_1 = p_1$$

comme dans le cas précédent.

404. La première des équations de moments, c'est-à-dire l'équation (d) :

$$Pp = Gg$$

est, comme le fait remarquer M. Leblanc, la seule des équations d, c, f, (n° 403) qui puisse encore s'appliquer lorsque le pont est droit. Elle donne une relation entre la poussée du pont droit dont la section serait la section droite du pont biais considéré et les autres forces dont dépend l'équilibre.

Il en résulte que la composante normale peut être considérée comme la poussée d'un pont droit de même section droite que la voûte biaise considérée et que, par suite, elle doit remplir les conditions que nous avons déjà énumérées pour le cas des ponts droits.

La force H, c'est-à-dire la composante de la poussée parallèle à l'axe oX, doit être assez considérable pour que la résultante des pressions sur le joint des naissances rencontre ce joint assez loin de l'arête située dans le plan de tête du côté de l'angle aigu pour que la pression sur cette arête ne soit pas trop forte. De plus, le plan vertical de la poussée doit être plus près d'être parallèle aux têtes à mesure que le rapport des surfaces de joint aux pressions qu'elles ont à supporter est plus petit.

405. La composante normale de la poussée d'un pont biais ne peut être prise pour valeur de la poussée d'un pont droit de même section droite qu'autant que les longueurs des douelles suivant l'axe du pont, entre les plans de tête, sont égales, c'est-à-dire que les surfaces de joint des plans de section sont égales. Ce-pendant les efforts que ces surfaces ont à supporter ne seraient pas égaux dans ces deux ponts, puisque la surface de joint du pont droit aurait à supporter une pression normale qui ne serait qu'une des composantes de celle à laquelle serait soumise la surface correspondante du pont biais. On peut donc dire que les limites entre lesquelles peut se mouvoir le point d'application de la poussée est plus faible dans le pont biais que dans le pont droit de même section droite.

Ce qui vient d'être dit pour le joint à la clé est vrai également pour le joint des naissances et, en général, pour les joints intermédiaires.

Mouvements moléculaires produits au moment du décintrement, dans les ponts biais.

406. Lorsqu'on étudie les divers mouvements qui se produisent au décintrement d'un pont biais, on reconnaît que les molécules, soumises tout d'abord à l'action de la pesanteur, descendent suivant la verticale, et nous avons vu que leur rapprochement atteignait son effet maximum suivant l'arc de plus petite courbure qui peut être tracé sur la surface de la douelle, c'est-à-dire suivant la section droite de la voûte. Ce premier mouvement effectué, il s'en produit un deuxième, qui peut être assimilé à un mouvement de rotation. Il est difficile de dire autour de quelle ligne s'opère ce mouvement, mais il est clair que, de tous ceux qui peuvent se produire, ce sera le plus facile qui aura lieu. Certains constructeurs pensent que ce mouvement doit s'opérer autour des arêtes de joint voisines du joint de rupture ; par exemple autour des arêtes en hélice de la crémaillère, si on considère l'appareil hélicoïdal. D'autres, au contraire, pensent que ce mouvement ne pourrait se produire sans développer des efforts considérables, puisqu'il se produirait autour d'une série d'axes différents.

Il ne peut pas davantage s'opérer autour d'un des joints hélicoïdaux de la voûte, à cause de la forme même de ce joint ; l'hélice étant une ligne à double courbure, ne peut pas faciliter le mouvement. M. Leblanc conclut de ces considérations que le mode de génération de la douelle ne doit pas être sans influence sur le sens du mouvement le plus facile qui tend à se produire, car les génératrices rectilignes de cette surface peuvent parfaitement servir d'axe au mouvement de rotation que nous avons en vue. D'après lui, la génératrice de la surface de douelle qui passe au milieu de la hauteur des crémaillères semble être la plus propice à servir d'axe de rotation. Les expériences que M. Graeff a pu faire sur les nombreux ponts biais qu'il a construits semblent, du reste, démontrer suffisamment que cette hypothèse s'éloigne peu de la vérité. Cet ingénieur a remarqué, en effet, que, dans les voûtes biaises surbaissées, le mouvement se produisait, au décintrement, comme pour les ponts droits, c'est-à-dire autour d'une des génératrices voisines des naissances. Dans ce mouvement, les molécules, situées entre la culée et le plan de section, opèrent leur mouvement dans les plans de sections droites de la voûte; c'est donc la composante normale de la poussée qui prend naissance la première ; la composante horizontale n'apparaît qu'ensuite. Il est facile de se rendre compte, en effet, de ce qui se passe lorsque la composante normale agit seule. La résultante des pressions rencontre le joint des naissances vers l'extrémité de l'angle aigu de la culée. Les molécules supportant alors une pression excessive cèdent un peu en imprimant à la demi-voûte un mouvement de rotation sensiblement horizontal. L'autre demi-voûte a, en même temps, un mouvement analogue. Ces deux mouvements déplacent en sens contraire les deux faces du joint fictif du plan de section. Or le mouvement qui se produit autour des génératrices voisines des naissances comprime les molécules des deux faces du plan de section et empêche le mouvement de se produire. C'est de là que naît la force H.

Le mouvement s'arrête alors lorsque, par suite de la composition de la force normale et de la force horizontale, la pression sur le joint des naissances se

trouve ramenée suffisamment loin de l'angle aigu pour que les conditions relatives à la résistance des matériaux soient remplies.

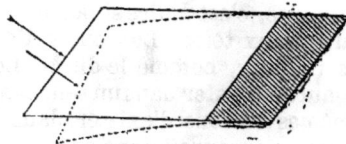

Fig. 449.

407. L'axe central est fixe et les molécules du plan de section ne peuvent avoir, de part et d'autre de cet axe, un déplacement d plus grand que la moitié du raccourcissement de l'espace entre deux molécules soumises à une pression H agissant sur tout le plan de section.

Si les molécules du plan de section, appartenant à chacune des deux demi-voûtes, étaient indépendantes, il est clair

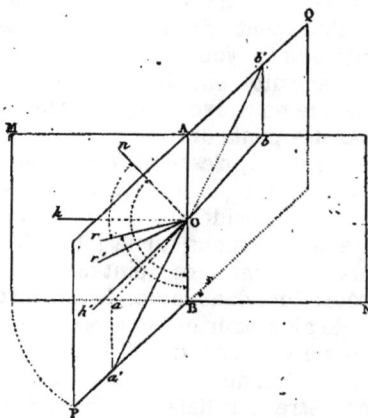

Fig. 450.

qu'elles auraient un déplacement assez grand sous une faible pression.

Dans cette hypothèse, l'effet de la force normale serait de diminuer l'espace entre deux molécules avec d'autant plus d'intensité qu'elles seraient plus voisines du plan de tête ; l'effet produit (*fig.* 449) serait la transformation du plan de tête en une sorte de cylindre droit vertical. Les molécules du plan de section auraient alors un déplacement assez considérable D.

408. Soit H_1 la valeur de la force horizontale qui en se composant avec la force normale donnerait une poussée parallèle aux têtes, en réduisant le déplacement des molécules à $\frac{d}{2}$.

Soit, de même, H_2 la valeur de la force horizontale qui, en se composant avec la force normale, donnerait un autre déplacement α. On peut admettre, comme on le sait, que les différentes valeurs de H, c'est-à-dire de la force horizontale, seront entre elles comme les quantités dont elles réduisent le déplacement. On aurait donc, dans ces conditions :

$$\frac{H_2}{H_1} = \frac{D - \alpha}{D - \dfrac{d}{2}} \qquad (i)$$

Si la force H_2 est celle qui prend naissance au décintrement du pont biais, l'effet de la poussée totale résultera de la modification que la composante horizontale H_2 a apportée à l'effet isolé de la force normale.

409. La valeur de α ne peut dépasser celle de $\frac{d}{2}$ qui est très petite comparativement à D. Il en résulte que le rapport $\dfrac{D - \alpha}{D - \dfrac{d}{2}}$ est sensiblement égal à l'unité et que la valeur de la force horizontale qui prend naissance est peu éloignée de la valeur de H_1.

Enfin l'équation (i) montre que α ne peut pas être plus petit que $\frac{d}{2}$ sans que H_2 ait une valeur plus grande que H_1, conséquence qui ne serait pas d'accord avec celle qui résulte de l'hypothèse $\alpha < \frac{d}{2}$.

Donc, puisque α ne peut être ni plus grand ni plus petit que $\frac{d}{2}$, on peut conclure qu'il lui est égal et, comme conséquence, que H_2 est égal à H_1, c'est-à-dire que *la poussée est parallèle aux têtes.* — La démonstration, par réduction à l'ab-surde, ne satisfait pas complètement, mais l'expérience a confirmé suffisamment ce fait pour qu'il puisse être admis comme exact.

Établissement d'un pont biais.

410. La méthode de Méry peut, d'après M. Leblanc, s'appliquer à l'étude de l'établissement d'un pont biais.

On trace tout d'abord la section droite et on cherche, par les procédés connus, le centre de gravité de la section de la demi-voûte, après avoir déterminé le poids par mètre courant suivant les génératrices.

Ceci fait, on trace la section parallèle aux têtes et on détermine son centre de gravité ; ce point se projette sur le plan de section droite au centre de gravité même de cette section. On cherche ensuite, par essais successifs, sur le joint à la clé le point sur lequel doit être appliquée la poussée horizontale pour que cette force, composée avec le poids de la demi-voûte, donne une résultante rencontrant le joint des naissances à une distance suffisante des arêtes pour que la pression par unité de surface, compatible avec celle que les matériaux de la voûte peuvent supporter en toute sécurité, ne soit pas dépassée.

D'après M. Leblanc, *pour calculer la pression exercée sur l'unité de surface par une force qui fait un angle α avec la normale à la surface d'un joint, il faut ou diviser la force par le cosinus de l'angle α ou multiplier la surface pressée par le même cosinus, ou enfin, s'il s'agit de s'assurer que la pression ne dépasse pas une certaine limite p, remplacer cette limite par p cos α.*

Ainsi, si F est la force dont la direction fait un angle α avec la normale à la surface pressée, et si ω est cette surface, la pression sera exprimée par :

$$\frac{F}{\omega \cos \alpha}$$

ce qui revient encore à dire que, pour avoir la pression exercée sur l'unité de surface par une force qui fait un angle α avec la normale à la surface d'un joint, il faut diviser la force par la projection de la surface de l'élément sur un plan perpendiculaire à la direction de la force.

Or, la poussée à la clef d'un pont biais fait avec la normale du plan de section un certain angle α ; par suite, la surface S, sur laquelle elle se répartit, doit être réduite à S cos α et, pour tenir compte de cette modification; il faudra remplacer la limite p, que les matériaux de la voûte peuvent supporter en toute sécurité, par p cos α.

Si, de même. nous représentons par β l'angle que la résultante des pressions sur le joint des naissances fait avec la normale à ce joint il faudra remplacer p par p cos β.

411. Pour obtenir l'angle β, M. Leblanc construit un angle trièdre dont on se donne deux angles plans et le dièdre compris; l'angle β cherché est l'angle plan opposé au dièdre connu.

Représentons (*fig.* 450) par MN le plan de la section droite du pont biais et par PQ le plan d'une section parallèle aux têtes du pont. L'intersection de ces deux plans sera la ligne AB qui représentera l'axe central de la voûte.

Soit O le point de passage de la poussée. En menant par ce point l'horizontale hO, dans le plan MN de section droite, et l'horizontale h'O dans le plan PQ parallèle au plan des têtes du pont biais, l'angle α que la poussée fait avec la normale au plan de section sera représenté par l'angle hOh'.

Si, au contraire, le point O est le point de passage de la résultante des pressions sur le plan des naissances, ce plan coupera le plan de section droite MN et le plan parallèle aux têtes suivant les lignes ab et a'b', qu'on détermine sans difficulté. La normale au joint sera la ligne nO, située dans le plan de section droite, tandis que la direction de la résultante sera la ligne rO du plan PQ parallèle aux têtes. L'angle nOr sera donc l'angle cherché β. L'angle de la normale au joint des naissances avec la verticale est l'angle nOB facile à obtenir sur la section droite de la demi-voûte. L'angle rOB s'obtient aussi facilement sur le plan PQ en traçant le parallélogramme des forces. L'angle plan nOr est l'angle plan du trièdre OrnB opposé à l'angle dièdre β formé par les plans MN et PQ et compris entre les angles plans nOB rOB, faciles à déterminer.

On opérerait de la même manière pour avoir l'angle que la résultante des pressions sur un joint quelconque fait avec la normale à ce joint.

412. Après avoir déterminé les points de passage de la résultante des pressions sur le plan de section et sur le joint des naissances on terminera l'épure comme s'il s'agissait d'un pont droit, en prenant pour volume des zones de maçonnerie le produit de la surface correspondante, mesurée dans la section droite, par l'unité.

Pour s'assurer que sur aucun joint la pression maxima par unité de surface, p, que les matériaux constituant la voûte peuvent supporter, n'est pas dépassée, il faudra remplacer p par p cos γ (γ étant l'angle variable que la résultante des pressions fait avec la normale de chaque joint).

Méthode pratique.

413. Ce procédé graphique pour l'étude de la stabilité des voûtes biaises est compliqué; aussi, M. Leblanc l'a remplacé par un autre beaucoup plus simple puisqu'il revient à déterminer la section parallèle aux têtes comme si elle était la section droite d'un pont droit.

414. A cet effet, M. Leblanc a considéré un mètre courant d'un pont droit ayant pour section droite la section parallèle aux têtes du pont biais à établir et a comparé les éléments qui servent à établir les conditions d'équilibre du pont droit, par la méthode graphique ordinaire, et du pont biais correspondant par la méthode précédente. Il a reconnu, comme nous allons le montrer, qu'on arrive à des résultats identiques.

415. En comparant, tout d'abord, les surfaces de joint sur un mètre courant de l'une et l'autre voûte on reconnaît qu'elles sont égales dans le plan de section tandis qu'elles sont plus grandes dans le pont droit que dans le pont biais correspondant, pour les autres joints. Ainsi, soit aa' (*fig.* 450) une perpendiculaire au plan MN représentant l'arête en douelle d'un joint quelconque et a'b' l'intersection de ce joint par le plan PQ parallèle aux têtes du pont biais.

La ligne Oa sera, pour le pont biais, proportionnelle à la surface T capable de supporter uniformément les deux tiers de la résultante des pressions sur le joint qu'on considère ; la ligne Oa' sera proportionnelle à la même surface pour le pont droit, et la valeur de cette surface sera :

$$\frac{T}{\cos a\, Oa'} = \frac{T}{\cos \varepsilon}.$$

L'angle aOa' ou ε s'obtient par la relation

$$\cos \varepsilon = \frac{\cos \alpha}{\cos \beta} \qquad (j)$$

en supposant rO perpendiculaire à $a'O$.

416. Les positions des centres de gravité sont les mêmes dans les deux voûtes mais, en représentant par G le poids du mètre courant de la voûte biaise, le poids du mètre courant de la voûte droite correspondante sera :

$$\frac{G}{\cos \alpha}.$$

417. Dans les ponts droits, les résultantes des pressions sur les joints se trouvent dans un plan normal aux surfaces de joints ; par suite, l'angle qui sert dans la détermination de la pression normale au joint est celui que forme, dans ce plan, la résultante des pressions avec la normale au joint.

Soit γ cet angle ; il faudra, dans le calcul des pressions élémentaires, substituer :

$$\frac{T \cos \gamma}{\cos \varepsilon} \text{ à } \frac{T}{\cos \varepsilon}$$

Si l'angle γ n'est pas nul, l'équation (j) n'est plus celle qui fournit une relation entre les angles α, β, ε.

Désignons par $r'O$ la direction de la résultante des pressions ; $r'On=\beta$; $rOn = \beta'$; $r'Or = \gamma$; $a'oa = \varepsilon$. Le plan rOn est normal au plan PQ, puisque les lignes nO et rO sont toutes deux perpendiculaires à Oa'. Par suite l'angle trièdre $Onrr'$ a un dièdre droit. L'arête sommet de ce dièdre est la ligne Or ; β, β', γ, sont les angles plans de ce triangle ; on peut donc écrire :

$$\cos \beta = \cos \beta' \cos \gamma \qquad (k)$$

or, l'équation (j) donne :

$$\cos \alpha = \cos \beta' \cos \varepsilon$$

donc, à cause de l'équation (k), on aura :

$$\cos \alpha = \frac{\cos \beta \cos \varepsilon}{\cos \gamma} \qquad (m)$$

418. Nous allons maintenant chercher le rapport de l'intensité des pressions sur les joints à la clé et sur les joints des naissances du pont droit et du pont biais correspondant, en supposant que les points d'application de ces forces sur ces deux joints sont les mêmes dans les deux ponts.

Les angles que font entre elles les directions de la poussée à la clé, du poids de la demi-voûte et de la résultante des pressions sur le joint des naissances, sont les mêmes pour le pont droit et pour le pont biais correspondant.

On aura donc :

$$\frac{P}{P'} = \frac{R}{R'} = \frac{G}{G'}, \qquad (n)$$

en désignant par :

P, la poussée à la clé de la demi-voûte biaise ;

G, le poids de cette demi-voûte ;

R, la résultante des pressions sur le joint des naissances de la voûte biaise.

Et par P', G', R', les quantités correspondantes du pont droit ayant pour section droite la section parallèle aux têtes dans le pont biais projeté.

De l'équation (n) on tire :

$$P' = \frac{PG'}{G} \quad \text{et} \quad R' = \frac{RG'}{G}$$

mais

$$G' = \frac{G}{\cos \alpha}$$

Donc

$$P' = \frac{P}{\cos \alpha} \quad \text{et} \quad R' = \frac{R}{\cos \alpha}$$

419. Pour comparer les pressions maxima par unité de surface sur deux joints correspondants, à la clé et sur un point quelconque par exemple, on aura, pour le pont biais, des forces P et R agissant sur des surfaces S cos α et T cos β. Par suite, les pressions élémentaires, par unité de surface de joint, seront :

$$\frac{P}{S \cos \alpha}, \frac{R}{T \cos \beta} \qquad (p)$$

Pour le pont droit les forces agissantes seront représentées par :

$$\frac{P}{\cos \alpha}, \frac{R}{\cos \alpha}$$

et les surfaces sur lesquelles ces forces devront agir auront pour valeurs S et

$$T \frac{\cos \gamma}{\cos \varepsilon} ;$$

Les pressions par unité de surface seront donc :

$$\frac{P}{S \cos \alpha} \quad \text{et} \quad \frac{T \cos \alpha \cos \gamma}{R \cos \epsilon} \qquad (q)$$

or :

$$\cos \alpha = \frac{\cos \beta \cos \epsilon}{\cos \gamma}.$$

d'après l'équation (m); c'est-à-dire qu'on a :

$$\cos \beta = \frac{\cos \alpha \cos \gamma}{\cos \epsilon}$$

En remplaçant $\cos \beta$ par cette dernière valeur dans la deuxième des équations (q) on retombe sur la deuxième des équations (p); donc les pressions par unité de surface seront les mêmes dans le pont droit et dans le pont biais correspondant.

420. En résumé, les résultats auxquels on arrive en calculant les dimensions de la section parallèle aux têtes d'un pont biais sont celles qu'on obtiendrait en supposant que cette section biaise est la section droite d'un pont droit. On peut donc, avec cette restriction, appliquer la méthode de Méry et, en général, toutes les méthodes applicables à la vérification de la stabilité des ponts droits.

APPAREIL HÉLIÇOÏDAL

421. *Cylindre d'équilibre.* — Nous avons vu que l'appareil héliçoïdal théorique a été modifié; il est donc nécessaire de rechercher quelle est la nature de l'altération qu'on lui a fait subir.

Nous appellerons points d'équilibre les points en lesquels les plans tangents au joint rempliront la double condition d'être à la fois normaux à l'intrados et au plan de tête.

Il est clair que les plans tangents aux joints longitudinaux sont toujours normaux à l'intrados puisque ces joints sont engendrés par des normales à l'intrados aux différents points des hélices directrices. Il suffit donc de chercher le lieu des points en lesquels les plans tangents aux joints longitudinaux sont normaux au plan de tête. Ces joints étant des héliçoïdes, le problème revient à déterminer la courbe d'ombre d'une surface de vis à filets carrés, en supposant les rayons lumineux perpendiculaires au plan de tête.

Cette courbe est une hélice dont le pas est la moitié de celui de l'hélice directrice et sa projection, sur un plan perpendiculaire à l'axe de la voûte, est un cercle. Supposons donc cette hélice déterminée et traçons sa projection sur un plan perpendiculaire à l'axe de la voûte (*fig.* 451).

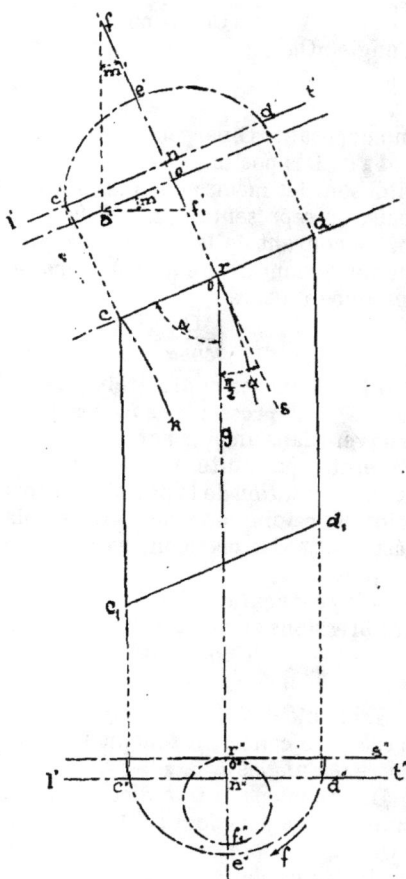

Fig. 451.

Prenons ce plan pour nouveau plan vertical de projection. Il sera déterminé par la ligne de terre $l''t''$ perpendiculaire à la direction des génératrices du cylindre de la voûte. La section droite de la voûte se projettera, sur ce nouveau plan vertical, en vraie grandeur. Ce sera donc un arc de cercle dont le centre o'' sera au-dessous de $l''t''$ et qui passera par les trois points

c'', d'', e''; les deux premiers étant les projections des points c et d de la courbe de tête sur les joints des naissances, et le troisième la projection du point le plus haut de cette même courbe. Le point e'' s'obtient, comme nous l'avons vu dans la théorie des voûtes biaises, en abaissant rr'' perpendiculaire sur $l''t''$ et en prenant $n''e'' = n'e'$.

422. Déterminons maintenant la courbe d'ombre des surfaces héliçoïdales constituant les joints. Soit rs la projection horizontale d'un rayon lumineux perpendiculaire au plan de tête ; ce rayon étant une horizontale dans l'espace aura pour projection verticale, sur le plan $l''t''$, la ligne $o''s''$ parallèle à $l''t''$ en la supposant descendue dans le plan horizontal contenant le centre de la courbe de tête.

Construisons le sens suivant lequel les hélices s'écartent de la section droite ; il correspond, en projection horizontale, à ck et est indiqué en projection verticale sur le plan $l''t''$ par la flèche f. Faisons tourner le rayon lumineux rs, $r''s''$ de 90 degrés dans le sens indiqué par la flèche ; la ligne $r''s''$ viendra alors en $r''e'$ qui sera la position du diamètre du cercle cherché. Le point r'' sera l'une des extrémités de ce diamètre dont la grandeur sera représentée par $h \, tang \, \beta$, quantité dans laquelle h est le pas réduit et β l'angle srg du rayon lumineux avec l'axe de la voûte.

Or, nous savons qu'on a :

$$\widehat{Srg} = \frac{\pi}{2} - \alpha \, ;$$

par suite, l'expression donnant la grandeur du diamètre du cercle cherché devient : $h \, cotang \, \alpha$

Or, quand nous avons cherché (n° 120) la position du foyer secondaire f nous avons obtenu :

$$o'f = R \, cotg \, \alpha \, cotg \, m'$$

et comme,

$$h = R \, cotang \, m',$$

il en résulte :

$$o'f = h \, cotang \, \alpha.$$

Donc, en rapprochant ce résultat de celui que nous avons obtenu plus haut pour valeur du diamètre du cercle, projection de la courbe d'ombre sur le plan vertical $l''t''$, on voit que le diamètre du cercle cher-

ché est représenté par $o'f$. — Il suffira donc, sur l'épure, de prendre $o''f_1'' = o'f$ et de décrire un cercle sur $o''f_1''$ comme diamètre pour obtenir immédiatement le cercle, projection de la courbe d'ombre sur le plan vertical $l''t''$.

423. On peut remarquer que la courbe ainsi obtenue est absolument indépendante du joint considéré et que, par suite, elle s'applique à n'importe quel joint d'assise. Si donc on conçoit un cylindre dont la section droite serait représentée par la courbe que nous venons de tracer, l'intersection de ce cylindre avec les différents joints longitudinaux de la voûte biaise donnera l'ensemble des points satisfaisant aux conditions théoriques énoncées au début, à savoir que les plans tangents aux héliçoïdes de joint en ces différents points seront à la fois normaux à l'intrados et au plan de tête.

424. La considération du cylindre précédent permet de se rendre compte assez facilement du degré de stabilité de la voûte. Ainsi si l'ellipse E, intersection du cylindre ayant pour section droite le cercle de diamètre $o''f''_1$ avec le plan de tête, a beaucoup de points communs avec le profil de la voûte, on pourra dire que la voûte biaise est établie dans de bonnes conditions de stabilité. Mais il faudra, le plus souvent, faire quelques tâtonnements en modifiant l'angle intradossal naturel ; on tracera les ellipses telles que E correspondant aux différentes valeurs de cet angle et parmi toutes les solutions obtenues on choisira celle qui donnera le plus grand nombre de points d'équilibre sur le plan des têtes.

425. Nous avons vu (n° 111), quand nous avons traité l'appareil héliçoïdal, qu'il était toujours préférable de diminuer l'angle intradossal naturel plutôt que de l'augmenter, pour obtenir l'angle intradossal rectifié. Il est facile de montrer, en effet, qu'en prenant pour valeur de l'angle intradossal rectifié un angle plus petit que l'angle intradossal naturel le point f_1'' est toujours au-dessus du point le plus haut e'' de l'arc de section droite de la voûte biaise. Dans ces conditions le cylindre d'équilibre coupera forcément la voûte biaise.

Or, pour que le cercle d'équilibre coupe le cercle de tête, il faut qu'on ait :

$$o''f_1'' > R$$

ou

$$h \text{ cotang } \alpha > R.$$

C'est-à-dire, en remplaçant h par sa valeur R cotang m',

$$R \text{ cotang } \alpha \text{ cotang } m' > R$$
$$\text{Cotang } \alpha \text{ cotang } \mu > 1$$

et

$$\text{tang } m' < \text{cotang } \alpha \qquad (1)$$

Or, la formule qui donne la valeur de l'angle intradossal naturel est (n° 115) :

$$\text{tang } m = \frac{\sin \omega}{\omega} \text{ cotang } \omega$$

donc

$$\text{tang } m < \text{cotang } \alpha \quad (2)$$

Cette dernière inégalité est toujours satisfaite.

Si on prend $\qquad m' < m$

il est clair que l'inégalité (1) sera une conséquence de l'inégalité (2).

426. On peut donc conclure de ce qui précède que le cercle d'équilibre coupera toujours le cercle de section droite quand on aura eu soin de prendre $m' < m$.

Dans le cas contraire, le même résultat pourra se produire mais pas forcément ; on n'est donc pas absolument forcé de diminuer l'angle intradossal naturel pour le rectifier, quoique cela soit préférable.

Épaisseur à donner aux voûtes, piles et culées des ponts biais.

427. L'épaisseur à donner aux voûtes, piles et culées des ponts biais se déterminera, d'après ce qui précède, comme pour les voûtes droites, ayant pour ouvertures celles des voûtes biaises mesurées suivant le biais. On pourra donc appliquer les formules précédemment données aux n°³ 368 et 369.

CHAPITRE X

CINTRES ET PONTS DE SERVICE

I. — CINTRES

§ I. — CONSIDÉRATIONS GÉNÉRALES. — DIVERS SYSTÈMES DE CINTRES

428. Pour construire une voûte en maçonnerie il faut toujours établir, au préalable, un cintre sur lequel reposent les voussoirs jusqu'à ce que la voûte soit complètement terminée. Lorsque la voûte est terminée, et après un certain temps en général, on enlève le cintre, et c'est à ce moment que la voûte opère le mouvement, dont nous avons déjà parlé, autour des joints de rupture pour prendre une nouvelle position d'équilibre.

429. Les cintres sont donc des charpentes provisoires qui doivent disparaître, lorsque la construction de la voûte est terminée ; on conçoit donc que les conditions principales à réaliser dans leur construction, consistent surtout dans la solidité et l'économie. Les charpentes provisoires qui les composent sont généralement espacées de 1ᵐ,50 à 2 mètres d'axe en axe. Elles supportent des pièces de bois horizontales que l'on appelle *couchis*, et qui sont un peu en retraite sur le plan de tête pour bien voir se développer l'arête de l'arc d'intrados de la voûte.

430. Lorsque la douelle doit être entièrement en pierres de taille, les couchis ne sont pas jointifs ; il suffit que leur espacement soit moindre que la largeur des voussoirs. Lorsque la douelle est composée de moellons, les couchis sont, en général, absolument jointifs et lorsqu'elle est en briques on recouvre les couchis avec des planches d'environ 0ᵐ,02 d'épaisseur. Ces planches doivent être suffisamment régulières pour former avec exactitude la surface de l'intrados de la voûte.

431. Pour supporter les couchis on se sert de pièces de bois découpées d'un

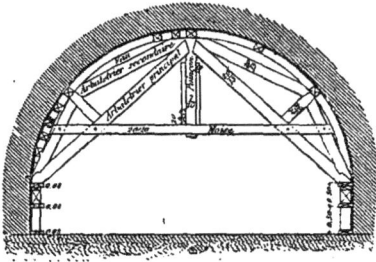

Fig. 452.

côté, de manière à épouser la forme de la douelle d'intrados. La partie inférieure de ces pièces de bois qu'on appelle *vaux* (*fig.* 452) est en ligne droite. Cette partie en ligne droite repose sur d'autres pièces de bois appelées *arbalétriers* qui forment au-dessous de la douelle d'intrados un polygone plus ou moins régulier. Ces arbalétriers auront évidemment des épaisseurs en rapport avec l'ouverture de la voûte; on les relie entre eux par des pièces de bois qui les embrassent de chaque côté et auxquelles on a donné le nom de *moises*.

432. Les fermes des cintres doivent être soigneusement contreventées par des moises. Elles reposent sur des semelles et contre-semelles entre lesquelles se trouvent les appareils de décintrement. Certains ingénieurs ne mettent cependant pas de suite les appareils de décintrement entre la semelle et la contre-semelle; ils les remplacent souvent par des petits potelets verticaux appelés *blochets* (*fig.* 452). La contre-semelle doit s'appuyer sur des points absolument fixes, obtenus soit à l'aide de poteaux montants fichés contre les maçonneries des culées ou des piles, soit à l'aide de rails engagés dans la maçonnerie.

On doit toujours faire en sorte que le cintre soit aussi peu mobile que possible. Aussi on cherche à avoir autant qu'on le peut des points d'appui intermédiaires.

433. Le principe de la construction des cintres est la triangulation, mais on peut les établir de différentes façons:

1° Les fermes constituant les cintres peuvent n'être soutenues qu'à leur naissance par la maçonnerie, à l'aide de rails ou par des palées établies suivant les piédroits des piles ou culées; les cintres, construits d'après ce principe, sont appelés *cintres retroussés ;*

2° Entre les deux points d'appui précédents il peut exister un certain nombre de points fixes, partageant la ferme en plusieurs autres de plus faibles ouvertures. Ces cintres sont appelés *cintres fixes.*

3° Entre ces deux systèmes, il en existe un autre consistant à construire les fermes comme si elles devaient être soutenues seulement à leurs deux extrémités, puis à créer ensuite, pendant la construction, un certain nombre d'appuis intermédiaires fixes.

Ce dernier système offre certains avantages au point de vue du décintrement. On conçoit, en effet, qu'il permet de partager cette opération en deux, en supprimant tout d'abord les points d'appui intermédiaires. Une fois le premier effet du tassement produit, on enlève le cintre lui-même.

CINTRES RETROUSSÉS

434. Nous avons vu précédemment que les vaux étaient soutenus par des pièces de bois appelées arbalétriers formant un polygone plus ou moins régulier. Lorsque ce polygone n'est pas suffisant pour supporter le poids de la voûte, on met un deuxième rang d'arbalétriers sous le premier. Si la ferme ainsi obtenue est encore insuffisante on met un troisième rang d'arbalétriers et ainsi de suite. Ces fermes sont disposées de manière que les extrémités des arbalétriers de l'un des rangs rencontrent les arbalétriers du rang supérieur en leur milieu. On arrive ainsi à constituer le cintre avec des figures triangulaires ayant pour bases les arbalétriers eux-mêmes. Des moises dirigées suivant le rayon de courbure embrassent les arbalétriers comme l'indique la figure 453 qui représente le cintre du pont de Neuilly construit d'après ce système, par Perronnet.

La figure 454 représente un autre système de cintre retroussé qui a été employé par M. Boistard pour la construction du pont de Nemours, en arc de cercle de 16^m,23 d'ouverture.

435. Dans ces deux systèmes de cintres, il y a eu pendant la construction

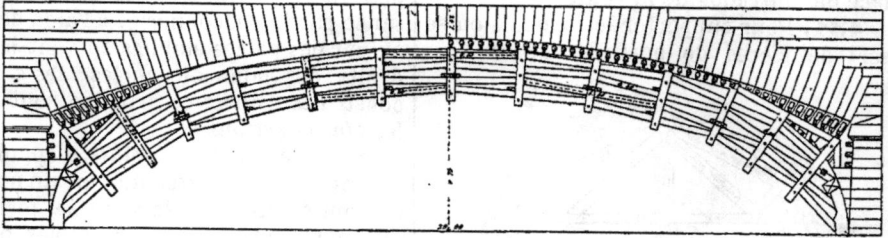

Fig. 453.

de la voûte et au décintrement des affaissements considérables dus à la trop grande mobilité du cintre. C'est ainsi qu'au pont de Neuilly le sommet du cintre s'est abaissé de 0^m,61 pendant la cons-

truction. Pendant le décintrement la voûte s'est abaissée de 0^m,19 et cet affaissement a continué après cette opération jusqu'à l'achèvement complet de l'ouvrage.

Fig. 454.

Le cintre du pont de Nemours ne s'est pas mieux comporté et, par suite de sa flexibilité, des voussoirs ont glissé les uns sur les autres en détruisant naturellement toute cohésion du mortier. Cela tient à ce que les différentes pièces du cintre du pont de Nemours formaient entre

elles des quadrilatères au lieu de former des triangles, d'après le principe fondamental de la construction de toute espèce de charpente.

Voici, à ce sujet, comment s'exprime M. Dupuit dans son *Traité des ponts* : « Si ce principe n'a pas été suivi dans l'établissement du cintre du pont de Nemours, c'est beaucoup moins par ignorance que par système. On croyait alors que le grand mérite d'un cintre était la flexibilité, la souplesse pour ainsi dire ; ce qu'on redoutait, c'était d'avoir un intrados discontinu après le décintrement. On craignait, en introduisant des points fixes dans le cintre, qu'il n'en résultât un intrados polygonal. On sacrifiait la solidité à l'élégance, ou du moins on ne se rendait pas compte des consé-

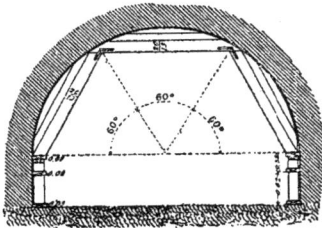

Fig. 455

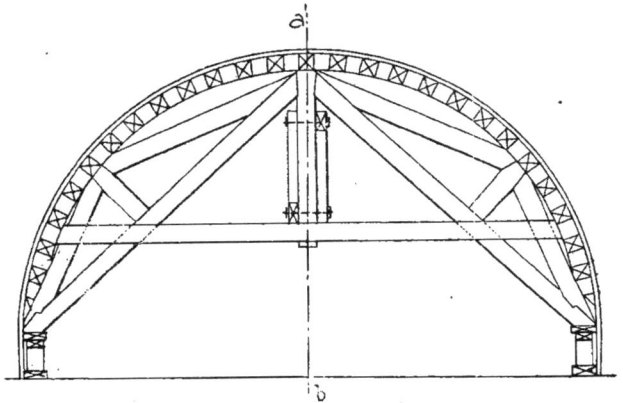

Fig. 456.

quences de la flexibilité du cintre sous ce double rapport. Nous ne nous sommes arrêté à l'exemple du pont de Nemours que pour faire voir qu'en ce qui concerne la solidité de la voûte, la mobilité du cintre avait les conséquences les plus fâcheuses ; quant à ce qui concerne l'élégance de la courbe d'intrados, nous ne croyons pas que les cintres fixes aient à redouter la comparaison avec les

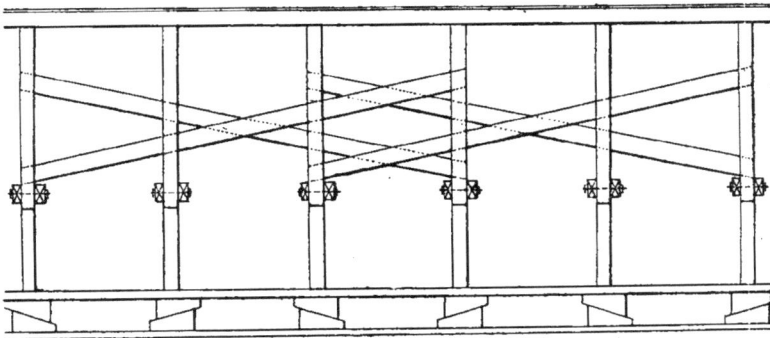

Fig. 457.

cintres retroussés. En effet, il est facile de s'assurer qu'à cet égard les craintes des anciens constructeurs étaient chimériques. Admettons, par exemple, qu'il y eût eu sous la clé du pont de Nemours un point fixe sur lequel se serait appuyée la moise verticale placée au milieu du cintre. Sans doute pendant la construction, il y aurait eu, entre la naissance et la clé, un léger tassement des voussoirs rectifiant la courbe et tendant à produire au sommet ce qu'on appelle un jarret, mais ce jarret aurait disparu au décintrement par l'abaissement inévitable de la clé. En général, si on suppose des points fixes dans un cintre et des parties flexibles, les joints ne se serreront pas sur les points fixes et se serreront sur les parties flexibles, de sorte qu'au décintrement un effet inverse aura lieu et rétablira la continuité de la courbure. C'est d'ailleurs ce que confirme

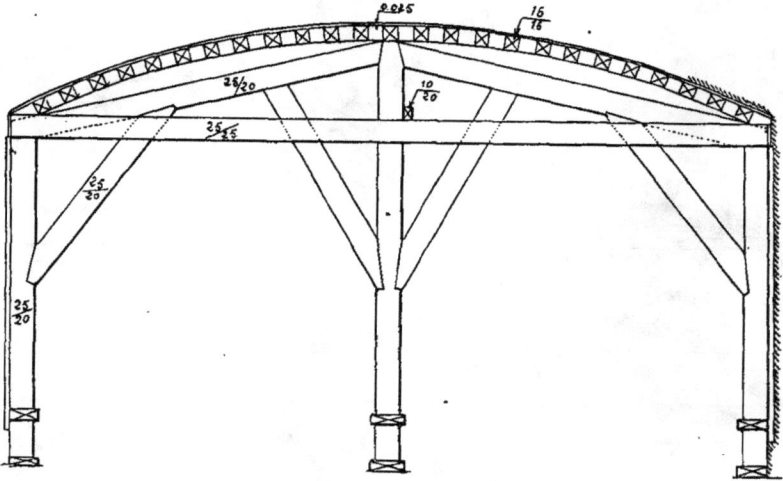

Fig. 458.

l'expérience de tous les jours. Si le mouvement redouté devait avoir lieu, il serait facile de le corriger par un léger renflement du cintre entre les points fixes, mais cela est complétement inutile. Enfin si, par hasard, un point d'inflexion se produisait, on le ferait facilement disparaître en retaillant convenablement l'arête de l'intrados. Nous disons facilement parce qu'il serait inutile de pousser le ragréement au-delà de quelques décimètres sous la voûte, l'œil du spectateur ne pouvant jamais être placé de manière à apprécier les irrégularités de la douelle. En résumé, nous croyons avoir établi que la fixité des cintres offre des avantages incontestables dans la construction des voûtes et n'a aucune espèce d'inconvénient·

Il ne faut donc avoir recours aux cintres retroussés que quand l'établissement des cintres fixes présente trop de difficultés ou exige de trop grandes dépenses. Pour les voûtes de petite dimension, on emploie

en général des cintres retroussés. La raison en est facile à saisir; c'est que, même dans les cintres fixes, il y a toujours entre deux appuis consécutifs, une partie flexible de sorte que quand l'ouverture

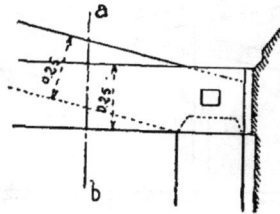

Fig. 459.

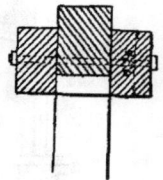

Fig. 460.

de la voûte est petite, il est possible d'adopter, pour combler l'intervalle entre les naissances, les dispositions de charpente qu'on emploie dans les cintres fixes pour combler l'intervalle entre les points d'appui. »

Dispositions des cintres pour les diverses ouvertures en usage et les différentes formes de voûtes.

436. Pour les petites ouvertures on peut employer une ferme très simple *(fig.* 455) formée par un chapeau horizontal soutenu à ses deux extrémités par deux poteaux inclinés formant arc-boutant. Mais lorsque l'ouverture atteint environ 6 mètres on emploie une ferme analogue à celle représentée par la figure 456. La coupe longitudinale suivant l'axe des fermes est indiquée sur la figure 457.

Pour les voûtes en arc de cercle on peut

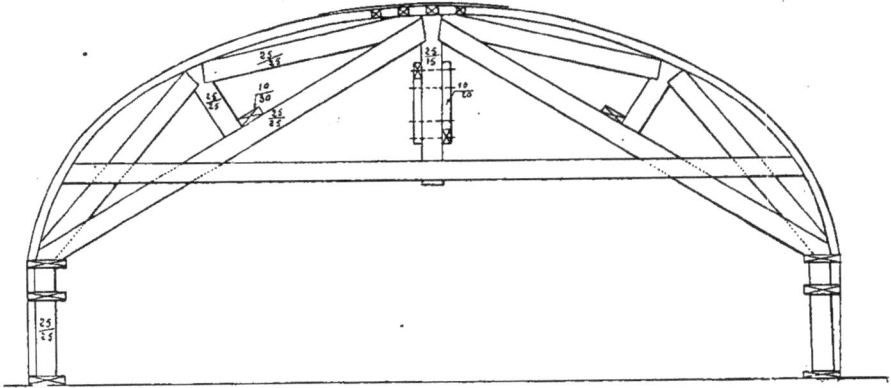

Fig. 4 1.

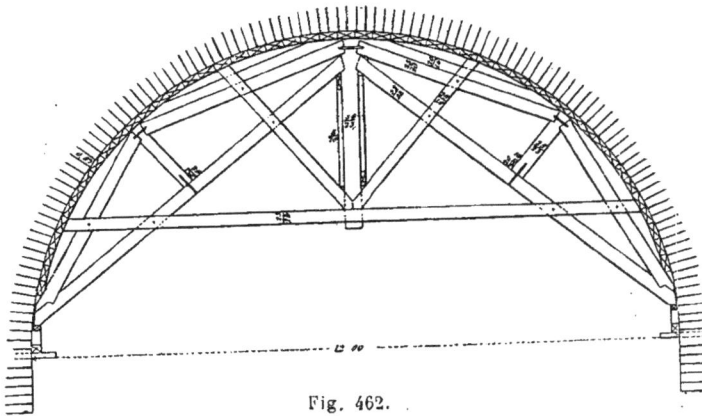

Fig. 462.

employer (*fig.* 458) une ferme plate avec poteau montant au milieu et jambes de force inclinées sur les côtés. La figure 459 représente le détail de l'assemblage d'une des extrémités et la figure 460 la coupe *ab* indiquée sur la figure 459.

Enfin pour les voûtes en anse de panier de 10 mètres d'ouverture et au dessus on peut adopter le type de ferme de la figure 461.

437. Dans les figures 462, 463, 464 et 467 nous indiquons les principaux types de cintres adoptés le plus souvent pour les arches d'ouverture moyenne, c'est-à-dire jusqu'à environ 20 mètres. Ils sont sans appuis intermédiaires et se composent ordinairement de deux arbalétriers se réunissant à la clé de la voûte en s'appuyant sur un poinçon serré, ainsi que les arbalétriers du reste, par une moise horizon-tale. Ces deux arbalétriers servent à établir au-dessus une disposition semblable, de sorte que l'ensemble est formé par quatre arbalétriers soutenant les vaux.

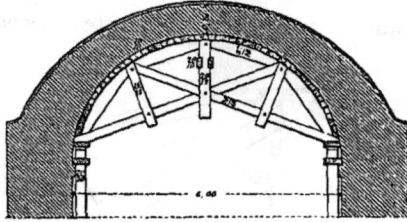

Fig. 463.

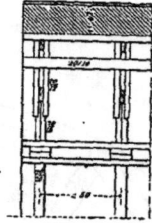

Fig. 464.

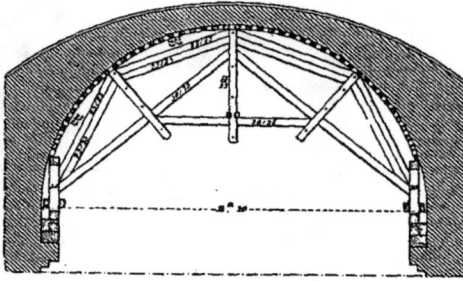

Fig. 465.

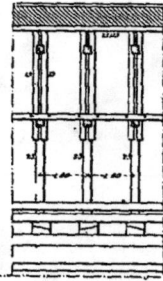

Fig. 466.

438. Les figures 468 et 471 représentent des cintres pour des voûtes de grandes ouvertures. On emploie, en effet, en général, des cintres retroussés dans ce cas, car les arbalétriers des cintres précédents seraient d'une longueur trop considérable pour pouvoir être exécutés en un seul morceau.

439. Quand on n'a pas la hauteur suffisante pour établir les grands cintres, ou bien quand on n'a que des bois de faible équarissage on peut employer un cintre avec poutres en treillis, comme l'indique la figure 469.

440. *Cintres avec points d'appui intermédiaires.* — Les cintres avec points d'appui intermédiaires devront être employés toutes les fois qu'il sera facile de les établir. Les figures 473 à 481 représentent les principaux types de cintres avec points d'appui intermédiaires. Ils se divisent en deux catégories :

   1° Le système par contrefiches ;
   2° Le système par arbalétriers.

1° *Système par contrefiches*. — Dans le système par contrefiches, les points d'appui sont réunis par des vaux qu'on soutient au milieu par des contrefiches. Puis on met une série de moises.

Les cintres du pont de Steir et du pont au Change, à Paris (*fig.* 478), sont établis d'après ces principes.

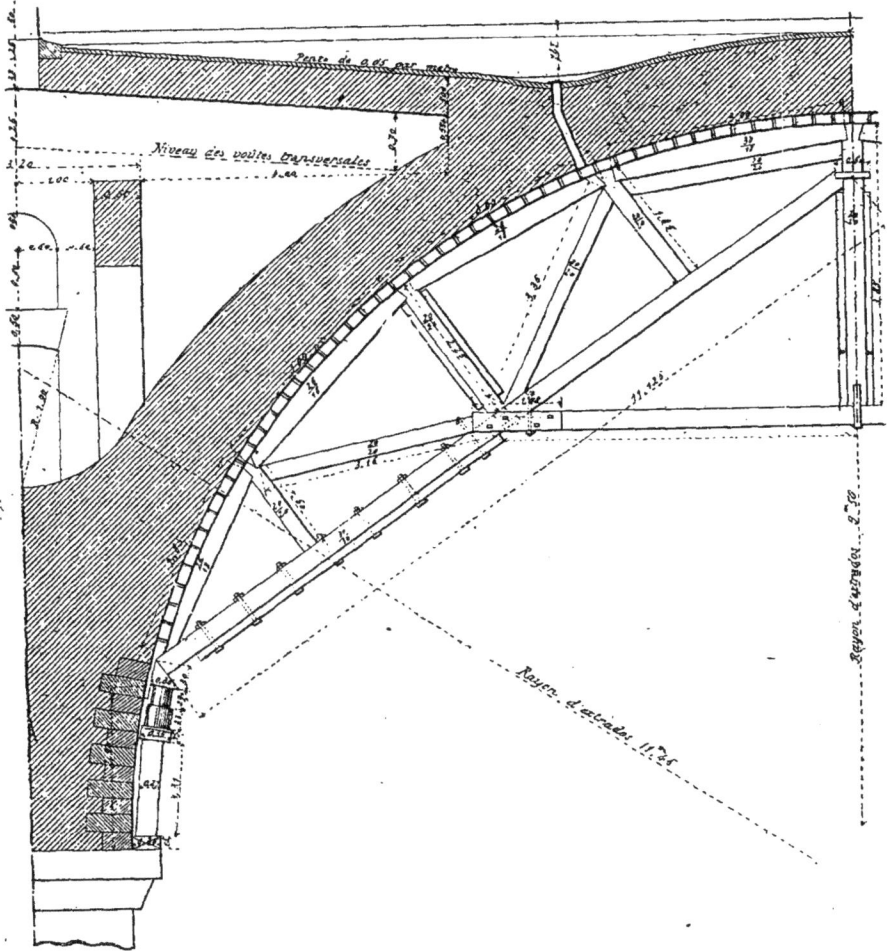

Fig. 467.

441. 2° *Système par arbalétriers.* — Les cintres de ce système dérivent de celui du pont de Montlouis dont nous donnons une élévation dans la figure 481. Le cintre du pont de Montlouis repose sur quatre appuis partageant l'ouverture de la voûte en trois parties à peu près égales. Les appuis extrêmes sont placés contre les piles. Les fermes sont formées de trois parties principales affectant sensiblement

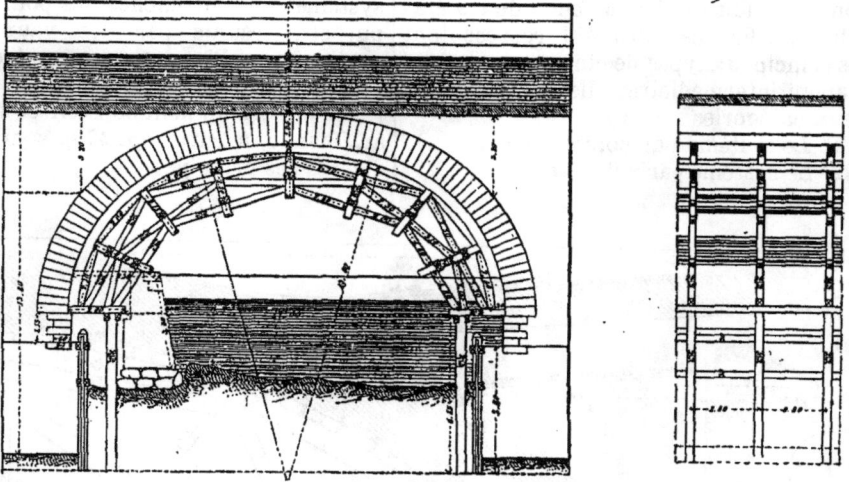

Fig. 468.

Elévation

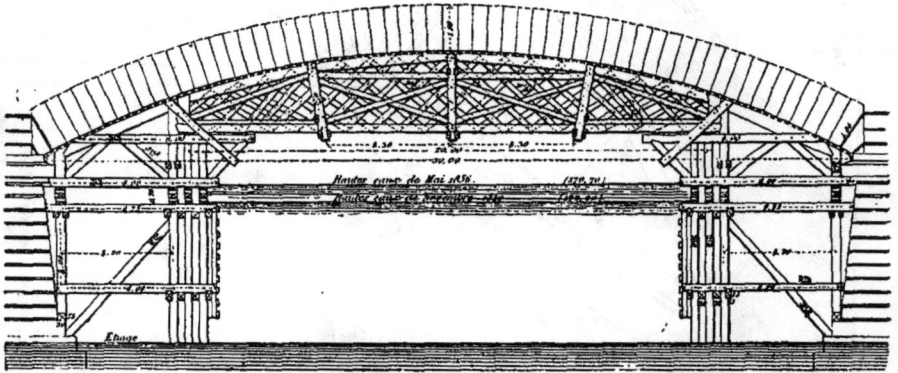

Fig. 469.

la forme d'un triangle équilatéral, disposition à rechercher car elle est très favorable à la résistance des bois de la
ferme. Des cours de moises horizontales
relient ensemble les montants et les arbalétriers. Il en est de même pour relier les
fermes entre elles mais là on a ajouté aux
moises horizontales deux systèmes de
grandes croix de Saint-André.

Supports des cintres.

442. Les cintres se composent toujours
de deux parties : l'une supérieure qui peut

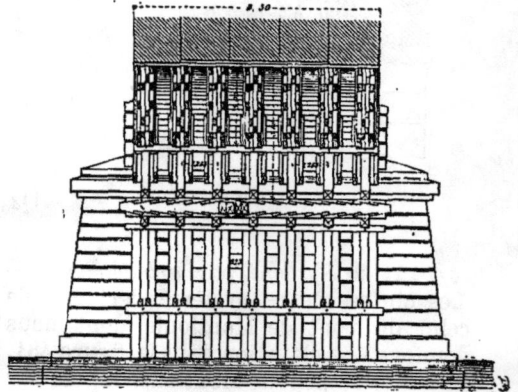

Fig. 470.

s'abaisser, et l'autre inférieure qui contient les points d'appui. Ces deux parties sont distantes d'environ 0ᵐ,400 et c'est entre elles que l'on place les appareils de décintrement, qui pourront être graduellement diminués de hauteur de manière à faire

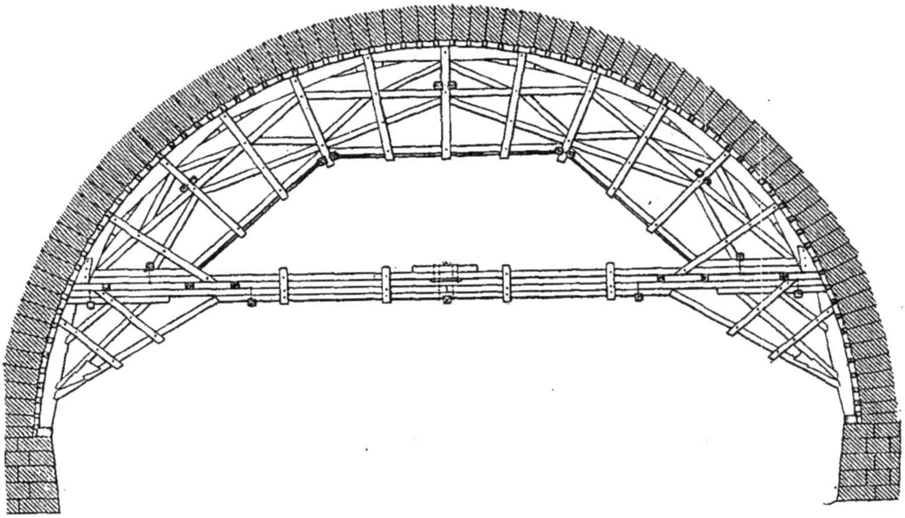

Fig. 471.

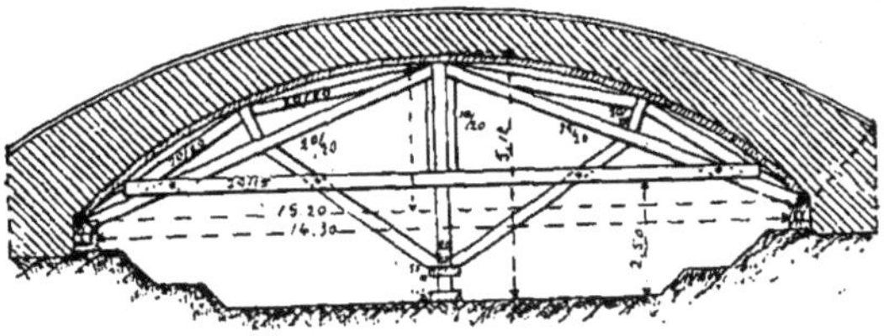

Fig. 472.

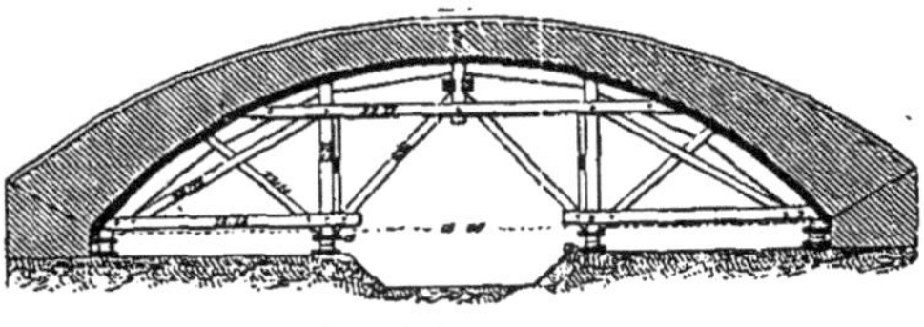

Fig. 473.

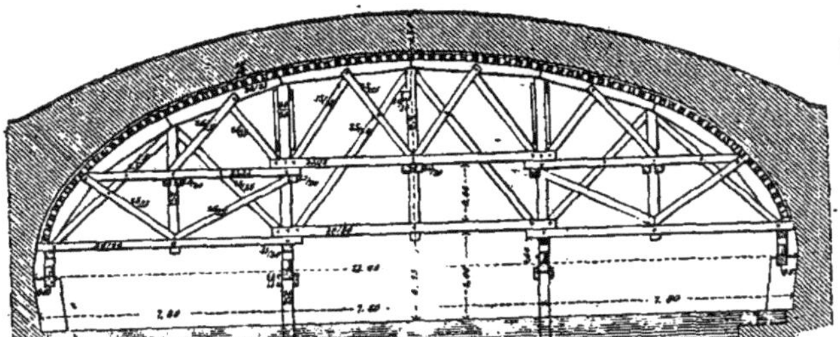

Fig 474.

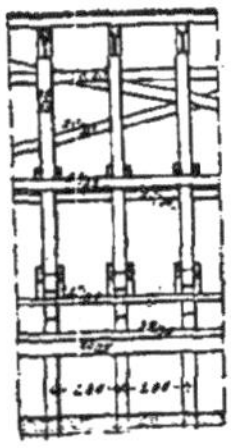

Fig. 475.

descendre lentement le cintre qui repose sur eux et opérer le décintrement. Ces appareils de décintrement sont constitués par des coins pour les petits ponts ou des boîtes à sable et des vérins pour les grands ponts. Nous reviendrons, du reste, sur ce sujet quand nous parlerons du décintrement des voûtes. Les appareils de décintrement sont soutenus par des pièces de bois horizontales supportées elles-mêmes, soit par des rails engagés dans la maçonnerie un peu au-dessous des naissances, soit par des palées élevées le long des piles et culées, comme l'indique la figure 509, soit encore sur des supports analogues aux supports intermédiaires des cintres fixes.

Espacement des fermes.

443. La limite de l'espacement des fermes est, en général, de 1ᵐ,20 à 2 mètres ; le plus employé est 1ᵐ,50. Plus l'espace-

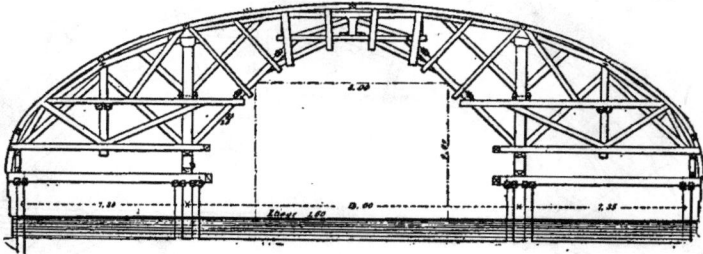

Fig. 476.

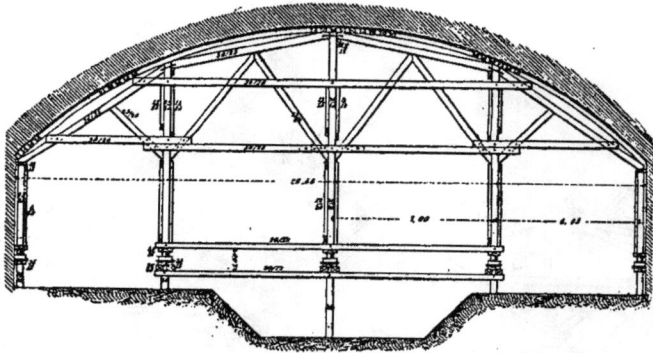

Fig. 477.

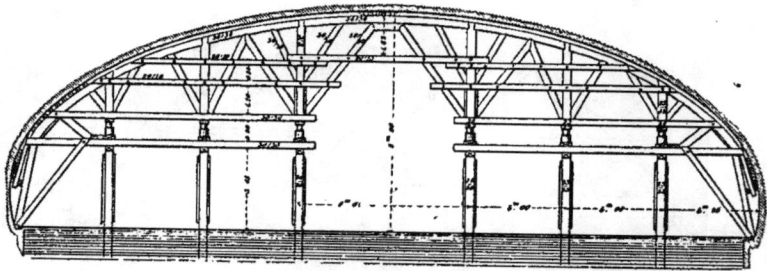

Fig. 478.

ment est grand, et plus naturellement l'équarissage des couchis et des autres pièces de bois constituant le cintre devient considérable. L'axe des fermes de tête se met ordinairement à 0ᵐ,50 en arrière du plan de tête. L'arête de l'arc d'intrados devant être parfaitement nette, les couchis seront arasés à 0ᵐ,05 de cette arête. La position des fermes de tête étant déterminée, on divise leur intervalle en un nombre de parties égales telles que l'écartement qui en résulte pour les fermes intermédiaires soit compris dans les limites indiquées plus haut.

Description de quelques cintres.

444. *Cintre du pont de Montbrun sur le Tarn.* — Les figures 479 et 480 représen-

tent l'élévation et la coupe transversale du cintre du pont de Montbrun, sur le Tarn, dont nous avons donné les résultats des calculs de stabilité au numéro 394.

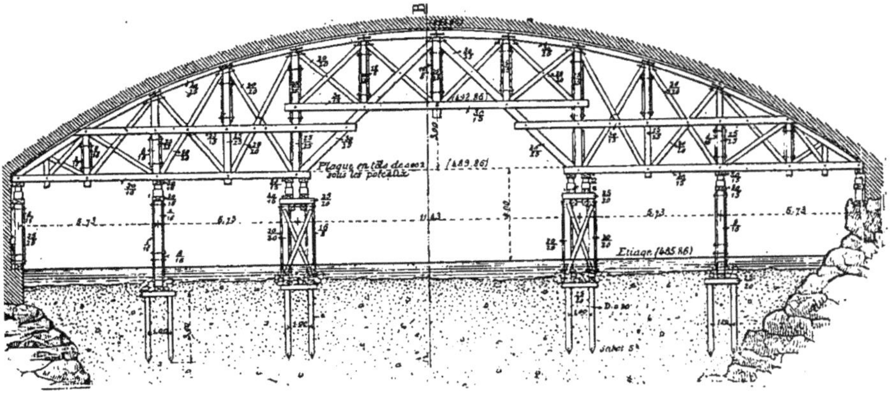

Fig. 479. — Cintre du pont de Montbrun.

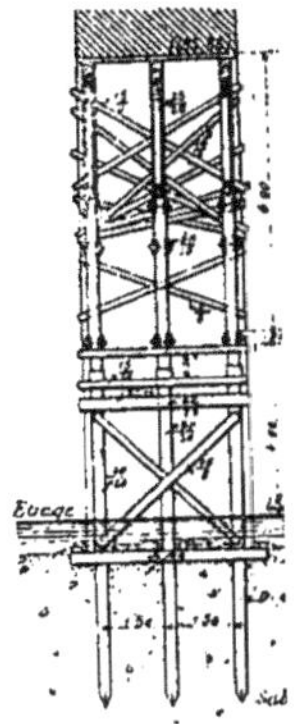

Fig. 480. — Coupe transve du cintre du pont de Montb

Les cintres étaient constitués par trois fermes en bois de pin distantes de 1m,50 d'axe en axe et supportées en six points différents.

Le point d'appui sur la rive droite a été pris sur le rocher et celui de la rive gauche sur les fondations de l'ouvrage, comme le montrent les dessins. Les points

Fig. 481. — Elévation du cintre du pont de Montlouis.

d'appui intermédiaires étaient constitués par deux rangées de pilots.

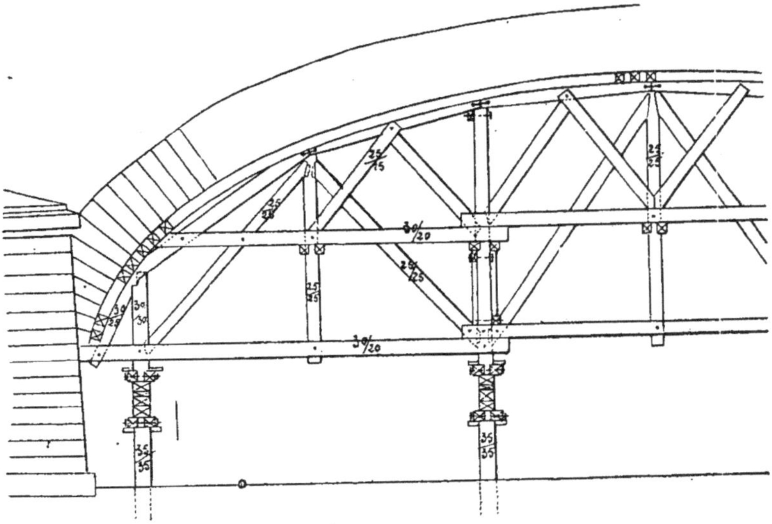

Comme les deux supports du milieu avaient, par leur position même, à sup-

porter des charges bien plus considérables que les autres, on a adopté pour ces supports une disposition spéciale.

Ils ont été formés par deux chaises

entre les pieux desquelles on a placé un caisson rempli de pierres et de béton à la partie supérieure.

Les fermes des cintres étaient constituées par deux faux entraits, une série de poinçons et trois cours de doubles moises.

Les faux entraits s'appuyaient sur les supports intermédiaires et supportaient les arbalétriers; les vaux s'assemblaient sur les poinçons et les quadrilatères formés par les poinçons étaient triangulés par des croisillons. Enfin les trois cours de doubles moises reliaient entre elles, en les serrant, toutes les pièces de bois formant poinçons, croisillons et arbalétriers, et donnaient à l'ensemble de la ferme une très grande rigidité.

Les fermes étaient reliées entre elles par des moises horizontales et des croix de Saint-André formant contreventement.

Pour empêcher la pénétration, les unes dans les autres, des pièces de bois supportant de fortes charges, on avait intercalé entre elles des feuilles de tôle de deux millimètres d'épaisseur.

Le bon établissement de ces cintres a donné les résultats les plus satisfaisants; les tassements ont été très faibles et, quoique une crue de 2^m,90 ait affouillé un des caissons des deux supports du milieu, les pilotis n'ont pas été déviés et n'ont subi aucun tassement.

445. *Cintres des ponts du Castelet, Antoinette et de Lavaur.* — Les cintres de ces ponts se composent de deux fermes de rives et de trois fermes intermédiaires, composées chacune de deux parties, l'une supérieure, l'autre inférieure, et reposant l'une sur l'autre à l'aide d'une série de neuf boîtes à sable.

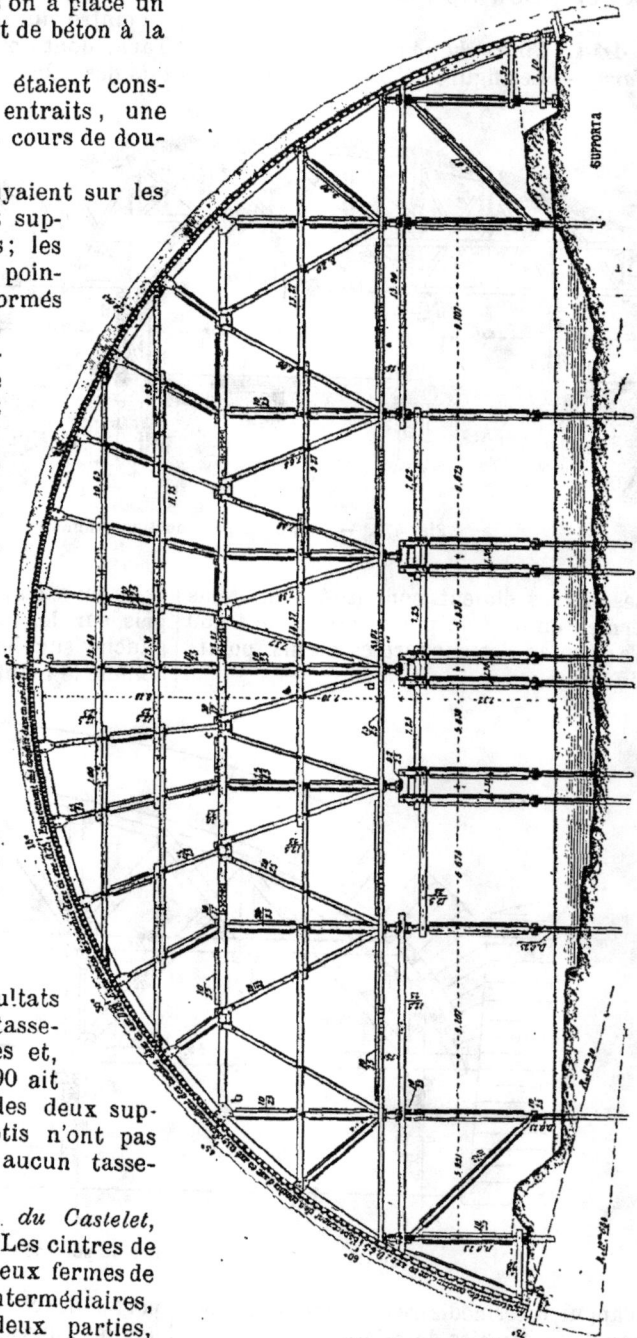

Fig. 482. — Élévation du cintre du pont de Lavaur.

Les écartements, d'axe en axe, des fermes intermédiaires, sont :
Au pont du Castelet. . . . . 1^m,50

Au pont de Lavaur 1ᵐ,50
Au pont Antoinette 1ᵐ,40

Les distances d'axe en axe, entre les fermes intermédiaires et les fermes de rive, sont :

Au pont du Castelet. . . . : 1ᵐ,65
Au pont de Lavaur 1ᵐ,50
Au pont Antoinette 1ᵐ,40

446. Les vaux sont supportés par des

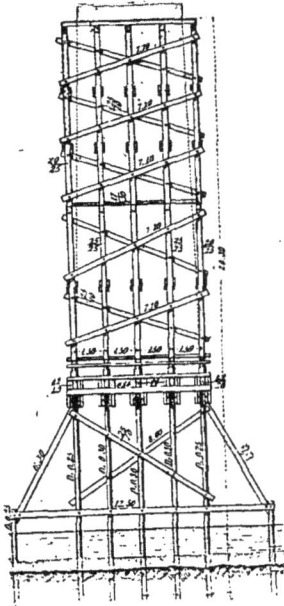

Fig. 483. — Coupe transversale du cintre du pont de Lavaur.

contrefiches à section carrée (25/25) pour les fermes intermédiaires et à section rectangulaire pour les fermes de rive (20/25). Ils sont d'une seule pièce au pont de Lavaur, de deux pièces au pont Antoinette et de trois pièces au pont du Castelet. Mais les contrefiches sont, dans les trois cintres, dirigées suivant les rayons, et placées, par conséquent, dans de bonnes conditions de résistance. Il y a exception cependant pour le pont Antoinette où les contrefiches ne sont que de deux en deux suivant le rayon, les autres contrefiches étant formées par deux pièces de bois à inclinaison à peu près constante sur la douelle. Cette disposition a été motivée

par la nécessité où l'on se trouvait d'éviter le plus possible les supports en rivière.

Une autre différence, nécessitée par la

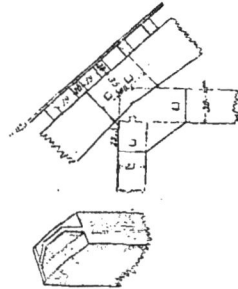

Fig. 484. — Assemblage *b*.

grande hauteur du pont de Lavaur, existe encore entre ces trois cintres. Ainsi au pont du Castelet et au pont Antoinette, l'éventail formé par les vaux, les contrefiches et l'entrait, s'appuie sur les boîtes à sable sans interposition d'aucune pièce de bois tandis que au pont de Lavaur on a été obligé d'interposer une ferme formée par des poinçons verticaux et des pièces de bois inclinées formant triangles. Ces pièces de bois inclinées viennent s'assembler sur l'arbalétrier inférieur, à l'intersection de cet arbalétrier avec les rayons de l'éventail.

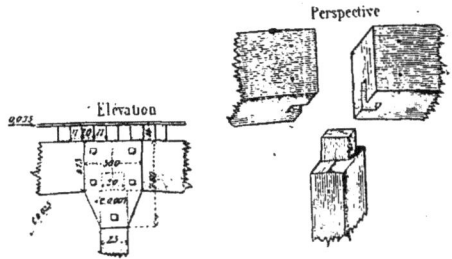

Fig. 485. — Assemblage *a*.

447. Le contreventement des fermes est effectué dans leur plan par des cours de moises longitudinales dont les abouts sont croisés autant que cela se peut entre deux contre-fiches consécutives. Les fermes sont reliées entre elles par des croix de Saint-André et des moises transversales comme l'indiquent les coupes en travers. Les couchis, cloués sur les vaux, augmentent encore la solidité de ce contreventement.

448. Au pont du Castelet on ne pouvait pas donner aux fermes des points d'appui intermédiaires situés dans le lit de l'Ariège à cause de la violence du courant, puisque sur les 470 mètres en amont du

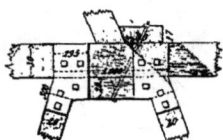

Fig. 486. — Assemblage c.

pont la chute de la rivière est de 28 mètres. On a employé, pour traverser la rivière, des chevalements retroussés de 26^m,40 de portée. Ces chevalements étaient formés par deux arbalétriers doubles suivant une ligne brisée, comme l'indique la figure 498.

Pour maintenir constant l'écartement des arbalétriers de retombée, on les a reliés par un tirant constitué par un fer cornière fixé, à ses extrémités, par d'autres cornières de plus faibles dimensions à un encoffrement en tôle emboîtant les abouts des arbalétriers doubles. Les arbalétriers

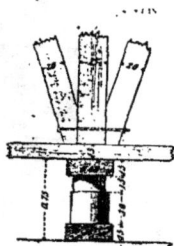

Fig. 487. — Assemblage d.

inclinés s'appuyaient sur des sommiers en chêne noyés dans des blocs de maçonnerie. Entre les abouts des arbalétriers et les sommiers en chêne on avait intercalé, pour assurer un contact parfait sur toute la surface d'appui, des feuilles de plomb de 0^m,01 d'épaisseur.

449. Au pont de Lavaur on a supporté le cintre à l'aide de neuf palées, formées

de sept pieux, solidement moisées. Les pieux des palées du centre avaient 0^m,30 de diamètre; ceux des deux palées extrêmes

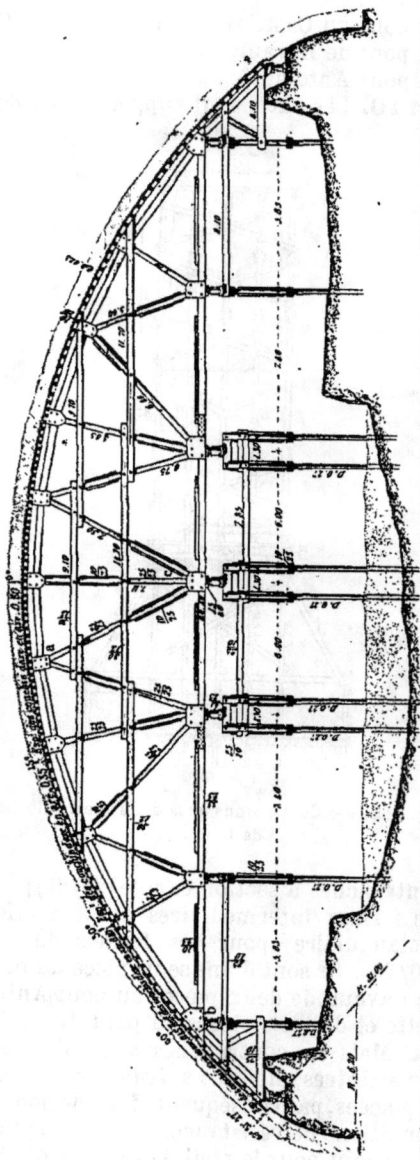

Fig. 488. — Élévation du cintre du pont Antoinette.

n'avaient que 0^m,25. Pour mettre ces pieux en place il ne fallait pas songer à les enfoncer par la méthode ordinaire car le lit de la rivière était constitué par du tuf qui s'étoilait très facilement sous l'action du battage. On a donc été obligé de faire, au préalable, dans le tuf, des trous de 2 mètres environ de profondeur et d'un diamètre de 0^m,35 pour les cinq palées du centre et de 0^m,30 pour les deux palées extrêmes. Cette opération terminée on a

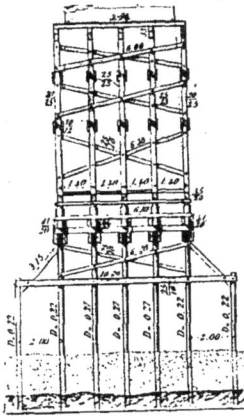

Fig. 489. — Coupe transversale du cintre du pont Antoinette.

descendu les pieux dans leurs trous respectifs, puis, après un faible battage, on a coulé tout autour du coulis de ciment.

La même méthode a été employée pour la mise en place des pieux supportant les

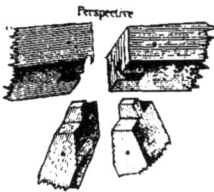

Fig. 490. — Assemblage a.

fermes du cintre du pont Antoinette, où le terrain était recouvert d'une couche de gravier peu propice à l'enfoncement et au maintien des pieux.

450. *Assemblages.* — Les figures 484 à 487 représentent les assemblages d'une des fermes du cintre du pont de Lavaur; dans chacun d'eux on a interposé du zinc épousant la forme de l'assemblage et des-

tiné à assurer un contact parfait des surfaces en contact.

Les figures 490 à 493 représentent les assemblages d'une des fermes du cintre du pont Antoinette. Ici encore on a interposé du zinc, pour les mêmes raisons.

Au pont du Castelet, dont les assem-

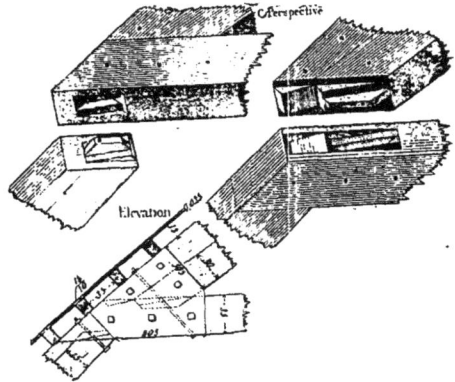

Fig. 491. — Assemblage b.

blages d'une des fermes du cintre sont représentés sur les figures 500 à 507, on a interposé du zinc n° 16 sur les abouts et de la tôle de 0^m,003 sur les portées et sur les entailles.

Enfin pour les cintres des trois ponts, on a recouvert, comme l'indiquent les figures, certains assemblages par des feuilles de tôle solidement boulonnées.

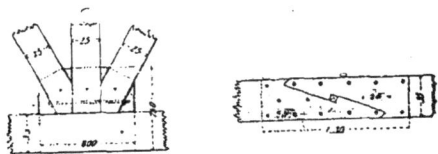

Fig. 492. — Assemblage c. Fig. 493. — Assemblage de l'entrait

Dans tous les assemblages, l'épaisseur des tenons est le $^1/_3$ de celle des pièces à assembler. La même proportion a été adoptée, pour les abouts et les arasements, dans les embrèvements recouverts.

Les entailles des embrèvements ont 0^m,04.

Cintres en éventail.

451. Les cintres en éventail dont nous donnons les types sur les figures 494 et 497 *bis* ainsi que les détails d'assemblages sur les figures 495, 496 et 497, sont très simples. Ils sont assez exactement calculables par les règles de la statique élémentaire et sont aussi rigides que ceux des autres systèmes. De plus, ils offrent l'avantage d'avoir des points fixes absolument déterminés, qui sont les abouts des contrefiches. Ces points fixes détermineront une articulation, à l'aide d'un joint sec ou d'un taquet par exemple, autour de laquelle la voûte tendra à s'ouvrir.

L'incertitude qui règne dans les cintres

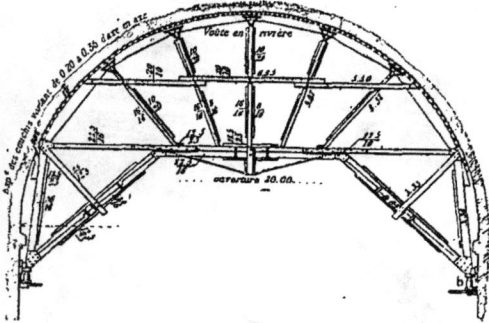

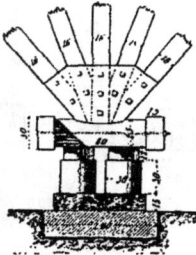

Fig. 494. — Cintre du pont de Saint-Waast
(voûte en rivière).

bois, par mètre carré de douelle, que nécessite leur construction, est notablement inférieur à celui qu'exigent les autres cintres. Ce sont donc les plus économiques.

452. *Cintres des ponts biais.* — Les fermes des cintres des ponts biais se font d'après les mêmes principes que celles des ponts droits. Le contreventement des fermes se fait ordinairement dans des plans parallèles aux culées, c'est-à-dire

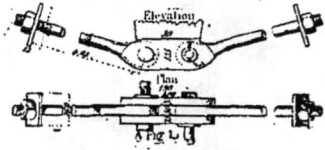

Fig. 497. — Détail de tirant.

obliques sur les plans de tête comme l'indique la figure 508.

Détermination du cube de bois et du poids de fer, par mètre carré de douelle.

453. Après avoir construit des courbes donnant, pour une série de cintres, les cubes de bois et les poids de fer, par mètre carré de douelle, M. Séjourné donne des formules permettant de déterminer ces quantités avec une approximation suffi-

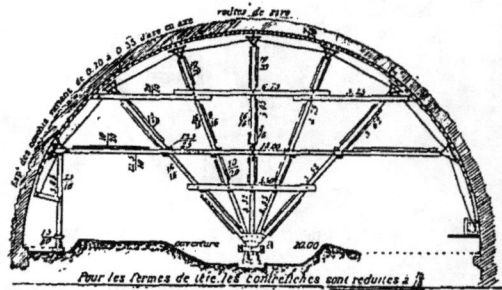

Fig. 495. — Support *a*.   Fig. 496. — Retombée *b*.

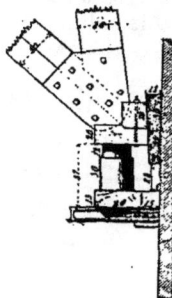

déformables dans leur ensemble, sur la position et le nombre de ces points, disparaît donc avec les cintres en éventail.

Enfin, ces cintres sont les plus légers que l'on puisse adopter car le cube de

Fig. 497 *bis*. — Cintre du pont de Saint-Waast
(Voûte de rive).

sante, pour les cintres retroussés et pour les cintres fixes.

Soient:

K, le cube de bois, par mètre carré de douelle, d'un cintre en éventail;

p, le poids de fer, également par mètre carré de douelle ;

A, la portée.

On aura les formules suivantes :

1° *Cintres retroussés pour pleins cintres :*
$$K = 0,04 + 0,012\,A$$
pour les ouvertures supérieures à 4 mètres.

2° *Cintres fixes, pieux compris, pour toute forme de voûte, tant que la hauteur entre la clef et le terrain naturel est plus petite que la moitié de la portée :*

$$K = 0,06 + \frac{A}{100}.$$

Cette dernière formule est exacte pour les voûtes surbaissées, mais donne des résultats trop forts pour les voûtes en plein cintre.

Les courbes construites par M. Séjourné montrent que, sauf de rares exceptions, les cintres fixes sont toujours les plus économiques.

Surhaussement des cintres.

454. Lorsqu'on met un cintre en place on donne, en général, aux fermes un léger surhaussement pour contrebalancer,

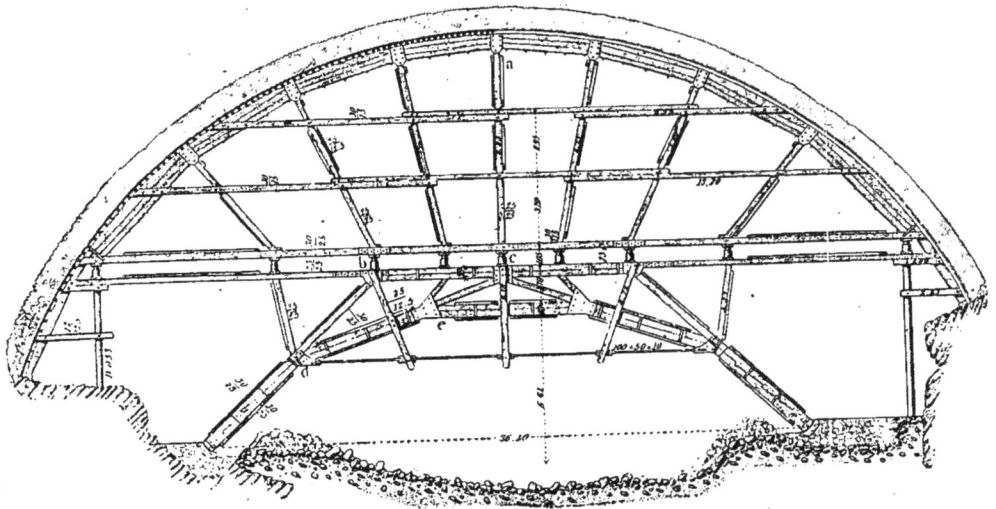

Fig 498. — Elévation du cintre du pont du Castelet.

dans une certaine mesure, l'abaissement qui se produit à la clé de la voûte après le décintrement, et aussi le tassement du cintre pendant la construction. La quantité dont il faut hausser le cintre est évidemment égale au tassement présumé ; mais, comme on n'a aucun moyen pour déterminer ce tassement, il faut agir un peu par comparaison, en se servant des résultats constatés après le décintrement d'arches se trouvant dans les mêmes conditions que celle que l'on projette. Cette manière d'opérer ne peut cependant donner des indications bien précises puisque le tassement dépend naturellement du soin avec lequel le cintre a été construit

et aussi de la qualité des matériaux employés pour la construction de la voûte et de l'épaisseur des joints qui doit être au maximum de 0^m,02. C'est ainsi qu'au pont aux doubles et au petit pont qui ont été construits avec de la meulière et dont les mortiers étaient en ciment de Vassy, on n'a pas constaté de tassement appréciable après le décintrement. Les ponts construits avec du mortier de chaux s'affaissent toujours un peu ; mais, si le mortier a été bien fabriqué, on peut cependant donner à la courbe du cintre la forme indiquée sur le projet pour l'arc d'intrados, car le tassement peu sensible qui se produit modifie d'une manière peu appréciable la courbure de cet arc, surtout si, comme cela arrive le plus souvent, l'ensemble de la voûte s'abaisse à peu près uniformément.

Nous donnons ci-dessous le tableau des principaux tassements constatés après le décintrement dans quelques ponts importants :

DÉSIGNATION DES PONTS	FORME DE L'ARC DE TÈTE	OUVERTURES	TASSEMENTS
		m.	m.
Pont de Neuilly...........	Anse de panier	39.00	0.660
Pont de Mantes...........	»	39.00	0.527
Pont de Nogent...........	»	29.25	0.416
Pont de St-Sauveur........	»	23.38	0.221
Pont de Nemours..........	Arc de cercle	16.20	0.203

Nombre de cintres à employer dans la construction d'un pont.

455. Les cintres étant des échafaudages provisoires, il y a intérêt à réduire, autant que cela est possible, les dépenses auxquelles ils donnent lieu, dans les ponts à plusieurs arches. — On conçoit, en effet, que cette dépense deviendrait une fraction notable de celle du pont entier, si on était obligé de construire un cintre pour chacune des arches.

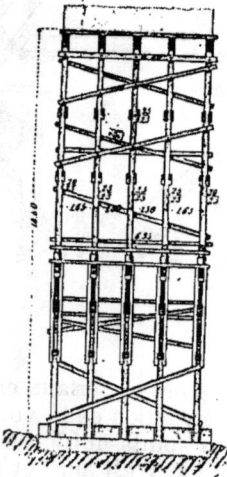

Fig. 499. — Coupe transversale du cintre du pont de Castelet.

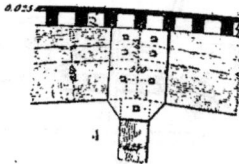

Fig. 500. — Assemblage *a*.

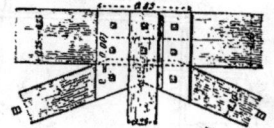

Fig. 50'. — Assemblage *c*.

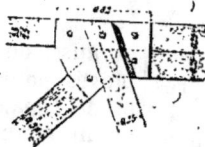

Fig. 501. — Assemblage *b*.

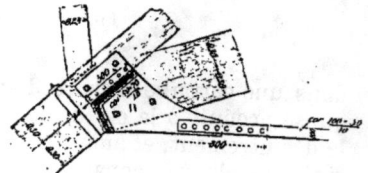

Fig. 503. — Assemblage *d*.

Au moment du décintrement la voûte ne se compose, en général, entre les deux joints de rupture, que des voussoirs de douelle ; de sorte que la charge que supporte le cintre est la plus faible possible que puisse lui transmettre la voûte. Dans ces conditions les deux piles qui supportent la voûte que nous considérons n'auront à résister qu'à une poussée très faible puisqu'il n'y a encore aucune surcharge ; et les épaisseurs qui résultent des considérations développées aux nos 367 et suivants seront en général suffisantes pour que les piles résistent à cette poussée et, par suite, forment culées. S'il en est ainsi, on pourra, à la rigueur, n'employer qu'un seul cintre pour la construction de toutes les arches du pont et la dépense sera réduite à son minimum. Il est évident, cependant, qu'avec un seul cintre la marche des travaux serait peu active puisqu'on ne pourrait occuper les ouvriers qu'à la construction d'une seule arche à la fois.

156. D'après M. Dupuit, deux cintres permettent de donner aux piles

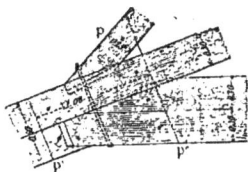

Fig. 504. -- Assemblage e.

une épaisseur moitié moindre que celle qui leur est nécessaire pour former culée.

Considérons, en effet (*fig.* 509 *bis*), deux arches contiguës d'un pont en construction ; l'une de ces arches complètement terminée et décintrée et l'autre reposant encore sur son cintre.

Désignons par :

P, le poids de la pile qui supporte les deux voûtes que nous considérons ;

e, l'épaisseur de cette pile ;

P_1, le poids de l'une des demi-voûtes ;

P_s, la poussée de la voûte décintrée ;

P'_s la poussée que la voûte terminée et décintrée exerce sur la voûte qui repose encore sur son cintre ;

h, la hauteur du point d'application de la poussée au-dessus de la base de la pile.

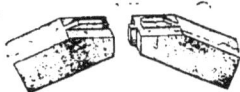

Fig. 505. — Vue perspective des pièces mm'.

La pile de droite de la voûte sur cintre sera en équilibre, si on a :

$$P'_s \times h = e\left[P_1 + \frac{P}{2}\right]$$

d'où on tire :

$$P'_s = \frac{e}{h}\left[\frac{P}{2} + P_1\right]. \qquad (1)$$

La pile de gauche sera en équilibre, si on a (n° 280) :

$$P'_s \times h + P \times \frac{e}{2} + P_1 \times e = P_s \times h$$

ou $\quad P'_s \times h + e\left[\frac{P}{2} + P_1\right] = P_s \times h$

c'est-à-dire :

$$P_s - P'_s = \frac{e}{h}\left[\frac{P}{2} + P_1\right]. \qquad (2)$$

Fig. 506. — Vue perspective de la pièce n.

En additionnant les équations (1) et (2) on obtient :

$$P_s = \frac{2e}{h}\left[\frac{P}{2} + P_1\right]$$

équation d'où on tire :

$$e = \frac{P_s \times h}{2\left[\frac{P}{2} + P_1\right]} \qquad (3)$$

Si la pile formait culée, on aurait :

$$P_s = \frac{e}{h}\left[\frac{P}{2} + P_1\right] \qquad (4)$$

et l'épaisseur qui lui serait strictement nécessaire pour remplir cette condition serait :

$$e = \frac{P_s \times h}{\left[\frac{P}{2} + P_1\right]} \qquad (5)$$

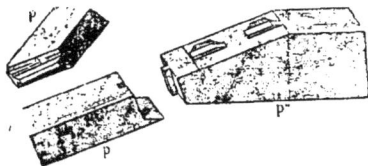

Fig. 507. — Vue perspective des pièces $pp'p''$.

Cette dernière équation rapprochée de l'équation (3) montre que l'épaisseur de la pile formant culée est bien le double de celle qui est nécessaire lorsqu'on emploie deux cintres.

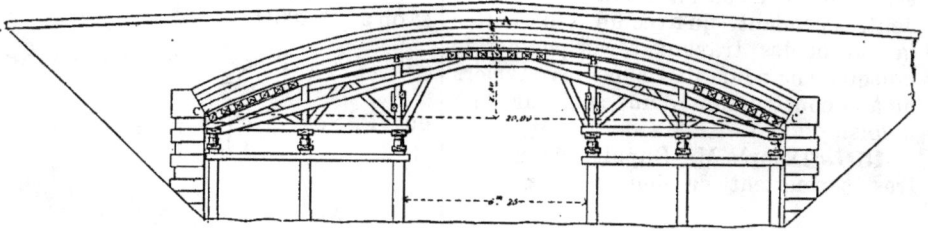

Fig. 507 *bis.*

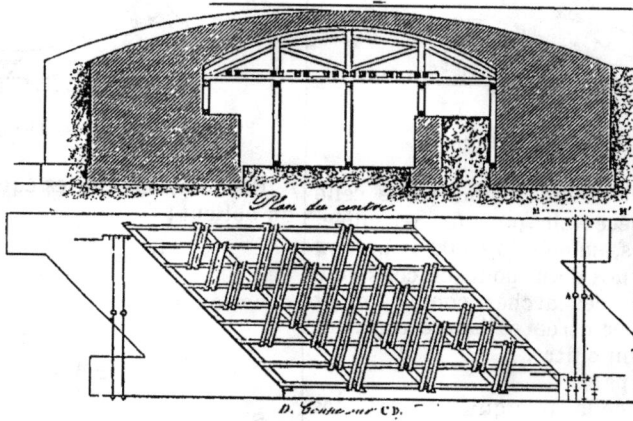

Plan du cintre.

D. Coupe sur CD.

Fig. 508

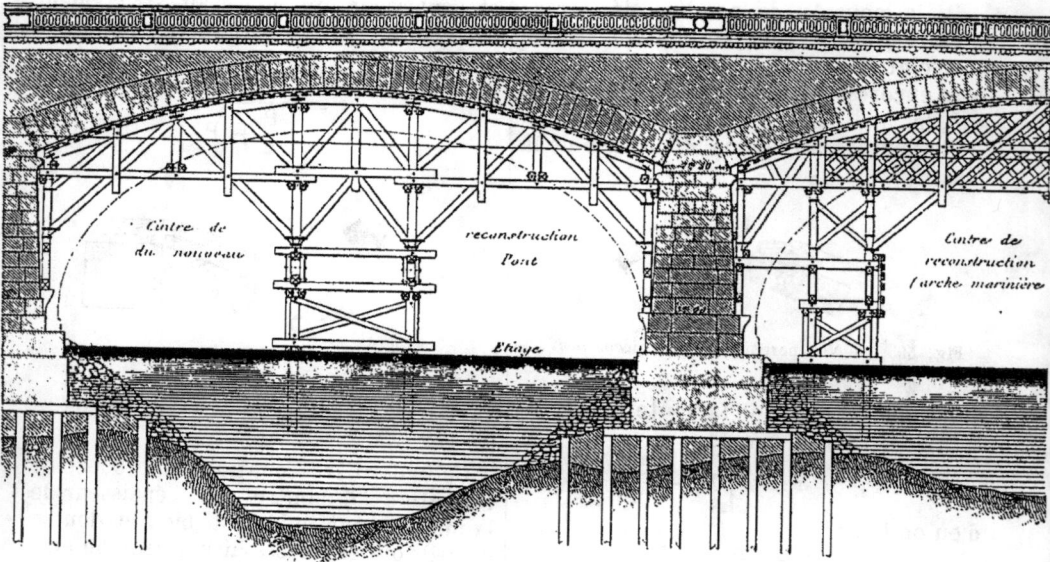

Cintre de
du nouveau

reconstruction
Pont

Etiage

Cintre de
reconstruction
l'arche marinière

Fig. 508 *bis.*

En laissant une troisième arche sur son cintre on augmenterait encore la résistance de la première pile. On peut donc se rendre compte du nombre de cintres absolument nécessaires quand les piles ne forment pas culée.

457. En résumé on ne devra se préoccuper du nombre de cintres indispensables à la construction de la voûte que lorsque l'économie réalisée aura une assez grande importance.

Dans certains cas cependant on ne peut

Fig. 509.

pas employer le même cintre pour la construction de toutes les arches, par suite de circonstances toutes particulières. Ainsi dans la figure 508 bis l'une des arches a un cintre avec appuis intermédiaires tandis que l'arche marinière, qui doit livrer passage aux bateaux, a un cintre formé d'une sorte de grande poutre en treillis reposant sur deux appuis à ses extrémités.

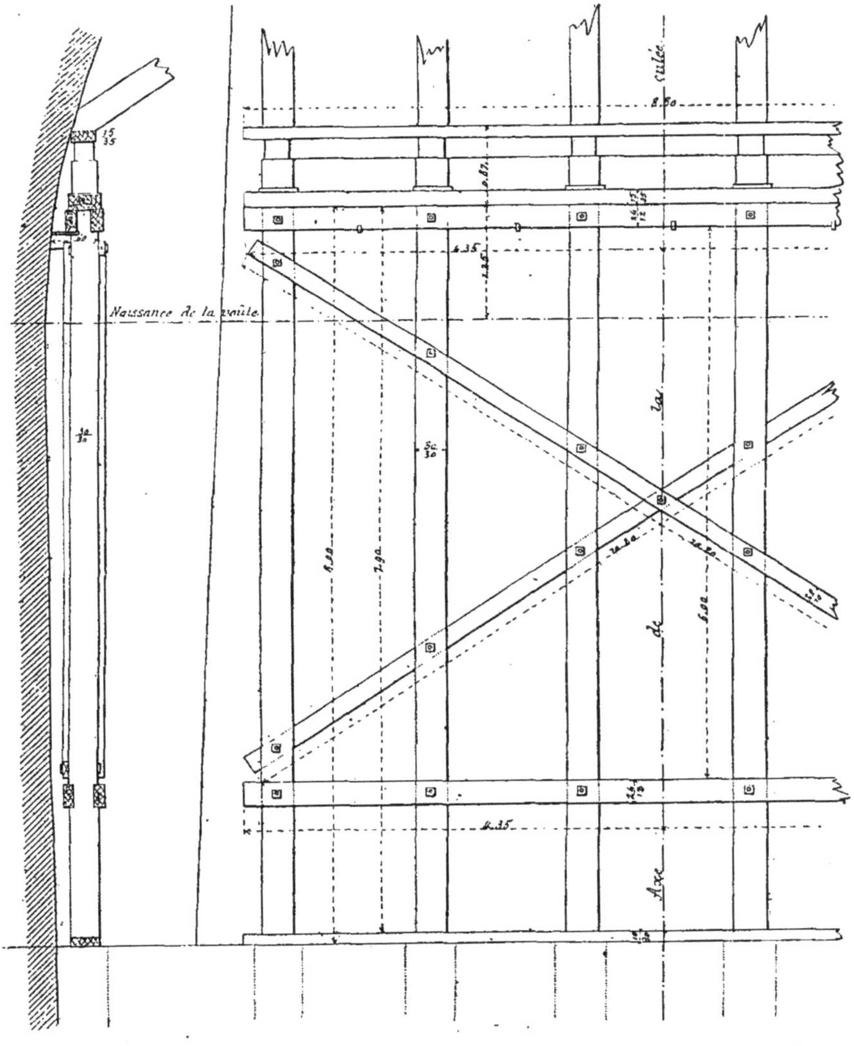

458. Si la voûte a une assez grande longueur on pourra construire, tout d'abord, une première zone à partir de l'un des plans de tête, puis transporter le cintre parallèlement à lui-même pour construire les zones suivantes. Les cintres pourront être déplacés parrallèlement à eux-mêmes à l'aide de rouleaux de bois sur lesquels ils rouleront en les faisant avancer à l'aide de leviers.

§ II. — PONTS DE SERVICE

459. Dans la construction des voûtes en maçonnerie, il est commode d'établir des chemins longitudinaux, parallèles à l'élévation du pont, pour le transport des matériaux à pied d'œuvre. Ces chemins, désignés sous le nom de pont de service, devant disparaître après l'achèvement de l'ouvrage, devront être construits le plus économiquement possible tout en offrant une résistance suffisante au passage des plus lourdes charges qui peuvent y circuler.

Les ponts de service portent souvent, dans le cas de grands ponts, les chemins de roulement des grues roulantes munies de treuils mobiles servant à élever les matériaux. Ces grues roulantes, et les treuils mobiles qu'elles supportent, permettent d'obtenir un double mouvement à angle droit et offrent, par suite, toute

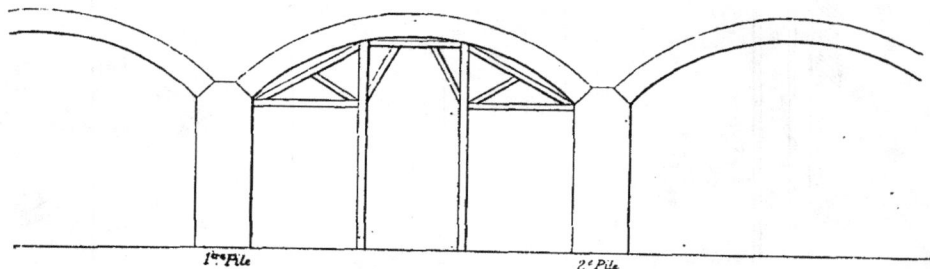

1ᵉʳ Pile   2ᵉ Pile

Fig. 509 *bis*.

facilité pour déposer les matériaux à l'endroit même où ils doivent être employés.

Les pont de service peuvent être complètement indépendants des cintres ou être supportés par les cintres eux-mêmes.

Lorsque le pont de service doit être complètement indépendant du cintre on forme souvent le chemin de roulement de la grue roulante en enfonçant parallèlement à l'ouvrage à construire, et de chaque côté, une série de pieux parfaitement reliés par des moises à leur extrémité supérieure et entretoisés par des croix de Saint-André. L'une des faces de l'ouvrage n'aura qu'une seule rangée de pieux, tandsdis que l'autre face en aura deux, pour supporter le plancher du pont de service proprement dit. On peut encore employer la disposition indiquée par la figure 520 avec deux rangées de pieux en amont et en aval de l'ouvrage à construire et par suite deux ponts de service absolument indépendants supportant les chemins de roulement de la grue.

La disposition que nous venons d'indiquer a l'inconvénient de gêner la navigation lorsque l'ouvrage doit être établi sur une rivière ; aussi, souvent on fait reposer le pont de service sur le cintre lui-même, à l'aide d'une série de poteaux montants ou chandelles (*fig.* 518). A mesure que la maçonnerie de la voûte rencontre ces chandelles, on coupe ces dernières et on les fait reposer sur la maçonnerie elle-même en ayant soin (*fig.* 525)

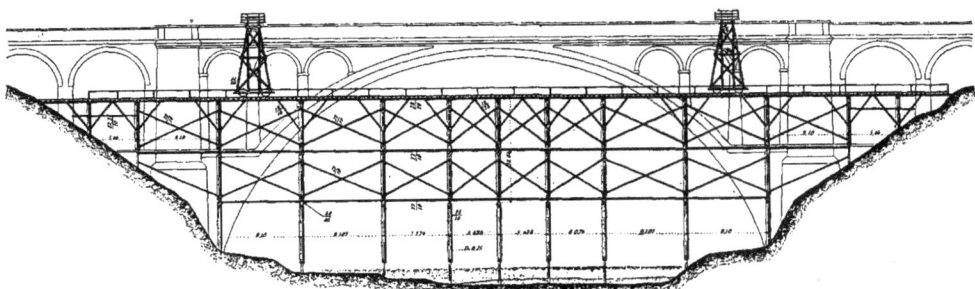

Fig. 510. — Élévation du pont de service du pont de Lavaur.

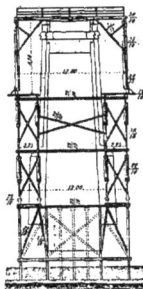

Fig. 511. — Coupe transversale
du pont de service du pont de Lavaur.

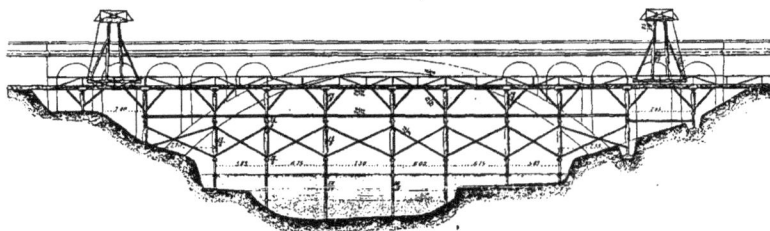

Fig. 512. — Élévation du pont de service du pont Antoinette.

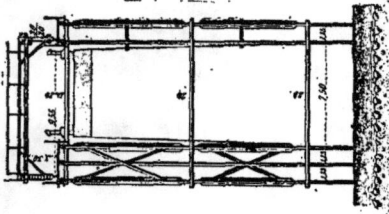

Fig. 515. — Coupe transversale du pont de service du pont du Castelet.

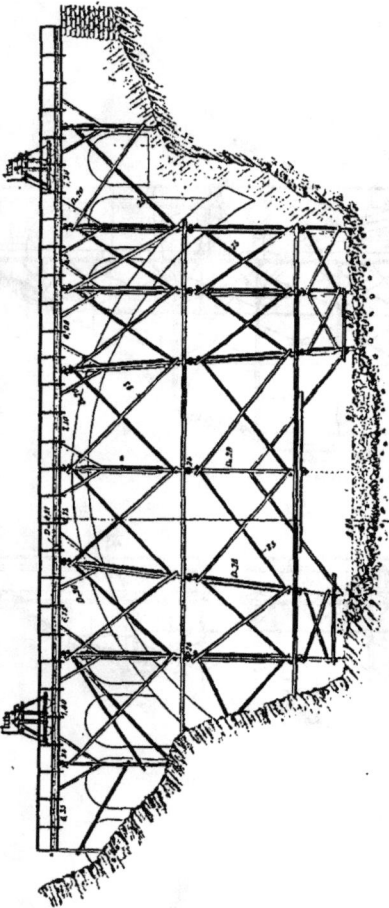

Fig. 514. — Élévation du pont de service du pont du Castelet.

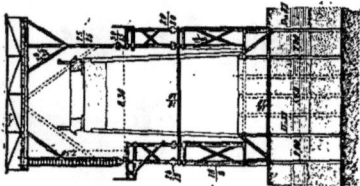

Fig. 513. — Coupe transversale du pont de service du pont Antoinette.

de noyer leur base dans des tasseaux en ciment (*b*) pour éviter tout glissement possible.

Ponts de service des ponts du Castelet, de Lavaur et Antoinette.

460. Les ponts de service qui ont été établis pour la construction des voûtes des ponts du Castelet, de Lavaur et Antoinette étaient indépendants du cintre et supportaient les chemins de roulement des grues destinées au transport des matériaux pour les amener à pied d'œuvre. Ces grues étaient approvisionnées par deux voies au pont de Lavaur et par une seule aux ponts Antoinette et du Castelet.

Les ponts de service des ponts Antoinette et de Lavaur étaient composés de quatre fermes, deux en amont des ponts et les deux autres en aval; l'ensemble formant deux ponts de service de part et d'autre de l'ouvrage. Chacun de ces ponts était soigneusement contreventé par des moises horizontales et des croix de Saint-André. Les deux ponts de service était en outre reliés l'un à l'autre, à travers les cintres, comme l'indiquent les figures.

Les fermes de chacun des ponts de service étaient formées de poteaux montants entés l'un sur l'autre et s'appuyant sur les brise-lames. Au niveau des entures on avait établi des moises horizontales, formant des étages réunis par des croix de Saint-André.

Au pont du Castelet les ponts de service comportaient cinq fermes formées encore de poteaux montants entés l'un sur l'autre, comme aux deux ponts précédents, mais ici, les montants prenaient leurs points d'appui sur le sol. Le contreventement était effectué encore par des moises horizontales formant des étages réunis par des croix de Saint-André.

Le tableau suivant indique les dimensions des bois employés dans la construction de ces ponts de service. Au pont du Castelet on avait adopté des bois ronds et refendus et aux ponts de Lavaur et Antoinette des bois équarris.

DÉSIGNATION des PIÈCES	PONT DE LAVAUR — Bois équarris	PONT ANTOINETTE — Bois équarris	PONT DU CASTELET	
			Bois ronds	Bois refendus
Longrines sous rails............	28/20	26/26	27	»
Jambes de force soutenant les longrines sous rails..................	18/18	24/22	20	»
Poteaux montants.............	18/18	20/20	28	»
Moises et Croix de Saint-André......	22/10 à 25/10	24/13 à 18/8	»	22 à 27

§ III. — CALCUL DES CINTRES

461. Jusque dans ces derniers temps on admettait qu'il était impossible de déterminer les dimensions à donner aux différentes pièces constituant les cintres, telles que les couchis, les vaux et les contrefiches, parce qu'on ne savait pas évaluer la pression par unité de surface, transmise par une voûte sur son cintre. Voici, du reste, comment s'exprime, sur ce sujet, M. Dupuit, dans son *Traité des Ponts :* « Nous ne croyons pas qu'il soit possible de soumettre au calcul l'équarrissage des pièces de bois qui entrent dans la composition des cintres. Les tentatives qu'on a faites pour appliquer les formules de la résistance des matériaux aux assemblages de charpente tels que les ponts de bois, reposent, selon nous, sur des considérations inexactes et pourraient conduire à des résultats très mauvais sous le rapport de la pratique. Les théoriciens perdent de vue que la base même du calcul manque complètement et que l'ignorance où ils sont de toutes les circonstances de la construction rend le problème nécessairement indéterminé. Une poutre uniformément chargée repose sur trois pieux, avec lesquels elle est assemblée à tenon et mortaise. Si les trois pieux sont parfaitement dérasés, si la poutre est parfaitement droite, le calcul déterminera sans contredit la pression sur chaque pieu et la tension ou la compression de chaque point de la poutre ; mais cette perfection des matériaux est toute idéale et ne se réalise jamais dans la pratique ; pour obtenir la précision qu'elle suppose, il faudrait dépenser cent fois plus qu'il n'en coûte pour s'en passer avec des matériaux grossièrement ajustés. Il s'agit là d'un assemblage de charpente des plus simples ; or, les cintres avec leurs contre-fiches, leurs moises qui se croisent en tout sens, présentent des combinaisons d'une variété infinie et nous n'hésitons pas à dire que celui qui voudrait pénétrer dans ce dédale avec les formules de la théorie n'en sortirait jamais, et, en admettant qu'il parvînt à en sortir par un effort de patience extraordinaire, les résultats qu'il obtiendrait ne mériteraient aucune confiance, parce qu'ils seraient nécessairement échafaudés sur une précision des matériaux différente de celle qui serait obtenue. Deux fermes entièrement semblables en dessin ne travaillent pas de la même manière ; telle pièce qui s'écrase dans l'un, est si peu pressée dans l'autre qu'elle peut être enlevée sans inconvénient ; une erreur dans un trait de scie fait toute la différence. Nous ne voulons pas dire que la théorie soit tout à fait inutile dans la question. Ainsi, il est évident, par exemple, que dans les cintres retroussés la pression se fait sentir comme dans les voûtes et que la somme des sections des arbalétriers doit être assez grande pour résister à la pression calculée comme pour la voûte elle-même ; que dans les cintres fixes les joints d'appui doivent être capables de porter le poids de la voûte ; mais le constructeur doit se tenir tellement au-dessus de ce minimum qu'il est obligé de recourir à la pratique pour arrêter les dimensions définitives des différentes pièces du projet. C'est donc à la pratique à peu près seule qu'il faut s'en tenir dans les questions de cette nature. »

« Il y a d'ailleurs une observation spéciale à faire en ce qui concerne les cintres, c'est que dans ces constructions, il ne s'agit

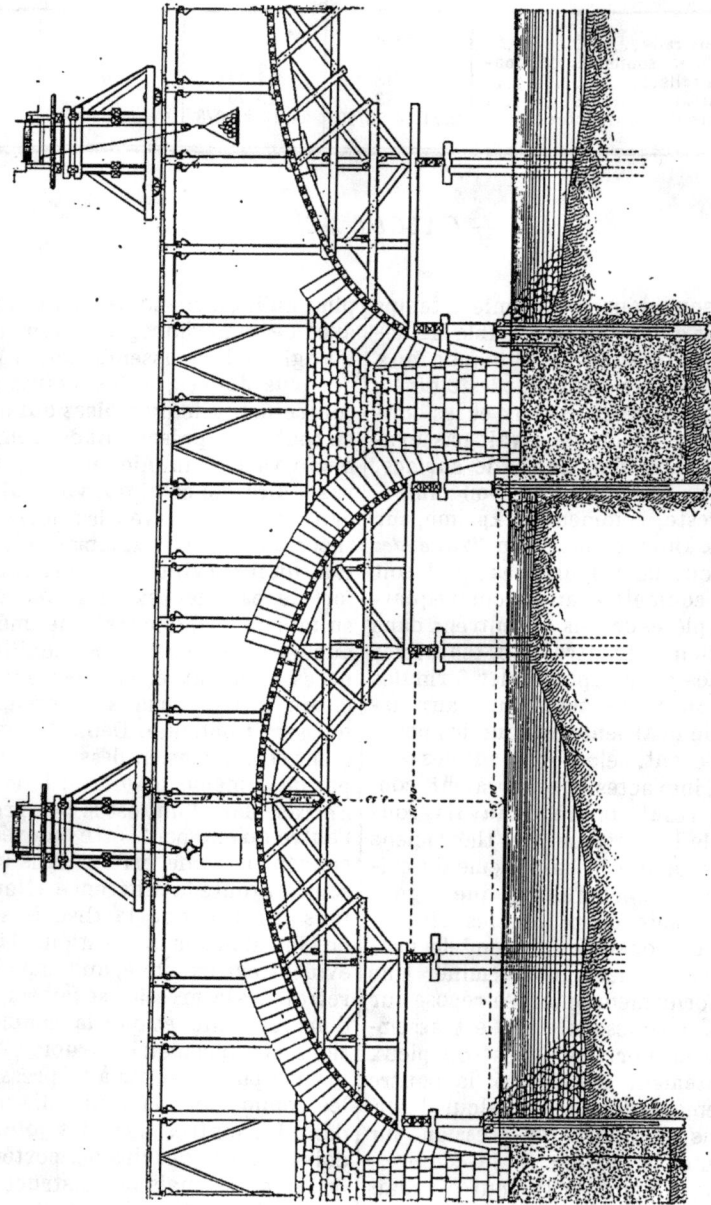

Fig. 516. — Cintres et pont de service des ponts de Cé, sur la Loire.

pas seulement d'obtenir une résistance supérieure à l'effort de rupture, comme dans les ponts et autres échafaudages, mais une certaine raideur ou inflexibilité. De ce que pour la même voûte, deux cintres différents ont supporté le poids des maté-

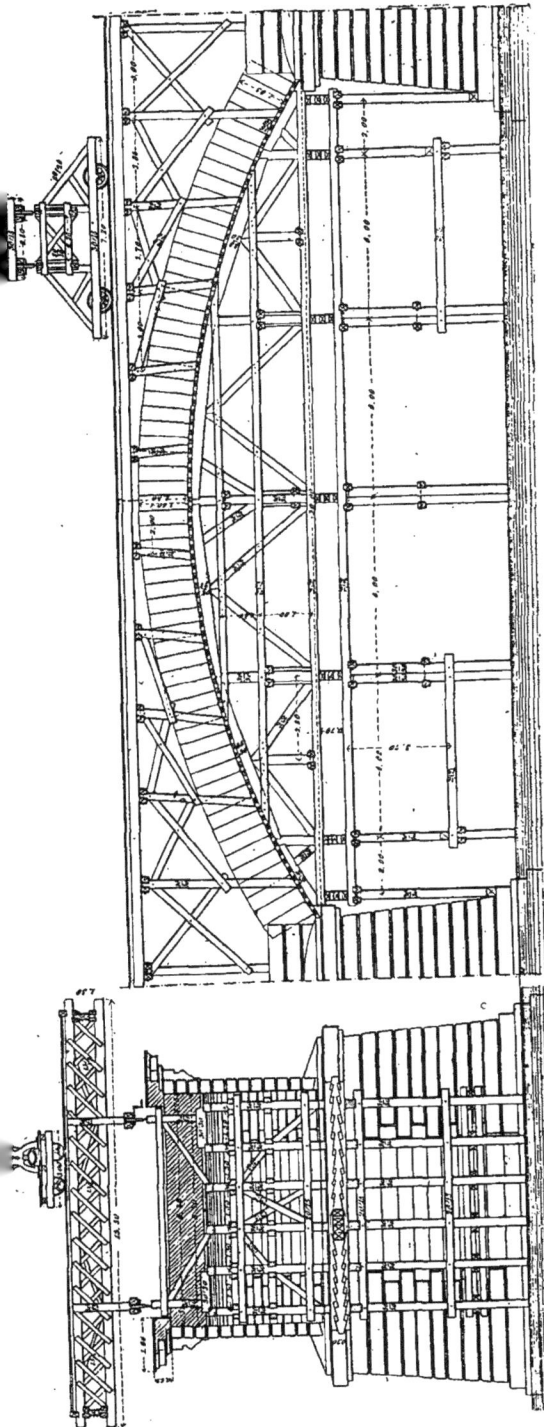

Fig. 517.

riaux sans se rompre, il ne faudrait pas conclure que le moins coûteux est préférable ; l'inflexibilité est une qualité dont on doit tenir compte ; sans doute il ne faut pas la payer trop cher, mais enfin elle a une valeur qu'on ne peut négliger. Si donc le problème du meilleur cintre devait être mis en équation, il ne faudrait comparer entre eux que les cintres qui fléchissent également. »

D'autres ingénieurs pensent que l'on doit établir les cintres par comparaison avec ceux de ponts analogues et qui ont donné de bons résultats.

462. Cependant, M. Séjourné, ingénieur des ponts et chaussées, a établi (1) une formule donnant la pression normale maxima exercée par une voûte sur son cintre. M. Séjourné a appliqué cette formule, comme nous le montrons par la suite, au calcul des différentes pièces des cintres des ponts de Saint-Waast, du Castelet, Antoinette et Lavaur.

Comme le fait remarquer M. Séjourné, la formule qu'il a établie pour calculer la valeur de la pression normale exercée par une voûte sur son cintre pendant sa construction n'est pas rigoureusement exacte, car il est bien difficile, en effet, de tenir compte de l'adhérence des mortiers.

463. La formule donnant la pression normale cherchée par unité, à une distance angulaire α de la clef, est :

$$p = \gamma c \left(1 + \frac{c}{2R} \sqrt{\cos \frac{4}{3}\,\alpha} \right).$$

dans laquelle,

γ représente la densité de la maçonnerie ;

R est le rayon de courbure de l'arc d'intrados ;

c est l'épaisseur du rouleau de la voûte au point considéré.

En général, on peut négliger le terme $\frac{c}{2R}$ et appliquer simplement la formule :

$$p = \gamma c \sqrt{\cos \frac{4}{3}\,\alpha}.$$

(1) *Annales des ponts et chaussées* de 1886.

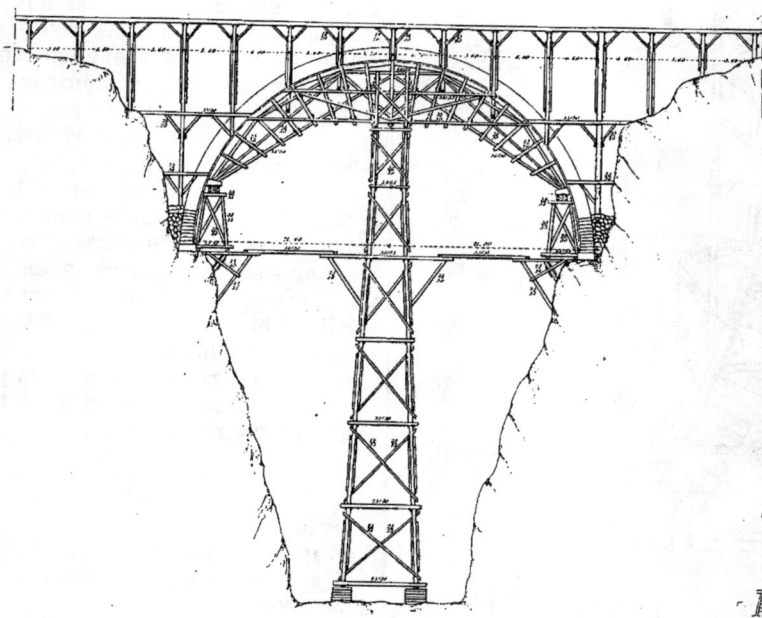

Élévation latérale de la
palée.

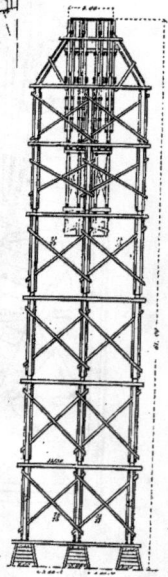

TABLE DONNANT PAR 1°30′ DE 0° A 67°30′

$$\log \sqrt{\cos \frac{4}{3}\alpha} \quad \text{et} \quad \sqrt{\cos \frac{4}{3}\alpha}$$

DISTANCES ANGULAIRES à la clé α	$\log \sqrt{\cos \frac{4}{3}\alpha}$	$\sqrt{\cos \frac{4}{3}\alpha}$	DISTANCES ANGULAIRES à la clé α	$\log \sqrt{\cos \frac{4}{3}\alpha}$	$\sqrt{\cos \frac{4}{3}\alpha}$
degrés 0	0	1	degrés 34°30′	$\overline{1}.92088565$	0.83346
1°30′	$\overline{1}.9998677$	0.9997	36	$\overline{1}.91275543$	0.81801
3	$\overline{1}.9994704$	0.99878	37 30	$\overline{1}.90403375$	0.80174
4 30	$\overline{1}.99880715$	0.99726	39	$\overline{1}.8916710$	0.78461
6	$\overline{1}.9978761$	0.99512	40 30	$\overline{1}.88460935$	0.76667
7 30	$\overline{1}.69667575$	0.99237	42	$\overline{1}.87378085$	0.74779
9	$\overline{1}.9952022$	0.98901	43 30	$\overline{1}.8621043$	0.72806
10 30	$\overline{1}.99345205$	0.98504	45	$\overline{1}.8494850$	0.70711
12	$\overline{1}.9910346$	0.97961	46 30	$\overline{1}.83580465$	0.68518
13 30	$\overline{1}.98910315$	0.97522	48	$\overline{1}.8209210$	0.66210
15	$\overline{1}.9864929$	0.96938	49 30	$\overline{1}.80465665$	0.63776
16 30	$\overline{1}.98358295$	0.96290	51	$\overline{1}.7867877$	0.61205
18	$\overline{1}.9803651$	0.95580	52 30	$\overline{1}.76702585$	0.58488
19/30	$\overline{1}.9768301$	0.94805	54	$\overline{1}.7449912$	0.55589
21	$\overline{1}.97296745$	0.93965	55 30	$\overline{1}.7111588$	0.51423
22 30	$\overline{1}.9687653$	0.93060	57	$\overline{1}.6968376$	0.49755
24	$\overline{1}.96421025$	0.92090	58 30	$\overline{1}.65893945$	0.45397
25 30	$\overline{1}.9592871$	0.91261	60	$\overline{1}.6198351$	0.41671
27	$\overline{1}.9539788$	0.89945	61 30	$\overline{1}.57177765$	0.37305
28 30	$\overline{1}.94826605$	0.88770	63	$\overline{1}.5993173$	0.32331
30	$\overline{1}.9421270$	0.87524	64 30	$\overline{1}.42176225$	0.26410
31 30	$\overline{1}.93553675$	0.86206	66	$\overline{1}.2714096$	0.18681
33	$\overline{1}.92846706$	0.84814	67 30	$-\infty$	0

464. *Résistance des bois à la flexion et à la compression.* — Dans le calcul des cintres, il faudra admettre, dans les pièces fléchies, comme charge de rupture, 400 kilogrammes par centimètre carré de section. En admettant un coefficient de sécurité égal à 1/5, la résistance pratique à laquelle il sera convenable de soumettre les pièces fléchies sera $1/5 \times 400^k = 80$ kilogrammes par centimètre carré de section.

465. (a) Pour les pièces comprimées, on peut admettre, d'après Rondelet, que le tableau suivant donne la résistance proportionnelle à laquelle il convient de les soumettre.

RAPPORT DE LA LONGUEUR DE LA PIÈCE COMPRIMÉE, AU PLUS PETIT COTE DE SA SECTION	1	12	24	36	48	60	72
Résistance proportionnelle	1	$\frac{5}{6}$	$\frac{1}{2}$	$\frac{1}{3}$	$\frac{1}{6}$	$\frac{1}{12}$	$\frac{1}{24}$
Charge permanente, en kilogrammes, pour bois de chêne fort et par centimètre carré	60	50	30	20	10	5	2,5

466. (b) On peut encore employer, pour le calcul des pièces de bois comprimées, les formules de Hodgkinson, qui donnent, en fonction des dimensions des pièces, les charges limites auxquelles on peut les soumettre, en toute sécurité.

Ces formules sont :

1° Section carrée :

$$N = K \frac{a^4}{l^2}$$

2° Section rectangulaire :

$$N = K \frac{ba^3}{l^2}$$

N est la résistance à la rupture en kilogrammes ;

a représente, en centimètres, le côté de la section, supposée carrée, ou le plus petit côté de cette section si elle est rectangulaire ;

b représente, en centimètres, le grand côté de la section rectangulaire ;

l est, en décimètres, la longueur de la pièce comprimée ;

Enfin K est un coefficient, qui varie avec les essences de bois :

K = 2 565 (chêne fort) ;
K = 1 800 (chêne faible) ;
K = 2 142 (sapin fort) ;
K = 1 600 (sapin faible).

467. *Formules adoptées par M. Séjourné*

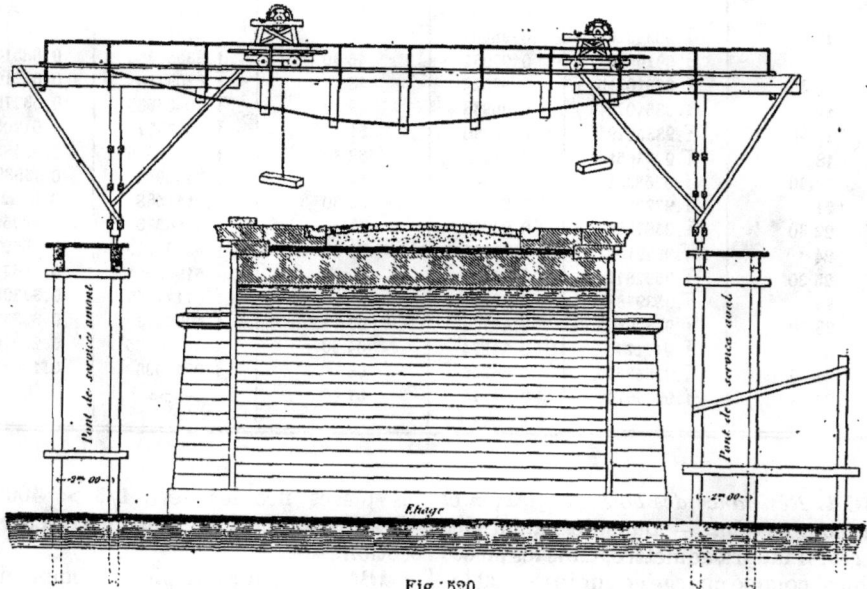

Fig. 520.

pour le calcul des pièces comprimées. — Ces formules sont :

1° Pour les bois équarris :

$$N = \frac{80\,S}{1 + 12\,K\,\frac{L^2}{b^2}}$$

2° Pour les bois ronds, tels que les pieux :

$$N = \frac{60\,S}{1 + 16\,K\,\frac{L^2}{d^2}}$$

dans lesquelles :

N est la charge totale à faire supporter à la pièce comprimée ;

L est la longueur de cette pièce ;

S est sa section transversale ;

b est le plus petit côté de cette section transversale, pour les bois équarris ; .

d est le diamètre de cette section pour les bois ronds ;

k est un coefficient numérique.

En posant :

$$12\,K = \left(\frac{1}{24}\right)^2$$

Sciences générales.

$$\frac{N}{S} = \beta_m$$

$$\text{et } \frac{L}{b} = \varphi$$

les formules deviennent :

1° Pour les pièces rectangulaires, avec coefficient de sécurité $^1/_{5,25}$:

$$\beta_m = \frac{80}{1 + \left(\frac{\varphi}{24}\right)^2}$$

2° Pour les bois ronds, avec coefficient de sécurité $^1/_7$:

$$\beta_m = \frac{60}{1 + \frac{1}{3}\left(\frac{\varphi}{12}\right)^2}$$

βm est la pression moyenne à adopter pour un rapport donné $\frac{L}{b} = \varphi$ de la longueur libre de la pièce au plus petit côté de sa section transversale si cette section est rectangulaire, ou au diamètre si cette section est circulaire.

Table des valeurs de la compression moyenne βm, calculée avec un coefficient de sécurité $^1/_{5,25}$, à laquelle on peut soumettre une pièce de bois, par centimètre carré de section transversale, pour un rapport φ de la longueur libre au plus petit côté de cette section égal à 50 (la section est supposée carrée ou rectangulaire).

$$\varphi = \frac{L}{b} \; ; \; \beta_m = \frac{80}{1 + \left(\frac{\varphi}{24}\right)^2}$$

φ	βm	φ	βm	φ	βm	φ	βm	φ	βm
	kil.		kil.		kil.		kil.		kil.
0	80.00	11	66.11	22	43.47	33	27.68	44	18.34
1	79.86	12	64.00	23	41.70	34	26.61	45	17.79
2	79.45	13	61.85	24	40.00	35	25.59	46	17.12
3	78.77	14	59.69	25	38.37	36	24.61	47	16.55
4	77.84	15	57.53	26	36.81	37	23.69	48	16.00
5	76.67	16	55.39	27	35.31	38	22.81	49	15.48
6	75.29	17	53.27	28	33.88	39	21.97	50	14.98
7	73.73	18	51.20	29	32.52	40	21.18		
8	72.00	19	49.18	30	31.22	41	20.42		
9	70.17	20	47.22	31	29.98	42	19.69		
10	68.14	21	45.31	32	28.80	43	19.00		

468. *Calcul des couchis.* — En général, les couchis sont d'une seule pièce et cloués sur les vaux ; aussi, théoriquement, on devrait les assimiler, au point de vue du calcul, à des pièces à plusieurs appuis et encastrées sur ces appuis (*fig.* 521). Envisagé de la sorte le calcul serait long ; aussi, pour le simplifier, il est préférable de supposer les couchis coupés au droit de chacune des fermes et reposant librement sur elles à leurs deux extrémités.

En désignant par m et n la largeur et la hauteur d'un couchis, M. Séjourné pose :

$$\frac{m}{n} = \frac{1}{\sqrt{2}} = \frac{5}{7}$$

rapport qui correspond à la résistance maxima des pièces fléchies, dans un bois rond.

Désignons par :

l, l'espacement des fermes ;

d, l'espacement des couchis ;

e, l'épaisseur de la voûte au point considéré ;

p, la pression par unité ;

R, la résistance maxima, par centi-

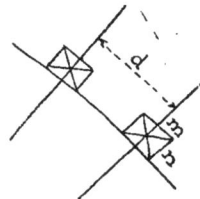

Fig. 521.

mètre carré, que l'on peut admettre en toute sécurité pour le bois des couchis. (Soit R = 80 kilogrammes par centimètre carré.)

Les couchis étant assimilés à des pièces

reposant librement sur deux appuis à leurs extrémités, le moment fléchissant maximum μ, auquel ils seront soumis, aura lieu dans la section du milieu de la portée et aura pour expression :

$$\mu = \frac{1}{8} p'l^2 \qquad (1)$$

p' étant la charge qu'ils supportent par mètre courant de leur longueur. Or, puisque les couchis sont distants d'axe en axe de la quantité d et que p représente la pression par unité de surface que la voûte exerce sur son cintre, il est clair qu'on aura :

$$p' = pd \qquad (2)$$

De plus, d'après la théorie de la résistance des matériaux, on a :

$$\mu = \frac{RI}{v} \qquad (3)$$

formule dans laquelle :

I est le moment d'inertie, par rapport à un axe mené par le centre de gravité de la section transversale soumise au moment fléchissant μ, et perpendiculairement au plan de flexion.

La section transversale des couchis étant rectangulaire, on aura :

$$I = \frac{mn^3}{12}$$

v est la distance de la fibre la plus comprimée ou la plus tendue à la fibre neutre, c'est-à-dire à la fibre qui passe par le centre de gravité de la section transversale. Dans le cas qui nous occupe, la section étant symétrique, on aura $v = \frac{n}{2}$.

Donc :

$$\mu = \frac{RI}{v} = \frac{R \times \frac{mn^3}{12}}{\frac{n}{2}} = \frac{1}{6} Rmn^2 \qquad (4)$$

Par suite, en égalant les équations (1) et (4) et en tenant compte de (2), on obtient :

$$pd \times \frac{l^2}{8} = \frac{1}{6} Rmn^2$$

En remplaçant p par sa valeur, il vient :

$$\gamma c \sqrt{\cos \frac{4}{3} \alpha} \times d \times \frac{l^2}{8} = \frac{1}{6} Rmn^2$$

d'où l'on tire, si $\gamma = 2000^k$:

$$d = 444 \frac{mn^2}{cl^2 \sqrt{\cos \frac{4}{3} \alpha}}.$$

En supposant, avec M. Séjourné, $m = \frac{5}{7} n$ et $l = 1^m,50$, on obtient :

$$d = \frac{141 n^3}{c \sqrt{\cos \frac{4}{3} \alpha}}$$

C'est à l'aide de cette dernière formule que M. Séjourné a calculé les espacements des couchis des cintres des ponts de Saint-Waast, du Castelet, Antoinette et Lavaur. Le tableau suivant indique les résultats du calcul ainsi que les valeurs adoptées définitivement.

Hauteur des couchis n .... Épaisseur uniforme admise pour le rouleau c		PONT DE SAINT-WAAST mètre 0.10 ...... 0.60 ESPACEMENT		PONT DU CASTELET mètre 0.14 ...... 1.25 ESPACEMENT		PONT ANTOINETTE mètre 0.14 ...... 1.25 ESPACEMENT		PONT DE LAVAUR mètre 0.14 ...... 1.65 ESPACEMENT	
Distances angulaires à la clef.	Limites d'applications des valeurs adoptées.	Théorique.	Adoptée.	Théorique.	Adoptée.	Théorique.	Adoptée.	Théorique.	Adoptée.
6°		mètre 0.24	mètre	mètre 0.31	mètre	mètre 0.32	mètre	mètre 0.24	mètre
15	de 0° à 15°	0.24	0.20	0.32	0.25	0.32	0.30	0.24	0.21
30	de 15 à 30	0.27	0.25	0.35	0.30	0.36	0.35	0.27	0.23
45	de 30 à 45	0.33	0.30	0.44	0.35	0.44	0.40	0.33	0.29
60	de 45 à 60	0.57	0.35	0.74	0.40	0.57	0.45	0.56	0.35
67 1/2	au-delà de 60°		0.50		0.50	(pour 50°)			0.45

469. *Calcul des vaux.* — De même que les couchis, les vaux peuvent se calculer comme simplement posés sur deux appuis à leurs extrémités, quoique ils soient en-

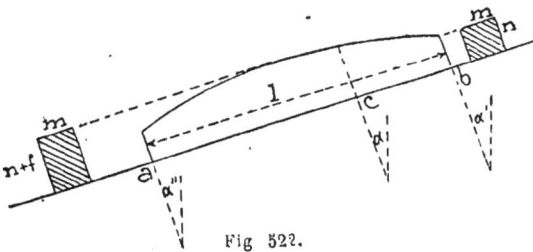

Fig 522.

castrés sur les contrefiches et entre eux à leurs extrémités.

En désignant par m et n (*fig.* 522) les dimensions de la section de l'about et par f la flèche qui correspond à ab on obtient

la formule : $\frac{1}{6} R \cdot n (n + f)^2 = \frac{1}{8} p' l'^2$

dans laquelle :

$$p' = \gamma c\, l' \sqrt{\cos \frac{4}{3} \alpha_1}$$

$$\alpha_1 = \frac{2\alpha' + \alpha''}{3}$$

l désignant la portée d'un vau et l' représentant, cette fois, l'espacement des fermes d'axe en axe.

Des deux formules précédentes on déduit:

$$n = \frac{3}{2} l \sqrt{\frac{l'c \sqrt{\cos \frac{4}{3} \alpha_1}}{1000\, a}} - f.$$

C'est à l'aide de cette formule qu'on a calculé les hauteurs des abouts des vaux des ponts de Saint-Waast, du Castelet, Antoinette et Lavaur.

Les résultats des calculs sont consignés dans le tableau suivant :

	PONT DE SAINT-WAAST mètre 0.10			PONT DU CASTELET mètre 0.25			PONT ANTOINETTE mètre 0.25			PONT DE LAVAUR mètre 0.25		
ÉPAISSEUR des vaux........												
EPAISSEUR uniforme du 1er rouleau...............	0.60			1.00			1.00			1.00		
		HAUTEUR DU VAU à l'about			HAUTEUR DU VAU à l'about			HAUTEUR DU VAU à l'about			HAUTEUR DU VAU à l'about	
N** DES VAUX EN PARTANT DE LA CLEF	Longueur	Théorique	Adoptée	Longueur	Théorique	Adoptée	Longueur	Théorique	Adoptée	Longueur	Théorique	Adoptée
	m.	m.	m.	m.	m.	m.	m.	m.	m.	m.	m.	m.
1...................	3.35	0.24	0.30	4.33	0.403	0.65	3.70	0.375	0.53	3.70	0.375	0.46
2...................	3.35	0.22	0.30	4.84	0.423	0.65	3.80	0.379	0.53	3.81	0.379	0.46
3...................	4.40	0.16	0.30	5.46	0.447	0.65	3.95	0.385	0.5.	3.95	0.387	0.46
4...................	»	»	»	6.76	0.445	0.65	4.20	0.396	0.53	4.13	0.392	0.46
5...................	»	»	»	»	»	»	4.70	0.414	0.53	4.41	0.399	0.46
6...................	»	»	»	»	»	»	4.95	0.40	0.40	3.71	0.330	0.40
7...................	»	»	»	»	»	»	»	»	»	5.11	0.382	0.35

470. *Calcul des contrefiches dans les cintres en éventail.* — Considérons deux vaux consécutifs et développons-les suivant les lignes ab et bc (*fig.* 523). Si on trace la courbe ghk enveloppe des pressions :

$$p = \gamma c l \sqrt{\cos \frac{4}{3} \alpha}$$

on voit que la pression totale sur le vau

ab peut être représentée par la surface $aghb$ et que la pression totale sur le vau bc peut être représentée également par la surface $bhkc$.

M. Séjourné remplace ces surfaces par les rectangles :

$$P' = \gamma c l l' \sqrt{\cos \frac{4}{3} \alpha_1} \qquad (a)$$

et $P'' = \gamma c l l'' \sqrt{\cos \dfrac{4}{3} \alpha_2}$ (b)

en posant :

$$\alpha_1 = \frac{2\alpha' + \alpha''}{3}$$

$$\alpha_2 = \frac{2\alpha'' + \alpha'''}{3}$$

Dans ces conditions, la contrefiche qui aboutit à l'intersection B des deux vaux,

est soumise à une compression N qui est représentée par la formule :

$$N = \frac{P' + P''}{2}$$

P' et P'' ayant les valeurs données par les équations (a) et (b).

Lorsque les contrefiches précédentes, qui sont supposées placées dans le sens du rayon, sont remplacées, comme cela

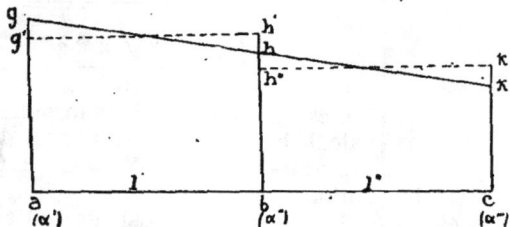

Fig. 523.

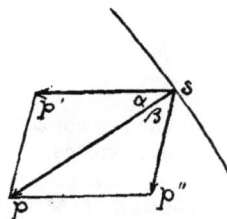

Fig. 524.

existe au pont Antoinette, par deux autres faisant avec le rayon des angles α et β (*fig.* 524), les compressions auxquelles ces contrefiches sont soumises, sont représentées par les formules :

$$N' = N \frac{\sin \beta}{\sin (\alpha + \beta)}$$

$$N'' = N \frac{\sin \alpha}{\sin (\alpha + \beta)}$$

Si les contrefiches sont carrées, de côté b, de longueur libre h et si N est le poids qui les charge de bout, on aura :

$$\text{section} = b^2 = \frac{N}{\beta_m}$$

$$\text{et } \beta_m = \frac{80}{1 + \left(\dfrac{\varphi}{24}\right)^2}$$

Application de la statique graphique au calcul des cintres.

471. Les procédés de la statique graphique peuvent être appliqués à l'étude de la recherche des tensions ou pres-

sions dans les diverses pièces d'un cintre pendant la construction d'une voûte. La méthode que nous allons exposer est celle que M. Maurice Lévy propose dans son *Traité de statique graphique*. Elle permet de trouver les pressions que les divers voussoirs de la voûte exercent sur le cintre, à un moment quelconque de la

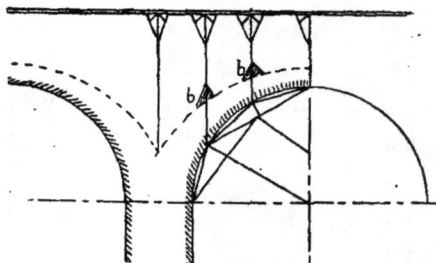

Fig. 525.

construction. Connaissant alors les forces qui agissent aux différents points du cintre, il sera facile, par la construction d'une figure réciproque, de déterminer les efforts auxquels sont soumises les pièces constituant le cintre, si toutefois celui-ci ne contient pas de lignes surabondantes, c'est-à-dire s'il ne renferme pas plus de lignes qu'il n'est absolument nécessaire pour le rendre strictement indéformable.

472. Considérons (*fig.* 526) un voussoir quelconque $a_4b_4a_5b_5$ de la voûte $aa_1...$ $a_4...$, $bb_1...b_4...$ et supposons que la résultante des pressions sur le joint a_4b_4, c'est-à-dire la résultante des actions élémentaires exercées sur ce joint par la portion de voûte aba_4b_4 soit dirigée suivant la ligne r. En composant cette résultante avec le poids p du voussoir nous aurons la résultante t de actions élémentaires exercées sur le joint a_5b_5 du voussoir $a_5b_5a_6b_6$. Cette résultante t prolongée rencontre l'axe du voussoir au point α_5. Or, au point de vue de leur composition, les forces peuvent toujours être déplacées le long de leur ligne d'action, c'est-à-dire que leur point d'application peut être pris en un point quelconque de leur direction. Supposons donc que α_5 soit le point d'application de la résultante t et portons $\alpha_5t_1 = o_5t$. La ligne α_5t_1 re-

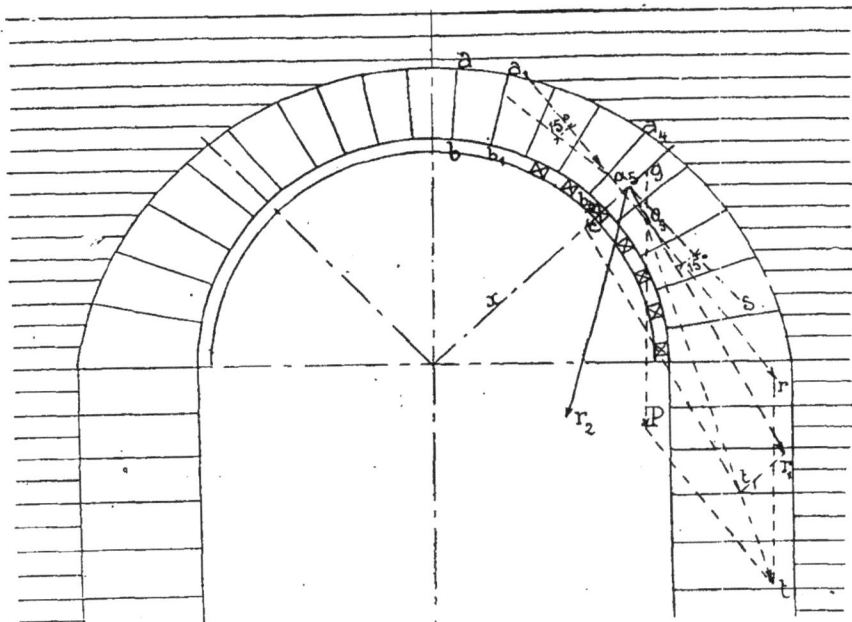

Fig. 526.

présentera en grandeur et direction, l'action exercée sur le joint a_5b_5 par la portion de voûte aba_5b_5.

La portion de voûte située au-dessus du joint a_5b_5 peut s'effondrer soit en glissant sur ce joint, soit en tournant autour de l'arête c. Décomposons la résultante α_5t_1 en deux forces dirigées, la première suivant le rayon α_5x, la deuxième suivant une ligne αr_1 faisant avec la normale αs un angle de 15 degrés, c'est-à-dire l'angle du frottement de la pierre sur la pierre. Nous aurons, d'une part, suivant α_5x l'action exercée par la voûte sur le cintre au point c et d'autre part la force α_5r_1 qui tend à faire glisser la portion de voûte aba_5b_5 sur le joint a_5b_5. Si cette dernière force α_5r_1 coupe le joint a_5b_5 à son intérieur on pourra être sûr que c'est par glissement que la portion de voûte située au-dessus du joint a_5b_5 tendra à se détacher de la portion inférieure et que la pression exercée sur le cintre sera représentée à l'échelle par la longueur α_5c. Si, au contraire, la composante α_5r_1 coupe le joint

$a_5 b_5$ sur son prolongement, cela indiquera que la portion de voûte située au-dessus du joint $a_5 b_5$ tendra à s'effondrer en tournant autour de l'arête b_5 Ce sera donc

par ce dernier point que passera la composante $a_5 r_1$, que nous désignerons dans cette position particulière par $a^5 r_2$. Il faudra donc décomposer la résultante $a_5 t_1$

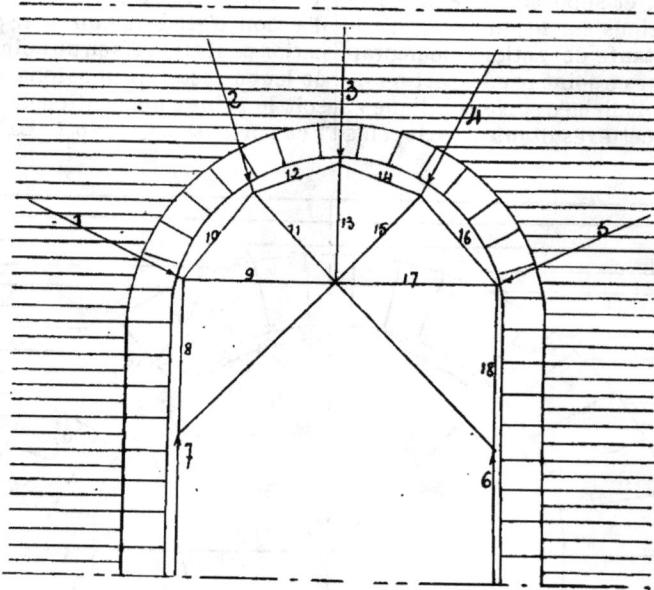

Fig. 527.

des actions totales sur le joint $a_5 b_5$ suivant les directions $a_5 r_2$ et $a_5 x$ pour obtenir la pression en b_5 sur l'arête de rotation et la pression sur le cintre au point c.

On voit donc que si on connaît la résultante des actions exercées par une portion de voûte sur un joint il est facile de déterminer la pression sur le joint suivant, ainsi que la pression exercée sur le cintre par le voussoir compris entre les deux joints.

Or, si on part du premier voussoir $ab a_1 b_1$, comme il n'y a rien à sa droite l'action exercée sur le joint ab est nulle et il est facile de déterminer la résultante des actions élémentaires sur le joint $a_1 b_1$. Connaissant cette résultante on cherchera celle qui agit sur le joint suivant $a_2 b_2$ par la méthode précédente et ainsi de suite de proche en proche sur les joints $a_3 b_3$ $a_4 b_4$ $a_5 b^5$... jusqu'aux naissances Ces résultan-

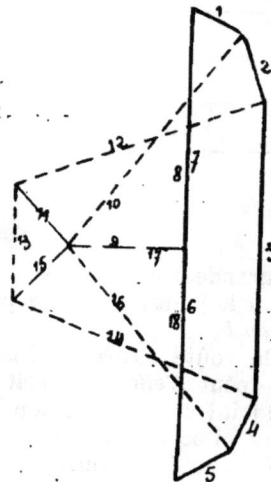

Fig. 527 a.

tes permettront, comme nous l'avons vu, de déterminer la valeur de la pression exercée par chaque voussoir sur le cintre.

La recherche des résultantes se fera par les méthodes graphiques déjà exposées au sujet des courbes de pression dans les voûtes.

473. *Calcul des tensions ou compres-* *sions dans les diverses pièces de quelques types de cintres.* — Nous venons de montrer de quelle manière on pourra obtenir la pression exercée par une voûte aux divers points de son cintre. Indiquons

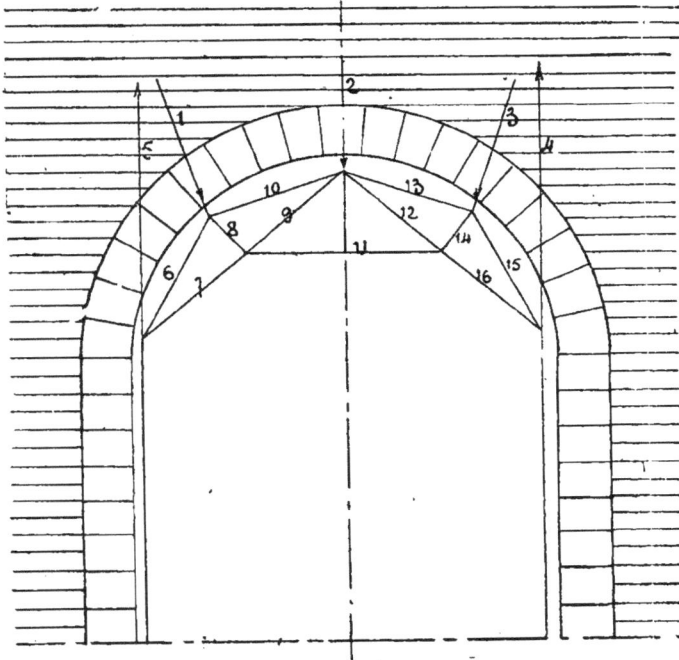

Fig. 528.

maintenant la méthode à employer pour déterminer les pressions et compressions dans les diverses pièces constituant un cintre calculable par la statique graphique, c'est-à-dire ne contenant aucune ligne surabondante.

Considérons la ferme représentée sur la figure 527 et supposons connues les pressions exercées par la voûte aux différents nœuds, c'est-à-dire les forces 1,2,3... — Ce sont les forces extérieures agissant directement sur le cintre, elles doivent être équilibrées par les deux réactions verticales 4 et 5 des appuis sur lesquels repose le cintre à ses extrémités.

Pour déterminer ces deux réactions nous porterons les forces 1, 2, 3, les unes

à la suite des autres à une échelle déterminée sur les parallèles à leur direction. Nous aurons ainsi le polygone des forces agissantes. En joignant les deux extrémités de ce polygone on aura une ligne *ca*

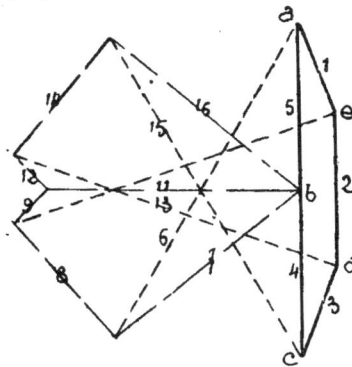

Fig. 528 .

qui représentera, à l'échelle des forces, la somme des réactions 4 et 5 et comme tout est symétrique, ces deux réactions doivent être égales et il suffit de prendre la moitié de la ligne qui ferme le polygone des forces 1, 2, 3 pour avoir les deux réactions 4 et 5.

Ceci posé, nous désignerons chacun des nœuds ou sommets de la ferme par les numéros des lignes qui y aboutissent. Chacun d'eux devra être en équilibre sous l'action des forces extérieures et des tensions ou compressions des barres qui se réunissent en ces nœuds. Les polygones des forces qui

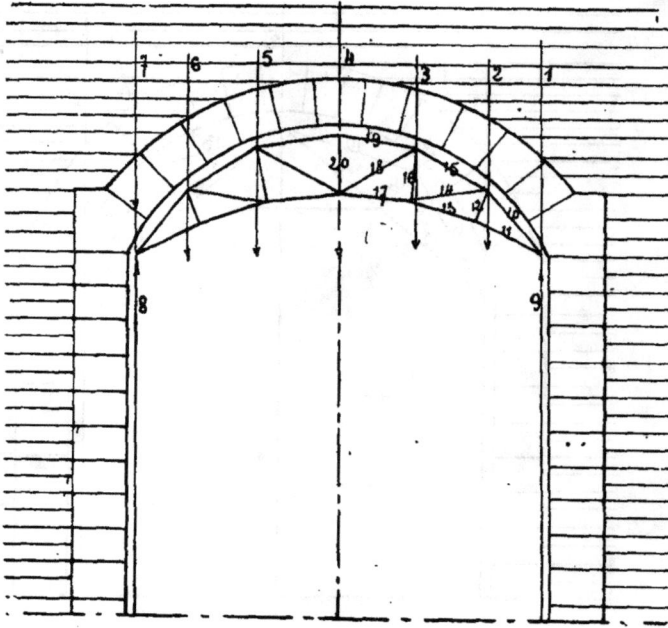

Fig. 529.

a gissent aux différents sommets de la ferme doivent donc se fermer. Ainsi le sommet 5 6-7 est en équilibre sous l'action des forces 5,6,7, dont deux d'entre elles, les forces 6 et 7, ne sont connues que de direction, leur grandeur et leur sens étant les inconnues de la question à résoudre. Puisque ce sommet doit être en équilibre sous l'action des forces qui y agissent il faut mener par les deux extrémités a et b de la force 5 du polygone des forces des parallèles aux lignes 6 et 7 de la ferme. Les deux lignes ainsi menées se coupent en un point qui est le troisième sommet du triangle des forces 5, 6, 7. D'après ce que nous avons dit plus haut ces trois forces seront donc bien en équilibre et les grandeurs des côtés du triangle 5, 6, 7 représen-

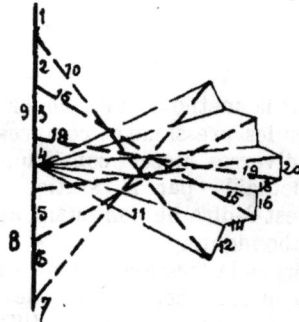

Fig. 522a.

teront, à l'échelle adoptée, les grandeurs des forces agissant suivant les barres de même numéro dans la ferme.

Il importe de savoir distinguer les barres comprimées des barres tendues. Il suffit pour cela de se rendre compte du sens dans lequel doit être parcouru le polygone des forces et d'appliquer par la pensée le sens des forces ainsi défini sur les barres de la ferme sur lesquelles elles agissent. Ainsi, il est facile de voir que pour le sommet que nous venons de considérer le polygone des trois forces agis-

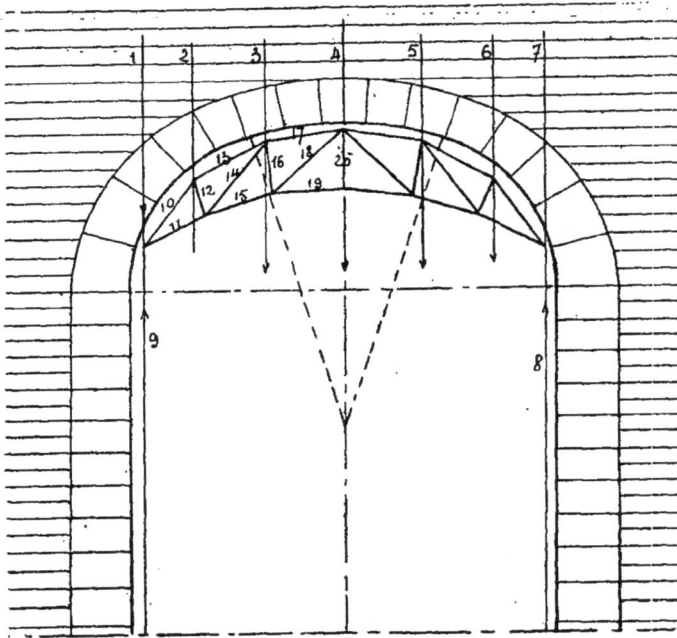

Fig. 530.

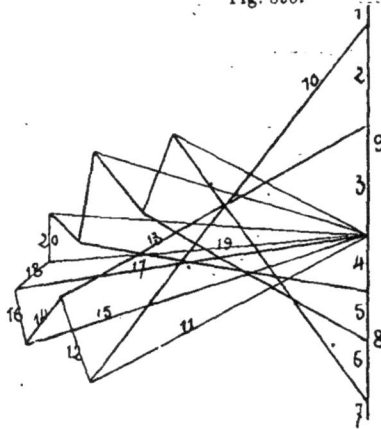

Fig. 530a.

santes doit être parcouru dans le sens 5 6-7 puisque la force 5 est dirigée forcément de bas en haut (réaction de l'appui de gauche). En appliquant par la pensée la force 6 au sommet 5, 6, 7 de la ferme on voit qu'elle tombe sur le prolongement de la barre 6. Ceci indique que cette barre est comprimée (1). La force 7 tombe au contraire sur la pièce n° 7 elle-même et on en conclut d'après un principe connu, que cette pièce est tendue. Cette règle est générale et peut être appliquée à tous les sommets de

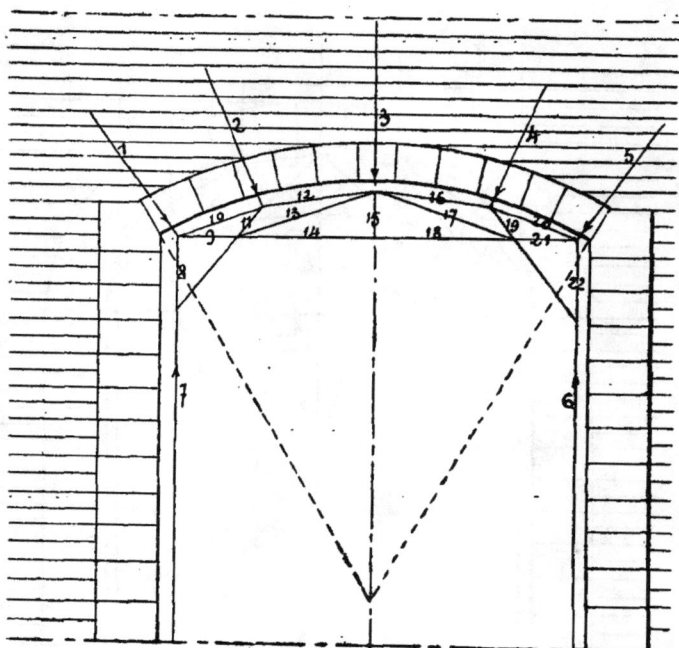

Fig. 531.

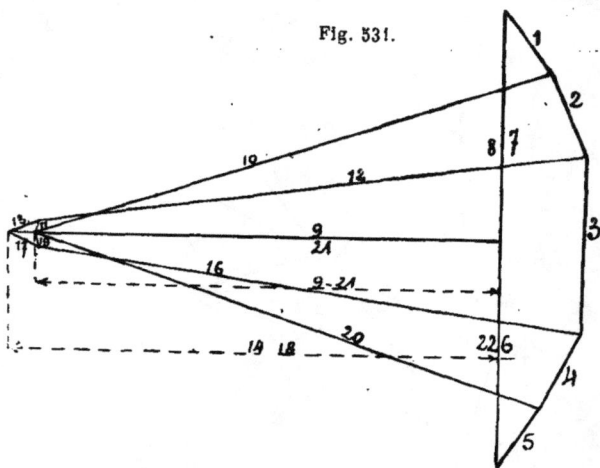

Fig. 531*a*.

la ferme. On distinguera donc très facilement les pièces comprimées des pièces tendues.

Après avoir déterminé les grandeurs des forces qui maintiennent le nœud 5,6, 7 en équilibre on passera au nœud 6, 8, 10 qui sera en équilibre sous l'action des forces 4, 6, 8, 10 dont deux d'entre elles,

les forces 1 et 6, sont connues en grandeur et direction et sont déjà placées sur le polygone des forces. Il suffira donc, pour déterminer les grandeurs des deux autres forces 8 et 10 de mener (*fig.* 528ᵃ) par les extrémités *e* et (6-7) des forces 1 et 6 des parallèles aux directions des pièces 8 et 10 de la ferme (*fig.* 528). Ces parallèles se couperont en un point qui sera le quatrième sommet du polygone des forces 1, 6, 8, 10 et les côtés de ce polygone représenteront les grandeurs de ces forces. Le sens dans

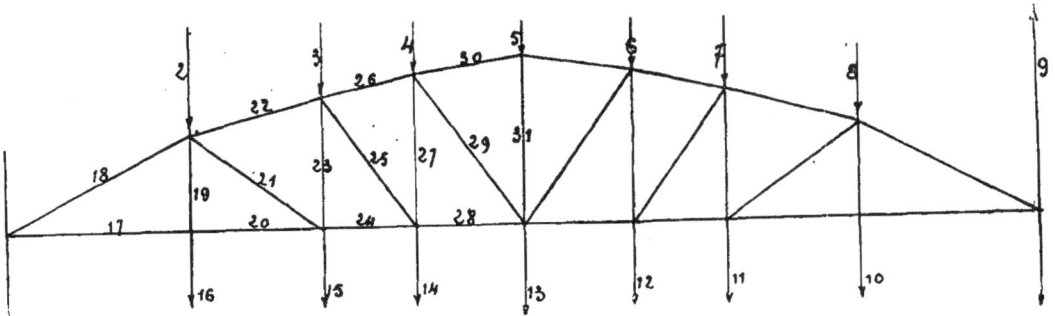

Fig. 532.

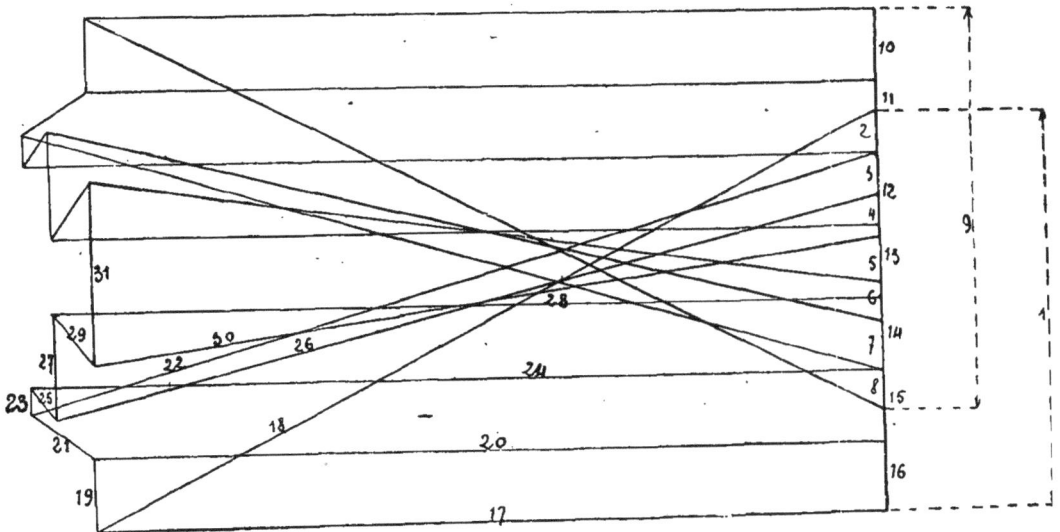

Fig. 532a.

lequel devra être parcouru ce nouveau polygone sera 1, 10, 8, 6 puisque la force 1, pression de la voûte sur le cintre, est dirigée de haut en bas.

On continuerait de la sorte la détermination graphique des forces qui maintiennent en équilibre chacun des sommets de la ferme et par suite la ferme entière.

Ayant les tensions ou compressions auxquelles sont soumises les différentes pièces de la ferme il sera facile de déterminer leur section.

La méthode précédente suppose que toutes les pièces sont articulées entre elles et que, par suite, elles ne peuvent être soumises qu'à des efforts de tension ou de compression. Cette hypothèse n'est évidemment pas exacte puisque les assemblages se font en général à tenon et mortaise ou à l'aide de moises fortement réunies par des boulons. On peut cependant l'admettre lorsque la ferme ne renferme pas de lignes surabondantes car elle peut fournir des indications suffisantes pour la pratique.

Les figures 527 à 532 donnent les épures pour un certain nombre de fermes en plein cintre, en anse de panier et en arc de cercle. La marche à suivre pour la détermination de ces épures étant identique à celle que nous avons indiquée pour le cas précédent, nous pensons que le lecteur n'éprouvera aucune difficulté pour les comprendre. Ces quelques exemples, tirés de l'ouvrage de M. Maurice Lévy, lui permettront du reste d'étendre la méthode à tous les types de cintres déterminables par la statique graphique.

II. — EXÉCUTION

CHAPITRE PREMIER

TRACÉ ET IMPLANTATION DES OUVRAGES

§ I. — CONSIDÉRATIONS GÉNÉRALES

474. Pour passer à l'exécution d'un ouvrage d'art il faut d'abord déterminer avec exactitude sa position et sa forme en plan sur le terrain par rapport aux repères voisins qui figurent au projet. Cette opération constitue l'implantation de l'ouvrage.

On comprend de suite l'importance que l'on doit attacher à l'implantation rigoureuse des axes lorsque les deux voies de communication ne se coupent pas à angle droit. Si l'ouvrage se trouve dans le prolongement d'un alignement d'une certaine importance et si l'axe de l'ouvrage ne fait pas avec la voie supérieure l'angle que les voies font entre elles on aura un jarret très disgracieux.

L'importance est encore plus grande s'il s'agit d'un pont à tablier métallique, car ici l'angle du biais sert de base pour le calcul des longueurs des poutres. Ces poutres pourront donc devenir trop courtes si l'angle du biais tracé sur le terrain n'est pas rigoureusement celui qui a été prévu sur le projet.

475. Les méthodes employées pour l'implantation des ouvrages d'art peuvent varier un peu au gré de l'opérateur. Mais il en est qui ont été consacrées par l'expérience et qu'il est bon de connaître car elles peuvent toujours s'appliquer d'une manière générale aussi bien aux ouvrages de faible importance qu'aux grands viaducs.

Dans ses brochures, intitulées : *Regains scientifiques*, M. Dubuisson, ancien élève de l'École centrale, indique des méthodes simples et sûres pour implanter les axes, les fondations et les maçonneries d'un ouvrage d'art de forme quelconque.

Ces méthodes, que nous allons exposer, sont généralement suivies par les praticiens.

§ II. — IMPLANTATION DES AXES

476. L'opération à effectuer pour l'implantation des axes d'un ouvrage d'art à construire varie naturellement avec sa forme et sa position.

Nous aurons quatre cas à examiner :

Implantation des axes :

1° D'un ouvrage droit sur un alignement droit ;

2° D'un ouvrage biais sur un alignement droit ;

3° D'un ouvrage droit sur une ligne courbe ;

4° D'un ouvrage biais sur une ligne courbe.

477. 1° *Implantation des axes d'un ouvrage droit sur un alignement droit.* — Supposons qu'il faille établir au point *m* (*fig.* 533) sur l'alignement droit *ab* du tracé un ouvrage d'art quelconque. La position du point *m* est repérée par rapport à la borne kilométrique du tracé *cd*, à gauche du point *m* par exemple, et comme on connaît la longueur *eb* de la tangente à la courbe *cb*, il en résulte que le point *m* est à une distance connue du point *b*, ou du point *e*. Le point *m* est d'après les mêmes considérations à une distance connue du point *f*, intersection des tangentes en *a* et *d* à la courbe *ad*.

Posons :
$$em = \alpha$$
$$mf = \beta$$

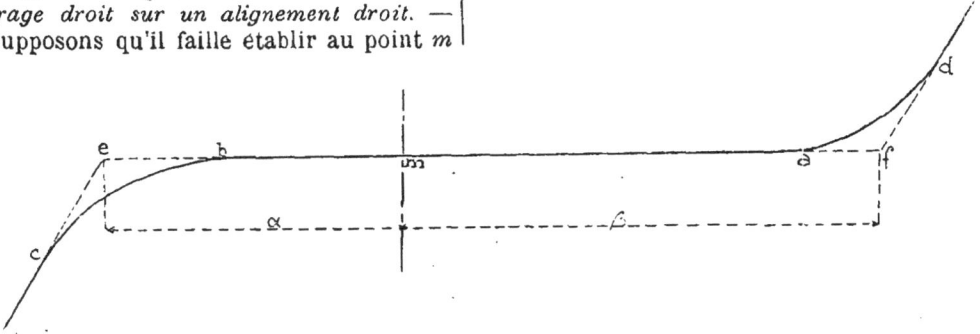

Fig. 533.

On rétablira tout d'abord l'alignement entre les points *e* et *f* à l'aide d'un instrument, un théodolite par exemple, placé en *e* et en visant le point *f* on mettra le point *m* à sa place exacte à l'aide d'une pointe sur un piquet, en mesurant la longueur *em* à la chaîne d'arpenteur et on vérifiera la longueur *mf*. Quand on sera parfaitement sûr de la position du point *m* on y portera l'instrument et on visera les points *e* et *f* qui devront se trouver, comme vérification, sur le même rayon visuel, lorsqu'on retournera la lunette de 180 degrés. Cette vérification étant faite on élèvera au point *m* une perpendiculaire sur la direction *ef* et on placera sur cette perpendiculaire deux piquets en bois surmontés de pointes, l'un en-dessus et l'autre en-dessous de l'alignement droit *ab*, cet alignement étant de même déterminé au préalable par deux piquets munis de pointes situés de part et d'autre du point *m*. On aura en définitive cinq piquets déterminant rigoureusement les axes de l'ouvrage à construire ainsi que leur intersection *m*. Il ne restera plus qu'à faire passer un cordeau par les pointes qui surmontent les piquets pour avoir les axes mêmes qui serviront à implanter les fouilles et les maçonneries.

Il peut arriver que les points *e* et *f* ne soient pas visibles du point *m* où doit être implanté l'ouvrage à construire. Dans ce cas on repère les points *e* et *f* par rapport à d'autres points situés sur l'alignement *ef* et visibles du point *m*. On opèrera alors avec ces deux repères supplémentaires qui remplaceront les points e et f.

478. 2° *Implantation des axes d'un ouvrage biais sur un alignement droit.* — Pour implanter les axes d'un ouvrage biais sur un alignement droit on opèrera comme dans le cas précédent en repérant le point m (*fig.* 534) par rapport aux points e et f ou par rapport à des points supplémentaires si les points e et f sont invisibles du point m. Seulement au lieu de mener au point m une perpendiculaire à la direction ef, on fera en ce point, avec l'instrument, l'angle β que doit faire l'axe xy de l'ouvrage projeté avec l'alignement ef.

479. 3° *Implantation d'un ouvrage droit sur une ligne courbe.* — Dans le cas de

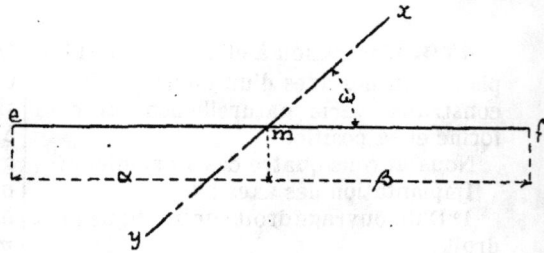

Fig. 534.

l'implantation d'un ouvrage droit sur une ligne courbe, l'opération se complique un

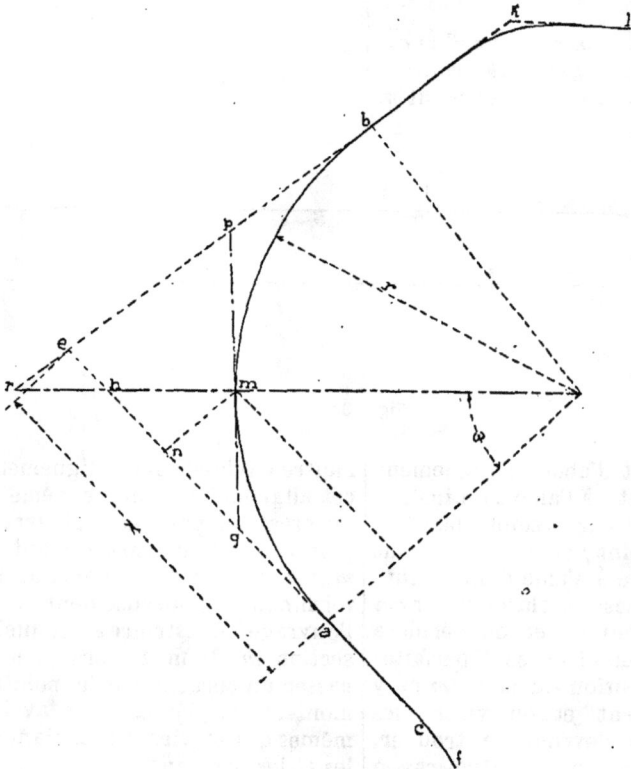

Fig. 535.

peu plus car elle exige de la part de l'opérateur quelques calculs trigonométriques, qui cependant sont d'une extrême simplicité.

Supposons donc que l'on doive établir

au point m (*fig.* 535), sur la ligne courbe ab, l'axe d'un ouvrage droit.

L'ouvrage étant droit aura son axe normal à la courbe ab, c'est-à-dire dirigé suivant le rayon de cette courbe.

Comme dans les deux cas précédents on connaît la position du point m par rapport aux extrémités a et b de la courbe puisque la position du point m est connue par rapport à la borne kilométrique la plus rapprochée et que les distances des points a et b à cette borne sont également connues.

On commence par prolonger les alignements ca et kb jusqu'à leur point d'intersection e et par vérifier les positions des points b et a. Le tout étant absolument déterminé sur le terrain on s'occupe de déterminer la position du point m. Supposons tout d'abord le problème résolu et abaissons mn perpendiculaire sur la tangente ae à la courbe ab. Il est évident que le point m se trouvera absolument déterminé lorsqu'on connaîtra ses deux coordonnées en et nm sur la direction connue de la tangente ae et sur une perpendiculaire nm à cette tangente.

Désignons par ω l'angle que fait le rayon du point m, inconnu de position, avec le rayon qui passe par l'origine a de la courbe du tracé. Cet angle peut se calculer sans aucune difficulté puisqu'on connaît, comme nous l'avons dit plus haut, la distance ma du point m cherché au point a.

Posons :
$$ma = l$$
on aura, en désignant par y le rayon de la courbe :
$$\frac{2\pi r}{360} = \frac{l}{\omega}$$
d'où :
$$\omega = \frac{180 \times l}{\pi r}$$

l'angle ω étant déterminé, on pourra calculer les longueurs na et nm.

On aura :
$$na = r \sin \omega$$
et $en = \lambda - r \sin \omega$

De même $\qquad nm = r - r \cos \omega$

ou $nm = r(1 - \cos \omega)$

Pour placer le point n on chaînera sur la tangente ea, à partir du point e, la longueur :
$$en = \lambda - r \sin \omega.$$

Puis on portera l'instrument au point n et on élèvera en ce point, sur la direction ea, une perpendiculaire sur laquelle on chaînera la longueur :
$$nm = r(1 - \cos \omega)$$

Le point m sera déterminé et on y placera un piquet surmonté d'une pointe. Il suffira alors pour avoir l'axe de l'ouvrage, de mener le rayon de la courbe qui passe par ce point.

On ne peut pas joindre directement le point m au centre qui est beaucoup trop éloigné. Supposons cependant le rayon tracé sur la figure et désignons par h son intersection avec la tangente ea. Le point h n'est pas trop éloigné du point m et sa position sur la tangente ea est facile à déterminer, car on a :
$$ah = r \, \text{tang} \, \omega$$
et par suite :
$$eh = \lambda - r \, \text{tang} \, \omega \qquad (\alpha)$$

On chaînera donc sur la tangente ea la longueur eh calculée par la formule (α), on mettra au point h un piquet surmonté d'une pointe et, en faisant passer un cordeau par les pointes des piquets h et m, on aura l'axe de l'ouvrage à construire.

La triangulation effectuée et les chaînages faits sur le terrain sont susceptibles de vérifications qu'il importe de ne pas négliger pour s'assurer qu'on a bien opéré.

Ainsi, si on chaîne la distance nh, on devra avoir :
$$nh = ah - an = r \, [\text{tang} \, \omega - \sin \omega]$$

Enfin l'hypoténuse mh du triangle rectangle mnh peut également être chaînée sur le terrain, la longueur trouvée devra vérifier l'équation
$$mh = r \left[\frac{1}{\cos \omega} - 1 \right]$$
car $\qquad mh = \dfrac{r}{\cos \omega} - r.$

Il est important aussi de vérifier les angles nhm et nmh à l'aide d'un instrument. Le premier devra être égal à $90^0 - \omega$ et le deuxième à ω.

Si toutes ces vérifications se font sur le terrain on pourra être assuré que la position de l'axe mh est exacte et il suffira de mener sur sa direction au point m une perpendiculaire pq pour avoir le deuxième axe de l'ouvrage.

480. Il peut arriver que le point m soit très rapproché du point a ou du point b.

Dans ce cas le triangle *mnh* (*fig.* 536) est très petit, et la méthode précédente perd beaucoup de son exactitude. Aussi il sera préférable au lieu de déterminer le point *m* par ses ordonnées *en* et *nm*, de chaîner sur la direction *ea* la longueur

$$eh = \lambda - r \tang \omega.$$

puis de faire en *h* avec la tangente à la courbe un angle *nhm* = 90° — ω et de prendre sur la direction ainsi obtenue, dans le sens convenable, la longueur

$$hm = r \left[\frac{1}{\cos \omega} - 1 \right].$$

Pour vérifier la position du point *m* on peut se servir du point *r* intersection de la tangente *be* avec le rayon *om* prolongé

et chaîner les longueurs *re* et *rh* qui peuvent se calculer en fonction de la distance *eh* et des angles γ et ω de la figure.

On a en effet :

$$rh = \frac{eh}{\sin \omega} = \frac{\lambda - r \tang. \omega}{\sin \omega}$$

et

$$re = \frac{eh}{\tang. r}$$

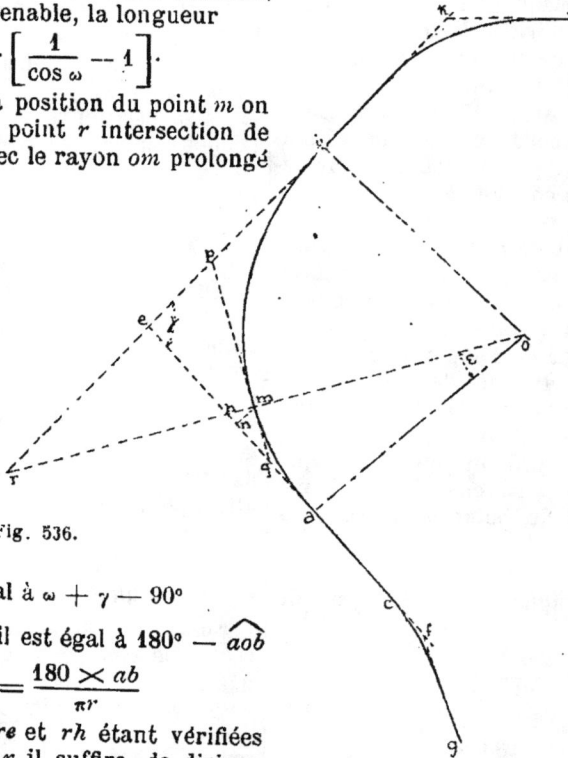

Fig. 536.

l'angle *r* étant égal à ω + γ — 90°

quant à l'angle γ il est égal à 180° — $\widehat{aob}$

et $\widehat{aob} = \dfrac{180 \times ab}{\pi r}$

Les longueurs *re* et *rh* étant vérifiées ainsi que l'angle *r* il suffira de diriger l'alignement du théodolite suivant *rh* pour avoir l'axe de l'ouvrage. Cet axe devra coïncider avec celui qu'on a précédemment déterminé si les deux opérations ont été effectuées avec soin.

Le deuxième axe *pq* se tracera toujours en élevant au point *m* une perpendiculaire à la direction *rm*; on pourra, du reste, vérifier le point *q* en chaînant les longueurs *mq* et *nq* qui devront vérifier les équations :

$$mq = qa = r \tang. \frac{\omega}{2}$$

$$nq = na - qa = r \left[\sin \omega - \tang. \frac{\omega}{2} \right].$$

Sciences générales.

481. 4° *Implantation des axes d'un ouvrage biais sur une ligne courbe.* — Supposons maintenant que l'axe *xy* de l'ouvrage fasse avec le rayon *om* un angle *ymo* = β (*fig.* 537); l'ouvrage sera biais sur alignement courbe. — Pour déterminer le point *m*, on opèrera comme dans le cas précédent en chaînant les longueurs *en* et *nm*, qui se détermineront comme nous l'avons déjà indiqué.

Posons : $\widehat{mob} = \omega'$

on aura : $mp = r \tang. \frac{\omega'}{2}$

et
$$pn = \sqrt{\overline{mp}^2 - \overline{nm}^2}.$$

Or :
$$nm = r\,(1 - \cos\omega')$$

donc,
$$np = r\,\sqrt{\tan^2\frac{\omega'}{2} - (1 - \cos\omega')^2}$$

mais
$$ep = en + np$$
et
$$eb = \lambda.$$

Il en résulte :

$$ep = \lambda - r\sin\omega' + r\sqrt{\tan^2\frac{\omega'}{2} - (1 - \cos\omega)^2}$$

on chaînera donc sur la direction de la tangente eb, à partir du point e, la longueur ep trouvée par la formule précédente. Cette opération effectuée on portera l'instrument en m et en ce point on fera avec la direction mp l'angle $pmy = 90° + \beta$; on aura ainsi la direction xy de l'axe de l'ouvrage.

482. Comme vérification des opérations effectuées on pourra chaîner la longueur.

$$eh = en - hn$$
$$= \lambda - r\sin\omega' - r\,(1 - \cos\omega')\,[\tan.(\omega' - \beta)]$$

car, d'après les notations, on a :
$$en = eb - nb = \lambda - r\sin\omega'$$
et
$$hn = nm\,\tan.\widehat{nmh} = r\,(1 - \cos\omega')\,[\tan.\omega' - \beta].$$

On pourra encore chaîner la longueur mh; la valeur trouvée devra vérifier la formule

$$mh = \frac{nm}{\cos(nmh)} = \frac{r\,(1 - \cos\omega')}{\cos(\omega' - \beta)}$$

Si toutes ces vérifications se font, c'est-à-dire si les nombres obtenus par les formules d'une part et par les chaînages d'autre part sont les mêmes on pourra en conclure que l'opération est bonne et que xy est bien l'axe de l'ouvrage à construire.

Cet axe étant connu de position sur le terrain il suffira pour avoir l'axe transversal de l'ouvrage de mener une perpendiculaire au point m sur xy, comme nous

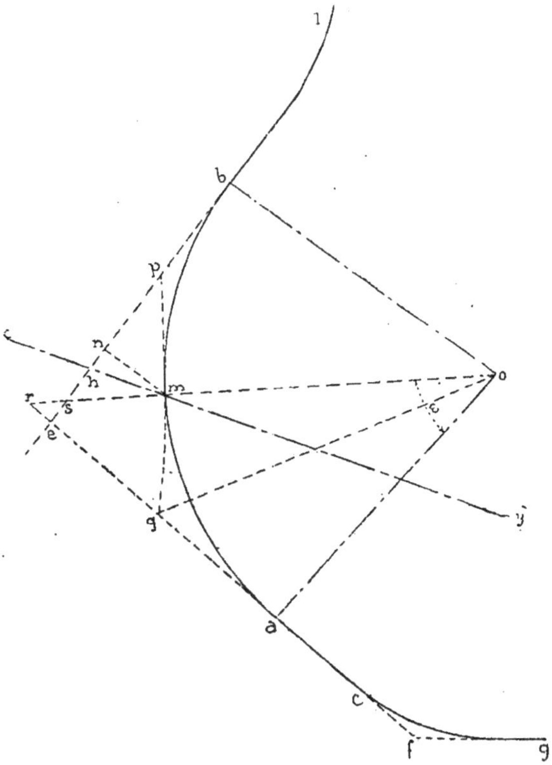

Fig. 537.

l'avons indiqué dans les cas précédents et de faire les vérifications susceptibles de contrôler l'opération effectuée.

Nous ne reviendrons pas sur ces vérifications dont nous avons indiqué le détail dans les cas précédemment étudiés.

§ III. — IMPLANTATION DES FOUILLES

483. Après avoir tracé sur le terrain les axes de l'ouvrage, on passe à l'implantation des fouilles, c'est-à-dire au tracé sur le terrain du périmètre à l'intérieur duquel on devra enlever les terres pour arriver au bon sol et y asseoir les fondations de l'ouvrage à construire.

Au point de vue de leur tracé en plan les fouilles peuvent se diviser en fouilles composées de parties droites et en fouilles composées de parties droites et de parties courbes. Au point de vue de leur profil, les fouilles peuvent être à parois verticales ou à parois inclinées dont le fruit varie avec la cohésion du terrain.

Les fouilles à parois verticales devront toujours être employées chaque fois qu'il

A cet effet on fera (*fig.* 540) un croquis d'implantation sur lequel on tracera le plan *abedgfh* des fouilles ainsi que l'axe longitudinal de l'ouvrage et on marquera sur ce plan les distances à l'axe des points particuliers *a*, *b*, *c*, *d*, *e*, *f*, *g*, *h*... ainsi que les distances cumulées, suivant l'axe, à partir de la verticale initiale *ab*. Les cotes devront toujours être cumulées à partir d'une origine dans tous les croquis d'implantation pour éviter les erreurs qui pourraient se produire.

Aux points particuliers *a*, *b*, *c*, *d*... on plantera dans le sol des piquets, dans la position indiquée sur la figure 540, c'est-à-dire de telle sorte que leurs faces

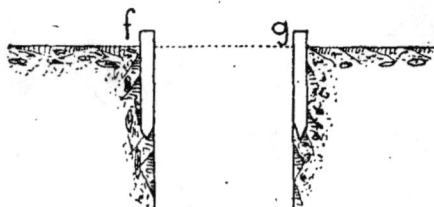

Fig. 538.

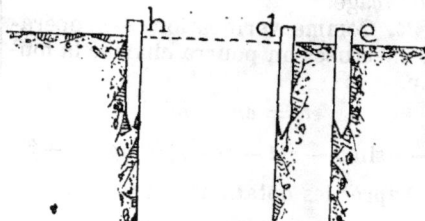

Fig. 539.

n'y aura aucun inconvénient bien sérieux à les adopter. Ce sont évidemment les plus économiques et, à moins d'un terrain excessivement mobile, il y aura toujours avantage à les préférer aux fouilles en talus, même en tenant compte des frais de boisage destinés à empêcher l'écoulement des terres.

Nous ne nous occuperons donc, dans ce qui va suivre, que du tracé des fouilles à parois verticales et nous montrerons ensuite les modifications à apporter à la méthode d'implantation de ces fouilles pour l'appliquer à l'implantation des fouilles avec talus.

484. Supposons, par exemple, qu'il s'agisse de tracer sur le terrain les fouilles nécessaires pour établir les fondations d'un mur en aile évasé d'un ouvrage d'art quelconque.

situées du côté de l'axe de l'ouvrage ou perpendiculaires à cet axe soient dans les plans verticaux passant par les lignes du périmètre de la fouille. Dans ces conditions lorsqu'on exécutera la fouille les piquets resteront toujours dans le sol comme le montrent les figures 538 et 539, qui représentent des coupes transversales de la fouille.

485. Si les fouilles doivent être faites avec talus, les points particuliers qui ont été marqués à la surface du sol seront reportés au fond tandis que d'autres piquets indiqueront en haut les arêtes supérieures des talus.

Ainsi, en repérant par des coordonnées rectangulaires suivant l'axe de l'ouvrage et suivant une perpendiculaire à cet axe les points particuliers du plan des fouilles, on pourra tracer sur le sol le périmètre *abedgfh*, à l'intérieur duquel on devra enlever les terres.

Quelle que soit la complication de la figure elle pourra toujours se tracer sur le sol par les mêmes règles, pourvu qu'elle soit entièrement formée de lignes droites.

486. Supposons maintenant que le plan des fouilles soit composé de parties droites et de parties courbes.

Les points du périmètre de la fouille qui se trouveront sur des parties droites se détermineront comme dans le cas précédent à l'aide de leurs coordonnées rectangulaires, prises par rapport à l'axe longitudinal de l'ouvrage et par rapport à une perpendiculaire à cet axe.

Pour tracer la partie du périmètre qui se trouve en courbe, on déterminera (*fig.* 541) le centre *o* de cette courbe en menant, avec un instrument, des perpendiculaires

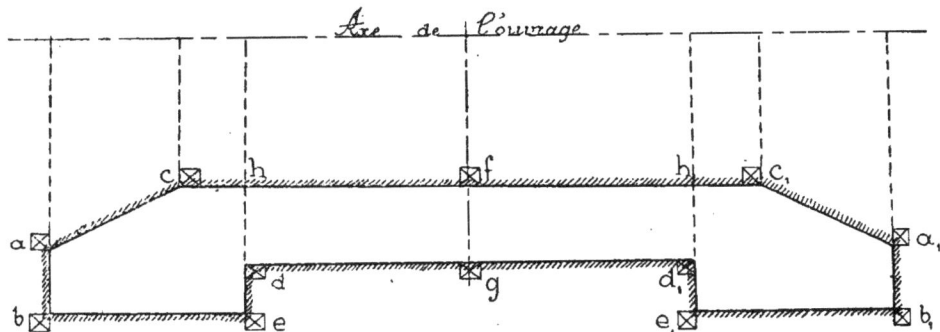

Fig. 540.

aux points *r* et *e* aux alignements droits *ru* et *ef*. Puis plantant un axe au centre *o* et faisant tourner autour de cet axe une chaîne d'arpenteur, maintenue bien horizontale, on pourra tracer la courbe à l'aide d'un fil à plomb, passant par l'extrémité libre de la chaîne (*fig.* 542). A mesure que la chaîne d'arpenteur tournera autour de son axe on marquera sur le sol les points touchés par le fil à plomb et on joindra ces points par une courbe continue qui limitera la deuxième partie du périmètre de la fouille.

Il est évident que ce procédé ne serait pas applicable si le point *o* était séparé de la courbe par des obstacles naturels empêchant le libre mouvement de rotation de la chaîne d'arpenteur autour de ce point. Dans ce cas, alors, il faudra déterminer la courbe par points à l'aide de coordonnées rectangulaires comptées sur les tangentes menées aux points extrêmes de la courbe et sur des perpendiculaires à ces tangentes.

On prolongera les alignements *ur* et *ef* jusqu'à leur intersection *t* (*fig.* 541). La position du point *t* sera ensuite vérifiée à l'aide de ses coordonnées qui peuvent se calculer

très facilement. On déterminera de même le sommet *t'*. Comme vérification la ligne

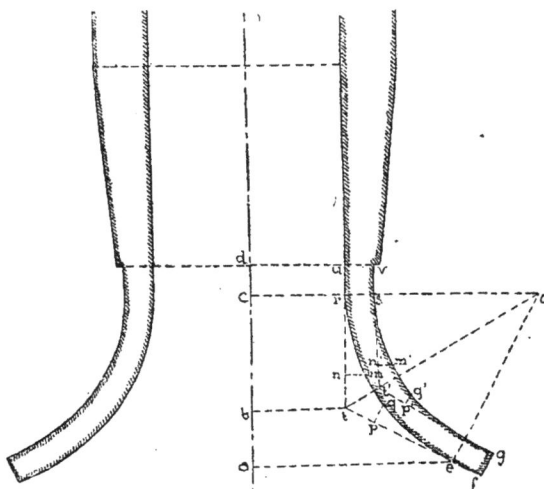

Fig. 541.

tt' prolongée doit passer par le centre *o* et doit partager l'angle *roe* en deux parties égales. La ligne *tt'* étant tracée, il sera facile de marquer sur cette ligne les deux points qui appartiennent aux courbes du périmètre de la fouille.

Car si on pose :

$$or = r$$

$$os = r'$$

$$\widehat{roc} = \omega$$

on aura :

$$ol = \frac{or}{\cos\frac{\omega}{2}} = \frac{r}{\cos\frac{\omega}{2}}$$

$$ol' = \frac{r'}{\cos\frac{\omega}{2}}$$

par suite les distances à partir de t et t',

des points communs à la ligne ot et aux courbes seront :

$$\frac{r}{\cos\frac{\omega}{2}} - r \quad \text{et} \quad \frac{r'}{\cos\frac{\omega}{2}} - r'$$

En prenant en outre sur les tangentes des points n, p, n', p' et en menant des perpendiculaires en ces points sur les directions de ces tangentes on aura les points m, q, m', q', appartenant aux courbes cherchées. On déterminera par le calcul, ou mieux à l'aide de tables, les longueurs nm, pq..... définissant la position des points m, q..... On construira donc par abscisses et ordonnées autant de points qu'on le voudra des courbes du périmètre des fouilles. En mettant des piquets tangents suivant une de leurs faces à ce périmètre on facilitera beaucoup le dégauchissement des parois des fouilles.

§ IV. — IMPLANTATION DES MAÇONNERIES

487. Les fouilles étant faites à parois verticales on les bloquera en maçonnerie de fondation ou en béton jusqu'à la hauteur où doit commencer la maçonnerie d'élévation. Cette disposition d'établissement des fouilles est économique puisqu'elle ne fournit que le minimum de cube de déblai. Elle offre cependant l'inconvénient d'empêcher de se rendre compte du bon établissement de la fondation, puisqu'il est impossible de voir sur les parements si les matériaux sont bien liaisonnés.

Lorsque les fondations sont arrivées au niveau de la première assise de la maçonnerie d'élévation il faut s'occuper d'établir cette première assise à la distance de l'axe de l'ouvrage cotée sur le projet.

Cette opération ne peut présenter aucune difficulté si les parements sont verticaux et composés de lignes droites en plan. Il suffira dans ce cas de tendre un cordeau sur des piquets placés aux points particuliers du plan comme on l'a fait déjà pour l'implantation des fouilles. Ces points particuliers se détermineront encore par abscisses et ordonnées suivant l'axe de l'ouvrage et suivant une perpen-

diculaire à cet axe. Le cordeau étant tendu il ne restera qu'à maçonner à l'intérieur du périmètre qu'il détermine.

488. Si les parements sont courbes

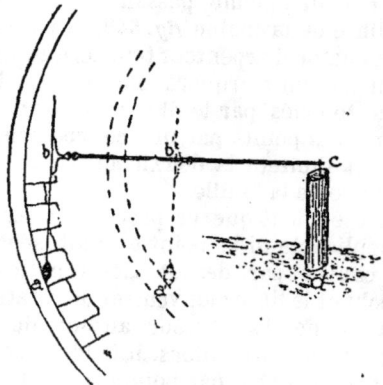

Fig. 542.

l'opération à effectuer n'est guère plus compliquée. On déterminera (*fig.* 542) le centre de la courbe et on y plantera un piquet muni d'une pointe représentant ce centre; puis, à l'aide d'une chaîne d'arpenteur, maintenue bien horizontale et bien tendue, qu'on fera tourner autour de la pointe du piquet comme axe de rotation, on marquera sur les maçonneries des fondations les points touchés par la pointe du fil à plomb qui passe par l'extrémité de la chaîne.

489. Au lieu d'opérer avec le fil à plomb à l'extrémité d'une règle ou d'une chaîne d'arpenteur maintenue bien horizontale, on peut déterminer des points a, b, c (*fig.* 543) du périmètre des maçonneries sur le plan des fondations en les repérant par abscisses et ordonnées prises suivant l'axe longitudinal de l'ouvrage et suivant une perpendiculaire à cet axe.

Les points *abc* étant mis en place on taillera un gabarit épousant sur une face la courbe *abc* et ayant pour largeur le retrait du mur sur sa fondation. Le gabarit sera appliqué suivant *ac*, puis déplacé de *ac* en *bd* et de *bd* en *ce*, de manière que l'une des faces soit toujours suivant le parement courbe de la fondation. On arrivera ainsi, par le déplacement de ce gabarit, à marquer sur les fondations la trace du massif de maçonnerie. — A mesure que la maçonnerie

s'élèvera on vérifiera sa verticalité avec le fil à plomb et sa courbe dans des plans

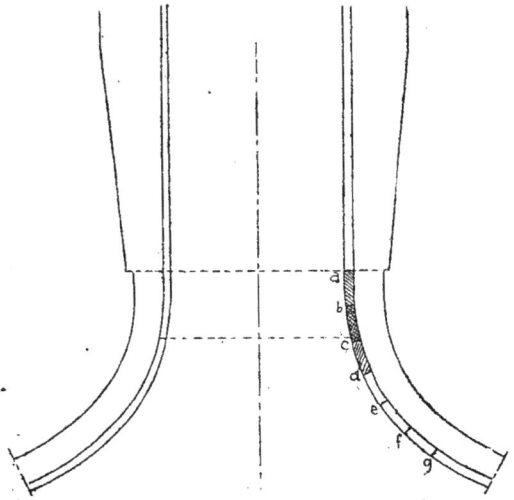

Fig. 543.

horizontaux successifs avec un gabarit courbe.

CHAPITRE II

FONDATIONS

§ I. — CONSIDÉRATIONS GÉNÉRALES

490. Quel que soit le système de fondations que l'on adopte pour la construction d'un ouvrage en maçonnerie il doit toujours avoir pour but de rendre le sol absolument immobile sous le poids de l'ouvrage à construire et des surcharges accidentelles qu'il peut avoir à supporter. Il devra donc être tel qu'il ne puisse se produire aucun tassement et que le terrain ne puisse céder latéralement ni

être entraîné par les eaux, si la construction est établie sur un fleuve à courant rapide. On conçoit que les moyens à employer pour arriver à ce résultat doivent varier, entre de grandes limites, suivant l'importance de l'ouvrage à construire et aussi des difficultés à surmonter pour établir les fondations dans de bonnes conditions de sécurité.

La question des fondations est donc

d'une très grande importance et on doit apporter dans son étude toute la circonspection désirable.

Elles doivent toujours être établies sur un terrain solide ; aussi la connaissance de celui-ci s'impose-t-elle dès le début lorsqu'on établit le projet de l'ouvrage à construire. Cette recherche se fait par un sondage ou un battage de pieux.

491. Sous le rapport de la plus ou moins grande résistance que les terrains peuvent offrir pour asseoir les fondations d'une construction, on peut les classer en trois catégories principales.

La première catégorie se compose de terrains sur lesquels on peut asseoir directement les fondations. Ce sont : les rocs, les tufs, les argiles compactes et les

Fig. 544.

terrains pierreux. On ne peut les attaquer qu'avec le pic.

La deuxième catégorie se compose des terrains graveleux et sablonneux. On peut établir directement les fondations sur ces terrains dans un seul cas ; c'est lorsqu'ils sont absolument encaissés, car alors ils jouissent de la propriété d'être incompressibles.

La troisième catégorie se compose des terrains qui ne peuvent être consolidés qu'au prix de grandes difficultés et auxquels il faut donner artificiellement une résistance uniforme sur toute leur surface pour pouvoir y établir les fondations. Ce sont des terrains glaiseux ou des terrains compressibles formés par des terres, nouvellement rapportées. Une

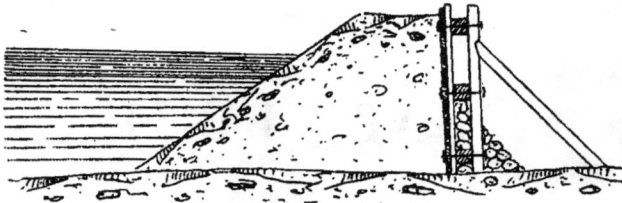

Fig. 545.

construction établie sur ce dernier sol le comprimerait certainement et il se produirait des tassements qui pourraient amener la ruine de l'ouvrage.

Si les tassements se produisaient d'une manière absolument uniforme, l'inconvénient ne serait pas très sérieux, la construction tout entière suivrait le mouvement sans subir la moindre dislocation et on pourrait tenir compte de l'affaissement, pendant la construction en augmentant simplement le nombre des

assises. Il est bien certain cependant que le tassement uniforme ne se produira jamais, car puisque le terrain est compressible il ne peut l'être également en tous ses points, sous des charges qui peuvent varier d'un point à un autre. Il ne faut donc jamais établir les fondations d'une construction sur un terrain fraîchement rapporté.

Les terrains qui n'ont jamais été remués sont en général incompressibles mais ils peuvent être fluides et affouillables, c'est-à-dire qu'il peuvent se dérober sous le poids de la construction ou être enlevés par l'eau animée d'une grande vitesse.

Fondations sur terrains incompressibles.

492. Nous supposons que le terrain incompressible se trouve à un niveau avec des madriers horizontaux qu'on réunit par des pièces de bois verticales appuyées sur des étais horizontaux ou inclinés. L'étrésillonnement est plus économique que le blindage qui consiste à mettre des madriers verticaux retenus par des cadres horizontaux espacés de 1 mètre environ. La fouille étant terminée, c'est-à-dire étant creusée jusqu'au

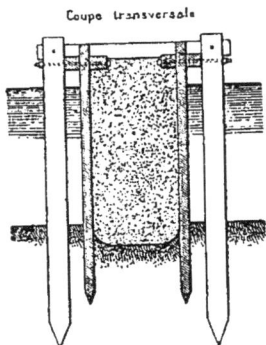

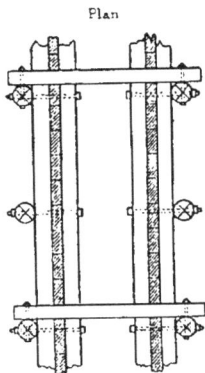

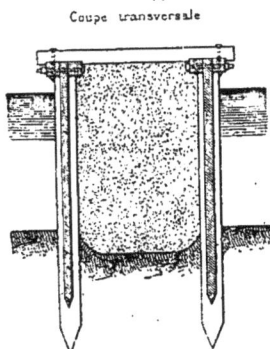

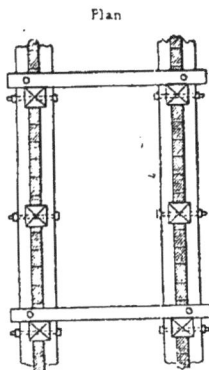

Coupe transversale

Plan

Fig. 546.

Coupe transversale

Plan

Fig. 547.

qu'on peut atteindre pratiquement et que la fondation doit être établie en dehors d'un cours d'eau, c'est-à-dire dans un terrain sec.

On commence tout d'abord par enlever la couche de terre végétale qui recouvre le terrain solide et par régulariser la surface de celui-ci. Si la couche de terre ordinaire qui est au-dessus du terrain vierge a une grande épaisseur on peut être conduit à étrésillonner la fouille terrain vierge, on régularise la surface de ce dernier, ou bien on la taille en redans si elle est inclinée sur l'horizon. La base de la fondation sera alors établie sur ce terrain et on lui donnera toujours des dimensions plus grandes que celles de la pile ou de la culée à construire. Ces dimensions seront telles que la retraite du parement de la pile ou de la culée sur la fondation soit $0^m,03$ ou $0^m,10$ pour les petits ouvrages et $0^m,25$ ou 0^m30 pour les grands. On aura ainsi une certaine marge pour implanter l'ouvrage.

493. Si le terrain incompressible est au-dessous du niveau de l'eau on recherchera les moyens d'épuisement les plus convenables pour permettre d'établir la fondation à sec. Mais pour pouvoir épuiser il faut que le terrain solide soit imperméable ; c'est ce que nous supposons.

494. Lorsque le terrain incompressible est au-dessous du niveau des eaux ; il peut se présenter deux cas :

1° La fondation doit être établie en dehors du cours d'eau mais à proximité ;

2° La fondation doit être établie dans le cours d'eau lui-même pour les piles et quelquefois pour les culées.

Dans le premier cas on commence tout d'abord par descendre la fouille jusqu'au niveau des eaux puis on installe les moyens d'épuisement de manière à pouvoir continuer l'enlèvement des terres et arriver au terrain solide. On donne à la fouille des dimensions suffisantes pour qu'il reste au moins un mètre entre ses parois et le massif de fondation. Dans cet intervalle on établit un fossé d'assèchement taillé dans le terrain solide et aboutissant à un puisard où se continuent les épuisements pour enlever les eaux que laisse passer le terrain ordinaire surmontant le terrain solide. Ces eaux suintent naturellement le long des parois de la fouille et se rendent au puisard en suivant le fossé établi tout autour du massif de fondation. Si on ne prenait pas la précaution d'épuiser sans relâche, les eaux envahiraient rapidement la fouille entière et provoqueraient des éboulements dans le terrain détritique.

§ II. — FONDATIONS PAR ÉPUISEMENTS. — BATARDEAUX

495. Supposons maintenant que la fondation doive être établie dans le cours d'eau lui-même. C'est comme nous l'avons dit plus haut le cas qui se présente ordinairement pour les piles.

On commence par draguer l'emplacement choisi pour l'établissement de la pile jusqu'à ce qu'on ait mis à découvert le terrain solide, puis on établit un batardeau en terre glaise qu'on élève au-dessus des eaux de manière à former une véritable caisse imperméable en dessous et sur les côtés ; on épuise ensuite dans cette enceinte avec des seaux, des pompes et des vis d'Archimède, suivant la profondeur de l'eau. La manœuvre de ces appareils peut se faire soit par des hommes, soit par des chevaux ou des moteurs à vapeur.

496. La composition et la forme des batardeaux varient beaucoup ; les types les plus employés sont représentés sur les figures 544 à 549. Le plus souvent ils sont en terre glaise parfaitement triée (*fig.* 544), débarrassée de toutes les pierres qu'elle pourrait contenir, et pilonnée avec soin à mesure qu'elle s'élève. Les batardeaux en terre (*fig.* 544) ne peuvent être employés que sur de petits cours d'eau car le talus d'éboulement de l'argile est assez grand. Aussi lorsque la profondeur atteint $1^m,50$ il faut employer une disposition moins encombrante d'abord et qui présente une solidité suffisante pour résister à la poussée de l'eau et à la vitesse du courant. On constitue alors le batardeau par de la terre argileuse appuyée (*fig.* 545) contre un vannage en planches soutenu par des pieux enfoncés dans le terrain solide et qui sont espacés de quantités variables suivant les lieux. Les planches constituant le vannage sont à peine jointives ; on les fixe sur les pieux et on pilonne de l'argile derrière ; on obtient ainsi une sorte de caisse à parois verticales dans laquelle les épuisements à effectuer seront réduits dans une notable proportion.

497. D'autres fois on constitue le batardeau par une double file de pieux éloignés de 1 mètre environ (*fig.* 546 et 547). Les pieux de chaque file sont réunis par des moises horizontales fortement boulonnées et entre lesquelles on bat des palplanches de 0m,10 à 0m,15 d'épaisseur et taillées en biseau de manière à pouvoir les enfoncer dans le sol sans qu'elles se voilent sous l'effet du mouton. Lorsque ces palplanches jointives sont enfoncées on drague à l'intérieur du batardeau pour enlever le terrain détritique jusqu'à ce qu'on ait mis à découvert un sol suffisamment résistant pour pouvoir y établir les fondations. Lorsque cette opération est terminée on relie les deux rangées de pieux par des liernes horizontales espacées de deux

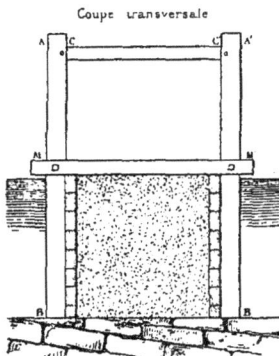

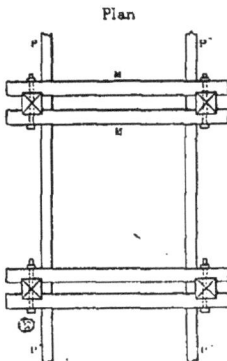

d'épaisseur et que l'ensemble constitue un corps absolument compact.

498. Au lieu d'employer de l'argile on peut adopter du béton pour faire le remplissage du batardeau. Mais quelle que soit la matière employée il faut toujours autant que possible faire reposer le ba-

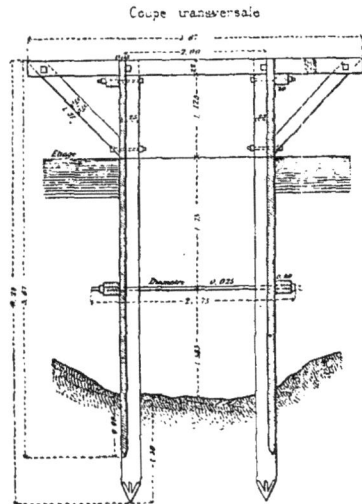

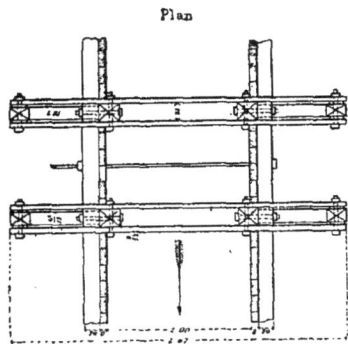

Coupe transversale

Plan

Fig. 548.

Coupe transversale

Plan

Fig. 549.

mètres environ, c'est-à-dire de deux en deux pieux. On remplit ensuite l'espace laissé libre entre les deux rangées de pieux et palplanches avec une terre argileuse débarrassée de toutes les pierres et racines qu'elle est susceptible de contenir. Cette terre doit être jetée par petites parties de manière que le pilonnage en forme des couches de 20 à 25 centimètres

tardeau sur un sol peu perméable, car c'est par le terrain inférieur que les infiltrations se produisent avec le plus de persistance.

499. Les batardeaux doivent pouvoir résister par leur propre poids car on ne peut guère compter sur ce que les pieux sont enfoncés dans le sol pour qu'ils ne soient pas renversés par la violence du courant. Certains ingénieurs pensent qu'il faut donner aux batardeaux une épaisseur égale à la hauteur de l'eau à retenir ; d'autres, au contraire, leur donnent une épaisseur variant de 1ᵐ,20 à 1ᵐ,30 quelle que soit la hauteur de l'eau mais alors ils contre-butent les parois les unes contre les autres à l'intérieur du batardeau de manière à lui permettre de mieux résister à la force qui tend à le renverser et qui est due à la pression extérieure de l'eau.

500. Quelquefois le rocher sur lequel on doit établir la fondation est trop dur pour qu'on puisse y enfoncer les pieux quoique leur extrémité soit garnie d'un sabot en fer ou en fonte. Dans ce cas, on perce des trous dans le rocher, on y enfonce les pieux et on les réunit au sommet par des cours de moises longitudinales comme dans les exemples précédents. Mais comme ici on ne peut faire entrer les palplanches dans le sol on fait descendre le long des pieux des moises qui au fond maintiendront suffisamment le pied des palplanches de manière à former un ensemble rigide.

D'autres fois enfin on emploie comme pieux de vieux rails taillés en pointe et qui, offrant plus de résistance au voilement sous le choc du mouton, pénètreront plus facilement dans le sol, à moins

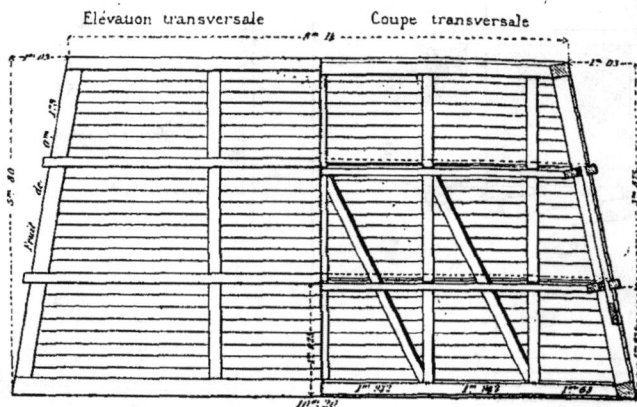

Elévation transversale   Coupe transversale

Fig. 550.

que celui-ci soit d'une dureté excessive. Cependant les pieux d'angle seront toujours en bois pour pouvoir mieux moiser.

501. Enfin, lorsque le terrain est perméable on établit des batardeaux en béton. A cet effet on drague avec soin le lit de la rivière de manière à enlever les pierres et les branchages qui peuvent s'y trouver accumulées et aussi le terrain détritique qui recouvre le bon sol. Ceci fait, on coule du béton à l'emplacement que doit occuper la pile à construire, jusqu'à un niveau un peu supérieur à celui de l'eau. Les dimensions du massif de béton ainsi formé doivent être plus grandes que celles prévues pour les fondations dé la pile d'au moins 70 à 80 centimètres. Lorsque ce massif de béton est achevé on le refouille de manière à avoir une cavité descendant jusqu'au niveau où on veut établir l'assise inférieure et ayant pour dimensions celles de la base de la pile. On aura ainsi un batardeau suffisamment étanche dans lequel on pourra construire la pile dans de bonnes conditions.

502. Le système de fondations par épuisements est certainement le meilleur que l'on puisse adopter, tant sous le rapport de l'économie que sous celui de la solidité. Il faudra donc toujours le préférer à tout autre, lorsque les conditions locales permettront de l'adopter.

§ III. — FONDATIONS A L'AIDE DE CAISSES SANS FOND

503. Le système de fondations par épuisement à l'aide de batardeaux ne peut guère s'employer que pour des hauteurs d'eau inférieures à 2 mètres. Aussi, lorsque cette hauteur devient plus considérable on emploie des caisses sans fond.

Les caisses sans fond employées pour les fondations se divisent en trois catégories :

1° Caisses étanches ;
2° Caisses non étanches ;
3° Caisses étanches à la partie supérieure et non étanches à la partie inférieure.

On emploie les caisses étanches lorsqu'il y a une assez grande épaisseur de sable ou de vase à draguer au-dessus du terrain solide et qu'on craint que le sable et la vase, qui n'ont pas été dragués tout autour du caisson, ne finissent par pénétrer à l'intérieur, ou bien encore lorsqu'on veut établir la fondation en maçonnerie ordinaire sur une faible épaisseur de béton. Lorsque la caisse est échouée il faut épuiser à son intérieur.

La caisse non étanche s'emploie lorsque la couche de terrain détritique qui recouvre le terrain solide n'a pas une grande épaisseur et que, par conséquent, on ne craint pas que le sable et la vase qui environnent le caisson ne finissent par pénétrer à son intérieur. On l'emploie encore lorsque le massif de béton des fondations doit être élevé à un niveau très voisin de celui de l'eau.

On emploie la caisse en partie étanche et non étanche lorsque le massif de fondation doit être élevé jusqu'à un niveau très inférieur à celui de l'eau. On conçoit en effet que si la caisse est étanche à la partie supérieure et que si on élève le massif de béton jusqu'à un niveau un peu plus élevé que le bord inférieur de la partie étanche on aura une sorte de batardeau en bois au-dessus du béton. On pourra épuiser dans ce batardeau et par suite construire la pile sans aucune difficulté.

504. Que la caisse soit étanche ou non, elle est toujours formée d'une série de moises doubles embrassant des poteaux montants légèrement inclinés et entre lesquels on met des palplanches verticales formant les parois de la caisse. Ces planches sont jointives ou laissent entre elles des jeux de 0^m,05 environ.

Souvent on construit ces caisses à l'endroit même où on doit les échouer, pour pouvoir mesurer sur place les longueurs

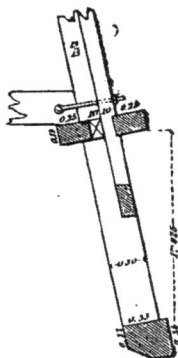
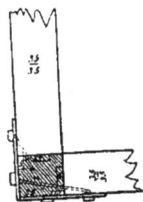

Fig. 551.   Fig. 552.

que l'on doit donner aux différentes planches verticales qui forment leurs parois.

505. *Fondations des piles du pont sur la Creuse, à la traversée du chemin de fer de Paris à Bordeaux.* — Les fondations du viaduc de Port-de-Pile sur la Creuse, à la traversée du chemin de fer de Paris à Bordeaux, devaient être établies sur une argile très compacte, se prêtant difficilement à un dragage. Aussi MM. Beaudemoulin et Desnoyers ont adopté le système de fondations par épuisement dans des caisses étanches (*fig.* 550 à 555).

La caisse était formée de poteaux montants placés tous les mètres, légèrement inclinés et réunis par une série de moises

horizontales retenant les planches join- | manière à découvrir le terrain solide sur
tives qui constituaient les parois. On a | toute la base d'appui du caisson. Le cais-
commencé par draguer une rigole de | son a été amené à l'emplacement où il

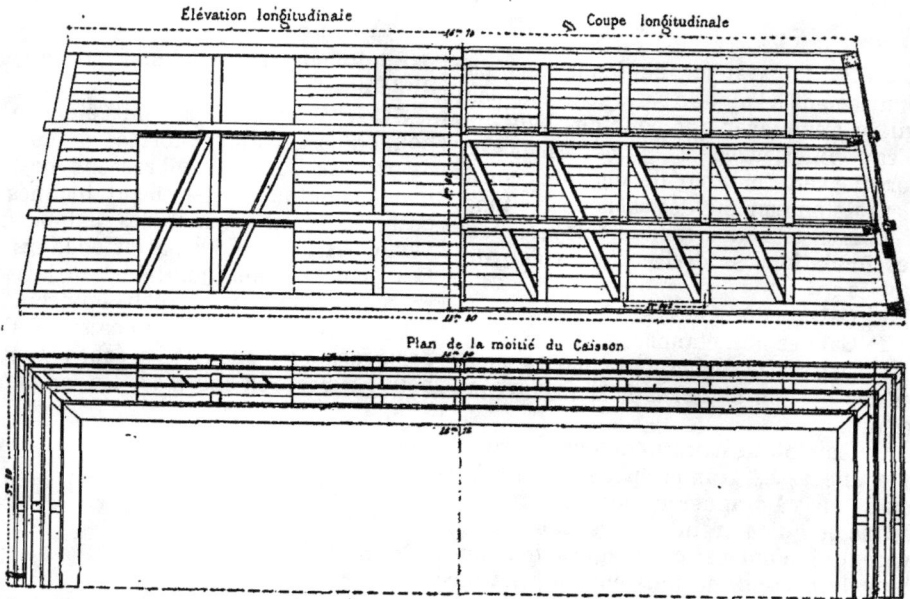

Élévation longitudinale   Coupe longitudinale

Plan de la moitié du Caisson

Fig. 553.

devait être échoué par un système de | l'aide de treuils placés sur les bateaux à
charpente reposant sur deux bateaux. Il | l'extrémité opposée de celle qui supportait
a été descendu bien horizontalement, à | la charpente, de manière à rétablir l'équi-

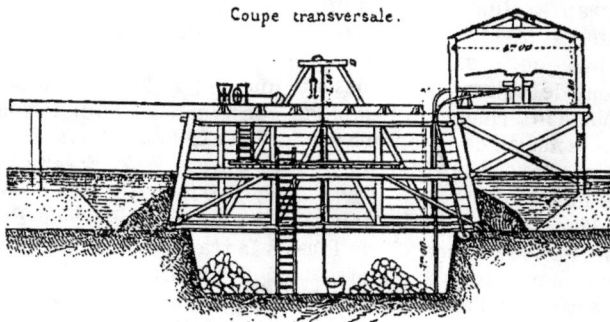

Coupe transversale.

Fig. 554.

libre avec un lest formé de gravier. — | rentrée de l'eau par le joint et par dessus
Lorsque le caisson a été mis en place on | des enrochements pour éviter les affouil-
a mis tout autour de la base de l'argile | lements.
pour diminuer autant que possible la | Ces opérations terminées on a épuisé

dans la caisse et on a commencé les maçonneries de fondation.

506. *Fondations des piles du viaduc de Port-Launay.* — Pour fonder les piles du viaduc de Port-Launay on s'est servi d'un caisson analogue au précédent mais en partie étanche et non étanche (*fig.* 556). La partie inférieure a été rendue étanche jusqu'à la troisième moise horizontale à l'aide d'argile mise tout autour du caisson

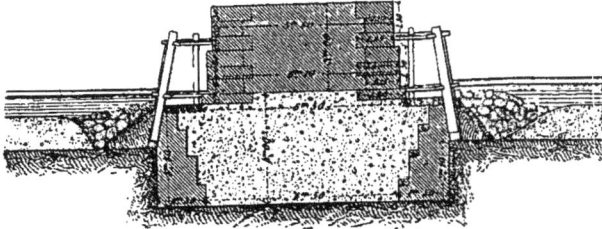

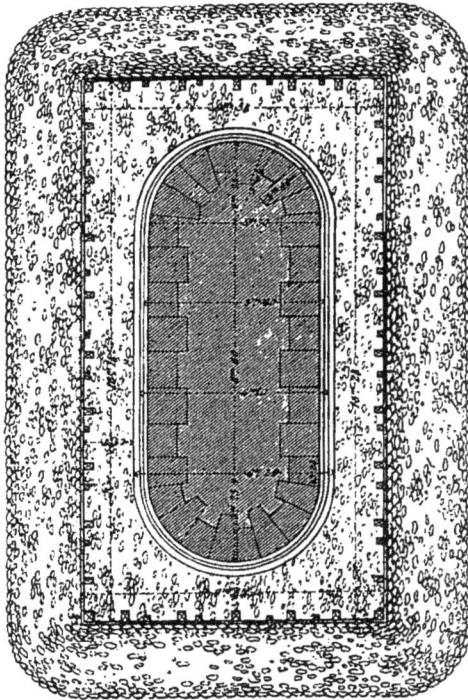

Fig. 555.

et recouverte d'une toile goudronnée retenue par des pierres placées dessus. Lorsque le caisson a été complètement mis en place et terminé on a épuisé à son intérieur en employant les dispositions indiquées sur la figure 556; le terrain solide mis à sec, on a commencé les fondations.

507. Dans certains cas cependant les épuisements sont très longs et par suite très cher; aussi on adopte quelquefois le système suivant:

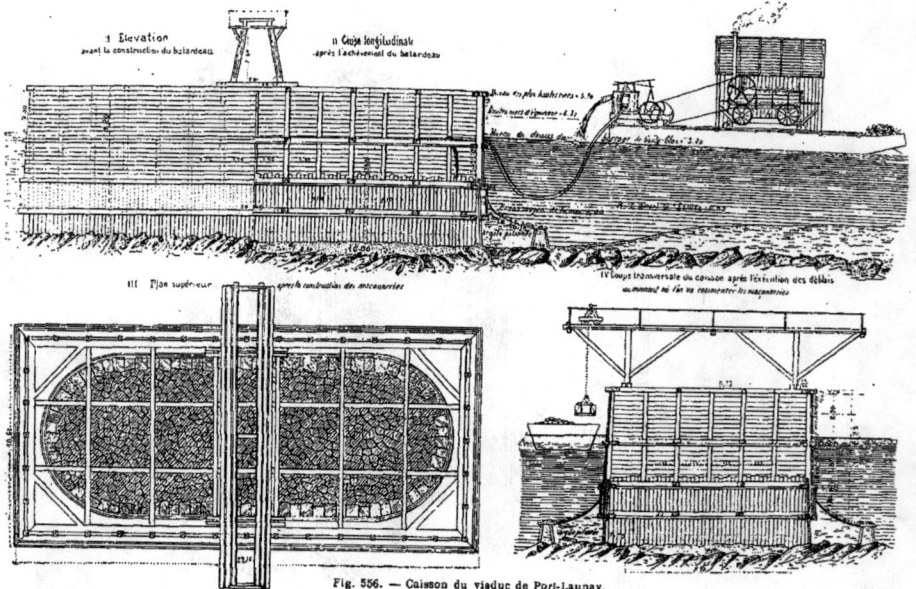

Fig. 556. — Caisson du viaduc de Port-Launay.

On établit, comme dans les cas précédents, une enceinte de pieux et palplanches dont les dimensions dépassent d'environ 2 mètres celles de la base de la fondation (*fig.* 569, 570 et 571). Lorsque la hauteur de l'eau est grande, on forme l'enceinte avec des pieux jointifs, car les palplanches devenant trop longues fléchiraient sous le choc du mouton et pénétreraient très difficilement dans le terrain solide. L'enceinte étant terminée on drague à son intérieur pour enlever le terrain détritique, mais il est préférable d'effectuer le dragage à l'endroit où la pile doit être établie avant d'enfoncer les pieux et les palplanches. Pendant l'opération du battage des pieux il se déposera toujours à l'emplacement de la pile un peu de sable ou de vase, mais il suffira d'un léger nettoyage pour les enlever.

Lorsque tout est terminé on coule du béton à l'intérieur de la caisse formée par les pieux et les palplanches et on met tout autour des enrochements pour préserver la base de la fondation. Pour effectuer l'opération du coulage du béton on peut se servir, soit d'une auge en bois à sections trapézoïdales supportée par des cordes actionnées par un treuil (*fig* 565 et suivantes), soit d'une boîte en tôle à fond mobile qui peut s'abaisser par la manœuvre d'une simple corde. A mesure que l'épaisseur de la couche de béton augmente on met tout autour de l'enceinte de nouveaux enrochements pour faire équilibre au poids du béton que l'on ajoute à l'intérieur.

Lorsque la couche de béton est arrivée à une certaine distance du niveau de l'eau on établit un vannage, dans l'enceinte de pieux et palplanches, de dimensions suffisantes pour pouvoir construire à son intérieur la pile à élever. Ce vannage est réuni au précédent par des moises horizontales qui embrassent les têtes des pieux. Entre les deux enceintes on coule du béton de manière à former un véritable batardeau à l'intérieur duquel on pourra épuiser. Il faudra cependant attendre, avant de procéder à l'opération de l'épuisement, que le béton soit complètement pris. Lorsque l'intérieur de ce batardeau sera complètement asséché on

y établira les premières assises de la pile à construire.

508. L'emploi des caisses sans fond non étanches exige de la part du constructeur certaines précautions qu'il est nécessaire de connaître pour pouvoir les utiliser avec succès. Voici comment s'exprimait à leur sujet M. l'ingénieur en chef Desnoyers (1) :

« Ces caissons ont une base rectangulaire, des parois inclinées suivant un fruit de 1/5 et sont formés de montants espacés d'environ 2 mètres d'axe en axe, reliés entre eux par trois cours de moises horizontales doubles entre lesquelles, après l'immersion, on fait glisser des palplanches de $0^m,05$ d'épaisseur qui achèvent de former l'enveloppe. Les dimensions du caisson sont calculées de manière que le béton qu'il doit renfermer présente de tous côtés une saillie de $0^m,80$ sur le parement du socle ou de 1 mètre sur la base réelle de la pile. Les parois s'élèvent à 1 mètre au-dessus de l'étiage afin de permettre de travailler aux fondations avec une hauteur d'eau ordinaire ; de plus, entre les cours des deux moises supérieures on établit, à l'intérieur, un bordage calfaté avec soin et destiné à former batardeau, afin que l'on puisse épuiser au-dessus du béton pour poser le socle et construire les premières assises en maçonnerie de la pile. Pendant que l'on construit un caisson sur le chantier, on prépare et met entièrement à nu le rocher à l'emplacement de la pile par un dragage à gueule-bée. Le caisson assemblé une première fois sur le chantier est ensuite démonté et transporté pièce à pièce sur deux forts bateaux établis de part et d'autre de l'emplacement de la fondation et sur lesquels sont disposées de grandes chèvres au moyen desquelles on fait successivement la mise au levage et l'immersion du caisson ».

« Dès qu'on a assemblé les montants et les deux cours de moises inférieures, on mesure par des sondes la profondeur exacte du rocher à l'aplomb de chacun des montants ; on recèpe suivant cette profondeur les montants laissés d'abord

(1) *Annales des ponts et chaussées* (2ᵉ semestre, 1849).

un peu longs à cet effet, puis avant de compléter la charpente, on immerge jusqu'à la seconde moise la partie déjà assemblée ; la partie plongeant dans l'eau sert, dès ce moment, à alléger notablement le caisson ; on pose le dernier cours de moises, puis on construit et calfate avec soin le bordage de la partie supérieure. On immerge ensuite le caisson jusqu'à ce que les montants portent sur le rocher et comme, vers la fin de l'opération, il a perdu la plus grande partie de son poids, il devient facile de le placer et de le diriger de telle sorte que les axes du caisson tracés sur la moise supérieure viennent coïncider exactement avec les lignes qui établissent les tracés des axes du pont et de la pile. Dès qu'il est bien en place, on se hâte de glisser les palplanches, on les bat à la masse pour les bien assurer sur le rocher et on les fixe ensuite définitivement sur la moise supérieure à l'aide de coins en bois. Lorsque la pose des palplanches est terminée, on fait autour du caisson un léger enrochement ayant pour but de le maintenir exactement dans la position qui lui a été donnée. Aussitôt après on commence le bétonnage. Au lieu de placer les palplanches jointives, on a soin de laisser entre elles des intervalles de $0^m,05$; on maintient ces intervalles dans la pose en clouant préalablement de petits tasseaux contre la tranche des palplanches ; le vide a pour but de permettre l'écoulement des laitances vaseuses qui se produisent dans l'immersion du béton. »

Lorsque la hauteur du béton immergé à l'intérieur de la caisse devient assez considérable, il est nécessaire de mettre tout autour de nouveaux enrochements dont le poids contrebalance l'effet produit par la poussée du béton. Lorsque le béton est arrivé à une hauteur suffisante, c'est-à-dire un peu au-dessus du bord inférieur de la partie étanche de la caisse, et que sa prise est terminée, on procède à l'épuisement. On ne commence les maçonneries qu'après avoir mis absolument à sec la partie supérieure de la caisse.

509. La figure 557 représente les coupes longitudinale et transversale de la caisse qui a servi à l'établissement des fondations des piles du pont Saint-Michel

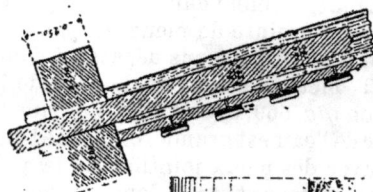

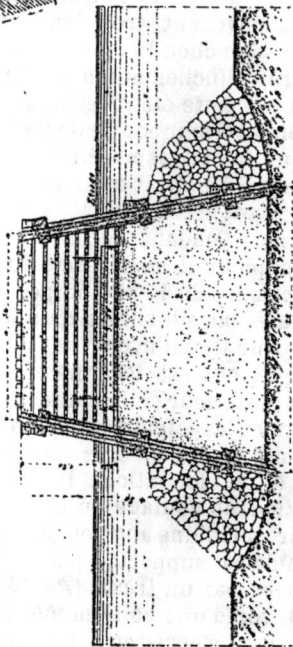

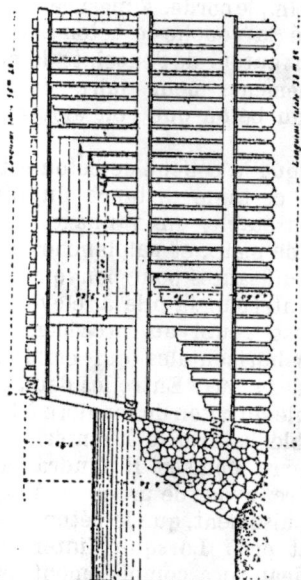

Fig. 558. — Coupe de la partie étanche de la Caisse sans fond, employée aux fondations du pont St-Michel, à Paris.

Fig. 557. — Fondations des piles du pont St-Michel, sur la Seine, à Paris. — Emploi de la Caisse sans fond, en partie étanche et non étanche.

à Paris. Cette caisse était en bois, et était en partie étanche et non étanche.

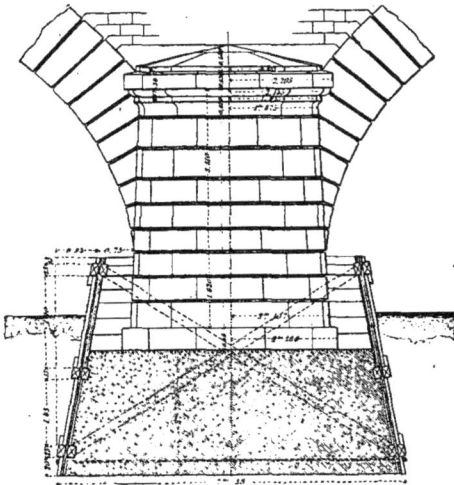

Fig. 559. — Fondations des piles du pont au Change, à Paris. — Emploi de la Caisse sans fond, en partie étanche et non étanche. — Coupe transversale.

Elle se composait, comme toutes celles du système Beaudemoulin, de trois cours de moises horizontales embrassant une série de poteaux montants. Entre les moises on a battu des palplanches de 0^m,08 d'épaisseur, laissant entre elles un vide de 0^m,05 environ pour laisser s'écouler la laitance qui se forme pendant le coulage du béton. Mais comme la partie de la caisse située entre les deux cours de moises supérieures devait être étanche pour pouvoir y épuiser lorsque le béton serait arrivé à une hauteur suffisante pour établir la première assise de maçonnerie, il était nécessaire d'adopter à cet endroit une disposition spéciale. A cet effet, avant de battre les palplanches verticales, on a mis à l'intérieur des palplanches horizontales absolument jointives et pour rendre les joints très étanches on les a garnis de mousse et on a cloué des voliges par dessus.

Les deux cours de moises inférieures étaient en chêne tandis que le cours supérieur, qui devait être recépé ainsi qu'une certaine hauteur des palplanches, une fois la pile sortie de l'eau, était en bois de sapin.

Pour échouer le caisson, après l'avoir amené sur quatre bateaux à l'emplacement qu'il devait occuper, on l'a soulevé à l'aide de quatorze chèvres et on l'a des-

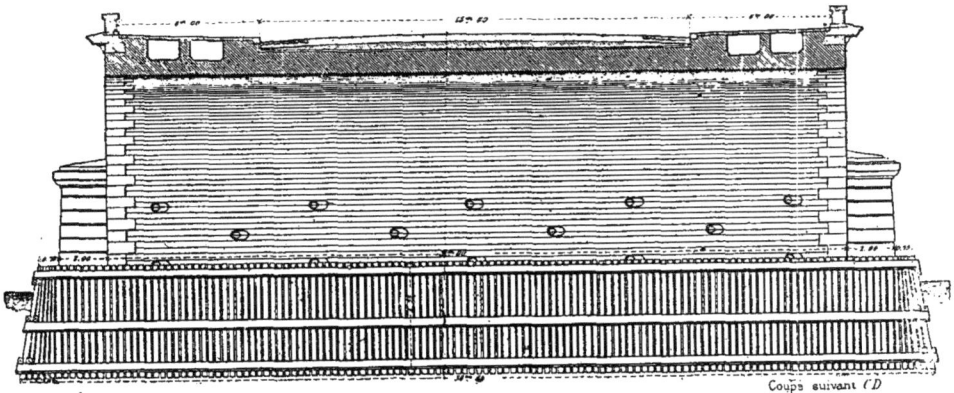

Coupe suivant CD

Fig. 560. — Fondations des piles du pont au Change, à Paris. — Coupe longitudinale par l'axe d'une des voûtes.

cendu graduellement en achevant sa construction à mesure qu'il s'enfonçait davantage.

Ainsi, on a d'abord assemblé les poteaux montants au cours inférieur de moises ; puis quand la caisse a été enfoncée jusqu'au niveau du deuxième cours de moises, on a fixé celles-ci. Ceci fait, on a confectionné la partie étanche de la caisse entre les deux cours de moises supé-

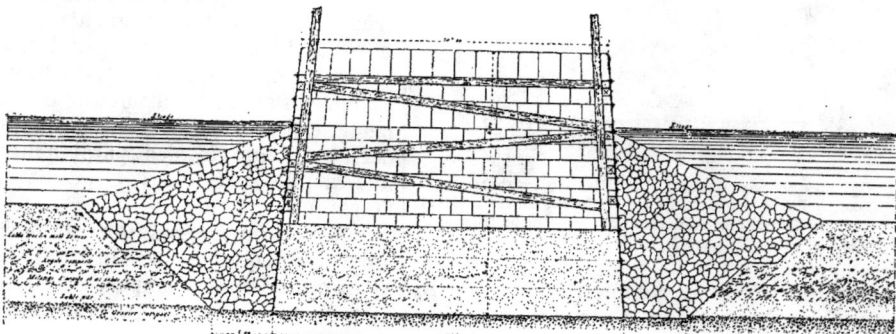

Fig. 561. — Fondation d'une pile en rivière du Viaduc de Nogent-sur-Marne. — Emploi d'une Caisse sans fond en tôle. — Coupe transversale.

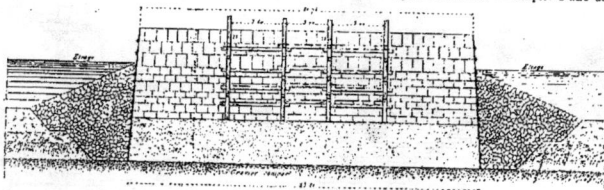

Fig. 562. — Fondation d'une pile en rivière du Viaduc de Nogent-sur-Marne. — Coupe longitudinale.

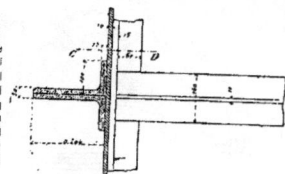

Fig. 563. — Coupe A B (voir fig. 561).

ricures ; puis on a continué la descente de la caisse jusqu'au terrain solide.

La caisse étant en place, on a enfoncé les palplanches dont l'extrémité inférieure était taillée en pointe pour faciliter leur pénétration dans le sol et on a mis tout autour de la caisse des enrochements destinés à l'empêcher de prendre le moindre mouvement sous l'action de la poussée de l'eau.

On a procédé ensuite à l'opération du coulage du béton, à l'aide de caisses demi-cylindriques, jusqu'au-dessus du bord inférieur de la partie étanche de la caisse. Le bétonnage étant terminé on a épuisé à l'intérieur de la caisse absolument étanche à cet endroit et on a pu établir les premières assises de la pile. Lorsque celle-ci fut complètement sortie de l'eau on scia la caisse au niveau du béton de

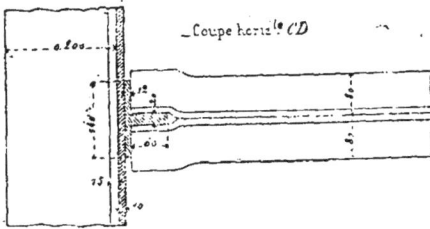

Fig. 561 — Coupe CD (voir fig. 563).

manière à ne laisser au-dessus des plus basses eaux aucune trace du caisson employé.

510. D'après M. Beaudemoulin les caisses sans fond peuvent sans aucun inconvénient être employées jusqu'à des profondeurs de 6 mètres et plus car sous l'action de la poussée verticale de l'eau elles perdent beaucoup de leur poids et, par suite, peuvent être mises en place plus facilement.

Il est bon de donner aux caissons un fruit variant de 1/4 à 1/7 pour donner un peu plus de stabilité à la fondation et lui permettre de résister davantage au choc des corps flottants.

C'est dans le même ordre d'idées que quelques constructeurs posent les uns sur les autres, tout autour de la caisse, de gros blocs de pierre à joints taillés et

entre lesquels ils coulent le béton de fondation. Ces assises de pierre de taille sont séparées par une couche de mortier de ciment de manière à former un parement très résistant.

Caissons en tôle.

511. Au lieu de caissons en bois on peut employer des caissons étanches en tôle du genre de celui qui a servi à établir la fondation de la pile en rivière du viaduc de Nogent-sur-Marne (*fig.* 561,

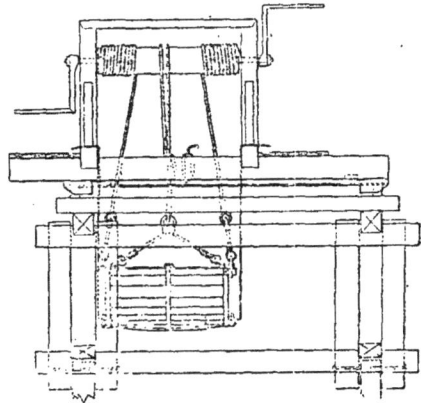

Fig. 563. — Treuil pour couler le béton sous l'eau.
Élévation.

562, 563 et 564). Toutes les piles de ce viaduc sont fondées sur une couche très épaisse de gravier compact très résistant. Mais, à l'endroit où devait être établie la pile en rivière cette couche de gravier se trouvait à une profondeur de 7 mètres au-dessous de l'étiage et elle était séparée du fond du lit de la rivière par une couche de sable de 3 mètres d'épaisseur. Pour arriver au terrain solide, il eût fallu effectuer un dragage, puis battre de pieux jointifs de manière à former une sorte de batardeau dans lequel on eût coulé du béton. On craignait qu'il ne se déposât pendant le battage des pieux, du sable dans la fouille draguée, ce qui eût nécessité un dragage à la main. De plus, comme les maçonneries devaient commencer à un niveau au-dessous de celui de l'étiage il eût fallu établir des batarsdeaux d'une très grande hauteur. On a préféré exécuter une grande caisse en tôle qu'on pourrait mettre en place immédiatement après le dragage effectué à l'emplacement de la pile.

Cette caisse en tôle offrait, en outre, de grands avantages sur celles qu'on avait l'habitude de construire jusqu'alors et qui étaient en bois. Dans ces dernières caisses, en effet, il était difficile d'obtenir une étanchéité suffisante pour pouvoir construire à son intérieur les maçonneries dans de bonnes conditions.

On a commencé par couler dans la caisse en tôle une couche de béton de 3 mètres d'épaisseur. Cette épaisseur était suffisante pour que le bloc de béton puisse résister à la sous-pression de l'eau.

la pile soit complètement hors de l'eau.

Pour former les anneaux de la caisse on a employé des feuilles de tôle se superposant dans le sens vertical. La rigidité de chacun d'eux était obtenue

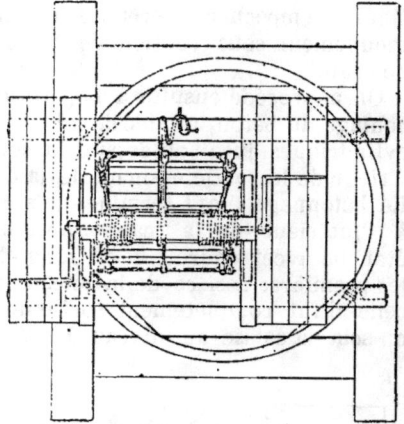

Fig. 567. — Treuil pour couler le béton sous l'eau. Plan.

par des cornières horizontales rivées sur la tôle à l'extérieur de la caisse et par des fers à T, à l'intérieur. Ces fers à T étaient placés suivant la verticale et ser-

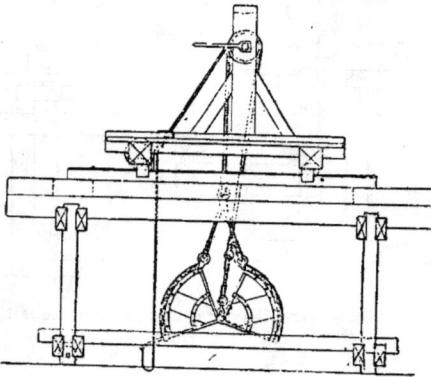

Fig. 566. — Treuil pour couler le béton sous l'eau. Vue de côté.

La partie de la caisse qui correspondait à cette couche de béton était formée d'une tôle mince. Au-dessus se trouvait un deuxième anneau constitué par des tôles de 3m,50 de hauteur ; il correspondait à la deuxième partie de la fondation, c'est-à-dire celle dont les parements sont en libages pour pouvoir mieux résister au choc des corps flottants, après la destruction de la caisse. L'anneau supérieur était formé par des tôles très minces car la hauteur d'eau qu'elle avait à supporter était faible. Cette partie de la caisse ne pouvait évidemment subsister après l'achèvement du pont puisqu'elle dépassait le niveau ordinaire des eaux de manière à former batardeau jusqu'à ce que

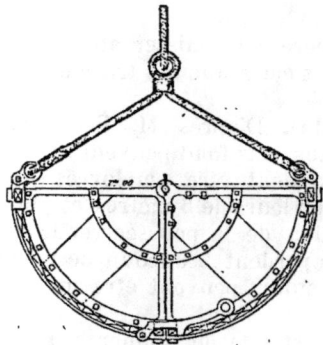

Fig. 568. — Caisse en tôle pour couler le béton sous l'eau.

vaient à assembler des tirants destinés à éviter toute déformation de la caisse. Ces tirants variaient de forme et de section avec la région dans laquelle ils étaient employés. A la partie inférieure ils étaient constitués par des fers carrés de 0,05 de côté noyés dans la masse du béton.

Dans la deuxième région ils étaient formés par des fers à **T**.

La caisse ainsi constituée n'aurait pu résister à la pression due à la grande hauteur d'eau, surtout dans les parties planes. Aussi on a, pendant la construc-

plancher et on a laissé descendre la caisse jusqu'au terrain solide.

Lorsque l'opération a été terminée on a coulé du béton à l'intérieur de la caisse jusqu'au niveau de la première assise de maçonnerie. Ceci fait, on a procédé à l'épuisement dans le caisson au-dessus du massif de béton avec une pompe Letestu actionnée par une locomobile. On n'a eu à enlever que 1 200 mètres cubes d'eau, ce qui, d'après les dimensions du caisson au-dessus du béton de fondation, prouve que la caisse était très étanche. Sous ce rapport les caissons en tôle sont donc préférables aux caissons en bois. Mais les premiers coûtent beaucoup plus cher que les seconds et ont en outre l'inconvénient de ne pas avoir d'ouvertures pour laisser écouler les laitances qui se forment pendant le coulage du béton sous l'eau.

512. La méthode de fondations par caisses sans fond n'est en réalité qu'une variante de celle qui consiste à battre des pieux et palplanches de manière à constituer une sorte de batardeau à l'intérieur duquel on drague et on coule du béton. Cependant la nature du terrain indique nettement quel est celui des deux systèmes qui doit être préféré. Si le terrain est tel qu'on peut effectuer le dragage jusqu'au terrain solide sans que rien ne revienne dans la partie draguée, on pourra adopter le système de fondations par caisses sans fond ; mais, dans le cas contraire, c'est-à-dire si le terrain a très peu de consistance, on devra préférer le système qui consiste à battre des

Plan et Coupe horizontale

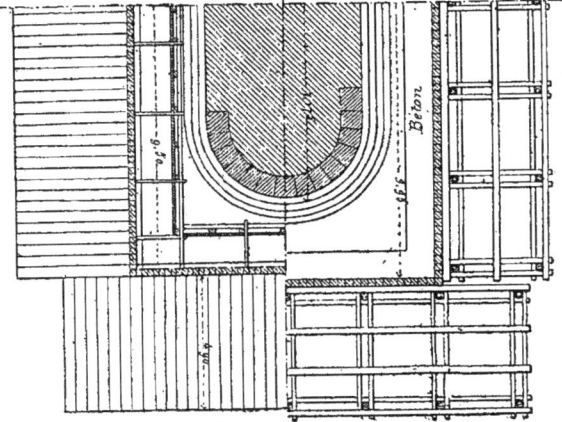

Élévation et Coupe transversale

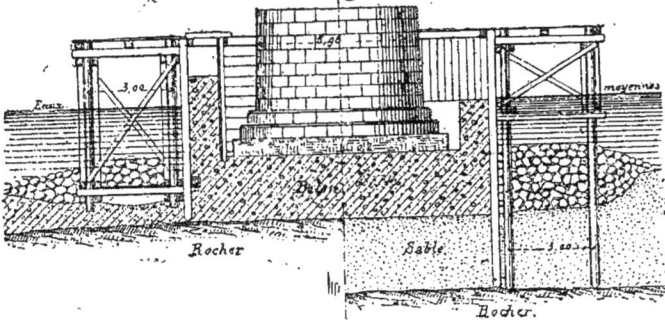

Fig. 559.

tion, fortement étrésillonné ces parties à l'aide de madriers qu'on enlevait lorsqu'ils commençaient à gêner les ouvriers à l'intérieur de la caisse.

Pour mettre la caisse en place on l'a apportée, à l'emplacement où elle devait être échouée, sur un plancher supporté par deux bateaux. Puis, on a soulevé la caisse à l'aide de vérins, on a retiré le

pieux et palplanches avant d'effectuer le dragage.

Enfin si le terrain est affouillable il faudra préférer le système par pieux et palplanches au système par caisses sans fond, car le premier enferme en quelque sorte le terrain au-dessous du béton, ce qui n'a pas lieu avec les caisses sans fond.

Les caisses sans fond ont cependant l'avantage d'être rapidement posées et de réduire au minimum l'épaisseur du batardeau tandis que les enceintes de pieux et palplanches exigent pour le battage des pieux un temps assez long.

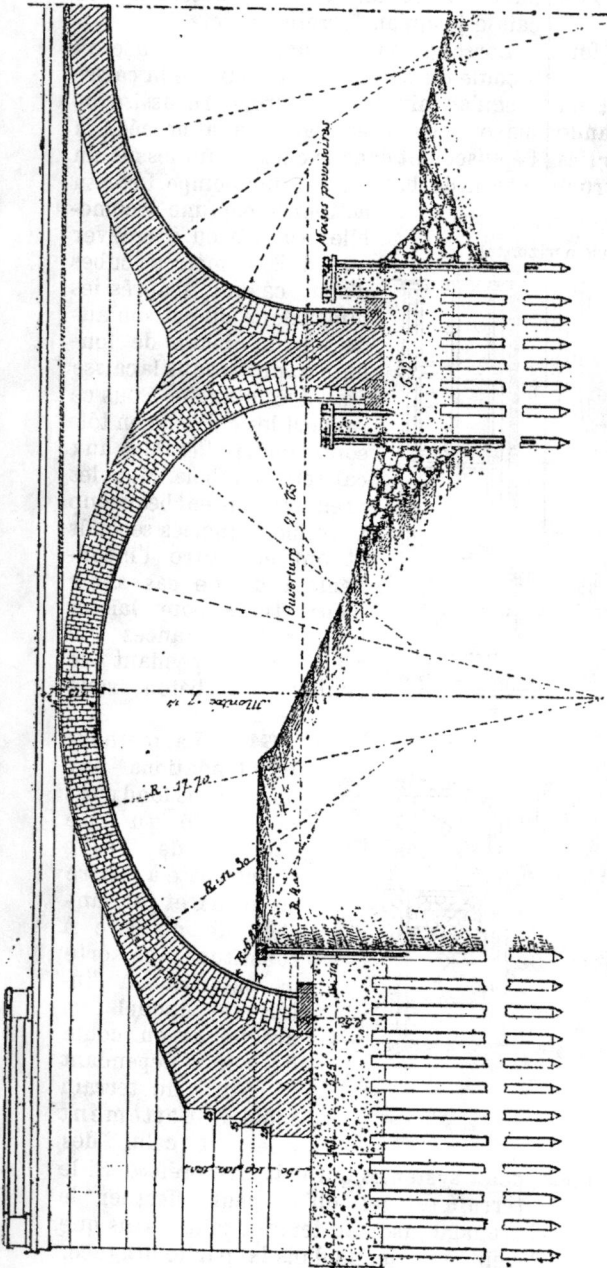

Fig. 570. — Fondations du pont sur l'Adour, à Dax. — Coupe longitudinale.

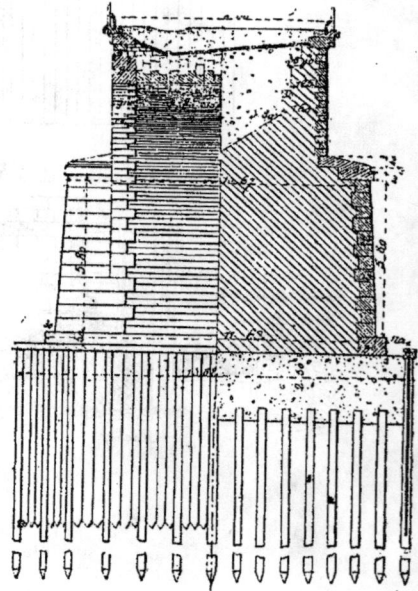

Fig. 571. — Fondations du pont sur l'Adour à Dax Demi-coupe transversale, suivant l'axe d'une pile.

§ IV. — FONDATIONS SUR RADIER GÉNÉRAL

513. Lorsque le terrain est très affouillable, comme le gravier, le sable, l'argile compacte et le schiste, les enrochements ne protègent pas suffisamment les fondations ; aussi, en général, on les établit dans ce cas sur un radier en béton. Certaines rivières, en effet, dont le fond est mobile et qui coulent avec une très grande rapidité, attaquent leur lit d'une manière très appréciable, surtout aux endroits où des ouvrages d'art viennent le rétrécir. Si donc on ne prend pas les précautions nécessaires, la fondation pourra à la longue être endommagée et entraîner la ruine de l'ouvrage.

Les rivières qui présentent au plus haut degré les caractères de ce genre sont la Loire, l'Allier, le Cher, le Rhin et le Rhône ; leur lit est essentiellement composé de sables et de cailloux entraînés par la rapidité du courant et, par suite, est excessivement affouillable. Le moyen le plus sûr pour protéger les fondations des ouvrages à construire sur les rivières à fond mobile est de les établir sur un radier général en béton. On conçoit, en

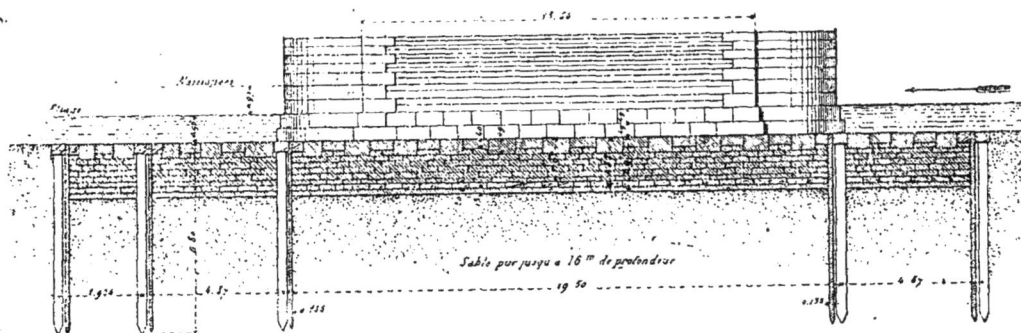

Fig. 572. — Fondations du pont de Moulins, sur l'Allier.

effet, qu'en substituant au sable qui forme le lit mobile de la rivière un sol rebelle aux affouillements la fondation sera absolument à l'abri de toutes les corrosions possibles.

514. Ce mode de fondation a été employé vers le milieu du siècle dernier au pont de Moulins, sur l'Allier, établi à la suite des effondrements de deux ponts antérieurs, construits, le premier, en 1680 et, le deuxième, en 1700. A l'endroit où est établi le pont de Moulins, le lit de l'Allier est constitué par une couche de sable de 16 mètres d'épaisseur environ, dans laquelle les pieux ne peuvent être enfoncés à plus de 4 mètres.

Le fond du lit de l'Allier étant affouillable jusqu'à une profondeur de 7 mètres,

on comprend que toute fondation, établie dans les conditions ordinaires, serait vite emportée. Mais comme le sable est incompressible, il suffit d'asseoir la fondation sur un radier général, relié aux maçonneries des piles et des culées et d'établir en amont et en aval, dans le sens de la longueur du pont, des rangées de pieux et palplanches empêchant le sable de fuir sous le poids de la construction. La figure 572 représente la coupe transversale du radier sur lequel a été établie la fondation du pont de Moulins. Ce radier avait une épaisseur d'environ 1^m,60 et était maintenu à l'amont par deux rangées de palplanches et à l'aval, où les affouillements étaient beaucoup plus redoutables, par trois rangées. Ces palplanches étaient jointives et assemblées entre elles pour éviter toute rentrée de sable entre leurs joints à l'intérieur de l'enceinte où devait être établi le radier en maçonnerie. Leur enfoncement fut commencé avec un mouton du poids de 150 kilogrammes et

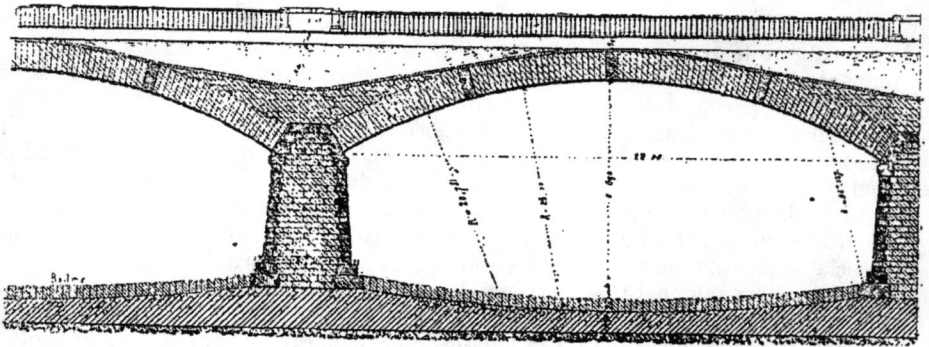

Fig. 573. — Fondations du Viaduc de Pont d'Ain, sur l'Ain. (Ligne de Lyon à Genève.)

continué par d'autres dont le poids augmentait progressivement et finit par atteindre 750 kilogrammes. Les palplanches furent enfoncées jusqu'à une profondeur de 6m,50 environ et lorsqu'elles furent parfaitement en place et jointives on

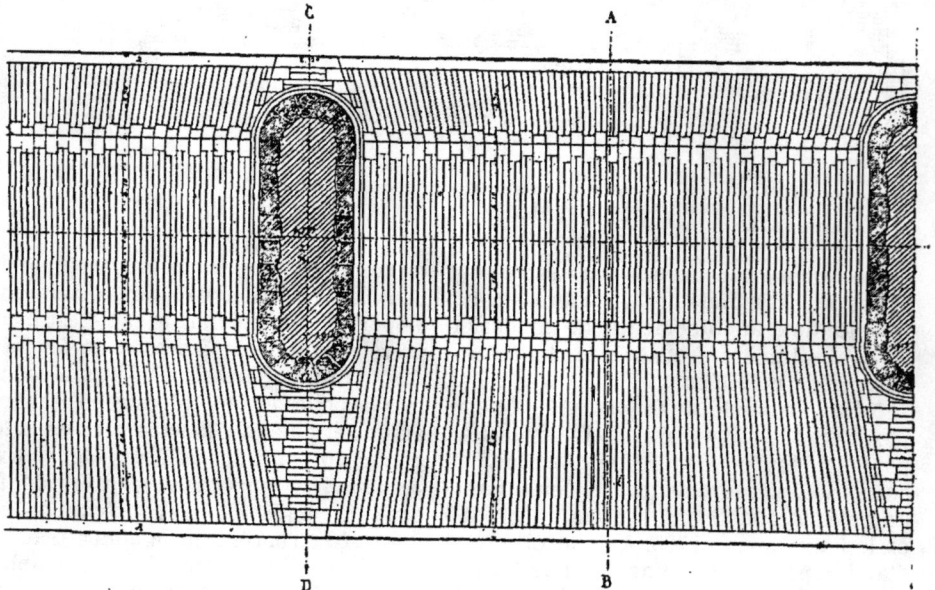

Fig. 574. — Fondations du Viaduc de Pont d'Ain, sur l'Ain. (Ligne de Lyon à Genève.)

commença le dragage. Cette opération terminée on recépa les pieux et on commença l'épuisement qui ne se fit qu'avec de très grandes difficultés à cause des infiltrations qui se produisaient à travers le sable, malgré toutes les précautions prises pour les éviter. On confectionna alors une sorte de plancher en madriers jointifs reposant sur une couche de terre glaise étendue sur toute la surface du fond du radier. Pour faciliter cette opération, ainsi que celle de l'épuisement à faire ultérieurement, on avait au préalable partagé la surface sur laquelle devait être établi le radier en une série de casiers de 4 mètres de côté environ. Lorsque les planchers des différents casiers furent mis en place on procéda sans

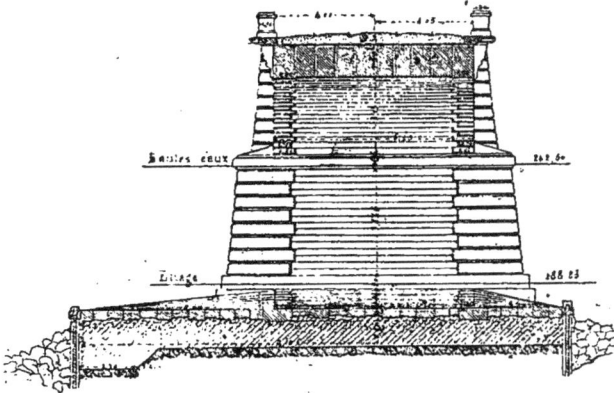

Fig. 575.

trop de difficultés aux épuisements et ensuite à la confection du radier.

515. D'autres ponts furent établis plus tard, dans des conditions analogues. C'est ainsi que fut fondé le pont-aqueduc du Guétin sur l'Allier, composé de 18 arches de 16 mètres d'ouverture. Pour maintenir le radier on a fait à l'amont et

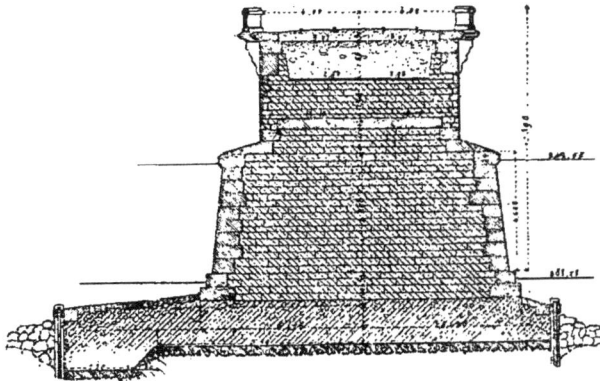

Fig. 576.

à l'aval de l'ouvrage deux stries à l'aide d'un dragage dans le gravier agglutiné. Dans chacune de ces stries larges d'environ 3 mètres on a battu une double enceinte de pieux et palplanches. Ces pieux étaient moisés dans le sens longitudinal et dans le sens transversal et l'espace compris entre chacune des deux rangées d'amont et d'aval était rempli avec du béton. Les vides des deux stries entre le gravier et les pieux et palplanches étaient comblés avec des enrochements tandis que la partie comprise entre les deux stries était recouverte d'une couche de béton ayant une épaisseur de 1m,50 environ. Au-dessus de cette couche de béton on a établi un pavage de 0m,40 d'épaisseur ; de sorte que le radier de ce pont n'est pas en maçonnerie comme celui du pont de Moulins. De plus on n'a pas eu à

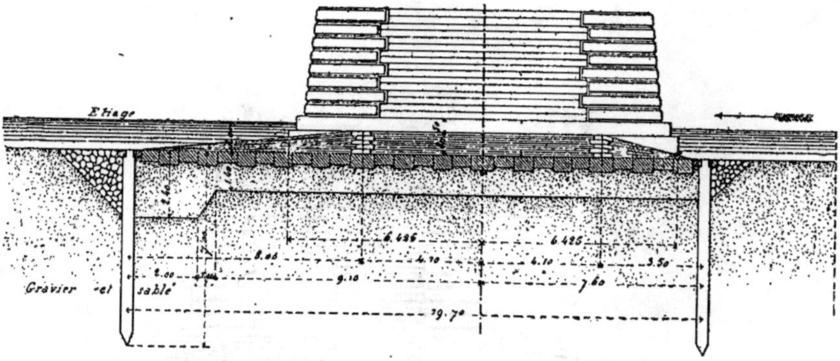

Fig. 577.

s'inquiéter de la confection et de la pose sur une couche de glaise des plateformes employées à ce dernier pont pour éviter les infiltrations et pouvoir épuiser à l'intérieur des fouilles du radier. La fabrication du béton avait déjà, à l'époque où

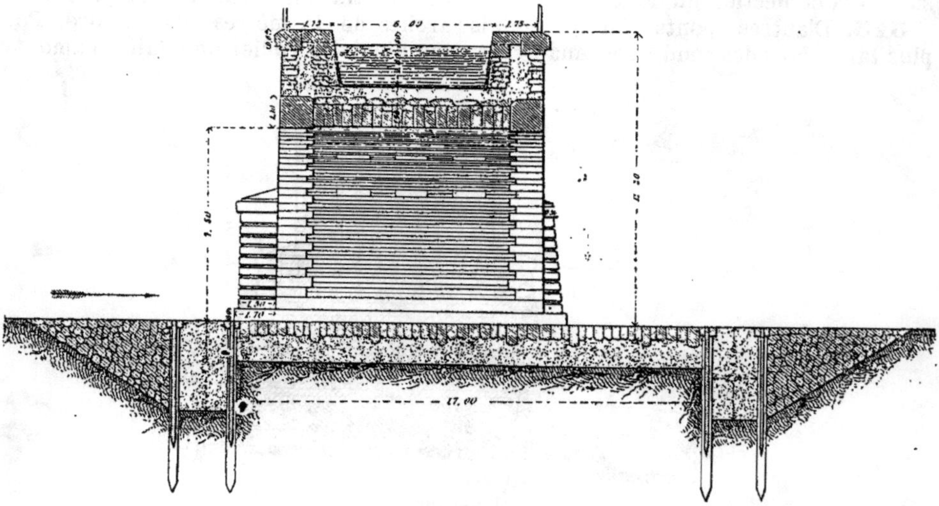

Fig. 578. — Fondations du Pont-Aqueduc du Guétin, sur l'Allier.

fut construit le pont du Guétin, fait des progrès très sensibles et on parvint à établir le radier en le coulant sous l'eau.

Malgré ce perfectionnement, ce système de fondations coûte fort cher, aussi, sou-

vent on préfère établir les fondations à un niveau suffisamment au-dessous du lit de la rivière pour qu'on n'ait plus à craindre le plus petit affouillement.

Quelquefois, cependant, on a intérêt à descendre les fondations le moins bas possible. C'est le cas qui s'est présenté lorsqu'il s'est agi de construire le viaduc de pont d'Ain en 1854, sur la ligne de Lyon à Genève (*fig.* 573 *à* 577). A cet endroit, en effet, les sondages révélaient que le lit de l'Ain était constitué par une couche de gravier de 7 mètres d'épaisseur environ et que la grosseur de ce gravier devenait de plus en plus faible du haut au bas de la couche. Au-dessous de cette couche de gravier on rencontrait, sur une épaisseur très faible, une argile jaunâtre, puis, encore au dessous, une couche de sable. Ces dernières couches ne se prêtant pas à l'établissement d'une fondation durable, il était logique de ne pas y asseoir directement la construction. Aussi la couche de gravier supérieure formant le lit de la rivière étant affouillable, on ne pouvait adopter que le système de fondation sur radier général en béton. On battit donc

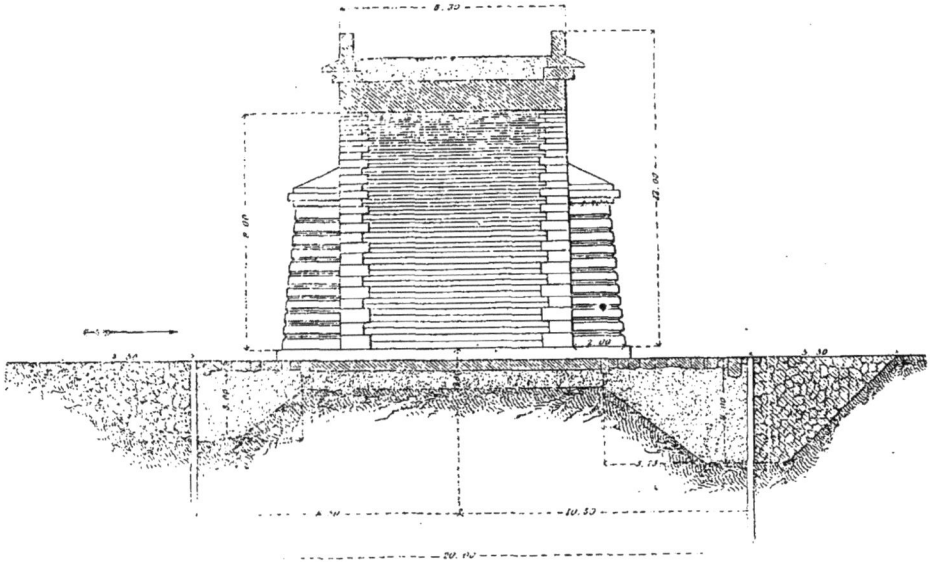

Fig 579. — Fondations du pont du Chemin de fer du Centre, sur l'Allier.

en amont et en aval du pont deux rangées de pieux jointifs de manière à former une caisse dans laquelle on coula une couche de béton de 0^m,90 d'épaisseur, recouverte avec une maçonnerie de moellons. Des chaines en pierre de taille disposées comme l'indique le plan du radier (*fig.* 574) donnent à l'ensemble toute la solidité désirable.

§ V. — FONDATIONS SUR MASSIF DE BÉTON IMMERGÉ

516. Lorsque le terrain n'est affouillable que jusqu'à une faible profondeur, on peut adopter soit le système de fondations par encaissement, soit le système de fondations sur pilotis.

Le premier système consiste simplement à établir la fondation sur un massif de béton contenu dans une enceinte de pieux et palplanches.

Le dragage à effectuer à l'emplacement de la pile à élever peut se faire avant l'enfoncement des pieux et des palplanches si le terrain est affouillable et si en même temps il offre une résistance assez grande à cet enfoncement. Dans le cas contraire le dragage se fera à l'intérieur de l'enceinte formée par les pieux et on conçoit que cette opération se fera alors sur une surface beaucoup plus restreinte.

Lorsque tout est prêt on procède à l'opération du coulage de béton jusqu'à ce qu'il soit arrivé au niveau prévu pour l'établissement de la première assise de maçonnerie de la pile.

517. Lorsque le niveau indiqué au projet pour l'établissement de cette première assise est très inférieur à celui de l'eau, on établit au-dessus du béton une sorte de batardeau en béton, comme nous l'avons dit au numéro 507 et alors la fondation se termine par épuisement. Mais cette disposition doit être évitée autant que possible car il est évident que pour pouvoir construire les assises inférieures de la pile à l'intérieur du batardeau il faut que l'enceinte extérieure de pieux et palplanches soit beaucoup plus grande que celle qui serait nécessaire si on n'avait pas à construire un batardeau au-dessus du béton de fondation. De plus, ce moyen n'est pas économique puisque la quantité de matériaux nécessaires pour la fonda-

tion est augmentée dans une notable proportion. Il faut donc toujours faire en

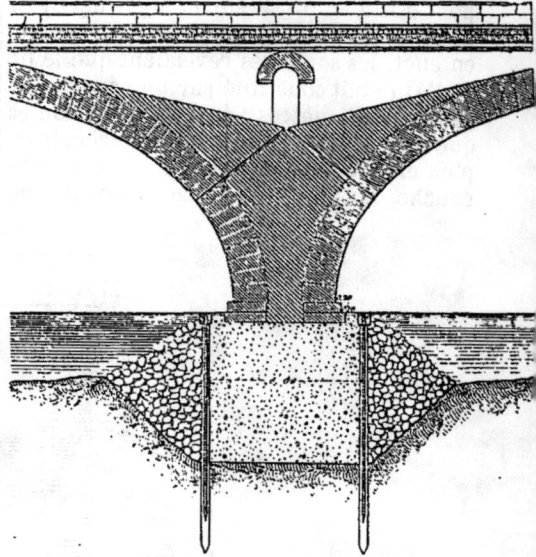

Fig 580. — Fondations des piles des ponts de Cé, sur la Loire. — Coupe longitudinale.

sorte que le niveau de la première assise de la pile soit très peu au-dessous du niveau de l'étiage.

Fig. 581. — Fondations des piles des ponts de Cé, sur la Loire. — Coupe transversale.

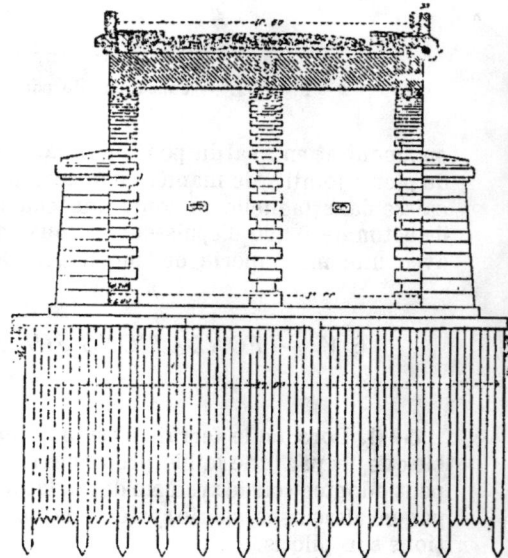

Fig 582. — Fondations des piles des ponts de Cé, sur la Loire. — Coupe transversale par l'axe d'une des voûtes.

§ VI. — FONDATIONS SUR PILOTIS

518. Le système de fondations sur pilotis s'emploie comme le précédent lorsqu'il s'agit de fonder sur un terrain incompressible mais affouillable à une faible profondeur. Il consiste à enfoncer sur toute la surface que doit recouvrir la fondation un nombre de pieux suffisant pour pouvoir supporter, sans danger de flexion ni d'écrasement, le poids dû à la construction.

Ce mode de fondation est basé sur ce que les bois toujours immergés sont incorruptibles. Il faut donc faire en sorte que les pieux soient toujours enfoncés à un niveau tel que leur tête soit toujours au-dessous de celui des plus basses eaux. Dans l'eau de mer, les pieux sont cependant quelquefois rongés par une espèce particulière d'infusoires, et dans les marais, dont les eaux sont acides, on a quelques exemples de pieux en partie détruits. La difficulté des fondations sur pilotis est donc la fixation du niveau auquel doivent être recépés les pieux pour qu'ils soient toujours au-dessous de l'étiage.

519. *Nombre de pieux à adopter pour établir une fondation sur pilotis. — Espacement des pieux.* — La première préoccupation que l'on doit avoir lorsqu'on a à établir une fondation sur pilotis est la détermination du nombre de pieux à enfoncer pour que leur ensemble puisse supporter sans fléchir et sans s'écraser, le poids considérable qui reposera sur eux.

Comme il est imposible de soumettre rigoureusement au calcul un pareil problème puisque le nombre de pieux dépend non seulement de leurs dimensions et de la nature du bois qui les compose mais aussi de la manière dont la charge qu'ils supportent se répartit sur chacun d'eux et de la résistance que le terrain oppose à leur voilement, il faut s'en rapporter à certaines règles empiriques. D'après M. Dupuit « on donne aux pieux un diamètre de 0,04 de leur longueur et l'on suppose qu'ils pourraient porter chacun 25 000 kilogrammes quand ils seront battus à un refus de $0^m,01$ par volée de dix coups d'un mouton pesant 600 kilogrammes élevé à $3^m,60$ de hauteur ou par volée de trente coups d'un mouton de même poids élevé à la tiraude à $1^m,20$ de hauteur. On espace les pieux de $0^m,80$ environ ; s'il résulte de cet espacement que leur charge est sensiblement inférieure à 25 000 kilogrammes on se contente d'un refus proportionnel à leur charge, soit 0,02 pour 12 500 kilogrammes, 0,05 pour 5,000... »

520. Certains constructeurs évaluent à 300 kilogrammes par centimètre carré la charge limite de rupture d'un pieu, dans le sens de sa longueur. D'après cela, en considérant un pieu isolément on ne devrait lui faire supporter que le dixième de cette charge, soit 30 kilogrammes par centimètre carré de section transversale. Mais comme les pieux sont complètement maintenus par les terres ou les enrochements qui les entourent on peut les soumettre aisément à une charge de 50 kilogrammes par centimètre carré. Il est donc facile, avec cette donnée empirique, de calculer la charge totale que peut supporter un pieu ; il suffit évidemment de multiplier par 50 sa section transversale évaluée en centimètres. En divisant le poids de la construction à élever par le produit obtenu on aura le nombre de pieux à adopter pour établir la fondation.

521. Au pont de Neuilly, les pieux avaient un diamètre de $0^m,325$ et supportaient une charge de 60 kilogrammes par centimètre carré de section transversale. Au pont d'Ivry les pieux avaient $0^m,36$ de diamètre et ne supportaient qu'une charge de 16 kilogrammes par centimètre carré.

522. On peut aussi employer la formule hollandaise, pour calculer le poids total à faire supporter à un pieu ; cette formule est :

$$R = \frac{PH}{6e} \times \frac{P}{P + p}$$

dans laquelle :

R représente le poids total inconnu

que l'on peut faire supporter au pieu, en toute sécurité ;

e est l'enfoncement que prend ce pieu à la dernière volée ;

P est le poids du mouton ;

H est la hauteur de chute du mouton ;

p est le poids du pieu.

Pour appliquer cette formule au calcul du nombre de pieux nécessaire pour supporter la construction à élever, il faut évidemment supposer que les valeurs trouvées pour eP et H pendant le battage de l'un d'eux peuvent être adoptées pour tous les autres. Ceci revient à supposer que la nature du terrain ne varie pas sur toute l'étendue de la base d'appui de la fondation.

523. Il est évident qu'il doit toujours y avoir une certaine proportion entre la longueur d'un pieu et son diamètre. En général on fait le diamètre égal au 1/24 de la longueur, et on ne lui donne jamais moins de $0^m,20$.

Perronet a donné une formule établissant une relation entre la longueur et le diamètre d'un pieu.

Cette formule est :

$$d = (l - 4^m,00) \times 0^m,015 \times 0^m,24$$

d est le diamètre inconnu du pieu.

l est sa longueur en mètres.

Connaissant le diamètre du pieu, c'est-à-dire sa section, on pourra, comme nous l'avons expliqué précédemment, chercher la charge qu'il peut supporter et en déduire le nombre de pieux nécessaire pour supporter le poids de la construction ; c'est ce nombre qui fixe leur écartement d'axe en axe. Cet écartement devra être compris entre $0^m,80$ et $1^m,20$.

Fondation sur Plateforme

524. Le système de fondations sur plateforme (*fig.* 583), ne peut être adopté que lorsque la hauteur de l'eau est faible. On commence par enlever le terrain détritique pour avoir le plan de recépage qui doit se trouver toujours au-dessous du niveau des plus basses eaux. Pour être certain que les pieux seront toujours immergés il est bon de placer le plan de recépage des pieux à $0^m,60$ au-dessous du niveau de l'étiage.

Lorsque les pieux ont été battus et re-

cépés à un même plan horizontal on fait reposer sur leurs têtes, à l'aide de goujons en fer, des rangées de pièces de bois appelées *traversines*. Ces pièces de bois ont en général $0^m,20$ à $0^m,25$ d'équarrissage et servent à supporter un plancher constitué par des madriers de $0^m,08$ à $0^m,10$ d'épaisseur cloués sur les traversines. Souvent le plancher est formé par deux épaisseurs de madriers ; dans ce cas les madriers supérieurs sont placés à joints croisés sur ceux du dessous.

Les pieux étant enfoncés le plus souvent dans l'eau et pas très exactement en ligne droite il n'est pas facile de placer sur leurs têtes, avec précision, les traversines. Le moyen le plus commode pour arriver à un bon résultat consiste

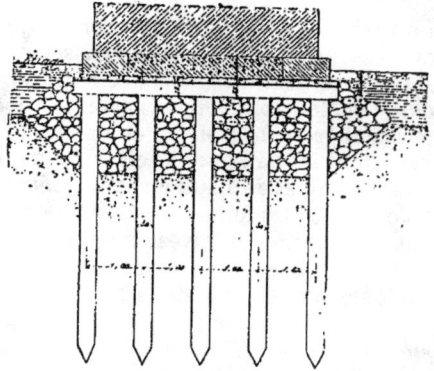

Fig. 583.

à enfoncer dans la tête de chaque pieu une tige de fer d'une longueur suffisante pour qu'elle sorte de l'eau. Ceci fait, il est facile de percer dans les traversines des trous correspondant à ces tiges de fer, et de faire glisser ces pièces de bois le long de ces tiges de manière à les amener sur les têtes des pieux. Puis on entoure les tiges d'un tuyau dont l'extrémité inférieure se termine par une série de parties pointues qu'on enfonce dans les traversines. On enlève alors les tiges de fer et on fait descendre dans les tubes des goujons en fer qui traverseront les traversines et s'engageront dans les trous ménagés dans les têtes des pieux.

Pour mettre en place le plancher supérieur que doivent supporter les traversines, on relie les madriers par des planches qu'on cloue en dessus, si le plancher ne doit être composé que d'une seule épaisseur de madriers. Le plancher ainsi constitué est descendu sous l'eau en le chargeant suffisamment avec des pierres et est assemblé aux traversines par des goujons en fer s'engageant dans des trous ménagés à la fois dans les traversines et dans les madriers.

La plateforme est alors complètement terminée et on peut commencer la fondation. A cet effet on forme les parements de la première assise par des pierres de taille de hauteur suffisante pour sortir de l'eau. Il n'y a du reste que $0^m,25$ à $0^m,30$ entre le dessus du plancher et le niveau de l'eau puisque le plan de recépage se prend en général à $0^m,60$ en contre-bas de l'étiage et que les traversines et les madriers ont en tout $0^m,30$ à $0^m,35$ de hauteur. Dans l'espace vide laissé par les pierres de taille des parements de la première assise, on coule du béton jusqu'au niveau supérieur des pierres de taille. On est alors complète-

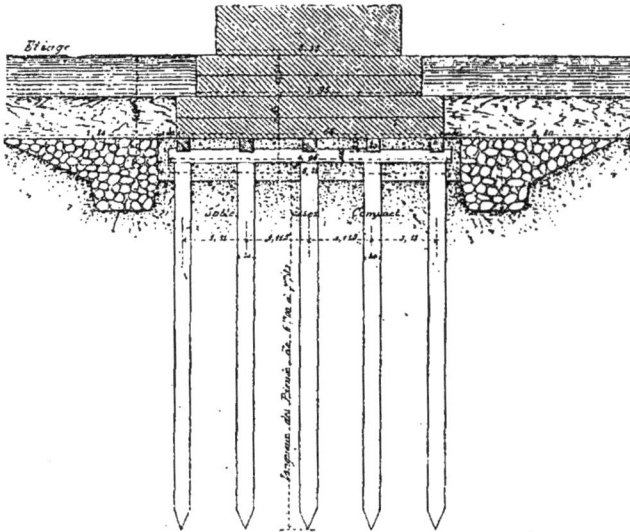

Fig. 584.

ment hors de l'eau et on peut continuer le travail de maçonnerie comme s'il s'agissait d'une construction sur un terrain sec.

525. Lorsque le fond du lit de la rivière est trop peu compact pour entretoiser suffisamment les têtes des pieux, ou lorsque la hauteur de l'eau est grande, il convient de prendre certaines précautions pour éviter le déversement des pieux.

Le moyen le plus efficace et le plus ordinairement adopté consiste à placer entre les pieux, sur une certaine profondeur, des enrochements qui maintiendront constants les écartements des pieux et conserveront leur verticalité.

C'est là une condition essentielle pour éviter toute déchirure dans la maçonnerie supérieure. Les enrochements qui entretoisent en quelque sorte les têtes des pieux peuvent aussi être placés tout autour de la fondation.

Fondations sur grillages.

526. Dans le système de fondation sur plateforme la maçonnerie n'adhère pas toujours très bien sur le plancher en bois; aussi, souvent on préfère relier les files de pieux par des traversines comme précédemment et remplacer le plancher

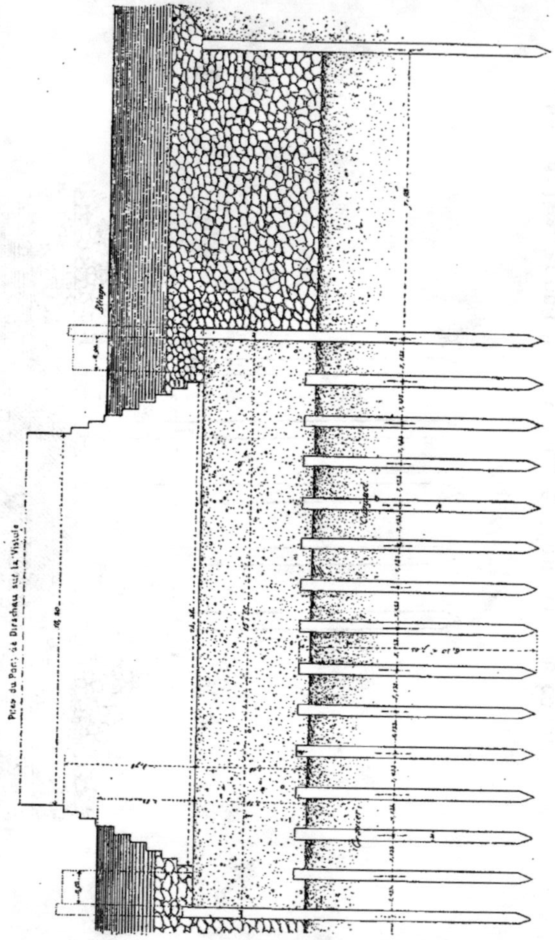
Piles du Pont de Dirschau sur la Vistule
Étiage
Gravier
Compact

Fig. 185

en madriers jointifs par des pièces de bois appelées longrines, de même équarrissage que les traversines et assemblées à demi-épaisseur avec ces dernières (*fig.*584). Les longrines et les traversines se mettront en place comme dans le cas précédent puis on mettra entre les têtes des pieux des blocages en pierres sèches qu'on pilonnera fortement à mesure qu'on les posera, afin de bien entretoiser les têtes des pieux. Ces blocages ou enrochements s'élèveront jusqu'à 0ᵐ,70 ou 0ᵐ,80 au-dessous de l'étiage et, pour ne pas établir la fondation directement sur eux, on coulera par dessus une couche de béton dépassant le plan de recépage des pieux. En général, on fait en sorte que cette couche de béton s'élève à une hauteur suffisante pour pouvoir établir dessus, sans inconvénient, la première assise de parement de la construction.

527. La figure 584 représente la fondation sur grillage d'une des piles du viaduc du Mans, sur la Sarthe. On voit que la distance entre le plan de recépage des pieux et le niveau de l'étiage est beaucoup plus grande que celle que nous avons indiquée plus haut. Cette disposition particulière a été adoptée parce qu'on craignait des affouillements. Pour la réaliser facilement et pour pouvoir établir les sonnettes sur le fond même de la rivière on a entouré avec de grands batardeaux l'emplacement sur lequel devait être élevée la construction, et on a épuisé à leur intérieur. On a pu ainsi descendre le plan de recépage des pieux à 1ᵐ,95 au-dessous du niveau de l'étiage.

Les pieux avaient 0ᵐ,30 de diamètre et 5ᵐ,50 de longueur ; ils étaient en bois de chêne ainsi que les traversines qui reposaient sur eux et avec lesquels elles étaient assemblées à l'aide de broches en fer de 0ᵐ,03 de diamètre.

Fondation sur massif de béton, supporté par des pilotis.

528. Malgré toutes les précautions que l'on prend pour maintenir constante la distance des pieux d'axe en axe, soit à l'aide d'enrochements, soit à l'aide de béton coulé, le déversement des pieux se-

ra toujours à craindre. Il est clair, en effet, que les inégalités qui peuvent se produire dans les poussées des voûtes sous l'influence des charges qu'elles supportent, doivent incliner forcément les pieux sur la verticale. Les affouillements qui peuvent se produire lorsque le courant est rapide finissent aussi, à la longue, par altérer la fondation. Pour éliminer toutes ces causes de destruction, le moyen le plus pratique consiste à descendre la fon-

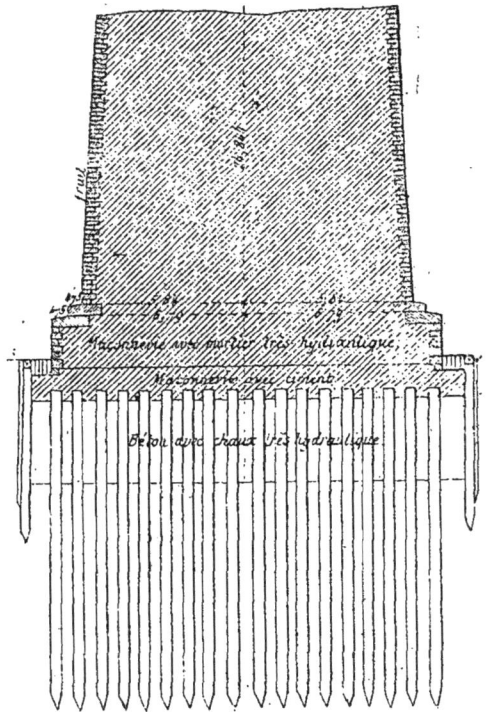

Fig. 586.

dation au niveau le plus bas possible. Cette disposition offre de très sérieux avantages au point de vue de la stabilité, même en supposant que le sol sur lequel est établie la construction soit mobile, c'est-à-dire capable de se déplacer sous le poids énorme qu'il aura à supporter. Il faudrait en effet, pour que ce mouvement puisse se produire, que les couches de terre situées au-dessus du plan de la base des fondations se soulèvent. Or, plus le poids de ces couches sera considérable, c'est-à-dire plus on descendra la fondation, moins on aura à craindre le mouvement du sol sur lequel elle sera établie.

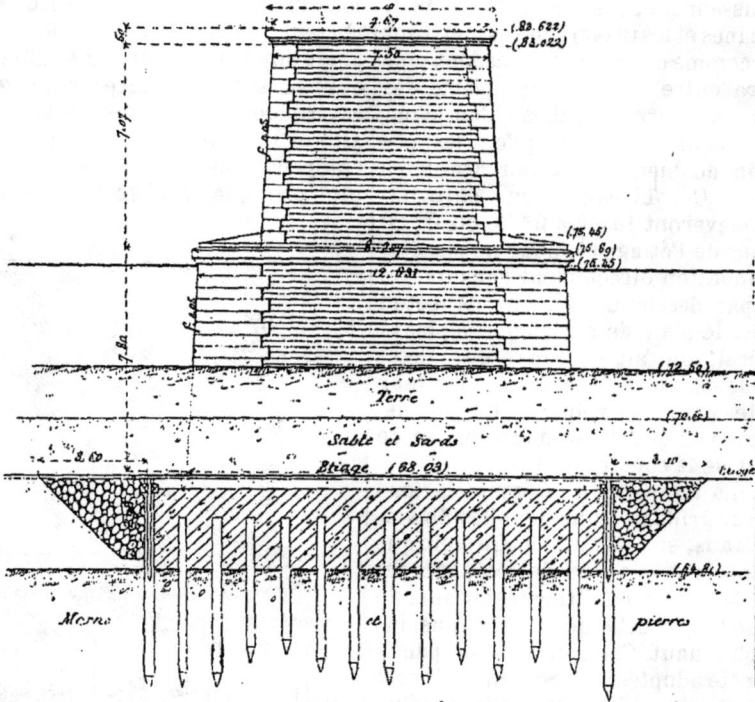

Fig. 587. — Pont sur la Loire. — Ligne de Romorantin à Blois. — Fondations d'une pile.

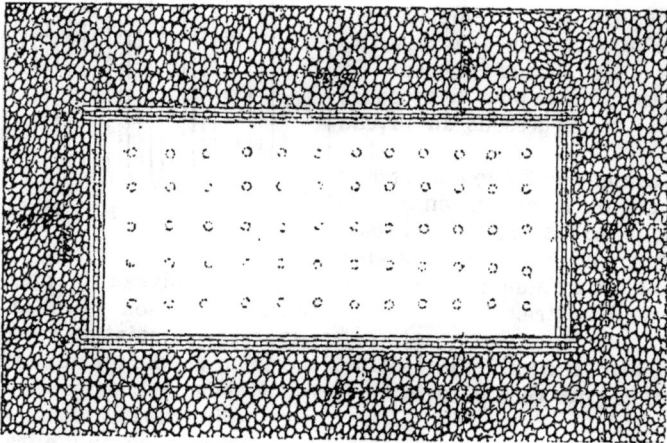

Fig. 588. — Pont sur la Loire. — Ligne de Romorantin à Blois. — Fondations d'une pile.

529. Supposons donc que le plan de recépage des pieux doive être, pour les raisons précédentes, beaucoup en-dessous du niveau de l'étiage. On ne peut plus alors adopter les systèmes de fondations sur plate-forme et sur grillage. Le procédé le plus ordinairement suivi, dans ce cas, est le suivant : on bat, tout autour de l'emplacement occupé par la fondation à établir, une enceinte de pieux et palplanches ou de pieux jointifs (*fig.* 585). On drague à l'intérieur de cette enceinte jusqu'à 5 ou 6 mètres, au-dessous de l'étiage et on enfonce des pilots très rapprochés sur toute la surface de la base de la fondation, de manière que leur plan supérieur dépasse de $0^m,30$ à $0^m,50$ le plan du dragage. Ceci fait, on coule à l'intérieur de l'enceinte de pieux et palplanches une couche de béton qui

un massif de béton porté sur pilotis, comme dans le cas précédent, mais ici l'entretoisement des pieux a été obtenu par une forte couche de béton de chaux hydraulique s'élevant jusqu'à un niveau inférieur aux plans de recépage des pieux et comprise dans une enceinte de pieux et palplanches. Au-dessus de cette couche de béton on a mis de la maçonnerie de ciment, complétant l'entretoisement de la partie supérieure des pieux, sur laquelle on a établi la première assise de la pile.

531. Les figures 587 et 588 représentent l'élévation transversale et le plan au niveau du dessus des fondations d'un pont établi en 1884, pour la traversée de

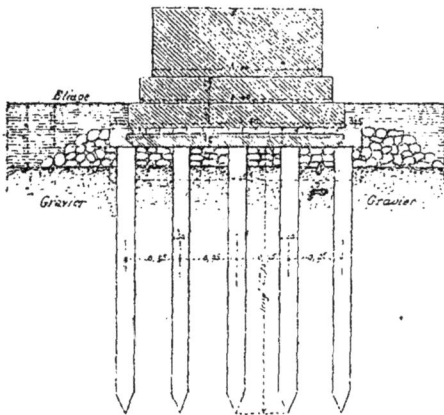

Fig. 589. — Fondation d'une des piles du pont d'Ivry.

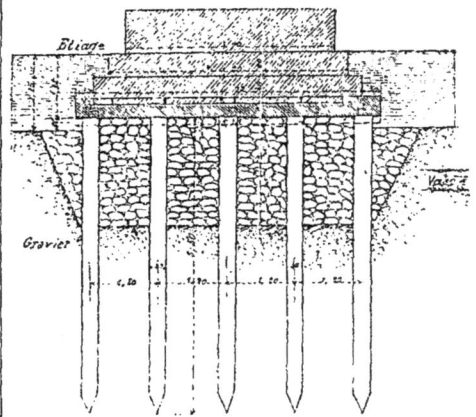

Fig 590.— Fondation d'une des piles du pont de Sèvres.

entretoisera les pieux et sur laquelle on construira la pile. Si, comme cela est indiqué sur la figure 585, on ne peut, pour une raison quelconque, élever le niveau du béton que jusqu'à un plan notablement inférieur à celui de l'étiage, il faut construire au-dessus de ce plan un batardeau en béton touchant l'enceinte de pieux et palplanches et s'élevant au-dessus du niveau de l'eau. Cette disposition est indiquée en lignes pointillées sur la figure. On épuisera dans ce batardeau et on pourra élever à sec la maçonnerie de parement.

530. La figure 586 représente la fondation d'une des piles du viaduc de Cumelle. Cette fondation est établie sur

la Loire par la ligne de Romorantin à Blois. On voit que le massif de béton porté par pilotis, sur lequel est établie la pile, a été descendu à une assez grande profondeur au-dessous du sol.

Les sondages avaient prouvé que le sol composé de sable, de marne et d'argile, n'offrait une base suffisamment solide pour y établir les fondations qu'à 25 mètres de profondeur. On a alors fondé sur pilotis, en commençant par enlever le sable jusqu'à une couche de marne et de pierres. Puis on a battu des pieux et des palplanches tout autour de l'emplacement occupé par la fondation.

À l'intérieur de cette enceinte on a enfoncé des pieux comme l'indique la figure

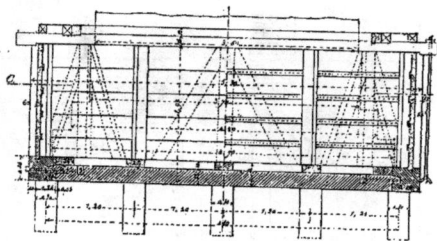

Fig. 591. — Caisson du pont de Sèvres

Coupe horizontale suivant C, D.

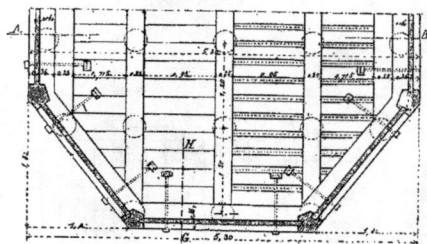

Fig. 591 bis

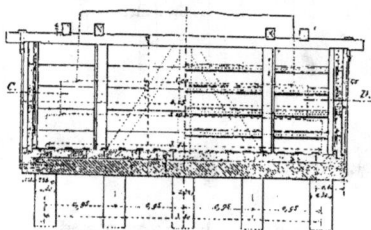

Fig. 592. — Caisson du pont d'Ivry.

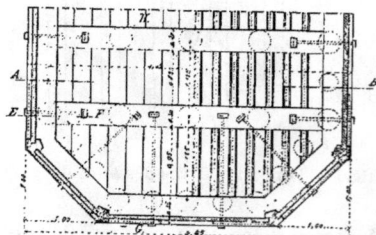

Fig. 592 bis. — Coupe horizontale suivant CD de la figure 592.

587 et on a coulé du béton entre les têtes des pieux jusqu'à 0ᵐ,30 au-dessous de l'étiage. — Pour se préserver des crues fréquentes de la Loire on avait établi au-dessus du béton de fondation un petit batardeau à l'intérieur duquel on a posé les premières assises de la pile à construire.

Chaque pile était fondée sur 98 pieux de 0ᵐ,30 à 0ᵐ,35 de diamètre supportant un poids total de 1 800 tonnes. Chacun d'eux supporte donc 18 400 kilogrammes. On arrêtait le battage lorsque l'enfoncement n'était plus que de 0ᵐ,05 par volée de 25 coups d'un mouton pesant 700 kilogrammes et tombant de 1 mètre de hauteur.

Fondations sur pilotis, à l'aide de caissons échouables.

532. Les méthodes que nous venons d'indiquer ne sont guère applicables lorsque la hauteur de l'eau est considérable, car dans ce cas si on recépait les pieux à 0ᵐ,50 ou 0ᵐ,60 au-dessous du niveau de l'étiage on serait conduit à avoir des pieux d'une très grande hauteur. Dans le cas contraire en recépant les pieux à une très grande profondeur au-dessous du niveau de l'étiage, il devient très difficile de mettre en place le plancher qui doit surmonter les têtes des pieux et sur lequel doivent être établies les premières assises de maçonnerie de la construction.

Aussi, lorsqu'il s'agit de fonder sur pilotis à de grandes profondeurs, on emploie souvent des caissons en bois dont le fond est disposé pour servir de grillage. Après avoir battu les pieux, sur tout l'emplacement que doit occuper la construction à élever, jusqu'à ce qu'ils soient suffisamment enfoncés dans le terrain solide, on les recépe sous l'eau au même niveau et on amène sur l'emplacement qu'ils occupent un caisson en bois à fond étanche et à parois latérales étanches et amovibles. Le fond de ce caisson est un grillage de longrines et traversines se coupant et s'assemblant à mi-bois sur la tête des pieux. Les pièces de bois du grillage viennent s'assembler à leurs extrémités avec un cadre qui forme la base du caisson. Les assemblages sont consolidés par des armatures en fer ; ainsi, pour relier les traversines jointives aux côtés du cadre on met, tous les mètres environ, de forts boulons traversant le cadre et s'engageant dans la traversine. L'écrou (*fig.* 591) est noyé dans l'épaisseur cette dernière pièce de bois et peut être de mis en place, c'est-à-dire vissé au boulon, par l'intermédiaire d'un trou vertical percé sur la face supérieure de la traversine et rejoignant et même dépassant un peu le trou horizontal percé dans cette même pièce et dans lequel s'engage le boulon. Pour que ces assemblages soient faits dans de bonnes conditions il faut que les équarrissages des pièces de bois constituant le cadre soient assez forts. Aussi, on donne en général aux premières 0ᵐ,20 de hauteur et 0ᵐ,25 de largeur, et aux secondes une section carrée de 0ᵐ,300 de côté. Les côtés du cadre inférieur sont assemblés entre eux à l'aide de tenons et mortaises en forme de queue d'hirondelle. Lorsque ces côtés ont des longueurs trop considérables pour qu'on puisse les constituer par une seule pièce de bois on assemble les deux parties par des traits de Jupiter et on consolide l'assemblage par des plaques de fer de part et d'autre du cadre et traversées par de forts boulons.

Le cadre qui forme la bordure inférieure du caisson peut reposer directement sur les têtes des pieux des rangées périphériques ou être légèrement en saillie sur ces rangées. Il est évident que les pièces de bois formant les côtés du cadre auront à supporter des efforts moindres dans le premier cas que dans le second puisqu'elles supportent les extrémités des traversines. Quant à la charpente formant les parois latérales des caissons, elle est composée d'une série de poteaux montants espacés d'environ 2 mètres et entretoisés par des traverses inclinées. Ces poteaux montants assemblés avec le cadre et ceux qui sont sur la face opposée du caisson sont reliés par des liernes horizontales réunies au fond du caisson par des tiges de fer (*fig.* 591). Pour réunir ces liernes horizontales on emploie des moises placées près des bords du caisson pour ne créer aucun obstacle à la construction de l'ouvrage. Entre les poteaux montants on place des madriers horizontaux de $0^m,08$ d'épaisseur, de manière à former une série de cadres. Ces madriers s'assemblent à leurs extrémités aux poteaux montants, en s'engageant dans des rainures verticales ménagées dans ceux-ci. Les madriers du bas s'assembleront en outre avec le cadre inférieur. L'assemblage se fera toujours à rainure et languette.

Le caisson est exécuté entièrement sur l'une des rives de la rivière, sur une plateforme élevée au-dessus du sol de manière à pouvoir en visiter avec facilité toutes les parties. Lorsque la charpente est terminée, on s'occupe de la rendre absolument imperméable en mettant de la terre glaise dans les joints des madriers et dans les autres assemblages. On met de la mousse par dessus, et enfin on cloue une planchette sur les deux parties de manière à cacher complètement le joint.

Lorsque le caisson est rendu absolument étanche on s'occupe de sa mise en place. C'est une opération délicate car sa masse ne se prête pas facilement aux manœuvres.

533. Pour le mettre à flot on construit un plan incliné partant de la plateforme sur laquelle a été construit le caisson et plongeant dans l'eau par l'extrémité opposée. Le caisson descendra en glissant sur ce plan et arrivera au niveau de l'eau avec toute la précision désirable si on a soin de guider sa descente à l'aide de câbles fixés, d'une part, à son ossature et, d'autre part, à un treuil de manœuvre.

Lorsque le caisson flotte on commence à l'intérieur les assises de maçonnerie de la pile à construire. Sous le poids de cette maçonnerie, le caisson s'enfoncera dans l'eau et cet enfoncement sera d'autant plus uniforme que les assises seront plus régulières. Quand on juge que le fond du caisson est à une profondeur suffisante pour qu'on puisse le faire reposer sur les têtes des pieux avec un léger excès de charge on le dirige à l'emplacement où il doit être échoué. Pour le mettre le plus rigoureusement possible en place on se sert de câbles qui touchent les côtés du caisson et permettent de définir sa position aussi exactement que possible. On introduit de

l'eau dans le caisson qui descend alors de plus en plus et finit par reposer sur les têtes des pieux. Si la descente ne s'est pas faite bien verticalement, le caisson ne sera pas exactement à la place qu'il

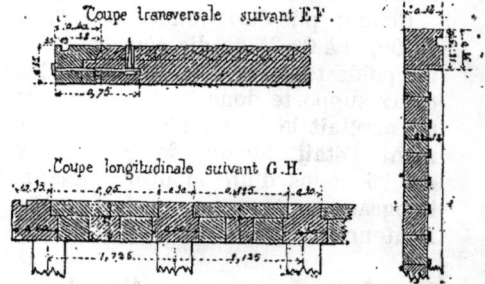

Fig. 593. (Voir fig. 592 bis).

Fig. 594.
Coupe GH
(voir fig. 591 bis).

doit occuper, — ce qu'il sera facile de vérifier. — On épuisera alors à son intérieur jusqu'à ce que, par sa diminution de poids, il recommence à flotter un peu au-dessus du plan de recépage des pieux. Puis, après l'avoir remis le plus exacte-

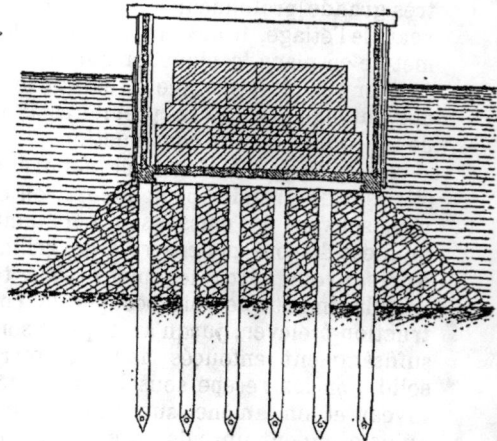

Fig. 595. — Pile du pont d'Iéna.

ment possible à la place qu'il doit occuper on le remplit à nouveau avec de l'eau et ainsi de suite jusqu'à ce qu'il soit parfaitement dans la position prévue au projet.

Lorsque ce but sera atteint on le chargera le plus possible pour l'empêcher de bouger sous l'effet du courant et on continuera à l'intérieur, après l'avoir vidé les maçonneries de l'ouvrage à élever. Quand ces maçonneries auront dépassé le niveau de l'eau et qu'on pourra par suite les continuer sans le secours du caisson, on dé- tachera les parois latérales qui sont assemblées avec le fond. Ces parois latérales serviront à former un autre caisson en y ajoutant un nouveau fond. Ce caisson sera alors conduit à l'emplacement où ont été enfon-

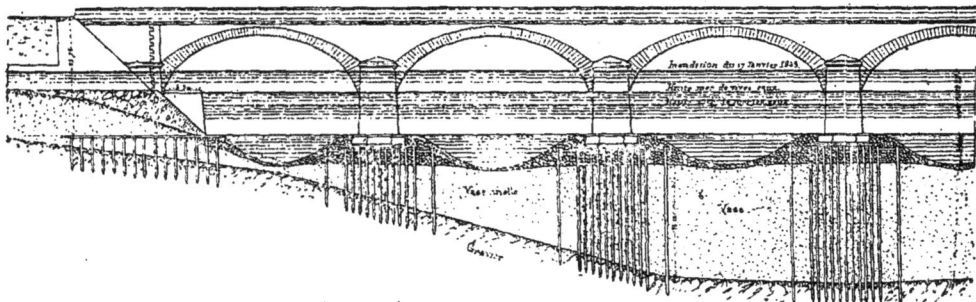

Fig. 596. — Pont de Libourne. — Coupe longitudinale.

cés les pieux de la pile suivante et sera immergé comme le précédent.

On voit donc que les mêmes parois du caisson étanche peuvent servir aux fondations de toutes les piles en rivière d'un viaduc par exemple, mais qu'on doit cons-

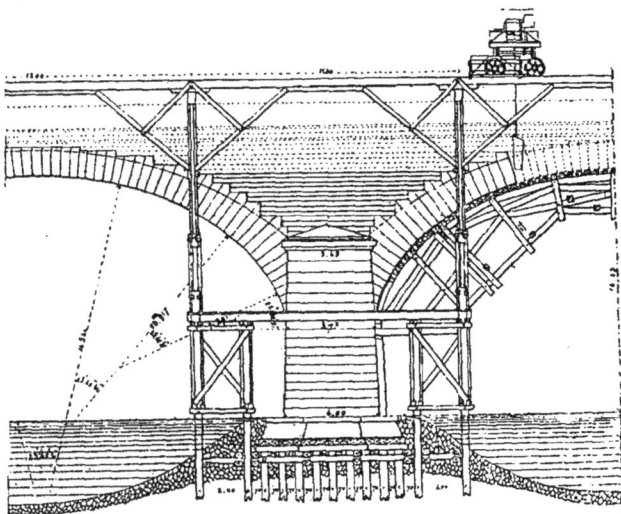

Fig. 597. — Pont de Libourne. — Détail de la fondation.

truire autant de planchers à ce caisson qu'il y a de piles à élever. Ces planchers doivent être construits avec des bois de bonne qualité et se conservant bien dans l'eau puisqu'ils sont destinés à rester indéfiniment les couronnements des têtes des pieux. Quant aux parois latérales des caissons on peut les construire en bois ordinaire car elles ne doivent durer que pendant la période des fondations de l'ouvrage.

534. Les principaux ponts qui ont été fondés sur pilotis à l'aide de caissons échouables sont : le pont de la Concorde, le pont d'Iéna, le pont de Sèvres, le pont d'Ivry, le pont de l'Alma et le pont de Libourne.

535. Au pont de l'Alma les huit rangées de pieux qui supportaient les piles étaient espacées de 1 mètre d'axe en axe. Cha-cune de ces rangées comprenait trente pieux espacés de 0ᵐ,90; soit deux cent quarante pieux pour supporter le poids total de la pile. La pression par centi-mètre carré de section transversale des pieux était de 46 kilogrammes. Lorsque les pieux ont été mis en place on les a

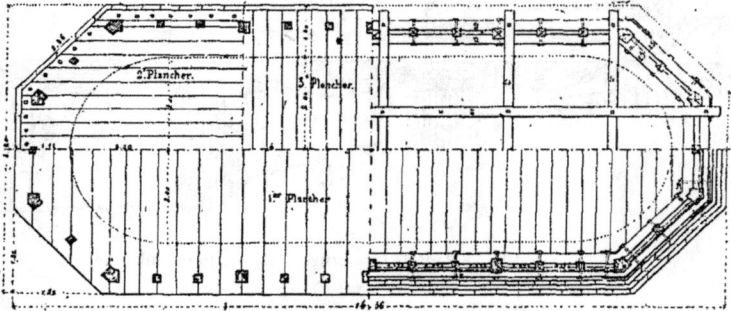

Fig. 598. — Pont de Libourne. — Caisson de fondation. — Plan à diverses hauteurs.

recépés à 2 mètres environ au-dessous de l'étiage et on a échoué sur leurs têtes un caisson à parois latérales étanches du genre de celui que nous venons de décrire. Le fond était uni en dedans et en dehors pour permettre au caisson de reposer parfaitement sur les têtes des pieux dans quelque position que ce soit. Les traver-sines composant ce fond avaient 0ᵐ,25 d'équarrissage. Les pièces de bois consti-

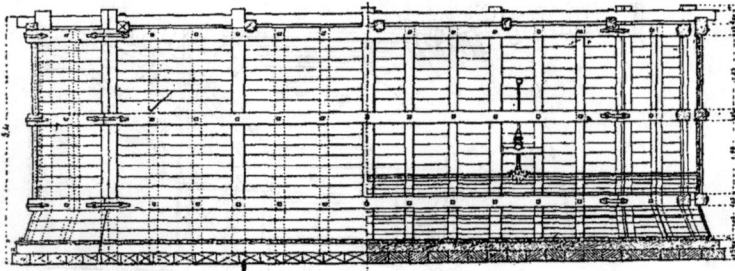

Fig. 599. — Pont de Libourne. — Élévation et coupe longitudinale du caisson.

tuant les chapeaux des pilotis, et sur les-quelles s'assemblaient à languette les traversines du fond du caisson, avaient 0ᵐ,35 sur 0ᵐ,45 d'équarrissage.

536. Au pont d'Ivry les pieux qui sup-portent les piles ont 0ᵐ,35 de diamètre ; ils sont en grume et ont 6 mètres de lon-gueur. Chacune des piles de ce pont est portée par soixante-six pieux, travaillant en moyenne à 16 kilogrammes par centi-mètre carré de section transversale. Ces pieux ont été enfoncés par une sonnette à déclic. Il fallait vingt-cinq volées de dix coups d'un mouton de 500 kilogrammes, tombant de 2ᵐ,20 de hauteur, pour les fixer dans le terrain solide. Les pieux ont été recépés à 0ᵐ,80 au-dessous de l'étiage et, avant de descendre le caisson, on a en-tretoisé les têtes des pieux, qui étaient en quinconce et espacés de 0ᵐ,95 d'axe en axe, à l'aide de forts enrochements placés avec soin. Lorsque cette opération a été terminée on a échoué le caisson et on a mis des enrochements tout autour.

Le caisson des fondations du pont d'Ivry est représenté sur les figures 592 et 592 *bis*. Le fond de ce caisson se composait de traversines maîtresses et de traversines intermédiaires (*fig.* 593). Les premières reposaient sur les files transversales des pieux et avaient un équarrissage plus fort que celui des secondes placées entre les rangées des pieux. Un plancher en madriers jointifs placés entre les traversines maîtresses complète le fond du caisson et le rend absolument uni en dessus et en dessous, comme l'indiquent du reste les dessins

537. Au pont de Libourne (*fig.* 596) les pieux sont beaucoup plus longs que ceux qui ont servi à fonder le pont de l'Alma et le pont d'Ivry. Ces pieux ont été enfoncés dans le sable jusqu'à 13 mètres de profondeur.

Pour supporter chacune des piles de ce pont on a enfoncé cent cinquante-neuf pieux de $0^m,30$ de diamètre.

Le caisson (*fig.* 598-599 et 600), qu'on a échoué sur les têtes de ces pieux pour pouvoir construire la pile à sec, avait $5^m,40$ de hauteur et ses parois étaient sensiblement inclinées de manière à augmenter sa base d'appui et répartir, par suite, sur une plus grande surface, c'est-à-dire ici sur un plus grand nombre de

Fig. 600. — Pont de Libourne. — Profil et coupe transversale du caisson.

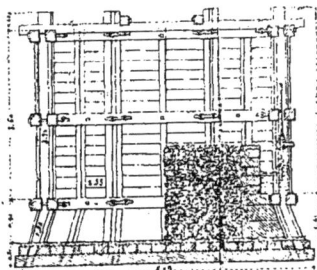

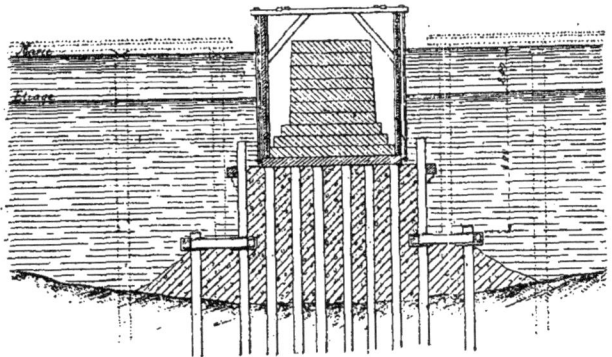

Fig. 601. — Pile du pont de Rouen.

pieux, le poids de la construction. Le fond du caisson était formé par des pièces de bois de $0^m,25$ d'équarrissage sur lesquels reposaient deux planchers jointifs, le premier, en madriers de $0^m,20$ d'épaisseur et, le deuxième en madriers, de $0^m,06$.

538. La figure 595 représente la fondation d'une des piles du pont d'Iéna sur la Seine, à Paris. Le caisson employé aux fondations des piles de ce pont repose encore sur les têtes d'une série de pieux enfoncés dans le lit du fleuve. Pour fixer les parois du caisson au fond on a employé un boulon à œil qui est maintenu inférieurement par un crochet fixé sur le cadre du fond. Lorsque la pile a été sortie de l'eau, il a été facile de retirer

le crochet de l'œil du boulon et d'enlever la caisse sans fond pour la faire servir à la fondation de la pile suivante.

539. Au pont de Rouen dont la fondation de l'une des piles est représentée sur la figure 601 il n'y a de différence que parce que l'enceinte extérieure est formée de pieux et palplanches et que l'entretoisement des pieux est fait avec du béton coulé sous l'eau au lieu d'être fait avec des enrochements. De plus au pont de Rouen il y a une deuxième enceinte de pieux et palplanches et entre les deux enceintes on a coulé du béton. L'enceinte extérieure a été protégée par des enrochements.

540. Les figures 590, 591 et 591 *bis* représentent la fondation adoptée pour les piles du pont de Sèvres ainsi que les détails du caisson qui a servi à la construction de ces piles jusqu'à leur sortie du niveau de l'eau. Les traversines constituant le fond de ce caisson n'avaient que 0^m,22 d'épaisseur et étaient reliées, suivant les files des pieux et à l'intérieur du caisson, par des pièces de bois de 0^m,12 d'épaisseur. Les fi-

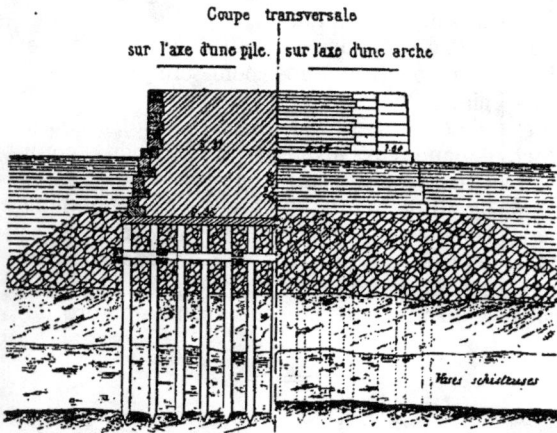

Coupe transversale
sur l'axe d'une pile. | sur l'axe d'une arche

Élévation   Coupe transversale

Fig. 602. — Fondation d'une pile du pont de Bou-chemaine. — Demi-coupe transversale sur l'axe d'une pile et sur l'axe d'une arche.

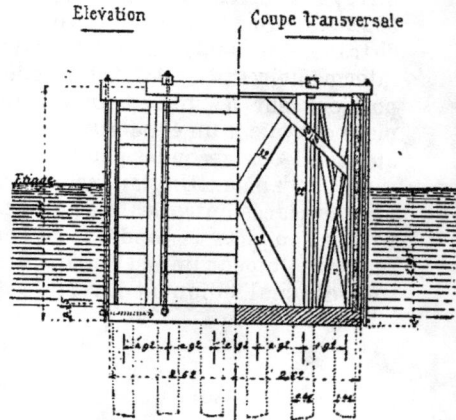

Fig. 603. — Caisson du pont de Bouchemaine. Demi-élévation et demi-coupe transversales.

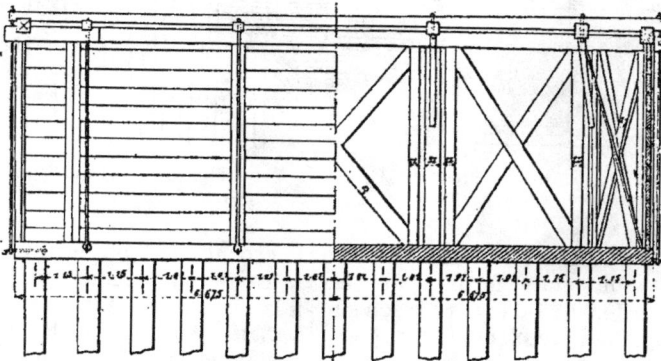

Fig. 604. — Caisson du pont de Bouchemaine. Demi-élévation et coupe longitudinales.

gures montrent suffisamment les détails de construction de ces caissons pour qu'il soit permis de ne pas insister.

Pieux.

541. Les pieux employés dans les fondations sont en général en chêne ou en sapin ; quelquefois cependant ils sont en hêtre. Le sapin du nord est préféré à toute autre essence de bois parce qu'il est plus droit et coûte moins cher. Il offre du reste l'avantage de se conserver presque aussi longtemps que le chêne sous l'eau et de s'enfoncer avec facilité dans le sol, à cause de sa forme légèrement conique et régulière. Cette dernière considération a une très grande importance ; aussi, lors-qu'on ne pourra employer un bois rési-neux, il faudra toujours avoir soin de rechercher de préférence des bois exempts de nœuds et de fentes.

La section transversale des pieux peut être carrée ou circulaire. Les pieux cylindriques sont les plus employés parce qu'ils s'enfoncent plus facilement, mais il faut avoir soin d'enlever l'écorce du bois pour les rendre plus lisses.

La partie supérieure du pieu est munie d'une frette en fer pour qu'il ne survienne aucun fendillement pendant le battage, sous le poids du mouton (*fig.* 605). La partie inférieure du pieu devant s'enfoncer dans le sol doit, elle aussi, subir une petite préparation pour faciliter le battage. A cet

soudé à une tôle, agrafée suivant une génératrice du cône inférieur du pieu et entourant complètement la pointe du pieu (*fig.* 608).

Les sabots à branches indépendantes ont un inconvénient très sérieux, inhérent à leur construction. Les quatre branches du sabot n'entourant pas toutes les fibres de la partie inférieure du pieu, il peut arriver que, par suite de la rencontre d'un obstacle, le culot de fer qui termine le sabot refoule les fibres. Le bourrelet qui se forme ainsi au bas du

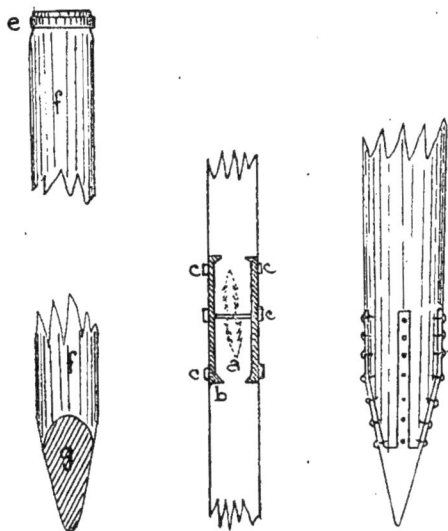

Fig. 605.   Fig. 605 *bis.* — Pieu enté.   Fig. 606.

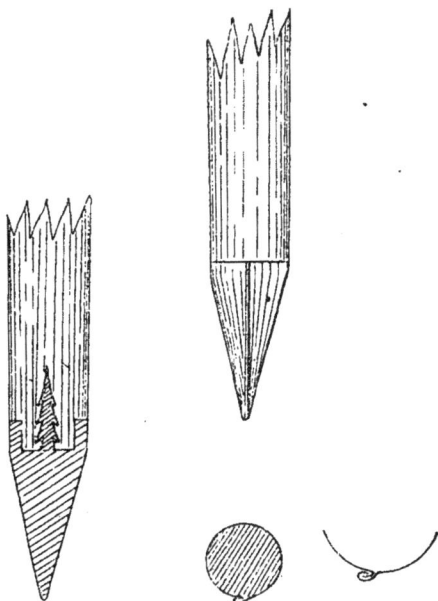

Fig. 607.   Fig. 608.

effet, on termine, en général, le pieu par une pointe en forme de pyramide quadrangulaire, qu'on recoupe un peu à l'extrémité, pour qu'elle ne soit pas trop aiguë, et qu'on chauffe légèrement, pour qu'elle soit un peu plus dure (*fig.* 605-*g*).

542. Si le terrain est très dur, il faut évidemment donner à la pointe du pieu une résistance artificielle à l'aide d'un sabot qui peut être en tôle ou en fonte.

Les sabots en tôle sont de deux espèces :

1° Les sabots à quatre branches indépendantes les unes des autres (*fig.* 606) ;

2° Les sabots avec culot en fer forgé

pieu offre une certaine résistance à l'enfoncement. On peut donc croire que le pieu a été battu au refus alors qu'il n'a pas encore atteint le terrain solide.

Rien de pareil ne peut se produire avec le sabot en tôle agrafée et culot en fer forgé. Les fibres sont en effet parfaitement maintenues par la tôle et seront d'autant plus comprimées que le terrain sera plus résistant. Le sabot serrera donc toujours la pointe du pieu à mesure que l'enfoncement s'effectuera et la surface lisse qu'il présente ne peut que faciliter l'opération.

Les tôles adoptées pour ensaboter les extrémités des pieux ont, en général, 0ᵐ,005 d'épaisseur. Les tôles étant repliées, pour pouvoir les agrafer, on aura à l'endroit de la couture une épaisseur de 20 millimètres. Vers le haut de la couture on met un rivet, pour augmenter la solidité de l'agrafe. L'extrémité des sabots en tôle agrafée est formée, comme nous l'avons dit, par un culot en fer, d'environ 10 ou 12 centimètres de hauteur, soudé à la tôle. On a encore employé des sabots complètement en fonte (fig. 607). Pour les fixer à l'extrémité du pieu, on termine celui-ci par une section droite au lieu de le terminer en pointe. On engage à son intérieur une tige de fer portant sur son pourtour des dents de scie disposées de façon à s'opposer au mouvement de retrait. C'est à cette tige qu'est fixée la masse de fonte en forme de cône qui doit constituer l'extrémité du pieu.

L'inconvénient des pieux en fonte est le même que celui des pieux en tôle à branches indépendantes. Sous le choc du mouton, en effet, le bloc de fonte peut se briser si le pieu rencontre un obstacle. Il se formera un bourrelet par suite de la pénétration des morceaux de fonte dans le bois et l'enfoncement du pieu pourra être arrêté, avant le terrain solide.

Appareils employés pour le battage des pieux.

543. Les appareils employés pour le battage des pieux portent le nom de *sonnettes*. Elles servent à élever, par un moyen quelconque, un corps dur et pesant, appelé *mouton*, qui, en tombant sur la tête des pieux, produit par un choc répété un enfoncement progressif.

Pour se rendre compte de l'effet produit par un mouton il suffit d'appliquer la théorie relative au choc des corps élastiques.

Désignons par :

p, le poids du pieu et m, sa masse ;
P, le poids du mouton et M, sa masse ;
H, la hauteur de chute ;
R, la résistance du pieu ;
e, son enfoncement.
Soient, de même

V, la vitesse du mouton au moment du choc ; et :

V′, celle que prend le pieu après le choc.

On sait que lorsqu'un corps animé d'un mouvement quelconque frappe un autre corps en repos, les masses et les vitesses des deux corps sont reliées par la formule :

$$V' (M + m) = MV \qquad (1)$$

V′ étant la vitesse prise après le choc par le corps de masse m, primitivement en repos, et V la vitesse au moment du choc du corps de masse M, c'est-à-dire ici du mouton.

La masse M + m prend donc après le choc la vitesse V′ et on a, d'après le théorème des forces vives :

$$Re = \frac{1}{2} (M + m) V'^2 \qquad (2)$$

or, d'après l'équation (1), on a :

$$V' = \frac{MV}{M + m}$$

Donc, $\quad Re = \frac{1}{2} (M + m) \dfrac{M^2 V^2}{(M + m)^2}.$ (3)

D'autre part, le mouton tombant d'une hauteur H a, au moment du choc, une vitesse représentée par :

$$V = \sqrt{2gH}. \qquad (4)$$

En remplaçant, dans l'équation (3), V par sa valeur, on a :

$$Re = \frac{1}{2} (M + m) \frac{M^2 \times 2gH}{(M + m)^2}$$

ou : $Re = \dfrac{1}{2} \dfrac{M^2 \times 2gH}{M + m} = \dfrac{M \times Mg \times H}{M + m}$ (5)

or, $\qquad\qquad P = Mg.$

Donc, en divisant le numérateur et le dénominateur par M, on a :

$$Re = \frac{PH}{1 + \dfrac{m}{M}}. \qquad (6)$$

Les masses m et M étant proportionnelles aux poids p et P on peut écrire :

$$\frac{m}{M} = \frac{p}{P}$$

l'équation (6) devient donc :

$$Re = \frac{PH}{1 + \dfrac{p}{P}} = PH \times \frac{P}{P + p}$$

d'où : $\qquad R = \dfrac{PH}{e} \times \dfrac{P}{P + p}.$

Les Hollandais emploient un coefficient de sécurité égal à $^1/_6$; la formule devient alors :

$$R = \frac{PH}{6e} \times \frac{P}{P + p}.$$

L'équation (5) peut s'écrire :

$$Re = \frac{gMH}{1 + \frac{m}{M}}.$$

Elle montre que :

1° L'effet produit par le mouton est proportionnel à la hauteur de chute.

2° Si on prend une série de moutons de poids différents tombant de hauteurs différentes, mais tels que le produit MH soit constant, l'effet produit sera proportionnel à la masse M du mouton. Il y a donc avantage à employer de gros moutons pour le battage des pieux.

Si l'effet produit par le mouton est pro-portionnel à la hauteur de chute on voit que la dépense MH est aussi proportionnelle à cette hauteur de chute ; or, pour une même dépense l'enfoncement du pieu est proportionnel à la masse M (5). Il est donc plus avantageux de faire tomber un gros mouton de faible hauteur qu'un petit mouton de grande hauteur pour produire un effet déterminé. C'est pourquoi, en

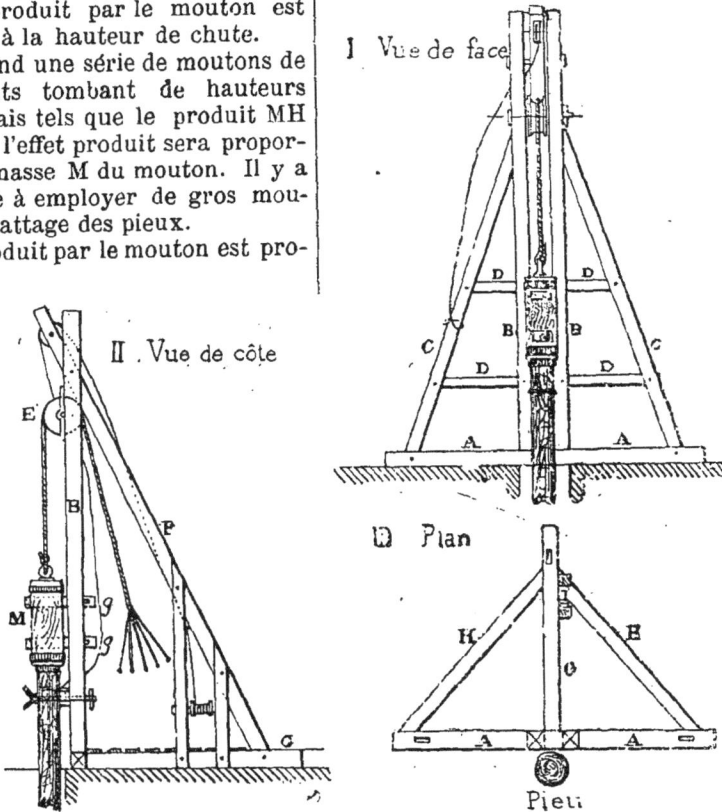

Fig. 609. — Sonnette à tiraudes.

général, on limite la hauteur de chute du mouton à 2ᵐ,50 ou 3 mètres.

Sonnettes.

544. Pour battre les pieux il est donc nécessaire d'élever à une certaine hauteur, pour la laisser retomber ensuite, une masse pesante appelée mouton. La machine qui élève ce mouton à la hauteur convenable pour effectuer le battage est une *sonnette*. La manœuvre de cette machine peut être faite soit par des hommes, soit par un moyen mécanique quelconque. Dans le premier cas la sonnette est dite à *tiraudes* et, dans le deuxième, à *déclic*.

La sonnette à tiraudes est la plus simple.

Elle se compose essentiellement (*fig.* 609) de deux poteaux verticaux espacés de 0,10 environ et assemblés en bas à tenon et mortaise sur une pièce de bois faisant partie de la base triangulaire de la sonnette. C'est entre ces deux poteaux verticaux que glisse le mouton pendant le battage, et pour les empêcher de s'incliner sur la verticale on les contrebute vers le haut par deux pièces de bois inclinées qui s'assemblent à la partie inférieure sur le côté avant de la base de la sonnette.

Une pièce de bois inclinée située dans un plan perpendiculaire au plan d'avant de la sonnette s'engage entre les deux poteaux

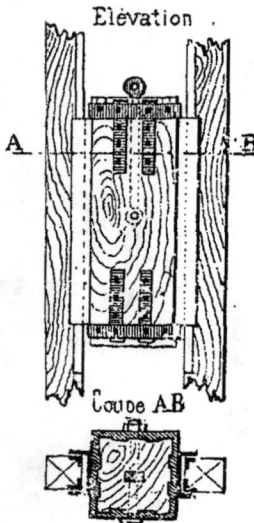

de la fonte pour éviter tout soulèvement possible.

Pour effectuer le battage des pieux avec cet appareil les manœuvres tirent sur les tiraudes. Au signal donné par le chef de chantier, lorsque le mouton a été élevé jusqu'à la hauteur de chute, ils lâchent tous en même temps les tiraudes pour laisser tomber le mouton sous l'action de la

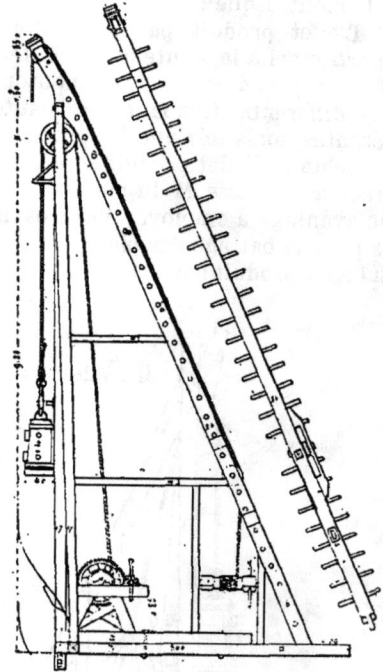

Elévation

Coupe AB

Fig. 610.

Coupe ab

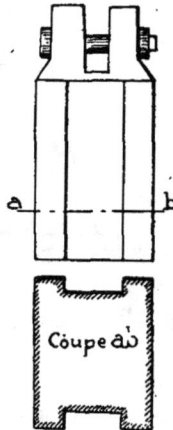

Fig. 611. — Pieu en fonte.

Fig. 612. — Sonnette à déclic. — Élévation de profil.

verticaux, est assemblée avec eux et repose inférieurement sur la base de la sonnette dont la forme générale affecte celle d'une sorte de tétraèdre. Entre les deux poteaux verticaux se trouve une poulie à gorge dont l'axe repose sur des coussinets en cuivre. C'est sur cette poulie que passe le câble terminé à une extrémité par le mouton et à l'autre par une série de petites cordes appelées tiraudes, que saisissent les manœuvres pour soulever le mouton.

Il est bon de charger la base de la sonnette, soit avec des pierres, soit avec

pesanteur. Lorsqu'on a battu vingt-cinq coups de mouton on a battu une volée. Avec cette sonnette on met environ trois minutes pour battre une volée et en dix heures de travail on ne peut faire plus de cent quarante à cent cinquante volées au maximum.

545. Le mouton que l'on emploie dans ces sonnettes est en général en bois cerclé de fer. Sur les faces verticales qui regardent les poteaux montants se trouvent des guides en fer qui embrassent ces poteaux dont les angles sont ferrés (*fig.* 610), c'est-à-dire simplement munis d'une cornière;

de cette façon on évite l'usure qui ne manquerait pas de se produire. La face inférieure du mouton, c'est-à-dire celle qui frappe les pieux, doit, en outre, être garnie de forts clous à tête plate recouvrant entièrement cette face, on évite ainsi toute déformation du mouton sous l'effet du choc.

546. Quelquefois on emploie des moutons en fonte dans lesquels on a ménagé des rainures pour le guider dans les poteaux montants servant de guides.

Sonnette à déclic.

547. La sonnette à déclic (*fig*. 612, 613 et 614) affecte la même forme que la son-

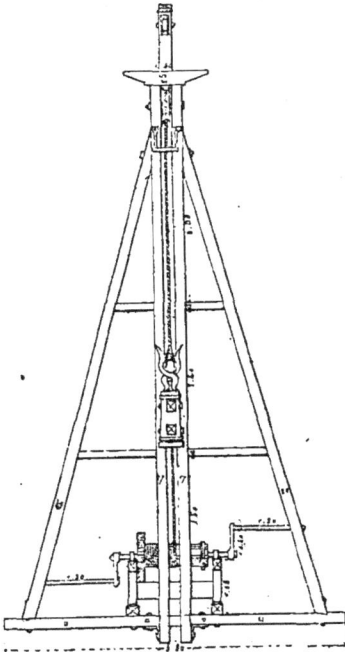

Fig. 613. — Sonnette à déclic. — Élévation de face.

nette à tiraudes ; elle n'en diffère que par le mode de soulèvement du mouton. Au lieu de tirer directement sur la corde par les tiraudes, on fait passer celle-ci sur le tambour d'un treuil à engrenages qui permet d'élever plus commodément le mouton à la hauteur nécessaire pour chaque battage.

548. Pour fixer la hauteur de chute du mouton on se sert de plusieurs appareils

appelés déclics. Le principe de ces appareils, dont la forme peut varier pour chaque sonnette, est de déterminer, en général automatiquement, la chute du mouton.

549. Le déclic le plus employé est celui qui est représenté sur la figure 613. Il consiste en une sorte de tenaille dont les griffes *s* maintiennent le mouton pendant la montée. Pour que l'appareil ne laisse pas échapper le mouton on met un ressort *r* qui maintient constamment écartées les grandes branches de la tenaille et resserre par conséquent les petites. L'axe de la tenaille sert d'attache à un étrier en fer, fixé à l'extrémité de la corde de manœuvre du mouton. Lorsque le mouton est élevé à une certaine hauteur les grandes branches de la tenaille s'engagent entre deux pièces de bois *t*, fixées sur les guides du

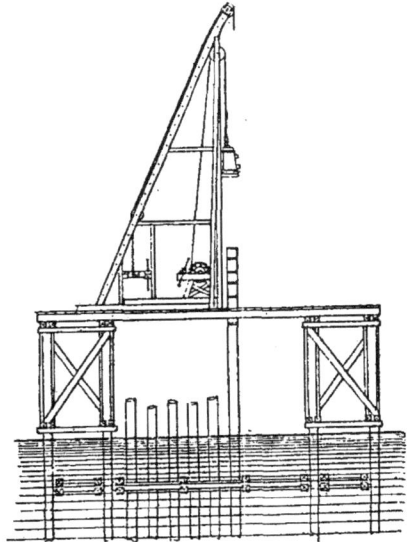

Fig. 614. — Installation de la sonnette à déclic.

mouton et ayant la forme indiquée sur la figure. L'intervalle laissé entre les deux pièces de bois *t* se resserrant de bas en haut détermine un rapprochement des grandes branches *b* de la tenaille et oblige par suite les pe- tites branches *s* à s'ouvrir, c'est-à-dire à déterminer la chute du mouton.

Il faut évidemment déplacer les pièces de bois *t* chaque fois qu'il faut modifier la hauteur de chute, ce qui est assez fréquent. Il y a donc une perte de temps assez sensible et par suite une augmentation de dépense. Il est bon de prendre toutes les précautions nécessaires au bon fonctionnement de cet appareil qui n'offre pas toutes les garanties désirables au point de vue de la sécurité des ouvriers ; quelquefois, en effet, la tenaille a échappé le mouton avant son arrivée à la hauteur des pièces de bois qui doivent seules régulièrement produire le déclanchement.

550. Un autre déclic, souvent employé aussi, consiste en un simple crochet *b* (*fig.* 616) qui soutient en *a* le mouton à soulever. Ce crochet est suspendu à l'extrémité de la corde de manœuvre *d* qui va au treuil, par l'intermédiaire d'un étrier semblable à celui du déclic précédent et articulé en *o*. A l'extrémité *f* du levier *b* du crochet est fixée la corde qui doit produire le débrayage, lorsque le mouton est arrivé à la hauteur convenable. Pour que le débrayage puisse se produire il faut évidemment que la partie *ah* du crochet ait, comme profil, un arc de cercle décrit du point *o* comme centre. On fait, en général, la partie *oea* plus lourde que la partie *obf* pour que l'embrayage se fasse facilement en bas, avec la tête *t* du mouton.

Avec ce déclic il faut évidemment deux hommes pour la manœuvre de la sonnette. L'un d'eux est occupé au treuil et l'autre à la corde de débrayage. C'est une dépense qui pourrait être évitée.

551. Les inconvénients des deux déclics précédents ont amené les constructeurs à opérer souvent le déclanchement par le treuil de manœuvre lui-même. Il suffit, en effet, de débrayer l'engrenage qui actionne le tambour sur lequel s'enroule la corde fixée au mouton pour que ce dernier tombe par son propre poids. Ce système offre évidemment toute la sécurité désirable et n'occasionne ni perte de temps, comme le déclic à tenailles, ni la présence d'un homme occupé à la manœuvre de la corde de débrayage, comme dans le déclic à crochets; mais il a l'inconvénient de mettre rapidement hors de service la corde qui soutient le mouton.

552. Pour enfoncer les pieux des quais de Bordeaux on a fait usage d'une sonnette,

à déclic spécial, que nous allons décrire.

Ce déclic (*fig.* 617 à 620) comporte deux cordes ; l'une sert au déclanchement du mouton et l'autre sert à remettre le crochet d'attache dans l'anneau qui supporte le mouton.

La corde d'échappement est fixée à l'extrémité du levier du crochet. La corde de rappel est attachée au même point mais passe d'abord dans le nœud de la corde qui soutient le mouton puis ensuite dans

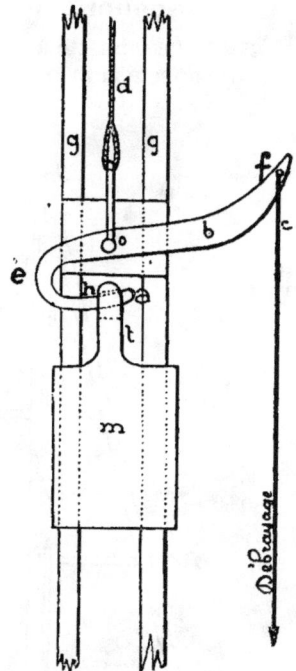

Fig 615.   Fig. 616.

la gorge d'une poulie fixée au haut de la sonnette, entre les deux montants de celle-ci. Cette corde tombe ensuite auprès des ouvriers qui manœuvrent le treuil.

Supposons que le mouton repose sur la tête de l'un des pieux et que le crochet soit en prise avec l'anneau qui soutient le mouton. Dans cette position fixe à l'extrémité du levier de droite du crochet la corde d'échappement dont on fixe l'autre bout au pied de la sonnette, en ayant soin de donner à cette corde un excès de longueur égal à la hauteur de chute du mouton. Il est clair alors que, lorsque celui-ci s'élèvera, la corde d'échappement se tendra de plus en plus jusqu'à ce que, la tension du câble de manœuvre devenant plus grande que celle de la corde d'échappement, le débrayage se produise par suite du basculement du crochet. Le mouton tombe ; on débraie en même temps l'engrenage qui actionne le tambour du treuil, de manière à rendre

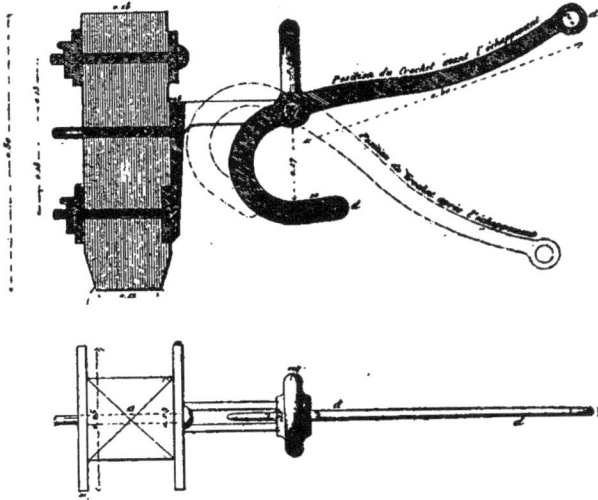

Fig. 617. — Déclic de sonnette. — Coupe de la fourrure et du crochet.

libre le câble de manœuvre. Le déclic de sonnette, qui a un poids suffisant pour entraîner le câble, tombe sur le mouton et est dirigé dans sa chute par une fourrure qui se meut verticalement entre les deux montants de la sonnette, de manière à

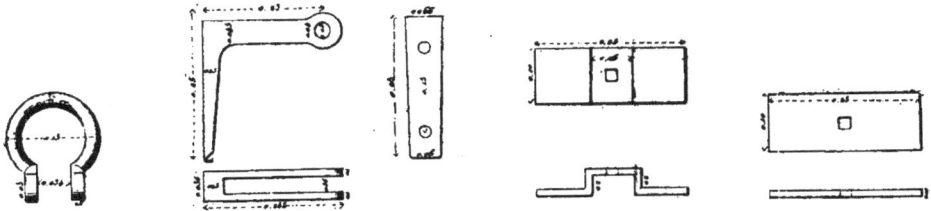

Fig. 618. — Élévation de la menotte.   Fig. 619. — Chape. — Élévation latérale. Élévation postérieure.   Fig. 620. — Plaque inférieure, côté du crochet.

tomber juste sur l'anneau du mouton. Le manœuvre du treuil n'a alors qu'à tirer la corde de rappel placée près de lui pour redresser le crochet et l'embrayer à nouveau dans l'anneau fixé au mouton. La manœuvre est, comme on le voit, excessivement simple et ne peut occasionner aucun accident.

Comparaison entre la sonnette à tiraudes et la sonnette à déclic.

553. Il est intéressant de rechercher quelle est celle des deux sonnettes, à déclic ou à tiraudes, qui est la plus avantageuse. La comparaison a été faite lorsqu'on a construit le pont du Cher, à

Saint-Amand et le pont de Châteauneuf, également sur le Cher.

Pour pouvoir faire cette étude on enregistrait, pour chaque pieu, sa longueur ainsi que son diamètre, le nombre d'heures pendant lesquelles était effectué le battage, ainsi que le nombre des volées. Ces volées variaient avec la sonnette, elles étaient de trente ou de quarante coups. On consignait, en même temps, l'enfoncement du pieu, et, à part celui qui se produisait sous l'effet des quatre dernières volées. Lorsque l'enfoncement, commencé avec la sonntte à tiraudes était continué avec la sonnette à déclic on notait, en plus, l'enfoncement du pieu sous l'effet des quatre premières volées de la sonnette à déclic.

Dans ce qui suit, nous mentionnons les résultats obtenus dans cette étude, faite par M. Deglande, ingénieur des ponts et chaussées.

Battage de 135 pieux de cintres et d'enceintes des fondations au pont du Cher à Saint-Amand (1).

554. « La longueur de ces cent trente-cinq pieux était de 6^m,19, et leur diamètre moyen au milieu de 0^m,26. Le battage, commencé avec la sonnette à tiraudes a été fini avec la sonnette à déclic. L'équipage de la sonnette à tiraudes, dont le mouton pesait 340 kilogrammes, se composait de dix-huit hommes. Le poids, soulevé par chaque homme était en conséquence de $\frac{340^k}{17} = 20$ kilogrammes. La sonnette à déclic était servie par dix hommes; son mouton pesait 540 kilogrammes.

Battage avec la sonnette à tiraudes	Nombre réduit des volées par pieu........		20
	Enfoncement réduit dans le sol.....	Par volée de 30 coups.	0^m,216
		Par pieu............	4^m,30
	Nombre réduit des heures du battage	Par volée de 30 coups.	6',30''
		Par pieu............	2^h,9^m
	Enfoncement réduit sous la dernière volée...		0^m,06
	Enfoncement moyen sous la première volée de cette sonnette....................		0^m,234
Battage avec la sonnette à déclic	Nombre réduit des volées par pieu........		18
	Enfoncement réduit dans le sol.....	Par volée de 10 coups.	0^m,095
		Par pieu............	1^m,73
	Nombre réduit des heures du battage	Par volée de 10 coups.	24'
		Par pieu............	7^h,16^m
	Enfoncement réduit sous la dernière volée.........	Enfoncement........	0^m,041
		Hauteur de la chute du mouton............	4^m,37
Enfoncement total du pieu dans le sol par les 2 sonnettes			6^m,03

(1) Extrait des *Annales des Ponts et chaussées*, 1er semestre, 1853.

Le battage a été fait dans le terrain suivant :

1° Jusqu'à 4^m,68 de profondeur, sable pur silicieux très propre à la fabrication du mortier, mais où se trouvaient mêlés les enrochements de l'ancien pont en bois;

2° Sur les derniers 1^m,35 de la fiche totale réduite des cent trente-cinq pieux battus, marnes à bélemnites dont les dragues à mains enlevaient des feuillets remplis de ces fossiles mélangés avec un nombre à peu près égal d'ammonites. »

« Pour avoir la dépense du battage, il faut ajouter au temps donné par ce tableau, celui passé au bardage des pieux, à leur mise en place et au déplacement de la sonnette d'un pieu à l'autre de l'enceinte. D'après l'expérience faite au battage du pont de Châteauneuf, le temps passé au bardage et à la mise en fiche, etc., est de 1^h,14. On a d'ailleurs constaté au battage du pont de Saint-Amand, par plusieurs observations, toutes d'accord entre elles :

1° Que la mise en fiche d'un pieu durait 25', soit 0^h,42 ;

2° Que le déplacement de la sonnette d'un pieu à l'autre (distance 1^m,50) durait en moyenne 45', soit 0^h,75 : c'est donc, pour la mise en fiche et le déplacement de la sonnette 1^h,10 de l'équipage : reste, par conséquent, 4 minutes ou 0^h,07 pour le bardage de chaque pieu, attendu que la distance était de 140 mètres au pont de Saint-Amand, comme au pont de Châteauneuf. La dépense du battage par pieu a donc été la suivante :

Nombre d'heures d'un charpentier enrimeur :

$$2^h,9' + 7^h,16' + 1^h,14' + 45' = 11^h,24' = 11^h,40.$$

Nombre d'heures d'un manœuvre :

$$2^h,9' \times 17 + 7^h,16' \times 9 + 1^h,14' \times 17 \times 45'$$
$$\times 9 = 129^h,43' = 129^h,72.$$

Il ressort d'ailleurs de l'examen du tableau sommaire des faits du battage, ci-dessus présenté, qu'il y eût eu économie à remplacer plus tôt la sonnette à tiraudes par la sonnette à déclic. On y voit, en effet, que l'enfoncement de la première volée de la sonnette à déclic est quatre fois plus grand que l'enfoncement de la dernière volée de la sonnette à tiraudes; c'est-à-dire qu'au moment où la sonnette à déclic a pris la place de la sonnette à tiraudes l'effet d'une seule volée de la première équivalait à l'effet de quatre volées de la seconde. Or, comme il résulte également de ce tableau que deux volées de celles-ci coûtent autant qu'une volée de la première, il est donc évident qu'il y eût eu économie à substituer plus tôt la sonnette à déclic à celle à tiraudes, c'est-à-dire au moment où celle-ci ne produisait plus qu'un enfoncement de 0m,12 par volée. En consultant le registre complet du battage, nous avons reconnu qu'à ce moment les pieux n'avaient moyennement atteint que la profondeur de 3m,23, tandis qu'il résulte du tableau sommaire ci-dessus qu'ils ont été enfoncés jusqu'à 4m,30 de profondeur réduite avec la sonnette à tiraudes. »

554. Le battage avec la sonnette à déclic seulement de dix pieux, supplémentaires de cintres, a donné les résultats suivants :

Nombre réduit des volées par pieu..................		31
Enfoncement réduit dans { Par volée de 10 coups.....		0m,155
le sol .... { Par pieu................		4 ,70
Nombre réduit des heures { Par volée de 10 coups.....		18′ ″
du battage.......... { Par pieu................		9h,41m
Enfoncement réduit sous { Enfoncement		0m,051
la dernière volée..... { Hauteur de la chute du mouton...............		,05

L'enfoncement de ces dix pieux était plus facile que celui des cent trente-cinq précédents et cependant il n'a pas donné d'économie dans la dépense.

M. Deglande conclut, en résumé, qu'il est, en général, avantageux de commencer à enfoncer les pieux avec la sonnette à tiraudes, lorsque le terrain n'a pas une dureté plus grande que celle du sable.

Il était cependant nécessaire de savoir jusqu'à quelle profondeur d'enfoncement l'emploi de la sonnette à tiraudes était avantageux. A cet effet on a dressé un tableau donnant les nombres de volées de la sonnette à tiraudes et de la sonnette à déclic qui ont produit le même enfoncement du pieu.

555. Le tableau de la page 501 montre que la sonnette à tiraudes l'emporte sur la sonnette à déclic jusqu'à la profondeur de 3 mètres. Mais, qu'à partir de cette profondeur c'est la sonnette à déclic qui a l'avantage.

On a gagné, en effet, 104 minutes sur la sonnette à déclic en battant un pieu à la sonnette à tiraudes. La dépense elle-même a été plus faible car on a fait une économie de 10h,37 d'homme employé à la manœuvre.

Sonnettes à vapeur.

556. Lorsqu'il s'agit d'enfoncer un très grand nombre de pieux, les sonnettes à tiraudes ou à déclic ne sont pas économiques, à cause de la lenteur du battage. Pour diminuer le temps employé au battage des pieux, et par suite le prix de revient de cette opération, on a cherché à appliquer la force de la vapeur pour actionner les sonnettes.

557. Les dispositions proposées tout d'abord furent nombreuses; mais celle qui fut préférée consistait dans l'emploi d'une locomobile actionnant le treuil de la sonnette.

Plus tard, on imagina de soulever le mouton par des taquets fixés sur un tambour animé d'un mouvement de rotation continu. La forme de ces taquets était déterminée de manière à ce que le contact avec le mouton ait lieu jusqu'à la hauteur où devait se produire la chute.

558. C'est ensuite qu'un ingénieur anglais, M. Nasmyth, établit une sonnette à vapeur permettant de battre rapidement les pieux à l'aide d'un fort poids tombant d'une faible hauteur.

La machine se compose d'un cylindre alésé dans lequel se meut un piston terminé inférieurement par une tige qui supporte le mouton. C'est en somme un vrai pilon à vapeur.

La vapeur arrive au bas du cylindre, sous le piston, à pleine pression; elle soulève le piston et lorsque celui-ci est arrivé à une certaine hauteur il découvre l'orifice d'échappement. La vapeur s'échappe et le piston tombe ainsi que le mouton sous l'action de la pesanteur. Il est évident que le poids du mouton pourra être très grand puisqu'il ne dépend que du diamètre du cylindre et de la pression de la vapeur. En général, ce poids est compris entre 1 500 kilogrammes et 2800 kilogrammes; quant à la course elles

ENFONCEMENTS successifs du pieu	Battage des 10 pieux supplémentaires de cintres, battus exclusivement avec la sonnette à déclic.						Rapport du nombre des volées de la colonne 6 au nombre des volées de la colonne 3.	Résultats supposés du battage avec la sonnette à déclic si la chute eût été de 1 mètre à l'origine du battage.			Moyenne de 20 des 135 pieux dont le battage a été commencé avec la sonnette à tirandes.	
	Moyenne de 4 pieux du cintre de la première arche.			Moyenne des 5 pieux du cintre de la deuxième arche.								
	Chute du mouton à la fin des enfoncements successifs	Nombre des volées de 10 coups.	Nombre d'heures d'un seul homme passées aux enfoncements successifs.	Chute du mouton à la fin des enfoncements successifs	Nombre des volées de 10 coups.	Nombre d'heures d'un seul homme passées aux enfoncements successifs.		Chute du mouton à la fin des enfoncements successifs	Nombre des volées de 30 coups.	Nombre d'heures d'un seul homme passées aux enfoncements successifs.	Nombre des volées de 30 coups.	Nombre d'heures d'un seul homme passées aux enfoncements successifs.
1	2	3	4	5	6	7	8	9	10	11	12	13
	mètres		heures	mètres		heures		mètres		heures		heures
De 0m.00 à 2m.00	1.84	14.1	47.00	2.30	7.4	24.67	$\frac{7.4}{14.1} = 0.525$	3.00	3.8	12.66	$3\frac{13}{30}$	6.82
De 2m.00 à 2m.50	2.34	3.9	13.00	2.80	2.6	8.67	$\frac{2.6}{3.9} = 0.666$	3.50	1.7	5.66	$1\frac{23}{30}$	3.45
De 2m.50 à 3m.00	2.84	3.3	11.00	3.30	2.7	9.00	$\frac{2.7}{3.3} = 0.828$	4.00	2.2	7.33	$2\frac{17}{30}$	5.01
De 3m.00 à 3m.50	3.34	3.5	11.66	3.85	2.9	9.67	$\frac{2.9}{3.5} = 0.828$	4.50	2.3	7.66	$4\frac{1}{30}$	7.87
De 3m.50 à 4m.00	3.84	3.6	12.00	4.30	2.7	9.00	$\frac{2.7}{3.6} = 0.75$	5.00	2.0	6.66	$8\frac{13}{30}$	16.45
4m.00	3.84	28.4	94.66	4.30	18.3	61.01	$\frac{18.3}{28.4} = 0.644$	5.00	12.0	39.97	$20\frac{9}{30}$	39.60

est ordinairement égale à 0ᵐ,75. Cette
faible course permet d'obtenir un grand

nombre de coups de piston dans un temps
très court. Ainsi, au lieu de battre environ

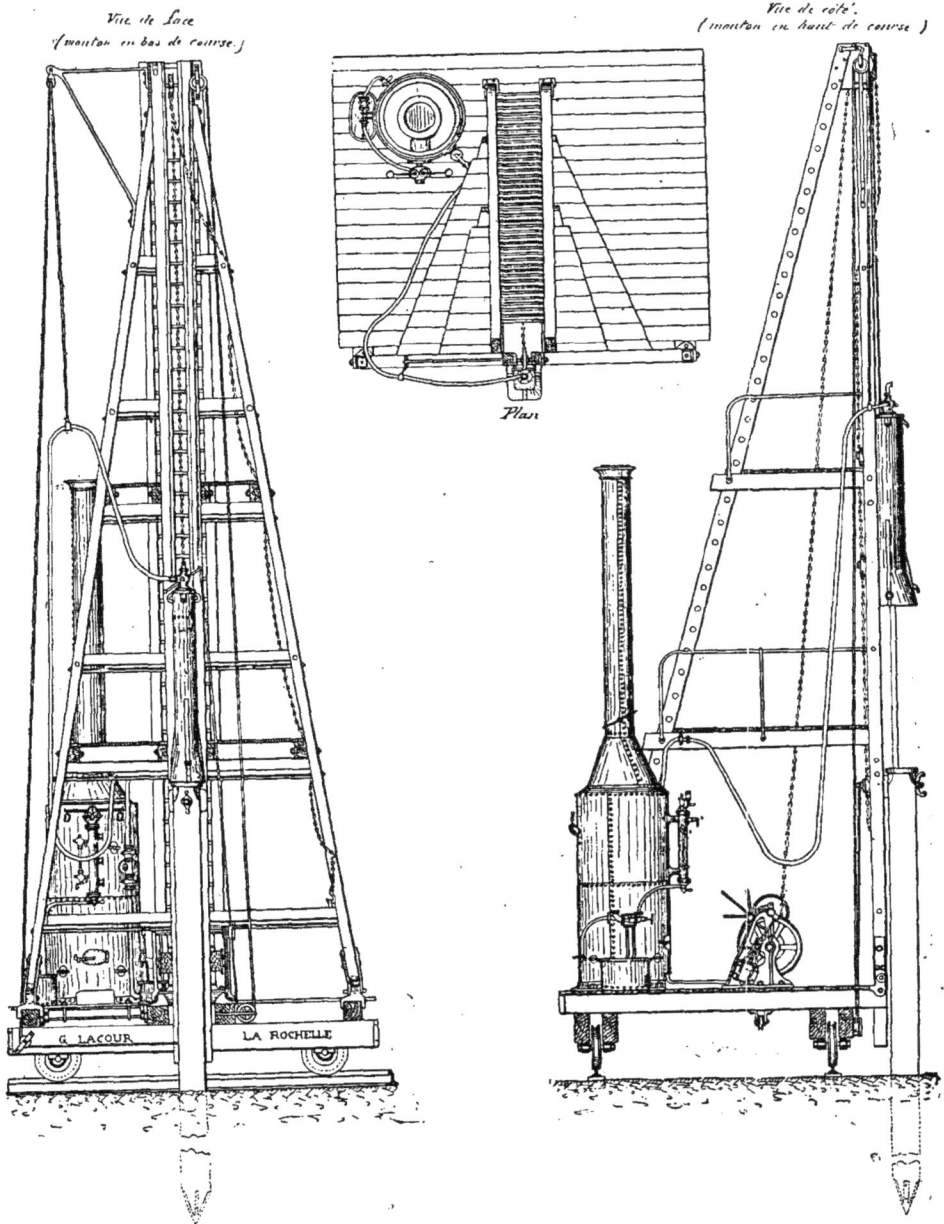

Fig. 621. — Ensemble de la machine à pilonner Lacour.

cinquante coups par heure, comme cela
arrive avec les sonnettes à bras, on peut

battre cinquante-cinq à soixante coups
par minute avec la sonnette Nasmyth.

L'effet produit par chaque coup est naturellement moindre avec cette sonnette qu'avec une sonnette à bras ; mais la succession de ces coups se fait avec une telle rapidité qu'on arrive finalement à produire l'enfoncement dans un temps beaucoup plus court.

Dans cette sonnette la distribution est automatique ; elle se fait par tiroir à coquille placé dans la boîte de distribution qui se trouve latéralement au cylindre à vapeur. Le tiroir de distribution est manœuvré par le mouton lui-même à l'aide d'une série de leviers.

La sonnette Nasmyth fut dès son apparition très employée dans les grands

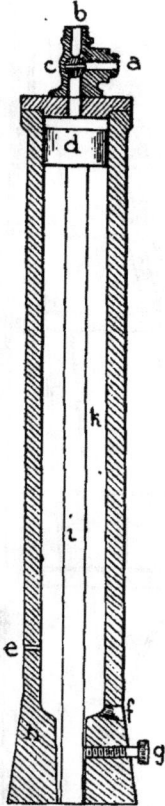

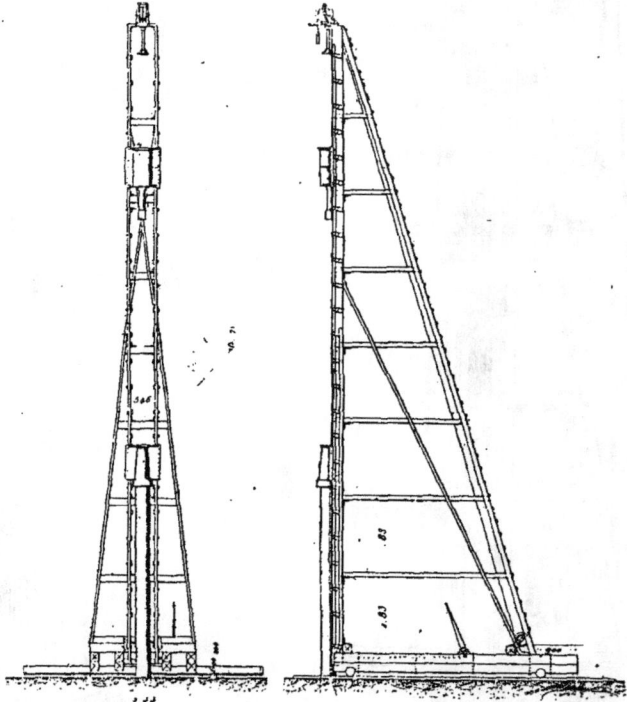

Fig. 621 *bis*.   Fig. 622. — Sonnette balistique. — Élévation de face et élévation de profil.

chantiers où l'on avait un grand nombre de pieux à battre. Elle enfonçait un pieu en une heure ; ce qu'aucune sonnette à déclic n'aurait pu faire. Le seul inconvénient sérieux de cette sonnette est son prix élevé. Aussi, souvent, on lui préfère une sonnette à déclic malgré sa grande supériorité.

Mouton Lacour.

560. La sonnette Lacour dont l'éléva-

tion générale est représentée sur la figure 621 est très bien construite. Son mécanisme comprend tout d'abord un treuil, mû à bras d'hommes, servant à actionner la chaîne destinée à mettre le pieu au levage ainsi que celle qui descend le mouton sur le pieu. Si le poids du mouton est trop considérable pour pouvoir être soulevé par le treuil à bras on remplace celui-ci par un treuil à vapeur.

Le mouton est constitué par un cylindre

(*fig.* 621 *bis*) en fonte dans lequel se meut un piston dont la tige *i* s'implante dans la tête du pieu pour guider le mouton pendant sa chute. Le piston est fixe et le cylindre est soulevé par la vapeur. Celle-ci arrive dans le cylindre à l'aide d'un robinet à trois voies mû par un levier ; on peut ainsi très facilement donner l'admission de la vapeur dans le cylindre ou la laisser s'échapper dans l'atmosphère.

561. Pour effectuer le battage, on commence par faire reposer le cylindre, c'est-à-dire le mouton, sur la tête du pieu à enfoncer. Puis ouvrant le robinet d'admission de la vapeur, celle-ci arrive dans le cylindre entre le fond de ce dernier et le dessus du piston ; elle appuie par con-

l'enfoncement progressif du pieu. Pour arriver à ce résultat on emploie une simple corde manœuvrant un levier.

562. Le mouton Lacour est formé par un cylindre en fonte dont la section intérieure est calculée pour que la pression de la vapeur sur le piston puisse soulever la masse du mouton, c'est-à-dire ici du cylindre lui-même. La hauteur du cylindre à l'intérieur doit être égale à la hauteur

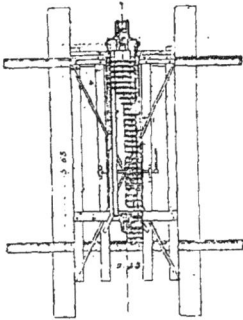

Fig. 623. — Plan de la sonnette.

séquent la tige de celui-ci sur la tête du pieu. La vapeur continuant à affluer soulève alors le cylindre en vertu de sa force élastique, en agissant sur le fond de celui-ci puisque le piston est fixe. Le soulèvement du cylindre se produira évidemment jusqu'à ce que le piston ait découvert l'orifice *e*. A ce moment le robinet met en communication le corps du cylindre avec l'atmosphère ; la vapeur s'échappe et le mouton retombe sur la tête du pieu.

Ce mouvement se fait automatiquement à l'aide d'une chaîne et d'un contrepoids, et permet d'obtenir jusqu'à cent coups de mouton à la minute. Cependant ce dispositif a l'inconvénient de donner toujours la même hauteur de chute tandis qu'il est préférable de régler cette hauteur d'après

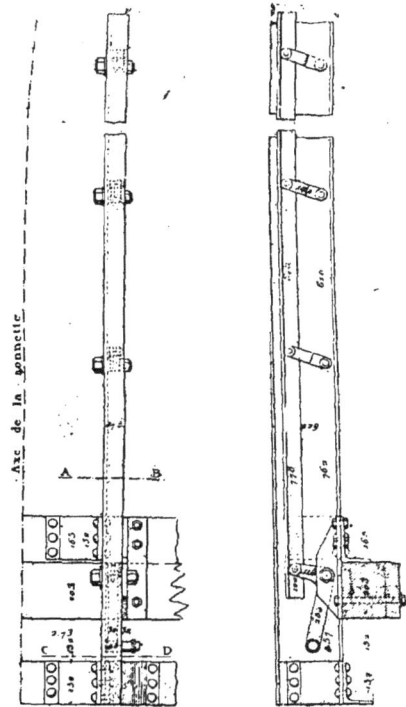

Fig. 624. — Coulisseaux.
Vue de face.

Fig. 625. — Coulisseaux.
Vue de profil.

de chute maxima que doit fournir la sonnette, augmentée de l'épaisseur du piston et d'un jeu de quelques centimètres aux deux extrémités de la course.

Le diamètre intérieur du cylindre diminue au bas du mouton et est strictement suffisant pour laisser passer la tige du piston qui doit s'appuyer sur la tête du pieu pendant le battage. A la base du cylindre se trouvent en outre deux trous *e* et *f* servant le premier de purgeur et aussi d'avertisseur lorsque le cylindre est arrivé à la hauteur où doit commencer la chute et le deuxième à la rentrée de l'air à l'intérieur du cylindre sous le piston pendant la chute ; il le laisse échapper pendant la montée.

La vapeur est produite par la chaudière située sur la plate-forme de la sonnette; elle arrive au cylindre, à l'aide d'un tube en caoutchouc, et est distribuée, comme nous l'avons dit plush aut, par un robinet à trois voies situé sur le fond supérieur du cylindre ; l'un des orifices de ce robinet fait communiquer le tube en caoutchouc avec l'intérieur du cylindre et l'autre avec l'atmosphère.

Le mouton Lacour est très employé car il peut s'adapter à toutes les sonnettes sans qu'il soit nécessaire de les modifier d'une manière sensible.

Sonnette balistique.

563. Cette sonnette est mue par la poudre à canon ; elle a été inventée par

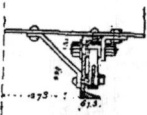

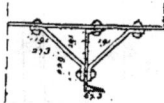

Fig. 626. — Coupe suivant AB (Voir fig. 624).

Fig. 627. — Coupe suivant C J (Voir fig. 624).

M. Shaw et perfectionnée par M. Prindle de Philadelphie.

Le principe de la sonnette balistique est tout à fait différent de celui des autres sonnettes. Il n'y a plus ici ni treuil pour soulever le mouton, ni déclic pour régler sa hauteur de chute. C'est l'explosion de la poudre qui produit le soulèvement du mouton ; quant à l'enfoncement du pieu, il est produit, comme on le verra par la suite, par la chute du mouton et par l'effet du recul du canon inférieur.

Pour bien comprendre le fonctionnement de cet appareil nous allons tout d'abord décrire les différentes pièces qui le composent. Les parties essentielles sont :

1° Le canon ;

2° Le mouton ;

3° Le bâti de la sonnette.

564. Le canon (*fig.* 628 et 629) est en

acier ; il emboîte parfaitement la tête du pieu et porte à la partie supérieure une cavité où se fait la déflagration de la poudre. Son diamètre intérieur est de $0^m,191$, et sa profondeur de $0^m,72$. Il porte une sorte de cadre à nervures embrassant les côtés des coulisseaux de la sonnette ; son poids total est de 450 kilogrammes.

565. Le mouton est le projectile du canon ; il est en fonte. Il se termine inférieurement par un piston constitué extérieurement par des anneaux d'acier formant ressort à l'intérieur du canon

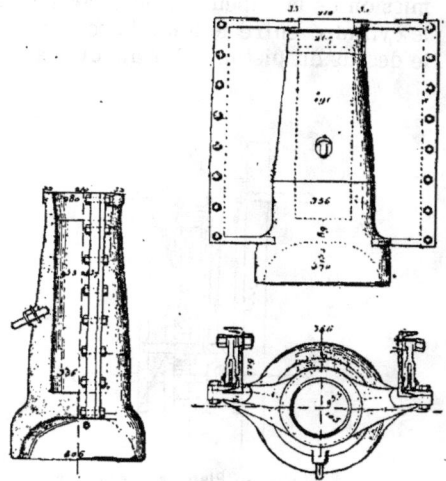

Fig. 628. — Canon. Demi-coupe et demi-élévation transversales.

Fig. 629. — Canon. — Élévation de face et plan.

quand on y fait tomber le piston. Le mouton pèse près d'une tonne et porte comme le canon des rebords à nervures embrassant les coulisseaux de la sonnette.

566. Le bâti est constitué à l'avant par deux montants en fer à U dont les ailes antérieures sont les guides du mouton et du canon. Ces fers à U sont soutenus en arrière par des contrefiches en bois qui sont réunies aux montants par des cornières horizontales formant entretoises L'écartement des montants est maintenu constant par des cornières. Au sommet se trouve l'axe de la poulie sur laquelle passe la chaîne qui peut remonter le mouton et le canon. Enfin au-dessus se trouve un piston qui s'engage dans le trou du mouton et l'arrête par suite de la compression de l'air entre le piston et le fond de la cavité supérieure du mouton.

567. Là se terminait primitivement la nomenclature des pièces principales de la sonnette à déclic; mais depuis quelques années un perfectionnement notable a été

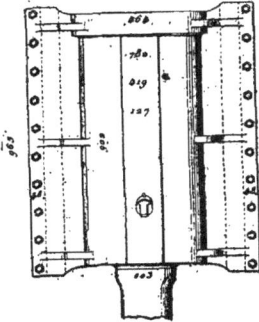

Fig. 630. — Élévation du mouton.

apporté au fonctionnement de cette sonnette par suite de l'emploi de freins entre les fers à U, destinés à arrêter la chute du mouton en un point quelconque de sa

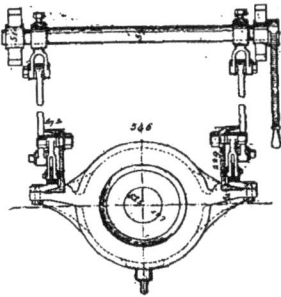

Fig. 631. — Plan du mouton et du levier de manœuvre.

course. Ces freins sont constitués par des bielles en fer à T se rapprochant ou s'écartant de la face intérieure de l'aile des montants qui sert de guide au mouton et au canon. Ces mouvements s'obtiennent à l'aide de bras articulés. Des leviers coudés, manœuvrés du bas de la

sonnette, permettent de serrer jusqu'à l'arrêt la garniture du mouton entre les bielles d'une part et les coulisseaux d'autre part.

568. Pour monter le mouton et le canon en haut de la sonnette à l'aide de la chaîne qui passe sur la poulie supérieure on se sert d'un treuil à vapeur situé en arrière de la sonnette. Ce treuil sert en même temps à mouvoir l'ensemble de la sonnette dans deux directions perpendiculaires pour la transporter d'un pieu à un autre.

569. Pour se servir de la sonnette

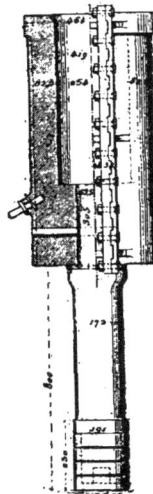

Fig. 632. — Mouton. Demi-coupe et demi-élévation transversales.

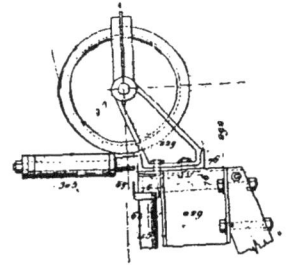

Fig. 633. — Poulie supérieure. Vue de face.

balistique, on commence tout d'abord par remonter le canon et le mouton au haut des montants afin de faciliter son transport à l'endroit où se trouve le pieu à battre.

Lorsque la sonnette est en place on descend le canon à l'aide du treuil à vapeur, de manière qu'il repose sur la tête du pieu à enfoncer. Le manœuvre qui se trouve à côté du canon jette à l'intérieur de celui-ci une cartouche tandis qu'un autre manœuvre actionne le frein qui retenait le mouton. Ce dernier descend avec rapidité et le piston qui le termine s'engage dans le canon. L'air qui se trouvait dans le canon se comprime de plus en plus sous le piston du mouton et

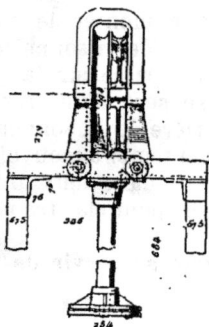

Fig. 634. — Poulie supérieure. — Vue de côté.

produit un premier enfoncement du pieu. Cet air comprimé finit par s'échauffer au point de provoquer l'inflammation de la

cartouche. L'explosion de cette cartouche fait remonter le mouton et le recul du canon produit un deuxième enfoncement du pieu.

La mise en place à la main des cartouches dans l'intérieur du canon est une

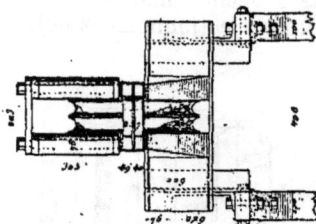

Fig. 635. — Plan de la poulie supérieure.

manœuvre qui peut être dangereuse. Aussi on a apporté un grand perfectionnement à la sonnette en lui adjoignant

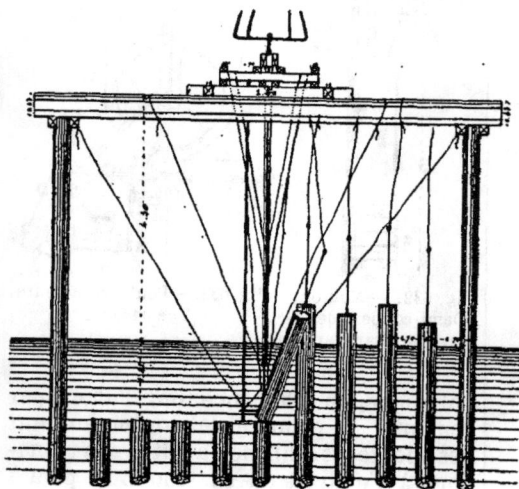

Fig. 636. — Scie à recéper du pont de Libourne. Élévation de face.

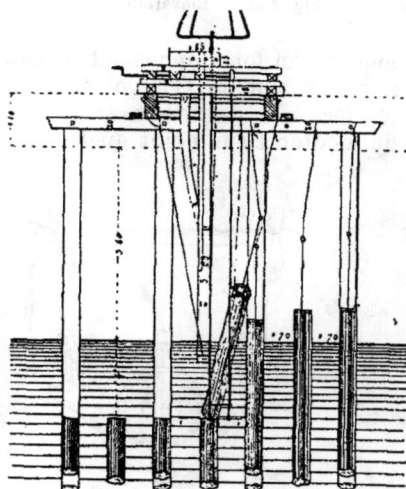

Fig. 637. — Scie à recéper du pont de Libourne. Élévation de profil.

un appareil distributeur consistant en un cylindre vertical contenant un certain nombre de cartouches qu'on peut distribuer à l'aide d'un tiroir manœuvré par leviers qui amènent celui-ci au-dessus du canon.

Tous ces perfectionnements ont per-

mis de battre facilement quinze coups de mouton par minute quand la hauteur de chute est inférieure à cinq mètres.

570. Les avantages de la sonnette balistique sont les suivants :

1° Le choc produit par les sonnettes ordinaires, à tiraudes, à déclic ou à vapeur, est remplacé par une compression graduelle de la tête du pieu. Celui-ci ne tend pas alors à s'écraser;

2° A égalité de poids du mouton, l'enfoncement est beaucoup plus grand avec cette sonnette qu'avec les sonnettes ordinaires;

3° Les vitesses d'ascension sont plus grandes qu'avec des sonnettes à vapeur;

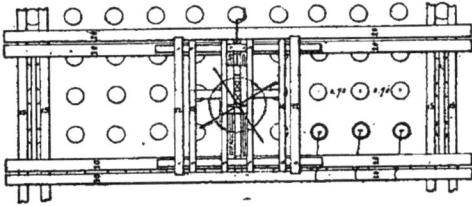

Fig. 638. — Plan de la scie à recéper du pont de Libourne.

4° Enfin la sonnette est peu encombrante et ses organes sont simples.

Choix à faire entre les divers types de sonnettes.

571. Le choix à faire entre les divers types de sonnettes doit être basé sur la

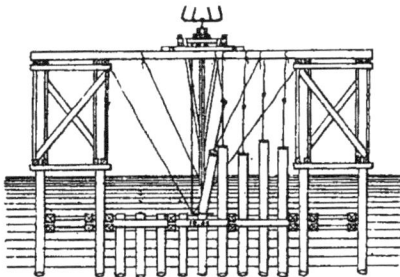

Fig. 639. — Installation de la scie à recéper du pont de Libourne.

nature du terrain dans lequel doit se faire le battage des pieux.

1° On peut adopter la sonnette à tiraudes lorsqu'on doit battre des pieux de faible longueur dans un terrain de résistance ordinaire. On devra cependant la rejeter si le nombre de pieux à enfoncer est considérable car la perte de temps qu'elle occasionnerait augmenterait dans une forte proportion le prix du battage ;

2° On pourra employer la sonnette à déclic ordinaire avec un mouton de 600 à 700 kilogrammes lorsque le terrain sera très dur et que le nombre de pieux à enfoncer sera relativement faible ;

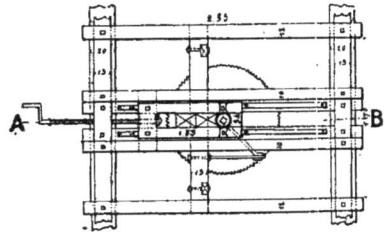

Fig. 640. — Plan du chariot de la scie à recéper.

3° La sonnette Nasmyth sera réservée pour le cas d'un enfoncement d'un très grand nombre de pieux dans un terrain de résistance moyenne.

Refus des pieux.

572. Il faut toujours s'assurer avant d'arrêter le battage d'un pieu qu'il est arrivé au refus absolu et non au refus relatif.

Le refus absolu est celui qui est dû à la

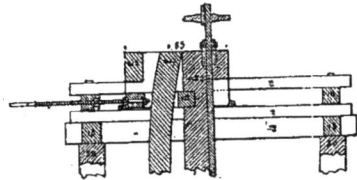

Fig. 641. — Coupe A B (Voir fig. 640).

résistance naturelle du terrain, tandis que le refus relatif n'est dû qu'à la compression du terrain autour du pieu par l'effet du battage, compression qui empêche momentanément le pieu de s'enfoncer davantage.

Il est prouvé, en effet, qu'en rebattant, après quelques jours de repos, un pieu qui semblait arrivé au refus absolu, on obtient quelquefois un nouvel enfoncement. Cela résulte probablement de ce que pendant le temps qui s'est écoulé entre les deux battages le terrain a transmis à une certaine distance autour du pieu la compression à laquelle il avait primitivement été soumis. Ayant alors repris son élasticité il est possible d'y enfoncer davantage le pieu.

Il est donc bon de s'assurer quelques jours après le premier battage que le pieu est bien arrivé au repos absolu. On devra toujours commencer le battage par le centre de l'emplacement que doit occuper la fondation et s'avancer en rayonnant vers les bords. Si on ne prenait pas cette précaution, à mesure qu'on s'avancerait vers le centre, le terrain situé à cet endroit, serré de tous côtés par les rangées de pieux, se comprimerait rapidement et ne serait pas propice à un bon enfoncement des derniers pieux.

Recépage des pieux.

573. Lorsque les pieux ont été enfoncés au refus, leurs têtes ne sont pas toutes, en général, dans un même plan horizontal. Aussi avant de placer les pièces de bois qui doivent reposer sur eux pour supporter la fondation il est nécessaire

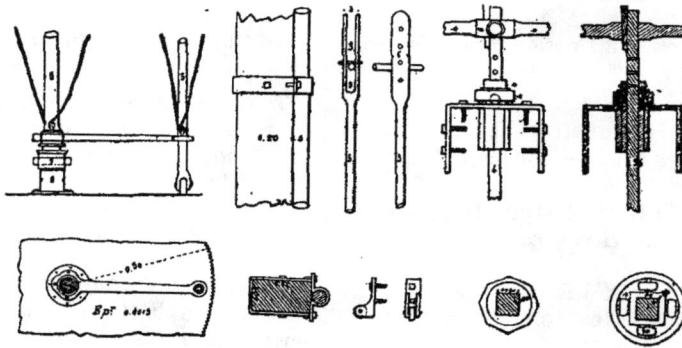

Fig 6.2. — Détails des ferrures de la scie à recéper.

de les couper tous au même niveau à l'aide d'un appareil appelé *scie à recéper*.

Le recépage des pieux peut être fait soit dans une fondation ordinaire, soit dans une fondation hydraulique avec épuisements dans un bâtardeau ou un caisson, soit enfin sous l'eau.

Dans les deux premiers cas, l'opération est des plus simples puisqu'elle a lieu à l'air libre. Il suffit évidemment de marquer sur chaque pieu la section du plan de recépage et de scier les pieux suivant cette section avec une scie ordinaire de charpentier.

Lorsque le recépage des pieux doit être fait sous l'eau, l'opération se complique beaucoup.

Les formes des scies à recéper varient beaucoup. Si les pieux ne doivent pas supporter un caisson ou une plate-forme on les recèpe avec la scie oscillante. La forme de cette scie est celle d'un triangle isocèle dont le petit côté est constitué par la lame de scie. Pour se servir de la scie oscillante on n'a qu'à fixer le sommet du triangle opposé à la lame de scie à un point fixé hors de l'eau, de manière que la scie soit dans un plan vertical contre le pieu à recéper. En attachant deux cordes aux deux autres sommets du triangle et en tirant alternativement ces deux cordes dans un sens et dans l'autre, on arrivera, si la scie est bien appuyée contre le pieu, à recéper celui-ci au niveau voulu.

574. Si les pieux doivent porter un caisson de fondation on se sert en général d'une scie circulaire pour effectuer le recépage.

Nous indiquons dans les figures 636 à 642 les détails relatifs à l'installation de la scie qui a servi à recéper les pieux de fondation du pont de Libourne, sur la Dordogne.

Ces pieux avaient 0^m,30 de diamètre et, afin de les recéper et de les retirer commodément, les têtes des pieux portaient une tige de fer vissée au centre et terminée par un trou dans lequel passait une corde fixée au bâti de la machine à recéper (*fig.* 636, 637 et 639).

Moisage des pieux sous l'eau.

575. Lorsque le moisage des pieux doit être fait au-dessus de l'eau il ne

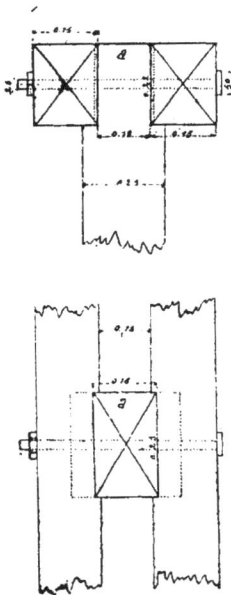

Fig. 643.

présente évidemment aucune difficulté. Il suffit alors de tailler la tête des pieux de manière à en former un tenon *a* qu'on enserrera entre les moises en réunissant les trois pièces par un boulon.

L'épaisseur du tenon *a* sera évidemment déterminée par celle des palplanches à enfoncer.

Les choses se compliquent beaucoup lorsque le moisage des pieux doit être

fait à une certaine profondeur au-dessous du niveau de l'eau. Dans ce cas, on commence par recéper les pieux ; puis ensuite on les perce au milieu de leur tête de manière à pouvoir y fixer des tiges de fer qui fixeront définitivement les cours de moises aux pieux à relier.

576. Pour percer ces trous parfaitement au milieu des têtes des pieux à réunir, on entoure ces têtes d'une sorte de cheminée dont la partie inférieure se termine par une pyramide à base carrée. Le cylindre constituant la cheminée et qui surmonte la pyramide à base carrée a un diamètre peu supérieur à celui de la tarière qu'on devra y introduire, comme l'indique la figure 645, pour percer le trou dans la tête du pieu. On conçoit qu'avec une pareille disposition, il sera facile, en maintenant la cheminée verticale, de percer le trou exac-

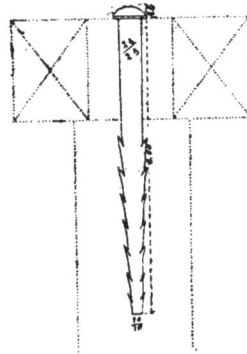

Fig. 644.

tement au milieu de la tête du pieu. Comme la broche barbelée (*fig.* 644) qu'on doit enfoncer dans la tête du pieu est conique, il est bon de commencer le trou avec une grosse tarière et de le terminer avec une petite. De cette façon la broche s'enfoncera solidement dans le pieu sans le fendre.

577. Lorsque les trous des files de pieux à relier sont complètement percés, il est bon d'en relever la position au-dessus de l'eau.

A cet effet, avant d'enlever la cheminée qui a servi de guide à la tarière pour percer le trou de chaque pieu on substitue à la tarière une tige de fer s'enfonçant dans le trou percé dans la tête du pieu et de hauteur suffisante pour dépasser le niveau de l'eau (*fig.* 646). On enlève ensuite la cheminée qu'on transporte sur la tête du pieu suivant. On perce le trou avec la

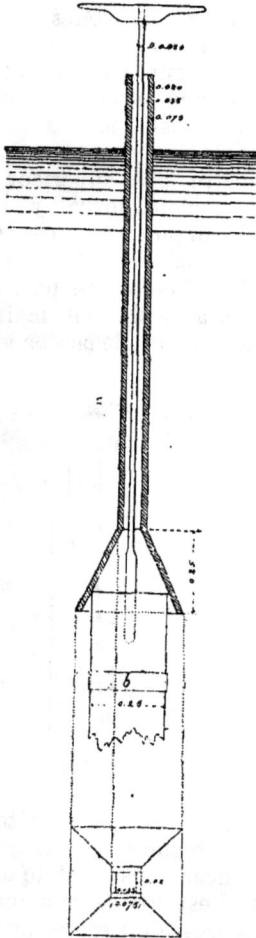

dans les trous pratiqués dans les têtes des pieux se maintiennent bien verticales, mais pour éviter tout accident ultérieur on les retient en haut à l'aide de petites

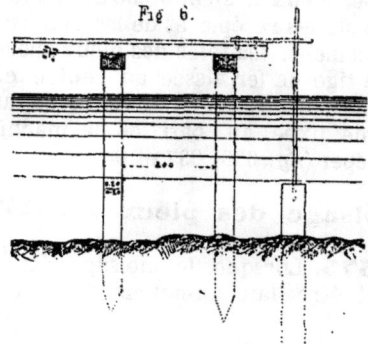

Fig 6.

Fig. 646.

règles percées d'un trou et fixées au plancher des sonnettes, comme l'indiquent les figures 646 et 647.

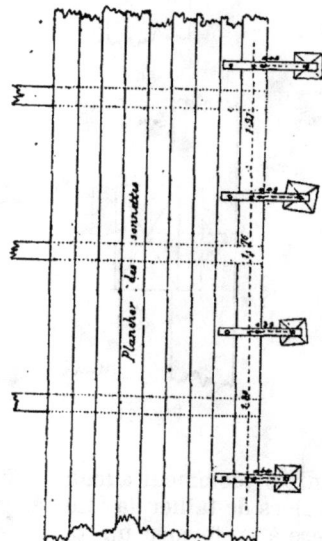

Fig. 645.

tarière puis on introduit à sa place, à l'aide de la cheminée, une autre tige de fer et ainsi de suite de pieu en pieu sur toute la rangée à moiser. L'alignement des pieux à moiser est ainsi figuré au-dessus du niveau de l'eau par celui des tiges de fer. Ces tiges étant enfoncées

Fig. 647.

578. Cette opération terminée il faut descendre le cours de moises dont l'assemblage a été fait au préalable. Nous avons dit plus haut que lorsqu'il s'agit du moisage des pieux hors de l'eau on terminait ceux-ci par un tenon *a* qu'on embrassait par les deux moises et qu'on consolidait l'assemblage par un boulon horizontal traversant les trois pièces à réunir (*fig.* 643). Lorsqu'il s'agit de moiser les pieux sous l'eau ceux-ci ne peuvent pas être terminés par des tenons. Ces derniers existent cependant ; mais ils sont absolument indépendants des pieux et constituent en somme de vrais tasseaux qui ne servent qu'à maintenir constant l'écartement des moises. On forme donc sur la rive l'assemblage des tasseaux et des pièces de bois formant moises à l'aide de boulons horizontaux traversant les trois pièces comme s'il s'agissait d'un moisage hors de l'eau.

Chaque tasseau sera percé d'un trou vertical qui servira plus tard à faire l'assemblage avec les pieux.

579. Pour réunir les portions de moises les unes à la suite des autres on fait un assemblage à mi-bois comme l'indiquent les figures 648 et 649. L'assemblage se faisant au droit d'un tasseau, il est clair que la solidité sera fort compromise en ce point. Pour obvier à cet inconvénient on adopte des étriers en fer recourbés d'équerre et qui, par conséquent, empêchent tout écartement des moises simples. Ces étriers sont percés (*fig.* 650) d'un trou en leur milieu pour permettre le passage des broches barbelées qui devront fixer les moises aux pieux.

580. Les moises étant préparées défini-

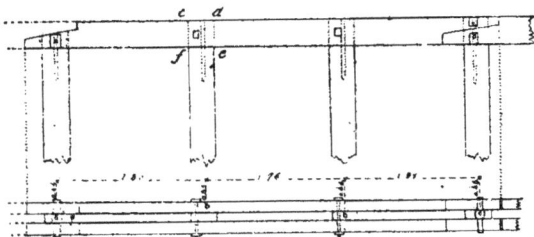

Fig. 648.

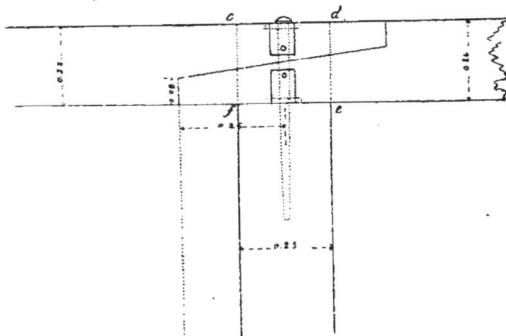

Fig. 649.

tivement, il s'agit de les mettre en place.

A cet effet on présente le cours de moises au-dessus des tiges de fer fixées, comme nous l'avons dit précédemment, dans les têtes des pieux, de manière que ces tiges pénètrent dans les trous percés dans les tasseaux. Ceci fait, on laisse descendre lentement les cours de moises le long des tiges de fer jusqu'à ce qu'elles reposent sur les têtes des pieux. Il ne reste plus alors qu'à les fixer définitivement. Pour effectuer cette opération on fait descendre le long des tiges de fer des cheminées en bois armées de pointes à la partie inférieure de manière à pouvoir les fixer facilement sur les tasseaux en frappant légèrement dessus. Puis on retire les

tiges de fer et on met à leur place dans les cheminées les broches barbelées qui descendent à l'intérieur et se mettent en place d'elles-mêmes dans les trous des tasseaux. Il ne reste plus alors qu'à les enfoncer à l'aide d'un chasse-broche qu'on introduit (*fig.* 651) dans la cheminée en bois et sur lequel on frappe fortement.

Les tasseaux sont, en général, taillés en forme de parallélipipède rectangle ayant pour hauteur celle des moises, pour largeur celle des pieux et pour épaisseur celle des palplanches légèrement augmentée. Il est préférable cependant de tailler en queue d'aronde les faces en contact avec les moises pour mieux retenir les demi-tasseaux des abouts.

Fondations sur pieux à vis.

581. Les fondations sur pieux à vis, quoique offrant de très grands avantages, tant sous le rapport de la rapidité de l'exé-

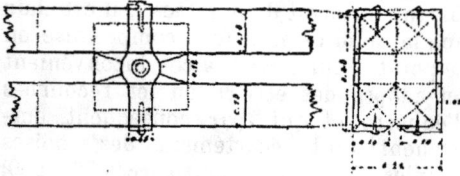

Fig. 650.

cution que de l'économie réelle qu'elles procurent, n'ont pas encore été l'objet en France de grandes applications. C'est sur-

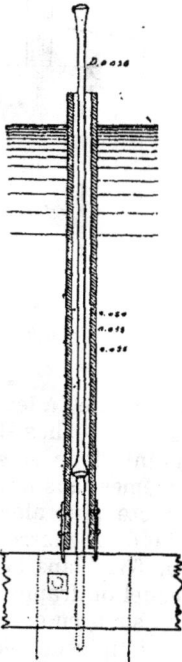

Fig. 651.

tout en Angleterre et en Amérique qu'ils ont été appliqués par les constructeurs les plus éminents de ces deux pays. Quoique connus depuis 1833, les pieux à vis n'ont réellement été employés pour les

Sciences générales.

travaux de fondations qu'en 1838. C'est pour la construction du phare à établir sur le Maplin-Sand que l'inventeur M. A.

Fig. 652. — Pieu à vis conique.

Mitchell de Belfast en fit la première application. Pour éprouver les pieux on laissa le phare inachevé pendant deux ans et on ne le termina qu'en 1841.

582. Les pieux à vis ou à hélice se composent d'une longue tige terminée à la partie inférieure, en général, par une partie conique sur laquelle se trouvent quelques spires de vis (*fig.* 652). La dernière de ces spires, à partir de la pointe

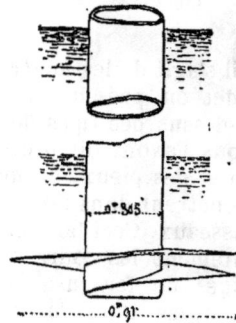

Fig. 653. — Pieu à vis cylindrique.

du cône, où doit se produire la plus grande résistance, constitue un grand disque plat dont le diamètre atteint 1^m,20 et plus.

Ces pieux permettent d'établir des ouvrages sur des terrains difficiles car ils présentent une grande résistance à l'ar-

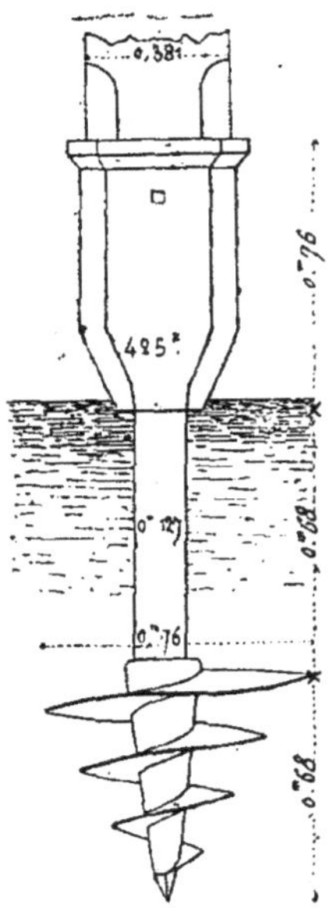

Fig. 654. — Pieu à vis. tige en bois.

rachement et à la compression. Il suffit pour cela de les enfoncer dans le sol à une profondeur suffisante en leur imprimant, par un moyen quelconque, un mouvement de rotation de manière à écarter les obstacles sans faire subir de dislocation aux terrains traversés.

Les vis ne sont pas toujours coniques; elles peuvent aussi être cylindriques (*fig.* 653) et c'est la nature du terrain dans lequel elles doivent être enfoncées qui détermine la forme à leur donner.

Si le terrain est résistant la vis sera conique; si, au contraire, il offre peu de résistance la vis sera cylindrique. Le développement héliçoïdal des vis leur permet de déplacer facilement les pierres de grosseur ordinaire et de se frayer parmi elles un passage pour atteindre des couches plus profondes. Aussi leur emploi est commode dans les vallées et les lits de rivière formés d'alluvions.

583. Pour enfoncer les pieux dans le sol on se sert, en général, d'un cabestan fixé à la partie supérieure de la tige du pieu (*fig.* 655). Des hommes agissant sur les barres du cabestan produisent la rotation de celui-ci et par suite l'enfoncement de la vis. La rapidité de l'opération est évidemment variable avec la nature des terrains traversés. Ainsi, on est arrivé

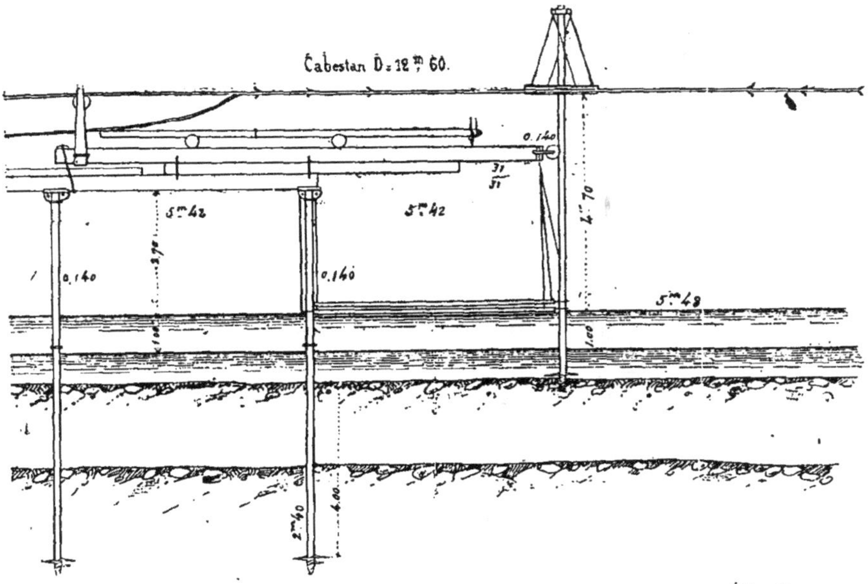

Fig. 655. — Mode de fixation des pieux à vis de la jetée de Courtown. — Élévation.

avec un cabestan à huit barres de 6 mètres de longueur, manœuvrées chacune par cinq hommes, à enfoncer des pieux dont la dernière spire des vis avait 1^m,20 de diamètre, à une profondeur de plus de 6 mètres en deux heures. La pénétration se faisait sous l'eau dans un terrain formé en partie de sable, d'argile et de schistes. D'autres fois enfin on transforme la tête

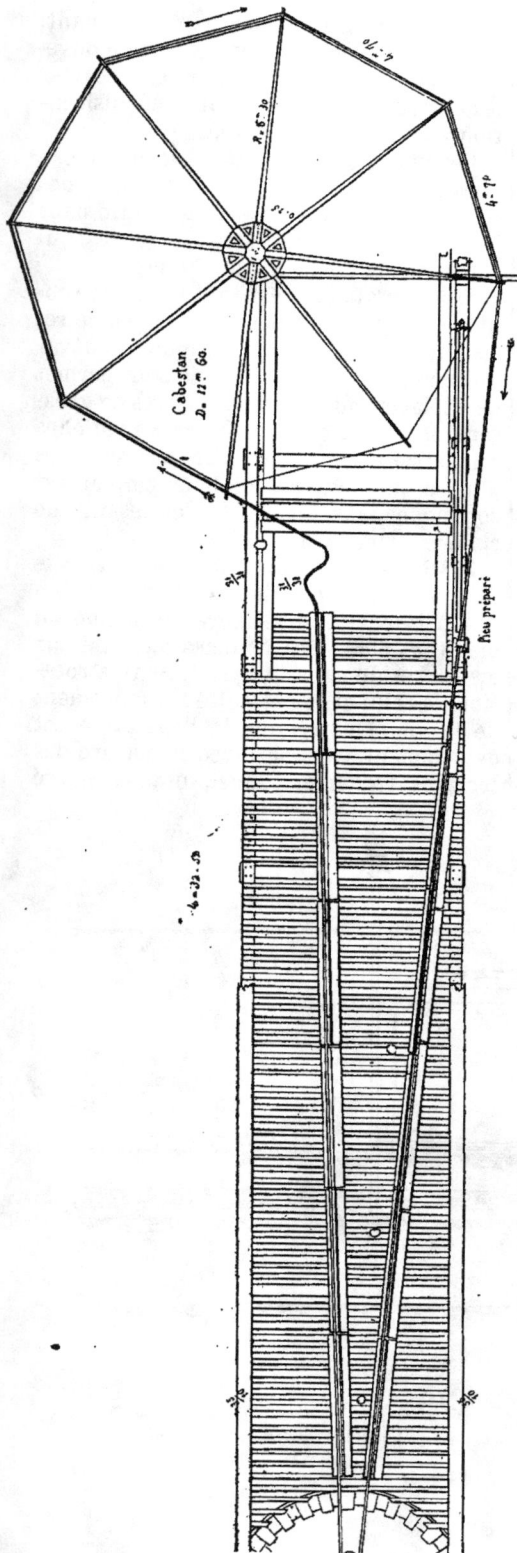

Fig. 656. — Mode de fixation des pieux à vis de la jetée de Courtown. — Plan.

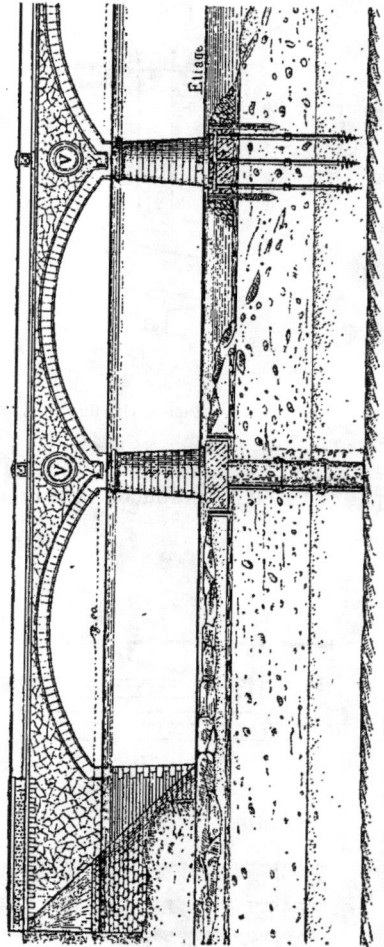

Fig. 657. — Pont de Vouneuil-sur-Vienne. — Élévation longitudinale.

du cabestan en une roue à gorge sur laquelle passe un câble qui s'enroule en outre sur une poulie (*fig.* 656) située à peu de distance de manière à former câble sans fin. En tirant sur ce câble on produit la rotation du pieu, c'est-à-dire la pénétration de la vis dans le sol.

584. L'avantage des pieux à vis sur ceux en bois et à sabot consiste surtout en ce que la charge limite qu'on peut leur faire supporter est plus cons'dérable et que, de plus, ils s'introduisent dans le sol avec plus de régularité et de facilité.

Les pieux à vis ont en outre l'avantage de pouvoir s'extraire facilement; il n'y a

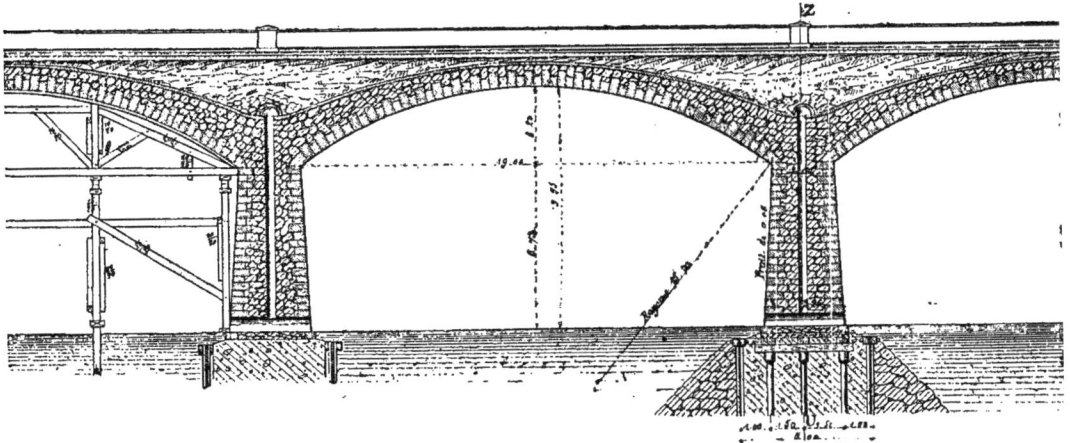

Fig. 658. — Coupe longitudinale du pont de Vouneuil.

pour cela qu'à les tourner en sens inverse de celui qui a servi à les enfoncer. Cette facilité d'arrachement les fait beaucoup employer dans les travaux provisoires.

585. *Fondations sur pieux à vis du pont de Vouneuil-sur-Vienne.* — Le pont de Vouneuil-sur-Vienne dont tous les détails de construction sont indiqués sur les figures 657 à 670 a été construit par MM. Oppermann, ancien ingénieur des ponts et chaussées, et Gris, entrepreneur à Poitiers, d'après les projets de M. Grange, agent-voyer en chef de la Vienne.

Les fondations des culées n'ont présenté aucune difficulté mais quand il a fallu fonder les premières piles de la rive gauche on s'est aperçu que le banc de grès compact sur lequel avait été établie la culée était très mince à cet endroit et reposait sur une partie désagrégée. Les sondages annonçaient qu'au-dessous du banc de grès se trouvait une faible couche de sable, puis du schiste ardoisier sur environ 0ᵐ,20 d'épaisseur et enfin des sablons argileux. Ce n'est qu'à 11 mètres qu'on trouva un banc de grès suffisamment solide pour pouvoir y asseoir la construction en toute sécurité.

On commença alors à descendre des tubes en fonte de 1ᵐ,50 de diamètre dans lesquels on coula du béton. On se servait de pompes centrifuges pour épuiser. Quoique ce procédé fût préférable à tout

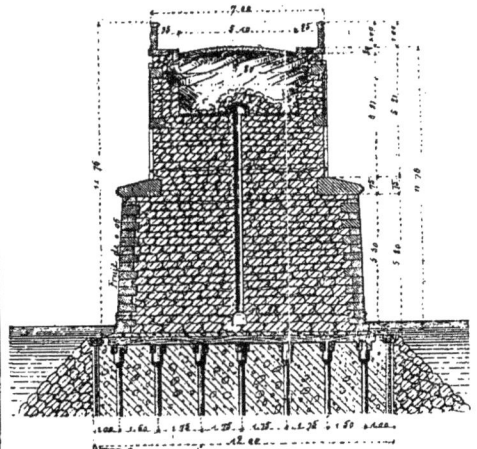

Fig. 659. — Coupe transversale sur l'axe d'une pile du pont de Vouneuil. .

autre, on ne l'appliqua qu'à la première pile et on résolut de fonder les autres sur des pieux à vis réunis à leur

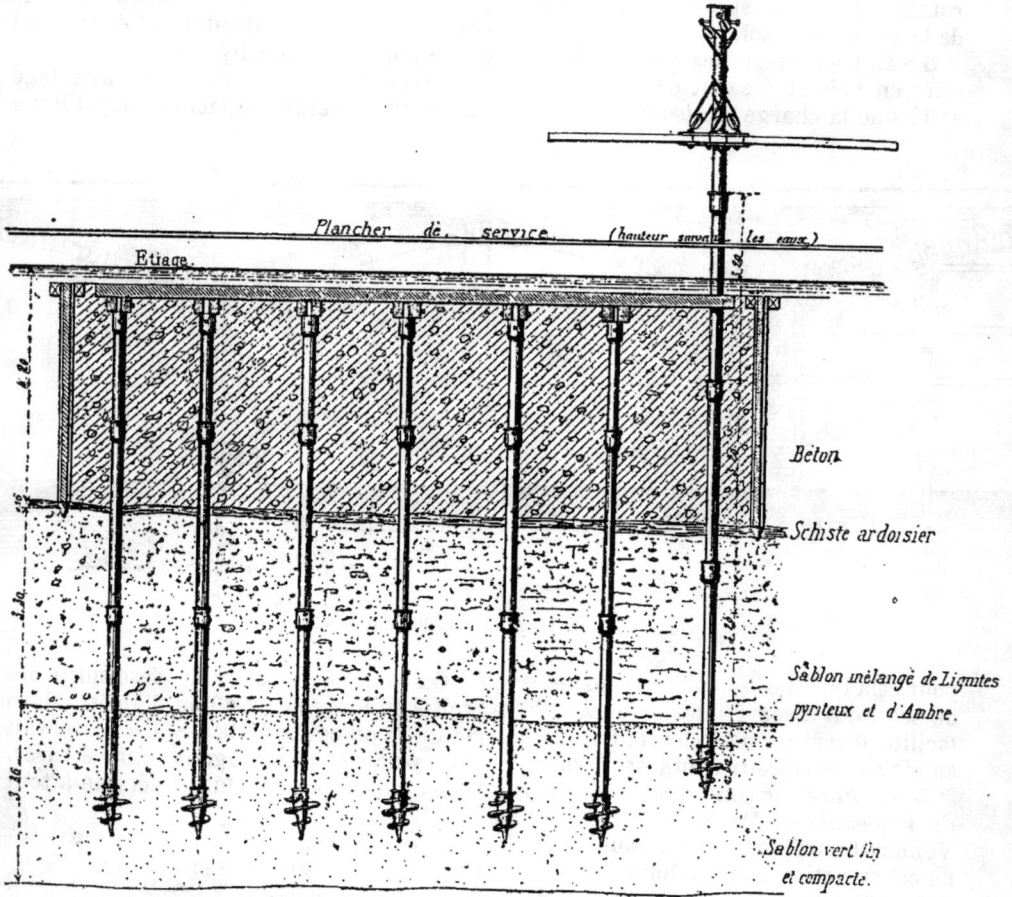

Fig. 660. — Coupe longitudinale d'une pile du pont de Vouneuil.

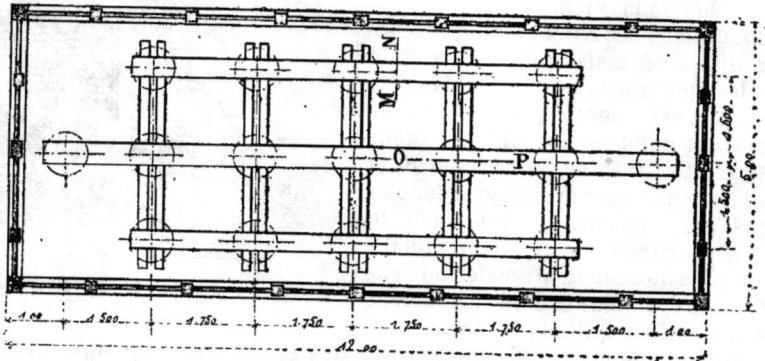

Fig 661. — Pont de Vouneuil. — Plan d'une pile avec grillage.

sommet par un grillage en chêne supportant les maçonneries.

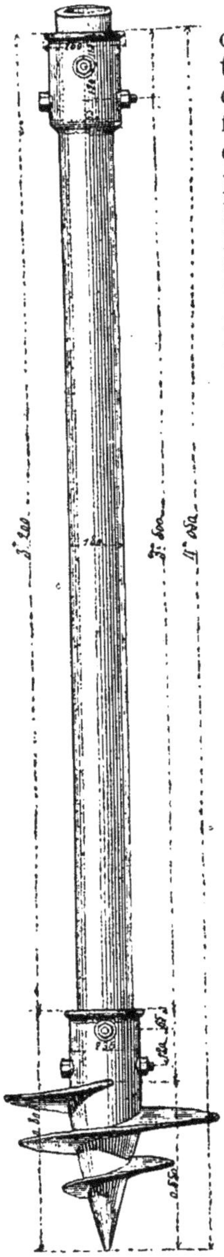

Les pieux employés
correspondaient à un
terrain de résistance
ordinaire. Ils étaient
formés d'un long tube
en fonte assemblé
par emboîtement à la
partie inférieure
portant la vis. Pour
consolider l'assem-
blage par emboîte-
ment on l'avait tra-
versé par deux bou-
lons dont les axes
se coupaient à angle
droit.

586. La mise en
place de ces pieux
s'est faite par la mé-
thode dont nous avons
parlé plus haut (583).
Le cabestan employé
(*fig.* 669 et 670) pour
imprimer aux pieux
le mouvement de ro-
tation destiné à les
faire descendre dans
l'intérieur du sol
avait huit bras de
3 mètres de longueur,
sur lesquels seize
hommes étaient ap-
pliqués.

Il était nécessaire
de guider le pieu
pendant l'enfonce-
ment afin que celui-ci
descende bien verti-
calement. A cet effet,
on a employé un col-
lier articulé (*fig.* 668)
fixé aux poutres du
plancher du pont de
service par des brides
réunies par boulons,
comme l'indique la
figure 668.

La mise en place
des pieux s'est effectuée sans aucune
difficulté, mais comme le terrain n'était
pas également résistant sur toute la sur-

Fig. 662. — Assemblage
d'un pieu avec l'hélice.
Élévation.

face de la base de la pile, on arrivait à
ne pas enfoncer tous les pieux de la même
quantité.

Il fallait donc les recéper au même ni-

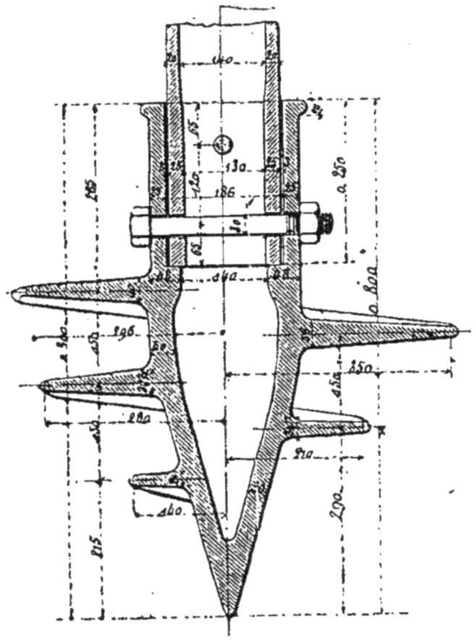

Fig. 663. — Assemblage d'un pieu avec l'hélice
Coupe verticale.

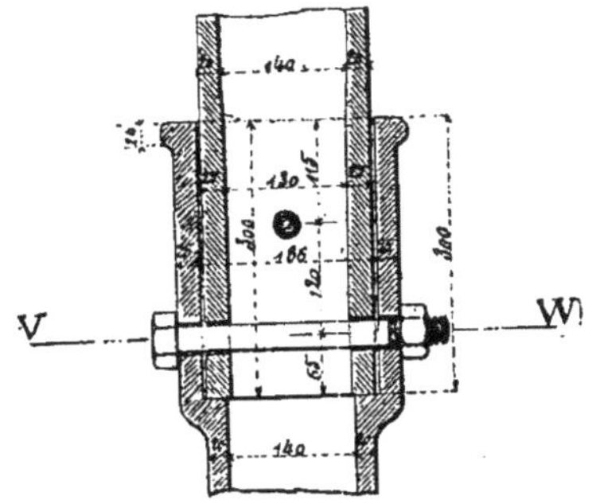

veau, pour pouvoir établir le grillage en
chêne destiné à supporter la construction.
On a donc terminé les pieux en haut par

Fig. 664. — Coupe suivant ST (Voir fig. 665).

des faux pieux en chêne s'engageant dans
l'intérieur des premiers (*fig.* 667). Le pieu
et le faux pieu étaient traversés par un
boulon pour donner plus de rigidité à l'ensemble de ces deux pièces. La tête du faux

pieu était moisée dans le grillage en chêne comme cela est indiqué dans la figure 667, qui représente une coupe verticale du grillage suivant l'axe d'un pieu.

587. La figure 660 donne l'ensemble de l'installation nécessitée pour l'enfoncement de l'un des pieux ; on voit notamment que le plateau du cabestan, où les

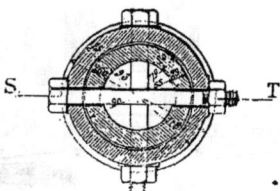

Fig. 665. — Coupe suivant VW (Voir fig. 664).

hommes tournent en agissant sur les bras, est relié au sommet du pieu par quatre palans.

Les figures 669 et 670 donnent la coupe verticale, l'élévation et le plan du cabestan qui a été employé au pont de Vouneuil-sur-Vienne pour l'enfoncement des pieux.

La mise en place des pieux de trois piles de ce pont a coûté 18 065 francs, et comme chaque pile était fondée sur dix-sept pieux, chacun de ceux-ci revenait, tout posé, à 354 francs environ.

588. Il y a donc avantage, en défini-

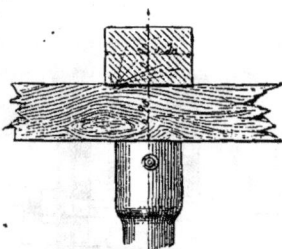

Fig. 666. — Coupe du grillage suivant MN (Voir fig. 661).

tive, à appliquer le système de fondation sur pieux à vis pour les ponts en maçonnerie, chaque fois qu'on ne rencontre le sol résistant qu'à de très grandes profondeurs.

589. *Ponts en fer sur pieux à vis.* — Les pieux à vis s'emploient beaucoup pour

les fondations des ponts métalliques à plusieurs travées (*fig.* 671); on relie les vis qui doivent s'enfoncer dans le sol aux tubes en fonte constituant les appuis intermédiaires du pont par des emboîtements formant

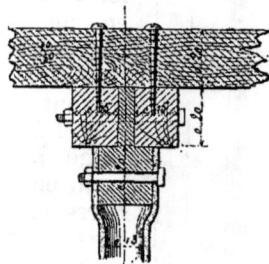

Fig. 667. — Coupe du grillage suivant OP (Voir fig. 661).

viroles et traversés par deux boulons (*fig.* 663 et 664).

590. *Pieux à plateforme.* — On remplace quelquefois les pieux à vis par les pieux à plateforme dans la fondation des colonnes du pont (*fig.* 672).

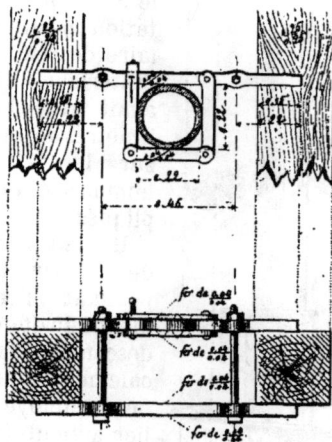

Fig. 668. — Bride pour guider les pieux pendant l'enfoncement.

Les pieux à plateforme se composent :

1° D'une broche en fer forgé à pointe acérée qu'on enfonce dans le sol à l'aide d'une sonnette ;

2° D'un tube en fonte qui s'enfile dans la broche en fer. Il repose sur le bon sol par l'intermédiaire d'une embase circulaire à laquelle on donne une dimension suffisante pour que la pression par centimètre carré sur le sol ne soit pas trop grande.

Pour mettre en place la broche en fer forgé on se sert d'un plancher transversal fixé sur un bateau maintenu à l'endroit voulu par des amarres fixées aux deux rives. Ces pieux s'enfoncent mieux au point précis où ils doivent être employés que les pieux à vis, que les premiers tours du cabestan dévient toujours un peu.

L'enfoncement des broches en fer se fera à l'aide d'une sonnette à tiraudes, à mouton cylindrique et annulaire. Ce mouton descendra dans sa chute le long de la tige de la broche et frappera sur un collet saillant fixé sur elle. On fixera la poulie sur laquelle passe la corde de la sonnette sur le sommet du pieu ou sur une rallonge fixée au pieu par une virole qui constituera alors le collet saillant sur lequel frappera le mouton.

Comme on le voit, la charge supportée par le tube en fonte est transmise par l'embase, au sol résistant, qu'on a soin de préparer au préalable par un dragage. D'autres fois pour former une surface d'appui plus régulière on coule une couche de béton ou de gravier sur laquelle s'appuient les plateformes des pieux.

§ VII. — FONDATIONS DANS LES TERRAINS VASEUX

591. Les fondations dans les terrains vaseux sont, de toutes celles que l'on peut avoir à établir, celles qui présentent les difficultés les plus sérieuses et exigent, de la part de l'ingénieur chargé de les exécuter, la plus grande prudence.

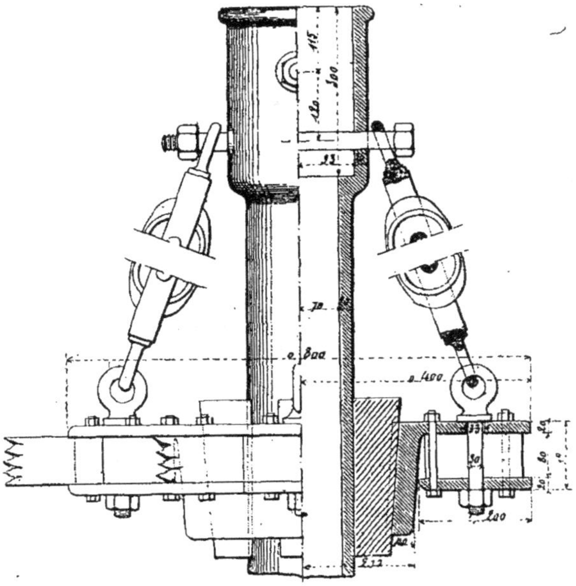

Fig. 669. — Demi-élévation du cabestan. Demi-coupe verticale.

Il est difficile de donner ici les méthodes qui devront être employées lorsqu'il faudra fonder sur de semblables terrains, car il est évident qu'elles varieront dans chaque cas suivant les circonstances locales.

Il est néanmoins intéressant de connaître les procédés qui ont été employés dans les fondations de ce genre pour pouvoir, en les modifiant convenablement, les appli- quer aux cas spéciaux qui peuvent se présenter. Nous nous proposons donc d'indi-

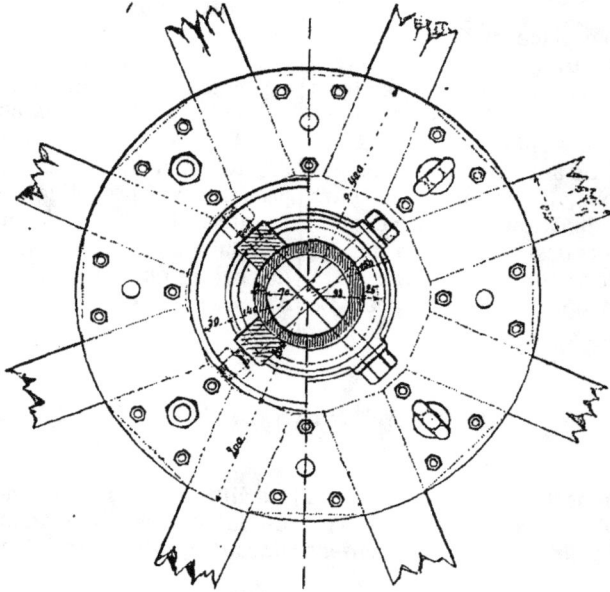

Fig. 670. — Plan du cabestan. — A droite, demi-vue en dessus. — A gauche, demi-vue en dessous.

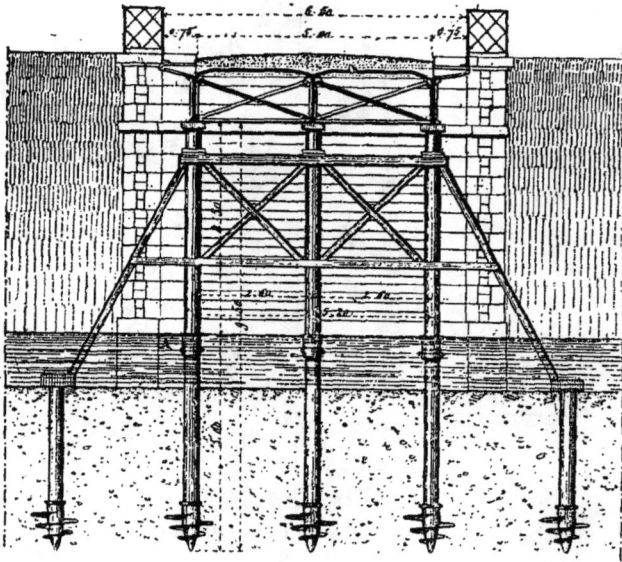

Fig. 671. — Pont en fer sur pieux à vis. Coupe transversale.

quer, dans ce qui suit, les moyens qui ont été adoptés, dans des cas très défavorables, tels que ceux qui se sont présentés pour l'établissement d'un certain nombre d'ouvrages de la ligne de Paris à Dieppe par Pontoise et de la ligne de Nantes à Lorient et à Brest. Pour les ouvrages de cette dernière ligne les procédés que nous allons décrire sont ceux qui ont été employés par M. Croizette-Desnoyers, ingénieur en chef des ponts et chaussées, chargé de leur exécution et dont il a donné la description dans le remarquable mémoire qu'il a publié en 1864.

592. Les terrains compressibles et et affouillables sont: la tourbe, la vase, la terre végétale et l'argile non compacte.

Les procédés les plus employés pour fonder sur de semblables terrains sont:

1° Fondations sur pilotis après compression du sol;

2° Fondations par puits blindés;

3° Fondations par épuisements;

4° Fondations avec béton immergé;

5° Fondations par l'air comprimé.

1° Fondations sur pilotis après compression du sol.

593. Lorsqu'il est facile d'établir l'ouvrage en dehors d'un cours d'eau, on commence par opérer la compression du terrain en remblayant à l'emplacement que doit occuper l'ouvrage projeté.

La fondation s'établira ensuite à l'aide de pieux que l'on enfoncera jusqu'au sol résistant en traversant les terrains comprimés par le poids du remblai rapporté.

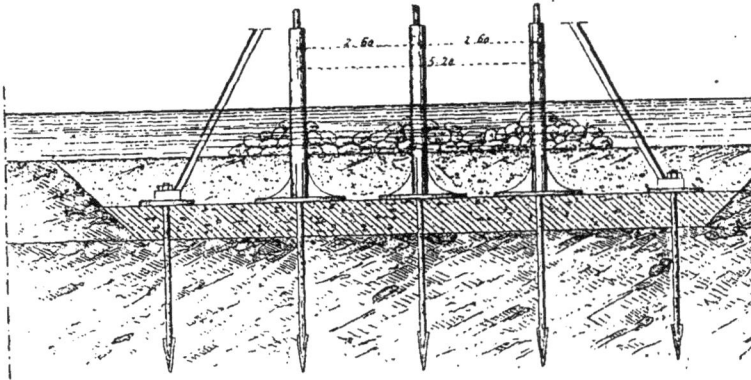

Fig. 672. — Pont en fer sur pieux à plateforme.

Ceci a pour effet de donner au préalable au terrain, sur lequel doit s'élever l'ouvrage, la compression qu'il doit avoir pour maintenir l'ouvrage dans un état d'équilibre stable. On sait, en effet, que si on enfonce des pieux dans un terrain vaseux, même de manière qu'ils pénètrent un peu dans le terrain solide, ils tendront toujours à se renverser les uns sur les autres car la vase ne saurait avoir assez de consistance pour les entretoiser suffisamment pour assurer leur stabilité. Cet effet du renversement des pieux est surtout produit par les remblais ajoutés contre les culées et qui compriment la vase en la faisant remonter tout autour en forme de bourrelet. La vase presse alors contre les pieux et tend à les ren-

verser; la stabilité de la construction est alors compromise, si on n'a pas pris la précaution d'effectuer à l'avance la compression du sol par le remblai rapporté à l'emplacement que doit occuper l'ouvrage.

Cette méthode n'est du reste pas beaucoup plus dispendieuse que celle que l'on emploie ordinairement pour fonder sur pilotis puisque le remblai repris ensuite est utilisé à peu de distance. Elle serait en outre très pratique si la vase prenait toute la compression qu'elle est susceptible de prendre sous le poids du remblai. Mais, en général, il n'en est pas ainsi, surtout si le temps dont on dispose ne permet pas de laisser le remblai sur le sol pendant un temps suffisamment long.

Aussi, pour éviter toute chance de

déversement des pieux, il est bon de prendre quelques précautions consistant par exemple à relier entre elles les deux culées par un radier ou bien encore à moiser à des hauteurs différentes les rangées de pieux sur lesquels repose la fondation.

Des fondations de ce genre ont été employées aux ouvrages établis dans la vallée de la Viosne sur la ligne de Paris à Dieppe par Pontoise et aux ponts du Brivet et de l'Oust, sur la ligne de Nantes à Brest.

594. *Ouvrages fondés dans les terrains*

toiser les têtes des pieux, ainsi que les traversines du reste, on a coulé au sommet des pieux une couche de béton de 0m,70 d'épaisseur.

Les pieux qu'il a fallu enfoncer pour atteindre le terrain solide avaient 15 mètres de longueur, 0m,20 de diamètre et étaient espacés d'environ 1 mètre d'axe en axe. Ils ont été battus à un refus correspondant à un enfoncement de 0m,30 par volée de dix coups d'un mouton du poids de 750 kilogrammes tombant de 3 mètres de hauteur.

595. Il est donc quelquefois inutile d'effectuer la compression du terrain

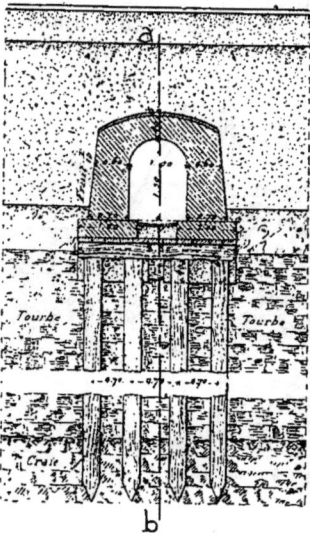

Fig. 673.

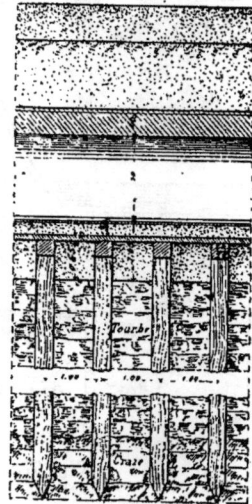

Fig. 674. — Coupe *a b* de la figure 673.

tourbeux de la vallée de la Viosne. — Les terrains constituant la vallée de la Viosne se composent à la partie supérieure d'une couche de terre végétale et au-dessous d'une couche de tourbe d'une puissance de 15 mètres environ. On rencontre ensuite un calcaire solide sur lequel on peut fonder en toute sécurité.

Pour établir tous les ouvrages situés dans cette vallée on a enfoncé d'abord des pieux jusqu'au terrain solide et on les a reliés transversalement par des traversines sur lesquelles on a établi un plancher destiné à supporter la construction" (*fig.* 673 et 674). Pour bien entre-

tourbeux ou vaseux, par un remblai rapporté. C'est lorsque les pieux peuvent facilement descendre jusqu'au terrain solide. On établit alors la fondation de l'ouvrage sur un pilotis général en ayant soin de relier les pieux des deux culées par des traversines. Il est évident qu'avec cette disposition on n'aura pas à craindre les poussées latérales dues aux remblais rapportés contre les culées.

596. Cependant, cette disposition ne peut pas être appliquée dans tous les cas, par exemple lorsque l'épaisseur de la couche de vase devient telle qu'il est impossible d'enfoncer les pieux jusqu'à ce qu'ils arrivent au terrain solide.

Il faut alors employer le procédé indiqué plus haut ; on charge la vase d'une épaisseur de remblai telle que son poids soit au moins égal à celui que le plancher fixé sur les pieux devra supporter une fois la construction terminée.

Il faut avoir soin de donner, en outre, à la fondation, une base suffisante pour que la compression par unité de surface soit aussi faible que possible.

597. La figure 675 représente un ouvrage établi suivant ce principe. Les pieux enfoncés dans la vase sans atteindre le terrain solide situé à une trop grande profondeur sont entretoisés supérieurement par une couche de béton de 0m,75 d'épaisseur, dépassant le pourtour des maçonneries de l'ouvrage de 2 mètres suivant chaque dimension, pour réduire autant que possible la pression par unité de surface. Des pièces de bois noyées dans le béton servent à fixer un plancher destiné à supporter ultérieurement la construction. Pour transmettre la pression jusqu'aux extrémités du plancher, et par suite du béton entretoisant les têtes des pieux, on a logé des traversines dans la maçonnerie comme l'indique le

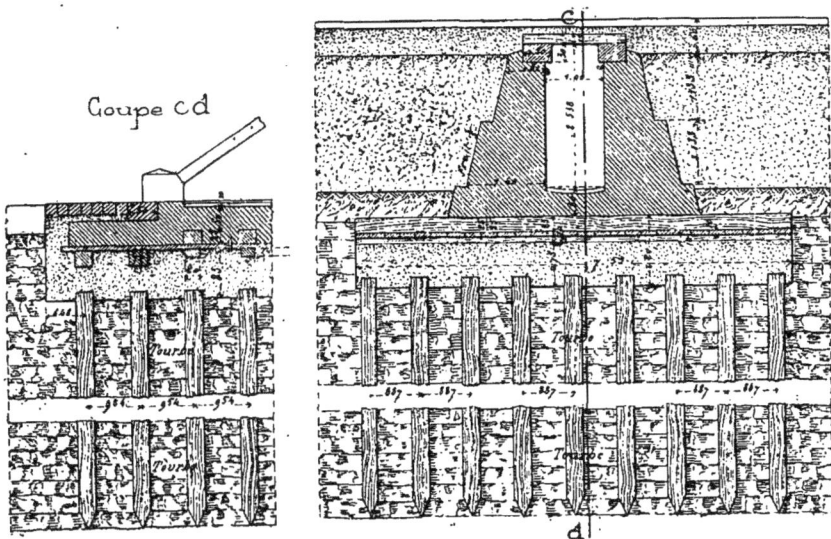

Fig. 675.

dessin. La vase au-dessous du béton a été comprimée d'abord par un remblai rapporté, déterminant sur le sol une pression par unité de surface au moins égale à celle que devait donner le poids de l'ouvrage terminé.

Fondations d'un certain nombre d'ouvrages, dans les terrains vaseux de la ligne de Nantes à Lorient et à Brest.

598. Les ponts dont nous allons maintenant décrire les fondations se trouvent sur la ligne de Nantes à Lorient et à Brest qui franchit, dans cette région, des vallées tourbeuses et vaseuses situées à proximité des côtes. Les ouvrages qu'il a fallu exécuter pour l'établissement de cette ligne ont présenté des difficultés variables avec leur position. Ainsi, au début de la ligne, c'est-à-dire dans les départements de la Loire-Inférieure et de l'Ille-et-Vilaine, où les vallées offrent peu de déclivités les dépôts de vases s'étendent non seulement dans le lit du fleuve mais aussi assez loin dans les terres qui en forment les rives de manière à créer de grandes prairies marécageuses. Dans le département du Morbihan, qui est situé vers le milieu de la ligne, les vallées sont moins larges et sont plus accidentées ; on conçoit donc que les dépôts de vases doivent y être moins étendus. Les déclivités et les accidents de terrain s'accentuent encore davantage à mesure qu'on s'avance vers l'extrémité de la ligne ; ainsi dans le département du Finistère les vallées sont plus profondes, moins larges, et présentent de plus fortes pentes. C'est pourquoi dans cette dernière partie de la ligne les vases ne se rencontrent plus qu'accidentellement. Les ouvrages établis dans cette dernière partie de la ligne ne présentent rien de particulier au point de vue des fondations, mais il n'en est pas de même de ceux qui ont été exécutés dans les deux premières. Ils font le plus grand honneur aux ingénieurs qui les ont construits, MM. Croizette Des-

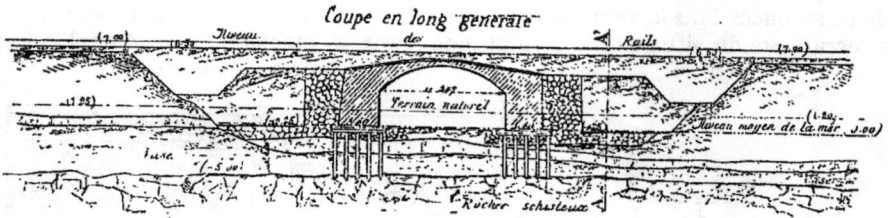

Fig. 676. — Pont sur le Brivet.

noyers, ingénieur en chef, Sevène, Maliban et Dubreuil, ingénieurs ordinaires.

599. Les fondations de ces ouvrages ont été exécutées à l'aide de procédés variant avec la nature du terrain sur lequel elles devaient être établies.

Les fondations sur pilotis après compression du sol ont été employées aux ponts du Brivet, de la prairie Saint-Nicolas, et de l'Oust.

600. 1° *Pont sur le Brivet.* — Le pont sur le Brivet (*fig.* 676-677-678-679) est un pont biais en maçonnerie de 10 mètres seulement d'ouverture droite. Le terrain sur lequel ce pont est fondé est composé de tourbe sur 0^m,80 d'épaisseur au-dessous

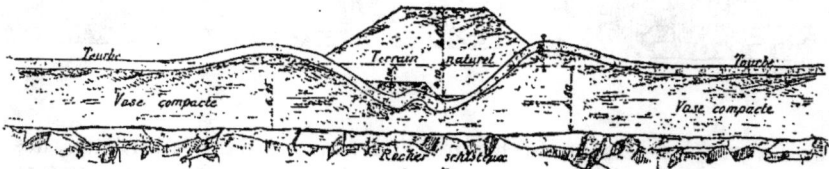

Fig. 677. — Pont sur le Brivet. — Coupe en travers de la fouille suivant A A' (voir fig. 676).

de laquelle on trouve une vase compacte jusqu'à un rocher schisteux situé à environ 7 mètres de profondeur.

Pour comprimer le sol avant l'établissement de la fondation on l'a, au préalable, chargé avec des remblais. Sous l'influence de ce poids énorme, le terrain s'est tassé et la preuve la plus évidente de ce tassement consistait en ce que le terrain primitivement perméable ne laissait plus passer l'eau lorsque, le remblai enlevé, on a exécuté les fouilles des fondations. Dans ces conditions les travaux n'ont pas présenté de sérieuses difficultés, car les pieux étaient parfaitement maintenus et il n'y avait rien à redouter au point de vue de leur renversement. C'est du reste ce qu'a prouvé l'expérience puisque, depuis que ce pont est construit, on n'a pas constaté le plus petit tassement.

Les pieux qui ont été employés à la fondation du pont sur le Brivet avaient

0^m,30 de diamètre et 4^m,50 de longueur. Ils étaient espacés de 0^m,90 dans un sens et 1 mètre environ dans l'autre sens. Ils supportent, comme l'indique la figure 681, un plancher en madriers de 0^m,10 d'épaisseur par l'intermédiaire de longrines de 0^m,30 sur 0^m,22 d'équarrissage. Ces longrines réunissent les pieux dans le sens longitudinal. Dans l'autre sens ils sont reliés par deux cours de moises et par des chapeaux de rive. Pour réunir entre elles les fondations des deux culées on a relié les pieux de chacune d'elles par quatre cours de moises croisées par une lierne. Toutes ces précautions étaient évidemment plus que suffisantes pour éviter tout accident ultérieur, surtout ici où les pieux avaient relativement peu de lon-

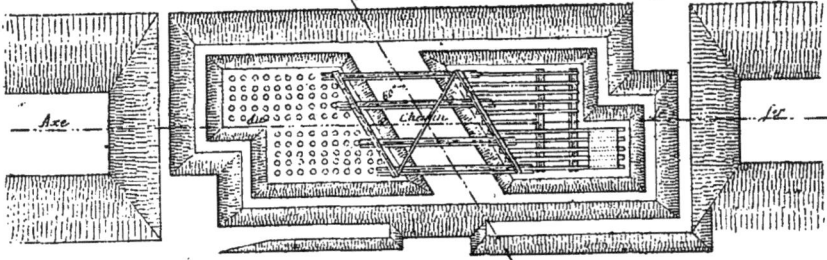

Fig. 678. — Pont sur le Brivet. — Plan des fouilles et de la fondation.

gueur et où ils étaient parfaitement entretoisés, la compression du sol par le remblai rapporté étant assez grande pour que cette dernière condition fût remplie. Le prix du mètre superficiel de la fondation de ce pont a été de 140 francs.

601. 2° *Pont de la prairie Saint-Nicolas.* — Le pont de la prairie Saint-Nicolas (*fig.* 680 à 685) a 15 mètres d'ouverture; il est situé dans la vallée de la Vilaine en un point du profil de la ligne où le remblai n'a que 4^m,60 de hauteur. Ce remblai

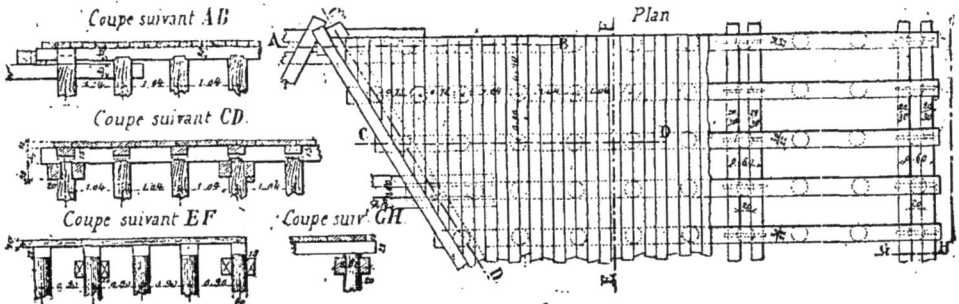

Fig. 679. — Pont sur le Brivet. — Détails.

est rapporté sur une couche de vase compacte d'environ 2 mètres d'épaisseur reposant elle-même sur une couche de tourbe de 9 à 10 mètres d'épaisseur. Le rocher qu'on rencontre au-dessous de la tourbe est donc à 11 ou 12 mètres au-dessous du terrain naturel. Pour y asseoir directement la fondation il eût donc fallu employer des procédés coûteux en opérant, par exemple, par épuisements dans une fouille blindée. Ce sont donc des raisons économiques qui ont conduit les ingénieurs à adopter la méthode de fondation sur pilotis après compression du sol par un remblai de 12 mètres de hauteur. La pression produite par ce remblai a été telle qu'il s'est enfoncé dans le sol tourbeux de manière à en réduire l'épaisseur à 4 mètres environ. On conçoit qu'une pareille charge ait dû donner au terrain une densité suffisante pour s'opposer au déversement des pieux. On a

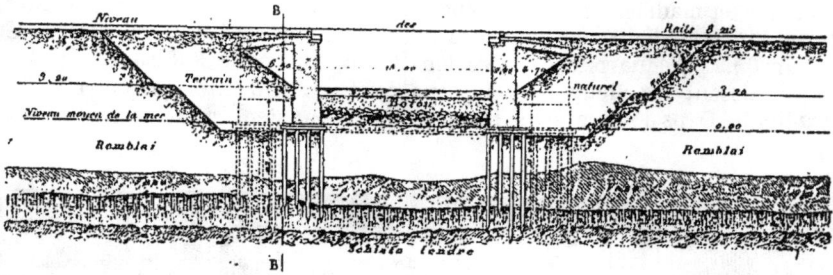

Fig. 680. — Fondations du pont de la Prairie Saint-Nicolas. — Coupe en long générale.

néanmoins par surcroît de précaution réuni les deux culées du pont, par un radier en béton d'environ 1 mètre d'épaisseur.

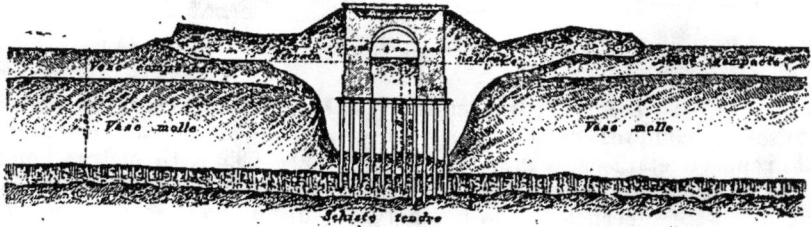

Fig. 681. — Coupe transversale du pont suivant BB.

Les pieux employés à la fondation de ce pont ont $0^m,30$ de diamètre et $8^m,55$ de longueur ; ils ne descendent donc pas jusqu'au rocher, ils sont espacés de $0^m,90$

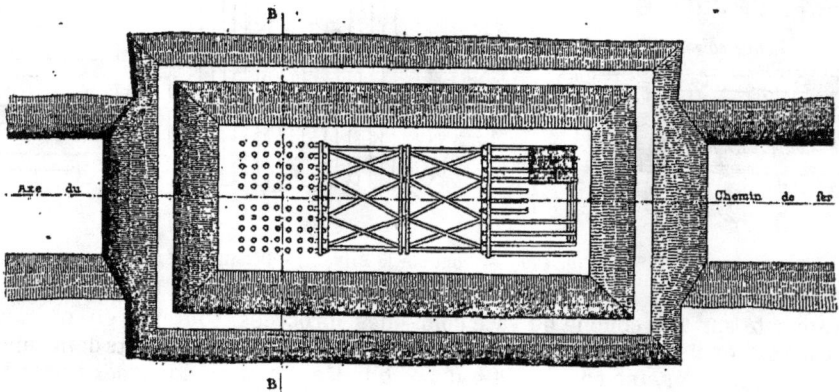

Fig. 682. — Plan des fouilles et de la fondation.

dans le sens transversal et de 1 mètre dans le sens longitudinal. Les têtes de ces pieux sont réunies par des longrines de $0^m,35$ de largeur sur $0^m,24$ de hauteur. La disposition de cette charpente de fondation est analogue à celle qui a été employée au pont du Brivet. Enfin, comme le radier en béton eût été insuffisant pour s'opposer au rapprochement des culées on a battu une file de pieux entre elles suivant l'axe transversal du pont. Ces pieux étaient

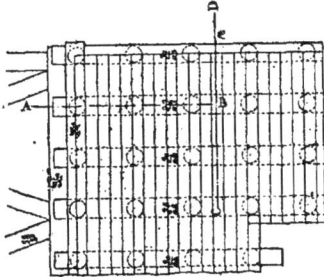

Fig. 683. — Fondations du pont sur la Vilaine. — Coupe en travers suivant C D de la culée. — Rive droite.

moisés entre eux à la partie supérieure et réunis aux pieux des deux culées par des cadres en croix de Saint-André, de manière à parfaitement contrebuter leurs têtes.

Malgré toutes les précautions qui ont été prises il s'est produit un certain rapprochement des pieux et par suite une faible rotation des maçonneries des culées autour de l'arête du radier.

Le prix du mètre carré de la fondation à grande profondeur du pont de la prairie Saint-Nicolas a été de 355 francs seulement. Cette fondation a donc été établie dans de très bonnes conditions d'économie.

602. 3° *Pont de l'Oust.* — Le pont de

Fig. 684. — Détails d'un puits blindé pour fondations. Coupe verticale charpente.

Fig. 685. — Coupe verticale maçonneries.

l'Oust (*fig.* 676 et 677) situé, comme les précédents, sur la ligne de Nantes à Brest est un pont métallique à trois travées de 15 et 18 mètres d'ouverture environ. — On a eu de très grandes difficultés pour

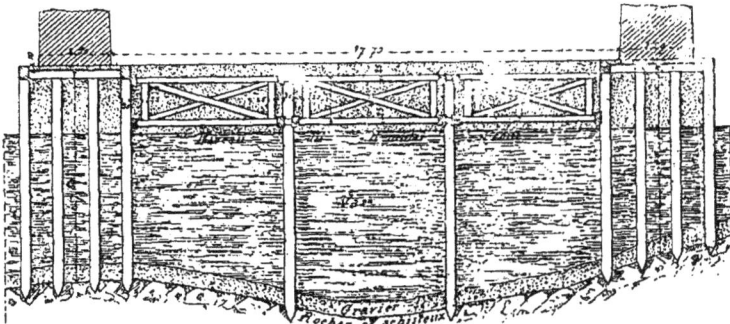

Fig. 686. — Pont sur l'Oust. — Coupe du radier en bois et en béton entre deux piles. Ligne de Nantes à Lorient et à Brest.

établir les fondations de ce pont et surtout pour former le remblai de chargement destiné à comprimer le sol et à lui donner une densité suffisante pour s'opposer au renversement des pieux. Le rocher se trouvait en effet ici à une profondeur d'environ 13 mètres au-dessous du sol et le remblai de chargement s'est enfoncé dans la vase qui le recouvrait jusqu'à une

profondeur assez grande, 5 mètres environ. Pour donner au lit de la rivière le tirant d'eau nécessaire, il fallait descendre la plateforme des fondations, c'est-à-dire le plan de recépage des pieux à un niveau assez bas. Cette sujétion obligeait de descendre les fouilles jusqu'à une profondeur relativement grande et a compliqué beaucoup le travail car à mesure que la fouille devenait plus profonde elle se remplissait en partie la nuit par le fond, par suite de la rentrée du terrain environnant sous la pression des remblais. Ce n'est que lorsque les remblais voisins ont été enfoncés jusqu'à une profondeur d'environ 4 mètres au-dessus du rocher que les mouvements du sol se sont arrêtés et qu'on a pu alors terminer le travail. Ces difficultés n'existaient évidemment que pour les culées puisque les piles étaient à une trop grande distance des remblais pour que leur effet pût se faire sentir. Il n'en était pas moins acquis que la poussée des remblais sur la vase pouvait avoir, par la suite, des effets désastreux au point de vue de la stabilité des culées. Aussi, pour éviter toute poussée des pieux de fondation des culées sous la travée adjacente, on a établi un fort contreventement. A cet effet on a réuni les têtes des pieux par deux cadres horizontaux, l'un situé à la tête des pieux et l'autre à 1^m,50 au-dessous du premier (*fig.* 686). Pour augmenter la solidité de cette liaison des pieux entre eux on a réuni les deux cadres horizontaux par des croix de Saint-André. On formait ainsi une série de fermes verticales dont l'ensemble constituait une sorte de châssis en charpente évitant tout mouvement possible.

Malgré toute la confiance que l'on pouvait avoir en un pareil système de contrebutement des pieux on a encore coulé du béton sur une certaine épaisseur entre

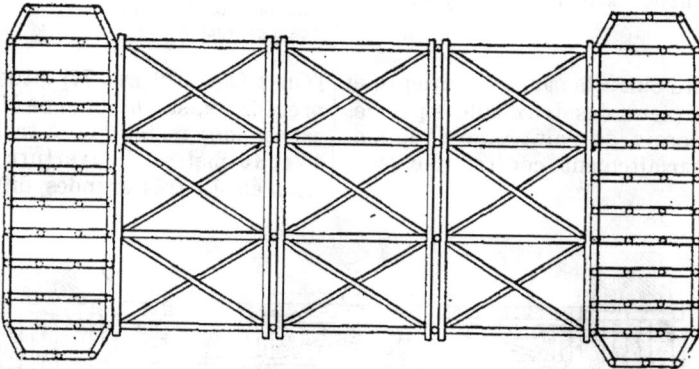

Fig. 687. — Pont sur l'Oust. — Plan de la charpente des fondations.

les différentes pièces de bois composant la charpente d'entretoisement des pieux. On craignait, en effet, qu'avec le temps les assemblages ne finissent par prendre un certain jeu par suite du retrait des bois. L'emploi du béton comme remplissage supprimait évidemment ce danger mais augmentait dans une grande proportion le prix de la fondation. Malgré cela M. Croizette-Desnoyers recommande ce système dans les circonstances difficiles, tout en admettant que le châssis en charpente peut suffire dans la majorité des cas.

La fondation du pont de l'Oust a donné les meilleurs résultats car, depuis sa construction, on n'a constaté aucune fissure, malgré les circonstances difficiles dans lesquelles il a fallu l'établir.

Le prix du mètre carré de fondation a été de 690 francs, chiffre notablement supérieur à ceux des ponts du Brivet et de la prairie Saint-Nicolas ; cela tient surtout à ce qu'on a prodigué les précautions pour atteindre plus sûrement le but qu'on se proposait.

Fondations par puits blindés.

603. Les fondations à l'aide de puits blindés seront toujours réservées pour les grandes profondeurs, sans quoi il serait plus économique d'employer le système de fondation par épuisement dans les enceintes ordinaires. L'expérience a prouvé, en effet, qu'on peut, sans aucun inconvénient et sans frais excessifs, fonder dans la vase jusqu'à 9 ou 10 mètres de profondeur dans des enceintes fermées dans lesquelles on épuise.

Le mode de fondation par puits blindés dans des terrains vaseux convient parfaitement aux piles des viaducs pourvu qu'elles ne soient pas d'une hauteur exagérée, car on ne peut dans ce cas donner beaucoup d'empatement à la fondation et alors la pression par unité de surface sur la fondation peut devenir trop considérable.

604. *Fondations du pont sur la Vilaine, à Redon.* — Ce système de fondation a été employé au pont situé à la traversée de la Vilaine (*fig.* 688 à 691) à Redon, par la ligne du chemin de fer de Nantes à Lorient. La culée de la rive droite de ce pont a été fondée par épuisement dans un batardeau, elle n'a donc pas présenté de bien grandes diffi-

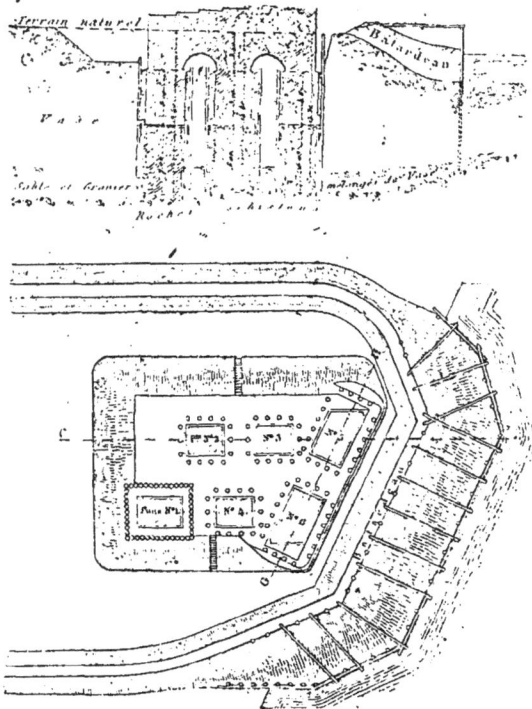

Fig. 688. — Pont sur la Vilaine. — Fondations d'une culée.

cultés d'exécution ; mais il n'en a pas été de même pour la culée de la rive gauche. Là, en effet, le rocher se trouvait à environ 16 mètres de profondeur au-dessous du terrain naturel et il était impossible de comprimer la vase qui le surmontait comme cela avait été fait aux ponts précédents, à cause de la rivière qui coulait au pied même de la culée. Or, si on avait battu les pieux dans la vase sans la comprimer au préalable par un cavalier il est évident que celle-ci aurait été poussée dans le lit de la rivière et aurait pro-

duit un renversement des pieux lorsqu'on aurait accumulé les remblais derrière la culée. Cette dernière aurait donc été établie dans de très mauvaises conditions de stabilité. Aussi on a préféré adopter un système de puits blindés enfoncés à travers la vase jusqu'au terrain solide et à l'intérieur desquels on construisait des piliers en maçonnerie reliés entre eux à la partie supérieure par des voûtes, de manière à former un tout solidaire constituant la base de la culée.

Les blindages des puits de fondation

ont été constitués par des cadres horizontaux espacés de 2 mètres environ d'axe en axe. Pour relier ces cadres entre eux on se servait de poteaux montants qui maintenaient en outre des madriers verticaux jointifs entre deux cadres successifs. Ces madriers verticaux retenaient parfaitement les parois de la fouille; on les ajoutait à mesure que, le puits s'approfondissant, on pouvait ajouter un nouveau cadre horizontal.

Dès les débuts de l'opération on a remarqué qu'après avoir placé trois ou quatre cadres le terrain s'affaissait et que les parois prenaient une certaine in-

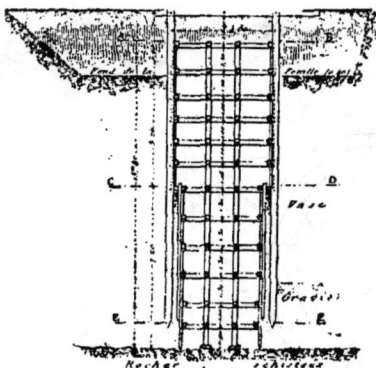

Fig. 689. — Puits blindé employé pour les fondations du pont sur la Vilaine.

clinaison sur la verticale. On ne pouvait continuer le travail sans s'exposer à des dangers d'éboulement qui, du reste, commençaient à se produire. On a alors battu tout autour de la fouille, et à l'intérieur, une enceinte de pieux qui s'enfonçaient dans la vase et reposaient sur le rocher.

Cependant, cette opération n'a pas donné d'excellents résultats car, par suite de la présence de la fouille, les pieux n'étaient pas également pressés dans tous les sens; aussi ils se sont sensiblement inclinés en dedans.

Pour conserver autant que possible les dimensions de la fouille entre les faces des cadres, il a donc fallu diminuer l'épaisseur des bois constituant ces derniers. Malgré cela, on n'a pas pu établir les fondations de la pile avec des dimensions

aussi grandes que celles qui étaient prévues au projet.

605. Cette méthode d'établissement des puits, employée pour le premier, n'a pas été suivie pour les suivants. On a profité pour ceux-ci de l'expérience acquise et on a commencé les travaux en creusant une

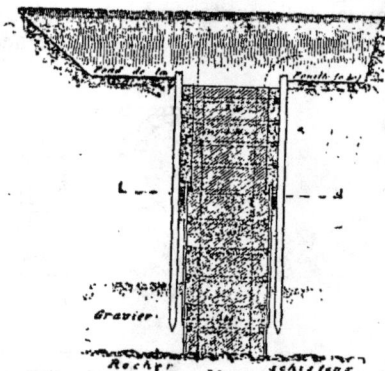

Fig. 690. — Pont sur la Vilaine. — Coupe verticale d'un puits terminé.

fouille sur toute la surface de l'ensemble des puits (*fig.* 689 et 690). Ceci fait, on a battu autour de chaque puits une série de pieux avant de commencer leurs

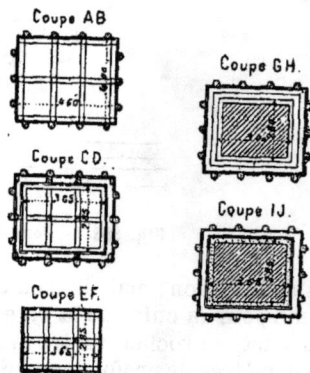

Fig. 691. — Voir figures 689 et 690.

fouilles, pour qu'ils ne s'inclinent pas en dedans comme ceux du premier puits; on fixait ensuite les cadres qu'on maintenait solidement par des étrésillons; puis, derrière les cadres on mettait des madriers verticaux jointifs pour maintenir les parois de la fouille au fur et à mesure de l'approfondissement du puits, en ayant soin de coincer fortement les madriers contre les cadres horizontaux.

Le travail ainsi commencé a été continué de la sorte jusqu'à une profondeur de 5 mètres environ au-dessous du fond de la fouille générale, c'est-à-dire à environ 8 mètres au-dessous du sol. Il n'a pas été possible de continuer l'approfondissement du puits par les moyens employés au début, car à partir de ce niveau la pression extérieure forçait la vase à remonter par le fond à l'intérieur du puits. Pour éviter cette rentrée de la vase par le fond, le moyen le plus pratique consistait évidemment à isoler la vase jusqu'au rocher inférieur à l'aide d'une enceinte en palplanches jointives battues tout autour de la base du puits. C'est le procédé, qui, du reste, a été adopté. On a descendu à l'intérieur du puits une petite sonnette destinée à opérer l'enfoncement des palplanches dans la vase sur tout le périmètre de la section de la première partie du puits. Lorsque cette opération a été terminée on a continué l'approfondissement du puits et pour éviter que les palplanches ne fussent poussées à l'intérieur de la fouille par la pression de la vase extérieure on mettait des cadres de distance en distance. De la sorte, il ne pouvait y avoir aucune rentrée de vase à l'intérieur du puits, ni par le fond ni par les parois.

606. Cette méthode d'approfondissement des puits a donné d'excellents résultats. Elle était, du reste, logique car si on avait commencé le battage des palplanches à partir du sol extérieur, on se serait heurté à de très grandes difficultés. Il est évident, en effet, que des palplanches de 12 mètres de longueur auraient flambé sous le choc du mouton avant d'atteindre le rocher; leur enfoncement dans la vase eût donc été des plus irréguliers. En employant la méthode précédente, au contraire, c'est-à-dire en divisant l'exécution du puits en deux parties, la première foncée avec le procédé ordinaire de blindage en madriers verticaux jointifs retenus par des montants et des cadres horizontaux et la deuxième à l'aide de palplanches jointives on n'a eu à enfoncer

que des palplanches de 7 mètres au plus de longueur. Cette dernière opération ne pouvait, dès lors, présenter aucune difficulté d'exécution. Aussi les palplanches s'enfonçaient, en général, avec régularité.

607. Les épuisements qu'on a eu à effectuer pour la construction de ces puits ont été très faibles. La partie inférieure des puits a été remplie de béton sur une hauteur de 6 à 7 mètres. Au-dessus de ce niveau on a formé le remplissage par de la maçonnerie ordinaire en mortier de chaux hydraulique additionnée de ciment de Portland. Le vide laissé entre la maçonnerie et le blindage du puits a été rempli avec du sable.

Malgré toutes les précautions qui ont été prises pour l'exécution des fondations de cet ouvrage des fissures ont été constatées entre la culée et les murs en retour.

D'après M. Croizette-Desnoyers le mode de fondations par puits blindés dans les terrains vaseux peut être employé sans inconvénients jusqu'à 15 ou 20 mètres de profondeur. Ce système de fondations ne nécessite pas d'installations longues et coûteuses. Il peut donc être employé pour reconnaître un terrain jusqu'au bon sol lorsqu'il s'agit d'établir la fondation d'un ouvrage important.

Fondations par épuisements dans les terrains vaseux.

608. Les fondations par épuisements dans les terrains vaseux sont certainement celles qui doivent être préférées lorsqu'elles n'entraînent pas de trop lourdes charges. Il est évident, en effet, qu'elles offrent l'immense avantage d'examiner le sol sur lequel sera établie la fondation et de pouvoir élever la construction comme à l'air libre. Du reste, les terrains vaseux étant très étanches facilitent beaucoup ce mode de fondation. Son emploi doit donc être généralisé autant que possible, tout en le modifiant suivant les circonstances locales.

Ce mode de fondation convient surtout lorsque le terrain solide à atteindre n'est pas à plus de 6 ou 7 mètres de profondeur. Au-dessous de cette profondeur le système de fondations sur pilotis après com-

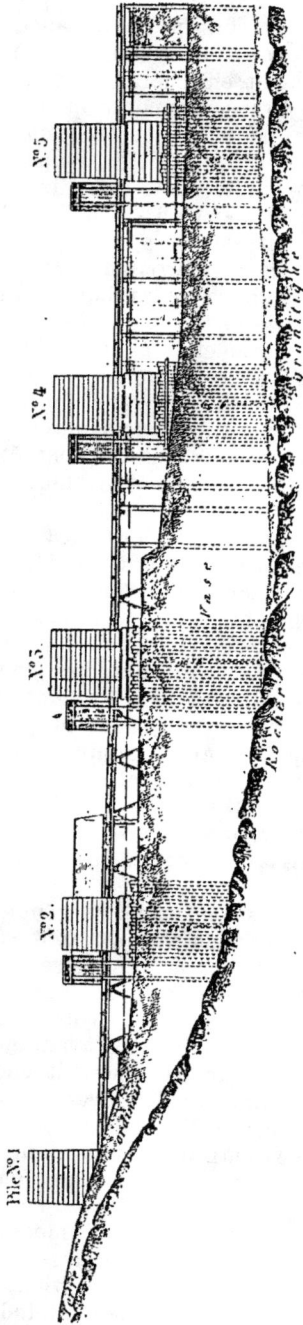

Fig. 692. — Viaduc d'Auray. — Élévation.

même dans ce cas, pour des ouvrages de grande importance, par exemple pour des viaducs de grande hauteur à fonder en terrains vaseux, il est préférable d'em-

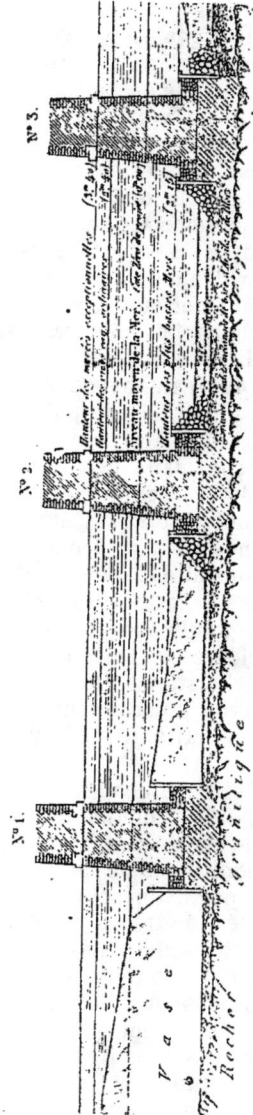

Fig. 693. — Viaduc d'Hennebont. — Coupe en long des fondations en rivière des piles 1, 2, 3.

pression du sol est plus économique; mais, ployer les fondations par épuisement. Il est évident, en effet, qu'alors la question de prix s'efface devant celle de la résistance du sol et on ne peut être absolument sûr de celle-ci qu'en examinant le sol avec soin, ce qui est possible avec ce dernier mode de fondation. Les fondations par épuisement dans les terrains vaseux peuvent du reste à la rigueur s'effectuer jusqu'à une profondeur de 10 mètres. Au delà, le système par puits blindés s'impose absolument.

609. Examinons donc comment on doit effectuer la fouille lorsque le rocher se trouve sous une couche de vase dont l'épaisseur est inférieure à 3 mètres. A cet effet, on commence par battre sur tout le périmètre de l'emplacement que doit occuper la fouille des madriers verticaux. Ces madriers seront le plus souvent jointifs et auront une épaisseur en rapport avec leur longueur et aussi avec la nature du terrain à traverser pour arriver au bon sol. Lorsque ces madriers sont enfoncés on commence la fouille et on a soin de les maintenir, au fur et à mesure de l'approfondissement, par des cadres hori-

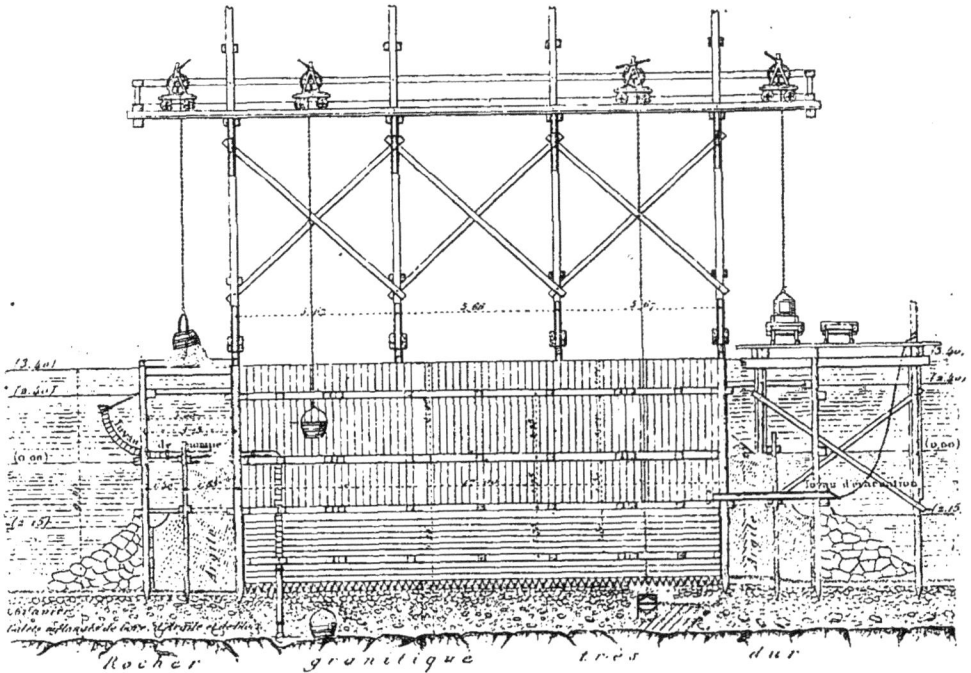

Fig. 694. — Viaduc d'Hennebont. — Fondation d'une des piles. - - Coupe longitudinale au commencement du bétonnage.

zontaux suffisamment étrésillonnés. Il est évident que l'écartement de ces cadres doit dépendre de la consistance de la vase. Aussi il ne saurait être donné de règle à cet égard. Il est bon de remarquer toutefois que, si le besoin s'en fait sentir pendant l'exécution de la fouille, il sera toujours facile de mettre des cadres intermédiaires entre ceux existants ou de renforcer les étrésillons, si ceux qui ont été mis tout d'abord sont reconnus insuffisants.

610. Il est évident qu'on pourrait encore blinder la fouille, au fur et à mesure de son approfondissement, par des madriers horizontaux maintenus par des montants verticaux étrésillonnés par des pièces de bois horizontales allant d'une paroi de la fouille à la paroi opposée. On arriverait au même résultat qu'avec l'emploi des madriers verticaux ; mais on aurait une enceinte formée de parties peu liaisonnées entre elles et offrant, par suite, moins de résistance aux éboulements et moins de facilité au point de vue du renforcement des pièces de bois constituant le blindage de la fouille si le besoin s'en fait sentir en cours d'exécution.

611. Le mode de blindage de la fouille par madriers verticaux maintenus par des cadres horizontaux offre donc l'avantage d'agir toujours d'après un plan régulier et d'avoir une fouille toujours en ordre. En donnant aux pièces de bois constituant l'enceinte des dimensions suffisantes, on pourra même l'adopter

pour des profondeurs de vase dépassant 3 mètres.

612. *Fondations des piles du viaduc d'Auray.* — Le mode de fondation que nous venons d'exposer a été employé au viaduc d'Auray, sur la ligne de Nantes à Brest (*fig.* 692). L'emplacement sur lequel devait être construit ce viaduc se composait d'une couche de vase de plus de 8 mètres d'épaisseur, séparée du rocher par une faible couche de sable.

Le viaduc d'Auray comporte neuf piles ;

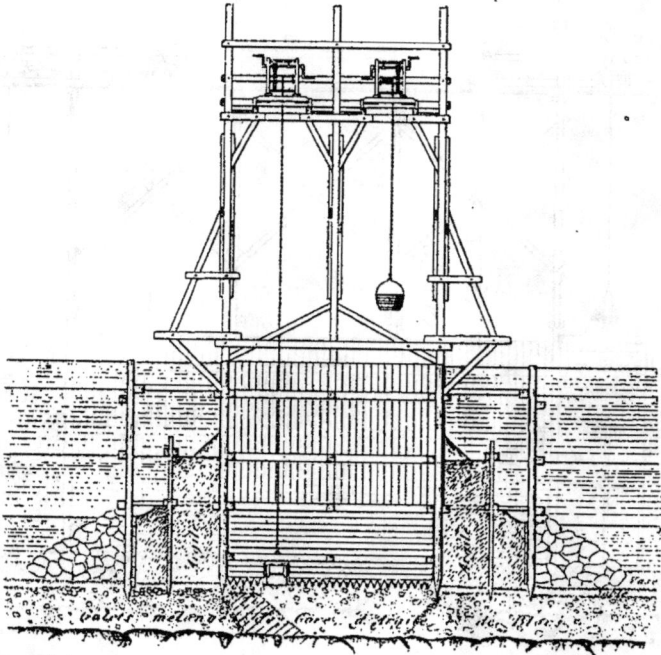

Fig. 695. — Viaduc d'Hennebont. — Coupe transversale de la fondation d'une des piles au commencement du bétonnage.

les deux extrêmes, c'est-à-dire portant les nos 1 et 9, ont été fondées sur le rocher sans aucune difficulté, mais les autres ont nécessité l'application de procédés spéciaux. Pour fonder les piles 2 et 3 par exemple, on a battu, sur tout le périmètre de leur emplacement, une enceinte formée par des pieux à section carrée de $0^m,25$ de côté; tous les 2 mètres environ on mettait des pieux de plus fort équarrissage ($0^m,35$). Lorsque cette enceinte a été battue, on a commencé l'exécution de

la fouille à l'intérieur, en plaçant des cadres horizontaux, au fur et à mesure de l'approfondissement. Ces cadres étaient fortement étrésillonnés et étaient espacés au haut de la fouille de 2 mètres d'axe en axe et de 1 mètre seulement à la partie inférieure. Ce rapprochement des cadres horizontaux au bas de la fouille était nécessité par la pression due à la couche de vase qui, à cet endroit, atteignait 8 mètres de hauteur. Malgré cette précaution quelques-uns des bois ont été brisés et on a été obligé de doubler les pièces de bois formant étrésillons.

Les épuisements ont été de faible importance et effectués facilement; c'est ce qui prouve que lorsque la vase est compacte on peut compter, en général, sur son étanchéité et descendre par suite la fouille à une assez grande profondeur si on a soin d'en effectuer le blindage dans de bonnes conditions.

613. Les piles n°s 4 et 5 se trouvant dans le lit même de la rivière on a dû, avant d'en commencer les fondations, les mettre à l'abri des eaux à l'aide d'un batardeau de 3 mètres de largeur et constitué par de la vase compacte maintenue entre deux rangées de pieux reliés par des clayonnages.

Cette opération terminée, on a battu, sur tout le périmètre des fouilles à effec-

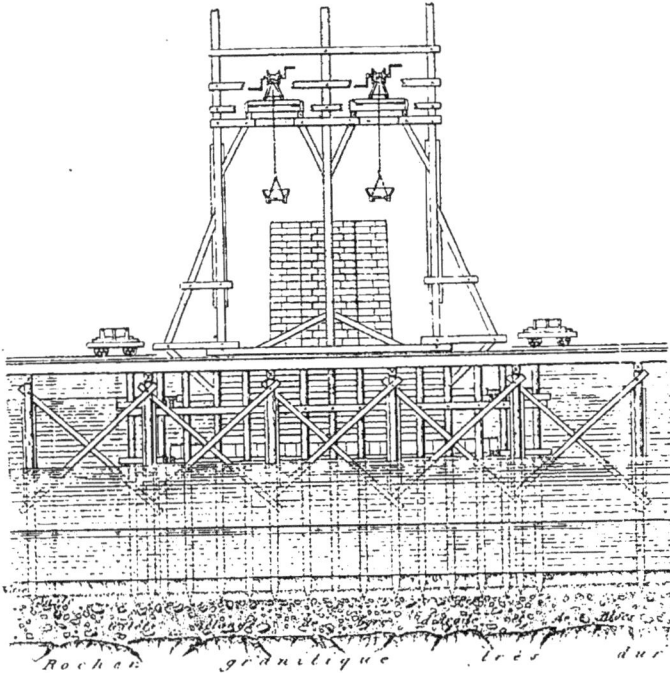

Fig. 696. — Viaduc d'Hennebont. — Coupe transversale d'une enceinte de fondations.

tuer, une enceinte de pieux à l'intérieur de laquelle on a fouillé comme pour les piles 2 et 3.

614. *Fondations du viaduc d'Hennebont.* — Le viaduc d'Hennebont, situé à 50,0 mètres en aval du port de ce nom, se compose de cinq arches de 22 mètres d'ouverture et de six arches de 10 mètres d'ouverture seulement. Il franchit la vallée du Blavet et a été fondé, comme le viaduc d'Auray, par épuisements dans des batardeaux.

A l'emplacement de cet ouvrage, le fond du lit du Blavet est constitué par une couche de vase d'environ 6 mètres d'épais-

seur sur les bords. Cette épaisseur n'est plus que de 1 mètre au milieu du lit et à cet endroit la couche de vase repose sur un sable fin au-dessous duquel on trouve, sur une épaisseur de 2 mètres environ, sur toute l'étendue du lit de la rivière un gravier dur et difficile à fouiller. Ce n'est qu'au-dessous de ce gravier mêlé de galets et d'argile que se trouve enfin le rocher.

Il résulte de la composition de ce terrain que la profondeur des fondations du viaduc d'Hennebont n'est pas très différente de celle du viaduc d'Auray.

615. Pour fonder les piles 1 et 4 on a

ormé des batardeaux de 3 mètres de largeur autour des enceintes. Leurs enceintes extérieures ont été formées par des panneaux en madriers appuyés sur une série de pieux distants de 2 mètres d'axe en axe. Pour former le corps du batardeau on a mis entre les deux enceintes extérieures de la vase bien pilonnée. Cependant l'emploi de cette vase pour former le batardeau a donné lieu à de graves inconvénients. Comme elle était peu compacte elle était soulevée par l'eau au moment de la pleine mer. Au moment de la basse mer, au contraire, elle se tassait et exerçait une assez forte pression au bas de l'enceinte extérieure. Malgré la précaution qu'on avait prise de relier les pieux de l'enceinte extérieure à ceux de l'enceinte principale en haut par des moises et en bas par de gros boulons, il y a eu quelques accidents qui ont entravé un peu la marche des travaux. Lorsque le rocher de fondation a été mis absolument à découvert on a coulé une couche de béton de ciment de Portland au-dessus de laquelle on a élevé les maçonneries.

616. Pour les piles 2 et 3 on a eu des difficultés encore plus grandes. On a renforcé les enceintes extérieures en employant des pieux de plus fort équarrissage et en les espaçant de 1 mètre d'axe en axe. De plus, pour avoir des batardeaux de plus faible hauteur, et par cela même pour diminuer la pression qu'ils exercent sur les parties inférieures des enceintes, on a eu soin d'établir un bordage calfaté à l'extérieur de ces enceintes depuis le haut jusqu'au niveau des plus basses mers. Le pied extérieur des enceintes était contrebuté par des enrochements et la vase qui formait les batardeaux des piles 1 et 4 était remplacée par de la terre argileuse.

Comme nous l'avons dit plus haut les enceintes extérieures étaient constituées par des panneaux s'appuyant sur des pieux. Cette disposition avait l'inconvénient de ne pas fournir des joints suffisamment étanches pour éviter le passage de l'eau qui attaquait les terres du batardeau, car le dessus de celui-ci avait été fixé à 1 mètre au-dessous du zéro; par suite il était couvert la plus grande partie du temps. La partie supérieure de l'en-

ceinte intérieure étant étanche, à cause du bordage calfaté, il ne pouvait y avoir de rentrée d'eau à l'intérieur de la fouille; mais les variations successives dans le niveau de l'eau, jointes à la vitesse du courant, détérioraient la surface du batardeau et amenaient alors quand même des rentrées d'eau dans la fouille au-dessous du bordage calfaté. Pour obvier à cet inconvénient on a recouvert le batardeau par des planches chargées de pierres. Mais ce procédé exigeait beaucoup d'entretien car il se produisait très souvent des dégradations par suite de la violence du courant qui, ébranlant l'enceinte extérieure, amenait une disjonction dans les terres du batardeau. C'est à cause de cela qu'on a battu dans le batardeau lui-même des palplanches jointives à $1^m,850$ de l'enceinte intérieure (*fig.* 694 et 695). Lorsque la vase, qui pouvait être accumulée dans le compartiment intérieur formé dans le batardeau par la file de palplanches ainsi battues, fut enlevée on la remplaça par de l'argile. On a eu ainsi un batardeau qui, quoique ayant une épaisseur beaucoup plus faible que le premier, était beaucoup mieux fait. Ce batardeau a été élevé en talus de manière à recouvrir le bordage calfaté au-dessus du zéro.

617. *Fondations d'une des piles en maçonnerie du viaduc du Scorff.* — La plupart des piles de ce viaduc, situé sur la rivière du Scorff, ligne de Nantes à Brest, ont été fondées au moyen de l'air comprimé. L'une d'elles cependant qui devait être établie sur le rocher situé à $8^m,25$ de profondeur sous une couche de vase recouvrant une couche de sable, a été fondée par épuisement dans un caisson à la fois étanche et à claire-voie (*fig.* 697 à 702). La partie étanche était utile pour épuiser et la partie à claire-voie était nécessitée par la nature même du terrain. La surface du rocher, en effet, était très inégale; il fallait donc faire glisser les palplanches entre les moises pour qu'elles reposent sur le bon sol.

Le bordage calfaté pouvait se faire avec facilité dans le haut du caisson, après sa mise en place, mais il n'en était pas de même à la partie inférieure. Là, il fallait l'établir avant l'enfoncement des palplanches. On a donc placé entre les trois derniers cours de moises des pièces de bois verticales assemblées avec celles-ci comme l'indiquent les figures 697 et 702. C'est sur ces pièces de bois qu'on a fixé les bordages jusqu'à environ 0ᵐ,30 au-dessus du rocher. Les figures 699 à 702 indiquent suffisamment les assemblages des différentes parties de la caisse employée pour cette fondation.

On avait l'intention tout d'abord de rendre étanche le bas du caisson à l'aide d'un bourrelet extérieur formé par des sacs de toile remplis d'argile, mais la violence du courant ne permettait pas d'adopter ce moyen qui avait réussi sur la Creuse. On a alors étanché le joint à la base du caisson à l'aide d'un petit batardeau intérieur en béton maintenu à l'intérieur par des panneaux appuyés contre des barres de fer fixées dans le sol (*fig.* 697).

Emploi du béton immergé dans les fondations dans les terrains vaseux.

618. L'emploi des fondations sur béton immergé n'offre réellement une économie que lorsque la couche de vase est faible et que le sol est facile à draguer. Mais lorsque le rocher est recouvert d'une forte couche de vase, elles doivent être rejetées, car pour faire le dragage avant le battage des pieux constituant l'enceinte

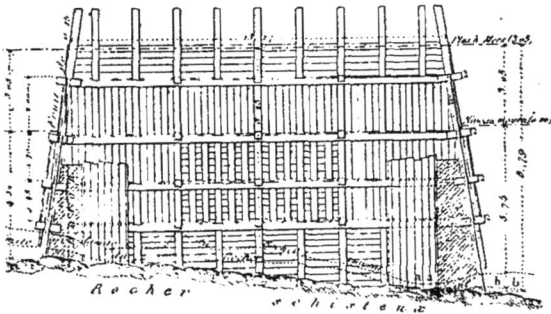

Fig. 697. — Viaduc du Scorff. — Fondations d'une pile culée. — Coupe longitudinale du caisson.

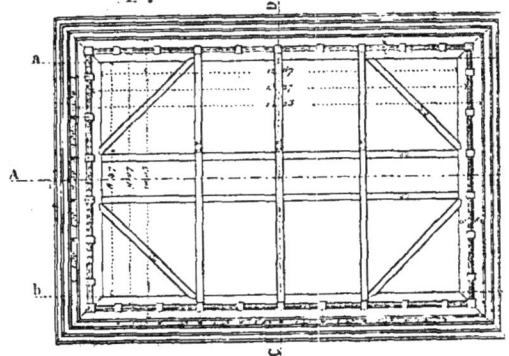

Fig. 698. — Viaduc du Scorff. — Plan du caisson de fondation.

il faudrait enlever un cube considérable, à cause du talus très incliné qu'il faudrait donner à la vase pour qu'elle ne vienne pas recouvrir par glissement l'emplacement dragué pour l'établissement de la pile.

619. Pour les moyennes épaisseurs de vase il y a presque égalité de prix entre les fondations sur béton immergé et les fondations par épuisement. Il est évident, en effet, que si, d'un côté, le dragage diminue, de l'autre, l'épuisement devient plus difficile et que, par suite, la différence de prix tend à diminuer à mesure qu'on se rapproche d'une certaine épaisseur de couche de vase.

620. Cependant si la couche de vase est séparée du rocher par une couche de terrain perméable qui ne peut être dragué il faut fonder sur béton immergé. A cet effet, on enlèvera, par dragage, la vase qui recouvre le terrain perméable, puis on battra une enceinte sur tout le périmètre de l'emplacement de la fondation et on emploiera un caisson à claire-voie dont on enfoncera le plus possible les palplanches dans le terrain perméable. Ceci fait on procédera à l'immersion du béton.

621. Le système de fondation sur béton immergé n'a donc que peu d'applications dans les terrains vaseux et dans le cas de couches de vase de grande épaisseur il ne faut l'employer que lorsque le terrain est trop perméable pour opérer par épuisements.

622. Pour fonder en terrain vaseux,

en pleine rivière il convient, d'après M. Croizette-Desnoyers, de considérer quatre cas :

1° La couche de vase a une grande épaisseur ;

2° La couche de vase a une faible épaisseur et repose directement sur le rocher ;

3° La couche de vase a une faible épaisseur, mais entre elle et le rocher se trouve une couche de terrain perméable, facile à draguer ;

4° La couche de vase a encore une faible épaisseur, mais elle est séparée du rocher par une couche de terrain perméable difficile à draguer ;

623. Dans le premier cas, on bat une

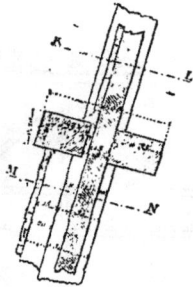

fonder par épuisement dans un caisson étanche. Le joint entre le caisson et le rocher sera calfaté, soit par le moyen employé aux caissons de la Creuse, soit par celui du caisson du viaduc du Scorff, c'est-à-dire avec batardeau intérieur. Si l'ouvrage à construire est de faible importance, il sera préférable de fonder sur béton immergé.

626. Enfin dans le quatrième cas, qui n'est qu'un cas particulier du précédent puisque la différence consiste seulement dans la difficulté du dragage du terrain perméable, il y aura avantage à fonder directement sur ce terrain à l'aide d'un

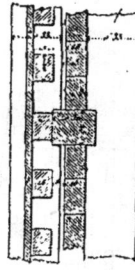

Fig. 699. — Caisson de fondation employé au viaduc du Scorff. — Coupe verticale au niveau du troisième rang de moises.

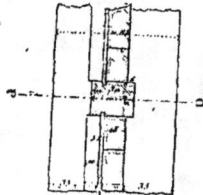

Fig. 700. — Coupe suivant *kl* (voir fig. 699).

Fig. 701. — Coupe suivant MN (voir fig. 699).

Fig. 702. — Coupe suivant OP (voir fig. 700).

enceinte solide et on forme tout autour un batardeau contenu par une deuxième enceinte. Il faut donner au batardeau la plus faible hauteur possible et établir à partir du niveau de l'étiage, sur l'enceinte intérieure un bordage calfaté. Ceci fait, on entrésillonne à l'intérieur, on épuise et on commence la fouille.

624. Dans le deuxième cas, le même mode de fondation pourra être adopté. Si cependant il s'agit d'ouvrages de peu d'importance, il sera préférable de fonder sur béton immergé dans une enceinte de palpanches non jointives, après avoir dragué à l'intérieur de cette enceinte.

625. Dans le troisième cas, il faudra tout d'abord faire un dragage jusqu'à ce qu'on ait mis le rocher à découvert, puis

massif de béton immergé. Mais si l'ouvrage à construire doit avoir des dimensions telles qu'elles nécessitent d'établir directement la fondation sur le rocher, il faut employer la méthode adoptée pour le viaduc d'Hennebont. Il faudra avoir soin de faire l'enceinte extérieure avec des bois de fort équarrissage, de proscrire l'emploi de la vase dans la confection des batardeaux et de protéger la surface de ceux-ci contre l'action des eaux en la recouvrant par des sacs remplis d'argile par exemple. Le batardeau situé, comme à Hennebont, entre les deux enceintes devra avoir la plus faible hauteur possible pour diminuer la pression au bas de l'enceinte. A cet effet il conviendra d'employer un bordage calfaté à l'extérieur de l'enceinte intérieure.

627. Comme résumé des règles générales à suivre pour établir les fondations dans les terrains vaseux, M. Croizette-Desnoyers termine sa remarquable étude par un tableau donnant les modes de fondations à adopter pour les différentes épaisseurs de vase, suivant que l'ouvrage à construire se trouve en dehors des eaux courantes ou en pleine rivière.

Ce tableau, que nous donnons ci-après, ne doit servir que comme un guide. Il est évident, en effet, que les méthodes qui ont été suivies dans les travaux de la ligne de Nantes à Brest devront être modifiées suivant la nature du terrain, la rapidité du courant (si l'ouvrage doit être établi en pleine rivière) et enfin l'importance de l'ouvrage à construire.

1° En dehors des eaux courantes.

628. I. — Jusqu'à 6 mètres de profondeur au-dessous du terrain :

Fonder toujours par épuisements.

II. — Au-delà de 6 mètres de profondeur pour des ouvrages ordinaires :

Si l'on a le temps de charger préalablement le sol, fonder sur pilotis après compression du terrain. Dans le cas contraire, fonder par épuisements, et si l'on atteint une couche perméable, s'y établir avec un fort empatement.

III. — Au-delà de 6 mètres de profondeur pour des ouvrages exceptionnels ;

Si le terrain est étanche, fonder par épuisements dans des enceintes ordinaires jusqu'à 10 mètres de profondeur, approfondir ensuite cette fouille au besoin par le moyen de puits blindés.

2° En pleine rivière.

I. — Jusqu'à 10 mètres de profondeur au-dessous du niveau des eaux pour des ouvrages ordinaires :

Si la vase a une forte épaisseur, fonder par épuisements dans des enceintes et batardeaux. Si la vase a peu d'épaisseur, fonder sur béton immergé après dragage soit dans des enceintes, soit dans des caissons à claire-voie.

3° Fonder par épuisements.

I. — Jusqu'à 10 mètres de profondeur au-dessous du niveau des eaux pour des ouvrages exceptionnels :

1° Dans des enceintes et batardeaux, si la vase s'étend jusqu'au rocher ;

2° Dans des caissons étanches avec batardeau ou bourrelet à la base, si la vase est séparée du rocher par un terrain perméable facile à draguer ;

3° Dans des enceintes et batardeaux, avec des moyens énergiques d'épuisements si la couche de terrain perméable ne peut pas être draguée.

Employer l'air comprimé.

I. — Au-delà de 10 mètres de profondeur sous le niveau des eaux :

1° Dans des tubes, si le terrain offre de la résistance latérale et s'il s'agit seulement de supporter des travées métalliques ;

2° Dans des caissons, si le terrain manque de consistance et surtout si la fondation doit supporter des voûtes en maçonnerie.

§ VIII. — FONDATIONS SUR MASSIFS ISOLÉS

629. Dans les terrains constitués par de l'argile sableuse ou des vases mélangées d'argile. on peut employer le mode de fondation par puits.

Les méthodes employées pour foncer ces puits varient évidemment avec la nature des terrains à traverser. S'ils offrent peu de consistance, on peut fonder sur rouets ; dans le cas contraire, on peut opérer comme s'il s'agissait de foncer un puits de mine.

630. *Fondations sur rouets.* — Pour fonder sur rouets on commence, tout d'abord, par dresser le terrain sur lequel on établit un rouet en fortes charpentes. Ce rouet est formé (*fig.* 703 et 703 *bis*) par une première couche de madriers réunis par boulons aux madriers d'une deuxième couche, dont on a soin d'alterner les joints avec ceux de la première. Ceci fait, on construit la maçonnerie sur ce rouet, en ayant soin de

laisser au centre un vide suffisant pour per- | ou l'argile à l'intérieur jusque sous le rouet.
mettre à deux hommes de déblayer le sable | Le poids de la maçonnerie fera donc des-

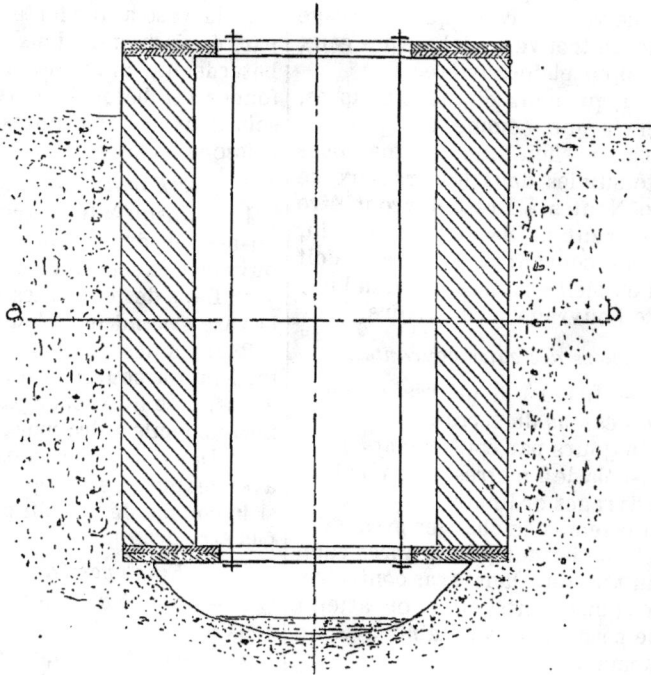

Fig. 703.

cendre le rouet qui finalement arrivera à reposer sur le terrain solide. Pour que la descente se fasse verticalement il faut que la maçonnerie soit construite bien uniformément. Lorsque le puits est terminé on le remplit de béton de ciment. Comme le terrain solide n'est pas, en général, horizontal, on soutient le rouet par des potelets en bois, lorsqu'il est arrivé à une faible distance du bon sol, et on déblaye au-dessous. Lorsque le terrain solide est à découvert on reprend la maçonnerie en sous-œuvre jusqu'au bon sol (fig. 704) et on effectue le remplissage du puits avec du béton. Pour remplir le vide entre deux puits on peut établir, comme l'indique la figure 704, une petite voûte en maçonnerie destinée à supporter au-dessus un remplissage en béton.

Ces puits peuvent, en outre, servir de piliers à des voûtes en ogive, par exemple,

qui supportent à leur tour des piles inter-

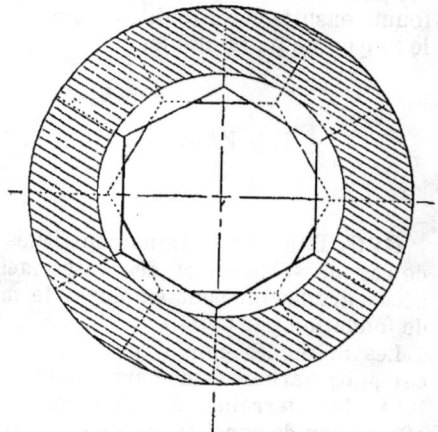

Fig. 703 bis. — Détail du rouet de la figure 703.

médiaires du pont comme l'indique la figure 704 bis.

Puits termine   Remplissage entre   Puits
                 deux puits exécuté   descendu sur le rocher
                 à l'abri d'un vannage

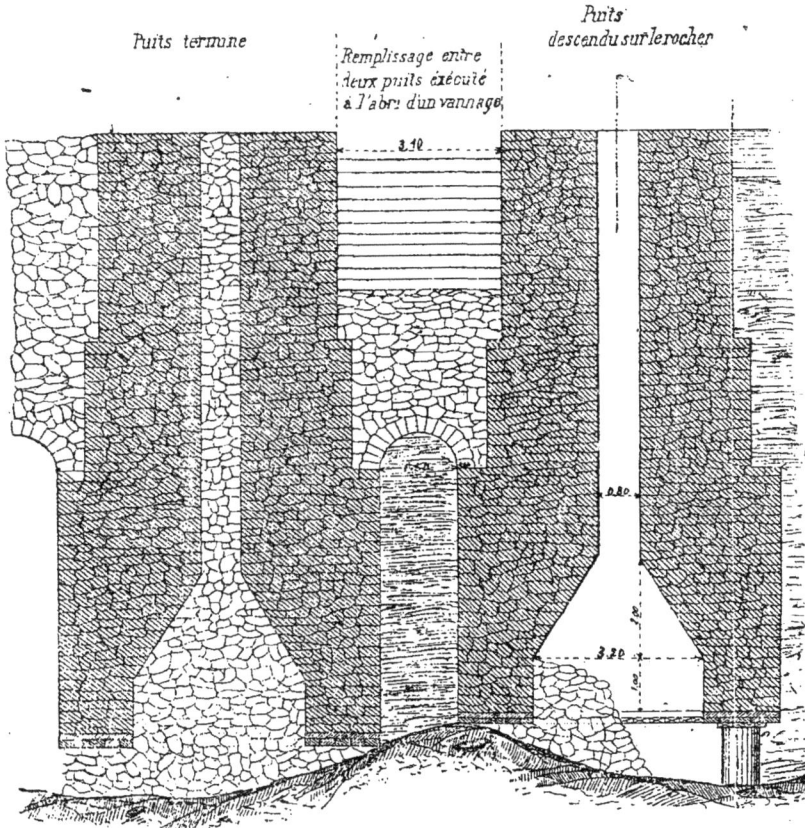

Fig. 704.

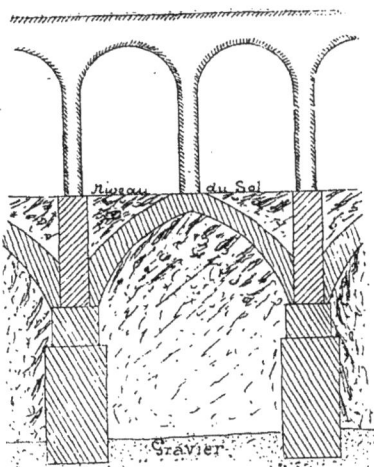

Fig. 704 bis.

631. *Fondations de la passerelle de Caudan, dans le port militaire de Lorient, d'après M. Morandière.* — Les fondations de cette passerelle sont établies sur un rocher schisteux recouvert, sur une épaisseur de 12 mètres environ, d'une couche caillouteuse de faible épaisseur et d'une épaisse couche de vase peu consistante.

Ces fondations ont été établies sur puits dont la maçonnerie était exécutée pendant l'enfoncement (*fig.* 705).

Pour forer les puits on a d'abord régalé la vase jusqu'au niveau de mi-marée, puis on a mis en place un cadre en bois dont la face supérieure, devant supporter la maçonnerie, était plane et dont la face inférieure était formée par des plans inclinés se coupant sur l'axe du mur du puits comme le montre la figure 705.

On commença les maçonneries du cu- velage du puits, sur ce cadre, en leur donnant 1ᵐ,50 d'épaisseur. Elles étaient faites en mortier de ciment. En déblayant à l'intérieur jusque sous le cadre, celui-ci s'enfonçait dans la vase sous le poids des

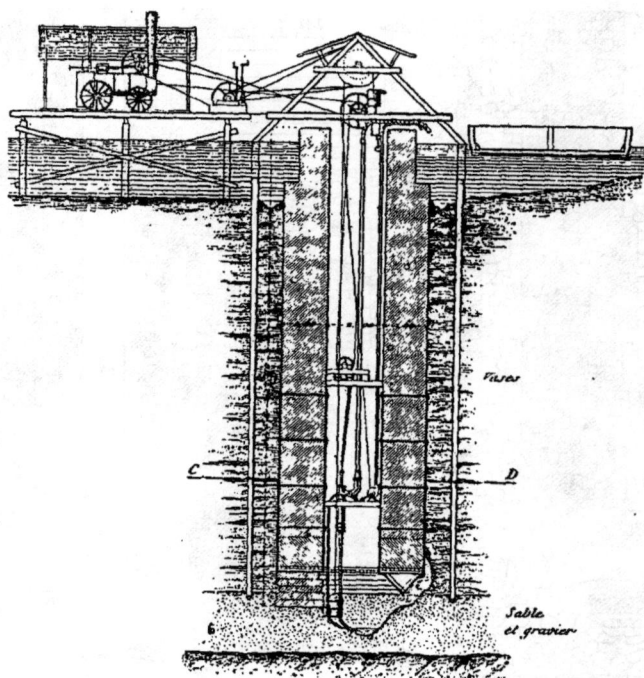

Fig. 705. — Fondations d'une des piles de la passerelle de Caudan, à Lorient. — Coupe verticale.

maçonneries qu'il supportait. Au début de la descente, ces déblais ont pu se faire sans grand épuisement. Mais il se pro- duisait souvent des tendances au ren- versement, par suite de l'inégale compressi- bilité de la vase. Pour obvier à cet inconvénient on surchargeait le côté des maçonneries qui s'enfonçait le moins, ou bien on enlevait de ce côté davantage de déblai sous le cadre. La descente se faisait, avec ces précautions, assez régu- lièrement. Mais pour relier les maçonne- ries, effectuées sur le cadre, au rocher il se présentait une grosse difficulté, car le rocher n'était pas arasé à un plan horizontal. On arrêtait alors les déblais lorsque l'arête tranchante du cadre se trouvait à 1 mètre au-dessus du rocher. Mais cette arête tranchante se trouvait alors au niveau de la couche de sable et de gravier très aquifère et les eaux en-

traient à l'intérieur du puits en y entraî- nant même de la vase. Il a fallu battre toutautour du parement extérieur des ma-

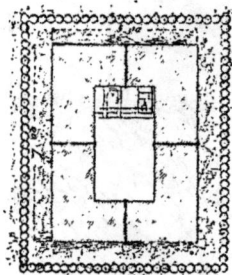

Fig. 706. — Coupe CD (voir figure 705).

çonneries de chaque puits une file de pieux jointifs (fig. 706). On a pu alors épuiser sans difficulté et enlever le cadre inférieur.

Lorsque le cadre inférieur à plans inclinés a été enlevé on a repris la maçonnerie en sous-œuvre jusqu'au rocher (*fig*. 705) et on a rempli le puits de béton. Les épuisements et le montage des déblais étaient faits comme l'indique la figure 705 à l'aide d'une locomobile installée sur un pont en charpente.

Ce système de fondation ne doit être appliqué que lorsque les couches à traverser ne sont pas trop perméables.

632. *Pont sur le fleuve Jumma près Allahabad, dans les grandes Indes Orientales* (1). — Les piles de ce pont reposent sur dix puits, d'environ 4^m,25 de diamètre, disposés comme l'indique la figure 708,

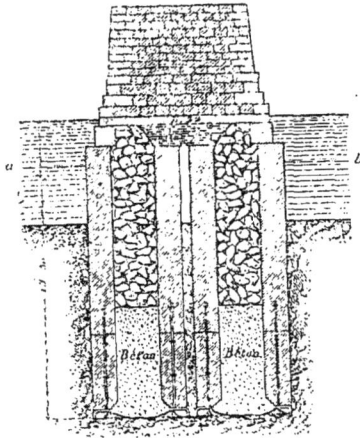

Fig. 707. — Fondations d'un pont sur le fleuve Jumma dans les Indes orientales. — Coupe transversale.

qui représente la demi-coupe horizontale d'une de ces piles. Pour construire les puits (*fig*. 707) on a d'abord dérasé et dressé la surface du sol, sur lequel on a posé un rouet en fonte destiné à supporter les maçonneries. Les déblais se faisaient à l'intérieur des puits au fur et à mesure de la descente comme dans le cas précédent, mais avec cette différence qu'ici on ne procédait à aucun épuisement, et que, par suite, les déblais se faisaient dans l'eau. Lorsqu'on fut arrivé au terrain solide on immergea du béton à l'intérieur du puits de manière à éviter, pour la suite, toute rentrée d'eau. On

(1) *Traité des Ponts de M. Morandière.*

épuisa et on put alors construire à sec, dans de bonnes conditions, la maçonnerie de remplissage du puits.

Fondations à l'aide de puits de mine.

633. *Fondations des piles d'un pont sur le versant d'une vallée.* — M. E. Gouin a enfin fondé une pile de viaduc d'une manière toute différente. L'ouvrage à établir était situé à flanc de coteau et le sol était très argileux. On ne pouvait donc songer à fonder en se servant d'une fouille ordinaire sans s'exposer à un glissement presque certain. On fit alors (*fig*. 709 et 710) un puits de mine de 3^m,60 sur 1^m,60 et on le creusa jusqu'au terrain résistant qui se trouvait à une vingtaine de mètres au-dessous de la surface du sol. A ce niveau on fit, à droite et à gauche, une galerie de

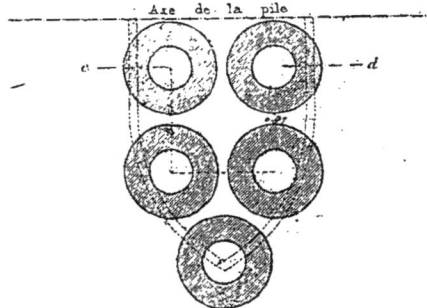

Fig. 708. — Demi-plan d'une pile du pont sur le fleuve Jumma (voir fig. 707).

2^m,30 de hauteur, puis on remplit le vide avec de la maçonnerie. On opéra de même immédiatement au dessus, où on perça une deuxième galerie qu'on remplit également de maçonnerie. Et ainsi de suite pour une troisième et une quatrième galerie, jusqu'à ce qu'on fût arrivé à la surface supérieure du banc argileux. Ce mode de fondation a donné d'excellents résultats.

Puits avec cuve en fonte.

634. Sur le canal de la Hollande septentrionale, on a construit deux ponts dont un certain nombre de piles ont été fondées sur puits isolés avec cuvelage en fonte (*fig.* 711). Pour atteindre le terrain solide il fallait traverser des couches de sable de 12 à 13 mètres d'épaisseur. Les cuves en fonte, qui ont servi à la construc- tion de ces puits, étaient rectangulaires ; elles avaient 3 mètres de longueur, 1ᵐ,55 de hauteur et 25 millimètres d'épaisseur. Elles étaient reliées les unes aux autres

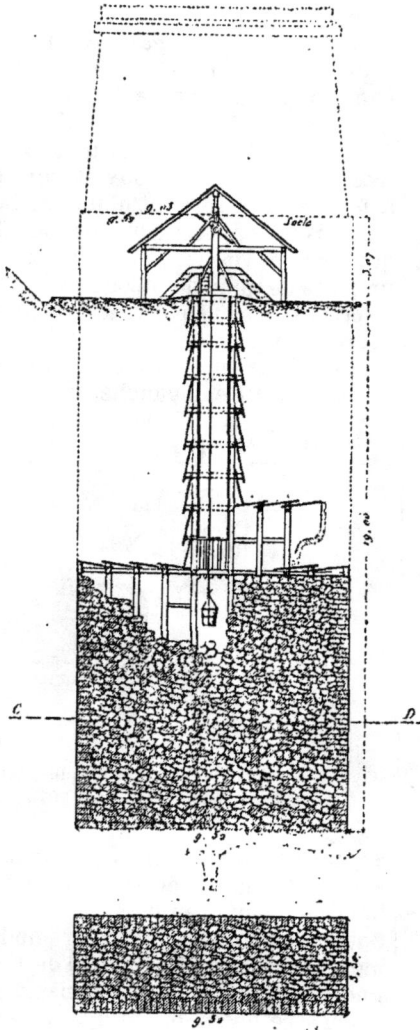

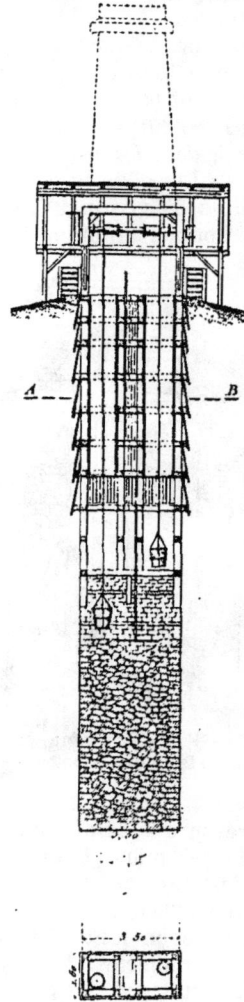

Fig. 709. — Fondation d'une pile de viaduc sur le versant d'une vallée. — Coupe verticale suivant le grand axe de la pile et coupe horizontale CD.

Fig. 710. — Fondation d'une pile de viaduc sur le versant d'une vallée. — Coupe verticale suivant le petit axe de la pile et coupe horizontale AB.

par l'intermédiaire de boulons (*fig.* 713) réunissant des brides intérieures consoli- dées par de fortes nervures.

Pour mettre les tubes en place, on a commencé tout d'abord par draguer l'em- placement du lit du canal sur lequel on devait établir la pile ; puis on suspendait la cuve inférieure à des pieux directeurs, au moyen de grands verins, comme l'indique la figure 712, et on mettait au dessus les autres anneaux. Lorsque les cuves étaient descendues dans l'eau jusque sur le fond du lit, de manière que l'anneau supérieur dépassât le niveau de l'eau, on effectuait, à l'intérieur de la cuve, le dragage à l'aide d'une noria qui enlevait jusqu'à

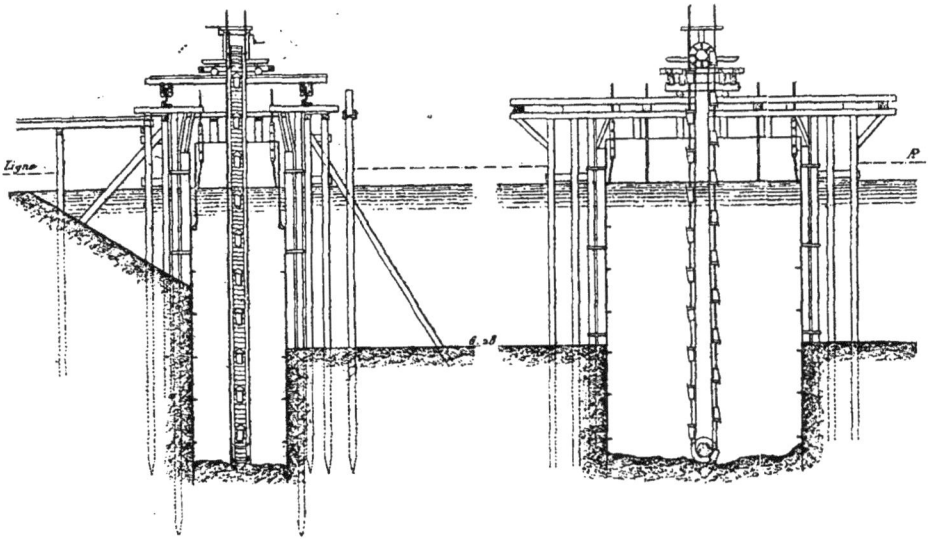

Fig. 711. — Fondation à l'aide d'un puits en fonte, à Amsterdam.

8 mètres cubes de terre par jour ; aussi

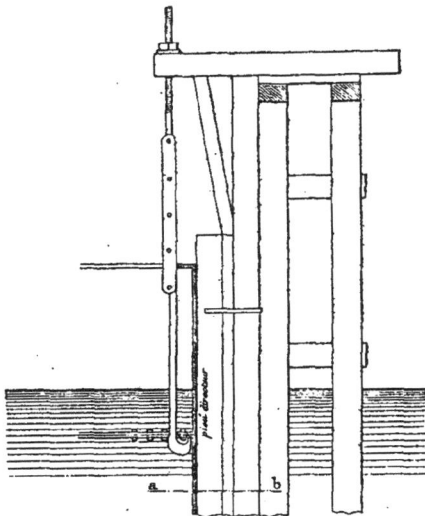

Fig. 712. — Fondation à l'aide d'un puits en fonte à Amsterdam. — Immersion des caissons.

la descente du tube se faisait assez rapi-

dement. Mais lorsque la noria s'approchait du tranchant inférieur de la cuve le sable formant le fond du lit du canal rentrait à l'intérieur ; aussi la quantité de sable draguée fut-elle beaucoup plus grande que la capacité effective de la cuve.

Lorsque le dragage fut terminé et que, par suite, la cuve fut arrivée au terrain solide, on immergea, à l'intérieur, du béton jusqu'à une profondeur d'environ 6 mètres au-dessous du niveau de l'eau (*fig.* 714). Puis on épuisa à l'intérieur de la cuve et on continua la fondation avec de la maçonnerie de ciment, en ayant soin de bien étrésillonner à l'intérieur avec de forts madriers, pour combattre la pression des eaux.

Fondations du pont de Poughkeepsie.

635. Les piles du pont de Poughkeepsie sont fondées à l'aide de caissons construits en madriers de $0,30 \times 0,30$ d'équarrissage (*fig.* 715). Ce caisson est entretoisé par des cloisons longitudinales et transversales. On a décomposé ainsi le vide entre le périmètre du caisson en une série de prismes verticaux à section rectangulaire (*fig.* 716). Les cloisons sont formées par deux pièces de bois de même équarrissage que celles qui constituent le contour du caisson proprement dit. Chaque rangée de madriers était reliée à la précédente par de forts boulons de manière à donner à l'ensemble une solidité suffisante (*fig.* 718).

Pour mettre ce caisson en place, après

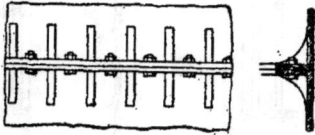

Fig. 713. — Fondation à l'aide d'un puits en fonte à Amsterdam. — Assemblage des cuves.

l'avoir construit sur les rives de l'Hudson-River, on l'a remorqué, dans l'intervalle des marées, jusqu'à l'emplacement où il devait être échoué. Puis on l'a ancré, pour éviter tout déplacement ultérieur, à l'aide de caisses formées par des madriers juxtaposés et réunis par des boulons comme le

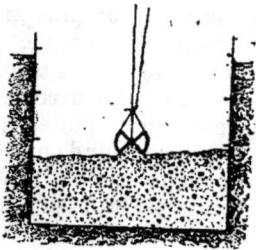

Fig. 714.

caisson lui-même ; ces caisses (*fig.* 719) étaient remplies de grosses pierres, de manière à leur donner un poids de 4 tonnes après leur immersion dans l'eau. Elles étaient maintenues par des câbles en acier de 0,030 de diamètre qui étaient fixés aux angles du caisson. Il fallait évidemment, pour éviter tout déplacement du caisson que les câbles aient tous la

même tension ; cette opération a donné lieu à de grandes difficultés.

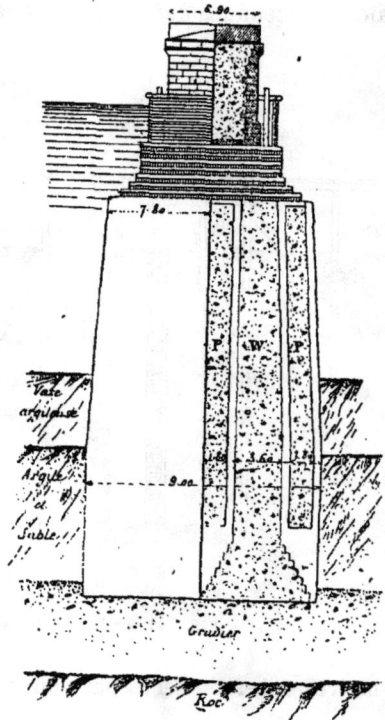

Fig. 715. — Pont de Poughkeepsie. — Demi-élévation et demi-coupe verticale de la fondation d'une pile.

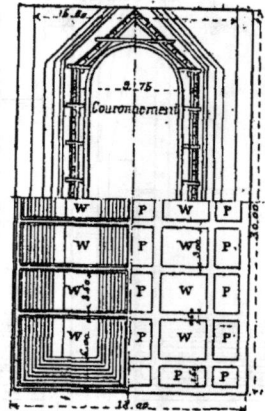

Fig. 716. — Plan du caisson de fondation du pont de Poughkeepsie.

636. Lorsque toutes ces opérations préliminaires ont été effectuées, il a fallu échouer le caisson. A cet effet, on a rempli avec du béton les compartiments du caisson qui sont désignés par la lettre P sur le plan représenté par la figure 716. Ces compartiments sont fermés inférieurement

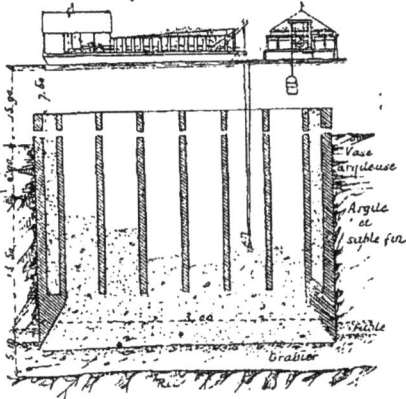

Fig. 717. — Remplissage des caissons de fondation du pont de Poughkeepsie.

par un fond en madriers sur plusieurs rangées. Ces rangées de madriers dimi-

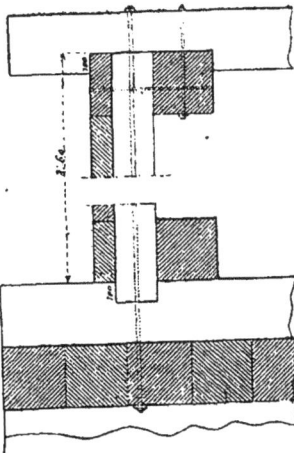

Fig. 718. — Détails des caissons de fondation du pont de Poughkeepsie.

nuent de largeur, de manière à se terminer suivant une arête garnie d'une ferrure pour favoriser la pénétration du caisson dans le terrain solide. Sous le poids additionnel du béton mis dans ces comparti-

ments fermés, le caisson qui flottait s'enfonçait graduellement jusqu'au moment où il reposait sur le sol. Mais comme il fallait faire pénétrer le caisson dans une couche de vase argileuse, et ensuite dans une couche d'argile sableuse, on excavait avec des dragues à mâchoires dans les compartiments marqués avec la lettre W (fig. 715 et 716). Ces compartiments, à l'inverse des autres, sont ouverts à la partie inférieure. Sous l'action de ce dragage le caisson s'enfonçait de plus en plus et, finalement, arrivait jusqu'au gravier sur lequel il devait reposer.

637. Le caisson étant complètement foncé on a rempli tous les casiers avec du béton. Ce remplissage s'est effectué

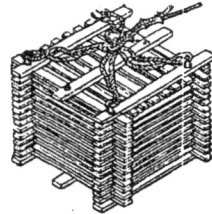

Fig. 719. — Pont de Poughkeepsie. — Ancrage de caissons.

comme l'indique la figure 716. Le béton se faisait sur une plate-forme portée par un chaland. Le mélange du gravier et du ciment était effectué dans un malaxeur à vapeur, au sortir duquel le béton formé tombait dans des caisses d'immersion analogues à celles que nous avons déjà décrites (n° 507). On descendait ces caisses dans les compartiments du caisson à l'aide d'un treuil et on les faisait basculer lorsqu'elles étaient arrivées tout près du niveau du béton déjà coulé. La charge des caisses pleines remontait les caisses vides fixées à l'autre extrémité du câble enroulé sur le tambour du treuil. Le temps perdu était ainsi réduit à son minimum. Lorsque tous les compartiments du caisson ont été remplis on a fait descendre des scaphandriers, pour bien niveler la surface du béton, opération absolument indispensable pour poser par dessus le grillage en charpente destiné à servir de soubassement à la pile en maçonnerie (*fig.* 715). Ce grillage était constitué par des rangées successives de madriers se coupant à angle droit d'une couche à l'autre.

Pour construire par dessus la maçonnerie de la pile, comme le niveau supérieur du grillage était notablement au-dessous des basses eaux, il était indispensable d'employer un petit caisson pour pouvoir épuiser à l'intérieur et élever la pile à l'air libre. Ces petits caissons reposant sur le grillage en charpente étaient chargés suffisamment pour qu'ils ne puissent prendre aucun mouvement sous l'action des eaux. Le béton employé était d'excel-

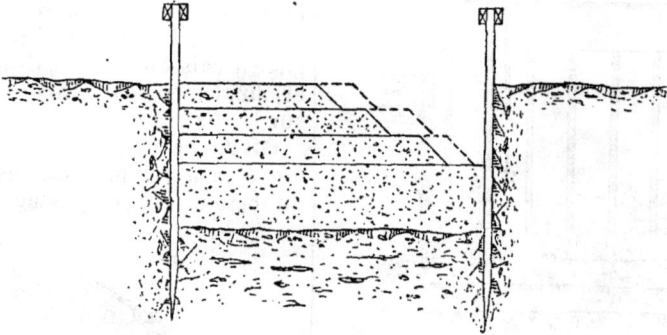

Fig. 719 *bis.*

lente qualité ; on mettait deux barils ordinaires de ciment de Portland pour un mètre cube de gravier.

Coulage du béton sous l'eau.

638. Lorsque la fondation en béton doit être établie à l'air libre, soit dans des fouilles faites en dehors de l'eau, soit dans des batardeaux étanches, l'opération du coulage du béton ne donne lieu à aucune difficulté. Elle peut se faire soit en le jetant directement dans l'enceinte, soit à la pelle, soit avec des wagon-

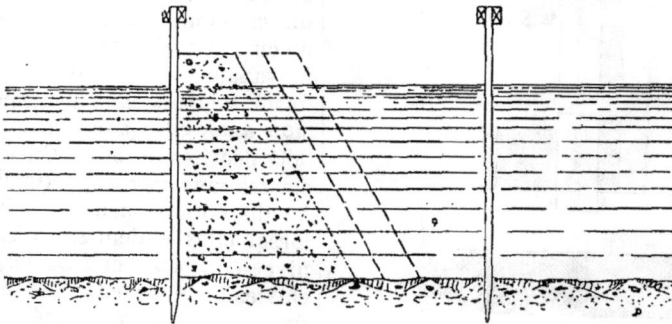

Fig. 720.

nets ou des brouettes en ayant soin de régaler la surface de manière à avoir toujours un plan horizontal. Il faut couler le béton en couches successives de 0m,30 d'épaisseur environ et les pilonner au fur et à mesure de leur pose, de manière à remplir le plus possible les vides.

L'opération doit être conduite de manière que les couches successives se superposent en formant des redans (*fig.* 719 *bis*). Ceci a pour but de mieux liaisonner les parties interrompues, pour une cause quelconque, avec celles qui se font à la reprise du travail. Si le coulage du béton a été suspendu pendant un temps suffisamment long, il faut avoir soin, lorsqu'on le reprend, de bien nettoyer la surface du béton sur laquelle on doit couler la nouvelle couche.

639. Lorsque le béton doit être coulé sous l'eau, c'est-à-dire immergé, l'opération n'est plus aussi simple; elle exige de grandes précautions, car c'est de sa bonne exécution que dépend la solidité de la fondation.

Lorsque le béton doit être coulé à une faible profondeur sous l'eau, 2 mètres au plus, on adopte, en général, *le coulage en talus*.

A cet effet, on commence tout d'abord à immerger une certaine quantité de béton sous l'eau, de manière que la crête de son talus naturel s'élève de $0^m,10$ environ au-dessus du niveau de l'eau (*fig.* 720). On avance ensuite en coulant le béton à la crête de ce talus et en le laissant s'écouler sur le plan incliné suivant lequel se sont étalées les couches précédentes. Au fur et à mesure de l'avancement de l'opération, il faut avoir soin, comme dans le cas du coulage à l'air libre, de damer faiblement la surface du béton, pour que les cailloux qui le constituent prennent les positions les plus favorables.

Mais pendant l'opération du coulage il se forme quelquefois de grandes quantités de laitance, c'est-à-dire de boue blanchâtre ou légèrement colorée semi-liquide et qui reste au-dessus du béton. Il faut absolument s'en débarrasser. Aussi on l'enlève au bas du talus à l'aide de raclettes en tôle ou de larges balais qui l'entraînent dans des trous d'où on l'extrait à l'aide de pompes. Comme le travail ne peut se faire en une seule fois, il faut avoir soin à chaque reprise de nettoyer la surface du béton précédemment coulé, avec de forts balais.

640. Le coulage du béton en talus ne s'emploie pas en général lorsque la hauteur de l'eau dépasse 2 mètres. Dans ce cas, en effet, on se sert de caisses prismatiques ou demi-cylindriques (n° 507) suspendues à l'extrémité d'un câble qui passe sur le tambour d'un treuil qui sert à leur manœuvre. Ces caisses sont remplies de béton puis descendues au fond de l'eau en actionnant le treuil; lorsqu'elles sont arrivées au fond de la fouille ou à une faible distance de la surface du béton précédemment coulé (*fig.* 714) on fait en sorte que, par un moyen quelconque, le fond de la caisse s'ouvre et laisse écouler le béton. Pour éviter le délayement possible, il faut que l'immersion se fasse sans secousse; il faut aussi avoir soin de lisser avec le dos de la pelle la surface du béton dans la caisse, afin d'éviter la pénétration de l'eau pendant l'immersion.

641. Malgré toutes les précautions prises, la laitance se produit toujours en grande quantité. Si on coule le béton dans une enceinte de palplanches non jointives, le courant entraîne la laitance à travers l'intervalle laissé entre les palplanches, intervalle qui est, en général, de 5 centimètres. Si, au contraire, le béton doit être coulé dans un caisson à palplanches jointives, la laitance ne peut s'écouler; elle s'accumule à l'intérieur de l'enceinte et il devient de toute nécessité de l'extraire par des moyens mécaniques. Les moyens adoptés doivent toujours être tels qu'ils ne produisent aucun courant sensible au niveau de la laitance à extraire; les pompes Letestu peuvent être employées pourvu qu'on ait soin de donner au piston un diamètre assez faible.

La laitance est formée en partie par de la chaux délayée et en partie par de la vase qui s'est déposée sur le fond de la fouille après le dragage. Aussi il convient toujours de mettre, dans le mortier qui doit servir à la fabrication du béton, une dose de chaux supérieure à celle qui serait strictement nécessaire si le béton devait être employé à l'air libre.

Au sujet de la formation de la laitance, voici comment s'exprimait M. Vicat, inspecteur honoraire des ponts et chaussées, au moment où cette importante question préoccupait à juste titre les ingénieurs qui, au début, avaient à fonder des ouvrages sur béton immergé [1] : « Si l'on noie dans une abondante quantité d'eau de chaux limpide un volume de pouzzolane quelconque en poudre impalpable, volume égal à peu près au dixième de celui du liquide, que le tout soit placé dans un bocal

[1]. *Annaels des P. et Ch. de* 1854.

beaucoup plus haut que large et bouché, on verra vers le quatrième ou cinquième jour un commencement de foisonnement sur le dépôt assis au fond du bocal; bientôt ce foisonnement prendra une forme gélatineuse, et si l'on renouvelle, de temps en temps, l'eau de chaux qui constitue le bain d'immersion, toute la pouzzolane passera à l'état de flocons gélatineux si légers, qu'ils rempliront toute la capacité du liquide.

Une chaux hydraulique ne produirait pas cet effet, mais si l'on opère l'immersion dans de l'eau de mer, des réactions d'un autre ordre concourront, avec les précédentes, à la production de nouvelles matières à consistance gélatineuse; les sels magnésiens seront décomposés par la chaux et laisseront précipiter leur magnésie. Si l'on bétonne avec des mortiers hydrauliques, leur silice et leur alumine, abandonnées par la chaux passée à l'état de sulfate et de chlorure, resteront suspendues dans le liquide sous forme gélatineuse; dans ces divers cas, comme on le voit, plusieurs substances plus légères que la vraie laitance viendront en augmenter le volume; et ceci n'est pas une théorie seulement, c'est l'expression fidèle de faits matériels qui doivent se produire en grand comme dans le laboratoire, toutes les fois que l'immersion du béton s'effectue dans des enceintes fermées. On comprendra du reste dans quelle mesure ces réactions chimiques et, par suite, les formations boueuses qu'elles engendrent doivent avoir lieu, en supputant les quantités d'eau de mer mises en contact avec les masses de béton immergées; pour s'en former une idée très approximative, nous prendrons pour exemple une caisse cubique d'un mètre cube de capacité, pleine d'eau de mer, à travers laquelle on aurait laissé tomber assez de mortier hydraulique pour décomposer les sels à base de magnésie. Un calcul fondé sur la composition connue de l'eau de la Méditerranée démontre qu'en quelques jours, pour peu que le mortier tarde à se condenser par la prise, il peut s'en séparer, en argile et en chaux sulfatée, 10 kilogrammes et demi à l'état gélatineux, auxquels il faudrait ajouter 5 kilogrammes de magnésie précipitée de l'eau de mer. Or, pour toute personne qui s'est occupée d'analyse, il ne sera pas difficile de comprendre que 15 kilogrammes de matières sous forme gélatineuse sont capables d'occuper largement une capacité liquide d'un mètre cube, si elles n'ont pas eu le temps de se tasser. »

642. *Caisses employées pour le coulage du béton.* — Les caisses employées pour cette opération peuvent être demi-circulaires ou prismatiques.

Les caisses demi-circulaires sont constituées par deux quarts de cylindre en tôle, articulés suivant un axe horizontal (*fig.* 568). Un loquet manœuvré par une ficelle déclanche deux mentonnets qui, n'étant plus solidaires l'un de l'autre, laissent libres les deux portions de cylindre qui

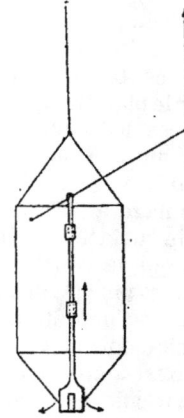

Fig. 721.

constituent la caisse; le béton tombe alors sous l'action de son propre poids.

Pour que l'opération soit faite dans de bonnes conditions, il faut avoir soin de descendre la caisse aussi près que possible de la surface du béton précédemment coulé. Lorsqu'elle est arrivée au niveau convenable, on opère le déclanchement et on soulève la caisse en même temps pour que le béton puisse s'étaler.

La caisse peut aussi être prismatique (*fig.* 721); pour l'ouvrir, on tire une corde qui soulève une tringle maintenant des mentonnets à la partie inférieure. Le poids du béton fait alors ouvrir la caisse qui se vide complètement.

Ces méthodes de vidange de la caisse sont peu à recommander, car des ouvriers peu consciencieux peuvent vider la caisse aussitôt que celle-ci a disparu sous l'eau. Cet inconvénient est très sérieux, car le béton se divise et se lave pendant sa chute dans l'eau ; il n'arrive au fond que le sable et le caillou.

Pour que cette manière d'opérer ne puisse se produire, il faut un système de déclanchement qui se fasse automatiquement lorsque la caisse arrive tout près du fond. Il suffirait par exemple de donner à la barre de déclanchement de la caisse prismatique représentée par la figure 721 un prolongement au-dessous des loquets. Lorsque ce prolongement de la barre au-dessous de la caisse toucherait le fond, la barre se soulèverait, dégagerait les mentonnets et le béton s'écoulerait lentement.

§ IX. — FONDATIONS TUBULAIRES PAR LE VIDE

643. Le système des fondations tubulaires par le vide est dû au docteur Potts, d'Angleterre. Il n'est guère applicable que dans les terrains vaseux ou dans les terrains composés en grande partie de sable, de gravier ou d'argile.

Considérons un tube creux, formé d'anneaux superposés en fonte ou en tôle ; ce tube étant ouvert à la partie inférieure et fermé en haut par un couvercle parfaitement ajusté et luté sur le tube, de manière que le joint soit parfaitement étanche. Supposons qu'on fasse communiquer l'intérieur de ce tube mis en place avec le corps de pompe d'une forte machine pneumatique à l'aide d'un dispositif quelconque. En actionnant la machine pneumatique, la pression diminuera à l'intérieur du tube ; par suite, en vertu de la pression atmosphérique et de la pression hydrostatique, l'eau et les sables environnants se précipiteront dans le tube. Mais la pression atmosphérique qui s'exerce sur le couvercle supérieur, ainsi que le poids total du tube, tendront à produire son enfoncement. Le tube descendra donc de plus en plus à mesure qu'on renouvellera l'opération après avoir enlevé de son intérieur les matières qui s'y étaient précipitées sous l'effet des forces précédentes.

Pour que l'enfoncement du tube puisse se produire il faut donc que la pression atmosphérique, jointe à la pression hydrostatique, puisse vaincre les frottements qui se produisent à l'intérieur et à l'extérieur du tube. Or, plus l'air sera raréfié à l'intérieur du tube, plus les pressions précédentes agiront, pour une section déterminée du tube. L'effort de l'air dépendra évidemment aussi de la surface du couvercle qui ferme le tube à la partie supérieure.

644. Ce système de fondations a été adopté pour fonder un pont sur le Great-Pée-Dée, sur la ligne de Wilmington à Manchester qui réunit aux routes du Nord les états du Midi des États-Unis d'Amérique.

Les tubes en fonte qui ont servi à l'établissement de ces fondations avaient 1^m,828 de diamètre extérieur et une épaisseur de 50 millimètres. Ils étaient formés d'une série d'anneaux circulaires de 2^m,75 de hauteur reposant les uns sur les autres à l'aide de rebords intérieurs réunis par de forts boulons. L'anneau inférieur était taillé en biseau de manière à faciliter son entrée dans le sol.

L'outillage employé pour l'enfoncement des tubes se composait :

1° D'une machine à vapeur à haute pression d'une puissance de huit chevaux ;

2° De deux pompes pneumatiques à cylindres et pistons avec soupapes en cuir. La course des pistons était de 300 millimètres.

Tout cet outillage était porté par deux bateaux reliés l'un à l'autre.

Pour enfoncer un tube, on le mettait d'abord en place et on le reliait à un évacuateur à l'aide d'un tuyau d'aspiration, fixé sur le couvercle. Cet évacuateur était un récipient formé par deux anneaux du tube solidement fixés l'un à l'autre. Deux calottes en fonte formaient les extrémités de ce récipient dans lequel on faisait le vide et qu'on mettait ensuite en communication avec le tube de manière à produire dans ce dernier la raréfaction de l'air et, par suite, son enfoncement.

Le fond du lit de la rivière étant formé par un sable pur d'une assez grande finesse l'enfoncement se faisait avec une assez grande facilité. Cependant la pression atmosphérique devenait quelquefois impuissante à faire descendre le tube et il fallait entrer à l'intérieur pour enlever les sables qui arrêtaient l'enfoncement. Il arrivait, en effet, que lorsque, par suite de la raréfaction de l'air, la hauteur du sable qui se précipitait dans le tube atteignait environ 1^m,90, il était impossible de faire descendre davantage le tube. L'eau s'élevait alors rapidement à l'intérieur et, pour la chasser, il fallait employer de l'air comprimé.

§ X. — FONDATIONS A L'AIR COMPRIMÉ

Considérations générales.

645. Le système de fondations par l'air comprimé est une invention française. M. Triger, ayant à percer un puits dans une île située au milieu du lit de la Loire, tout près de Chalonnes, essaya tout d'abord sans aucun succès les moyens connus à cette époque. Le lit de la Loire étant formé, dans cette région, de gravier perméable, il n'était pas possible d'effectuer les épuisements pour pouvoir travailler à sec à l'intérieur du puits.

Il enfonça alors, à travers le gravier et à l'aide d'un mouton, un tube en tôle d'un peu plus de 1 mètre de diamètre. Mais comme l'eau et le sable emplissaient le tube, il établit au-dessus de celui-ci un sas à air et fit arriver à l'intérieur du tube de l'air comprimé dont la pression était suffisante pour chasser l'eau et permettre, par suite, de travailler à sec dans ce puits en tôle.

646. Le principe des fondations par l'air comprimé était donc trouvé et, depuis cette époque, on a pu établir des fondations à plus de 30 mètres au-dessous du niveau des eaux, avec la plus grande sécurité puisqu'on peut examiner le terrain sur lequel on doit établir les bases de l'ouvrage à construire. Du reste, les nombreux perfectionnements qui ont été apportés à la construction des caissons permettent de dire que les fondations à air comprimé sont, le plus souvent, économiques non seulement pour les grands ouvrages mais aussi pour ceux d'importance moyenne, car l'emploi des batardeaux avec épuisements, ou de caisses sans fond, a donné lieu souvent à des dépenses beaucoup plus considérables que celles qui avaient été prévues. C'est du moins ce qui résulte de la comparaison des prix de fondations exécutées dans des conditions identiques pour des ponts voisins les uns des autres et sous la même direction.

Cette comparaison qui a été faite par M. Liébaux, ingénieur des ponts et chaussées, pour quatre ponts qu'il a établis sur la Dordogne et sur l'Isle, est reproduite dans le tableau A (page 554).

Fondations des piles du pont de Rochester.

647. La première application de l'emploi de l'air comprimé dans les fondations fut faite lors de la construction du pont de Rochester en Angleterre.

Les piles de ce pont devaient tout d'abord être fondées par le procédé pneumatique du docteur Potts, mais, par suite de difficultés qu'on supposait devoir se produire, on abandonna ce projet et on résolut d'adopter le procédé Triger.

A cet effet, on surmonta les tubes de sas à air qu'on pouvait mettre en communication soit avec le tube, soit avec l'atmosphère. A l'intérieur du tube, où arrivait

TABLEAU A.

DÉSIGNATION		MODE DE FONDATION OBSERVATIONS	PROFONDEUR D'EAU	BASE OU SECTION DE FONDATIONS (environ)	PROFONDEUR SOUS L'ÉTIAGE	CUBE	PRIX DU MÈTRE CUBE ACHAT du matériel COMPRIS	NON COMPRIS	DURÉE d'exécution
			mètre	m²	mètre	mètre	fr,	fr.	
Pont de Laroche sur l'Isle	Pile 1	*Fond de Calcaire assez dur recouvert de gravier* Emploi de batardeau formé par deux lignes de pieux et palplanches et remplissage en terre forte.............	2.70	»	»	98.82	146.60	136.50	64 jours
	2		2.80	»	»	92.60	138.84	128 »	
Pont de Beynac sur la Dordogne	Pile 1	*Fond de rocher Calcaire dur recouvert de gravier* Digue isolant de la rivière l'emplacement de la pile, et fouille blindée.	0.50	36.00	3.10	154.18	134 »	114 »	45 jours
	2	Caisson sans fond posé après dragages avec drague à vapeur. — Emploi de scaphandres...............	3.00	»	3.00	156.00	159 »	130 »	54 —
	3	Caisson sans fond posé après dragages avec drague à vapeur — Emploi de scaphandres...............	3.10	»	3.10	152.71	191 »	168 »	57 —
	4	Caisson sans fond posé après dragages avec drague à vapeur. — Difficulté par rencontre d'une croûte rocheuse empêchant l'épuisement et formant faux-fond.	3.20	»	3.90	182.29	271 »	244 »	5 mois
Pont du Perk sur la Dordogne	Pile 3	*Fond de rocher recouvert de gravier* Fondations à l'air comprimé,	environ 4.00	36.00	environ .4.00	177.67			jours 20 à 30
	4	Avec caisson du système ordinaire...................	»	»	»	164.45	150	150	—
	5	Marché à forfait............	»	»	»	164.05			—
	6	Entrepreneur M. Montagnier.	»	»	»	160.09			—
Pont du Garrit sur la Dordogne	Pile 6	*Fond de rocher recouvert de gravier* Fondation par digue et fouille blindée..................	1.80	36.00	»	73.50	»	88.50	»
	5	Fondation par digue et fouille blindée. — Dépense exceptionnelle par suite d'une faible argileuse..........	2.00	»	»	91.50	»	148.70	»
	4	Fondation par caisson sans fond....................	2.20	»	»	86.65	»	198.30	77 jours
	3	Travail entravé par de petites crues..................	2.30	»	»	84.76	»	173.60	55
	2	Fondations en partie à l'air comprimé..............	2.00	»	2.30	58.32			45 —
	1	En partie à l'air libre avec épuisements par le caisson batardeau métallique divisible et mobile système de M. Montagnier..........	1.90	»	2.20	73.48	318 »	318 »	15

l'air comprimé, on mit un tuyau affectant la forme d'un siphon dont la grande branche située à l'intérieur du tube plongeait dans l'eau à évacuer et dont la petite, sortant du tube à la partie supérieure, se recourbait à cet endroit, de manière à descendre un peu au-dessus du niveau de l'eau de la rivière.

L'air comprimé agissant sur la surface de l'eau, à l'intérieur du tube, forçait celle-ci à monter dans la grande branche du siphon et à s'échapper par la petite. Un robinet à la partie inférieure de la grande branche permettait de fermer celle-ci lorsque l'épuisement était terminé, afin d'empêcher l'air comprimé de s'échapper par le siphon.

Comme la pression de l'air à l'intérieur du tube pouvait devenir suffisamment forte pour le soulever il était utile de surcharger le tube pour éviter cet effet. On employa alors des contrepoids qui avaient, en outre du but précédemment énoncé, celui d'aider à l'enfoncement du tube. Ces contrepoids étaient constitués par deux fortes poutres reposant sur le sommet du tube à enfoncer, attachées à une de leurs extrémités à des tubes voisins, et à l'autre extrémité supportant un cylindre en fonte d'un poids considérable.

Les tubes employés à la fondation des piles du pont de Rochester étaient en fonte ; ils avaient 1 mètre de diamètre et étaient réunis entre eux à l'aide de boulons traversant des brides intérieures. Ces tubes ont été remplis de béton.

Le même procédé de fondation fut ensuite employé au pont de Mâcon, sur la Saône, et au pont de Saltash, près Plymouth, en Angleterre.

Principes des méthodes de fondations à l'air comprimé.

648. Peu de temps après, la méthode par l'emploi de l'air comprimé fut modifiée et on eut deux systèmes différents pour l'exécution des fondations :

1° Fondations par l'air comprimé, avec rentrée d'eau ;

2° Fondations par l'air comprimé sans rentrée d'eau, c'est-à-dire le procédé Triger.

L'emploi de l'air comprimé est tout à fait différent dans ces deux méthodes.

649. *Fondations à l'air comprimé avec rentrée de l'eau.* — Dans la première méthode, on commence, comme nous l'avons dit, après avoir surmonté le tube de son écluse à air et du contrepoids, à envoyer l'air comprimé pour chasser l'eau de l'intérieur du tube, soit par son rebord inférieur, soit par le siphon déjà décrit (647).

Lorsque l'épuisement est terminé les ouvriers descendent dans le tube et enlèvent les terres jusqu'au niveau inférieur de celui-ci. Ce travail terminé, on fait sortir les ouvriers avec tous leurs outils et on met l'écluse à air en communication avec le tube et avec l'atmosphère. L'air comprimé s'échappe ; l'eau extérieure n'étant plus maintenue en équilibre rentre violemment dans le tube par la partie inférieure en entraînant forcément avec elle la terre qui se trouve sous les rebords du tube. Ce dernier descend alors sous l'action de son poids et aussi du contrepoids qu'on a eu soin d'ajouter à sa partie supérieure. Le mouvement s'arrête lorsque l'eau et le sable sont montés à l'intérieur du tube à un niveau tel qu'ils font équilibre aux pressions qui s'exercent tout autour du tube au niveau de sa base, et que le frottement développé pendant la descente équilibre le poids de celui-ci.

Lorsque le tube est définitivement arrêté, on ferme la communication du sas à air avec l'atmosphère et on renvoie de l'air comprimé dans le tube de manière à en chasser l'eau qui y est rentrée dans l'opération précédente. Celle-ci étant évacuée une deuxième fois par l'air comprimé, les ouvriers redescendent et enlèvent les déblais jusqu'au bord inférieur du tube. Ceci fait, on provoque une nouvelle rentrée d'eau et on continue ainsi jusqu'à ce qu'on soit parvenu au bon sol.

650. *Méthode de l'air comprimé sans rentrée d'eau.* — La méthode de l'air comprimé proprement dit est absolument différente. On emploie, comme dans le cas précédent, un tube recouvert d'un sas à air, mais celui-ci contient en outre à la partie inférieure une chambre de travail dans laquelle se trouvent les ouvriers. Cette chambre est séparée du reste du tube par une cloison en tôle qui forme plafond et qui est à 3 ou 4 mètres au-dessus du fond.

La chambre de travail *t* communique (*fig.* 722) avec le sas à air *e*, par l'intermédiaire d'une cheminée en tôle *c*, située à l'intérieur du tube et qui sert à l'extraction des déblais et à la descente des ouvriers. On conçoit que toute la partie du tube autour des cheminées entre le sas à air et la chambre de travail est complètement inutile puisque les ouvriers n'ont jamais besoin d'y pénétrer ; elle ne sert que de moule à la fondation. Aussi, dès le début, on remplit cette partie de béton de ciment, dont le poids, favorisant la descente du tube, produit le même effet que les contrepoids employés au pont de Rochester (voir plus loin : Fondation du viaduc d'Argenteuil).

On commence par descendre le tube ainsi chargé de manière à le faire reposer sur le lit de la rivière ; puis, on met le sas à air en communication avec la chambre de travail, par l'intermédiaire de la cheminée verticale. Ceci fait on fait arriver l'air comprimé dans le tube et, par suite, dans la chambre de travail ; l'eau est refoulée et les ouvriers peuvent descendre jusqu'au fond du tube creuser le sol et charger les déblais dans des bennes mues à l'intérieur des cheminées par des treuils situés dans le sas à air. A mesure que les ouvriers enlèvent la terre sous le tube, celui-ci descend sous l'action du poids de béton qu'il renferme autour de la cheminée *c*, poids qui doit être beaucoup supérieur à celui nécessaire pour s'opposer au soulèvement du tube par l'air comprimé et pour vaincre les frottements qui naissent sur toute sa surface extérieure pendant la descente.

On voit que la méthode de l'air comprimé proprement dit est beaucoup plus générale que celle de la rentrée de l'eau, puisque celle-là peut s'appliquer à tous les terrains tandis que celle-ci ne peut pas donner de bons résultats dans les terrains compacts. Parmi les ponts qui ont été fondés à l'aide de ces deux méthodes nous pouvons citer, pour la première, le

pont de Bordeaux, sur la Garonne, et, pour la deuxième, le pont d'Argenteuil.

651. *Entrée et sortie des ouvriers.* — Examinons de quelle manière se font la rentrée et la sortie des ouvriers. Soit *e* (*fig.* 722) l'écluse ou sas à air en communication avec la chambre de travail *t* par la cheminée *c*. Cette écluse est munie de deux portes *s* et *s'* ; la première la fait communiquer avec l'atmosphère, et la deuxième avec l'air comprimé de la chambre de travail *t*.

Pour entrer dans le caisson, les robinets

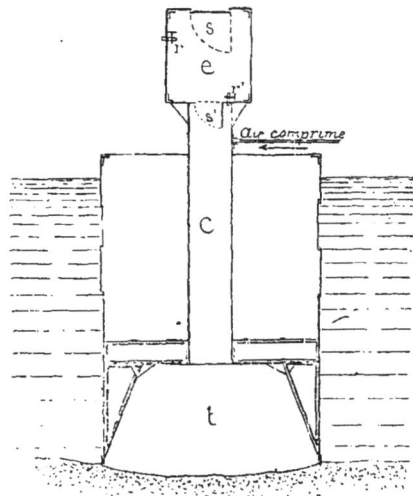

Fig. 722.

r et *r'* étant fermés, on pénètre par la porte *s* dans l'écluse *e*, qui se trouve alors remplie d'air à la pression atmosphérique. La porte *s'* sera maintenue fermée par l'excès de la pression d'air comprimé en *c*.

Lorsqu'on est dans l'écluse, on ferme la porte *s* et on ouvre le robinet *r'* qui laisse entrer l'air comprimé de *c* en *e* ; la pression augmente donc dans cette dernière capacité et devient égale à celle qui agit en *c*. A ce moment, la porte *s'*, soumise sur ses deux faces à deux pressions sensiblement égales, s'ouvre sous l'influence de la pesanteur. La porte *s*, au contraire, reste fermée par l'excédent de la pression intérieure sur la pression extérieure. On n'a plus alors qu'à descendre dans la chambre de travail par benne ou échelles situées dans la cheminée c.

Pour sortir du caisson, on remonte par la cheminée c dans l'écluse à air e, on ferme derrière soi la porte s', la porte s étant maintenue fermée par l'excès de la pression intérieure sur la pression atmosphérique. Puis le robinet r' étant fermé on ouvre le robinet r qui laisse échapper dans l'atmosphère l'air comprimé. La pression diminue dans l'écluse à air et l'équilibre des pressions en e et au dehors s'établit peu à peu. La porte s, soumise sur ses deux faces à des pressions sensiblement égales, s'ouvre sous l'action de son poids et permet de sortir du caisson.

I. — FONDATIONS TUBULAIRES

Fondations à l'air comprimé avec rentrée de l'eau.

652. Parmi les principaux ponts fondés par la méthode de l'air comprimé avec rentrée de l'eau on peut citer le pont de Moulins sur l'Allier, le pont de Szégédin sur la Theiss, en Hongrie, et le pont de Bordeaux sur la Garonne.

FONDATIONS DU PONT DE MOULINS SUR L'ALLIER

653. A l'endroit où devait être établi le pont de Moulins, l'Allier a un lit formé de sable à la partie supérieure, sur une épaisseur de 6 mètres environ. Au dessous, on trouve une faible épaisseur de gravier argileux et enfin une couche de marne compacte inaffouillable.

Les piles devaient être formées au moyen de deux tubes chacune. Ces tubes se composaient d'une série d'anneaux de 2m,50 de diamètre et de 1 mètre de hauteur. Les joints étaient faits avec soin.

La descente du tube se faisait régulièrement, car on avait pris la précaution de les guider par trois châssis fixés à des échafaudages extérieurs.

Les sas à air qui surmontaient les tubes avaient 2 mètres de diamètre, dimension insuffisante pour la commodité des manœuvres. L'air comprimé, fourni par des compresseurs installés sur des bateaux et actionnés par des machines à vapeur d'une force de 14 chevaux, était amené au sas par un tuyau en cuir parfaitement emboîté

dans une ouverture à collerette pratiquée dans celui-ci.

La descente des tubes ne s'est pas toujours faite régulièrement, car leur poids n'était pas suffisant pour vaincre la sous-pression due à l'air comprimé. Le tube restait donc comme suspendu, malgré l'enlèvement des terres au-dessous de sa base inférieure, et il fallait faire évacuer l'air comprimé pour que l'eau, par sa rentrée violente dans le tube, favorisât

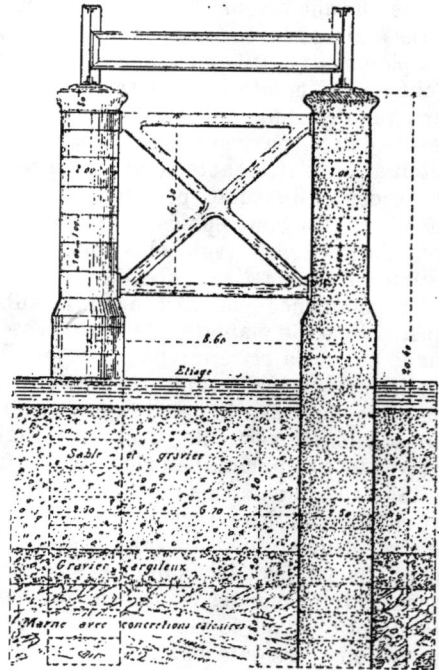

Fig. 723. — Pont à piles tubulaires sur l'Allier.

sa descente, comme nous l'avons dit lorsque nous avons décrit d'une manière générale la méthode dite de la rentrée de l'eau (649). Cette méthode dut cependant être abandonnée dans la traversée de la couche de sable, car l'aspiration violente de l'eau à l'intérieur du tube entraînait toujours une trop grande quantité de sable. On facilita alors la descente du tube par une forte surcharge ajoutée à son sommet.

PONT DE SZÉGÉDIN, SUR LA THEISS, EN HONGRIE

654. Chacune des piles de ce pont est

fondée à l'aide de deux tubes en fonte de

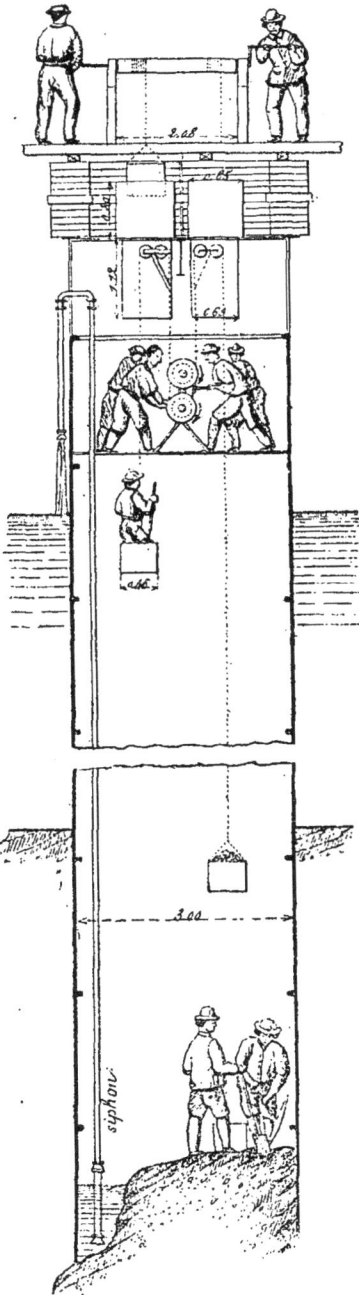

Fig. 724. — Pont de Szégédin. — Coupe verticale suivant l'axe d'un tube de fondation pendant les travaux.

3 mètres de diamètre et de 0^m,035 d'épaisseur. Ces tubes sont espacés de 4 mètres d'axe en axe et sont entourés d'une enceinte de pieux et palplanches, à l'intérieur de laquelle on a coulé du béton, comme l'indique la figure 726. L'enceinte de pieux et palplanches est défendue par des enrochements contre l'action des eaux et des corps flottants.

Les tubes ont été foncés jusqu'à 12 mètres au-dessous de l'étiage ; ils sont remplis de béton reposant sur des pilots qui s'enfoncent jusqu'à une profondeur de 15 mètres au-dessous du fond du lit de la rivière.

Les tubes qui ont servi aux fondations du pont de Szégédin sont formés par la superposition d'une série d'anneaux de 1^m,815 de hauteur et de 3 mètres de diamètre intérieur. L'assemblage de deux tubes se faisait à l'aide d'un emboîtement et de brides intérieures réunies par de forts boulons (*fig.* 725). Ces brides, entre lesquelles on mettait du mastic de fonte pour obtenir un joint absolument étanche, étaient réunies aux tubes par des nervures.

655. Les tubes ont été foncés par la méthode de l'air comprimé avec rentrée de l'eau. Au-dessus de chacun d'eux on mettait un sas à air en tôle pouvant communiquer soit avec l'extérieur, soit avec le tube. Lorsque tout a été installé, y compris les contrepoids, formés par des blocs de fonte (*fig.* 724), on a envoyé l'air comprimé qui a chassé l'eau de l'intérieur du tube à l'aide d'un siphon. Lorsque les épuisements ont été terminés, les ouvriers sont descendus dans le tube pour procéder à l'enlèvement des déblais. La descente du tube s'est faite d'une manière analogue à celle du tube du pont de Moulins. Elle a du reste été très irrégulière car le frottement était très faible dans le sable et le gravier fin et était, au contraire, très grand dans l'argile.

Lorsque le tube a été complètement foncé on a enlevé le sas à air et on a apporté des sonnettes destinées à battre les pieux qui devaient resserrer le terrain à la partie inférieure des tubes et, par suite, à le rendre le plus possible étanche à ce niveau. On battait douze pieux dans chaque tube ; chacun d'eux était enfoncé jusqu'à ce que leur pénétration dans le sol ne fût

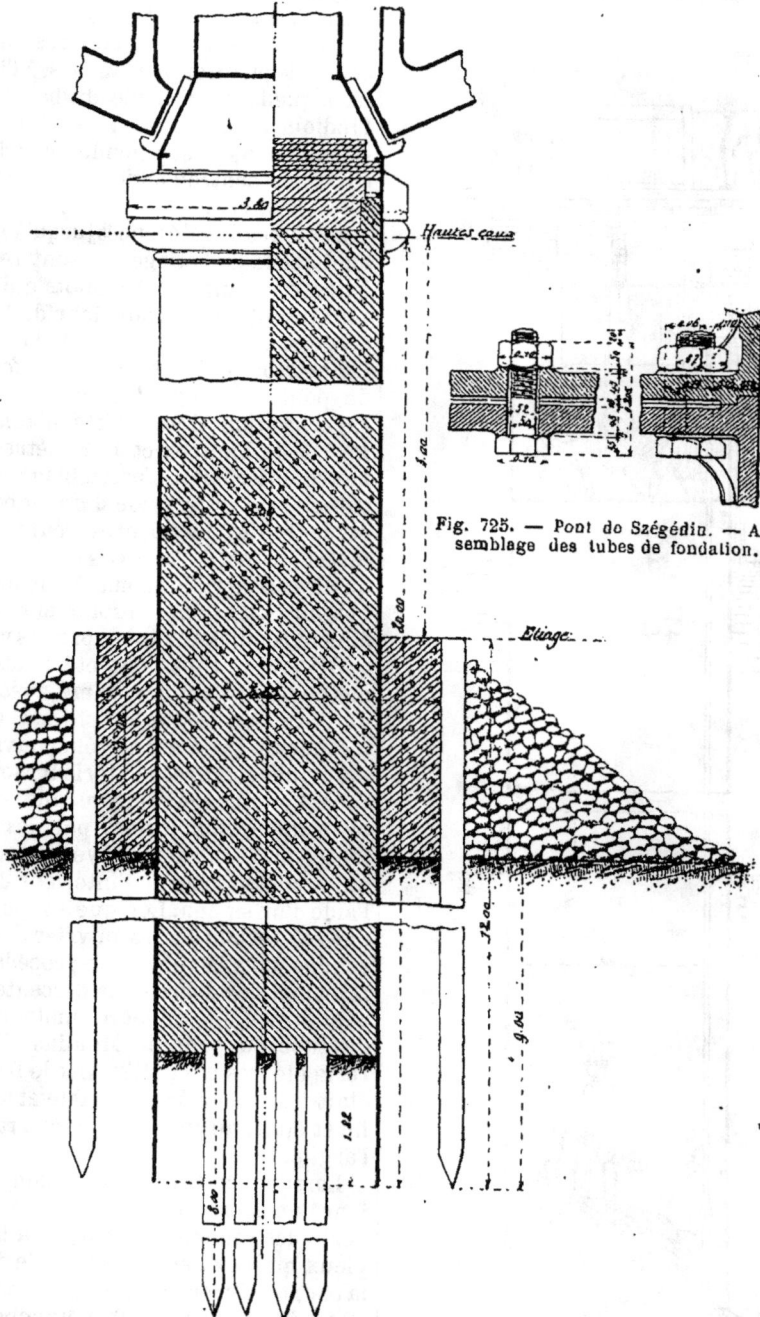

Fig. 725. — Pont de Szégédin. — Assemblage des tubes de fondation.

Fig. 726. — Pont de Szégédin. — Coupe verticale de la fondation terminée.

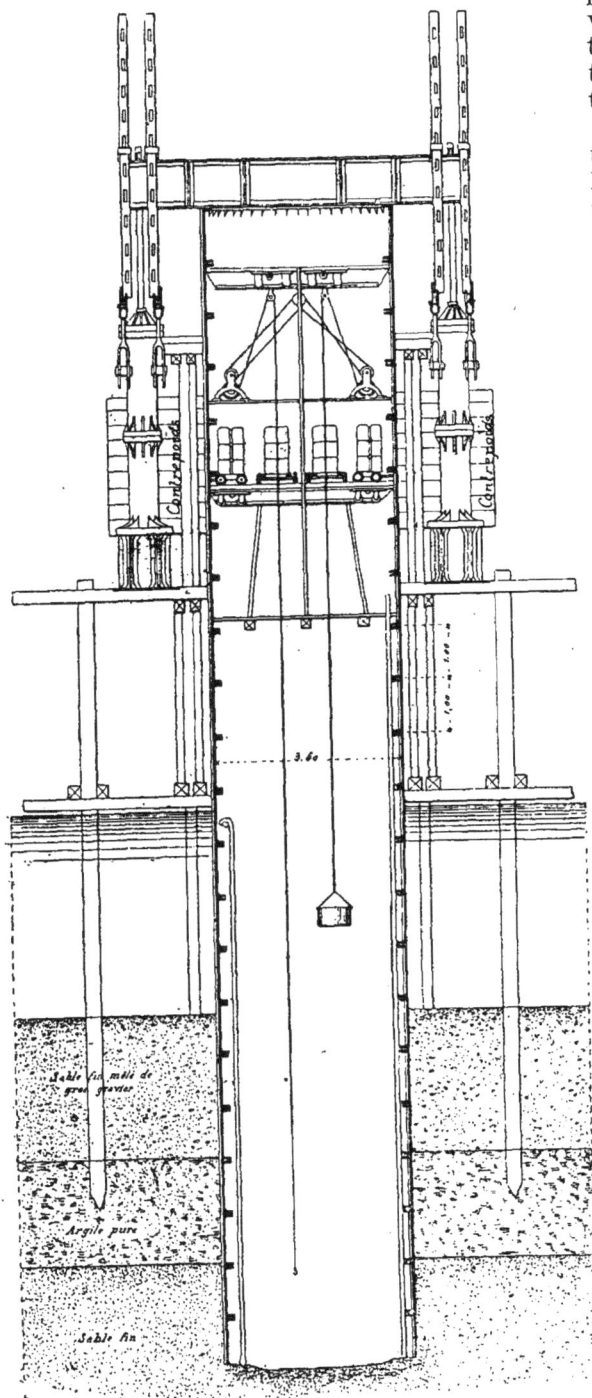

Fig. 727.

plus que de 0m,15, sous une volée de dix coups d'un mouton du poids de une tonne tombant de 6 mètres de hauteur.

Le battage de ces pieux terminé, on a remis en place le sas à air et envoyé à nouveau de l'air comprimé pour enlever l'eau qui était rentrée à l'intérieur du tube. On a pu ainsi récéper facilement les pieux. Lorsque cette opération a été terminée on a descendu des seaux de béton qu'on a répandu sur tout le fond entre les têtes des pieux. Puis, ensuite, les ouvriers étant remontés, on garnissait les sas avec du béton et on ouvrait la porte qui le mettait en communication avec le tube. Le béton tombait alors au fond et les ouvriers descendaient le pilonner facilement. Lorsque la couche de béton a été suffisamment haute pour équilibrer la pression de l'eau extérieure on a enlevé les sas à air et on a continué le bétonnage à l'air libre.

FONDATIONS DES PILES DU PONT DE BORDEAUX, SUR LA GARONNE.

656. Le pont de Bordeaux, sur la Garonne, est à tablier métallique ; il sert à relier le réseau de la Compagnie du Midi à celui de la Compagnie d'Orléans. Il fallait descendre à une profondeur d'environ 17 mètres au-dessous du fond du lit du fleuve pour trouver un gravier assez résistant pour pouvoir y asseoir les fondations. Les tubes étant engagés dans ce gravier sur une hauteur de 2 mètres avaient 25 mètres de longueur totale. La profondeur de l'eau était d'environ 13 mètres à haute mer et 7 mètres à basse mer.

La méthode adoptée pour le fonçage des tubes du pont de Bordeaux est celle qui a été employée auparavant aux ponts de Moulins et de Szégédin. Mais à ces

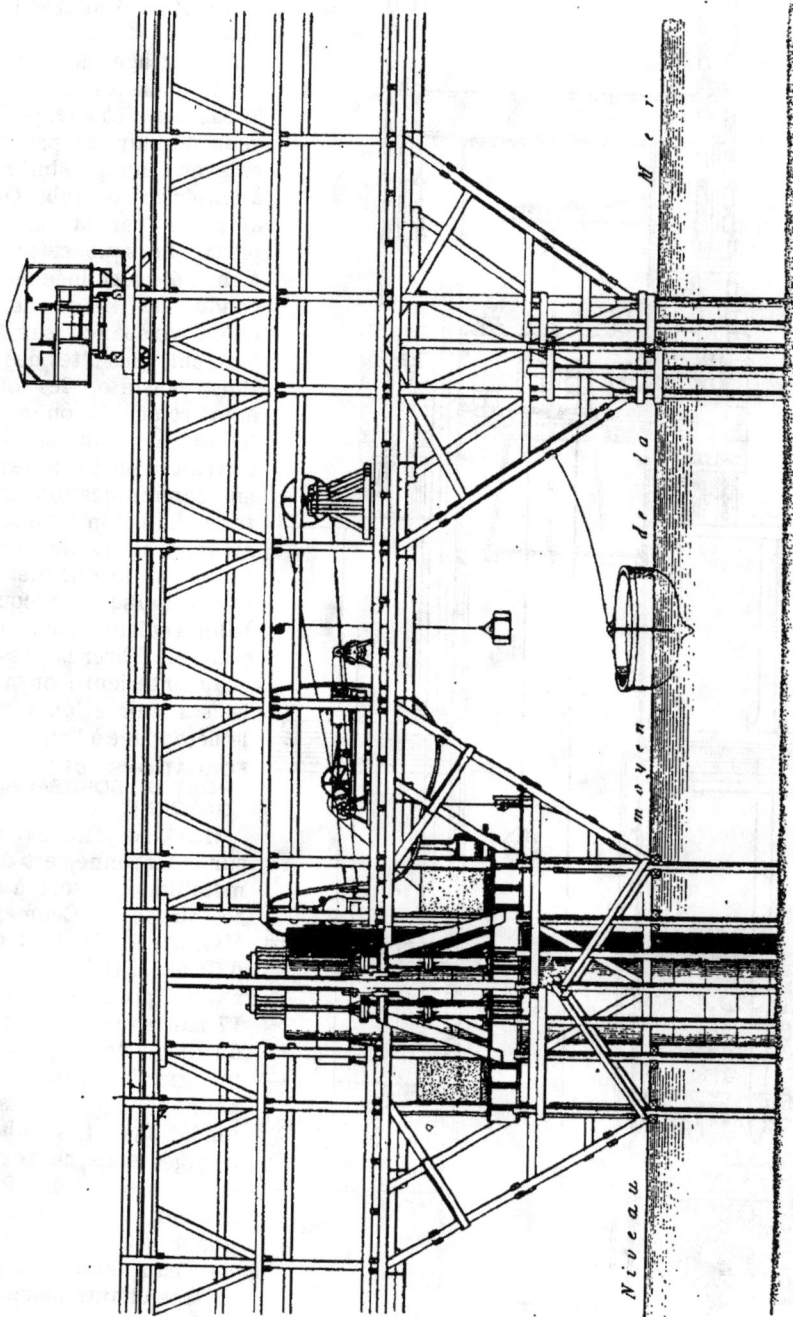

Fig. 728. — Pont de Bordeaux, sur la Garonne. — Système employé pour le fonçage des tubes.

derniers ponts le sas à air coiffait le tube à la partie supérieure et c'était autour de lui qu'on mettait les contrepoids qui avaient pour but de s'opposer au soulèvement du tube par la pression de l'air comprimé. Cette disposition n'était pas sans présenter quelques inconvénients surtout lorsque, par suite de l'enfoncement du tube, il fallait ajouter de nouveaux anneaux. Il fallait alors enlever le sas à air et le contrepoids, ce qui était une opération longue et pénible. De plus à certains moments le tube descendant brusquement, lorsque le terrain traversé offrait peu de consistance, il est évident que dans ce

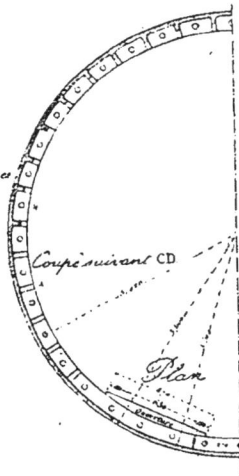

Fig. 729. — Pont de Bordeaux, sur la Garonne.
Coupe horizontale d'un tube.

cas l'emploi des contrepoids agissant d'une manière continue était dangereux.

Au pont de Bordeaux le sas à air était formé par le tube lui-même dans lequel on ajustait deux diaphragmes en tôle servant de portes d'entrée et de sortie et pouvant se déplacer aisément d'un anneau à l'autre. On pouvait alors ajouter de nouveaux anneaux, sans qu'il soit besoin d'enlever le sas, comme dans les cas précédents.

L'autre modification était relative au contrepoids. Celui-ci n'agissait plus directement sur le tube. Il reposait sur le pont de service et agissait au moment voulu,

suivant les besoins, par l'intermédiaire d'un joug placé sur le tube et fixé à ses extrémités à des pressés hydrauliques. On conçoit qu'avec cette disposition, il ait été facile de faire agir le contrepoids dans la

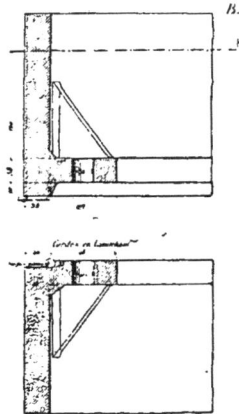

Fig. 730. — Pont de Bordeaux, sur la Garonne.
Assemblage des tubes de fondation.

proportion voulue suivant qu'on traversait un terrain résistant ou un terrain mou.

Les tubes employés étaient en fonte, leur diamètre était de $3^m,60$ et leur épaisseur de $0^m,040$. Les joints des tubes étaient tournés de manière à obtenir un contact aussi parfait que possible. Comme le montre la figure 730, on avait mis dans l'angle de l'anneau inférieur un cordon en caoutchouc qui, sous la pres-

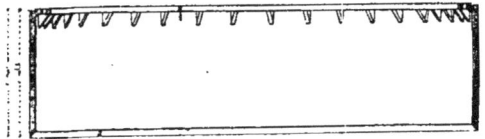

Fig. 731. — Pont de Bordeaux, sur la Garonne. — Cylindre coupant au bas du tube.

sion du tube supérieur, donnait un joint absolument étanche.

657. Pour foncer les tubes, on évitait d'employer les brusques rentrées d'eau, car en même temps il se produisait forcément un grand entraînement de terres qu'il fallait enlever ensuite, d'où une grande dépense. On préférait diminuer peu à peu la pression de l'air comprimé à l'intérieur du tube. Quand cette pression était suffisamment basse on agissait sur les presses hydrauliques, pour, produire l'enfoncement du tube. Ceci fait on remettait le tout en place, on chassait l'eau et on déblayait au fond.

658. Le montage des déblais se faisait mécaniquement avec un arbre de couche traversant la paroi du tube à l'aide d'un presse-étoupes. Cet arbre était actionné par une locomobile extérieure par l'intermédiaire d'une courroie qu'on allongeait ou qu'on diminuait suivant le degré d'enfoncement du tube (*fig.* 727 et 728). Sur la partie de l'arbre située à l'intérieur du tube étaient calés deux tambours commandant les treuils sur lesquels s'enroulaient les câbles servant à l'extraction des déblais. L'embrayage ou le désembrayage s'obtenait à l'aide d'une poulie folle. On montait ainsi six tournées de trente-quatre bennes en douze heures, soit 13 mètres cubes environ.

Lorsque le sas à air était complètement garni par les bennes, on y faisait rentrer un peu d'air après avoir fermé la communication avec l'intérieur du tube. Ceci fait, on vidait les bennes dans un couloir qui conduisait les déblais dans des bateaux destinés à les recevoir.

659. Lorsque les tubes ont été complètement foncés il a fallu les remplir de béton. Celui-ci était fabriqué sur le pont de service et était amené par brouettes dans un entonnoir en bois dont le fond était au-dessus d'une des portes du sas à air. Au dessous, mais à l'intérieur du sas, se trouvait un deuxième entonnoir.

L'entonnoir supérieur, situé à l'air libre, étant plein, on ouvrait la porte du plateau supérieur du sas, l'autre, celle du plateau inférieur étant fermée ; le béton passait ainsi d'un entonnoir dans l'autre. On fermait alors la porte supérieure, c'est-à-dire qu'on supprimait la communication du sas avec l'atmosphère. Les ouvriers ouvraient ensuite les robinets d'air comprimé pour se mettre graduellement en équilibre, puis ils ouvraient la porte inférieure, c'est-à-dire celle faisant communiquer le sas à air avec le tube proprement

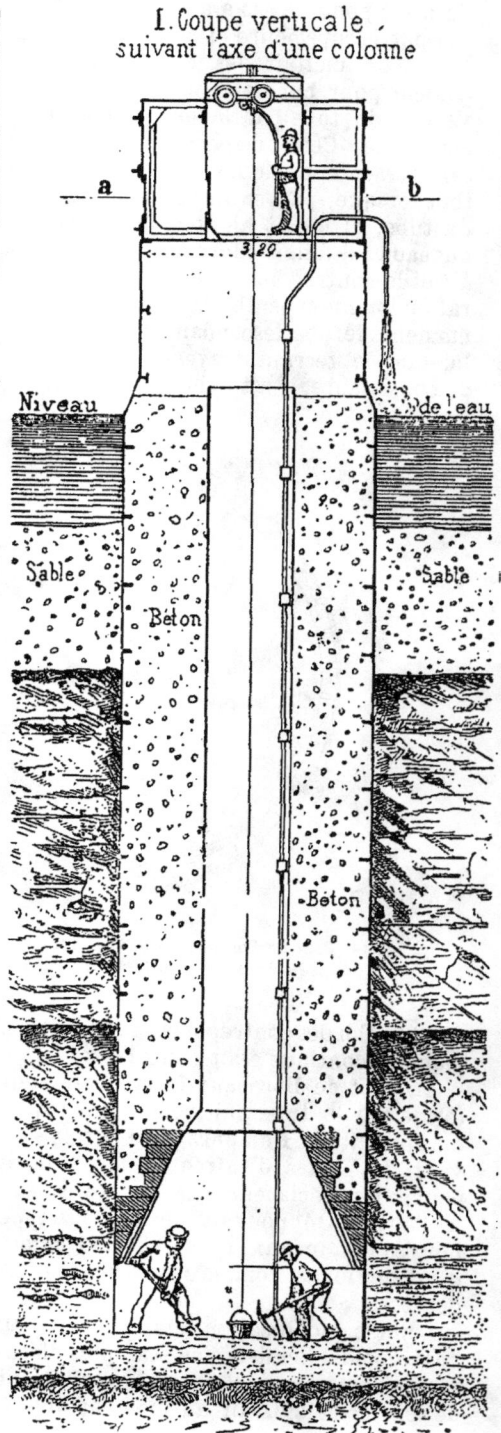

I. Coupe verticale suivant l'axe d'une colonne

Fig. 731 *bis*. — Pont d'Argenteuil. — Coupe suivant l'axe d'une colonne.

dit et laissaient tomber le béton au fond. Ils descendaient ensuite régulariser autant que possible sa surface et le pilonner légèrement. On est ainsi arrivé à écluser 20 mètres cubes de béton en douze heures de travail.

Lorsque la hauteur du béton à l'intérieur du tube fut assez grande pour équilibrer la pression de l'eau extérieure on enleva le sas à air et on continua le bétonnage à l'air libre.

La colonne de béton, parvenue à la hauteur prévue au projet, était surmontée d'assises de pierres de taille sur lesquelles étaient les appareils de roulement servant de supports aux poutres du tablier métallique.

Méthode de l'air comprimé proprement dit.

FONDATIONS DU VIADUC D'ARGENTEUIL SUR LA SEINE

660. Le viaduc d'Argenteuil a été fondé sur un terrain composé d'une série de couches de sable, de gravier et de marnes argileuses. La couche sur laquelle devait être établie la fondation était constituée avec de la marne coupée de bancs calcaires. Ces couches argileuses ne permettaient pas d'employer la méthode de fonçage des tubes par la rentrée de l'eau, car elles auraient opposé une trop grande résistance au glissement des tubes. On ne pouvait compter du reste sur la désagrégation d'un pareil sol par la violence de la rentrée de l'eau pour produire l'enfoncement du tube; il fallait donc employer la méthode de fonçage par l'air comprimé proprement dit, c'est-à-dire le procédé Triger.

661. Les tubes en fonte employés à la fondation des piles du viaduc d'Argenteuil se distinguaient des tubes précédents, employés à Szégédin et à Bordeaux, par la construction de leur partie inférieure.

Dans ces derniers, le plafond de la chambre de travail était constitué par l'écluse à air elle-même tandis que, à Argenteuil, les tubes possédaient à leur partie inférieure une chambre de travail absolument séparée du reste des tubes par une cage en fonte de forme conique reposant sur la bride supérieure du der-

nier anneau (fig. 731 bis). Cette charpente en fonte de forme conique avait environ 2 mètres de hauteur; elle était formée de barreaux en fonte et se terminait en haut par une couronne servant à assembler la cheminée mettant en communication la chambre de travail et le sas à air pour la descente des ouvriers et l'extraction des déblais.

Contre le cône à claire-voie on construisit une maçonnerie en moellons derrière laquelle on coula du béton de remplissage. Ce cône formait avec l'anneau inférieur du tube la chambre de travail; il supportait le béton de remplissage qu'on coulait soit par l'écluse à air, soit à l'air libre, lorsqu'on enlevait le sas à air pour ajouter de nouveaux anneaux. Ce béton qu'on plaçait au fur et à mesure de la descente du tube formait la pile à élever et servait en même temps de chargement pour faire descendre le tube, c'est-à-dire pour vaincre les frottements extérieurs et le soulèvement du tube par l'effet de la sous-pression due à l'air comprimé. Ce poids utile de béton remplaçait donc les contrepoids employés aux ponts de Szégédin et de Bordeaux.

Le remplissage des tubes était commencé à l'air libre. Lorsque le poids total du tube et du béton était d'environ 28 tonnes; on échouait le tube à l'aide de forts vérins, puis, après avoir mis à la partie supérieure le sas à air, les ouvriers descendaient dans la chambre de travail et enlevaient les terres sous le tube pour produire son enfoncement. Les ouvriers occupés au fonçage étaient au nombre de trois, un quatrième manœuvrait le treuil et un cinquième s'occupait des déblais à sasser à l'arrivée des bennes dans l'écluse à air.

Pour foncer le tube amont il a fallu extraire 182 mètres cubes de terre, pour un enfoncement de 11m,80 environ. La durée du travail a été de quatre cent huit heures. Le poids initial du tube et du béton au début du fonçage était de 135 tonnes, et le poids final de 292 tonnes. La sous-pression, lorsque le tube a été définitivement foncé, était de une atmosphère et demie.

Pour foncer le tube aval il a fallu enle-

Coupe transversale

Déblais

C   D

Coupe horizontale C D

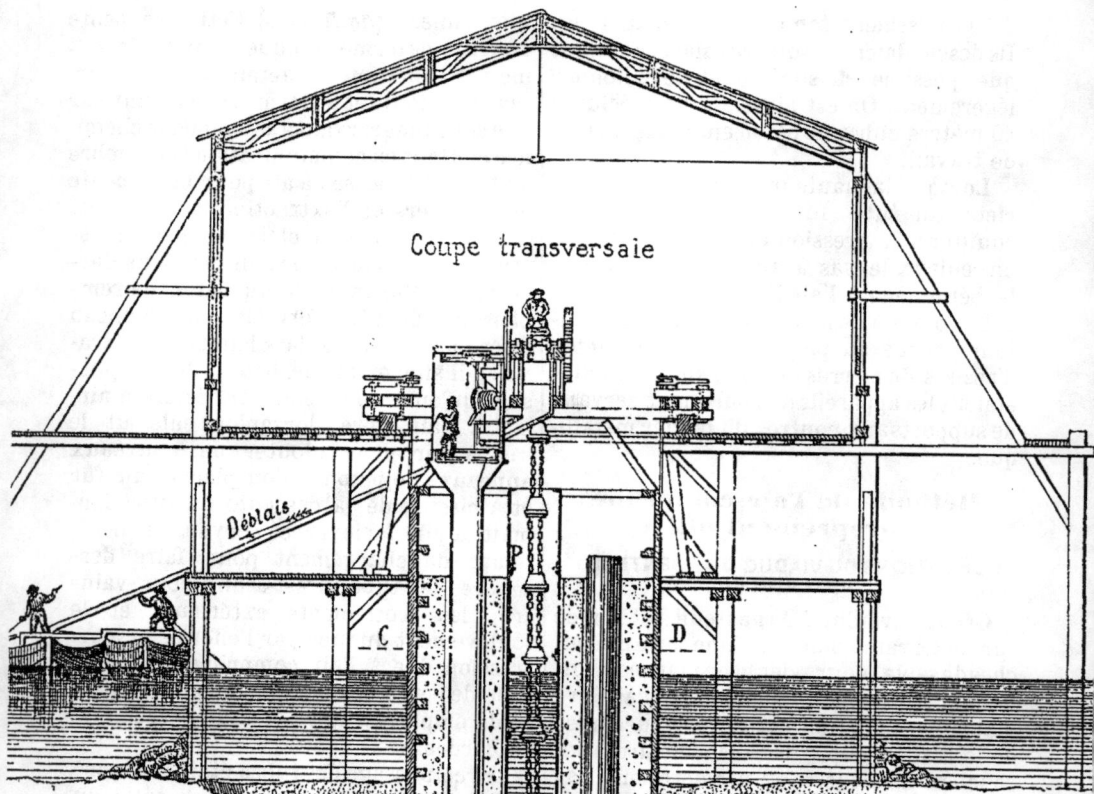

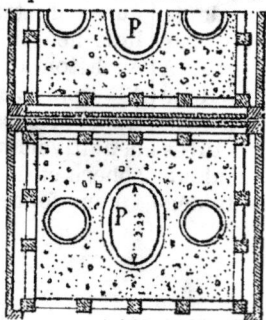

ver 255 mètres cubes de terre pour un enfoncement de 16ᵐ,20 environ. Cependant la durée du travail a été moindre que pour le tube précédent ; elle n'a guère dépassé trois cent quatre-vingt-dix heures. Le poids initial du tube et du béton, au début du fonçage, était de 115 tonnes et la sous-pression ne dépassait pas 0,4 d'atmosphère. Le poids final était de 310 tonnes et la sous-pression 2,2 atmosphères,

La dépense totale des travaux de fondations du pont d'Argenteuil a été de 22 851 francs, soit environ 713 francs par mètre de fonçage.

II. — FONDATIONS PAR CAISSONS.

FONDATIONS DU PONT DE KEHL, SUR LE RHIN

662. Les fondations du pont de Kehl sur le Rhin ont été construites en 1858 par M. Castor, ingénieur-constructeur, d'après les projets et sous la direction de MM. Vuigner et Fleur-Saint-Denis, ingénieurs au chemin de fer de l'Est.

Ce pont, destiné à relier les chemins de fer français et badois, est à deux voies ; son tablier est supporté par trois poutres métalliques à treillis formant trois travées égales de 56 mètres de portée.

Les fondations des piles étaient une des grosses difficultés de ce remarquable ouvrage, car le fond du lit du Rhin est essentiellement affouillable et des soudages révélaient que les affouillements se

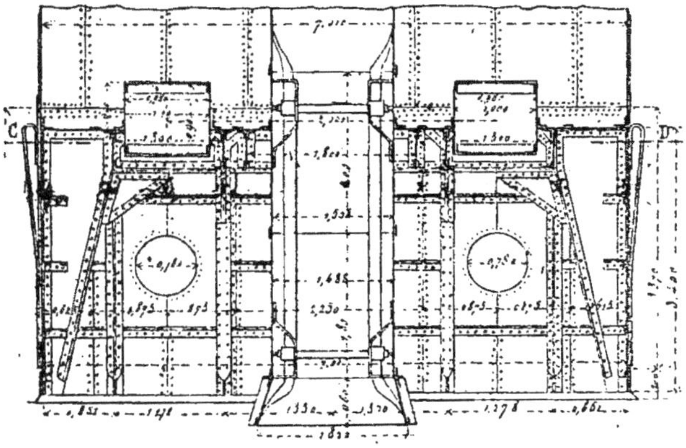

Fig. 733. — Pont de Kehl, sur le Rhin. — Coupe verticale du caisson en tôle.

produisaient, à l'endroit où devait être établi le pont, jusqu'à 18 mètres de profondeur au-dessous de l'étiage. Pour se mettre à l'abri de tout accident ultérieur, il était donc de toute utilité de descendre les fondations à une profondeur de 20 mètres au-dessous des plus basses eaux. Dans ces conditions, le système

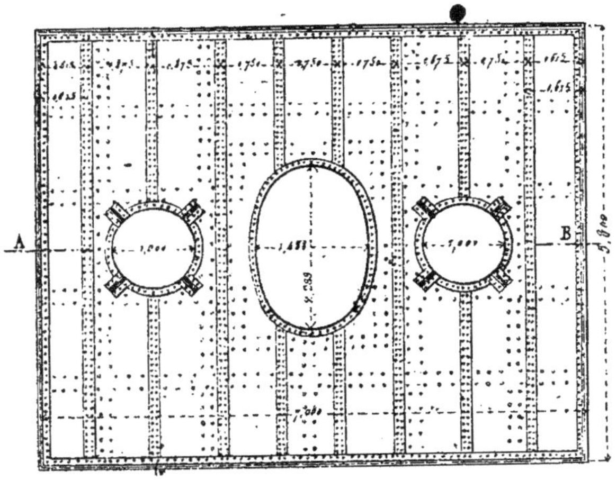

Fig. 734. — Plan du caisson en tôle.

tubulaire, avec rentrée de l'eau, que nous venons d'examiner, présentait de sérieuses difficultés d'exécution. Nous avons vu en effet que souvent les tubes en fonte de 3 mètres de diamètre s'enfoncent difficilement, même sous l'action de contrepoids énormes, lorsque les pressions des terres environnantes et par suite les frottements qui se développent sur la surface extérieure du tube deviennent trop

considérables. Or, puisqu'on avait constaté difficultés pour descendre des tubes à
11 ou 12 mètres de profondeur, il était évident qu'elles deviendraient bien plus
grandes pour foncer les tubes à une profondeur presque double de la précédente.
De plus, dans le cas actuel, le système
de fondations tubulaires employé jusqu'alors présentait d'autres inconvénients.
Les tubes, en effet, ne pouvaient être
enfoncés que l'un après l'autre et l'enfoncement d'un tube dérangeait souvent
ceux qui étaient déjà en place. Enfin la
perte de temps eût été considérable puisque chaque tube comportait un sas à air

à manœuvrer pour la rentrée et la sortie
des ouvriers et des matériaux, et à démon-
ter pour ajouter de nouveaux anneaux au
fur et à mesure de l'approfondissement.

663. On renonça donc à l'ancien système
de fondations tubulaires et on songea tout
d'abord à fonder chaque pile au moyen
d'un seul caisson en tôle surmonté d'une
cheminée de service et de deux autres plus
petites pour l'air comprimé et la descente
des ouvriers.

Au fur et à mesure de l'approfondissement, la sous-pression devenant de plus
en plus grande, on aurait exécuté de la
maçonnerie sur le plafond du caisson;

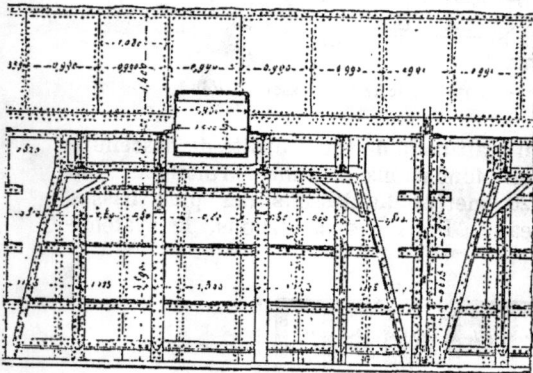

Fig. 735. — Coupe transversale du caisson
suivant l'axe d'une cheminée à air
(voir fig. 734).

Fig. 736. — Coupe suivant CD (voir fig 733).

les déblais auraient été enlevés de la
chambre de travail au moyen de bennes
montant à l'intérieur de la cheminée de
service. Mais l'emploi d'un caisson unique
présentait de grandes difficultés au point
de vue des manœuvres à effectuer, aussi
on s'est servi, pour exécuter les fondations
de chaque pile, de trois caissons juxtaposés, de section carrée, de 5m,50 de côté
et de 3m,60 de hauteur. Pour les piles-
culées on a employé quatre caissons de
7 mètres de largeur, 6m,80 de longueur,
et 3m,67 de hauteur.

664. Chacun des caissons était surmonté, au centre, d'une grande cheminée à
air libre descendant jusqu'au-dessous du
bord inférieur du caisson et de deux autres

à air comprimé surmontés d'un sas à
air. La cheminée à air libre était toujours
pleine d'eau ; elle servait à l'extraction des
déblais, au moyen de norias (fig. 732).

A mesure que l'enfoncement s'effectuait
on surmontait les caissons en tôle de
châssis en bois de sapin revêtus à l'extérieur d'une feuille de tôle de 3 millimètres
d'épaisseur (fig. 737 et 738). Ces châssis
étaient formés par des panneaux de 1 mètre
de hauteur seulement. C'est dans l'intérieur de ces châssis en bois, surmontant
les caissons en tôle, qu'on coulait le béton
destiné à équilibrer la sous-pression qui
augmentait de plus en plus à mesure que
l'approfondissement devenait plus considérable.

665. Lorsque les caissons reposèrent sur le terrain solide, on maçonna la chambre de travail en se retirant, puis ensuite on enleva la grande cheminée centrale ainsi que les deux petites et on coula du béton dans le vide qu'elles laissaient.

Tous les caissons d'une même pile ont été foncés en même temps et avec le plus de régularité possible; on conçoit alors que, dans ces conditions, l'inconvénient que nous avons signalé plus haut n'ait pu se produire.

666. *Description des caissons en tôle.* — Les caissons en tôle avaient, comme nous l'avons dit plus haut, 7 mètres de longueur, $6^m,80$ de largeur et $3^m,67$ de hauteur. Les feuilles de tôle qui ont servi à les construire n'avaient que 8 millimètres d'épaisseur, mais elles étaient maintenues par des contreforts verticaux et horizontaux ainsi que par des cornières d'angle (*fig.* 733 à 736).

Le plafond du caisson était constitué par une série de poutres reliées par des poutrelles, de manière que l'ensemble formât un châssis permettant le passage de la grande cheminée d'enlèvement des déblais et des deux petites communiquant avec le sas à air. Les poutres principales étaient placées dans le sens de la plus petite dimension du caisson, les poutrelles qui leur étaient perpendiculaires étaient espacées d'environ $1^m,50$ d'axe en axe et avaient une hauteur de $0^m,50$.

Les caissons ainsi constitués pesaient 35 000 kilogrammes.

Malgré les fortes dimensions des fers, il s'est produit, sous l'action de la poussée de l'eau et du gravier, des renflements intérieurs qui ont atteint jusqu'à $0^m,200$. Il a fallu, pour éviter ces accidents, renforcer les caissons à l'aide de cadres en charpente et de voûtes en maçonnerie soutenues par les contreforts.

La grande cheminée de service était placée suivant l'axe du caisson et les deux cheminées à air étaient, de part et d'autre de celle-ci, dans le sens de la plus grande dimension du caisson.

Les sas à air situés au haut de chaque cheminée avaient $4^m,10$ de hauteur; ils étaient construits avec de la tôle de 12 millimètres d'épaisseur. La forme du sas à air était celle d'un cylindre de $3^m,30$ de hauteur sur 2 mètres de diamètre se

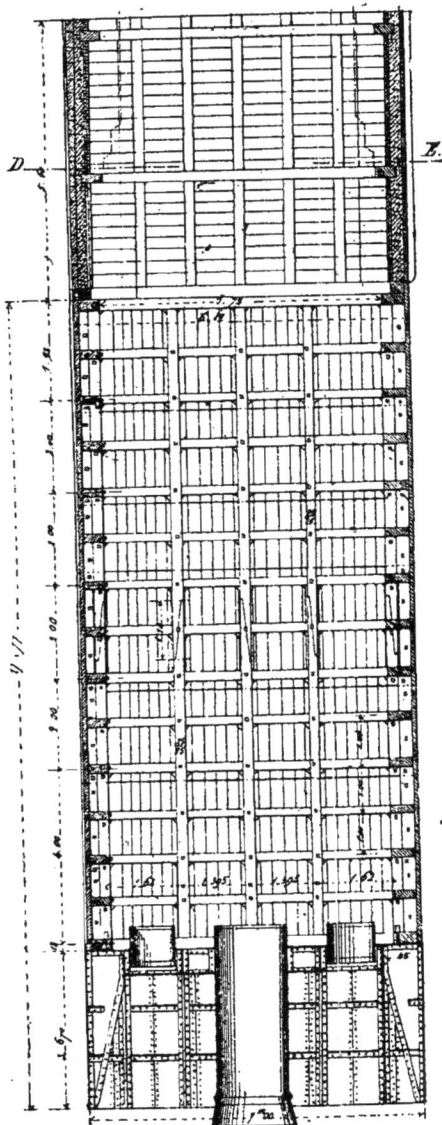

Fig. 737. — Pont de Kehl. — Coffrage en bois.
Coupe suivant FG (voir fig. 739).

raccordant par une partie conique avec la cheminée (*fig.* 732). C'est dans cette partie conique que se trouvait l'orifice d'arrivée de l'air comprimé. Cet orifice était fermé par un clapet s'ouvrant à l'intérieur sous la pression de l'air; de cette manière il ne pouvait y avoir aucune crainte de sortie de

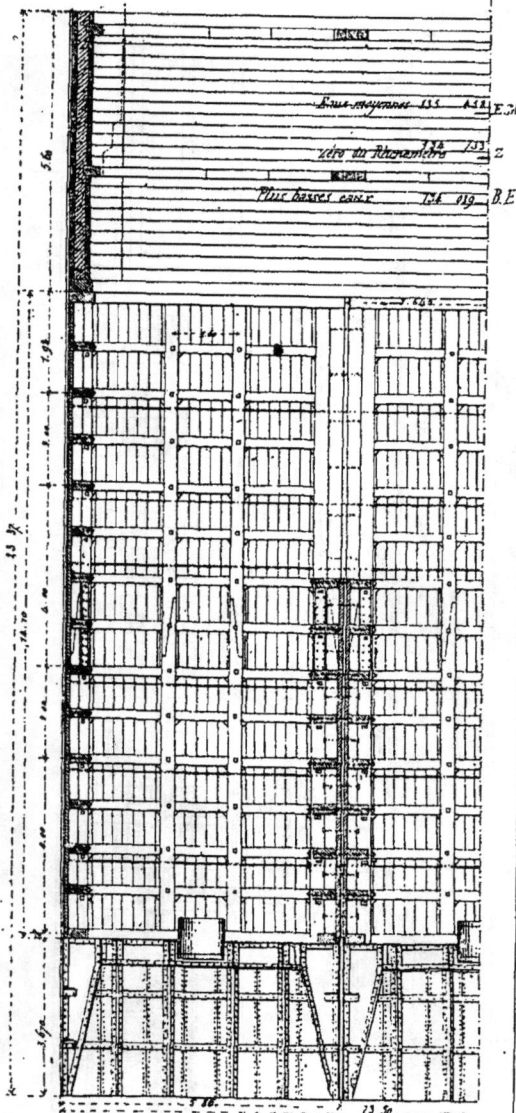

Fig. 738. — Pont de Kehl. — Coffrage en bois.
Coupe suivant AB (voir fig. 739).

l'air en cas de rupture de la conduite puisque le clapet se serait fermé sous l'effet de la pression de l'air intérieur.

667. Les cheminées de service étaient à

section elliptique et descendaient à 0m,30 au-dessous du rebord inférieur du caisson. Elles étaient constituées, comme les cheminées à air, par une série de viroles de 2 mètres de hauteur. Ces viroles formées par

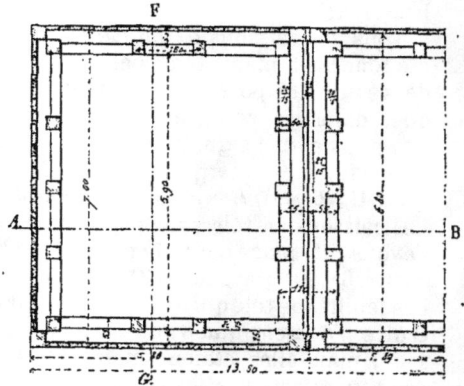

Fig. 739. — Pont de Kehl. — Plan du coffrage en bois.

des feuilles de tôle de 8 millimètres de hauteur étaient ajoutées au fur et à mesure de l'approfondissement.

668. Les coffrages qui surmontaient les caissons étaient composés de cadres

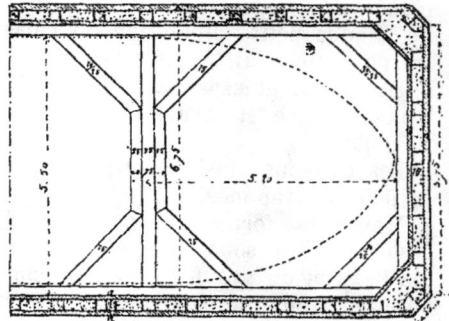

Fig. 740. — Pont de Kehl. — Coffrage en bois.
Coupe DE (voir fig. 737).

en bois sur lesquels on avait mis des madriers jointifs dont les joints étaient rendus aussi étanches que possible. Ces coffrages étaient solidement assemblés avec les caissons à l'aide d'armatures en fer, comme l'indique la figure 741. Pour maintenir constant l'écartement des cadres on avait réuni leurs côtés opposés par des tirants en fer.

Pour faciliter l'opération du fonçage,

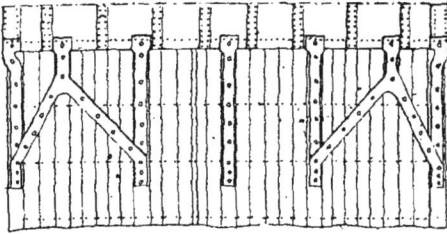

Fig. 741. — Pont de Kehl. — Assemblage du coffrage en bois sur un caisson en tôle.

en diminuant les frottements, on avait recouvert le caisson en bois d'une feuille de tôle de 0,003 d'épaisseur, mais après essai au caisson de la pile-culée française on l'a supprimée pour l'autre culée à cause du frottement énorme qui s'était développé et qui avait été la principale cause de la lenteur avec laquelle la première pile-culée avait été construite.

Les dragues à godets qui étaient installées dans les cheminées de service étaient montées sur un bâti en charpente; elles étaient actionnées par deux machines de dix chevaux.

669. *Mise en place des caissons.* — On commença tout d'abord à draguer à la main les emplacements que devaient occuper les caissons, de manière à les rendre parfaitement horizontaux. Puis on descendit les quatre caissons sur le lit du fleuve,

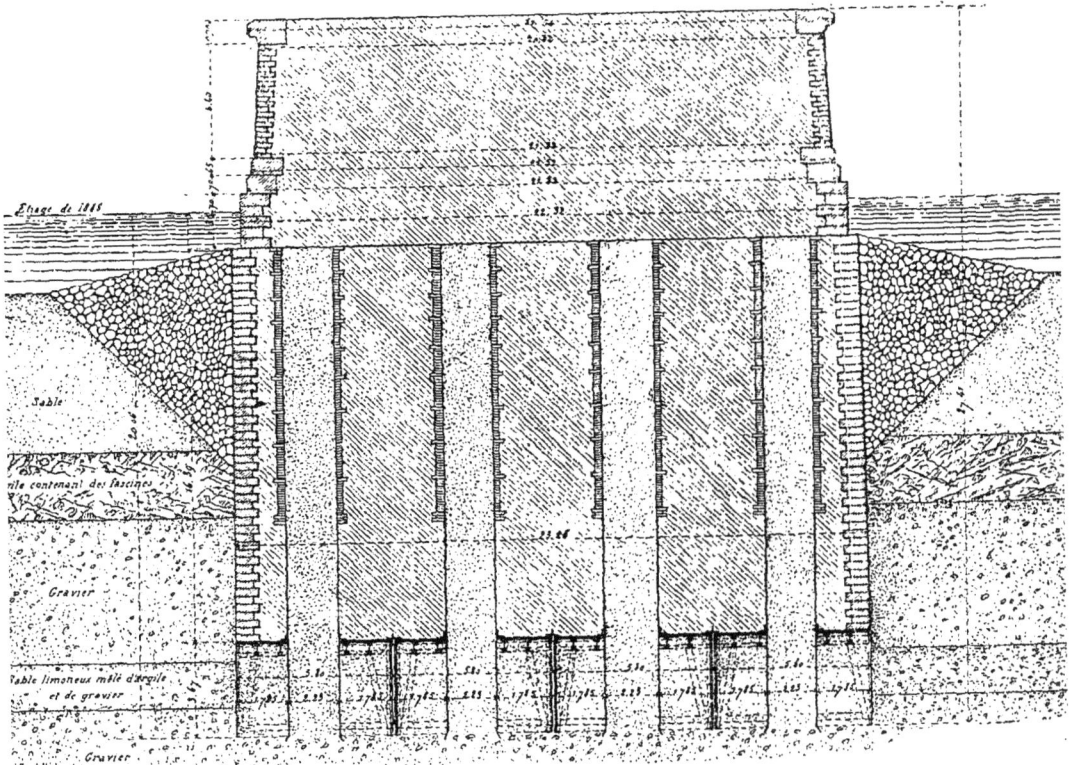

Fig. 742. — Pont de Kehl. — Coupe longitudinale d'une pile-culée terminée.

à l'aide de vis maintenues par le plancher du pont de service installé au préalable. Ceci fait, on mit en place les coffrages en bois ainsi que les cheminées de service et d'air, ces dernières surmontées de leurs sas à air.

Au fur et à mesure de l'approfondissement on augmentait la hauteur du béton dans les coffrages par contrebalancer l'effet de sous-pression.

. Lorsque les caissons ont été enfoncés jusqu'à la profondeur voulue, on a procédé au remplissage des caissons. A cet effet, on a mis dans les cheminées à air des tuyaux de de 0^m,40 de diamètre pour y couler le béton qui tombait sur le fond de la

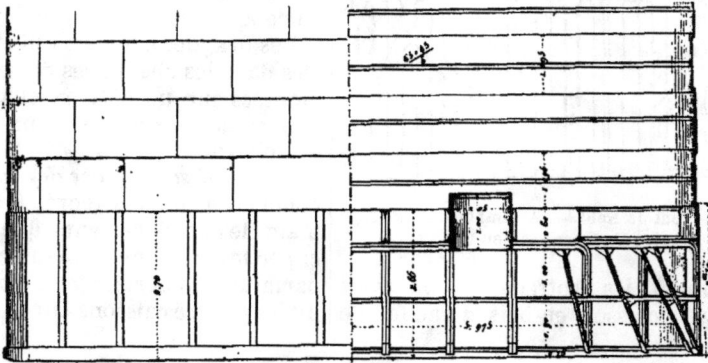

Fig. 743. — Type de caisson métallique. — Demi-élévation latérale et demi-coupe verticale.

chambre de travail. Les ouvriers le répartissaient sur toute la surface en le pilonnant légèrement Puis ensuite, on enleva les cheminées et on opéra le remplissage des vides qu'elles laissaient en coulant du béton sous l'eau, à l'aide des caisses d'immersion ordinairement employées.

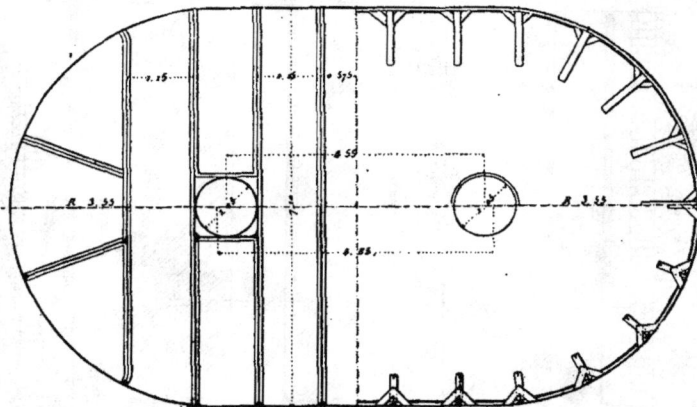

Fig. 744. — Type de caisson métallique. — A gauche, demi-plan vu par dessus. — A droite, demi-plan supérieur, le plafond enlevé.

670. Les fondations du pont de Kehl, quoique exécutées à grands frais, ont marqué un grand progrès dans l'art des fondations à air comprimé. La substitution des caissons aux tubes primitivement employés et le remplacement des contre-poids par la maçonnerie exécutée, au fur et à mesure de l'enfoncement, sur le plafond de la chambre de travail à l'abri d'une enveloppe (*hausses*), formant le prolongement des parois du caisson, étaient une heureuse innovation.

671. Comme on le voit dans ce nouveau système de fondation le batardeau est remplacé par le caisson et les hausses et les épuisements par l'action de l'air comprimé qui refoule l'eau hors de la chambre de travail. Mais on a sur les fondations ordinaires par épuisements l'avantage d'avoir un batardeau. ou chambre de travail, absolument étanche dans lequel on peut faire l'extraction des terres avec facilité.

Caissons.

672. Les caissons constituent la chambre de travail, c'est-à-dire la partie inférieure de la fondation. Ils doivent par conséquent être absolument étanches et offrir une résistance suffisante pour ne pas se déformer sous la charge de maçonnerie que supporte leur plafond et aussi sous la poussée des terres environnantes. Le type ordinaire des caissons présente en plan la forme d'un rectangle terminé à ses deux extrémités par deux demi-circonférences comme l'indique la figure 744 qui représente le caisson employé à la fondation du pont de Marmande, sur la Dordogne, construit par M. Séjourné, ingénieur des ponts et chaussées.

Le plafond du caisson est constitué par des poutrelles horizontales, espacées de 1ᵐ,15, et par des entretoises mises dans le sens des rayons des circonférences limitant la fondation des avant-becs de la pile à construire. Ces poutrelles supportent une tôle de 6 millimètres d'épaisseur sur laquelle on construit la maçonnerie au fur et à mesure de l'enfoncement, à l'air libre et à l'abri des hausses. Les poutres horizontales formant l'ossature du plafond du caisson reposent sur des consoles verticales qui servent d'armatures aux parois du caisson. L'assemblage de ces consoles avec les poutres du plafond a pour but d'assurer l'invariabilité de l'angle du plafond avec les parois en tôle de la chambre de travail (fig. 745 à 749). Les consoles se composent d'une âme pleine ayant une section de 0,200 × 0,005 enserrée entre deux cornières de $\dfrac{80 \times 60}{7}$ rivées sur les parois du caisson. Ces deux cornières se recourbent à angle droit au haut de la chambre de travail pour éviter la cornière d'angle du plafond et se rivent sur les poutrelles du plafond. Deux cornières inclinées assemblées inférieurement avec l'âme verticale et supérieurement avec les cornières horizontales à l'aide de goussets achèvent la constitution des consoles. Ces cornières inclinées sont maintenues vers le milieu de leur hauteur par un gousset vertical enserré entre deux cornières horizontales de $\dfrac{65 \times 50}{7}$.

Pour assurer davantage encore la rigi-

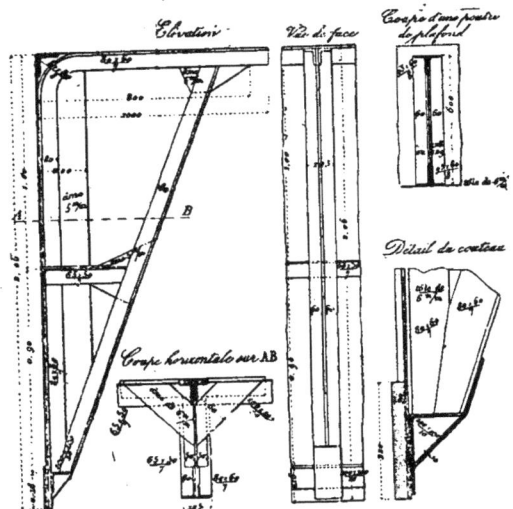

Fig. 745 à 749.

dité des parois verticales de la chambre de travail, on a mis en outre trois cours de cornières horizontales : l'une d'elles à l'angle du plafond et les deux autres à mi-hauteur et au bas du caisson. Cette dernière cornière, de $\dfrac{100 \times 100}{10}$, sert à l'assemblage des consoles avec la partie tranchante du bas du caisson (*Détail du couteau, fig.* 745 à 749).

Hausses.

673. Comme nous l'avons dit, les caissons sont prolongés par les hausses qui constituent le batardeau à l'abri duquel on élève la maçonnerie à l'air libre sur le plafond de la chambre de travail pendant l'enfoncement du caisson (*fig.*743). Elles ont en outre pour but de diminuer le frottement entre la maçonnerie construite sur le plafond du caisson et le terrain traversé pendant l'enfoncement et d'éviter les déchirures qui pourraient se produire dans cette maçonnerie par suite de la différence de frottement en haut et en bas des hausses. Ces hausses sont formées par des tôles ayant en général 1 mètre de hauteur et une épaisseur variable suivant la profondeur à laquelle doit descendre le caisson. Ces tôles sont rivées entre elles, à recouvrement, d'après la disposition indiquée sur la figure 743. Au milieu de leur hauteur on met le plus souvent des cornières destinées à donner de la raideur à l'enveloppe. Ces cornières, qu'on enlève au fur et à mesure de l'exécution des maçonneries peuvent en outre servir à assembler des entretoises servant à maintenir les parois de l'enveloppe en tôle.

Suppression des hausses.

674. Quelquefois on supprime les hausses ; on économise ainsi 35 kilogrammes de fer environ par mètre carré, mais on renonce aux avantages qu'elles procurent en diminuant les frottements latéraux. Pour atténuer ces frottements, lorsqu'on veut se passer des hausses, on donne un léger fruit à la maçonnerie, ou bien on établit les parements en moellons smillés. Mais ce fruit donné aux maçonneries n'a pas toute la valeur qu'on lui attribue, surtout dans les terrains composés de petits graviers et de sable et, en général, dans les terrains ébouleux. On a constaté, en effet, que le frottement a quelquefois été suffisant pour arrêter la descente des maçonneries fraîchement construites et les tenir pour ainsi dire suspendues pendant que les maçonneries plus anciennes situées au-dessous suivaient le mouvement descendant du caisson.

Pour diminuer le frottement des maçonneries sur le gravier on peut revêtir le parement du massif d'un enduit de ciment de Portland de 1 ou 2 centimètres d'épaisseur et parfaitement lissé. On peut éviter les accidents provenant du décollement des maçonneries pendant le fonçage en employant des ancres en fer noyées dans la maçonnerie construite sur le plafond du caisson et fixées aux poutres qui composent celui-ci.

Caisson L. Montagnier.

675. Dans la méthode ordinaire des fondations à air comprimé avec emploi du caisson type, la maçonnerie de fondation s'exécute sur le plafond du caisson, pendant l'enfoncement de celui-ci, par suite de l'enlèvement des déblais dans la chambre de travail. Lorsque le caisson est arrivé sur le rocher, on remplit de béton ou de maçonnerie la chambre de travail et les cheminées jusqu'au niveau supérieur de la maçonnerie de la pile élevée sur le plafond du caisson. Ce système est évidemment très expéditif, mais il a l'inconvénient de laisser noyés dans le béton ou la maçonnerie la plus grande partie des fers. Or, lorsque le caisson est soumis longtemps à l'action des eaux, il finit par se rouiller ; les fers s'oxydant disparaissent peu à peu et laissent des vides dans la maçonnerie. La tôle qui constitue le plafond de la chambre de travail disparaît elle-même avec le temps et forme une coupure horizontale dans la maçonnerie de fondation. Il en résulte un certain tassement des maçonneries ; tassement encore augmenté, du reste, par le vide qui existe presque toujours sous le plafond de la chambre de travail après le remplissage, en supposant même le travail exécuté avec l'exactitude la plus scrupuleuse.

676. C'est pour éliminer tous ces inconvénients que M. L. Montagnier a imaginé un caisson batardeau mobile permettant d'exécuter la maçonnerie de fondation sans laisser aucun fer dans son intérieur. Ce caisson (*fig.* 750 et 751) est construit entièrement en fer. Il est pourvu d'un plafond identique à celui du caisson type, mais au lieu de construire la maçonnerie de fondation sur ce plafond, à l'abri des hausses, on met dans le batardeau constitué par ces hausses une quantité de lest variable avec le degré d'enfoncement du caisson dans l'eau.

Le caisson monté sur la rive est amené par bateaux à l'emplacement où doit s'é-

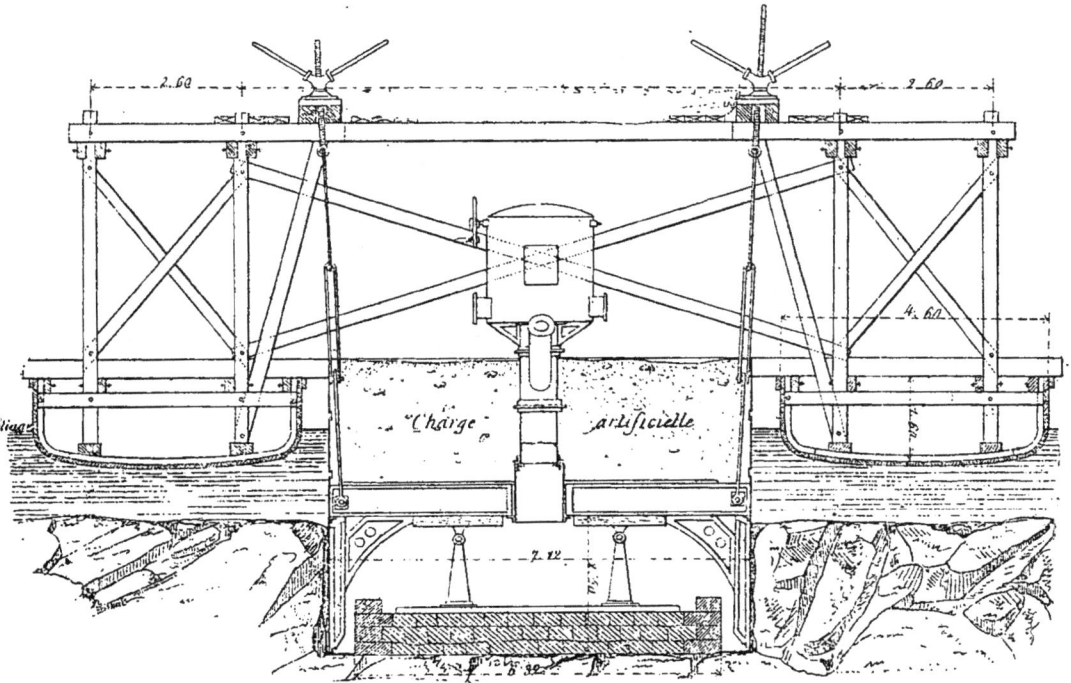

Fig. 750. — Caisson mobile, système Montagnier. — Coupe transversale.

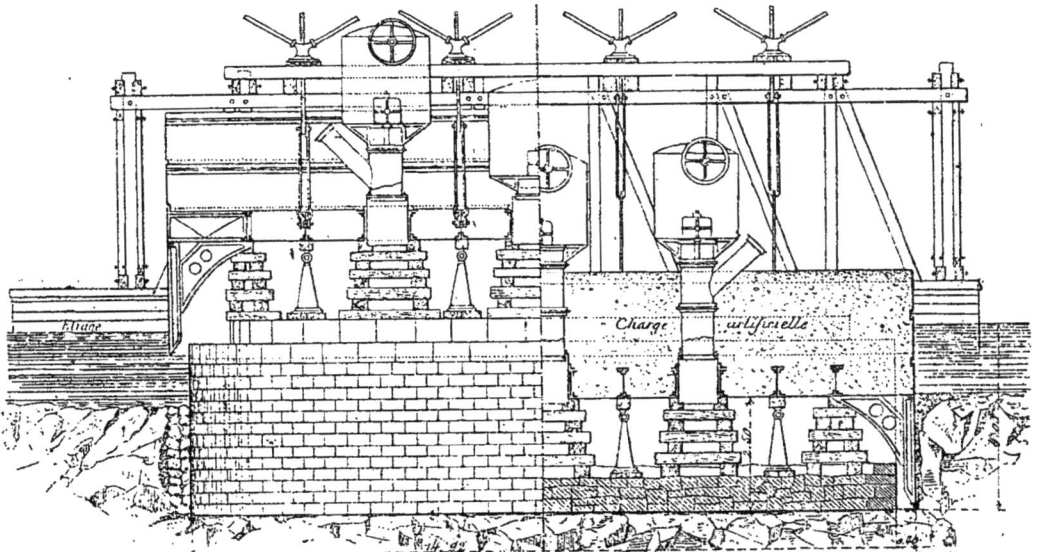

Fig. 751. — Caisson mobile, système Montagnier. — A gauche, coupe longitudinale la maçonnerie étant achevée. — A droite, coupe longitudinale avant le relevage du caisson.

lever la construction. On l'échoue en mettant dans le batardeau (formé par les hausses) qui surmonte la chambre de travail une charge artificielle formée en général par du sable. Lorsque le caisson repose sur le fond du lit de la rivière on envoie l'air comprimé dans la chambre de travail ; l'eau est refoulée et, lorsque le caisson est à sec à l'intérieur, les ouvriers y descendent par le sas à air et la cheminée. Ils enlèvent le terrain détritique ; le caisson descend alors sous l'excès de son poids et de sa surcharge artificielle sur la sous-pression.

Lorsque le caisson est encastré suffisamment dans le terrain solide, on construit à l'intérieur la première assise de maçonnerie de la fondation. On a soin de donner au caisson des dimensions suffisantes pour laisser un jeu de 0ᵐ,30 environ entre ses parois et le périmètre du massif de fondation à construire. Lorsque la première assise de maçonnerie est faite sur 1 mètre de hauteur environ, on relève le caisson au moyen de puissants vérins, en le suportant à l'aide de pièces de bois de 0ᵐ30, d'équarrissage superposées comme l'indique la figure 751. Le caisson étant suffisamment relevé on construit une deuxième assise, puis ensuite on effectue un deuxième relevage du caisson à l'aide des vérins en le supportant toujours avec les pièces de bois précédentes reposant cette fois sur la deuxième assise de maçonnerie. On continue de la sorte jusqu'à ce qu'on ait atteint le niveau de l'eau. Pendant les relevages successifs, les machines à air comprimé doivent fonctionner constamment, mais on diminue au fur et à mesure de l'élévation du caisson la surcharge artificielle mise au préalable dans le batardeau formé par les hausses.

677. Ce système de fondations ne peut évidemment être appliqué que pour de faibles hauteurs d'eau, 6 mètres au maximum. Il offre, du reste, quelques inconvénients ; ainsi les opérations du relevage du caisson ne sont pas toujours faciles surtout dans les terrains argileux, et il faut souvent donner à l'air comprimé admis dans la chambre de travail un fort excès de pression pour aider au soulèvement par vérins. Enfin la forte pression

exercée par ces derniers engins de relevage sur une maçonnerie fraîchement faite ne peut que désagréger celle-ci et, par suite, nuire à la solidité de la fondation. Les maçons sont, en outre, très gênés dans leur travail, par les pièces de bois et les vérins reposant sur les assises de maçonnerie.

678. Voici comment s'exprime M. Montagnier lui-même au sujet du caisson mobile, dans une notice qu'il a publiée :

« Par ce système de fondations, les maçonneries étant faites à l'intérieur du caisson, on est obligé de donner à ce dernier des dimensions un peu plus fortes que celles des caissons ordinaires restant incorporés dans la maçonnerie. L'extraction des déblais étant plus importante, il en résulte une dépense plus forte qui se trouve largement compensée par le fait que les caissons pouvant servir à plusieurs fondations deviennent de véritables engins et réalisent de sérieuses économies, surtout pour les travaux dont le cube est important.

En ce qui concerne la construction des caissons mobiles il est nécessaire et même indispensable de donner aux poutres supportant le plafond de la chambre de travail la force théoriquement nécessaire pour qu'elles puissent supporter toute la charge équilibrant le poids de la colonne d'eau à déplacer par le caisson. Quant aux tôles des parois du diaphragme, quoique moins exposées, il faut leur donner plus de force qu'aux tôles des caissons ordinaires parce qu'elles sont appelées à recevoir la pression latérale de la charge artificielle, aucune partie n'étant maçonnée.

Quant à la question des prix il est nécessaire de bien tenir compte de l'influence que peut avoir sur eux la qualité des matériaux et la situation d'un chantier par rapport aux transports et aux installations.

La question du fonçage a moins d'importance, car le prix des déblais, suivant la nature du sol traversé, ne peut guère varier que de 2 ou 3 francs. S'il y a du rocher on doit établir des prix spéciaux pour son extraction ; ces prix varient avec la dureté. Le prix des caissons, machines, matériaux, etc., ne change guère ; c'est une constante qui peut se modifier quelque peu suivant le constructeur ; mais, en général, les maçonneries et la situation des chantiers jouent le plus grand rôle dans le prix de revient, lorsqu'il s'agit de fondations qui ne présentent pas de difficultés spéciales. »

Caissons en maçonnerie.

679. Dans certains terrains perméables, constitués par du sable ou du petit gravier, on peut employer des caissons en maçonnerie. Ces caissons sont constitués par des voûtes en maçonnerie dont les pieds-droits reposent sur une couronne en fer formant le sabot du caisson (1). L'emploi de la trousse coupante dont nous avons déjà donné une application dans les fondations sur massifs isolés est ici combiné avec celui de l'air comprimé pour l'opération du fonçage.

Le rouet (*fig.* 755) est formé ordinairement par une tôle verticale assemblée à une tôle horizontale à l'aide d'une cornière d'angle et d'une contrefiche constituée par deux

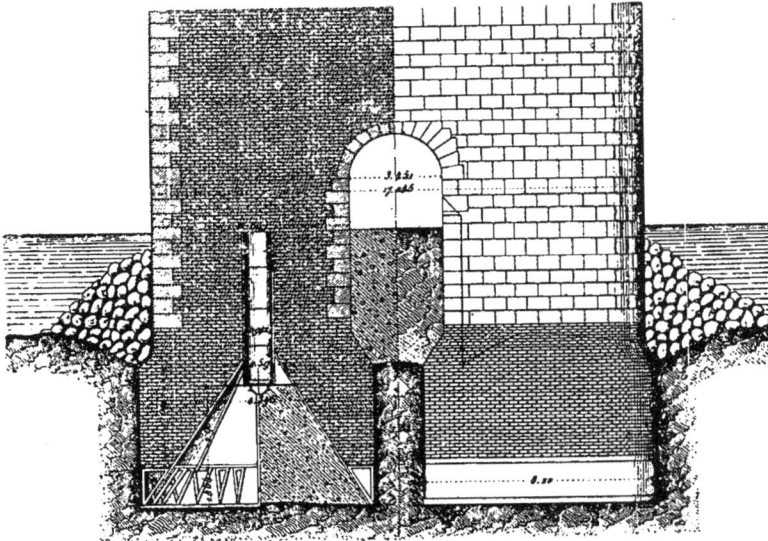

Fig. 752. — Pont sur le Rhin à Dusseldorf.

cornières coudées à angle droit, rivées sur les tôles à assembler et maintenant entre elles un gousset destiné à assurer l'invariabilité de l'angle de la tôle verticale avec la tôle horizontale. La partie verticale formée en général de deux épaisseurs de tôle sert de tranchant ; c'est elle qui s'enfonce dans le sol au fur et à mesure de l'enlèvement des déblais dans la chambre de travail. La partie horizontale, au contraire, sert de support aux pieds-droits de la voûte constituant la chambre de travail. Cependant comme, pour donner une assiette suffisante aux pieds-droits de cette voûte, on serait conduit à donner à cette tôle horizontale de grandes dimensions on préfère augmenter la base d'appui à l'aide de rangées de madriers en chêne en porte-à-faux les unes sur les autres. La tôle verticale constituant le tranchant de la trousse devra avoir une hauteur suffisante pour que, à son niveau supérieur, la maçonnerie des pieds-droits de la voûte ait une épaisseur suffisante pour éviter toute rentrée d'eau dans la chambre de travail. A cet effet, du reste, on a soin de parfaitement cimenter l'intrados de la voûte du

(1) Mémoire publié par M. Séjourné, dans les *Annales des ponts et chaussées* de 1883.

caisson. Cette voûte se fait, en général, à la partie inférieure en briques avec mortier de ciment de Portland jusqu'à une hauteur de 2 mètres environ. Au-dessus on la continue en maçonnerie de moellons bruts avec mortier de ciment ou de chaux très hydraulique.

Le massif supporté par la voûte de la chambre de travail et qui doit constituer la pile de l'ouvrage à construire peut se faire avec du mortier de chaux ordinaire,

mais il faut avoir soin de le recouvrir à l'extérieur d'un enduit de ciment pour diminuer le frottement pendant l'enfoncement. On laisse, dans ce bloc de maçonnerie, une cheminée reliant la chambre de travail au sas à air situé à la partie supérieure. Cette cheminée est en tôle ; elle s'assemble sur une plaque solidement maintenue dans la maçonnerie (*fig.* 757).

680. Ce système de fondation n'est pas sans inconvénients ; cependant il a été

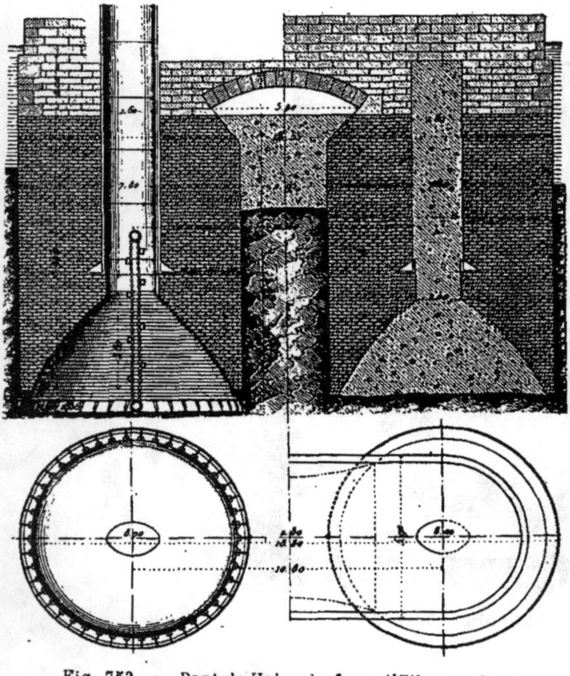

Fig. 753. — Pont de Hohnsdorf sur l'Elbe. — Fondations des piles en rivière. — 1ᵉʳ système.

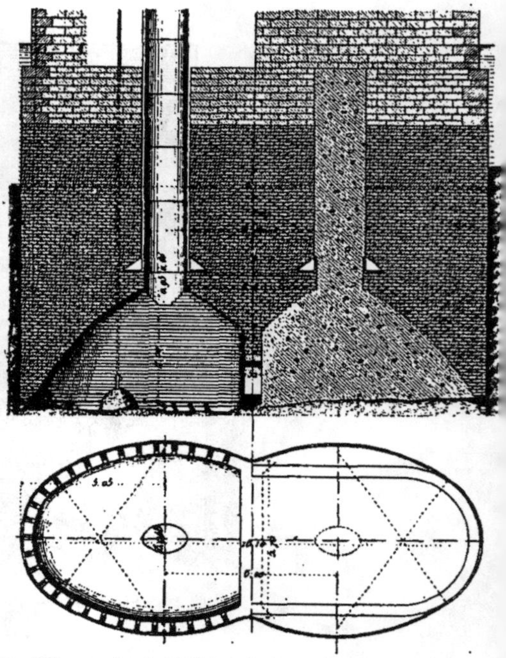

Fig. 754. — Pont de Hohnsdorf. — Fondation des deux dernières piles en rivière.

employé souvent en Allemagne pour les fondations en rivière des piles du pont de Dusseldorf et du pont de Hohnsdorf sur l'Elbe (*fig.* 752 à 754).

A l'emplacement occupé par ce dernier pont, le lit de l'Elbe est formé de sable et de gravier jusqu'à une grande profondeur. On y trouve en même temps de la tourbe et de l'argile. Les piles furent établies sur deux piliers cylindriques fondés à l'aide de rouets ayant 8 mètres de diamètre ; ces piliers devaient être réunis

au-dessus de l'étiage par une petite voûte au-dessus de laquelle la maçonnerie ne devait former qu'un seul bloc (*fig.* 753). Ce système fut appliqué aux cinq premières piles. Mais la difficulté d'exécution de cette petite voûte fit modifier le projet pour les piles suivantes.

On fit reposer la fondation sur un rouet unique formé par deux ellipses qui se pénètrent de manière que la ligne qui joint leurs points d'intersection soit perpendiculaire à leur grand axe commun (*fig.* 754). La chambre de travail était constituée par deux voûtes coniques se coupant, comme l'indique le dessin sur un mur transversal établi sur la ligne qui réunit les points d'intersection des deux ellipses formant la section horizontale du massif de fondation. Ce mur est porté sur un rouet (*fig.* 754) plus léger que le rouet périphérique, et une ouverture pratiquée dans son épaisseur permet la communication d'une chambre de travail avec l'autre.

Pendant la construction des voûtes des chambres de travail et aussi de la partie inférieure des maçonneries qu'elles supportent, les rouets étaient maintenus par des verins fixés à des échafaudages supportés par des pieux. Ces verins ont même servi à la descente, jusqu'au fond du lit du fleuve, des rouets chargés des voûtes des chambres de travail et du massif qui les surmonte.

Les massifs de maçonnerie ainsi que les voûtes ont été exécutés en briques avec mortier de ciment; ces dernières ont été enduites à l'intrados d'une épaisse couche de ciment pour avoir une étanchéité absolue.

681. Les fondations des ponts de Dusseldorf sur le Rhin et de Hohnsdorf sur l'Elbe se firent sans aucun incident. On peut donc dire qu'une voûte en maçonnerie de briques parfaitement enduite à l'intrados d'une couche de ciment et n'ayant aux retombées qu'une épaisseur de 0m,60 est parfaitement étanche à l'air comprimé, même sous une pression d'eau extérieure égale à 14 ou 15 mètres.

Il est à remarquer, en outre, que ces massifs avec chambre de travail en maçonnerie reposant simplement sur un rouet ont pu traverser sans hausses une couche de sable de 12 mètres d'épaisseur. La seule précaution prise consistait à relier la maçonnerie aux rouets par des tirants en fer. Enfin on a pu faire partir dans les chambres de travail en maçonnerie environ soixante-dix coups de mine sans qu'il se soit produit le moindre accident.

682. *Caissons en maçonnerie du pont de Marmande sur la Garonne.* — La culée Casteljaloux du viaduc de Canabéra a été fondée à l'aide d'un caisson en maçonnerie porté sur rouet. Cette culée présente en plan la forme d'un rectangle de 11m,35 sur 6 mètres. M. l'ingénieur Séjourné a donné la même forme au rouet dont le tranchant était constitué (*fig.* 755) par deux tôles superposées de 20 à 24 millimètres d'épaisseur et de 0,52 de hauteur. Ces tôles étaient réunies à un plateau horizontal, formé par une tôle de $0,40 \times 0,015$, à l'aide d'une cornière d'angle de $\dfrac{70 \times 70}{10}$. Le plateau du rouet portait sur le pourtour libre une cornière de $\dfrac{100 \times 100}{10}$ destinée à maintenir les premiers madriers en chêne sur

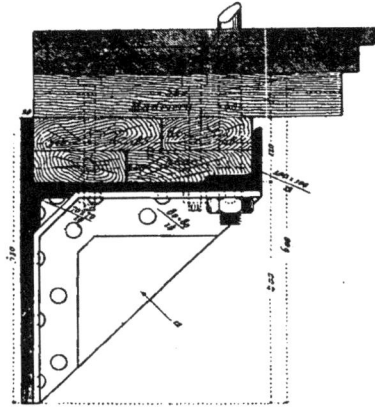

Fig. 755. — Rouet employé aux fondations du pont de Marmande. — Coupe en travers.

lesquels reposent les retombées de la voûte de la chambre de travail. Pour bien assurer l'invariabilité de l'angle du plateau et du tranchant du rouet on a mis tous les 0m,80 des consoles formées par une âme triangulaire rivée entre deux cornières fixées sur les tôles du plateau et du tranchant du rouet.

Les grands côtés du rouet ont été, en outre, entretoisés (*fig.* 757) afin d'en augmenter sensiblement la résistance.

On a boulonné enfin sur le rouet trois assises de madriers en chêne de 7 à 8 centimètres d'épaisseur. Le massif de maçonnerie était relié au rouet par quatorze boulons de 40 millimètres et par huit de 24 millimètres. Ces boulons étaient d'une longueur de 4ᵐ,70 et de 2ᵐ,20 ; ils étaient terminés par des clavettes à la partie

supérieure, de manière à intéresser tout le massif de maçonnerie à la poussée des

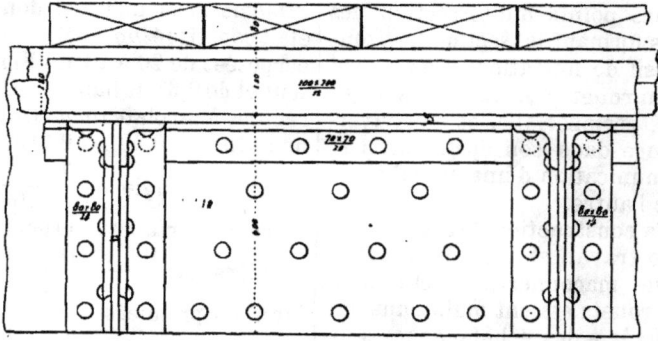

Fig. 756. — Rouet employé aux fondations du pont de Marmande. — Élévation latérale.

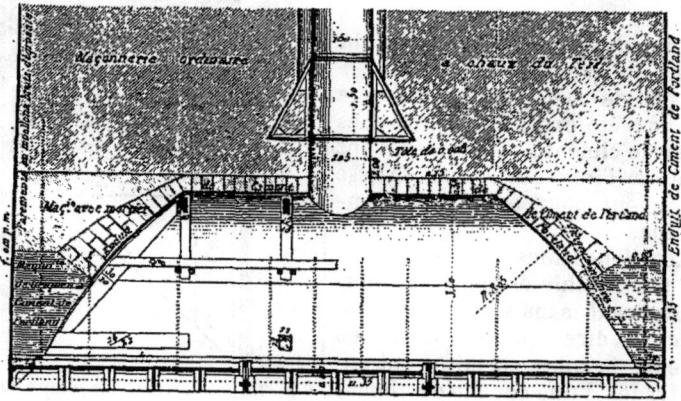

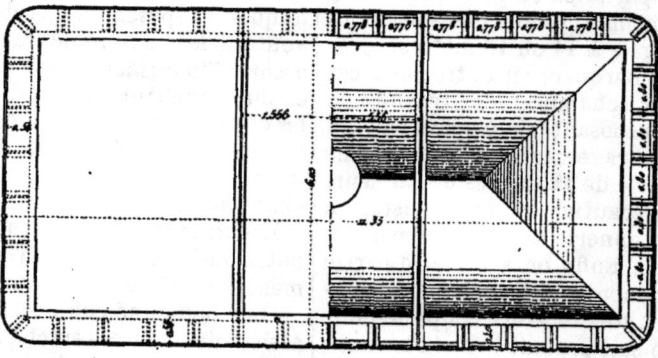

Fig. 757. — Chambre de travail en maçonnerie d'une culée. — Coupe longitudinale.

terres et à la pression de l'air comprimé. En coupe transversale (*fig.* 758) la voûte

de la chambre de travail offrait la forme d'une ogive d'environ 6 mètres d'ouverture la base du rouet et de 3 mètres de flèche ; l'épaisseur des retombées était de 0ᵐ,57 à la base ; celle de la clé était de 0ᵐ,30.

En coupe longitudinale la chambre de travail affectait la forme indiquée dans la figure 757.

On n'était pas sans inquiétude, au début, à cause de la forme rectangulaire du massif et aussi de sa grande longueur. Mais, quoiqu'il se soit produit quelques petites déchirures, bien vite bouchées du reste, on peut dire que, grâce à une surveillance incessante, la fondation s'est faite dans de bonnes conditions.

683. Le même mode de fondation fut appliqué à certaines piles du viaduc de Canabéra. Mais ici on a pu modifier sans inconvénients sérieux la forme de la base du rouet. La section horizontale a été constituée par une double anse de panier à trois centres.

Le rouet employé à cette fondation était peu différent de celui adopté pour la culée précédente. La modification la plus importante consistait dans l'emploi d'une seule tôle de 15 millimètres pour former le tranchant. Cette tôle était renforcée à la partie inférieure sur une hauteur de 0ᵐ,15 par une deuxième tôle de 10 millimètres. De plus la cornière destinée à donner de la raideur à l'extrémité libre du plateau horizontal était au-dessous de celui-ci au lieu d'être au dessus, comme dans le rouet précédent.

Des consoles analogues à celles employées au rouet précédent, et placés tous les 0ᵐ,80 environ, soutenaient le plateau horizontal sur lequel étaient solidement boulonnées trois couronnes de madriers en chêne.

684. On peut se rendre compte de la manière dont était engendrée la surface de l'intrados de la voûte de la chambre de travail, en considérant les figures 759 et 760. Cette chambre de travail a été construite en briques posées horizontalement jusqu'à 1ᵐ,80 de hauteur ; le mortier employé était fait avec du ciment de Portland. Au-dessus la voûte était appareillée avec des moellons ordinaires. Enfin seize boulons de 0ᵐ,025 de diamètre reliaient la maçonnerie au rouet auquel ils étaient fixés. Ces boulons étaient traversés vers

leur sommet par une clavette, de manière à intéresser au mouvement du rouet le plus gros bloc de maçonnerie possible.

La cheminée en tôle mettant la chambre de travail en communication avec le sas à air était solidement fixée au milieu de la maçonnerie ordinaire à chaux du Teil, surmontant celle à ciment de Portland. Cette cheminée, qui avait 1ᵐ,50 de diamètre, était réunie, à 1 mètre au-dessus de l'extrados de la voûte, à un plateau de 2ᵐ,50 de diamètre par cinq contrefiches noyées dans la maçonnerie (*fig.* 759).

M. Séjourné fait remarquer que la forme elliptique du rouet réduit de moi-

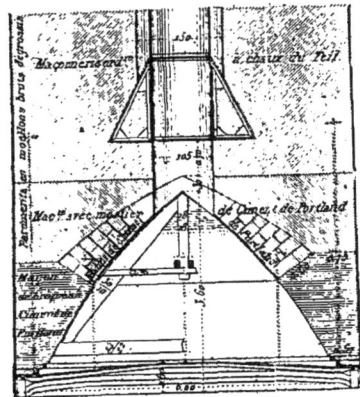

Fig. 758. — Chambre de travail en maçonnerie d'une culée. — Coupe transversale.

tié environ le poids du fer par rapport à la forme rectangulaire.

685. En résumé, le grand avantage des fondations à air comprimé à l'aide de rouets sur celles à caissons ordinaires, consiste dans une grande économie de fer. Il convient donc de les employer surtout dans les contrées où les constructions métalliques ne peuvent se faire qu'à grands frais.

Caissons en bois.

686. Dans les pays où le bois est très bon marché et dans un sol peu résistant on peut au contraire employer des caissons en bois. Les caissons qui ont servi à fonder les culées du pont de l'Est à New-York ont été construits en bois comme nous le ver- des travaux exécutés en Amérique. En rons par la suite, lorsque nous parlerons Europe, il n'y aurait pas d'économie à

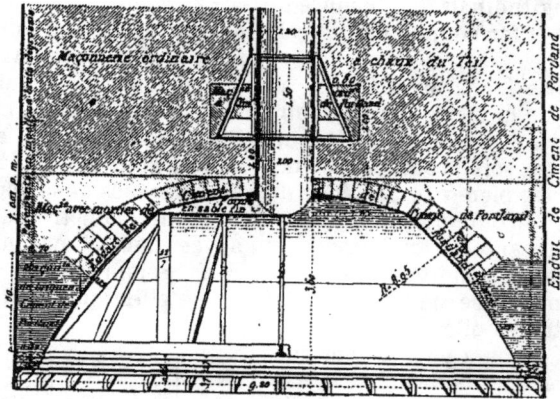

Fig. 759. — Chambre de travail en maçonnerie d'une pile. — Coupe longitudinale.

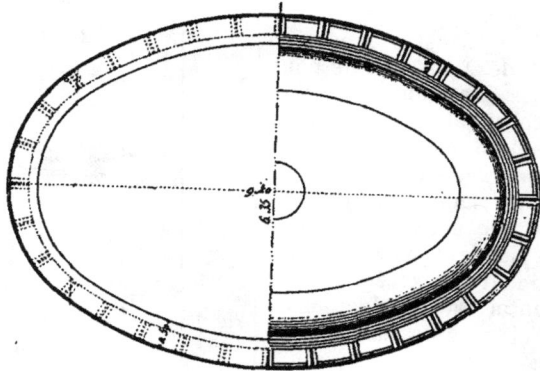

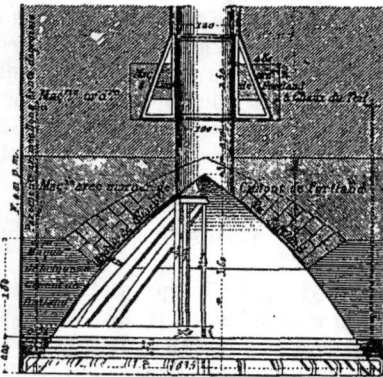

Fig. 760. — Chambre de travail en maçonnerie d'une pile. — Coupe transversale.

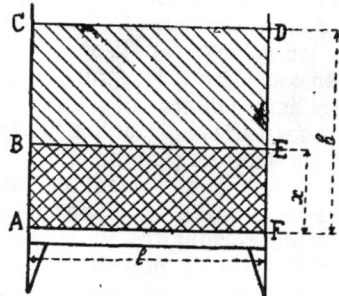

Fig. 761.

employer ce système, sauf pour quelques fleuves traversant des régions très boisées.

Poids des caissons.

687. Le poids d'un caisson se compose :

1° Du poids des amorces de cheminée ;

2° Du poids des tôles du plafond ;

3° Du· poids des parois et des contrefiches.

Le premier de ces poids ne dépend pas directement des dimensions de la fondation, mais bien de celles des cheminées. Le deuxième est évidemment proportionnel à la surface du caisson et le troisième à son périmètre.

En général, on évalue le poids d'un caisson, dans un avant-projet, à l'aide de la formule très simple :

$$\pi = 280P + 130S$$

Dans cette formule, déduite des poids comparés d'un grand nombre de caissons construits :

P représente le périmètre du caisson ; Et S la surface du massif de fondation à la base.

Pour le poids des hausses et des contreventements on peut compter 35 kilogrammes environ par mètre carré de paroi au-dessus du caisson.

Dans les fondations sur rouets le poids du fer ne peut être fonction évidemment que du périmètre de la fondation à établir puisque, dans ce cas. il n'y a pas de plafond en tôle. Aussi M. Séjourné a proposé, pour ce genre de fondations, les formules suivantes :

$$\pi = 575^k + 150P$$

$$\pi = 2700^k + 227P$$

La première s'applique aux chambres de travail circulaires ou elliptiques ; la deuxième, aux chambres de travail rectangulaires.

Pour établir un projet de caisson on pourra adopter, tout d'abord, pour les profils des fers, sauf vérification ultérieure, les nombres du tableau suivant :

NOMS des DIFFÉRENTES PIÈCES	DIMENSIONS DES TOLES POUR DES LARGEURS DE CAISSONS ÉGALES A				
	4 mètres	5 mètres	6 mètres	7 mètres	8 mètres
	millim.	millim.	millim.	millim.	millim.
Épaisseur des tôles des parois....	5.5	6	6.5	7	8
Épaisseur des tôles du plafond...	5.5	6	6.5	7	7
Poutres du plafond { Ame.......	400 × 6	500 × 6.5	600 × 7	700 × 8	800 × 8.5
Cornières ...	65 × 65 / 8	70 × 70 / 8	70 × 70 / 8.5	70 × 70 / 9	75 × 75 / 9
Contrefiches { Ame...........	220 × 6	230 × 6	240 × 6	230 × 7	260 × 7
Gousset horizontal.	6 (épaisseur.)	6	6	6	7
Cornières........	65 × 65 / 8	70 × 70 / 8	70 × 70 / 9	70 × 70 / 9	70 × 70 / 9
Couteau...................	230 × 15 / 100 × 100	240 × 15 / 100 × 100	240 × 128 / 120 × 120	250 × 20 / 120 × 120	250 × 20 / 120 × 120
Cornière inférieure du couteau..	10	10	15	18	18
Cornière du pourtour sous le plafond...................	70 × 70 / 8	70 × 70 / 8	70 × 70 / 10	70 × 70 / 10	70 × 70 / 10
Cornière du pourtour à mi-hauteur...................	60 × 60 / 8	60 × 60 / 10	65 × 65 / 10	65 × 65 / 10	70 × 70 / 10

Résistance des caissons.

688. Pour déterminer les dimensions à donner aux différentes pièces composant l'ossature d'un caisson, il est nécessaire de se rendre compte tout d'abord des différentes forces qui le sollicitent pendant son fonçage. Ces forces sont :

1° Le poids de la maçonnerie construite sur les poutres constituant le plafond ;

2° Le poids uniformément réparti de la maçonnerie de remplissage entre les poutres du plafond ;

3° Le poids de la maçonnerie de remplissage entre les contrefiches de la chambre de travail ;

4° Le poids du caisson proprement dit, des hausses, des cheminées d'accès à la chambre de travail et des sas à air ;

5° Les frottements qui s'exercent pen-

TABLEAU DES DIMENSIONS ET POIDS D'UN CERTAIN NOMBRE DE CAISSONS MÉTALLIQUES A FOND PLAT

DATE de la construction	EMPLACEMENT des ouvrages / LIGNES auxquelles ils appartiennent	NOMS DES RIVIÈRES traversées	DÉSIGNATION des FONDATIONS	DIMENSIONS RELATIVES A LA CHAMBRE DE TRAVAIL					POUTRES DU PLAFOND			POIDS de la CHAMBRE DE TRAVAIL
				SURFACE	LARGEUR	HAUTEUR sous les poutres du plafond	EPAISSEUR des PAROIS	EPAISSEUR du PLAFOND	EPAISSEUR	HAUTEUR	ESPACEMENT d'axe en axe	
				m. q.	m.	m.	millim.	millim.	millim.	m.	m.	Kil.
1859	KEHL Strasbourg à Bade.	Rhin.	Pile... Culée	122.50 164.50	7.00 7.00	3.67 3.67	8 8		10 10	0.50 0.50	1.30 1.30	103 500 132 000
1860-61	LA VOULTE Livron à Privas.	Rhône.	Pile	54.63	5.00	2.65	10		8	0.45	0.97 à 1.90	27 360
1862	LORIENT Nantes à Brest.	Scorff.	Pile...	39.72	3.50	3.04	13.10 8	10	»	0.70	2.15	27 600
1863-64	NANTES Nantes à la Roche-sur-Yon.	Loire.	Pile...	51.30	4.40	3.00	12 et 8	8	10	0.60	2.25	25 600
1865-66	ARLES Arles à Lunel.	Rhône.	Pile...	71.42	5.10	2.30	7	7	8 et 10	0.50	0.98	27 994
1867	Saint-Rambert-d'Albon.	Rhône.	Pile... Culée..	48.60 69.20	5.00 7.00	2.30 2.30	8 8	8 8	8 10	0.50 0.60	0.95 à 1.08 0.90 à 1.68	19 300 24 100
1868-69	VICHY Route nationale n° 9.	Allier.	Pile... Culée..	37.82 58.00	3.96 7.34	2.20 2.20	7 7	7 7	6 6	0.45 0.60	1.04 à 1.14 1.14	15 276 2 278
1869-77	Fondations diverses en Autriche. — En particulier culées d'un pont à Vienne.			223.60								
1870	COLLONGES Route nationale n° 206.	Rhône.	Culée..	108.37	10.00 7.50	2.00	9	9	10	0.70	1.17	55 201
1873-74	OFEN-PEST.	Danube.	Pile... Culée..	151.00 97.00								58 918 39 526
1873-74	CHAMOUSSET, Rectification de la ligne du Mont-Cenis. Grand pont. Petit pont.	Isère.	Pile... Culée.. Culée..	55.96 63.50 62...								23 782 24 868 25 782

TABLEAU DES DIMENSIONS ET POIDS D'UN CERTAIN NOMBRE DE CAISSONS MÉTALLIQUES A FOND PLAT (suite (1))

DATE de la CONSTRUCTION	EMPLACEMENT des ouvrages LIGNES auxquelles ils appartiennent	NOMS DES RIVIÈRES traversées	DÉSIGNATION des FONDATIONS	DIMENSIONS RELATIVES A LA CHAMBRE DE TRAVAIL					POUTRES DU PLAFOND			POIDS de la CHAMBRE DE TRAVAIL
				SURFACE	LARGEUR	HAUTEUR sous les poutres du plafond	ÉPAISSEUR des PAROIS	ÉPAISSEUR du PLAFOND	ÉPAISSEUR	HAUTEUR	ESPACEMENT d'axe en axe	
				m.q.	m.	m.	millim.	millim.	millim.	m.	m.	kil.
1874	SAINT-PIERRE-D'ALBIGNY Chambéry à Modane.	Isère.	Pile ... Culée..	55.56 64.70	4.00 5.00	2.17 2.17	7 7	8 8	7.9 7.9	0.50 0.50	1.08 0.92 à 1.08	21 250 23 700
1875	HOCMARD Nantes à Chateaubriand.	Ruisseau et marais d'Hocmard.	Pile ...	46.58	5.15	2.16	7	7	6	0.50	1.00 à 1.08	17 400
1877	CREDO Collonges à Annémasse.	Rhône.	Pile ...	92.11	7.00	2.20	7	7	7	0.75	1.04 à 1.07	32 351
1877-78	TREMBIÈRES Annemasse à Saint-Gingolph.	Arve.	Pile ... Culée..	26.87 21.62	3.60 4.00	2.00 2.00	6.5 6.5	6.5 6.5	5 5	0.40 0.40	0.75 à 1.06 1.09	10.036 7.966
1878-79	REMOULINS Nîmes au Teil.	Gardon.	Pile ...	46.28	4.20	2.05	6.5	6.5	5	0.45	0.90 à 1.08	13 913
1878-79	VAL SAINT-LÉGER Chemin de fer de grande-ceinture.	Une vallée.	Pile ..	75.44	6.40	2.00	6	6	5	0.65	1.09	19 963
1879	VALENTINE Toulouse à Bayonne.	Garonne.	Pile ...	31.84	3.70	2.17	6	6	7.9	0.50	0.90 à 1.05	11 813
1879-80	CAHORS Montauban à Brives.	Lot.	Pile ... Culée..	94.54 95.30	5.20 8.03	2.20 2.20	7 7	7 7	7 6.7	0.50 0.50 à 0.63	0.92 à 1.16 0.86 à 1.18	30 412 31 714
1880-81	MARMANDE Marmande à Casteljaloux. (Grand pont. Viaduc du Canabère.)	Garonne.	Pile ... Culée.. Pile ... Culée..	74.03 90.38 45.17 67.31	7.16 7.06 5.56 6.06	2.06 2.06 2.06 2.06	6 6 6 6	6 6 6 6	9 et 8 9 et 8 8 et 7 8 et 7	0.60 0.60 0.45 0.50	1.10 à 1.15 1.10 à 1.15 1.10 à 1.15 1.10 à 1.15	18 500 21 600 12 500 16 700

(1) Annales des Ponts et Chaussées, 1883.

dant la descente sur toute la surface extérieure des hausses formant batardeau ;

6° La poussée des terres sur les parois de la chambre de travail ;

7° La sous-pression due à l'air comprimé, agissant de bas en haut ;

8° La pression de l'air comprimé agissant sur les parois de la chambre de travail ; cette dernière pression agit en sens inverse de celle de la poussée des terres.

La nature des différentes forces sollicitant le caisson étant connue, nous allons indiquer comment il convient de déterminer leurs grandeurs et leurs points d'application.

689. 1° *Maçonnerie construite sur le plafond de la chambre de travail, à l'abri des hausses.* — Les maçonneries élevées sur le plafond de la chambre de travail étant construites par couches successives de 0ᵐ,40 environ de hauteur par jour, d'après l'avancement du fonçage, il est clair que les couches inférieures seront complètement solidifiées lorsqu'on aura atteint un certain niveau. D'après cela, il est évident qu'il serait illogique de compter dans le calcul des poutrelles constituant l'ossature du plafond de la chambre de travail toute la charge de maçonneries construites sur elles, jusqu'au moment du remplissage du caisson. Une pareille hypothèse serait évidemment la plus défavorable à envisager, au point de vue du calcul de ces poutrelles, mais elle conduirait le constructeur à leur donner des dimensions exagérées lorsque la fondation devrait descendre à une assez grande profondeur.

690. La méthode de calcul suivante, due à M. Chaudy, ingénieur des Arts et Manufactures, permet de déterminer la partie du poids des maçonneries qui exerce son action sur le plafond. Soit (*fig.* 761), à un jour quelconque T, h la hauteur à laquelle s'élève la maçonnerie au-dessus du plafond. A ce moment une partie de cette maçonnerie est *entièrement prise* sur une hauteur x. Pour déterminer cette hauteur x donnons-nous la hauteur h' de maçonnerie élevée par jour et le nombre de jours n qu'il faut pour que cette hauteur h' soit prise entièrement.

Nous avons d'abord d'une part :
$$h = h'T, \qquad (1)$$
d'autre part :
$$x = h'T', \qquad (2)$$
en désignant par T' le nombre de jours nécessaires pour élever une hauteur x de maçonnerie.

Si cette hauteur x de maçonnerie est prise entièrement, c'est qu'il s'est écoulé depuis le temps où on était en BE jusqu'à celui où on est en CD, un nombre de jours égal à n. On a donc :
$$T' + n = T \qquad (3)$$
En éliminant T et T' entre les équations (1), (2) et (3) il vient :
$$x = h - h'n.$$
Telle est la relation qui donne la hauteur de maçonnerie entièrement prise en fonction de la hauteur de maçonnerie élevée.

Ceci posé, on peut regarder le bloc ABEF comme un prisme élastique placé au-dessus du prisme métallique AF. L'ensemble de ces deux prismes est soumis à l'action du poids total de la maçonnerie et, sous cette action, les deux prismes fléchissent de la même manière. En particulier, les flèches produites au milieu de la portée l sont égales.

Désignons par P_1 le poids par mètre courant qui agit sur le prisme métallique ; par I_1 le moment d'inertie de ce prisme et par E_1 son coefficient d'élasticité. De même, appelons P_2, I_2 et E_2 les quantités analogues relatives au prisme de maçonnerie ABEF. En exprimant que les flèches sont égales, nous avons :
$$\frac{5P_1 l^3}{384\, E_1 I_1} = \frac{5P_2 l^3}{384\, E_2 I_2}$$
ou simplement :
$$\frac{P_1}{E_1 I_1} = \frac{P_2}{E_2 I_2}.$$

Remarquons que la somme $P_1 + P_2$ est égale à P, en désignant par cette lettre le poids de maçonnerie par mètre courant. Ce poids est égal à $bh\delta$, si on désigne par b l'écartement des poutres du plafond du caisson, et par δ le poids du mètre cube de maçonnerie.

Ainsi, nous pouvons écrire :
$$\frac{P_1}{E_1 I_1} = \frac{P_2}{E_2 I_2} = \frac{P}{E_1 I_1 + E_2 I_2}. \qquad (4)$$

De là nous tirons :

$$P_1 = \frac{bh\delta\, E_1 I_1}{E_1 I_1 + E_2 I_2},$$

ou bien, en remplaçant I_2 par sa valeur $\dfrac{bx^3}{12} = \dfrac{b\,(h - h'n)^3}{12}$

$$P_1 = \frac{12\, bh\delta\, E_1 I_1}{12\, E_1 I_1 + E_2 b\,(h - h'n)^3}.$$

Nous écrirons cette formule de la manière suivante, pour simplifier l'écriture :

$$P_1 = \frac{Ah}{B + C\,(h - D)^3}.$$

Les coefficients A, B, C et D seront calculés une fois pour toutes. Il s'agit alors de déterminer quelle est la valeur de h qui donne le maximum de P_1 et par suite le maximum de résistance du plafond métallique. Cette valeur de h est fournie par la dérivée égalée à zéro du second membre de l'équation ci-dessus. On a ainsi :

$$B + C\,(h - D)^3 - 3Ch\,(h - D)^2 = 0.$$

Cette équation est du troisième degré. Pour opérer rapidement on cherchera la racine convenable en suivant une méthode d'approximation de résolution des équations. La racine trouvée sera portée dans l'expression de P_1. Connaissant alors la valeur maximum de P_1 on vérifiera par la formule :

$$R_1 = v_1 \frac{P_1 l^2}{8}$$
$$\overline{ I_1}$$

que la valeur maximum de la tension ou de la compression dans la section la plus fatiguée d'une pièce du plafond ne dépasse pas 6 kilogrammes par millimètre carré de section, s'il s'agit de fer.

Cette théorie que nous venons d'exposer suppose que tous les prismes de maçonnerie, tels que le prisme ABEF, peuvent être soumis en toute sécurité à certains efforts de flexion. Il convient donc de vérifier que, sous l'action des efforts de flexion auxquels ils sont soumis, ces prismes résistent convenablement à la compression et surtout à la traction.

La résistance R_2 dans les prismes de maçonnerie est donnée par la formule :

$$R_2 = v_2 \frac{P_2 l^2}{8}.$$
$$\overline{ I_2}$$

Calculons P_2 en partant des formules (4) comme nous avons fait pour P_1, nous trouvons :

$$P_2 = \frac{bh\delta\, E_2 I_2}{E_1 I_1 + E_2 I_2}.$$

En portant cette valeur de P_2 dans l'expression de R_2 puis en remplaçant v_2 par $\dfrac{h - h'n}{2}$ et I_2 par $\dfrac{b\,(h - h'n)^3}{12}$, il vient :

$$R_2 = \frac{(h - h'n)\, bh\delta\, E_2 l^2}{16\left[E_1 I_1 + E_2 \dfrac{b\,(h - h'n)^3}{12} \right]}$$

ou bien, en simplifiant l'écriture :

$$R_2 = \frac{ah\,(h - D)}{\beta + \gamma\,(h - D)^3}.$$

α, β, γ et D seront calculés une fois pour toutes. La valeur de h qui correspond au maximum de R_2 est donnée par l'équation :

$$\beta + \gamma\,(h - D)^3\,(2h - D) - 3\gamma h\,(h - D)^3 = 0$$

On cherchera la racine convenable en suivant une des méthodes d'approximation de résolution des équations. La valeur trouvée sera portée dans l'expression de R_2 et on vérifiera que le résultat ne dépasse pas un nombre donné dépendant de la nature de la maçonnerie employée.

691. *Frottement des terres environnantes contre les hausses et le caisson pendant le fonçage.* — Les terres entourant les hausses du caisson étant complètement imprégnées d'eau leur pression par mètre courant sur celles-ci sur une hauteur $(h_2 + h_3)$ (*fig.* 762) pourra être représentée par l'expression :

$$500^k\,[(h_1 + H)^2 - h_3^2]$$

Si K est le coefficient de frottement des terres contre les hausses, l'expression du frottement par mètre courant du périmètre des hausses pendant le fonçage sera :

$$f = K \times 500 [(h_1 + H)^2 - h_3^2]$$

en général, on prend :

$$K = 0,53 \text{ à } 0,60$$

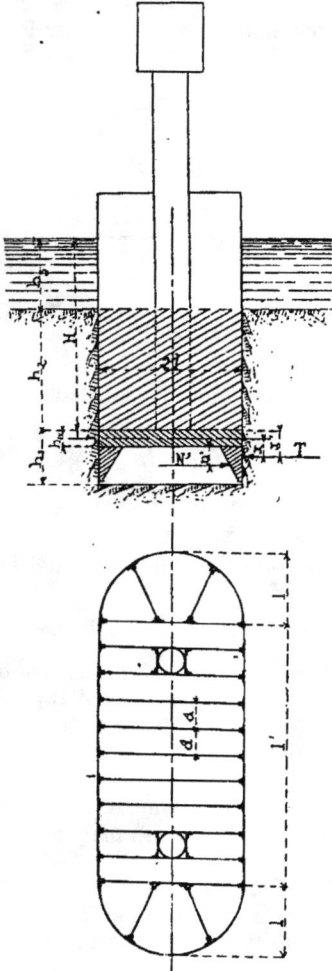

Fig. 762.

692. *Calcul de la poussée de l'eau contre les parois de la chambre de travail, par mètre courant du périmètre.* — La pression totale exercée par l'eau sur la paroi de la chambre de travail est égale au poids d'une colonne liquide ayant la paroi pour base et pour hauteur la distance

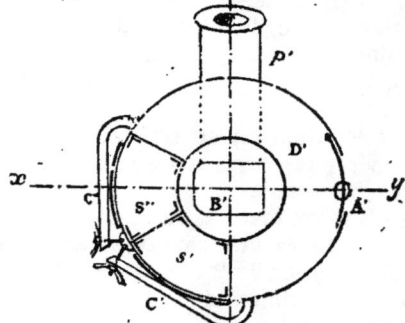

I Coupe verticale d'un sas, suivant xy

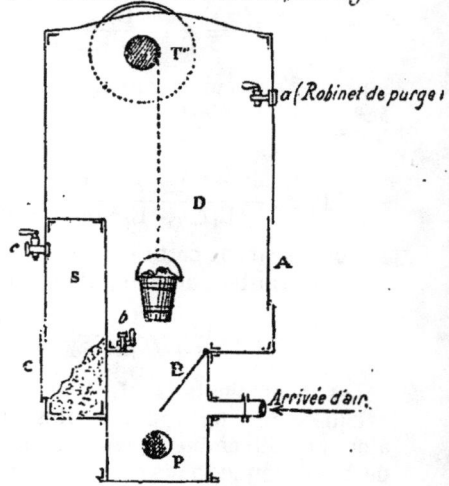

II. Coupe horizontale à la hauteur des sas

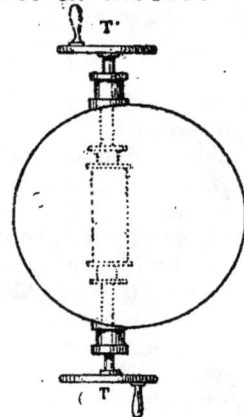

III Vue en dessous

Fig. 763.

du centre de gravité de cette base au-dessous du niveau supérieur de l'eau. Cette pression agit sur les poutres du plafond par l'intermédiaire des tôles constituant les parois de la chambre de travail et par les contrefiches. Sur un mètre de longueur du périmètre cette pression ou poussée sera donc, en représentant par δ le poids du mètre cube d'eau :

$$\delta \times h_1 \left(H + \frac{h_1}{2} \right) = \frac{\delta}{2} h_1 (h_1 + 2H)$$

et, comme $\delta = 1\,000$ kilogrammes, la formule exprimant la poussée de l'eau par mètre courant sur la paroi de la chambre de travail sera : $T = 500 h_1 (h_1 + 2H)$

Cherchons maintenant la distance du centre de pression au plan supérieur ec des poutres du plafond. On sait que cette distance x' a pour expression, d'après une formule connue d'hydrostatique :

$$x' = \frac{h_1}{3} \left[\frac{2h_1 + 3H}{h_1 + 2H} \right].$$

Mais, comme au point de vue du calcul des poutres du plafond ç'est la distance x du centre de pression à l'axe de ces poutres qu'il faut déterminer, on aura, en représentant h_{IV} la hauteur des poutres du plafond :

$$x = \frac{h_1}{3} \left[\frac{2h_1 + 3H}{h_1 + 2H} \right] - \frac{h_{IV}}{2}.$$

693. *Détermination de la sous-pression.* — Le poids total du caisson, ossature métallique et maçonneries, diminué du frottement des terres environnantes contre les hausses doit être équilibré, pendant le fonçage, par la sous-pression de l'air comprimé sur le plafond de la chambre de travail. On doit donc avoir :

$$N = \pi - f$$

équation dans laquelle :

N, représente la valeur de la sous-pression ;

π, le poids total du caisson ;

f, le frottement sur les hausses, pendant le fonçage.

694. *Détermination de la pression de l'air comprimé sur les parois de la chambre de travail.* — La valeur de la pression de l'air comprimé sur les parois de la chambre de travail se déduit évidemment de la valeur de la sous-pression. Si p est la valeur de cette sous pression en kilogrammes par mètre carré, la pression sur un mètre de périmètre des parois du caisson sera représentée par l'expression :

$$N' = p (h_1 - h_{IV})$$

Elle sera appliquée à une distance de l'axe des poutres du plafond égale à :

$$n' = \frac{h_1 + h_{IV}}{2}.$$

695. *Calcul d'une poutre du plafond.* — Maintenant que nous avons déterminé les valeurs des principaux efforts agissant sur un caisson pendant son fonçage, indiquons comment et dans quelle proportion ils sont transmis aux poutres du plafond. Soient

S, la surface du caisson ;

M, son périmètre ;

$2l$, sa largeur ;

π, le poids total du caisson y compris la maçonnerie intérieure ;

P, le poids de la maçonnerie, construite au-dessus du plafond de la chambre de travail, qui intervient dans le calcul ; poids déterminé comme il a été dit au n° 690 ;

p, le poids, par mètre courant de poutre, de la maçonnerie de remplissage entre les poutres du plafond de la chambre de travail ;

p_1, le poids de la maçonnerie de remplissage entre les contrefiches, par mètre courant ;

a, la distance à l'axe du caisson, de la verticale du poids p_1 c'est-à-dire la verticale du centre de gravité du triangle formé par la paroi de la chambre de travail, la contrefiche et l'horizontale du dessous des poutres du plafond ;

f, le frottement des terres environnantes contre les parois des hausses (691) ;

N, la sous-pression totale (693) ;

d, la distance d'axe en axe des poutres du plafond ;

T, la poussée de l'eau contre les parois de la chambre de travail (692) ;

x, la distance du point d'application de cette poussée à l'axe des poutres du plafond (692) ;

N', la pression de l'air comprimé sur les parois latérales de la chambre de travail (694) ;

n', la distance du point d'application de cette pression à l'axe des poutres du plafond (694).

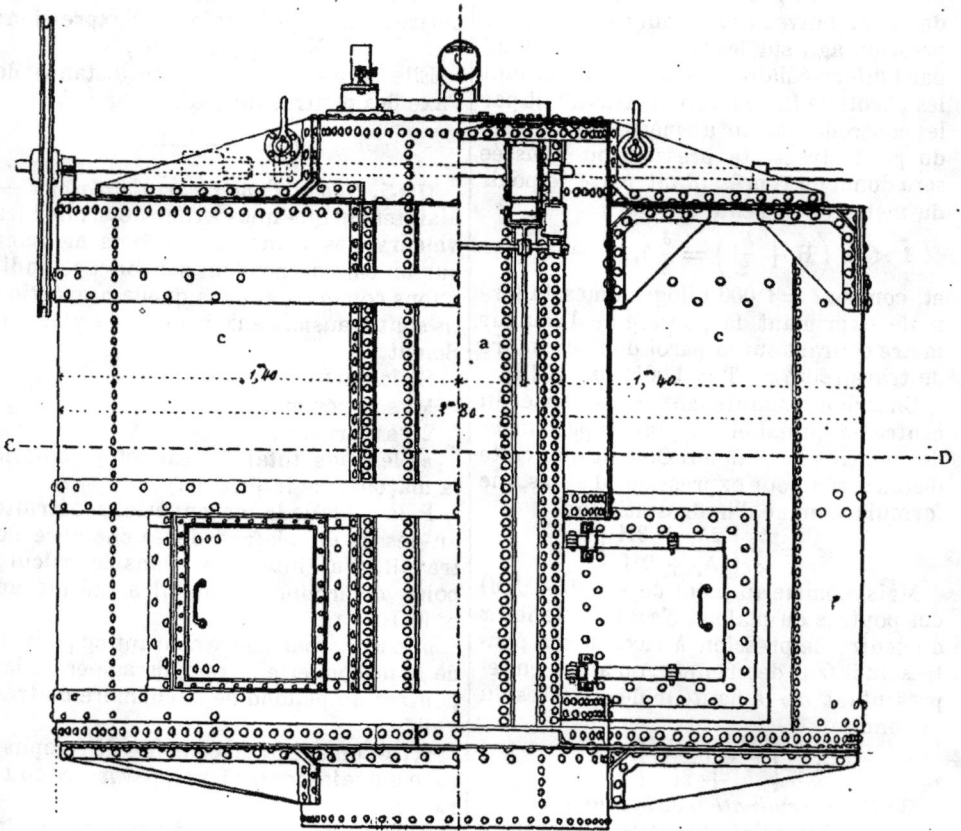

Fig. 764.

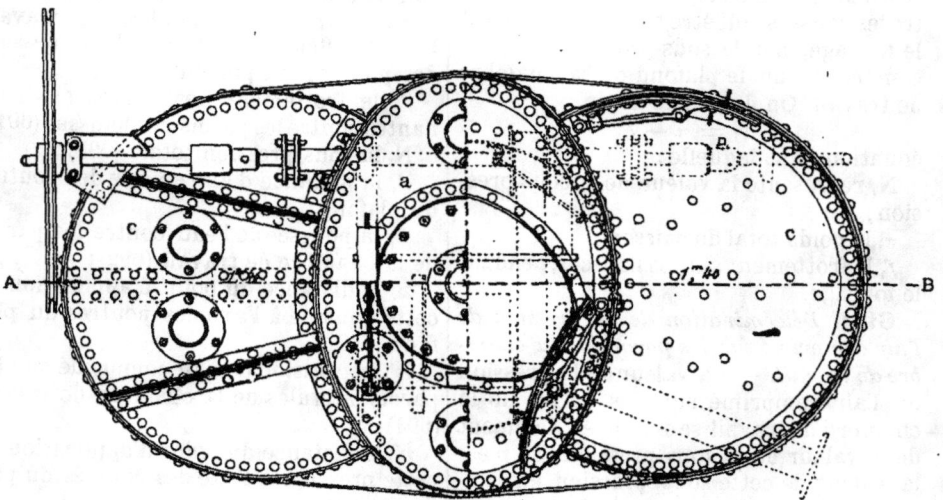

Fig. 763.

L'effort supporté par une poutre du plafond par mètre courant, du fait de la présence des maçonneries supérieures, a pour expression :

$$F = \frac{P}{S} \times d.$$

La sous-pression totale a pour valeur :

$$N = \pi - f$$

cette sous-pression donnera par mètre courant de poutre une charge uniformément répartie représentée par :

$$n = \frac{N}{S} \times d.$$

Le poids par mètre courant de la maçonnerie de remplissage entre les contre-fiches étant p_1, la partie de ce poids qui se reportera sur chaque demi-poutre sera égal à :

$$p_1 \times d.$$

Les charges verticales étant connues, on peut en déduire les réactions Q des appuis des poutres du plafond. Les charges étant symétriques les réactions seront égales ; elles auront pour valeur

$$Q = Fl + pl + p_1 \times d - nl.$$

Déterminons maintenant l'expression du moment fléchissant maximum qui se produira au milieu de la portée de la poutre.

Ce moment aura pour expression :

$$\mu = F \times \frac{l^2}{2} + T \times x + p_1 \times d$$

$$\times a - \left[Q \times l + \frac{(n-p)l^2}{2} + N' \times n' \right].$$

Ayant le moment fléchissant maximum, on n'aura plus qu'à se donner une section de poutre, par comparaison avec celles de caissons existants, de chercher la valeur du $\frac{I}{v}$ correspondant et de vérifier si le travail des fibres les plus fatiguées représenté par la formule:

$$R = \frac{v\mu}{I}$$

ne dépasse pas 6 kilogrammes par millimètre carré de section.

La section des poutres pourra être choisie tout d'abord d'après les indications du tableau de la page 582.

Extraction des déblais. — Sas à air

696. Aujourd'hui la méthode la plus employée pour l'extraction des déblais de la chambre de travail consiste dans l'emploi d'écluses ou sas à air servant en même temps pour l'entrée et la sortie des ouvriers.

Cependant à l'origine de l'emploi de l'air comprimé dans les fondations l'extraction des déblais ne se faisait pas à l'aide d'écluses. On les enlevait avec des dragues disposées dans des cheminées verticales établies suivant l'axe longitudinal du caisson, comme nous l'avons indiqué lorsque nous avons décrit la méthode employée pour les fondations des piles du pont de Kehl, sur le Rhin (732). Les puits dans lesquels se trouvaient les dragues étaient fixés aux poutres constituant le plafond de la chambre de travail, les traversaient et descendaient jusqu'à un niveau un peu inférieur à celui du tranchant des caissons. Comme les puits étaient ouverts à la partie supérieure il résultait de cette disposition que l'eau s'élevait à leur intérieur jusqu'au niveau des eaux du fleuve.

Les ouvriers déblayaient sous le tranchant des caissons et à l'intérieur de la chambre de travail ; puis ils jetaient dans l'excavation formée par la drague les déblais qui étaient pris par les godets de celle-ci et rejetés à la partie supérieure des puits dans des caisses destinées à les recevoir.

697. Ce système d'extraction des déblais n'est pas sans inconvénients, car les puits dans lesquels doivent se mouvoir les dragues exigent beaucoup de place et comme il faut toujours concurremment d'autres cheminées pour faire communiquer la chambre de travail avec les sas à air pour la descente des ouvriers, il en résulte que ce système n'est applicable que pour des caissons de grande largeur. Enfin, au fur et à mesure de l'approfondissement, il faut évidemment allonger la chaîne à godets, opération longue et délicate qui occasionne une grande perte de temps. Si on ajoute à ces inconvénients celui qui résulte du dérangement presque inévitable de la chaîne à godets pendant son fonctionnement on concevra qu'on ait abandonné ce système d'extraction des déblais à l'air libre pour se servir des écluses ou sas à air servant à l'entrée et à la sortie des ouvriers.

698. *Extraction des déblais par l'écluse ou sas à air.* — Les écluses servant à l'extraction des déblais sont analogues à celles qui servent simplement à l'entrée et à la sortie des ouvriers dont nous avons décrit le fonctionement au n° 631. Il est nécessaire cependant de lui adjoindre certains dispositifs permettant d'écluser les déblais sans que, pendant cette opération le travail d'élévation des seaux ou bennes les contenant soit interrompu.

La figure 763 représente les dispositions adoptées par M. Castor pour remplir les conditions que nous venons d'énoncer. Son écluse se compose essentiellement de trois compartiments DD', SS', S''. Le compartiment DD' communique directement avec la chambre de travail à l'aide d'une cheminée en tôle et d'une porte BB' qui permet de l'isoler. Les deux autres compartiments SS' et S'' peuvent communiquer soit avec l'extérieur soit avec le compartiment DD' à l'aide de portes. Un treuil TT'' fixé soit au plafond du sas à air, soit sur ses parois, sert à élever les seaux ou les bennes chargés de déblais. Au fur et à mesure de l'arrivée de ces seaux dans le compartiment DD' on les déverse dans les sas latéraux S' ou S'' et on écluse leur contenu au dehors Pendant que l'un des deux sas S' ou SS'' se remplit on vide l'autre à l'extérieur, de manière à éviter toute interruption du travail d'élévation des déblais pendant l'éclusage. Le monte-charge TT'' qui sert à élever les bennes, chargées de déblais, peut être actionné à la main ou à l'aide d'une locomobile installée à une faible distance. Il n'y a pas économie à employer l'air comprimé pour mouvoir le monte-charge; on peut cependant le faire pour éviter l'installation d'un nouveau moteur.

Les déblais dans la chambre de travail s'exécuteront en faisant tout d'abord une sorte de rigole sous le tranchant du caisson de manière à faciliter sa descente et en enlevant ensuite les terres du milieu.

699. L'écluse de M. Castor avait l'inconvénient d'exiger une reprise de déblais dans les sas latéraux pour les jeter à la pelle dans les couloirs les conduisant dans les caisses destinées à les recevoir. Aussi MM. Zschokke et Montagnier, entrepreneurs de travaux publics, ont cherché à éviter cet inconvénient en construisant des écluses à un seul compartiment portant deux petits sas à déblais S (*fig.* 766) permettant l'éclusage par la seule action de la gravité. Chacun de ces petits sas peut contenir environ dix seaux et pendant que l'un d'eux se remplit on vide l'autre.

La porte de l'orifice extérieur du sas étant fermée et celle de l'orifice intérieur étant ouverte, comme l'indique la coupe verticale du côté gauche de la figure, on verse dans celui-ci les seaux au fur et à mesure de leur arrivée dans le compartiment du milieu. Lorsque le petit sas est plein on ferme la porte de l'orifice intérieur et on ouvre celle de l'orifice extérieur, les déblais s'écoulent alors sous l'action de leur propre poids. Il faut évidemment que les portes des orifices inférieurs des petits sas latéraux s'ouvrent au dehors. Il en résulte qu'elles ne sont plus maintenues fermées par la pression de l'air comprimé; aussi pour les empêcher de s'ouvrir sous cette pression et sous le poids des déblais emmagasinés dans les petits sas il est nécessaire de les serrer avec une vis comme l'indique la figure 766.

700. M. Schmoll a cherché à modifier l'écluse de M. Castor, en substituant aux seaux servant à l'enlèvement des déblais une drague à godets, installée dans les cheminées et déversant ses godets à l'aide d'une disposition particulière, tantôt dans un des petits sas latéraux tantôt dans l'autre. La drague était actionnée par une locomobile située à peu de distance. Ces

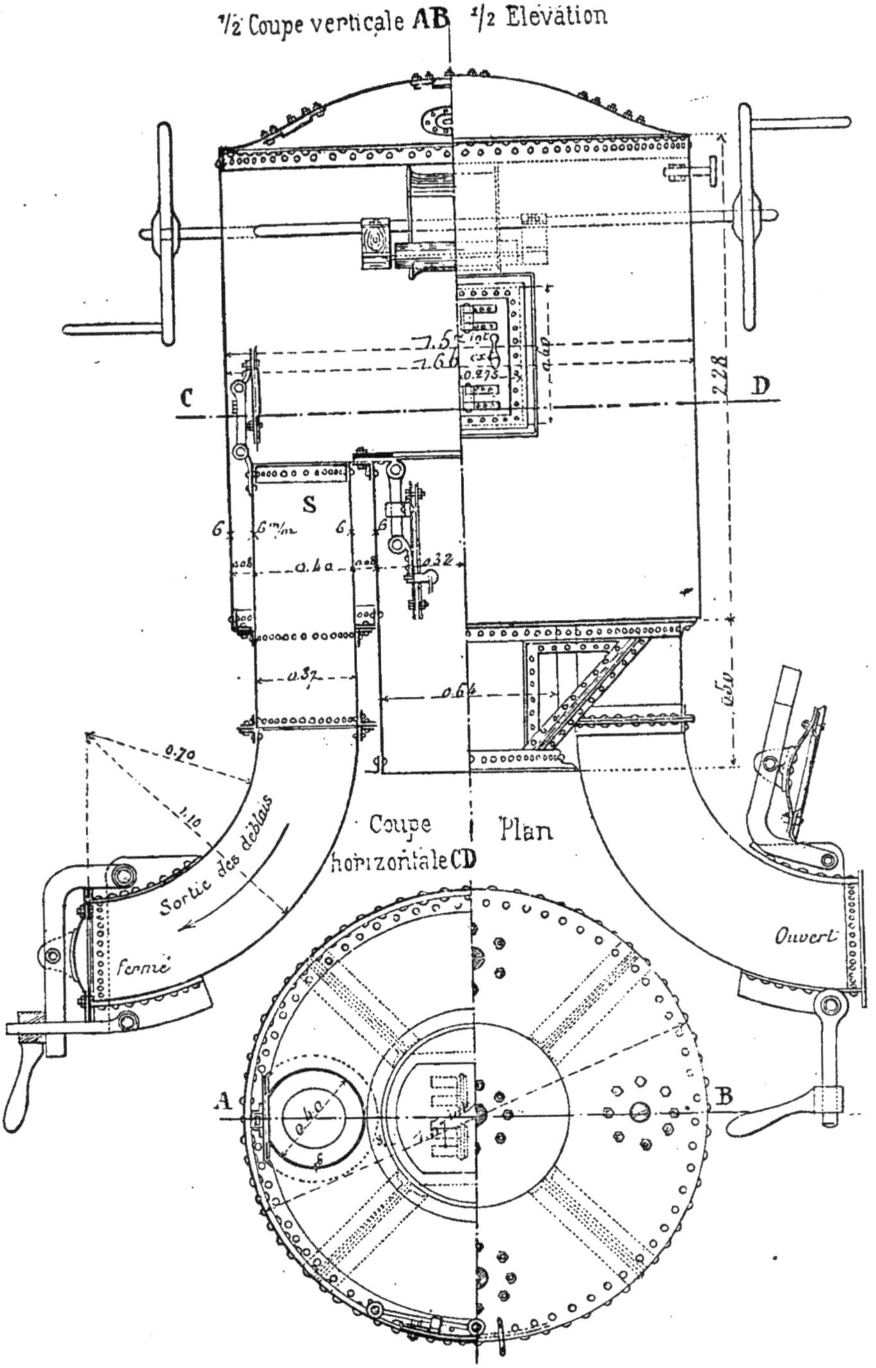

½ Coupe verticale **AB**   ½ Elevation

C   D

S

Sortie des débats

Coupe horizontale CD   Plan

Fermé   Ouvert

A   B

Fig. 766.

écluses sont d'une manœuvre facile et | remédient aux principaux inconvénients

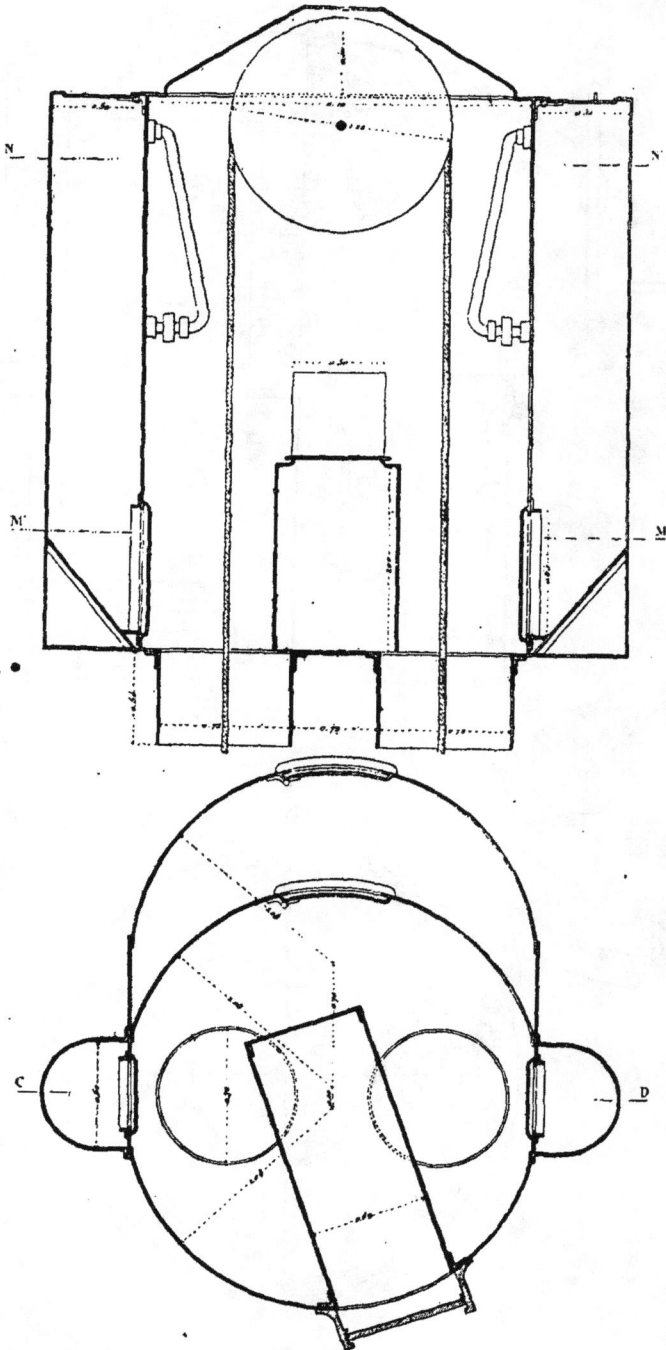

Fig. 767 — Sas à air des ponts de Nantes. — Coupe verticale suivant CD et coupe horizontale
suivant MM'.

de celle de M. Castor, mais elles sont lourdes et par suite peu maniables.

701. *Ponts de Nantes sur la Loire.* — *Sas à air employé pour les fondations de ces ponts.* — Les ponts construits près de Nantes, à la traversée de la Loire par le chemin de fer de La Roche-sur-Yon, ont été fondés au moyen de l'air comprimé par M. E. Gouin. Le fond du lit du fleuve est formé, à l'emplacement de ces ponts, par du sable mélangé d'argile, et, pour pouvoir fonder sur un gravier suffisamment résistant, il fallait descendre la fondation jusqu'à une profondeur de près de 19 mètres.

A l'emplacement que devait occuper la pile à élever on a établi un échafaudage de grande hauteur sur lequel pouvait se mouvoir une grue destinée à la mise en place des caissons. Ces derniers s'élevaient à une grande hauteur au-dessus du niveau des eaux. Pour les enfoncer on les a garnis, au-dessus du plafond de la chambre de travail, avec du béton jusqu'à ce qu'ils aient fini par reposer sur le sable constituant le fond du lit de la Loire. Ce massif de béton était continué par la maçonnerie de la pile. Au fur et à mesure de l'enfoncement on augmentait la hauteur de maçonnerie sur le plafond de la chambre de travail pour équilibrer la sous-pression. Lorsque le caisson eût atteint un gravier suffisamment résistant, on procéda au remplissage de la chambre de travail avec du béton de ciment. Les tubes établissant la communication entre les sas à air et la chambre de travail furent également remplis de béton. Aucune précaution ne fut prise pour pouvoir les retirer ultérieurement, car on a pensé que les dépenses nécessitées par cette opération n'auraient pas été en rapport avec la valeur réelle des tubes.

702. Les sas à air employés aux ponts de Nantes ont donné d'excellents résultats.

Ils se composaient d'un cylindre en tôle de 3 mètres de hauteur et de section sensiblement circulaire, comme le montre la figure 767. Le cylindre principal, qui a pour dimensions, en coupe horizontale, 2,18 sur 2 mètres, porte une annexe ayant 3 mètres de hauteur, 2 mètres de longueur et 0m,70 de largeur. Cette annexe constitue la chambre de travail proprement dite. Elle porte sur ses parois de fortes lentilles en verre destinées à laisser passer la lumière.

De plus, de chaque côté, suivant le plus petit axe de la section horizontale du cylindre principal, se trouvent deux demi-cylindres de 0m,60 de diamètre servant de sas pour l'introduction des matériaux destinés à être employés dans la chambre de travail. Des portes situées en haut et en bas de ces demi-cylindres permettent la communication soit avec l'atmosphère, soit avec les tubes qui aboutissent à la chambre de travail.

Enfin le cylindre principal contient à la partie inférieure une petite écluse prismatique, de 1 mètre de hauteur, destinée à sasser les déblais provenant de la chambre de travail, de manière à les porter dans l'atmosphère par l'intermédiaire de petits wagonnets roulant sur des rails suspendus à l'intérieur de ce petit sas.

703. *Sas à air employé à Rotterdam.* — Pour la construction d'un certain nombre de piles de ponts métalliques à Rotterdam, on a employé un sas à air ayant une certaine analogie avec celui des ponts de Nantes. Il se compose essentiellement de deux cylindres de 1m,65 et de 0m,70 de rayon, communiquant, comme l'indique la figure 769, par une ouverture qu'on peut fermer, avec une porte s'ouvrant à l'intérieur du grand cylindre communiquant constamment avec la chambre de travail par l'intermédiaire de deux tubes verticaux (*fig.* 770 et 771). C'est dans ces tubes verticaux que se font la montée et la descente des ouvriers ainsi que l'extraction des déblais.

Le petit cylindre de 0,70 de rayon sert à sasser les ouvriers et à cet effet il communique avec l'atmosphère par une porte de mêmes dimensions que celle qui le met en relation avec le grand cylindre. L'opération à effectuer étant celle que nous avons déjà expliquée (651), nous n'y reviendrons pas.

L'extraction des déblais se fait avec ce sas de la manière la plus simple.

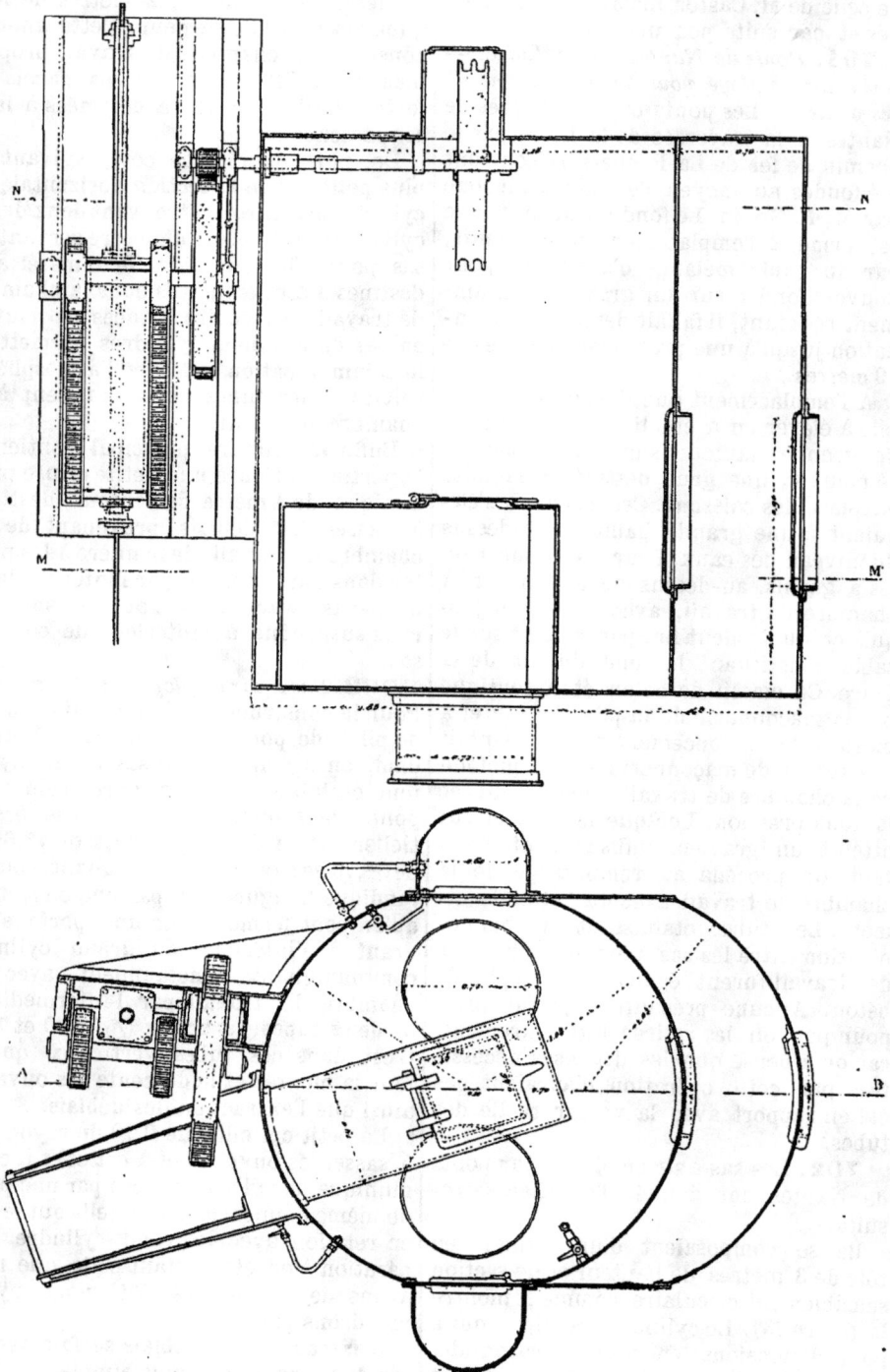

Fig. 768. — Sas à air des ponts de Nantes. — Coupe verticale suivant AB et coupe horizontale suivant NN'.

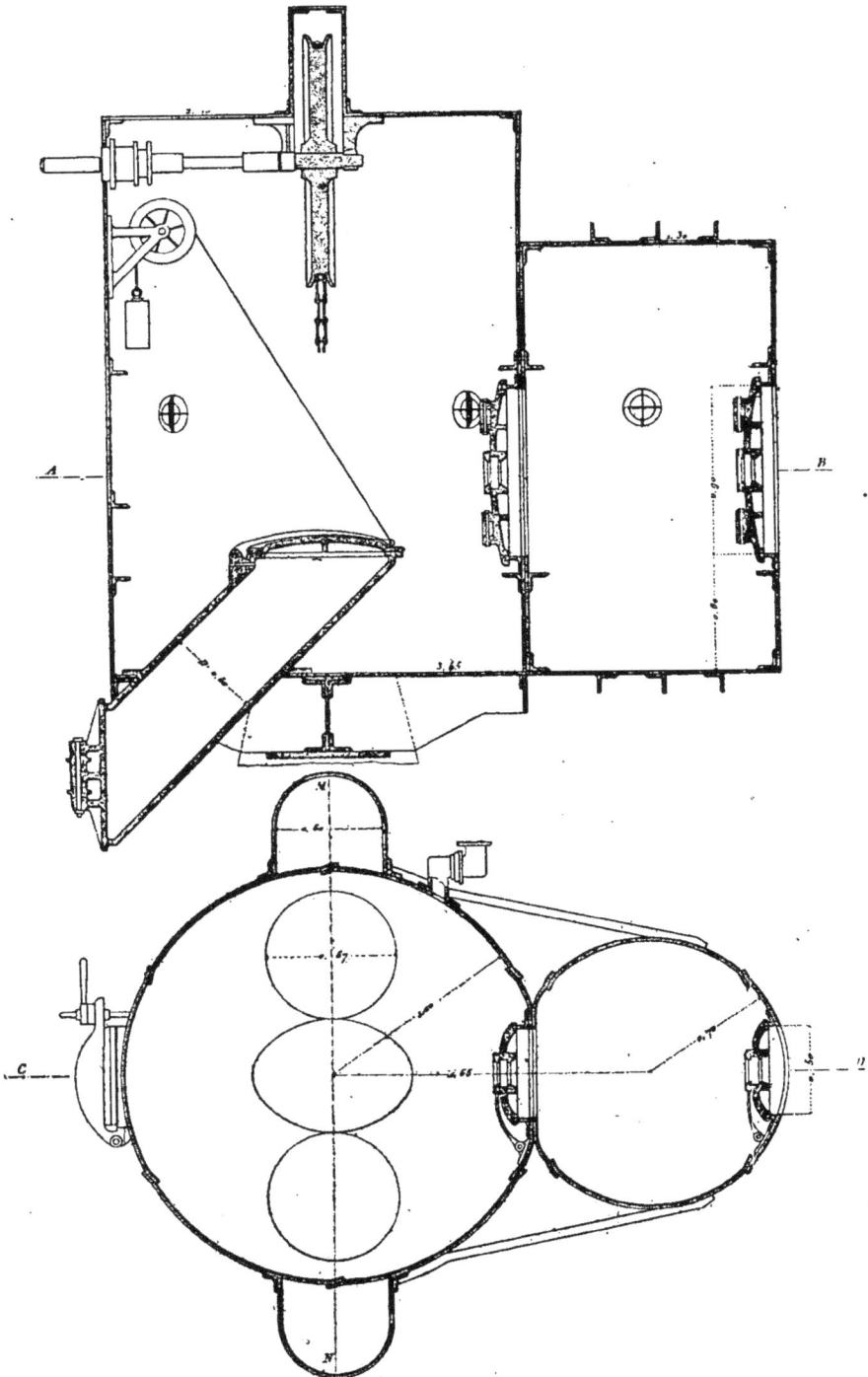

Fig. 769. — Sas à air des ponts de Rotterdam. - – Coupe verticale suivant CD et coupe horizontale
suivaut AB.

Sur une poulie à gorge montée sur un axe à l'intérieur du sas et dont le plan est dirigé suivant le diamètre commun des deux cheminées faisant communiquer la chambre d'équilibre avec la chambre de travail, s'enroule un câble dont les deux extrémités portent les seaux à déblais ; pendant que l'un monte, l'autre descend. Lorsqu'un des seaux à déblais est arrivé dans le sas, l'ouvrier qui se trouve là pour le recevoir ouvre la soupape du sas à déblais et vide à l'intérieur de celui-ci le seau qui doit redescendre ensuite dans la chambre de travail. A l'extérieur, on ouvre la porte faisant communiquer le sas à déblais avec l'atmosphère ; il se vide de lui-même.

Comme la pression de l'air comprimé, qui

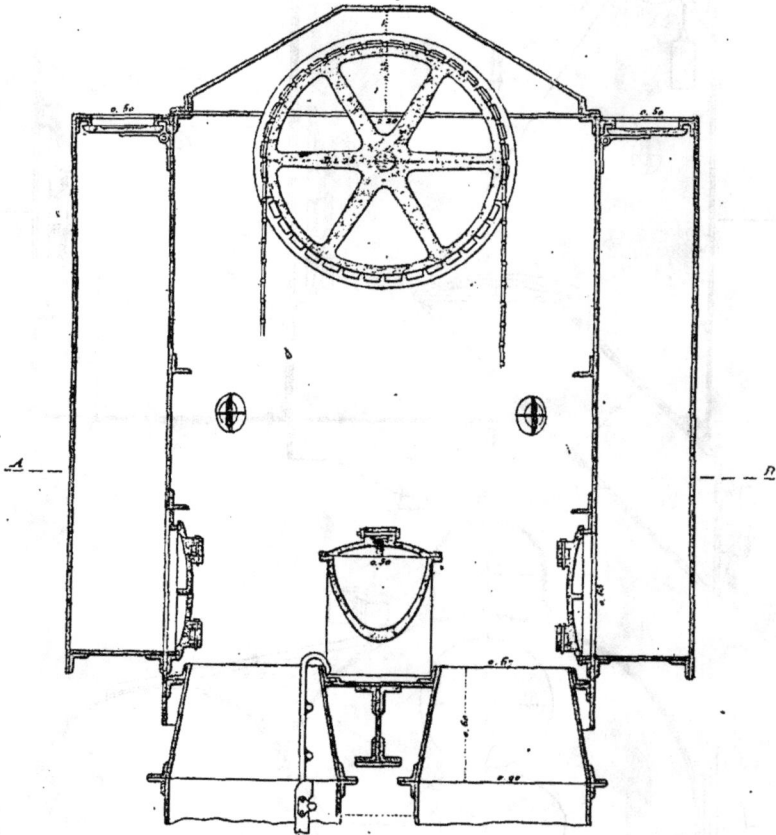

Fig. 770. - Sas à air des ponts de Rotterdam. — Coupe verticale suivant MN (voir figure 769).

remplit le grand cylindre, sur la soupape fermant le sas à déblais était trop forte pour qu'un homme puisse l'ouvrir, on a adopté une disposition spéciale pour faciliter cette opération. On a diminué l'effort à produire à l'aide d'un contrepoids suspendu à l'extrémité d'une corde fixée à la soupape comme l'indique le dessin (fig. 769) et passant sur une petite poulie à gorge dont l'axe était supporté par une console fixée à la paroi du grand cylindre.

L'arbre supportant la poulie à gorge sur laquelle passait le câble des seaux à déblais traversait la paroi du grand cylindre et recevait son mouvement de rotation de l'extérieur par l'intermédiaire d'une poulie calée sur lui.

704. *Sas à air du pont de Gouis.* —

Au pont de Gouis (chemin de fer d'Angers | employé une chambre d'équilibre consti-
à la Flèche), M. Pellerin, constructeur, a | tuée par un cylindre en tôle de 2 mètres

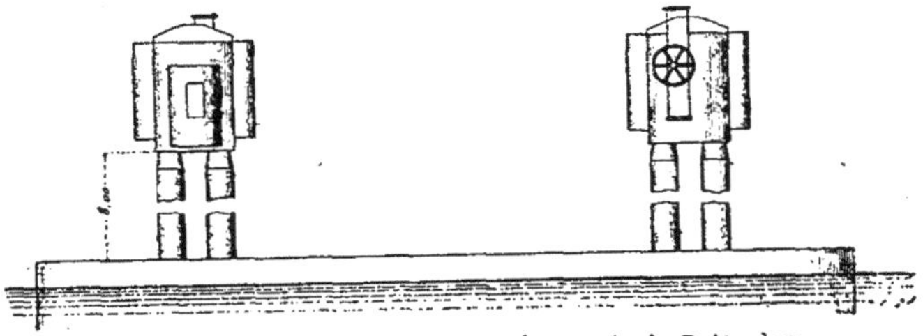

Fig. 771. — Élévation du caisson des ponts de Rotterdam.

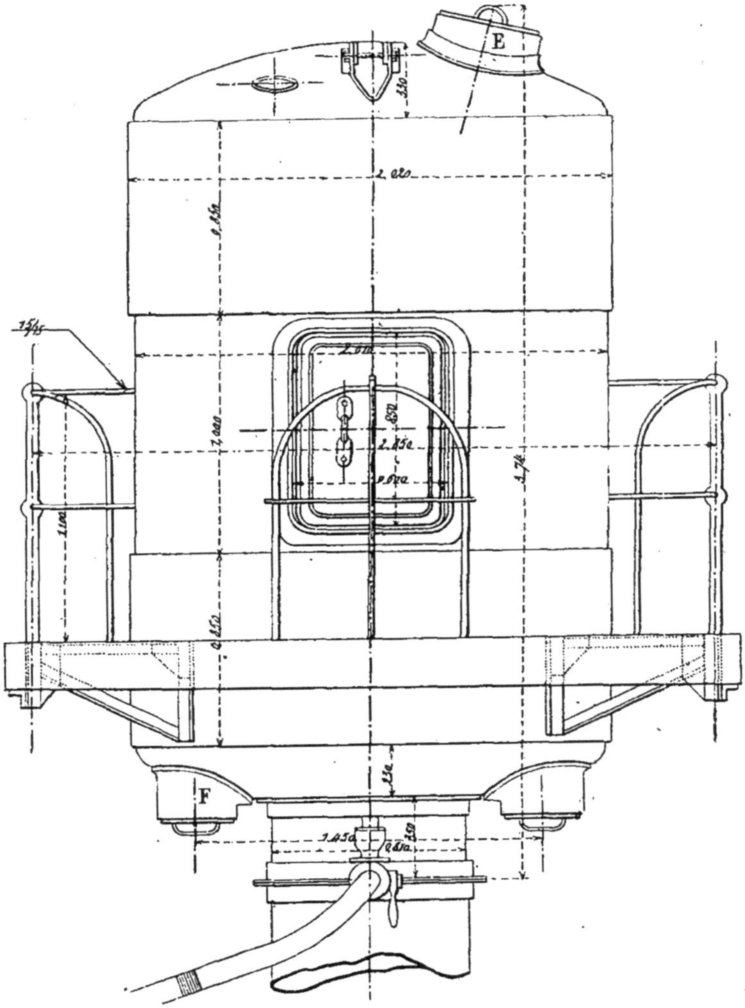

Fig. 772. — Pont de Gouis, chemin de fer d'Angers à La Flèche. — Chambre d'équilibre. — Élévation.

de diamètre et d'environ 3ᵐ, 50 de hauteur (*fig.* 772 à 776). Les fonds supérieur et inférieur de ce cylindre affectaient la forme de calottes, analogues à celles employées pour les fonds de chaudières. La cheminée faisant communiquer le sas à air avec la chambre de travail avait 0ᵐ,80 de diamètre et pénétrait à l'intérieur du sas de près de 1 mètre, comme l'indique la coupe verticale CD (*fig.* 774). La communication de cette cheminée avec le sas pouvait être interrompue à l'aide d'un clapet s'ouvrant à l'intérieur de celle-là.

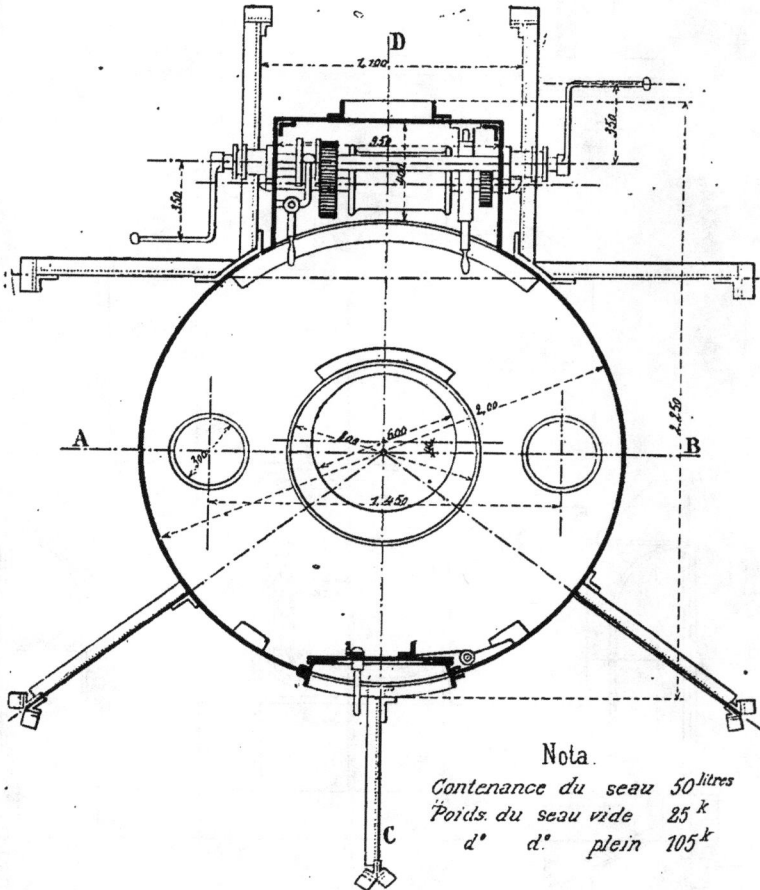

Fig. 773. Pont de Gouis. — Chambre d'équilibre. — Coupe horizontale A B (voir figure 774).

L'extraction des déblais se faisait à l'aide d'un treuil logé dans une cavité latérale au sas à air et de dimensions très restreintes pour ne pas trop augmenter la capacité de la chambre d'équilibre. Ce treuil se composait, en substance, de deux axes horizontaux dont l'un, l'inférieur, portait le tambour, et dont l'autre, le supérieur, portait à ses extrémités deux manivelles de 0,350 de rayon, situées dans le prolongement l'une de l'autre. Ces deux manivelles étaient à l'extérieur du sas, ce qui permettait de réduire au strict minimum le nombre des manœuvres travaillant dans l'air comprimé. Comme les ouvriers employés à la manœuvre du treuil, ne pouvaient se rendre compte de l'instant précis de l'arrivée du seau à déblais dans le sas à air et auraient pu élever ce dernier jusqu'au plafond du sas, il fallait, pour éviter tout accident, employer une disposition spéciale permettant à l'ouvrier recevant les déblais à l'intérieur de l'écluse à air d'opé-

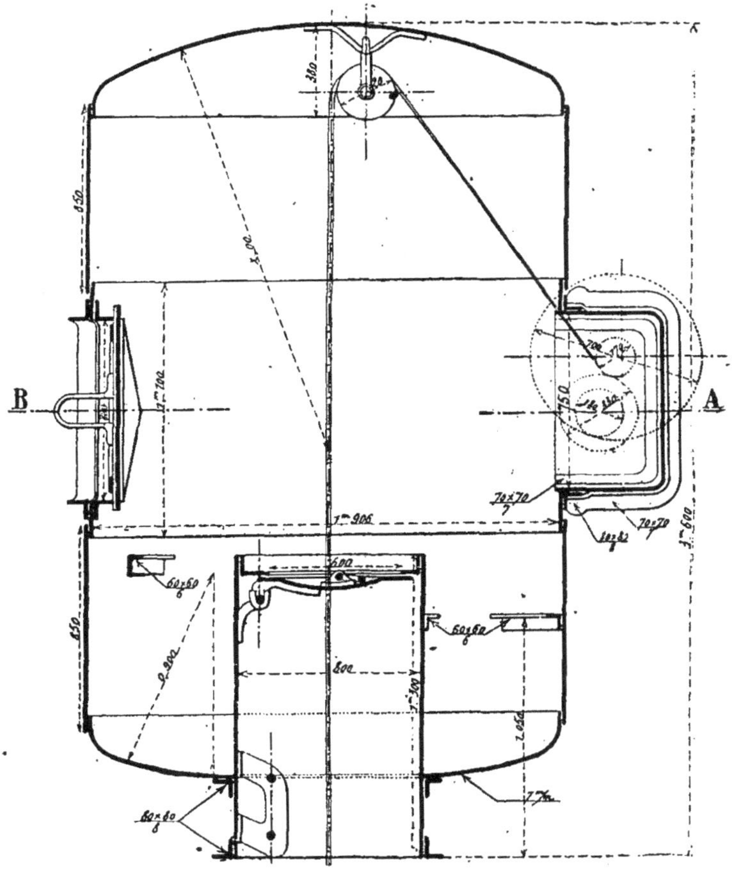

Fig. 774 — Pont de Gouis, — Chambre d'équilibre. — Coupe verticale CD (voir figure 773).

rer le désembrayage de l'arbre du tambour.

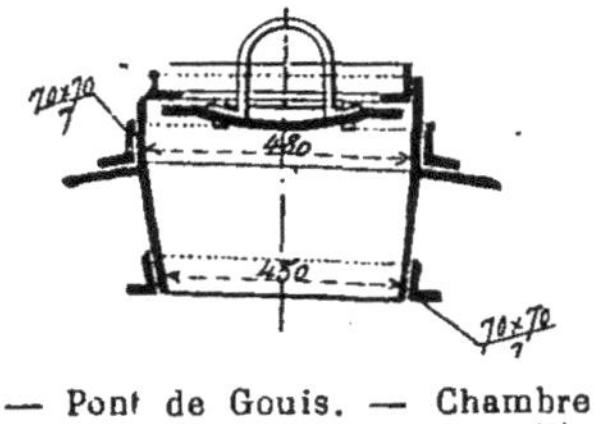

Fig. 775. — Pont de Gouis. — Chambre d'équilibre. — Détail E (voir figure 772).

Le mouvement était transmis de l'arbre des manivelles à l'arbre du tambour par pignon et engrenage et le désembrayage s'obtenait facilement à l'aide d'une manette articulée sur un axe fixé à la paroi latérale de la caisse (fig. 773).

Cette manette en tournant déplaçait à droite ou à gauche un levier terminé par une fourche qui s'engageait entre deux portées de l'arbre des manivelles. Ce dernier se déplaçait donc dans le sens de sa longueur, de manière à mettre en contact les deux engrenages ou à les éloigner l'un de l'autre.

Le sas à air portait, en outre (fig. 772 et

773), une série de consoles sur lesquelles on a établi un plancher avec garde-corps en fer, afin de pouvoir circuler tout autour du sas et effectuer commodément la manœuvre du treuil. L'entrée et la sortie des ouvriers se faisait par la porte latérale située un peu au-dessus du plancher dont nous venons de parler. En plus de cette ouverture le sas était muni de deux autres F situées à sa partie inférieure et servant à l'évacuation et d'une quatrième E à la partie supérieure servant à couler le béton pour le remplissage des cheminées.

Cette dernière opération s'effectuait en introduisant dans l'ouverture E un couloir en bois dont l'extrémité inférieure s'engageait dans la cheminée faisant communiquer le sas à air avec le caisson.

705. *Sas à air et caisson du pont de*

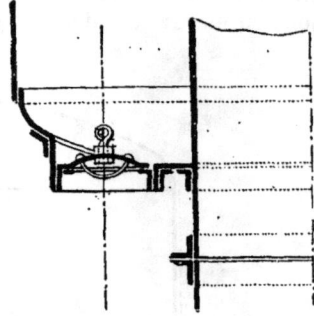

Fig; 776. — Pont de Gouis. — Chambre d'équilibre. — Détail F (voir figure 772).

Collonges. — En 1869, M. Masson, entre

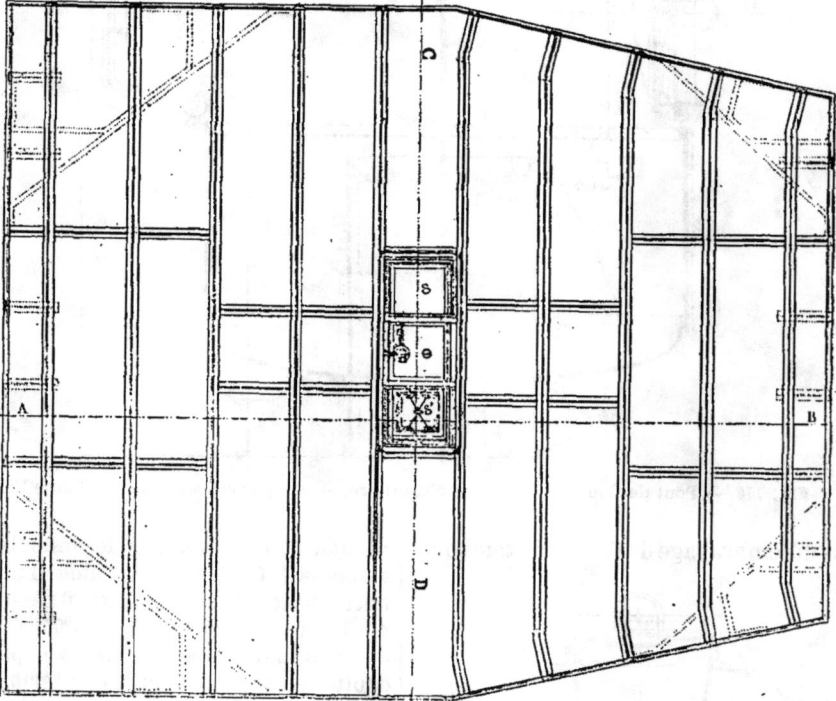

Fig. 777. — Caisson du pont de Collonges. — Coupe horizontale suivant EF (voir figure 778).

preneur des travaux du pont de Collonges sur le Rhône, proposa de fonder la culée gauche de ce pont avec un sas à air situé dans la chambre de travail, au lieu d'être installé, comme cela s'était fait jusqu'alors, à la partie supérieure de la cheminée surmontant le caisson (*fig.* 777 à 780).

Le sas à air se compose de trois compartiments S, S', S" disposés comme l'indique la figure 779. Les deux premiers servent à l'extraction des déblais à l'aide de bennes b, et le troisième, à l'entrée et à la sortie des ouvriers qui descendent dans le sas à l'aide d'échelles installées dans le puits e situé au-dessus des sas S et S' et qui s'élève à l'air libre jusqu'au-dessus du niveau de l'eau de la rivière.

Pour écluser les ouvriers on opère comme nous l'avons déjà expliqué en mettant le sas S" en communication par le robinet r' avec le caisson rempli d'air comprimé ou par le robinet r'_1 avec le puits e rempli d'air à la pression atmosphérique. Lorsque, par exemple, le robinet r' étant fermé et le robinet r'_1 étant ouvert, le sas S" est rempli d'air à la pression atmosphérique, les ouvriers pénètrent dans le sas par la porte sur laquelle se trouve le robinet r'_1 (*fig.* 779). Puis ils ferment ce dernier robinet et ouvrent r' ; le sas S" se remplit peu à peu d'air comprimé et lorsque la pression est la même dans le sas et dans la chambre de travail, les ouvriers

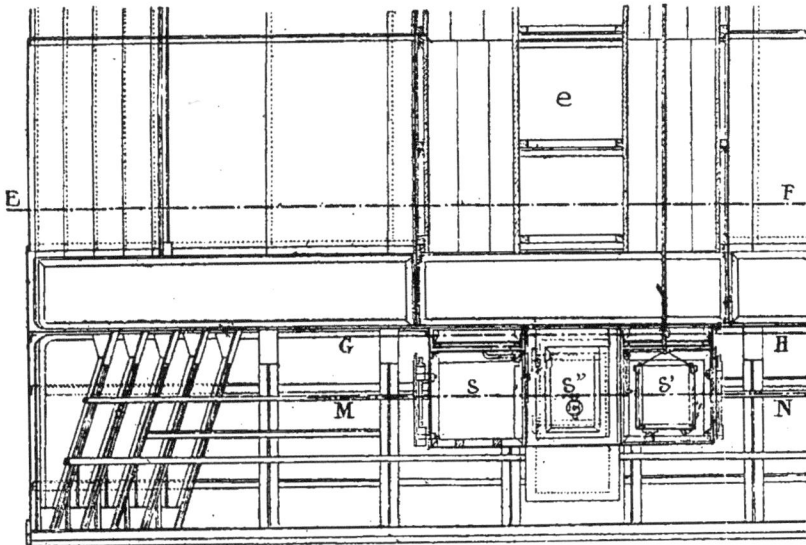

Fig. 778. — Caisson du pont de Collonges. — Coupe suivant CD (voir figures 777 et 779).

n'ont plus qu'à sauter sur le sol de celle-ci en ouvrant la porte d', comme l'indique la figure.

Pour écluser les déblais dans les sas S et S', on opère de même, en mettant ceux-ci en communication soit avec le caisson rempli d'air comprimé à l'aide des robinets r, soit avec le puits à air libre e, à l'aide des robinets r_1 et des conduites c (*fig.* 779). Chacun des deux sas à déblais communique en outre avec la chambre de travail par une ouverture, pratiquée sur une des parois latérales, fermée par une porte d, et avec le puits à air libre à l'aide d'une porte horizontale p. Sur la figure 779 le sas S communique avec la chambre de travail ; la porte verticale d est ouverte pour le chargement des déblais dans la benne et la porte horizontale p est fermée ; le sas S', au contraire, communique avec le puits à air libre e pour l'enlèvement de la benne chargée de déblais ; la porte verticale d est fermée et la porte horizontale p est ouverte. De cette manière le travail est continu ; lorsqu'une des bennes monte, l'autre descend.

706. Le principal avantage de cette disposition est qu'on n'a plus besoin d'enlever le sas à air lorsqu'on veut ajouter de nouvelles viroles aux cheminées de service, au fur et à mesure de l'approfondissement. Cette nécessité oblige, en outre, de supprimer la pression à l'intérieur du caisson pendant un certain temps et cette suppression ne se fait pas sans produire quelquefois des accidents, par suite du brusque enfoncement du caisson.

Lorsque l'ouvrage est terminé on remplit le sas à air avec du béton ; il faut donc que le prix de la construction à établir soit assez élevé pour pouvoir sacrifier le sas.

707. *Sas à air et caisson du pont de Saint-Louis.* — Au pont de Saint-Louis, commencé la même année que le pont de Collonges, on a employé une disposition analogue. Les ouvriers effectuaient les déblais et le remplissage de la chambre de travail à une profondeur de 33^m,70 au-dessous du niveau de l'eau du fleuve.

Au sujet de ce pont voici comment s'exprime M. Malézieux, ingénieur en chef des ponts et chaussées, dans le

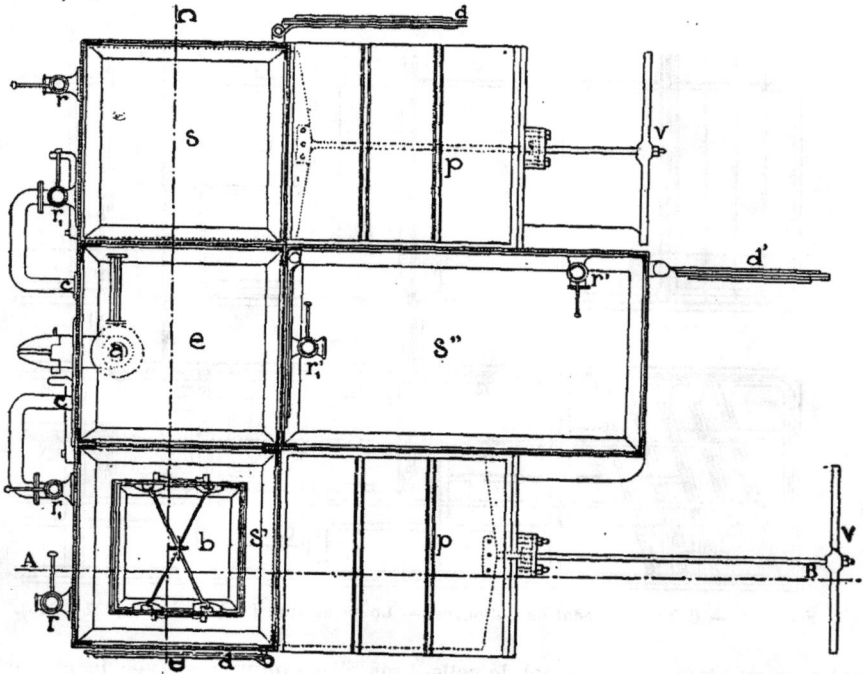

Fig. 779. — Caisson du pont de Collonges. — Coupe suivant GH (voir figures 778 et 780).

mémoire qu'il a publié sur les fondations à air comprimé d'un certain nombre de ponts en Amérique : « Les écluses à air, au lieu d'être installées au-dessus du niveau de l'eau et déplacées à mesure qu'il fallait allonger les puits d'accès de la chambre de travail, ont été établies à demeure dans cette chambre. On descendait donc dans l'air ordinaire par un puits central, ou plutôt par une large cage de 3 mètres de diamètre, dans laquelle était établi un escalier tournant qui fut en

dernier lieu remplacé par un ascenseur ; on descendait ainsi jusqu'à 2 mètres en contre-bas du plafond du caisson. Là on pénétrait par une ouverture *verticale* dans un sas à air de 2 mètres de diamètre. Une fois l'équilibre de pression établi, et la porte extérieure s'ouvrant, on n'avait plus qu'à sauter par terre d'une hauteur de 0^m,90 environ ; or, dans un air aussi fortement comprimé, il fallut finalement réduire à moins d'une heure la durée des relais de travail ; quel avantage de

n'avoir pas à en déduire le temps nécessaire pour descendre et remonter sur une
hauteur équivalente à dix étages d'une
maison parisienne ! Quel soulagement
pour des ouvriers généralement accablés
à la fin de leur tâche ! Quelle commodité
pour la transmission des ordres, pour
l'introduction des outils, pour les com-
munications de toute espèce ! D'ailleurs
on diminue ainsi l'espace qu'il faut, malgré les fuites, tenir plein d'air comprimé,
et la partie du puits qui est en dehors de
la chambre de travail n'a plus besoin
d'être construite en forte tôle ; il suffit
qu'elle soit mise, par une chemise extérieure en tôle, ou bien, plus économiquement, par un cuvelage intérieur en
douves de sapin, à l'abri des eaux qui
peuvent s'infiltrer à travers les maçonneries. Par toutes ces raisons, il y avait là
un progrès des plus remarquables »

708. Toute écluse doit être pourvue:
1° D'un manomètre ;
2° D'une soupape de sûreté;
3° D'une amorce pour la conduite d'air
avec un clapet de retenue.

709. On s'est servi, en Amérique,
pour l'extraction des déblais, constitués
principalement par des sables, d'une
pompe à air comprimé. On avait remarqué, en effet, lorsqu'on employait un tube
pour enlever les eaux d'infiltration à l'aide
de l'air comprimé, que lorsque l'orifice du
tube était à sec le sable se précipitait à la
suite de l'eau en assez grande quantité.
Cette remarque conduisit à l'emploi de la
pompe à sable représentée par la figure
781, dont le jeu est facile à comprendre.
Elle se compose d'un tuyau en fer creux
ajusté à frottement dans une garniture
portant deux enveloppes concentriques,
entre lesquelles arrive l'air comprimé qui
contourne le bas du tube central pour
s'échapper dans celui-ci comme l'indique
le sens des flèches.

L'aspiration produite par l'air comprimé produit l'entraînement du sable.
Cette pompe permet d'extraire très rapidement de grandes quantités de sable.

Cheminées.

710. Les cheminées mettant en communication le sas à air et la chambre de
travail sont formées par des tronçons de
3 à 4 mètres de hauteur réunis par des
boulons. Les joints sont rendus absolument étanches par une couronne en caoutchouc. Elles doivent être munies d'échelles
en fer. Leur diamètre varie évidemment
avec les moyens employés pour l'extraction des déblais, mais il convient qu'il ne
soit pas inférieur à $0^m,70$.

Refoulement de l'eau. — Com-presseurs d'air.

711. Lorsque le caisson est échoué à
l'endroit précis où doit s'élever la pile à
construire, il faut mettre le terrain à sec
à l'intérieur de la chambre de travail.

Le moyen à employer pour enlever l'eau
qui remplit le caisson et s'élève à l'intérieur des cheminées jusqu'au niveau de
l'eau de la rivière consiste à fermer hermétiquement toutes les issues de la
chambre de travail et des cheminées et
d'envoyer à leur intérieur de l'air à une
pression suffisante pour équilibrer la pression atmosphérique qui agit à la surface
de l'eau de la rivière, plus celle d'une
colonne d'eau ayant une hauteur égale à
la différence de niveau entre le tranchant
du caisson et le niveau de l'eau de la
rivière.

Cet air refoulera l'eau qui s'en ira en
passant sous le tranchant du caisson.

Les machines servant à donner à l'air
la pression nécessaire pour produire cet
effet s'appellent : « compresseurs d'air ».
Leur jeu est celui d'une pompe aspirante
et foulante. Elles se composent d'un
cylindre dans lequel se meut un piston
animé d'un mouvement alternatif qui lui
est communiqué par bielle et manivelle
par l'intermédiaire d'un arbre qui reçoit
lui-même son mouvement d'une machine
à vapeur. Les clapets d'aspiration et de
refoulement de l'air sont disposés comme
ceux d'une pompe aspirante et foulante.

Les appareils qu'on emploie à la production de l'air comprimé pour l'établissement des fondations sous l'eau doivent
être établis pour pouvoir produire de
grands volumes d'air, car il est souvent nécessaire de fonder en même temps plusieurs
piles. Il est évident que pour les fonda-

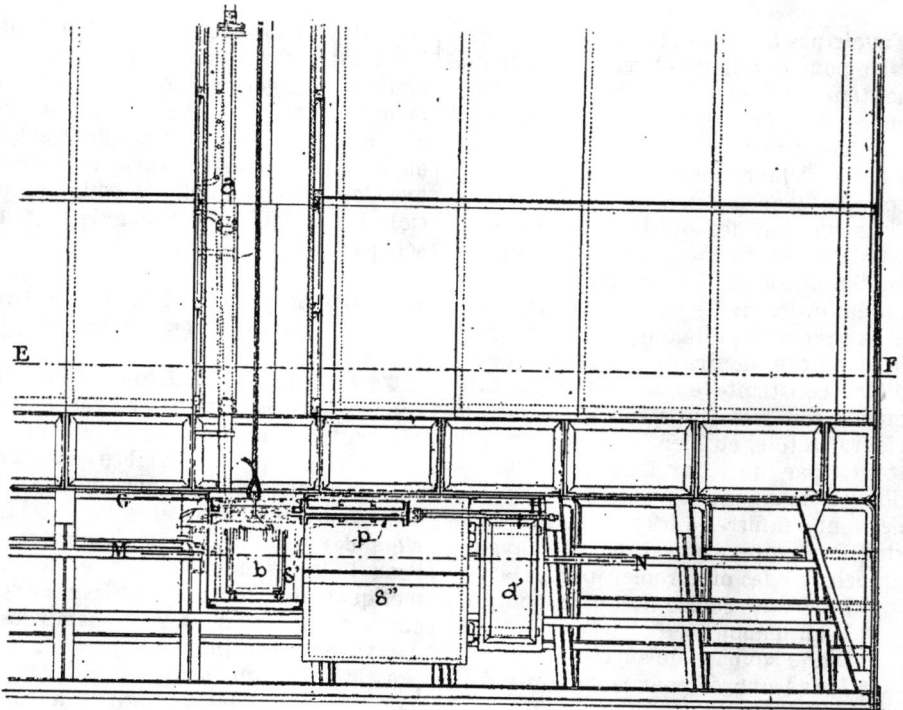

Fig. 780. — Caisson du pont de Collonges. — Coupe suivant AB (voir figure 777).

tions tubulaires les machines à employer doivent être de plus faible puissance que pour les fondations par caissons.

Quelque soit le système employé l'air sortant du compresseur doit passer dans un réservoir d'où partent les tuyaux de distribution.

712. Pendant la compression il se produit un assez grand échauffement de l'air qu'il importe de diminuer le plus possible afin d'éviter la destruction des matières organiques qui entrent dans la composition des garnitures et aussi dans celles des matières lubréfiantes qu'on introduit dans le cylindre pour diminuer les frottements. Ce sont les principales dispositions adoptées pour obtenir ce refroidissement qui différentient les divers compresseurs en usage.

Dans les débuts on chercha à diminuer l'échauffement de l'air pendant la compression en ne faisant marcher le compresseur qu'à une faible vitesse et en faisant circuler autour du cylindre à air

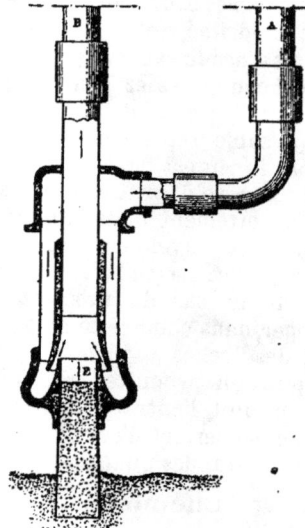

Fig. 781.

une grande quantité d'eau dans une enveloppe convenablement disposée. Cette solution pouvait à la rigueur suffiré lorsque la quantité d'air comprimé à fournir était faible, mais dès que cette quantité devenait un peu forte il fallait donner aux cylindres à air des dimensions considérables, ou bien employer plusieurs

Coupe en travers

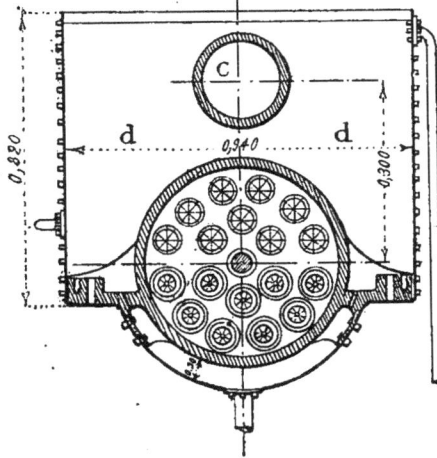

Coupe en long

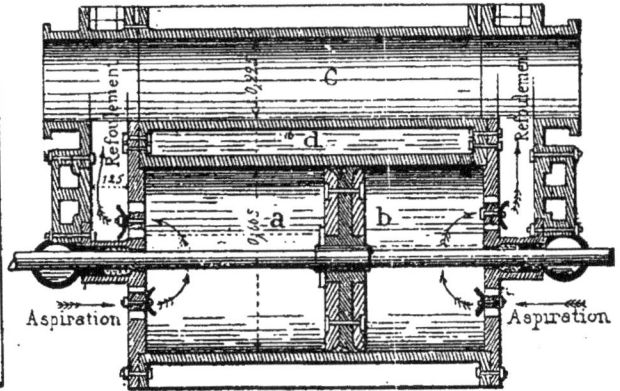

Fig. 782. — Compresseur Cavé.

compresseurs accouplés. C'était donc une augmentation de dépense assez importante.

713. Parmi les compresseurs basés sur ce principe on peut citer le compresseur Cavé représenté sur la figure 782. Il se compose essentiellement d'un cylindre en fonte a dans lequel se meut un piston

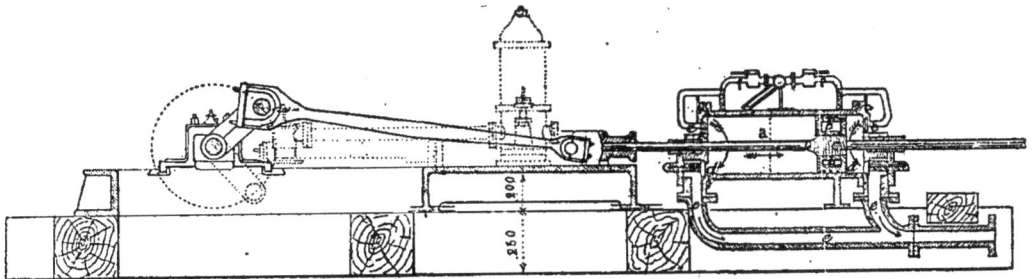

Fig. 783.

plein. Les fonds du cylindre portent, à leur partie inférieure, les clapets d'aspiration et, à leur partie supérieure, les clapets de refoulement. On voit, d'après la disposition des clapets, que lorsque l'aspiration se produit sous une des faces du piston le refoulement se produit derrière l'autre face. L'air comprimé s'échappe par les clapets de refoulement qui se soulèvent sous l'effet de sa pression et passe, à l'aide d'une conduite verticale, dans le tuyau horizontal c qui communique avec le réservoir. La conduite c ainsi que le cylindre a sont entourés d'une bâche dans laquelle circule constamment de l'eau froide pour diminuer l'échauffement de l'air pendant la compression.

714. Parmi les types de compresseurs sans circulation d'eau autour des cylindres, on peut citer ceux qui sont construits d'après le système de M. Colladon de Genève. L'un d'eux est représenté sur la figure 783 ; il a été construit par M. Roy à Vevey, d'après les indications de M. Zschokke, ingénieur à Valence.

Les clapets d'aspiration *c* se trouvent à la partie supérieure des fonds du cylindre à air, tandis que les clapets de refoulement *d* se trouvent à la partie inférieure. Ces derniers clapets laissent passer l'air sous pression dans une conduite horizontale *e* qui va au réservoir à air. Sur le bâti de la machine se trouve une petite pompe qui envoie de l'eau dans le cylindre sous forme de pluie à l'aide de tuyaux installés au-dessus du cylindre à air sur les parois duquel ils s'ajustent en se terminant par des pulvérisateurs. Cette eau produit un refroidissement considérable de l'air comprimé ; elle s'en va entraînée par celui-ci dans le réservoir au fond duquel elle se dépose tandis que l'air comprimé seul s'échappe par les conduites qui aboutissent aux cheminées des caissons. Le refroidissement qu'on obtient avec ce système est tel qu'on peut faire marcher le compresseur à quatre-vingts tours par minute, ce qui a permis de donner au cylindre des dimensions fort restreintes (0ᵐ,25 de diamètre et 0ᵐ,50 de course). Le compresseur se compose de deux cylindres comme celui qui vient d'être décrit ; leurs pistons sont actionnés par deux bielles mues par un arbre deux fois coudé.

715. *Compresseur Sautter et Lemonnier.* — Un autre compresseur, dérivé du même type, est celui que construisent MM. Sautter et Lemonnier, qui exploitent en France le brevet du professeur Colladon. Ce compresseur, simple et économique, se compose (*fig.* 784) d'un cylindre en fonte de 0ᵐ,410 de diamètre et 0ᵐ,88 de course à l'intérieur duquel se meut un piston à garniture Giffard. Ce cylindre est à double enveloppe avec circulation d'eau. Sur chacune des faces du cylindre

se trouvent deux soupapes d'aspiration et une soupape de refoulement. Ces soupapes ont 0ᵐ,085 de diamètre et sont maintenues sur leurs sièges par des ressorts à

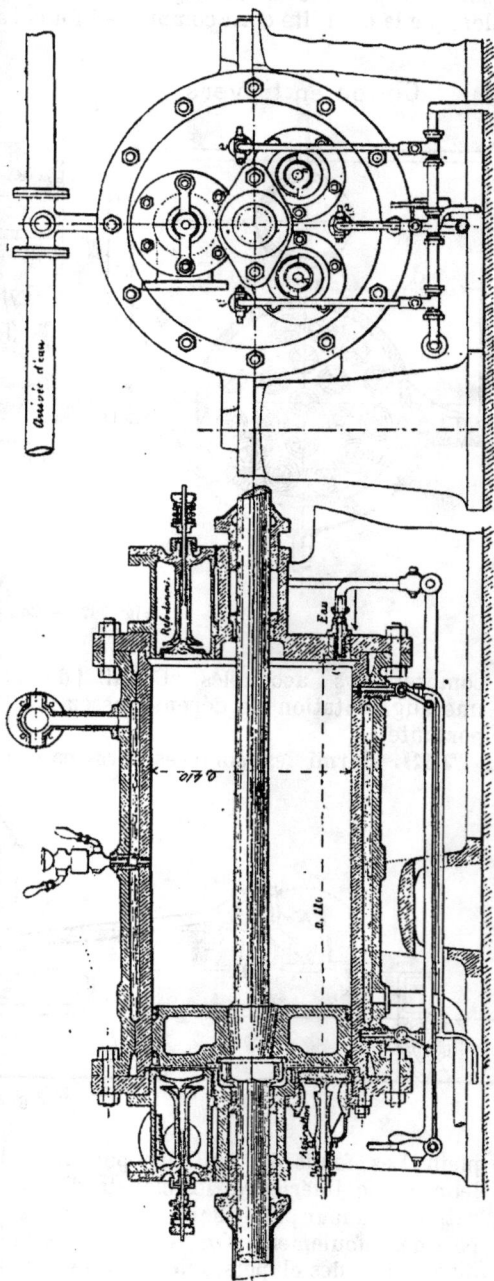

Fig. 784. Compresseur direct dérivé du type Colladon, construit par MM. Sautter et Lemonnier.

boudin formés de plaques d'acier reposant sur le siège en bronze. L'avantage de cette disposition est de diminuer l'espace nuisible.

Le refroidissement est obtenu par une circulation d'air et une injection d'eau pulvérisée de chaque côté du cylindre par trois busettes (*fig.* 785) en bronze situées à la partie inférieure. Deux ouvertures servent de purgeurs dans le cas où toute l'eau ne serait pas entraînée par l'air comprimé.

716. Dans l'établissement de tout compresseur, il faudra tenir compte de ce qu'il sera placé loin du point où se fera l'utilisation de l'air comprimé. Le mécanicien devra donc avoir simplement pour but de maintenir son manomètre toujours à la même pression ; dès que la pression diminuera il devra accélérer la vitesse de la machine.

Pour se rendre compte du fonctionnement du compresseur, on relève des diagrammes sur le cylindre à air et on les interprète comme pour les cylindres à vapeur.

717. *Installations des compresseurs.* — La figure 786 représente l'ensemble de l'installation sur trois bateaux des compresseurs employés pour les fondations à air comprimé du pont de Kehl.

Le premier bateau portait deux machines Cail de la force de seize chevaux ; le deuxième, deux machines du système Flaud, de la force de dix chevaux, et le troisième, une machine du système Cavé de la force de vingt-cinq chevaux. L'air comprimé passait dans une conduite en cuivre de 0^m, 35 de diamètre sur laquelle venaient se brancher deux tuyaux munis chacun de deux tubulures (*fig.* 788).C'était

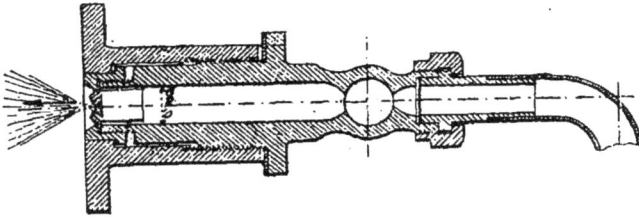

Fig. 785. — Compresseur direct dérivé du type Colladon, construit par MM. Saulter et Lemonnier. — Coupe d'une busette d'injection d'eau.

sur ces tubulures qu'on fixait les tuyaux en caoutchouc qui conduisaient l'air comprimé dans les chambres de travail.

La communication des machines établies sur les bateaux avec le tuyau central était opérée à l'aide de tuyaux en caoutchouc, à cause des variations qui pouvaient se produire dans le niveau du fleuve. Des robinets vannes à vis étaient placés à chaque tubulure.

Travail nécessaire pour faire passer un kilogramme d'air sec de la pression p_0 à la pression p_1, en tenant compte de l'échauffement produit par la compression.

718. Ce travail est donné par la formule :

$$T_3 = cE (273 + t_0) \left[\left(\frac{p_1}{p_0} \right)^{0,29} - 1 \right].$$

Dans cette formule :

c, est est la chaleur spécifique de l'air sec, à pression constante, c'est-à-dire la quantité de chaleur nécessaire pour élever de 1 degré centigrade la température de l'unité de poids de ce gaz dont on maintient la pression constante ; sa valeur est 0,2377 ;

E, est l'équivalent mécanique de la chaleur, c'est-à-dire la quantité de travail correspondant au dégagement d'une quantité de chaleur égale à une calorie. Sa valeur est 432 kilogrammètres ;

t_0, est la température initiale de l'air.

Si on veut la quantité de travail nécessaire pour faire passer, dans les mêmes conditions, un mètre cube d'air, pris à la température t de la pression p_0 à la pression p_1, il faut multiplier le travail T_3 par

La formule donnant le travail cherché est alors :

$$T = 1,293 \times \frac{p_1}{p_0} \times \frac{1}{1 + \alpha t} \times T_3$$

ou
$$T = 1,293 \times \frac{273}{273 + t} \times \frac{p_1}{p_0}$$
$$\times cE\,(273 + t_0)\left[\left(\frac{p_1}{p_0}\right)^{0,29} - 1\right].$$

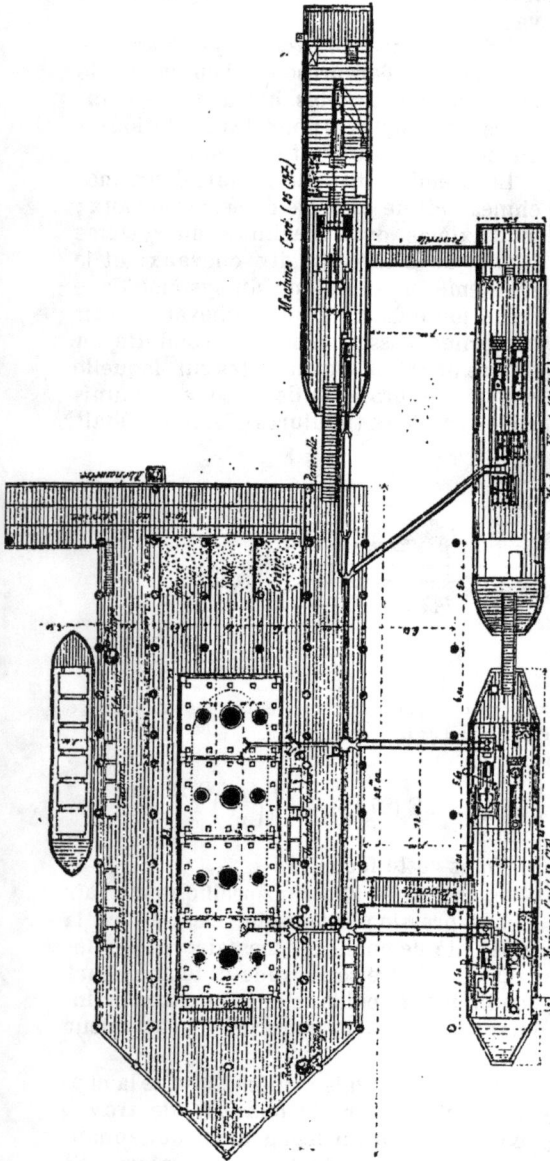

Fig. 786. — Installation sur bateaux des compresseurs d'air pour les fondations du pont de Kehl.

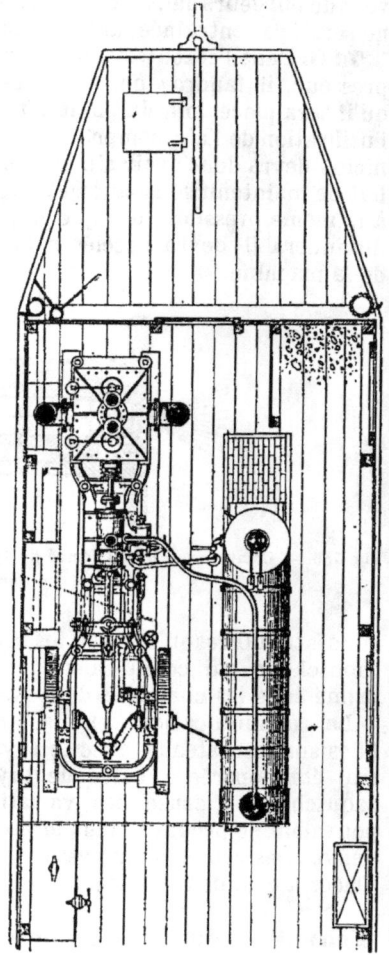

Fig. 787. — Installation sur bateau des compresseurs Cuil employés pour les fondations du pont de Kehl.

le poids en kilogrammes d'un mètre cube d'air à la pression p_1, c'est-à-dire par :

$$\pi_1 = 1,293 \times \frac{p_1}{p_0} \times \frac{1}{1 + \alpha t}.$$

Sciences générales.

719. *Température après la compression.* — Soient t_0 et t_1 les températures initiale et finale de l'air après la compression correspondant aux pressions p_0 et p_1 ; on aura entre elles la relation :

$$\frac{273 + t_1}{273 + t_0} = \left(\frac{p_1}{p_0}\right)^{\frac{1,4-1}{1,4}}$$

d'où $\quad t_1 = (273 + t_0)\left(\dfrac{p_1}{p_0}\right)^{0,29} - 273.$

Telle est l'équation qui donne la tem-

pérature finale de l'air comprimé à la pres. sion p_1, cet air étant supposé absolument sec.

TABLEAU A.

VALEURS de $\dfrac{p_1}{p_0}$	VALEURS de h	TEMPÉRATURE INITIALE	*TEMPÉRATURE* FINALE Air supposé sec après la compression.	*TEMPÉRATURE* FINALE Air supposé saturé après la compression.	Travail à dépenser pour comprimer un kilo-gramme d'air sec, en tenant compte de l'échauffement de l'air pendant la compression.	Travail à dépenser pour comprimer un mètre cube d'air sec, en tenant compte de l'échauffement de l'air pendant la compression.
		degrés	degrés	degrés	kilogrammètres	kilogrammètres
1.0	0.0	20	20	20	0	0
1.1	1.0	20	28	24	845.562	1 120.552
1.2	2.1	20	36	27	1 638.234	2 368.375
1.3	3.1	20	43	30	2 385.291	3 735.756
1.4	4.1	20	50	33	3 092.745	5 216.336
1.5	5.2	20	56	35	3 765.165	6 804.070
1.6	6.2	20	63	37	4 406.493	8 493.888
1.7	7.2	20	69	39	5 019.999	10 281.253
1.8	8.3	20	75	41	5 608.416	12 162.031
1.9	9.3	20	80	43	6 174.081	14 132.543
2.0	10.3	20	85	45	6 719.006	16 189.316
2.1	11.4	20	90	46	7 245.841	18 329.373
2.2	12.4	20	95	48	7 753.398	20 549.831
2.3	13.4	20	100	49	8 245.726	22 848.104
2.4	14.4	20	105	51	8 723.094	25 241.753
2.5	15.5	20	109	52	9 186.559	27 668.545
2.6	16.5	20	114	53	9 637.053	30 186.381
2.7	17.6	20	118	54	10 075.426	32 773.334
2.8	18.6	20	122	56	10 502.425	35 427.546
2.9	19.6	20	126	57	10 918.740	38 147.316
3.0	20.7	20	130	58	11 324.998	40 931.043

Détermination du travail à développer pour épuiser en une heure une chambre de travail, ainsi que les cheminées de service.

720. Le tableau B, extrait du mémoire de M. Séjourné sur les fondations du pont de Marmande (1), donne, d'après les formules qui suivent, le travail en chevaux à dépenser pour épuiser, pour différentes profondeurs de fonçage, une chambre de travail de 30 mètres carrés de surface portant deux cheminées de 1 mètre de diamètre.

Le travail à dépenser pour mettre à sec une chambre de travail se compose :

1° Du travail nécessaire pour faire passer l'air de la pression atmosphérique p_0 à la pression p_1 correspondant à la profondeur à atteindre pour asseoir la fondation.

(1) *Annales des Ponts et Chaussées* de 1883.

2° Du travail effectué, en se retirant, par l'eau qui emplit le caisson et s'élève dans les cheminées jusqu'au niveau de l'eau de la rivière.

3° Enfin, du travail de frottement de l'eau dans le sol à sa sortie du caisson.

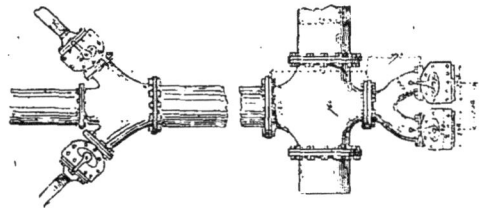

Fig. 788. — Détail du tuyau *ab* (voir figure 786).

721. 1° *Travail développé pour la compression de l'air.* — Nous avons dit précédemment que le travail nécessaire pour comprimer un mètre cube d'air pris à la température t, de la pression atmosphérique p_0 à la pression p_1 est :

$$T = 1{,}293 \times \frac{273}{273 + t} \times \frac{p_1}{p_0}$$

$$\times\ c\mathrm{E}\ (273 + t_0)\left[\left(\frac{p_1}{p_0}\right)^{0,29} - 1\right] \qquad (1)$$

Si V est le volume à remplir d'air comprimé, le travail à développer sera :

$$\mathrm{T}' = \mathrm{VT}. \qquad (2)$$

Ce volume V comprend le volume de la chambre de travail ; celui v' des deux cheminées de service et celui v'' des sas à air.

Soient h, la distance du niveau de l'eau de la rivière au tranchant inférieur du caisson ; et :

h', la hauteur de la chambre de travail de surface ω ;

d, le diamètre des cheminées de service ;

on aura : $\quad v = \omega \times h$

et, $\quad v' = 2 \times \dfrac{\pi d^2}{4} \times (h - h')$

$$= 1{,}570\ 796 d^2 \times (h - h')$$

Donc, $\quad \mathrm{V} = \omega h + 1{,}570\ 796\ (h - h') + v''$.

L'équation (2) représente le travail théorique dépensé pour la compression de l'air ; mais, comme il y a toujours des pertes de travail dues aux fuites, il faut augmenter un peu le volume d'air comprimé à fournir ; on pose :

$$\mathrm{T}' = 1{,}05\,\mathrm{V}\,\mathrm{T}.$$

C'est le travail dépensé en kilogrammètres en une heure. En chevaux et par seconde, ce travail sera donné par la formule :

$$t = \frac{1{.}05\,\mathrm{VT}}{3\ 600 \times 75}. \qquad (a)$$

722. 2° *Travail effectué par l'eau en se retirant.* — Pour déterminer la quantité de travail développé par l'eau en se retirant il faut évaluer d'abord celui qui est effectué par l'eau qui envahit les cheminées jusqu'au niveau supérieur du caisson et ensuite celui effectué par l'eau qui emplit la chambre de travail elle-même.

1° Considérons dans une des cheminées de service une tranche d'eau de hauteur dy située à une profondeur y du niveau de l'eau dans cette cheminée.

En désignant par δ le poids spécifique de l'eau, le travail élémentaire développé aura pour expression :

$$\frac{\pi d^2}{4}\, y\, dy$$

et, comme le niveau de l'eau qui s'élevait dans les cheminées à la hauteur h au-dessus du tranchant du caisson doit s'abaisser à la hauteur h', le travail total développé pour une seule cheminée sera :

$$\int_0^{h-h'} \frac{\pi d^2}{4}\, \delta y\, dy$$

et pour les deux cheminées :

$$\mathrm{T}_1' = 2 \int_0^{h-h'} \frac{\pi d^2}{4}\, \delta y\, dy$$

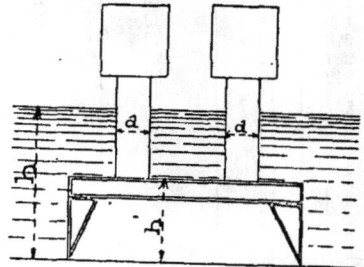

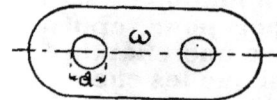

Fig. 789.

c'est-à-dire, en effectuant l'intégrale,

$$\mathrm{T}_1' = \frac{\pi d^2}{4}\, \delta\, (h - h')^2.$$

2° De même, le niveau dans le caisson étant à la profondeur h' et devant descendre à la profondeur h, le travail développé aura pour expression :

$$\mathrm{T}_1'' = \int_{h-h'}^{h} \omega \delta y\, dy$$

ou, en développant l'intégrale,

$$\mathrm{T}_1'' = \omega \delta \left[\frac{h^2}{2} - \frac{(h - h')^2}{2}\right]$$

et $\quad \mathrm{T}_1'' = \omega\, \dfrac{\delta}{2}\left[h'\,(2h - h')\right].$

TABLEAU B

TRAVAIL A DÉPENSER ET VOLUME D'AIR A ASPIRER POUR METTRE A SEC EN UNE HEURE, POUR DES PROFONDEURS VARIANT DE 2m10 A 20m70, UNE CHAMBRE DE TRAVAIL DE SURFACE HORIZONTALE ω POUR LES 3 VALEURS DE ω, 30mq, 60mq, 90mq, CETTE CHAMBRE ÉTANT SUPPOSÉE MUNIE DE DEUX CHEMINÈES DE 1 MÈTRE DE DIAMÈTRE ET DE SAS A DOUBLE ÉCLUSE CUBANT ENSEMBLE 12m80.

TENSION ABSOLUE DE L'AIR EN ATMOSPHÈRES $\dfrac{p_1}{p_0}$	PRESSION EFFECTIVE EN MÈTRES D'EAU λ	SURFACE EN PLAN DU CAISSON; 30mq					60 MÈTRES CARRÉS					90 MÈTRES CARRÉS				
		TRAVAIL EN CHEVAUX A DÉPENSER				Volume d'air en mètres cubes à la pression atmosphérique à aspirer en une heure par le compresseur dans l'hypothèse d'un rendement de 75 0/0.	TRAVAIL EN CHEVAUX A DÉPENSER				Volume d'air en mètres cubes à la pression atmosphérique à aspirer en une heure par le compresseur dans l'hypothèse d'un rendement de 75 0/0.	TRAVAIL EN CHEVAUX A DÉPENSER				Volume d'air en mètres cubes à la pression atmosphérique à aspirer en une heure par le compresseur dans l'hypothèse d'un rendement de 75 0/0.
		POUR COMPRIMER l'air.	Pour chasser l'eau contenue dans la chambre et les cheminées.		ENSEMBLES		POUR COMPRIMER l'air.	Pour chasser l'eau contenue dans la chambre et les cheminées.		ENSEMBLES		POUR COMPRIMER l'air.	Pour chasser l'eau contenue dans la chambre et les cheminées.		ENSEMBLES	
		t_1	Travail effectué par l'eau au retrait. t_2	Maximum du travail de frottement de l'eau à la sortie du caisson. t_3	$t_1+t_2+t_3$	W	t_1	Travail effectué par l'eau se retirant. t_2	Maximum de travail du frottement de l'eau à la sortie du caisson. t_3	$t_1+t_2+t_3$	W	t_1	Travail effectué par l'eau se retirant. t_2	Maximum de travail de frottement de l'eau à la sortie du caisson. t_3	$t_1+t_2+t_3$	W
	m.	ch.	ch.	ch.	cb.	m. c.	ch.	ch.	ch.	ch.	m. c.	ch.	ch.	ch.	ch.	m. c.
1.2	2.1	0.7	0.3	0.4	1.4	122.6	1.2	0.5	0.9	2.6	213.4	1.8	0.8	1.3	3.9	324.2
1.4	4.1	1.5	0.7	0.4	2.6	149.2	2.8	1.5	0.9	5.2	266.5	4.0	2.1	1.3	7.4	384.4
1.6	6.2	2.6	1.2	0.5	4.3	177.8	4.6	2.4	0.9	7.9	312.3	6.6	3.5	1.4	11.5	446.7
1.8	8.3	4.0	1.7	0.5	6.2	208.4	6.8	3.4	1.0	11.2	358.9	9.6	5.2	1.4	16.2	510.8
2.0	10.3	5.4	2.3	0.5	8.2	240.5	9.2	4.4	1.0	13.6	407.7	13.0	6.5	1.4	20.9	574.5
2.2	12.4	7.1	2.9	0.6	10.6	274.7	11.9	5.5	1.0	18.4	438.6	16.7	8.0	1.4	26.1	644.3
2.4	14.4	9.0	3.5	0.6	13.1	310.1	15.0	6.5	1.0	22.5	510.8	20.8	9.5	1.5	31.8	713.1
2.6	16.4	11.1	4.0	0.6	15.7	347.2	18.2	7.5	1.1	26.8	564.6	25.2	11.0	1.5	37.7	784.0
2.8	18.5	13.6	4.7	0.6	18.9	386.9	21.8	8.7	1.1	31.6	620.9	29.7	12.6	1.5	43.8	857.3
3.0	20.7	16.2	5.4	0.7	22.3	429.2	25.8	9.9	1.2	36.9	680.0	35.3	14.4	1.6	51.3	933.2

Le travail total, effectué par l'eau en se retirant, aura donc pour expression :

$$T_1 = \frac{\pi d^2}{4}\, \delta\, (h - h')^2 + \omega\, \frac{\delta}{2}\left[h'\, (2h - h') \right].$$

Cette formule représente le travail effectué par l'eau en se retirant en kilogrammètres et en une heure d'après l'hypothèse faite ; le travail cherché en chevaux et par seconde sera représenté par la formule :

$$t_1 = \frac{T_1}{3\,600 \times 75}.$$

723. *Travail de frottement de l'eau dans le terrain, à sa sortie du caisson.* — Ce travail varie, d'après le tableau dressé par M. Séjourné entre 0,4 de cheval pour $\frac{p_1}{p_0} = 1,2$ à 0,7 de cheval pour $\frac{p_1}{p_0} = 3$.

Maçonneries de fondations.

724. Les maçonneries à exécuter pour les fondations à air comprimé sont de deux espèces :

1° Celles qui sont construites au préalable dans la chambre de travail et qui ont pour but, en consolidant les parois et le plafond du caisson, de permettre de donner aux fers entrant dans la construction de ce dernier le minimum d'épaisseur ;

2° Celles qui sont élevées à l'abri des hausses sur le plafond de la chambre de travail ; elles constituent, comme nous l'avons dit, la maçonnerie de fondation de la pile à élever et servent en même temps de contrepoids pour équilibrer la sous-pression due à l'air comprimé.

725. *Maçonnerie de consolidation du caisson.* — La maçonnerie de consolidation du caisson se construit entre les contrefiches servant à donner de la rigidité aux parois latérales et entre les poutres du plafond.

La maçonnerie entre les contrefiches s'établit en forme de voûtes dont les naissances s'appuient sur les ailes des cornières inclinées, comme l'indique la figure 791 qui représente une coupe horizontale des parois du caisson. Elle se fait soit en briques, soit en moellons bruts ; mais dans l'un et l'autre cas il est bon de la

recouvrir d'un enduit de chaux hydraulique ou de ciment pour la rendre absolument étanche. Au début de la construction des caissons on faisait les contrefiches avec une âme pleine ; cette disposition avait l'inconvénient de n'établir aucune liaison entre les petites voûtes dont nous

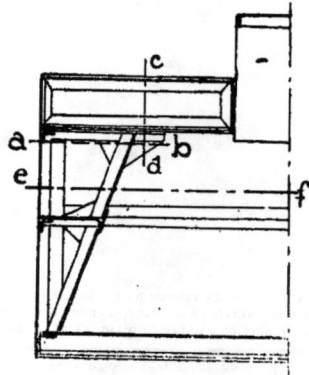

Fig. 790.

venons de parler et, par suite, de diminuer la solidité de la maçonnerie servant de revêtement aux parois de la chambre de travail. Cette solution de continuité

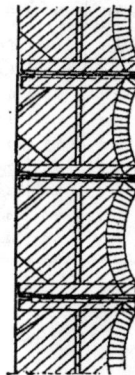

Fig. 791. — Coupe suivant *ab* ou *ef* (voir figure 790).

disparaît avec les âmes évidées qu'on emploie ordinairement aujourd'hui.

726. La maçonnerie entre les poutres du plafond peut se faire soit en béton damé avec soin, soit à l'aide de petites voûtes en moellons ou en briques, comme l'indique la figure 792. Ces voûtes, construites sur une forme en béton portée par les poutres du plafond, ont en général 0,10 à 0,12 de flèche. Dans ce cas la tôle fixée au-dessus des poutres ne sert qu'à l'étanchéité du plafond du caisson et peut n'avoir par suite qu'une très faible épaisseur, 6 millimètres environ.

727. *Maçonnerie construite dans le bâtardeau constitué par les hausses.* — Cette maçonnerie doit être construite avec une rapidité qui dépend de la vitesse du fonçage ($0^m,30$ à $0^m,40$ par jour environ) ; elle doit toujours avoir une hauteur suffisante pour que son poids puisse produire la descente du caisson. Dans les premières fondations à air comprimé, cette maçonnerie était faite, comme cela se pratique du reste encore en Allemagne et en Autriche, avec parement en libages de $0^m,40$ de hauteur environ. Derrière ce parement on faisait un remplissage en béton ou en maçonnerie ordinaire. Les libages employés coûtaient fort cher et leur pose, nécessitant une installation spéciale, ne pouvait se faire que lentement. Du reste les espérances qu'on avait fondées sur leur résistance à l'action corrosive de l'eau ne se sont pas réalisées par suite de la présence de parties tendres même dans les libages de belle apparence.

Les mauvais résultats obtenus leur ont fait préférer une maçonnerie de moellons durs avec mortier de chaux hydraulique donnant une résistance homogène à l'action de l'eau. Cette maçonnerie a du reste tout le temps nécessaire pour prendre le degré de durcissement nécessaire pour devenir inattaquable avant que les tôles des hausses aient disparu par oxydation. Le massif de fondation construit en moellons durs avec mortier de chaux hydraulique est élevé à l'abri des hausses jusqu'à l'étiage. A ce niveau il est nécessaire de couronner le massif avec des pierres de taille qui résistant mieux au choc des corps flottants. L'objection faite précédemment au sujet de l'installation d'engins spéciaux pour la pose des libages de fondation ne subsiste plus ici puisqu'elle se fait au niveau de l'étiage, une fois le mouvement descendant du caisson complètement arrêté.

Le massif de maçonnerie peut être construit à section constante en remplissant complètement, jusqu'au niveau de l'étiage, le bâtardeau formé par les hausses, ou être constitué par des petits massifs successifs disposés en redans les uns sur les autres. Le premier mode de construction est préférable au deuxième, car en laissant un vide entre la maçonnerie et les hausses il peut se produire dans ces dernières, sous l'influence de la poussée des terres, des déformations assez sensibles pour que la surface ondulée qui en résulte empêche tout mouvement de descente du caisson. C'est du reste ce qui s'est produit lors de la construction du pont de Saumur, malgré les étais en bois disposés entre la maçonnerie et les hausses, comme l'indique la figure 805. Les déformations ont même été telles qu'on a dû, pour les éviter par la suite, couler du béton entre la maçonnerie et les hausses.

Dans certains ponts, au viaduc du Val-Saint-Léger par exemple, on a voulu éviter les redans, tout en diminuant la section du massif de fondation au fur et à mesure de son élévation jusqu'au niveau de l'étiage. A cet effet, on a construit le caisson et les hausses avec un certain fruit ; la maçonnerie remplissant complè-

Fig. 792.

tement le bâtardeau formé par les hausses, il ne pouvait se produire aucune déformation sous l'influence de la poussée des terres. Mais le vide qui se formait autour des hausses pendant la descente, précisément à cause de la forme conique adoptée, fut cause de graves accidents qui entravèrent l'opération du fonçage. Lorsqu'on traversait des couches calcaires, en effet, certains blocs se détachaient, tombaient dans le vide existant entre les terres et les hausses et, par leur coincement, s'opposaient à la descente du caisson.

Quelle que soit la composition du massif de fondation exécuté à l'abri des hausses, il faut toujours laisser tout autour des cheminées un vide de $0^m,15$ à $0^m,20$ pour pouvoir les retirer, une fois l'opération du fonçage terminée.

728. *Remplissage de la chambre de travail.* — Lorsque le caisson est encastré d'une quantité suffisante dans le terrain solide, le massif de fondation construit à l'abri des hausses dépassant le niveau de l'eau de la rivière, il faut procéder au remplissage de la chambre de travail.

La maçonnerie de remplissage des chambres de travail peut se faire de diverses manières, suivant la nature des matériaux employés. Quelle que soit sa composition, cette maçonnerie doit être construite le plus rapidement possible, car s'il se produisait un temps d'arrêt dans le fonctionnement de la machine l'air comprimé n'ayant plus une pression suffisante, il pourrait se produire des rentrées d'eau à l'intérieur de la chambre de travail, qui empêcheraient la prise des mortiers. A ce point de vue le béton semble devoir être préféré à la maçonnerie ordinaire car il peut être coulé très rapidement à l'aide des cheminées et il n'exige pour son damage, en couches de faible épaisseur, que les manœuvres ordinaires qu'on emploie pour l'opération du fonçage, c'est-à-dire des ouvriers habitués à travailler dans l'air comprimé.

Le béton de chaux hydraulique doit être préféré au béton de ciment, car son

Elévation.

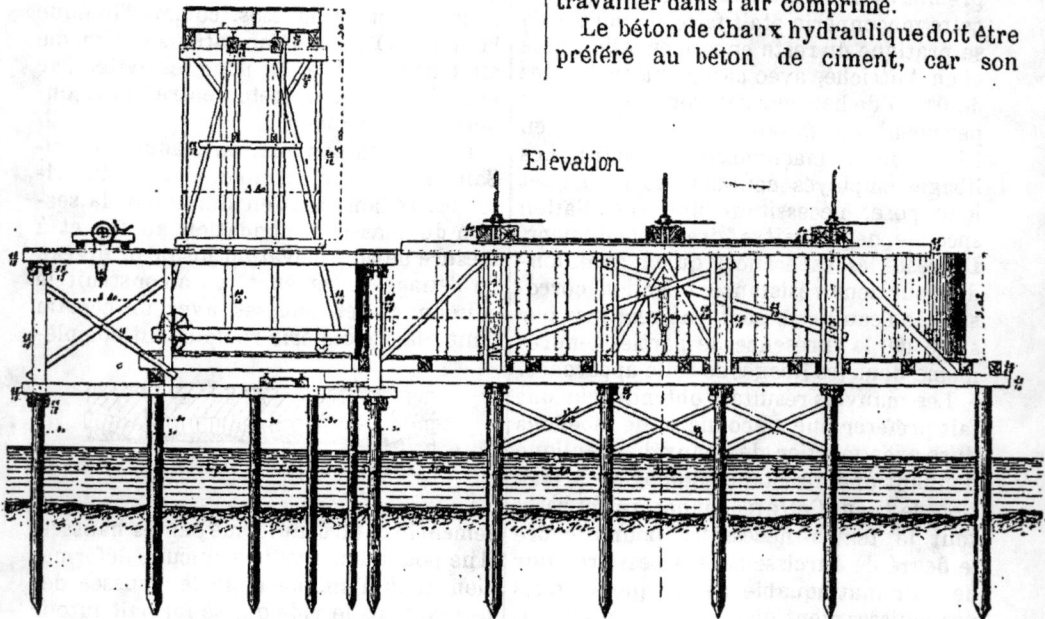

Fig. 793. — Mise en place d'un caisson de pile du pont de Saumur au moyen de vérins — Elévation.

retrait est moindre et son prix moins élevé.

Il est difficile, au contraire, de trouver des maçons consentant à travailler dans l'air comprimé, vicié par la fumée des bougies éclairant le caisson. Du reste, la maçonnerie faite dans de pareilles conditions ne peut être bien exécutée, comme cela a été prouvé par l'expérience faite au pont de Marmande, car la surveillance est difficile.

Cependant on a employé quelquefois un procédé mixte consistant à garnir de béton la partie inférieure de la chambre de travail et à établir au-dessus un massif de maçonnerie ordinaire, qui se prête mieux que le béton à un remplissage parfait sous le plafond du caisson. A cet effet on commence par maçonner à la périphérie du caisson en se retirant vers l'orifice des cheminées.

729. Pendant l'opération du remplissage de la chambre de travail il faut avoir soin, pour laisser échapper l'air en excès, de mettre cet air en communication avec le sol à l'aide d'un tuyau en tôle, placé dans l'axe de la cheminée et traversant la maçonnerie déjà construite.

Lorsque le remplissage de la chambre de travail est terminé on remplit ce tuyau avec du béton pour éviter toute venue d'eau par celui-ci lorsque l'écluse est enlevée. c'est-à-dire lorsqu'on cesse d'introduire de l'air comprimé par les cheminées.

730. La chambre de travail étant complètement maçonnée ou remplie de béton, il est utile de s'assurer qu'il n'existe aucun vide entre la maçonnerie et le plafond.

Il est même prudent de couler par les cheminées un coulis de ciment, en augmentant, dans une assez forte proportion, la pression de l'air comprimé pour le forcer à pénétrer dans tous les vides.

Ceci fait, on déboulonne le joint d'as-

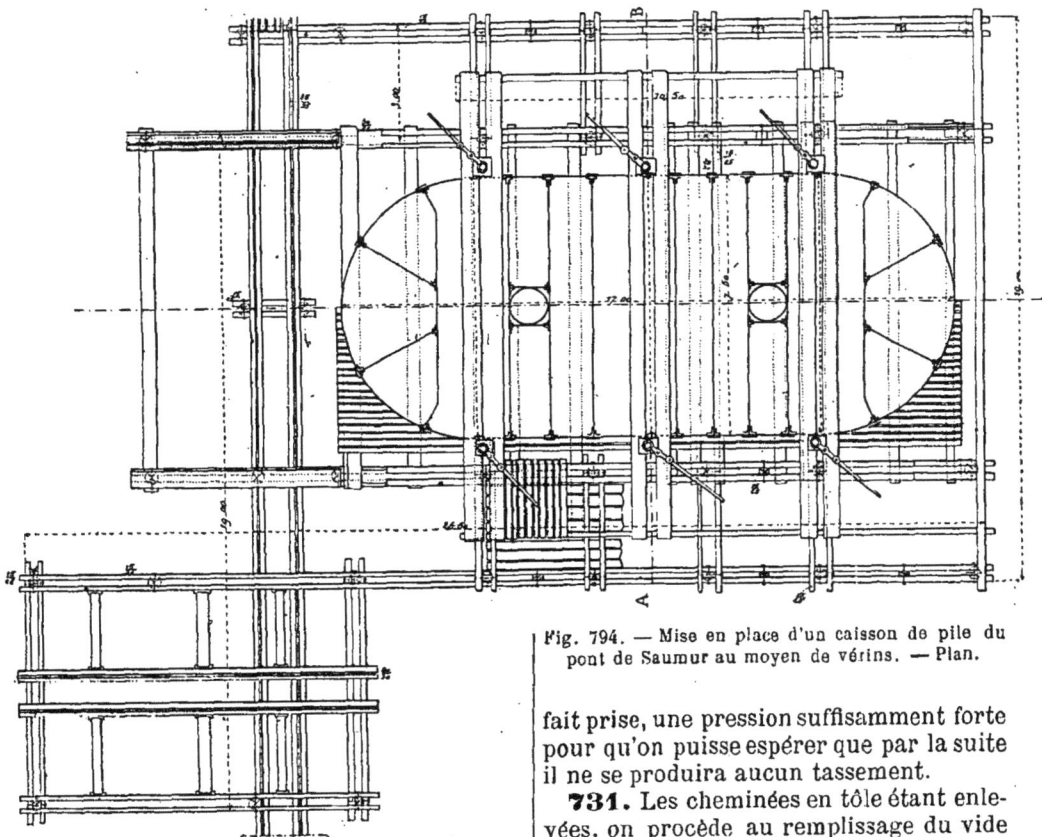

Fig. 794. — Mise en place d'un caisson de pile du pont de Saumur au moyen de vérins. — Plan.

semblage des cheminées sur les caissons et on diminue la pression de l'air comprimé avant que l'eau d'infiltration ait eu le temps d'arriver jusque sous le plafond. Le massif de fondation n'étant plus maintenu en équilibre par l'excès de la souspression due à l'air comprimé s'affaissera et exercera sur le béton de remplissage de la chambre de travail, qui n'a pas encore fait prise, une pression suffisamment forte pour qu'on puisse espérer que par la suite il ne se produira aucun tassement.

731. Les cheminées en tôle étant enlevées, on procède au remplissage du vide qu'elles laissent dans le massif de maçonnerie élevé sur le plafond de la chambre de travail. Ce remplissage se fait à l'air libre avec du béton de chaux hydraulique. Comme l'eau d'infiltration peut arriver jusqu'aux cheminées, on se sert pour cette opération de caisses à fond mobile.

Lorsque le remplissage des cheminées est terminé on arase le massif de fondation pour établir le couronnement en libages à la base de la pile à construire. L'implantation de cette pile se fait avec assez de facilité, car on a soin de donner au massif de fondation des dimensions plus grandes que celles de la base de la pile. La retraite doit toujours être de 0^m,20 à 0^m,30 au minimum pour parer aux déviations qui peuvent se produire pendant la descente du caisson jusqu'à son arrivée au terrain solide ; elle doit être proportionnelle à la profondeur à atteindre.

Mise en place des caissons.

732. Les installations nécessaires pour la mise en place des caissons varient évidemment pour chaque cas, d'après la profondeur d'eau de la rivière et la rapidité de son courant.

Quand la profondeur et le courant sont faibles on se contente, en général, de construire le caisson sur une plateforme en gravier garantie contre le courant par des enrochements et s'élevant au-dessus du niveau de l'eau. Puis on commence le fonçage après avoir exécuté la maçonnerie entre les contrefiches et entre les poutres du plafond du caisson.

733. Mais, le plus souvent, la profondeur d'eau de la rivière et la rapidité du courant ne permettent pas l'adoption d'un procédé aussi simple ; il faut alors avoir recours à un échafaudage construit tout autour de l'emplacement que doit occuper la fondation. Cet échafaudage est ordinairement formé (*fig.* 793, 794 et 795) par deux files de pieux enfoncés de chaque côté de l'emplacement que doit occuper le caisson, dans le fond du lit de la rivière. Ces files de pieux sont réunies par des rangées de moises longitudinales et transversales pour éviter leur déversement. Sur ces moises on établit un plancher provi-

soire servant au montage du caisson. Les pieux des deux rangées intérieures se prolongent (*fig.* 793) jusqu'à une hauteur de

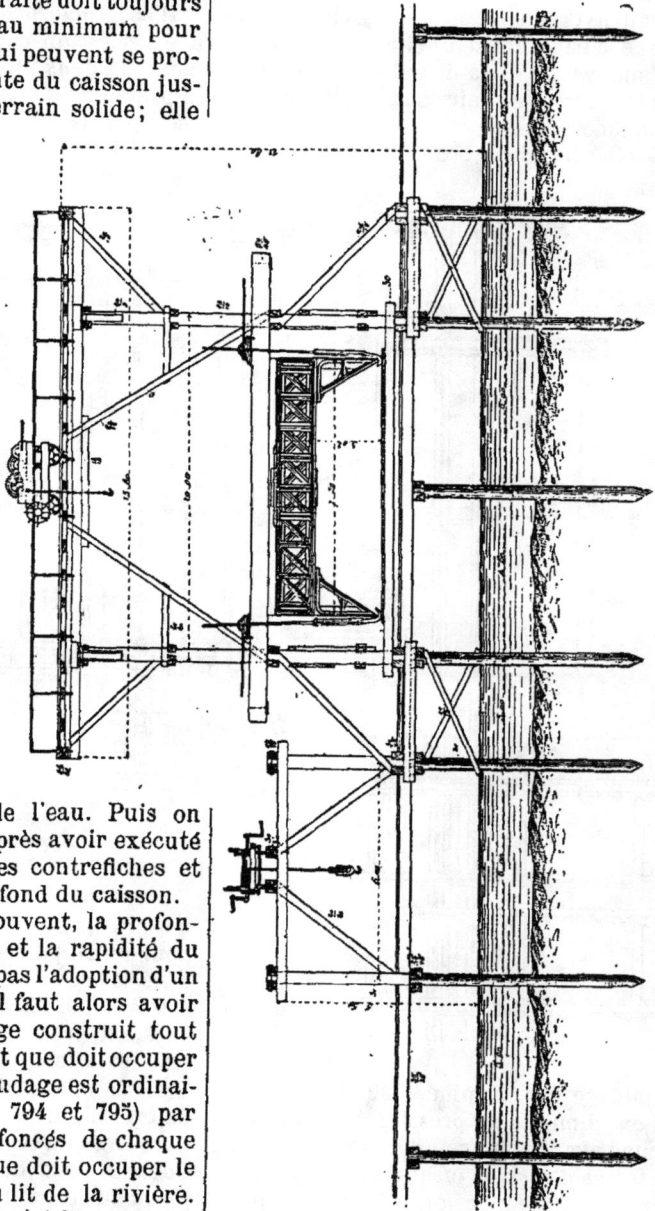

Fig. 795. — Mise en place d'un caisson de pile du pont de Saumur au moyen de vérins. — Coupe suivant AB (voir figure 794).

3 mètres environ au-dessus du niveau des eaux et supportent un deuxième plancher sur lequel sont installés les divers appa-

reils, des vérins par exemple, servant à la mise en place des caissons.

L'échafaudage étant construit comme l'indique la figure 793 et le caisson étant

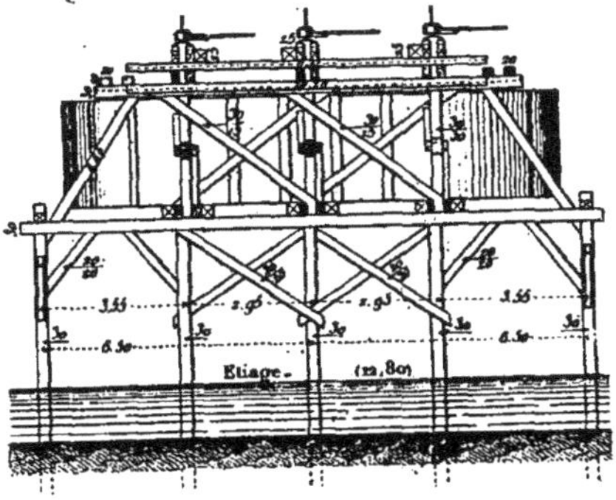

Fig. 796.

monté sur le plancher provisoire inférieur on commence par construire la maçonnerie de revêtement intérieur entre les contrefiches et entre les poutres du plafond. Puis on monte les hausses et on

élève, dans le bâtardeau qu'elles constituent, la maçonnerie de la pile à une hauteur suffisante pour que son poids puisse équilibrer la sous-pression de l'eau. Ceci fait, on soulève d'abord le caisson à l'aide de chaînes suspendues aux vérins afin de pouvoir retirer le plancher sur lequel il repose et on opère graduellement la descente jusqu'au fond du lit du fleuve.

734. Au pont de Marmande (*fig.* 796 à 799), le caisson de la pile n° 3 a été descendu par vérins, d'après une méthode analogue à celle que nous avons indiquée au n° 733. Le plancher inférieur servait au montage et était formé de madriers jointifs. Le couteau reposait sur des madriers de 0,30 de hauteur. Lorsque la maçonnerie de revêtement intérieur du caisson fut presque achevée on souleva le caisson du poids de 62 tonnes à l'aide de six vérins, on enleva le plancher et on effectua la descente par hauteurs successives de 1 mètre jusqu'à ce que le caisson fût arrivé au fond du lit de la Garonne. Pendant la descente on termina la maçonnerie entre les contre-

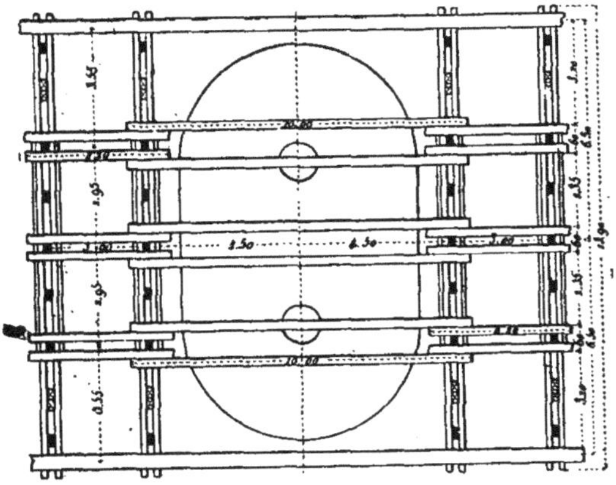

Fig. 797.

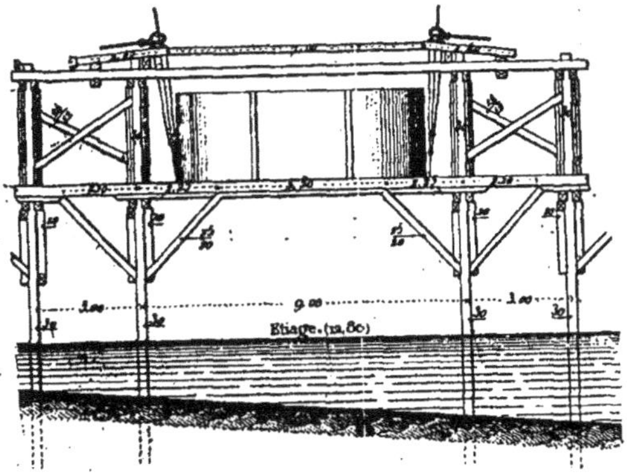

Fig. 798.

fiches de la chambre de travail et on fit celle de la pile à l'abri des hausses.

La mise en place du caisson de la pile n° 4 se fit différemment. Le caisson fut monté sur le bord du fleuve avec deux viroles de hausses sur des pièces de bois reposant sur un sol parfaitement dressé. A partir de l'emplacement où se trouvait le caisson on fit sur la berge un plan

incliné au 1/7 sur lequel on posa deux pièces de bois portant chacune deux rails. Ces pièces de bois s'engageaient à une de leurs extrémités sous le tranchant du caisson, l'autre extrémité plongeant dans le fleuve à une hauteur de 2m,50 audessus du fond du lit. Le caisson avançait à l'aide de crics sur les rails portés par les pièces de bois dont nous venons de parler ; il était retenu par un câble fixé à sa partie supérieure. Il arriva ainsi graduellement dans l'eau jusqu'à ce que, son axe dépassant le pied du talus, il bascula sous l'influence de l'excès de son poids sur la poussée de l'eau. La ligne de flottaison était à 2^m,30 environ au-dessus du tranchant. On amena ensuite, comme un bateau, le caisson flottant jusqu'à l'emplacement où il devait être échoué ; cette dernière opération se fit très simplement à l'aide de pieux directeurs enfoncés dans le lit du fleuve.

735. *Mise en place des caissons du viaduc de la Tay.* — Le système employé par M. Arroll, pour la mise en place des caissons du viaduc de la Tay, diffère complètement de ceux que nous venons de décrire.

Dans la méthode ordinaire, en effet,

les échafaudages construits à grands frais

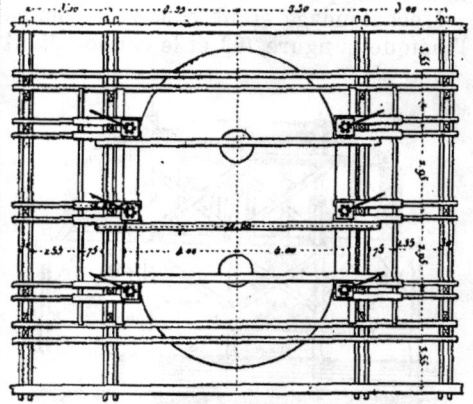

Fig. 799.

pour l'échouage du caisson ne sont que

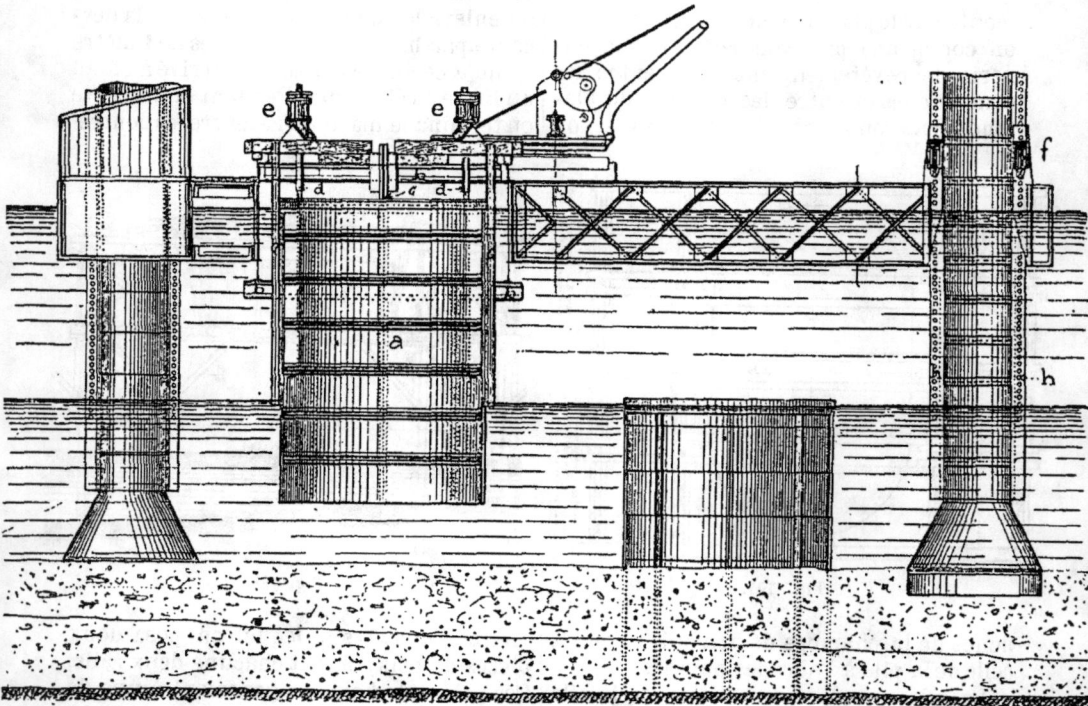

Fig. 800. — Plateforme métallique employée pour la mise en place des caissons du pont de la Tay. Ensemble de l'installation.

des constructions provisoires qui doivent être enlevées lorsque le fonçage du caisson est terminé. C'est pour éviter les pertes de temps et d'argent qui résultent de l'emploi de ce procédé que M. Arroll emploie des plateformes métalliques pouvant servir pour plusieurs opérations de ce genre. Cette plateforme est rectangulaire (*fig.* 801) et est supportée par quatre colonnes cylindriques formées par une série de viroles rivées les unes au-dessus

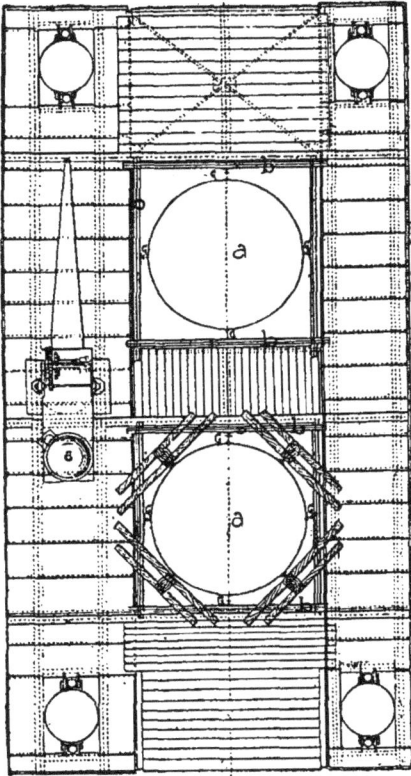

Fig. 801. — Plan de la plateforme métallique employée pour la mise en place des caissons du pont de la Tay.

des autres et reposant par une base conique sur le fond du lit du fleuve (*fig.* 800).

Dans le sens du grand côté du rectangle les colonnes, qui ont environ 1ᵐ,50 de diamètre sont réunies par des caissons formés par des poutres en treillis. C'est sur ces dernières que repose le plancher de la plateforme. Les caissons sont réunis vers leur milieu par un troisième, de manière à constituer un tout solidaire sur lequel on peut établir les machines de manutention, ainsi que les moteurs et leurs chaudières.

Comme la profondeur de l'eau peut être variable, il faut que la plateforme puisse s'élever ou s'abaisser à volonté, en glissant le long des quatre colonnes cylindriques qui la supportent. A cet effet, on a établi le long de ces colonnes des brides verticales *h* espacées de 0ᵐ,40 et percées de trous de 0ᵐ,15 de diamètre (*fig.* 800 et 801). Entre ces brides peuvent s'en mouvoir deux autres reliées à la plateforme, percées de trous de même diamètre que les précédentes et espacés encore de 0ᵐ,15 d'axe en axe.

Il est clair alors que si, par un moyen quelconque, on parvient à élever la plateforme de manière que les trous percés dans les plaques D (*fig.* 802) qu'elles portent soient en regard des trous des brides fixées aux colonnes, il suffira pour la maintenir dans sa nouvelle position de glisser dans les trous en regard une forte goupille, comme l'indique la figure.

Pour opérer le soulèvement on se sert (*fig.* 802) d'un cylindre boulonné entre les plaques DD fixées elles-mêmes sur la plateforme. Dans ce cylindre peut se mouvoir un piston dont la tige est assemblée inférieùrement à une masse de fonte percée d'un trou de même diamètre que ceux des nervures des colonnes. Les plaques DD portent une rainure verticale d'une hauteur égale à la course du piston.

Ceci posé, supposons l'appareil dans la position indiquée par la figure 802 ; une goupille étant passée à travers les trous des brides fixées aux colonnes et à travers celui de la tête du piston. Le caisson est alors maintenu dans une position fixe ; mais si on introduit de l'eau sous pression entre le piston et le fond du cylindre, ce dernier va se soulever puisque le piston ne peut prendre aucun mouvement, étant retenu par la goupille qui passe dans les trous des brides des colonnes.

La plateforme étant reliée au cylindre, par l'intermédiaire des plaques D est alors soulevée elle-même et, lorsque la course de 0ᵐ,150 est terminée, les trous des plaques D se trouvent en regard de ceux des brides ; on passe alors une deuxième goupille dans les trous correspondants et on fait évacuer l'eau du cylindre ; la plateforme est alors supportée par la nouvelle goupille. On retire ensuite la première ; on remonte le piston pour le remettre dans sa position initiale qui est celle indiquée sur la figure 802 et le système est prêt pour un nouveau soulèvement.

736. Occupons-nous maintenant du moyen employé pour échouer les caissons.

Les caissons portent à leur partie supérieure une bride sur laquelle sont rivées quatre tiges à section carrée passant chacune dans un piston à tige creuse qui se meut dans un cylindre solidement boulonné à la plateforme (*fig.* 800 et 803). Chacun de ces cylindres porte un suppor

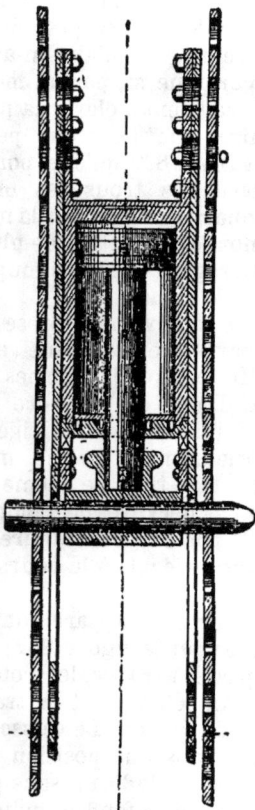

Fig. 802. — Détails du cylindre de soulèvement de la plateforme métallique employée pour la mise en place des caissons du pont de la Tay.

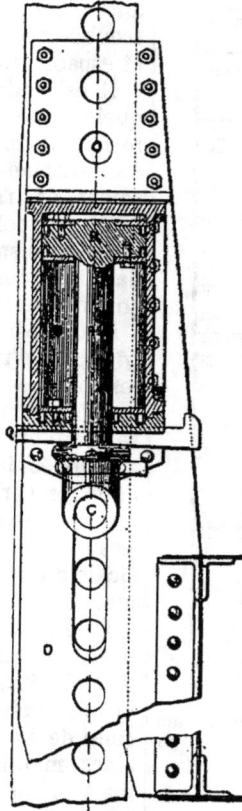

Fig. 803. — Détails du cylindre employé pour la descente des caissons de fondation du pont de la Tay.

sur lequel repose une travere B livrant passage aux tiges rivées au caisson. Ces tiges sont percées de trous rectangulaires, tels que *m* à travers lesquels on peut passer des barres qui, s'appuyant sur la traverse, supportent le poids total du caisson au repos. Pour faire monter le piston, on fait arriver de l'eau sous pression par la conduite O jusqu'à ce que, par exemple, le piston creux arrive à toucher une barre passée dans le trou M. Ceci fait, on arrête l'admission de l'eau, en fermant le robinet de la conduite O, et on retire la barre *m*. C'est alors la barre passée dans le trou M de la tige qui, en reposant sur le piston creux, empêche le mouvement de descente du caisson. Dans ces conditions, il suffira, pour effectuer la descente du caisson, de faire évacuer graduellement l'eau sous pression sous le piston. Quand celui-ci sera arrivé vers la fin de sa course descendante, le caisson sera descendu d'une quantité égale à la course effectuée par le piston et pour le maintenir dans sa nouvelle position, il faudra passer dans le nouveau trou *m* de la tige une barre qui reposera sur la traverse supérieure B.

Les choses seront alors dans leur état primitif et le piston prêt pour une nouvelle opération.

Les quatre pistons creux dans lesquels passent les tiges qui supportent le caisson fonctionnant simultanément, comme nous venons de l'indiquer, la descente se fera bien verticalement et sans aucune secousse.

737. *Échafaudage flottant employé à*

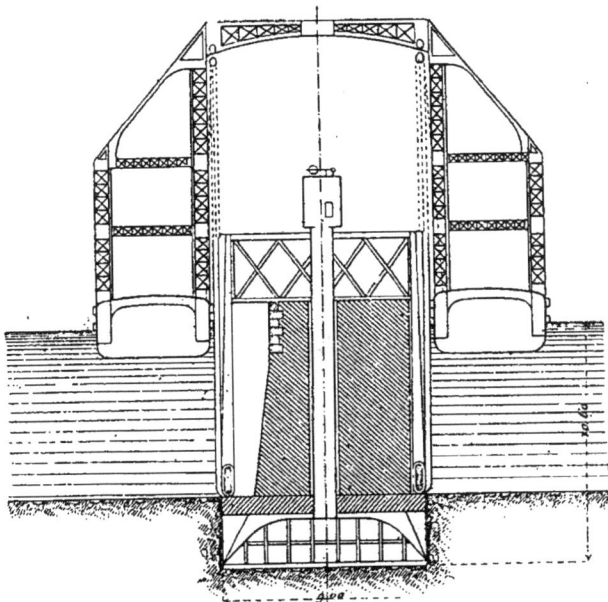

Fig. 804. — Échafaudage flottant employé à Anvers pour la mise en place des batardeaux mobiles au-dessus des caissons.

Anvers par MM. Couvreux et Hersent. — Lorsqu'on a un grand nombre de piles à fonder sous une grande profondeur d'eau on peut adopter le système employé à Anvers par MM. Couvreux et Hersent. Le bâtardeau formé par les hausses et à l'intérieur duquel on construisait la maçonnerie était enlevé lorsque celle-ci dépassait le niveau de l'eau et transporté sur un autre caisson. Il fallait évidemment pour pouvoir enlever le bâtardeau laisser un vide entre le parement des maçonneries et les hausses qui constituaient une vaste caisse boulonnée sur le caisson et dont le joint était rendu étanche par l'interposition de bandes de caoutchouc.

738. Pour soulever le bâtardeau, pour le mettre sur un autre caisson et le guider pendant l'enfoncement, on se servait d'un échafaudage flottant dont nous donnons la description d'après une notice publiée par MM. Couvreux et Hersent sur les nouvelles installations maritimes du port d'Anvers. « L'échafaudage flottant (*fig.* 804) se compose principalement de deux bateaux de 26 mètres de long, 5^m,15 de large, 2^m,30 de haut, espacés l'un de l'autre de 10 mètres et surmontés de six fermes de 12 mètres de haut qui les rendent solidaires l'un de l'autre ; les deux fermes extrêmes sont entretoisées sur toute leur hauteur, tandis que les quatre fermes du milieu sont complètement libres pour permettre la montée et la descente du bâtardeau mobile. Cette opération se fait à l'aide de douze palans à cinq brins chacun, attachés à l'extrémité supérieure de chaque ferme. Leurs garants s'enroulent sur douze treuils à noix, placés par moitié sur chaque bateau. Ils sont commandés par une seule machine et deux arbres de transmission, courant d'un bout à l'autre des bateaux. Le mouvement est transmis, de l'arbre placé dans le bateau de droite à l'arbre du bateau de gauche, par deux chaînes Galle, ce qui oblige tous les treuils à marcher en même temps et de la même quantité. Il résulte

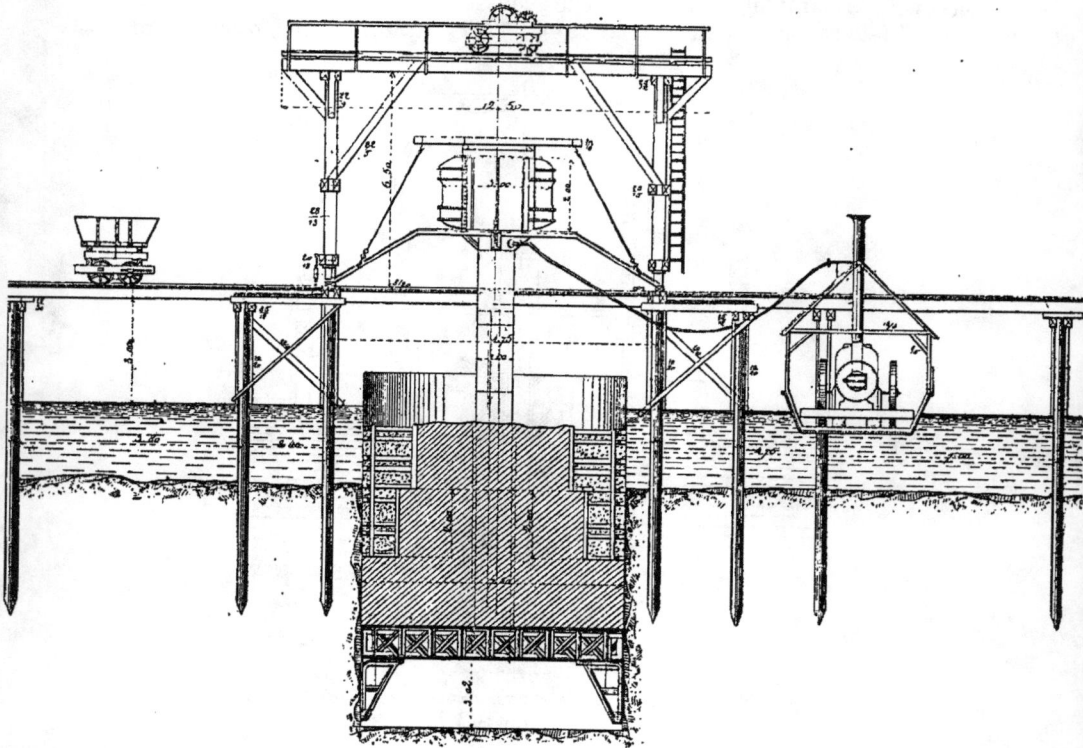

Fig. 805. — Fonçage d'un caisson du pont de Saumur avec compresseur monté sur bateau.

de cette combinaison que chacun des treuils doit lever et soutenir $\dfrac{200 \text{ tonnes}}{12}$ (200 tonnes représentent le poids du batardeau), soit 16 666 kilogrammes. Les chaînes doivent porter $\dfrac{16\,666}{5} = 3\,333$ kilogrammes; elles ont 25 millimètres de diamètre et sont aussi bien calibrées que possible. Pour atténuer la différence de calibrage des chaînes et les effets de torsion, on a cru prudent de poser, à la partie supérieure des attaches des palans, des ressorts à cinq disques en caoutchouc qui régularisent aussi complètement que possible entre les douze palans, la charge à porter. Les palans sont amarrés à leur partie inférieure au batardeau mobile en douze points correspondant aux attaches supérieures. En outre des appareils de levage du batardeau, il y a sur l'échafaudage flottant toutes les machines et appareils nécessaires à sa mise en place, à la manutention des matériaux...

A cet effet, le bateau placé vers le fleuve contient dans sa cale une machine à vapeur de vingt-cinq chevaux, actionnant deux machines soufflantes pouvant fournir chacune 300 mètres cubes d'air à l'heure ; sur le plancher supérieur du pont, deux grues pour l'élévation et l'introduction dans le batardeau des briques, pierres cassées, moellons piqués, etc. Sur celui placé vers la terre il y a une machine semblable qui met en mouvement les broyeurs à mortier installés sur le pont,

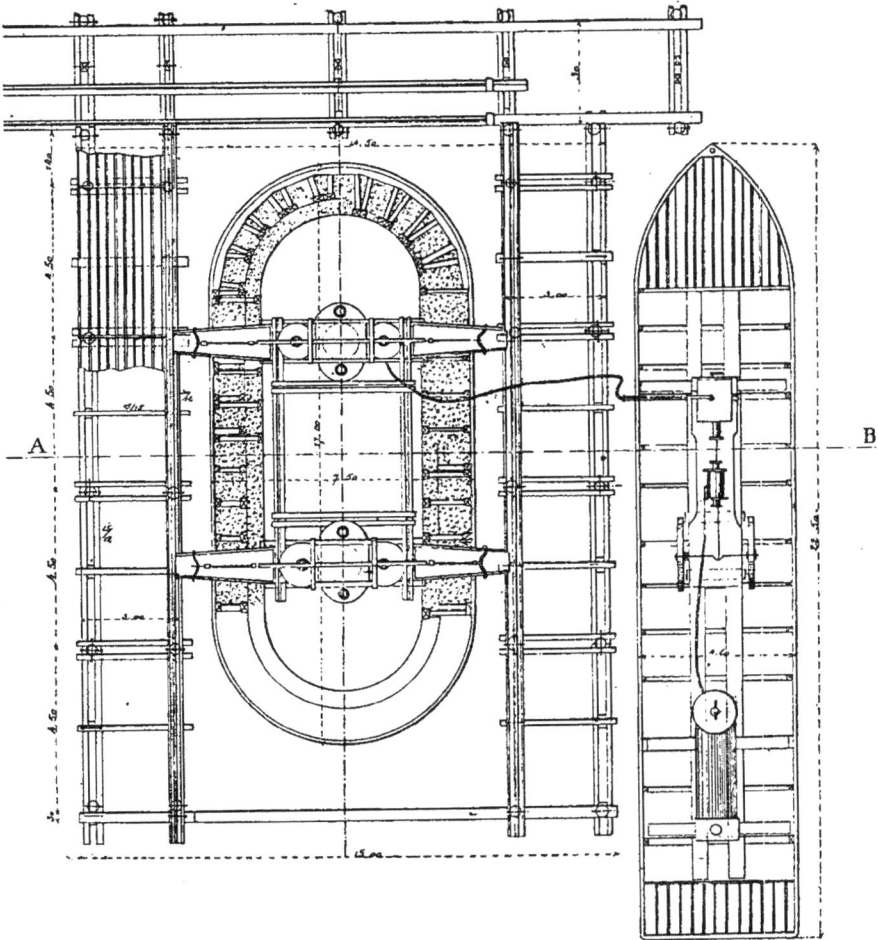

Fig. 806. — Fonçage d'un caisson du pont de Saumur avec compresseur monté sur bateau. — Plan.

les grues les desservant et la pompe aspirante et foulante qui fournit l'eau aux éjecteurs pour l'expulsion des déblais de la chambre de travail. »

Fonçage des caissons.

739. Lorsque le caisson est échoué il faut procéder au montage des écluses à air ; puis, après avoir envoyé l'air comprimé, commencer l'extraction des terres de l'intérieur de la chambre de travail en employant les moyens que nous avons indiqués aux n°[s] 696 et suivants. En employant une écluse pour des caissons de moins de 40 mètres carrés de surface, et deux écluses pour des caissons de plus de 50 mètres carrés on peut compter sur une descente du caisson de $0^m,40$ environ par vingt-quatre heures de travail. Il est évident que ce chiffre ne peut être qu'une moyenne ; il diminuera lorsqu'on rencontrera de gros blocs de pierres, ou de gros morceaux de bois, surtout si, comme cela arrive souvent, ces objets se trouvent sous le tranchant du caisson. Il peut être nécessaire dans ce cas de se servir de la mine pour pouvoir continuer le fonçage et, à ce sujet, on peut dire que les craintes qu'on éprouvait au début des fondations pneumatiques pour pouvoir employer la mine dans les caissons étaient exagérées. On croyait alors que le caisson pourrait être endommagé par l'explosion et que la tension de l'air comprimé augmenterait subitement dans une notable proportion. L'expérience a prouvé que ces appréhensions n'étaient pas fondées et que le seul inconvénient résultant de l'emploi de la mine dans les caissons était d'augmenter la quantité d'air vicié qui fatigue beaucoup les ouvriers.

Il est bon, après avoir fait partir plusieurs coups de mine de renouveler une partie de l'air comprimé de la chambre de travail.

740. Quels que soient les moyens mis en usage pour déblayer à l'intérieur de la chambre de travail, il faut surtout s'appliquer à obtenir une descente régulière, car, sous l'influence des poussées inégales des terres environnantes, il peut se produire un certain déplacement du caisson. Celui-ci peut du reste s'incliner par suite des affouillements qui se produisent le plus souvent en amont. Il est utile dans ce dernier cas d'éviter cet effet par des enrochements convenablement disposés.

741. Il convient pendant le fonçage de régler la vitesse du compresseur de manière que la tension de l'air comprimé dans la chambre de travail ne soit jamais inférieure ni supérieure à celle qui doit équilibrer le poids de la colonne d'eau ayant pour hauteur la différence de niveau entre le tranchant du caisson et le niveau de l'eau de la rivière.

Si le terrain est perméable, il s'échappera toujours une certaine quantité d'air par infiltration, mais elle sera remplacée par celui fourni par la machine fonctionnant à marche normale. Si au contraire on traverse, à un certain niveau, une couche imperméable, de la glaise par exemple, les pertes d'air par le sol de la chambre de travail pourront devenir nulles. La machine fonctionnant toujours à marche normale enverra donc un excès d'air comprimé dans le caisson ; la tension de cet air augmentera et pourra même dépasser celle qui est strictement nécessaire d'une quantité telle que le caisson sera soulevé. Il est donc très utile, pour éviter cet inconvénient, d'observer constamment le manomètre et de ne pas se fier uniquement aux soupapes de sûreté.

Éclairage des caissons.

742. L'éclairage des caissons se fait ordinairement à l'électricité pour les grands travaux.

Pour les petits travaux on préfère les bougies stéariques à l'huile, car celle-ci donne une fumée qui fatigue beaucoup les ouvriers. Le gaz d'éclairage a été employé aux caissons de New-York, mais son emploi ne s'est pas généralisé.

Effets de l'air comprimé sur les ouvriers.

743. L'entrée des ouvriers dans les caissons et leur sortie se font graduellement, comme nous l'avons expliqué au n° 651, à l'aide des sas à air. Lorsqu'ils doivent descendre dans la chambre de travail les ouvriers subissent dans le sas supposé fermé une *compression* lente en ouvrant le robinet qui le fait communiquer avec la cheminée de service. Lorsque, au contraire, ils doivent sortir à l'extérieur, ils subissent dans le sas supposé fermé une *décompression* en ouvrant le robinet qui le fait communiquer avec l'atmosphère.

Pendant la période de compression, ainsi du reste que pendant leur séjour dans l'air comprimé, les tubistes n'ont jamais été incommodés sérieusement. Il

TABLEAU A. — RENSEIGNEMENTS RELATIFS AU FONÇAGE DES CAISSONS D'UN CERTAIN NOMBRE DE PONTS.

ANNÉE de la construction	EMPLACEMENT DES OUVRAGES / LIGNES AUXQUELLES ILS APPARTIENNENT	RIVIÈRES TRAVERSÉES	NOMBRE des FONDATIONS	PROFONDEURS au-dessous DE L'ÉTIAGE ou des hautes-mers	SURFACES à la base du massif de fondation D'UNE PILE	D'UNE CULÉE	TERRAINS TRAVERSÉS et SOL DE FONDATION	DURÉE DU FONÇAGE (remplissage compris) en jours	CUBE TOTAL	DÉPENSE TOTALE
1859	KEHL. Chemin de fer de Strasbourg à Bade.	Rhin.	4	mètres. 20.00	m. q. 133.37	m. q 164.50 (Piles-culées).	Graviers.	De 68 jours de 16 heures à 28 jours de 11 heures.	m. c. 11 531.00	Fr. c. 2 550 000 00
1862	LORIENT. Chemin de fer de Nantes à Brest.	Scorff.	2	21 et 15	39.72		Vase sur 8 à 14 mètres. Fondation schiste.	10 et 108	1 296.00	210 000.00
1863-64	NANTES. Chemin de fer de Nantes à la Roche-sur-Yon.	Loire.	22	De 12 à 18m80	51.30	2 caissons de 32m173	Sable argileux et graveleux.	Environ 1 an pour l'ensemble.	15 376.68	1 624 584.00
1865-66	AULES. Chemin de fer d'Arles à Lunel.	Grand-Rhône.	4	17.00	71.42					373 200.00
1865-66	SAINT GILLES. Chemin de fer d'Arles à Lunel.	Petit-Rhône.	3	8.50	52.50				1 319.88	152 700.00
1867-68	AULES. Pont-route.	Grand-Rhône.	2	18 et 17.8						300 000.00
1868-69	VICHY. Route nationale n° 9.	Allier.	7	1 à 5 80 / 6 à 7.00	38.16	58.00	Graviers et galets sur 4 4 mètres. — Marne compacte sur 3 mètres.	19 à 29	2 150.00	248 789.79
1870	COLLONGES. Route Nationale n° 206.	Rhône.	1	6.00		168.40	Graviers et sable, puis sable pur, gros galets, puis couche de 1 mètre de cailloux empâtés dans de la marne dure, couche mince de glaise avec poches de sablon, gravier indéfini au delà de 4 mètres.	61	630.40	80 000.00
1873	SAINTE-FOY. Chemin de fer de Libourne à Bergerac.	Dordogne.	3	8.00			Molasse tertiaire (tuf) (argile tantôt pure, tantôt marneuse ou sableuse, d'une épaisseur indéfinie.		1 703.00	

ANNÉE de la CONSTRUCTION	EMPLACEMENT DES OUVRAGES LIGNES AUXQUELLES ILS APPARTIENNENT	RIVIÈRES TRAVERSÉES	NOMBRE des FONDATIONS	PROFONDEURS au-dessous DE L'ÉTIAGE ou des hautes-mers	SURFACES à la base du massif de fondation D'UNE PILE	D'UNE CULÉE	TERRAINS TRAVERSÉS et SOL DE FONDATION	DURÉE DU FONÇAGE (remplissage compris) en jours	CUBE TOTAL	DÉPENSE TOTALE
				mètres.	m. q.	m. q.			m. c.	Fr. c.
1873	PÉRIGOURIEUX. Chemin de fer de Libourne à Bergerac.	Dordogne.	3	8.00			Idem.		Idem.	
1873	CHAMOUSSET (petit pont). Rectification du chemin de fer du Mont-Cenis.	Isère.	2	8.00		62.00	Graviers.	Les fondations de ces 2 ouvrages ont été exécutées en moins de 6 mois.	1 024.00	140 000.00
1874	CHAMOUSSET (grand pont). Rectification du chemin de fer du Mont-Cenis.	Isère.	2 culées. 2 piles.	8.00 9.00		63.30	Graviers.		1 016.00 1 007.28 2 023.28	147 000.00 135 000.00 282 000.00
1874-75	CHAMP. Chemin de fer de Grenoble à Gap.	Romanche.	2	8.00		32.60	Sables et graviers.		512.00	85 000.00
1874-75	4 PONTS. Du chemin de fer de Grenoble à Gap.	Buech.	8	6.00					865.00	
1875	VIF. Chemin de fer de Grenoble à Gap.	Drac.	2 culées 2 piles.	9.00 8.00		28.00 »	Gros graviers.	63 jours pour les 4 fondations.	448.00 650.70 1 098.70	90 000.00 100 000.00 190 000.00
1875	TOURNON. — BEAUCHASTEL. Chemin de fer de la rive droite du Rhône.	Doux. Eyrieu.	4	6 à 8					1 7555 00	
1876-77	TOULOUSE. Pont Saint-Pierre (pont suspendu.)	Garonne.	Pile rive droite. Pile rive gauche.	10.70 7.00	48.30 48.30	» »	Graviers sur 4m.25. — Tuf sur 2m.45. — Gravier sur 1m.60. — Glaise sur un mètre. — Tuf sur 1m.45	135 105	492.66 338.10 830.76	56 000.00 49 000.00 98 000.00

TABLEAU A (*Suite*).

ANNÉE de la construction	EMPLACEMENT des ouvrages / LIGNES auxquelles ils appartiennent	RIVIÈRES traversées	NOMBRE des fondations	PROFONDEURS au-dessous de l'étiage ou des hautes-mers	SURFACES à la base du massif de fondation		TERRAINS TRAVERSÉS et sol de fondation	DURÉE du fonçage (remplissage compris) en jours	CUBE TOTAL	DÉPENSE TOTALE
					d'une pile	d'une culée				
1877	Rouen. Pont-route.	Seine.	2	mètres. 11.77	m. q. 41.62	m. q. »	Argile sur 5m,68. — Sable et graviers sur 1m,77. Fondation : craie avec encastrement de 0m63.	30 et 78	m. q. 379.73	fr. c. 135 093.32
1877	Hocmard. Chemin de fer de Nantes à Châteaubriant.	Ruisseau et marais d'Hocmard.	2	14.00 et 13.85	46.58	»	Tourbe argileuse sur presque toute la hauteur surmontée à l'une des piles par de la vase tourbeuse; sur le rocher, une couche de sable argileux.	25 et 20	1 273.00	129 500.32
1877	Credo. Chemin de fer de Collonges à Thonon.	Rhône.	1	8.00	92.40	»	Graviers. Fondation : rocher calcaire.		739.20	129 500.00
1877-78	Étrembières. Chemin de fer de Collonges à Saint-Gingolph.	Arve.	1 culée. 1 culée. 1 pile...	6.00 6.00 6.00	» » 26.73	21.60 21.60 »	Cailloux roulés sur 3 mèt. Glaise très dure sur 0m70. Glaise sablonneuse très dure sur 3 mètres.		129.60 129.60 160.38 519.58	15 000.00 18 000.00 20 000.00 53 000.00
1877-78	Saint-Jean-de-Gosne. Chemin de fer de Dijon à Saint-Amour.	Saône.	4	8.00	44.01			15 à 38	1 408.00	
1877-78	Navilly. Chemin de fer de Dijon à Saint-Amour.	Doubs.	6	1 à 8 1 à 9 4 à 10	44.01	37.80		19 à 37	2 407.00	
1877-78	Pinsaguel. Pont-route.	Garonne.	1	6.50	37.84		Vieilles maçonneries : gravier, sable et tuf. — Fondation : tuf.	86	245.95	38 000.00
1877-78	Épinay-sur-Seine (petit pont). Route de Paris à Enghien.	Seine.	1 culée. 1 culée. 1 pile...	8.99 3.34 8.57	» » 60.56	100.60 » »	Alluvion. Vase, sable.	62 22 18	906.19 538.27 519.00 1 963.46	77 036.25 49 109.76 54 477.20 180 623.21

TABLEAU A *(Suite)* (1).

ANNÉE de la CONSTRUCTION	EMPLACEMENT DES OUVRAGES / LIGNES AUXQUELLES ILS APPARTIENNENT	RIVIÈRES TRAVERSÉES	NOMBRE des FONDATIONS	PROFONDEURS au-dessous DE L'ÉTIAGE ou des hautes-mers	SURFACE à la base du massif de fondation		TERRAINS TRAVERSÉS et SOL DE FONDATION	DURÉE DU FONÇAGE (remplissage compris) en jours	CUBE TOTAL	DÉPENSE TOTALE
					D'UNE PILE	D'UNE CULÉE				
1878	ÉPINAY-SUR-SEINE. (grand pont) Route de Paris à Enghien.	Seine.	1 culée.. 1 culée. 1 pile... 1 pile...	mètres. 6.92 6.04 8.17 8.63	m q. 63.41	m. q. 107.10	Argile sableuse. Fondation : grès.	23 25 13	m. a. 741.13 644.74 518.06 547.23 2 451.16	Fr. 9. 65 225.90 57 994 50 54 234.60 56 859.74 634 312.80
1878-79	REMOULINS. Chemin de fer de Nîmes au Teil.	Gardon.	3	6.00 9.00 8.50	46.40	50.20		* 19 28 57	1 044.00	»
1878-79	PONT-SAINT-ESPRIT. Chemin de fer de Nîmes au Teil.	Ardèche.	3	6 9.50 7.00	51.36	43.20		21 à 32	1 030.00	»
1878-79	BAGNOLS. Chemin de fer de Nîmes au Teil.	Cèze.	3	6.60 et 8.00	44.93	41.40		27 15 et 32	824.00	»
1879	VALENTINE. Chemin de fer de Toulouse à Bayonne.	Garonne	1	13.75	31.842		Débris d'anciennes maçonneries, sable et gravier. Fondation : rocher calcaire.	72	423.00	45 625.00
1879	EMPALUT. Chemin de fer de Toulouse à Bayonne.	Garonne.	3	Piles. 1 — 6.419 2 — 10.498 3 — 9.29	36.09		Tuf tertiaire, marnes argiles et sables.	44 55 48	231.662 378.873 335.276 945.811	35 950.00 51 792.00 46 960.00 134.702.00
1879	3 PONTS : LES EYSSARDS, L'ILE SAINT-JEAN ET MONT-DAUPHIN. Chemin fer de Gap à Briançon.	Durance.	6	8.00					1 192.00	

(1) *Annales des Ponts et Chaussées*, 1883.

se produit bien une forte douleur sur le tympan des oreilles provenant de ce que la pression extérieure n'est pas équilibrée immédiatement par la pression produite par l'air comprimé qui s'introduit par les trompes d'Eustache, mais l'équilibre s'établit assez rapidement et alors la douleur disparaît.

La période de *décompression* est plus dangereuse. Elle doit s'effectuer lentement, car, si elle était brusque, il pourrait se produire dans l'organisme des désordres plus ou moins graves, des paralysies, des douleurs articulaires, aux genoux, aux coudes, des troubles de l'ouïe..... Chez certains sujets elle pourrait même déterminer une mort subite. Il est facile de se rendre compte des désordres que peut amener la décompression instantanée sur la circulation du sang. On sait, en effet, que les liquides dissolvent une quantité de gaz d'autant plus forte qu'ils sont soumis à une pression plus considérable. Or, à la pression atmosphérique, le sang d'un homme dissout environ 100 centimètres cubes d'air ; soit, à la pression de quatre atmosphères, environ 400 centimètres cubes. Si la décompression se fait lentement, cet excès d'air en dissolution dans le sang s'échappera graduellement à chaque passage du sang par les poumons, par suite de l'abaissement progressif de la pression dans le sas à air. Il ne pourra alors se produire aucun accident. Si, au contraire, la décompression est instantanée, l'excès d'air en dissolution dans le sang se dégage brusquement dans toute l'étendue du réseau capillaire, et il peut en résulter de graves désordres dans la circulation du sang et même une rupture de certains petits vaisseaux sanguins.

Ce dégagement d'air ne se fera évidemment pas chez tous les individus avec la même facilité ; il variera chez chacun d'eux avec la structure de la peau et on conçoit que si celle-ci n'est pas suffisamment perméable aux gaz l'emprisonnement d'une certaine quantité de ces derniers dans l'épaisseur des tissus peut provoquer les douleurs musculaires dont nous parlions plus haut.

Pendant la décompression, il se produit dans le sas à air un abaissement notable de la température, dû à la détente de l'air. Plus la durée de l'éclusage sera longue, plus l'abaissement de la température dans le sas sera lent et gradué, c'est donc une raison de plus pour augmenter le temps pendant lequel doit s'effectuer la décompression.

Il est bon en outre de chauffer les sas à la vapeur, pendant l'hiver, et de faire passer les ouvriers, à leur sortie, dans une chambre chauffée installée à proximité, où ils pourront prendre des boissons chaudes.

744. Pour les diverses profondeurs de fondations on peut adopter, comme durée de travail et d'éclusage, les nombres du tableau suivant :

PROFONDEURS	DURÉE DU TRAVAIL dans les CAISSONS	DURÉE de L'ÉCLUSAGE
Inférieures à 20 mètres.	6 heures.	7 minutes.
20 à 25 mètres........	5 —	12 —
25 à 30 mètres........	4 —	18 —

Exemples de fondations à l'air comprimé pour un certain nombre de ponts.

I. — PONTS CONSTRUITS EN FRANCE

745. *Pont du Scorff.* — Le pont du Scorff se compose d'un certain nombre d'arches en maçonnerie et d'un certain nombre de travées métalliques. Nous avons vu déjà que les culées et même certaines piles ont été fondées par épuisement dans des caissons sans fond. Ces caissons étanches doivent être très solides lorsqu'ils ont de grandes dimensions et lorsqu'ils ont à supporter de fortes pressions dues à la hauteur de l'eau extérieure ; aussi ce mode de fondation peut devenir moins économique que celui qui emploie l'air comprimé. Or, les deux piles supportant les travées métalliques du pont du Scorff devant être fondées sur un rocher situé à 20 mètres au-dessous des hautes mers, à travers une épaisse couche de vase, il était difficile d'employer un autre système de fondation.

Aussi l'ingénieur chargé de la construction de ce pont, M. Croizette-Desnoyers,

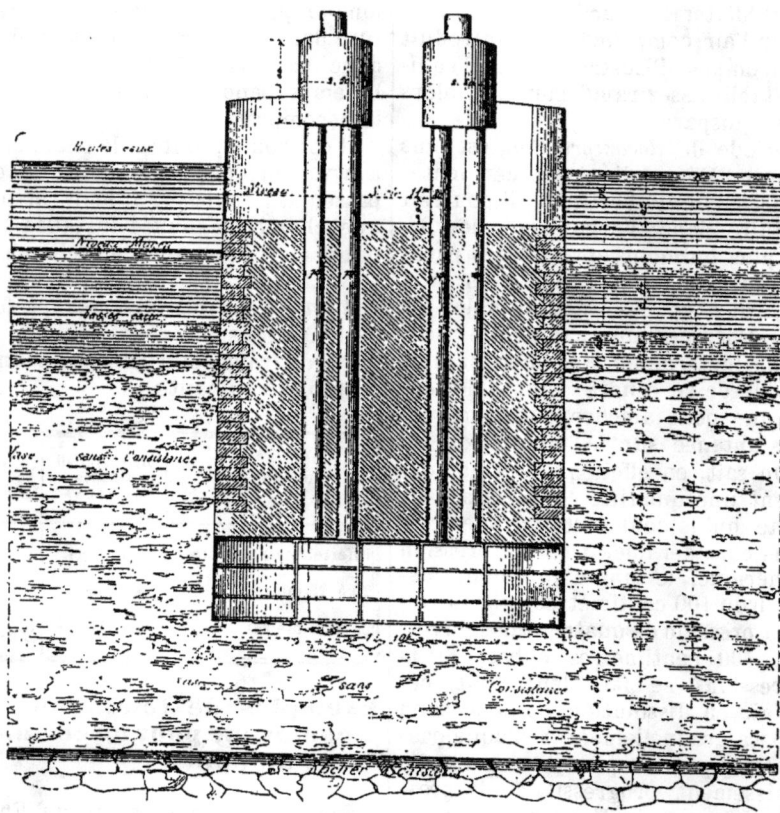

Fig. 807.

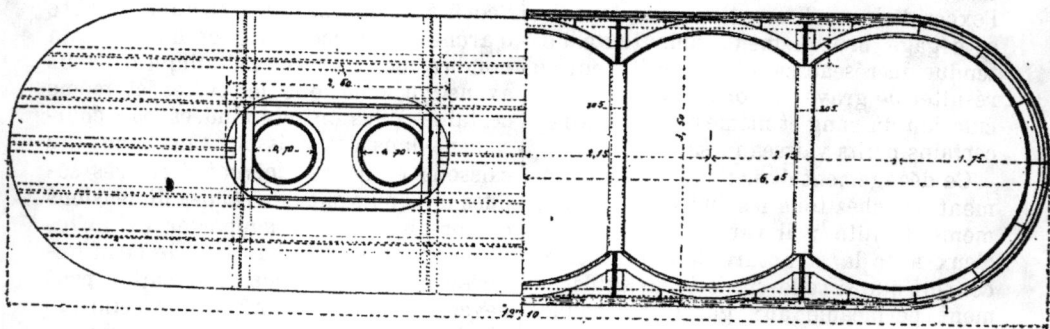

Fig. 808.

songea à employer deux tubes en fonte de 4^m,50 de diamètre intérieur remplis de maçonnerie enduite de ciment tout autour. Ces deux tubes devaient être reliés au

niveau des plus basses mers par une | ensemble que devait s'élever la pile. Mais,
petite voûte en maçonnerie et c'est sur cet | comme il était difficile de parfaitement

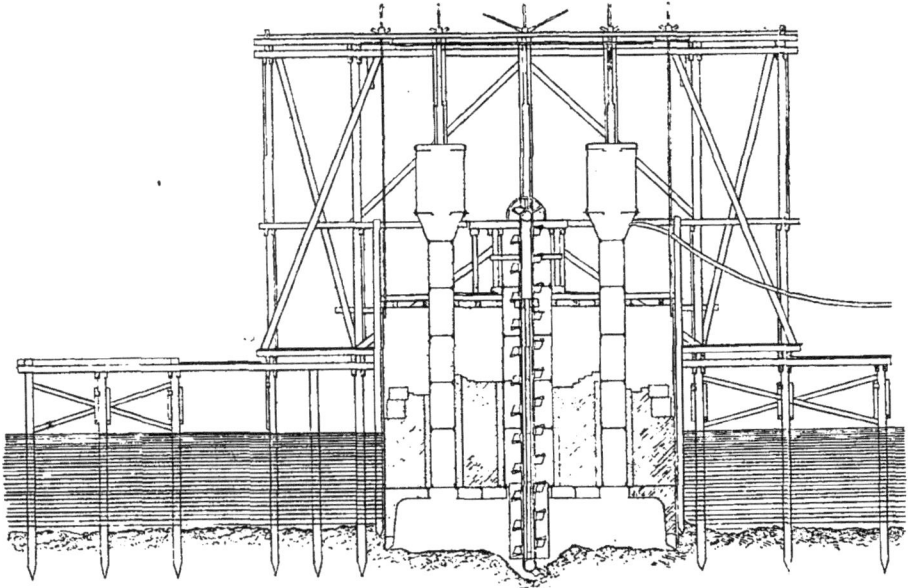

Fig. 809.

relier les deux tubes, M. E. Gouin, qui | exécuta la fondation, proposa l'emploi
d'un caisson unique permettant d'effec-
tuer dans son intérieur toute la maçonnerie de la pile.

746. Les figures 807 et 808 représentent la coupe verticale du caisson pendant le fonçage et sa coupe horizontale.

La chambre de travail, qui avait les
dimensions indiquées sur la figure, présentait comme forme extérieure celle de
la pile elle-même ; à l'intérieur, au contraire, elle était consolidée par une série
d'arcs s'appuyant sur des entretoises ne
fonte (*fig.* 808). Les tôles qui la composaient
avaient en outre des épaisseurs variables ;
ainsi tandis que celles du bas avaient 13 millimètres d'épaisseur, celles du haut n'a-
vaient que 8 millimètres. Le plafond était légèrement cintré pour augmenter sa résistance. Il était constitué par quatre grandes
poutres de $0^m,70$ de hauteur et quatre
rangs de petites poutrelles longitudinales
de $0^m,20$ de hauteur ; c'était sur elles
qu'était rivée la tôle de $0^m,01$ d'épaisseur
formant le toit de la chambre de travail.

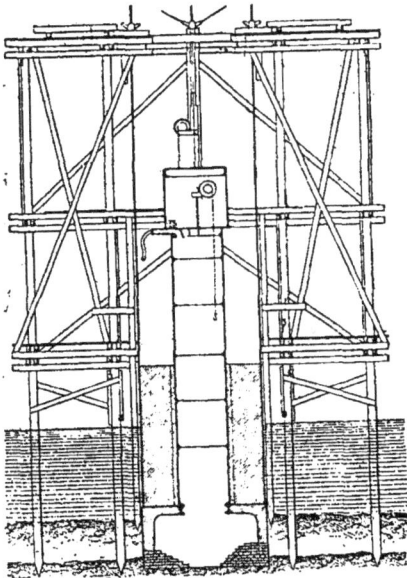

Fig. 810.

Le bâtardeau était formé de viroles placées les unes au-dessus des autres pendant le fonçage, de manière à dépasser toujours le niveau des hautes mers; leur épaisseur était de 3, 4 et 5 millimètres.

La chambre d'équilibre était formée par un cylindre de 2^m,50 de diamètre et de 3 mètres de hauteur. Sa partie inférieure communiquait avec la chambre de travail par deux cheminées et sa partie supérieure comprenait deux sas à air analogues à ceux du pont de Szegedin.

Le remplissage de la chambre de tra-

vail a été fait en béton jusqu'à 2^m,30 de hauteur; au-dessus on a complété avec de la maçonnerie fortement serrée et coincée contre le plafond. Les cheminées ont été remplies avec du béton.

747. *Pont de La Voulte sur le Rhône.* — Le pont de La Voulte, sur le Rhône, composé de cinq travées de 55^m,60 d'ouverture, formées par des arcs en fonte, supportés par deux culées et quatre piles intermédiaires en maçonnerie, a été fondé entièrement à l'air comprimé.

Chacune des piles a été élevée à l'aide

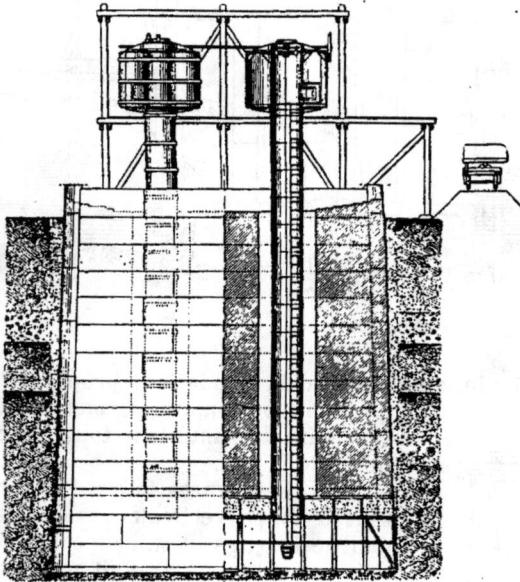

Fig. 811. — Viaduc du val Saint-Léger. — Fondations à l'air comprimé. — Demi-coupe longitudinale.

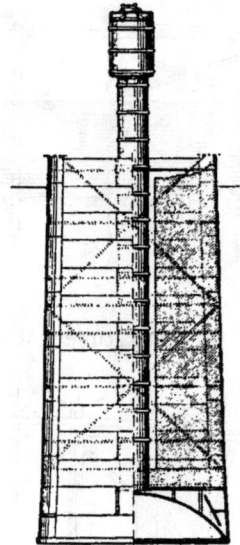

Fig. 812. — Viaduc du val Saint-Léger. — Fondations à l'air comprimé. — Demi-coupe transversale.

d'un seul caisson, servant de chambre de travail (*fig.* 809 et 810). En plan ce caisson affectait la forme d'un rectangle de 7 mètres de longueur sur 5 mètres de largeur terminé par deux demi-circonférences de 5 mètres de diamètre. Le plafond de ce caisson était à 2^m,65 au-dessus du bord inférieur; il était percé de trois trous: le premier, au centre, pour l'enlèvement des déblais à l'aide d'une noria, les deux autres communiquant avec les écluses à air.

On remplaça les coffrages en bois du

pont de Kehl, qui avaient donné lieu à tant de difficultés par des enveloppes en tôle dépassant le niveau de l'étiage de 2^m,50 de manière à mettre les travaux à l'abri de toute crue possible. Comme le caisson a été foncé jusqu'à une profondeur de 10 mètres au-dessous du niveau de l'étiage, l'enveloppe en tôle avait 12^m,50 de hauteur.

Les caissons étaient soutenus par huit vérins pendant le fonçage.

748. *Fondations du viaduc du val Saint-Léger.* — Ce viaduc, situé à la traversée du val Saint-Léger, sur la ligne du chemin de fer de Ceinture entre Versailles et Paris, a été fondé sur un terrain formé par de l'argile plastique surmontant une couche de craie.

Pour certaines piles les fondations ont été descendues jusqu'à 32 mètres de profondeur. Elles ont été effectuées à l'aide de caissons en tôle représentés sur les figures 815 et 816, avec emploi de l'air comprimé lorsqu'il se produisait des rentrées d'eau dans la chambre de travail.

749. Les caissons employés étaient rectangulaires, avec angles arrondis. Leurs dimensions étaient : 12 mètres de longueur, $6^m,60$ de largeur et 2 mètres de hauteur entre le couteau et le plafond.

Pour donner à la base de la fondation

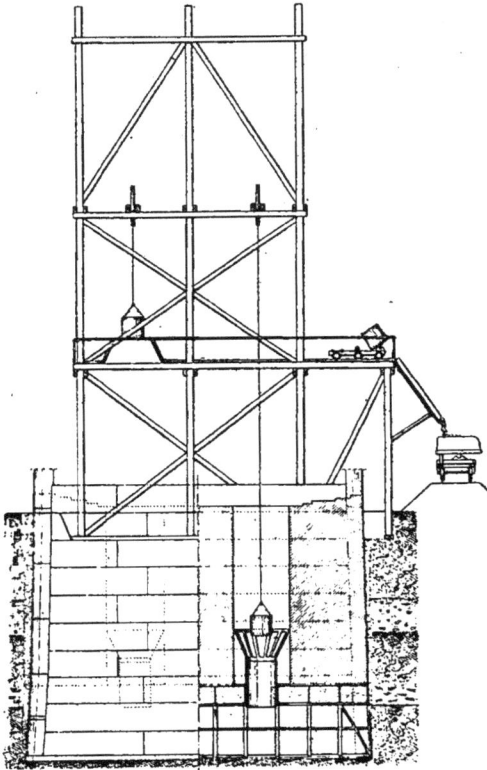

Fig. 813. — Viaduc du val Saint-Léger. — Fondations à l'air libre. — Demi-coupe longitudinale.

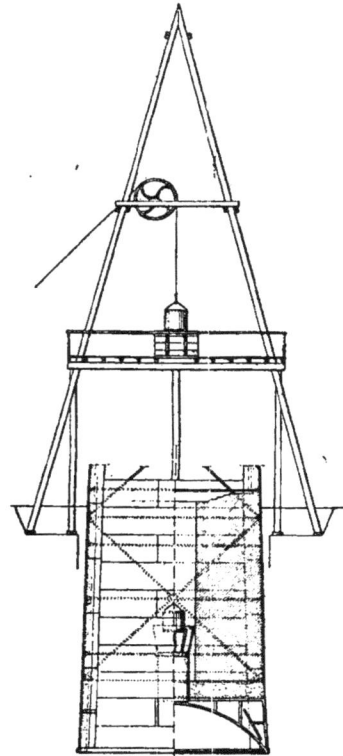

Fig. 814. — Viaduc du val Saint-Léger. — Fondations à l'air libre. — Demi-coupe transversale.

des dimensions suffisantes et réduire le cube de maçonnerie au fur et à mesure de son élévation, les caissons ont été construits avec un fruit de $0^m,05$ par mètre. Outre les contrefiches employées ordinairement pour raidir les parois de la chambre de travail, les deux grandes faces du caisson ont été entretoisées par deux arcs en tôle ayant $0^m,250$ de hauteur à la clé, $6^m,40$ de corde et $1^m,750$ de flèche.

La maçonnerie de revêtement de la chambre de travail, entre les contrefiches, était faite en meulière avec mortier de ciment. Elle était appareillée en voûtes dont les naissances s'appuyaient sur les cornières inclinées des contrefiches.

Les poutres du plafond avaient $0^m,650$ de hauteur et $6^m,40$ de longueur. Elles étaient placées au droit des contrefiches des parois latérales de la chambre de travail, sauf celles du milieu qui reposaient sur les poutres en arc entretoisant les grandes faces du caisson.

L'étanchéité du plafond de la chambre de travail était obtenue par une tôle de

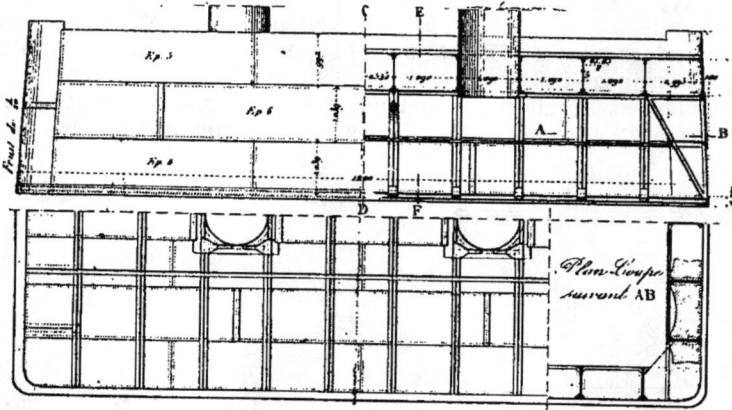

Fig. 815.

6 millimètres d'épaisseur rivée sur les cornières inférieures des poutres et sur laquelle·on établissait le remplissage en béton entre les poutres.

750. Le fonçage du caisson ne se fit pas sans difficulté, car, à certains niveaux, les venues d'eaux causaient de brusques enfoncements du caisson. De plus, à la traversée des couches calcaires, entre lesquelles se trouvaient de minces couches d'argile, il s'est produit des accidents très graves dus à la forme même du caisson. Lorsque celui-ci descendait il se formait un vide entre le terrain traversé et les parois des hausses, puisqu'elles avaient un fruit de 1/20. Certains blocs calcaires dont l'équilibre fut détruit par le passage du caisson se précipitèrent dans le vide existant autour des hausses et le coincement qui en résulta empêcha la marche descendante du caisson et rompit la maçonnerie construite sur les poutres du plafond de la chambre de travail.

D'autres accidents se sont produits dans l'argile plastique. Les sables aquifères se précipitaient dans le vide existant autour des hausses et mouillaient les argiles; celles-ci en gonflant exerçaient des pressions très fortes sur le caisson qui fut très endommagé.

751. Le travail dans le caisson se faisait

le plus possible à l'air libre; l'installation pour l'enlèvement des déblais était des plus simples et les figures 813 et 814 qui en donnent les dessins suffisent pour faire comprendre la marche suivie.

Lorsqu'il se produisait des venues d'eau, on montait les écluses sur les deux cheminées de service et on envoyait de l'air comprimé dans la chambre de travail. Les

Fig. 816.

figures 811 et 812 représentent, pour ce cas, les coupes longitudinale et transversale de la fondation.

752. Le remplissage de la chambre de travail fut fait en béton ayant la composition suivante:

Pierres cassées. 1mc,00
Mortier. 0mc,60

Ce mortier était formé de 1 450 kilogrammes de ciment de Portland pour 3 mètres cubes de sable.

753. *Fondations du pont de Vichy sur l'Allier.* — Le lit de l'Allier, à l'endroit où devait être fondé le pont de Vichy (1) est composé d'une couche de gravier très

Fig. 817.

Fig. 818.

affouillable surmontant un banc de marne. Les fondations ont été assises sur ce banc de marne et ont été protégées par des enrochements.

754. *Caissons et sas à air.* — Les figures 817 et 818 représentent le type de caisson employé pour la fondation des piles, et les figures 821, 822 et 823, l'appareil employé pour l'extraction des déblais. C'est au

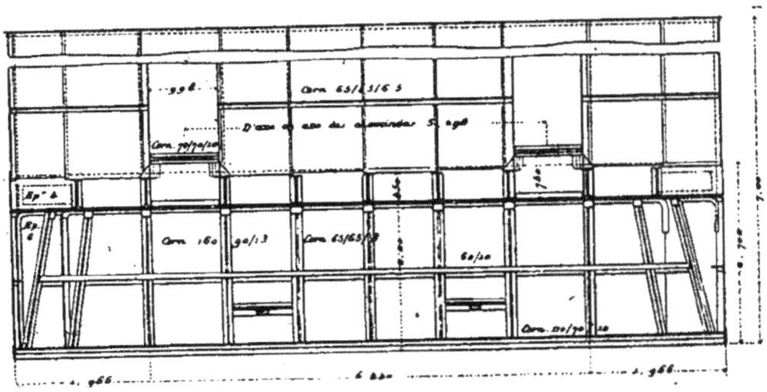

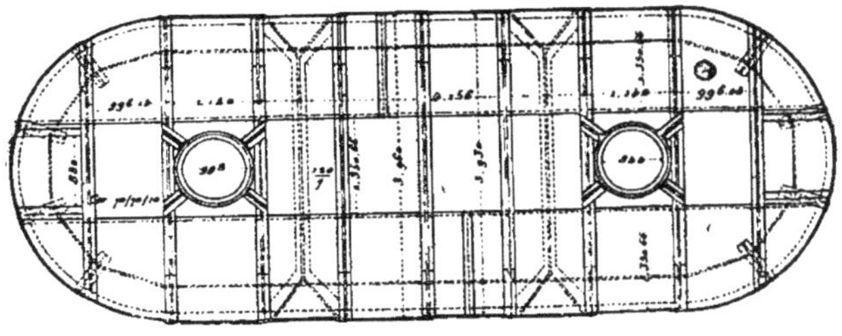

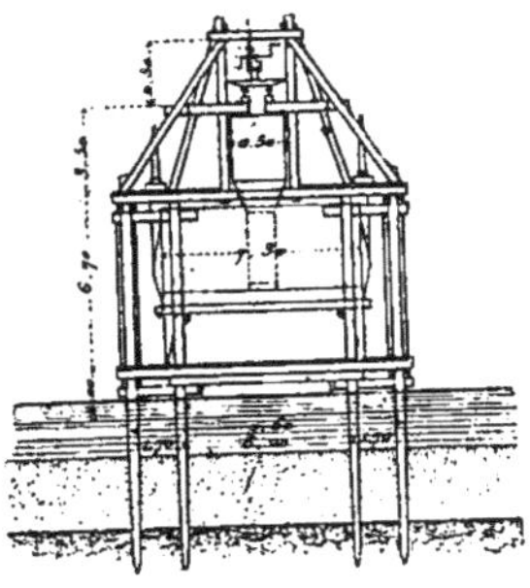

Fig 819.

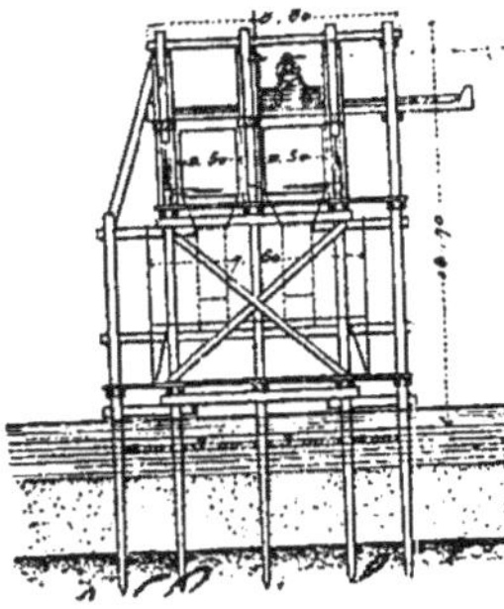

Fig 820.

(1) Le pont de Vichy a été construit, en 1868-70, par M. l'ingénieur Radoult de Lafosse.

pont de Vichy que cet appareil, dû à l'initiative des agents de la maison Cail, a été employé, pour la première fois, dans les travaux de ce genre.

Il se composait d'une caisse en fonte d s'engageant partiellement dans le sas à air, comme l'indique la figure 822. Dans cette caisse pouvait se mouvoir un tiroir e roulant, à l'aide de galets h, sur des rails j.

Les deux extrémités de ce tiroir renfermaient chacune un seau à déblais et pouvaient être mises alternativement en communication avec l'atmosphère ou avec l'air comprimé par l'intermédiaire d'une plaque de friction f qui formait joint. Pour mouvoir le tiroir, on tirait sur l'entretoise l reliant les deux barres g (*fig.* 822) et la quantité dont on pouvait

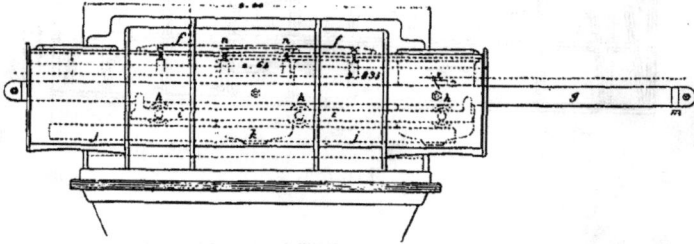

Fig. 821. — Fondations à l'air comprimé du pont de Vichy. — Tiroir pour l'extraction des déblais. — Elévation latérale.

faire sortir le tiroir était déterminée par des taquets d'arrêt m.

Les bennes élevant les déblais de la chambre de travail étaient déposées dans le sas à air. Là on emplissait à la pelle un des seaux du tiroir.

Il n'y avait aucune interruption dans le fonctionnement du tiroir, car le temps mis à remplir un des seaux à l'intérieur du sac était très sensiblement égal à celui employé pour le vider à l'extérieur et le remettre en place.

755. *Mise en place des caissons.* — Les caissons étaient montés sur place et

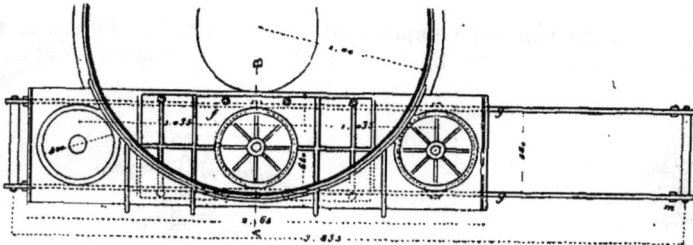

Fig. 822. — Fondations à l'air comprimé du pont de Vichy. — Tiroir pour l'extraction des déblais. — Plan.

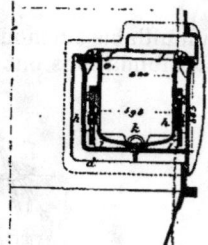

Fig. 823. — Coupe A B (voir figure 822).

étaient descendus au fond du lit du fleuve à l'aide de chaînes suspendues à des vérins installés sur la plate-forme supérieure de l'échafaudage représenté par les figures 819 et 820.

756. *Fonçage et maçonneries.* — Le fonçage des caissons n'a présenté rien de particulier, les enrochements et les débris de charpente qu'on a rencontrés en grande quantité ayant été enlevés assez facilement.

Les maçonneries, faites à l'air libre à l'abri des hausses, se composaient d'une enveloppe en moellons bruts parementés entourant un massif de béton, de manière à avoir une enveloppe résistante après la destruction des hausses par l'oxydation et le frottement des graviers roulés par les eaux.

757. *Remplissage de la chambre de travail.* — Ce remplissage a été fait en béton et s'effectuait en se retirant vers les orifices des cheminées qui ont été bouchés finalement avec un tampon métallique et avec des moellons en forme de coins enfoncés avec force.

II. — PONTS CONSTRUITS EN AMÉRIQUE.

Pont de la rivière de l'Est, à New-York.

758. Le pont de la rivière de l'Est a été construit, en 1870, pour relier les deux villes de New-York et de Brooklyn séparées par un bras de mer d'environ 1 kilomètre de largeur. M. l'ingénieur en chef Malézieux, dans un mémoire publié en 1874 (1) et auquel nous empruntons les renseignements qui suivent, a rendu compte des travaux de fondation de cet ouvrage remarquable à tous les points de vue.

Les fondations ont été établies à 15 mètres environ au-dessous des hautes mers, sur de l'argile compacte coupée par des blocs de trapp.

759. *Caisson.* — Le caisson employé était de forme rectangulaire; il avait 52 mètres de longueur sur 31 de largeur. Ces grandes dimensions étaient nécessaires pour réduire à 6ᵏ,5 la pression par centimètre carré sur le sol de fondation.

La chambre de travail a été construite entièrement en bois; son plafond a été composé de cinq cours superposés de pièces de 1 pied d'équarrissage. Chaque cours était

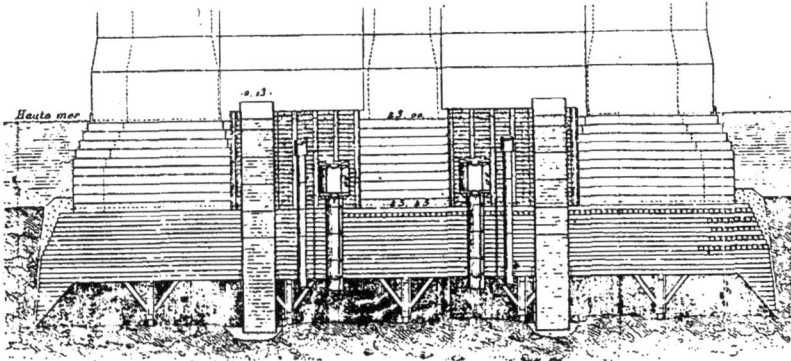

Fig. 824. — Caisson de fondation des piles du pont de la rivière de l'Est, à New-York. — Coupe longitudinale.

posé à angle droit sur le précédent. L'ensemble était relié par de grands boulons horizontaux et verticaux et, pour obtenir un serrage parfait, le diamètre des trous était inférieur de 3 millimètres à celui des boulons. On enfonçait ceux-ci à coups de marteau et on aplatissait leur tête de manière à éviter l'emploi des écrous qui auraient été très gênants dans une pareille construction.

Les parois de la chambre de travail avaient la forme d'un V et étaient constituées, comme le plafond, par des couches successives de pièces de bois. Le parement intérieur était incliné à 45 degrés et le parement extérieur présentait un fruit de 1/10.

Pour que la descente du caisson ne se

fasse pas trop rapidement, on avait séparé la chambre de travail en six compartiments par cinq cloisons en charpente de 0ᵐ,60 de largeur à la base.

Pour rendre cette chambre absolument étanche on a rempli les joints avec du goudron sur 0ᵐ,10 de profondeur et entre le quatrième et le cinquième cours de pièces de bois formant le plafond on a intercalé une feuille de zinc placée, entre deux feuilles de papier goudronné. Les parois de la chambre de travail furent, en outre, recouverts d'une couche de vernis.

Le tranchant du caisson était constitué par une pièce de fonte entourée de part et d'autre sur près de 1 mètre de hauteur par une feuille de tôle.

760. *Puits.* — Les puits ou cheminées

(1) *Annales des Ponts et chaussées*, 1ᵉʳ semestre.

d'accès à la chambre de travail étaient au nombre de six. Ils étaient placés (*fig.* 825) suivant une ligne perpendiculaire à l'axe du pont, trois d'un côté de cet axe et trois de l'autre côté ; ces puits étaient installés dans des évidements réservés dans la pile. Les deux puits extrêmes servaient à l'extraction des déblais ; ils étaient à air libre comme ceux du pont de Kehl. La seule différence consistait dans l'emploi d'une drague Morris et Cummings pour l'extraction des déblais, au lieu d'une chaîne à godets. Cette drague pouvait enlever plus de 1 mètre cube de déblai toutes les quatre minutes environ.

Les deux puits les plus près de l'axe du pont servaient à la montée et à la descente des ouvriers. Ils étaient surmontés de sas à air, situés immédiatement au-dessus du plafond du caisson. Enfin entre les puits d'extraction des déblais et les puits servant à la descente des ouvriers se trouvaient les puits d'introduction des matériaux de remplissage ; ils étaient élevés au fur et à mesure de la construction de la maçonnerie, de manière à pouvoir y déverser directement les matériaux à l'aide de brouettes.

761. *Lançage du caisson.* — L'emplacement que devait occuper le caisson

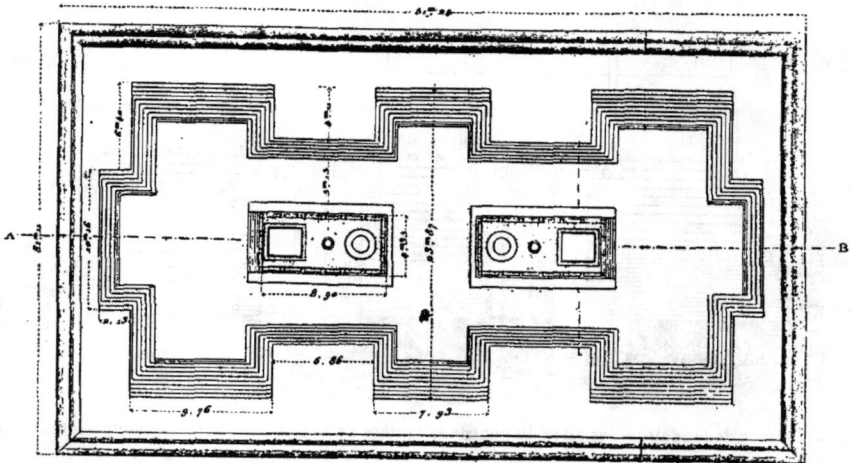

Fig. 825. — Caisson de fondation des piles du pont de la rivière de l'Est, à New-York. — Plan.

étant préparé, à l'aide d'un dragage préalable, on procéda au lançage du caisson. « Cette opération, dit M. Malézieux, présentait évidemment des difficultés qui ne se rencontrent pas dans le lançage des navires. Les cloisons séparatives reliaient naturellement les longs côtés du caisson et les glissières avaient leur place indiquée à l'aplomb de ces cloisons. Le caisson allait donc plonger dans l'eau, non par une proue amincie et arrondie, mais par une face plane de 52 mètres de longueur et 4^m,57 de hauteur. Ne s'arrêterait-il pas en route, dans l'impossibilité de surmonter la résistance de l'eau? Quitterait-il les sept glissières à la fois? Ne se coincerait-il pas sur quelqu'une d'entre elles avant d'avoir

accompli le parcours de 6 mètres qui devait l'en dégager. A défaut de bases précises pour le calcul des résistances, M. Rœbling (1) employa les dispositions suivantes pour se prémunir contre des éventualités fâcheuses. L'inclinaison des glissières était de 1/12 en moyenne, mais elle augmentait suivant un profil parabolique, de façon à accroître la composante utile de la gravité. Puis, au lieu de faire reposer les patins sur des glissières à surface plane, avec des rebords pendants pour les guider, il n'adapta de guides verticaux qu'aux patins extrêmes ; quant aux cinq patins intermédiaires, on les fit

(1) *L'ingénieur des travaux.*

pénétrer un peu dans les glissières, creu-sées en biseau.

quarrissage, avait été limitée à $2^k,7$ par centimètre carré. Le caisson comprenait alors 11 000 mètres cubes de bois et 250 tonnes de fer.

Pour qu'il se relevât vivement après l'immersion, on logea dans la chambre de travail un flotteur qui occupait le tiers à peu près de la largeur. Le caisson descendit tout seul, on n'eut à faire jouer ni les attaches préparées pour le retenir au besoin en arrière, ni les béliers disposés pour en précipiter la marche. Il quitta toutes les glissières à la fois. Le sommet ne fut pas submergé; on y avait installé une chaudière et une pompe à air qu'on mit en train à l'instant et au bout de quelques heures, le caisson se trouvait entièrement gonflé, l'air s'échappant par un des angles, ce qui indiquait une imperméabilité satisfaisante. La plate-forme émergeait de $0^m,43$. »

762. *Fonçage et maçonneries.* — Le caisson mis à l'eau fut amené à son emplacement définitif à l'aide de remorqueurs; les pompes à air fonctionnaient pendant le trajet pour le soutenir. Lorsqu'il fut introduit dans une enceinte de pieux de garde établie sur trois de ses faces, on battit des pieux sur la quatrième face et on procéda à l'opération du fonçage. Au début on ne travailla qu'à marée basse car à marée haute le caisson était soulevé. Ce soulèvement cessa lorsque trois assises de maçonnerie furent posées à l'air libre sur le plafond du caisson. Pour porter cette maçonnerie on renforça les cinq

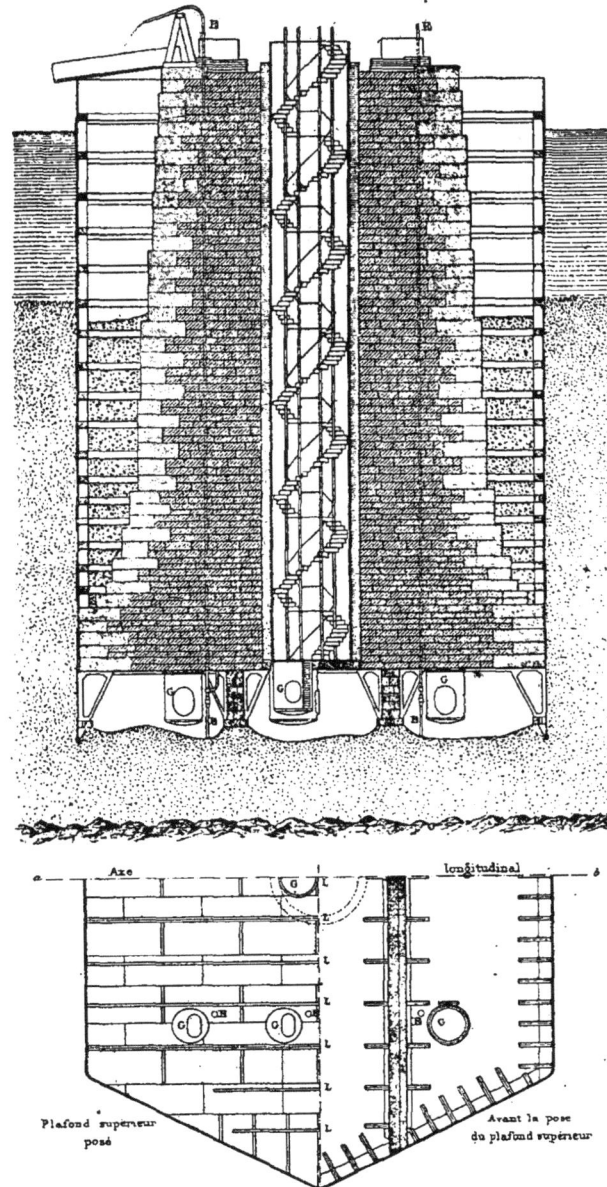

Fig. 826. — Caisson de fondation des piles du pont de Saint-Louis, sur le Mississipi.

La pression sur ces glissières, formées chacune de deux longrines de $0^m,28$ d'é-

cours de pièces de bois constituant le plafond de la chambre de travail par douze autres disposés de la même manière ; mais entre deux pièces de bois consécutives on laissa un intervalle de quelques centimètres qu'on garnit de béton. On obtint ainsi une plate-forme sur laquelle on construisit la maçonnerie de la pile.

Sous l'effet de cette charge et des déblais pratiqués dans la chambre de travail le caisson s'enfonça graduellement. La difficulté du fonçage provenait de la rencontre de gros blocs de pierre enclavés dans de l'argile Pour les extraire, il fallut, le plus souvent, se servir de la mine en faisant passer les ouvriers d'un compartiment du caisson dans l'autre, pendant l'explosion. L'opération pouvait se faire à la rigueur sans trop de difficultés lorsqu'on rencontrait ces blocs isolés dans les compartiments de la chambre de travail. Mais lorsqu'ils se trouvaient sous le tranchant du caisson ou d'une des cloisons, il était très difficile de les extraire ; on les dégageait tout d'abord avec des pinces, puis on les retirait à l'aide de palans fixés au plafond de la chambre de travail. Pour reconnaître la présence de ces blocs on sondait le terrain sous le tranchant du caisson et sous les cloisons.

Pour faire descendre le caisson on pratiquait de petites tranchées sous le bord coupant, puis on dégageait ensuite les cloisons en fouillant par dessous, en laissant de distance en distance de petits massifs de terre qu'on enlevait à la fin le plus régulièrement possible.

Lorsque le fonçage fut terminé on effectua le remplissage de la chambre de travail avec du béton composé d'une partie de ciment, deux parties de sable et trois de fin gravier.

763. La figure 826 représente la coupe et le plan du caisson de fondation du pont de Saint-Louis sur le Mississipi. Le trait caractéristique de ce caisson est que les écluses à air sont installées à demeure dans la chambre de travail. On y descendait à l'aide d'un escalier tournant figuré sur le dessin.

CHAPITRE III

EXÉCUTION DES MAÇONNERIES

§ 1. — MAÇONNERIES DES FONDATIONS

764. La fouille de la fondation étant terminée et asséchée, on commence la maçonnerie après avoir parfaitement dressé et nivelé le sol sur lequel on doit construire.

Les matériaux employés sont évidemment variables suivant les contrées, sauf pour la base de fondation qui se fait presque toujours en béton. La maçonnerie de béton est en effet très économique et, lorsqu'elle est faite avec une chaux hydraulique de bonne qualité, elle peut former des massifs d'une grande incompres-sibilité. C'est sur ce béton qu'on monte la maçonnerie qui peut être de la meulière ou du moellon et rarement de la pierre de taille.

Si cette maçonnerie est en moellon ou en meulière, le maçon prend les morceaux les plus gros et les plus durs pour former la première assise posée sur une couche de mortier étendue préalablement sur le béton de fondation.

Ces pierres doivent être bien liaisonnées entre elles et, pour bien les affermir dans le mortier, il faut les frapper avec une petite hachette. Lorsque la première assise est terminée on la recouvre d'une couche de mortier sur laquelle on pose les pierres devant former la deuxième assise, en ayant soin de croiser les joints montants de celle ci avec ceux de la première et ainsi de suite.

Il est indispensable, pour que l'ouvrage

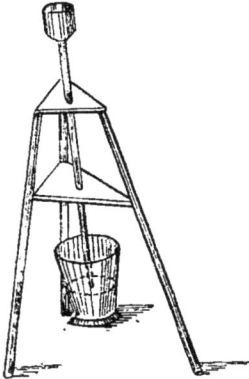

Fig. 8.7.

soit établi dans de bonnes conditions, que la maçonnerie de fondation soit faite avec soin, car c'est d'elle que dépend surtout la stabilité de la construction. Chaque assise devra être formée par des pierres de même hauteur et de même résistance pour que les tasse ments soient aussi uniformes que possible et éviter ainsi les

crevasses qui pourraient se produire, soit dans les voûtes, soit dans les autres parties de l'ouvrage.

Si la fondation doit être faite par piliers isolés il est bon de les construire

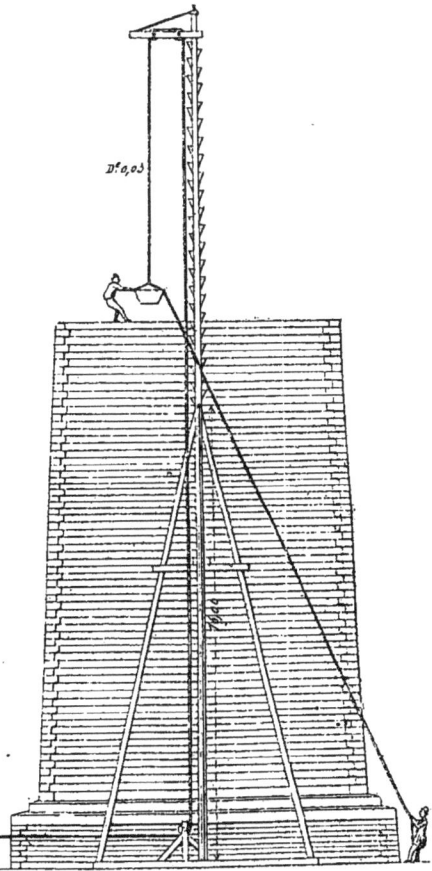

Fig. 828

tous avec le même nombre d'assises et de donner aux joints la même épaisseur.

Pour des ouvrages importants on a quelquefois exécuté les fondations avec des libages ou blocs de pierre simplement dégrossis au marteau. Les libages, dont les lits seuls sont taillés, sont posés sur une couche de mortier; on a soin de les liaisonner et de bien croiser les joints d'une assise à l'autre.

Les fondations en libages sont longues et dispendieuses et sont remplacées avec avantage par les fondations en maçonnerie de meulière avec mortier de ciment.

§ II. — EXÉCUTON DES MAÇONNERIES DES PILES ET CULÉES.

I. — Échafaudages employés pour la construction des piles.

765. Jusqu'à une hauteur de 7 ou 8 mètres au-dessus du sol on peut amener à pied d'œuvre les matériaux nécessaires à la construction de la pile à l'aide d'échafaudages en plans inclinés contournant la pile elle-même. Mais au-delà de cette limite il faut employer des charpentes spéciales parmi lesquelles la plus simple est celle qui est représentée sur la figure 828. Elle se compose d'une potence, solidement fixée sur le sol, portant deux poulies à la partie supérieure et une à la partie inférieure. Sur ces poulies passe le câble dont une des extrémités porte la benne qui sert à élever les matériaux et dont l'autre extrémité s'enroule sur le tambour d'un treuil à vapeur. La manœuvre peut même se faire, comme l'in-

supportaient une passerelle très légère (fig. 832) divisée en autant de travées qu'il y avait d'arches à construire. Cette passerelle dont les abouts reposaient sur les piles était relevée au fur et à mesure

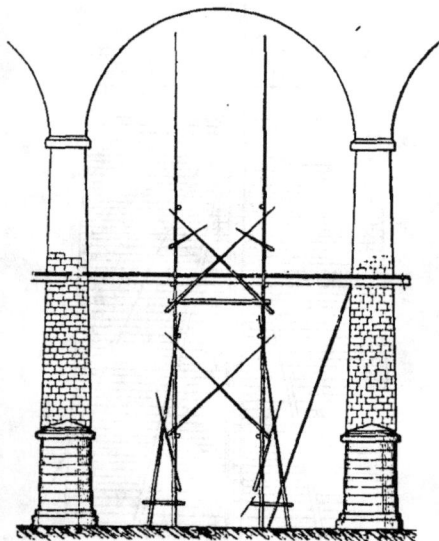

Fig. 830. — Viaduc de Chastellux. — Échafaudage employé pour la construction des piles. — Élévation longitudinale.

de l'élévation de celles-ci. Elle supportait une voie de fer permettant d'amener à pied d'œuvre dans des wagonnets les matériaux nécessaires à la construction.

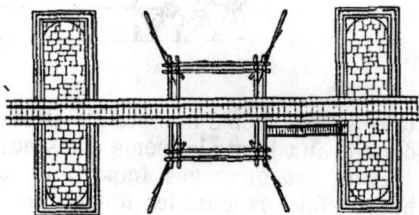

Fig. 829. — Viaduc de Chastellux. — Échafaudage employé pour la construction des piles. — Élévation longitudinale.

dique la figure, à l'aide d'un cheval. La benne est guidée pendant la montée par un ouvrier qui tire sur un câble fixé à celle-ci. Ce mode de levage des matériaux est lent et oblige souvent les maçons à interrompre leur travail.

766. *Échafaudage employé au viaduc de Chastellux.* — L'échafaudage qui a servi à élever les piles du viaduc de Chastellux se composait (fig. 829, 830 et 831) de pylones en charpente élevés entre les piles et faits exclusivement avec des bois ronds de faibles diamètres. Ces pylones

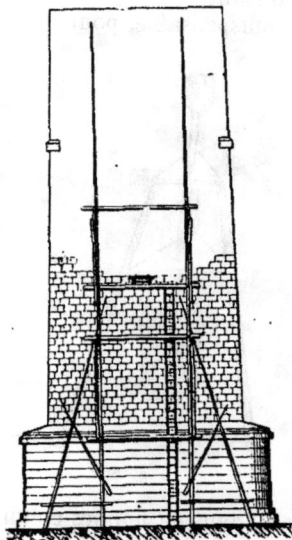

Fig. 831. — Plan de l'échafaudage employé au viaduc de Chatellux pour la construction des piles.

767. *Échafaudage employé au viaduc de la Bèbre.* — Au viaduc de la Bèbre, sur la ligne de Saint-Germain-des-Fossés, à Roanne, on a employé pour la construction des piles un pont de service reposant à ses extrémités sur le coteau et au droit de chaque pile sur un pylone en charpente entourant complètement celle-ci et entretoisé par des cours de moises horizontales et par des croix de Saint-André disposées

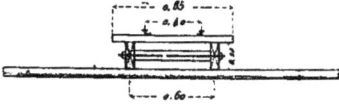

Fig. 832.

dans des plans verticaux. Les pylones étaient montés dès le début jusqu'au niveau des joints de rupture des voûtes et on élevait le pont de service au fur et à me-

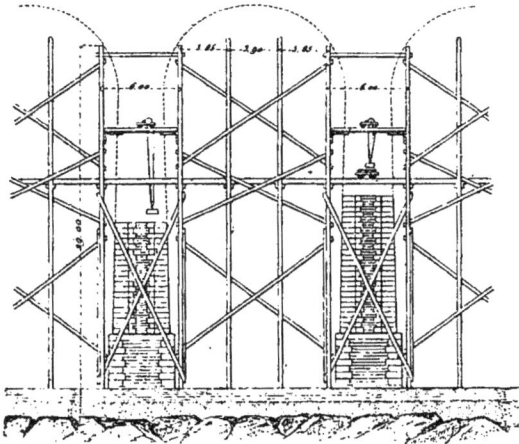

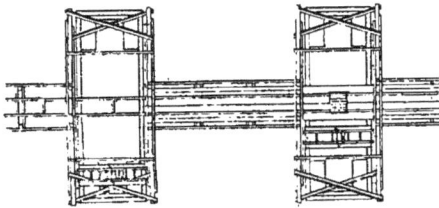

Fig. 833. — Viaduc de la Bèbre. — Échafaudage employé pour la construction des piles. — Élévation longitudinale.

sure de l'élévation des maçonneries des piles. Pour faciliter cette opération le pont de service était simplement boulonné sur les montants des pylones.

Les matériaux étaient amenés au pont de service dans des petits wagonnets à l'aide d'un plan incliné dont on modifiait l'inclinaison au fur et à mesure du surhaussement du pont de service. Ce dernier portait une voie de chemin de fer permettant de faire avancer les wagonnets jusqu'à l'axe de la pile. Là les matériaux qu'ils contenaient étaient pris par un treuil qui pouvait se mouvoir dans le sens de la longueur de l'ouvrage sur un chariot mobile dans le sens transversal. Le chemin de roulement de ce chariot était constitué, comme le montre la figure 836, par deux pièces de bois fixées aux montants verticaux du pylone. On conçoit qu'avec

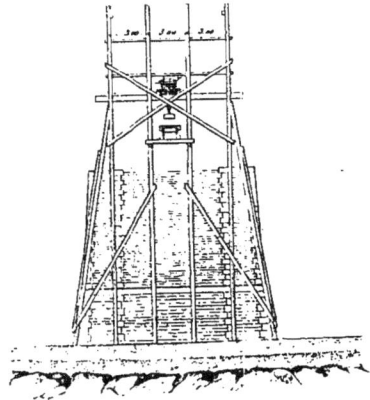

Fig. 834. — Viaduc de 'a Bèbre. — Échafaudage employé pour la construction des piles. — Élévation transversale.

une pareille disposition on ait pu déposer la pierre exactement à l'emplacement qu'elle devait occuper; on évitait ainsi des manutentions longues et pénibles surtout lorsqu'il s'agissait de grosses pierres de taille.

768. Lorsque les culées ne s'appuient pas contre un coteau, l'accès du pont de service à ses extrémités est difficile; on peut alors établir, en certains points, des monte-charges élevant les matériaux sur une plate-forme au niveau du pont de service.

De là les matériaux peuvent être dirigés vers les piles par le pont de service.

769. *Échafaudage employé au viaduc de Montciant.* — Sur la même ligne, on a employé pour la construction des piles un échafaudage plus simple (fig. 835). On a établi autour de chaque pile un pylone en charpente s'élevant jusqu'au niveau des joints de rupture des voûtes et solidement contrebuté à la partie inférieure par une série de contrefiches inclinées. Tous ces pylones étaient absolument indépendants les uns des autres; chacun d'eux portait le chemin de roulement d'un chariot mobile dans le sens transversal et sur lequel pouvait se mouvoir un treuil à mouvement longitudinal (*fig.* 836). Les manœuvres

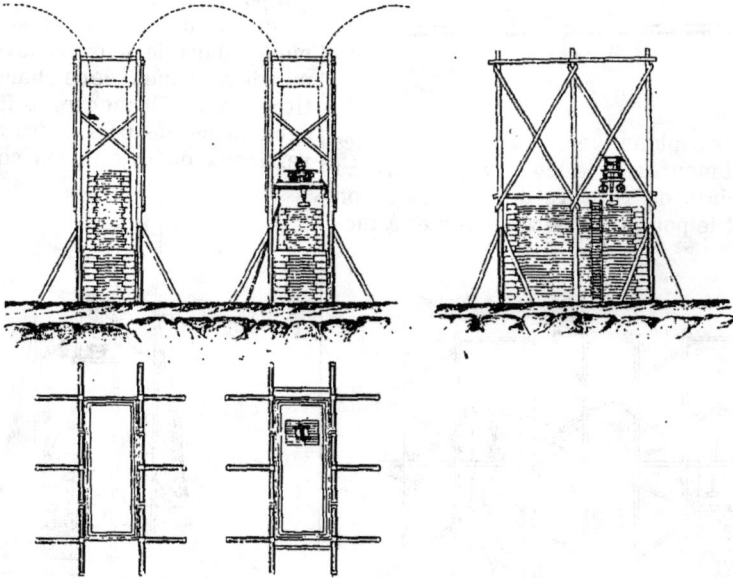

Fig. 835. — Viaduc de Montciant. — Echafaudage employé pour la construction des piles.

se faisaient donc comme au viaduc de la Bèbre et les matériaux pouvaient encore être déposés à l'emplacement précis où ils devaient être employés. La seule différence consistait en ce que les matériaux, au lieu d'arriver par le pont de service, devaient être enlevés directement du sol naturel, sur lequel ils se trouvaient, par le treuil lui-même.

Cette manœuvre est évidemment plus

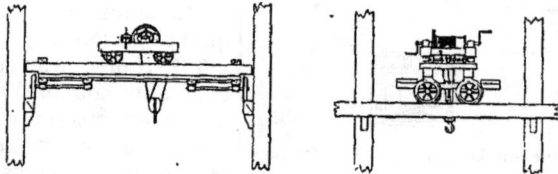

Fig. 836.

longue que la précédente mais l'installation est plus simple et est beaucoup moins onéreuse. Malgré cet avantage, le premier système d'échafaudage doit être préféré, surtout pour des viaducs de grande hauteur. Il est clair, en effet, qu'avec le système adopté au viaduc de Montciant il faut avoir à l'avance des matériaux sur la pile pour que les maçons ne soient pas obligés d'interrompre leur travail. Or, ces approvisionnements les gênent beaucoup et, du reste, ils sont le plus souvent incomplets car les matériaux élevés ne sont pas toujours ceux dont les maçons ont besoin immédiatement. Ces inconvénients n'ont pas lieu avec l'emploi d'un pont de service sur lequel on peut laisser, sur une voie en demi-lune, les wagonnets chargés qu'on ne dirige vers les piles que lorsque le besoin s'en fait sentir.

770. *Échafaudage employé pour la construction des piles du viaduc de Daoulas.* — Pour le montage des piles du viaduc de Daoulas, l'entrepreneur, M. Leturc, s'est servi d'un échafaudage en charpente supporté par quatre rails fixés dans la

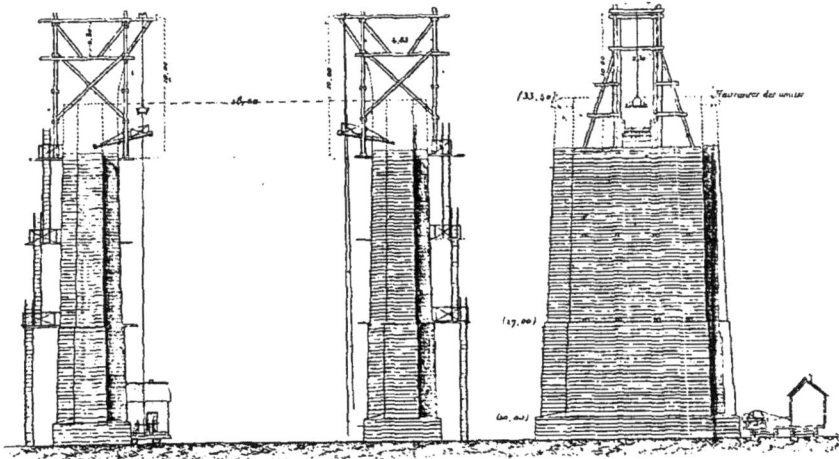

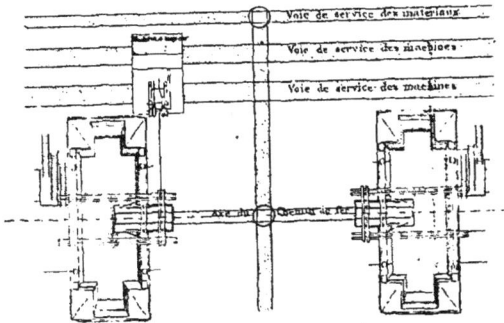

Fig 837. — Viaduc de Daoulas. — Échafaudage employé pour la construction des piles.

maçonnerie de la pile. Cet échafaudage (*fig.* 837) se composait en principe de quatre montants verticaux réunis à certains niveaux par des moises horizontales et entretoisés par des croix de Saint-André. Les moises supérieures dirigées suivant l'axe longitudinal de l'ouvrage étaient plus longues que les autres et la partie en encorbellement, soutenue par une jambe de force, servait de support à une poulie sur laquelle passait le câble supportant à une de ses extrémités la benne destinée au montage des matériaux. L'autre bout du câble s'enroulait sur un treuil actionné par une machine à vapeur de la force de quatre chevaux. Le treuil et la machine étaient reliés de manière que leur ensemble puisse se déplacer sur deux voies parallèles ; ils pouvaient ainsi servir à la construction de plusieurs piles.

Les matériaux montés par la benne étaient reçus sur un plateau à bascule fixé à deux montants de la charpente et pouvant s'élever au fur et à mesure de l'élévation de la maçonnerie; ils arrivaient ainsi presque au centre de la pile (*fig.* 838).

L'échafaudage avait une hauteur d'environ 9 mètres et permettait par suite, comme l'indique la figure, d'élever la maçonnerie de la pile de 6ᵐ,50 sans qu'il soit utile de le déplacer. Lorsque cette hauteur était atteinte il fallait l'élever pour pouvoir continuer la construction. A cet effet, on avait soin de fixer dans la maçonnerie de la pile, et à 6 mètres au-dessus des anciens, quatre nouveaux rails destinés à servir de

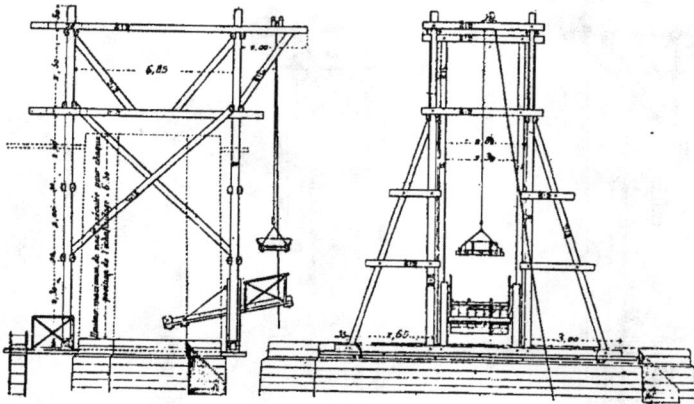

Fig. 838. — Détail de l'échafaudage employé pour la construction des piles du viaduc de Daoulas.

supports à la charpente. Puis, on maintenait par des câbles les pans de l'échafaudage situés parallèlement à l'axe longitudinal de l'ouvrage et on déboulonnait les moises qui les reliaient ainsi que les croix de Saint-André qui les entretoisaient suivant l'axe transversal du viaduc. Ceci fait, on installait sur l'arasement des maçonneries de la pile deux chèvres qui soulevaient d'abord le premier pan de charpente. Lorsqu'il était parvenu sur ses rails d'appui on le maintenait par des

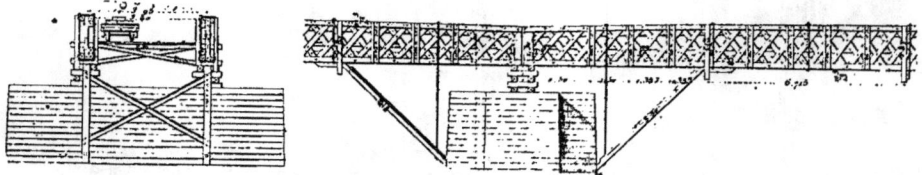

Fig. 839. — Pont de service établi pour la construction des piles du viaduc de l'Aulne.

amarres et on faisait passer les deux chèvres sur l'autre face de la pile pour soulever le pan opposé. On réunissait ensuite les deux pans ainsi relevés par les moises et les croix de Saint-André qu'on avait déboulonnées précédemment pour effectuer le relevage, et la charpente se trouvait prête à servir de nouveau à la montée des matériaux nécessaires pour élever la pile de 6 mètres de hauteur.

771. *Disposition employée au viaduc de l'Aulne pour le montage des piles.* — Jusqu'à une hauteur de 10 mètres au-dessus du sol les matériaux ont été élevés à l'aide d'échafaudages en plans inclinés établis autour des piles. L'inclinaison de ces plans était de 0^m,20 par mètre. Au-delà de cette hauteur on se servait, pour amener les matériaux à pied d'œuvre, de travées en charpente placées les unes à la suite des autres et reposant sur les piles (*fig.* 839 et 840) ; on avait ainsi un pont de service qu'il suffisait de relever lorsque les dernières assises des piles ne se trouvaient plus qu'à 0^m,60 au-dessous de lui. Ce relèvement se faisait à l'aide de vérins et, après avoir rétabli la continuité des deux voies de la travée relevée avec celles des travées contigues, on pouvait continuer l'apport des matériaux nécessaires à la construction des piles. Ceux-ci arrivaient de l'extrémité du pont de service dans de petits wagonnets et étaient déversés dans un couloir, fermé en temps ordinaire par une trappe (*fig.* 840). Les moellons arrivaient ainsi jusque sur la pile et cette opération ne présentait aucun danger puisque les dernières assises étaient au-dessous du pont de service de 2^m,50 au maximum.

Après le déchargement les wagonnets vides passaient sur la voie de retour à l'aide d'un petit chariot roulant formé par un cadre en fer monté sur roulettes.

772. Les travées du pont de service se composaient de deux poutres à treillis laissant entre elles une largeur libre de 3^m,40. Ces deux poutres supportaient tous les 1^m,34, vers le milieu de leur hauteur, des pièces de bois de 0,22 $\times$ 0,08 d'équarrissage, posées de champ, faisant fonction d'entretoises.

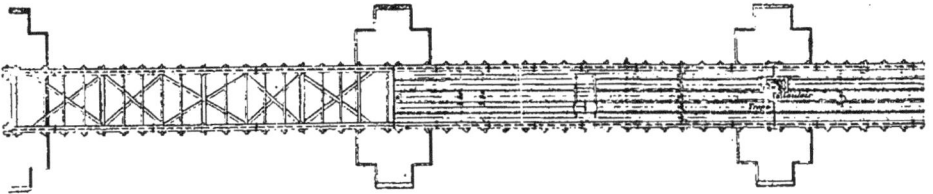

Fig. 840. — Plan du pont de service établi pour la construction des piles du viaduc de l'Aulne.

Ces pièces de bois posées dans les losanges des treillis portaient (*fig.* 839) le plancher du pont de service. Des croix de Saint-André servaient à établir le contreventement des deux poutres dans des plans verticaux et horizontaux.

Pour soulager les poutres du pont de service on les soutenait, au quart de leur portée, par de grandes contrefiches de 5^m,50 de longueur, inclinées à 45 degrés et prenant leurs points d'appui dans les joints des assises, à l'aide de pièces de fer fixées à leurs extrémités inférieures.

II. — Nature des maçonneries des piles et culées.

773. Les maçonneries de parement des piles et culées se font en général en moellons parementés, à bossages. Pour bien dessiner les lignes principales et aussi pour la précision de la pose on accentue les angles de la construction par des ciselures.

La pierre de taille ne s'emploie en général, pour les viaducs, qu'aux corniches et aux couronnements des soubassements et des contreforts.

La maçonnerie intérieure peut se faire en libages ou en moellons smillés sur les lits ; mais le plus souvent, par économie on l'effectue en moellons bruts, en ajoutant par mètre cube de mortier environ 100 kilogrammes de ciment de Portland à prise lente.

774. Les piles reposent, en général, sur le massif de fondation par une ou deux assises de libages au-dessus desquels on commence l'appareil en moellons smillés. Les dimensions de leur base résultent de considérations de résistance auxquelles on satisfait par l'établissement d'un socle qui s'élève jusqu'à une certaine hauteur, et qui se termine par un couronnement en pierres de taille.

775. Pour donner à la pile un caractère de légèreté, on la construit avec un fruit de 0,02 à 0.03 par mètre. Au-dessus des soubassements on lui adosse le plus souvent des contreforts construits en moellons qui s'élèvent jusqu'au couronnement de l'ouvrage et qui ont des fruits de 0,01 à 0,02 en élévation et 0,07 à 0,08 en coupe transversale.

III. — Qualités des matériaux à employer.

776. Pendant la construction d'un ouvrage d'art quelconque, il convient de s'assurer de la bonne qualité des matériaux emloyés.

Les pierres devront être homogènes, dures et résistantes à l'action des agents atmosphériques. Frappées avec un marteau elles devront rendre un son clair et sonore.

777. La qualité de la chaux en poudre devra également être vérifiée. Si elle est mélangée et altérée elle contiendra des grumeaux et des particules blanches. Pour essayer son degré d'hydraulicité on en prendra une petite quantité qu'on mettra dans un verre avec la quantité d'eau nécessaire à sa prise et on la soumettra à l'action de l'aiguille Vicat. Cet instrument (*fig.* 827) se compose d'une aiguille à tricoter de $1^{mm},2$ de diamètre, chargée d'un poids de 300 grammes qui peut se mettre dans la petite cuvette qui la surmonte. L'aiguille, placée verticalement sur la chaux, ne doit, si la prise est terminée, produire aucune dépression appréciable. En recommençant l'expérience plusieurs jours consécutifs et en notant les résultats obtenus on peut se rendre compte de la qualité de la chaux. Les essais doivent être faits sur des sacs pris au hasard dans la fourniture.

778. *Ciments.* Un ciment de bonne qualité ne doit pas durcir trop vite et ne doit pas augmenter de volume pendant le durcissement. Pour l'essayer on le met dans un verre mince avec de l'eau; si le volume augmente le verre casse (1).

§ III. — MAÇONNERIES DES VOUTES

Mise en place des cintres.

879. *Mise en place des cintres du viaduc de l'Aulne.* — La mise en place des cintres du viaduc de l'Aulne (1) a été effectuée après avoir élevé les maçonneries des piles jusqu'à 2 mètres environ au-dessus du plan des naissances, c'est-à-dire jusqu'au joint de rupture. On s'est servi, pour cette opération, des travées du pont de service par lequel arrivaient les bois ; ces travées reposant sur les dernières assises de maçonnerie des piles se trouvaient par conséquent à la hauteur la plus convenable pour faciliter le levage des différentes pièces constituant les cintres.

A cet effet, on a boulonné (*fig.* 841) de distance en distance sur les poutres du pont de service des pièces de bois de $0^m,20$ $\times 0^m,20$ d'équarrissage. Sur ces entretoises qui avaient une longueur de $10^m,50$, on a placé des madriers de $0^m,08$ d'épaisseur pour constituer un plancher sur lequel les ouvriers pouvaient se mouvoir jusqu'à 1 mètre en avant de chacune des fermes de tête. Un échafaudage, composé de deux poteaux montants de $0^m,20 \times 0^m,20$ d'équarrissage, espacés de 7 mètres d'axe en axe, réunis à la base par des moises et maintenus verticaux par des jambes de force, servait à soulever les pièces de charpente à assembler. A cet effet, les deux montants verticaux dépassaient de $0^m,50$ environ le sommet du cintre et étaient réunis à leur partie supérieure par une pièce de bois horizontale à laquelle on pouvait suspendre des palans.

(1) Ce viaduc a été construit par M. Arnoux, ingénieur des ponts et chaussées, sous la direction de MM. Morandière et Desnoyers.

(1) Pour les renseignements relatifs à la résistance et à la prise des ciments, consulter le *Traité des fondations, mortiers, maçonneries*, par *G. Oslet et J. Chaix* (3° partie du *Cours de construction*).

On commençait tout d'abord à mettre
en place les arbalétriers inférieurs en engageant leurs pieds entre les semelles destinées à les supporter et le parement des

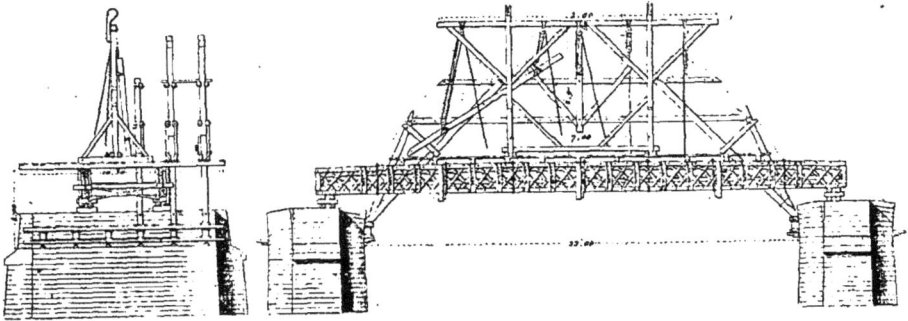

Fig. 841. — Échafaudage établi pour la mise en place des cintres du viaduc de l'Aulne.

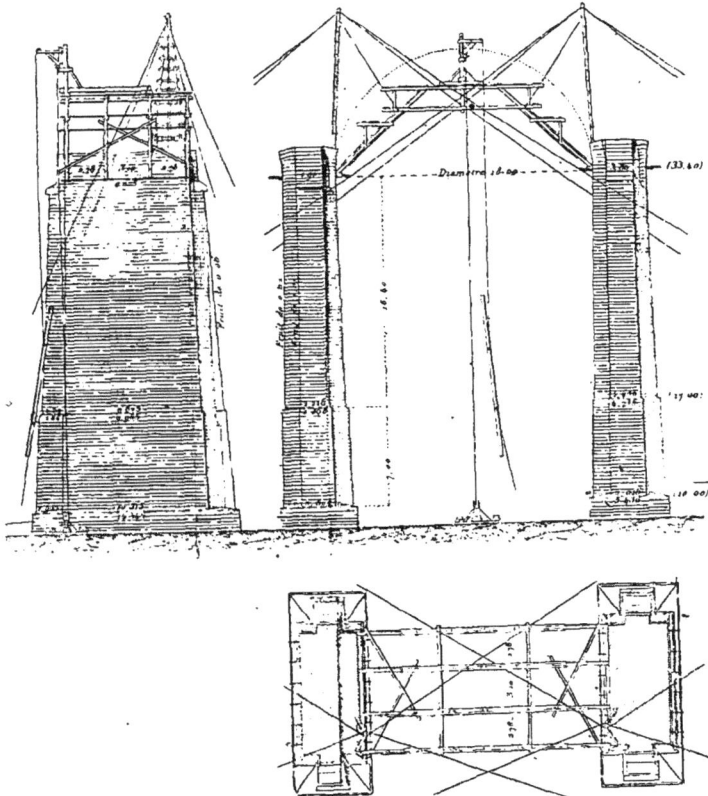

Fig. 812. — Échafaudage employé pour la pose des cintres du viaduc de Daoulas.

maçonneries. Ces arbalétriers inclinés
étaient soutenus en outre, plus haut, par
les entretoises boulonnées sur le pont de
service. Ceci fait, on élevait les moises

supérieures et on les boulonnait sur les arbalétriers. On avait alors une figure trapézoïdale qu'on complétait en mettant en place le poinçon et ses deux contrefiches, les arbalétriers supérieurs, les moises inférieures, les sous-vaux, etc... Les pièces étaient maintenues par des haubans pendant le montage de la ferme.

780. *Mise en place des cintres du viaduc de Daoulas.* — Les cintres du viaduc de Daoulas ont été mis en place à l'aide de 4 fermes très légères (*fig.* 842) supportant des planchers étagés permettant aux charpentiers d'effectuer leur travail avec la plus grande facilité. Ces planchers étaient formés par des madriers qu'on pouvait déplacer à volonté au fur et à mesure de l'avancement du montage. Cette opération était du reste facilitée par la position des deux planchers supérieurs de l'échafaudage qui se trouvaient au niveau des moises horizontales des cintres. Pour élever l'échafaudage sur ses supports, au niveau des naissances de la voûte, on se servait de deux chèvres placées sur les dernières assises de la maçonnerie des piles élevée jusqu'au joint de rupture. Ces chèvres (*fig.* 842) étaient solidement maintenues par des haubans ancrés dans le sol.

Pour élever les différentes pièces formant la charpente des cintres on se servait d'une potence faisant partie de l'échafaudage provisoire et sur laquelle étaient fixées deux poulies à gorge pour le passage du câble de manœuvre.

Marche à suivre pour la construction des voûtes.

781. Lorsque le cintre est mis en place on procède à l'exécution de la voûte, en commençant par tracer sur le cintre toutes les lignes d'assises. Ces lignes serviront de guide aux maçons pour la pose des voussoirs et ils devront prendre toutes les précautions nécessaires pour s'en écarter le moins possible. Il est évident, en effet, que si les dimensions des voussoirs étaient supérieures ou inférieures à celles prévues au projet et tracées sur le cintre, on arriverait à une clé trop faible ou trop forte, puisque la voûte doit être construite, en général, en deux tronçons partant des naissances et se réunissant au sommet par la pose de la clé. L'appareil ne serait donc pas régulier. Le système employé autrefois pour amener la face supérieure du voussoir dans sa véritable position consistait à chasser dans les joints des coins en bois. On arrivait bien ainsi à mettre le voussoir à la place qu'il devait occuper d'après l'épure mais c'étaient les cales qui supportaient alors toute la pression, car le mortier dont on garnissait ensuite le joint éprouvant un certain retrait ne remplissait plus complètement le vide. Il est facile de comprendre combien cette manière d'opérer était mauvaise ; ces cales en effet, pourrissaient avec le temps et déterminaient forcément, par la suite, un certain mouvement dans la voûte. Aussi, aujourd'hui, la méthode

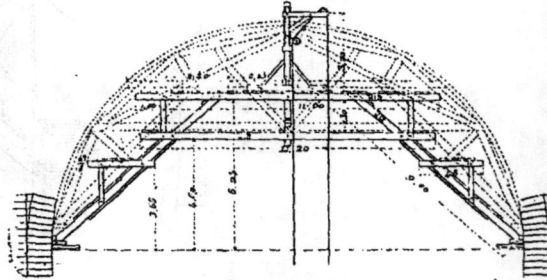

Fig. 843. — Détails de l'échafaudage établi pour la mise en place des cintres du viaduc de Daoulas.

ordinairement suivie pour la pose des voussoirs consiste à recouvrir le plan de lit du voussoir déjà posé d'une couche de mortier plus épaisse que le joint à obtenir, à placer par dessus le voussoir supérieur et à frapper celui-ci avec un maillet en bois jusqu'à ce que la couche de mortier interposée soit réduite à l'épaisseur prévue pour le joint. Dans ces conditions le joint sera parfaitement garni puisque sous l'effet des coups répétés du maillet le mortier est fortement comprimé ; l'excès de mortier sort par les joints.

Cette méthode rationnelle ne peut guère être employée que jusqu'à une certaine distance de la clé, car dans les parties situées de part et d'autre de celle-ci, où les joints sont presque verticaux, la couche de mortier ne pourrait rester sur toute la surface du lit du voussoir déjà posé. On ne recouvre alors que la partie inférieure du plan de lit et on pose par dessus le voussoir supérieur comme nous l'avons dit. On garnit ensuite le joint à l'extrados en mettant après coup du mortier et en le bourrant avec une fiche en fer formée par une lame garnie de dents.

782. Comme la maçonnerie de la voûte entre les voussoirs des têtes, qui sont en général en pierres de taille, pour les ponts ordinaires, est composée de moellons derrière lesquels se trouve de la maçonnerie ordinaire, certains constructeurs pensent

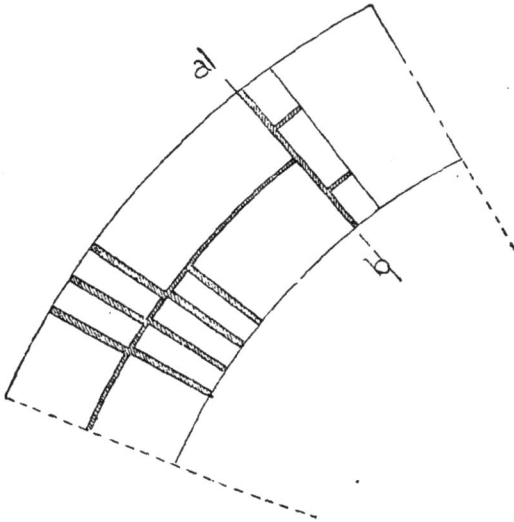

Fig. 844.

qu'il est bon de ne construire d'abord que le premier rang de voussoirs et de claver la voûte avec cette première épaisseur.

Le cintre est alors, d'après eux, beaucoup soulagé puisque, lorsqu'on complète ensuite l'épaisseur de la voûte la pression, exercée par les nouvelles maçonneries exécutées, est en partie supportée par le premier rouleau construit.

Ce mode de construction est recommandé par M. Dupuit, surtout pour les grandes voûtes; mais, il faut, comme il le fait remarquer, avoir soin de laisser à l'extrados du premier rouleau toutes les irrégularités naturelles pour que l'en-

chevêtrement soit parfait entre les matériaux constituant le premier rouleau et ceux ajoutés lorqu'on complète l'épaisseur de la voûte. Si l'extrados du premier rouleau était uni et formait joint, il pourrait, en effet, se produire de graves accidents, comme cela est arrivé pour certaines

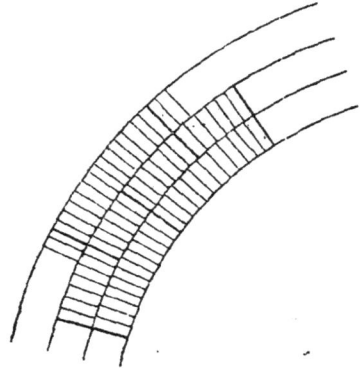

Fig. 845.

voûtes en briques construites par rouleaux superposés sans aucune liaison entre eux.

« Si l'on suppose, par exemple, dit

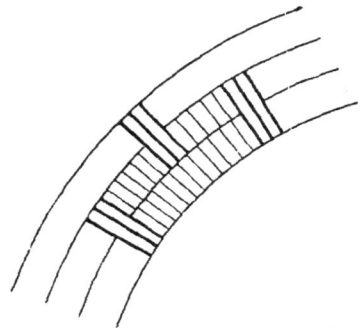

Fig. 846.

M. Dupuit, que les culées aient un léger mouvement de recul, la voûte s'ouvrant à l'intrados et le bandeau inférieur n'étant plus retenu que par l'adhérence du mortier au bandeau supérieur peut tomber et entraîner la chute de la voûte. » Pour éviter ce genre d'accident il est donc bon d'appareiller les voûtes en briques comme nous l'indiquons au numéro 790.

783. *Exécution des grandes voûtes par rouleaux.* — Certains ingénieurs, au lieu de claver les grandes voûtes simplement à la clé, les clavent en plusieurs endroits pour éviter l'ouverture qui se manifesterait au joint de rupture avec le clavage ordinaire. Le clavage de la clé se fait cependant un peu avant celui des reins.

Cette méthode d'exécution des voûtes a été employée avec succès au pont de Lavaur, par M. Séjourné, qui en a rendu compte dans un mémoire inséré dans les *Annales des ponts et chaussées* de 1886, auquel nous empruntons les renseignements qui suivent :

784. *Construction de la voûte du pont de Lavaur.* — La voûte du pont de Lavaur a été construite en trois rouleaux super-

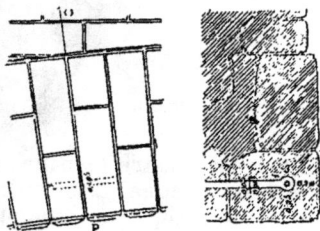

Fig. 846 *bis*.

posés dont les amorces sont indiquées en (1), (2), (3) sur la figure 848.

785. Le *premier rouleau* a été construit en huit tronçons correspondant aux angles suivants, à partir du joint à la clé :

Tronçon   I et   I′ de 55° à 44°
»   II et   II′ de 44° à 29°
»   III et III′ de 29° à 14°
»   IV et IV′ de 14° à la clé.

Sur la figure 848, nous n'avons représenté que les tronçons I, II, III et IV, correspondant à la demi-voûte de gauche, les autres sont disposés symétriquement par rapport à la verticale de la clé.

La voûte a pu ainsi être clavée en plusieurs endroits pour éviter l'ouverture qui se produit, en général, au joint de rupture avec le clavage ordinaire.

On a commencé par construire tout d'abord les rouleaux I et I′ pour charger

le cintre aux reins. A cet effet, les quatre premiers voussoirs de tête ont été posés à sec sur des cales de 0m,01 d'épaisseur ; les cales inférieures étaient en plomb et les cales supérieures, en chêne.

Les files de moellons têtués correspondant aux quatre premiers voussoirs de tête reposaient également à sec sur des cales en

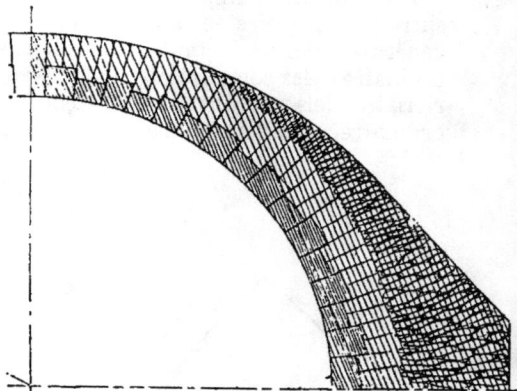

Fig. 847.

plomb de 0m,015 d'épaisseur ; les cales supérieures étaient en chêne.

Comme les cales en plomb devaient rester dans la maçonnerie on avait soin

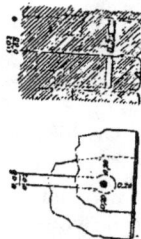

Fig. 847 *bis*.

pour qu'elles ne soient pas apparentés de les tenir à 0m,01 en arrière de la surface de douelle.

Au-dessus de ces quatre assises posées à sec il fallait établir les assises ordinaires. A cet effet, pour soutenir les maçonneries du premier rouleau on a dû établir une charpente spéciale derrière les quatre premiers voussoirs sur cales.

Cette charpente se composait (*fig.* 849 et 850) de sept fermes établies à 0^m,90 d'axe en axe et formées par des petits potelets de 0^m,25 de diamètre. Sur ces petits potelets réunis par une moise, reposaient des madriers sur lesquels étaient cloués des couchis. Entre les potelets on avait placé des sacs remplis de sable et destinés à supporter la maçonnerie construite en cas de rupture des fermes.

786. Les tronçons I et I' étant construits au-dessus des petites fermes que nous venons de décrire, on a entrepris l'exécution des tronçons II et II'; mais, comme le cintre se serait soulevé à la clé sous le poids de cette maçonnerie, on a réparti sur les couchis, sur 22 degrés de chaque côté de l'axe environ, 50 mètres cubes de moellons têtués.

Pour pouvoir construire les tronçons II et II' on a établi un coffrage analogue à celui du joint, à 55 degrés, mais de dimensions plus faibles.

Les tronçons III et III', IV et IV' reposent sur des petites fermes constituées par des triangles en bois soutenant des madriers de 0^m,10 d'épaisseur (*fig.* 851et852).

Les assises correspondant aux abouts

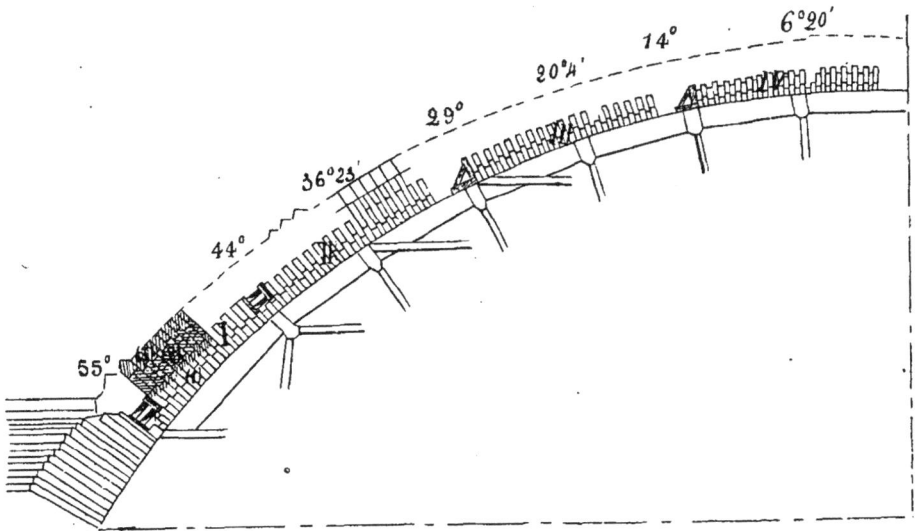

Fig. 848.

des vaux ont été posées à l'intrados sur des cales en plomb et à l'extrados sur des cales en chêne (*fig.* 853). Ces assises sont celles qui correspondent aux angles. :

6° 20' ; 20° 4' ; 36° 23

787. Il résulte de cette construction que la voûte se trouvait partagée en quatorze tronçons formant un polygone articulé au droit de chacun des points fixes du cintre. Pour détruire ces articulations et faire naître des réactions normales aux lits des voussoirs en ces points on a procédé aux clavages en commençant par la clé et en continuant dans l'ordre suivant:

1° Assises établies sur cales à 6° 20';
2° Assises des taquets à 14 degrés ;
3° Assises sur cales à 20° 4';
4° Assises des coffrages à 55 degrés ;
5° Assises des coffrages à 44 degrés ;
6° Assises sur cales à 36° 23';
7° Assises des taquets à 29 degrés.

Les taquets et les coffrages ont été enlevés graduellement par fraction et les joints laissés vides, ainsi que ceux des clavages, ont été remplis avec un mortier ne contenant que juste la quantité d'eau nécessaire à la formation de l'hydrosilicate, c'est-à-dire ayant l'aspect d'un sable simplement humecté. Ce mortier était mis dans les joints d'abord avec des fiches en fer, puis était fortement comprimé avec des liteaux en chêne sur lesquels on frappait avec de gros maillets en bois. Les joints des coffrages étaient ainsi absolument remplis.

788. Le deuxième rouleau a été partagé en six tronçons correspondant, pour chaque demi-voûte, aux angles suivants :

1° De 55 degrés à 43 degrés ;
2° De 43 degrés à 18° 17' ;
3° De 18° 17' à la clé.

Les queues des voussoirs du premier rouleau formaient dents d'engrenages pour pouvoir loger dans les creux ceux du deuxième rouleau. Ce dernier a été construit en chargeant d'abord le premier rouleau considéré comme cintre jusqu'au joint à 43 degrés ; puis, ensuite, on a commencé

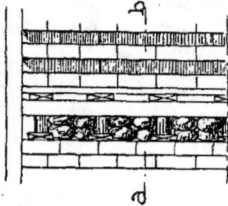

Fig. 849 — Détail des Coffrages à 50° (voir fig. 848)

mencé simultanément les autres tronçons.

789. Le troisième rouleau a été construit comme une voûte ordinaire en deux tronçons clavés à la clé.

Construction des voûtes en briques.

790. La difficulté de construction des voûtes en briques tient uniquement à la forme de ces matériaux qui ont une épaisseur constante. L'arc d'extrados ayant un développement plus grand que l'arc d'intrados, il est nécessaire de donner au joint une épaisseur diminuant progressivement à mesure qu'on approche de la douelle. On donne en général 0^m,008 d'épaisseur au joint à l'intrados.

D'après cela, en désignant par r et r' les rayons des arcs d'intrados et d'extrados, l'épaisseur du joint sur ce dernier arc sera :

$$0,008 \times \frac{r'}{r}$$

et l'accroissement d'épaisseur du joint sera :

$$0,008 \left(\frac{r' - r}{r} \right)$$

Il en résulte, puisque les mortiers éprouvent toujours un certain retrait, que la contraction sera plus grande à l'extrados qu'à l'intrados au moment du décintrement et qu'il pourra se produire des déchirures. Pour diminuer en partie cet inconvénient on est conduit à construire

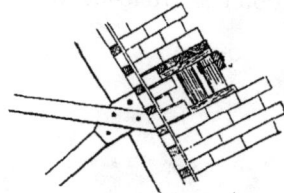

Fig. 850. — Coupe $a\,b$, (voir figure 849).

truire les voûtes en briques par rouleaux, en laissant entre deux rouleaux consécutifs un joint de 0^m,008.

Les joints du deuxième rouleau, suivant

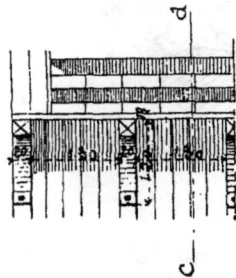

Fig. 851. — Taquets à 23° et 14°. — Vue par dessus (voir figure 848).

le rayon, ayant encore 0^m,008 d'épaisseur à l'intrados de ce rouleau, la première brique du deuxième rouleau aura son joint en retard sur celui de la première brique à l'extrados du premier rouleau (fig. 844) et ainsi de suite, la différence allant en augmentant de plus en plus.

Donc à un certain moment un des joints du deuxième rouleau sera exactement dans le prolongement d'un des joints du premier. Soit ab le plan de coïncidence, on fera l'appareil au-delà de ce joint, comme l'indique la figure, en coupant le joint qui sépare les deux rouleaux par une brique. On aura donc la possibilité

En diminuant convenablement les joints dans ces parties de la voûte on pourra avoir deux, trois et même quatre briques en coïncidence (*fig.* 846), ce qui assurera mieux la liaison entre les divers rouleaux.

791. *Armatures en fer.* — Dans cer-

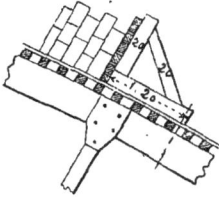

Fig. 852. — Coupe *c d* (voir *fig.* 851)

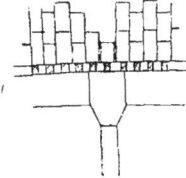

Fig. 853.

de réunir les deux rouleaux de distance en distance.

Il y aura de même (*fig.* 845) des plans de coïncidence entre le deuxième et le troisième rouleau et ainsi de suite.

tains viaducs, on a consolidé les voûtes par des armatures en fer pour éviter les disjonctions qui se produisent souvent au décintrement entre les voussoirs de tête et le reste de la douelle.

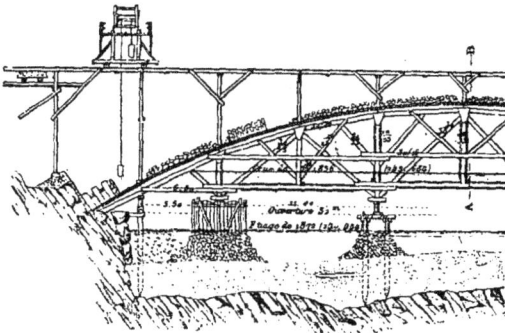

Fig. 854 — Construction de la voûte du pont de Claix.

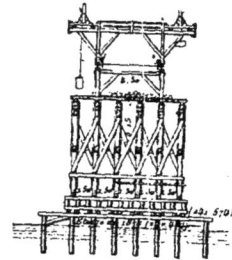

Au viaduc de l'Aulne ces armatures étaient en fer plat de 8^m,20 × 0,050 × 0^m,015 ; elles étaient placées tous les mètres dans les joints des voussoirs les plus élevés (*fig.* 846 *bis*). Les extrémités de ces tirants portaient des trous dans lesquels on faisait passer un fer rond de 0^m,50 de longueur et de 0^m,03 de diamètre pénétrant dans des trous de scellement percés à l'avance dans les pierres de parement. Ces armatures, invisibles à l'extérieur, reliaient parfaitement la maçonnerie dans toute son épaisseur.

Un cadre en fer plat a de même été

posé au niveau des naissances pour limiter à ce plan les fissures qui auraient pu se produire dans la voûte.

Dispositions à prendre pour éviter les déformations des cintres.

792. Pour éviter la déformation du cintre on le charge supérieurement par les matériaux qui devront servir ultérieurement, comme le montre la figure 854. Si on ne prenait pas cette précaution le cintre se soulèverait par suite du poids des maçonneries exécutées sur les reins.

Dans les cintres retroussés ce relèvement a lieu sous le poids des voussoirs compris entre 30 et 50 degrés. A mesure qu'on accumule les voussoirs l'effet de rotation s'accuse de plus en plus ; on compte, en général, que le poids des moellons à entasser sur les couchis du faîte doit être équivalent à celui de la voûte sur une zone de 15 à 20 degrés de part et d'autre de la clé. Ces moellons ne s'ajoutent que graduellement au fur et à mesure de la construction. L'apport doit être complet, en général, lorsque les maçonneries de la voûte font avec l'horizontale un angle de 45 degrés.

Les anciens ingénieurs connaissaient

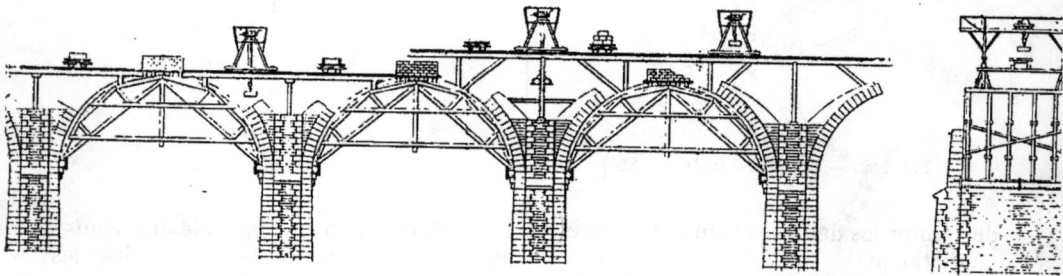

Fig. 855.

parfaitement ce fait et pour détruire son effet ils se servaient de cintres élastiques dont la courbure théorique, suivant laquelle on posait les voussoirs, devait donner, après le tassement, la courbe à obtenir. Aujourd'hui on se contente, d'après ce que nous avons dit au n°454, de surhausser les cintres d'environ 0m,05 à 0m,08 pour les grands ouvrages et d'intercaler dans les assemblages des bois des feuilles de métal pour empêcher leur pénétration.

Il y a encore le tassement après le dé-

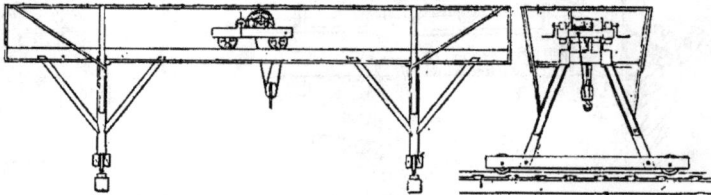

Fig. 856.

cintrement. Il est en général de 0m,01 à 0m,02, quelquefois davantage ; mais on peut, par une construction soignée et en employant de bons mortiers, le réduire à une quantité négligeable.

Echafaudages employés pour l'exécution de la maçonnerie sur cintres.

793. *Exécution des voûtes et des tympans du viaduc de l'Aulne.* — Une fois les cintres mis en place, on a levé le pont de service, qui avait servi à l'exécution des piles, au-dessus des couchis d'une hauteur un peu supérieure à l'épaisseur des voûtes à la clé.

Pour effectuer ce relèvement, on a démonté le pont de manière à n'avoir à élever qu'une seule poutre à la fois. La poutre à lever était amenée dans un plan passant par l'axe de la pile contiguë et était soulevée de près de 1 mètre pour pouvoir la supporter à un bout sur des rouleaux.

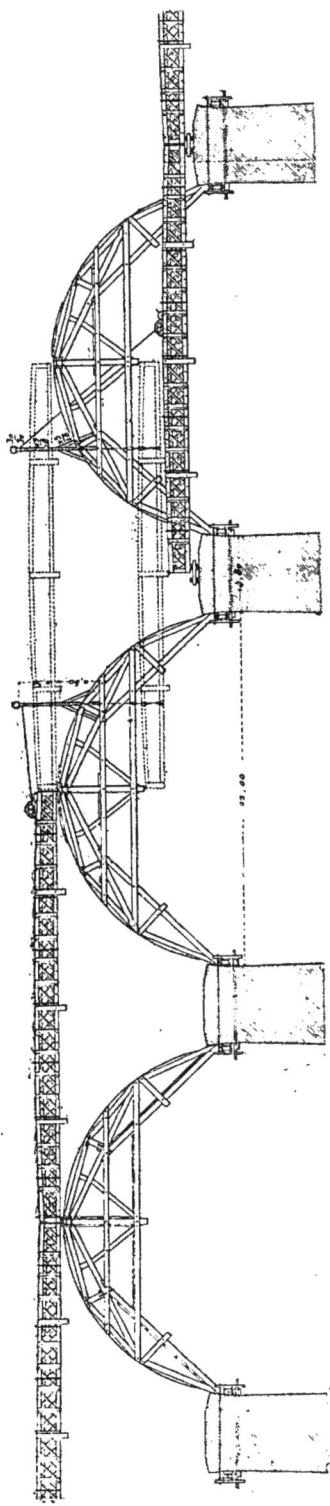

Fig. 857. — Levage de la passerelle de service sur les cintres du viaduc de l'Aulne.

placés sur le plancher de la travée suivante ; l'autre about était supporté par un treuil qui pouvait se mouvoir sur les cours des moises inférieures des deux fermes voisines (*fig.* 857). Ceci fait, pour lever la poutre jusqu'au-dessus des cintres, on établissait sur les fermes qui devaient la porter des montants verticaux maintenus à leur base par des jambes de force et supportant à leur sommet des chapeaux horizontaux sur lesquels on fixait des palans. Les cordages de ces palans, dont une des extrémités supportait la poutre à soulever étaient enroulés à l'autre extrémité sur les tambours de deux treuils reposant : le premier, sur la travée prédédente déjà relevée, l'autre, sur la travée suivante non encore démontée.

On a opéré de même pour toutes les travées.

794. Le pont de service étant installé au-dessus du sommet des cintres, il nous reste à indiquer les dispositions qui ont été prises pour élever les matériaux sur le plancher du pont et ensuite pour les déposer à pied-d'œuvre.

Le système adopté consistait dans l'emploi d'une machine à vapeur installée sous une des arches et élevant, à l'aide de chaînes, les bennes chargées de matériaux sur une plate-forme en charpente de 4^m,50 de largeur et en encorbellement de 3 mètres de part et d'autre du pont de service, comme l'indique la figure 858.

La machine à vapeur actionnait un arbre de couche soutenu, à 1^m,50, au-dessus du sol, par des supports et portant deux poulies à empreintes dont les bossages s'engageaient dans les maillons des chaînes de levage. Chacune de ces chaînes s'enroulait sur la poulie correspondante tandis que leurs deux brins s'élevaient verticalement pour passer chacun sur un système de deux poulies placées de part et d'autre de l'axe de la pile et fixées sur un échafaudage élevé de 4^m,20 au-dessus du pont de service (voir la coupe transversale *fig.* 858). La chaîne était donc continue et formait une véritable balance ; à l'une de ses extrémités était suspendue la benne pleine, c'est-à-dire la benne montante et à l'autre la benne vide ou descendante. Mais, comme celle-ci n'avait pas un poids mort assez grand pour donner une tension suffisante à la moitié de la chaîne à laquelle elle était suspendue, la descente n'aurait pas pu se produire car les maillons se seraient dégagés des empreintes de la roue dentée. Pour rétablir l'équilibre on a fixé aux chaînes motrices des contrepoids de 400 kilogrammes auxquels étaient suspendues les bennes à l'aide de chaînes de 3 mètres de longueur.

Pour laisser passer les bennes, le plancher de la plateforme en encorbellement était percé de quatre ouvertures rectangulaires de $1^m,60 \times 1^m,50$ fermées, en temps ordinaire, par des panneaux à charnières. L'arbre de couche portant les deux poulies motrices portait une poulie de frein pour pouvoir arrêter l'ascension en un point quelconque et notamment lorsque les bennes étaient arrivées au-dessus du pont de service. A ce moment, en effet, le mécanicien arrêtait le mouvement de l'arbre de couche en faisant passer la courroie motrice sur une poulie folle, à l'aide d'un désembrayage à fourche, puis il pesait sur le levier de frein pour empêcher ce même arbre de tourner, sous l'action du poids de la benne chargée, en sens inverse du mouvement de montée. La charge étant maintenue immobile au-dessus du pont de service on fermait l'orifice de la plateforme en encorbellement qui lui avait livré passage et on amenait au-dessous de la benne un petit wagonnet pour la recevoir. On la remplaçait sur la chaîne par une benne vide et on ouvrait le panneau correspondant pour permettre la descente et par suite la montée par l'autre extrémité de la chaîne d'une nouvelle benne chargée. Il suffisait pour faire cette opération de renverser la vapeur, c'est-à-dire de faire tourner la machine en sens inverse.

795. *Construction de la voûte du pont de Claix.* — Pour la construction de cette voûte on a construit un pont de service (*fig.* 854) s'appuyant en partie sur le cintre et en partie sur le rocher aux abords. Sur ce pont on a établi un chariot pouvant se déplacer sur rails dans le sens longitudinal de l'ouvrage. Ce chariot portait deux treuils manœuvrés à bras et qui pouvaient se déplacer dans le sens transversal. Ces treuils élevaient les matériaux et les déposaient à l'endroit même où ils devaient être employés.

796. La figure 855 représente le système d'échafaudage employé aux viaducs de la Bèbre et de Montciant pour la construction des voûtes. Il se composait d'un pont de service installé au-dessus des cintres, à hauteur convenable pour pouvoir exécuter les voûtes. Sur ce pont pouvaient se mouvoir des grues mobiles à double mouvement (*fig.* 856) élevant les matériaux et les déposant à l'endroit précis où ils devaient être employés.

Exécution et composition des chapes.

797. Pour éviter que les eaux d'infiltration traversent la maçonnerie de la voûte et viennent former sur les parements des taches blanches provenant du délavage de la chaux, on recouvre les voûtes par des chapes auxquelles on donne une pente convenable pour faciliter l'écoulement. Elles doivent former une nappe continue soudée aux maçonneries sous les plinthes de couronnement.

Les chapes se font souvent avec un simple enduit de ciment de $0^m,03$ à $0^m,05$ d'épaisseur recouvert d'une couche d'asphalte de $0^m,015$. D'autres fois la chape est formée par une couche de béton spécial de $0^m,05$ à $0^m,10$ d'épaisseur, composé de petites pierres agglutinées dans du mortier. Ce béton bien pilonné et humide encore est recouvert d'un enduit de ciment de $0^m,01$ d'épaisseur qu'on durcit en appuyant fortement la truelle dessus.

798. Cependant les enduits en ciment se fissurent facilement et donnent lieu à des infiltrations; cet inconvénient disparaît bien lorsqu'on les recouvre d'une couche d'asphalte mais alors le prix du mètre superficiel de chape devient élevé.

Pour remédier à cet état de choses, M. l'ingénieur en chef Robaglia a fait exécuter les chapes des ouvrages d'art de la ligne de Rodez à Millau en mortier coaltaré.

Un mètre cube de ce mortier était formé

par le mélange des matières suivantes :

Chaux du Theil, en poudre. .   340^k,00
Sable tamisé. . . . .   0^k,945
Eau. . . . .   70 à 75 litres
Avec cette faible quantité d'eau le mor-tier était à l'état pulvérulent. On commençait par nettoyer la voûte à grande eau avec une brosse en fil de fer, puis on étendait le mortier sur une épaisseur de 0^m,063 et on le battait jusqu'à ce que l'é-

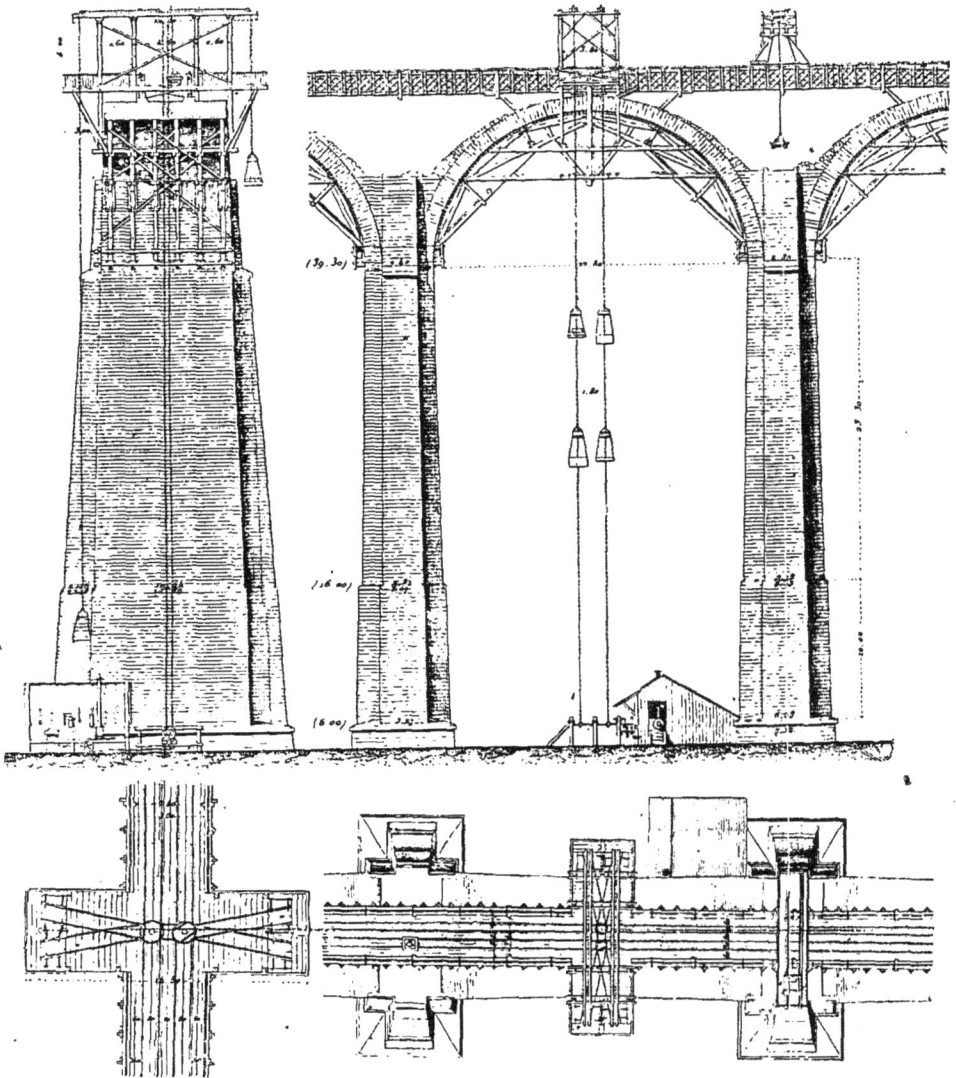

Fig. 858. — Echafaudage et appareil élévatoire employés pour la construction des voûtes et tympans du viaduc de l'Aulne.

paisseur fût réduite à 0^m,05. Ceci fait on passait la truelle sur la chape, en l'appuyant fortement et on la recouvrait d'une couche de sable de 0^m,15 d'épaisseur pour éviter une prise trop rapide du mortier qui aurait provoqué des fendillements. Après un certain temps, on enlevait la couche de sable provisoire, on lavait la chape et on étendait dessus trois couches de coaltar ou goudron de houille qui, en pénétrant dans le mortier d'environ 0ᵐ,003 formait une croûte absolument imperméable.

Pour ne pas endommager la chape, il faut la recouvrir avec des remblais exempts de pierres.

M. Barrant, ingénieur des ponts et chaussées, a employé avec succès le même procédé, pour recouvrir les voûtes du réservoir d'eau de la ville de Millau.

Remplissage des reins des voûtes.

799. Il faut remplir l'intervalle entre les tympans et la voûte. Lorsqu'il s'agit de petits ouvrages, ce remplissage peut se faire avec du gravier ou du sable pur ; mais il faut absolument proscrire l'argile ou la terre végétale, car elles gonflent à l'humidité et exercent alors des poussées sur les tympans. La chape d'écoulement des eaux doit alors dans ce cas être posée sur l'extrados de la voûte. Pour de grands ouvrages, le remplissage se fait avec des pierres cassées ou avec du béton maigre composé de 150 kilogrammes de chaux pour 1 mètre cube de petits cailloux ou de sable. On arase la surface supérieure du béton de manière à avoir des surfaces inclinées de 0,02 par mètre sur lesquelles on construit les chapes conduisant l'eau aux gargouilles situées à la clé, aux reins de la voûte ou à l'intérieur des piles (657 et 658, t. I). Lorsque le remplissage est fait en pierres cassées, il faut le séparer de la voûte par une couche de sable graveleux, destiné à amortir les mouvements.

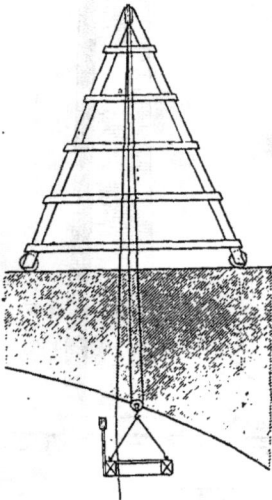

Fig. 859. — Grue roulante et pont volant employés pour le rejointoiement. — Élévation longitudinale.

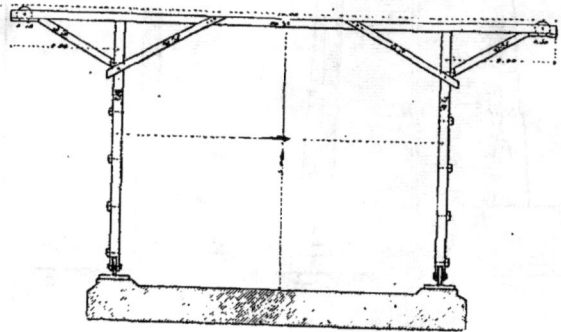

Fig. 860. — Grue roulante de la figure 859. — Élévation transversale.

Il faut alors drainer ce sable pour faciliter l'écoulement des eaux sur la chape de la voûte. Au-desssus du remplissage des tympans on pose le ballast si le pont doit livrer passage à une ligne de chemin de fer, ou la chaussée, s'il s'agit d'un pont-route.

Voûtes de décharge.

800. Dans les grands viaducs on a intérêt à alléger le pont par des évidements dans les tympans. Ces évidements se font à l'aide de voûtes de décharge qui peuvent être construites en maçonnerie de meulière brute et ciment ou en briques. Lorsque les piédroits de ces voûtes doivent s'appuyer sur la grande voûte de l'ouvrage on les fait reposer sur des pierres encastrées dans celle-ci et formant des redans à l'extrados, comme l'indique la figure 842 du tome I. Si, au contraire, les piédroits des voûtes d'élégissement sont portés par les murs de tympan, il est bon de maintenir ces murs solidaires l'un de l'autre par des tirants en fers plats de

0^m,08 × 0,02 par exemple et percés à leurs extrémités d'un trou dans lequel on engage des ancres scellées dans les pierres de parement des tympans (*fig.* 846 bis). Quel que soit le système de voûte d'évidement adopté, il faut avoir soin de ménager, sur l'axe du viaduc, des puits avec regards pour pouvoir descendre visiter les voûtes intérieures.

Ravalement, rejointoiement (1).

801. On procède au ravalement lorsqu'il existe des irrégularités dans le dégauchissement des couronnements et des voussoirs. Plus l'exécution a été soignée et moins, naturellement, on a de ravalements à faire.

802. Le rejointoiement consiste à enlever le mortier de pose dans les joints sur 0,02 de profondeur à l'aide d'un crochet en fer, à laver le joint dégarni et à le remplir à nouveau avec un mortier plus fin qu'on presse fortement avec une spatule. Les parties inférieures des piles peuvent être rejointoyées à l'aide d'échafaudages reposant sur le sol. Ces échafaudages se composent de simples tréteaux sur lesquels on pose des madriers.

Mais pour les rejointoiements des voûtes et des tympans on emploie des ponts suspendus à des grues, qui se déplacent dans le sens longitudinal de l'ouvrage (*fig.* 859 et 860). Le pont volant sur lequel se tiennent les ouvriers est, en général, formé par deux pièces de bois

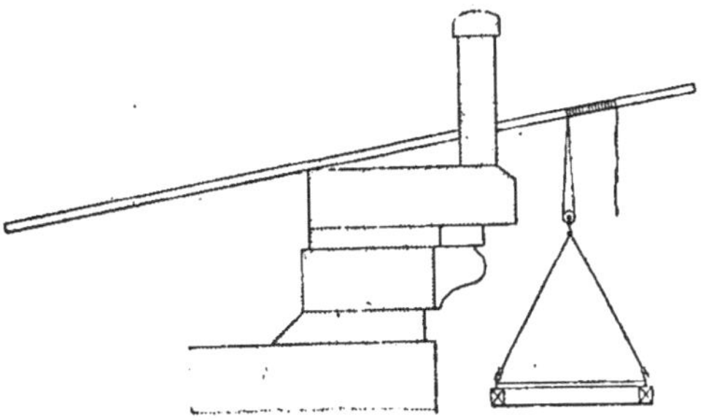

Fig. 861. — Echafaudage employé pour le ragréement des plinthes.

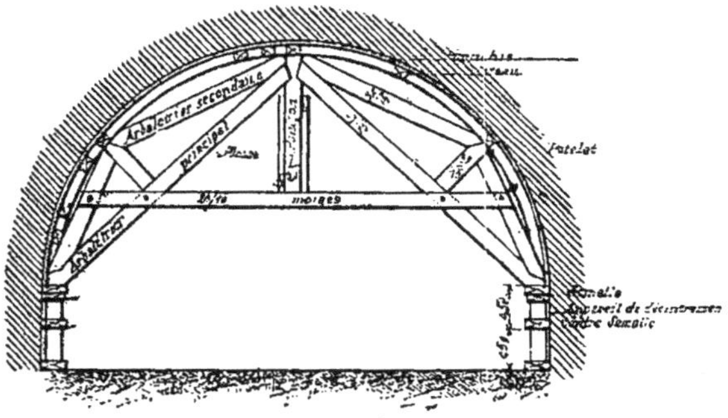

Fig. 862.

d'une longueur plus grande que la largeur du pont entre têtes réunies par des traverses boulonnées sur elles et supportant les madriers du plancher. Un garde-corps de 1 mètre environ de hauteur entoure le pont volant et sert aux ouvriers pour accrocher leurs outils.

La figure 861 représente un type d'échafaudage souvent employé pour le rejointoiement de la partie extérieure des plinthes.

Décintrement.

803. Lorsque la voûte est fermée, on peut procéder après un certain temps,

variable suivant son importance, à l'opération du décintrement. Il est bon de laisser la voûte sur son cintre le plus longtemps possible, mais, comme en général on est limité, le constructeur doit tenir compte pour fixer cette opération de la portée de la voûte, de son surbaissement et de la qualité des mortiers employés. Pour une grande voûte, construite dans des conditions ordinaires, il est nécessaire de la laisser sur son cintre au moins pendant un mois.

804. Un cintre repose toujours sur une pièce de bois établie contre les maçonneries de la culée perpendiculairement à l'axe du pont et au-dessous de laquelle, à 0^m,40 environ de distance, se trouve une pièce semblable reposant sur les supports du cintre, c'est entre ces deux pièces appelées

(1) Pour plus de détails sur les ravalements et rejointoiements, voir le *Traité des fondations, mortiers, maçonnerie*, par G. Oslet et J. Chaix (3e partie du *Cours de Construction*).

semelle et contre-semelle (*fig* 862), que se trouvent les appareils de décintrement.

805. Pour les petites voûtes l'appareil de décintrement est des plus simples. Il consiste en deux coins de bois posés l'un sur l'autre sur leurs faces inclinées, entre les deux pièces de bois horizontales dont nous avons parlé ci-dessus. Pour opérer le décintrement il suffit de frapper avec une masse sur les petits bouts des coins; leurs surfaces inclinées glissent alors l'une sur l'autre et on conçoit que la pièce

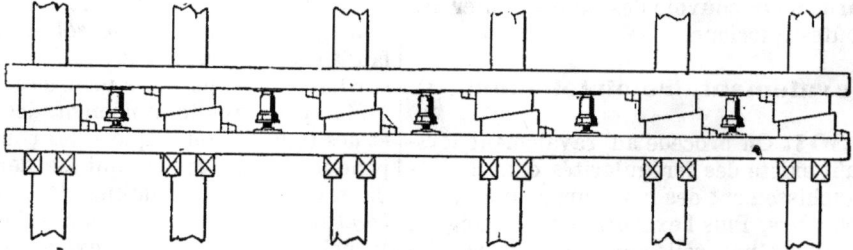

Fig. 863. — Position des vérins de décintrement des arches du pont de St-Pierre de Gaubert sur la Garonne.

de bois horizontale supérieure s'abaisse graduellement et par suite le cintre qu'elle supporte. Cette opération doit être faite en même temps sur tous les coins établis aux naissances.

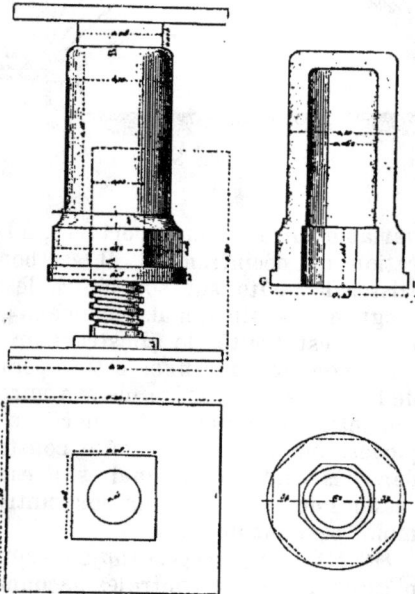

Fig. 864. — Vérins de décintrement employés au pont de St-Pierre de Gaubert.

Cette opération, qui paraît très simple, offre cependant parfois d'assez grandes difficultés lorsque la construction de la voûte a été longue. Dans ce cas, en effet, les surfaces en contact ne glissent plus facilement l'une sur l'autre et si la charge produite par la voûte est grande, on a beaucoup de peine à produire un mouvement gradué des deux coins. Les charpentiers sont alors obligés de frapper très fort, ce qui détermine parfois un brusque

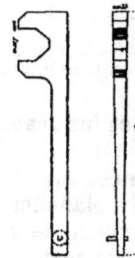

Fig. 865. — Clé de manœuvre des vérins de décintrement (figure 864).

glissement des deux coins et par suite un abaissement considérable de l'arbalétrier du cintre situé au dessus. Pour éviter cet accident il faut mettre un tasseau à côté du coin, de manière à limiter l'abaissement, ou bien encore d'autres coins destinés à remplacer les premiers enlevés à coups de hache. C'est avec ces coins posés en dernier lieu que se fait alors le décintrement.

806. *Décintrement à l'aide de vérins.* — L'emploi des vérins pour le décintrement des arches de pont a été employé avec succès aux ponts de Cé, sur la Loire, par MM. Dupuit et Mahyer.

Les cintres reposaient pendant la construction de la voûte sur des coins identiques à ceux que nous venons de décrire, mais, pour effectuer le décintrement, on mit à côté d'eux des vérins constitués par deux vis situées dans le prolongement l'une de l'autre et reposant sur deux plaques en fer entaillées pour éviter tout déplacement possible (*fig.* 866). Ces deux vis pénétraient dans un même écrou et en tournant celui-ci dans un sens ou dans l'autre on produisait l'élévation ou l'abaissement de la pièce de bois horizontale qu'ils supportent et par suite du cintre lui-même qui repose dessus.

Avec ce procédé on peut opérer le décintrement sans aucune secousse et on peut faire descendre le cintre d'une quantité aussi petite qu'on le désire puisqu'elle dépend uniquement de la rotation de l'écrou. De plus si un des cintres est trop descendu et si on craint un tassement inégal on peut très facilement le relever.

807. M. Dupuit pense qu'on pourrait beaucoup réduire le nombre des vérins en les combinant avec des coins : « En effet, dit-il, au lieu d'enlever les coins primitifs, on pourrait se borner, quand le vérin a suffisamment diminué la pression sur la paire de coins voisins, à les faire glisser l'un sur l'autre à la main, d'une quantité déterminée; puis on passerait avec le même vérin à une autre paire de coins où on ferait la même opération. Il est donc possible, avec un ou deux vérins seulement, d'obtenir du système des coins un décintrement progressif, sans aucune saccade. Si on objectait qu'un décintrement opéré isolément sur chacun des points d'appui est moins avantageux qu'un décintrement général et simultané en tous les points, nous répondrions que l'abaissement isolé de 1 ou de 2 millimètres sur un point d'appui ne saurait avoir de conséquences graves, car la flexibilité des cintres, fort inégale puisqu'elle résulte de leur imperfection, produit des abaissements partiels bien au-

trement considérables sans qu'il en résulte aucune déformation apparente de la voûte. Le cintre forme un ensemble général de charpente flexible reposant sur un grand nombre de points d'appui; si l'un d'eux vient à fléchir ou à manquer, la charge qui reposait sur ce point se répartit sur les points d'appui voisins et la déformation de la surface devient insensible; ainsi, il nous est arrivé plusieurs fois de voir partir complètement une paire de coins qu'on avait trop fortement frappés sans que cela eût le moindre inconvénient; il n'y en aurait donc aucun si on les abaissait successivement de 1, 2 ou 3 millimètres. Le décintrement serait sans doute plus long, mais cette durée n'a que des avantages pour la stabilité de la voûte. Dans ce système, deux ouvriers et deux vérins nous paraissent devoir suffire pour le décintrement des plus grandes voûtes ».

808. La figure 863 représente l'installation des vérins de décintrement des arches du pont de Saint-Pierre-de-Gaubert sur la Garonne. Ces vérins (*fig.* 864) sont différents de ceux employés par M. Dupuit aux ponts de Cé, mais leur manœuvre s'effectue toujours en imprimant à leurs écrous, à l'aide de la clé représentée par la figure 865, un mouvement de rotation.

Les semelles horizontales reliant les fermes étaient séparées, pendant la construction de la voûte, par des coins; les vérins n'étaient placés à côté d'eux qu'au moment du décintrement. On élevait alors les écrous de manière à les faire presser contre les semelles supérieures, puis on desserrait les coins; les vérins supportaient alors seuls les cintres. En imprimant ensuite aux écrous un mouvement en sens inverse du premier on obtenait des abaissements successifs de 0m,01. Les coins n'étaient chassés qu'insensiblement de manière que le vide entre eux et la semelle supérieure fût toujours de 0.01; à ce moment, on abaissait les vérins d'une quantité égale, puis on chassait de nouveau les coins et ainsi de suite.

Emploi du sable dans les décintrements.

809. On emploie aussi le sable pour

opérer le décintrement des grandes arches de pont.

Ce sable était contenu primitivement dans des sacs en toile qu'on serrait fortement à l'aide de coins entre les semelles horizontales supportant les fermes et séparées par des blochets de 0m,40 de hauteur (*fig*, 868 et 869), qu'on taillait en forme de coins. En ruinant ces blochets graduellement à la hache, la semelle supérieure pressait de plus en plus sur les sacs de sable. Ceux-ci étaient munis de petits ajutages de forme conique qui, ouverts, laissaient écouler le sable. Il en résultait un abaissement du cintre d'autant plus uniforme que la quantité de sable écoulée de chaque sac différait peu. Pour obtenir ce résultat

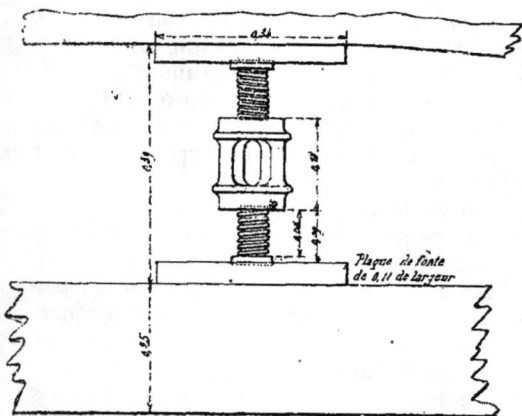

Fig. 866. — Détails des vérins employés au décintrement des arches des ponts de Cé, sur la Loire.

chaque manœuvre employé au décintrement était muni d'une mesure d'une contenance déterminée (1/2 litre ou 1/4 de litre, par exemple). Il l'emplissait au commandement puis arrêtait l'écoulement avec le doigt; on vérifiait les mesures, on les vidait et on recommençait l'opération au commandement et ainsi de suite.

L'écoulement du sable, et par suite l'abaissement du cintre pouvait donc être réglé par quantités aussi petites qu'on le désirait en prenant des mesures de faible capacité.

810. Plus tard on remplaça les sacs par des boîtes en tôle de 0m,30 de diamètre environ, sur autant de hauteur, ouvertes

par le haut et garnies de sable sec jusqu'à un certain niveau (*fig.* 870 et 871).

Les fermes reposent sur le sable par l'intermédiaire d'un piston en bois de 0m,28 à 0m,30 de diamètre et de 0m,25 de hauteur. Ce piston s'engage dans le cylindre en tôle et s'abaisse au fur et à mesure de l'écoulement du sable qui s'effectue par

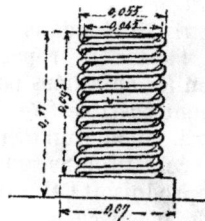

Fig. 867. — Détail de la vis des vérins employés au décintrement des arches des ponts de Cé, sur la Loire.

quatre petites ouvertures pratiquées au bas de chaque boîte et fermées en temps ordinaire par des bouchons en bois. Pour que les pistons en bois s'abaissent de quan-

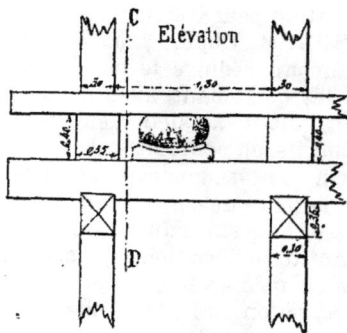

Fig. 868.

tités égales dans chaque boîte, on trace sur eux des échelles graduées en millimètres qui permettent de se rendre compte à chaque instant de l'abaissement.

811. Comme le sable mouillé s'écoulerait très irrégulièrement, il faut avoir soin d'éviter que la pluie ne puisse pénétrer dans l'intervalle de 0,01 qui sépare, sur tout son périmètre, le piston de la boîte et d'effectuer l'opération du décintrement par un temps aussi sec que possible. Si, malgré le lutage en plâtre qu'on a soin, en général. de mettre tout autour du piston en bois, le sable était mouillé, on faciliterait son écoulement par un crochet en fer.

812. *Précautions à prendre pour effec-*

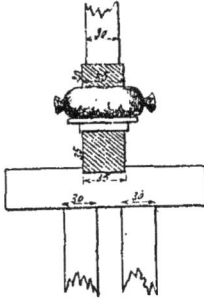

Fig. 869. — Décintrement à l'aide de sacs de sable.
Coupe CD (voir figure 868).

tuer le décintrement. — Pour effectuer le décintrement dans de bonnes conditions il est utile :

1° De vérifier si après l'écoulement d'une certaine quantité de sable dans des mesures graduées, l'abaissement du piston en bois est le même pour toutes les boîtes à sable. C'est ce que permet de faire l'échelle tracée sur les pistons ;

2° De s'assurer, à l'aide de mires scellées sur l'extrados des deux têtes à la clé et visées par un opérateur placé à poste fixe, sur un des murs des culées, si le tassement de la voûte est uniforme d'une tête à l'autre et si ce tassement est le même que celui indiqué par les échelles millimétriques tracées sur les pistons des boîtes à sable.

Lorsque l'abaissement des mires sera inférieur à celui indiqué par les échelles des pistons, la voûte ne reposera plus sur son cintre.

L'opération devra être menée lentement et régulièrement. Lorsque, après l'écoulement d'un certain nombre de mesures de sable, la voûte est détachée du cintre de 2 ou 3 millimètres, on abandonne le travail en laissant le cintre en place de manière que la voûte continuant à tasser ne puisse prendre une accélération dangereuse pour les maçonneries ; après 3 millimètres de tassement elle reposerait de nouveau sur son cintre.

Si ce tassement de 3 millimètres se produit, on recommence le lendemain l'opération du décintrement en laissant écouler graduellement de chaque boîte la même quantité de sable, en prenant les précautions déjà indiquées pour la première opération et ainsi de suite jusqu'à ce qu'il ne se produise plus de tassement appréciable.

§ IV. — EXÉCUTION DES PONTS BIAIS

813. Lorsqu'il s'agit de ponts de faibles ouvertures on peut tracer les épures relatives aux projections des lignes d'assises ainsi qu'aux développements des arcs de tête sur des aires préparées sur le chantier même.

Mais pour des ponts importants, cette manière d'opérer donnerait forcément des erreurs, car il est difficile d'obtenir un tracé exact lorsqu'il faut mener avec de grandes règles des lignes se rencontrant à de grandes distances. Aussi, il est préférable, dans ce cas, d'effectuer l'épure à l'échelle de 1/5 ou 1/10. Les chances d'erreurs provenant de l'emploi d'une échelle pour la mesure des longueurs sont beaucoup moins à craindre que celles qui proviendraient des lectures faites sur une épure en grandeur d'exécution.

Certains ingénieurs conseillent en outre

Plan

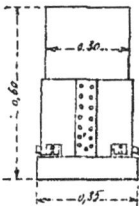

Fig. 870. — Boîte à sable
pour décintrement.

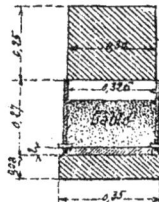

Fig. 871. — Coupe d'une
boîte à sable.

d'exécuter un modèle en plâtre à échelle réduite, 1/10 ou 1/20, par exemple, sur lequel on trace les lignes d'assises à l'aide de l'épure. Ce modèle sert beaucoup pour la taille des voussoirs et permet d'éviter les fautes d'appareil qui se produisent souvent.

Pose des voussoirs.

814. S'il s'agit de construire un pont biais avec appareil suivant les génératrices et les arcs de section droite, les assises de moellons piqués se tracent facilement par les génératrices qui correspondent aux points de division des arcs de tête en voussoirs. Il n'y a donc pas de difficulté, dans ce cas spécial, pour la pose des voussoirs.

Mais pour les autres appareils, tels que l'appareil orthogonal et l'appareil héli-çoïdal, les lignes d'assises sont des courbes sur le cylindre de douelle représenté sur

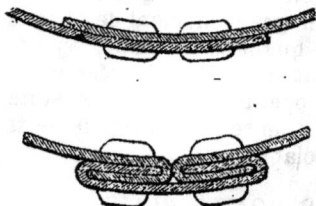

Fig. 872. — Détails des boites à sable employées au décintrement.

le cintre par les couchis jointifs. C'est sur ces derniers qu'il faut tracer les lignes d'assises.

815. *Appareil hélicoïdal.* — Pour tracer les lignes d'assises sur les couchis, on peut se servir d'un cordeau qui va d'un point de division d'un arc de tête au point de division correspondant sur l'autre arc de tête, sans quitter le cylindre de douelle.

Il est évident que ce procédé est suffisamment exact pour les voûtes biaises surbaissées, car les lignes d'assises ont alors sur le cylindre de douelle une courbure peu accentuée.

816. Quoique l'appareil hélicoïdal doive de préférence s'employer pour les ponts biais en arc de cercle, il est cependant

utile d'indiquer les précautions à prendre pour tracer les lignes d'assises des voûtes biaises en plein cintre. On se sert d'un cordeau, comme dans le cas précédent; mais, comme la courbure des lignes d'assise est très accentuée, on vérifie la position d'un certain nombre de points de ces lignes. A cet effet, on tracera sur le développement de la douelle et sur les couchis des arcs de sections parallèles aux têtes. Cette opération se fera facilement

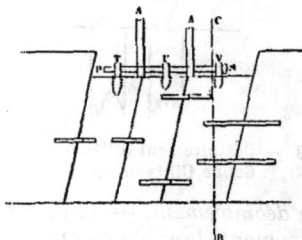

Fig. 873. — Plan de détail des amarres.

sur les couchis; il suffira de porter sur les génératrices des longueurs égales à la distance qui sépare l'arc de section droite à tracer de l'arc de tête. Ceci fait, on

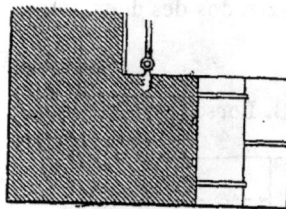

Fig. 874. — Coupe suivant CD (voir fig. 873).

portera sur les arcs de sections droites tracés sur le cylindre des longueurs égales à celles qui, sur le développement, correspondent aux points d'intersection de la ligne d'assise considérée avec les développements des arcs de section droite tracés. On aura ainsi autant de points qu'on le voudra des différentes lignes d'assises qui devront être toutes à égale distance les unes des autres sur le cylindre de douelle. Comme ces lignes s'effaceraient rapidement sur les couchis, on met sur leur longueur, de distance en distance, des clous qui permettent de les rétablir lorsque cela est nécessaire.

817. *Appareil orthogonal.* — Pour

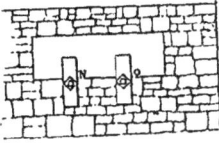

Fig. 875. — Élévation suivant MM' (voir fig 508).

tracer les trajectoires orthogonales sur le cylindre des couchis on peut tailler sur une planche flexible un gabarit suivant les lignes d'assises tracées sur le développement de la douelle.

Ce gabarit, appliqué sur le cylindre des couchis de manière que tous ses points soient en contact avec ce cylindre et que ses deux extrémités passent par les deux points correspondants de la ligne d'assise à tracer sur les arcs de tête, permettra évidemment de tracer cette ligne sur le cintre. Mais ce procédé ne peut être exact que pour de petites voûtes. Car, outre les chances d'erreur qui peuvent se produire du fait du gauchissement du gabarit, il y a toujours incertitude sur sa forme lorsque, la voûte ayant des dimensions un

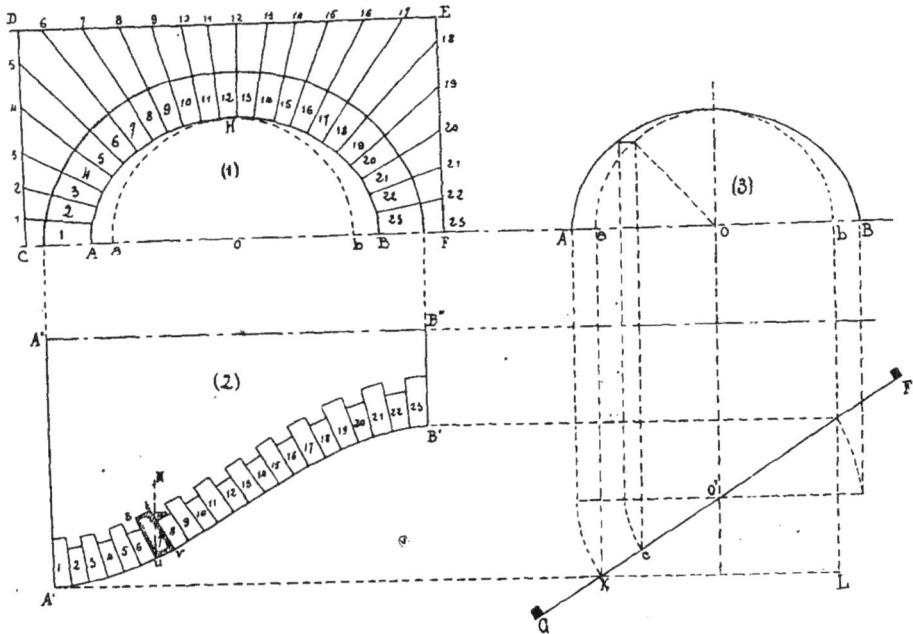

Fig. 876.

peu grandes, il faut le faire en plusieurs morceaux.

818. Aussi, M. Graeff employait la méthode suivante dans la construction des nombreux ponts biais qu'il a exécutés sur le canal de la Marne au Rhin.

Il faisait numéroter les voussoirs de tête d'après la place qu'ils occupaient sur l'arc d'une naissance à l'autre, de manière à pouvoir les poser avec facilité, à l'em-

placement portant le même numéro d'ordre sur le cintre. Lorsque deux assises de moellons piqués correspondaient à un même voussoir de tête, elles portaient par exemple les lettres *a* et *b* indiquant leur ordre. Les moellons composant ces assises portaient outre les lettres caractéristiques de l'assise à laquelle ils appartenaient des numéros d'ordre indiquant leur place dans cette assise.

Avec cette méthode, chaque moellon piqué, taillé d'après le panneau de douelle qui lui correspondait sur le développement, était mis en place sans aucune hésitation et sans qu'il fût nécessaire de tracer complètement les lignes d'assises sur le cintre. Il suffisait de marquer quelques points leur appartenant pour s'assurer de la bonne exécution du travail.

819. Dans les ponts surbaissés dont le biais est très accentué l'effet de la poussée au vide se fait quelquefois sentir sur le cintre lui-même. Le mouvement qui se produit tend à pousser en dehors du plan de tête les voussoirs situés vers les angles obtus, en effectuant une rotation de haut en bas ; les joints de ces voussoirs s'ouvrent alors par le haut et se ferment par le bas. L'effort développé est souvent tellement considérable que les angles inférieurs de ces voussoirs s'épaufrent. L'effet inverse se produit aux angles aigus des culées et de la voûte mais là le danger est moins grand, car la maçonnerie intérieure tend à s'opposer au mouvement.

Il est donc nécessaire de prendre certaines précautions pour combattre la poussée au vide qui, en faisant sortir du plan

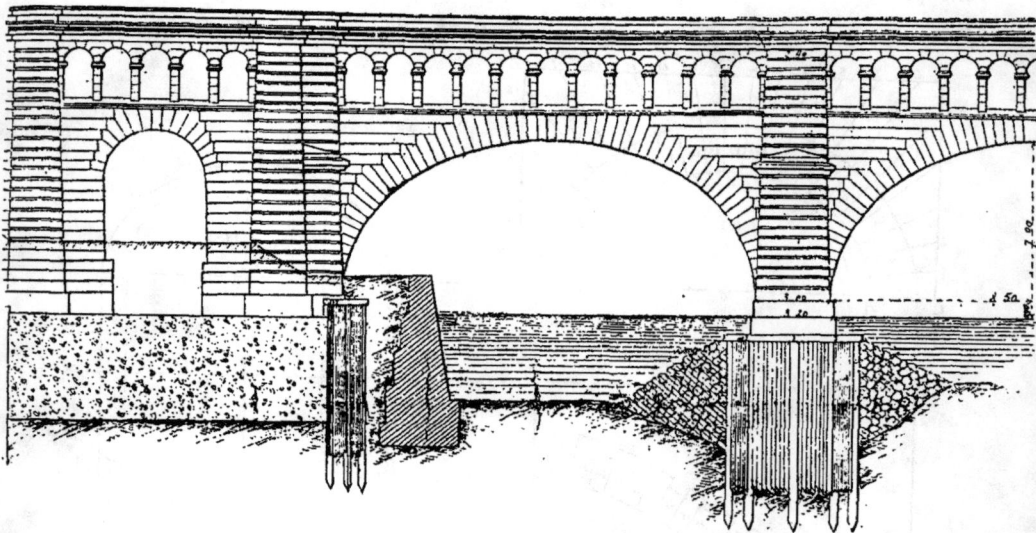

Fig. 877. — Pont-Canal de l'Orb.— Élévation.

de tête certains voussoirs de l'angle obtus, pourrait déterminer la chute de l'ouvrage.

Pour les ponts biais d'une certaine importance il est bon, comme on l'a fait au viaduc de la Walck, de relier (*fig.* 508) les premiers voussoirs du côté de l'angle obtus à des points fixes sur l'autre tête et de les relier en même temps entre eux, à l'aide de crampons scellés dans leurs faces supérieures, comme l'indiquent les figures 874 et 875. En reliant entre eux les voussoirs de l'angle obtus on évite l'ouverture de leurs joints en haut et leur resserrement en bas, c'est-à-dire, en général, la rupture de leurs arêtes inférieures.

En reliant ces mêmes voussoirs à des points fixes sur l'autre tête on évite le mouvement de poussée au vide qui tend à se manifester du côté de l'angle obtus.

Pour réaliser cette liaison on peut fixer des anneaux T, U, V, sur les faces postérieures des premiers voussoirs de l'angle obtus, passer une barre transversale PS dans ces anneaux et relier cette barre à des plaques en fonte fixées sur la tête opposée du pont par deux tirants A noyés dans la maçonnerie de la culée (*fig.* 508). Les extrémités N et Q de ces tirants, à l'extérieur de la maçonnerie, sont taraudés de manière à pouvoir effectuer un serrage énergique à l'aide d'écrous (*fig.* 875).

En donnant une tension suffisante aux tirants A on atténuera, dans une grande proportion, l'effet de la poussée au vide.

Cette poussée très apparente dans les ponts biais surbaissés est bien plus faible dans les ponts biais en plein cintre; aussi, pour ces derniers, la précaution que nous venons d'indiquer serait complètement superflue.

820. L'influence du biais sur le tassement de la voûte n'est pas très appréciable; on a reconnu que lorsque les ouvertures sont égales les tassements sont sensiblement les mêmes pour un pont biais et pour un pont droit. Si la voûte est construite en pierres de taille aux têtes et en moellons d'appareil à l'intérieur, les tassements définitifs ne seront pas très différents, car si la pierre de taille a sur le cintre un tassement un peu plus grand que le moellon d'appareil celui-ci tasse davantage après le décintrement. Si, au contraire, l'appareil des têtes étant en pierre de taille, l'intérieur de la voûte est construit en moellons ordinaires les tassements seront différents, et, la maçonnerie ordinaire tassant davantage que la maçonnerie de pierres de taille, il pourra se produire de fortes pressions sur celle-ci. Il sera utile alors de construire la voûte en zones, en la divisant, comme l'a indiqué M. Lefort, au-dessus de ses joints de rupture, par des plans parallèles aux têtes. Ces zones, indépendantes les unes des autres, ne seront réunies qu'après le décintrement et la contraction se fera suivant des lignes sensiblement parallèles aux têtes si le nombre des zones est suffisamment grand.

821. Les voûtes biaises ne devront être appareillées à l'intérieur en maçonnerie de moellons ordinaires que lorsqu'il y aura impossibilité de se procurer des moellons d'appareil ou lorsque le prix de revient de ces moellons serait trop considérable par rapport à la destination de l'ouvrage à construire.

822. *Méthode de M. Morandière.* — Nous empruntons au *Traité des ponts* de M. Morandière (p. 466. Dunod, éditeur) les moyens pratiques ci-après, employés par cet ingénieur pour le tracé des lignes d'épures sur les cintres, la taille des vous-

soirs et l'exécution des maçonneries des ponts biais qu'il a construits.

823. 1° *Epure plane.* — Tracer (*fig.* 876) sur une surface plane la courbe de tête AHB en vraie grandeur, calculée suivant le biais; l'envelopper d'un cadre CDEF composé de deux lignes verticales et d'une ligne horizontale; tracer ensuite toutes les lignes de joint sur la tête et prolonger ces lignes jusqu'à la rencontre du cadre.

824. 2° *Construction du cintre.* — Etablir le cintre avec le plus grand soin; placer à chaque tête une ferme légère sur la coupe droite KL; vérifier en le simblotant au moyen d'un rayon qui se meut autour du cintre.

Faire aussi découper une planche suivant une portion de la circonférence donnée par la section droite de l'intrados et placer cette planche sur les divers points du cintre, en la tenant toujours dans un plan perpendiculaire à l'axe du pont.

Le cintre étant ainsi bien établi et revêtu partout de planches en sapin varlopées avec soin, il y a lieu de le prendre pour bon et de construire le pont sur sa courbe.

825. 3° *Epure sur le cintre.* — Au-dessus du cintre et dans chacun des plans de tête élever deux montants verticaux C,F et les couronner par une traverse horizontale, de manière que les arêtes intérieures, très bien dressées, correspondent exactement aux lignes du cadre CDEF qui enveloppe l'épure plane. Ces encadrements devront être construits avec soin, d'une manière solide et sur les deux têtes en même temps;

S'assurer que la face extérieure du cintre est exactement dans le plan du cadre CDEF; ou bien, si le cintre dépassait ce plan, tracer alors la courbe de tête sur la surface du cintre, au moyen d'une règle ou d'une corde tendue dans le plan du cadre, de manière à ce qu'elle vienne s'appuyer successivement sur toute la courbe du cintre, c'est-à-dire faire une véritable section suivant le biais;

Diviser ensuite cette courbe suivant les voussoirs, au moyen de l'épure plane qui permet de mesurer chacune des longueurs en vraie grandeur;

Diviser semblablement les lignes intérieures du cadre en charpente CDEF au moyen des mesures prises sur l'épure plane et faire inscrire bien lisiblement le numéro du voussoir et le numéro corressur ce cadre;

Placer un petit piton à vis sur chaque point d'intersection des voussoirs sur la courbe de tête et attacher à l'anneau de ce piton un fil de fer que l'on fixera ensuite sur le cadre en l'enroulant autour d'une pointe de manière que le fil passe

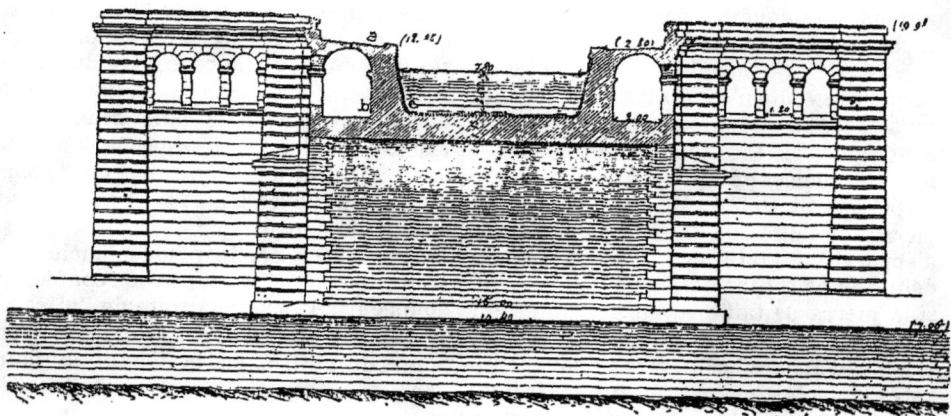

Fig. 878. — Pont-Canal de l'Orb. — Coupe transversale sur le milieu d'une arche.

exactement par la division qui lui est propre et qu'il indique aussi, avec précision, la ligne de joint de chaque voussoir sur les têtes. On fixera de suite, sur les deux têtes, tous les fils des divers joints pour figurer l'ensemble du travail. Seulement, on devra avoir soin de resserrer chaque fil au moment de la taille et de la pose du voussoir correspondant.

Pour tracer alors les plans de joint

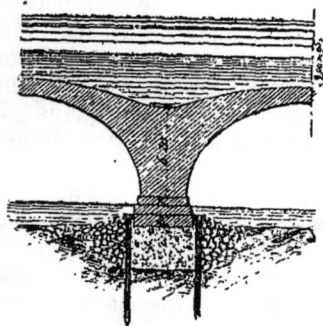

Fig. 879. Pont-Canal de l'Orb. — Coupe longitudinale.

Fig. 880. — Pont-Canal de l'Orb. — Coupe transversale suivant l'axe d'une pile.

d'intrados, soit la ligne vt du septième voussoir pour une voûte appareillée suivant le système orthogonal, on placera en v une règle tangentiellement à la courbe de tête même sur le cintre et on posera la branche d'une équerre sur cette règle, l'autre branche indiquera le tracé du plan de joint. On déterminera ensuite le contour de l'intrados de chaque voussoir et on formera ainsi sur le cintre en place la figure dont le développement est indiqué en A'B' par la figure 2.

S'il s'agissait de tracer sur le cintre les courbes du système héliçoïdal, rien de plus simple que de tracer d'abord une hélice directrice, puis une série de courbes parallèles, et de modifier au besoin un peu

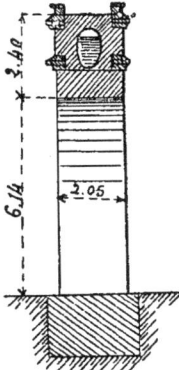

Fig. 881.

ces courbes pour le raccordement des têtes. Après ce tracé, fait pour les deux têtes, rapporter sur la surface du cintre les lignes de joint qui doivent raccorder ces têtes d'après l'épure du projet ; ce tracé sur le cintre même, en vraie grandeur, étudié avec des cordes et fait avec des règles en sapin très flexibles devra présenter des courbes symétriques très régulières. Enfin, tracer au sommet du cintre une ligne droite parallèle aux génératrices du cylindre oo'.

En mesurant sur les deux têtes des distances égales, à droite et à gauche de cette ligne principale, et en tendant une corde suivant deux points correspondants, on obtiendra des parallèles à l'axe ou de nouvelles génératrices du cylindre droit. On tracera ainsi, à l'angle de chacun des voussoirs, l'élément d'une génératrice umM.

826. 4° *Taille des voussoirs.* — Le panneau de tête est donné par l'épure plane A'B' et chacun des angles du plan de joint est mesuré directement et très exactement au moyen d'une équerre articulée dont une des branches sera dirigée suivant le fil de fer attaché au cadre et

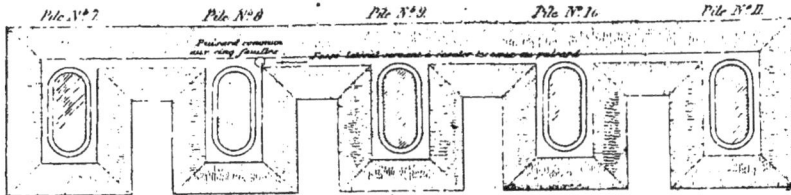

Fig. 882.

dont l'autre sera dirigée suivant la tangente à la trace du joint d'intrados sur le cintre. En mesurant à l'extrémité du voussoir la distance du cintre à la branche rectiligne de l'équerre, on aura des données suffisantes pour tracer la courbe de joint.

Mais on peut encore vérifier cette courbe en découpant et en adaptant sur le cintre même, une planchette mince de bois blanc que l'on rapporte sur la pierre.

Les angles que les lignes de joint font avec la courbe de tête à l'intrados seront mesurés directement sur l'épure et reportés sur chaque voussoir.

Enfin la courbe de la face intérieure du voussoir, à peu près semblable à celle de

tête, pourra être prise exactement sur la courbe de l'épure A'B' : il suffira pour cela de tenir compte pour chaque voussoir du recul ou de l'avancement du biais que l'on mesure toujours sur le cintre. On a ainsi la face de tête, les quatre courbes du contour de l'intrados, les angles des faces de joint et les angles des lignes de joint de l'intrados. On taille ces faces de joint planes au moyen d'une équerre dont les branches sont placées parallèlement aux courbes d'intrados, l'une sur la face de tête l'autre sur la face de joint. Seulement, au lieu d'une équerre fixe à 90 degrés, on devra employer une équerre mobile dont on fera, pour chaque face de voussoir, l'angle égal à celui des lignes de l'intrados sur le cintre. Pour couper maintenant la surface gauche d'intrados il suffit de remarquer que cette surface est une portion de cylindre droit et qu'elle est engendrée par une droite parallèle à l'axe de la voûte, qui se meut en s'appuyant successivement sur deux des courbes de l'intrados ; on mesurera donc sur le cintre la distance *vm* qui donne le point *m*, lieu d'intersection de la génératrice *um*, tracée pour chaque voussoir, comme il a été dit ci-dessus. On marquera la même trace sur les points correspondants du voussoir à tailler et on fera passer par ces points une ligne droite qui fait alors partie de la voûte et qui doit s'appliquer exactement sur la face du cintre.

Pour dresser toute la surface de l'intrados, le tailleur de pierre placera parallèlement à la première trace, une règle droite qui devra s'appuyer toujours sur les courbes du contour.

Enfin l'extrados de chaque voussoir devra être taillé parallèlement à l'intrados afin que les voussoirs à angle aigu conservent toujours une surface de joint assez considérable ; le biais sera racheté par les moellons des tympans.

Après la taille, chaque pierre présentée sur le cintre doit s'y appliquer très exactement et les joints de tête doivent être dans la ligne même des fils du cadre.

§ V. — PONTS CANAUX ET PONTS AQUEDUCS

827. Les ponts destinés à livrer passage à un canal au-dessus d'un ravin ne présentent que quelques caractères particuliers provenant de ce qu'ils sont destinés à supporter de grandes masses d'eau. Il est clair, en effet, que pour ces sortes de ponts la hauteur des tympans sera toujours très grande puisque ces derniers doivent constituer les parois latérales de la cuvette du canal. Il convient donc, par une architecture appropriée, de ne pas rendre cette hauteur trop apparente afin de ne pas donner à l'ouvrage un caractère de lourdeur. Les dispositions à adopter pour obtenir ce résultat peuvent évidemment varier à l'infini. Nous nous contenterons d'indiquer celles qui ont été employées au pont canal de l'Orb, sur le canal du Midi, à Béziers (*fig.* 878 à 880), qui peut passer pour un modèle du genre. Comme les murs des tympans doivent avoir au sommet une largeur de 2 à 3 mètres, puisqu'ils doivent servir de chemins de halage, on les a évidés par des voûtes longitudinales en ne leur conservant que l'épaisseur nécessaire pour résister à la poussée de l'eau du canal. Ces évidements diminuent dans une très grande porportion le cube de maçonnerie et par suite le poids mort à faire supporter inutilement par la voûte. Des petites

voûtes transversales font communiquer la voûte d'évidement avec l'extérieur et en évidant les tympans donnent à l'ensemble du pont un aspect des plus heureux.

La construction des ponts-canaux doit

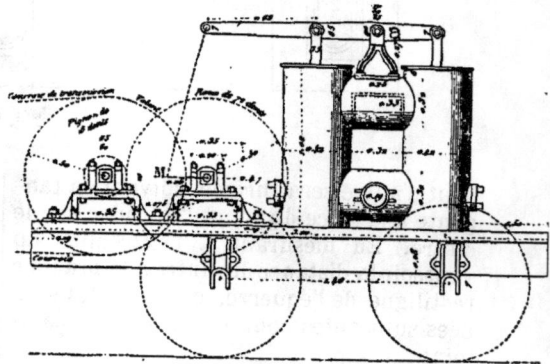

Fig. 883. — Pompe d'épuisement à deux cylindres. Élévation.

toujours être effectuée avec des mortiers de qualité irréprochable, car dans ces ouvrages toute fuite d'eau pourrait avoir des conséquences très fâcheuses.

Pour que la cuvette soit absolument étanche il faut qu'elle ne soit pas sujette à des mouvements. Or, dans les ponts à plusieurs arches les effets de dilatation ou de contraction, résultant des variations de température, sont toujours à craindre et il convient, pour les rendre aussi faibles que possible, que les voûtes des ponts-canaux ne soient trop surbaissées et n'aient pas de trop grandes dimensions.

Pour prévenir les écartements provenant des pressions des eaux de la cuvette sur les tympans, on peut réunir les deux têtes des voûtes par des chaînes horizontales en pierres de taille ; les diverses pierres de ces chaînes étant rendues solidaires les unes des autres, comme au pont de Montlouis sur la Loire, par des cales en bois de chêne, taillées en double queue d'hironde et scellées au ciment (n° 633, tome I.)

La cuvette sera rendue absolument

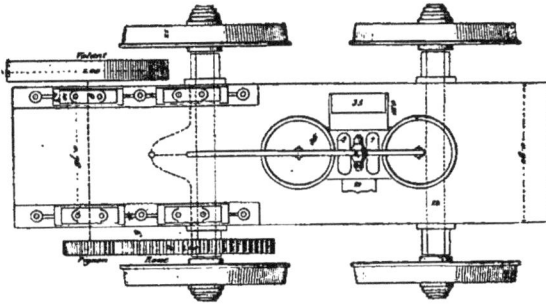

Fig. 884. — Pompe d'épuisement à deux cylindres.
Plan.

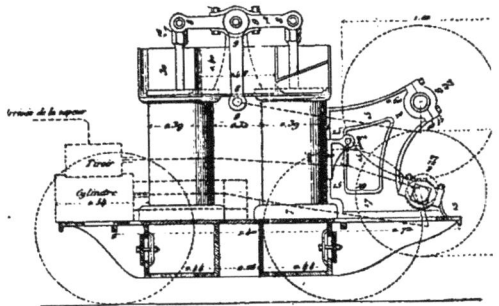

Fig. 885. — Pompe d'épuisement à quatre cylindres.
Élévation.

étanche par un enduit de ciment de Vassy de 0m,03 d'épaisseur posé sur un rocaillage en mortier de ciment composé en volume de deux parties de ciment et de cinq parties de sable. Quelquefois son fond est dallé pour supporter les coups de gaffe.

828. Les ponts aqueducs, établis pour livrer passage, au-dessus des ravins, aux conduites d'eau d'alimentation des réservoirs des villes, seront construits d'après les mêmes principes. La figure 881 représente la coupe transversale de l'aque-duc du pas du Riot construit pour la distribution d'eau de Saint-Étienne.

Pendant l'hiver qui a suivi la construction de cet aqueduc il s'est produit un suintement sur les tympans à proximité du joint de rupture. On a alors vidé l'aqueduc et la fissure du radier a été entaillée sur 0m,05 de profondeur et 0m,10 de largeur. Ceci fait, on l'a remplie avec du goudron végétal mêlé avec un peu de bitume. Après avoir recouvert le tout d'un enduit de ciment de 0m,03 d'épaisseur il ne s'est produit aucun suintement.

CHAPITRE IV

ORGANISATION ET INSTALLATION GÉNÉRALE DES CHANTIERS.

§ I. — MATÉRIEL DE L'ENTREPRISE

829. Le matériel nécessaire à la construction d'un pont varie évidemment suivant l'importance de l'ouvrage. Pour les pontceaux fondés sur terrain ordinaire le matériel sera des plus simples, car les maçonneries de fondation et d'élévation pourront être exécutées sans aucune difficulté.

Pour les viaducs, au contraire, les fondations, effectuées d'après les principes développés précédemment, exigent un matériel souvent considérable. Les piles et culées, devant être élevées en général, à une grande hauteur nécessitent de même pour leur exécution des engins de manœuvre assez puissants pour amener les matériaux à pied-d'œuvre assez rapidement pour que le travail des maçons ne soit jamais interrompu. Il importe donc, dans la construction des ouvrages d'une certaine importance, de ne rien négliger pour que le matériel nécessaire à leur exécution soit parfaitement approprié au mode de construction adopté. C'est, en effet, de la bonne utilisation d'un matériel confortable que dépendent le plus souvent la rapidité d'exécution et l'économie de main-d'œuvre.

Matériel nécessaire à l'exécution des fondations.

830. Nous avons déjà indiqué, lorsque nous avons passé en revue les divers modes de fondations employés suivant la nature du terrain, les moyens mis en œuvre pour leur exécution dans chaque cas, ainsi que le matériel employé. Il nous reste à donner quelques indications sur le matériel d'épuisement des fouilles et sur le matériel de dragage.

Pour que les frais d'épuisement soient réduits à leur plus simple expression tout en permettant de travailler dans plusieurs fouilles à la fois, on peut (*fig.* 882) réunir les fouilles par un canal latéral amenant les eaux dans un puisard unique d'où elles sont extraites par des pompes.

831. Les pompes employées peuvent être à deux ou à quatre cylindres, comme celles représentées par les figures 883 et

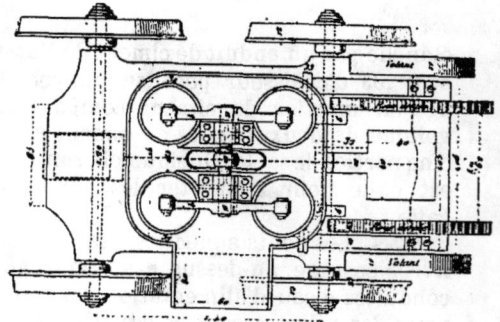

Fig. 886. — Pompe d'épuisement à quatre cylindres. Plan.

885, qui ont servi à l'épuisement des fouilles des piles et culées du pont sur la Garonne à Saint-Pierre-de-Gaubert. Ces pompes sont montées sur un chariot de manière à pouvoir être déplacées sur rails.

La première se compose de deux corps de pompe cylindriques avec piston Letestu ; elle offre les avantages suivants :

1° Le corps de pompe n'a pas besoin d'être alésé, ce qui diminue le prix de revient ;

2° Les réparations sont faciles ;

3° La pompe fonctionne très régulièrement, même pour épuiser des eaux chargées de gravier.

Les deux corps de pompe sont réunis inférieurement par un cylindre sur lequel se branche le tuyau d'arrivée de l'eau d'é-puisement et à la partie supérieure par un autre cylindre recevant alternativement l'eau élévée par chacun des pistons

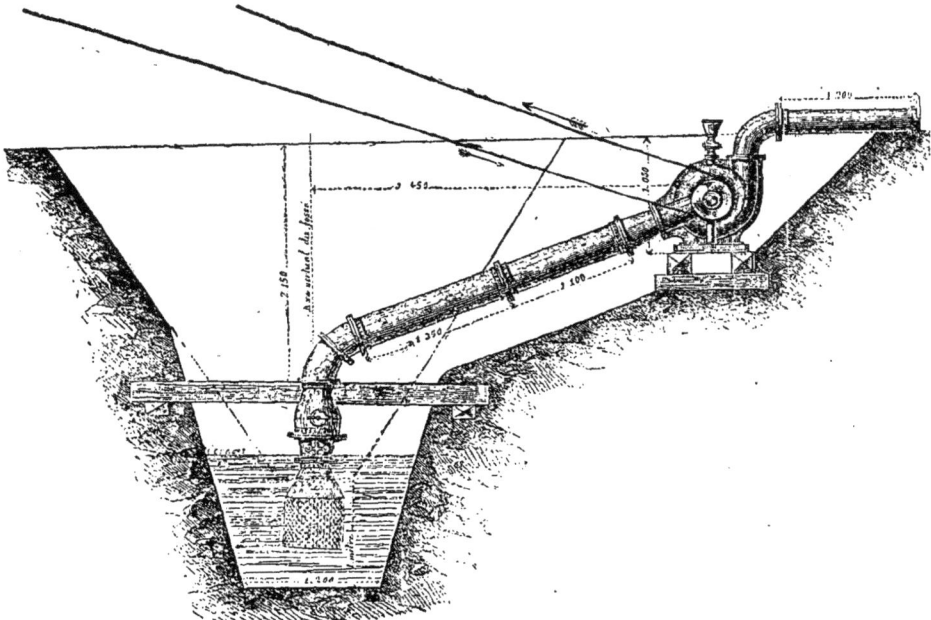

Fig. 887. — Epuisement par pompe centrifuge.

et la conduisant par un tuyau incliné

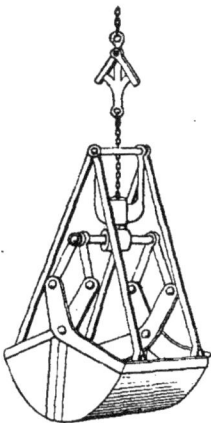

Fig. 888.

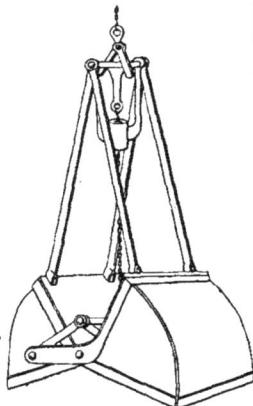

Fig. 889.

832. La pompe à quatre cylindres por-

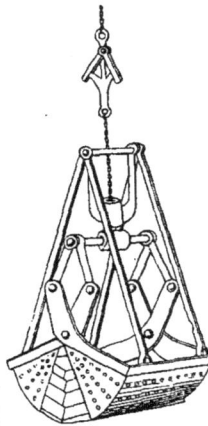

Fig. 890.

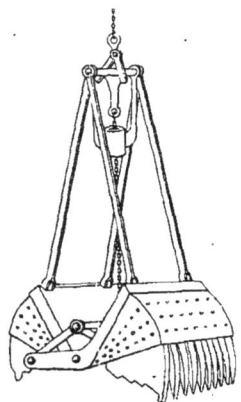

Fig. 891.

dans une bâche d'où elle s'écoule dans la rivière par un moyen quelconque.

te sa machine de manœuvre à laquelle la vapeur est fournie par une chaudière montée sur un chariot analogue à celui de la pompe, ce qui permet de déplacer l'ensemble suivant les besoins.

Les quatre pistons de la pompe sont disposés en carré et sont réunis sous le chariot par une caisse dans laquelle l'eau d'épuisement est aspirée. Cette eau est ensuite refoulée par les pistons et s'en va à la rivière.

La machine motrice est horizontale, à détente et sans condensation. Le mouvement est transmis par bielle et manivelle

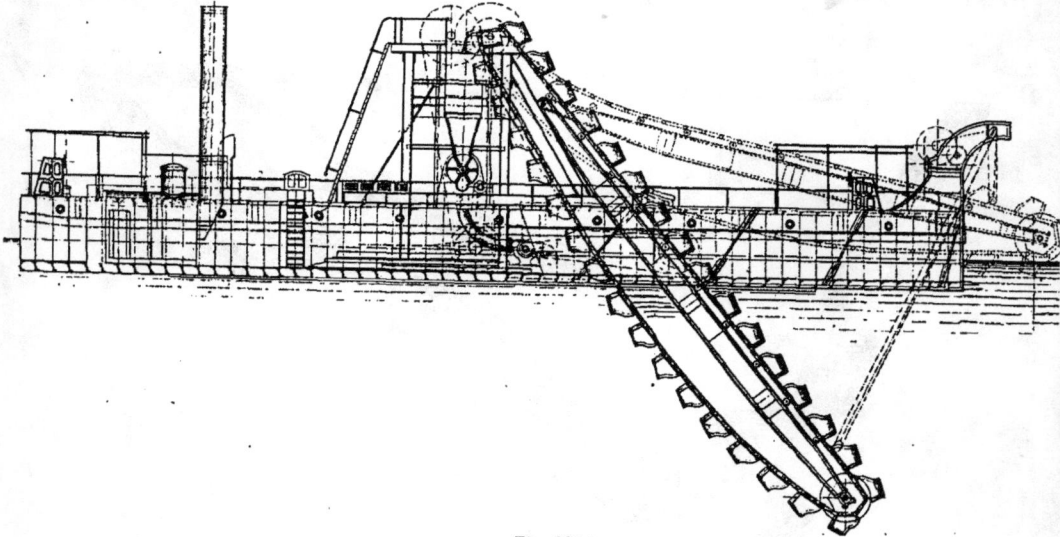

Fig. 892.

à un arbre portant pignons et volant. Ce premier arbre transmet par engrenages le mouvement à un deuxième dont le mouvement de rotation est transformé par bielle et manivelle en mouvement alternatif transmis à l'arbre de rotation des balanciers des tiges de pistons.

Ces pompes peuvent élever en une heure 200 mètres cubes d'eau à 6 mètres de hauteur, tandis que les premières ne peuvent en élever que 75.

833. Les épuisements se font souvent à l'aide de pompes centrifuges actionnées à distance par une locomobile installée sur une des rives de la rivière. Le mouvement est transmis par un câble en fil d'acier (*fig.* 887).

Ces pompes ont l'avantage d'être peu encombrantes, de nécessiter une installation des plus simples et de déverser en un flot continu de grandes quantités d'eau.

Matériel de dragage.

834. Le dragage des piles en rivière se fait en général à la machine et ce n'est que lorsque les enceintes sont construites qu'on fait usage de la drague à main.

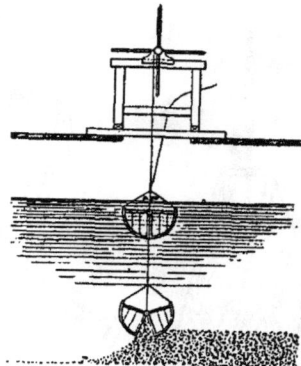

Fig. 893. — Installation pour immersion du béton dans l'eau.

Ce travail nécessite des ouvriers spéciaux habitués à ces opérations ; aussi, le plus souvent, on est obligé de faire descendre sous l'eau des ouvriers munis de scaphandres pour visiter les fouilles et achever le nettoyage.

835. Les dragues à main sont de petites caisses en tôle ouvertes au-dessus et à l'avant, ayant la forme des pelles employées par les mariniers pour vider l'eau des bateaux. Ces dragues sont emmanchées dans des hampes en bois, de manière à pouvoir atteindre le fond de la fouille. Elles sont manœuvrées, en général, par un seul homme et servent ordinairement à draguer les terrains d'argile de gravier ou de galets.

836. On emploie encore la drague à treuil qui ne diffère de la précédente que par ses dimensions qui sont beaucoup plus grandes. Comme le poids des matériaux qu'elle élève est trop considérable pour qu'elle puisse être manœuvrée par un seul homme, elle porte une anse à la quelle on fixe une corde actionnée par un treuil.

837. Le dragage à la machine se fait à l'aide de dragues mécaniques installées sur des bateaux appelés bateaux dragueurs. Ces dragues sont formées par des godets en fortes tôles fixés aux traverses d'une chaîne sans fin à longues mailles. Cette chaîne s'enroule sur un tambour et circule sur un plan qu'on peut incliner de quantités variables suivant les besoins. Les godets s'emplissent en passant à tour de rôle sur le fond du lit de la rivière et viennent se vider à la partie supérieure dans un couloir qui les conduit dans un deuxième bateau placé à côté du premier (1).

838. La figure 892 représente la drague employée par M. J. Allard, aux travaux du canal de Tancarville. Le transport des déblais se fait par pompe centrifuge à axe horizontal, et, pour que les matières soient bien divisées avant de passer dans le courant de refoulement de la pompe, elles passent d'abord dans un appareil distributeur, constitué par un cylindre en fonte traversé par un arbre

portant six ailettes formant six secteurs· Ce cylindre est traversé à la partie inférieure par le tuyau de refoulement de la pompe, et le courant de l'eau de celle-ci ne peut remonter car le cylindre est alésé de manière que les ailettes en tournant dans son intérieur conservent aux secteurs une étanchéité absolue.

Ainsi, les matières draguées tombent des godets dans le distributeur, sont entraînées dans le mouvement de rotation et sont présentées devant le courant de la pompe qui les entraîne tout en nettoyant le secteur à son passage. L'eau entraîne les déblais dans les tuyaux en acier supportés par des flotteurs en bois et reliés par des manchons en cuir.

839. *Bennes-dragues.* — Depuis quelques années l'emploi de ce genre de bennes a pris beaucoup d'extension. Elles servent à vider l'intérieur des batardeaux et à enlever sous l'eau les rochers, les sables et les vases. Ce sont des appareils demi-cylindriques dont les deux moitiés se rapprochent comme des mâchoires ou comme les doigts de la main et enlèvent avec eux les terres, graviers et gros blocs. Ce sont des machines peu encombrantes et dont la manœuvre est des plus simples. Primitivement il fallait pour les manœuvrer une grue d'une forme spéciale à deux tambours et deux chaînes, mais, avec les dispositions indiquées dans les figures 888 à 891 (benne-dragues du système J. Burgue) elles n'exigent qu'une seule chaîne et une grue ordinaire.

La benne-drague, représentée par les figures 888 et 889, s'emploie pour les sables, les graviers et les vases. Celle représentée par les figures 890 et 891 s'emploie pour les vases compactes, les rochers sautés à la mine, et en général, pour toute espèce de matière, sauf les semi-fluides et les matières très-fines.

Matériel nécessaire à l'exécution des maçonneries.

840. Le matériel nécessaire à l'exécution des maçonneries est évidemment très variable et il serait bien difficile d'en

---

(1) Pour plus de détails sur le matériel de dragage et d'épuisements, voir *Traité des Fondations mortiers, maçonneries* par G. Oslet et J. Chaix. (3ᵉ partie du *Cours de Construction*).

Fig. 895.

Vue de côté.

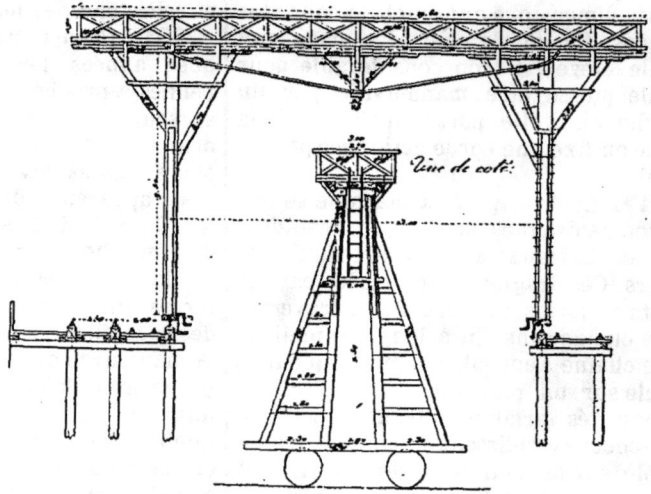

Fig. 896. — Pont de service du pont de Saint-Pierre-de-Gaubert.
Coupe transversale. — Grue roulante.

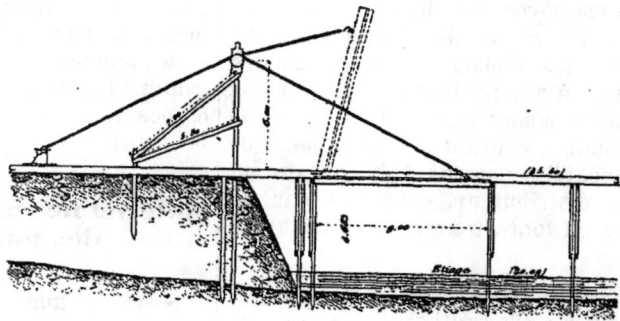

Fig. 897.

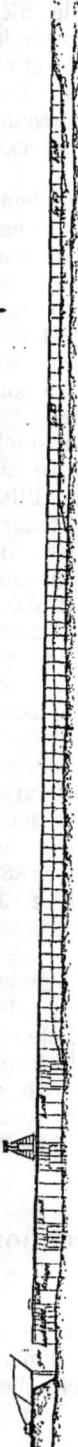

Fig. 894. — Élévation du pont de service du pont de Saint-Pierre-de-Gaubert, sur la Garonne.

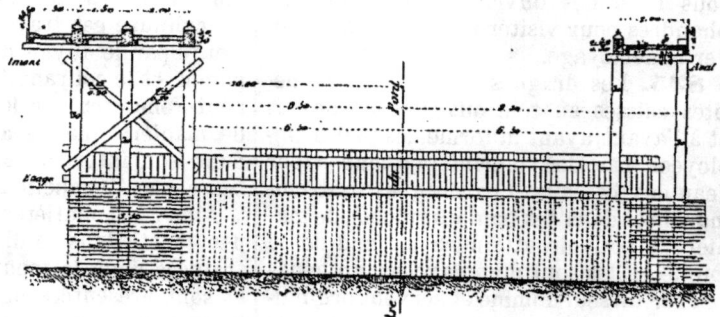

donner une énumération précise. Il comprend principalement les machines servant à la fabrication des mortiers et du béton, au transport des matériaux et à leur levage.

841. Les machines les plus employées pour la fabrication du mortier sont les broyeurs représentés par la figure 898.

Ce sont des cuves cylindriques en bois, de 1 mètre environ de hauteur et de

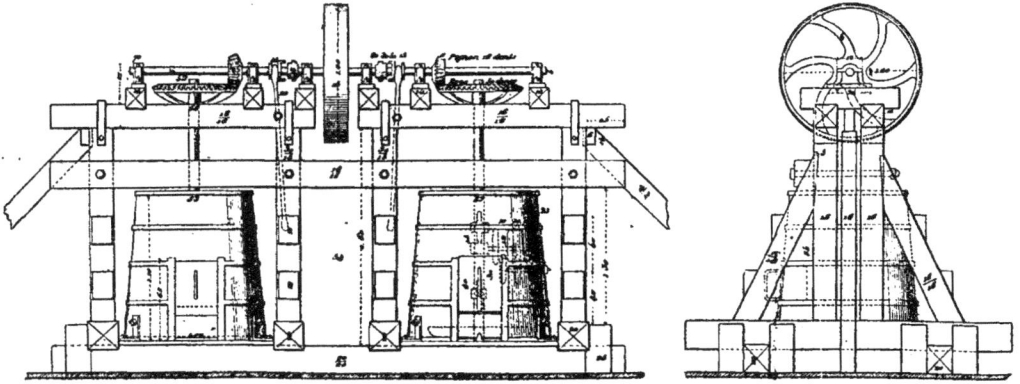

Fig. 898. — Broyeur pour la fabrication du mortier.

0^m,90 de diamètre, percées inférieurement d'une porte à coulisse pour la sortie du mélange. Un arbre vertical, portant trois croisillons armés de dents en fer, déter-

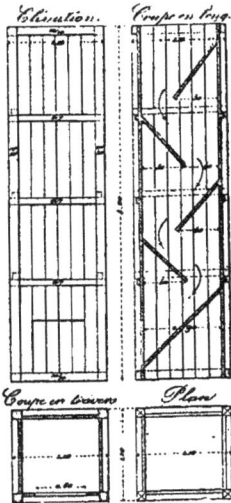

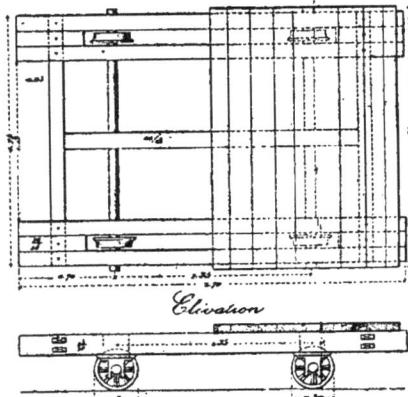

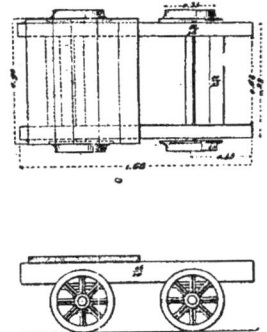

Fig. 899.   Fig. 900.   Fig. 901.

mine par sa rotation le mélange du sable et de la chaux. Des raclettes fixées à la partie inférieure de l'arbre conduisent le mortier vers la porte à coulisse.

Les arbres des broyeurs sont mis en mouvement par une machine locomobile.

842. Le béton se fabrique le plus ordinairement sur les chantiers à l'aide d'un couloir ou caisse rectangulaire en bois à l'intérieur de laquelle on a établi des plans inclinés disposés comme l'indique la figure 899. Le mélange préparatoire jeté, à la pelle sur le plan incliné supérieur, descend de plan en plan jusqu'au dernier qui aboutit à une ouverture latérale de la caisse par où le béton sort tout préparé.

843. Si les travaux ont une grande importance on emploie plusieurs couloirs placés côte à côte et établis sur une charpente à la partie supérieure de laquelle arrivent par plans inclinés les matériaux nécessaires à la fabrication du béton. Celui-ci tombe alors dans des petits wagonnets amenés sous les bétonnières à l'aide de voies de chemin de fer. De là, ils le conduisent à l'endroit où il doit être employé, en passant sur le pont de service.

844. *Matériel de transport des matériaux:* — Les matériaux préparés dans les différents chantiers sont amenés, en général, à l'endroit où ils doivent être employés à l'aide de petits wagonnets à plate-forme représentés sur les figures 900 et 901. Le premier, le plus grand, sert au transport de la pierre de taille et des moellons avec les dimensions indiquées sur la figure; il peut contenir environ un mètre cube de pierre de taille ou de moellons.

Le deuxième (*fig.* 901), de dimensions plus restreintes, peut servir au transport du mortier contenu dans des caisses rectangulaires.

845. *Montage des matériaux.* — Pour le montage des matériaux on se sert souvent de grues roulantes établies sur le pont de service (*fig.* 896), ou des diverses dispositions indiquées lorsque nous avons parlé des échafaudages employés pour la construction des piles et pour la construction des voûtes (§ II et III du chapitre précédent).

§ II. — PRÉPARATION ET MISE EN OEUVRE DES MATÉRIAUX

846. Dans les petits ouvrages les pierres de taille et les moellons sont, en général, plus finement travaillés que dans les grands viaducs. Pour ces derniers, en effet, les parements vus de la pierre de taille sont ordinairement bouchardés entre ciselures et portent souvent des bossages quand ils sont en élévation.

Ceci a surtout pour but d'éviter que des surfaces lisses et parfaitement travaillées soient au milieu de grands parements de moellons simplement dégrossis.

Les moellons de parements ont, en effet, en élévation, dégrossis au marteau et présentent des bossages de manière à donner à l'ensemble un aspect de rudesse qui sied bien à la grande masse de l'ouvrage. Du reste, comme nous l'avons dit déjà, les arêtes des moellons sont taillées au ciseau et tout en facilitant la pose des voussoirs, accusent parfaitement les angles de la construction.

847. *Préparation des mortiers.* — La solidité de la maçonnerie a pour éléments, la manière dont elle est effectuée et surtout l'énergie des mortiers. Il importe donc, dans la confection de ceux-ci, d'apporter tous les soins susceptibles d'améliorer leur qualité.

Ils sont fabriqués, en général, avec de la chaux hydraulique et du sable fin; on ajoute quelquefois à ce mélange une certaine quantité de ciment à prise lente pour les mortiers qui doivent être employés dans les endroits où la pression de la maçonnerie doit dépasser 6 kilogrammes par centimètre carré. Cette addition est en général de 100 kilogrammes de ciment par mètre cube de mortier ayant la composition suivante:

Chaux en poudre... 350 kilogrammes.
Sable fin............ 1 mètre cube.

Dans certains ponts, et notamment à la construction du pont de Claix, près de Grenoble, le mortier a été formé par un mélange de sable et de ciment artificiel Vicat. Au pont de Claix, la proportion était la suivante:

Sable fin du Drac...... 1 mètre cube.
Ciment artificiel Vicat.. 1,000 kilos.

La quantité d'eau absorbée par ce mélange était 363 litres et le volume final était 1^{mc}, 360. Ces mortiers pesaient environ 2 kilogrammes par décimètre cube et les expériences auxquelles ils ont donné lieu, au point de vue de la résistance, ont fourni les nombres suivants, après un mois:

Arrachement............ 15 kilogr.
Écrasement............. 79 kilogr.

par centimètre carré.

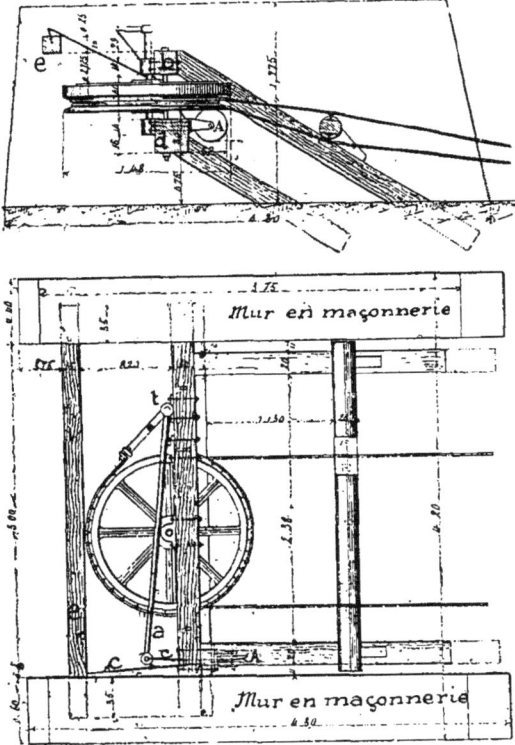

Fig. 902.

848. Le mélange des matières composant le mortier doit se faire dans un hangar, près des tonneaux dont nous avons déjà donné la description.

Le dosage se fait en général à l'aide de brouettes de 0,^{m3}070 de capacité. On étend une couche de sable de 0^m10 à 0^m15 d'épaisseur sur une aire en planches, on met la chaux par dessus et on fait le mélange à sec, puis on arrose, et, quand le mortier est préparé, on le met dans les broyeurs mécaniques.

849. *Fabrication du béton.* — Le béton s'obtient en mélangeant sur une aire plane du mortier et des cailloux de 0^m,03 à 0^m,04 de diamètre dans la proportion de 1 à 2 en volume.

On commence par étendre d'abord une couche de cailloux, puis une couche de mortier, une nouvelle couche de cailloux et ainsi de suite. Lorsque le mélange préparatoire est terminé, on continue la fabrication dans le couloir à béton dont nous avons déjà donné la description.

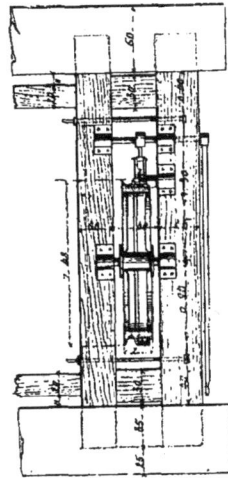

Fig. 903. — Coupe par l'axe de la poulie de la figure 902.

Il importe, avant d'employer les cailloux, de bien les laver pour enlever les poussières qui empêcheraient une parfaite adhérence avec le mortier et pour les rendre moins absorbants.

Le lavage des cailloux doit se faire, au moment d'effectuer le mélange, dans des brouettes dont le fond est formé par des barreaux de grille. Ces brouettes, d'une capacité déterminée, servent en même temps à doser les cailloux.

Le béton pour la chape s'obtient, le plus souvent, en mélangeant des volumes égaux de mortier et de cailloux.

§ III. — ATELIERS DE DÉPOT. — ORGANISATION DES CHANTIERS

850. Les dépôts d'approvisionnements doivent être le plus près possible des endroits où les matériaux doivent être employés, de manière que leur dernier transport à pied-d'œuvre soit aussi facile et aussi économique que possible. C'est ainsi que les dépôts de sable et de chaux doivent être établis à proximité des hangars sous lesquels sont installés les broyeurs à mortier. Ces derniers auront du reste leur place marquée sur le plan général de l'installation du chantier par la seule condition que le transport du mortier aux endroits où il doit être employé soit le plus rapide possible, de manière que les maçons en aient toujours dans leur auge une quantité suffisante. Souvent même le dépôt de chaux se fait dans le hangar servant à la fabrication du mortier. Ce hangar est alors divisé en

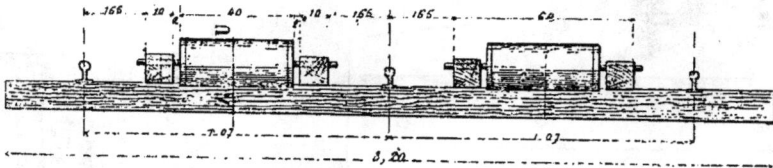

Fig. 904. — Détail de la voie du plan incliné pour transport de matériaux.

trois parties. Dans la première on met l'approvisionnement de chaux ; dans la deuxième, les broyeurs à mortier. et enfin dans la troisième, la machine locomobile qui les actionne et qui met en mouvement la pompe servant à élever l'eau dans un réservoir installé sur charpente en bois. C'est de ce réservoir que l'eau est conduite par tuyaux aux endroits où son emploi est nécessaire.

Fig. 905

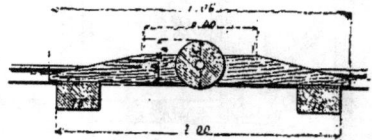

Fig. 906. — Coupe suivant ZU (voir fig. 904).

851. L'atelier de fabrication du béton doit être très près de celui du mortier, ainsi que les dépôts de sable et de cailloux.

L'approvisionnement de la pierre de taille et des moellons s'établit, en général, à une des extrémités du pont de service qui sert à les transporter à pied-d'œuvre à l'aide de petits wagonets. Leur transport au chantier peut se faire de diverses manières suivant les localités ; le plus souvent il s'effectue par une petite voie de chemin de fer qui va jusqu'à la carrière, quand celle-ci n'est pas trop éloignée de l'ouvrage à construire. D'autres fois ces matériaux arrivent par bateaux.

852. Il peut arriver que l'emplacement de la carrière soit tel qu'il soit impossible de transporter les moellons au chantier par les moyens de transport ordinairement employés.

C'est ce qui arrive lorsque la voie de communication à établir traverse des vallées étroites et profondes dont les terrains environnants n'offrent aucune ressource en moellons. Il faut alors souvent aller les chercher au faîte même de la colline et les conduire au chantier au moyen d'un plan incliné si la pente est trop raide, ce qui arrive le plus souvent dans ce cas. Ces plans inclinés peuvent évidemment différer dans leur installation suivant les circonstances locales. Celui qui est représenté par les figures 902 à 906 a été employé par les entrepreneurs chargés de la construction d'un des viaducs de la ligne d'Alais à Brioude.

La voie de ce plan incliné se compose de trois rails (*fig.* 904), celui du milieu servant en même temps aux wagonnets montants et descendants. A son milieu elle était dédoublée, comme l'indique la figure 905, de manière à former un garage au point de rencontre des wagonnets fixés aux deux extrémités du cable de manœuvre passant sur une poulie fixée au sommet du plan incliné. Pour éviter le frottement du câble pas sur les traverses on le maintenait au-dessus de celles-ci par des rouleaux cerclés de fer et dont les axes étaient portés par des petites longrines fixées sur les traverses.

Comme la descente des wagonnets pleins n'aurait pas été suffisamment ralentie par la montée des wagonnets vides il était nécessaire d'établir au sommet du plan incliné un frein assez puissant pour prévenir toute espèce d'accident. Ce frein était constitué par une roue en fonte divisée suivant son épaisseur en deux parties.

La partie inférieure formait la poulie, dans la gorge de laquelle s'enroulait le câble de manœuvre des wagonnets ; la partie supérieure portait une échancrure dans laquelle s'engageaient les voussoirs en bois de chêne cloués sur une bande de fer constituant le sabot du frein. Ce sabot était maintenu par un tourillon t fixé au madrier horizontal b, et sur lequel était articulée une bielle a mise en mouvement en tirant sur un câble c.

Ce câble s'enroulait sur la poulie A, fixée à la poutre d, et son extrémité était retenue par le madrier e, comme l'indique le dessin. En tirant sur le câble c, on avait donc la faculté d'actionner le frein, et par suite de modérer la descente.

Les matériaux arrivant par voie charretière au sommet du plan incliné étaient

donc descendus avec ce dispositif à la hauteur de leur lieu d'emploi. Le plus souvent ce sera jusqu'au niveau du pont de service installé sur toute la longueur de l'ouvrage à construire et destiné, comme nous l'avons vu, au transport des matériaux d'une extrémité à l'autre du pont et à leur montage aux chantiers des piles et des voûtes à l'aide de grues roulantes.

853. Lorsque les ponts de service sont installés sur des rivières navigables, il faut avoir soin de laisser une des travées mobile pour le passage des bateaux, comme l'indique la figure 894 qui représente le pont de service qui a été employé pour la construction du pont sur la Garonne à Saint-Pierre-de-Gaubert, et dont la coupe transversale est représentée par les figures 895 et 896.

L'appareil de manœuvre du plancher

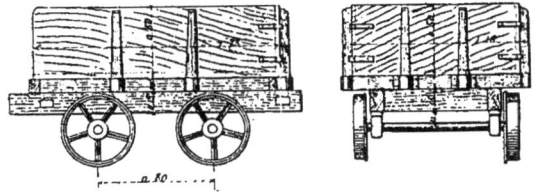

Fig. 907. — Wagonnet pour transport de matériaux.

de la travée mobile de ce pont est indiqué sur la figure 897. Deux pieux réunis par des moises et solidement contre-butés en arrière s'élevaient à 6 mètres au-dessus du pont et portaient chacun une poulie à gorge dans laquelle passait un cable fixé, d'une part, à l'extrémité du plancher de la travée et, d'autre part, au tambour d'un treuil situé à quelques mètres en arrière et parfaitement établi sur le sol. On conçoit qu'en manœuvrant ce treuil on puisse amener le plancher de la travée mobile dans un plan presque vertical et laisser ainsi libre passage aux bateaux.

854. Le pont de service n'est pas toujours établi à demeure comme celui du pont de Saint-Pierre-de-Gaubert ; nous avons vu, en effet, qu'au viaduc de l'Aulne il reposait sur les piles en construction et était relevé au fur à mesure de l'élévation de celles-ci. Il faudra choisir, suivant les circonstances locales, celle de ces deux dispositions qui sera la plus économique. Mais quelle que soit celle que l'on adopte, il faut avoir soin de disposer les voies du

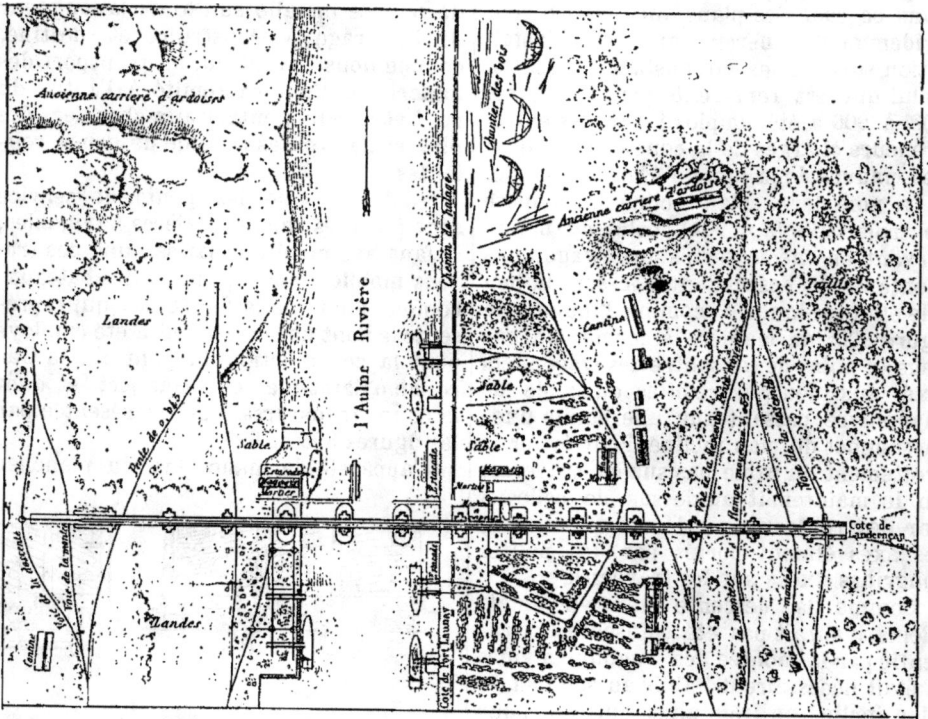

Fig. 908. — Plan général du chantier de construction du viaduc de l'Aulne.

chantier qui y aboutissent et qui servent au transport des matériaux, de manière à éviter les encombrements et, par suite, les pertes de temps dans les manœuvres. Ces

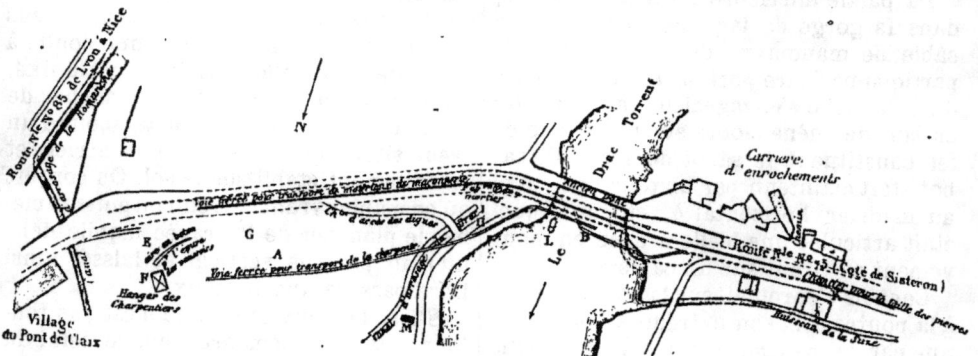

Fig. 909 — Plan général du chantier de construction du pont de Claix.

voies ne pourront pas toujours être établies commodément surtout si, comme au viaduc de l'Aulne, le chantier est établi à flanc de côteau.

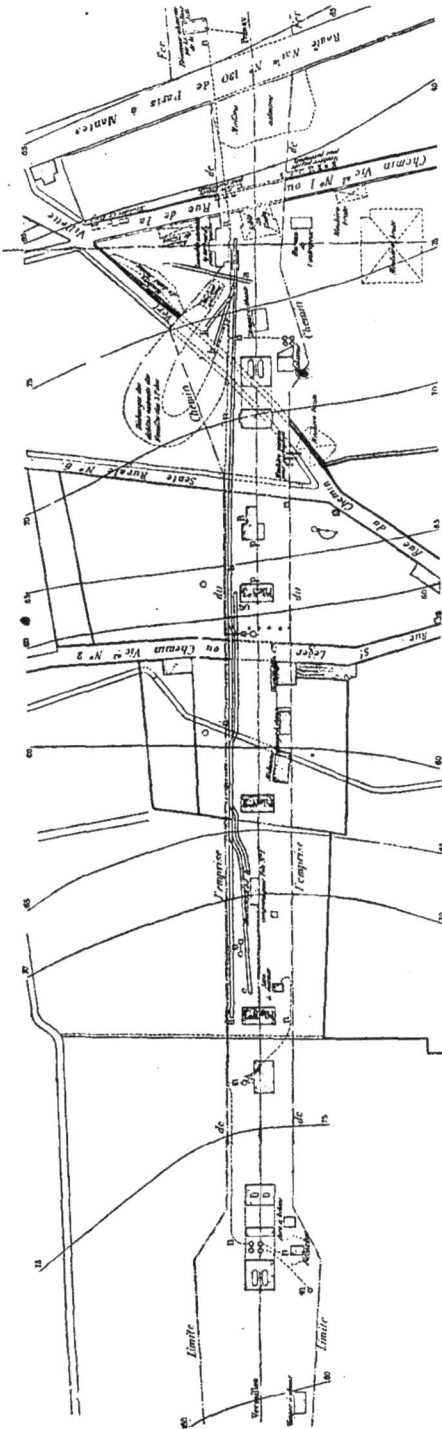

Fig. 910. — Plan général du chantier de construction du viaduc du Val-Saint-Léger.

Les travées du pont de service portaient, à ce viaduc, deux voies de fer qui se raccordaient vers les deux extrémités, de manière à en former une seule aboutissant à une plaque tournante servant à établir la communication avec les voies du chantier. L'une de ces voies servait à la montée des wagonnets pleins et l'autre à la descente des wagonnets vides. Ces voies établies sur le versant d'un côteau avaient des inclinaisons assez fortes; elles s'élevaient à $0^m,065$ par mètre pour la montée et à $0,^m120$ pour la descente. Aussi, pour remorquer les wagonnets chargés jusqu'à la plaque tournante, il a fallu établir des relais de chevaux. Le plan général (fig. 908) indique suffisamment la disposition de ces voies pour qu'il nous soit inutile d'insister. Qu'il nous suffise de dire, pour compléter la description du plan général du chantier du viaduc de l'Aulne, que tous les matériaux nécessaires à sa construction étaient amenés par eau. Huit estacades, avec grues fixes à treuils roulants, servaient au déchargement des barques. De là, les matériaux étaient transportés par les voies de chemin de fer, figurées sur le dessin, aux chantiers de taille et aux dépôts d'approvisionnements.

855. La figure 909 représente le plan général du chantier de construction du pont de Claix. L'atelier de fabrication du mortier est situé, comme cela se fait en général, à l'extrémité du pont de service pour diminuer les pertes de temps pendant le transport. A une certaine distance on a établi une aire en béton pour l'épure des voussoirs et un emplacement pour le montage d'essai des fermes des cintres. Le chantier de taille des voussoirs était à l'extrémité du pont de service opposée à celle où on fabriquait le mortier.

856. Pour compléter les renseignements relatifs à l'organisation des chantiers nous donnons sur la figure 910 le plan général des chantiers de construction du viaduc du Val Saint-Léger, dont nous avons décrit le système de fondations au numéro 748. Ce plan indique les dispositions prises pour l'exécution des fondations à air comprimé de ce grand viaduc. Pour que sa description soit débarrassée de tout détail fastidieux, nous la résumons dans la légende suivante (1), qui, avec le dessin, suffira pour faire comprendre les dispositions adoptées.

A. Hangars renfermant deux locomobiles et les treuils nécessaires à l'extraction des déblais de la pile n° 1 ;

B. Hangar abritant le compresseur d'air ainsi que les locomobiles qui l'actionnent et qui servent en même temps à l'extraction des déblais de la pile n° 3 ;

ab. Plan incliné ;

a, b, c, d. Voies de service pour l'enlèvement des déblais provenant des fouilles ;

ce. Voies d'arrivée des matériaux destinés à la construction de la pile n° 1 ;

e, f. Voies servant à l'approvisionne-

(1) *Annales des ponts et chaussées*, 1882 (2e semestre).

ment du charbon pour la locomobile actionnant le compresseur d'air ;

cg. Voies de dégagement ;

akah. Voies de décharge des déblais provenant des fouilles des piles ;

al. Voie d'arrivée des matériaux de construction ;

uu. Tuyaux d'arrivée d'eau pour la fabrication du béton, du mortier ;

pp. Tuyaux de refoulement de l'air comprimé.

857. Nous terminerons ce qui est relatif à l'organisation générale des chantiers, en disant que sur un chantier organisé dans de bonnes conditions, il est utile d'inscrire sur un registre, outre les attachements relatifs aux fondations et à la situation des travaux, les faits principaux, l'état de l'atmosphère, etc.

II. — TUNNELS

I. – PROJET

CHAPITRE PREMIER

§ I. — CONSIDÉRATIONS GÉNÉRALES.

858. On donne la dénomination de tunnels à des galeries souterraines destinées à livrer passage à des lignes de chemin de fer et à des canaux à travers les montagnes même les plus élevées. Quoique cela soit plus rare, on en a même construit pour des routes et on peut citer comme exemple le tunnel du Lioran sur la route de Lyon à Bordeaux.

Lorsque le terrain est solide, l'exécution de ces ouvrages est surtout un travail de force et de patience ; mais, lorsque le terrain est ébouleux ou aquifère le percement ne peut se faire que par des méthodes spéciales très onéreuses et, dans ce cas, si on a une très grande longueur de tunnel, il est utile d'étudier un autre tracé et de se rendre compte de la solution la plus économique.

Quelle que soit la nature du terrain, on ne devra pas perdre de vue, dans le percement d'un tunnel, que le temps est un élément important, car, en prolongeant sa durée d'exécution au-delà de celle des autres parties de la voie de communication à établir, on perdrait l'intérêt des sommes consacrées à leur exécution. Aussi, quand on le peut, on attaque non seulement le tunnel par ses deux têtes, mais encore en des points intermédiaires à l'aide de puits verticaux ou de galeries inclinées dont le nombre et l'emplacement se déterminent comme nous l'indiquerons dans un des paragraphes suivants. Si le tunnel, traversant de hautes montagnes, doit avoir une grande longueur, on devra s'assurer qu'on pourra maintenir dans les chantiers un aérage suffisant et une température telle que les ouvriers puissent travailler sans être trop incommodés. Il faudra aussi se préoccuper, dans le choix de la méthode d'exécution, de l'écoulement des eaux et ne pas perdre de vue que pour un tunnel à deux voies de chemin de fer on aura à abattre environ 65 mètres cubes de roche par mètre d'avancement, ce qui, après foisonnement, fera 100 mètres cubes de déblais à conduire au dehors. En même temps on aura à assurer la rentrée dans le souterrain en exécution de 12 à 15 mètres cubes de matériaux pour la maçonnerie de la voûte par mètre courant, ainsi que la circulation des bois de soutènements provisoires et des cintres.

859. Lorsque le tunnel traverse des terrains résistants, on attaque en général la section par gradins droits, de manière à multiplier autant que possible le nombre des chantiers et, par suite, utiliser un grand nombre d'ouvriers au percement. Ces gradins devront être assez larges pour que les chantiers soient complètement indépendants les uns des autres. L'avancement du gradin supérieur sera évidemment plus difficile et plus lent, car le front de taille ou paroi d'attaque n'est dégagé que sur une face, tandis que pour les gradins inférieurs le rocher est dégagé sur deux faces. L'avancement journalier varie évidemment avec la nature minéralogique des roches traversées ; ainsi, dans les roches scintillantes, les granits, par exemple, un chantier peut avancer de 0m,25 par jour, tandis que dans les calcaires l'avancement journalier peut au contraire varier entre 0m,45 et 0m,70.

860. Lorsqu'on fait usage de la perforation mécanique, qui a modifié toutes les conditions de percement, l'avancement d'une galerie est, en général, quatre à huit fois plus rapide. On conçoit donc que, si on n'avait qu'un front d'attaque en faisant usage de la perforation mécanique sur tout le front de taille de la section du tun-

nel, le déblaiement et le transport des terres au dehors ne pourraient se faire dans un temps assez court. On perdrait ainsi les avantages résultant de l'emploi des machines. Aussi, dans ce cas, il est indispensable de créer un grand nombre de points d'attaque pour que l'exécution des travaux se fasse sans encombrement et avec le plus de rapidité possible. L'un des moyens pour arriver à ce résultat consiste, comme nous l'avons dit plus haut, dans l'emploi d'un grand nombre de puits ; mais cette solution n'est pas toujours pratique si le tunnel doit traverser de hautes montagnes, car les puits, devant être forés à de grandes profondeurs, coûteraient très cher et entraîneraient avec eux bien des sujétions au point de vue de l'extraction

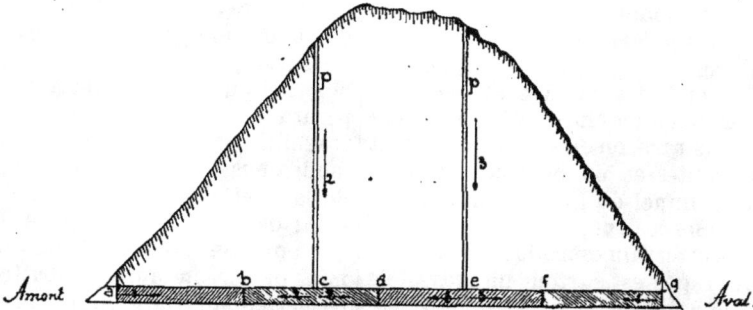

Fig. 911.

des déblais et des épuisements : d'où une augmentation notable du prix du souterrain.

861. Aussi, souvent, l'ouverture de plusieurs points d'attaque pourra être répartie longitudinalement sur une galerie appelée galerie d'avancement, ainsi nommée parce qu'elle est toujours poussée avec la plus grande rapidité et que son front de taille est ainsi le point le plus avancé du chantier. Cette galerie est percée soit à la base, soit au faîte de la section du souterrain, et dans les considérations qui guideront pour le choix de la méthode d'exécution du souterrain, il ne faudra pas oublier que les terrains pourront changer de nature au fur et à mesure de l'avancement. Les dispositions adoptées devront donc être telles qu'elles puissent se prêter faci-

lement à ces changements de structure du terrain traversé.

862. Lorsque le tunnel doit traverser des terrains non résistants on devra distinguer deux cas :

1° Le terrain est de consistance moyenne;
2° Le terrain est ébouleux.

Si le terrain est de consistance moyenne, on le soutiendra pendant le percement par des cadres avec garnissages à claires-voies et on conduira le percement à l'aide de la méthode dite par *section divisée*, c'est-à-dire en perçant l'excavation par parties successives et en exécutant le soutènement définitif par tronçons de maçonnerie successivement raccordés.

Si le terrain est ébouleux, on emploiera la méthode par *section entière*. Le muraillement sera fait par anneaux complets, car si on l'effectuait par tronçons isolés ceux-ci ne seraient pas également soutenus par le terrain sans consistance dans lequel s'effectue le percement. Il pourrait donc en résulter des mouvements qui rendraient les raccords difficiles entre les divers tronçons construits isolément.

863. Les principaux tunnels existants sont :

1° Le tunnel du Saint-Gothard	14 990	mètres
2° Le tunnel du Mont-Cenis	12 220	»
3° Le tunnel de l'Arlberg (Suisse)	10 270	»
4° Le tunnel de Giovi (Italie)	8 260	»
5° Le tunnel de Hoosac (Etats-Unis-Massachussets)	7 640	»
6° Le tunnel sous le Severn (Angleterre)	7 250	»
7° Le tunnel de Marianopoli (Palerme)	6 480	»
8° Le tunnel de Sutro, à Nevada	6 000	»
9° Le tunnel de Standridge (Angleterre)	4 980	mètres
10° Le tunnel de la Nerthe (près Marseille)	4 800	»
11° Le tunnel de Saint-Laurent (Canada)	4 580	»
12° Le tunnel de Belbo (Italie)	4 250	»
13° Le tunnel de Kochem (Allemagne)	4 230	»
14° Le tunnel de Blaisy (près Dijon)	4 100	»
15° Le tunnel du Crédo (ligne de Lyon à Genève)	3 900	»
16° Le tunnel de Rilly (embranchement de Reims)	3 500	»
17° Le tunnel du canal de Bourgogne	3 350	»
18° Le tunnel d'Oazurza (chemin de fer du Nord de l'Espagne)	3 000	»
19° Le tunnel de Montplaisir (Brive au Lot)	2 400	»
20° Le tunnel du Lorian (Arvant au Lot)	1 960	»

§ II. — CIRCONSTANCES QUI NÉCESSITENT LE PERCEMENT D'UN TUNNEL. — HAUTEUR A PARTIR DE LAQUELLE IL Y A LIEU DE RECOURIR A LEUR EXÉCUTION

864. Les circonstances qui nécessitent le percement d'un tunnel résultent évidemment de l'impossibilité dans laquelle on se trouve d'éviter les montagnes dans le tracé de la voie de communication. Il y a bien d'autres cas, il est vrai, où il est fait usage de souterrains, et parmi ceux-ci on peut citer le cas des chemins de fer métropolitains. Mais ici l'avancement des travaux ne présente plus les mêmes difficultés car, en général, le percement ainsi que l'exécution de la voûte peuvent se faire à l'air libre. Nous ne nous occuperons donc pas pour le moment de ce cas particulier de l'exécution des tunnels, nous réservant de revenir un peu plus loin sur ce sujet.

865. Pour déterminer la hauteur à partir de laquelle il y a lieu de recourir à l'exécution d'un tunnel, il est nécessaire de dire d'abord quelques mots sur leurs prix de revient par mètre courant de longueur. Ce prix varie naturellement dans de très grandes limites, suivant les circonstances locales.

On peut dire cependant que les moyennes

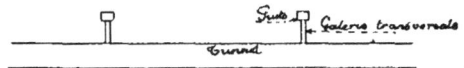

Fig. 912.

établies, d'après des résultats très différents les uns des autres, il est vrai, donnent :

1° Pour prix d'un mètre courant de souterrain à voie unique, exécuté par les deux têtes seulement..... 1 000 fr.

2° Pour prix d'un mètre courant de souterrain à voie unique, exécuté avec l'aide de puits intermédiaires.. 1 300 fr.

Dans les mêmes conditions, la dépense moyenne d'un tunnel à deux voies, ouvert par les deux têtes seulement s'élève à 1 300 francs par mètre courant. Si le percement s'effectue à l'aide de puits intermédiaires, cette dépense moyenne par mètre courant varie de 1 600 à 1 700 francs.

Il est évident que les chiffres précédents ne peuvent être considérés que comme des moyennes, car il y a des souterrains qui, placés dans des conditions très favorables, ont coûté beaucoup moins et d'autres qui, placés dans des conditions de difficultés considérables, ont coûté beaucoup plus.

Ainsi dans le premier cas on peut citer le tunnel de Rilly, près de Reims, qui n'a coûté que 730 francs, et le tunnel de Lamote sur la ligne de Caen qui n'a coûté que 970 francs.

Par contre, dans le deuxième cas, on peut citer le tunnel de la Nerthe, près de Marseille qui a coûté plus de 2 200 francs et le tunnel de Saint-Martin-d'Estréaux, qui est revenu à 2 650 francs par mètre courant.

866. Ces quelques chiffres vont nous permettre de trouver la hauteur à partir de laquelle il y a lieu de recourir à l'emploi des souterrains, c'est-à-dire à partir de quelle hauteur il y a lieu d'abandonner la tranchée à ciel ouvert qui les précède pour commencer le percement du tunnel. Il est clair que la percée souterraine devra commencer à la hauteur pour laquelle le prix du mètre courant de tranchée est égal au prix moyen du mètre courant de souterrain, parce que au-delà le premier prix l'emporterait sur le second.

Soit x la hauteur cherchée. La plateforme de la tranchée, pour une ligne de chemin de fer à deux voies, ayant 10 mètres de largeur et les talus étant de 1/2 de base pour 1 de hauteur dans les terrains solides, la base supérieure du trapèze représentant la section de la tranchée sera

$10 + x$. La section de la tranchée sera donc, au point de passage en souterrain :

$$S = \left[10 + (10 + x) \right] \frac{x}{2} = \left(10 + \frac{x}{2} \right) x$$

Ce sera aussi le volume à extraire par mètre courant de tranchée. Or, le prix d'extraction du rocher dans une tranchée à ciel ouvert est généralement 3 francs à 3 fr. 50, ce qui, avec le transport, donne 4 francs à 4 fr. 50. Prenons ce dernier chiffre.

Le prix du mètre courant de tranchée à l'entrée du souterrain sera donc :

$$\left(10 + \frac{x}{2} \right) x \times 4,50 ;$$

il doit être égal au prix moyen du mètre courant de souterrain à deux voies, prix

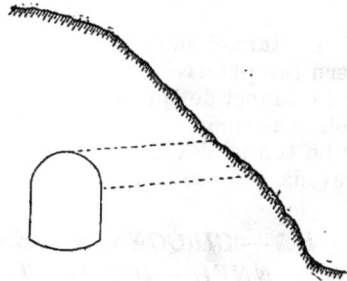

Fig. 913.

que nous avons évalué précédemment de 1 300 à 1 700 francs ; prenons 1 500 francs. On aura donc l'équation :

$$\left(10 + \frac{x}{2} \right) x \times 4,50 = 1 500$$

pui devient : $2,25\ x^2 + 45x = 1 500$ d'où on tire :

$$x = \frac{-45 \pm \sqrt{45^2 + 4 \times 2,25 \times 1 500}}{2 \times 2,25}$$

et $\qquad x = 18$ mètres environ.

C'est à peu près la hauteur à partir de laquelle on commence la percée souterraine.

§ III. — EMPLOI DES PUITS ET GALERIES POUR LE PERCEMENT DES TUNNELS

867. Nous avons vu que le percement d'un tunnel est réglé par celui de la galerie d'attaque ou galerie d'avancement. Cette galerie de 3 mètres de hauteur et autant de largeur n'offre qu'une section fort réduite dont le front de taille n'est en général attaquable qu'à la mine. Son avancement ne peut donc être que très lent et c'est au plus s'il atteint 12 à 15 mètres par mois. Comme le souterrain peut être attaqué par les deux têtes en même temps, l'avancement mensuel peut s'élever jusqu'à 25 mètres environ. Si donc le tunnel n'a qu'une longueur ordinaire, 400 mètres par exemple, le travail pourra être terminé dans un délai acceptable, seize mois dans le cas cité. Mais, s'il s'agit d'un tunnel de grande longueur, 30 000 mètres par exemple, le percement durera cent-vingt mois, soit dix ans. Ce chiffre est évidemment trop élevé, car, si l'exécution du souterrain se prolonge au-delà de l'achèvement des autres parties, on perd l'intérêt des sommes qu'elles ont coûté, puisqu'elles restent improductives.

868. Pour obvier à cet inconvénient, il faut créer des chantiers intermédiaires à l'aide de puits percés dans le massif traversé par le tunnel et permettant d'atteindre l'axe idéal du souterrain. Chacun de ces puits permettra la création de deux chantiers, l'un en amont, l'autre en aval, en plus des chantiers des têtes.

Ainsi les chantiers des têtes avançant dans le sens des flèches 1 (*fig.* 911), ceux des puits p et p' avanceront pour chacun d'eux dans le sens des flèches 2 et 3 et iront ainsi à la rencontre les uns des autres. On conçoit donc qu'en augmentant le nombre des puits on puisse diminuer le

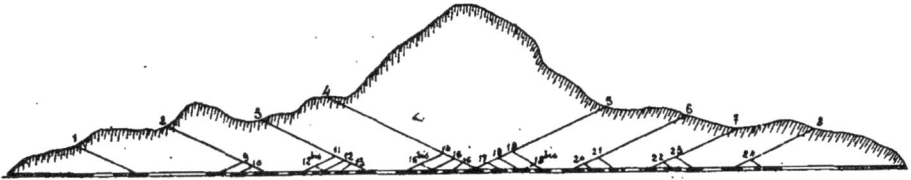

Fig. 914.

temps employé au percement de la galerie d'avancement. La position des puits sera déterminée, par les méthodes exposées un peu plus loin, de manière que l'attaque des galeries de têtes coïncidant avec celle des puits, le temps employé pour forer ceux-ci et pour percer les galeries corres-

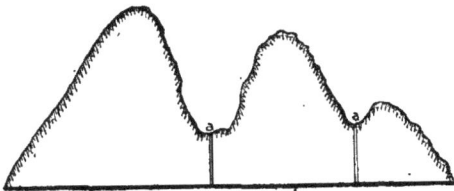

Fig. 915.

pondantes bc ou cd de chacun d'eux soit égal au temps employé au percement de la galerie de tête ab, ce dernier travail devant être effectué dans un temps déterminé, en général, à l'avance.

Dans ce calcul, il faudra tenir compte de ce fait que l'avancement de la galerie à l'aide des chantiers intermédiaires est plus faible que celui des galeries de tête même à égale dureté des roches traversées. Cette particularité tient à ce que les manœuvres sont beaucoup plus difficiles dans les chantiers intermédiaires que dans les chantiers de tête, notamment pour l'extraction des déblais. Dans ceux-ci en effet, l'extraction pourra se faire à l'aide de petits wagonnets roulant sur des rails de chemin de fer et s'avançant très près du front de taille, tandis que dans les premiers les déblais devront être conduits d'abord jusqu'à la base du puits et de là être élevés au jour dans des bennes. On a constaté qu'en général l'avancement de la galerie par les chantiers intermédiaires est de 1/4 plus faible que celui des galeries de tête. Quant au temps employé pour le forage des puits par mètre linéaire il est à peu près le même que celui des galeries correspondantes.

Comme l'attaque des galeries de tête est faite, en général, en régie, à titre de ren-

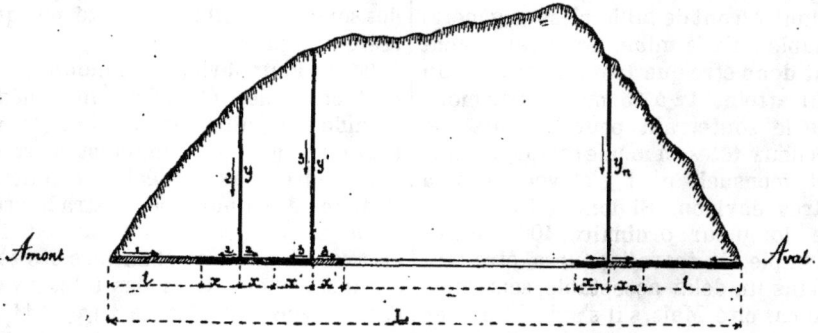

Fig. 916.

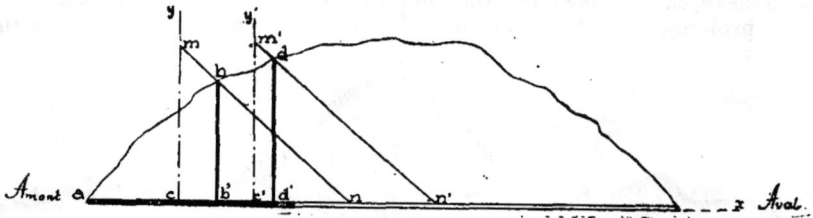

Fig. 917.

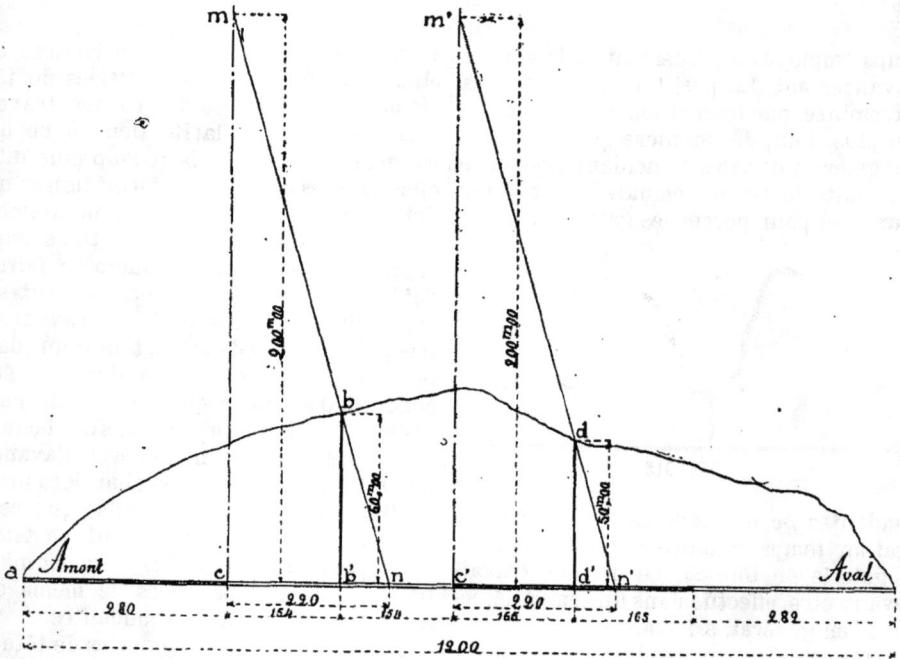

Fig. 918.

seignement pour se fixer sur la durée probable des travaux, avant de livrer le travail aux entrepreneurs, on aura une donnée sur l'avancement moyen des galeries en un mois. Il est vrai que cet avancement pourra varier dans la suite du percement suivant la nature des roches traversées au-delà par le souterrain, mais on pourra se rendre compte de ces variations par des sondages.

869. Les puits peuvent être établis sur l'emplacement même de la galerie ou à côté ; dans ce dernier cas, ils sont reliés à celle-ci par une petite galerie transversale de 7 ou 8 mètres de longueur (*fig.* 912). Cette dernière disposition est évidemment préférable à la première, car elle évite beaucoup d'accidents qui se produisent par suite de la chute dans les puits de pierres ou d'outils pouvant atteindre les ouvriers travaillant dans la galerie d'avancement.

870. L'emploi des puits, en permettant de multiplier les points d'attaque, résout donc d'une manière satisfaisante le problème du percement d'un souterrain dans un temps déterminé. Mais cette solution, outre l'excès de dépense à laquelle elle donne lieu, entraîne avec elle beaucoup de sujétions.

Pendant l'exécution des puits, en effet, de faibles venues d'eau suffisent pour en couvrir le fond et gêner considérablement les ouvriers occupés au forage. Malgré les épuisements, le travail s'effectue presque toujours au milieu de déblais boueux qui paralysent en partie les efforts des ouvriers.

De plus, ceux-ci sont obligés de remonter au jour chaque fois qu'il faut faire partir une mine, ou qu'il faut consolider une partie quelconque du puits. Après leur achèvement, les sujétions qu'ils entraînent sont tout aussi grandes. Ils compliquent beaucoup les opérations pour l'extraction des déblais, qui devient alors très dispendieuse. Les venues d'eau qui surviennent dans la galerie pendant son percement ne peuvent plus être conduites à l'extérieur par des caniveaux, comme pour les galeries de tête et pour les extraire il faut installer des pompes d'épuisement. Enfin, les galeries intermédiaires ne communiquant pas directement avec l'air libre,

exigent des moyens spéciaux pour la ventilation.

Voilà bien des reproches accumulés contre les puits ; mais s'ils augmentent sensiblement le prix de revient du souterrain, il n'en est pas moins vrai que leur emploi constitue souvent la seule solution à adopter lorsque le délai assigné pour effectuer le travail est fixé à l'avance.

871. Cependant quelquefois on leur substitue des galeries inclinées, disposées comme l'indique la figure 913. Ces galeries permettent d'ouvrir sur la longueur du souterrain des chantiers intermédiaires. Elles évitent la plupart des inconvénients que nous avons signalés comme afférents aux puits et elles peuvent s'effectuer dans toute leur longueur avec un degré d'avancement à peu près constant. On est toujours obligé d'épuiser les eaux, mais avec moins de frais puisqu'il faut les élever à moins de hauteur. De plus, l'ouvrier est en parfaite sécurité pour l'exécution de son travail ; il peut s'éloigner et se rapprocher à volonté quand il va faire partir la mine et se mettre à l'abri de la chute des corps en maintenant constamment derrière lui un cavalier de déblais. En somme, l'ouvrier travaille dans ces galeries inclinées avec autant d'aisance, de sécurité et de rapidité que dans la galerie du souterrain lui-même.

L'extraction des déblais se fait à l'aide de voies ferrées et de machines fixes.

872. La figure 914 représente la disposition proposée par M. Toni-Fontenay pour le percement du tunnel du Mont-Cenis. Elle consiste dans le percement d'un certain nombre de galeries inclinées 1, 2, 3, 4..., attaquées en même temps que les deux galeries de tête. Lorsque ces galeries sont arrivées à une certaine distance de l'axe du souterrain, on creuse des galeries secondaires 9, 10, 11, 12..., 24 inclinées en sens inverse des premières. Les galeries 12, 15 et 18 peuvent même ne pas être percées, car on peut les remplacer par les galeries 12 *bis*, 15 *bis*, 18 *bis*, qui sont plus courtes. On comprend que ces galeries inclinées, permettent de multiplier autant qu'on le veut le nombre des attaques et, par suite, de régler la durée de percement de la galerie d'avancement.

La position des chantiers intermédiaires sera du reste déterminée, pour chacun d'eux, d'après les mêmes considérations que celles que nous avons développées pour les puits.

873. Les galeries inclinées doivent évi-

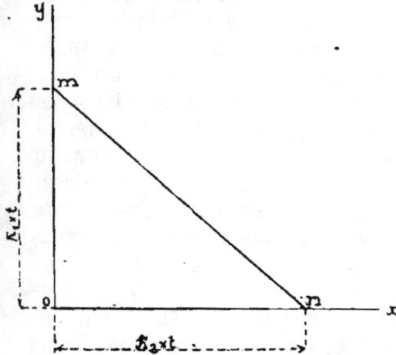

Fig. 919.

demment être préférées aux puits lorsque la montagne à traverser présente un mamelon central à bords escarpés. C'est alors à la base de ce mamelon qu'on percera les galeries inclinées dirigées vers le

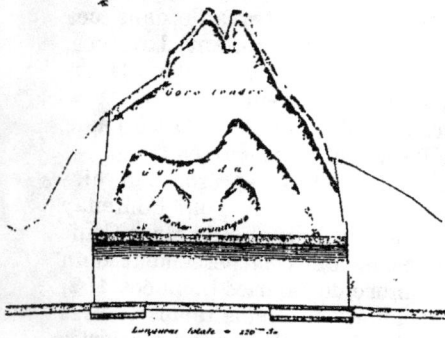

Fig. 920. — Profil en long du tunnel de Crozet. — Chemin de fer de Saint-Germain-des-Fossés à Roanne.

milieu du mamelon de manière à créer des chantiers d'attaque en ce point.

Les puits creusés vers le milieu du massif coûteraient en effet plus cher que les galeries inclinées et augmenteraient le prix de revient du souterrain par les grandes difficultés d'exploitation auxquelles ils donnent lieu. surtout lorsqu'ils ont une grande profondeur.

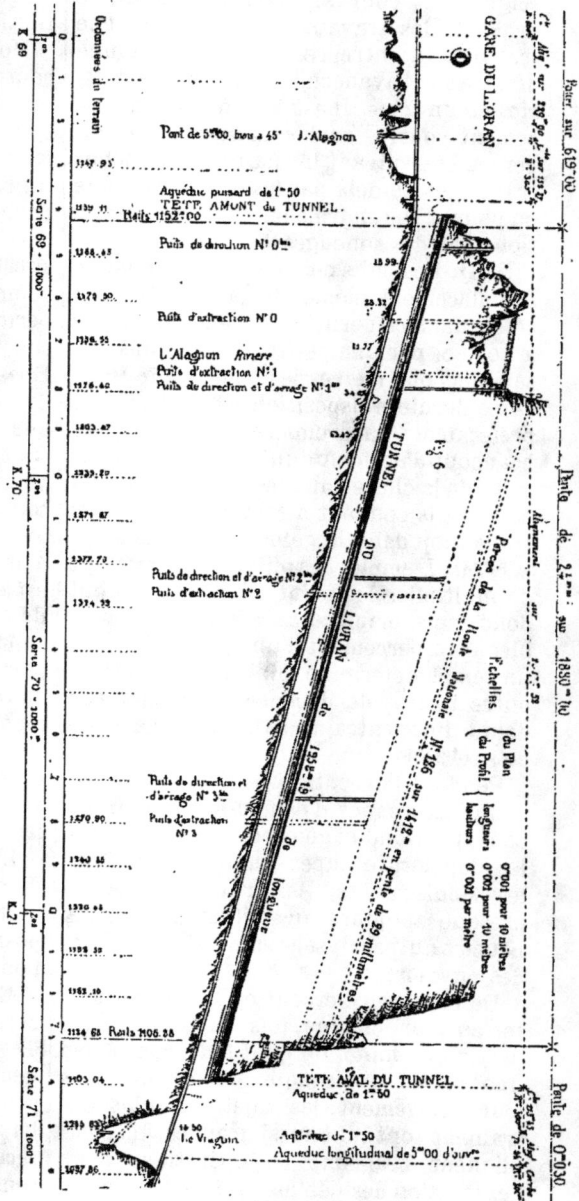

Détermination de l'emplacement des puits et galeries nécessaires au percement d'un tunnel.

874. Lorsque le souterrain n'a qu'une longueur de 400 ou 500 mètres, on l'attaque en général, simplement par les deux têtes ; ce n'est qu'au-delà de cette longueur qu'on crée des chantiers intermédiaires, à l'aide de puits ou de galeries inclinées. L'emplacement de ces puits ou galeries dépend évidemment de plusieurs conditions :

1° De la forme du profil en long du contrefort à percer sur l'axe du souterrain s'il s'agit de puits et de celle des profils en travers s'il s'agit de galeries inclinées ;

2° De la nature du terrain traversé ;

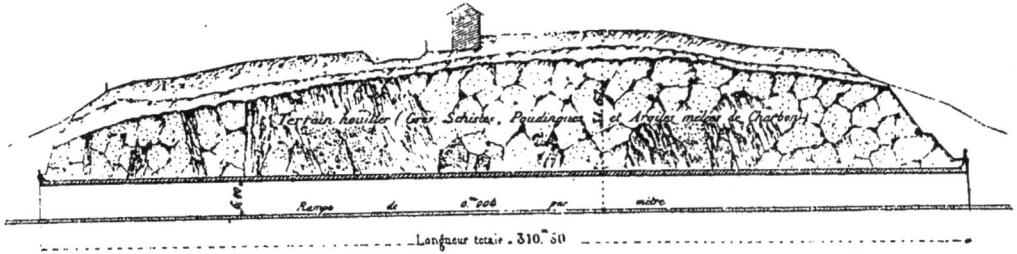

Fig. 922. — Profil en long du tunnel du Quimper.

c'est d'elle, en effet, que dépendent les coefficients d'avancement en puits et en galeries. Cette détermination peut se faire assez approximativement à l'aide de sondages ;

3° Du temps imposé à l'entrepreneur pour l'achèvement du tunnel ;

4° Des abords des puits au point de vue des accès et des facilités d'approvisionnement des matériaux.

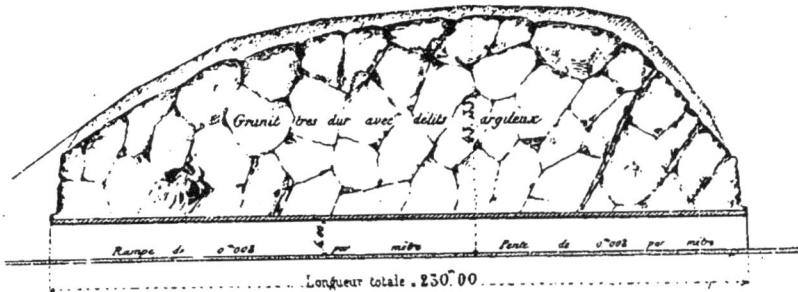

Fig. 923. — Coupe longitudinale du souterrain du Plogonnec.

Cette dernière condition est toutefois beaucoup moins importante que les trois premières.

875. La forme que peut affecter le

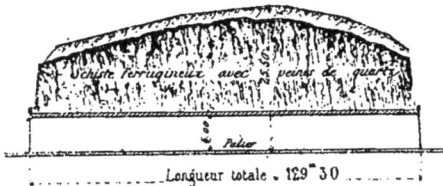

Fig. 924. — Coupe longitudinale du souterrain de Bot-Chosse.

profil en long du contrefort à percer sur l'axe du souterrain est évidemment

des plus variables. Il est donc impossible de donner a priori des règles fixant l'emplacement probable des puits d'après la configuration du mamelon à traverser. Il existe cependant des cas où l'emplacement des puits est presque désigné d'avance. C'est le cas qui se présente pour le profil indiqué sur la figure 915, où les points a sont évidemment ceux qu'on choisira tout d'abord pour l'établissement des puits, surtout s'ils satisfont sensiblement à la condition indiquée au n° 868.

876. *Cas où la durée du travail est limitée.* — En général, lorsque le souterrain doit être percé à l'aide de puits, on fixe à l'entrepreneur la durée du travail ; il faut alors déterminer le nombre et les emplacements de ces puits.

Soit (*fig.* 916) L la longueur du souterrain à percer dans le temps donné t; nous nous proposons de déterminer les longueurs des galeries de tête et le nombre et les emplacements des puits nécessaires pour terminer le travail dans le délai assigné.

Soit l la longueur des deux galeries de tête, qu'on fait ordinairement égales, si elles sont percées dans des terrains de même nature.

Soient de même $y, y', y''..., y_n$ les puits cherchés, et $2x, 2x'..., 2x_n$ les galeries correspondantes effectuées en double attaque à partir de chacun d'eux, l'une en amont, l'autre en aval.

Désignons par k le coefficient d'avancement des galeries de tête en un mois et par k_1 et k_2 les mêmes coefficients pour les puits et galeries intermédiaires.

L'attaque des galeries de tête l coïncidant avec celle des puits, il faut qu'elles soient terminées en même temps que les galeries de raccord $x, x', x''..., x_n$ correspondant aux puits $y', y''..., y_n$.

Or, le temps employé à forer le puits y est égal à $\dfrac{y}{k_1}$, tandis que le temps employé pour percer la galerie x est représenté par $\dfrac{x}{k_2}$ et celui employé pour percer la galerie de tête l par $\dfrac{l}{k}$.

Le premier chantier partant de a (*fig.* 911 et 916) et avançant dans le sens de la flèche (1) devra arriver en c en même temps que le deuxième partant de b, avançant dans le sens de la flèche (2) et perçant la galerie d'avancement d'aval en amont. On devra donc avoir l'égalité :

$$\frac{y}{k_1} + \frac{x}{k_2} = \frac{l}{k}.$$

Le travail devant être terminé dans le temps t, on aura :

$$\frac{l}{k} = t \qquad (1)$$

et

$$\frac{y}{k_1} + \frac{x}{k_2} = t \qquad (2)$$

comme équations définitives.

De même le troisième chantier partant de e (*fig.* 911) et avançant dans le sens de la flèche (3) devra arriver en d en même temps

que le chantier partant du point c et perçant la galerie d'avancement d'amont en aval. On devra donc avoir :

$$\frac{y'}{k_1} + \frac{x'}{k_2} = \frac{y}{k_1} + \frac{x}{k_2}$$

ou :

$$\frac{y'}{k_1} + \frac{x'}{k_2} = \frac{l}{k} = t$$

et ainsi de suite jusqu'au chantier du dernier puits pour lequel on aura :

$$\frac{y_n}{k_1} + \frac{x_n}{k_2} = \frac{l}{k} = t.$$

Chacune de ces équations permet de fixer très simplement, à l'aide du profil

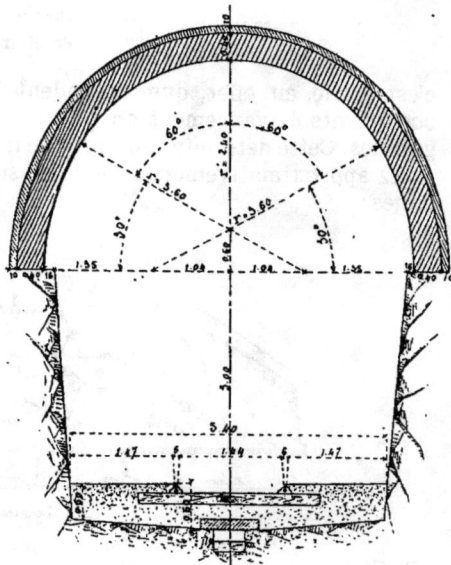

Fig. 925.

du terrain, la position des différents puits, la longueur de la galerie de tête étant déterminée par l'équation :

$$l = kt \qquad (a)$$

nous remarquons (*fig.* 917) que le point b, qui définit la position du premier puits, se trouve à l'intersection de la ligne représentant le profil en long et de la ligne représentée par l'équation :

$$\frac{y}{k_1} + \frac{x}{k_2} = t = \text{constante.} \qquad (b)$$

Divisons les deux membres par t, nous aurons :

$$\frac{y}{k_1 \times t} + \frac{x}{k_2 \times t} = 1$$

équation qui représente une droite coupant les deux axes de coordonnées, à la distance $k_1 \times t$ de l'origine sur l'axe des y et à la distance $k_2 \times t$ sur l'axe des x (*fig.* 919).

Il suffira donc pour avoir le point b (*fig.* 917), après avoir déterminé la longueur ac de la galerie de tête par l'équation (*a*), d'élever une perpendiculaire cy en c et de porter sur cy et cx des longueurs respectivement égales à $k_1 \times t$ et $k_2 \times t$. La ligne mn joignant les points ainsi obtenus

coupera le profil en long au point cherché b où devra être établi le premier puits. On aura ainsi :

$$bb' = y$$
$$cb' = b'c' = x$$

Le premier puits bb' permettra de pousser la galerie jusqu'au point c' symétrique de c par rapport à b'. Or, pour déterminer le point d qui caractérise l'emplacement du deuxième puits, on remarquera, comme précédemment qu'il se trouve à l'intersection de la ligne du profil en long

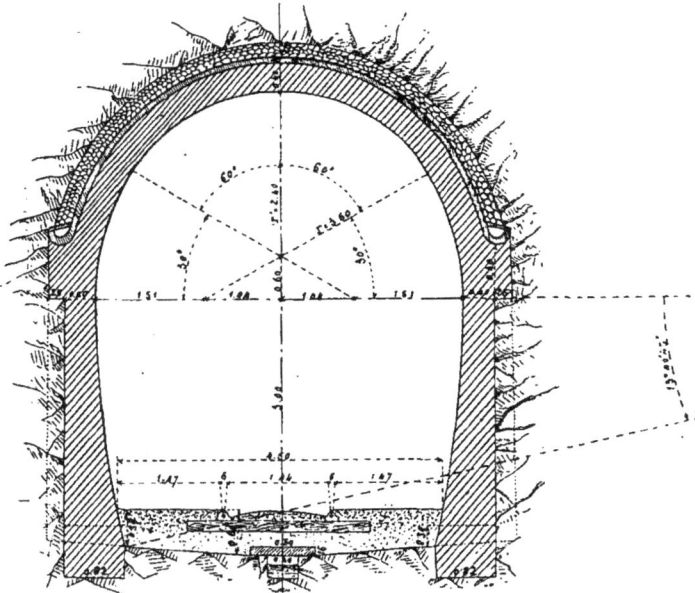

Fig. 926.

et de la ligne représentée par l'équation :

$$\frac{y'}{k_1} + \frac{x'}{k_2} = t$$

ou :

$$\frac{y'}{k_1 \times t} + \frac{x'}{k_2 \times t} = 1$$

qui représente la même droite que dans le premier cas, si les coefficients k_1 et k_2 ne changent pas. Il suffira donc de faire glisser sur ax le triangle cmn de manière que le point c vienne en c'; la nouvelle position de la ligne mn sera $m'n'$ qui coupera la ligne du profil en long au point cherché d et ainsi de suite.

Les longueurs trouvées pour les diverses galeries intermédiaires devront évidemment satisfaire à l'équation :

$$2l + 2x + 2x' + \dots \times 2x_{n-1} + 2x_n = L$$

L étant la longueur totale du souterrain.

Or cette équation ne sera pas, en général, satisfaite car la longueur trouvée pour la galerie de tête du côté aval, au-delà de la dernière galerie intermédiaire x_n sera le plus souvent plus petite que celle de la galerie de tête amont. Comme elles doivent avoir la même longueur, il faudra donc recommencer l'opération en diminuant la longueur l et par suite le temps t, les avancements étant supposés constants. Il y aura donc un petit tâtonnement à faire.

877. Appliquons ce que nous venons de dire à un exemple.

Supposons qu'il s'agisse de percer un tunnel de 1200 mètres de longueur en vingt mois. Déterminons le nombre et l'espacement des puits de service nécessaires pour arriver à ce résultat; les avancements en un mois étant supposés égaux à 14 mètres pour les galeries de tête, à 10 mètres pour les puits et à 11 mètres pour les galeries intermédiaires.

Pendant ces vingt mois, la galerie de tête aura avancé de $20 \times 14 = 280$ mètres.

Portons (*fig.* 918) $ac = 280$ mètres.

Le point b déterminant la position du premier puits sera à l'intersection de la ligne représentant le profil en long et de la ligne représentée par l'équation:

$$\frac{y}{10} + \frac{x}{11} = 20$$

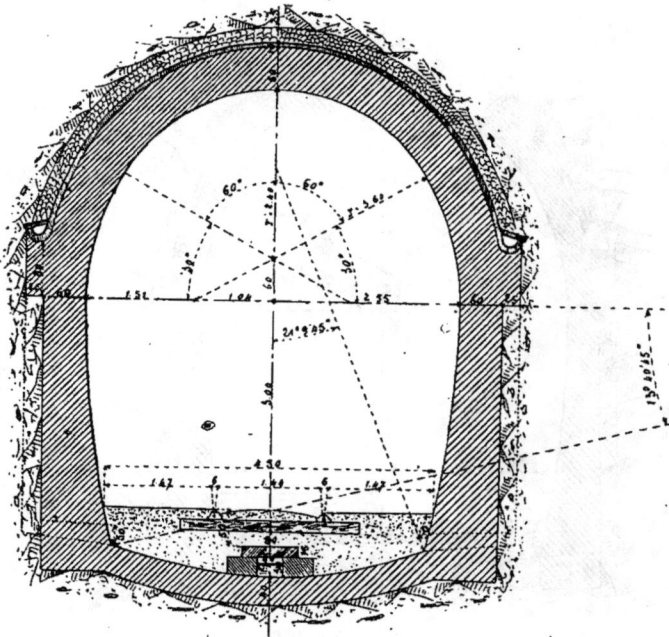

Fig. 927.

ou:

$$\frac{y}{10 \times 20} + \frac{x}{11 \times 20} = 1$$

$$\frac{y}{200} + \frac{x}{220} = 1.$$

D'après ce que nous avons dit au n° 876, il faut porter, à l'échelle des hauteurs, $cm = 200$ mètres et, à l'échelle des longueurs, $cn = 220$ mètres et joindre mn. Cette ligne coupe le profil en long au point b qui est le point cherché. On trouve $bb' = 60$ mètres et $cb' = 154$ mètres.

Comme vérification il faut qu'on ait:

$$\frac{bb'}{10} + \frac{cb'}{11} = 20$$

ce qui a lieu.

Les points d, e, caractérisant les positions des puits suivants, se déterminent comme nous l'avons dit, en faisant glisser le triangle cmn de manière que le point c vienne en c' symétrique de c par rapport à b'. Sur la figure nous avons indiqué les différentes constructions pour chaque puits. Nous voyons qu'il nous reste, comme

longueur de galerie de tête aval, 282 mètres. | que celle de la galerie de tête amont,
Cette longueur est un peu plus grande | mais la différence est assez faible pour

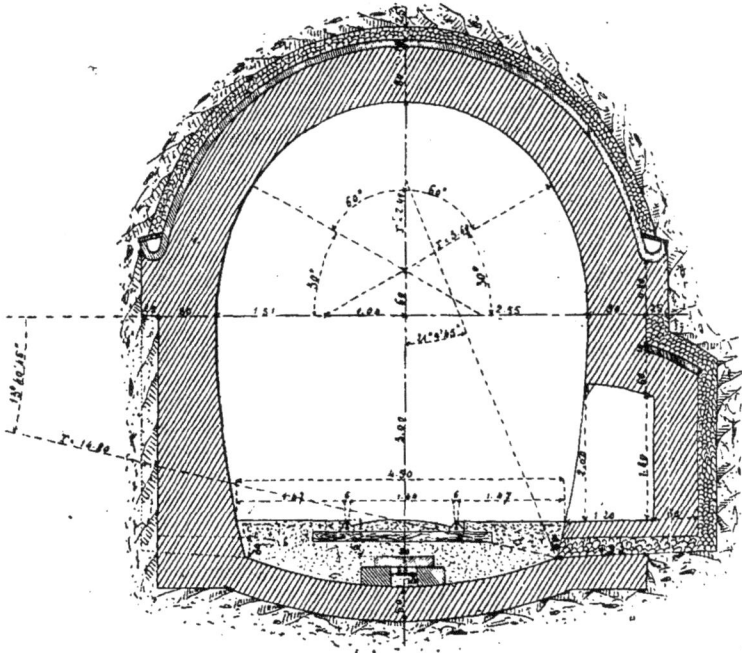

Fig. 928.

qu'on puisse considérer ce résultat comme | moins, car alors la galerie de tête aval
serait percée en moins de vingt mois, ce
qui n'offrirait évidemment pas d'inconvénient puisqu'on ne dépasserait pas la
limite assignée. Mais si on veut que les
deux galeries de tête soient égales, il faut
recommencer l'épure en prenant pour l une
valeur un peu différente de 280 mètres et
ainsi de suite jusqu'à ce qu'on arrive à
l'égalité cherchée, ce qui se fera assez
rapidement.

878. Ce qui précède suppose les puits
placés sur l'axe même du souterrain ;
s'ils étaient forés à côté et réunis à la
galerie d'avancement par une petite galerie
transversale, qui a en général 7 à 8 mètres
de longueur, il faudrait diminuer le temps t
entrant dans les formules a et b du temps
nécessaire à percer cette galerie transver-

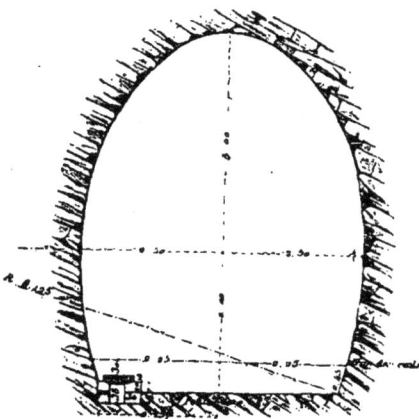

Fig. 929.

suffisant. Il en serait de même si cette | sale, c'est-à-dire $\dfrac{8}{K_2}$ (même coefficient
différence, au lieu d'être en plus, était en

d'avancement que pour les galeries inter-médiaires).

879. *Cas où le nombre des puits est fixé d'avance.* — Supposons maintenant que le nombre des puits soit donné *a priori;* il faut déterminer leurs emplacements ainsi que les longueurs égales des deux galeries de tête et, par suite, la durée du percement. Soit *n* le nombre des puits et L la longueur du souterrain. On prendra pour une première opération une longueur *l* de galerie de tête un peu inférieure à $\dfrac{L}{n+2}$ d'une quantité d'autant plus faible que le mamelon à percer sera moins haut. Ayant la longueur *l* des galeries de tête, on la portera en *ac* (*fig.* 917) et on cherchera, avec cette donnée, à placer les *u* puits imposés. Si, à la fin de l'opération, on trouve une galerie de tête aval égale à *l,* le problème sera résolu. Sinon on prendra une autre valeur de *l* et on recommencera l'opération jusqu'à ce que les galeries de tête amont et aval aient la même longueur. Dans chacune de ces opérations ce sera le temps *t* employé au percement qui variera avec *l* puisque le coefficient d'avancement est supposé constant.

880. *Résumé.* — Dans tout ce qui précède nous avons supposé que le terrain était homogène sur toute la longueur de la percée souterraine. Or, il est bien évident qu'il n'en sera jamais ainsi, car on rencontre toujours des parties plus faciles à abattre que d'autres. Il est donc très important de rechercher par des sondages quelle peut être la variation probable des coefficients d'avancement sur toute la longueur du souterrain, de manière à pouvoir en tenir compte dans la recherche de l'emplacement des puits par la méthode précédente. Si les coefficients d'avancement varient, le triangle *bmn* changera de forme mais la méthode restera la même.

Les emplacements des puits étant déterminés, on verra si la nature du terrain dans lequel ils doivent être foncés permet de les conserver. Il est évident en effet que, s'ils tombent dans un terrain humide, on aura des frais de cuvelage et d'épuisements considérables et que, s'ils traversent des bancs de quartz, les frais de fonçage seront énormes. Un certain déplacement en aval ou en amont pourra alors permettre de foncer le puits dans un terrain de dureté moyenne et suffisamment sec.

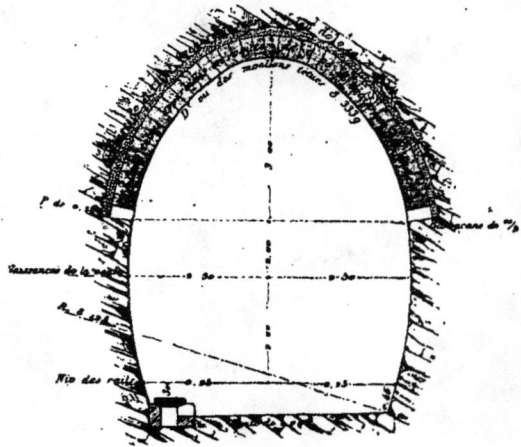

Fig. 930.

CHAPITRE II

FORMES ET DIMENSIONS DES TUNNELS. — SECTIONS LONGITUDINALES ET TRANSVERSALES

Section longitudinale.

881. Lorsque le tracé de la voie de communication oblige absolument à traverser un faîte, il faut, autant que possible, établir le souterrain en alignement, pour rendre sa construction moins difficile et sa traversée moins dangereuse. Cependant la condition de traverser le faîte à l'endroit le plus resserré, pour diminuer la longueur de la percée souterraine, ne permet pas toujours de satisfaire ce *desideratum*.

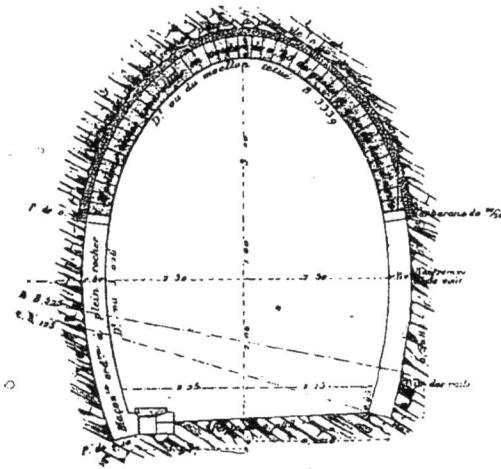

Fig. 931.

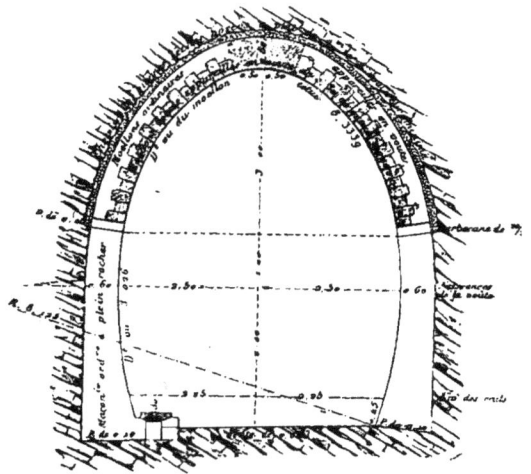

Fig. 932.

Il faut toujours aussi, autant que possible, les établir en palier, surtout, comme c'est le cas général, lorsqu'ils doivent livrer passage à une voie ferrée ; car, dans les souterrains, l'adhérence de la locomotive sur les rails est plus faible que sur le reste de la voie, d'où une diminution dans sa puissance de traction. D'après M. Sévène, on doit toujours tenir la déclivité des tunnels à un tiers ou un quart au-dessous de la plus grande qui existe sur là ligne où se trouve le souterrain.

Au point de vue du revêtement, les épaisseurs des maçonneries de la voûte et des piédroits seront évidemment variables suivant la consistance du terrain traversé.

Telles sont les principales conditions à observer lorsqu'on étudie le profil en long de la voie projetée.

Section transversale.

882. Quant à la section transversale des souterrains, elle peut varier de forme suivant la nature des terrains traversés, mais elle doit satisfaire à certaines conditions déterminées par l'article 16 du cahier des charges, ainsi conçu : « Les souterrains à établir pour le passage d'un chemin de fer auront au moins 8 mètres de largeur entre les piédroits au niveau des rails sur les chemins à deux voies. Ils auront 6 mètres de hauteur sous clé au-dessus de la surface des rails. La distance verticale entre l'intrados et le dessus des rails extérieurs de chaque voie ne sera pas inférieure à 4m,80. »

Cette hauteur de 4m,80 au-dessus du niveau extérieur du rail est, pour les souterrains à deux voies, celle que donne l'épure du profil lorsque l'intrados est en plein cintre ; mais, pour les souterrains à voie unique, la cote de 6 mètres sous clé conduit à augmenter celle de 4m,80 au-dessus du niveau supérieur des rails. Cet excès est du reste nécessaire pour que l'aérage se fasse dans de bonnes conditions, car ici la section est plus réduite.

Dans le cas d'un souterrain à deux voies, en plein cintre, de 8 mètres d'ouverture, il faut, pour remplir les conditions du cahier des charges, que les piédroits soient verticaux et aient 2m,50 de hauteur, puisque l'épaisseur de la couche de ballast est, en général, de 0m,50.

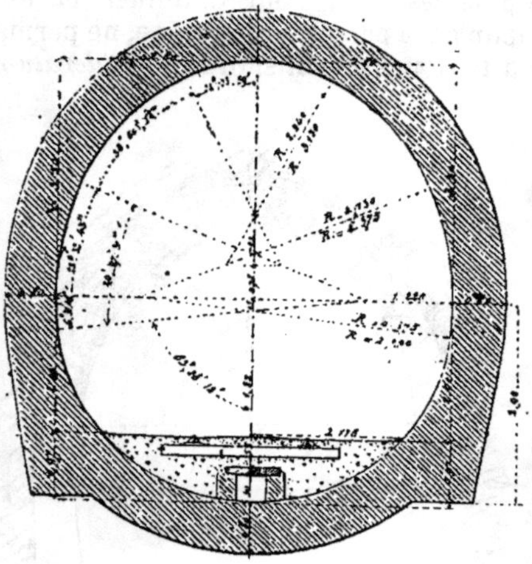

Fig. 933.

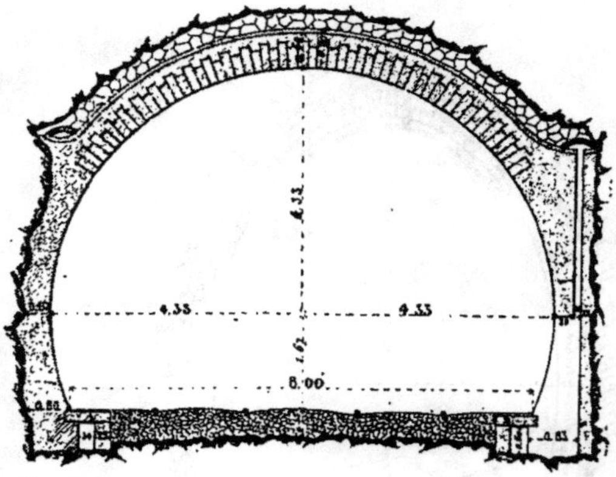

Fig. 934. — Souterrain de Pontchateau. — Coupe transversale d'un anneau avec chape et barbacane.

Quelquefois pour donner plus de stabilité aux piédroits, on prolonge l'arc du plein cintre jusqu'à la plateforme. Le profil ainsi obtenu convient très bien lorsqu'on doit traverser des terrains mobiles, mais il est utile dans ce cas de déterminer le rayon d'intrados de manière à avoir encore 8 mètres de largeur entre les parements des piédroits au niveau des rails.

883. Cependant, par suite d'une tolérance de l'administration, ces chiffres n'ont pas toujours été adoptés et il existe certains souterrains où, pour donner un profil courbe aux piédroits, on a simplement prolongé l'arc du plein cintre de 4 mètres de rayon jusqu'à la plateforme.

On n'a plus alors 8 mètres de largeur libre au niveau des rails.

Les Compagnies de chemins de fer ont, du reste, adopté, en général, une hauteur sous clé inférieure à 6 mètres (sauf pour les souterrains à deux voies en plein cintre).

Ainsi, la Cie P.-L.-M. admet pour les souterrains à une voie.......... 5m,50
La Cie d'Orléans admet pour les mêmes souterrains............. 5m,20
Et la Cie du Midi (ligne de Rodez à Montpellier).................. 5m,00
Pour les souterrains à deux voies, la largeur de 8 mètres existe sensiblement, mais pour les souterrains à voie unique on a généralement adopté une largeur

supérieure à celle de 4ᵐ,50 exigée au niveau des rails. La Cⁱᵉ P.-L.M a admis 4ᵐ,70 sur la ligne de Brioude à Alais et la Cⁱᵉ du Midi 4ᵐ,75 sur la ligne de Rodez à Montpellier.

On voit donc, en résumé, qu'il faut sur-tout observer les cotes de 4ᵐ,80 au-dessus du niveau extérieur des rails et les cotes de 4ᵐ,50 ou 8 mètres de largeur à ce même niveau, suivant que le souterrain est à voie unique ou à double voie.

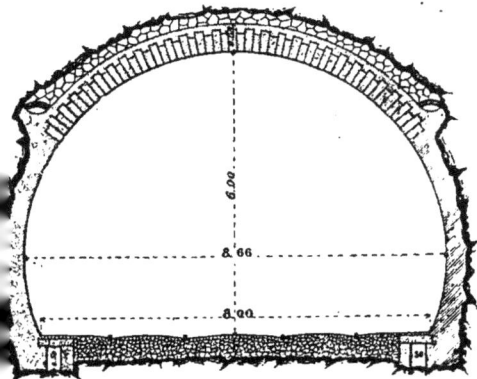

Fig. 935. — Coupe transversale d'un anneau du souterrain de Pontchâteau sans chape et entre barbacanes.

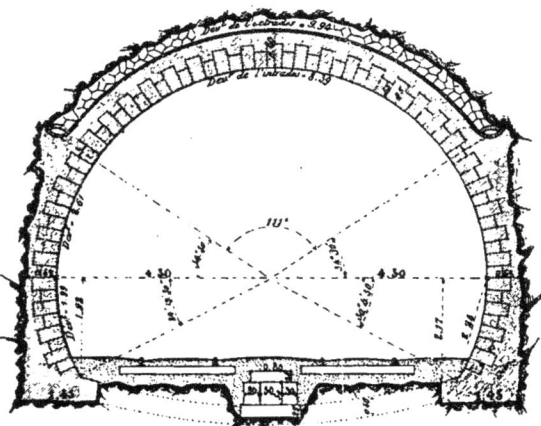

Fig. 936. — Coupe transversale du souterrain de Quimper.

884. Dans chaque cas, du reste, il sera utile, en partant de ces données, de déter-miner la courbe d'intrados, de manière qu'elle assure le libre passage au gabarit

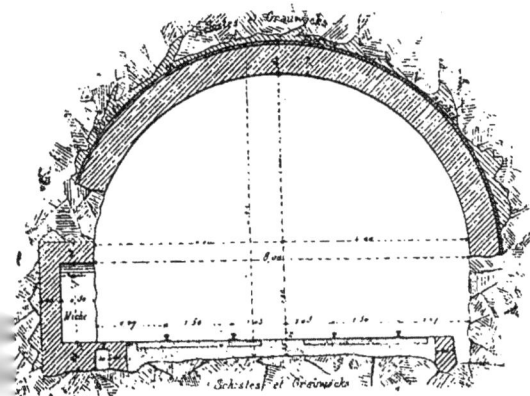

Fig. 937. — Tunnels de la ligne de Luxembourg à Spa. -- Coupe transversale indiquant le revêtement avec parties de roc conservées.

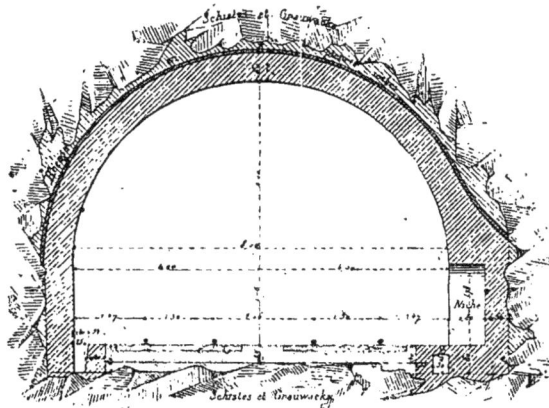

Fig. 938. — Tunnels de la ligne de Luxembourg à Spa. — Coupe transversale indiquant le revêtement tout en maçonnerie.

de chargement. Cette détermination est surtout utile dans les souterrains en courbe où le dévers incline le véhicule sur la verticale (*fig.* 941) et, dans ce cas, la courbe d'intrados en anse de panier donne une bonne solution, car elle permet d'obtenir une plus grande largeur aux nais-sances sans qu'on soit obligé d'augmenter la hauteur sous clé.

Le dévers se calculera par la formule :

$$D = \frac{v^2 l}{rg},$$

dans laquelle :

v représente la vitesse en seconde ;

l, la largeur de la voie, d'axe en axe des rails ;

r est le rayon de la courbe.

En représentant par *h* la hauteur du véhicule, on trouve sans difficulté que l'espace libre, entre l'arête supérieure de ce véhicule et le parement du souterrain, est réduit d'une certaine quantité *e* ayant pour expression :

$$e = h \times \frac{d}{l},$$

on aura ainsi toutes les indications nécessaires pour tracer la courbe d'intrados.

885. *Profils divers.* — *Épaisseur à donner aux maçonneries.* — Le profil de la voûte étant déterminé d'après les considérations que nous avons détaillées ci-dessus, il faut fixer l'épaisseur à donner aux ma-

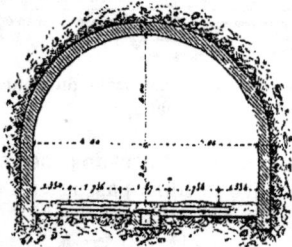

Fig. 939. — Tunnel de la traversée des Pyrénées. Coupe transversale avec simple revêtement en terrain résistant. — Type de 4 mètres de rayon avec piédroits rectilignes, appliqué en alignement.

çonneries. Cette épaisseur sera évidemment variable suivant la nature du terrain traversé et, à ce sujet, il est bien difficile de donner des indications absolument précises. En général, si le terrain est un rocher dur et compact, on n'emploie aucun revêtement, ou bien, si on en emploie un, on lui donne une épaisseur de 0m, 30 à 0m, 40. Si le terrain a besoin d'être soutenu on augmente cette épaisseur, d'après sa consistance, mais l'épaisseur de 1 mètre à la clé peut être considérée comme un maximum qui suffit même dans les plus mauvais terrains.

886. Les figures 925 à 928 représentent les profils types de souterrains à voie unique établis par M. l'ingénieur en chef Lemoyne ;

La première section (*fig.* 925) est applicable dans le rocher dur inaltérable ;

La deuxième (*fig.* 926), dans le rocher dur décomposable à l'air ;

La troisième (*fig.* 927), dans les terrains de consistance moyenne ;

Enfin la quatrième (*fig.* 928) est applicable dans les terrains très peu résistants.

887. Les figures 929 à 932 représentent

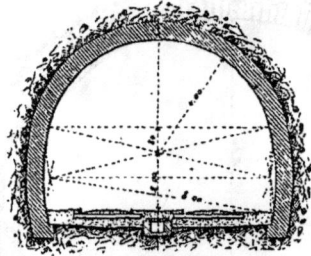

Fig. 940. — Tunnel de la traversée des Pyrénées. Section appliquée pour les terrains de charge moyenne. — Type de 4 mètres de rayon avec piédroits courbes appliqué en alignement.

les profils adoptés, suivant la nature du terrain traversé, par M. Séjourné pour les souterrains à voie unique du chemin de fer de Mende à Séverac.

La courbe d'intrados se compose d'une demi-ellipse surhaussée de 4 mètres de flèche et de 5 mètres d'ouverture et l'ho-

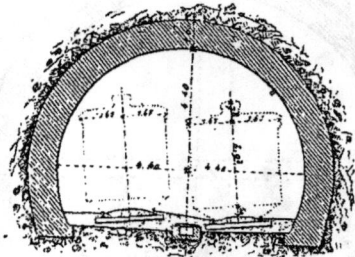

Fig. 941. — Tunnel de la traversée des Pyrénées. — Section appliquée pour les terrains à charges exceptionnelles. — Type en courbe avec rayon unique de 4m,40.

rizontale des naissances est située à 2 mètres au-dessus du niveau des rails. Les piédroits sont courbes et formés par deux arcs de cercle tangents à l'ellipse d'intrados et coupant l'horizontale du niveau des rails à 2m,25 de part et d'autre de l'axe du souterrain, de manière à laisser à ce niveau la largeur libre

TABLEAU A

DÉSIGNATION DES TRAVAUX		PRIX de L'UNITÉ	FIG. N° 929 sans revêtement, SURFACE A DÉBLAYER 28mq.		FIG. N° 930 revêtement partiel de 0m,40, SURFACE A DÉBLAYER 32mq,35.		FIG. N° 931 revêtement de 0m,40, SURFACE A DÉBLAYER 35mq,40.		FIG. N° 932 revêtement de 0m,40, SURFACE A DÉBLAYER 40mq,55.	
			QUANTITÉS	PRODUITS	QUANTITÉS	PRODUITS	QUANTITÉS	PRODUITS	QUANTITÉS	PRODUITS
Maçonnerie (au mètre cube)	Moellons ordinaires des carrières à chaux du Teil, non appareillés en coupe. (Reins et piédroits du revêtement. Piédroits de l'aqueduc.)	18.00	0.137	3.546	0.194	3.546	3.20	52.600	3.97	71.460
	Moellons ordinaires de carrières à chaux du Teil, appareillés en coupe (faisant suite aux moellons têtués de l'intrados).	19.50	»	»	»	»	»	»	2.492	48.594
	Moellons têtués de carrières à chaux du Teil, appareillés en voûte. (Revêtement de la douelle et clavage.)	24.00	»	»	3.5044	84.105	3.5044	84.105	3.639	87.336
	Dalles (recouvrement de l'aqueduc.)	30.00	0.069	2.070	0.069	2.070	0.069	2.070	0.069	2.070
Paremente vus et rejointoiements	Cube total de maçonnerie devant subir la plus-value pour emploi en souterrain	4.00	0.266	1.064	3.774	15.081	6.7734	27.093	10.170	40.680
	Moellons têtués	1.50	»	»	8.3339	12.500	8.3339	12.500	8.3339	12.500
	Maçonnerie ordinaire (parement et jointoiement.)	0.60	»	»	»	»	6.0522	3.6313	6.0522	3.6313
	Rejointoiement de l'intrados en mortier de ciment à prise rapide	1.80	»	»	8.3339	15.001	8.3339	15.001	8.3339	15.001
	Rejointoiement des piédroits en mortier de chaux du Teil	0.85	»	»	»	»	6.0522	5.144	6.0522	5.144
Cintrage	Cintrage au mètre courant de souterrain, calculé à 3 fr. 50 le mètre carré de douelle, en ne comptant que les parties en contre-haut du joint à 1 mètre au-dessus des naissances	30.00	»	»	1.000	30.000	1.000	30.000	1.000	30.000
Totaux		....	....	6.680	....	162.304	....	237.1453	....	286.5163

de 4ᵐ, 50, prescrite par le cahier des charges. Les prix des revêtements des différents types représentés sur les figures 929 à 932 sont résumés dans le tableau A.

888. Nous donnons sur les figures 934 et 935 les coupes transversales du souterrain à deux voies de Pontchâteau ; la première avec chape et barbacanes, et la deuxième sans chape et entre barbacanes.

La figure 936, qui représente la coupe transversale du souterrain de Quimper, ainsi que les figures 939, 940 et 941, qui donnent les profils des tunnels du chemin de fer du Nord de l'Espagne à la traversée des Pyrénées, complètent les renseigne-

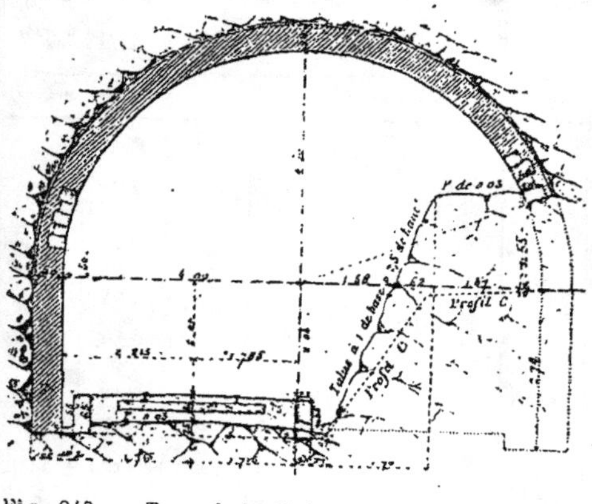

Fig. 942. — Tunnel de Midrevaux. — Section courante.

ments sur les différentes sections qu'on peut adopter, d'après la nature du terrain, pour les souterrains à double voie.

889. L'adoption du profil ordinaire d'un souterrain à voie unique rend difficile et coûteuse l'exécution d'une deuxième voie lorsque celle-ci devient nécessaire. Aussi, lorsqu'on prévoit que l'exécution de la deuxième voie aura forcément lieu, il est utile de donner au profil une forme spéciale se prêtant facilement à un élargissement ultérieur. C'est en vue de cette éventualité que M. Siégler, ingénieur des ponts et chaussées, a proposé, lors de la construction du tunnel de Midrevaux, de faire la voûte du tunnel pour deux voies, mais de ne construire qu'un des pié-

droits, et d'appuyer la voûte de l'autre côté sur le rocher.

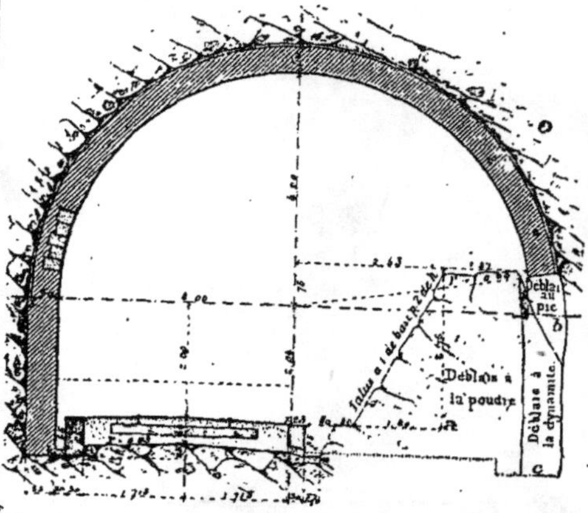

Fig. 943. — Tunnel de Midrevaux. — Section près des têtes.

La figure 942 représente le profil adopté pour la section courante.

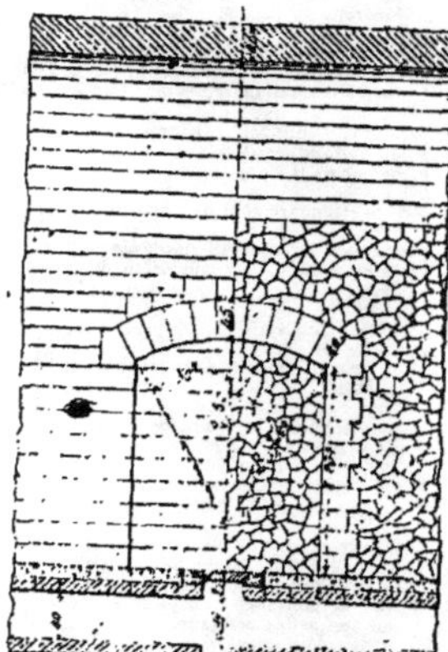

Fig. 944. — Élévation d'une niche ; à gauche, revêtement en moellons ; à droite, revêtement en mosaïques.

Le rocher, qui reçoit la retombée de la voûte sur une banquette de 1ᵐ 47 de, largeur, est incliné à 1 de base pour 2,5 de hauteur. Au bas de ce talus on a ménagé une rigole de 0ᵐ,52 de largeur et

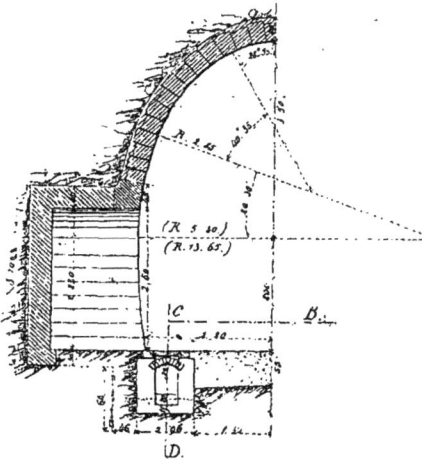

Fig. 945. — Coupe transversale sur l'axe d'une niche avec revêtement en moellons.

de 0ᵐ,55 de profondeur, pour recevoir les petits blocs qui pourraient se détacher du rocher. La figure 943 représente le

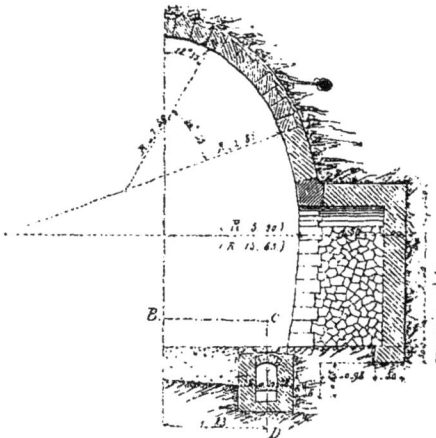

Fig. 946. — Coupe transversale sur l'axe d'une niche avec maçonnerie en mosaïque jusqu'à la naissance de la voûte.

profil adopté près des têtes, et dans lequel la voûte, au lieu d'être arrêtée à 1ᵐ,55 au-dessus des naissances, descend un peu plus bas.

890. *Niches de garage.* — Pour terminer ce qui est relatif aux profils transversaux des souterrains, nous dirons qu'il est nécessaire d'établir des niches de garage (*fig.* 944-945-946) alternativement à droite et à gauche dans l'épaisseur des piédroits et se succédant de chaque côté à 25 mètres environ d'intervalle d'axe en axe et en quinconce. Ces niches qui servent aux ouvriers chargés de l'entretien de la voie à se garer au moment du passage des trains doivent, autant que possible, avoir 2 mètres de hauteur, 1ᵐ,20 de profondeur et 2 mètres de largeur (*fig.* 928).

891. *Cheminées d'aérage.* — Lorsque les tunnels ont une très grande longueur, on conserve souvent une partie des puits qui ont servi à sa construction, de ma-

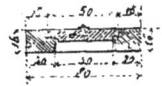

Fig. 947. — Regard d'aqueduc d'écoulement d'eau. — Coupe.

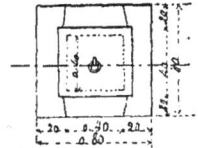

Fig. 948. — Regard d'aqueduc d'écoulement d'eau. — Plan.

nière à en assurer l'aérage. Ces puits sont alors maçonnés comme le souterrain lui-même, et sont mis en communication avec celui-ci, sur toute sa hauteur, par une galerie étroite. Les figures 949 à 953 donnent les détails du raccordement d'un de ces puits avec le tunnel.

892. *Écoulement des eaux.* — Dans tous les cas il faudra assurer le libre écoulement des eaux. A cet effet, la voûte sera recouverte d'une chape en ciment au-dessus de laquelle on placera des voliges de 0,025, ou, si les eaux sont abondantes, du feutre goudronné. Au-dessus de ces voliges, ayant pour but de protéger la chape, on fera un remplissage en pierres sèches, serrées avec soin et remplissant toutes les cavités.

L'eau est recueillie dans une rigole longitudinale revêtue par un retour de la chape et établie au niveau des naissances, sur une surépaisseur du piédroit (*fig.* 925 à

928). De là elle va se perdre·dans le ballast par des drains de 0,25 sur 0,30, remplis de pierres sèches, ménagés derrière les piédroits et aboutissant à des barbacanes de 0,20 sur 0,30, percées comme l'indiquent les dessins à la partie inférieure des piédroits.

D'autres fois l'écoulement des eaux venant des terrains environnants se fait par des barbacanes normales à l'intrados de

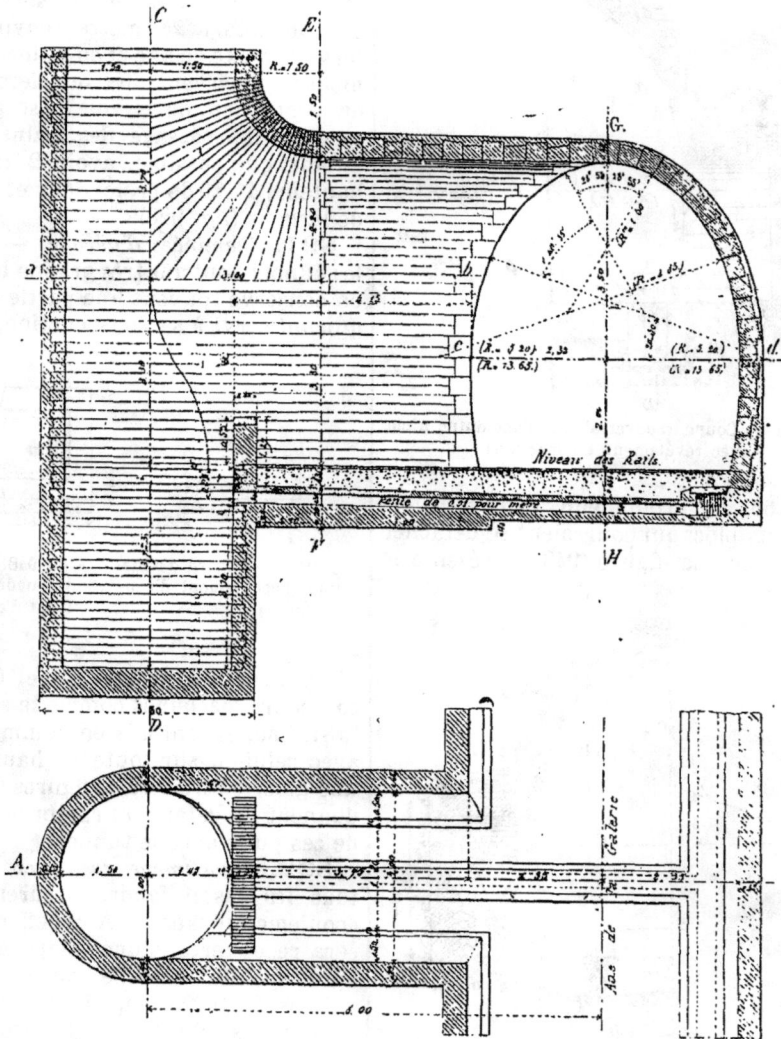

Fig. 949. — Jonction d'un puits d'aréage avec le tunnel. — Chemin de fer de Bologne à Pistoja.

la voûte et situées à 1 mètre environ au-dessus de la ligne des naissances (fig. 930 à 932).

Les eaux tombent sur le ballast et vont à l'aqueduc d'assèchement de la plate-forme établi sur toute la longueur du souterrain. Près des têtes on remplace ces barbacanes par des tuyaux enduits de ciment qui conduisent les eaux à l'aqueduc dont nous venons de parler. Ceci a pour but d'éviter, sur les parements vus du souterrain, les écoulements

d'eau qui se produisent sur les maçon-

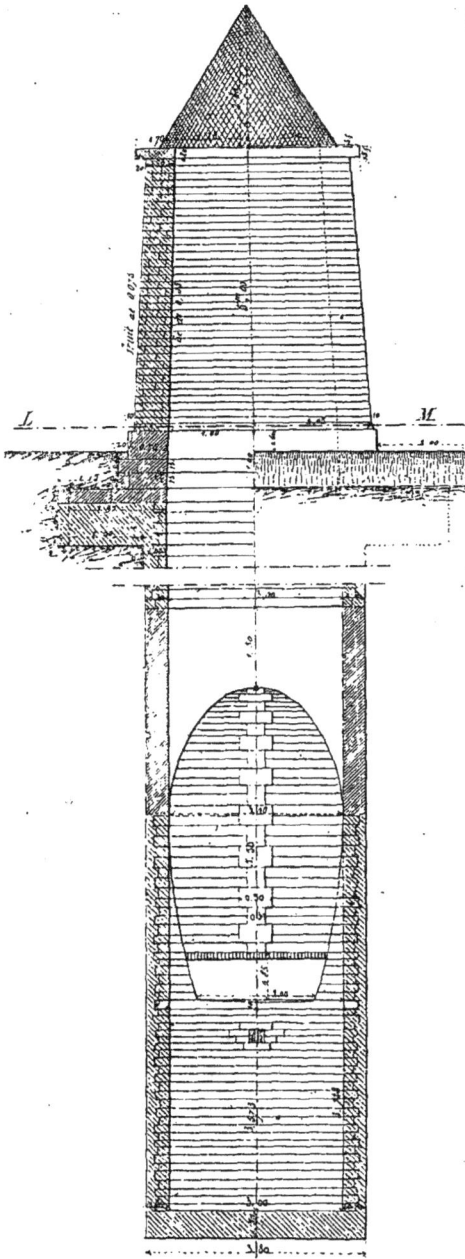

Fig. 950. — Coupe verticale suivant CD du puits avec cheminée d'aérage couverte en fer (voir fig. 949).

neries des piédroits au-dessous des barbacanes

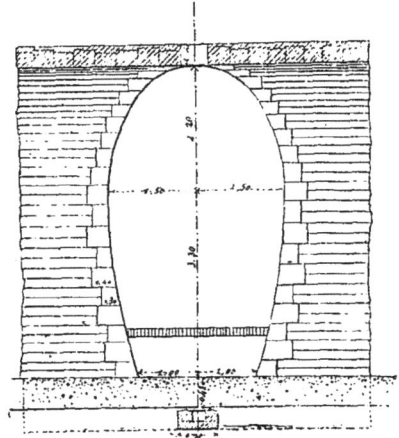

Fig. 951. — Coupe GH (voir figure 949).

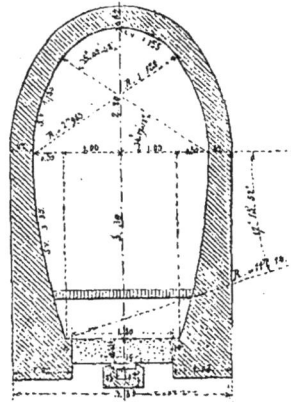

Fig. 952. — Coupe EF, eu rocher (voir figure 949).

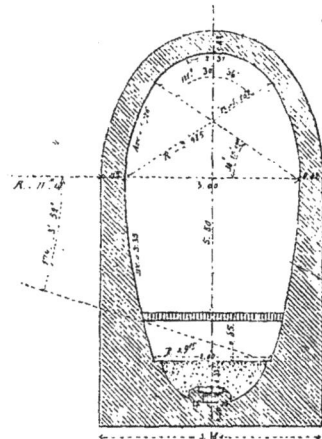

Fig 953.— Coupe EF, en terrain mobile (voir figure 949).

893. *Assèchement de la plateforme.* — Pour assécher la plateforme, c'est-à-dire pour conduire au dehors les eaux qui s'écoulent par les barbacanes, on établit un aqueduc en maçonnerie le long du piédroit où les suintements sont le plus abondants (*fig* 931 et 932).

La plateforme est alors en pente dans le sens transversal, de manière à conduire l'eau dans des barbacanes de $\frac{20}{20}$ percées tous les 2 ou 3 mètres dans les piédroits de l'aqueduc.

Cet aqueduc, dont le seuil devra être au moins à 0,20 au-dessous du niveau de la plateforme, aura une pente suffisante pour que l'eau y acquière une vitesse assez grande pour entraîner les détritus de toutes sortes qui, en se déposant, arrêteraient l'écoulement.

894. Si les eaux sont très abondantes on exécute deux aqueducs latéraux (*fig.* 934 et 935); la plateforme est alors dérasée en dos d'âne, c'est-à-dire avec deux pentes transversales, pour conduire les eaux dans chacun d'eux.

D'autres fois enfin, comme cela est indiqué sur les figures 925 à 928, les aqueducs sont placés suivant l'axe du souterrain. Cette disposition, surtout employée lorsque, par suite de la mobilité du terrain, on est obligé d'exécuter un radier courbe entre les piédroits, est évidemment moins commode que la précédente pour visiter l'aqueduc, puisque celui-ci se trouve placé entre les deux voies. Cette visite se fait à l'aide de regards établis de distance en distance et dont les figures 947 et 948 donnent les détails.

895. Souvent, au lieu d'établir un aqueduc pour l'écoulement des eaux, on établit une petite murette destinée à retenir le ballast et à former rigole avec le parement du piédroit. Cette disposition est indiquée dans les figures 937 et 938 qui représentent les coupes transversales des souterrains de la ligne de Luxembourg à Spa.

CHAPITRE III

SONDAGES

§ I. — NÉCESSITÉ DE LA CONNAISSANCE DU TERRAIN A TRAVERSER. — OUTILS DE SONDAGES

896. La connaissance des diverses couches dont le terrain est formé, à l'endroit où le tunnel doit être établi, est évidemment une des données les plus importantes du problème, puisque c'est elle qui permet de déterminer les formes et les dimensions des sections longitudinales et transversales. Le terrain, en effet, même composé d'une seule roche renferme toujours, à certains endroits, des parties moins dures que d'autres; mais, le plus souvent, à la base des montagnes surtout, le terrain est formé par plusieurs sortes de roches, dont la nature ne peut être reconnue que par des sondages. La galerie de tête percée en général en régie avant l'adjudication des travaux, permet de compléter les renseignements fournis par les sondages.

A l'aide de ces travaux préparatoires on peut arriver à une connaissance suffisamment approchée de la nature du terrain traversé pour se rendre compte de l'avancement probable des travaux, avancement très utile à connaître, comme nous l'avons vu, pour placer les puits.

Le profil géologique du terrain étant à peu près connu, on pourra, en reportant dessus la position des puits, discuter la position de chacun d'eux et examiner si, d'après les allures présumées du terrain, il n'y aurait pas lieu de modifier leur emplacement, en aval ou en amont, tout en restant à peu près dans les mêmes limites au point de vue du temps imposé ou du nombre de puits prévu d'avance.

Ces considérations ont bien leur importance, car, suivant la nature du terrain traversé, le prix du forage du puits pourra varier dans de très grandes proportions. Il faudra naturellement les placer dans des terrains de consistance moyenne et surtout très secs, car s'ils traversaient un terrain excessivement dur, un filon de quartz par exemple, l'avancement serait très lent et le prix du forage très élevé ; si, au contraire, ils traversaient un terrain fissuré, traversé par les eaux, on aurait des frais de cuvelage et d'épuisement considérables.

OUTILS DE SONDAGE

897. Les sondages ont donc pour but de pouvoir établir la nature géologique d'un terrain en y forant des trous de distance en distance et en prenant, comme nous l'indiquerons dans la suite, des échantillons à diverses profondeurs.

Les outils employés pour ces opérations s'appellent des *sondes*.

Quelle que soit la profondeur à atteindre, une sonde se compose toujours de trois parties :

1° L'outil proprement dit ;

2° La tête de sonde, qui sert à suspendre l'outil ;

3° Le corps de sonde, qui réunit la tête de sonde à l'outil et qui doit par conséquent pouvoir s'allonger au fur et à mesure de l'approfondissement du trou de sondage.

Les détritus sont enlevés du trou de sonde à l'aide d'outils de curage qui peuvent s'adapter, à la place des outils de forage, à l'extrémité de la tige de sonde.

A côté de ces outils indispensables viennent s'en placer d'autres ayant pour but de parer aux accidents qui peuvent se produire en cours d'opération, la rupture d'une tige de sonde par exemple.

Le diamètre du sondage varie naturellement avec la profondeur à atteindre ; en général, on lui donne 0m,05 à 0m,07 de diamètre lorsqu'il ne doit pas descendre au-dessous de 30 mètres. Pour aller à 200 mètres de profondeur, le diamètre du sondage est de 0m,20 à 0m,25 et au-delà, jusqu'à 700 mètres, son diamètre varie entre 0m,25 et 0m,50.

Nous décrirons tout d'abord les divers

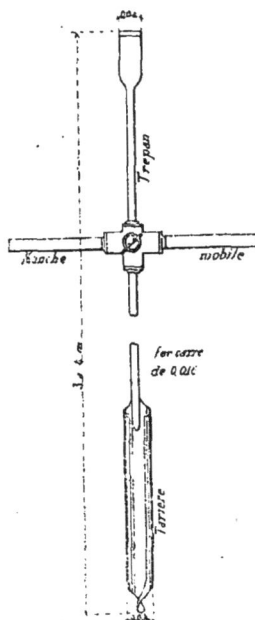

Fig. 954. — Sonde Palissy.

outils employés au forage et au curage, puis ensuite les engins de manœuvre des sondes, ainsi que les divers outils propres à réparer les accidents.

I. — Outils de forage.

898. Les outils de forage se divisent en deux grandes catégories :

1° Les trépans ou burins, qui agissent par percussion et qui sont employés lorsqu'on doit attaquer une roche consistante ;

2° Les tarières, qui agissent par rotation et qui sont employées lorsqu'on doit traverser des roches tendres.

899. *Trépans.* — Les trépans se composent d'une tige en fer, terminée par une lame en acier dont la forme est variable suivant la nature du terrain à traverser. Ils sont fixés soit à l'extrémité de tiges rigides, dans lesquelles ils s'engagent à l'aide d'un emmanchement fileté, soit à l'aide de cordes. Ces tiges ou ces cordes, manœuvrées par un engin spécial, soulèvent le trépan et le laissent retomber alternativement de manière qu'à chaque chute le choc de l'outil désagrège la roche à traverser. En général, la hauteur de chute varie avec le degré de consistance du terrain à perforer; mais, dans les roches de dureté exceptionnelle, il est préférable de la diminuer un peu et d'augmenter au contraire la rapidité. Chaque fois qu'on soulève l'outil il faut avoir soin, avant de le laisser retomber, de le tourner d'une certaine quantité, un dixième de circonférence à peu près, de manière que son tranchant ne frappant pas toujours au même endroit attaque toute la surface du fond du trou de sonde.

Le tranchant du trépan a reçu, comme nous l'avons dit, des formes très diverses.

Pour les sondages à de faibles profondeurs, on emploie le plus souvent les trépans représentés par les figures 958 et 959 qu'on fait agir l'un après l'autre. Le trépan à amorce (*fig.* 959) fait d'abord un avant-trou et crée au fond du trou de sonde une forme en gradin cylindrique qui, en donnant deux faces dégagées pour l'abatage, permet au trépan ordinaire (*fig.* 958) qu'on lui substitue d'enlever facilement la petite couronne circulaire laissée par le premier outil. Lorsque cette couronne est enlevée, on retire le trépan ordinaire, on remet le trépan à amorce qui perce dans la roche le trou central destiné

à faciliter le forage et ainsi de suite. Cette manière d'opérer permet d'affûter un des outils pendant que l'autre travaille et d'éviter, par cela même, bien des pertes de temps.

Pour les sondages à grande profondeur, pour lesquels le diamètre du trou atteint 40 et 50 centimètres, on emploie les trépans à lames rapportées (*fig.* 960) composés de plusieurs tranchants. L'assemblage des lames avec la tige doit être facile à réparer ; primitivement il se faisait à l'aide de clavettes, mais aujourd'hui on emploie de préférence des boulons.

Mentionnons encore pour terminer le trépan carré ou casse-pierres (*fig.* 961) destiné à broyer dans le trou de sonde les corps durs qu'on rencontre pendant le forage.

900. *Tarières.* — Les tarières servent, comme nous l'avons dit, à forer les terrains peu consistants ; elles agissent par rotation et, par suite, à l'inverse des trépans, ne peuvent être fixées qu'à l'extrémité de tiges rigides.

Elles sont de trois sortes :

1° La tarière ouverte ;

2° La tarière rubanée ;

3° La tarière à argile.

901. La tarière ordinaire (*fig.* 955) se compose d'une mèche qui entame la roche par rodage et d'un corps cylindrique ouvert suivant une génératrice. A la partie inférieure, se trouve un mentonnet pour retenir les matières provenant de la désagrégation du terrain traversé. La génératrice suivant laquelle le corps cylindrique est ouvert est, en général aciérée parce qu'elle sert en même temps au forage.

La mèche est légèrement excentrée pour lui permettre à la rencontre d'un petit caillou de le contourner en traçant autour de lui une petite rainure jusqu'à ce qu'il se soit logé dans le corps cylindrique de la tarière.

902. La tarière à mouche représentée par la figure 956 ne porte pas de mentonnet ; elle est employée dans presque tous les terrains et il suffit que ceux-ci forment pâte avec l'eau pour qu'elle puisse retirer les détritus. Elle sert beaucoup pour les sondages traversant des sables légèrement agglutinés ; on la fait agir alors par rotation lente et par quelques petits coups de battage. Cette manière d'opérer permettra à la double pointe qui compose la mouche de briser les petits cailloux qui auraient arrêté la tarière précédente.

903. Les deux tarières représentées sur les figures 955 et 957 conviennent très bien pour forer les terrains argileux ou marneux dont les débris, entrés et tassés dans le cylindre creux pendant la rotation, remontent facilement au jour avec la tarière. Mais, dans les sables et graviers compacts il faut avoir recours à la tarière rubanée. Celle-ci fonctionne à la fois par percussion et par rotation. La première opération a pour but d'attaquer le fond du trou de sonde en y forant un trou de petit diamètre ; la deuxième opération achève la désagrégation du terrain. On a soin lorsqu'on traverse des sables de jeter un peu d'argile dans le trou de sonde ; celle-ci, malaxée avec le sable par la tarière, l'agglutine et permet son extraction assez facilement à l'aide d'une tarière cylindrique ordinaire.

904. La traversée des terrains ébou-

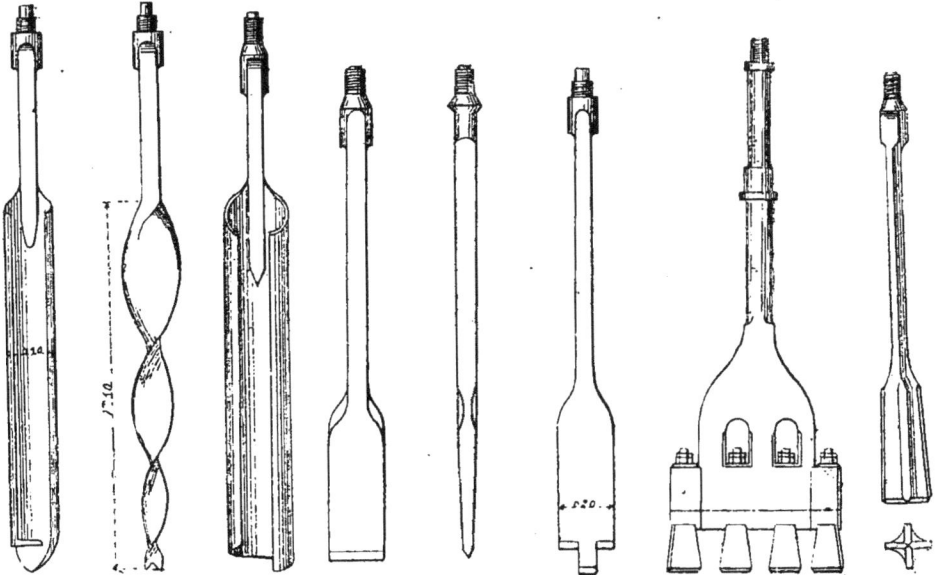

Fig. 955. — Type de tarière ouverte. — Fig. 956. — Type de tarière rubanée. — Fig. 957. — Tarière à argile. — Fig. 958. — Trépan ordinaire. — Fig. 959. — Trépan à amorce. — Fig. 960. — Trépan à lames rapportées. — Fig. 961. — Trépan casse-pierres.

leux présente du reste certains inconvénients inhérents à leur mobilité extrême. Les parois du trou de sonde s'éboulent, en effet, très facilement et comme on est obligé de les maintenir par des tubes qu'on enfonce au fur et à mesure de l'approfondissement on conçoit que l'argile introduite rende dans ce cas de réels services. En tapissant les parois du trou de sonde, elle évite que l'éboulement se produise trop rapidement et facilite la descente des tubes par suite de la diminution de frottement qu'elle procure.

905. *Alésoirs.* — Les alésoirs sont destinés à égaliser les parois du trou de sonde ou à leur rendre leur diamètre primitif, lorsque ces parois auront été poussées au vide par suite de circonstances diverses et notamment du gonflement des argiles ou des marnes constituant le terrain traversé. L'opération qui consiste à aléser le trou de sonde est du reste absolument indispensable lorsqu'on doit recourir au tubage.

Les tarières peuvent quelquefois servir d'alésoirs, mais le plus souvent elles sont insuffisantes lorsque, au milieu d'un terrain de nature peu consistante, on rencontre des rognons durs. Dans ce cas, en effet, la tarière a pu laisser de côté certaines parties dures ; il en résulte dans le trou de sonde certaines irrégularités qu'il importe de faire disparaître.

Pour produire un alésage régulier, il faut donc pouvoir attaquer en même temps plusieurs de ces irrégularités et par suite employer des alésoirs d'une assez grande longueur.

906. Les principaux alésoirs sont formés par des lames mobiles autour d'un axe vertical ; ces lames se ferment lorsqu'on

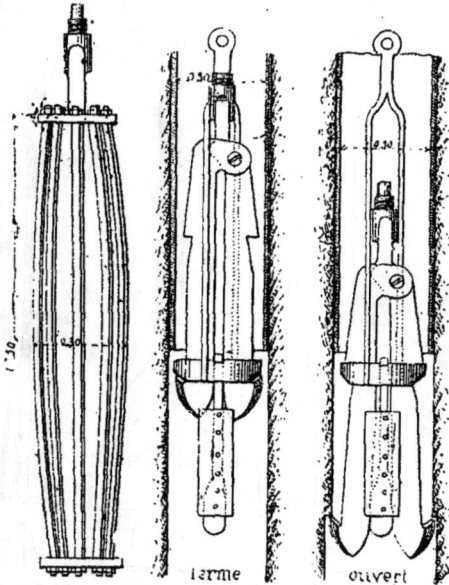

base supérieure et si cette rondelle maintient, tout autour de la tige centrale quatre tiges aciérées sur une arête et fixées inférieurement sur une deuxième rondelle semblable à la première serrée par l'écrou qui termine la tige centrale, on aura un alésoir en forme de longue lanterne, produisant un bon effet dans les terrains peu durs et peu résistants. Pour éviter la flexion que pourraient prendre les quatre

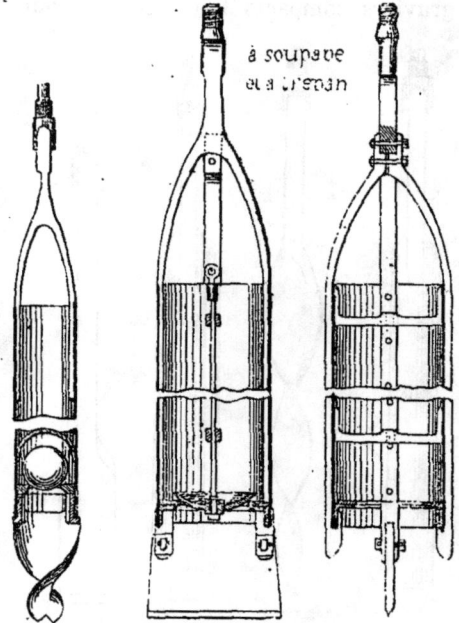

Fig. 962. — Alésoir ordinaire à lames fixes.

Fig. 963. — Élargisseur.

Fig. 964. — Cloche à boulet et à mouche.

Fig. 965. — Cloche à soupape et à trépan.

tourne l'outil dans un certain sens et permettent de le retirer du trou de sonde ; elles s'ouvrent au contraire lorsqu'on tourne l'outil dans l'autre sens et attaquent alors les aspérités à enlever sur les parois. Ces outils sont très efficaces dans les terrains durs.

D'autres dispositions ont été adoptées. L'une d'elles consiste dans l'emploi d'une tige de 6 mètres de longueur portant une embase vers sa partie supérieure et terminée en bas par un écrou. Si on fait glisser une rondelle en fonte le long de cette tige jusqu'à ce qu'elle s'appuie sur l'em-

tiges de l'alésoir, on maintient leur écartement par deux plaques entaillées, de manière à laisser passer les tiges de l'alésoir. Ces plaques sont traversées par l'axe central et sont fixées à demeure sur cet axe par des clavettes. Cet outil alèse parfaitement le trou de sonde et ramène au jour une grande quantité de déblais lorsqu'on le retire ; il a, en outre, l'avantage de pouvoir être réparé très facilement.

907. *Élargisseurs.* — Les élargisseurs sont des outils spécialement employés lorsqu'il y a lieu, à la traversée des terrains ébouleux, de tuber le trou de sonde pour maintenir ses parois.

Les couches qui nécessitent des tubages se rencontrent à diverses profondeurs et si le trou de sonde, après avoir été tubé à certains niveaux, traverse plus bas des couches ébouleuses, le diamètre du trou diminue constamment si on doit descendre du jour les tubes destinés à soutenir les parois les plus profondes. Il est évident, en effet, qu'avec cette manière d'opérer il faut donner aux tubes inférieurs un diamètre extérieur plus petit

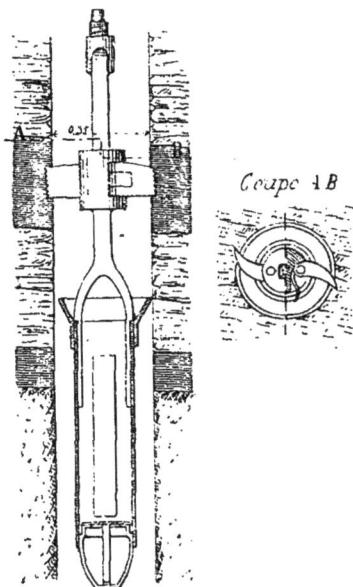

permettre d'effectuer cette opération il faut évidemment élargir le trou de sonde au-dessous du tube déjà posé, à l'aide d'outils appelés *élargisseurs*.

908. L'outil le plus employé se compose (*fig.* 963) de deux lames pouvant tourner autour d'un axe horizontal; ces deux lames sont fixées à une tête rigide vissée à l'extrémité du corps de sonde. Elles peuvent être tenues rapprochées par un anneau situé à l'extrémité de deux tiges suspendues à une corde. Au-dessous de cet anneau se trouve un coin qui peut pénétrer entre les

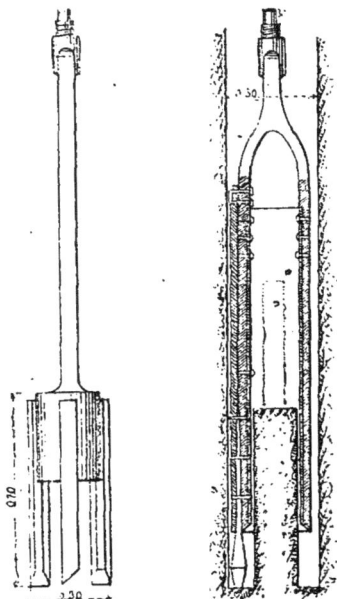

Fig. 966. — Vérificateur.

Fig. 967. — Trépan pour prise d'échantillons.

Fig. 968. — Cloche pour prise d'échantillons.

que le diamètre intérieur des tubes déjà placés au-dessus, puisqu'ils doivent les traverser pour arriver à la place qu'ils doivent occuper. Dans ces conditions, si le sondage descent à une grande profondeur et si le nombre des couches ébouleuses traversées est grand, il arrivera un moment où le diamètre sera tellement réduit qu'il sera impossible de continuer le sondage.

Pour éviter cet inconvénient, au lieu de descendre un nouveau tube, on descend celui qui est déjà en place au-dessus de .a couche ébouleuse qu'on traverse. Pour

deux lames lorsque l'anneau est soulevé; celles-ci sont alors écartées l'une de l'autre de la quantité nécessaire pour que, par rotation, elles désagrègent les parois jusqu'à ce que le trou ait un diamètre un peu plus grand que le diamètre extérieur des tubes à faire descendre. Pour remonter l'appareil on tient la tige de sonde fixe et on lâche la corde par petites saccades; celle-ci descend sous le poids du coin et de l'anneau et les lames se rapprochent.

II. — Outils de curage.

909. L'opération du curage a pour but d'enlever d- fond du trou de sonde les détritus qui s'y sont amassés et qui, lorsqu'ils ont une certaine épaisseur, empêchent l'outil foreur de produire tout son effet utile. Quoique cette opération soit assez longue, par suite du changement d'outil qu'elle nécessite à l'extrémité de la tige de sonde, il faut la répéter aussi souvent que la nature du terrain traversé l'exige car, malgré cette perte de temps, on y gagne en vitesse d'approfondissement.

Lorsque les détritus ont un degré de plasticité suffisant on peut se servir, comme nous l'avons déjà dit, des tarières de forage ; mais, le plus ordinairement, on se sert d'outils spéciaux qui sont des tarières fermées ou des espèces de cloches fermées à la partie inférieure par un clapet ou par une soupape à boulet (fig. 964 et 965). Le clapet peut agir soit automatiquement, soit à l'aide d'une corde.

Dans les argiles on peut employer une simple cloche ouverte inférieurement et supprimer la soupape car l'adhérence de l'argile suffit pour l'empêcher de glisser et, par suite, de retomber dans le trou de sonde quand on remonte l'outil.

Ordinairement les cloches à boulet ou à soupape portent à la partie inférieure une lame de trépan ou une mouche qui sert à agiter les détritus.

Ces outils de curage sont placés à l'extrémité de tiges rigides, mais le plus souvent on les attache à l'extrémité d'une corde parce que la manœuvre est beaucoup plus rapide. On imprime alors à la corde des petites saccades successives pour que les détritus soulèvent le clapet ou le boulet et pénètrent dans la cloche qu'on remonte ensuite au jour.

La cloche à clapet est employée surtout pour remonter les détritus provenant de la désagrégation des calcaires, marnes, argiles dures, tandis que la cloche à boulet sert principalement à remonter les détritus généralement en poudre provenant de la désagrégation des roches dures ; elle sert aussi pour les sables et les graviers.

III. — Outils de prise d'échantillons.

910. Pour se rendre compte de la nature du terrain traversé on prend des échantillons à diverses profondeurs.

Si ces échantillons doivent être pris après coup on se sert de vérificateurs (fig. 966). Ce sont des outils munis de deux ou plusieurs lames fixées sur un axe ver-

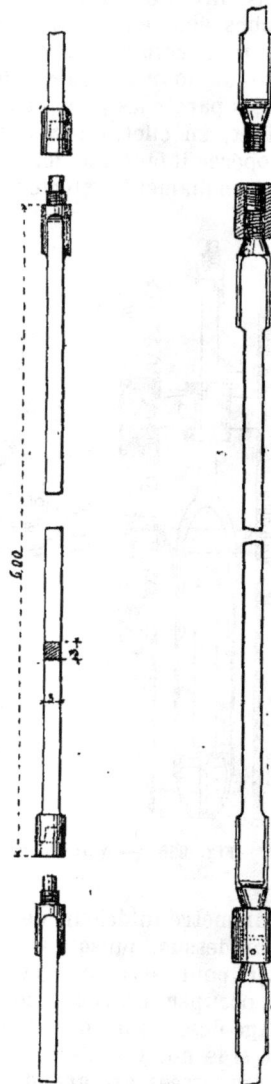

Fig. 969. — Tige de sonde en fer. — Type d'assemblage à vis.

Fig. 970. — Tige de sonde en fer. — Type d'assemblage à manchon.

tical. Ces lames se ferment lorsqu'on tourne l'outil dans un certain sens et s'ouvrent au contraire lorsqu'on le tourne en sens inverse ; elles attaquent alors la roche. Elles sont maintenues par un cylindre en fer au-dessous duquel se trouve une cloche destinée à recevoir les parties de roches enlevées par les lames. On ne recueille donc avec cet instrument que des détritus du terrain traversé.

911. Lorsqu'on veut prendre un échantillon solide il faut détacher du fond du trou un témoin cylindrique qu'on élève au jour. L'outil qui sert à obtenir le témoin se nomme un *découpeur* et celui qui sert à l'élever au jour se nomme *emporte-pièce*.

Le découpeur est un trépan annulaire (*fig.* 967) formé d'un certain nombre de ciseaux tranchants disposés en couronne et solidement reliés entre eux. On le fait agir par battage et rodage comme un trépan ordinaire; on forme ainsi dans la roche une rainure circulaire qui isole le témoin du terrain environnant. Lorsqu'on juge que la hauteur du témoin est suffisante, on remonte l'outil et on fait descendre l'emporte-pièce ou cloche à échantillon au fond du trou.

La cloche à échantillon (*fig.* 968) est une cloche cylindrique en tôle située à l'extrémité d'une fourche. Elle porte, sur toute sa hauteur, un, deux ou trois ressorts qui se terminent par des petits rebords intérieurs. Sur un des côtés cette cloche porte un coin qui, sous l'action du poids de l'appareil, s'enfonce de plus en plus entre les parois de la cloche et le ressort et exerce par suite une pression latérale qui détache le témoin qu'on peut alors élever au jour.

912. Il faut avoir soin de marquer par un repère la position de la cloche avant sa descente dans le trou de sondage et de la remonter sans la faire tourner pour pouvoir déposer le témoin sur le plancher du jour exactement dans la même position que celle qu'il occupait au fond. On pourra ainsi se rendre exactement compte de la nature et de la composition de la roche traversée ainsi, que de l'inclinaison des différentes couches qui la composent, par l'inspection des joints de stratification *du témoin.*

Composition des tiges de sonde.

913. Les outils de forage et de curage

sont suspendus à l'extrémité des corps de sonde qui devront pouvoir s'allonger au fur et à mesure de l'approfondissement.

Le corps de sonde est formé quelquefois par un câble ou une chaîne, mais, le plus généralement, il est constitué par une série de tiges rigides s'emmanchant les unes au bout des autres.

Primitivement les tiges rigides se faisaient en bois de sapin ; la section de ces tiges était un carré de $0^m,06$ à $0^m,10$ de côté. Mais aujourd'hui elles sont le plus souvent formées par des fers carrés de très bonne qualité ayant $0^m,030$ à $0^m,030$

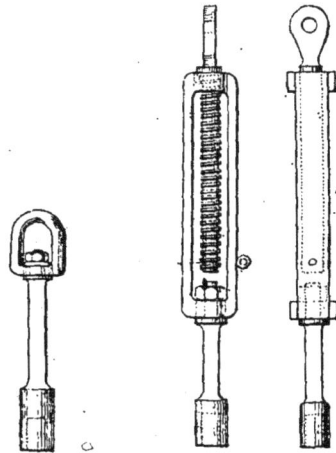

Fig. 971. — Tête de sonde   Fig. 972 : — Tête de sonde
          ordinaire.   à vis.

de côté, et ayant une longueur variant entre 4 et 10 mètres.

A l'extrémité de chacune de ces barres, on dispose un tenon fileté et une douille également filetée à l'intérieur. Le tenon se termine par une partie lisse qui sert à guider l'emmanchement, comme le montre la figure 969.

On peut encore terminer les deux extrémités de chaque tige par un tenon fileté. Les tiges sont alors assemblées les unes à la suite des autres par l'intermédiaire d'un manchon (*fig.* 970.) Dans tous les cas, les manchons devront avoir une section utile au moins égale à celle de la tige de sonde elle-même. Lorsque les sondages devront atteindre une grande profondeur on pourra employer des tiges à section décroissante pour diminuer leur poids.

Au-dessous du tenon fileté se trouve, en général, un renflement portant à deux hauteurs différentes et à angle droit deux paires d'épaulements, dont nous indiquerons plus tard l'utilité.

914. La série des tiges de sonde devra se composer, outre celles qui ont une longueur constante, de tiges appelées *allonges*, dont la longueur variera graduellement de mètre en mètre et qu'on ajoutera à la partie supérieure de la sonde au fur et à mesure de l'approfondissement.

Lorsque la longueur totale de ces petites tiges atteint celle d'une tige courante, on met une de celles-ci à leur place pour continuer le forage et ainsi de suite en ajoutant à nouveau les petites tiges lorsque l'approfondissement l'exige.

915. *Têtes de sonde.* — La première tige se termine quelquefois par une tête qui sert à la suspendre ; mais, en général, la tige spéciale supérieure est fixée à une tête de sonde qui sert à suspendre et à manœuvrer toute la sonde.

Comme on doit faire tourner l'outil d'une certaine quantité, 1/10 de tour environ, après chaque coup de battage de manière à attaquer toute la surface du fond, il faut, pour éviter la torsion de la tige de sonde, que la tête de sonde porte un étrier permettant à l'ensemble de tourner librement.

Cette tête de sonde se termine le plus souvent, à la partie supérieure, par une tige à vis qui s'engage dans l'étrier de manière à permettre par une simple rotation à allonger la tige d'une certaine quantité, au fur et à mesure de l'approfondissement. Ce n'est que lorsque l'allongement n'est plus possible à l'aide de cette vis qu'on ajoute les allonges de tiges de sonde dont nous avons parlé précédemment, mais qui alors ont une longueur plus grande.

Pour éviter le balancement des tiges lorsque le sondage doit avoir une grande profondeur on munit souvent les tiges rigides de guides à claire-voie qu'on dispose de distance en distance (*fig.* 975).

916. Dans le cas où on emploie une corde comme tige de sonde, la tête doit porter une espèce d'étau qui saisit la corde sans la déchirer (*fig.* 973); cette corde porte de distance en distance des garnitures en tôle destinées à la protéger contre l'usure par frottement contre les parois du trou de sonde. L'outil est, en général, vissé à une

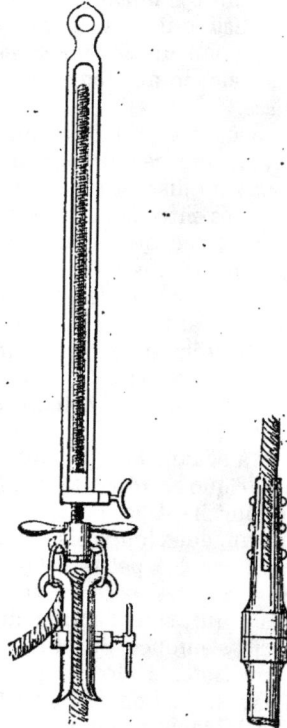

Fig. 973. — Tige en corde avec tête de sonde à vis.

Fig. 974. — Tête de trépan assemblée sur une tige en corde.

douille fixée à l'extrémité de la corde (*fig.* 974).

Emploi des coulisses pour sondages à grandes profondeurs.

917. Nous avons vu que pour forer un trou et désagréger la roche il faut alternativement soulever le trépan et le laisser retomber après l'avoir fait tourner d'une quantité à peu près égale à 1/10 de circonférence. Or, plus l'approfondissement augmente plus le poids des tiges devient considérable et lorsque le trépan frappe au fond du trou il se produit dans toutes les tiges des vibrations tellement grandes qu'elles peuvent amener rapidement leur rupture. On a donc cherché à rendre les tiges indépendantes du choc du trépan et on y est arrivé par l'emploi d'appareils très ingénieux qui laissent tomber librement le trépan sans que les tiges de sonde participent au mouvement.

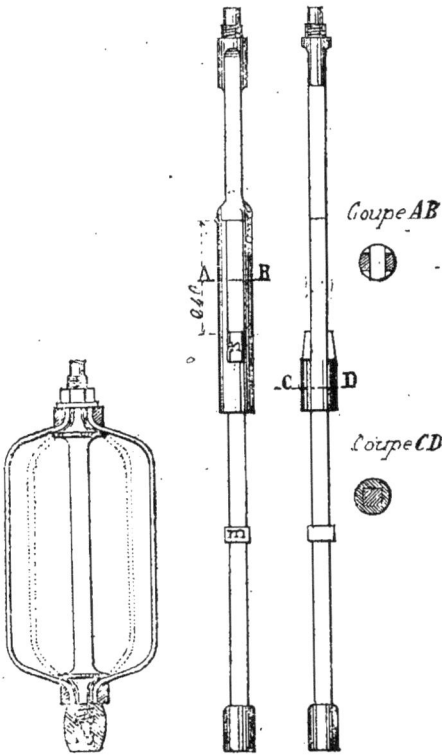

Fig. 975. — Lanterne
guide.

Fig. 976. — Coulisse d'Oeynhausen.

ber librement le trépan sans que les tiges de sonde participent au mouvement.

Ces appareils appelés appareils à chute libre ont, en outre, permis de régler à volonté le poids et les dimensions des masses mises en mouvement pour opérer le forage par percussion. De plus, les tiges de sonde n'ayant plus alors qu'à soulever le trépan peuvent, avec cette disposition, avoir des dimensions bien moindres que lorsqu'elles participent à la percussion.

918. Le premier appareil à chute libre est la coulisse d'Oeynhausen représentée sur la figure 976 ; on l'interpose entre l'outil et les tiges. L'outil est fixé à l'extrémité d'une tige d'une certaine longueur qui glisse dans une rainure verticale de la coulisse. Cette tige se termine supérieurement par une tête n qui l'empêche de sortir de la coulisse et qui sert à soulever l'outil. Si on relève rapidement les tiges et si on arrête brusquement le mouvement ascensionnel l'outil qui est libre continue sa montée dans la coulisse ; mais la force d'impulsion qu'il a ainsi reçue est bientôt détruite par le poids du trépan qui retombe alors au fond du trou et ainsi de suite.

919. Cette coulisse, un peu primitive, a été modifiée par Kind qui a utilisé la réaction de l'eau qui remplit presque toujours les trous de sondage.

Sa coulisse se compose de deux flasques et porte à la partie supérieure un grappin qui forme mâchoire et qui est actionné par une tige fixée à un disque au travers duquel passent les tiges de sonde. La tête de l'outil, formée par une tige de fer, glisse dans la coulisse et se termine par une tête en forme de champignon qui peut être saisie par le grappin de la coulisse. Lorsqu'on élève l'ensemble de l'appareil, l'eau exerce une certaine pression sur le disque et d'après la forme du grappin, l'outil maintenu par sa tête est soulevé en même temps. Lorsqu'on fait redescendre les tiges la pression s'exerce en sens contraire, c'est-à-dire de bas en haut, et par l'intermédiaire de la tige a les grappins s'ouvrent. Le trépan abandonné à lui-même tombe alors sous l'action de son propre poids sans que les tiges participent au choc qu'il produit au fond du trou.

920. *Coulisse à poids mort.* — La coulisse à poids mort consiste dans l'emploi d'une pièce spéciale qui constitue le poids mort, qu'on descend en même temps que la coulisse et qui reste au fond du trou de sonde. La tige de l'outil est encore, comme pour la disposition précédente, terminée par une tête en forme de champignon qui peut être saisie par un grappin ou mâchoire ayant la forme indiquée sur la figure. Le moyen le plus simple, pour lâcher automatiquement l'outil, consiste à terminer le poids mort par un anneau *conique* dans lequel les bras supérieurs du grappin viennent entrer lorsqu'on soulève la coulisse. C'est une disposition analogue à celle que nous avons déjà indiquée pour les déclics de sonnette.

Le poids mort porte ordinairement des guides pour la coulisse et pour l'outil.

921. *Coulisse Straka.* — Si le sondage

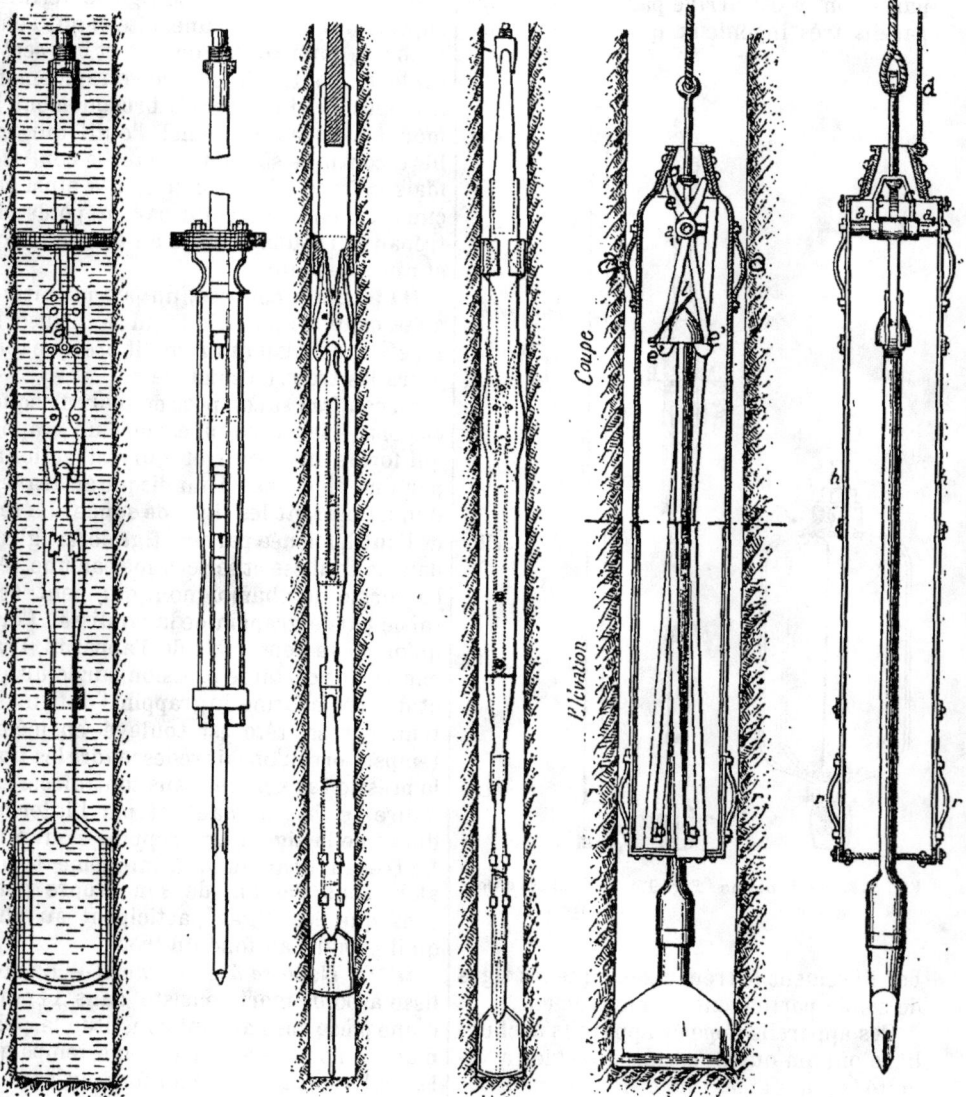

Fig. 977. — Coulisse Kind.   Fig. 978. — Coulisse à poids mort.   Fig. 979. — Coulisse Straka.

s'effectue à l'aide de câbles il faut évidemment avoir recours à des coulisses spéciales, parmi lesquelles la coulisse Straka est la plus simple et la plus employée.

Elle se compose d'un tube en fer suspendu par une corde *d* et qui porte quatre ressorts *a* destinés à servir de guides en s'appuyant sur les parois du trou de sonde.

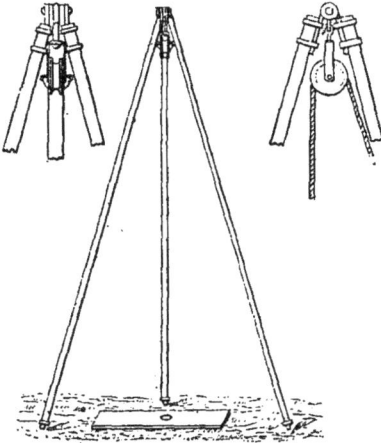

Fig. 980.

La tige du trépan, terminée encore ici par une tête en forme de champignon, est saisie par un grappin dont l'axe *a* est relié à la corde de manœuvre par l'intermédiaire d'un étrier en fer *c*. Le grappin est maintenu constamment ouvert à l'aide d'une petite tringle en fer *l* et son axe *a* peut glisser dans des rainures héliçoïdales *b* situées à l'intérieur du tube en fer suspendu à la corde *d*. Lorsque les branches supérieures *e* du grappin pénètrent dans la partie conique *g* qui surmonte le tube, les branches inférieures *e'* s'écartent et l'outil, abandonné à lui-même, tombe sous l'action de son propre poids. On descend alors la corde qui le soulève à nouveau ; mais, en remontant la corde, l'axe *a* décrit un certain mouvement de rotation puisqu'il glisse dans les rainures héliçoïdales *b* ; donc, après chaque opération, l'outil tourne d'une certaine quantité et par suite ne retombe pas au même endroit.

L'emploi de l'axe *a*, qui se meut dans les rainures en hélice tracées à l'intérieur du cylindre guide la corde dans sa descente et facilite beaucoup la reprise par le grappin du champignon qui termine la tige du trépan.

§ II. — INSTALLATION D'UN CHANTIER DE SONDE

922. Lorsque le sondage ne doit pas descendre au-dessous de 10 mètres de profondeur il n'y a aucune installation à faire à la surface du sol. On se sert dans ce cas de la sonde Palissy (*fig.* 954) qui se compose d'une tige en fer carré de 20 millimètres environ de côté terminée à une de ses extrémités par une tarière à mouche rubanée et à l'autre par un petit trépan. Un double manche qui peut glisser le long de la tige sert à donner un mouvement de rotation à la tarière et, par suite, à faire pénétrer celle-ci dans le terrain. Lorsqu'on rencontre un petit caillou on retourne l'outil et on fait agir le trépan en le soulevant et le laissant retomber alternativement, en le tournant un peu après chaque coup de battage.

923. Au-delà de 10 mètres de profondeur la sonde devient lourde et on la suspend à une chaîne ou à un engin spé-

cial permettant les manœuvres de battage et de curage. Cet engin. pour les sondages compris entre 10 et 15 mètres, est un simple trépied portant une poulie à son sommet ; la manœuvre de la sonde se fait alors à la tiraude (*fig.* 980).

924. Pour les sondages plus profonds il faut adopter une autre disposition. On emploie alors une chèvre à trois montants supportant encore à son sommet une poulie sur laquelle passe la corde qui supporte la sonde, mais ici la corde fait, en outre, un tour sur le tambour d'un treuil fixé à la chèvre et manœuvré par deux hommes ; un troisième fait tomber l'outil.

925. Pour des profondeurs comprises entre 50 et 70 mètres, on peut employer une chèvre à quatre montants avec poulie à son sommet et treuil sur une de ses faces. Mais ici le treuil doit être à engrenage et à débrayage rapide et doit être muni d'un frein qni sert à la descente des outils (*fig.* 981).

926. Au-delà de 70 mètres de profondeur il faut encore une installation spéciale. On monte un échafaudage triangulaire au-dessus du trou de sonde ; cet échafaudage porte à son sommet la poulie sur laquelle doit passer la corde de manœuvre, mais de là celle-ci s'enroule sur un treuil indépendant cette fois de l'échafaudage et solidement établi à l'arrière sur des semelles fixées dans le sol.

Les organes de ce treuil devront avoir évidemment des dimensions suffisantes

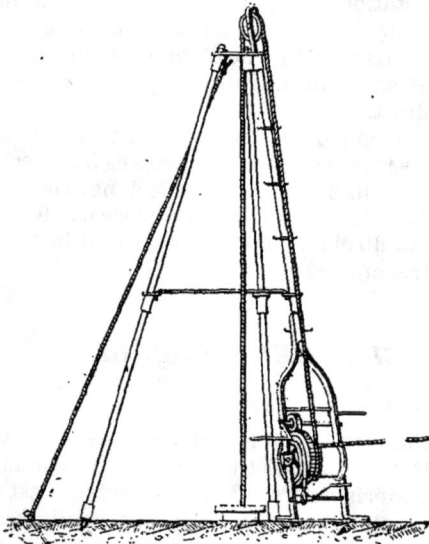

Fig. 981.

pour pouvoir soulever le poids des tiges de sonde, et la transmission de mouvement devra permettre de laisser retomber facilement l'outil pour produire la percussion nécessaire au forage du trou de sonde.

927. L'emplacement du trou de sonde est généralement creusé en forme de puits sur une petite profondeur. Ce puits est recouvert par un plancher en madriers. Les pièces de bois du centre appelées *platsbords* sont plus épaisses que les autres et portent chacune une échancrure demi-cylindrique dont la juxtaposition forme le trou nécessaire au passage des tiges. Le

diamètre de ce trou doit être un peu plus grand que celui des emmanchements des tiges.

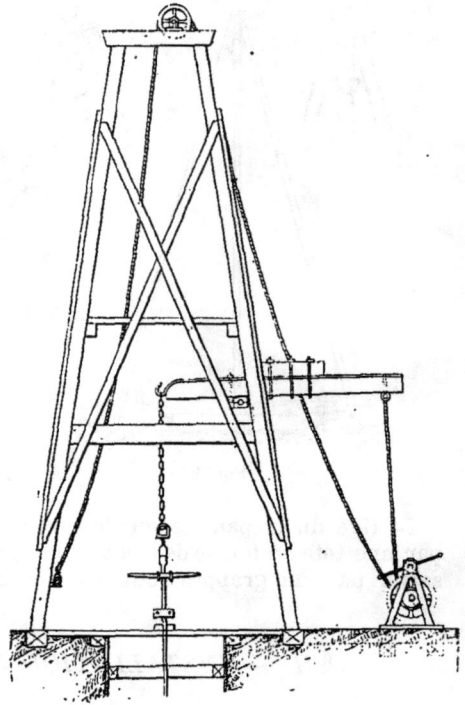

Fig. 982.

928. Lorsque le sondage est poussé au-delà de 100 mètres de profondeur on ne

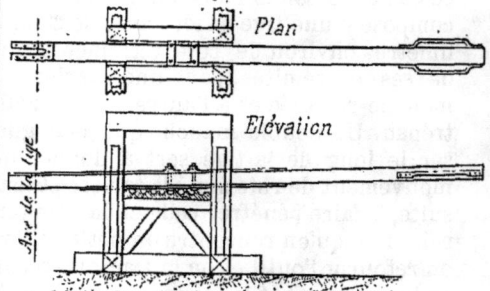

Fig. 983.

se sert plus du treuil comme engin de manœuvre des tiges de sonde ; celles-ci sont suspendues à l'extrémité d'un levier de battage qui peut être en bois ou en fer.

L'extrémité de ce levier de battage à laquelle doit être articulée la tête de sonde n'a pas la même forme pour les grands et les petits sondages.

Pour ceux-là en effet, il se termine par une frette portant un anneau de suspension pour supporter les tiges de sonde (*fig* 982), tandis que pour ceux-ci il se termine par une simple fourche dans laquelle s'engage l'axe supportant la tête de sonde (*fig*. 983).

Quant au mouvement du balancier, il est donné à la main pour les petits sondages et mécaniquement pour les grands. Dans ce dernier cas la transmission du mouvement, peut être obtenue soit à l'aide d'une bielle et d'une manivelle actionnées par une machine à vapeur, soit directement par un cylindre à vapeur à simple effet dont la manœuvre pourra se faire à la main ou automatiquement (*fig*. 984).

929. Au fur et à mesure de l'approfondissement, le poids des tiges augmente nécessairement; aussi lorsque le sondage doit être effectué à la main, il faut se réserver la possibilité de pouvoir faire varier le bras de levier à l'extrémité duquel agit le poids des tiges de sonde. A cet effet on adopte souvent la disposition in-

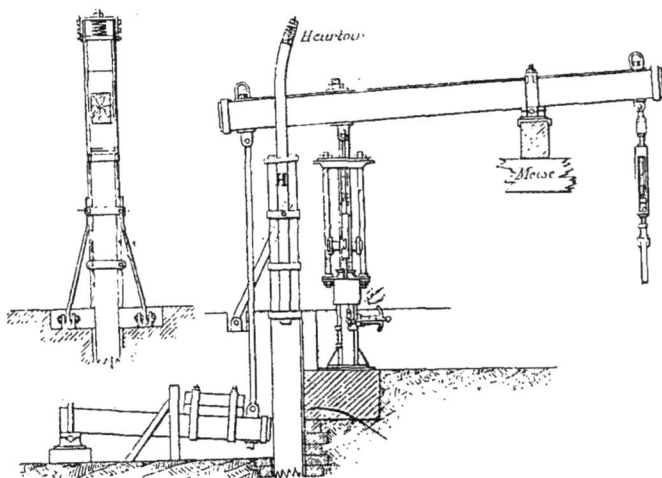

Fig. 984.

diquée sur la figure 983 ; l'axe de rotation du balancier pouvant être mis dans une série de coussinets disposés les uns à la suite des autres sur un même madrier, on aura toute facilité pour effectuer cette opération.

930. Dans les sondages importants, il est utile d'équilibrer une partie du poids des tiges par un contrepoids qu'on peut déplacer, à mesure que le poids des tiges augmente, sur le bras de levier opposé à celui à l'extrémité duquel sont suspendues les tiges de sonde (*fig*. 982). On peut encore, comme cela se fait souvent, se

servir d'un contre-balancier attelé à l'extrémité du levier de battage (*fig*. 984 et 985) ; ce contre-balancier peut même dans certains cas supporter un contrepoids dont l'effet s'ajoute pour équilibrer le poids des tiges de sonde.

931. Lorsque l'outil de forage est suspendu à la suite d'un appareil de chute libre à réaction, le balancier doit venir buter à l'extrémité de sa course montante contre un heurtoir, en bois ou en fer, de manière à déterminer la chute de l'outil (*fig*. 984).

§ III. — EXÉCUTION DES SONDAGES. — MANOEUVRES

932. L'emplacement où doit se faire le sondage étant déterminé, on commence par foncer un puits jusqu'au terrain so-lide, puis on le boise ou on le muraille suivant la durée probable du travail.

Ceci fait, suivant l'axe du puits on éta-

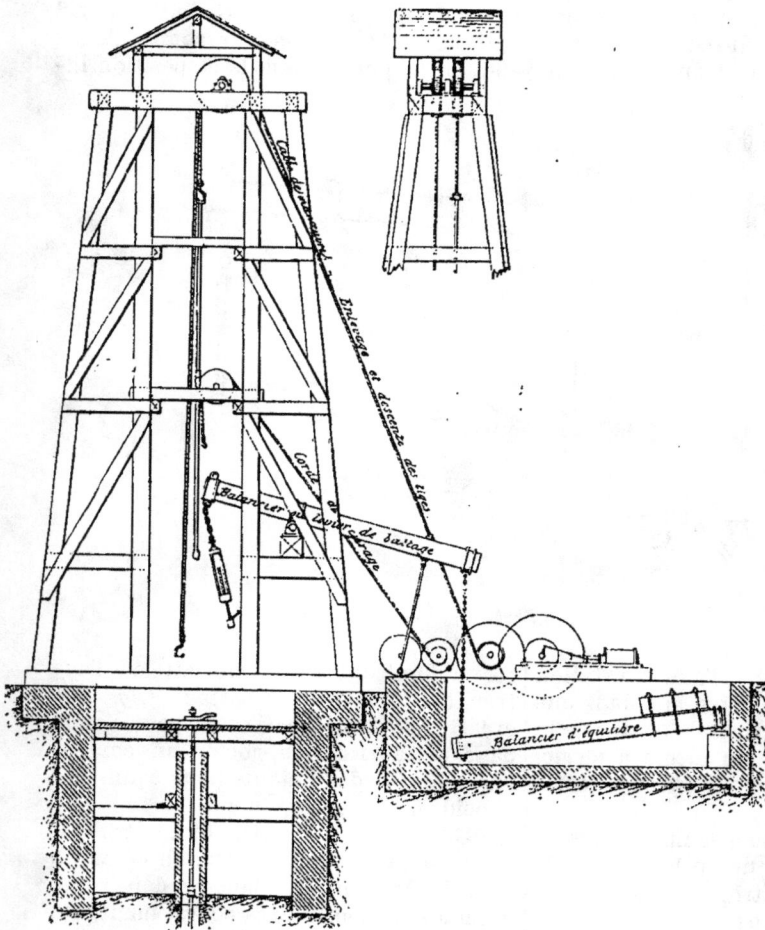

Fig. 985.

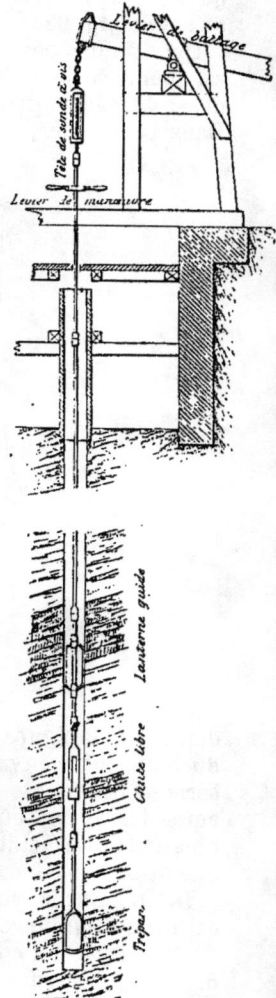

Fig. 986.

blit solidement un tuyau-guide, enfoncé bien verticalement dans le sol et absolu-ment indépendant du plancher de ma-nœuvre, disposé en général un peu au-dessous du niveau du sol. Cette dernière disposition a surtout pour but de diminuer la hauteur de l'échafaudage supportant les poulies de manœuvre, tout en conservant la hauteur libre nécessaire entre le levier de manœuvre et la partie supérieure de l'échafaudage. Le tuyau-guide étant placé, on descend le trépan au fond du trou ; il est fixé, comme nous le savons, à une tige reliée elle-même au levier de battage par la tête de sonde. On commence le battage en soulevant l'outil et en le laissant retomber brusquement ; mais, après chaque coup, il faut le tourner d'une certaine quantité. Cette opération, confiée au chef de poste, peut se faire en passant un levier dans l'œil de la tête de sonde, mais souvent on se sert ordi-

centre constituant une partie du plancher extérieur (plats-bords). Cet outil, fixé à la chaîne de battage au moyen d'une S à brides (fig. 991), se compose d'une sorte de fer à cheval qui peut se fermer en avant par une petite plaque, et qui est relié à un anneau soit par un seul fer carré, soit par deux fers ronds ; le premier outil est employé pour les sondages ordinaires et le deuxième pour les sondages à grande profondeur.

La première tige étant remontée à l'aide du pied de bœuf, jusqu'à ce que les épaulements inférieurs de la tige suivante arrivent au-dessus des madriers extérieurs, un ouvrier placé à cet endroit et appelé le visseur glisse entre ces épaulements et les plats-bords, un outil de forme spéciale appelé clef de retenue destiné à maintenir toutes les tiges ainsi que le trépan fixé à leur extrémité. La clef de retenue (fig. 987) est en core un outil constitué par une plaque en forme de fer à cheval ; elle est munie

Fig. 989.

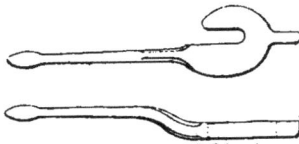
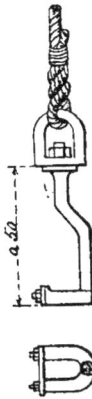

Fig. 987.   Fig. 988.

nairement d'un tourne-à-gauche qu'on fixe sur la dernière tige.

Après un certain nombre de coups de battage, il faut retirer les détritus formés au fond du trou et, par suite, remonter la sonde pour lui substituer l'outil de curage.

A cet effet, on remonte les tiges en se servant des deux paires d'épaulements ménagés à deux hauteurs différentes sur les renflements d'assemblages et situés dans un sens perpendiculaire l'un par rapport à l'autre. On saisit la première tige par les épaulements supérieurs à l'aide de l'outil représenté par la figure 988 appelé pied de bœuf et on la soulève jusqu'à ce que son épaulement inférieur arrive un peu au-dessus des madriers du

d'un manche qu'il faut placer à gauche d'un ergot (fig. 991) fixé sur les plats-bords de manière à empêcher la griffe de tourner avec la tige supérieure à dévisser. Pour effectuer le dévissage, on mollit légèrement la chaîne d'attache et on se sert d'un petit tourne-à-gauche à un seul manche (fig. 989) ; mais comme les tiges, lors de leur descente, ont été vissées à refus, il peut arriver que cet outil soit insuffisant. On se sert alors du tourne-à-gauche à deux manches représenté par la figure 990 qu'on tient à deux mains et auquel on imprime un mouvement de rotation par coups secs et rapides pour obtenir le dévissage.

Cette opération terminée on remonte la tige supérieure qu'on vient de dévisser jusqu'à ce que le pied de bœuf arrive à portée d'un ouvrier installé à hauteur convenable sur un petit plancher supporté par la chèvre ou par l'échafaudage employé. Cet ouvrier opère le retrait des tiges du pied de bœuf en ouvrant la barrière et il les place verticalement les unes à côté des autres, le long d'une des faces de l'échafaudage.

On redescend le pied de bœuf pour saisir la tige suivante par ses épaulements supérieurs et ainsi de suite, on remonte les tiges les unes après les autres jusqu'au trépan.

933. Afin de diminuer le temps nécessaire à la manœuvre, au lieu d'avoir un simple câble à pied de bœuf, on en emploie deux ou bien on se sert des deux extré-mités d'un même câble passant sur deux poulies supérieures, et tel que lorsqu'un des brins monte l'autre descend.

Les tiges ayant toutes été successivement remontées, y compris l'outil de forage, on descend dans le trou de sonde la cuillère de curage, en la fixant à l'extrémité d'une corde passant sur une poulie fixée à la partie supérieure de la charpente et s'enroulant sur le tambour du treuil de manœuvre.

934. Quand le trou est complètement nettoyé, on redescend la sonde pour con-

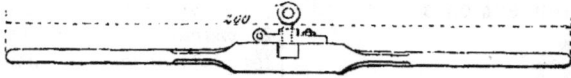

Fig. 990.

tinuer le forage. Cette opération se fait d'une manière analogue à celle que nous avons décrite pour la montée. On suspend l'outil à la chaîne en le retenant dans la rainure du pied de bœuf par les épaulements supérieurs de son emmanchement, et on le descend dans le trou de sonde jusqu'à ce que les épaulements inférieurs ne soient plus qu'à quelques centimètres au-dessus des plats-bords. A ce moment le visseur engage la clé de retenue entre les épaulements inférieurs et les madriers de manière à suspendre l'outil (*fig.* 991), puis il ouvre la barrière du pied de bœuf qu'on élève ensuite jusqu'à ce qu'il arrive à la portée de la main de l'ouvrier, situé sur le plancher supérieur. Ce dernier saisit alors avec le pied de bœuf une des tiges dressées contre les montants de l'échafaudage, rabat la barrière et laisse descendre le câble de manœuvre jusqu'à ce que l'extrémité inférieure de la tige qu'il supporte arrive au-dessus de l'emmanchement de l'outil, soutenu par la clé de retenue. Le visseur emboîte la douille de la tige descendante dans le tenon de l'outil et tourne de droite à gauche pour effectuer le vissage. Pour faciliter cette opération qui se fait à l'aide du tourne-à-gauche fixé au-dessus de la douille, le manche de la clé de retenue doit être placé *à droite* de l'ergot fixé sur les plats-bords, et la chaîne qui soutient la tige doit être légèrement détendue. L'ouvrier retire ensuite la clé de retenue, et la tige descend à son tour dans le trou de sonde jusqu'à ce que son épaulement inférieur

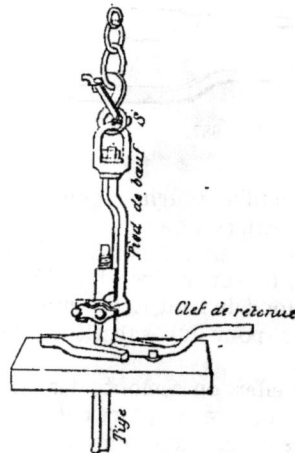

Fig. 991.

arrive à quelques centimètres des plats-bords. Il replace alors la clé de retenue et ouvre la barrière du pied de bœuf pour que cet outil élevé à nouveau redescende la tige suivante et ainsi de suite. Les tiges doivent être vissées les unes à la suite des autres dans l'ordre suivant lequel elles ont été remontées.

Le chef de sonde doit enrégistrer soigneusement les longueurs des outils et des tiges descendus dans le trou de sonde ainsi que leur ordre de succession, de manière à avoir toutes les indications nécessaires pour pouvoir, en cas de rupture, remonter facilement la partie de la sonde restée dans le trou.

Lorsque toutes les tiges ont été descen-

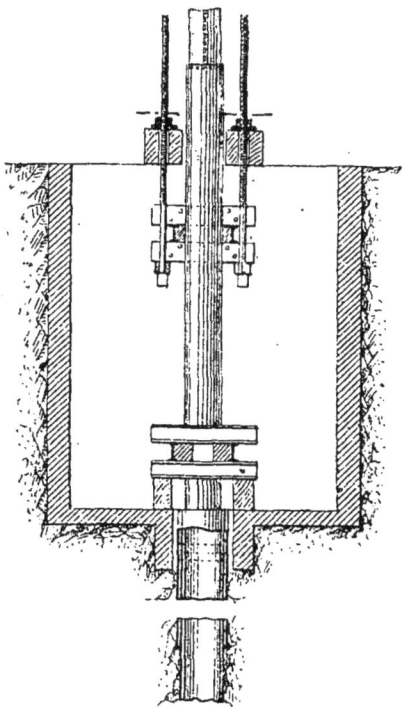

Fig. 992.

dues, on substitue au pied de bœuf la tête de sonde qui est vissée sur la dernière tige et dont l'anneau tournant est fixé à la chaîne de manœuvre par l'intermédiaire d'une S à brides. L'extrémité supérieure de la dernière tige doit dépasser le plancher extérieur d'au moins 1ᵐ,50. C'est sur celle-ci qu'on place, à la hauteur convenable, le tourne-à-gauche qui sert à tourner l'outil de 1/10 de circonférence quand on bat au trépan, de manière que

celui-ci ne retombe pas toujours à la même place, ou bien qui sert à imprimer à la sonde le mouvement de rotation nécessaire pour forer à la tarière. Dans ce dernier cas, on place même souvent deux tourne-à-gauche l'un au-dessus de

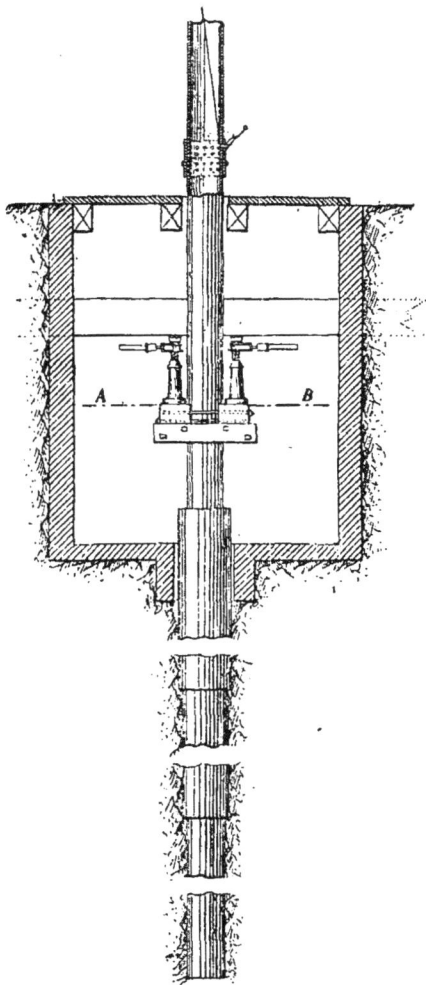

Fig. 993.

l'autre et disposés en croix de manière à constituer un véritable tourniquet donnant plus de facilité pour la manœuvre.

Tubes de retenue.

935. Nous avons déjà dit que lorsque le terrain traversé par le trou de sonde est ébouleux les parois de ce dernier ne se maintenant pas d'elles-mêmes, il faut employer des moyens spéciaux pour pouvoir continuer le sondage au-delà d'une certaine profondeur, variable suivant la nature du terrain. L'un d'eux consiste à remplir le trou de sonde avec de la glaise qu'on tasse fortement et dans laquelle on fore ensuite à l'aide d'une tarière. L'enduit glaiseux consolide parfois les parois d'une manière satisfaisante. Mais ce moyen n'est pas toujours suffisant et il faut alors avoir recours au tubage.

936. Anciennement le tubage se faisait en bois, mais aujourd'hui on emploie souvent des tuyaux en zinc, en cuivre ou en fonte. Les plus répandus sont en fer étiré ou en tôle rivée, car ils offrent une résistance très grande, même avec une épaisseur très faible, condition évidemment essentielle pour pouvoir leur faire traverser des terrains excessivement mobiles.

Les tuyaux en fer permettent en outre de ne pas réduire inutilement le diamètre du trou de sonde et, par suite, facilitent les opérations de sauvetage quand il faut descendre un outil à côté de la tige pour saisir celle-ci au-dessous d'un de ses épaulements. Enfin ces tuyaux supportent parfaitement la pression qu'on est obligé d'exercer souvent sur eux pour les forcer à descendre dans le trou de sonde. Ils sont construits par tronçons de 2 ou 3 mètres de longueur et sont assemblés les uns à la suite des autres, soit par des manchons rivés sur les deux tuyaux, soit par des emboîtements à vis. D'autres fois on fait l'emmanchement légèrement conique et on enfonce les deux tuyaux l'un dans l'autre jusqu'au refus; on les fixe ensuite à l'aide de goujons. De cette façon on supprime le manchon qui donne toujours un certain frottement contre les parois du trou de sonde pendant la descente du tuyau.

937. L'assemblage des tuyaux se fait sur l'orifice même du trou de sonde au fur et à mesure de leur emploi, soit à la traversée de terrains marneux ou argileux, soit à la traversée de couches de sable ou de graviers ébouleux.

Si les terrains à traverser sont ébouleux dès le début, on creuse ordinairement à l'emplacement du trou de sonde un puits de 4 ou 5 mètres de profondeur, dont les parois sont solidement maintenues par des palplanches et des cadres horizontaux. On peut ainsi vérifier commodément les assemblages des tuyaux et ajouter de nouveaux tuyaux de 5 ou 6 mètres de longueur au fur et à mesure de l'approfondissement, comme cela est en général nécessaire, sans que leur orifice supérieur s'élève à une trop grande hauteur au-dessus du plancher de l'atelier et empêche la manœuvre de la sonde.

938. Si le sondage n'a pas une impor-

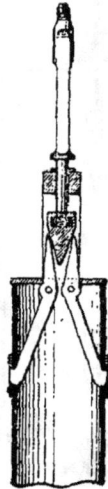 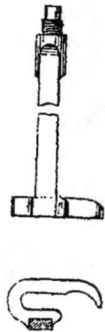

Fig. 994.   Fig. 995.

tance suffisante pour nécessiter le forage d'un puits d'entrée, on commence le trou de sonde à l'aide d'une tarière d'un diamètre un peu plus grand que celui de l'extérieur du tube, en tapissant les parois avec de l'argile malaxée par l'outil lui-même. On introduit le premier tube dans ce trou sur 2 mètres environ de profondeur et on continue ensuite son enfoncement en forant à l'intérieur avec l'outil ordinaire et en exerçant une pression sur son extrémité supérieure.

Lorsque ce tuyau est descendu suffisamment, il faut en ajouter un second et faire l'assemblage sur place. Si cet assemblage se fait par emmanchement légèrement conique, on n'a qu'à enfoncer les deux tuyaux l'un dans l'autre jusqu'au refus. A cet effet on maintiendra solidement le tuyau déjà descendu en plaçant, au-dessous du renflement qu'il porte pour l'assemblage, deux pièces de bois, reposant sur le plancher de l'atelier, portant deux échancrures demi-cylindriques et parfaitement réunies par des boulons. Ces deux pièces de bois formeront donc un collier supportant le premier tube sur le plancher de manœuvre.

Mais lorsque les deux tuyaux doivent être assemblés à l'aide d'un manchon boulonné sur chacun d'eux l'opération est plus compliquée. Les boulons dont on se sert ont une tête plate de un demi-millimètre environ d'épaisseur ; leur tige est taraudée très finement et est percée à l'extrémité d'un petit trou par lequel on suspend le boulon la tête en bas à l'extrémité d'une ficelle. On descend le boulon ainsi suspendu par l'orifice supérieur du tuyau à ajouter jusqu'à ce qu'il arrive un peu au-dessous du trou dans lequel il doit être mis. Puis, en introduisant un petit crochet en fil de fer par le trou du tuyau, on saisit la ficelle à l'intérieur et on la ramène au dehors ; en la tirant alors à soi, la tige du boulon finit par pénétrer dans le trou qu'il doit occuper. On n'a plus alors qu'à serrer à refus la tête du boulon en maintenant la tige par une pince, afin de l'empêcher de tourner pendant le serrage. On donne en général à la tête du boulon une épaisseur de 2 millimètres et demi, ce qui est suffisant pour mettre en prise environ trois filets du pas de vis de la tige. Lorsque le serrage est effectué, on coupe au burin la partie de la tige qui dépasse l'écrou pour enlever sur la surface extérieure du tuyau toute aspérité qui pourrait entraver la descente régulière de celui-ci ; on enlève ensuite le collier en bois et on procède à l'enfoncement du tube.

Lorsque les tubes doivent être enfoncés à de grandes profondeurs, on préfère en général les river l'un à l'autre par l'intermédiaire d'un manchon. On évite ainsi la saillie produite sur la surface extérieure du tuyau par les écrous des petits boulons. La mise en place des rivets se fait toujours à l'aide d'une ficelle, comme dans le cas prédédent, et, pour pouvoir effectuer la rivure on introduit dans le tuyau supérieur un outil de forme spéciale venant s'appliquer contre les têtes de rivets à l'intérieur du tube et destiné à remplacer le mandrin ordinairement employé dans les ateliers pour les travaux de ce genre. Cet outil se compose de deux coins en fonte qui juxtaposés garnissent complètement l'intérieur du tube. Ces deux coins sont réunis en bas par une petite chaîne et sont supportés par deux tiges dont l'une d'elles porte en haut un renflement permettant de la suspendre au pied de bœuf et dont l'autre, qui supporte le coin ayant la plus petite dimension en bas, se termine par une tête sur laquelle on peut frapper pour amener les deux coins en face l'un de l'autre. Ce mandrin de forme spéciale étant mis en place, on effectue la rivure.

939. *Descente des tubes.* — La descente des tubes peut se faire de deux manières différentes :

1° On est obligé de retenir les tubes ;

2° On est obligé d'exercer une pression sur eux pour les enfoncer.

Dans le premier cas on descend les tubes à l'aide d'un collier en bois ou en fer en deux parties qu'on peut serrer fortement par des boulons (*fig.* 992).

Pour descendre les tuyaux à colonnes perdues, c'est-à-dire qui, au lieu de monter jusqu'au jour, ne servent qu'à masquer des couches argileuses, qui en gonflant empêcheraient le retrait des outils ou des couches de sable et de gravier, on se sert des pinces représentées par la figure 994.

940. Le plus souvent cependant, les tuyaux ne peuvent pas descendre sous l'action de leur propre poids et il faut exercer sur eux des pressions énergiques.

Quand il faut absolument recourir à ce moyen, il importe de prendre toutes les précautions nécessaires pour ne pas détériorer la tête du tuyau et de dégager le tube après l'avoir soulevé lorsque la résistance devient trop grande plutôt que de le soumettre à des pressions excessives.

La pression à exercer sur le tuyau pour le faire descendre sera obtenue soit par une vis de serrage, soit par des vérins (*fig.* 993). Il est alors de toute nécessité que les pièces sur lesquelles on prend un point d'appui soient bien fixées dans les parois du puits qui surmonte le trou de sonde.

Accidents.

941. Parmi les accidents qui se produisent dans les sondages, les plus fréquents sont certainement les ruptures de tiges. Si c'est le tenon d'un des emmanchements de la tige qui s'est cassé pendant la manœuvre, la partie supérieure de la tige restée au fond du

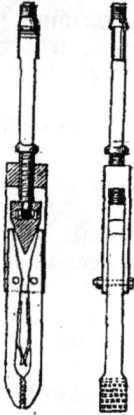 

Fig. 996.   Fig. 997.

trou portera encore la douille d'assemblage qu'on saisira alors par les épaulements qu'elle porte, à l'aide de l'outil représenté par la figure 995, qu'on appelle *caracole*. Cet outil est formé par une tige terminée à la partie inférieure par un crochet horizontal dont l'extrémité effilée et légèrement recourbée facilite le passage sous l'emmanchement de la tige à soulever. Lorsque la section carrée de la tige située sous l'emmanchement inférieur est bien entrée dans le crochet de la caracole on tourne celle-ci et on la relève en la maintenant constamment serrée contre la tige pour que cette dernière ne retombe pas au fond du trou.

942. Si la tige de sonde s'est rompue

en un point quelconque de sa longueur il n'est plus aussi commode de se servir de la caracole pour la retirer, car on ne peut le faire qu'en la glissant sous les épaulements de la tige suivante. On aurait ainsi au-dessus de l'outil une partie de tige qui, n'étant pas soutenue pendant la montée, s'inclinerait sur la verticale et s'arc-bouterait contre les parois du trou de sonde. L'opération serait donc entravée; aussi, dans ce cas, on se sert de préférence d'une tige terminée à la partie inférieure par une partie conique filetée intérieure-

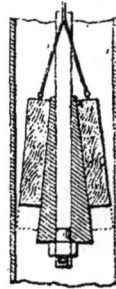 

Fig. 998.   Fig. 999.

ment et qui vient coiffer l'extrémité de la tige rompue. La forme conique donnée à la partie filetée de cet outil facilite du reste l'entrée de l'extrémité de la tige rompue dans les filets de la cloche. En imprimant à celle-ci un mouvement de rotation par l'intermédiaire des tiges rigides qui la supportent les filets de la cloche tarauderont l'extrémité supérieure de la tige de sonde qui sera alors suffisamment retenue pour pouvoir être élevée jusqu'au jour.

On peut encore se servir d'un accrocheur

à pinces (*fig.* 996) muni d'une caracole pour faciliter l'entrée de la tige dans l'outil. Il se compose de deux mâchoires dont l'une est fixe et dont l'autre, mobile autour d'un axe fixé sur la première et maintenue un peu éloignée par un ressort, peut se rapprocher et se fixer contre la tige à saisir. Ce rapprochement s'obtient sous l'influence d'un coin qui descend en imprimant un mouvement de rotation à la tige qui supporte l'outil.

943. Si la tige s'est rompue en plusieurs morceaux il faut toujours les retirer dans leur ordre de succession de haut en bas, car, si on retirait d'abord la portion de tige qui supporte l'outil inférieur, celui-ci pourrait déchirer les parois du trou de sonde par suite de la diminution de section provenant de la rencontre des parties de tige cassées et tombées au fond. Il importe alors, dans ce cas, de rechercher à quelle profondeur se trouve la partie de la tige de sonde qui fait suite à celle qui a été remontée au jour après la rupture. A cet effet on peut se servir d'une cloche fermée qu'on garnit d'argile ou de cire et qu'on descend dans le trou de sonde pour prendre l'empreinte du premier obstacle rencontré.

Si la cassure de la première tige qu'on rencontre correspond à celle de la dernière tige remontée on descend la cloche à vis ou l'accrocheur à pinces pour retirer la deuxième portion de tige. Si au contraire la cassure indiquée par l'empreinte n'est pas celle qu'on cherche, on se sert d'une cloche de plus faible diamètre pour pouvoir prendre une deuxième empreinte au-dessous de la première.

Si on ne trouve pas l'empreinte cherchée il faut dévisser les tronçons de tiges restés au fond pour débarrasser le trou de sonde. A cet effet on peut se servir d'une cloche à vis à gauche analogue à celle déjà décrite pour le retrait des tiges brisées en un point quelconque de leur longueur. Lorsque cette cloche a coiffé la première tige rencontrée il suffit de lui imprimer un mouvement de rotation de droite à gauche pour que, ses filets s'engageant dans le fer de la tige à retirer, le dévissage s'effectue facilement. On remonte alors la tige dévissée et on va

chercher la suivante. Comme, pendant le mouvement de rotation effectué de droite à gauche les emmanchements des tiges supportant la cloche à vis se dévisseraient, il faut traverser ces emmanchements, serrés préalablement à refus, par une forte goupille.

944. Lorsque le sondage est effectué

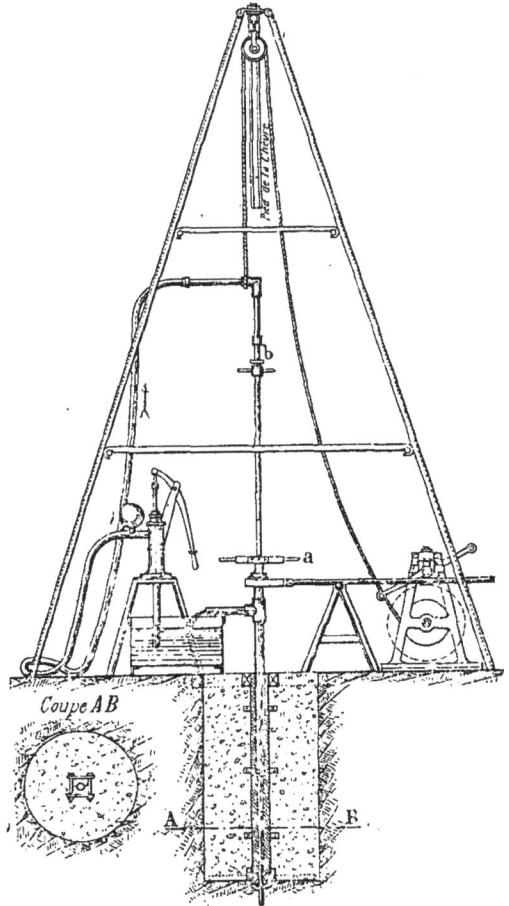

Fig. 1000.

à la corde et que celle-ci s'est cassée à l'intérieur du trou de sonde on peut la retirer à l'aide de l'outil représenté sur la figure 997 et appelé tire-bourre.

945. *Retrait des tubes de retenue.* — Pour relever une certaine partie de tubes on a à exercer de très grands efforts, car ils sont en général solidement fixés à l'intérieur du trou de sonde par suite des frottements provenant des pressions exercées par les argiles et les marnes et aussi par les terrains ébouleux.

Le retrait d'une colonne de retenue peut s'effectuer en exerçant une traction sous sa base à l'aide de crochets en fer suspendus à une corde et analogues aux pinces employées pour la descente des colonnes perdues (*fig.* 994). On peut encore se servir de l'arrache-tuyau Alberti (*fig.* 998), qui se compose d'une série de quatre coins en bois qui, arrivés à la profondeur convenable, peuvent être coincés contre les parois du tuyau à l'aide d'un coin en fonte fixé à l'extrémité d'une corde. En exerçant une traction sur cette corde on peut remonter le tuyau.

Mais les tuyaux de retenue adhèrent souvent aux terrains avec une intensité telle qu'il est impossible de les retirer ; les efforts de traction exercés n'ayant d'autre effet que de produire des déchirures dans la tôle. Il faut alors se décider à retirer la colonne par parties successives en la coupant à certains niveaux, à l'aide d'un outil à lames en acier qui peuvent s'effacer en tournant dans un sens et mordre dans le fer en tournant dans l'autre sens (*fig.* 999).

Sondages horizontaux.

946. Dans certains cas on a à faire des sondages de reconnaissance horizontaux, sur le front de taille d'une galerie de tunnel par exemple.

Lorsqu'ils ont moins de 10 mètres de profondeur on peut les faire avec des barres à mine ronde qu'on peut allonger au moyen d'autres barres assemblées à vis. Mais, lorsque la profondeur à atteindre devient plus considérable, il faut adopter une disposition spéciale. On fixe (*fig.* 1003) un cadre à l'avant de la galerie et un deuxième cadre à quelques mètres en arrière. La tête de sonde porte une poulie sur laquelle passe un câble fixé au cadre d'avant et qui revient vers le front de taille passer sur une deuxième poulie ; il se termine, comme le montre la figure, par un contre-poids qui tend à appuyer

constamment l'outil contre le fond du trou de sonde. Les tiges sont guidées par deux rouleaux en avant du trou et par un palier intermédiaire.

Sondages en rivière.

947. Les sondages en rivière qu'on a souvent besoin d'exécuter pour rechercher un bon sol de fondations pour établir des piles de pont se font à l'aide de deux bateaux accouplés retenus à la rive par des amarres et supportant le plancher de manœuvre. Le tuyau-guide est enfoncé entre les deux bateaux dans le lit de la

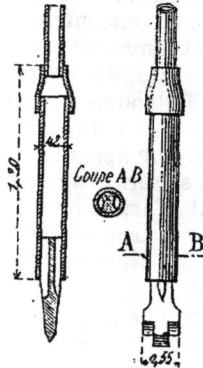

Fig. 1001.

rivière et maintenu en haut par un collier en bois fixé au plancher.

Sondage Fauvel avec nettoyage à eau.

948. Les procédés de sondage dont nous avons donné les détails d'exécution sont certainement les plus employés. Cependant, dans certains cas, on fait le nettoyage du trou de sonde à l'aide d'une circulation d'eau, comme l'indique la figure 1000, au lieu de se servir des outils de curage dont nous avons donné la description. Les tiges sont toujours, avec cette disposition, assemblées à vis, mais le trépan est creux et a la forme indiquée sur la figure 1001. Les outils employés pour la manœuvre restent les mêmes, sauf pour la clé de serrage qui, devant saisir une tige ronde et lisse, a une forme particulière (*fig.* 1002).

L'eau servant au nettoyage est envoyée au fond du trou par une pompe foulante, en passant à l'intérieur des tiges creuses qui supportent le trépan. Cette eau remonte dans l'espace annulaire entre la tige et le

Fig. 1002.

terrain en entraînant les détritus de la roche. Dans le cas où le trépan a un assez grand diamètre et où, par suite, l'espace annulaire entre la tige et le terrain est trop considérable, on peut faire arriver le courant d'eau par cet espace annulaire et le faire sortir par l'intérieur des tiges. L'eau se rend alors dans un bassin de décantation et peut être envoyée à nouveau dans le trou de sonde. La tête supérieure de la dernière tige de sonde au jour doit être coiffée d'un chapeau à presse-étoupe pour permettre de tourner les tiges d'un certain angle pendant la percussion.

Sondage au diamant noir.

949. Dans certains terrains résistants, homogènes, non ébouleux ni coulants, on a effectué des sondages à l'aide du diamant noir avec nettoyage à eau.

Dans ce système on agit par rotation et l'outil est fixé à l'extrémité d'une série de tiges creuses assemblées par manchons à vis. Les diamants sont fixés sur une couronne en bronze ; ils sont séparés par des rainures (*fig.* 1004), qui permettent au courant d'eau arrivant par les tiges creuses de remonter par l'espace annulaire existant entre celles-ci et les parois du trou de sonde, en entraînant les détritus des roches traversées.

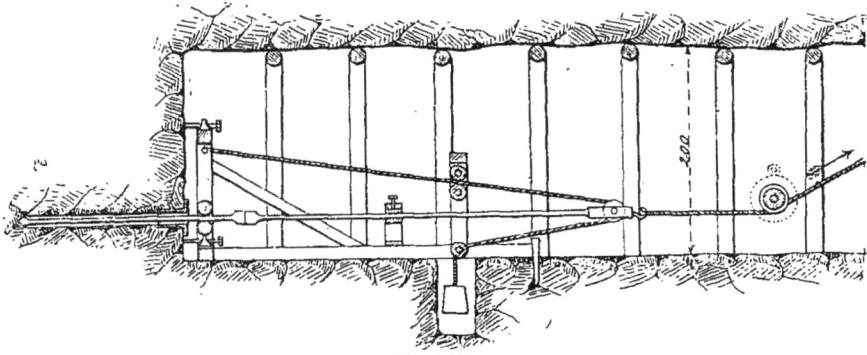

Fig. 1003.

L'outil découpe donc la roche sur une surface annulaire et laisse au milieu un témoin qu'on enlève après coup.

Afin d'éviter la perte de temps qui résulte de cette sujétion on fait quelquefois l'outil avec des diamants noirs disposés sur toute la surface de l'outil au lieu de les mettre en couronne. La roche est alors réduite entièrement en petits fragments, qui sont enlevés par l'eau de nettoyage, car les rainures existent encore avec cette disposition.

La tige supérieure traverse un appareil de tête (*fig.* 1006) formé par un tube en fer muni d'un ergot sur toute sa hauteur suivant une génératrice et qui traverse une roue d'angle à rainure recevant le mouvement d'une machine située à une faible distance. La roue d'angle entraîne donc le cylindre en fer qui peut avoir en outre un mouvement rectiligne indépendamment du mouvement de rotation. Comme on fixe l'extrémité supérieure des tiges à ce cylindre, il en résulte que l'outil aura un mouvement de rotation et en même temps un mouvement de descente.

L'appareil de tête porte, en outre, un coussinet à deux bras dans lequel il peut tourner librement, mais il ne peut ni monter, ni descendre sans entraîner le coussinet. A ce dernier on suspend deux séries de contrepoids ; l'un d'eux sert à soulever les tiges et l'autre à les abaisser. On peut ainsi déterminer le poids constant avec lequel on veut que l'outil presse au fond du trou de sonde.

Fig. 1006

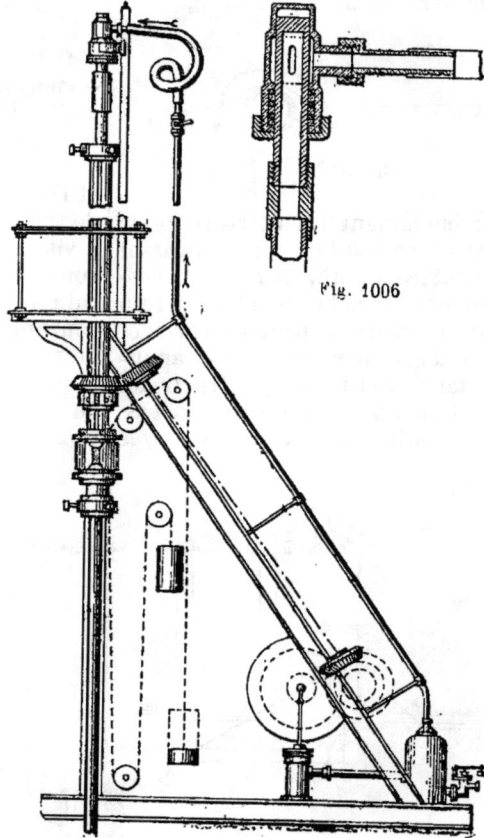

Fig. 1004.

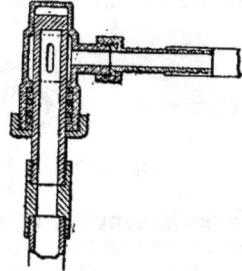

Fig. 1005.

Une boîte à étoupe et à caoutchouc reçoit l'eau de nettoyage et permet de l'envoyer à l'intérieur des tiges.

Soins à prendre dans l'exécution d'un sondage.

950. Si la manœuvre de la sonde n'exige pour de faibles profondeurs dans un terrain résistant et uniforme qu'un peu de pratique qui peut s'acquérir après quelques heures d'observation, il n'en est pas de même lorsque le sondage doit être poussé à de grandes profondeurs et doit traverser des terrains ébouleux. Dans ce cas, en effet, le conducteur de sonde doit avoir une grande pratique des outils employés et des connaissances suffisantes en géologie pour connaître la puissance probable et l'ordre dans lequel doivent être superposées les couches des différents étages dont est constituée l'écorce terrestre. Il

MODÈLE D'UN JOURNAL DE SONDAGE.

Nᵒˢ DES ÉCHANTILLONS.	DATES des jours de		NATURE des TERRAINS	NOMBRE DES VOYAGES de					ÉPAISSEUR FORÉE à la fin de la journée.	PROFONDEUR DU SONDAGE à la fin de la journée.	ÉPAISSEURS des touches.	NIVEAUX DE L'EAU au-dessus et au-dessus du sol.	OBSERVATIONS Nota : Indiquer au haut de chaque page le diamètre du sondage et la profondeur tubée.
	CURAGE	TRAVAIL		TRÉPAN	TARIÈRE OUVERTE	TARIÈRE A TOUPANS	ÉLARGISSEUR	OUTILS RACCROCHEURS					
	Décembre.								m.	m.	m.	m.	*Profondeur tubée de 6ᵐ,30 ; 1ᵉʳ diamètre du forage 0ᵐ,29.*
	15	16	Terre rapportée........	»	»	»	»	»	3.30	3.30	0.75		Arrivée du matériel sur l'emplacement des travaux.
1			Terre végétale	»	»	»	»	»	»	»	0.55		
2			Sables fins.......... ..	»	»	»	»	»	»	»	»		Montage de la chèvre et commencement de la fouille, ayant à l'origine 2 mètres de côté.
3		17	—	»	»	»	»	»	1.50	4.80	3.50	4.70	Achèvement de la fouille à 4ᵐ,80.
4		18	Cailloux roulés........	»	10	»	»	»	0.40	5.20	»		Descente d'un tuyau de garantie de 0ᵐ.27 de diamètre intérieur, dans lequel on voyage avec une tarière presque fermée de 0ᵐ,18 et un trépan de 26.
		19	— —	»	14	»	»	»	0.80	6.00	»		
5		20	— —	»	»	»	»	»	»	»	1.50		Commencement du tableau des tiges de sondes.
			Marne blanche........	1	8	2	»	»	0.70	6.70	»		
	21	»	»	»	»	»	»	»	»	»	»	»	Tôle.
		22	Marne blanche........	2	2	»	»	»	»	»	0.60		
6		23	Marnes grises et plaquettes calcaires.....	»	1	3	»	»	3.20	9.90	»		

aut aussi qu'il ait des connaissances mécaniques suffisantes pour disposer son équipage de sonde de manière à obtenir en même temps la plus grande économie possible et la plus grande facilité de manœuvres. Il doit, dans l'exécution du sondage, opérer avec ordre et méthode pour le classement des échantillons de terrains élevés au jour et, à cet effet, il doit posséder un casier en forme de damier. Chaque casier porte un numéro correspondant à ceux de son journal de sondage et dans chacun d'eux il met un

échantillon détaché avec l'emporte-pièce à différentes profondeurs.

On peut ainsi se rendre compte immédiatement de l'ordre de succession des terrains traversés.

951. Nous donnons à la page 736 un type de journal de sondage extrait du *Guide du sondeur* par M. J. Degousée. Il doit être tenu exactement chaque jour et doit contenir les dimensions des outils descendus dans le trou de sonde, ainsi que les particularités que peuvent présenter les tiges, de manière à faciliter leur retrait en cas d'accident.

CHAPITRE IV

TÊTES DES TUNNELS

952. Nous avons déterminé précédemment la hauteur à partir de laquelle il y a lieu de recourir au percement d'un tunnel et nous avons vu que cette hauteur variait, en général, entre 16 et 18 mètres ; par suite, si le flanc de la montagne à tra-

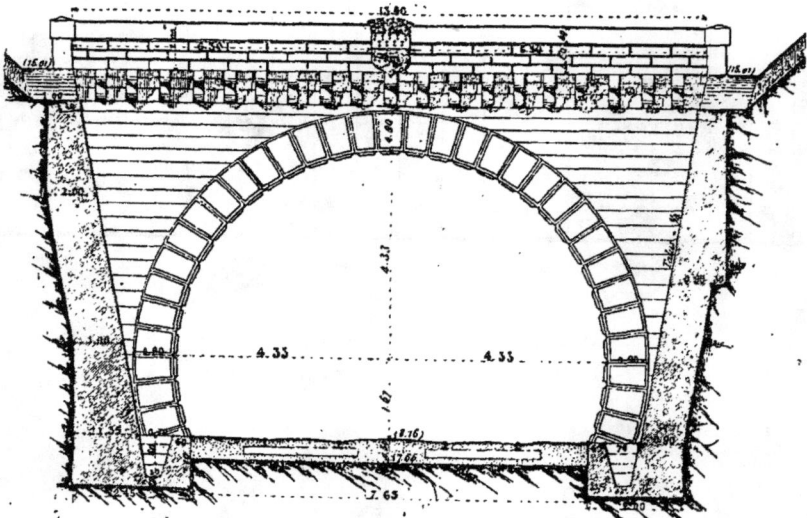

Fig. 1007. — Souterrain de Quimper. — Élévation de la tête, côté Quimper.

verser est en pente douce on aura, à l'entrée du souterrain, une tranchée à ciel ouvert qu'il faudra exécuter d'après les procédés ordinaires de terrassement.

L'entrée en souterrain se fait toujours par une tête en maçonnerie dont la forme varie suivant les circonstances locales et suivant la forme de la section transversale du souterrain qui peut être en plein cintre en arc d'ellipse surhaussé ou en anse de panier.

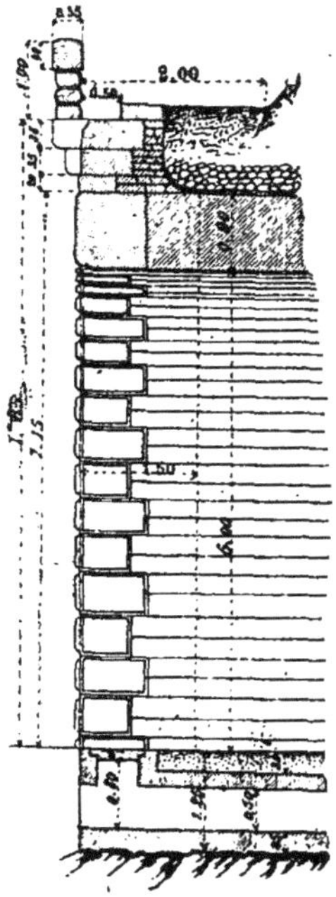

Cette section est, en général, accusée sur le plan de la tête par un bandeau indépendant de la maçonnerie des tympans et en saillie sur ceux-ci de 4 ou 5 centimètres. Si la voûte est en plein cintre le bandeau est presque toujours extradossé parallèlement, c'est-à-dire par un arc concentrique à celui de l'intrados. Les joints des différents voussoirs peuvent être accentués en taillant en biseau les angles de la pierre de taille.

Si la voûte est en anse de panier l'arc d'extrados du bandeau n'est pas, en général, concentrique à l'arc d'intrados. On donne au bandeau une épaisseur plus grande aux naissances qu'à la clé pour donner un caractère de force à la voûte.

Au-dessus de l'arc d'extrados du bandeau on met deux ou trois assises de moellons qu'on surmonte d'une corniche plus ou moins profilée d'après l'importance qu'on veut donner à l'ouvrage. Cette importance varie évidemment suivant que le souterrain est en pleine campagne ou à

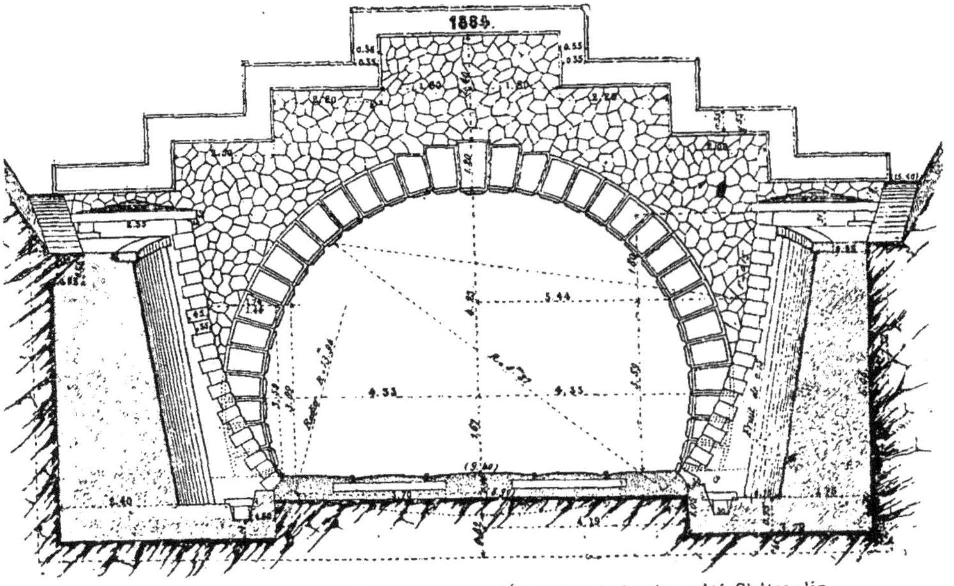

Fig. 1008. — Souterrain de Quimper. — Coupe longitudinale de la tête, côté Quimper.

Fig. 1009. — Souterrain de Quimper. — Élévation de la tête, côté Châteaulin.

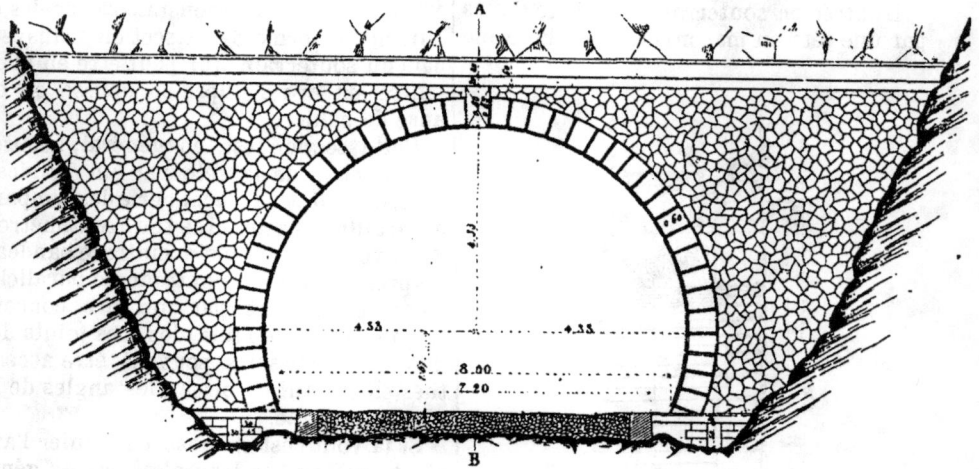

Fig. 1010. — Élévation d'une tête du souterrain de Pontchâteau.

proximité d'une ville. Dans ce dernier cas, pour donner à la corniche un certain caractère architectural on la fait avancer notablement sur le plan de tête du souter-

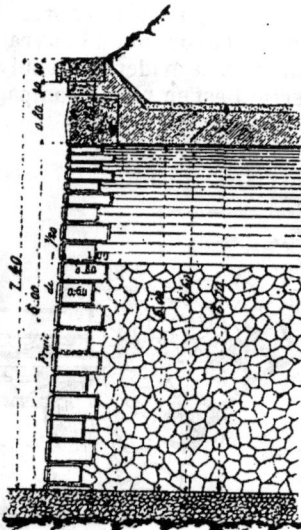

Fig. 1011. — Coupe longitudinale suivant AB (voir figure 1010.)

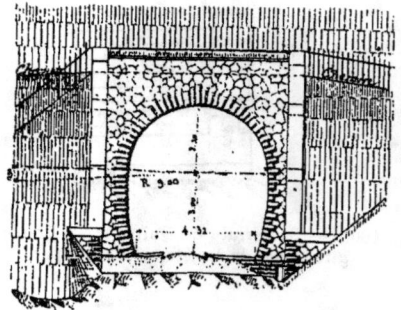

Fig. 1012. — Tête de souterrain avec mur en aile,

Plan

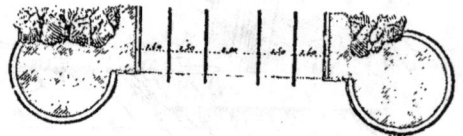

Fig. 1013. — Souterrain de Poitiers. — Élévation et plan d'une tête.

rain ou on la supporte par une série de modillons.

Lorsque la tête du tunnel est à mur en retour la corniche va jusqu'aux talus de la tranchée, tandis que lorsqu'elle est construite avec murs en aile la longueur de la corniche est très réduite. Ces derniers murs ne sont du reste employés en général que lorsqu'ils sont rendus nécessaires par la nature du terrain.

Au-dessus de la corniche on établit souvent un bahut en maçonnerie destiné à former couronnement et à cacher le fossé qu'on établit derrière pour recueillir les eaux qui s'écoulent sur le flanc de la montagne et les conduire dans la tranchée. Ces bahuts qui ont environ 1 mètre de hauteur sont presque toujours constitués par plusieurs assises de moellons supportant un petit couronnement en pierre de taille.

Quant à la maçonnerie des tympans, elle peut se faire soit par assises horizontales de moellons têtués, soit en *opus incertum*.

953. Il importe de prendre certaines dispositions aux têtes des souterrains pour relier les caniveaux d'écoulement d'eau de l'intérieur avec ceux des tranchées qui les précèdent ou qui les suivent.

Lorsque les caniveaux de l'intérieur des souterrains longent les piédroits on les retourne à angle droit un peu en dehors des têtes pour les faire communiquer avec les fossés de la tranchée. Lorsque le souterrain possède un radier en maçonnerie ou en briques, le caniveau se trouve dans l'axe du souterrain et, pour le mettre en communication avec le fossé de la tranchée, il faut le retourner à angle droit comme précédemment en dehors du plan de tête, mais en ayant soin de faire ce caniveau transversal entre deux traverses successives de la voie.

II. — EXÉCUTION

CHAPITRE PREMIER

TRACÉ DES ALIGNEMENTS

954. Les ouvriers perçant une galerie ont toujours une tendance marquée à dévier sa direction lorsqu'ils rencontrent sur le côté une fissure qui facilite leur travail. Il importe donc de vérifier l'avancement pour que la jonction des deux galeries de tête percées séparément se fasse sans erreur appréciable.

A cet effet, si le souterrain est en ligne droite, on suspend dans l'axe de la galerie deux fils à plomb à une distance convenable du front de taille (*fig.* 1014) et, de temps en temps, on s'assure que le prolongement de la ligne qui passe par ces deux fils coïncide avec l'axe de la galerie sur toute sa longueur. Si le souterrain est en courbe on indique au chef mineur la flèche qui correspond à une longueur

donnée en réunissant par une ligne droite les deux derniers fils à plomb suspendus au plafond de la galerie d'avancement. Pour contrôler l'inclinaison on peut se servir d'une grande règle trapézoïdale dont la face inférieure est taillée suivant la pente à obtenir et dont la face supérieure porte en son milieu un niveau de maçon qui doit toujours indiquer que cette dernière face est horizontale.

955. Lorsque la galerie doit être percée au moyen d'un certain nombre de puits, destinés à multiplier le nombre des chantiers d'attaque, on détermine, à l'aide de théodolites installés en des points fixes sur la montagne, le plan vertical passant par l'axe des puits et de la galerie. Les puits étant foncés bien verticalement à l'aide de fils à plomb on peut reporter au fond des points de la ligne d'axe de la galerie qu'on perce ensuite du côté aval et du côté amont en se guidant avec une boussole. Si le puits n'est pas percé sur l'axe du souterrain, le même instrument donnera la direction de l'axe de la petite galerie transversale. En mesurant sur cette ligne la longueur prévue sur le projet, d'axe en axe du puits et de la galerie d'avancement, on aura un point de l'axe de cette dernière galerie et on pourra la percer en se guidant encore avec la boussole. Lorsque deux chantiers allant à la rencontre l'un de l'autre ne sont plus qu'à une distance d'une vingtaine de mètres, l'action d'un aimant puissant se fait parfaitement sentir sur l'aiguille aimantée et on peut au besoin corriger les erreurs commises dans la direction.

956. *Méthode employée pour le percement du mont Cenis.* — On a marqué sur la montagne, par une série de repères, le plan vertical passant par l'axe du tunnel ; puis on a installé en dehors des têtes, dans l'alignement du souterrain, des lunettes dont l'axe optique coïncidait exactement avec l'alignement à obtenir pour l'axe du tunnel. Pour vérifier l'alignement on plaçait à l'avancement, dans l'axe de la galerie, un fil de magnésium incandescent. S'il se trouvait dans l'axe optique de la lunette la direction donnée à la gale-

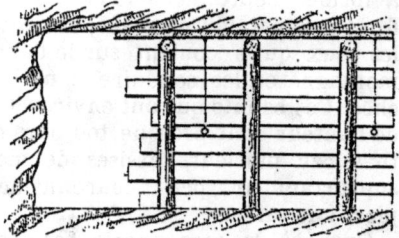

Fig. 1014.

rie était bonne. Dans le cas contraire on évaluait l'écart et on le corrigeait.

Cette vérification ne pouvait se faire que les jours de chômage, car les jours de travail il était impossible d'apercevoir le fil de magnésium incandescent à cause de la fumée provenant des coups de mine et des lampes.

CHAPITRE II

FONÇAGE DES PUITS

§ I. GÉNÉRALITÉS. — FONÇAGE DANS LA ROCHE DURE ET DANS LES TERRAINS DE CONSISTANCE MOYENNE

957. Le fonçage des puits, très simple lorsqu'il s'agit de traverser des terrains solides, devient au contraire très difficile dans les terrains ébouleux ou aquifères. Dans ces deux derniers cas, en effet, l'opération du fonçage nécessite des précautions multiples, soit pour soutenir les parois sur des hauteurs considérables, soit pour masquer les venues d'eau qui peuvent atteindre 10, 20 et même 30 mètres cubes par minute.

La section du puits dépend de la nature du terrain à traverser ; et, à ce point de vue, on peut les diviser en :

Puits boisés ;
Puits muraillés ;
Puits cuvelés.

Pour les premiers la section est rectangulaire ; pour les deuxièmes, elle est ronde ou elliptique ; enfin pour les derniers, elle est ronde ou polygonale. Les puits rectangulaires sont surtout employés dans les terrains solides. Ils sont en général divisés en trois compartiments : deux, pour la montée et la descente des bennes d'extraction des déblais et un pour les échelles destinées aux ouvriers. Les puits rectangulaires doivent être orientés de manière que la poussée des terres agisse sur le petit côté qui devra alors être placé parallèlement à la stratification du terrain.

Pour procéder au fonçage du puits, il faudra d'abord se préoccuper des moyens nécessaires à l'abatage des roches, à leur extraction, à la descente des matériaux de soutènement, à la circulation des ouvriers, à l'aérage et à l'épuisement des eaux.

Abatage.

958. L'abatage se fera au pic et par explosifs dans des trous de mine percés à la main ou à la machine, et dans tous les cas le mineur ne devra pas attaquer son front de taille en plein massif ; il dégagera une partie de la roche et donnera à son front de taille une forme en gradins destinée à faciliter l'abatage. Dans ce but il fera d'abord une coupure horizontale qui se nomme havage à la base du massif dégagé sur deux faces qu'il abattra ensuite à l'aide de coins.

Lorsqu'on emploie les explosifs il faut d'abord commencer par forer des trous cylindriques (*fig.* 1015) auxquels on donne habituellement un diamètre de 0,025 et une profondeur de 0ᵐ,50 à 0ᵐ,55 ; celle-ci atteint même 1 mètre lorsqu'on fait usage de perforateurs mécaniques, comme nous le verrons plus loin.

959. La position des trous de mine demande, de la part du mineur, de l'intelligence et de l'habileté, car il est difficile de donner une règle précise sur leur emplacement. En principe la partie à faire sauter doit présenter moins de résistance que les autres ; mais la forme du front de taille, le sens des fissures de la roche, leur étendue, sont autant d'éléments qui doivent guider le mineur.

Si un massif est dégagé sur deux faces, il faut évidemment placer les trous de mine obliquement de façon à détacher des blocs de section triangulaire et le fond du trou de mine ne doit jamais dépasser la ligne qui termine le dégagement.

Dans les roches difficiles à attaquer par les outils on procède quelquefois en commençant par des petits trous de mine de 0,25 de profondeur et en terminant ensuite par de plus forts. Dans les roches très dures et lorsqu'on procède avec perforateurs mécaniques on fore dans l'axe du puits des trous de 0ᵐ,07 à 0ᵐ,10 de diamètre qu'on ne charge pas, mais qui déterminent des lignes de moindre résistance et font office de havage. Autour de ce trou central on en fore un certain nombre d'autres de plus petit diamètre qu'on charge d'explosifs.

Outils. — Forage des trous de mine.

960. Lorsque le travail du mineur se réduit à un travail de terrassier, il em-

Fig. 1015. — Disposition des trous de mine pour le fonçage des puits dans la roche dure.

ploie les outils de celui-ci, c'est-à-dire la pelle et la pioche, ainsi que les pinces et les coins, mais pour son travail ordinaire l'outil principal est le pic (*fig.* 1016). Ce dernier varie de forme et de poids suivant la nature de la roche à abattre et on peut dire que plus la roche est tendre plus le pic peut être léger. Les pointes du pic doivent être en acier sur une longueur de 5 à 6 centimètres et doivent être reforgées dès qu'elles sont émoussées.

Pour forer les trous de mine on se sert de barres à mine ou de fleurets. Les premières sont des barres de fer terminées par un biseau un peu courbe en acier. Le biseau est plus large que le diamètre de la tige afin d'éviter qu'elle ne frotte dans le trou de mine. La barre à mine est de plus forte dimension que le fleuret et s'emploie sans avoir recours à la masse ;

on la projette violemment au fond du trou pour désagréger la roche.

961. Pour forer les trous de mine avec les fleurets (*fig.* 1017) on frappe sur ceux-ci à la masse en leur imprimant après chaque coup un léger mouvement de rotation ; leur tête doit être aciérée. Ces outils forent des trous de petit diamètre et permettent, par suite, de mieux utiliser l'explosif.

Pour forer un trou de mine de $0^m,50$ de profondeur, le mineur prend une série de fleurets de $0^m,30$ de longueur et de 0,029 de largeur au biseau ; lorsque le trou est foré jusqu'à une profondeur de 0,150 il prend une autre série de fleurets de 0,50 de longueur et dont la largeur du biseau est 0,024.

Enfin, il termine avec une troisième série de fleurets dont la longueur est 0,70 à 0,80 et dont la largeur au biseau est 0,022.

Il faut toujours envoyer dans le trou de mine une certaine quantité d'eau pour faciliter la désagrégation de la roche et empêcher le biseau de l'outil de se détremper. Il se forme alors une pâte au fond du trou ; on nettoie avec une curette en fer, terminée à une extrémité par une petite cuillère recourbée et à l'autre par un œil qui permet d'y mettre un chiffon ou de l'étoupe pour sécher le trou de mine à la fin de l'opération.

Le forage au fleuret est évidemment barbare au point de vue mécanique ; aussi on a proposé un grand nombre d'appareils, appelés perforateurs, agissant par rotation ou percussion en supprimant le choc du marteau sur l'outil. Nous les décrivons un peu plus loin, au sujet du percement des grands tunnels.

Explosifs.

962. Les explosifs agissent par le choc produit par la formation subite des gaz et aussi par la détente de ces gaz. Le premier effet, c'est-à-dire le choc, fracture les roches et doit par conséquent être recherché, tandis que le deuxième doit être évité autant que possible, puisque la détente des gaz produits, en projetant au loin les débris des roches, peut amener de graves accidents.

Les explosifs les plus employés dans les mines sont les poudres et les dynamites.

963. *Poudre de mine.* — La composition de la poudre de mine la plus employée est la suivante :

Nitre 65 0/0
Charbon 15 0/0
Soufre 20 0/0

L'effet utile de la poudre étant proportionnel à la surface soumise à son action, on a pensé l'augmenter en plaçant au centre de la cartouche un noyau en bois

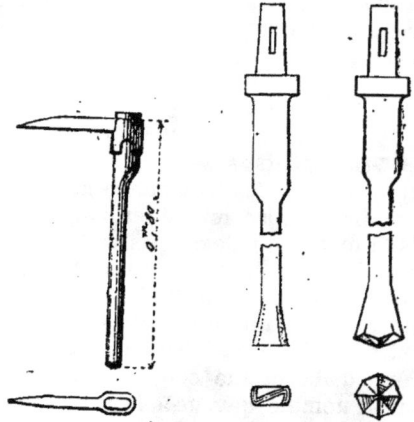

Fig. 1016. — Pic.   Fig. 1017. — Fleuret.

dur ou en mélangeant à la poudre environ 1/3 de sciure de bois. Mais la présence d'un corps étranger ralentissant l'explosion et produisant un certain abaissement de température, on n'a pas obtenu, avec ce mode d'emploi de la poudre, les résultats attendus. Aussi, ce procédé est aujourd'hui abandonné et, dans un autre ordre d'idées, on préfère employer la poudre comprimée. Cette poudre qu'on trouve dans le commerce sous forme de rondelles percées d'un trou central produit beaucoup plus d'effet que la poudre ordinaire.

964. *Dynamites.* — La dynamite est un explosif vif et brisant et peut produire un fort ébranlement des roches. Elle possède tous les avantages de la nitroglycérine sans en présenter les inconvénients. Son emploi dans les mines ne nécessite aucune connaissance spéciale, car il est aussi simple que celui de la poudre. En revanche ses effets sont beaucoup plus considérables et, quoiqu'elle soit vénéneuse, les gaz, résultant de l'explosion par amorce, sont inoffensifs et parfaitement respirables.

On l'emploie, dans les mines, sous trois numéros. La dynamite n° 1 est la moins sensible à l'humidité; elle sert à abattre les roches les plus dures surtout dans les travaux submergés. Elle renferme 75 0/0 de nitroglycérine et 25 0/0 de silice poreuse.

La dynamite n° 2 sert, comme la pre-

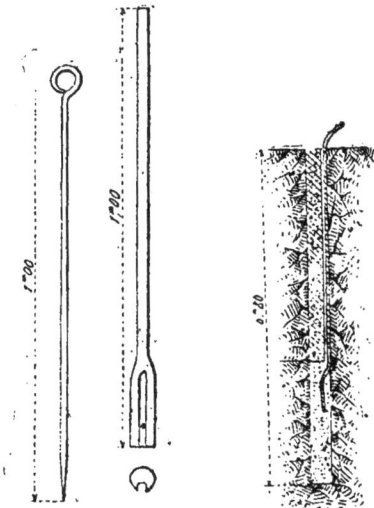

Fig. 1018. — A gauche, Epinglette. — A droite, Bourroir pour abatage avec explosifs.

Fig. 1019. — Charge des trous de mine à la poudre.

mière, à abattre les roches les plus dures; elle renferme 68 0/0 de nitroglycérine. Elle peut être employée aussi dans les roches aquifères mais en ne l'y laissant pas séjourner trop longtemps.

La dynamite n° 3 est employée pour l'abatage des roches de dureté moyenne; elle renferme 20 0/0 de nitroglycérine, 70 0/0 d'azotate de soude et 10 0/0 de charbon.

Contrairement à la première, les dynamites n°s 2 et 3 craignent l'humidité et doivent être conservées en lieux secs dans des boîtes hermétiquement fermées.

Les principaux avantages de la dynamite, comparée à la poudre, résultent surtout de l'économie réalisée sur la main-d'œuvre et de la rapidité des travaux. Elle exige des trous de mine d'un diamètre plus faible que ceux qui sont nécessaires lorsqu'on emploie la poudre et enfin dans les roches aquifères elle a sur la poudre une supériorité incontestable.

La dynamite est livrée au commerce en cartouches de 22 à 25 millimètres de diamètre et de $0^m,09$ à $0^m,10$ de longueur. Ces cartouches devront autant que possible être conservées dans un endroit à l'abri de la gelée car à 10 degrés la dynamite est inerte. On peut cependant la dégeler, soit en la mettant dans la poche, soit en la plaçant dans un vase chauffé au bain-marie. La dynamite gelée peut présenter certains dangers, car elle peut laisser exhaler la nitroglycérine.

965. Depuis quelques années, on emploie, pour certaines roches dures, une variété de dynamite à laquelle on a donné le nom de « dynamite gomme », à cause de sa consistance légèrement élastique. Cette dynamite translucide et de couleur ambrée peut très bien se conserver sous l'eau et rend de très grands services pour l'abatage des roches aquifères. Elle a 50 0/0 de force de plus que la dynamite n° 1; elle se compose de 86 0/0 de nitroglycérine, 10 0/0 de fulmi-coton et de 4 0/0 de camphre. Elle est livrée au commerce en cartouches de 20 millimètres de diamètre et de 5 à 6 centimètres de longueur.

966. *Charge des trous de mine.* — Pour charger les trous de mine avec la poudre, il faut, après avoir nettoyé parfaitement le trou avec de l'étoupe passée dans l'œil de la curette (*fig.* 1018) dont nous avons déjà parlé, remplir l'excavation avec des cartouches de poudre sur 1/3 environ de sa hauteur. Ces cartouches qui ont environ $0^m,15$ de longueur contiennent 100 à 150 grammes de poudre.

La cartouche étant enfoncée à l'aide d'une épinglette en fer doux ou en cuivre, on bourre (*fig.* 1019) au-dessus sans retirer l'épinglette, avec de l'argile ou schiste argileux. Pour effectuer le bourrage on se sert d'une tige en bois portant à la partie inférieure une plaque en bronze.

Lorsque le bourrage est terminé on retire l'épinglette; il reste alors un trou vertical dans lequel on introduit des petits rouleaux de papier, appelés cannettes, enduits de poudre séchée; on met ensuite une mèche soufrée. Aujourd'hui cependant, on remplace l'épinglette et la cannette par une fusée ou étoupille de sûreté.

Ces étoupilles sont formées par des cordelettes avec âme en poudre fine recouvertes d'un tissu et d'un enduit imperméable. Pour charger la mine on lie la fusée à la cartouche en la faisant pénétrer dans celle-ci de $0^m,05$ à $0^m,06$;

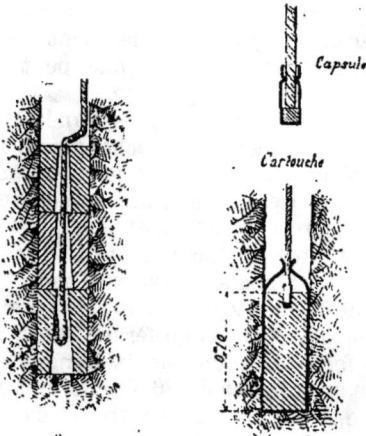

Fig. 1020. — Charge des trous de mine à la poudre comprimée.

Fig. 1021. — Charge des trous de mine à la dynamite.

on descend le tout dans le trou et on coupe la fusée en la faisant dépasser de $0^m,10$ à l'extérieur, puis on fait le bourrage avec de l'argile.

967. Si on emploie de la poudre comprimée (*fig.* 1020), au lieu de poudre en grain, on fait traverser le noyau central par l'étoupille; on recourbe son extrémité et on établit une communication entre la poudre qu'elle contient et celle de la cartouche.

968. Quand on emploie la dynamite, il est inutile d'assécher le trou de mine, on met les cartouches les unes sur les autres et on les serre isolément avec un bourroir en bois de manière que la dyna-

mite se moule suivant la forme du trou (*fig.* 1021). La dernière cartouche du haut doit porter la capsule qui détermine l'explosion, et, à cause de cette capsule, on serre moins fortement la dernière cartouche pour ne pas déranger la position de la capsule. On remplit le reste du trou avec du sable ou de l'argile, sans bourrer au marteau comme pour la poudre ordinaire.

L'explosion de la cartouche de dynamite est produite par une capsule amorce (*fig.* 1022), renfermant du fulminate de mercure et du chlorate de potasse, fixée au bout d'une mèche ordinaire et introduite dans la cartouche. La liaison entre la mèche et la cartouche amorce est obtenue par une forte ligature avec de la ficelle.

Lorsque l'explosion doit avoir lieu sous

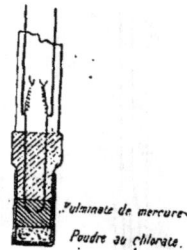

Fig. 1022. — Amorce électrique pour abatage avec explosifs.

l'eau, il faut prendre certaines précautions pour ne pas mouiller le fulminate de la capsule. A cet effet on garnit soigneusement de poix ou de glaise le joint de celle-ci et de la mèche. On plonge ensuite la capsule dans la cartouche amorce et on fait la ligature comme à l'ordinaire.

969. Les ratés sont plus nombreux avec la dynamite qu'avec la poudre; ils peuvent provenir, soit de la mauvaise qualité des mèches soit de la force insuffisante des capsules, soit encore de l'insuffisance de la ligature qui attache la mèche et la capsule à la cartouche amorce. Mais dès qu'on a entendu l'explosion de la capsule on peut s'avancer et utiliser les coups ratés en enlevant avec précaution la moitié environ du bourrage, en introduisant une forte cartouche avec capsule et mèche, en bourrant à nouveau et en mettant le feu. La charge supérieure fait alors partir celle du fond.

Avec la poudre, au contraire, il faut attendre un certain temps après le raté et on ne doit jamais tenter le débourrage; il faut toujours noyer le trou de mine.

Lorsqu'on emploie la dynamite dans les roches fissurées, il ne faut pas percer les trous à moins de 0m,25 à 0m,30 de distance les uns des autres, car la nitroglycérine, s'exalant à travers les fissures, peut déterminer une explosion.

La charge de dynamite doit être 1/3 ou 2/5 de la charge de poudre ordinairement employée, et la longueur de cette charge 1/4 environ de la longueur du trou de

Fig. 1023.

mine pour les roches dures et 1/6 à 1/8 pour les roches tendres.

970. On a cherché à augmenter l'effet utile des explosifs en faisant partir plusieurs coups de mine à la fois ; l'avantage consiste surtout à faire perdre moins de temps aux ouvriers lorsqu'ils se mettent à l'abri des explosions.

Pour obtenir ce résultat, on amorce des étoupilles de même longueur et on les allume en même temps. Les coups de mine partent simultanément et les ouvriers peuvent alors revenir au chantier après la dernière explosion. Mais, au lieu de se servir des étoupilles, il est préférable d'avoir recours à l'électricité dont l'emploi a l'avantage de diminuer le nombre des accidents. Dans ce cas, l'inflammation de l'explosif sera déterminée

soit en portant au rouge un fil de platine sous l'influence d'un courant galvanique, soit par l'étincelle produite entre deux fils de cuivre placés au milieu de l'explosif.

Lorsque le trou de mine est chargé à la dynamite, on se sert, en outre, d'amorces munies d'une capsule au fulminate de mercure. Au-dessus du fulminate on met un mélange de soufre et de verre pilé traversé par deux fils de cuivre recourbés et plongeant dans le fulminate de la capsule. Le tout est réuni à une

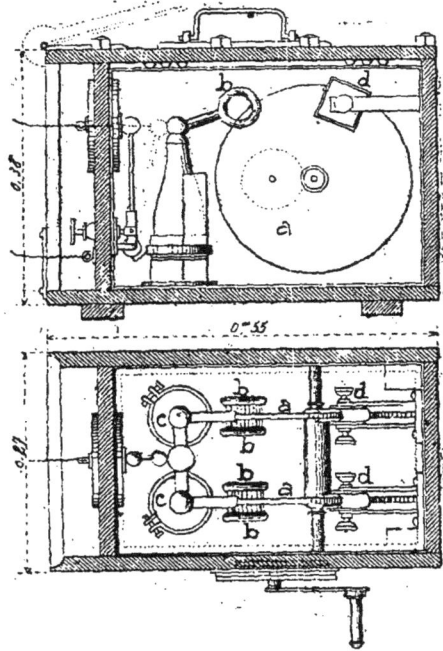

Fig. 1024. — Exploseur Bornhardt.

petite planchette qui sert à placer l'amorce dans la capsule. Les fils de cuivre se développent le long de la planchette dont la partie supérieure est réunie aux conducteurs principaux venant de la machine électrique. Les conducteurs principaux doivent être en cuivre et être recouverts de gutta-percha pour les chantiers humides.

On peut n'avoir évidemment qu'un seul conducteur et fermer le courant en faisant communiquer le deuxième fil de cuivre avec le sol, mais on préfère en général avoir deux fils conducteurs pour que l'étincelle soit plus sûre.

971. Lorsqu'on a plusieurs coups de mine à faire partir à la fois, on réunit un des fils conducteurs de la machine avec un des fils de l'amorce ; les diverses charges de mine étant réunies entre elles, on relie le fil de retour du dernier trou, avec le deuxième conducteur de la machine (*fig.* 1023). Toutes les mines étant amorcées, l'explosion se produira à l'instant précis qu'on voudra.

Le courant peut être produit soit par des piles, soit par des machines électriques ordinaires. Les appareils d'induction ne sont guère employés, car ils ne produisent, en général, qu'une faible tension.

L'un des appareils, basés sur l'électri-

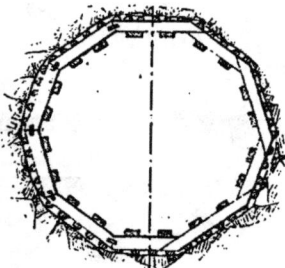

Fig. 1025.

cité statique, les plus employés est l'exploseur Bornhardt (*fig.* 1024).

Cet exploseur est formé de un ou deux plateaux *a* en gutta-percha situés à l'intérieur d'une boîte et auxquels on peut donner un mouvement de rotation à l'aide d'une manivelle. Ces plateaux sont pressés par deux frottoirs *d* qui déterminent la production de l'électricité. Des anneaux *h* munis de pointes, situés de chaque côté des plateaux, recueillent l'électricité négative de ceux-ci qui va ensuite s'accumuler dans des bouteilles de Leyde *c*. Un petit bouton extérieur permet, au moyen d'un levier, de mettre l'excitateur en contact avec les bouteilles de Leyde et par suite de déterminer l'étincelle. Cet appareil qui pèse de 15 à 18 kilogrammes, suivant qu'il est à un ou deux plateaux,

donne des étincelles dont la longueur varie entre 0,05 et 0,08.

Terrains de consistance moyenne. — Boisage.

972. Si les terrains sont assez résistants pour qu'on n'ait pas à craindre des

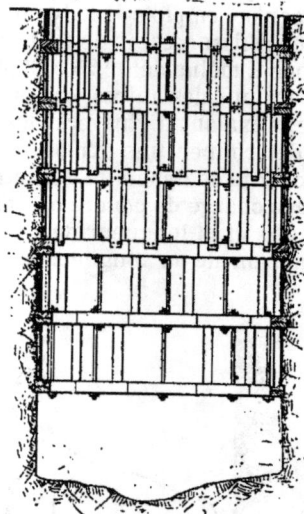

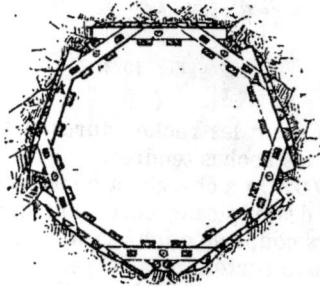

Fig. 1026.

éboulements pendant le fonçage jusqu'au bas (cas de la roche dure), on commence par foncer le puits complètement sans boisage et, si celui-ci doit être conservé, on le muraille en commençant par le bas. Mais c'est un cas excessivement rare, et presque toujours il faut soutenir les parois du puits au fur et à mesure de l'approfondissement. Si le puits doit être conservé après l'achèvement des travaux, on le fonce en soutenant ses parois par un boisage provisoire; on ne le maçonne que par reprises successives, arrêtées sur les terrains qu'on juge le plus résistants.

Pour un puits circulaire, les cadres du boisage provisoire sont formés de pièces de bois grossièrement équarries et assemblées à mi-bois ou à tiers-bois ; les cadres affectent donc la forme polygonale. Les angles sont consolidés à l'aide d'éclisses en fer (*fig.* 1025).

Souvent, au lieu de faire ces cadres

Lorsque la profondeur à atteindre est assez grande on interpose de distance en distance des cadres porteurs encastrés dans les parois.

Ce que nous venons de dire pour les cadres polygonaux s'applique évidemment pour les cadres rectangulaires (*fig.* 1027).

973. *Muraillement.* — Lorsque les puits doivent être conservés après l'achèvement de l'ouvrage on les muraille. L'épaisseur du muraillement varie natu-

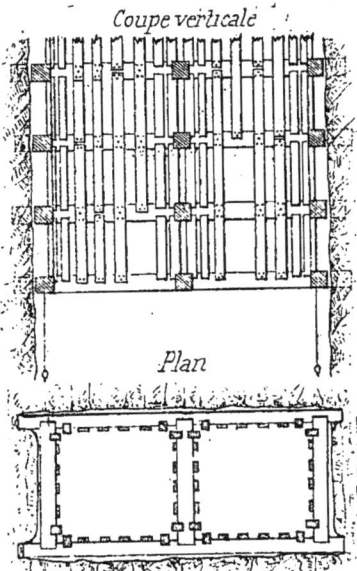

Fig. 1027.

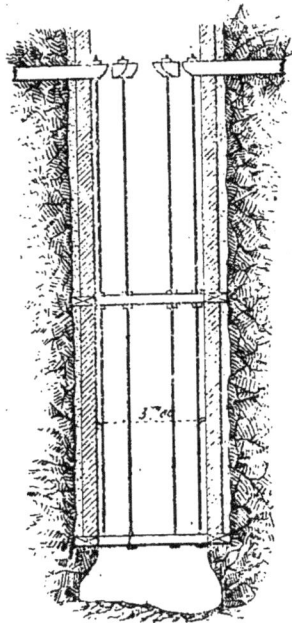

Fig. 1028. — Muraillement des puits. — Suspension des rouets.

polygonaux avec des pièces de bois ayant toutes la même dimension, on les fait avec des pièces de dimensions différentes encastrées dans le sol (*fig.* 1026). On place d'abord à l'orifice du puits un cadre porteur encastré dans le sol, puis, à mesure de l'approfondissement, on met des cadres polygonaux fortement coincés contre le terrain par des coins et réunis au cadre porteur par des tirants en fer. On les relie en outre entre eux par des montants qu'on boulonne sur les cadres et on intercale des planches jointives entre les parois et les cadres.

rellement avec la nature du terrain traversé et avec le diamètre du puits ; il peut se faire en briques ou en moellons et, dans tous les cas, il faut avoir soin de remplir le vide existant entre l'extrados de la maçonnerie et le terrain avec un blocage en béton.

Pour construire le muraillement on procède, en général, par reprises ou passes successives en commençant par la partie supérieure du puits. Chaque reprise est fondée sur un cadre porteur nommé rouet qu'on encastre solidement dans les terrains jugés les plus résistants et, s'il est nécessaire, chaque rouet est relié au précédent par des tirants en fer (*fig.* 1028).

974. Lorsque le terrain n'offre pas à l'intérieur du puits de points d'appui assez solides pour porter le rouet on le suspend à l'aide de tiges en fer à des pièces de bois, solidement encastrées dans le terrain formant les parois du puits et en saillie sur la maçonnerie. Souvent on remplace le rouet porteur par une assise en pierres de taille de grandes dimensions en queue.

Lorsque le muraillement doit se faire en maçonneries de briques, au lieu de procéder par assises successives, on construit la maçonnerie en hélice pour n'avoir rien à tailler et à cet effet le cadre porteur est dressé suivant le pas de l'hélice.

A mesure qu'on monte la maçonnerie, on enlève les cadres du boisage provisoire qui peuvent alors servir une autre fois, et on laisse de distance en distance des évidements dans l'épaisseur du muraillement pour que l'eau de suintement puisse s'écouler et s'accumuler dans le puisard, d'où elle est reprise à l'aide de bennes ou de pompes.

Lorsque la reprise de maçonnerie arrive près de la console en terrain naturel qui sert de support au rouet précédent, il faut effectuer le raccord entre les deux passes. A cet effet on remplace le terrain enlevé par de la maçonnerie en agissant

par petits piliers successifs qu'on raccorde de manière à avoir un anneau complet. La première reprise viendra alors reposer sur la deuxième et les deux ne formeront qu'un seul et même bloc et ainsi de suite.

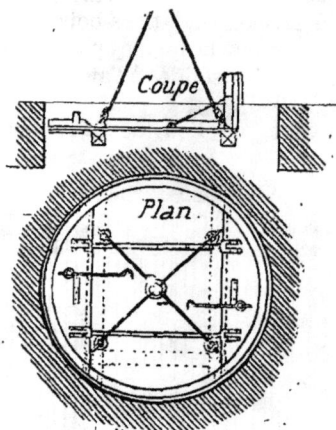

Fig. 1029. — Plancher mobile pour l'exécution du muraillement des puits.

975. L'exécution du muraillement se fait, en général, à l'aide d'un plancher suspendu à un câble indépendant de ceux qui servent au fonçage (*fig.* 1029). Le plancher est à volets pour laisser passer les bennes chargées de déblais.

§ II. — FONÇAGE DES PUITS DANS LES TERRAINS ÉBOULEUX

976. La méthode la plus employée pour foncer les puits dans les terrains ébouleux est celle des palplanches divergentes. Celles-ci doivent être jointives et être taillées en biseau à leur extrémité inférieure pour pouvoir mieux pénétrer dans le terrain. Elles ont, en général, 1m,20 de longueur, 0m,10 de largeur et 0m,03 d'épaisseur.

En arrivant près du terrain ébouleux on commence par établir un cadre polygonal derrière lequel on enfonce des palplanches sous un certain angle (*fig.* 1030). On circonscrit ainsi le terrain où on va

travailler, puis on enlève les terres dans l'intervalle compris entre les palplanches. Au fur et à mesure de l'enlèvement de ces terres, le terrain extérieur tend à rapprocher de plus en plus de la verticale les palplanches et il arrive un moment où on est obligé, pour que celles-ci ne cèdent pas sous la pression des terres extérieures, de placer un deuxième cadre au-dessous du premier. Ces deux cadres sont tenus partout à égale distance l'un de l'autre par de forts montants assemblés à mi-bois. Puis on chasse une nouvelle série de palplanches divergentes et on reprend le fonçage sur une hauteur de 0ᵐ,50 à 0ᵐ,70 jusqu'à ce que ces nouvelles palplanches deviennent à leur tour presque verticales. On met alors un troisième cadre et ainsi de suite.

Derrière les cadres et devant les palplanches qui sont encore inclinées sur la verticale on glisse un second garnissage normal formé par une série de planches contiguës en ayant soin de remplir le vide existant entre les deux séries de palplanches à l'aide de bois ou de coins.

Lorsque le terrain est tout à fait ébouleux, il remonte quelquefois par le fonds du

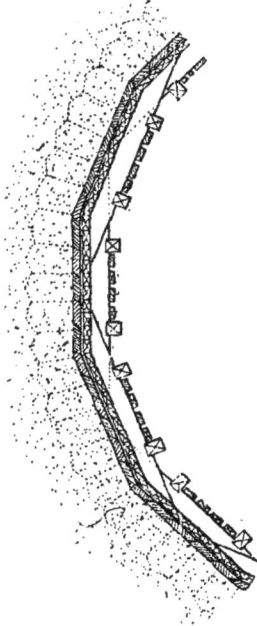

Fig. 1030. — Fonçage des puits dans les terrains ébouleux. — Méthode des palplanches divergentes.

puits. Dans ce cas on maintient le fonds du puits par une sorte de bouclier en bois et on n'attaque le terrain que par parties en commençant par le centre et en avançant progressivement jusqu'à la périphérie (*fig.* 1032).

Trousses coupantes.

977. Pour la traversée des terrains meubles qui sont facilement pénétrables on peut, dans certains cas, avoir recours à un procédé qui consiste à faire descendre de toutes pièces la maçonnerie de soutènement construite au jour. Nous voulons

parler de la méthode des trousses coupantes dont nous avons déjà indiqué le principe au sujet des fondations par puits.

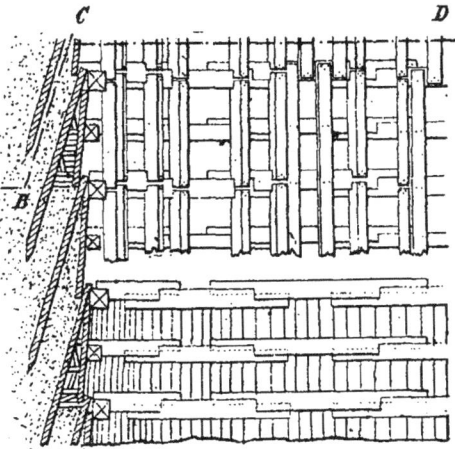

Fig. 1031. — Fonçage des puits dans les terrains ébouleux. — Méthode des palplanches divergentes. Coupe horizontale.

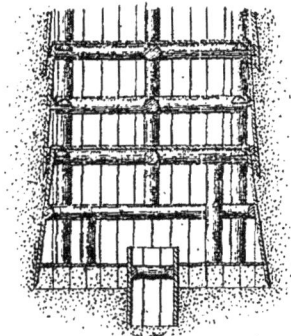

Fig. 1032.

Ces trousses sont, comme nous l'avons dit, ordinairement composées (*fig.* 1033) d'un cadre en bois avec sabot en fonte taillé en biseau; mais quelquefois elles sont formées par des madriers superposés réunis par des boulons et armés d'un sabot tranchant en fer.

Lorsqu'on est arrivé au terrain ébouleux on dresse la surface bien horizontalement et on y place la trousse coupante sur laquelle, avant le fonçage, on établit la maçonnerie de soutènement sur une

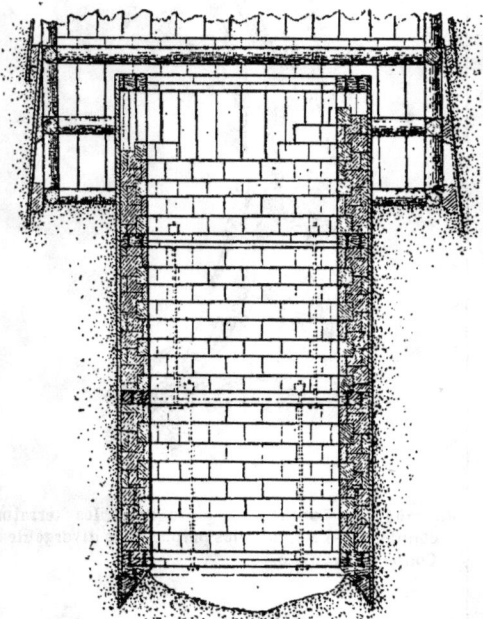

Fig. 1033. — Fonçage des puits dans les terrrains ébouleux. — Méthode de la trousse coupante avec revêtement en maçonnerie.

certaine hauteur. De distance en distance on met des cadres en bois à l'intérieur de cette maçonnerie et on les réunit par de forts tirants en fer, comme l'indique la figure. A l'extérieur de la maçonnerie on place une série de planches verticales destinées à protéger la maçonnerie contre les frottements du terrain.

Les ouvriers sapent aussi bien que possible le terrain au-dessous de la trousse qui tend alors à s'enfoncer sous le poids de la maçonnerie qui la surmonte. Quand elle descend difficilement on la charge par un nouvel anneau de maçonnerie et ainsi de suite jusqu'au terrain résistant. Là, on fait enfoncer la trousse d'une certaine quantité et on continue le fonçage du puits par les moyens ordinaires. Lorsque la maçonnerie a été endommagée par le

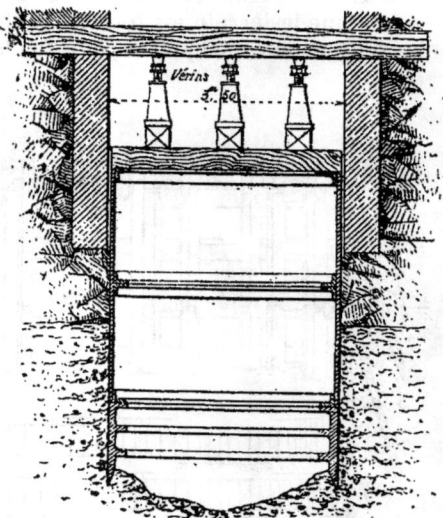

Fig. 1034. — Fonçage des puits dans les terrains ébouleux. — Méthode de la trousse coupante avec revêtement en tôle.

frottement pendant la descente on la répare assez facilement.

978. La trousse coupante peut aussi se faire avec revêtement en tôle, lorsqu'on rencontre une couche ébouleuse à l'intérieur du sol. Des vérins disposés comme l'indique la figure 1034 permettent d'exercer une forte pression sur les anneaux pour les enfoncer. Lorsque la trousse est descendue de la hauteur d'un anneau on met un nouvel anneau supérieur et on continue le fonçage.

§ III. — FONCAGE DES PUITS DANS UNE COUCHE AQUIFÈRE

979. La traversée des terrains aquifères présente toujours de très grandes difficultés. On commence le fonçage par les moyens ordinaires en soutenant les roches par un boisage provisoire disposé de manière à rejeter les eaux vers les parois du puits. Ces eaux se rassemblent au fond et sont élevées à l'aide de pompes assez puissantes pour suffire à tous les besoins, car le volume de l'eau croît évidemment à mesure qu'on approfondit, puisque la surface du niveau mise à nu devient plus considérable. Lorsque, après le passage du niveau, l'équilibre est établi,

C'est sur la banquette dont nous venons de parler qu'on établit la base du cuvelage, c'est-à-dire d'un revêtement imperméable aux eaux, assez solide pour résister à leur pression et à celle des terrains traversés.

Ce cuvelage peut être en bois, en maçonnerie ou en fonte ; nous examinerons d'abord la composition du premier.

Cuvelage en bois.

980. Après avoir parfaitement préparé la banquette, on pose sur elle un premier cadre appelé trousse à picoter (*fig.* 1035

Fig. 1035. — Fonçage des puits dans les terrains aquifères. — Trousse au moment du moussage.

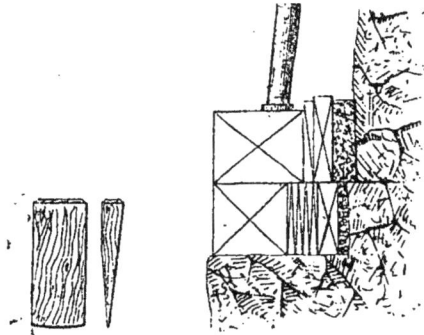

Fig. 1036. — Plats- Fig. 1037. — Trousses picotées. coins.

c'est-à-dire lorsque les pompes enlèvent dans un temps donné une quantité d'eau égale à celle fournie par le niveau, on attaque la couche imperméable sur laquelle coule l'eau souterraine.

On établit (*fig.* 1038) une banquette parfaitement horizontale tout autour du puits et on creuse au-dessous un puisard de 1 ou 2 mètres de profondeur dans lequel les eaux se rassemblent et d'où elles sont extraites par les pompes. Si la roche imperméable sur laquelle coule le niveau n'est pas parfaitement saine on bouche toutes les fissures avec un bon ciment hydraulique.

à 1038), composé de madriers de $0^m,25$ à $0^m,30$ d'équarrissage. Ce cadre est de forme polygonale et ses côtés sont assemblés à onglets ou à tenon et mortaise ; il doit laisser entre sa face extérieure et la roche un vide de $0^m,07$ à $0^m,08$ dans lequel on loge des lambourdes en sapin de $0^m,05$ à $0^m,06$ d'épaisseur et ayant une hauteur un peu plus grande que celle de la trousse à picoter. On serre fortement les lambourdes contre le cadre à l'aide de coins en fer et on bourre avec de la mousse le vide existant entre elles et la roche ; puis on enlève les coins et on les remplace par de la mousse comprimée à refus. Ceci fait, à l'aide de coins en fer enfoncés au marteau on écarte les lambourdes du cadre et on chasse dans l'intervalle des plats-coins (*fig.* 1036) en bois blanc, jusqu'à ce que, par la compression de la mousse, l'intervalle compris entre les lambourdes et le cadre soit plus grand que l'épaisseur des coins à la tête ; à ce moment on enfonce un coin en fer à côté d'un coin en bois d'une quantité suffisante pour pouvoir retirer le coin voisin qu'on retourne la tête en bas et qu'on double ensuite par un autre coin superposé. On continue ainsi de proche en proche en dégageant chaque coin et en le doublant par un autre de manière à avoir un rectangle en section (*fig.* 1037).

Ceci fait, avec un coin quadrangulaire en acier, appelé agrape à picoter, on écarte les plats-coins les uns des autres et dans l'intervalle on chasse d'autres coins en bois de chêne, préalablement séchés au four et auxquels on a donné le nom de picots. On refend même les têtes des premiers plats-coins avec l'agrape pour y enfoncer les picots en bois de chêne. Le joint de mousse qui était large au début devient alors à peine visible. On continue ensuite à enfoncer l'agrape là où on peut et à mettre à sa place un coin en chêne. Le travail est terminé lorsque l'agrape ne peut plus pénétrer nulle part. Alors on recèpe les têtes des lambourdes et des coins et on met au besoin, au-dessus de la première, une deuxième et une troisième trousse à picoter en opérant de la même manière. Sur la dernière trousse on élève alors le cuvelage en bois composé d'une série de cadres jointifs en bois équarris assemblés à languettes ou à tenons et mortaises. Toutes les pièces de bois d'un même cadre devront avoir des hauteurs différentes.

Les cadres devront être parfaitement dressés pour qu'on puisse les rendre étanches assez facilement à l'aide d'un calfeutrage ; de plus, comme la trousse à picoter aura été plus ou moins déplacée par suite des efforts développés pendant le picotage, il faudra que le premier cadre du cuvelage soit dressé sur sa face inférieure, de manière à pouvoir s'appliquer exactement sur le cadre de la trousse.

Cependant, comme le cuvelage en bois peut se détériorer sous l'action des eaux

accumulées en arrière on remplit le vide existant entre les cadres successifs et la paroi du puits avec un mortier hydraulique bien pilonné qui forme en arrière

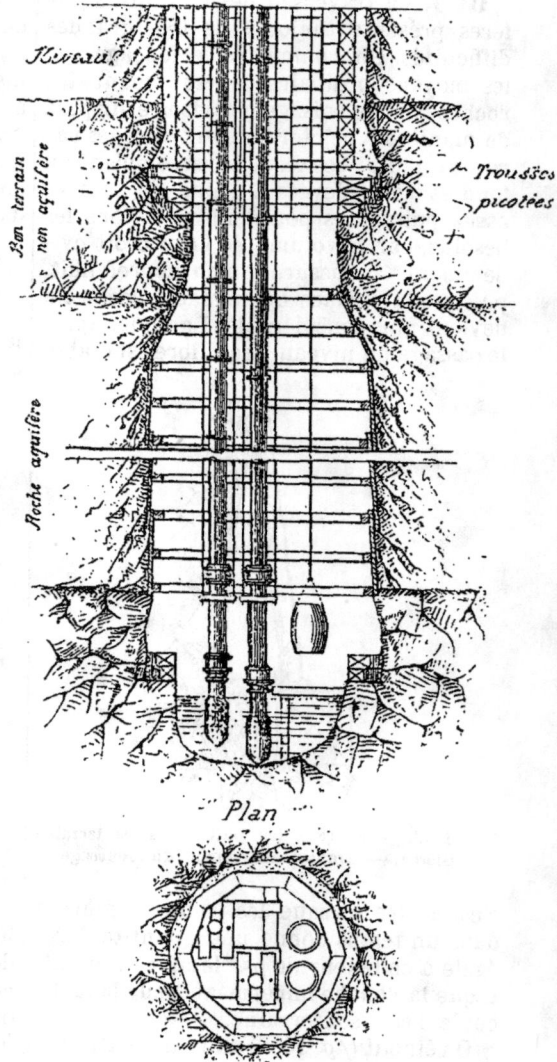

Fig. 1038. — Fonçage des puits dans les terrains aquifères. — Détail de l'installation au passage des niveaux.

du cuvelage une deuxième enveloppe très utile lorsqu'il faut plus tard effectuer certaines réparations. En même temps il faut avoir soin, au moyen de trous de tarière, d'assurer le libre écoulement des eaux afin qu'il n'y ait pas de pression trop forte sur le cuvelage avant qu'il soit complétement terminé. On peut même, à mesure que le cuvelage s'élève, laisser monter le niveau des eaux dans le puits pour diminuer la pression qui s'exerce derrière lui. S'il doit avoir une très grande hauteur, il sera utile, en outre, d'établir, tous les 10 mètres environ, un cadre serré contre les parois du puits à l'aide de coins, afin de diminuer le poids à faire supporter aux trousses picotées.

Lorsqu'on a traversé le niveau, on épuise les eaux dans le puits, on effectue le calfeutrage des joints, on bouche les trous de tarière et on les picote ; le cuvelage est alors terminé.

On continue ensuite l'approfondissement du puits et, si au dessous on rencontre un deuxième niveau, on opère comme pour le premier. Lorsque le deuxième cuvelage arrive à la console de terrain supportant les trousses du premier, on sape celle-ci par parties pour la remplacer par un cuvelage en bois, puis on fait un picotage horizontal pour réunir les deux cuvelages effectués séparément.

981. La traversée des niveaux exige, comme on peut s'en rendre compte par

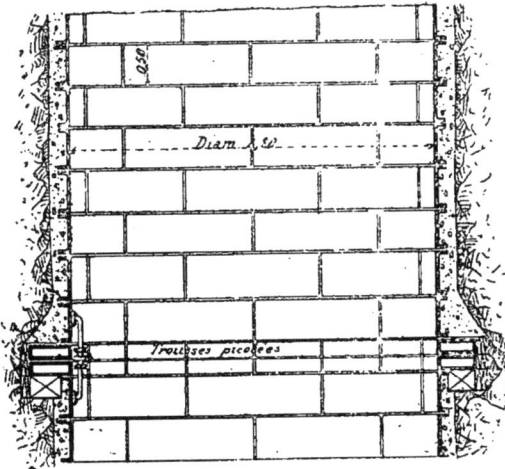

Fig. 1039. — Cuvelage en fonte. — Coupe verticale.   Fig. 1040. — Coupe horizontale du cuvelage terminé.

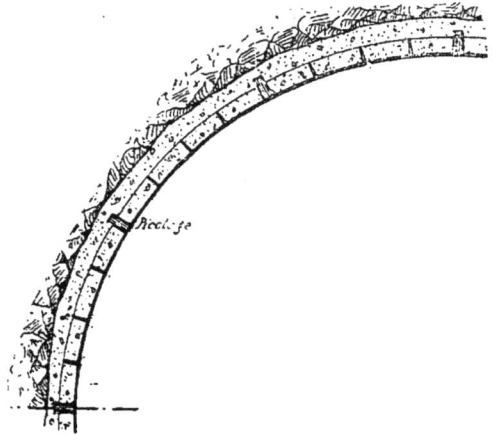

ce que nous venons de dire, une grande expérience jointe à une grande habileté.

Cuvelage en maçonnerie.

982. On effectue aussi des cuvelages en maçonnerie de briques ou de pierres de taille ; les premiers s'emploient en général pour une hauteur d'eau inférieure à 40 mètres et les deuxièmes pour des hauteurs variant entre 40 et 60 mètres.

Le mortier employé doit toujours être très hydraulique et à prise rapide et la base du cuvelage doit être établie sur une roche solide et imperméable. Entre deux anneaux de maçonnerie on met une couche de béton hydraulique de 4 à 5 centimètres pour assurer l'étanchéité. Au fur et à mesure de l'élévation de la maçonnerie on met des tuyaux dans son épaisseur pour assurer l'écoulement de l'eau qui s'amasse en arrière et lorsque le cuvelage est arrivé à la hauteur voulue on bouche ces trous avec des chevilles qu'on picote avec soin.

983. Ce genre de cuvelage ne s'est guère répandu, et aujourd'hui, pour la traversée des niveaux de grandes hauteurs, on préfère employer les cuvelages en fonte qui, ayant une épaisseur moindre, permettent de réduire dans une notable proportion le diamètre de l'excavation à creuser. Ce cuvelage dure plus longtemps que le cuvelage en bois et nécessite beaucoup moins d'entretien, car le bois se fissure et s'expolie sous l'influence des fortes pressions.

Cuvelage en fonte.

984. Les cuvelages en fonte ont été employés d'abord en Angleterre. Ils sont circulaires et composés d'une série d'anneaux d'une seule pièce ou formés de plusieurs segments assemblés les uns aux autres.

Les anneaux successifs (*fig.* 1039 et 1040) sont boulonnés entre eux et les joints sont rendus étanches par l'interposition de rondelles en plomb ou en caoutchouc.

Toute reprise en-dessous du premier

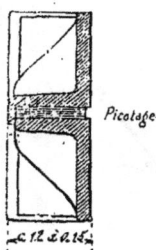

Fig. 1041. — Cuvelage en fonte. — Joint picoté.

cuvelage obligera évidemment à avoir recours à des anneaux en plusieurs segments.

Les trousses picotées à la base sont elles-mêmes en fonte et c'est derrière elles qu'on met les lambourdes et qu'on fait le picotage ordinaire.

Un anneau est, en général, formé de dix à douze segments à bride extérieure de 12 à 15 centimètres de largeur (*fig.* 1041). Ces brides portent une nervure dont l'épaisseur est à peu près égale à celle du cuvelage lui-même, et un rebord saillant destiné à former un vide régulier entre deux brides horizontales ou verticales ; c'est dans ces joints, qui ne doivent jamais avoir plus de $0^m,01$ d'épaisseur, qu'on fait un picotage destiné à assurer l'étanchéité du cuvelage.

A cet effet on remplit les joints verticaux et horizontaux par des planchettes de sapin placées de manière à présenter le fil du bois au picotage qui se fait ensuite par la méthode ordinaire.

Il faut avoir soin de toujours croiser les joints verticaux d'un cercle à l'autre et de ménager dans chaque panneau un trou central qui sert en même temps à sa pose et à l'écoulement des eaux.

Au fur et à mesure qu'on monte le cuvelage on bourre en arrière avec un mortier très hydraulique de manière à avoir pour ainsi dire un deuxième garnissage et on laisse monter les eaux dans le puits.

Lorsque le cuvelage est entièrement terminé on épuise avec les pompes et on bouche successivement, en descendant, les

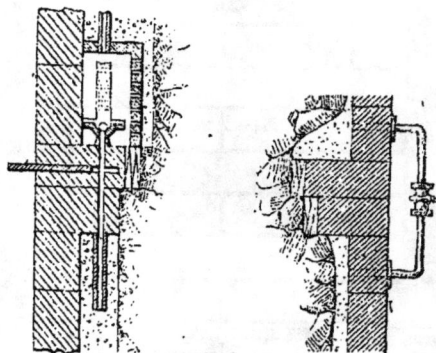

Fig. 1042. — Renvoi de niveau à soupape.

Fig. 1043. — Renvoi de niveau à robinet.

trous des panneaux avec des chevilles en bois qu'on picote avec soin.

985. Dans la plupart des puits les niveaux qui pressent contre le cuvelage sont indépendants les uns des autres puisqu'ils sont séparés par des couches imperméables. Aussi la pression contre le cuvelage est sujette, dans ce cas, à de très grandes variations sur toute sa hauteur, puisque les diverses parties du cuvelage sont séparées par des trousses picotées. Pour rendre la pression aussi constante que possible on met les niveaux en communication les uns avec les autres. A cet effet, dans le cas du cuvelage en bois, on perce à la tarière des conduits verticaux dans les trousses (*fig.* 1042) et, dans le cas des cuvelages en maçonnerie et en fonte, on place à l'intérieur du puits des tuyaux verticaux munis de robinets pour permettre la communication ou l'isolement des niveaux (*fig.* 1043). Ces tuyaux verticaux sont réunis à deux tuyaux horizontaux traversant le cuvelage.

Dans le cas du cuvelage en bois on emploie aussi les renvois de niveaux à soupapes qui ont l'avantage d'être automatiques. Le clapet s'ouvre ou se ferme tout seul pour établir l'équilibre des niveaux. L'isolement peut s'obtenir en enfonçant une cheville en bois

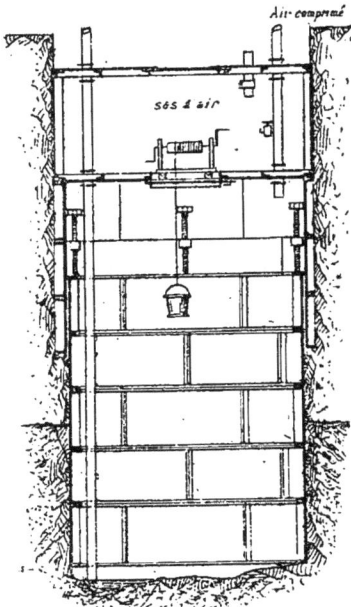

Fig. 1044. — Cuvelage en fonte. — Emploi de l'air comprimé.

dans le trou horizontal percé dans la trousse à la rencontre du trou vertical qui met les deux niveaux en communication.

Emploi de l'air comprimé pour la traversée des niveaux.

986. Dans certains cas, quand on a à traverser des niveaux de peu d'importance, on peut se servir avec avantage de l'air comprimé.

A cet effet, quand on arrive près du terrain traversé par le niveau, on établit solidement (*fig.* 1044) un sas à air qui se termine à la partie inférieure par des anneaux en fonte destinés à former joint télescopique avec les anneaux du cuvelage proprement dit. Ces anneaux sont composés de panneaux de dimensions telles qu'ils puissent passer par la porte du sas à air. On les assemble à l'intérieur des tuyaux en fonte situés sous le sas et on les fait descendre au moyen de vis, comme l'indique la figure. Le fonçage se fait au pic et les déblais sont élevés à l'aide d'un treuil installé dans le sas à air. Les eaux

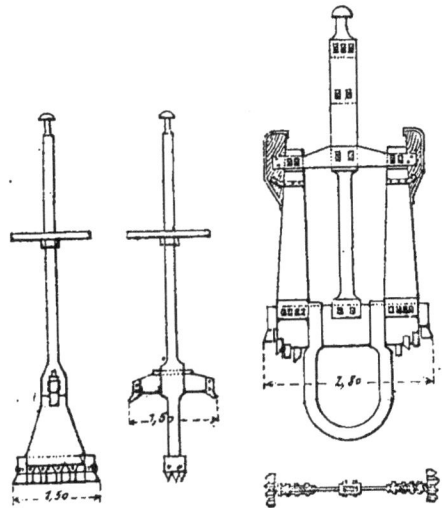

Fig. 1045. — Fonçage des puits à niveau plein. — Trépan Kind n° 1.

Fig. 1046. — Trépan Kind n° 2.

chassées par l'air comprimé remontent dans un tuyau indiqué sur la partie gauche de la figure 1044.

Comme la pression de l'air tend toujours à faire remonter le cuvelage, il faut prendre des dispositions spéciales pour éviter cet effet.

Fonçage des puits à niveau plein.

987. A l'exception du procédé précédent par l'emploi de l'air comprimé, les méthodes que nous avons décrites exigent l'épuisement des eaux pendant le fonçage. C'est une opération qui devient d'autant plus difficile que les eaux sont plus abondantes et que les puits doivent avoir une plus grande profondeur. Pour éviter cette difficulté on a songé à foncer les puits par des procédés n'exigeant aucun épuisement et à y descendre un cuvelage en fonte portant à sa base un joint préparé au jour. Le problème a été résolu très simplement par M. Chaudron.

La méthode de fonçage du puits est in-

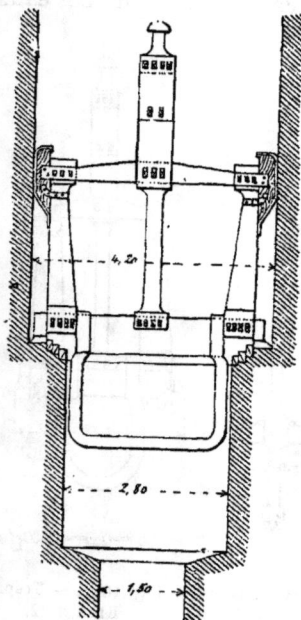

Fig. 1047. — Trépan Kind n° 3.

dépendante de la quantité d'eau, mais, comme on ne peut établir aucun soutènement provisoire, il faut évidemment que les terrains traversés soient suffisamment résistants pour qu'ils puissent se soutenir d'eux-mêmes.

988. Le fonçage du puits se fait par les procédés ordinaires de sondage, à l'aide de deux ou trois séries de trépans formés d'un certain nombre de lames rapportées (*fig.* 1045 à 1047). Pour un puits de 4ᵐ,20 de diamètre on peut employer la série de trépans Kind dont le premier (*fig.* 1045),

employé au début, a 1ᵐ,50 de largeur et dont les deux autres (*fig.* 1046 et 1047), avec lesquels on termine le fonçage, ont 2ᵐ,80 et 4ᵐ,20 de largeur. Les lames rappor-

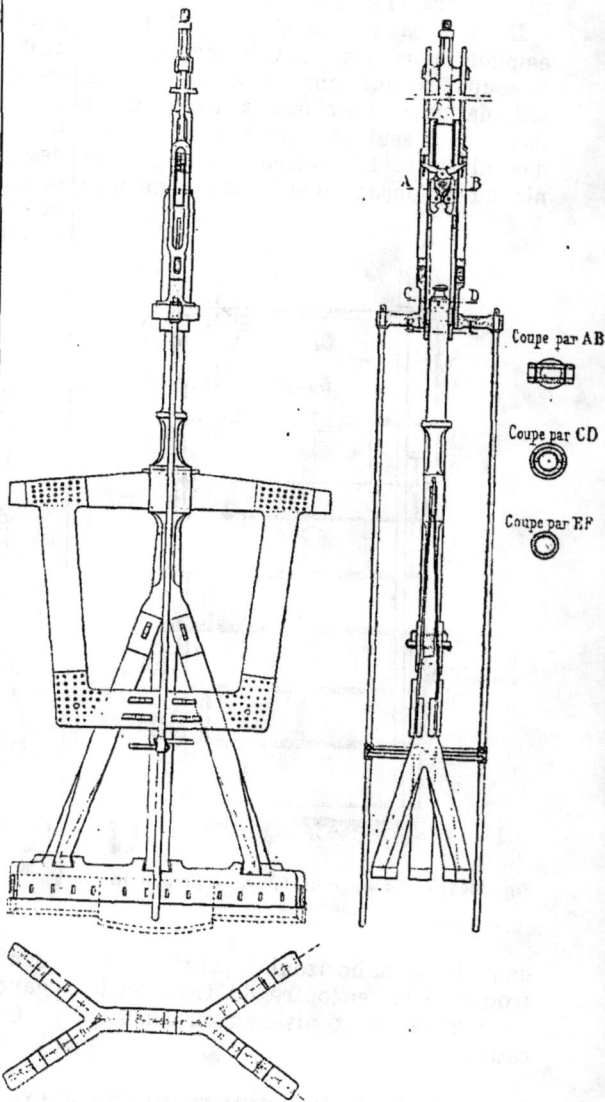

Coupe par AB

Coupe par CD

Coupe par EF

Fig. 1048. — Trépan Mauget-Lippmann avec coulisse Degousée et Laurent.

tées de ces deux derniers trépans sont en retraite les unes par rapport aux autres, de manière que la banquette qu'ils créent à l'intérieur du puits soit sensiblement

conique. Cette disposition a pour but d'é-
viter que les fragments de roches broyées
par les trépans ne séjournent sur la banquette et nuisent à la bonne exécution du
cuvelage.

Au lieu d'employer deux ou trois séries
de trépans, on peut se servir d'un seul
trépan ayant une largeur égale au diamètre du puits à foncer. C'est le trépan Mauget-Lippmann représenté par la
figure 1048. Il se compose d'un fût à cinq
branches auquel est fixé un porte-lame
en forme de double Y qui sert à fixer les
lames du trépan. Les deux lames du milieu
sont en saillie de $0^m,400$ environ sur les
autres pour former au centre de l'excavation un trou destiné à conserver la
verticalité du trépan. Le trépan pèse

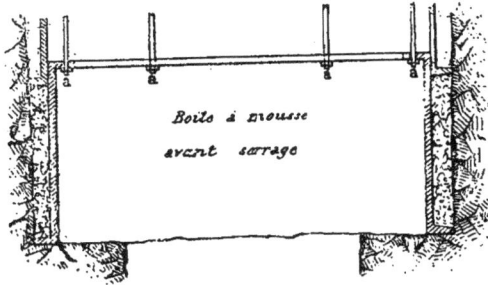

Fig. 1049. — Cuvelage Chaudron. — Boîte à mousse
avant la compression.

22 tonnes, aussi le battage se fait à l'aide
d'une coulisse à poids mort du système
Degousée et Laurent.

L'extrémité de la tige de suspension du
trépan est terminée à la partie supérieure
par une tête de sonde à vis qui sert à
faire descendre progressivement l'outil et
qui porte le levier destiné à faire tourner
la sonde après chaque battage.

Les outils de curage sont analogues à
ceux que nous avons déjà décrits dans
les sondages.

989. Le fonçage du puits se fait
comme pour un forage ordinaire à l'aide
d'un fort balancier qui reçoit son mouvement d'une machine à vapeur. Lorsqu'on
arrive sur le terrain solide sur lequel
coule le niveau, on y pénètre de $1^m.50$
environ. Le trépan fait lui-même la ban-

quette sur laquelle doit être installée

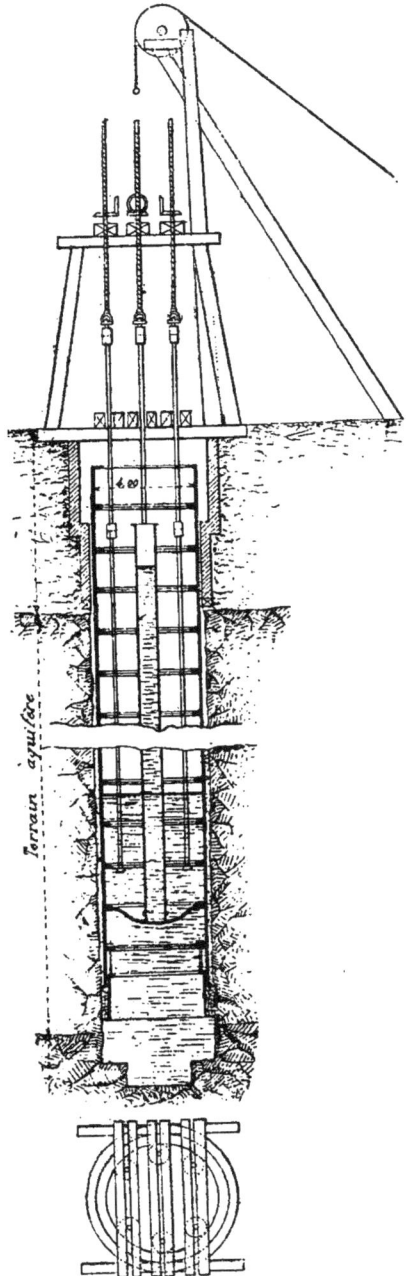

Fig. 1050. — Installation du cuvelage Chaudron.

la base du cuvelage qui se compose

d'une boîte à mousse (*fig.* 1049) constituée par deux anneaux à brides en fonte entrant l'un dans l'autre et pouvant former joint télescopique. L'anneau inférieur est suspendu à l'anneau supérieur par des tringles qui permettent au deuxième de glisser sur le premier. Lorsque l'appareil est posé sur la banquette, les deux brides tendent à se rapprocher l'une de l'autre et à comprimer la mousse qui se trouve entre elles et qui, pendant la descente, est maintenue par un filet. Cette mousse soumise à une pression très forte résultant du poids des anneaux supérieurs

Ces roues sont fixées sur un deuxième plancher au-dessus du sol et reçoivent un mouvement de rotation par pignons et manivelles, comme l'indique le plan de détail (*fig.* 1051).

Lorsque le tout est descendu de la hauteur d'un anneau on place sur les madriers une clé de retenue pour chaque tige et on dévisse les tringles. Le cuvelage est alors supporté par les clés de retenue comme

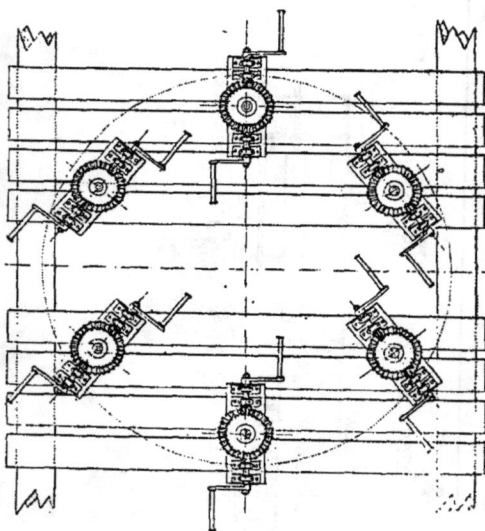

Fig. 1051. — Plan supérieur de l'appareil employé pour la descente du cuvelage Chaudron.

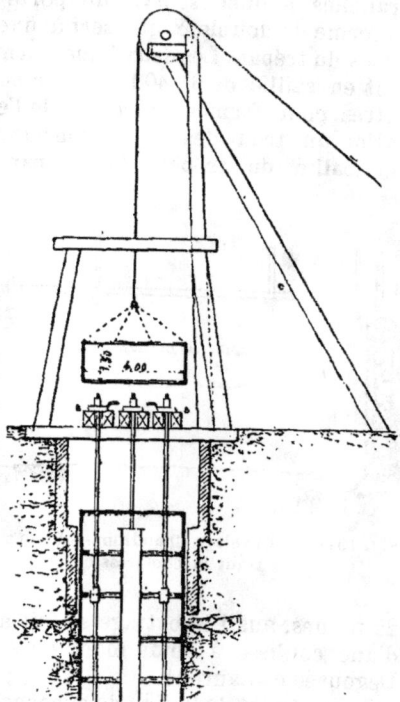

Fig. 1052. — Mise en place d'un anneau du cuvelage Chaudron.

formant le cuvelage donne un joint beaucoup plus étanche que celui obtenu par les méthodes précédemment décrites.

990. Pour descendre le cuvelage on boulonne une série d'anneaux sur la boîte à mousse et on les supporte à l'aide d'un cercle de suspension traversé par six tiges qui passent à la partie supérieure du puits entre des madriers posés sur un cadre fixé solidement dans le sol (*fig.* 1050). Ces tiges sont vissées, à la partie supérieure, à des tringles à vis qui peuvent tourner et par suite descendre sous l'action de roues d'angle qu'elles traversent.

l'indique la figure 1052. On fait ensuite avancer, au-dessus de l'orifice du puits, un deuxième anneau de cuvelage suspendu par des chaînes, puis on ajoute de nouvelles tiges qu'on fixe aux tringles filetées. Le tout est alors de nouveau suspendu par les tringles. On enlève ensuite les madriers et on descend l'anneau de cuvelage qu'on boulonne sur le dernier qui a été mis en place et ainsi de suite.

Mais, à mesure qu'on ajoute de nouveaux anneaux, le poids à faire supporter aux six tiges de suspension croît assez rapidement et il peut être dangereux de lui faire atteindre une trop grande valeur. On a alors recours à un faux fond qui transforme le tube en un véritable bateau. On soulage ainsi les tiges de suspension ; mais, comme il arriverait avec cette disposition qu'à un certain moment le cuvelage serait moins lourd que l'eau déplacée, on s'arrange de manière à faire supporter aux tiges un poids à peu près constant et égal à 10 tonnes. A cet effet le fond porte une colonne centrale, appelée colonne d'équilibre, qui sert à ajouter de l'eau dans la zone annulaire lorsque cela devient nécessaire.

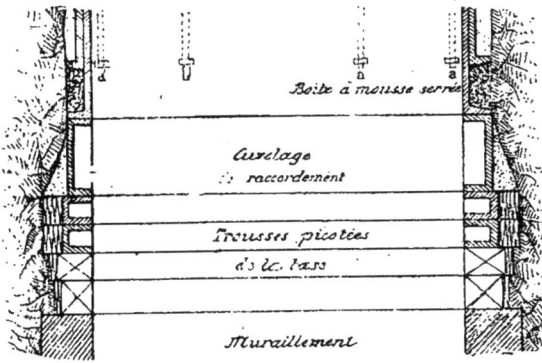

Fig. 1053. — Trousses picotées à la base du cuvelage Chaudron.

Finalement la boîte à mousse arrive sur la banquette ; en continuant la descente, la mousse se comprime sous le poids de la partie supérieure qui forme joint télescopique avec le dernier anneau et on a un joint assez étanche pour permettre l'épuisement qui peut se faire après avoir enlevé le faux fond et la colonne d'équilibre. On franchit ainsi le niveau et on continue le fonçage par les méthodes ordinaires.

991. Souvent pour plus de sûreté on établit, en outre, au-dessous de la boîte à mousse, deux trousses picotées en fonte (*fig.* 1053) reposant sur deux trousses en bois serrées contre les parois à l'aide de coins.

L'espace annulaire existant entre le cuvelage et les parois du puits doit encore, comme dans les procédés précédents, être rempli de béton coulé avant l'épuisement. Ce béton doit être fait avec de la chaux très hydraulique.

Procédé Poetsch.

992. Il y a quelques années, M. Poetsch a repris l'idée de congeler les terrains

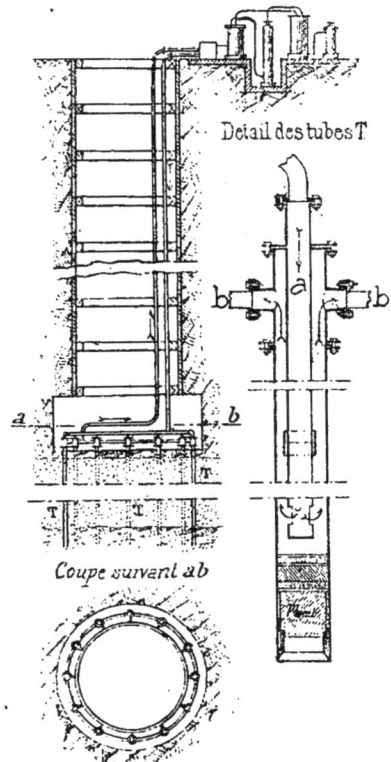

Fig. 1054. — Fonçage des puits dans les terrains aquifères. — Procédé par congélation.

aquifères, de manière à les rendre suffisamment solides pour pouvoir les attaquer comme les terrains durs ordinaires.

Pour produire le froid on peut se servir d'une machine à ammoniaque du système Carré et employer comme véhicule du froid une dissolution de chlorure de calcium à 28 degrés Baumé, qui ne peut être congelée qu'à — 35 degrés. L'absorption de chaleur qui se produit dans la vaporisation de l'ammoniaque liquéfiée permet de refroidir ce liquide à — 25 degrés. C'est à cette température qu'on le refoule à l'aide de pompes d'une manière continue dans une série de tubes formés par deux tuyaux concentriques et enfoncés dans le terrain à congeler.

Le chlorure de calcium arrive dans les tuyaux intérieurs à une température de — 25 degrés et retourne à la machine frigorifique, placée près de l'orifice du puits,

par les tuyaux extérieurs. Dans son parcours la température de ce liquide s'est notablement élevée aux dépens de celle des terrains entourant les tuyaux. Ces terrains aquifères se congèlent autour de chaque tuyau et, après un certain temps, l'équilibre s'établit entre la quantité de chaleur emportée par le chlorure de calcium et celle fournie par le terrain. Chaque tuyau peut congeler le terrain

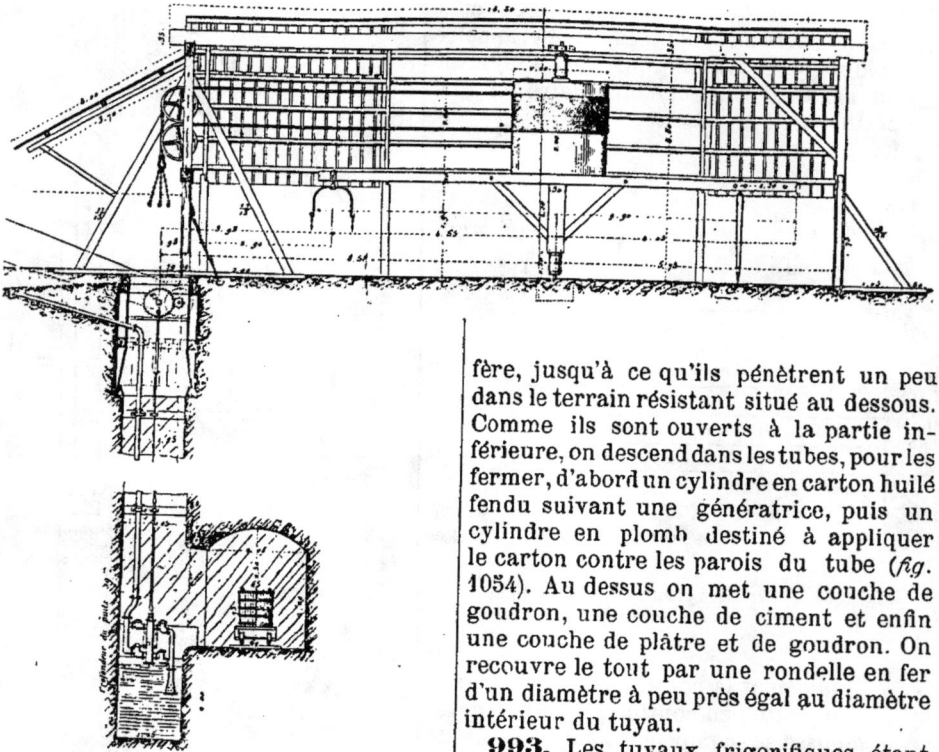

Fig. 1055. — Souterrain de Ginnasservis. — Coupe verticale de l'installation au jour pour le fonçage d'un puits. — Élévation des déblais par un manège.

dans un rayon de 1m,50 environ ; en les espaçant de 1m,20 à 1m,30, tous les blocs se pénètrent et n'en forment plus qu'un seul dans lequel on peut effectuer le fonçage du puits.

Les tubes sont enfoncés dans le terrain, lorsqu'on arrive près de la couche aqui-

fère, jusqu'à ce qu'ils pénètrent un peu dans le terrain résistant situé au dessous. Comme ils sont ouverts à la partie inférieure, on descend dans les tubes, pour les fermer, d'abord un cylindre en carton huilé fendu suivant une génératrice, puis un cylindre en plomb destiné à appliquer le carton contre les parois du tube (fig. 1054). Au dessus on met une couche de goudron, une couche de ciment et enfin une couche de plâtre et de goudron. On recouvre le tout par une rondelle en fer d'un diamètre à peu près égal au diamètre intérieur du tuyau.

993. Les tuyaux frigorifiques étant mis en place on boulonne à leur partie supérieure une tête à deux tubulures. On réunit les têtes deux à deux par des tuyaux en plomb. Chaque tête porte en outre une tubulure verticale recevant le tube intérieur qui descend jusqu'au bas du tuyau et dans lequel arrive la solution refroidie de chlorure de calcium qui s'échappe, comme l'indiquent les flèches, par deux trous pratiqués dans ses parois.

Les tubes intérieurs sont réunis entre eux et communiquent par un tuyau spécial avec la machine frigorifique. Le liquide réfrigérant qui s'échappe par les tubulures horizontales *b* remonte aussi par un autre tuyau jusqu'à la machine à ammoniaque.

Lorsque le terrain est suffisamment congelé, on procède au fonçage du puits en se servant uniquement du pic, car les coups de mine pourraient disloquer la partie congelée ; on peut aussi faire usage de la vapeur d'eau pour dégeler le terrain en un point déterminé. Le forage achevé, on procède au cuvelage par les méthodes déjà décrites ; mais, comme la température est encore assez basse, il ne faut pas employer les cuvelages en fonte, car ils pourraient éclater ultérieurement ; les cuvelages en maçonnerie ou en bois donnent toujours au contraire de bons résultats. Le cuvelage terminé, on dégèle le terrain dans lequel sont enfoncés les tubes réfrigérants pour pouvoir les retirer. A cet effet, il suffit d'envoyer à l'intérieur des tubes une solution de chlorure de calcium chauffée.

EXTRACTION DES DÉBLAIS

994. Les machines employées pour l'extraction des déblais dans les puits va-

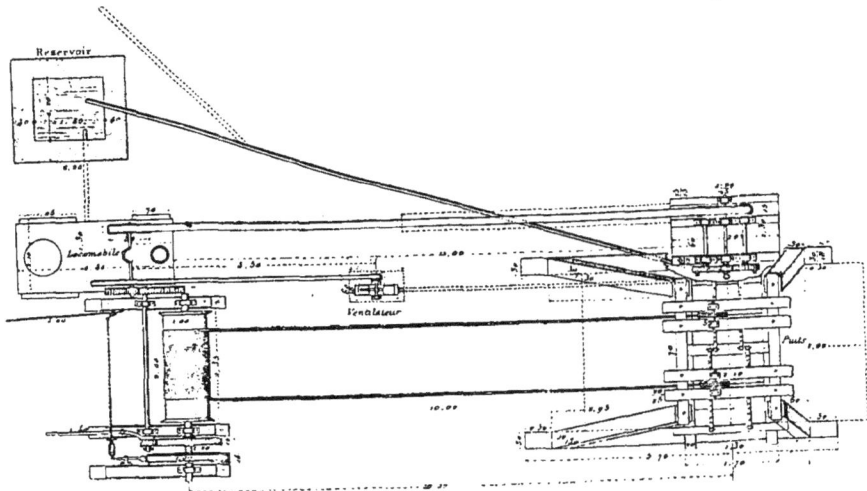

Fig. 1056. — Souterrain de Maurras. — Plan de l'installation au jour pour le fonçage d'un puits. — Elévation des déblais par treuil. — Fermeture des puits à volets.

rient évidemment suivant la profondeur.

Lorsque le puits n'a pas plus de 25 mètres de profondeur l'extraction des déblais se fait de la manière la plus simple à l'aide d'un treuil à double manivelle sur le tambour duquel s'enroule une corde dont une des extrémités supporte la benne montante pleine, tandis que l'autre supporte la benne descendante qui est vide ou chargée des matériaux de boisage ou de maçonneries suivant les cas.

Ce système suppose que le poids des bennes chargées à élever n'est pas trop considérable. Dans le cas contraire, il faut employer un treuil à engrenage qui permet de diminuer, dans le rapport des rayons des roues dentées, l'effort à exercer sur les manivelles pour élever la benne chargée. On perd alors en vitesse d'élévation, mais on gagne en force.

995. Lorsque la profondeur du puits est plus grande que 25 mètres on renonce en général à l'emploi du treuil mû à bras ; on lui substitue le plus souvent un manège actionné par un ou deux chevaux, comme l'indique la figure 1055 qui représente la disposition adoptée pour les puits du tunnel du canal de Verdon.

996. Si la profondeur du puits dépasse 50 mètres on emploie avec avantage les

moteurs à vapeur consistant en une locomobile ou une machine fixe dont la force
varie avec la charge à élever et aussi
avec la profondeur du puits (*fig.* 1056,
1057 et 1058).

La figure 1057 représente l'installation
au jour de la machine d'extraction des
déblais et de descente des matériaux de
l'un des puits du tunnel d'Oazurza, à la
traversée des Pyrénées. Les bennes s'élevaient dans l'intérieur du puits sans aucun guidage et, comme la profondeur
était assez considérable, il se produisait
un certain balancement pendant la mon-

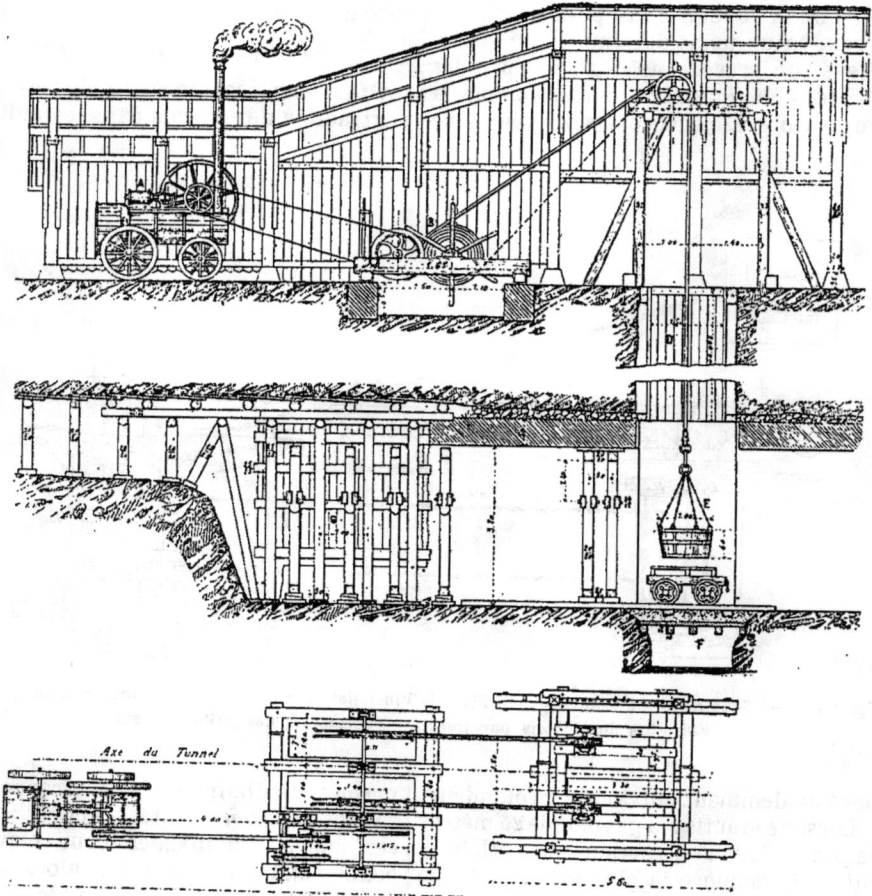

Fig. 1057. — Tunnel d'Oazurza (Chemin de fer du Nord de l'Espagne). — Fonçage d'un puits sans
guidage. — Coupe verticale de l'installation.

tée. Il fallait donc prendre beaucoup de
précautions pour éviter les chocs de la
benne contre les parois du puits. La vitesse d'ascension était de ce fait considérablement réduite. C'est pour obvier à cet
inconvénient que M. Galland imagina un
mode de guidage en fil de fer dont nous
donnons la description d'après une notice
publiée dans les *Nouvelles Annales de la
construction* de 1865. « Ce guidage, dit
M. A. Oppermann, préparé à l'avance à
l'embouchure du puits, put être installé
en vingt-quatre heures sans apporter le
moindre retard dans la marche des tra-

vaux. Deux cadres furent établis, l'un à la partie inférieure du puits, contre le dernier cadre du coulantage, l'autre à la partie supérieure et à la hauteur des molettes d'extraction.

Quatre câbles en fil de fer de 0,03 de

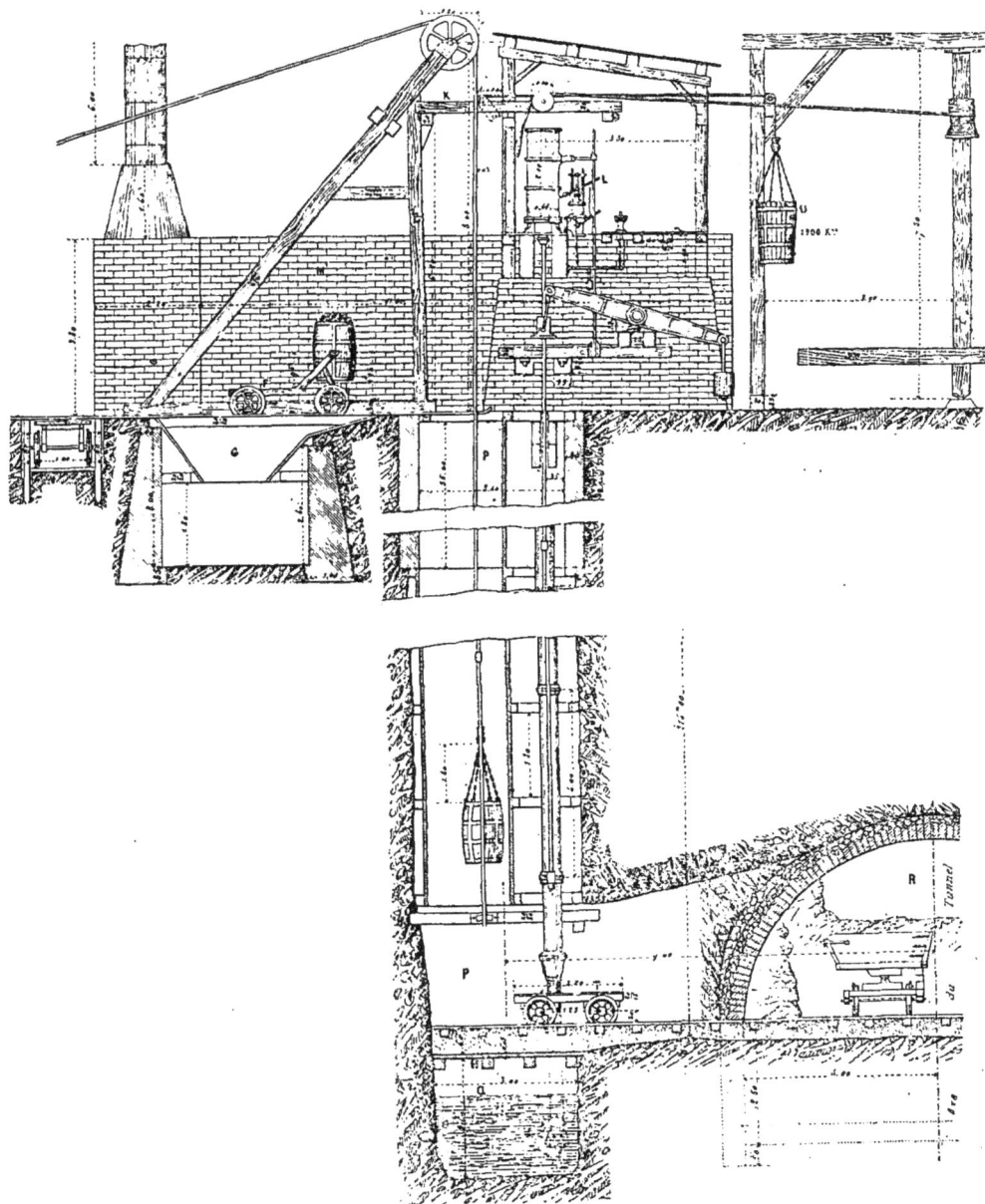

Fig. 1058. — Tunnel d'Oazurza. — Fonçage d'un puits avec guidage. — Coupe verticale de l'installation.

diamètre, disposés parallèlement aux câbles d'extraction, et dans le même plan, furent solidement attachés au cadre inférieur pour passer sur des poulies fixées au cadre supérieur.

A l'extrémité de ces câbles on attacha de vieilles bennes qui furent remplies de gueuses en fonte jusqu'à parfaite tension des câbles (*fig.* 1058 et 1059). Le poids de ces tendeurs fut arrêté à 1 900 kilogrammes chacun. Les quatre câbles en fil de fer se trouvaient ainsi disposés, deux pour le service de chaque benne d'extraction.

Afin de diriger les bennes d'extraction on boulonna au-dessus de l'anneau de suspension de chaque benne, et sur le câble plat en chanvre, une traverse en fer forgé embrassant, au moyen de douilles en fer, les deux câbles latéraux (*fig.* 1060). De cette manière les bennes d'extraction se trouvaient guidées sans modifier les conditions antérieures d'accrochage et de décrochage, point essentiel dans la circonstance.

Il faut ajouter que les câbles en fil de fer n'étaient qu'à une distance moyenne de 8 à 10 centimètres des coulantages et que, dans certains puits, cette distance se trouvait réduite à 3 ou 4 centimètres au plus. Malgré cette faible distance et la longueur des câbles on ne remarquait contre les coulantages aucune trace de frottement des douilles de la barre de guidage.

La rigidité des câbles près des points d'attache permettait de monter et de descendre les bennes sans les plomber, précaution indispensable sans le guidage et qui entraîne une perte de temps assez considérable.

La vitesse d'élévation des bennes put atteindre 7 mètres à la seconde en moyenne après la pose du guidage, tandis qu'avant elle ne pouvait dépasser 1 à 2 mètres. Ainsi une benne chargée de déblais et d'une capacité de 800 litres était élevée sur les 235 mètres de hauteur en trente ou trente-cinq secondes. Une benne chargée de quatre à cinq ouvriers était élevée en quarante ou quarante-cinq secondes ; tandis qu'avant la pose du guidage les bennes de déblais n'étaient élevées qu'en deux minutes, et les bennes

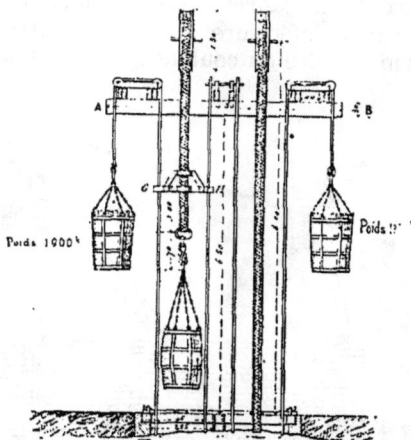

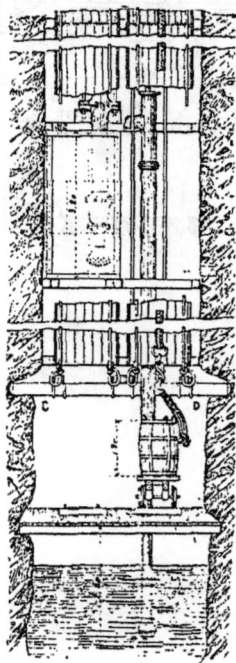

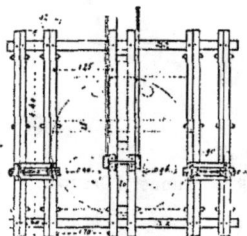

Fig. 1058. — Tunnel d'Oazurza. — Coupe des puits parallèlement à l'axe du souterrain (voir figure 1055).

chargées d'ouvriers en quatre et même cinq minutes.

Les avantages d'une pareille disposition sont donc une grande économie de temps et, en outre, une réduction considérable dans les frais d'entretien des bennes

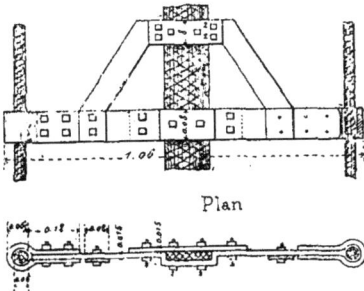

Plan

Fig. 1060. — Tunnel d'Oazurza. — Guide de la benne d'extraction des déblais.

et surtout des bois de coulantage qu'il fallait renouveler tous les deux mois dans l'ancien système. »

DESCENTE DES OUVRIERS

997. La descente des ouvriers peut se faire par les bennes d'extraction, mais il est prudent de réserver dans le puits un compartiment spécial renfermant des échelles prenant leur point d'appui sur des paliers intermédiaires. La descente est beaucoup plus longue, mais on évite ainsi les accidents toujours très graves qui se produisent lorsqu'on fait usage des bennes.

ÉPUISEMENT ET AÉRAGE POUR LE FONÇAGE DES PUITS

998. L'épuisement se fera par bennes si les infiltrations sont peu importantes; sinon on fera usage de pompes qu'on descendra au fur et à mesure de l'approfondissement.

L'aérage du puits pourra se faire par diffusion sur une faible hauteur; au-delà on aura recours à une cloison verticale étanche qu'on descendra à mesure de l'approfondissement du puits. Dans l'un des compartiments obtenus par cette cloison un ventilateur placé au jour et actionné par la machine d'extraction enverra de l'air au fond du puits. Le courant d'air devra toujours être assez actif pour enlever rapidement les fumées après chaque coup de mine et renouveler l'atmosphère viciée par les lampes et la respiration des ouvriers.

CHAPITRE III

PERCEMENT DES TUNNELS ORDINAIRES

§ I. — CONSIDÉRATIONS GÉNÉRALES

999. Les méthodes employées pour effectuer le percement des tunnels varient avec le degré de consistance des terrains traversés.

Si le terrain est formé par des roches dures la percée souterraine peut être faite à l'aide de la méthode dite par *section entière*. Dans cette méthode le tunnel est attaqué sur toute sa section, car la nature du terrain traversé permet de faire l'excavation sur une certaine longueur sans qu'on soit obligé d'établir des boisages.

Si le terrain traversé n'a qu'une consistance moyenne cette méthode ne peut pas être appliquée, car les parois d'une pareille section ne pourraient se soutenir si on les abandonnait à elles-mêmes. On subdivise alors l'excavation à creuser de manière que les différentes parties qui a composent soient faciles à maintenir à l'aide d'un faible boisage. Cette méthode opère donc par *sections divisées*.

Enfin si le terrain traversé est absolument ébouleux ou aquifère on est obligé de revenir pour effectuer la percée souterraine à la méthode par section entière, mais modifiée comme nous le montrerons plus loin, pour remédier à la mobilité des terres. La méthode par section divisée, très pratique pour les terrains de consistance moyenne, ne saurait, en effet, trouver d'application dans le cas de terrains ébouleux, car les maçonneries exécutées séparément et soumises à des pressions variables se raccorderaient mal.

§ II. — PERCEMENT DANS UN TERRAIN CONSISTANT ET SOLIDE

1000. Dans la méthode par section entière appliquée dans les terrains solides, l'excavation se fait en général à l'aide de trois gradins suffisamment espacés dans le sens de la longueur du souterrain pour que sur chacun d'eux une équipe d'ouvriers puisse travailler à l'aise.

Le gradin supérieur est celui qui limite l'avancement journalier, car, n'étant pas dégagé sur deux faces comme les deux autres, il présente beaucoup plus de difficultés pour l'abatage ; de plus, la forme cintrée du plafond peu élevé au-dessus de ce gradin gêne beaucoup les ouvriers.

Aussi, en général, on pratique à la clé de la voûte une galerie, et un deuxième chantier qui suit de près le premier en arrière abat au large de chaque côté de cette galerie en donnant au plafond la forme cintrée prévue au projet. Les deux autres gradins suivent à une certaine distance en arrière et sont abattus chacun par un seul chantier.

Les wagonnets ne circulent que dans la partie du tunnel complètement excavée ; les déblais du gradin supérieur sont amenés dans les wagons de transport par des brouettes qui circulent sur un pont volant établi à la hauteur du gradin, comme l'indique la figure 1061.

Le muraillement, s'il doit être exécuté, avance progressivement à la suite du gradin inférieur.

1001. On peut encore, au lieu d'opérer par gradins droits, effectuer l'avancement par gradins renversés (*fig.* 1062). Des tréteaux établis à la hauteur de ces gradins permettent aux mineurs d'attaquer le front de taille avec assez de facilité. Chacun des deux gradins supérieurs est attaqué, comme dans le cas précédent,

par un seul chantier. Quant à la partie inférieure dont le front de taille n'est pas dégagé sur deux faces, elle avance au moyen de la galerie 1 percée suivant l'axe du souterrain ; un deuxième chantier, qui suit à une certaine distance celui de la galerie, abat de chaque côté les parties 2-2 (*fig.* 1062). On peut arriver ainsi à donner à la partie inférieure le même avancement journalier qu'aux deux gradins supérieurs.

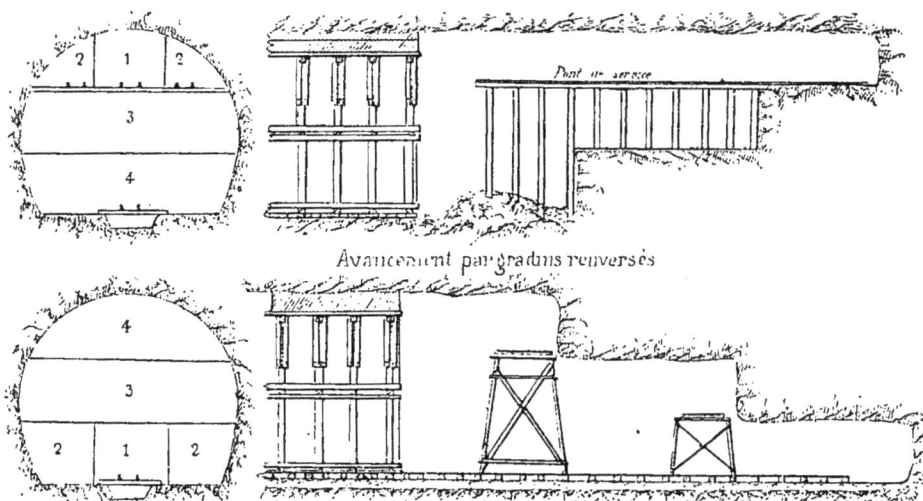

Fig. 1061 et 1062. — Percement des tunnels dans les terrains résistants. — Avancement par gradins droits et renversés.

L'abatage se fera, dans chacune des deux méthodes précédentes, soit à l'aide du pic, soit à l'aide de trous de mine convenablement disposés et percés d'après les principes établis aux n°s 958 et suivants.

§ III. — PERCEMENT DANS UN TERRAIN DE CONSISTANCE MOYENNE

1002. Dans les terrains de consistance moyenne qui peuvent être soutenus simplement par des cadres avec garnissage à claire-voie on emploie, en général, comme nous l'avons dit, la méthode par section divisée. L'exécution de la percée souterraine se fait par parties successives ainsi que le muraillement, dont les di-

vers tronçons exécutés sont successivement raccordés entre eux.

La méthode par section divisée la plus employée en France est la méthode belge.

1003. On commence tout d'abord par percer dans l'axe du tunnel une galerie de 3 à 4 mètres de hauteur sur autant de largeur (*fig.* 1063). Les parois de cette galerie, qu'on appelle galerie d'avancement parce que son front de taille est toujours le point le plus avancé de la percée souterraine, sont soutenues au fur et à mesure de l'avancement, car il serait dangereux de les abandonner à elles-mêmes.

Le soutènement le plus employé consiste en de simples cadres en bois espacés de 1m,50 à 2 mètres suivant le degré de consistance du terrain. Ces cadres sont formés de deux montants verticaux supportant un chapeau horizontal qui maintient le plafond de la galerie par l'intermédiaire de madriers à peu près jointifs et reposant sur deux cadres successifs.

On doit évidemment chercher à simplifier le boisage suivant le degré de consistance du terrain traversé, mais les conditions à remplir sont tellement variables qu'il est impossible de formuler une règle à cet égard; tout ce qu'on peut dire c'est que, même dans les circonstances les plus défavorables, pourvu que le terrain ne soit pas coulant, l'étayement d'une galerie d'aussi faibles dimensions est toujours chose facile et exécutable à peu de frais.

La galerie d'avancement étant percée sur une certaine longueur, on l'élargit par chambres de 4 mètres environ de longueur et de dimensions transversales suffisantes pour permettre l'exécution des maçonneries de la voûte. Cette opération d'élargissement, confiée à un deuxième chantier en arrière de celui de la galerie, qui continue son travail d'avancement, a reçu le nom d'*abatage en grand*.

L'opération de l'abatage en grand a donc pour but de déblayer la partie de la section totale du souterrain située au-dessus du plan horizontal qui passe par le sol de la galerie d'avancement. Pour soutenir les parois de l'excavation on établit, au fur et à mesure de l'avancement de l'abatage, des étais disposés en éventail et s'appuyant au début sur les montants des cadres de la galerie et ensuite sur le sol de la partie déblayée.

Dans l'espace libre obtenu par l'abatage en grand on peut construire la voûte jusqu'à un plan horizontal situé à 3 ou 4 mètres au-dessous de l'extrados à la clé suivant la hauteur donnée à la galerie

d'avancement. On fait reposer la voûte sur le terrain naturel par l'intermédiaire de madriers placés dans le sens de la longueur du tunnel; c'est du reste sur ces madriers que s'appuient les fermes de cintres qu'on établit entre les bois de soutènement. Lorsque les différents rouleaux de la voûte sont construits sur ces fermes, ils constituent un soutien suffisant; on enlève alors les bois de soutènement et on maçonne la partie de voûte située à leur emplacement.

Il faut toujours avoir soin, dans la construction de chaque rouleau, de laisser des pierres d'attente pour bien

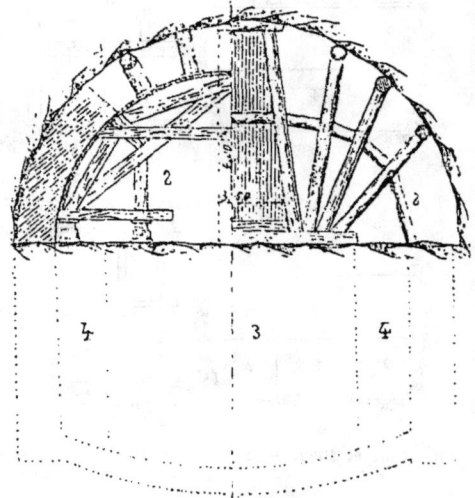

Fig. 1063. — Percement des tunnels dans les terrains de consistance moyenne — Exécution de la voûte avant les piédroits (méthode descendante ou méthode belge).

relier les maçonneries déjà faites avec celles à construire ultérieurement.

1004. Lorsque la partie supérieure de la voûte est terminée, c'est-à-dire lorsque le plafond de l'excavation produite par l'abatage en grand est complètement muraillé, il reste à déblayer la partie de la section du tunnel située au-dessous du sol de la galerie et à construire les piédroits.

Pour déblayer la partie de la section du tunnel située au-dessous du sol de la galerie, partie qu'on appelle *stross*, on commence par ouvrir dans l'axe du souterrain une tranchée ou *cunette* de manière à laisser de part et d'autre de celle-ci une banquette capable de supporter la voûte déjà construite. Cette tranchée permet en outre d'établir une voie de chemin de fer pour l'enlèvement des déblais à l'aide de wagonnets. On facilite ainsi, dans une très grande proportion, le travail des ouvriers qui ne sont plus gênés pas les brouettes dont on se servait dans la première opération.

Lorsque la cunette est complètement déblayée, il faut miner par parties les banquettes supportant les retombées de la portion de voûte déjà construite pour pouvoir exécuter les piédroits ainsi que la portion de voûte située au-dessus du niveau des banquettes. Cette construction, qui ne peut se faire évidemment qu'en sous-œuvre, exige de très grandes précautions. On commence par enlever la banquette sur une largeur assez faible pour que la maçonnerie située au-dessus puisse se soutenir d'elle-même par suite du bon enchevêtrement des matériaux, et on construit la partie du piédroit correspondant à cette entaille. On répète cette opération de distance en distance en laissant, entre deux tranchées verticales successives, un massif de terre de largeur au moins égale à celle d'une tranchée.

Ces portions de piédroits étant construites et servant elles-mêmes de soutien, on peut enlever les massifs de terre intermédiaires et terminer les maçonneries des piédroits.

Cependant, comme le nombre des reprises de maçonneries est considérable, on peut, pour les diminuer, donner aux entailles verticales une largeur plus grande que celle qui correspond au porte-à-faux admissible pour les maçonneries de la voûte supérieure, en ayant soin de soutenir les retombées de la voûte par des poteaux légèrement inclinés et solidement arc-boutés dans le sol.

Dans la construction de la voûte et des piédroits on prend toutes les précautions nécessaires pour assurer un libre écoulement des eaux en recouvrant la voûte par une chape avec garnissage en pierres sèches au dessus et en établissant de distance en distance des barbacanes disposées comme nous l'avons indiqué au nº 892.

1005. La méthode belge comporte donc, en résumé, six opérations qui s'effectuent dans l'ordre suivant :

1º Percement, dans l'axe du souterrain et au sommet de la section, d'une galerie de 3 à 4 mètres de hauteur sur autant de largeur, boisée par cadres avec garnissages à claires-voies ;

2º Élargissement par chambres de 4 mètres de longueur et de sections transversales suffisantes pour loger la partie supérieure de la voûte comprise entre le sommet de la section et le plan horizontal passant par le fond de la galerie d'avancement. Boisage en éventail, à l'aide de pièces de bois appuyées sur les montants des cadres de la galerie et sur le sol de l'excavation produite par l'abatage en grand ;

3º Montage des cintres et mise en place des couchis ;

4º Construction de la partie supérieure de la voûte jusqu'au plan horizontal passant par le sol de la galerie d'avancement, c'est-à-dire à peu près jusqu'au joint de rupture ;

5º Déblai du stross par gradins, en laissant de part et d'autre une banquette supportant les retombées de la voûte ;

6º Reprise de la voûte en sous-œuvre, en exécutant des tranchées verticales à égale distance les unes des autres ; construction des piédroits par piliers dans ces tranchées ; attaque des piliers réservés entre ces tranchées pour soutenir la voûte et construction du reste des piédroits.

Méthode descendante.

1006. Au lieu de procéder du sommet à la base on peut procéder de la base au sommet.

On commence (*fig.* 1064) par percer à la base deux galeries d'une largeur telle qu'elles comprennent l'espace nécessaire à la maçonnerie des piédroits, plus une largeur suffisante pour le service d'extraction des déblais.

Lorsque ces galeries sont boisées on construit les piédroits et lorsque l'avancement est suffisant on pousse du sommet de chacune d'elles une galerie inclinée jusqu'au sommet de la voûte. Là, on perce une galerie suivant l'axe du souterrain ; on la boise à l'aide de cadres et de garnissages à claires-voies et lorsque son avancement atteint une certaine longueur on installe un chantier d'élargissement en arrière du premier qui continue son travail d'avancement. Cet élargissement, ou abatage en grand, a pour but, comme dans la méthode précédente, de compléter la section d'ouverture depuis le sommet jusqu'au niveau du fond de la galerie, mais il ne s'effectue pas d'une manière continue le long de la galerie d'avancement ; on laisse des parties de roches intactes servant de soutènement. On soutient, au fur et à mesure qu'on bat au large, les parois des chambres ainsi formées à l'aide de madriers placés horizontalement et maintenus par des pièces de bois disposées en éventail et appuyées à la base sur les montants des cadres de la galerie et sur le stross laissé entre les deux galeries latérales.

Dans les chambres ainsi constituées on établit les cintres entre les bois de soutènement et on construit la voûte en partant des piédroits jusqu'à la clé. On laisse des pierres d'attente destinées à raccorder les maçonneries de deux tronçons de voûte consécutifs.

Ceci fait, on attaque les massifs de terrains laissés entre deux chambres successives et lorsque l'excavation a les dimensions nécessaires pour la construction de la voûte on construit celle-ci par les procédés employés pour les précédentes.

Il ne reste plus en dernier lieu qu'à procéder au décintrement et à l'enlèvement du stross central.

Cette méthode, procédant de la base au sommet, est évidemment plus rationnelle que la méthode belge. Cependant elle est moins employée que celle-ci pour la construction des tunnels de chemins de fer à cause de sa longueur.

Méthodes mixtes.

1007. Outre les deux méthodes que nous venons d'exposer, la première dans laquelle on commence par construire la voûte, c'est-à-dire la partie la plus délicate du travail et qui exige le plus de

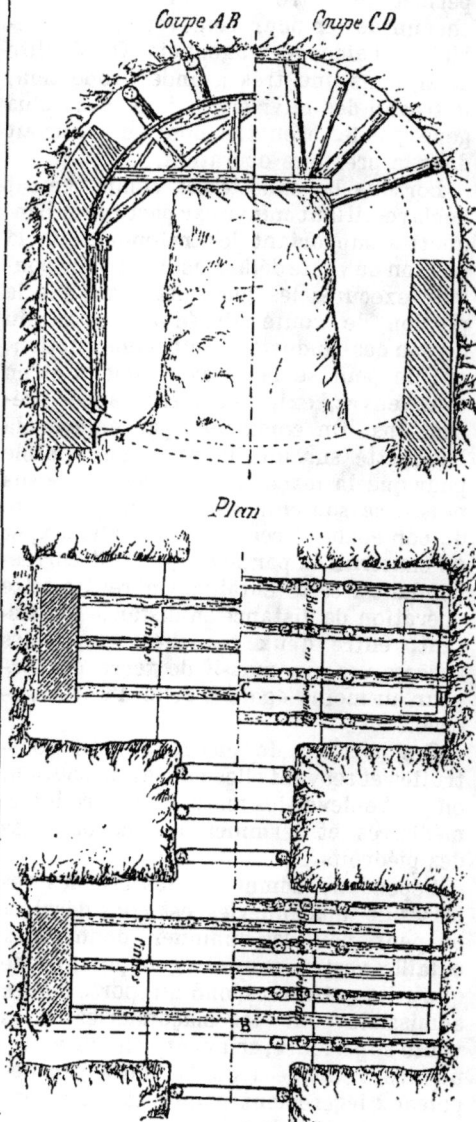

Fig. 1064. — Percement des tunnels dans les terrains de consistance moyenne. — Exécution des piédroits avant la voûte (méthode ascendante).

temps et la deuxième dans laquelle on commence au contraire par construire les piédroits, on peut citer quelques variantes. Ces méthodes mixtes ont été employées notamment à la construction du tunnel de Rilly et du tunnel de Montreuil.

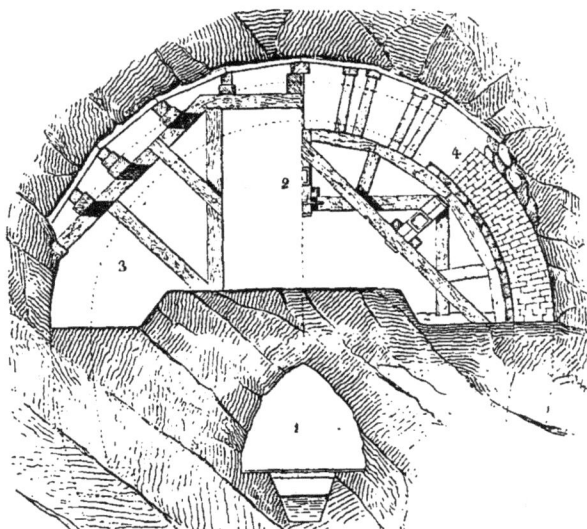

Fig. 1065. — Tunnel de Rilly.

Pour le tunnel de Rilly (*fig.* 1065) on a commencé tout d'abord par percer dans l'axe du tunnel et à la base une galerie d'écoulement destinée à conduire au dehors les eaux traversant les terrains. Puis on a percé dans l'axe et au clavage

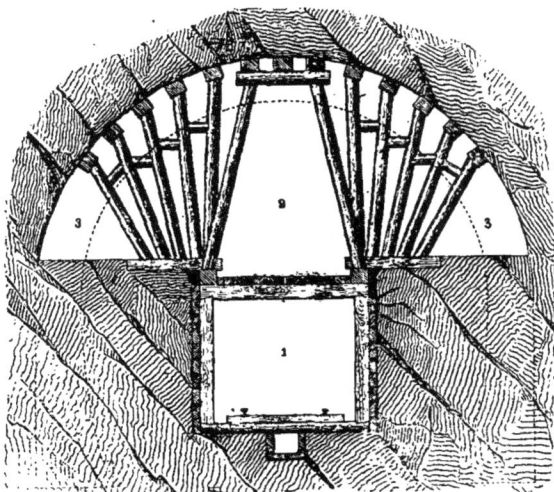

Fig. 1066. — Construction du tunnel de Montreuil.

de la voûte une grande galerie fortement blindée, qu'on a ensuite élargie par un abatage en grand. Ceci fait, on a posé les cintres et on a construit la voûte, comme dans la méthode belge. Enfin on a enlevé le stross et on a construit les piédroits en sous-œuvre.

1008. Pour le tunnel de Montreuil

(*fig.* 1066) les opérations successives peuvent se résumer de la manière suivante :

1° Percement d'une galerie dans l'axe du souterrain et à la partie inférieure. Cette galerie avait des dimensions suffisantes pour permettre l'établissement d'une voie de chemin de fer pour l'enlèvement des déblais ;

2° Percement d'une deuxième galerie dans l'axe du souterrain mais située au clavage de la voûte ;

3° Abatage en grand à droite et à gauche de cette dernière galerie de manière à obtenir une excavation ayant les dimensions nécessaires pour la construction de la voûte ;

4° Mise en place des cintres et exécution de la voûte ;

5° Enlèvement des stross situés de part et d'autre de la galerie inférieure et exécution des piédroits.

§ IV. — PERCEMENT DES TUNNELS DANS LES TERRAINS ÉBOULEUX

1009. Le percement des tunnels dans les terrains ébouleux présente toujours

ait été employée est la méthode par section divisée. Elle consiste à percer à la

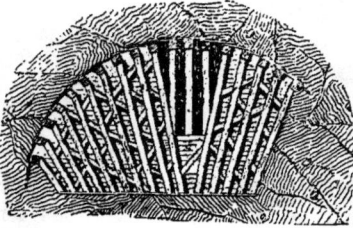

Fig. 1067. — Percement des tunnels dans les terrains ébouleux. — Exécution du tunnel du canal de Charleroi à Bruxelles. — Taille à l'avancement.

Fig. 1868. — Exécution du tunnel du canal de Charleroi à Bruxelles. — Cintres et maçonneries.

de très grandes difficultés, surtout lorsqu'ils sont composés de sables mobiles et coulants. La méthode la plus ancienne qui

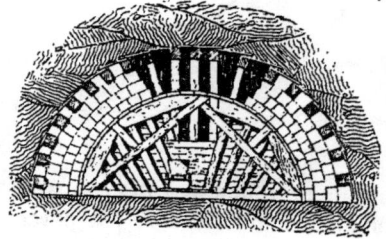

base des piédroits des galeries dont les parois et le plafond sont soutenus par des cadres avec garnissage jointif. Au-dessus de ces galeries dans lesquelles on construit

Fig. 1069. — Exécution du tunnel du canal de Charleroi. — Coupe longitudinale.

la partie de piédroits correspondante on en perce deux autres de manière que par la superposition des trois galeries de chaque côté de la section du tunnel on puisse construire les piédroits et même la voûte jusque vers sa partie supérieure. Ceci fait, on perce des galeries transversales contiguës réunissant les deux galeries supérieures situées au-dessus des naissances de la voûte. Ces galeries transversales permettent de claver les différents anneaux de voûte.

Méthode employée pour le percement du tunnel du canal de Charleroi.

1010. Cette méthode est complètement différente de la précédente; nous allons

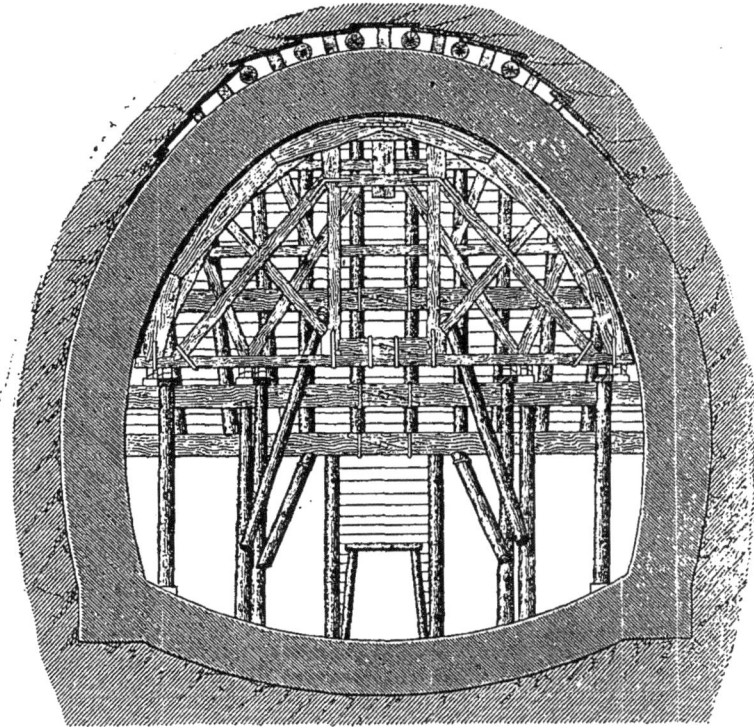

Fig. 1070. — Percement des tunnels dans les terrains ébouleux. — Méthode anglaise. — Cintres. — Muraillement.

en indiquer les différentes phases d'après le *Traité d'exploitation des mines* de M. A. Burat.

« 1° Creusement d'une petite galerie dans l'axe du tunnel à laquelle on donnait seulement 1m,50 d'avancement. Le plafond de cette galerie était successivement soutenu par des *chapeaux* ou madriers placés suivant la direction.

Ces chapeaux étaient eux-mêmes soutenus d'un côté sur la maçonnerie déjà faite et de l'autre par des piliers avec semelles appuyées sur le sol.

2° Élargissement de la galerie à la dimension et forme de l'extrados de la voûte, en continuant à soutenir le plafond par des longrines placées suivant la direction et par un boisage en éventail fortement contreventé.

Ce boisage, appliqué contre le terrain à l'avancement, permettait de soutenir le front de taille en paroi verticale.

La conclusion de ce travail était l'établissement d'une chambre étroite jusqu'aux naissances de la voûte. Toutes les parois de cette chambre étaient soutenues par un garnissage contigu et serré, soit en fagots, soit en planchettes.

3° Pose de deux cintres et construction de la voûte sur un mètre d'avancement en abandonnant à l'extrados les chapeaux longrines ainsi que le garnissage et picotant les vides de manière à établir une tension générale du terrain contre la maçonnerie.

4° Déblai du stross inférieur en deux gradins placés à distance convenable du chantier de voûte et reprise en sous-œuvre pour la construction des piédroits qui furent ainsi construits en deux fois. Le chantier de la dernière reprise construisait en même temps le radier et les banquettes de halage.

La partie la plus difficile du tunnel de

Fig. 1071. — Méthode anglaise. — Coupe longitudinale à l'avancement.

Charleroi était en percement en 1828 et la méthode adoptée par tâtonnement pour la construction de la voûte, en plaçant au plafond des chapeaux en direction appuyés d'un côté sur la maçonnerie déjà faite, de l'autre sur des piliers droits ou en éventail, contenait le principe de la méthode plus complète qui fut employée en Angleterre pour traverser les sables verts de la craie inférieure ».

Méthode anglaise.

1011. Lorsque le terrain que traverse le tunnel est très ébouleux, la méthode par section divisée, qui consiste à construire la voûte par portions successives, n'offre plus toutes les garanties désirables de bonne exécution. Cette méthode est basée, en effet, sur ce fait que le sol sur lequel s'appuient les bois de soutènement ne peut subir aucun mouvement sous l'influence de la pression supérieure due aux terres et ne peut se relever par sous-pression. Or, ce n'est pas le cas des terrains ébouleux et en appl'quant cette méthode on s'exposerait à compromettre le succès de l'opération, car les maçonneries reposant sur un terrain mobile se déformeraient avec lui. Il est donc utile d'avancer par une excavation ayant des dimen-sions telles qu'on puisse exécuter les maçonneries, voûtes, piédroits et radier, par anneaux complets et successifs de manière à avoir un ensemble indéformable sous l'influence des pressions extérieures.

Cette dernière manière d'effectuer le percement du souterrain constitue la méthode anglaise.

1012. On commence par ouvrir une galerie d'avancement à la base de la sec-

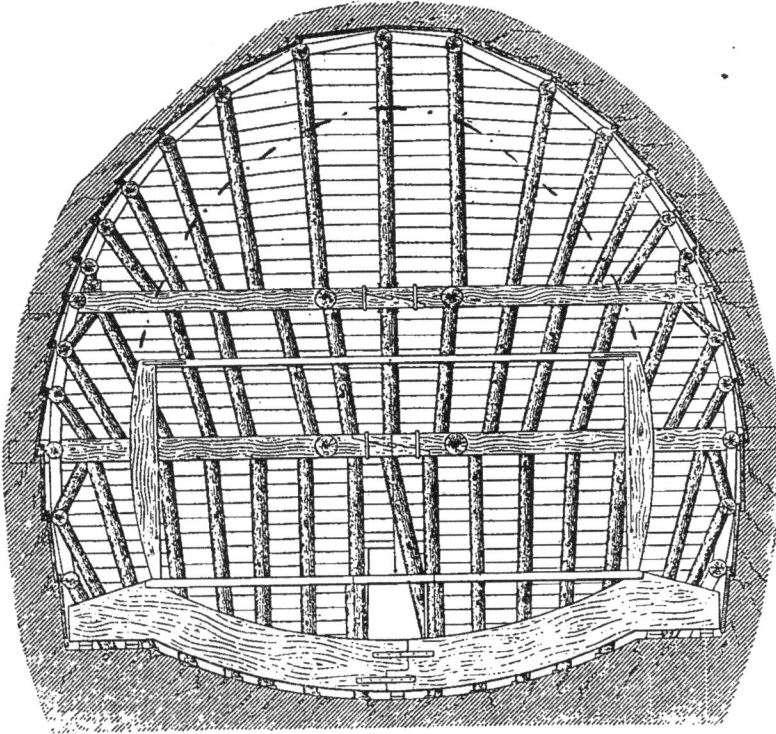

Fig. 1072. — Méthode anglaise. — Bouclier en bois du front de taille.

tion pour faire communiquer entre eux tous les chantiers. Cette manière d'opérer est du reste ici parfaitement rationnelle, car, puisqu'on veut ouvrir la section totale, il est nécessaire de découvrir tout d'abord le fond de cette section qui doit servir d'appui aux bois de soutènement.

Lorsque la galerie d'avancement a une longueur suffisante, on élargit sa section à droite et à gauche sur une certaine longueur déterminée par la nature du ter-rain traversé, c'est-à-dire par la quantité dont on peut avancer sans être obligé de soutenir les parois. Le boisage s'établit au fur et à mesure à l'aide de pièces de bois appuyées, comme dans la méthode belge, sur les cadres de la galerie et ensuite sur le sol même de la section. Cet élargissement ne présente pas en général de très grandes difficultés ; il suffit, pour qu'il ne se produise pas d'accident, d'espacer les bois de soutènement d'après le porte-à-faux qu'on peut admettre pour les terres.

La partie délicate du percement consiste surtout dans la manière de maintenir la surface de front à -l'avancement. A cet effet, on applique contre la paroi du fond un bouclier en charpente composé (*fig*. 1072) de bois verticaux ou inclinés disposés en éventail. Ces bois sont réunis entre eux par deux traverses formées chacune par deux pièces de bois assemblées pour diminuer leur longueur et pouvoir par suite les introduire plus facilement dans l'excavation.

Ces traverses sont soutenues en avant par des poussards inclinés et appuyés soit sur le fond de la section, soit sur la maçonnerie construite en arrière (*fig*. 1071).

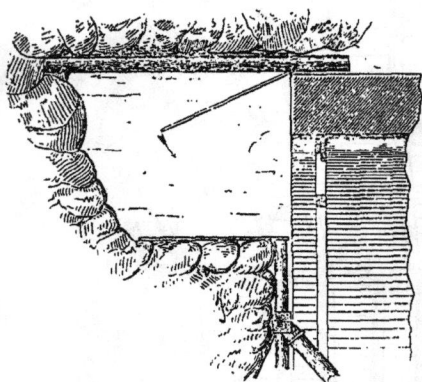

Fig. 1073. — Méthode anglaise. — Procédé employé pour effectuer l'avancement du gradin supérieur.

Derrière les pièces de bois disposées en éventail sur le front d'avancement on place des madriers horizontaux pour compléter le bouclier.

Le bouclier est en général divisé en trois étages pouvant être démolis et déplacés indépendamment les uns des autres.

Pour maintenir les parois et le ciel de l'excavation entre le front d'avancement et les maçonneries déjà construites en arrière on se sert (*fig*. 1071) de pièces de bois engagées à une extrémité derrière ces maçonneries et appuyées à l'autre extrémité sur les pièces de bois verticales ou inclinées constituant l'ossature du bouclier d'avancement. Ces pièces de bois horizontales soutiennent, en outre, des madriers dont l'espacement est réglé d'après la nature

plus ou moins ébouleuse du terrain traversé.

1013. Pour effectuer l'avancement du front de taille, on enlève les poteaux verticaux ou en éventail ainsi que le garnissage en madriers de la partie centrale de l'étage supérieur du bouclier et on augmente progressivement l'orifice. En même temps on enlève les terres et on les jette sur le radier. Lorsque l'avancement est

Fig. 1074. — Méthode anglaise. — Etais du boisage du front de taille.

suffisant, on fait avancer à l'aide de leviers engagés dans le bois et appuyés contre la maçonnerie, (*fig*. 1073) les rondins horizontaux soutenant les parois de l'excavation. Ces rondins sont engagés, comme nous l'avons dit, derrière les maçonneries de la voûte et des piédroits dont ils sont séparés par des coins de manière à pou-

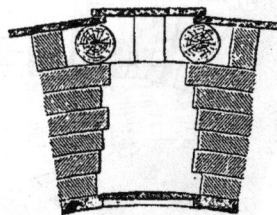

Fig. 1075. — Disposition employée pour effectuer le clavage de la voûte.

voir être dégagés assez facilement. Lorsqu'ils ont avancé d'une quantité égale à leur portée, on garnit le fond de la fouille avec des madriers soutenus par des poteaux verticaux ou disposés en éventail. Ces poteaux sont réunis à leur base par une traverse horizontale formée de deux pièces de bois et retenue en avant par deux poussards inclinés, prenant leur point d'appui sur la partie de radier déjà construite.

Lorsque l'étage supérieur du bouclier a

avancé d'une certaine quantité, on passe à l'étage du milieu dont on effectue le dé-

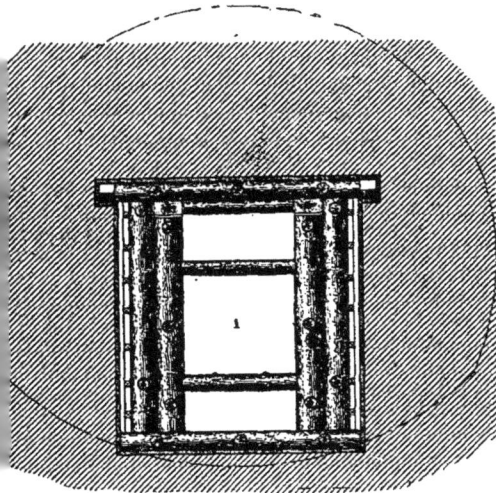

Fig. 1076. — Méthode Autrichienne. — Percement de la galerie directrice à la base de la section. — Boisage inférieure.

blaiement de la même manière; on soutient encore le fond de la fouille à l'aide d'étais disposés comme précédemment et on procède à l'avancement de l'étage inférieur.

Il faut toujours avoir soin, au fur et à mesure qu'on enlève les rondins engagés derrière la partie de voûte déjà construite, de boucher les vides qu'ils laissent avec les déblais de la fouille, de manière à éviter tout tassement ultérieur.

Le bouclier étant déplacé d'une quantité égale à la portée des rondins qui soutiennent les parois de l'excavation, on procède à l'exécution des maçonneries. A cet effet, on fixe sur le bouclier un gabarit (*fig.* 1072) qu'on a soin de placer parfaitement dans l'axe de la partie déjà construite et qui sert à établir les maçonneries du radier et des piédroits. Sur cette maçonnerie on place les supports des cintres et on construit la voûte jusqu'à ce qu'elle touche presque le bouclier.

1014. Cette méthode convient parfaitement aux terrains ébouleux, mais l'avancement est en général très lent, car la manœuvre du bouclier devient très difficile pour une grande section de souterrain et de plus le nombre d'ouvriers qu'on peut employer au déblaiement du front de taille

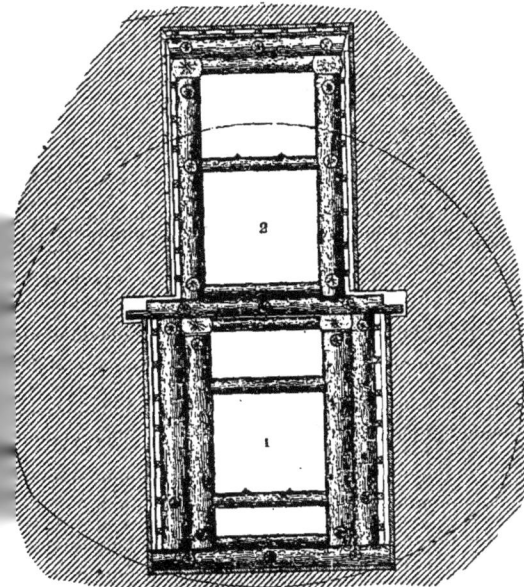

Fig. 1077. — Méthode autrichienne. — Percement de la galerie supérieure. — Boisage supérieur.

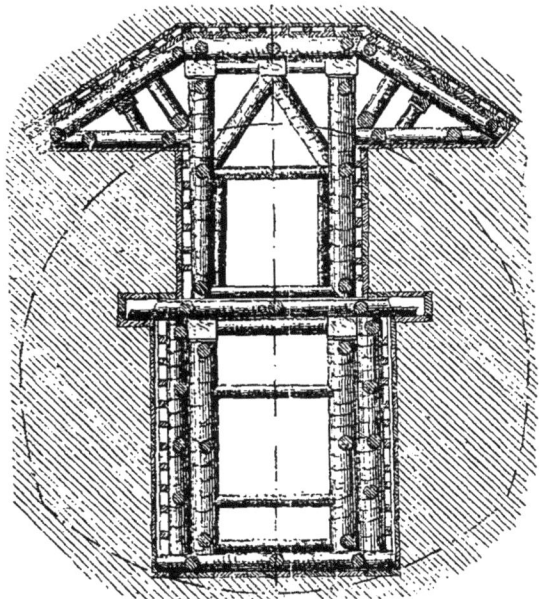

Fig. 1078. — Méthode autrichienne. — Elargissement latéral.

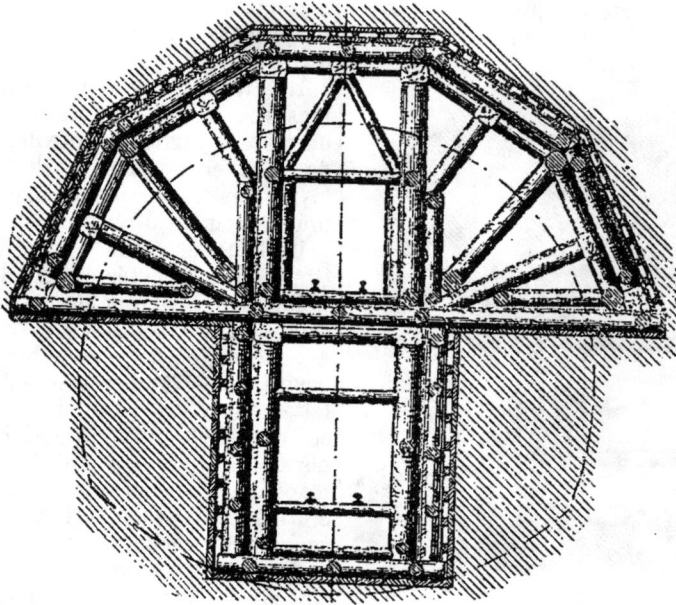

Fig. 1079. — Méthode autrichienne. — Elargissement. — Pied du boisage.

Fig. 1080. — Méthode autrichienne. — Construction des piédroits de la voûte.

est assez restreint. Elle offre cependant des avantages marqués au point de vue de l'enlèvement des déblais; ceux-ci, en effet, lancés de haut en bas peuvent être reçus dans des wagonnets qui les emmènent au dehors assez rapidement. Enfin l'écoulement des eaux peut être assuré très simplement à l'aide d'un petit canal pratiqué au bas de la section du souterrain.

Méthode autrichienne

1015. La principale difficulté de la méthode précédente consiste surtout à étayer solidement le bouclier qui garnit le front d'avancement de la section du souterrain. On a cherché à modifier le système anglais en fractionnant le bouclier en plusieurs parties situées dans

des sections transversales différentes. On procède donc par percements et élargissements plus restreints, boisés chacun avec soin. C'est cette variante qu'on appelle la *méthode autrichienne*. Elle procède à la fois de la méthode par section divisée et de la méthode par section entière, car le percement des galeries et les élargissements successifs ont pour but d'arriver à l'évidement total de la section du souterrain.

On commence par percer à la base de la section une galerie fortement boisée

avec garnissage complet. Après un certain avancement on attaque au dessus une deuxième galerie dont le boisage successivement mis en place, au fur et à mesure de l'avancement, est combiné avec celui de la galerie inférieure de manière que le soutènement partiel de chaque galerie constitue une partie du soutènement définitif de la section totale. Lorsque cette deuxième galerie est percée sur une certaine longueur on bat au large à droite et à gauche et on maintient les parois par un boisage en éventail supportant des

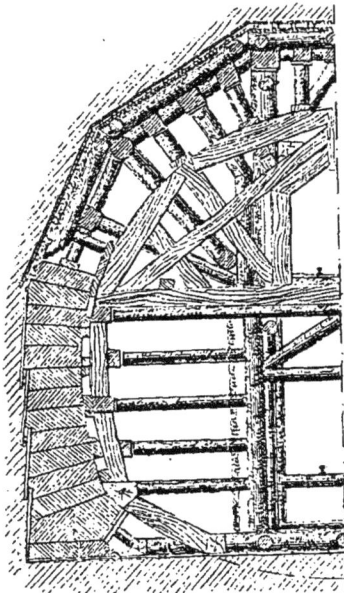

Fig. 1081. — Méthode autrichienne. — Pose des cintres. — Construction de la voûte.

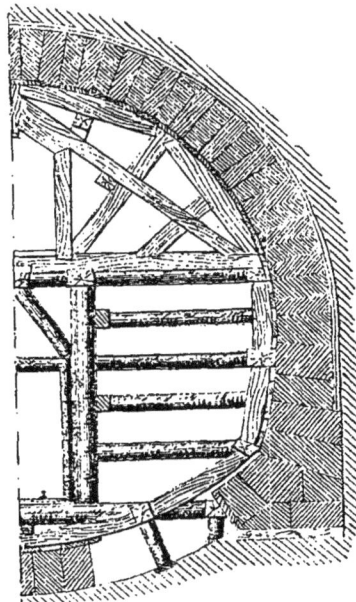

Fig. 1082. — Méthode autrichienne. — Cintres et construction du radier.

madriers jointifs. Ceci fait, on enlève le stross sous les piédroits et on soutient les parois par un fort boisage. L'excavation est alors complètement boisée ; on construit ensuite un anneau de maçonnerie et on continue à l'avancement.

Les bois employés sont à peine équarris, mais les assemblages sont établis avec la plus grande solidité. Tous les bois sont montés d'abord à l'extérieur, puis repérés de manière à pouvoir les mettre en place à l'intérieur sans aucune difficulté.

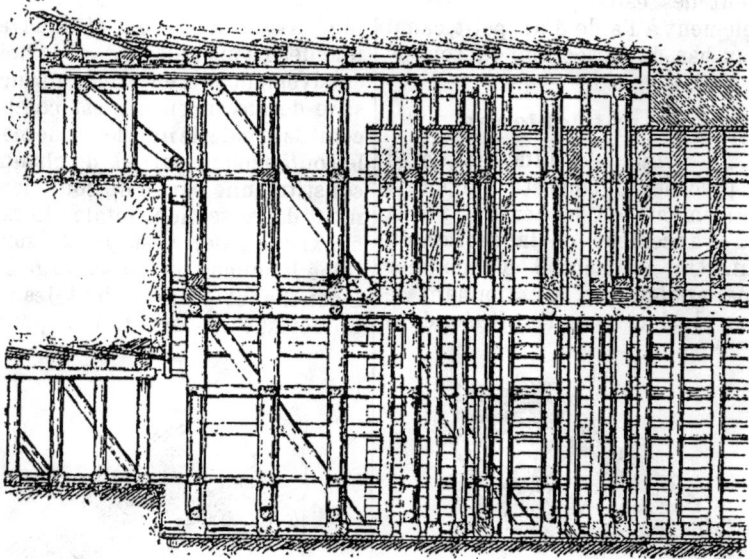

Fig. 1083. — Méthode autrichienne. — Coupe longitudinale au front de taille.

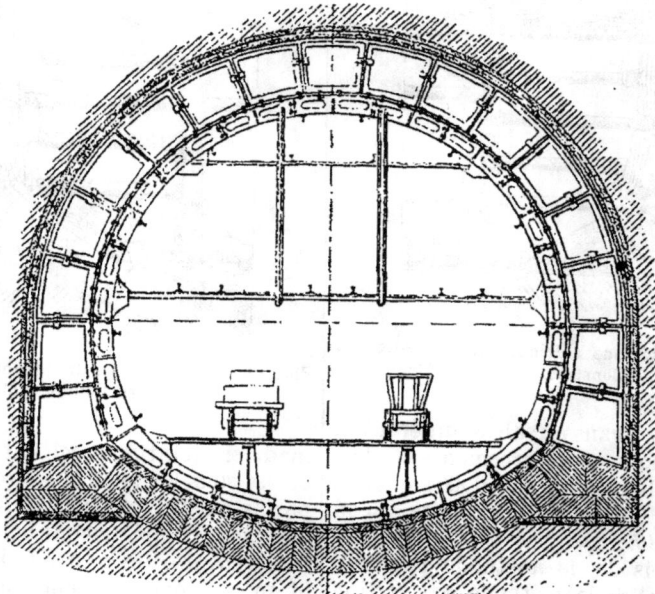

Fig. 1084. — Méthode Rziha. — Coupe AB (voir figure 1086).

Méthode Rziha.

1016. Dans cette méthode les soutè- nements provisoires et les cintres son métalliques, en fer et fonte combinés.

Voici, à son sujet, comment s'exprime

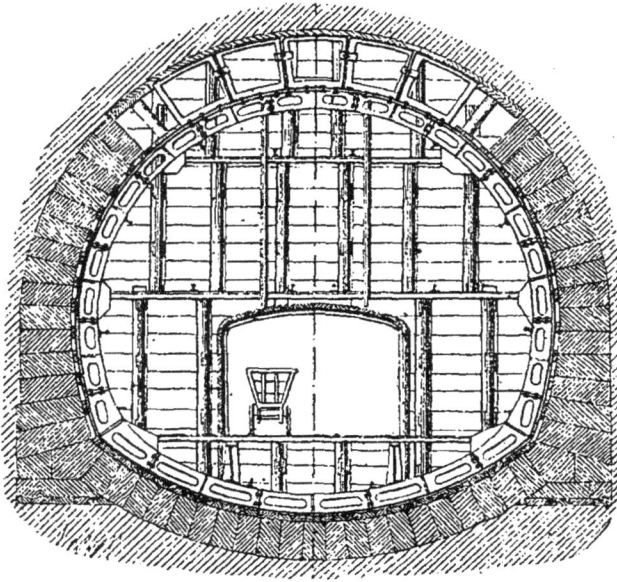

Fig. 1085. — Méthode Rziha. — Coupe CD (voir figure 1086).

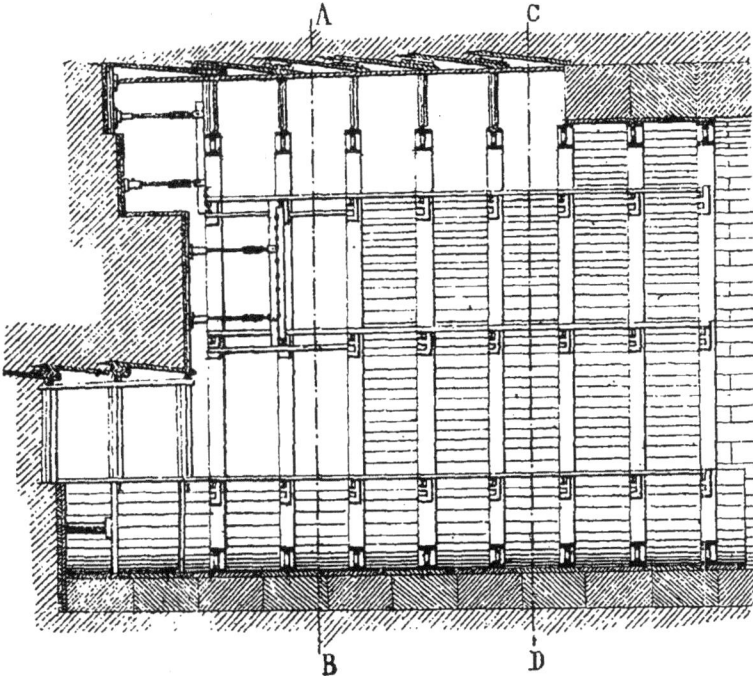

Fig. 1086. — Méthode Rziha. — Coupe longitudinale à l'avancement.

M. Burat dans son remarquable *Cours d'exploitation des mines.*

« L'idée d'employer des cintres en fonte, composés d'une série de panneaux boulonnés, pour le percement des galeries à grande section est assez ancienne. Le tunnel d'Herecastle en Angleterre a été percé à l'aide de cintres ainsi formés portant à l'extrados un garnissage composé de fers méplats percés de trous. Ce garnissage pouvait glisser sur les cintres, les trous servant à faire avancer les fers, qui étaient enfoncés dans le front de taille de manière à former un garnissage préalable. Dans ce procédé, les cintres font en réalité l'office de cadres de soutènement et, après en avoir placé deux ou trois, il fallait monter entre eux de véritables cintres, pour y placer les couchis et construire un anneau de voûte, ce qui obligeait à un démontage toujours difficile, parce qu'il fallait établir des poinçons de soutènement sur les couchis. En pareil cas la fonte est toujours d'un maniement plus difficile et plus long que le bois. M. Rziha a résolu le problème en employant des cintres doubles et concentriques.

Le cintre supérieur se compose de voussoirs en fer. Il soutient la poussée des terres par l'interposition d'un gar-

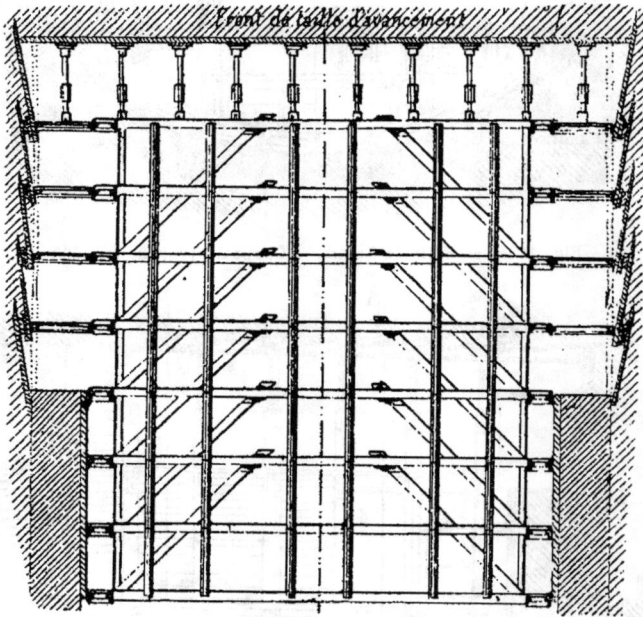

Fig. 1087. — Méthode Rziha. — Plan.

nissage en planches. Ce premier cintre doit être à la fois solide et élastique ; la fonte ne pouvait convenir. On a fabriqué les voussoirs avec des rails Vignole, tordus et soudés, le boudin se trouvant à l'intérieur, tandis qu'à l'extérieur la patte présente une large surface d'appui. Ces voussoirs sont réunis par des brides boulonnées. Le second cintre est en fonte. Il est composé de plusieurs pièces à section $\mathbf{I}$, boulonnées entre elles. Les voussoirs supérieurs y sont fixés par des boulons à crochets.

Des rails divisent la hauteur du tunnel en trois étages ; ils jouent le rôle de traverses solidement ancrées dans des portées spéciales. Ces traverses supportent d'autres rails disposés de manière à former des voies pour les transports.

Pour obtenir plus de stabilité, on a supporté les traverses par des tirants accrochés au cintre en fonte.

Des supports en fonte, boulonnés sur la partie inférieure du cintre, soutiennent le rang inférieur des rails traverses.

On établit ordinairement un plancher

sur la largeur entière du tunnel. Ce plancher facilite la ventilation des travaux, la circulation, la surveillance et

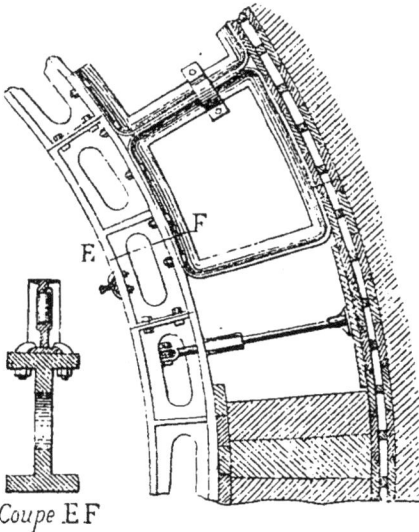

Coupe E F

Fig. 1088. — Méthode Rziha. — Détail d'une portion du cintre métallique.

l'épuisement des eaux ; il supporte trois voies, multiplie les points d'attaque et la rapidité d'exécution.

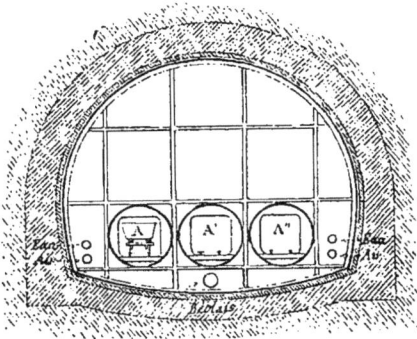

Ces dispositions établies dans un chantier d'exécution, on commence l'attaque du terrain en enfonçant des palplanches sur tout le périmètre autour du cintre en fer. Les palplanches étant enfoncées à la partie supérieure, on attaque le front par gradins. Un garnissage en madriers est posé contre le front de taille de ces gradins, et l'on soutient ces madriers par des poussards à vis, appuyés d'une part sur les madriers verticaux du bouclier, et d'autre part sur l'ensemble des cintres. Pour assurer la résistance des cintres on les réunit entre eux par un contreventement formé de rails ; les rails traverses sont ainsi réunis par des rails horizontaux et obliques. La réunion de ces rails s'obtient par des fers d'angle boulonnés.

Les cintres étant établis, ainsi que la possibilité de faire par l'excavation la place d'un nouveau cintre à poser, le travail ne consiste plus que dans le démontage d'un cintre rendu libre par l'avancement de la maçonnerie et le remontage de ce cintre dans l'espace préparé par le travail d'avancement et contre le bouclier.

Quant au muraillement, le simple examen des dessins de M. Rziha montre la manière de procéder. On enlève succes-

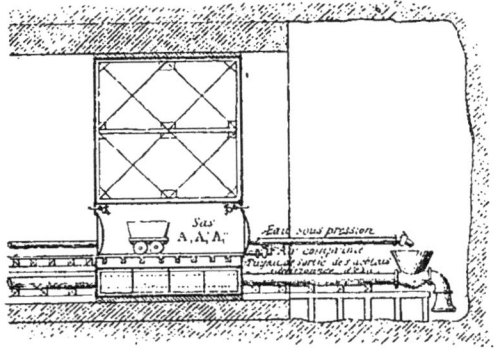

Fig. 1089. — Emploi de l'air comprimé pour le percement des tunnels dans les terrains aquifères.

sivement les voussoirs en fer et on leur substitue les pierres du muraillement, ces pierres s'appuyant sur les couchis que l'on dispose sur les cintres en fonte. Dès que la maçonnerie est bien prise, piédroits et voûte, on démonte l'arc renversé et on complète l'anneau.

M. Rziha, dans les tunnels qu'il a fait exécuter, employait par chantier huit cintres complets.

La construction du muraillement met en évidence les avantages spéciaux du système Rziha. Les cintres de soutènement restent fixes, et l'on démonte successivement, un par un et à mesure qu'il est nécessaire, les voussoirs qui tiennent la place du revêtement. »

Emploi de l'air comprimé pour le percement des tunnels dans les terrains aquifères.

1017. Dans certains cas spéciaux, pour la traversée des terrains aquifères, l'air comprimé peut être employé avec succès. Cet emploi a pour but de créer sur le front de taille une certaine contrepression et, par suite, d'empêcher tout suintement de l'eau.

Un anneau de voûte étant construit, pour procéder à la traversée du terrain aquifère, on place sur cette maçonnerie une sorte de caisson en fer (*fig.* 1089) ayant exactement la forme de l'anneau construit. Les deux parois du caisson sont distantes de 4 mètres environ et sont reliées entre elles par des traverses en fer. A la partie inférieure on met trois sas circulaires ou elliptiques ; les deux extrêmes servent à écluser les roches abattues placées dans des wagonnets et à amener des matériaux ; celui du milieu sert aux ouvriers.

Le caisson est traversé en outre de chaque côté par deux tuyaux ; le premier sert à l'arrivée de l'air comprimé et le deuxième à l'arrivée de l'eau sous pression qui a pour but l'enlèvement des menus fragments de déblais. Cette dernière opération s'effectue en jetant les terres dans des baquets où arrive l'eau sous pression.

Pour obtenir l'étanchéité absolue de l'espace compris entre le caisson et la maçonnerie de la voûte, on enfonce des coins en bois dans le joint et on achève le garnissage avec de l'argile fortement serrée. Lorsqu'on est certain qu'il ne peut se produire aucune fuite, on fait arriver l'air comprimé dans la chambre de travail comprise entre le caisson et le front de taille et on procède à l'excavation du tunnel par les moyens ordinaires.

Procédé par congélation.

1018. La méthode Poetsch que nous avons déjà décrite au sujet du fonçage

des puits par congélation peut aussi s'appliquer pour le percement des tunnels, dans certains terrains coulants et aquifères.

Accidents à craindre. — Moyens de les réparer.

1019. Dans l'application des différentes méthodes que nous venons de décrire, il se présente toujours des cas particuliers qu'il est impossible de prévoir d'avance et qui conduisent quelquefois à modifier plus ou moins profondément la marche suivie au début. Il faut

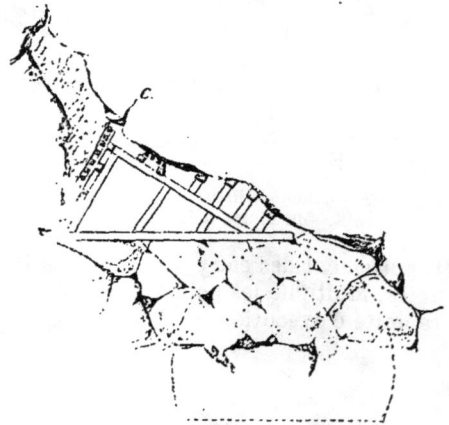

Fig. 1090. — Coupe *pq* (voir fig. 1091).

alors toujours résoudre là difficulté dans le sens de la prudence.

Cependant, malgré toutes les précautions prises, il peut se produire certains accidents dus le plus souvent à la nature trompeuse du terrain traversé. Nous citerons comme exemple celui qui s'est produit pendant la construction du tunnel de Saint-Martin-d'Estréaux, dont M. l'ingénieur Desnoyers a rendu compte dans un mémoire publié dans les *Annales des ponts et chaussées* de 1859. C'est de ce mémoire que nous extrayons ce qui suit : « Dans une partie qui paraissait solide et qui pour ce motif n'avait pas été blindée, un éboulement grave s'est produit. Il s'étendait en longueur sur 40 mètres environ et en hauteur jusqu'à

8 mètres au-dessus du ciel de la galerie ; dans la partie supérieure la direction de l'ouverture était oblique, conformément à la coupe en travers représentée par la figure 1090. Les surfaces étaient très lisses et recouvertes d'une très légère couche d'argile : c'était évidemment à la disposition des délits et à la présence de cette argile qu'était dû le glissement des blocs ; ces derniers étaient énormes

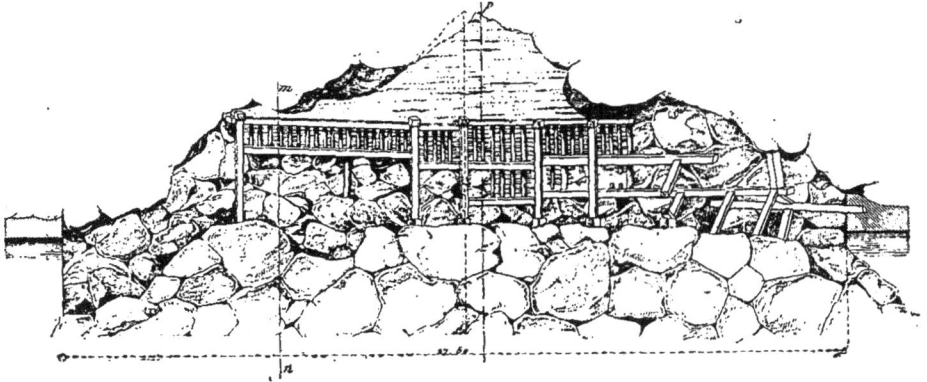

Fig. 1091.

et comprenaient en particulier une table de porphyre de 8 mètres sur 9 mètres et $1^m,40$, cubant, par conséquent, plus de 100 mètres. Pour empêcher le mouvement de se propager, on s'est hâté de blinder très fortement la galerie aux deux extrémités de l'éboulement, et l'on a disposé dans l'éboulement lui-même quelques

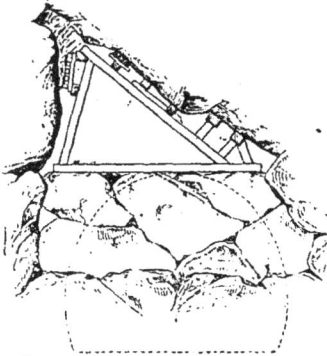

Fig. 1092 — Coupe *mn* (voir fig. 1091).

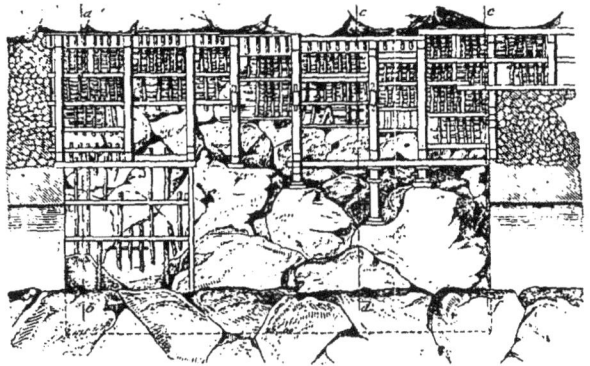

Fig. 1093.

étais pour soutenir plusieurs parties de rocher dont la chute était encore menaçante.

La réparation était difficile, car une partie des roches restées en place étaient très fortement fissurées ; d'autres semblaient prêtes à se détacher et n'étaient plus soutenues que par le massif des blocs éboulés ; il était donc vivement à craindre qu'en enlevant ces blocs on ne déterminât de nouveaux mouvements dans la partie supérieure : les blocs, en raison de leur volume et de leur dureté, ne pouvaient être enlevés qu'après avoir été divisés par des coups de mine et l'ébranlement résultant des détonations pouvait suffire pour faire détacher de nouvelles parties de rocher et aggraver beaucoup l'étendue du mal. Dans cette situation difficile, on a eu recours au moyen suivant qui a été proposé par M. Simon Trône, l'un des entrepreneurs de la deuxième période du tunnel, et qui a été exécuté par lui avec une véritable habileté.

On a commencé par circonscrire l'ébranlement en poussant la construction des voûtes aussi loin que possible de part et d'autre, de telle sorte qu'avant d'attaquer l'éboulement proprement dit, la longueur entre les portions de voûtes construites était réduite à 27^m,50, ainsi que l'indique la figure 1091. Si l'on avait voulu réta-

les figures 1090 et 1092 ; on s'empressait ensuite de soutenir le rocher par des pièces longitudinales fortement appuyées sur la ferme, on poussait ces pièces en avant autant que possible, puis on recom-

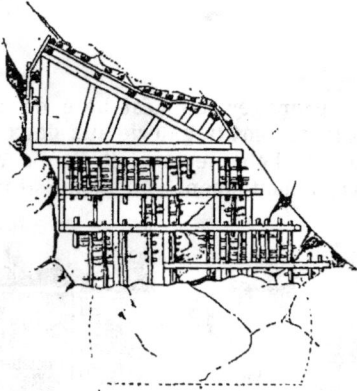

Fig. 1095. — Coupe *cd* (voir fig. 1093).

mençait à déblayer l'emplacement d'une autre ferme, et ainsi de suite. Les figures 1090, 1091 et 1092 représentent cette consolidation de la partie supérieure à la date

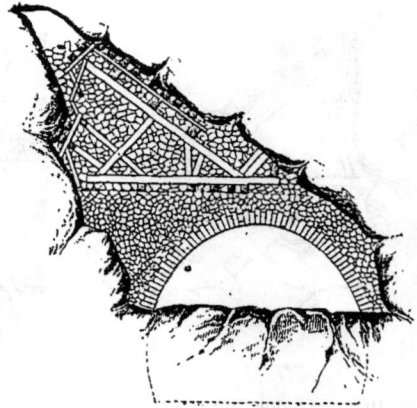

Fig. 1094. — Coupe *ab* (voir fig. 1093).

blir directement la galerie en attaquant l'éboulement par le bas, même au moyen de très forts blindages, on aurait attiré sur soi tout le massif et très probablement aussi une grande partie des roches encore en place. On a donc, au contraire, cherché à se frayer un chemin à la partie supérieure, en divisant par de faibles coups de mines et en enlevant ensuite très doucement, par parties, les blocs formant le sommet du massif éboulé ; dès que l'on était parvenu à avancer quelque peu, on se hâtait de placer une ferme en charpente affectant la forme du vide laissé par l'éboulement, comme l'indiquent

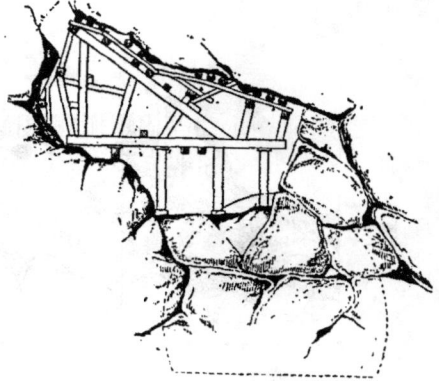

Fig. 1096. — Coupe *ef* (voir fig. 1093).

du 25 avril 1856, moment où elle était achevée et où la communication se trouvait rétablie par-dessus l'éboulement entre les deux portions de galerie situées de part et d'autre.

A partir de ce moment, on était tran-quille, le mal ne pouvait plus augmenter et l'on est entré dans la seconde période de la réparation, celle qui comprenait l'enlèvement de la partie inférieure du massif éboulé et la construction des maçonneries. Cette période est représentée par les figures 1093-1094-1095-1096, qui donnent la situation du travail au 25 juin. La longueur de voûte à construire était alors réduite à 15 mètres. On voit sur la figure 1095 comment on soutenait les fermes à mesure que l'on enlevait les blocs sur lesquels elles avaient reposé jusque-là : la figure 1094 montre cet enlèvement terminé et indique les blindages employés pour retenir les blocs qui subsistaient encore au-devant de l'anneau à construire ; la figure 1093, dans sa partie gauche, montre les blindages qui protégeaient les côtés de ce même anneau. Enfin, la coupe suivant *ef* (*fig.* 1096) montre un anneau terminé ; la voûte a été faite en moellons de granit à lits parfaitement dressés ; on a donné aux maçonneries 1 mètre d'épaisseur, et enfin on a eu soin de garnir en maçonnerie à pierres sèches serrées autant que possible, tout le vide de la partie haute de l'éboulement ; au moment de fermer le dernier anneau, on a ménagé dans les maçonneries à pierres sèches une voûte de décharge dans laquelle un ouvrier a pu se tenir jusqu'au dernier moment, et qui forme, pour la partie supérieure de cet anneau, un remplissage aussi solide que celui qui a été pratiqué pour les anneaux voisins. »

CHAPITRE IV

PERCEMENT DES GRANDS TUNNELS

1020. Si la hauteur du terrain au-dessus du tunnel est telle qu'il soit impossible de foncer des puits pour augmenter le nombre des fronts d'attaque, ceux-ci seront réduits à deux, situés aux têtes ; ils pourront donc dans certains cas être séparés par une distance de plusieurs kilomètres. Dans le choix d'une méthode on devra se préoccuper de la manière dont on pourra modifier la marche des travaux en cours d'exécution lorsque la nature du terrain changera.

1021. Les méthodes employées se rapportent à deux types principaux :

1° Percement d'une galerie d'avancement au faîte de la section du tunnel ;

2° Percement d'une galerie d'avancement à la base de la section.

La première méthode est celle qui a été employée au Saint-Gothard et la deuxième au Mont-Cenis et à l'Arlberg avec quelques variantes.

Méthode avec galerie d'avancement au sommet. — Percement du Saint-Gothard.

1022. On a cherché à diviser la section en un certain nombre de parties, de manière que le travail effectué sur chacune d'elles soit indépendant de celui effectué sur les autres. Ce système offre le grand avantage d'étendre la zone d'action en répartissant le travail sur un certain nombre de chantiers successifs dont l'étendue peut être proportionnelle à leur avancement. Si la marche du travail de chaque chantier est telle que les différentes parties exécutées séparément soient toutes terminées à la fois, la durée d'exécution du souterrain ne dépendra évidemment que du temps employé pour percer la galerie d'avancement. C'est pourquoi on donne à cette galerie la section la plus faible possible permettant le fonctionnement des perforateurs mécaniques.

1023. Comme l'indique la figure 1104, la section du tunnel a été divisée en sept parties, dont les attaques étaient échelonnées de 100 mètres en 100 mètres environ. La première attaque était celle de la galerie d'avancement, placée au clavage de la voûte ; elle était effectuée à la machine. Sur la coupe horizontale du tunnel (*fig.* 1097) cette galerie est représentée en CC'. Le branchement latéral P servait au remisage des perforateurs pendant l'explosion des coups de mine.

De chaque côté de la galerie d'avancement on abatait à la main les parties D et F ; leur exécution suivait la galerie d'avancement immédiatement en arrière de C' en D'. On passait ensuite à l'abatage du stross, mais comme les affûts des perforateurs n'avaient pas une hauteur suffisante pour permettre d'abattre le stross avec un seul gradin, on a préféré enlever la partie H (*fig.* 1100) à la main sur une longueur D'E' puis achever la partie I (*fig.* 1102) à la machine entre les points E' et F'. La cunette centrale étant complètement terminée on abattait les tross de gauche G à la main de F' vers E' (*fig.* 1097) et on conservait le stross de droite J sur une longueur suffisante pour permettre d'y établir une voie ferrée allant à la galerie d'avancement sans qu'elle ait une pente exagérée

Pour l'exécution de la galerie d'avancement, on perçait (*fig.* 1105) au centre de cette galerie trois trous de mine distants de 0^m,30 environ et formant sensiblement les sommets d'un triangle équilatéral. L'inclinaison donnée aux perforateurs était telle que les trous de mine convergeaient et n'étaient plus qu'à une distance d'environ 0^m,15 lorsque leur profondeur atteignait 1^m,10. Tout autour de ces trois trous principaux on en perçait douze autres sur les quatre côtés de la section de la galerie d'avancement. Entre ces trous règlementaires les ouvriers pouvaient placer d'autres trous de mine, suivant que la roche était plus ou moins dure.

On faisait partir tout d'abord, à l'aide de mèches plus courtes, les trois mines du centre de manière à former une ouverture

conique facilitant l'action de celles situées à la périphérie de la section.

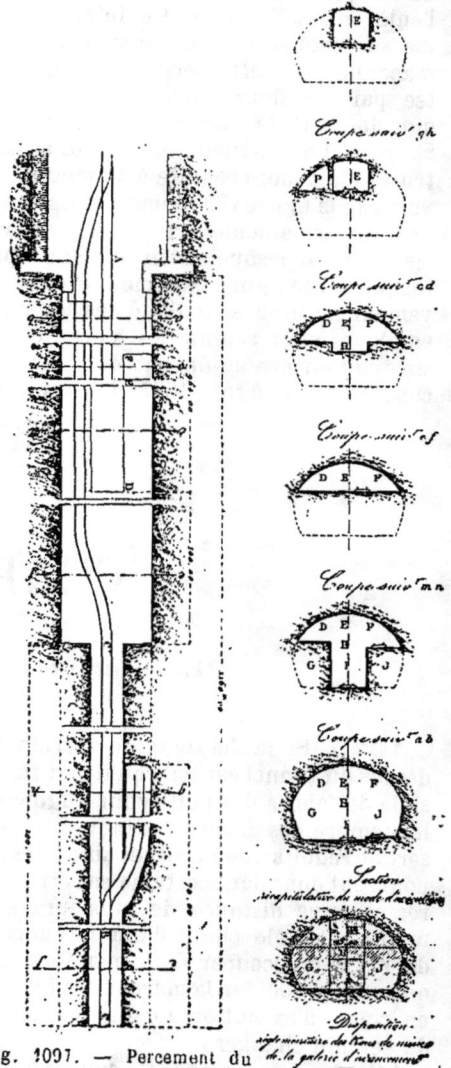

Fig. 1097. — Percement du tunnel du Saint-Gothard. — Coupe horizontale au niveau de la plateforme de la galerie d'avancement.

Fig. 1098 à 1105.

Méthode avec galerie d'avancement à la base.

1024. La méthode avec galerie d'avancement à la base permet de concentrer les chantiers sur une plus faible longueur que la précédente. Lorsque cette galerie a atteint un certain développement, on perce des puits verticaux jusqu'à la voûte du tunnel (*fig.* 1106). Ces puits sont d'autant plus rapprochés que le percement doit être effectué plus rapidement; ils

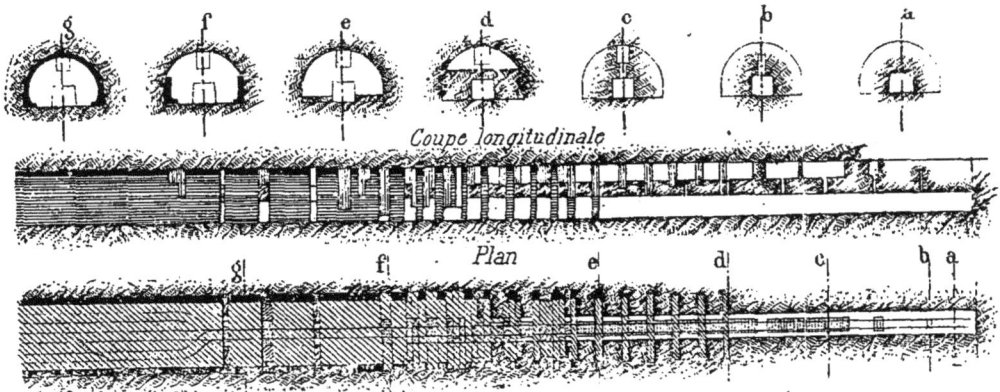

Fig. 1106. — Percement des longs tunnels. — Méthode avec galerie d'avancement à la base.

servent à ouvrir, au-dessus de la première, une deuxième galerie dite galerie de calotte, de dimensions un peu plus faibles que celles de la galerie inférieure. Ces

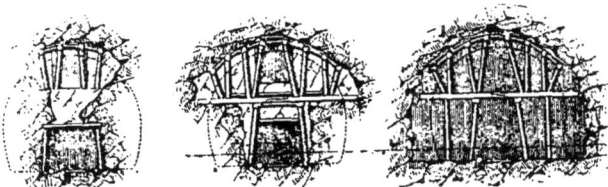

Fig. 1107. — Percement des longs tunnels. — Méthode avec galerie d'avancement à la base. — Coupes transversales en terrain résistant.

deux galeries sont séparées par un massif de roche laissé intact d'abord et qu'on fait tomber ensuite au fur et à mesure qu'on bat au large. Pour enlever les de-

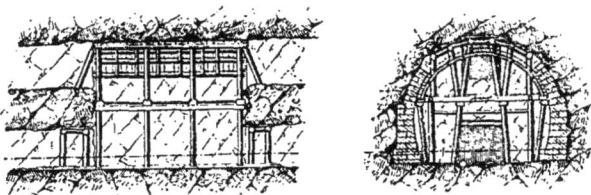

Fig. 1108. — Percement des longs tunnels. — Méthode avec galerie d'avancement à la base. — Exécution du muraillement.

blais provenant du percement des galeries de calotte, on perce de distance en distance dans le massif qui sépare les deux galeries des trous verticaux sous lesquels on amène des wagonnets.

Après la rencontre des galeries de faîte

entre deux cheminées, on procède au battage au large, et on maintient les

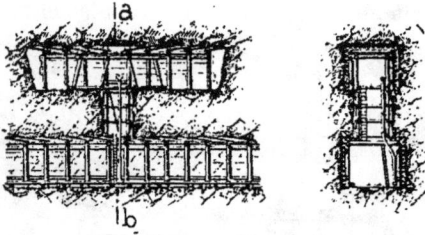

Fig. 1109. — Percement des longs tunnels. — Méthode avec galerie d'avancement à la base. — Coupe longitudinale et coupe *ab* en terrain non résistant.

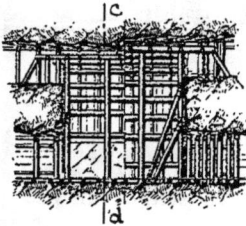

Fig. 1110. — Percement des longs tunnels. — Méthode avec galerie d'avancement à la base. — Coupe longitudinale. — Soutènement complet avant la construction du muraillement, en terrain non résistant.

Fig. 1111. — Coupe *cd* (voir figure 1110).

Fig. 1112. — Exécution du muraillement.

parois par un boisage en éventail constitué par des chandelles, reposant sur une poutre horizontale posée sur le stross.

Ces battages au large et l'excavation de toute la section se font par anneaux ayant 8 mètres de longueur et distants les uns des autres de 30 mètres environ. On construit la maçonnerie en commençant par les piédroits, dès que l'excavation d'un anneau est terminée.

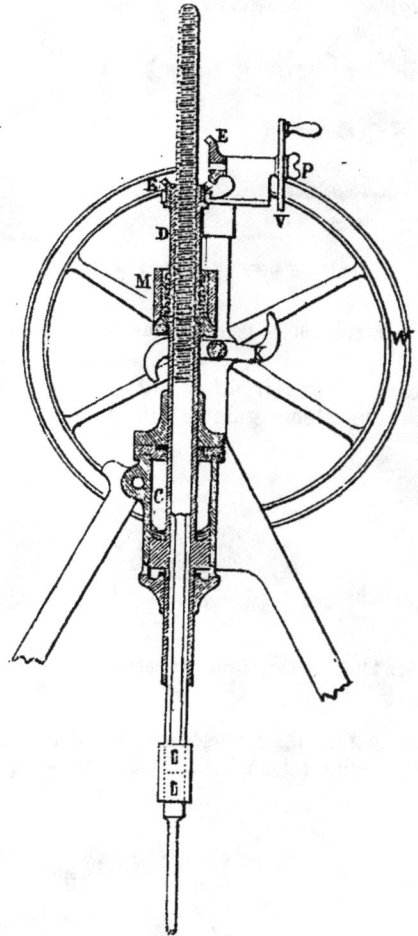

Fig. 1113. — Appareil Jordan.

1025. Cette dernière méthode offre de grands avantages au point de vue des chargements, de la pose de la voie, des transports et de l'écoulement des eaux, qui n'a pu être réalisé pendant le percement du tunnel de Saint-Gothard qu'à l'aide d'un caniveau spécial creusé dans le roc sur le côté de la calotte. Du reste, les conduites d'air et d'eau qui servent aux besoins de la ventilation ou de la perforation mécanique peuvent être installées plus facilement dans la deuxième méthode que dans la première, car il n'est pas nécessaire de les déplacer par suite des changements des pentes de raccordement de la galerie de faîte avec la plateforme du tunnel.

Aérage.

1026. L'aérage des divers chantiers s'obtient très facilement à l'aide de conduites dans lesquelles on envoie de l'air sous pression.

Perforateurs.

1027. Depuis un certain nombre d'années on a cherché à substituer le travail mécanique au travail manuel, pour effectuer l'avancement des galeries de tunnel en employant l'ouvrier, non plus pour produire de la force vive, mais bien pour diriger des machines fournissant un travail beaucoup plus rapide et beaucoup plus économique. C'est dans ce but qu'ont été créés les perforateurs mécaniques, sans lesquels le percement des tunnels de

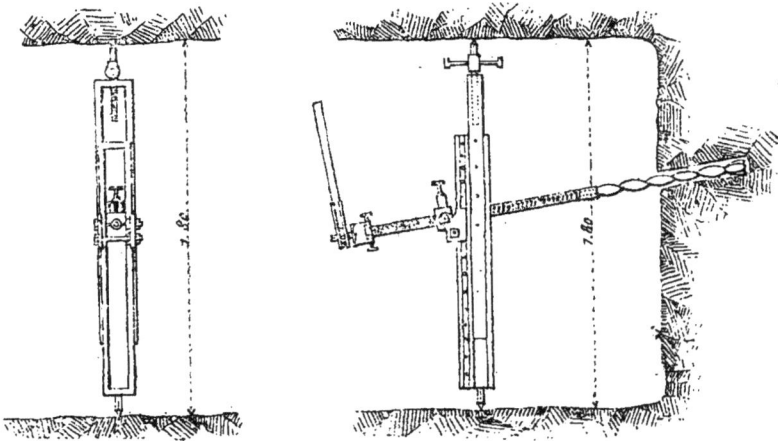

Fig. 1114. — Appareil Lisbet.

grande longueur, tels que ceux du Mont-Cenis, du Saint-Gothard et de l'Arlberg, eût été presque irréalisable.

1028. *Appareil Jordan.* — Un des premiers appareils employés pour percer les trous de mine est l'appareil Jordan à percussion et à bras, représenté par la figure 1113. Il se compose d'un cylindre dans lequel on comprime de l'air pendant le mouvement de recul de l'outil. Cet air comprimé agit ensuite dans le mouvement inverse pour projeter l'outil sur la roche. Dans ce cylindre se meut un piston à tige creuse, qui traverse les deux fonds; cette tige creuse, qui est à section octogonale à la partie inférieure, se termine à la partie supérieure par une tige de section cylindrique. Elle est traversée par le porte-outil à section octogonale en bas, et à section cylindrique et filetée en haut.

La partie supérieure de la tige creuse du piston se termine par un manchon solidaire de la tige du piston, et est surmontée d'une douille D, disposée comme l'indique la figure; cette douille est taraudée et sert d'écrou à la partie filetée du porte-outil. Elle traverse un engrenage E, portant un ergot; la douille peut donc se mouvoir d'un mouvement rectiligne sans entraîner l'engrenage E; mais tout mouvement de rotation de l'engrenage se transmet forcément à la douille. L'engrenage conique E reçoit son mouvement d'une petite manivelle *v;* en tournant

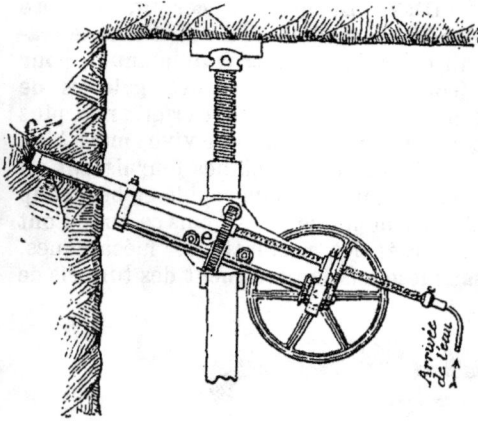

Fig. 1115. — Appareil Leschot.

celle-ci on peut donc faire monter ou descendre le porte-outil suivant l'approfondissement du trou de mine qu'on perce.

Pour manœuvrer l'appareil on tourne le volant W, sur l'axe duquel est calée une double came K, qui en tournant soulève le butoir cylindrique M, et par suite la tige du piston, la douille D et le porte-outil.

Pendant le mouvement de montée, l'air compris entre le piston et le couvercle supérieur du cylindre se trouve comprimé, et lorsque la came K échappe le butoir M, l'air comprimé se détend et projette l'outil au fond du trou à forer. Le mouvement de rotation de l'outil est obtenu automatiquemeut, car la came K n'attaque le butoir M que suivant une corde et tend par suite à faire tourner ce dernier, et, comme conséquence, le piston, le porte-outil et l'outil lui-même. Pour régler l'amplitude de ce mouvement de rotation de l'outil à chaque percussion, on serre la vis P, qui permet de réduire dans une certaine mesure le mouvement de rotation des engrenages E.

1029. *Appareil Lisbet.* — L'appareil Lisbet (*fig.* 1114) est très répandu. Il se compose d'un bâti composé de deux parties formant glissières, de manière à pouvoir augmenter ou diminuer sa hauteur

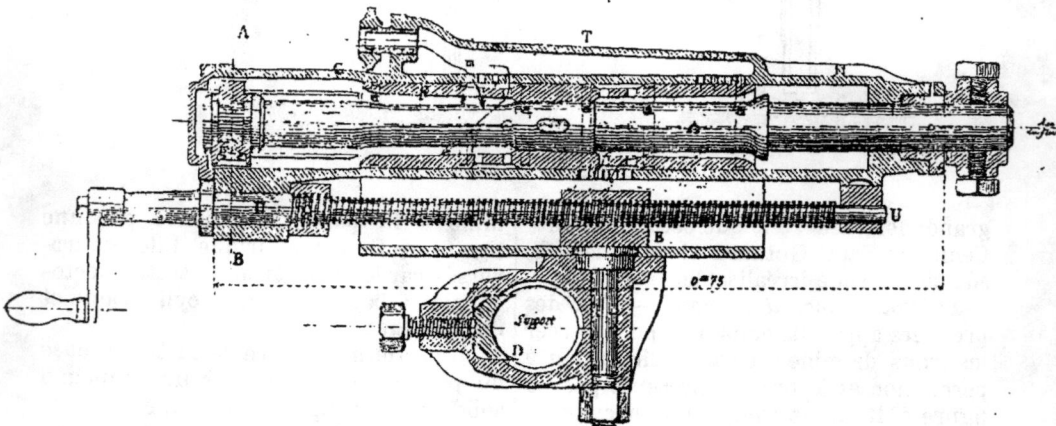

Fig. 1116. — Perforateur Darlington-Blanzy.

suivant celle du chantier, auquel il est fixé à l'aide de vis de rappel. C'est dans ce bâti que coulisse le porte-outil. Ce dernier peut s'incliner dans un plan vertical et peut être maintenu dans une position fixe à l'aide d'une vis de serrage. Il sert

d'écrou à une grande vis creuse supportant à son extrémité une tarière qui n'attaque la roche que par sa première spire, les autres étant destinées à l'enlèvement des détritus. Pour embrayer la tarière avec la vis et effectuer le percement du trou de mine, on donne à la vis un mouvement de rotation à l'aide d'une manivelle fixée à son extrémité. Lorsque la résistance devient trop grande, le bâti se courbe ; on débraye alors la tarière,

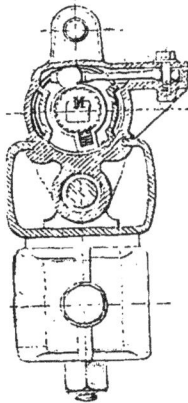

Fig. 1117. — Coupe transversale AB (voir fig. 1116).

on nettoie le trou de mine, et on recommence le forage.

1030. *Appareil Leschot.* — L'appareil Leschot (*fig.* 1115) se compose d'un tube en fer creux, fileté sur une certaine longueur, et terminé à son extrémité par une couronne en bronze autour de laquelle, sont fixés des diamants noirs.

Le mouvement est donné à l'appareil par l'intermédiaire d'un arbre parallèle au porte-outil, et le long duquel peut se déplacer l'engrenage moteur. Cet arbre intermédiaire est lui-même actionné par une manivelle et une roue d'angle. Afin de

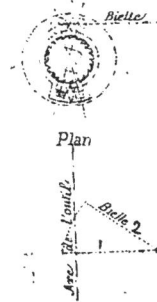

Fig. 1118. — Mouvement de rotation de l'outil du perforateur Darlington-Blanzy.

régler l'avancement de l'outil suivant la nature des roches à perforer, l'arbre intermédiaire porte en outre un engrenage actionnant une roue fixée contre l'écrou du porte-outil ; en changeant le rapport des diamètres de ces deux dernières roues,

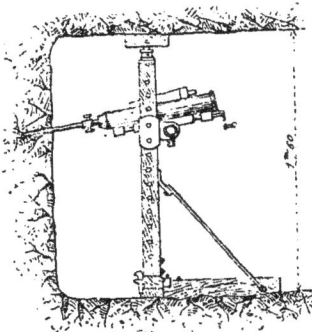

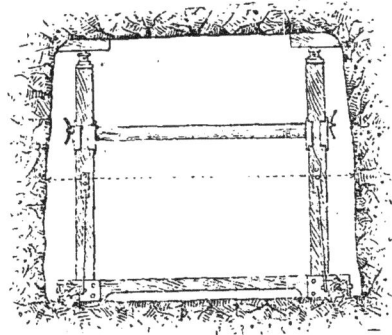

Fig. 1119. — Affût du perforateur Darlington-Blanzy.

on peut évidemment modifier l'avancement de l'outil.

Pour nettoyer le trou de mine, on envoie dans celui-ci de l'eau sous pression, qui circule dans le tube creux constituant le porte-outil.

1031. Le percement des tunnels de grande longueur, attaquables par les deux têtes seulement, aurait duré beaucoup trop longtemps avec les appareils que nous venons de décrire ; on a donc cherché, pour triompher de cette difficulté, des appareils plus puissants. On y est arrivé par l'emploi des perforateurs, mus, soit par la vapeur, soit par l'air comprimé, soit enfin par l'électricité ou l'eau sous pression. Ces machines rendent de très grands services au point de vue de la rapidité du travail et de la simplification du personnel, car elles frappent des coups de fleurets beaucoup plus répétés et, de plus, on peut en placer, quelquefois, un assez grand nombre sur le front de taille de la galerie. Les hommes au contraire ne peuvent être employés qu'en très petit nombre sur un espace aussi faible, car ils se géneraient mutuellement

1032. *Perforateur Darlington-Blanzy.* — Ce perforateur se compose d'un cylindre en fonte portant à la partie supérieure une chambre de distribution d'air comprimé. Deux séries de trous à la partie supérieure mettent en communication le cylindre et la chambre de distribution, et deux autres séries à la partie inférieure mettent le cylindre en communication avec l'atmosphère. Dans le cylindre se meut une gaine évidée portant en son milieu une embase pour fixer le porte-outil A. Cette gaine forme piston et sa partie évidée est percée, de chaque côté de l'embase, par une série de trous à la partie inférieure et à la partie supérieure pour établir, alternativement sur chaque face du piston, l'admission ou l'échappement de l'air comprimé. Pour éviter les déperditions d'air on a fait des entailles dans la gaine formant piston et on a mis dans chacune d'elles des cercles métalliques qui tendent à presser constamment les parois du cylindre.

Dans la position indiquée sur la figure 1116, c'est la face arrière du piston qui communique avec l'admission ; la face avant communique au contraire avec l'atmosphère. L'air comprimé arrivant derrière le piston va donc projeter l'outil contre la roche ; la gaine fermera les orifices d'admission m, et, à fin de course, les orifices d'admission à l'avant du cylindre seront en communication avec la chambre de distribution tandis que l'évacuation se fera par les orifices inférieurs venus en regard les uns des autres. L'air comprimé agissant cette fois

sur la face avant du piston ramènera alors celui-ci à sa position primitive, et ainsi de suite.

La percussion est donc obtenue très simplement, mais il faut aussi faire tourner l'outil d'une certaine quantité après chaque choc pour qu'il ne frappe pas toujours au même endroit. Pour déterminer la rotation de l'outil, l'arbre se prolonge en arrière et se termine par une roue à rochet entourée par un anneau qui porte un cliquet constamment pressé contre le rochet par deux ressorts (*fig.* 1117). Cet anneau porte à la partie supérieure une petite sphère qui reçoit une tête de bielle dont l'extrémité peut prendre un mouvement de rotation autour d'un axe situé dans un plan perpendiculaire à celui de l'outil. La longueur de la bielle et sa position sont réglées de façon que lorsque l'outil est à sa position extrême la bielle est normale à l'axe de l'outil et dépasse cet axe d'environ $0^m,10$. Chaque fois que l'outil effectue sa course la bielle passe de la position (2) à la position (1) (*fig.* 1118) et le cliquet qui est en prise avec le rochet fait tourner ce dernier et par suite le porte-outil. Pendant la course rétrograde la bielle passe de la position (1) à la position (2), mais le cliquet glisse sur les dents du rochet et n'agit pas, par conséquent, sur le porte-outil. A la course suivante, le cliquet agit de nouveau et le porte-outil tourne encore d'une certaine quantité, et ainsi de suite.

L'outil est constitué par un fleuret qui peut affecter différentes formes (*fig.* 1017); il est en acier et est fixé dans une douille à l'avant du porte-outil.

L'ensemble de l'appareil est porté par un bâti terminé par un anneau qui le fixe sur un support (*fig.* 1116). Une manivelle et une vis permettent de faire avancer l'appareil au fur et à mesure de l'approfondissement du trou à forer.

L'affût du perforateur (*fig.* 1119) consiste en une semelle inférieure et deux montants en bois qu'on fixe au faîte de la galerie par des vis. Ces deux montants sont réunis par des fers ronds destinés à maintenir entre eux un écartement constant et à supporter le perforateur.

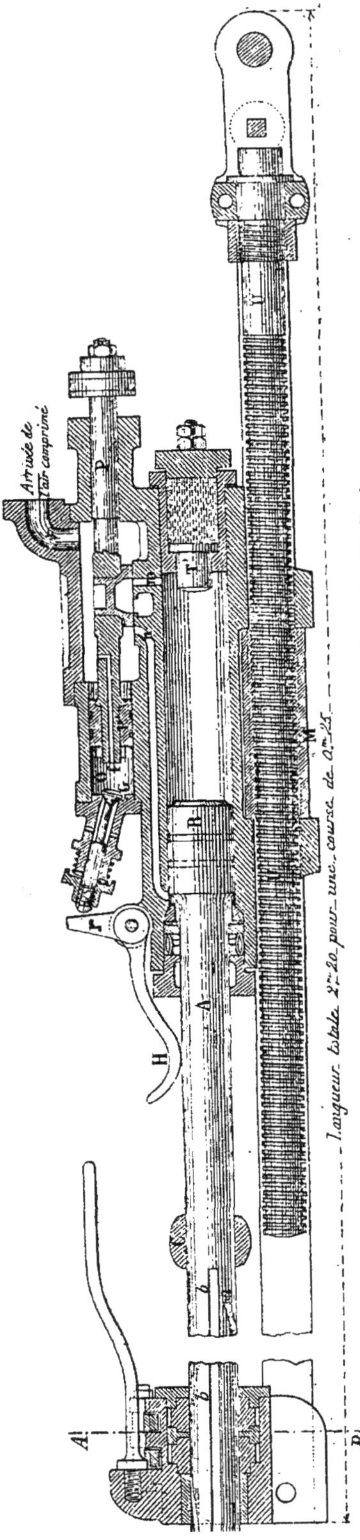

Fig. 1120. — Perforateur Dubois et François. — Coupe longitudinale.

Arrivée de l'air comprimé.

longueur totale 1m,20 pour une course de 0m,25.

La longueur de cet appareil est de 0ᵐ,70, et son poids, support non compris, est de 75 kilogrammes ; il donne 500 coups par minute.

1033. *Perforateur Dubois et François.*
— Ce perforateur (*fig.* 1120) se compose d'un cylindre en fonte surmonté d'une boîte de distribution d'air comprimé, et dans lequel se meut un piston dont la tige forme porte-outil. Le tiroir de distribution reçoit son mouvement d'un double piston PP' à surfaces inégales comme l'indique la figure. La grande surface du piston porte un conduit qui permet à l'air comprimé d'arriver jusque dans la chambre O, de manière que la

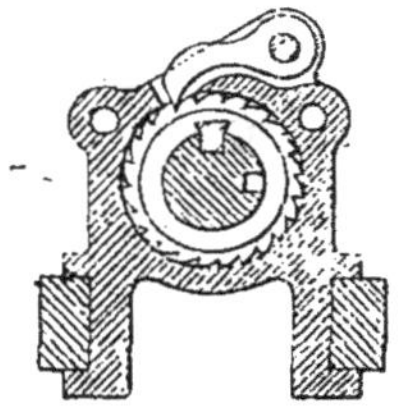

Fig. 1121. — Coupe AB (voir figure 1120).

pression s'exerce à la fois sur les deux faces du piston. Dans la position indiquée sur la figure la pression de l'air comprimé force le piston P' à se mouvoir de gauche à droite ; le tiroir découvre donc l'orifice *n* et l'air comprimé, agissant sur la face annulaire du piston-outil, force celui-ci à revenir en arrière. Avant que cette course rétrograde soit terminée le bourrelet *c* fixé sur le porte-outil relève le butoir H et applique le levier *r* sur la tige de la soupape G, qui, en temps ordinaire, est constamment appliquée sur son siège par un ressort à boudin. La grande face du piston P' est alors soumise à la pression atmosphérique et ce piston se déplace de droite à gauche sous l'influence de la pression de l'air comprimé sur sa face annulaire.

Le tiroir recouvre alors l'orifice *n*, qui permet à l'air comprimé d'exercer sa pression sur la grande face du piston porte-outil. Celui-ci est alors projeté sur la roche et ainsi de suite.

Pour faire tourner l'outil d'une certaine quantité à chaque coup de fleuret le perforateur porte, à son extrémité antérieure, deux roues à rochet, de sens

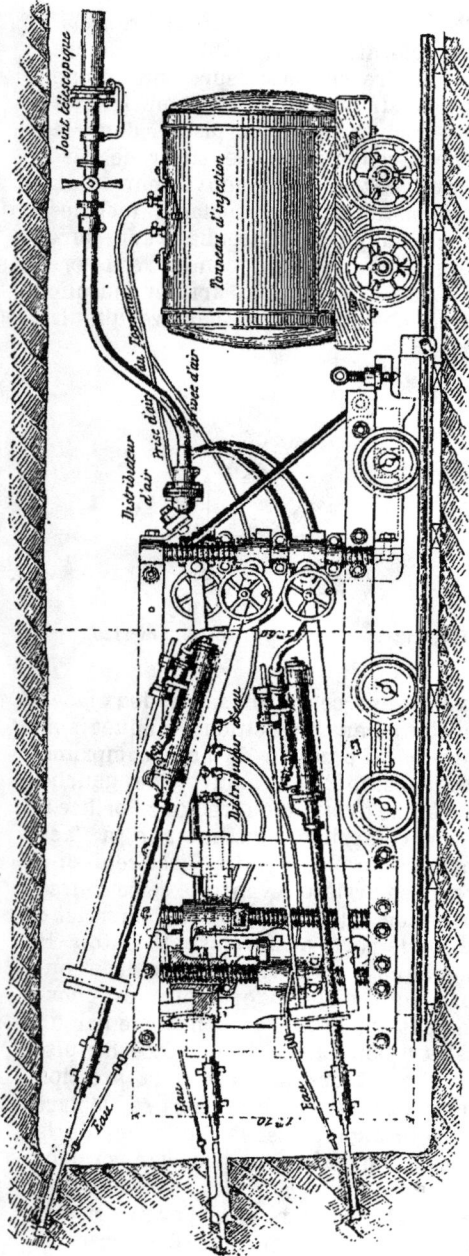

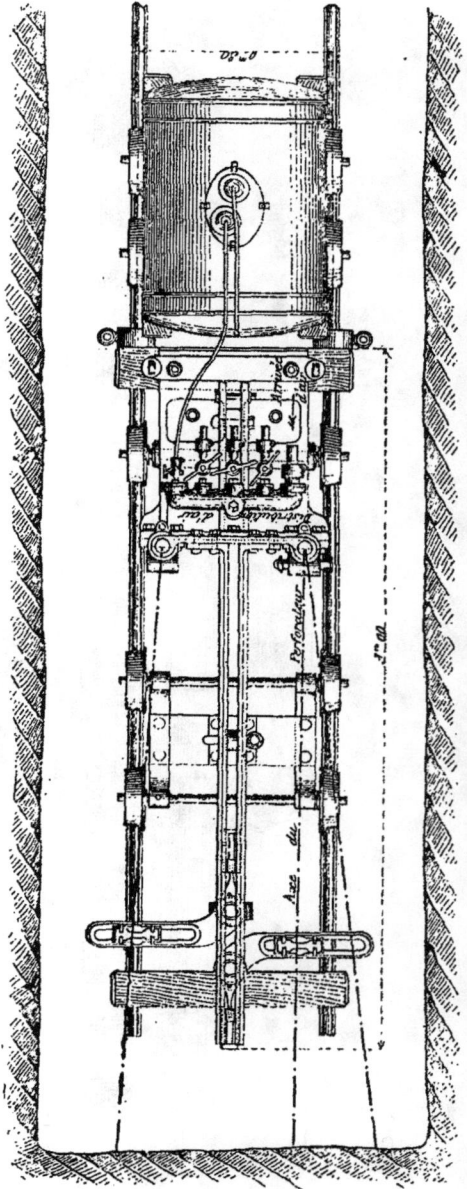

Fig. 1122. — Affût du perforateur Dubois et François. — Élévation.

contraire, munies chacune d'un ergot glissant, l'un, dans une rainure rectiligne du porte-outil, et, l'autre, dans une rainure héliçoïdale. Chaque roue est munie d'un cliquet qui ne lui permet de tourner que dans un seul sens. Lorsque l'outil est projeté contre la roche l'ergot suit la rainure rectiligne, tandis que la rainure héliçoïdale entraîne l'autre ergot qui fait tourner la roue correspondante.

Lorsque l'outil revient en arrière cette dernière roue ne peut tourner par suite de la présence du cliquet ; elle oblige donc le porte-outil à tourner d'une certaine quantité en entraînant dans son mouvement la première roue à rochet, et ainsi de suite.

L'avancement de l'outil, au fur et à mesure de l'aprofondissement du trou, est obtenu à l'aide d'une longue vis qui reçoit son mouvement par une roue d'angle.

On donne au fleuret une section hexagonale ou octogonale ; cependant, dans les roches ordinaires, on emploie généralement des fleurets à biseau en forme de Z et dans les grès et les granits des fleurets à biseau en forme de bonnet de prêtre.

Pour le percement des galeries de tunnels on met en général 5 ou 7 perforateurs sur le même affût.

1034. L'affût (*fig.* 1122 et 1123) comprend quatre vis verticales supportées par un châssis à six roues. Deux de ces vis à l'arrière sont dans un plan perpendiculaire à l'axe de la galerie, et les deux autres dans un plan parallèle. Les deux vis d'avant supportent des bras horizontaux dans lesquels peuvent coulisser des supports en forme de fourche sur lesquels on place une traverse à la partie supérieure, et une autre à la partie inférieure. Ces supports qui reçoivent l'avant du perforateur peuvent être élevés plus ou moins sur les vis verticales.

Le perforateur est fixé à un collier qui embrasse une des vis verticales d'arrière; il peut monter ou descendre par la simple manœuvre d'un écrou. Cependant, à cause de sa grande longueur, on ne peut avec cet appareil forer les trous de mine suivant toutes les inclinaisons.

L'affût du perforateur se complète par une boîte de distribution d'air à l'arrière et par une boîte de distribution d'eau. La boîte de distribution d'air a autant de

robinets et d'ajutages qu'il y a de perforateurs à mettre en œuvre, plus deux robinets et ajutages supplémentaires ; l'un met en communication la conduite géné-

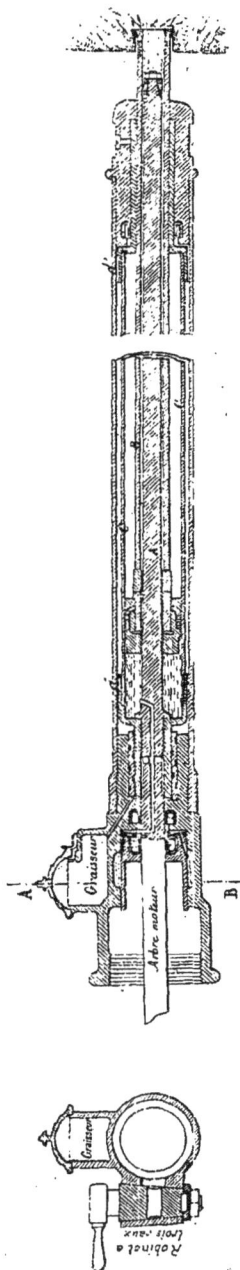

Fig. 1124. — Perforateur Taverdon.

rale d'air comprimé avec la boîte de distribution, l'autre reçoit un conduit communiquant avec un tonneau rempli d'eau porté sur un châssis à l'arrière du perforateur. La pression de l'air repousse l'eau dans la boîte de distribution d'eau et alors chaque ajutage envoie de l'eau dans le trou de mine.

Lorque les trous sont forés à $0^m,80$ ou $1^m,20$ de profondeur, on retire l'appareil sur une voie de garage et on charge le trou de mine.

Perforateurs par rotation.

1035. — Ces perforateurs sont moins répandus que les précédents ; nous en décrirons deux, le perforateur Taverdon et le perforateur Brandt.

Perforateur Taverdon. — L'appareil (*fig.* 1124) est entièrement renfermé dans un tube en fer qui se termine à ses deux extrémités par deux masses en bronze servant dè coussinets au porte-outil. Ce dernier est entraîné dans son mouvement de rotation par un arbre en fer actionné par un petit moteur Bra-

connier qui peut faire 3 ou 4 000 tours par minute mais qui ne fait tourner l'outil qu'à une vitesse de 1 000 tours.

Fig. 1125. — Affût du perforateur Taverdon.

Le porte-outil est muni à sa partie inférieure d'un ergot qui peut se mouvoir dans une rainure rectiligne de l'arbre moteur ; il peut donc avoir un mouvement longitudinal, indépendamment du

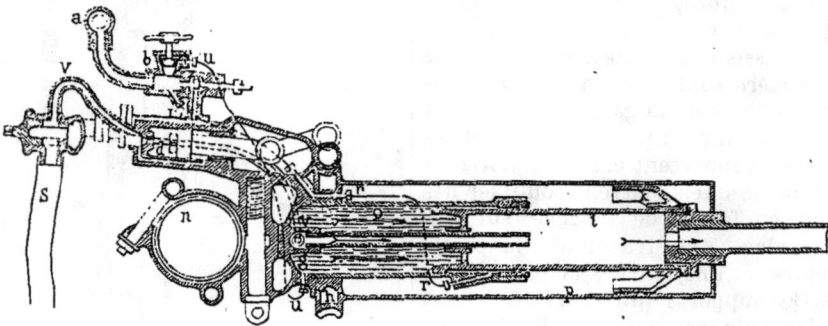

Fig. 1126. — Perforateur Brandt.

mouvement de rotation qui lui est transmis par cet arbre. Ce porte-outil est terminé, à sa partie arrière, par un piston qui se meut dans un cylindre en cuivre rouge engagé dans deux douilles à chacune de ses deux extrémités et derrière lequel on fait arriver de l'eau sous pression, de manière à appliquer constamment l'outil contre la roche à forer. Une certaine quantité de cette eau peut traverser une

rainure longitudinale de l'arbre et arriver jusqu'au fond du trou de mine.

Pour les roches dures, l'outil est constitué par une couronne garnie de diamants noirs ; mais pour les roches tendres on remplace les diamants par quatre dents en acier assez longues pour être élastiques et l'outil porte en outre une hélice pour rejeter les détritus provenant du forage.

La figure 1125 donne l'élévation de
l'affût du perforateur. Il est formé par

une colonne verticale qu'on peut maintenir dans une position fixe à l'aide de vis

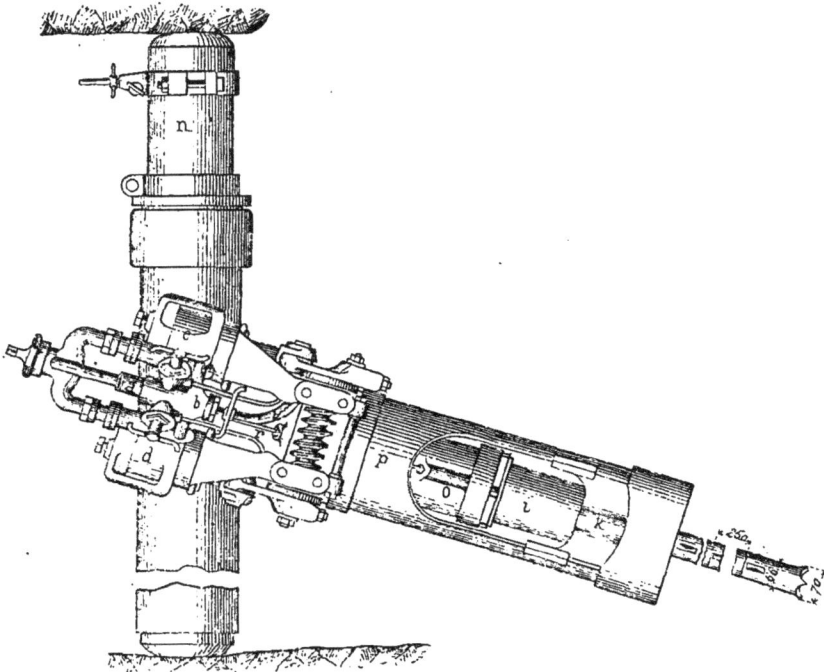

Fig. 1127. — Plan du perforateur Brandt.

serrées contre le plafond de la galerie. Un
anneau permet de fixer le perforateur sur
cette colonne.

1036. *Perforateur Brandt.* — Cet appareil (*fig.* 1126) se compose d'une culasse
qui supporte, à la partie supérieure, deux

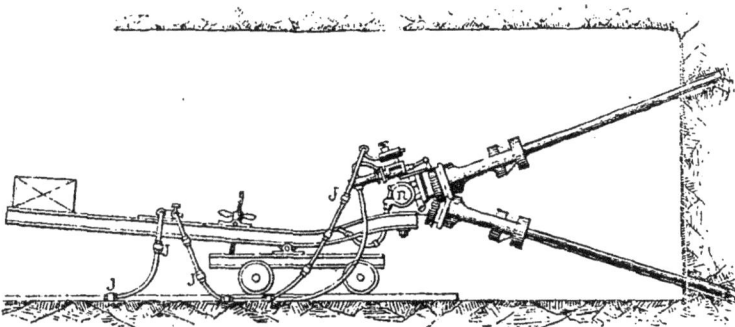

Fig. 1128. — Affût du perforateur Brandt.

petits cylindres hydrauliques de 13 à
14 chevaux chacun. Cette culasse porte,

en outre, en son milieu, un cylindre en
fonte dans lequel s'engage un piston plon-

geur qui forme porte-outil. Ce piston plongeur porte deux guides qui peuvent se mouvoir dans deux rainures rectilignes sur un cylindre extérieur fondu avec une roue d'engrenage actionnée par une vis sans fin ; cette dernière reçoit son mouvement des deux cylindres hydrauliques dont nous avons parlé au début.

Une conduite spéciale amène l'eau sous pression aux cylindres hydrauliques qui actionnent la vis sans fin par bielle et manivelle et font, par suite, tourner le piston porte-outil i par l'intermédiaire de la glissière K fixée au cylindre extérieur P. L'eau sous pression est amenée en outre derrière le piston porte-outil et presse fortement ce dernier contre la roche, tandis que l'eau d'échappement est prise en certaine quantité par la conduite v pour être injectée au milieu du piston plongeur et arriver au fond du trou en perforation. Lorsque l'outil a avancé de 0^m,20 à 0^m,25 il faut le retirer ; à cet effet, on ouvre un robinet qui met en communication, à l'aide de la conduite r, la partie avant du piston plongeur avec l'appareil distributeur d'eau sous pression. Sous l'influence de la pression l'outil se retire ; on peut alors allonger le porte-outil par une portion de tuyau de 0^m,25 de longueur, car le porte-outil est formé d'une série d'anneaux à vis. Après avoir fixé un anneau, on avance de 0^m,25 de plus, et ainsi de suite. On peut donc forer des trous de 1^m,20 de profondeur sans déplacer l'appareil.

La culasse se termine par un anneau qui permet de fixer le perforateur à son affût ; une vis verticale permet en outre de lui faire prendre toutes les positions possibles dans un plan horizontal.

L'affût (*fig.* 1128) peut recevoir cinq perforateurs ; il est formé par une colonne horizontale creuse dans laquelle se meut un piston de presse hydraulique, destiné à la fixer, sous l'action de l'eau sous pression, sur les parois de la galerie.

Pour faire partir la mine on retourne la colonne parallèlement à l'axe de la galerie et on retire le tout pour que les éclats de roche ne détériorent pas l'appareil.

CHAPITRE V

ÉLARGISSEMENT DES TUNNELS.

1037. L'élargissement des tunnels est une opération excessivement délicate, car le plus souvent elle doit se faire sans interrompre la circulation. Lorsqu'on établit un souterrain à une seule voie de chemin de fer, par exemple, et qu'on prévoit que plus tard l'établissement d'une deuxième voie sera nécessaire, on peut adopter comme profil primitif du souterrain celui indiqué par les figures 942 et 943. On conçoit que dans ce cas l'opération de l'élargissement du souterrain puisse se faire sans difficulté.

1038. Si toute la section a été maçon-née, on établit à un certain niveau, suffisamment élevé pour permettre au-dessous le passage des véhicules, un plancher formé par des poutres engagées à leurs extrémités dans la maçonnerie de la voûte et supportant des madriers placés dans le sens de la longueur du souterrain. Des ouvriers installés sur ce plancher abattent la partie de voûte située au-dessus puis battent au large, du côté gauche par exemple, jusqu'au niveau du plancher en soutenant les parois de l'excavation par des bois appuyés sur les poutres du plancher et sur le stross de gauche. Les dé-

blais sont jetés à la pelle dans des couloirs verticaux traversant le plancher et
sont reçus dans des wagonnets qui circulent sur la voie dans les intervalles des
trains. Ceci fait, on pose les cintres en les
appuyant, d'une part, sur le piédroit de
droite laissé intact et, d'autre part, sur le
stross de gauche; on construit ensuite la
voûte en la raccordant avec la partie
conservée à droite. — On peut alors enlever le plancher supérieur, abattre le
stross de gauche et construire le piédroit
correspondant par portions de 2 ou
3 mètres de longueur.

CHAPITRE VI

MÉTROPOLITAINS SOUTERRAINS.

1039. Les chemins de fer métropolitains souterrains sont établis tantôt en
tranchée, tantôt en tunnel, comme à
Londres, par exemple. Pour construire
ce dernier on ouvrait (*fig.* 1129), de
chaque côté de l'axe, une tranchée correspondant au piédroit de la voûte et
descendant jusqu'au sol sur lequel on devait établir les fondations. Ces deux
tranchées étaient blindées sur toute leur
hauteur; les déblais provenant des fouilles
pouvaient être enlevés à l'aide de petits
wagonnets circulant sur la partie centrale laissée intacte. Les tranchées
étant terminées, on construisait les
fondations et les piédroits de la voûte,
puis on enlevait, entre les deux tranchées,
sur une certaine longueur, le massif central jusqu'à un niveau situé à 1 mètre
environ au-dessous de celui de la clé de
la voûte. On établissait ensuite les cintres
en fer en les faisant reposer sur coins
portés par des chandelles verticales prenant leurs points d'appui sur les massifs
de béton des fondations des piédroits et
sur le stross central

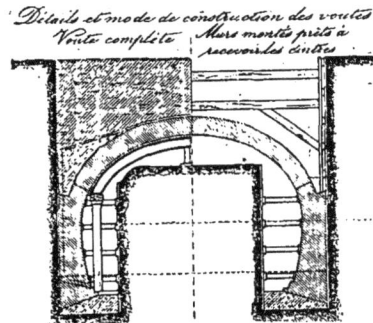

Fig. 1129.

A mesure qu'on construisait la voûte
on remblayait au-dessus avec les terres
provenant du déblaiement du massif central à la suite de la portion déjà voûtée.

CHAPITRE VII

ORGANISATION ET INSTALLATION DES CHANTIERS.

1040. Nous donnons sur la figure 1130 le détail de l'installation au jour d'un des puits du tunnel d'Oazurza dont les figures 1058 et 1059 représentent les coupes longitudinale et transversale.

La figure suffisant pour faire comprendre la nature et l'utilité des divers bâtiments nécessaires, nous n'entrerons dans aucun détail sur ce sujet.

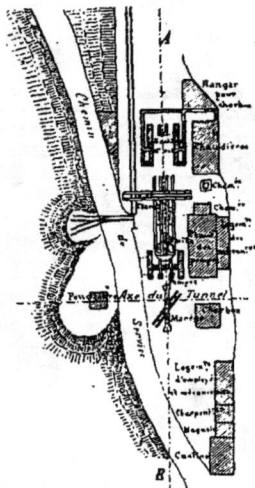

Fig. 1130.— Plan du chantier d'un puits du tunnel d'Oazurza.

1041. Dans l'organisation générale d'un chantier de tunnel il faut, toujours autant que possible établir à niveau la voie d'accès à l'entrée du souterrain.

Lorsque cela n'est pas possible on fait avec du déblai une rampe d'accès latérale au remblai déjà élevé avec le déblai provenant de la tranchée d'embouchure et, sur cette rampe, on établit une voie ferrée pour amener les bois et les matériaux nécessaires à la construction du souterrain. La traction sur cette voie ferrée se fait alors avec un cheval.

On établit en général une forge de réparations à chaque tête du souterrain et même aussi un atelier de charronage pour les réparations du matériel roulant. Enfin, à une certaine distance, et autant que possible dans un endroit isolé, on construit un hangar fermé, dans lequel on met une vingtaine de barils de poudre ainsi que les rouleaux de mèches destinés à faire partir les trous de mines.

1042. A l'intérieur du souterrain, un atelier de mineurs se compose générale-

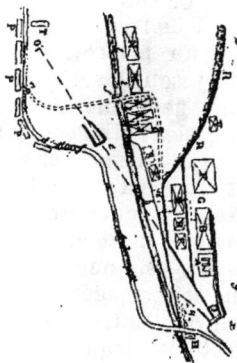

Fig. 1131. — Plan du chantier du tunnel de Saint-Gothard.

ment de trois postes se relayant toutes les huit heures. Chaque poste est placé sous les ordres d'un chef mineur qui dirige le travail d'abatage, de boisage et qui indique la meilleure direction à donner aux trous de mine, leur longueur et la charge de poudre à employer suivant la nature de la roche et les circonstances particulières qui peuvent se présenter.

1043. Lorsque le travail doit être exécuté à la machine, il y a toujours à l'avancement un poste d'ouvriers mécaniciens pour la mise en mouvement des machines perforatrices et un poste d'ouvriers *mariniers* pour le bourrage et la charge des coups de mine, leur allumage et enfin pour l'enlèvement des déblais après l'explosion.

Le travail à la machine est très pénible pour les ouvriers mécaniciens, car ils séjournent dans une atmosphère viciée par les gaz provenant de l'explosion des coups de mine et dans laquelle se trouvent en suspension les poussières produites par le forage des roches.

Les mariniers sont le plus souvent en dehors de la galerie d'avancement ; ils sont donc mieux partagés, leur santé s'altère moins rapidement et ils peuvent par suite effectuer leur travail, en général, sans interruption.

Quant aux mineurs employés à l'abatage, ce sont certainement les mieux partagés car les parties du souterrain où ils travaillent sont beaucoup mieux aérées.

AVANT-MÉTRÉS ET DEVIS

I. — PONTS EN MAÇONNERIE

CHAPITRE PREMIER

Avant-métrés.

1044. Lorsque le projet d'un ouvrage d'art est terminé on en fait l'avant-métré qui donne les quantités de maçonnerie et autres matériaux entrant dans la composition de l'ouvrage.

L'avant-métré se divise, en général, en plusieurs sections se rapportant aux diverses natures de matériaux employés et aux différentes sortes de travaux effectués. Ainsi, on détermine d'abord le volume des fouilles à effectuer pour implanter l'ouvrage, en tenant compte des talus, s'il y en a. Puis on détermine le volume total des maçonneries sans tenir compte de la nature des matériaux qui les composent. Ce n'est qu'ensuite qu'on fait séparément le cube de la pierre de taille, celui des moellons piqués ou smillés, enfin celui du béton. Dans ces conditions, le volume de la maçonnerie ordinaire s'obtiendra en retranchant du volume total des maçonneries, précédemment déterminé, la somme des volumes partiels relatifs à la pierre de taille, aux moellons et au béton.

On continue l'avant-métré par l'évaluation des parements vus, soit de pierres de taille, soit de moellons, car ces parements se paient à part et à des prix différents par suite du travail supplémentaire qu'ils nécessitent pour le ragréement et le rejointoiement. On détermine de même la surface des chapes destinées à protéger les voûtes contre les infiltrations des eaux ; ces chapes se paient au mètre carré.

On passe ensuite à la détermination du volume des bois entrant dans la construction de l'ouvrage et notamment de ceux affectés aux cintres sans oublier les fers destinés à consolider les assemblages et qui consistent, le plus souvent, en gros clous, boulons, frettes et plaques. On termine enfin par le volume du garde-corps et on en déduit le poids d'après la densité du métal qui le compose. On évalue aussi la surface des fers qui doit être peinte ainsi que le nombre de trous de scellement des montants du garde-corps dans les pierres de taille, car ces scellements se paient le plus souvent à la pièce.

On ne peut indiquer *a priori* la marche à suivre pour la détermination géométrique des surfaces et des volumes ; chaque opérateur adopte celle qui lui convient le mieux. Cependant, il faut toujours avoir soin d'opérer par grandes masses géométriques en remplaçant la surface à déterminer par une autre surface inscrite ou circonscrite plus simple à calculer et en ajoutant ou en retranchant les parties en moins ou en plus. On peut encore, si cela est plus facile, calculer la surface complète en la partageant en surfaces facilement calculables et déduire les surfaces des vides.

Ainsi, par exemple, pour calculer la section de la voûte représentée par la figure 1132, on peut déterminer la surface du rectangle *aimd*, ajouter celles du trapèze *ijlm* et du segment *jkl* et retrancher de la surface totale l'aire du rectangle *bcfg* et l'aire de la demi-circonférence *gnf*. En multipliant le résultat obtenu par la longueur de la voûte on aura le volume.

Dans tous les cas les cotes qui servent à déterminer les surfaces ou les volumes devront être soigneusement indiquées sur le dessin pour que la vérification de l'avant-métré puisse se faire sans difficulté. Nous donnons, dans ce qui suit, des types d'avant-métrés complets d'aqueducs voûtés avec murs en aile et avec murs en retour extraits du cours de routes professé à l'École des ponts et chaussées par M. L. Durand-Claye.

1045. Ces exemples suffiront pour bien faire comprendre la marche à suivre pour faire les métrés des fouilles, fondations, maçonneries et cintres de tous les ouvrages d'art quelle que soit leur importance.

1046. Les tableaux d'avant-métrés sont en général divisés en dix colonnes portant à la partie supérieure les titres suivants :

1° Désignation des ouvrages ;

2° Nombre de parties semblables.

3° Dimensions réduites, longueur.

4° Dimensions réduites, largeur.

5° Dimensions réduites, hauteur ou épaisseur.

6° Surfaces ou cubes, auxiliaires.

7° Surfaces ou cubes, partiels.

8° Surfaces ou cubes définitifs.

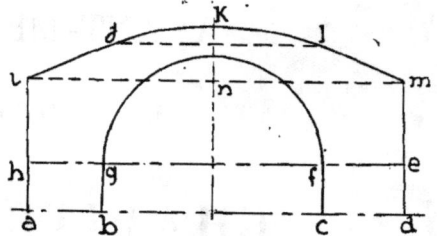

Fig. 1132.

9° Poids.

10° Observations.

1047. Quelquefois cependant on supprime la colonne d'observations et on distingue les surfaces des cubes, quoique la confusion ne soit guère possible entre ces quantités. Mais, que la distinction soit faite ou non, la colonne destinée aux cubes et aux surfaces se divise en trois autres portant les titres : auxiliaires, partiels, définitifs, car le résultat définitif peut provenir soit de la somme ou de la différence des résultats partiels précédemment déterminés, soit du produit d'un de ces résultats partiels par un autre.

EXEMPLES D'AVANT-MÉTRÉS

I. — AQUEDUC VOUTÉ DE 1^m,00 D'OUVERTURE AVEC MURS EN AILES (fig. 625 à 628, tome I)

DÉSIGNATION des OUVRAGES	NOMBRE de parties semblables	DIMENSIONS RÉDUITES			SURFACES OU CUBES			POIDS	OBSERVATIONS et CROQUIS
		Longueur	Largeur	Hauteur ou Épaisseur	Auxiliaires	Partiels	Définitifs		
UN MÈTRE COURANT.									*Nature des matériaux.*
Fouilles.....................		1.00	3.03	0.73			2.21		*Pierre de taille.* Plinthes. Têtes de voûte. Têtes de radier. Dés et rampants.
Cube général :									
Fondations....................		1.00	2.30	0.43		0.989			*Béton.* Radier.
Rectangle en élévation........		1.00	2.10	0.75		1.575			
Secteur.....................		1.00	2.531	0.610	1.543				*Moellon équarri.*
Moins triangle..............		1.00	1.05	0.619	0.650				Voûte.
Reste........						0.893			Le reste en maçonnerie ordinaire avec parement télué.
Total.................							3.457		
A déduire : Vide de la voûte...		1.00	1.571	0.25		0.393			
entre piédroits.....		1.00	1.00	0.50		0.500			
Secteur du radier............		1.00	1.072	0.801	0.859				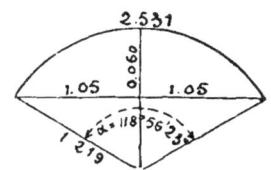
Moins triangle..............		1.00	0.50	1.522	0.761				
Reste........						0.098			
Total à déduire............							0.991		Fig. 1133.
Reste..........							2.466		
Répartition :									
Béton :									
Radier : rectangle............						0.989			
Moins segment...						0.098			
Reste........							0.891		
Moellons équarris :									
Segment de la voûte.........					0.893				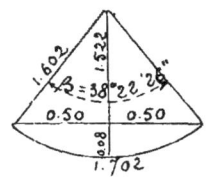
Rectangle sous le segment.....		1.00	2.10	0.25	0.525				
Total..............					1.418				
Vide de la voûte à déduire...						0.393			Fig. 1134.
Reste........							1.025		
Moellons bruts.									
Cube général................						2.466			
A déduire : Béton					0.891				
Moellons équarris............					1.025				
Total........						1.916			
Reste.............							0.550		
Parements vus.									
Moellon :									
Douelle......................		1.00	1.571			1.571			
Piédroits..............	2	1.00		0.50		1.000			
Total..........							2.57		
Chape.........		1.00	2.531				2.53		

EXEMPLES D'AVANT-MÉTRÉS

DÉSIGNATION des OUVRAGES	NOMBRE de parties semblables	DIMENSIONS RÉDUITES			SURFACES OU CUBES			POIDS	OBSERVATIONS et CROQUIS
		Longueur	Largeur	Hauteur ou Epaisseur	Auxiliaires	Partiels	Définitifs		
UNE TÊTE (1)									(1) Comprenant 0m,65 de l'ouvrage à partir du parement du mur de Tête.
Fouilles :									
Garde-Radier...............		2.87	1.12	1.03		3.31			
Reste des fouilles.....:......		2.43	2.76	0.73		4.90			
Total.................							8.21		
Cube général :									
Radier : rectangle............		0.65	2.30	0.43		0.643			
Trapèze.....................		1.775	2.10	0.43		1.603			
Garde-radier : 1re partie......		0.50	1.846	0.73		0.674			
2me partie.....		0.10	1.776	0.40		0.071			
Total.................							2.991		
Secteur à déduire............		2.925			0.098	0.287			
Reste pour le radier..........							2.704		
Massif général en élévation....									
Rectangle...................		0.65	2.10	1.65			2.252		
Trapèze..................		2.175	2.10	0.925			4.225		
Total.................							9.181		
A déduire : Vide sous voûte...			0.65		0.893	0.580			
Vide entre murs...		2.175	1.00	0.925		2.012			
Derrière les murs..	2	2.175	0.125	0.925		0.489			
Derrière les plinthes		2.10	0.25	0.25		0.131			
Total........							3.212		
Reste...............							5.969		
Répartition.									
Pierre de taille :									
Tête du radier..............		1.30	0.40	0.33		0.172			
Secteur à déduire............			0.40		0.098	0.039			
Reste.....................						0.133			
Dés.......................	2		0.30		0.128²	0.077			
Rampants..................	2	2.085	0.30	0.125		0.156			
Plinthe..................		2.10	0.475	0.20	0.200				
moins chanfrein.......		2.10	0.075	0.025	0.004				
Reste...............						0.196			
Tête de la voûte.............		1.414	0.30	0.356		0.151			
Total.................							0.713		
Béton :									
Radier et garde-radier........						2.802			
Tête à déduire...............						0.133			
Reste...........							2.669		
Moellon équarri.									
Voûte : Rectangle............			2.10	0.25	0.525				
Segment.............					0.893				
Total.................					1.418				
Cercle à déduire.............					0.393				
Reste et cube...............			0.35		1.025	0.359			
A déduire : Voussoirs........	3	0.157	0.10	0.30		0.024	0.335		
Reste...............									

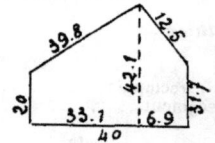

(1) Comprenant 0m,65 de l'ouvrage à partir du parement du mur de Tête.

Fig. 1135.

(2) Surface calculée.

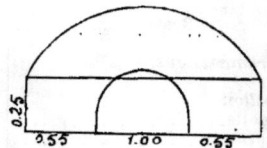

Fig. 1136.

EXEMPLES D'AVANT-MÉTRÉS

DÉSIGNATION des OUVRAGES	NOMBRE de parties semblables	DIMENSIONS RÉDUITES Longueur	Largeur	Hauteur ou Epaisseur	SURFACES OU CUBES Auxiliaires	Partiels	Définitifs	POIDS	OBSERVATIONS et CROQUIS
Maçonnerie ordinaire :									
Cube général.............						6.132			
A déduire : Pierre de taille....						0.713			
Béton.......... ..						2.669			
Moellon équarri...						0.335			
Total à déduire.........						3.717			
Reste.............							2.415		
Parements vus.									
Pierre de taille :									
Tête du radier...............		1.30	0.40			0.520			
Faces des dés...............	2	2.085			0.128	0.256			
Faces des rampants..........	2			0.125		0.521			
Dessus des dés et rampants...	2	3.214	0.30			1.928			
Plinthe développée..........		0.798	1.00			0.798			
Tête de la voûte : Secteur.....		1.120		0.40	0.448				
Triangles...	2		0.25	0.625	0.313				
Total.............						0.761			
Cercle à déduire.............						0.393			
Reste................						0.368			
Douelle......................		1.571	0.356			0.559			
Total.............							4.950		
Moellon.									
Murs en ailes : Trapèze.......	2	1.70		0.884		3.006			
Rectangle.....	2		0.075	1.45		0.218			
Piédroits....................	2		0.65	0.50		0.650			
Tête de murs : Rectangle.....			1.00	0.325	0.325				
Triangle......			0.50	0.625	0.313				
Total.............						0.638			
Moins : Secteur.............						0.448			
Reste...............						0.190			
Douelle......................		1.571	0.294			0.462			
Total.............							4.53		
Chape....................		2.10	0.27			0.57			
Cintre.									
Une ferme :									
Poteaux......................	2	0.15	0.10	0.24	0.0072				
Coins........................	4	0.25	0.15	0:07	0.0105				
Veaux	2	0.65	0.10	0.20	0.0260				
Total.............							0.44		
Bois au mètre courant ·									
Semelles.....................	4	1.00	0.15	0.07	0.0420				
Couchis.	9	1.00	0.08	0.05	0.0360				
Total.............							0.078		

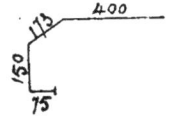

Fig. 1137.

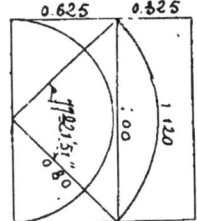

Fig. 1138.

Fig. 1139.

EXEMPLES D'AVANT-MÉTRÉS

II. — Aqueduc vouté de 1ᵐ,00 d'ouverture avec murs en retour (fig. 643 à 647, tome I).

DÉSIGNATION des OUVRAGES	NOMBRE de parties sem-blables	DIMENSIONS RÉDUITES			SURFACES OU CUBES			POIDS	OBSERVATIONS et CROQUIS
		Lon-gueur	Lar-geur	Hau-teur ou Epais-seur	Auxi-liaires	Par-tiels	Défi-nitifs		
UN MÈTRE COURANT.									**Nature des Matériaux.**
									Pierre de taille.
Fouilles :									Bahuts.
Cube général.		1.00	2.70	0.30			0.81		Dés.
Fondation		1.00	2.40	0.30		0.720			Plinthes.
1ᵉʳ Rectangle en élévation		1.00	2.20	0.60		1.320			Têtes de voûte.
2ᵉ — —		1.00	2.00	0.50		1.000			Tête de radier.
Triangles OAB	2	1.00	0.58	0.50		0.500			
— OBC	2	1.00	0.40	0.781		0.625			*Moellons équarris,* voûte.
Secteur central		1.00	0.80	0.267		0.214			
Total							4.379		*Béton :*
									Radier :
A déduire : Vide de la voûte		1.00	1.571	0.25		0.393			Le reste en maçonnerie ordi-naire avec parements têtués.
— entre piédroits		1.00	1.00	0.60		0.600			
Creux du radier : Secteur		1.00	1.007	1.263	1.274				*Quarts de cône gazonnés.*
moins triangle		1.00	0.50	2.475	1.238				
Reste						0.036			
Total à déduire							1.029		
Répartition.							3.350		
Béton									
Fondation						0.720			
Moins creux du radier						0.036			
Reste							0.684		
Moellon équarri									
Voûte : Triangles et secteur						1.339			
Moins vide de la voûte						0.393			
Reste							0.946		
Moellon brut :									
Cube général						3.350			
A déduire : Béton					0.684				
Moellon équarri					0.946				
Total						1.630			
Reste							1.720		
Parements vus.									
Moellons :									
Douelle		1.571	1.00			1.571			
Piédroits	2		1.00	0.60		1.200			
Total							2.77		
Chape.	2	1.00	1.048				2.10		
UNE TÊTE (1)									
Fouilles :									
Rectangle		5.30	1.20	0.30		1.91			
Trapèze		2.70	0.40	0.30		0.32			
Total							2.23		

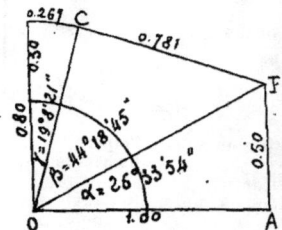

Fig. 1140.

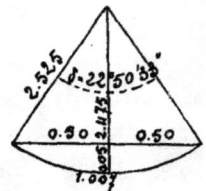

Fig. 1141.

(1) Comprenant 1 mètre de l'ou-vrage à partir du plan de tête.

EXEMPLES D'AVANT-MÉTRÉS

DÉSIGNATION des OUVRAGES	NOMBRE de parties semblables	DIMENSIONS RÉDUITES			SURFACES OU CUBES			POIDS	OBSERVATIONS et CROQUIS
		Longueur	Largeur	Hauteur ou Epaisseur	Auxiliaires	Partiels	Définitifs		
Cube général :									
Fondation : Rectangle.........		5.00	0.90	0.30		1.350			
Trapèze...........		2.60	0.20	0.30		0.156			
Total............						1.506			
Moins creux du radier........		1.10			0.036	0.040			
Reste.................							1.466		
Massif général sous plinthe....		4.80	1.00	1.55			7.440		
Total............							8.906		
A déduire : Vide sous voûte....	2	1.25	0.30	0.60	0.993	0.993			
Derrière les murs 1re assise.	2	1.20	0.40	0.50		0.450			
2e —						0.480			
3e —		4.80	0.50	0.45		1.080			
Total............						3.003			
Moins segment de la voûte....					1.339				
Triangles et secteur..........			1.00	0.50	0.500				
Rectangles			0.50		0.839	0.420			
Reste.................							2.583		
Total à déduire......							6.323		
Reste.................									
Plinthe....................		4.80	0.50	0.20		0.480			
Dés...................	2	0.50	0.35	0.60		0.210			
Murs du parapet............		3.80	0.30	0.60		0.684			
Bahuts...................		4.80	0.35	0.25		0.420			
Total............							8.117		
Répartition.									
Pierre de taille :									
Tête du radier..............		1.20	0.50	0.30		0.180			
Chaînes d'angle............	2	0.45	0.30	0.60		0.162			
Tête de la voûte............		1.759	0.455	0.30		0.240			
Plinthe, dés et bahuts........						1.110			
Total............							1.692		
Moellon équarri.			0.452		0.946		0.428		
Béton :									
Fondations.................						1.466			
Moins tête du radier........						0.180			
Reste......							1.286		
Maçonnerie ordinaire :									
Cube général...............						8.117			
A déduire : Pierre de taille...					1.692				
Moellon équarri....					0.946				
Béton........					1.286				
Total à déduire......						3.924			
Reste.................							4.193		

EXEMPLES D'AVANT-MÉTRÉS

DÉSIGNATION des OUVRAGES	NOMBRE de parties semblables	Longueur	Largeur	Hauteur ou Epaisseur	Auxiliaires	Partiels	Définitifs	POIDS	OBSERVATIONS et CROQUIS
Parements vus.									
Pierre de taille :									
Tête du radier............		1.20	0.50			0.600			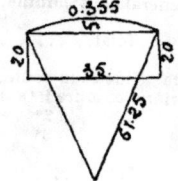
Chaines d'angles............	2		0.75	0.60		0.900			
Tête de voûte : Douelle.........		1.571	0.455			0.715			Fig. 1142
Bandeau.......		1.759	0.30			0.518			
Plinthe développée...........		4.80	0.398			1.910			
abouts.........	2		0.50	0.20		0.200			
Dés développés...........	2	1.35		0.60		1.620			
Bahuts développés...........		4.80	0.755			3.624			
abouts...............	2		0.35	0.25		0.175			
Total...........							10.26		
Moellon :									
Piédroits................	2		0.55	0.60		0.660			
Douelle...........						0.856			
Parapet.......		1.571	0.545			4.560			
Tête (1)......... ...	2	3.80		0.60		5.038			
Total...........							11.114		Fig. 1143.
A déduire : Vide sous voûte...						0.993			(1) Y compris 0m,35 engagés sous les quarts de cône.
Bandeau..........						0.888			
Total à déduire......							1.881		
Reste...............							9.23		
Chape.		0.54		2 10			1.145		
Quarts de cône...	4	3.44		1.41			19.40		
Cintre.									
Une ferme									
Poteaux.....	2	0.15	0.10	0.34	0.0102				
Coins.................	4	0.25	0.15	0.07	0.0105				
Vaux...........	2	0.65	0.10	0.20	0.2260				
Total...........							0.047		
Bois au mètre courant :									
Semelles..................	4	1.00	0.15	0.07	0.042				
Couchis..................	9	1.00	0.08	0.05	0.036				
							0.078		

CHAPITRE II

ÉVALUATION DES DÉPENSES

Devis.

1048. Le devis d'un ouvrage d'art comprend en général plusieurs chapitres :
1· Description de l'ouvrage à construire ;
2· Provenance des matériaux à employer ;
3· Qualités et préparation de ces matériaux ;
4· Mode d'exécution de l'ouvrage.

Bordereau des prix.

1049. Le bordereau des prix se subdivise en deux parties distinctes :
1° La base des prix ;
2° Le sous-détail des prix.

Base des prix.

1050. La base des prix donne les prix des différentes journées d'ouvriers, ainsi que les prix de revient des voitures employées.

Les prix que nous donnons ci-après varient évidemment suivant chaque pays ;

Ils ne peuvent donc servir que d'indication. On les détermine en général en se basant sur les prix du pays et en y ajoutant $^1/_{20}$ pour frais d'outils et $^1/_{10}$ de bénéfice.

Casseur de pierres. — Manœuvre	3ᶠ,75
Carrier-terrassier.	3 50
Maçon.	4
Charpentier, tailleur de pierres.	4 50
Voiture à 1 cheval, conducteur compris.	8
Voiture à 2 chevaux, conducteur compris.	12
Voiture à 3 chevaux, conducteur compris.	16

Sous-détail des prix.

1051. Le bordereau comprend aussi les sous-détails des prix des fournitures et mains-d'œuvre. On l'établit en tenant compte pour les fournitures des prix du pays où doit s'exécuter l'ouvrage et pour la main-d'œuvre de la base des prix et du temps employé pour exécuter les travaux.

SOUS-DÉTAILS DES PRIX (1).

NUMÉROS et OBJETS DES Sous-détails	DÉTAIL DES FOURNITURES ET MAIN-D'OEUVRE	PRIX ÉLÉMENTAIRES	d'applications (EN toutes lettres)
N° 1 Mètre cube de chaux grasse en pâte.	1° MATÉRIAUX A PIED D'ŒUVRE. Le mètre cube de chaux vive prise au Chaufour de coûtera.......................... 30 fr Chargement en voiture 1 h. 15 m. à 0 fr 175......... 0 20 Transport à 4 000 mètres........................ 2 04 Total.................... 32 fr. 24 Il faudra 0m,50 de chaux vive pour 1 mètre de chaux éteinte, donc 0m,50 à 32 fr.24......................... Extinction et service de l'eau, 5 heures à 0 fr. 175.............. Frais de bassins... Prix du mètre cube.................	 16.120 0.875 0.500 17.495	
N° 2 Mètre cube de chaux hydraulique en pâte.	Le mètre cube de chaux vive coûtera rendu à pied d'œuvre, 32 fr. 24 comme ci-dessus. Il faudra 0m,75 de chaux vive pour un mètre de chaux éteinte, donc 0m,75 à 32 fr. 24..................... Extinction et frais de bassins comme ci-dessus................... Prix du mètre cube.................	24.180 1.375 25.555	
N° 3 Mètre cube de sable.	Le mètre cube de sable pris à la carrière...................... Chargement en voiture 1 h. 15 m. à 0 fr. 175............... Transport à 2 000 mètres................................ Prix du mètre cube..............	2 » 0.200 1.680 3.880	
N° 4 Mètre cube de moellons bruts.	Le mètre cube de moellons pris à la carrière................... Chargement en voiture, 1 h. 40 m. à 0 fr. 175................ Transport à 3 200 mètres................................ Prix du mètre cube.........	3 » 0.2 i0 2.9 20 6.170	
N° 5 Mètre cube de pierre de taille dure.	Le mètre cube de pierre de taille en carrière.................. Chargement en voitures, 2 heures de trois manœuvres à 0 fr. 175... Transport à 4 000 mètres................................ Prix du mètre cube................	18 » 1.050 4.600 23.650	
N° 6 Mètre cube de pierre de taille bâtarde.	Le mètre cube pris en carrière............................ Chargement en voiture, 2 heures de trois manœuvres à 0 fr. 175... Transport à 4 000 mètres................................ Prix du mètre cube..............	12 » 1.050 4.600 17.650	
N° 7 Mètre cube de ciment de briques.	Le mètre cube ou 10 hectolitres de ciment de briques à 3 francs l'hectolitre....................................... Chargement en voiture, 1 h. 40 m. à 0 fr. 175.............. Transport à 4 000 mètres................................ Prix du mètre cube..............	 30 » 0.250 2.6 0 32.870	
N° 8 Mètre cube de bois de sapin en grume.	Le mètre cube de bois en grume coûtera.................... Chargement en voiture, 3 heures de deux manœuvres à 0 fr. 175... Transport à 3 000 mètres................................ Prix du mètre cube................	35 » 1.050 1 660 37.718	

(1) *Annales des Chemins vicinaux*, 1871.

SOUS-DÉTAILS DES PRIX

NUMÉROS et OBJETS DES Sous-détails	DÉTAIL DES FOURNITURES ET MAIN-D'OEUVRE	PRIX ÉLÉMENTAIRES	d'applications (EN toutes lettres)
N° 9 Mètre cube de cailloutis pour béton et chaussée.	Ramassage et cassage, 10 heures à 0 fr. 175................ Chargement en voiture, 1 heure 15 m. à 0 fr. 175......... Transport à 2 000 mètres............................... Prix du mètre cube............	1.750 0.200 1.680 3.630	
N° 10 Mètre cube de mortier de chaux grasse et sable.	0ᵐ,45 de chaux en pâte à 17 fr. 495 (s. d. n° 1).......... 0ᵐ,90 de sable à 3 fr. 88 (s. d. n° 3).................... Façon, 10 heures à 0 fr. 175............................ Prix du mètre cube............	7.870 3.490 1.750 13.110	
N° 11 Mètre cube de mortier de chaux hydraulique et sable.	0ᵐ,60 de chaux en pâte à 25 fr. 55 (s. d. n° 2)........... 0ᵐ,80 de sable à 3 fr. 88 (s. d. n° 3).................... Façon, 10 heures à 0 fr. 175............................ Prix du mètre cube............	15.330 3.100 1.750 20.180	
N° 12 Mètre cube de mortier pour chape.	0ᵐ,45 de chaux en pâte à 17 fr. 495 (s. d. n° 1).......... 0ᵐ,45 de sable à 3 fr. 88 (s. d. n° 3).................... 0ᵐ,45 de ciment à 32 fr. 87 (s. d. n° 7)................. Façon, 10 heures à 0 fr. 175............................ Prix du mètre cube............	7.870 1.750 14.790 1.750 26.160	
N° 13 Mètre cube de béton.	0ᵐ,80 de cailloutis à 3 fr. 63 (s. d. n° 9)............... 0ᵐ,40 de mortier à 20 fr. 18 (s. d. n° 11)............... Façon, 6 heures de deux manœuvres à 0 fr. 175........... Prix du mètre cube............	2.900 8.070 2.100 13.070	
N° 14 Prix d'un mètre cube de déblai.	2° DÉTAIL DES PRIX D'APPLICATION. Fouille, 2 heures de manœuvre à 0 fr. 175.............. Jet à la pelle, 0 h. 66 m. à 0 fr. 175................ 1/10 pour faux frais et bénéfice... .... Prix du mètre cube............	 0.350 0.120 0.470 0.050 0.520	Cinquante - deux centimes.
N° 15 Prix d'un mètre cube de maçonnerie de béton.	Un mètre cube de béton à 13 fr. 07 (s. d. n° 13)......... Chargement en brouette, 1 heure à 0 fr. 175............. Transport à 10 mètres.................................. Coulage et pilonage, 2 heures de maçon à 0 fr. 30 et 2 heures de manœuvre à 0 fr 175............................ 1/10 pour faux frais et bénéfice....................... Prix du mètre cube............	13.070 0.175 0.035 0.950 14.230 1.420 15.650	Quinze francs soixan- te-cinq centimes.
N° 15 bis Prix d'un mètre cube de maçonnerie de fondation.	1ᵐ,10 de moellons à 6 fr. 17 (s. d. n° 4)................ 0ᵐ,33 de mortier hydraulique à 20 fr. 18 (s. d. n° 11)... Façon { 5 heures de maçon à 0 fr. 30 = 1 fr. 50 { 5 heures de manœuvre à 0 fr. 175 = 0 fr. 875........ 1/10 pour faux frais et bénéfice....................... Prix du mètre cube............	6.787 6.659 2.375 15.821 1.582 17.403	Dix-sept francs qua- rante centimes.

SOUS-DÉTAILS DES PRIX

NUMÉROS et OBJETS DES Sous-détails	DÉTAIL DES FOURNITURES ET MAIN-D'ŒUVRE	PRIX ÉLÉMENTAIRES	d'applications (EN toutes lettres)
N° 16 Prix d'un mètre cube de maçonnerie de pierre de taille.	1ᵐ,10 de moellons à 6 fr. 17 (s. d. n° 4)............ 0ᵐ,33 de mortier ordinaire à 13 fr. 11 (s. d. n° 10)............ Façon { 5 heures de maçon à 0 fr. 30 = 1 fr. 50.... { 5 heures de manœuvre 0 fr. 175 = 0 fr. 875.... 1/10 pour faux frais et bénéfice............ Prix du mètre cube............	6.787 4.326 2.375 13.488 1.348 14.836	Quatorze francs quatre-vingt-quatre centimes.
N° 17 Prix d'un mètre cube de maçonnerie de pierre de taille dure.	1ᵐ,15 de pierre de taille à 23 fr. 65 (s. d. n° 5)............ 0ᵐ,10 de mortier ordinaire à 13 fr. 11 (s. d. n° 10)............ Façon { 10 heures de maçon à 0 fr. 30 = 3 fr... { 12 heures de manœuvre à 0 fr. 175 = 2 fr. 10.. 1/10 pour faux frais et bénéfice............ Prix du mètre cube............	27.197 1.311 5.100 33.608 3.361 36.969	Trente-six francs quatre-vingt-dix-sept centimes.
N° 18 Prix d'un mètre cube de maçonnerie de pierre de taille bâtarde.	1ᵐ,20 de pierre de taille à 17 fr. 65 (s. d. n° 6)............ 0ᵐ,10 de mortier ordinaire à 13 fr. 11 (s. d. n° 10)............ Façon { 12 heures de maçon à 0 fr. 30 = 3 fr. 60.. { 12 heures de manœuvre à 0 fr. 175 = 2 fr. 10.. 1/10 pour faux frais et bénéfice............ Prix du mètre cube............	21.180 1.311 5.700 28.191 2.819 31.010	Trente et un francs.
N° 19 Prix d'un mètre cube de voûte intérieure.	1ᵐ,15 de moellons à 6 fr. 17 (s. d. n° 0)............ 0ᵐ,35 de mortier ordinaire à 13 fr. 11 (s. d. n° 2)............ Façon { 6 heures de maçon à 0 fr. 30 = 1 fr. 80.. { 8 heures de manœuvre à 0 fr. 175 = 1 fr. 40.. 1/10 pour faux frais et bénéfice............ Prix du mètre cube............	7.095 4.588 3.200 14.883 1.488 16.371	Seize francs trente-sept centimes.
N° 20 Prix d'un mètre carré de chape.	0ᵐ,08 de mortier à 26 fr. 16 (s. d. n° 12)............ Façon { 0 h. 50 de maçon à 0 fr. 30 = 0 fr. 150.... { 0 h. 50 de manœuvre à 0 fr. 175 = 0 fr. 087.... 1/10 pour faux frais et bénéfice............ Prix du mètre carré............	2.093 0.237 2.330 0.230 2.560	Deux francs cinquante-six centimes.
N° 21 Prix d'un mètre carré de taille de parement vu.	12 heures de tailleur de pierre à 0 fr. 36............ 1/10 pour faux frais et bénéfice............ Prix du mètre carré............	4.320 0.430 4.750	Quatre fr. soixante-quinze centimes.
N° 22 Prix d'un mètre carré de rejointoiement de pierre de taille.	0ᵐ,007 de mortier hydraulique à 20 fr. 18 (s. d. n° 11)............ Façon { 1 de tailleur de pierre à 0 fr. 36 = 0 fr. 360.... { 0 h. 75 de maçon à 0 fr. 30 = 0 fr. 225.... { 0 h. 75 de manœuvre à 0 fr. 175 = 0 fr. 131.... 1/10 pour faux frais et bénéfice............ Prix du mètre carré............	0.140 0.716 0.856 0.085 0.941	Quatre-vingt quatorze centimes.

SOUS-DÉTAILS DES PRIX.

NUMÉROS et OBJETS DES Sous-détails	DÉTAIL DES FOURNITURES ET MAIN-D'ŒUVRE	PRIX ÉLÉMENTAIRES	d'applications (EN toutes lettres)
N° 23 Prix d'un mètre carré de rejointoiement, maçonnerie ordinaire.	0m010 de mortier hydraulique à 20 fr. 18 (s. d. n° 11)............ Façon { 1 h. 50 de maçon à 0 fr. 30 = 0 fr. 450............. { 1 heure de manœuvre à 0 fr. 175 = 0 fr 175.. 1/10 pour faux frais et bénéfice........................ Prix du mètre carré............	0.200 0.625 0.825 0.082 0.907	Quatre-vingt-onze centimes.
N° 24 Prix d'un mètre cube de charpente pour grillage.	1m10 de bois à 37 fr. 71 (s. d. n° 8)............... Façon et pose 2 h. 50 de charpentier à 3 fr. 60............. 1/10 pour faux frais et bénéfice.................... Prix du mètre cube...........	41.481 9.000 50.481 5.648 55.529	Cinquante-cinq francs cinquante-trois centimes.
N° 25 Prix d'un mètre cube de charpente pour cintres.	1m,10 de bois à 37 fr. 71 (s. d. n° 8)........... 41 fr. 481 A déduire la moitié............... 20 740 Reste à compter........ 20 fr. 741 Façon, pose et décintrement ; 3 journées de charpentier à 3 fr. 60... 1/10 pour faux frais et bénéfice...................... Prix du mètre cube..............	20.741 10.800 31.541 3.154 34.695	Trente quatre francs soixante dix centimes.
N° 26 Prix d'un kilogramme de clous (broches) pour cintres et grillage.	Le kilogramme de clous de 0m,15 de longueur et de 16 au kilogramme....... 1/10 pour faux frais et bénéfice...................... Prix du kilogramme..............	0.550 0.050 0.600	Soixante centimes.
N° 27 Prix des coins de décintrement.	Chaque coin double de décintrement, en bois dur, sera payé..... 1/10 pour faux frais et bénéfice...................... Prix d'un coin..............	2.700 0.270 2.970	Deux fr. quatre-vingt-dix-sept centimes.
N° 28 Prix d'un mètre courant de trottoirs avec caniveau.	0m,10 de pierre de taille dure à 23 fr. 65 (s. d. n° 5)............ Taille et dressement des parements..................... Cinq pavé de 0m,20 en tous sens, à 0 fr. 30 la pièce............ 0m,10 des sable à 3 fr. 88 (s. d. n° 3)............ Façon { 0 h. 50 de maçon paveur à 0 fr. 30 = 0 fr. 150...... { 0 h. 75 de manœuvre à 0 fr. 175 = 0. fr. 087..... 1/10 pour faux frais et bénéfice...................... Prix du mètre courant........	2.365 2.000 1.500 0.388 0.237 6.490 0.649 7.139	Sept francs quatorze centimes.
N° 29 Prix d'un mètre carré de revêtement en pierre sèche.	0m,60 de moellons à 6 fr. 17 (s. d. n° 4)................. Façon { 1 heure de maçon à 0 fr. 30 = 0 fr. 30............. { 1 heure de manœuvre à 0 fr. 175 = 0 fr. 175............. 1/10 pour faux frais et bénéfice...................... Prix du mètre carré..............	3.702 0.475 4.177 0.418 4.595	Quatre francs soixante cinq centimes.

SOUS-DÉTAILS DES PRIX

NUMÉROS et OBJETS DES Sous-détails	DÉTAIL DES FOURNITURES ET MAIN-D'ŒUVRE	PRIX ÉLÉMENTAIRES	PRIX d'applications (EN toutes lettres)
N° 30 Prix d'un mètre cube de remblais.	Fouille et chargement en brouette d'un mètre cube, 2 heures de manœuvre à 0 fr. 175............ Transport à 20 mètres moyennant............ Façon, pilonnage et dressement 1 heure à 0 fr. 175............ 1/10 pour faux frais et bénéfice............ Prix du mètre cube............	0.350 0.070 0.175 0.595 0.059 0.654	Soixante-cinq centimes.
N° 31 Prix d'un mètre courant de chaussée en pierre.	Déblais d'encaissement 0 h. 50 à 0 fr. 175............ Jet à la pelle sur trottoirs et régalage 0 h. 20 à 0 fr. 175............ 0m,55 de cailloutis à 3 fr. 63 (s. d. n° 9)............ Approche et emploi, 0 h. 50 à 0 fr. 175............ 1/10 pour faux frais et bénéfice............ Prix du mètre courant............	0.087 0.035 1.996 0.087 2.205 0.220 2.425	Deux francs quarante-deux centimes.

EXEMPLE DE DÉTAIL ESTIMATIF POUR UN PETIT OUVRAGE D'ART

NUMÉROS D'ORDRE des ARTICLES	INDICATION DES OUVRAGES	QUANTITÉS	NUMÉROS des SOUS-DÉTAILS	PRIX de L'UNITÉ	DÉPENSES
				FR. C.	FR. C.
1	Déblais pour fondations............	55.20	14	0.52	28.70
2	Charpente pour grillage............	6.33	24	55.53	351.50
3	Maçonnerie pour béton............	43.35	15	15.65	678.42
4	— ordinaire............	61.89	16	14.84	918.45
5	— de pierre de taille dure............	5.65	17	36.97	208.88
6	— — — bâtarde............	1.28	18	31 »	39.68
7	— d'intérieur de voûte............	12.92	19	16.37	181.50
8	Charpente pour cintres............	2.50	25	34.70	86.75
9	Clous pour charpente............	20 k.	26	0.60	12 »
10	Coins de décintrement............	12	27	2.97	35.64
11	Chape............	29.70	20	2.56	76.03
12	Taille des parements vus............	42.18	21	4.75	200.35
13	Rejointoiement de la pierre de taille............	42.18	22	0.94	39.65
14	— de la maçonnerie ordinaire............	102.19	23	0.91	92.99
15	Trottoirs et caniveaux............	21.56	28	7.14	153.94
16	Revêtement en pierre sèche............	26.68	29	4.60	122.73
17	Remblais............	121.79	30	0.65	79.16
18	Chaussée............	5.04	31	2.42	12.19

Montant des dépenses............		3.318.56
A déduire la valeur présumée des travaux qui seront faits par les prestations en nature............		» »
Reste pour travaux à exécuter par l'entrepreneur et comme base du cautionnement............		3.318.56
Somme à valoir pour dépenses imprévues............		181 44
Montant total des dépenses en argent............		3.500 »

EXEMPLE DE DÉTAIL ESTIMATIF POUR UNE PILE CENTRALE ET DEUX DEMI-ARCHES DU VIADUC D'HENNEBONT

DÉSIGNATION DES OUVRAGES	QUANTITÉS	PRIX de L'UNITÉ	DÉPENSES		
			PAR ARTICLE	PAR PARTIES	TOTALES
§ I. — _Fondations._		fr.	fr.	fr.	fr.
Dragages et déblais supérieurs dans des enceintes blindées	382ᵐᶜ00	4.00	1 528	1 528	
Bois de sapin du Nord pour pieux	91 00	75.00	6 825		
Bois de sapin de France pour pieux	23 00	55.00	1 265		
Battage de pieux (fiche moyenne 3ᵐ,80)	207 00	8.20	1 697		
Charpente en sapin du Nord pour palplanches	11 00	87.00	957		
— — de France	17 00	72.00	1 224		
Battage de palplanches (fiche 3ᵐ,60)	74 00	6.10	451		
Madriers pour vannage	81ᵐ00	8.00	648		
— — (repris par l'entrepreneur)	75 00	3.50	263		
Charpente en sapin du Nord pour moises et étrésillons	30ᵐᶜ00	95.00	2 850	26 059	
— — (repris par l'entrepreneur)	48 00	70.00	3 360		
Plus-value pour pose de charpente	32 00	20.90	640		
Fers pour sabots, frettes et chevillettes pour pieux	3790ᵏ00	0.60	2 274		
Tôle pour sabots de palplanches	364 00	0.85	309		
Fers pour boulons	1200 00	0.60	720		
— — (repris par l'entrepreneur)	750 00	0.50	375		
Fourniture et emploi de planches, dosses, coins, etc.	»	»	2 201		
Maçonnerie de béton avec ciment	242ᵐᶜ00	40.70	9 849		
— de moellons bruts avec ciment	16 00	26.00	416		
— de moellons bruts avec mortier hydraulique	77 00	16.50	1 270		
— de moellon paramenté avec ciment	21 00	54.00	1 134		
Plus-value pour sujétion spéciale des maçonneries	114ᵐᶜ00	3.00	342	16 156	
Rejointoiement du moellon paramenté	55 00	2.00	110		
Maçonnerie à pierres sèches	68ᵐᶜ00	7.00	476		
Enrochements sous l'eau	175 00	9.00	1 575		
Fournitures de ciment et de mortier	»	»	984		
Total				43 743	
à déduire le rabais de 0 fr. 07				3 062	
Reste				40 681	
Dépenses à l'entreprise (non passibles du rabais, échafaudages et pont de service)				1 875	
Dépenses sur la somme à valoir (déblais inférieurs des fouilles, épuisements, matériel, etc.)				35 444	
Total pour le § I				78 000	78 000
§ II. — _Piles jusqu'aux naissances._		fr.	fr.		
Maçonnerie de moellon brut avec mortier hydraulique	535ᵐᶜ00	16.50	8 827		
Maçonnerie de moellon paramenté avec mortier de ciment	45 00	54.00	2 430		
— — — hydraulique	56 00	45.00	2 520		
Maçonnerie de moellon-piqué avec mortier de ciment	33 50	70.00	2 345		
Maçonnerie de moellon-piqué avec mortier hydraulique	22 00	65.00	1 430		
Maçonnerie de moellon de pierre de taille avec mortier hydraulique	23 50	72.00	1 692	20 474	
Ciment adjoint au mortier hydraulique dans certaines parties	12 000ᵏ00	0.10	1 200		
Plus-value pour façon rapide d'une partie des maçonneries	178ᵐᶜ00	3.00	534		
Taille et rejointoiement du moellon paramenté	272ᵐᵃ00	6.00	1 632		
— — piqué	158 00	16.00	2 528	6 076	
— de la pierre de taille	56 00	16.00	896		
Plus-value pour rejointoiement en ciment	194 00	1.00	194		
Lavage à l'acide des parements vus	486 00	0 60	292		
Total				26 520	
à déduire le rabais de 0 fr. 07				1 856	
Reste				24 664	
Dépenses à l'entreprise non passibles de rabais (partie du pont-levis de service)				200	
Dépenses sur la somme à valoir (surveillance, journées et fournitures diverses)				636	
Total pour le § II				25 500	25 500

EXEMPLE DE DÉTAIL ESTIMATIF POUR UNE PILE CENTRALE ET DEUX DEMI-ARCHES DU VIADUC D'HENNEBONT (*suite*)

DÉSIGNATION DES OUVRAGES	QUANTITÉS	PRIX de L'UNITÉ	DÉPENSES		
			PAR ARTICLES	PAR PARTIES	TOTALES
		fr.	fr.	fr.	fr.
§ III. — *Des naissances au-dessous de la plinthe.*					
Maçonnerie de moellon brut avec mortier hydraulique....	649ᵐᶜ00	16.50	10 708		
— — parementé — —	210 00	45.00	9 450		
— — piqué — —	49 00	65.00	3 185	25 125	
— de pierre de taille — —	7 00	72.00	504		
Plus-value pour façon rapide d'une partie des maçon- neries	426 00	3.00	1 278		
Béton de sable aux extrémités des voûtes de tympans....	31 00	9.20	285	485	
Pierre cassée sur la chape.	40 00	5.00	200		
Chape en béton de 0,15 d'épaisseur.	134ᵐˢ00	3.50	469		
Chape en asphalte de 0,015.	183 00	4.00	732		
Enduit en mortier de 0,025.	31 00	0.80	25	1 244	
Gargouilles en fonte.	46ᵏ 00	0.40	18		
Fers pour tirants.	372 00	0.60	223	223	
Taille et rejointoiement du moellon ordinaire.	48ᵐ00	6.00	288		
— du moellon parementé.	452 00	6.00	2 712		
— du moellon piqué.	159 00	16.00	2 544	6 292	
— de la pierre de taille.	23 00	16.00	378		
Lavage à l'acide des parements vus.	634 00	0.60	380		
Total.				33 369	
A déduire le rabais de 0 fr. 07 .				2 336	
Reste.				31 033	
Dépense sur la somme à valoir (surveillance, supplément pour fourniture d'asphalte, etc).				967	
Total pour le § III.				32 000	32 000
§ IV. — *Plinthes et parapets.*		fr.	fr.		
Maçonnerie de moellon piqué.	1ᵐᵉ00	65.00	65		
— de pierre de taille.	22 20	72.00	1 593	2 540	
Corps de parapet en briques doubles.	48 70	18.00	877		
Taille et rejointoiement du moellon piqué.	8ᵐ00	16.00	128		
— de la pierre de taille.	110 00	16.00	1 760	1 959	
Lavage à l'acide des parements vus.	118 00	0.60	71		
Total.				4 499	
A déduire le rabais de 0 fr. 07.				315	
Reste.				4 184	
Dépenses sur la somme à valoir (surveillance. — Fournitures diverses).				516	
Total pour le § IV.				4 700	4 700
§ V. — *Cintres* (arche de 22ᵐ d'ouverture).		fr.	fr.		
Charpente en sapin du Nord (reprise par l'entrepreneur)...	105ᵐᶜ00	70.00	7 350		
Charpente en sapin pour billettes	0 80	95.00	76		
Plus-value pour montage rapide.	42 00	10.00	420	8 067	
Voliges en sapin de France de 0.018	123ᵐˢ00	1.80	221		
Fers pour boulons (repris par l'entrepreneur)	904ᵏ 00	0.50	452	452	
Total.				8 519	
A déduire le rabais de 0 fr. 07.				596	
Reste.				7 923	
Dépenses à l'entreprise non passibles de rabais (radeau et chèvre spéciale pour montage)....				300	
Dépenses sur la somme à valoir (surveillance, pose et enlèvement de rails).				277	
Total pour le § V.				8 500	8 500
Dépenses pour une pile centrale et deux demi-arches au-dessus des fondations					70 700
Dépenses pour une pile centrale et deux demi-arches pour fondations					78 000
Dépenses totales pour une pile centrale et deux demi-arches.					148 700

PRIX DE REVIENT DÉTAILLÉ DU CINTRE DU PONT DE LAVAUR (1)
(Main-d'œuvre et fournitures)

			DÉPENSES	
			PARTIELLES	TOTALES

CHAPITRE I. — MAIN-D'ŒUVRE.

Fondation du cintre. Pieux (outils et faux frais compris).

			PARTIELLES	TOTALES
Forage des trous...........	Location de l'appareil Lippman...............		2 969 f. 10	8 820 f. 40
	Main-d'œuvre...............		4 160 93	
	Fourniture et location de tuyaux en tôle...............		605 40	
	Transport et entretien du matériel, échafaudage et divers...............		1 084 97	
Battage dans les trous forés y compris préparation, dressage des abouts inférieurs, armature de ces abouts par une feuille de tôle, mise en place...............			3 116 28	3 903 25
			786 97	
Nettoyage des trous et cimentage au scaphandre...............				276 35
Enlèvement ou recépage...............			276 35	
	Total pour le § I...............			13 000 00

		NOMBRE D'HEURES	PRIX DE L'HEURE		

§ II. — Bois équarris.

ART. A. — PARTIE AU-DESSOUS DE LA TÊTE DES PIEUX.

		NOMBRE D'HEURES	PRIX DE L'HEURE	PARTIELLES	TOTALES
Taille et mise en place (vaux, contrefiches et contreventements inférieure...............	Maître charpentier............	471 h.	0 f. 75	353 25	2 004 35
	Charpentiers...............	3 002	0 55	1 651 10	
Démontage et enlèvement des bois...............	Maître charpentier............	17	0 75	12 75	350 05
	Charpentiers...............	454	0 55	249 70	
	Manœuvres...............	292	0 30	87 60	145 60
Outils et faux frais (environ 1/20)...............					2 500 00
	Total pour l'art. A sur 56mc,76...............				

ART. B. — PARTIE AU-DESSUS DE LA TÊTE DES PIEUX.

		NOMBRE D'HEURES	PRIX DE L'HEURE	PARTIELLES	TOTALES
Préparation et taille...............	Maître charpentier............	361 h.	0 f. 75	270 75	1 763 45
	Charpentiers...............	2 714	0 55	1 492 70	
	Manœuvres...............	»	»	»	»
Transport de l'épure au lieu d'emploi, chargement et déchargement.............	Manœuvres...............	»	»	»	»
	Voitures (conducteurs compris).	»	»	»	»
Montage (y compris la pose du platelage de 0m,025)...............	Maître charpentier............	521	0 75	390 75	2 609 45
	Charpentiers...............	4 034	0 55	2 218 70	
	Manœuvres...............	»	»	»	»
Démontage et enlèvement des bois...............	Maître charpentier............	264	0 75	198 00	897 60
	Charpentiers...............	1 272	0 55	699 60	
	Manœuvres...............	»	»	»	229 50
Outils et faux frais (environ 1/20)...............					5 500 00
	Total pour l'art. B sur 228mc,51...............				

PRIX DE REVIENT DÉTAILLÉ DU CINTRE DU PONT DE LAVAUR *(suite)*

(Main-d'œuvre et fournitures)

CHAPITRE II. — FOURNITURES (LES MATÉRIAUX RESTANT APRÈS EMPLOI LA PROPRIÉTÉ DE L'ENTREPRENEUR.)		QUANTITÉ	PRIX DE L'UNITÉ		DÉPENSES	
			Achat	À compter comme location	PARTIELLES	TOTALES
§ I. — *Bois* (rendus sur les chantiers, déchet compris).						
A. Sapin pour pieux . . . { A demeure		39ᵐ·34	50 f. 00	30 f. 00	»	
{ Enlevés		10 00	130 00	60 00	1 180 f. 20	
B. Bois équarris . . . . . { Chêne		283 42	70 00	35 00	600 00	12 066 f. 49
{ Sapin		474ᵐ·04	2 50	2 25	9 219 70	
{ Platelage en sapin de 0ᵐ,025					1 066 59	
§ II. — *Fers, plomb, etc.*						
	Boulons, plaques de serrage	6 653ᵏ·88	0 50	0 25	1 663 47	
Fers	Étriers, tirants	»	»	»	»	
	Tôle pour recouvrement des assemblages	4 592 00	0 47	0 40	1 836 80	3 900 27
	Tôle de 0ᵐ,003 dans les assemblages (découpage compris)	»	»	»	»	
Zinc pour assemblages (environ)		»	»	»	400 00	
Plomb de 0ᵐ,01 sur les sommiers		400 00	1 00	1 00		
Total pour le chapitre II						15 996 76

CHAPITRE III. — DÉPENSES DIVERSES

Câbles de contreventement (pieux d'amarrage, achat, transport, pose et dépose)						857 57
Boîtes à sable (calfatage et remplissage)						125 70
Divers						49 97
Total pour le chapitre III						1 033 24

RENSEIGNEMENTS COMPARATIFS SUR LES VIADUCS

DÉSIGNATION des quantités, des natures de dépense et des prix de revient.	VIADUCS				ENSEMBLE DES quatre viaducs. TOTAUX et MOYENNES
	d'Auray	d'Hennebont	de Quimperlé	de Châteaulin	
Longueur totale	206m00	222m00	156m60	117m00	701m60
Nombre d'arches	10 »	11 »	7 »	7 »	35 »
Hauteur maxima (du dessus des fondations aux rails)	29 »	27 37	31 35	24 20	27 98
Pressions — Au sommet du fût de la pile	5k56	7k65	5k09	4k89	5k75
Pressions — A la base de la pile sur le socle	7 72	7 90	7 21	6 38	7 30
Pressions — A la base du socle	7 30	6 81	6 40	5 59	6 52
Pressions — Sur le sol de fondation	6 13	6 62	5 59	5 97	6 08
Superficie en élévation — Vide	3 300ms00	3 150ms00	2 300ms00	1 715ms00	10 465ms00
Superficie en élévation — Plein	1 900 »	1 750 »	1 400 »	1 085 »	6 135 »
Superficie en élévation — Total	5 200ms00	4 900ms00	3 700ms00	2 800ms00	16 600ms00
Rapport du vide au plein	1 74	1 80	1 64	1 58	1 71
Volumes des maçonneries — En fondation	3 240mc00	2 640mc00	1 070mc00	1 150mc00	8 100mc00
Volumes des maçonneries — En élévation	16 950 »	15 150 »	11 720 »	9 017 »	52 837 »
Volumes des maçonneries — Total	20 190mc00	17 790mc00	12 795mc00	10 167mc00	60 937mc00
Cube par mètre superficiel en élévation	3 88	3 63	3 46	3 63	3 67
Fondations	248 625f	398 200f	81 600f	21 550f	749 975f
Dépenses partielles et totales — Piles et culées jusqu'aux naissances	239 862f	189 600f	173 700f	137 534f	740 696f
Dépenses partielles et totales — Des naissances à la plinthe	208 468	277 808	155 030	99 406	740 704
Dépenses partielles et totales — Plinthes et parapets	39 113	40 200	38 010	27 600	144 931
Dépenses partielles et totales — Cintres	41 311	53 000	31 510	22 352	148 173
Dépenses partielles et totales — Abords et travaux accessoires	11 421	7 200	14 650	3 950	37 221
Dépenses partielles et totales — Totaux au-dessus des fondations	540 175f	567 800f	412 900f	290 850f	1 811 725f
Dépenses partielles et totales — Totaux fondations comprises	788 800	966 000	494 500	312 400	2 561 700
Prix par mètre linéaire — Au-dessus des fondations	2 622f	2 557f	2 637f	2 486f	2 582f
Prix par mètre linéaire — Fondations comprises	3 829	4 351	3 158	2 670	3 651
Prix par mètre superficiel en élévation — Au-dessus des fondations	104f	116f	112f	104f	109f
Prix par mètre superficiel en élévation — Fondations comprises	152	197	134	112	154
Prix moyen du mètre cube de maçonneries — Au-dessus des fondations	32f	37f	35f	32f	34f
Prix moyen du mètre cube de maçonneries — Fondations comprises	39	34	31	31	42
Prix spéciaux pour les fondations en rivière — Au mètre superficiel en plan	369f	638f	225f	»	452f
Prix spéciaux pour les fondations en rivière — Au mètre cube	42	71	41	»	55

II. — PRIX DE REVIENT DES TUNNELS

I. — Puits.

1052. Pour donner une idée de la dépense par mètre cube extrait à la partie inférieure d'un puits ou à l'avancement d'une galerie de tunnel nous allons indiquer les chiffres qui ont été relevés lors de la construction du tunnel de Saint-Martin d'Estréaux (ligne de Saint-Germain-des-Fossés à Roanne) par M. Croisette Desnoyers. Ce tunnel a été percé à l'aide de huit puits de 36 mètres de profondeur moyenne.

L'extraction d'un mètre cube de déblai, dans les conditions que nous venons d'indiquer, y compris le forage des trous de mine, leur charge et leur allumage, la mise en dépôt du déblai, l'éclairage, les réparations et fournitures diverses est revenue à 24 fr. 88 au puits n° 2 et à 64 fr. 47 au puits n° 7 ; soit 41 fr. 29 en moyenne. Les sept derniers mètres en profondeur ont donné lieu à une dépense par mètre cube un peu plus forte. Elle s'est élevée à 33 fr. 89 pour le puits n° 8 et à 71 fr. 35 pour le puits n° 7 ; soit en moyenne 57 fr. 46, comme l'indique le tableau suivant :

NATURE DES DÉPENSES	DÉPENSES PAR MÈTRE CUBE extrait à la partie inférieure de chaque puits.		
	Puits n° 8	Puits n° 7	Moyenne des puits
	fr.	fr.	fr.
Journées de mineurs......	7.46	20.40	17.15
Journées de manœuvres...	2.99	8.52	8.89
Journées de chevaux et charrettes.................	2.66	8.49	5.54
Fourniture de poudre.....	3.39	4.31	3.53
Fournitures de mèches anglaises.................	1.04	1.65	1.13
Éclairage..............	1.05	2.49	2.12
Fournitures diverses......	0.31	0.34	0.48
Réparations d'outils.......	10.44	15.57	10.91
Prix brut...........	29.34	61.77	49.75
1/20 pour faux frais.......	1.47	3.09	2.49
Prix de revient........	30.81	64.86	52.24
1/10 de bénéfice.........	3.08	6.49	5.22
Prix total..............	33.89	71.35	57.46

La dépense du boisage par mètre de profondeur a été en moyenne de 193 francs et les frais de matériel d'extraction tels que manège, bennes, échelles, etc., sont revenus à 100 francs, soit 28 francs par mètre courant.

Enfin, les frais d'épuisement sont revenus à 43 francs par mètre de profondeur de puits.

Dans ces conditions, le prix de revient du mètre linéaire de puits se décomposait comme suit :

Déblais	577 fr.
Boisages	193 fr.
Frais de matériel.	28 fr.
Épuisements	33 fr.
Total. . .	813 fr.

II. — Tunnel.

1053. *Galerie.* — Le prix moyen des déblais des galeries s'est élevé à 41 fr. 01 par mètre courant, comme l'indique le tableau qui suit, qui donne le sous-détail des dépenses pour deux groupes de galeries du tunnel de Saint-Martin d'Estréaux. Ce tableau permet de se rendre compte du nombre de journées de mineurs et des quantités de poudre, de mèches anglaises et fournitures diverses nécessaires pour effectuer le percement d'un mètre courant de galerie.

NATURE DES DÉPENSES	DÉPENSES PAR MÈTRE CUBE extrait en galerie		
	Moyenne des galeries des puits 1, 2,8,9,10,	Moyenne des galeries des puits 3, 4, 5, 6, 7.	Moyenne générale des puits
	fr.	fr.	fr.
Journées de mineurs......	9.10	21.24	15.17
Journées de manœuvres...	2.87	4.71	3.79
Journées de chevaux et charretiers.................	2.26	3.70	2.98
Fourniture de poudre.....	2.20	4.48	3.34
Fourniture de mèches anglaises.................	1.03	2.10	1.56
Éclairage................	1.11	2.29	1.70
Fournitures diverses......	0.21	0.43	0.32
Réparations d'outils.......	5.57	8.01	6.64
Prix brut...........	24.05	46.96	35.50
1/20 pour frais...........	1.20	4.93	3.73
Prix de revient........	25.25	49.31	37.28
1/10 de bénéfice.........	2.53	4.93	3.73
Prix total............:	27.78	54.24	41.01

Pour extraire un mètre cube de déblai de galerie, il fallait en moyenne trois journées de trente-sept mineurs, dont le salaire était de 4 fr. 50. La quantité de poudre employée était d'environ 1ᵏ,50, à 2,25 le kilog.

La dépense pour les épuisements s'est élevée à 53 francs par mètre courant et les frais de matériel à 22 francs. Enfin les frais de boisage étaient en moyenne de 67 francs par mètre linéaire.

Dans ces conditions, le prix du mètre courant de galerie se décomposait comme suit :

Déblais (16ᵐᶜ à 41 fr.01) . . .	656 fr.
Boisages.	67
Epuisements	53
Frais de matériel. . . .	22
Total. . .	798 fr.

soit environ 800 francs.

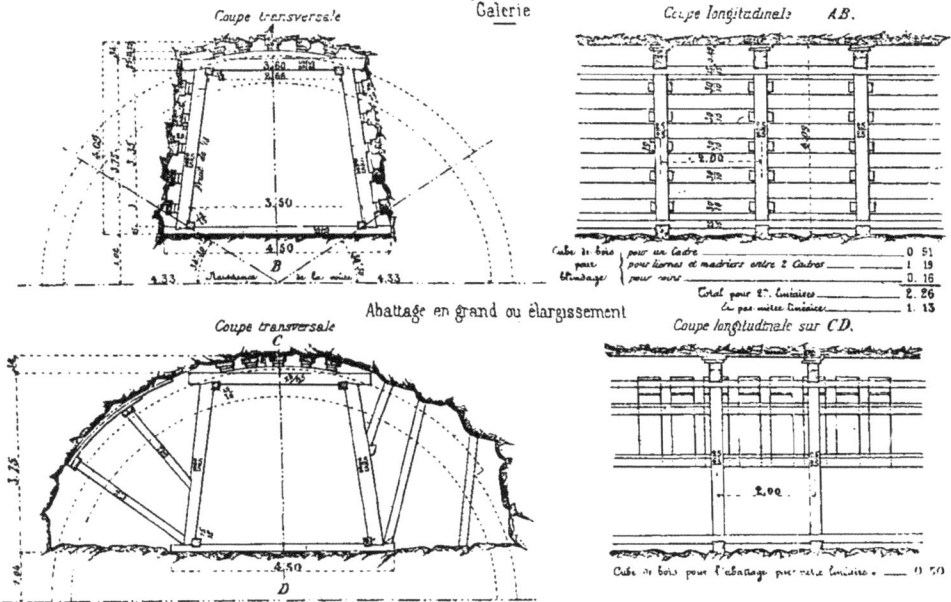

Fig. 1144.

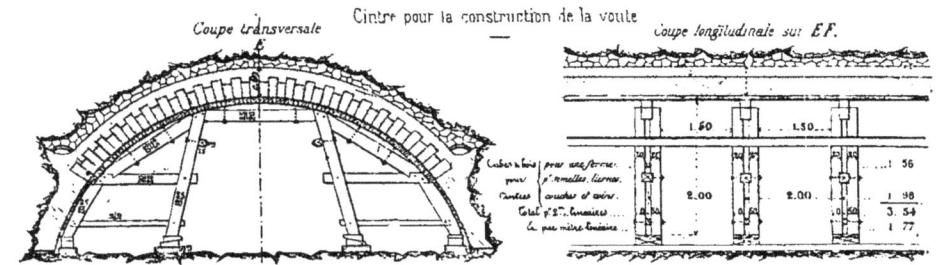

Fig. 1145.

1054. *Abatage en grand.* — Le prix d'un mètre cube de déblai extrait s'est élevé à 28 fr. 78.

1055. *Straus.* — Pour le strauss, la dépense par mètre cube de déblai extrait a été de 27 fr. 37 pour la partie la plus dure et de 18 fr. 01 pour la partie la moins dure ; soit en moyenne 22 fr. 84.

1056. Nous donnons, dans ce qui suit, d'après le *Traité de chemins de fer* de M. Sévène, les quantités d'ouvrages et le détail estimatif des souterrains de Pontchateau et de Quimper.

SOUTERRAIN DE PONTCHATEAU (*fig.* 1010, 1011, 1144 et 1145)

TABLEAU DES QUANTITÉS D'OUVRAGES PAR MÈTRE LINÉAIRE

DÉSIGNATION DES OUVRAGES	QUANTITÉS D'OUVRAGES					OBSERVATIONS
	pour PERCEMENT de la galerie	pour ABATAGE et voûte	pour STRAUSS et piédroits	pour RIGOLES et accessoires	en TOTALITÉ	
Déblais.......................	16ᵐᶜ00	18ᵐᶜ82	31ᵐᶜ00	»	60ᵐᶜ82	
Charpente pour blindages...........	1 13	0 50	0 72	»	2 35	Dont 1ᵐ,08 en bois réemployés ; une partie des bois étant utilisée de nouveau successivement.
Fers pour blindages...............	1ᵏ 10	»	»	»	1ᵏ 10	
Charpente pour cintres...........	»	1 77	»	»	1ᵐᶜ77	Dont 1ᵐ,33 en bois réemployés ; les cintres n'étant faits que pour 1/5 de la longueur.
Fers pour cintres..................	»	3ᵏ 15	»	»	3ᵏ 15	
Maçonnerie de moellon brut.........	»	3ᵐᶜ55	4 37	0 25	8ᵐᶜ17	NOTA. — Les quantités d'ouvrages relatives aux têtes ne sont pas comprises dans ce tableau qui ne s'applique qu'au souterrain proprement dit sur une longueur de 150ᵐ,00.
Maçonnerie de moellon paramenté....	»	3 52	»	»	3 52	
Maçonnerie de dalles...............	»	»	»	0 20	0 20	
Parement vu de maçonnerie ordinaire.	»	3ᵐᶜ40	6 60	»	10ᵐᶜ00	
Taille de moellon paramenté.........	»	8 40	»	»	8 40	
Maçonnerie à pierres sèches.........	»	2ᵐᶜ00	»	»	2ᵐᶜ00	

SOUTERRAIN DE PONTCHATEAU

DÉPENSES DÉTAILLÉES POUR UNE TÊTE (*fig.* 1010 et 1011)

DÉSIGNATION DES OUVRAGES	QUANTITÉS	PRIX de L'UNITÉ	DÉPENSES		
			PAR ARTICLE	PAR PARTIES	TOTALES
		fr.	fr.	fr.	fr.
Déblais à ciel ouvert (extraction, charge et transport)...	400ᵐᶜ00	3.55	1 420.00	1 420.00	
Maçonnerie de moellons bruts......	57 00	15.40	877.80		
Maçonnerie de moellons paramentés..................	0 83	43.00	35.69		
Maçonnerie de moellons piqués....................	1 50	77.00	115.50	2 276.51	
Maçonnerie de pierres de taille..........	13 50	89.00	1 201.50		
Maçonnerie de pierres sèches......	7 80	5.90	46.02		
Parement vu et rejointoiement de maçonnerie ordinaire..	43ᵐᶜ50	3.00	130.50		
Taille et rejointoiement de moellon paramenté..........	2 00	5.00	10.00		
Taille et rejointoiement de moellon piqué.........	4 10	14.00	57.40		
Taille et rejointoiement de pierre de taille............	48 70	14.00	681.80		
Enduit en mortier de 0ᵐ,025 d'épaisseur	17 20	0.90	15.48		
Charpente pour cintres (reprise par l'entrepreneur)..... 1ᵉʳ emploi.	6ᵐᶜ80	55.00	»		
Charpente pour cintres (reprise par l'entrepreneur)..... 2ᵉ emploi.	6 80	20.00	136.00		
Fers pour cintres (repris par l'entrepreneur)........ 1ᵉʳ emploi.	106ᵏ 40	0.50	53.20		
Fers pour cintres (repris par l'entrepreneur)........ 2ᵉ emploi.	106 40	0.20	21.28		
Travaux accessoires (murs de clôture sur les têtes, perrés, têtes de rigoles, etc.)...........................	»	»	»	1 480.75	
Total....................				6 656.92	
A déduire le rabais de 0 fr. 40....................				931.97	
Reste..........				5 724.95	
Dépenses sur la somme à valoir (surveillance, gazonnement, etc.)...:.......				375.05	
Dépense totale pour une tête.........				6 100.00	6 100.00

SOUTERRAIN DE PONTCHATEAU

DÉPENSES DÉTAILLÉES POUR UN MÈTRE LINÉAIRE. — PERCEMENT DE LA GALERIE D'AVANCEMENT ET CONSTRUCTION DE LA VOUTE

DÉSIGNATION DES OUVRAGES	QUANTITÉS	PRIX de L'UNITÉ	DÉPENSES		
			PAR ARTICLE	PAR PARTIES	TOTALES
§ I. — Galerie.		fr.	fr.	fr.	fr.
Déblais pour percement de la galerie..................	16ᵐᶜ00	15.00	240.00	240.00	
Charpente pour blindages (reprise par l'entrepreneur) 1ᵉʳ emploi.	1 05	80.00	84.00		
Bois de chêne pour coins.......	0 08	125.00	10.00	94.98	
Fers pour blindages (chevilles et pointes)...............	1ᵏ 10	0.80	0.88		
Total.....................				334.88	
A déduire le rabais de 0 fr. 14.....................				46.88	
Reste...............................				288.00	
Dépenses sur les sommes à valoir (surveillance, journées, etc)..............				7.00	
Total pour le § I..................				295.00	295.00
§ II. — Construction de la voûte.		fr.	fr.		
Déblais pour abatage en grand.......................	13ᵐᶜ82	9.00	124.38	124.38	
Charpente pour blindages (reprise par l'entrepreneur) 1ᵉʳ emploi.	0 10	80.00	8.00	26.00	
Charpente pour blindages (reprise par l'entrepreneur) 2ᵉ emploi.	0 40	45.00	18.00		
Charpente pour cintres (reprise par l'entrepreneur) 1ᵉʳ emploi.	0 33	80.00	26.40		
Charpente pour cintres (reprise par l'entrepreneur) 2ᵉ emploi.	1 33	45.00	59.85	100.82	
Bois de chêne pour plateaux et coins..................	0 11	125.00	13.75		
Fers pour cintres (repris par l'entrepreneur) 1ᵉʳ emploi.	0ᵏ 63	0.50	0.32		
Fers pour cintres (repris par l'entrepreneur) 2ᵉ emploi.	2 52	0.20	0.50		
Maçonnerie de moellon brut.......................	3ᵐᶜ55	21.40	75.97		
Maçonnerie de moellon paramenté....................	3 52	53.00	186.56		
Parement vu et rejointoiement de maçonnerie ordinaire..	3ᵐ·40	3.00	10.20	332.73	
Taille et rejointoiement de moellon paramenté..........	8 40	5.00	42.00		
Maçonnerie à pierres sèches pour remplissage sur la voûte.................................	2ᵐᶜ00	9.00	18.00		
Chape en béton et toile goudronnée sur 1/8 de la longueur seulement..................................	» »	» »	» »		
Total.........				592.53	
A déduire le rabais de 0 fr. 14.....................				82.95	
Reste...............................				509.58	
Dépenses sur la somme à valoir (surveillance, fournitures diverses).........				15.42	
Total pour le § II.................				525.00	525.00

SOUTERRAIN DE PONTCHATEAU

DÉPENSES DÉTAILLÉES POUR UN MÈTRE LINÉAIRE. — (REPRISE EN SOUS-ŒUVRE. — PIÉDROITS ET TRAVAUX ACCESSOIRES)

DÉSIGNATION DES OUVRAGES	QUANTITÉS	PRIX de L'UNITÉ	DÉPENSES		
			PAR ARTICLE	PAR PARTIES	TOTALES
§ III. — Reprise en sous-œuvre et piédroits.					
Déblais du strauss....................	31 mr00	9 f. 00	279 f. 00	279 f. 00	
Charpente pour blindages (reprise par l'entrepreneur), 1er emploi.	0 04	80 00	3 20	63 f. 80	
Charpente pour blindages (reprise par l'entrepreneur), 2e emploi.	0 68	45 00	60 60		
Maçonnerie de moellon brut.....................	4 37	21 40	93 52	113 32	
Parement vu et rejointoiement de maçonnerie ordinaire..	6 m60	3 00	19 80		
Total....				426 12	
A déduire le rabais de 0 fr. 14...................				59 66	
Reste...............				366 46	
Dépenses sur la somme à valoir (surveillance, fournitures diverses)...				8 54	
Total pour le § III....				375 00	375 f. 00
§ IV. — Travaux accessoires.					
Maçonnerie de moellon brut pour rigoles...............	0 mc25	15 f. 40	3 f. 85	12 95	
Dalles de recouvrement...........................	1 m30	7 00	9 10		
A déduire le rabais de 0 fr. 14..............				1 81	
Reste..........				11 14	
Dépenses sur la somme à valoir (surveillance, fournitures diverses)				0 86	
Total pour le § IV....				12 00	12 00
Dépense totale pour un mètre linéaire de souterrain, têtes non comprises...................					1 207 00

SOUTERRAIN DE PONTCHATEAU

DÉPENSES GÉNÉRALES ET PRIX DE REVIENT

DÉSIGNATION DES OUVRAGES	DÉPENSES EFFECTUÉES			PRIX DE REVIENT par MÈTRE LINÉAIRE
	A L'ENTREPRISE RABAIS DÉDUIT	SUR LA SOMME A VALOIR	EN TOTALITÉ	
Déblais (têtes non comprises)........................	82 993 f. 00	2 007 f. 00	83 000 f. 00	567 f. 00
Blindages —	19 954 00	346 00	20 300 00	135 00
Maçonneries —	58 655 00	1 945 00	60 600 00	404 00
Cintres —	13 005 00	295 09	13 300 00	89 00
Travaux accessoires (têtes non comprises)............	1 671 00	129 00	1 800 00	12 00
Totaux (têtes non comprises), longueur 150 mètres	176 278 00	4 722 00	181 000 00	1 207 00
Têtes (déblais, maçonneries, cintres et accessoires)	11 450 00	750 08	12 200 00	64 »
Totaux y compris les têtes (longueur 152 mètres)......	187 728 00	5 472 00	193 200 00	1 271 00

Prix moyens du mètre cube de déblais en souterrain... :

Blindages non compris..................... $\dfrac{85\ 000}{9\ 123}$ = 9 f. 32

Y compris les blindages.................... $\dfrac{105\ 300}{9\ 123}$ = 11 f. 54

Prix moyens du mètre cube de maçonnerie... :

Têtes non comprises..................... $\dfrac{75\ 700}{2\ 249}$ = 33 f. 65

Y compris les têtes..................... $\dfrac{87\ 900}{2\ 410}$ = 36 f. 47

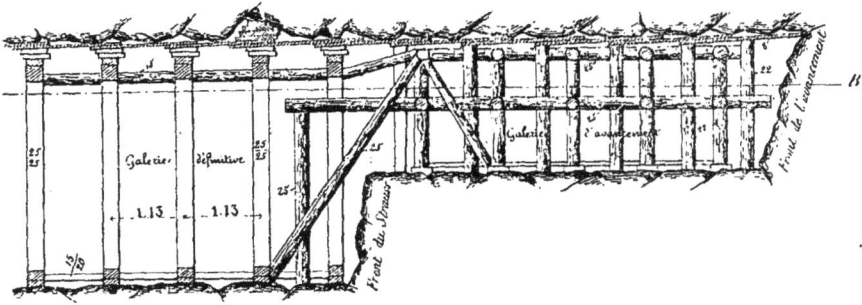

Fig. 1146.

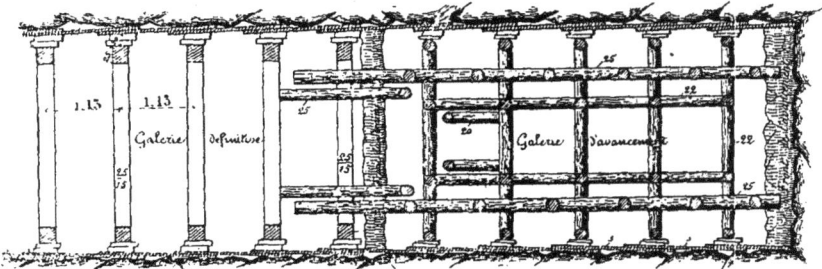

Fig. 1147.

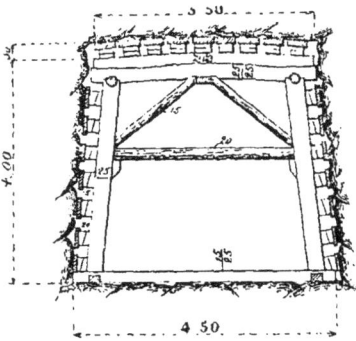

Fig. 1148.

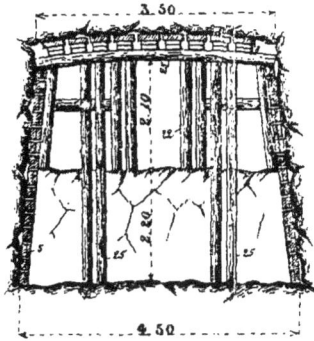

Fig. 1149

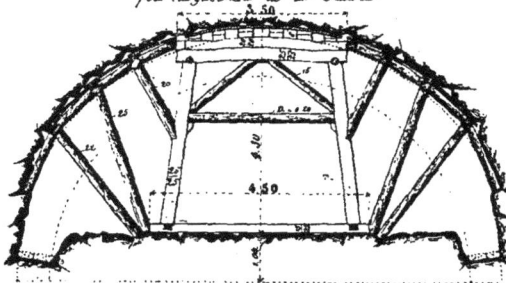

Abattage en grand
pour élargissement de la Galerie

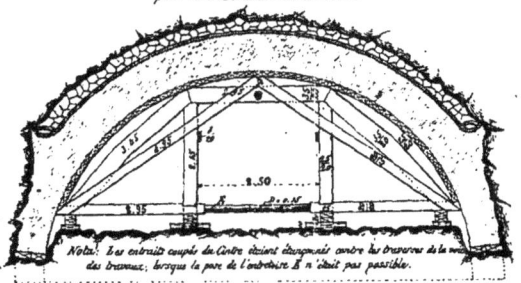

Cintre
pour la construction de la voûte

Fig. 1150.

SOUTERRAIN DE QUIMPER (*fig.* 1007, 1008, 1009, 1146, 1147, 1148, 1149 et 1150)

TABLEAU DES QUANTITÉS D'OUVRAGES PAR MÈTRE COURANT DE SOUTERRAIN

DÉSIGNATION DES NATURES D'OUVRAGES	QUANTITÉS D'OUVRAGES							OBSERVATIONS
	pour percement de la galerie	POUR ABATAGE ET VOUTE	POUR STRAUSS ET PIÉDROITS	pour éboulements	POUR LE DALLOT CENTRAL	POUR LE RADIER	EN TOTALITÉ	
Déblais................	16ᵐ 30	16ᵐ 18	32ᵐ 96	0ᵐ 34	0ᵐ 98	»	66ᵐ 76	
Charpente pour blindages..	4 188	1 536	0 417	»	»	»	6 141	Dont 3ᵐ,45 en bois de 1ᵉʳ emploi, les autres parties des bois étant utilisées de nouveau successivement.
Bois de sapin non retiré...	»	1 109	»	»	»	»	1 109	Cube compris dans le chiffre précédent.
Charpente pour cintres....	»	3 08	»	»	»	»	3 08	Dont 0ᵐ50 en bois de 1ᵉʳ emploi et 2ᵐ,58 en 2ᵉ emploi.
Fers pour cintres.........	»	21ᵏ 207	»	»	»	»	21ᵏ 207	Dont 0ᵏ,055 en fer de 1ᵉʳ emploi et 18ᵏ,152 en fer de 2ᵉ emploi.
Maçonnerie de moellons ordinaires....:.....	»	5 58	3 53	»	0 60	0ᵐ 48	10 19	
Ciment de Portland ajouté au mortier............	»	136ᵏ 118	58ᵏ 336	»	»	»	194ᵏ 454	
Maçonnerie de moellons paramentés.............	»	4 67	2 66	»	»	»	7 33	
Chape en enduit de mortier de 0ᵐ,025 d'épaisseur...	»	10 34	»	»	»	»	10 34	
Maçonnerie de dalles......	»	»	»	»	0 16	»	0 16	
Parements vus de moellons paramentés...........	»	11 60	5 99	»	»	»	17 59	Les quantités d'ouvrages concernant les têtes ne sont pas comprises dans ce tableau qui ne s'applique qu'au souterrain, sur une longueur de 307ᵐ,50.
Rejointoiement de maçonnerie ordinᵉ et de dalles.	»	»	»	»	2 00	»	2 00	
Maçonnerie à pierres sèches.	»	1 95	»	»	»	»	1 95	

SOUTERRAIN DE QUIMPER

DÉPENSES DÉTAILLÉES POUR UNE TÊTE (MOYENNE DES DEUX TÊTES) (*fig.* 1007, 1008 et 1009)

DÉSIGNATION DES OUVRAGES	QUANTITÉS	PRIX de L'UNITÉ	DÉPENSES		
			PAR ARTICLE	PAR PARTIES	TOTALES
		fr.	fr.	fr.	
Déblais à ciel ouvert (extraction, charge et transport).....	454ᵐᶜ04	3.78	1 716.27	1 716.27	
Maçonneries de moellons ordinaires	83 91	17.60	1 476.82		
Maçonneries de moellons paramentés....................	14 90	43.80	652 62		
Maçonneries de moellons smillés........................	1 81	49.00	88.69	4 083.57	
Maçonneries de pierres de taille.......................	23 80	78.30	1 863.54		
Maçonneries de pierres sèches........................	0 19	10.00	1.90		
Parement vu de smillage grossier.......................	84ᵐˢ25	4.00	337.00		
Parements vus et rejointoiement de moellons paramentés.	34 85	5.00	174.25		
Rejointoiement du parement vu de smillage grossier.....	3 35	1.00	3.35		
Parements vus de pierre de taille......................	73 21	16.00	1 171.36	1 809.82	
Parement vu et rejointoiement de maçonnerie ordinaire..	23 79	5.00	118.95		
Chape en enduit de mortier de 0ᵐ025 d'épaisseur......	5 17	0.95	4.91		
Charpente pour cintres, reprise par l'entrepreneur, 1ᵉʳ emploi.	4ᵐᶜ72	80.00	377.60		
— Réemploi.	9 25	40.00	370.00		
Fers pour cintres, repris par l'entrepreneur..... 1ᵉʳ emploi.	29ᵏ 00	0.50	14.50	779.74	
— — Réemploi.	88 20	0.20	17.69		
Travaux accessoires........................	»	»	»	240.30	
Total..............				8 629.70	
A déduire le rabais de 0 fr. 06....................				517.78	
Reste..............				8 111.92	
Dépenses sur la somme à valoir (surveillance) et dépenses diverses........				998.08	
Dépense totale pour une tête..............................				9 110.00	9 110 fr. 00

SOUTERRAIN DE QUIMPER.

ÉPENSES DÉTAILLÉES POUR UN MÈTRE LINÉAIRE. — PERCEMENT DE LA GALERIE D'AVANCEMENT ET CONSTRUCTION DE LA VOUTE

DÉSIGNATION DES OUVRAGES	QUANTITÉS	PRIX de L'UNITÉ	DÉPENSES		
			PAR ARTICLE	PAR PARTIES	TOTALES
§ I. — Galerie.		fr.	fr.	fr.	fr.
Déblais pour percement de la galerie..............	16ᵐᵉ30	15.14	246.78	246.78	
Bois de chêne pour blindages (repris par l'entrepreneur). 1ᵉʳ emploi.	0 06	100.00	6.00		
Bois de chêne pour blindages (repris par l'entrepreneur).. 2ᵉ emploi.	0 001	60.00	0.06	262.86	
Bois de sapin du pays (repris par l'entrepreneur)........ 1ᵉʳ emploi.	2 293	80.00	183.44		
Bois de sapin du pays (repris par l'entrepreneur)........ 2ᵉ emploi.	1 834	40.00	73.36		
Allocation à forfait pour épuisements, éclairage, etc. (0 fr. 45 de l'allocation totale de 50 fr. par mètre linéaire)......	»	»	»	22.50	
Total.......				532.14	
A déduire le rabais de 0 fr. 06.........................				31.93	
Reste..				500.21	
Dépenses sur la somme à valoir (surveillance, journées et dépenses diverses)...				74.89	
Total pour le § I........................				575.00	575.00
§ II. — Construction de la voûte.		fr.	fr.		
Déblais pour abatage en grand	16ᵐᵉ52	9.14	150.99	150.99	
Bois de sapin du pays pour blindages (repris par l'entrepreneur). 1ᵉʳ emploi.	0 606	80.00	48.48		
Bois de sapin du pays pour blindages (repris par l'entrepreneur). 2ᵉ emploi.	0 930	40.00	37.20	107.86	
Bois de sapin du pays pour blindages (non retiré).......	1 109	20.00	22.18		
Charpente en sapin pour cintres (reprie par l'entrepreneur). 1ᵉʳ emploi.	0 500	80.00	40.00		
Charpente en sapin pour cintres (reprie par l'entrepreneur). 2ᵉ emploi.	2 580	40.00	103.20	148.35	
Fers pour cintres (repris par l'entrepreneur). 1ᵉʳ emploi.	3ᵏ 049	0.50	1.52		
Fers pour cintres (repris par l'entrepreneur)........... 2ᵉ emploi.	18 158	0.20	3.63		
Maçonneries de moellons ordinaires...................	5ᵐᵉ58	23.50	131.13		
Ciment de Portland ajouté au mortier.................	136ᵏ 118	0.12	16.33		
Maçonneries de moellons parementés.................	4ᵐᵉ67	54.00	252.18	148.96	
Parements vus et rejointoiements de moellons parementés.	11 60	5.00	58.00		
Maçonnerie à pierres sèches pour remplissage sur la voûte.	1 95	10.00	19.50		
Chape en enduit de mortier de 0ᵐ,025 d'épaisseur........	10 34	0.95	9.82		
Allocation pour éclairage, aérage, etc. (0 fr. 35 de l'allocation totale de 50 fr.).............................	»	»	»	17.50	
Total...................................				916.66	
A déduire le rabais de 0 fr. 06.........................				54.70	
Reste..				856.96	
Dépenses sur la somme à valoir (surveillance, journées et dépenses diverses)....				97.04	
Total pour le § II........................				954.00	954.00

SOUTERRAIN DE QUIMPER

DÉPENSES DÉTAILLÉES POUR UN MÈTRE LINÉAIRE DE SOUTERRAIN (REPRISE EN SOUS-ŒUVRE, PIÉDROITS ET TRAVAUX ACCESSOIRES)

DÉSIGNATION DES OUVRAGES	QUANTITÉS	PRIX de L'UNITÉ	DÉPENSES		
			PAR ARTICLE	PAR PARTIES	TOTALES
§ III. — Reprise en sous-œuvre et piédroits.		fr.			
Déblais du strauss.......	32ᵐ 96	9.14	301.25	3 01.25	
Bois de sapin du pays pour blindages (repris par l'entrepreneur). 1ᵉʳ emploi.	0 067	80.00	5.36		
Bois de sapin du pays pour blindages (repris par l'entrepreneur). 2ᵉ empoi.	0 350	40.00	14.00	19.36	
Maçonneries de moellons ordinaires.........	3 53	23.50	82.96		
Ciment de Portland ajouté au mortier.........	58ᴷ 336	0.12	7.00		
Maçonnerie de moellons parementés.........	2ᵐᶜ66	54.00	143.64	263.55	
Parement vu et rejointoiement de moellons parementés..	5ᵐᶜ99	5.00	29.95		
Allocation pour éclairage, aérage, etc. (0 fr. 20 de l'allocation totale de 50 fr.).................				10.00	
Total............				594.16	
A déduire le rabais de 0 fr. 06.				35.65	
Reste............				558.51	
Dépenses sur la somme à valoir (surveillance, journées, etc.).....				61.49	
Total pour le § III......				620.00	620.00
§ IV. — Travaux accessoires.					
Dallot central. — Déblais des fondations.............	0.98	9.14	8.96	8.96	
Dallot central. — Maçonneries (ensemble).............	»	»	21.75	21.75	
Portions de radier.........	0.48	17.60	8.45	8.45	
Total............				39.16	
A déduire le rabais de 0 fr. 06.................				2.35	
Reste............				36.81	
Dépenses sur la somme à valoir (surveillance, journées et dépenses diverses)..				7.19	
Total pour le § IV...............				44.00	
Dépense totale pour un mètre linéaire du souterrain...............					2 193.00

SOUTERRAIN DE QUIMPER

DÉPENSES GÉNÉRALES ET PRIX DE REVIENT

DÉSIGNATION DES OUVRAGES	DÉPENSES EFFECTUÉES			PRIX DE REVIENT par mètre linéaire
	A L'ENTREPRISE (rabais déduit)	SUR LA SOMME à valoir	EN TOTALITÉ	
Déblais (têtes non comprises).............	204 642.00	21 000.00	225 642.00	fr. 734.00
Blindages —	112 753.00	10 000.00	122 753.00	399.00
Maçonneries —	216 937.00	34 650.00	251 587.00	818.00
Cintres —	42 880.00	4 016.00	46 896.00	153.00
Travaux accessoires (têtes non comprises).....	8 730.00	2 652.00	11 382.00	37.00
Allocation pour épuisements, aérage, éclairage.	14 382.00	1 538.00	15 920.00	52.00
Totaux (têtes non comprises. Longueur 307ᵐ,50).	600 324.00	73 856.00	674 180.00	2 193.00
Têtes (déblais, maçonneries, cintres et accessoires).........	16 224.00	1 996.00	18 220.00	»
Totaux y compris les têtes. (Longueur 310ᵐ,50)............	616 548.00	75 852.00	692 400.00	2 230.00

Prix moyen du mètre cube de déblai en souterrain en y comprenant 70 0/0 de l'allocation générale pour épuisements, aérage, éclairage, etc...........
$$\text{Blindages non compris.} \quad \frac{236\ 786\ \text{fr. }00}{20\ 530} = 11\ \text{fr. }53$$
$$\text{Y compris les blindages} \quad \frac{359\ 589\ \text{fr. }00}{20\ 530} = 17\ \text{fr. }51$$

Prix moyen du mètre cube de maçonnerie, déblais et blindages non compris, mais y compris cintres, accessoires et 30 0/0 de l'allocation pour épuisements, éclairage, etc ....
$$\text{Têtes non comprises....} \quad \frac{314\ 641\ \text{fr. }00}{6\ 116} = 51\ \text{fr. }44$$
$$\text{Y compris les têtes....} \quad \frac{332\ 861\ \text{fr. }00}{6\ 365} = 52\ \text{fr. }30$$

RENSEIGNEMENTS COMPARATIFS SUR LES SOUTERRAINS

DESIGNATION DES QUANTITÉS, DES NATURES DE DÉPENSES ET DES PRIX DE REVIENT	SOUTERRAINS DE PONTCHATEAU	DE QUIMPER	DE PLOGONNEC	DE BOT-CHASSE	DE SAINT-NICOLAS	ENSEMBLE des CINQ SOUTERRAINS TOTAUX OU MOYENNES
Longueur totale	152m »»	310m 50	230m »»	129m 30	100m »»	921m80
Avancement moyen par jour. Galerie par attaque	0m 37	0m 58	0m 41	0m 38	0m 28	0m 40
— ensemble	0 60	1 01	0 74	0 68	0 49	0 70
Abatage en grand	1 22	1 12	1 23	0 94	0 81	1 06
Construction de la voûte	1 03	1 13	1 14	1 14	0 90	1 07
Déblais du strauss	0 64	1 62	1 31	1 08	0 66	1 06
Déblais du strauss	1 79	1 82	1 75	2 06	1 64	1 81
Construction des piédroits	0 24	0 43	0 38	0 29	0 17	0 30
Quantités d'ouvrages par mètre linéaire du souterrain. Déblais	60mc82	66mc78	60mc80	60mc15	60mc»»	61mc71
Bois pour blindages	2 35	7 25	3 32	5 52	5 51	4 99
Bois pour cintres	1 77	3 08	1 79	2 64	2 37	2 33
Maçonneries	13 89	19 89	13 66	13 60	13 04	14 82
Parement vu	18mc40	19mc59	17mc24	17mc15	17mc43	17mc96
Principales quantités d'ouvrages en totalité. Déblais en souterrain	9 123mc	20 530mc	13 894mc	7 650mc	5 700mc	56 907mc
Maçonneries (têtes non comprises)	2 249	6 116	3 105	1 732	1 239	14 441
Maçonneries y compris les têtes	2 410	6 365	3 283	1 926	1 466	15 450
Dépenses partielles et totales. Déblais (têtes non comprises)	85 000 fr.	225 642 fr.	179 570 fr.	87 500 fr.	70 526 fr.	648 238 fr.
Blindages —	20 300	127 753	39 960	42 565	32 205	257 803
Maçonneries —	60 600	251 587	125 120	62 760	55 231	555 298
Cintres —	13 300	46 896	23 115	20 727	13 585	117 623
Travaux accessoires (têtes non comprises)	1 800	27 302	14 935	8 128	6 391	58 556
Totaux (têtes non comprises)	181 000 fr.	674 180 fr.	382 700 fr.	221 700 fr.	177 938 fr.	1 637 518 fr.
Têtes (déblais et maçonneries)	12 200	18 220	11 200	8 300	17 062	66 982
Totaux y compris les têtes	193 200 fr.	692 400 fr.	393 900 fr.	230 000 fr.	195 000 fr.	1 704 500 fr.
Prix par mètre linéaire de souterrain. Têtes non comprises	1 207 fr.	2 193 fr.	1 676 fr.	1 742 fr.	1 873 fr.	1 804 fr.
Y compris les têtes	1 271	2 230	1 713	1 779	1 950	1 849
Prix moyen du mètre cube de déblai en souterrain. Blindages non compris	9 fr. 32	11 fr. 53	13 fr. 47	11 fr. 92	12 fr. 94	11 fr. 84
Y compris blindages	11 54	12 51	16 35	17 48	18 58	16 38
Prix moyen du mètre. Têtes non comprises	32 fr. 65	51 fr. 44	50 fr. 11	50 fr. 68	59 fr. 12	48 fr. 87

TABLE DES MATIÈRES

PONTS EN MAÇONNERIE

TOME II

Sciences générales.

II. — TUNNELS

I. — PROJET

II. — EXÉCUTION

Tours, imp. DESLIS Frères, rue Gambetta, 6.